国家科学技术学术著作出版基金资助出版

航空航天材料定向凝固

Directional Solidification Processing of Aero-High Temperature Materials

傅恒志 等 著

科学出版社

北 京

内 容 简 介

本书涉及定向凝固理论、技术以及典型航空航天材料三部分内容。分为绪论、多元多相合金定向凝固特性、定向凝固晶体生长取向与界面各向异性、电磁约束成形定向凝固、电磁冷坩埚定向凝固、高温合金定向凝固、金属间化合物结构材料定向凝固和陶瓷材料定向凝固共八章,介绍航空航天材料的凝固特点及其制备技术的特点和发展趋势,首次全面系统展示晶体生长取向控制、电磁约束成形和冷坩埚定向的研究成果及其独特优势,分析高温合金、高温金属间化合物和氧化物共晶陶瓷等材料的定向凝固制备技术、组织和力学性能。

本书为原创性学术著作,兼具基础性和工程性,主要读者对象为材料领域的相关科研人员、研究生及高年级本科生。

图书在版编目(CIP)数据

航空航天材料定向凝固 = Directional Solidification Processing of Aero-High Temperature Materials/傅恒志等著. —北京:科学出版社,2015.9
ISBN 978-7-03-045733-2

Ⅰ.①航… Ⅱ.①傅… Ⅲ.①航空材料-定向凝固 ②航天材料-定向凝固 Ⅳ.①V25

中国版本图书馆 CIP 数据核字(2015)第 223263 号

责任编辑:吴凡洁 罗 娟 / 责任校对:桂伟利
责任印制:赵 博 / 封面设计:黄华斌

科 学 出 版 社 出版
北京东黄城根北街 16 号
邮政编码:100717
http://www.sciencep.com
三河市春园印刷有限公司印刷
科学出版社发行 各地新华书店经销
*
2015 年 9 月第 一 版 开本:787×1092 1/16
2025 年 2 月第六次印刷 印张:39
字数:896 000
定价:198.00 元
(如有印装质量问题,我社负责调换)

本书主要撰写人员

傅恒志　沈　军　骆良顺　刘　林

杨劼人　张　军　李双明

序 一

自从 20 世纪 50 年代以来，人们对液固相转变过程微观特性进行了系统、深入的研究，并将传热、传质、对流及界面科学应用于固相微观形貌演变过程的分析和描述以及最终凝固组织的预测，先后发展了固相形核理论、胞晶及枝晶生长理论、共晶凝固理论、包晶凝固理论和偏晶凝固理论等，形成了一个较为完整的理论体系，即凝固理论。这些理论持续发展和完善，成为材料科学的一个重要分支，并成功用于工业实践。当今凝固理论已成为金属材料锭坯质量控制、机械行业铸件和锻件毛坯制造以及非平衡组织、各向异性组织乃至非晶、纳米晶等先进材料制备的共性理论基础，层出不穷的凝固控制技术支撑着各种现代工业技术的发展。

定向凝固采用单向的传热条件，并辅助以特殊的加热方式、强制冷却、物理场等，可实现晶体取向、枝晶取向乃至多相组织定向控制，从而获得各向异性的材料组织和性能，并使材料在特定方向上的性能超常规地大幅度提高。航空发动机用定向及单晶高温合金叶片的应用带动了航空发动机技术跨时代的发展，成为定向凝固技术应用的典型范例。

傅恒志院士是材料界凝固学大师，多年来他指导西北工业大学凝固技术国家重点实验室取得了多项突出成果。近年来，他虽年事已高，仍在西北工业大学及哈尔滨工业大学科研一线带领学生从事定向凝固创新性研究，并取得了一批成果。他是材料界同行值得尊敬和学习的楷模。

这本书是他近期定向凝固理论研究和实践总结，全书共 8 章，其中多元多相合金定向凝固特性及定向凝固晶体生长取向与界面各向异性是对定向凝固理论的完善与发展；电磁约束定向凝固及电磁冷坩埚定向凝固是对定向凝固技术的创新。另外，针对航空发动机几种典型材料的定向凝固技术，包括高温合金、金属间化合物及陶瓷材料，都进行了详尽的介绍和评述，特别是后两者，可能成为下一代航空发动机的关键材料。因此，本书必将推动凝固科学及材料科学的发展，特别是对航空发动机当前使用的高温结构材料的研制及下一代结构材料的发展具有重要的指导意义。

当前，随着难熔金属、耐热金属、金属间化合物和陶瓷材料等多种航空航天新材料体系的研发，为定向凝固技术提供了新的发展空间和机遇，不论从技术上，还是基本原理研究上都期待着新的突破。本书为原创性学术著作，兼具基础性和工程性，主要对象为航空航天领域的相关科研人员、研究生及高年级本科生，同时也适用于材料学科、冶金学科的相关科研人员和研究生。

中国材料研究学会名誉理事长
中国工程院院士
2014 年 11 月

序 二

　　航空航天材料在高温度、高应力、强腐蚀等极端环境中服役,具有特殊的性能与功能,一直是材料科学与工程研究的前沿和热点。随着对航空发动机、燃气轮机和天地往返飞行器需求的不断提高,高温材料仍然是航空航天材料中的难点和"瓶颈",备受决策者和学界的关注。本书系统地介绍了自第一个铸造涡轮叶片在航空发动机上试验成功和以成分过冷理论为代表的定量凝固科学出现以来,定向凝固理论、技术、材料、应用,定向凝固四要素互动及实践-理论演绎的成果与状况。

　　半个多世纪以来,傅恒志院士带领他的弟子及研究团队不懈地耕耘在定向凝固科研一线,为定向凝固理论、技术、材料及其在航空发动机上的应用作出了卓越贡献。用大量实验数据取得了多元多相合金的定向生长、晶体取向、组织演化与控制等领域的新认识,凝结了新观点,充实并发展了定向凝固理论;创新高温度梯度超细化定向凝固、电磁冷坩埚定向凝固、电磁约束成形、晶体生长及单晶取向控制等定向凝固技术,开辟了以高温合金、单晶合金、金属间化合物、难熔金属、先进陶瓷为代表的新型材料制备;研制的超细化组织新型材料的高温、超高温蠕变,持久强度提高几倍、十几倍甚至更高,预示了令人向往的前景。研究成果涉及技术领域之广、水平之高在国内外可谓独树一帜。本书共8章,翔实地阐述了各项研究成果,对定向凝固科学技术研究和航空航天高温材料创新发展都具有重要的指导作用与实用价值,该书的出版将推动我国定向凝固技术到达更高水平。

　　《航空航天材料定向凝固》是一部难得的教科书。它为研究和使用高温合金的工程技术人员、高等院校的材料科学与工程专业教师和研究生带来理论、技术知识和研究方法教益。我与傅恒志院士有较多接触,读《航空航天材料定向凝固》如见其人,智慧、刚毅、追求。一位八十多岁高龄老人奉献了如此巨著,如此的研究和如此的成果,他是一位令我敬佩的、真正的教授和博士生导师。

赵振业

中国热处理学会理事长

中国工程院院士

2014 年 12 月

前　言

　　定向凝固技术在航空涡轮叶片制备上的成功应用及以成分过冷理论为代表的定量凝固科学的出现,使定向凝固工艺的实验研究逐步进入精确定量阶段并与先进的航空航天材料相结合,开辟了金属间化合物、高温合金、单晶合金、难熔合金以及先进陶瓷材料为代表的新型材料的凝固加工。同时,为适应先进航空航天动力系统对高温构件冶金质量和性能的苛刻要求,一批具有创新特点的定向凝固技术,如高梯度超细化定向凝固、电磁约束成形、电磁冷坩埚定向凝固、晶体生长及单晶取向控制等在国家自然科学基金、863、973等项目支持下先后被开发探索,进行了较深入的研究并取得成功。虽然从应用服役角度看,这些新的成果尚不能称谓成熟与完善,但许多唯象的规律和机制,如多元多相复杂合金的定向生长与晶体取向演化及相应的组织选择等均已有初步结论。特别是近十年来在大量博士生参与的创造性研究中获得了不少突破性进展。作者认为,为加速我国航空航天科技的发展,应不揣浅陋及时介绍有关方面的进展,请广大读者指正。

　　全书共 8 章,由傅恒志院士提出构思与体系框架。第一章绪论由傅恒志撰写,第二章多元多相合金定向凝固特性由傅恒志、骆良顺撰写,第三章定向凝固晶体生长取向与界面各向异性由傅恒志撰写,第四章电磁约束成形定向凝固由沈军、李双明撰写,第五章电磁冷坩埚定向凝固由杨劼人、傅恒志撰写,第六章高温合金定向凝固由刘林撰写,第七章高温金属间化合物定向凝固由沈军、李双明、傅恒志撰写,第八章陶瓷材料定向凝固由张军撰写。李晓历副教授整理了全部图、表、文字、文献。沈军与李双明教授审校了全部书稿。面对一系列具有高熔化熵特性的新型结构材料和先进定向凝固技术,由于可供参考印证的资料有限,开发建立的新的实验研究装置也并非全如所期,研究分析的结果与结论也未必都是全面正确的,我们衷心欢迎读者和专家批评指正,不吝赐教。

　　本书撰写中得到有关老师和研究生的帮助,书稿形成过程中郭景杰教授、李金山教授、陈瑞润教授等提供许多素材,并提出宝贵意见。赵振业院士、仲增墉教授、黄卫东教授审阅全部书稿并向出版社提出推荐。书稿中许多内容均取自西北工业大学与哈尔滨工业大学相关学科近年所承担的国家重大及重点科研项目。应特别提及的是,中国工程院周廉院士及赵振业院士对本书的撰写、出版给予了大力支持,提出了不少珍贵建议并为本书作序。对以上各位专家和同学对本书所做的贡献,谨在此表示衷心的感谢。

作　者

2015 年 3 月

目　录

第1章 绪 论

1.1 航空航天先进产品与先进材料

自古以来,人类就怀有翱翔天空、遨游宇宙的愿望。在生产力和科学技术低下的时代,这种愿望只能停留在幻想阶段。1903 年,美国莱特兄弟首次把有动力、可操纵和可持续飞行的飞机送上天空。1957 年,苏联发射了世界上第一颗人造卫星并随后在 1961 年成功发射了世界上第一艘载人飞船,标志着航空航天科学技术获得了巨大的成功,揭开了人类航空航天事业的新纪元[1,2]。

航空航天高技术产业的发展虽然与军事应用密切相关,但更重要的是人类在这个产业部门所取得的巨大进展,对国民经济的众多部门和社会生活的诸多方面都产生了重大而深远的影响,推动并改变着世界的面貌。进入 21 世纪之后,航空航天高技术产业将为人类认识和驾驭自然注入新的强大动力,航空航天活动的作用将远超科学领域,对政治、经济、军事乃至人类社会生活都会产生更加广泛而深远的影响,并不断地创造出崭新的科技成果和巨大的经济效益[2-4]。

航空航天飞行器在超高温、超低温、高真空、高应力、强腐蚀等极端条件下工作,除了依靠优化的结构设计,还依赖于材料所具有的优异特性和功能。由此可见,航空航天材料在航空航天产品发展中的极其重要的地位和作用。

航空航天产品在追求轻质和减重方面可以说是"克克计较",图 1-1 为飞行器每减重1kg 所取得的经济效益与飞行速率的关系[1,2,5]。例如,对航天飞机来说,每减重 1kg 的经济效益将近 10 万美元。新型材料及改型材料在军机结构减重中的重要性及发展趋势如

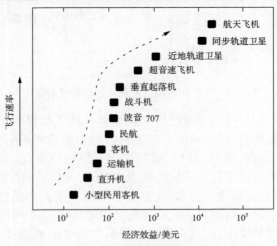

图 1-1 减轻结构所得经济效益(相对值)
飞行器每减重 1kg 后所得经济效益与飞行速率的关系

图 1-2 所示。由图可见,新型材料和改进型材料与主动载荷控制、颤振抑制、自动化设计及先进结构概念等相比,在飞行器结构减重中占有主导地位,也正因为这个原因,比强度和比模量这些概念在航空航天领域具有更为重要的意义。

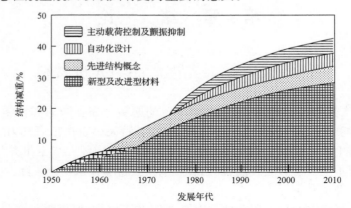

图 1-2　新型材料及改进型材料在军机结构减重中的重要性及发展趋势

高温材料是制约航空航天产品性能的另一类关键材料。飞机和发动机的发展对服役温度的需求如图 1-3 所示。由图可见,目前飞机蒙皮的最高温度达 1000℃以上,而发动机的工作温度则高达近 2000℃,不同的航空航天材料的耐温性如图 1-4 所示。由图可见,为了支撑航空航天产品提高工作温度的要求,许多新型材料如金属间化合物、陶瓷、碳-碳及各种复合材料正在加速发展之中[1,4]。

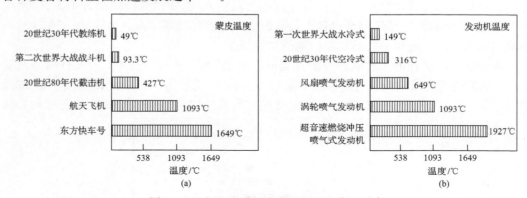

图 1-3　飞机和发动机发展对服役温度的需求

高性能航空航天结构材料对于减轻结构质量和提高飞行器的结构效率、服役可靠性及延长寿命具有极为重要的作用,是航空航天材料的主要发展趋势。航空航天结构材料的高性能主要是轻质、高强、高模、高韧、耐高温、耐低温、抗氧化、耐腐蚀等[3,5]。近来在航空航天产品设计中引入损伤容限设计的概念,意味着对材料的韧性要求更高了,有时宁可牺牲一点强度,也要确保韧性的要求,这是由于对航空航天产品已发展到高可靠性、高耐久性和长寿命的要求。对航空航天飞行器的动力装置来说,特别重要的是耐高温、耐低温、抗氧化、耐腐蚀等性能要求,这几乎是结构材料中最高的性能要求。高性能材料在新一代飞行器动力装置中起到了关键性的作用,如航空发动机中的单晶涡轮叶片材料和航天固体发动机中的高能推进剂材料等。

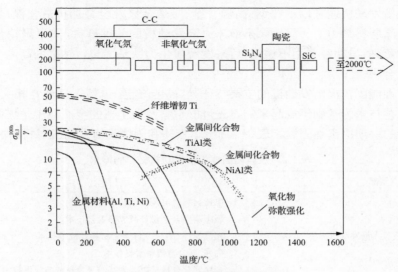

图 1-4 航空航天材料的耐温性

航空发动机相当于飞机的心脏,是确保飞机使用性能、可靠性和经济性的决定因素。与第四代战斗机配套的推重比 10 发动机已投入广泛使用,如美国的 F119 发动机已装备了 F22 战斗机。民用大推力涡轮风扇发动机如 GE90、PW4073/4084、Trent800 等为 B777、A380 等大型宽体客机所选用。提高推重比或功率重量比、提高涡轮前进口温度、提高压气机平均级压比和降低油耗是高性能军用发动机的发展方向。与军用发动机相比,民用发动机的推重比虽增加不大,但其涡轮前温度、涵道比和总增压比的增加,已促使耗油率大幅度下降,仅为军用发动机的 1/4~1/3。发达国家航空发动机的产值已占整个航空工业产值的 25%~30%,其性能水平很大程度上依赖于高温材料的性能水平,如新型高温合金和高温钛合金、金属间化合物及其复合材料、热障涂层材料、金属基复合材料、陶瓷基和碳-碳复合材料等[1,2,4,5]。在一台先进发动机上,高温合金和钛合金的用量分别要占发动机总结构质量的 55%~65% 和 25%~40%。发动机材料的发展目标和重点见表 1-1。

表 1-1 航空发动机对航空材料发展的需求目标和重点

特点	对材料要求	重点发展的材料与技术
1. 发动机主要特征参数 压气机出口温度:908K (635℃) 高压涡轮进口温度:1988K (1751℃) 加力燃烧室温度:2050K (1777℃) 压气机总增压比:25 2. 寿命要求 冷端部件:4000h 热端部件:2000h 3. 采用推力矢量喷管	1. 某些部件必须采用轻质高温材料 2. 大量采用高温、轻质、高比强、高比模材料 3. 需要大量钛合金构件 4. 材料抗氧化能力要求更高 5. 密封、隔热、润滑、轴承要求更高	1. 单晶叶片材料 2. 粉末冶金涡轮盘材料 3. 金属基复合材料 4. 高温高分子材料及其复合材料 5. 高温、高强钛合金 6. 金属间化合物及其复合材料 7. 高温无机材料 8. 高温密封、润滑、隔热材料 9. 超高温结构复合材料(陶瓷、碳-碳)及难熔金属材料 10. 高温材料损伤容限数据测试及方法 11. 材料无损检测技术

液体火箭发动机通常以不锈钢、高温合金、难熔金属及合金加抗氧化涂层或者碳-碳复合材料加涂层材料为主。涡轮泵是液体火箭发动机的关键部件,其中涡轮盘和叶片工作条件最为苛刻,早期曾采用不锈钢,后来发展演化为铁基、镍基、钴基的高温合金及它们的金属间化合物[5-7]。

当代高性能固体火箭发动机的主要特征是"高能-轻质-可控",三者互相关联,而且是以材料和工艺技术为基础集成起来的。先进的材料及新工艺的全面应用是提高固体火箭发动机性能的一项决定性因素。表 1-2 列出了液体和固体火箭发动机对材料的需求。

表 1-2　液体和固体火箭发动机材料的需求

应用部位	材料
液氢/液氧火箭发动机	1. 电铸材料及电铸工艺技术 2. 新型高温合金材料及成形工艺技术 3. 超低温(−253℃)Ti 合金材料及成形技术 4. 高强 Ti 合金薄壁管材技术 5. 金属间化合物及以其为基的复合材料与成形技术
液氧/煤油火箭发动机	1. 新型不锈钢材料技术 2. 新型铸造不锈钢材料及工艺技术 3. 新型高温合金及特种工艺技术
固体火箭发动机	1. 新型芳纶-环氧复合材料技术 2. 高强中模碳-环氧复合材料技术 3. 四向 C-C 喉衬材料和工艺技术 4. C-C 喷管材料和工艺技术

从前面列举的航空航天材料的发展历程和趋向可以看出,先进航空航天产品构件越来越多地采用高性能的新型材料以满足日益提高的性能要求,特别是在承受高温的构件方面,以金属间化合物、高温合金、单晶合金、难熔合金及先进陶瓷材料等为代表的新型材料扮演了日益重要的角色[1,8,9]。图 1-5 为美国航空航天局(NASA)对先进航空发动机用材趋势的预测。由图可以看出,到 2020 年,Ti 基复合材料、TiAl 及 Ni、Fe 基金属间化合

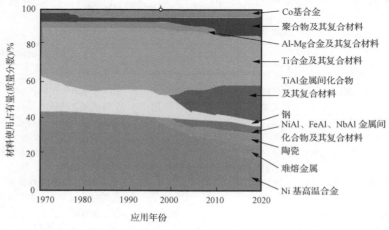

图 1-5　航空航天未来发动机用材的预测

物、陶瓷复合材料、难熔合金与 Ni 基高温及单晶合金等将占发动机用材料的 85% 左右，其中相当一部分关键高温构件要采用凝固和塑性加工制备。就以 TiAl 基合金来说，通用电气公司宣布，波音 787 选用的 GENX 发动机低压涡轮后两级叶片采用 TiAl 合金可减重 200kg，表 1-3 为通用电气公司 TiAl 基合金的应用情况与发展计划。我国在航空航天领域 2011～2020 年先进材料与热工艺技术发展重点计划中也将高性能 TiAl 合金及冷坩埚熔铸和定向凝固作为研究开发的重点，见表 1-4[1,4]。

表 1-3　通用电气公司 TiAl 基合金的应用情况与发展计划

构件	合金	合金优势	风险	应用情况
过渡风道支撑	Ti-48Al-2Nb-2Cr	高温强度	低	实际运转正常
密封壳体	Ti-48Al-2Nb-2Cr	阻燃性能	低	将用于先进发动机
密封支撑	Ti-48Al-2Nb-2Cr	刚性	低	GE90 发动机铸件
燃烧室主涡流器	Ti-45Al-2Mn-2Nb-0.8TiB₂	高温强度	低	计划中
压气机静子	Ti-45Al-2Mn-2Nb-0.8TiB₂	所有	中	计划中
低压涡轮翼片	Ti-45Al-2Mn-2Nb-0.8TiB₂	高温强度	中	已完成 MTU 实验台实验
低压涡轮翼片	Ti-48Al-2Nb-2Cr	高温强度	中	转子已转到 GF6-80C2 实验发动机实验
轴承支座	—	刚性	中	计划中
喷嘴零件	—	高温强度、刚性	中	计划中
压气机叶片	Ti-45Al-2Mn-2Nb-0.8TiB₂	所有	高	零件已准在 PWA、RR、GE 样机实验
燃烧室壳体和结构件	改进的 TiAl 基合金	高温强度、刚性	高	建议中
涡轮机架	改进的 TiAl 基合金	高温强度、刚性	高	建议中

表 1-4　2011～2020 年先进材料与热工艺技术发展重点

材料	工艺	应用	效果
高性能 TiAl 高温合金应用研究	1. 铸造合金 2. 变形合金 3. 耐热—1100℃	推重比 10～15 航空发动机、高超音速飞机，航天飞机	显著减重
新型 TiAl 基合金定向凝固精密铸造技术及应用	1. 冷坩埚感应熔铸 2. TiAl 合金定向凝固设备 3. 制造出定向凝固 TiAl 合金叶片 4. 定向凝固构件性能满足设计要求	推重比 10～15，功重比 9～12 发动机压气机叶片等	1. 定向凝固技术改型 TiAl 合金性能，铸造 TiAl 合金叶片，减轻发动机质量 2. 水冷铜坩埚感应熔铸技术可以获得性能更优良的钛铸件

1.2　材料凝固加工的先进技术——定向凝固

定向凝固技术在航空涡轮叶片制备上的成功应用以及以 Chalmers 为代表的定量凝固科学的出现，使定向凝固工艺的实验技术研究逐渐步入材料定向凝固理论研究领域。

这种定向凝固理论研究与技术发展的互动作用推动该技术的更新换代和新型定向凝固材料的出现。定向凝固技术的发展进步是人们对定向凝固理论研究的深化,特别是对定向凝固过程四个基本要素的把握,进而在工艺及定向凝固设备的改进上实施从认识到实践的演变过程。定向凝固理论研究成果促进了定向凝固技术的更新换代,拓展了定向凝固技术的应用领域,推动了新型定向凝固材料的开发,同时也为定向凝固理论研究提出了新课题[10]。

定向凝固过程理论研究的出现可以说是在 1953 年。那时 Charlmers 与他的同事在定向凝固方法考察液-固界面形态演绎的基础上提出了被人们称为定量凝固科学里程碑的成分过冷理论[11]。因此,从某种意义上讲,定向凝固技术催生了定量凝固科学,而定向凝固过程的理论研究也就伴随着定量凝固科学的萌生、成长与发展而深化。

可以看到,近几十年来,定向凝固理论研究已成为定量凝固科学领域不可分割的重要组成部分,并且因定向凝固使复杂的凝固过程简化为一维凝固过程,使相变的界面行为简化为一维的推进,从而使大量凝固行为的考察研究都能在比较简化的一维定向凝固条件下进行。对定量凝固科学的各个研究领域的深化而言,定向凝固理论研究提供了一种有效的手段。

从另一方面来看,定向凝固理论研究又是与定向凝固技术的发展进步紧密联系在一起的。20 世纪 60 年代,定向凝固技术成功应用于航空发动机涡轮叶片的制备,大幅度提高了叶片的高温性能,使其寿命延长,从而有力地推动了航空工业发展。而自 20 世纪末以来,广泛的单晶叶片与晶体取向控制的研究与应用更使先进航空航天材料与定向凝固技术的结合迈上一个新的台阶。这种成功促使人们致力于定向凝固过程的理论研究,以完善定向凝固技术,开拓定向凝固技术的新领域,并使大量的新型定向凝固材料及新的定向材料的制备技术涌现出来。

纵观几十年来定向凝固理论研究历程与内容,大体上有两大类理论研究:第一类是定向凝固技术的应用基础研究,这个领域的研究是应定向凝固技术发展需要而产生的,它主要涉及定向凝固过程的热场、流动场及溶质场的动态分析、定向组织及其控制和组织与性能关系等。定向凝固理论应用基础领域的研究,不仅使人们对定向凝固技术的工艺过程有更深层次的了解,还为定向凝固技术的完善及发展提供了依据。第二类则归结于定量凝固科学的基础理论研究,这个领域的研究以定向凝固中液-固界面及其生长特性研究为主线,涉及液-固界面形态及其稳定性、液-固界面相变热力学和动力学、定向凝固过程晶体生长行为及微观组织的演绎等,它丰富充实了定量凝固科学,并对定量凝固科学的各个研究领域的深化起到了推动的作用。

多年来生产实践与定向凝固应用基础研究说明,定向凝固过程存在四个基本要素,把握住这四个基本要素是获得优质定向组织的必要条件:①热流的单向性或发散度;②热流密度或温度梯度;③冷却速率或结晶生长速率与晶体取向;④结晶前沿液态金属中的形核控制。

正是人们对定向凝固技术的工艺过程有了深层次的了解,定向凝固技术从 20 世纪 60 年代初期功率降低(PD)法逐步发展成高速凝固(HRS)法,以后出现液态金属冷却(LMC)法及后来定向凝固技术的种种完善改进。这都是人们围绕上述四个基本要素的控制所进行的大量应用基础研究的结果[12-24]。这种从理论认识到生产实践的演绎过程生动显示了定向凝固理论研究与定向凝固技术的互动作用。

定向凝固理论的另一大类就应归于定量凝固科学的基础理论研究。其中定向凝固中液-固界面及其生长特性研究是其中最主要的领域,有以下主要内容。

1. 液-固界面稳定性及液-固界面形态演绎的理论研究

有许多凝固研究都归于这类:成分过冷理论[25]、MS(Mullins & Sebkerka)界面稳定性[26,27]、线性扰动理论[28]及非线性扰动理论[29]、柱状界面稳定性研究[30,31]、液-固界面温度对生长速率的响应函数及生长形态的演绎研究[32,33]、枝晶端半径、枝间距的研究[34]等。这类界面形态特性的理论研究,为认识千姿百态的凝固组织和了解凝固组织形成机理奠定了基础。

激光重熔、电子束重熔、区熔等高能量密度重熔技术的出现,创造了 $10^0 \sim 10^6 ℃/s$ 及以上冷却速率的超高温度梯度定向凝固生长条件。这样,人们在实验室获得了观察和研究偏离平衡和极度偏离平衡的定向凝固过程的手段与方法。近年黄卫东团队[35-38]研发的激光快速成形系统将三维技术与高能束加工相结合,在高梯度、非平衡凝固加工领域针对航空构件,围绕提高冶金质量进行了系统的理论与实践研究,取得了重大进展。快速凝固及近快速定向凝固界面稳定性与形态演绎的研究在 20 世纪 90 年代得到了长足的发展[39-53],为填补人们对凝固过程认识中长期存在的空白、充实定量凝固科学作出了贡献。

2. 定向凝固液-固界面推移中溶质再分配及其对平衡的偏离研究

液-固界面处相变热力学研究[54]给出了液-固界面两侧,即液相与固相成分可能存在的范围。Baker 和 Cahn 从热力学角度给出了可能凝固的液-固界面两侧相应的固液相成分范围。也就是说,液固相对成分点只要落在这个区域内,过程进行的 $\Delta G<0$ 就是热力学的可能过程,这就预示了在非平衡的凝固过程,界面两侧液固相成分在一个范围内可能存在溶质无扩散相变和溶质的裹入(trapping)等行为,具体成分点将取决于动力学条件。

Aziz[55]从理论上导出界面处溶质分配系数类似的表达式,k 与界面生长速率 v 间的关系为

$$k_v = \frac{k_0 + (\delta_i V/D_i)}{1 + (\delta_i V/D_i)}$$

式中,k_v 为溶质分凝系数;k_0 为溶质平衡分凝系数;δ_i 为界面特征厚度;V 为生长速率;D_i 为界面溶质扩散系数。

该表达式表明,随生长速率 V 的增长,相变将出现溶质裹入,界面两侧处的成分趋于接近,并在 $V \to \infty$ 时,将出现无扩散相变,这种溶质裹入和无扩散相变已在实验室中得到证实[56]。

3. 定向凝固过程中晶体生长行为及微观组织的演绎研究

定向凝固体系是在一个温度梯度场中凝固的体系。这样的体系为实验研究在温度下降过程中凝固组织的演绎创造了条件。利用液淬和定向凝固技术结合,获得了凝固体系的微观组织在凝固过程中演绎考察研究的重要手段。正是在这样的方法与思路的推动下,对凝固组织形态演绎[57-60]及微观组织的特征量[61-66]的研究,以及对各种合金系的共晶共生生长[67-70]、偏晶生长[71-73]、包晶生长[74-77]特性研究都有了长足的发展。

定向凝固基础研究的成果大致可以用一幅示意图(图 1-6)来表述[10]。从图中可看

到,对以界面推进速率(即生长速率)响应函数为主线的凝固生长中固-液界面特性演绎全过程的描述。随着结晶生长速率从 0 逐渐增大,固-液界面特性及凝固组织的演绎大体有如下三个阶段。

1) 低生长速率段的平衡及近平衡区段(生长速率为 $10^{-8} \sim 10^{-4} \mathrm{m/s}$)

在这区段中,液-固界面局部平衡假设成立,成分过冷判据成立。

随着生长速率的增加,界面从稳定的平界面逐渐失稳,转变为胞状晶直至侧枝的出现转变为树枝状晶的生长形态。

2) 高生长速率段的偏离平衡段(生长速率 $10^{-4} \sim 10^{-2} \mathrm{m/s}$)

此时,液-固界面局部平衡已不再成立。

$k \neq k_0$,溶质再分配出现了溶质的裹入现象,界面生长形态特征也发生了突变,树枝晶的侧枝出现不稳定,逐渐消失,形态发生了枝→胞转变。

3) 超高速生长(生长速率达 $10^0 \sim 10^4 \mathrm{m/s}$)

这也是极度偏离平衡状态。生长特征已进入 MS 理论预测的绝对稳定和近绝对稳定生长特征,即无扩散凝固。溶质分配系数 $k \rightarrow 1$,发生了溶质的完全裹入。此时表面张力效应显露,出现带状振荡结构和亚稳相的产生等种种特征,枝晶端的不稳定生长形态向绝对稳定平界面过渡。

由图 1-6 还可以看到以冷却速率为主线的微观显微组织的演绎过程,并且其表现出性能的变化。从低冷却速率段的粗大树枝晶组织到中冷却速率的细枝组织;高冷却速率时的超细胞晶组织直至发展成超细无偏析、亚稳组织结构的演绎规律及其与材料使用性能的相应关系,展示了材料性能控制的途径和手段,让人们看到了挖掘材料性能潜力的方

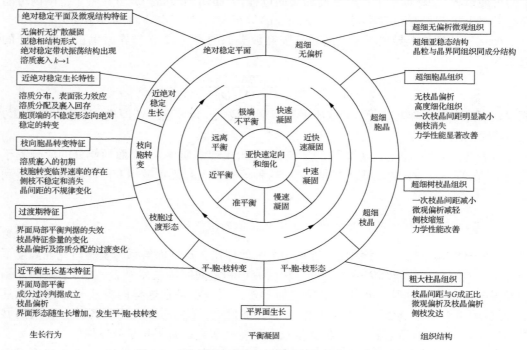

图 1-6　不同条件下定向凝固生长特性与组织演绎

向和前景。应该说,定向凝固微观组织对材料使用性能影响机制的研究也是定向凝固基础理论研究的重要领域。在某种意义上,它是一个跨应用基础研究和理论基础研究的学科,而略偏重于应用。

1.3　超常条件定向凝固过程

大量新型定向凝固材料及新型定向制备技术的出现是当前定向凝固研究领域发展的新动向。由区熔技术与定向凝固技术相结合开发出的超高温度梯度定向凝固方法[40]的出现,开拓了超细柱晶材料研究领域。高温合金超细柱晶材料,使其高温持久寿命比常规工艺提高了 3 倍。深过冷熔体快速凝固技术与定向凝固相结合开拓了快速定向凝固技术[78-81],不仅克服了目前定向凝固技术冷却强度受控于固相端热量导出和凝固速率受限制的弊端,还发挥了深过冷快速凝固技术高冷却速率的优势,实现了高效率制备超细柱晶材料。电磁约束成形技术实现了无坩埚、无铸型的熔化和凝固成形。冷坩埚定向凝固技术实现了对高熔点高活性材料如 TiAl 合金的定向凝固。区熔液态金属冷却(zone melting liquid metal cooling,ZMLMC)超高梯度定向凝固技术引入电磁约束成形技术[82-85],就能实现具有特定形状的铸件定向凝固组织的超细化。定向凝固与连续铸造的有机结合,形成单晶连铸技术[86],用以制备单晶铜线材,赋予其优异的频率特性和导电性能,使单晶铜线材成为高保真电缆的首选导电材料及制备自生复合高强度高导电的电车线[87]。新型定向凝固材料以及新的定向凝固制备技术的涌现推动了定向凝固技术发展,同时也为相对应的定向凝固理论研究发展提出了新方向。

在这新的发展时期,定向凝固理论与技术研究如何围绕新型定向凝固材料的形成机制及其制备技术开发开展深入的研究工作将是摆在我们面前的课题。可以认为大体上有以下四方面的研究领域是值得花大力气去努力的。

1. 近快速凝固区段的凝固界面稳定性及其特性演绎的研究

它是和有工程应用价值的超细柱晶材料形成机制密切相关的。如何提高材料在该区段生长界面的稳定性将对获得具有工程应用价值且具有一定尺寸大小的超细柱晶材料的制备有重要的指导意义。

2. 多种物理场复合作用下凝固界面特性研究

近来人们开始关注多种物理场中凝固过程的研究,特别是目前提及的所谓超常条件下凝固过程的研究,都涉及若干物理场的复合作用。可以看到,研究涉及人们所熟悉的热场、重力场和电磁场,现还涉及一些如声场、电脉冲场等,人们尚不十分熟悉的物理场在凝固过程中的复合作用。而在这些复合物理场中凝固界面特性的研究,则是这些凝固过程的核心,如凝固界面形态的演绎、溶质的再分配、界面生长的热力学与动力学等,也正是定向凝固理论研究的特色所在。

3. 特定晶体择优取向定向生长热力学与动力学及相应取向控制技术的研究

金属间化合物,如 TiAl、超磁致伸缩稀土 Tb-Dy-Fe 金属间化合物等均有强烈的各向异性。同时,其晶体择优生长取向又与最佳性能晶体取向不一致,要获得性能最佳取向生长的晶体就必然面临一个如何实现这些特定的非择优生长取向的晶体生长问题。在一般的定向凝固过程中,晶体生长往往沿其择优生长的晶体取向生长。热力学分析表明,择优生长晶体取向生长可使定向凝固体系自由能位较非择优取向低。从动力学来看,择优生长晶体取向的生长有较大的驱动力和生长速率。因此,在出现多个晶粒取向同时生长的定向凝固中,往往择优生长晶体取向就会淘汰非择优取向生长的晶粒(这种竞争生长淘汰劣势生长特性在单晶叶片制备上已得到成功应用)。显然,要实现沿这些特定非择优生长取向晶体的生长,就必须再有一个附加的驱动力,使该晶体沿这些特定非择优生长取向定向生长,从热力学不稳定状态进入稳定或亚稳定状态,使其成为热力学可能的过程,同时,还应在动力学上可行。可以看到,目前这方面的研究已开始引起学术界的兴趣[76],并且在某些工程应用上已有初步尝试,如发动机叶片制造。相信一旦解决特定晶位取向生长的控制,那么在一些金属间化合物及特殊功能的定向材料制备技术上将有突破,更新一代的定向凝固材料将会面世。

4. 三维铸件定向凝固过程中液-固界面形态及生长特性的动态控制及其相应技术的研究

定向凝固生产实践表明,生产中铸件的定向凝固过程是一个非稳态的动态过程,上面提及的定向凝固的四个基本要素在铸件定向过程中始终是一个变数,正因为如此,如何实现定向凝固过程四个要素的动态实时控制,就成为定向凝固理论研究中的一个极有前景的应用基础理论研究。应该看到,实践生产中定向凝固的铸件与铸型是一个十分复杂的双介质传热系统,在这样的系统中的热传输及其凝固组织控制,特别是实现动态实时控制将是一个很有挑战性的课题,也是很有吸引力的课题。

定向凝固理论研究作为定量凝固科学不可分割的重要组成,它将随着定量凝固科学的发展而不断地深化,而且也必将随着新一代定向凝固材料的面世而不断拓展自己的研究领域。相信定向凝固理论研究的拓展和深化也必将为定向凝固科学的发展以及定向凝固技术的更新换代和新的定向凝固材料的出现作出重要贡献。

1.4　定向凝固过程面临的新挑战

20 世纪 80 年代以前,发动机用材除了少量高分子材料,主要为 Fe、Ti、Ni 及其合金,飞机机体也主要是树脂基复合材料及钢和 Al、Mg 合金。这些金属材料从凝固加工角度考察,基本上都是以金属键结合为主且熔化熵较低的粗糙(弥散)型固-液界面的非小平面型固溶体加弥散强化相的合金材料,它们在凝固中的液-固相变、晶体生长、形态演化与扩散行为都有比较成熟的理论和经验可循,其变化规律也大多在掌握之中[88-91]。

而根据前述航空航天材料的发展趋势,当前及近期人们关注的先进材料的键合特性与结构特征却有很大不同,其化学键中共价键与离子键所占比例增加。据计算,TiAl 金属间化合物中非金属键(共价与离子)所占比例已近 70%。众所周知,共价键和离子键与金属键的重要区别之一是共价键和离子键具有明显的方向性(表 1-5)。在经济和科学技术发展促使新型材料不断出现的大背景下,材料键合特性变化的示意如图 1-7 所示。与之相应,共价或离子键合过程中伴随的元素间电子迁移也会造成材料及其组成相结构的复杂化和多种化合物相的出现[92,93]。

表 1-5　金属键、离子键和共价键的比较

性质	金属键	离子键	共价键
A 和 B 的电负性	A 电正性 B 电正性	A 电正性 B 电负性	A 电负性 B 电负性
键合特性	电子气,无方向性	静电吸引,有方向性	共有电子,有方向性及局域性
结合力性质	自由电子和金属离子间吸引	A^+ 和 B^- 间静电吸引	成键电子将 A、B 结合在一起
结合的几何形式	金属原子密堆积	A-B 间最大限度地接近;A-A 间、B-B 间远离	由价电子数控制
键强度性质	6 个价电子最高,大于 6 和小于 6 都逐渐减小	由离子大小和电价决定	由净成键电子数决定

注:表中 A 和 B 表示相互成键原子。

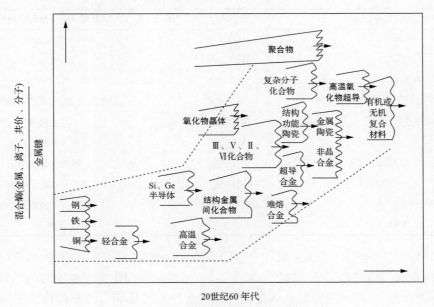

图 1-7　不同材料与键合特性的示意关系
各种材料体现位置粗略地以开始广泛使用为序,面积大小并不代表其应用广度或重要性,
箭头表示相关材料至今仍在不断发展

材料化学键特性与结构变化在凝固加工领域将导致材料熔化熵及反映固-液界面特性的 Jackson 因子的改变,从而引起材料凝固特性的改变。如图 1-8 所示为键合特性变化导致材料熔化熵变化的结果,而材料不同熔化熵会带来有巨大差异的凝固过程和组织

结构。表 1-6 为具有低熔化熵的普通金属与高熔化熵金属化合物各方面凝固和晶体生长的差异。

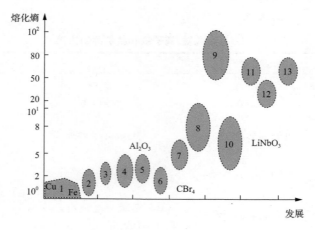

图 1-8　不同材料的熔化熵

1-金属、合金;2-结构金属间化合物;3-硅、锗半导体;4-化合物半导体;5-金属或非金属间化合物;6-非晶合金;7-金属陶瓷;8-结构陶瓷;9-聚合物;10-氧化物陶瓷;11-高温超导氧化物;12-复杂分子化合物;13-碳、硼及其化合物

表 1-6　凝固特性与熔化熵(相变熵)

金属或合金(低熔化熵)	凝固特性	非金属或化合物(高熔化熵)
弥散型	液-固界面	尖锐型
非棱面	界面结构	棱面
各向同性	生长特性	各向异性
连续吸附就位(连续生长)	生长动力学	台阶、面扩散、扭拆(不连续生长)
简单立方、六方	晶体结构	复杂结构
平、胞、枝	结晶组织	平胞
扩散控制	生长机制	螺旋位错控制
亚稳简单原子团簇(短程序)	熔体结构	亚稳复杂原子团簇
单原子、准单原子	液相扩散机制	尚不清楚
规则	共晶生长	不规则

金属键占主导地位的普通金属和合金固溶体在发生液-固相变时,其热效应(潜热)一般较小,在差示扫描量热(DSC)曲线上峰变也较小,而金属间化合物相变时的热效应则明显大于普通合金,反映出它们的高熔化熵特征。这种高熔化熵合金在凝固结晶过程中发生较大的热效应(热熔 ΔH),呈现较大的无序或有序化。

图 1-9 为 Al-35Ni[①] 的 DSC 曲线[94]。由图可看出,对应于 Al_3Ni_2 及 Al_3Ni 的形成析出,其升温与冷凝曲线均出现较大的吸热与放热效应,它们结晶过冷也明显较大。大家知道,定向凝固过程中枝晶端部的过冷度 ΔT 等于界面溶质过冷 ΔT_c、曲率过冷 ΔT_r 与动力

———————————

① 书中此种情况若无特别说明,均表示原子分数。

学过冷 ΔT_k 之和：

$$\Delta T = \Delta T_c + \Delta T_r + \Delta T_k = \frac{k\Delta T_0 Iv(p)}{1-(1-k)Iv(p)} + \frac{2\Gamma}{R} + \frac{V}{\mu}$$

式中，右侧 $Iv(p)$ 为 Ivantsov 解；R 为枝端半径；V 为生长速率；Γ 是界面能与熵变的比值，常称 Gibbs-Thomson 常数；μ 为界面动力学系数，是界面生长各向异性函数。当液-固界面为多层、粗糙的弥散型界面，界面点阵位置的缺位数与占位数之比较大（最大为 50%）时，凝固过程中液相原子比较容易沉积在界面上，对应于这种结构的 μ 值较大；相反，对单层光滑尖锐型界面，界面点阵位置多被占据，凝固时液相原子难以沉积在界面上，其相应的 μ 值较小。所以说界面动力学系数 μ 反映了相变中液相原子沉积在液-固界面的能力。

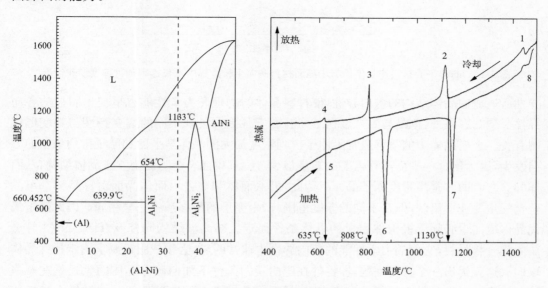

图 1-9　Al-35%Ni 降温 DSC 曲线，10℃/min

1-L $\longrightarrow$ AlNi；2-L+AlNi $\longrightarrow$ Al$_3$Ni$_2$；1133℃；3-L+Al$_3$Ni$_2$ $\longrightarrow$ Al$_3$Ni；854℃；4-L $\longrightarrow$ Al$_3$Ni+Al；639.9℃

晶体生长时的动力学特性因晶格构造和界面结构的不同，可以在非常宽的范围内变化。纯金属及其固溶体 μ 的数量级在 $1\sim3\mathrm{m/(s \cdot K)}$，Ge 和 Si 等半导体类材料在 $0.1\sim0.5\mathrm{m/(s \cdot K)}$，而具有简单结构的金属间化合物在 $0.001\sim0.01\mathrm{m/(s \cdot K)}$，准晶或其他复杂结构的相在 $0.0001\sim0.001\mathrm{m/(s \cdot K)}$。相应的，它们的动力学过冷度 ΔT_k 会呈数量级地增大。一般情况下，对于纯金属、半导体单质及其固溶体，由于其固-液界面形貌为非小平面，动力学效应基本可以忽略。但是，对于金属间化合物，当固-液界面呈现为小平面生长形貌时，生长动力学效应是不能忽略的，并且生长动力学效应在晶体生长过程中起重要作用。图 1-10 为非小平面与小平面材料所对应的连续生长和不连续的侧向生长速率与动力学过冷的关系。由图可以看出，在较低生长速率范围所对应的动力学过冷度，小平面材料远高于非小平面，表明具有金属间化合物特性的材料在一般定向生长条件下很难获得正常的连续生长的晶体。

还需要提及的是，单晶高温合金与金属和非金属化合物等高温材料由于化学键各向

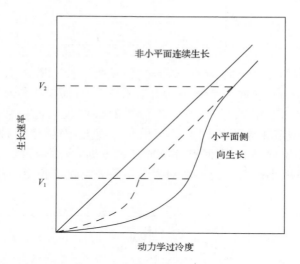

图 1-10　非小平面材料连续生长与小晶面材料侧向生长过程中生长速率随过冷度变化情况

异性所造成的晶体结构的各向异性,使材料晶体的物理和力学性能也呈现出明显的各向异性[92,95,96]。另外,单晶高温合金在不同温度下各晶向呈现不同的蠕变特性与其变形机制有关。金属晶体中的滑移通常沿原子排列密度最大的晶体学平面和原子排列最密的方向发生,因为沿这些平面滑移需要的能量最少。镍基单晶合金为面心立方晶体结构,八面体和立方六面体是高密度原子晶面。因此,沿八面体和立方六面体晶面滑移是镍基单晶合金的主要变形机制,但在不同的温度范围,产生变形的滑移系不完全相同。因此确定最优晶体取向也必须要视构件服役的具体条件而定。对高温结构陶瓷及 TiAl、NiAl 等金属间化合物材料,它们的力学性能的各向异性也非常明显,必须依服役要求确定择优晶体取向。这就提出一个重要问题,即构件在定向凝固条件下如何确保晶体的生长是在严格控制特定取向的条件下进行的。换言之,材料化学键各向异性导致的晶体结构力学性能的各向异性,促使我们在构件凝固加工过程中要研究使晶体按特定的方向生长的规律以控制晶体生长取向,获得最佳的力学性能。

　　蠕变性能不仅取决于晶体的位向,测试温度、应力、合金成分等均对其产生影响。文献中公布的结果均在特定的条件下完成,因而不尽相同,有些甚至完全相反。例如,法国Snecma[97]公司和德国柏林工业大学分别认为 AM1 合金在 1100℃、120MPa 以及 CMSX-4合金在 850℃下〈001〉方向具有最好的蠕变强度。北京航空材料研究院认为 DD6 单晶高温合金在 980℃、350MPa 下,〈001〉、〈011〉、〈111〉方向蠕变强度的相对值为 1:0.18:0.08[98]。但美国 P&W 公司实验统计和理论分析表明,在大多数情况下,〈111〉方向的蠕变抗力大于〈001〉方向。应指出的是,由于实验温度与载荷差异,材料在实验中的蠕变机制会有所不同,一般会由较低温度较大载荷下的滑移机制变为高温低应力下的扩散机制。而各晶向的各向异性也可能随实验或服役条件的不同发生变化。

　　对晶体生长取向的研究发现,材料晶体力学性能的择优晶向与定向凝固中晶体生长的择优取向虽然并非完全一致,但在许多情况下最佳力学性能的晶体方向也是晶体的择优生长取向。例如,作为发动机叶片材料的镍基单晶合金,其最佳抗蠕变性能的晶向多数认为是⟨001⟩,因为该晶向所对应的晶面具有最小的界面能、最大的界面粗糙度和最小的熔化熵,所以沿该晶向⟨001⟩生长耗费的能量最小,故称为易生长方向(easy growth direction),是镍基单晶合金的择优生长方向。并且,根据抗疲劳性能要求,镍基单晶合金的叶片轴向的最佳性能方向也对应于⟨001⟩晶向[99,100]。由于涡轮叶片的受载主要是高温蠕变与疲劳以及二者的复合作用,所以对于叶片类的构件,控制晶体⟨001⟩晶向沿定向凝固的轴向生长就成为定向凝固的关键技术。

　　航空航天高温结构材料定向凝固中遇到的另一类重大挑战是合金在熔化、铸造、凝固中产生各类夹杂的问题。广泛应用的含高铝钛镍基单晶合金、新型高温 γ-TiAl 合金、难熔合金及其他富含活泼元素的高温材料,按传统的 Bridgman 方法定向凝固,像 Al、Ti、B、Zr 等化学活性元素在高温时与陶瓷坩埚和铸型接触,不可避免地会形成和产生各种非金属夹杂,严重损害材质的冶金质量,恶化材料的性能,已经成为严重制约空天产品的关键瓶颈。

　　为解决合金熔体与构件的纯净度和冶金质量问题,西北工业大学和哈尔滨工业大学先后开展了无坩埚和冷坩埚电磁约束定向凝固的研究与开发工作,并进一步探索超高温度梯度的定向凝固[101-106]。

　　在很多科学领域和工业部门,水冷铜坩埚感应熔炼(cold crucible induction melting)广泛用于制备各种难熔材料和活性物质,如 Ti 合金、TiAl 合金、氧化物陶瓷和熔点高于2000℃的特种玻璃等。美国 BMI 公司在 20 世纪 50 年代开发出冷坩埚技术,实现了感应凝壳熔炼 Ti 合金[107]。Duriron 公司在 80 年代初建造了第一套大型工业用熔炼和铸造活性金属的冷坩埚设备,并浇铸出多种合金和金属间化合物[102]。苏联科学院系统研究了冷坩埚熔炼理论,并将应用领域拓展到氧化物、玻璃和单晶材料制备上。我国于 80 年代后期开始发展冷坩埚技术,在活泼金属熔炼、单晶、磁性材料制备和玻璃固化等方面,也取得了不少先进成果。冷坩埚制备材料具有以下优点:水冷铜壁和感应壳避免了坩埚材料对物料的污染;熔体可以过热到较高的温度,利于杂质的去除;电磁搅拌促进熔体的温度和溶质均匀化,减小了热应力和成分偏析。

　　近几十年发展起来的水冷铜坩埚技术(包括真空自耗电极冷坩埚、凝壳冷坩埚等)摒弃了氧化物陶瓷坩埚在钛合金等高活性材料熔炼中的应用,解决了合金的污染问题。但是这类冷坩埚技术只能熔铸坯锭或熔化后将合金液浇注入铸型中凝固成形,不能得到定向凝固的组织。哈尔滨工业大学精密热加工重点实验室开发出电磁冷坩埚连续成形定向凝固技术:在分瓣水冷铜坩埚外施加电磁场,利用涡流将母合金熔化过热,优化电磁压力,使熔体半悬浮并与坩埚壁保持软接触状态,抽拉坯锭连续冷却获得定向凝固组织[102]。实现 TiAl 合金的冷坩埚定向凝固,电磁场应起到热源和约束熔体悬浮成形的双重作用,而且热和力(电磁)要相互匹配,相辅相成完成一个熔化过热和定向凝固同时进行的过程[107,108],既要保证固-液界面的平直度,形成基本的单向热流,又要形成固-液界面足够的温度梯度,同时还要减小界面处冷坩埚的侧向散热,阻止界面前沿侧向形核。

　　图 1-11 为制备矩形坯锭不同结构的水冷铜坩埚示意图。冷坩埚的高度、壁厚、缝数和缝长均对坩埚内磁场分布及磁-热与磁-力效率有重要的影响。

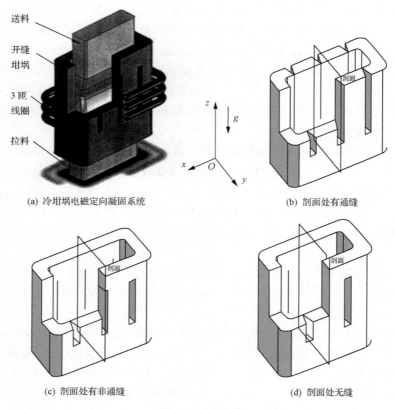

送料
开缝坩埚
3 匝线圈
拉料

(a) 冷坩埚电磁定向凝固系统

(b) 剖面处有通缝

(c) 剖面处有非通缝

(d) 剖面处无缝

图 1-11　不同开缝的冷坩埚造型

在感应线圈交变电场作用下,通过水冷铜坩埚在试样内所产生的涡流及其与线圈磁力线作用下产生的洛伦兹力构成了加热、熔化试样的焦耳热及约束熔体形成半悬浮驼峰的电磁压力。

图 1-12 为在给定坩埚的缝长区域内,不同位置驼峰相对于线圈移动时(以 $z_3 = 0$ 为基准,即表示熔体离开坩埚壁呈半悬浮态的起始点 z_3 的高度与感应器高度中心持平)驼峰受到的电磁力及焦耳热的分布。从图中可以看出,在给定条件下,试样的某一位置熔体温度可得到最大值。此最大值与电磁力的最大值在某给定条件下可望取得一致[104]。

在反复改进冷坩埚系统设计以及对冷坩埚电磁场和温度场系统测试及模拟计算的基础上,进行了从圆柱到矩形坯锭近 5 年的实验研究,获得了 Ti 及 TiAl 合金表面质量较好且具有定向凝固组织的样件[102,107,108]。图 1-13 为 Ti 及 TiAl 合金样件的凝固组织。合金在不同抽拉速率下定向凝固试样与常规精铸和锻造试样拉伸性能的对比表明,无论 Ti 还是 TiAl 合金都可获得较好的定向凝固组织,其拉伸性能,特别是在适当的定向结晶工艺参数条件下其定向凝固试样的强度与塑性都比非定向的铸态及锻态试样有较明显的提高。

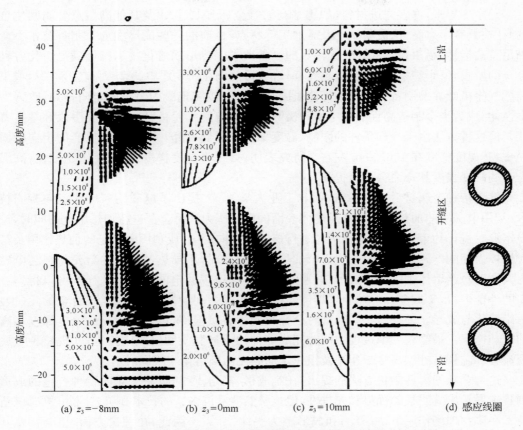

图 1-12 驼峰处于坩埚不同位置时的电磁场力与感应焦耳热分布（W/m³）

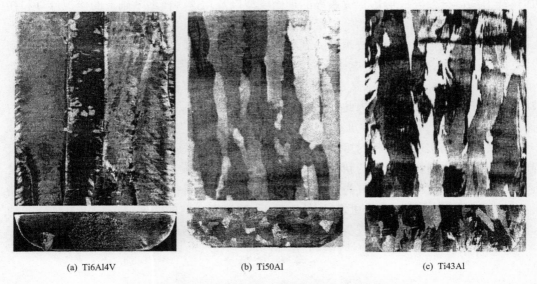

(a) Ti6Al4V   (b) Ti50Al   (c) Ti43Al

图 1-13 钛基合金试样定向结晶组织的宏观组织照片

　　近十多年来,许多先进材料(如镍基高温合金、TiAl、NiAl 及其他高熔点金属间化合物)往往具有熔点高、活泼易氧化及难加工等特点,目前的一些成形和加工制备技术不能满足其高活性、易氧化、高洁净、无污染的制备要求。冷坩埚熔化技术虽可满足熔化各种合金的要求,但组织控制较难,电热效率较低,目前仍在研发之中。迄今,航空发动机或工业燃气轮机叶片的制备主要采用高速凝固 HRS 法,以实现凝固组织的定向排列,改善力学性能,成为当今制造高性能航空发动机叶片及工业燃气轮机叶片的重要手段和基本方法。但这种方法由于冷却条件的限制,温度梯度比较低,德国 ALD 公司生产的定向凝固设备,其温度梯度在 100K/cm 左右。研究表明,如果将温度梯度提高,使组织细化,高温合金的蠕变强度和寿命会成倍提高。

　　针对特种金属材料这一特点,西北工业大学[101,109]提出了电磁约束成形定向凝固技术:利用电磁场的加热作用及其对熔体表面的电磁压力来对合金进行加热熔化的同时,按设定形状进行约束成形,并通过抽拉进行连续的定向凝固;或利用电磁场的加热作用及其对熔体表面的电磁压力来对合金进行加热熔化的同时,用导热性很好的薄壳材料与电磁力共同对合金熔体进行约束成形,并通过抽拉实现连续的定向凝固。这样既可以得到一定的外部形状,又避免(或减弱)了熔体与坩埚、模壳之间的接触,可以实现合金的无(少)污染熔化与成形。并且由于冷却剂对合金表面的直接强冷,可以获得高的温度梯度和高的冷却速率。最终在一个过程中同时完成部件的成形和凝固组织的控制,实现特种金属短流程、高温度梯度、高冷却速率及组织定向的无污染熔化与凝固成形。

　　这种全新的材料制备方法的提出,在难成形、高熔点、活泼易氧化的特种合金的成形制备中展示出其明显的优势和先进性,但也必然涉及许多新的技术和工艺问题,同时该新技术在多物理场作用下,将凝固和成形融为一体[110,111]。因此,在理论方面,也会存在其特有的新规律和新理论,包括定向凝固及成形方法涉及的电磁场、成形力场、成形力场和加热能力的耦合及与成形形状关系等的理论模型以及在这些模型基础上的模拟计算和在实际条件下对多种合金进行的定向凝固成形实验。

　　电磁约束成形定向凝固技术中关键难点之一是异形(非圆形)截面试样熔化部分表面每点的熔体重力、表面张力与电磁压力的平衡,任何局部的失衡都会导致熔体的溃散,而重力、张力与电磁压力每一项又都是磁感应强度、频率、功率温度等多参数的函数,而且是动态变化很难精确测定的。因此,研究工作是以实验与模拟结合的方式进行的。具体的讨论可参阅第 4 章电磁约束成形定向凝固有关内容。

　　利用电磁场实现对材料的熔化与定向凝固的无接触和冷接触加工,无疑是对高熔点、高活性或特种材料构件制备的新型技术,可能具有广阔的发展空间。但迄今的研究开发还处于初始探索阶段。要想成为成熟的先进工艺,用于高科技产品的制备,还有长远的路程,还需要解决许多问题。千里之行,始于足下,这里所介绍的一些研究积累只是最初的尝试。希望随着我国科技的进步发展,这些新的尝试能开出成熟之花。

参 考 文 献

[1] 李成功,傅恒志,于翘,等. 航空航天材料. 北京:国防工业出版社,2002

[2] 美国国家研究委员会. 90 年代的材料科学与材料工程. 航空材料研究院及航空信息中心译. 北京:航空工业出版

社,1992

[3] 王道荫. 迈向 21 世纪的航空科学技术. 北京:航空工业出版社,1994

[4] Buhl H. Advanced Aerospace Materials. Berlin:Springer-Verlag,1992

[5] 中国大百科全书总编辑委员会. 中国大百科全书航空航天. 北京:中国大百科全书出版社,1985

[6] 于翘. 导弹与航天丛书材料工艺卷. 北京:宇航出版社,1991

[7] Gahand C K. The Illustrated Encyclopedia of Space Technology. New York:Crown,1985

[8] 崔法刚,郭建平. 航空武器系统的发展趋势. 航空周刊,1995,(46):1-3

[9] 傅恒志. 未来航空发动机材料面临的挑战与发展趋势. 航空材料学报,1998,(18):52-61

[10] 毛协民,傅恒志. 定向凝固理论研究的发展和新型定向凝固材料//香山科学会议论文集,北京,2005:163

[11] Tiller W A,Jackson K A,Rutter J W,et al. The redistribution of solute atoms during the solidification of metals. Acta Metalluraica,1953,1:428-437

[12] Chang C J,Brown R A. Radial segregation induced by natural convection and melt/solid interface shape in vertical Bridgman growth. Journal of Crystal Growth,1983,63:343-364

[13] 温仲元,钟振钢,唐定忠. 单晶高温合金定向凝固的热分析计算数学模型. 航空材料,1984,5(2):7-10

[14] 王罗宝,陈荣章,王玉屏. 定向凝固涡轮叶片合金 DZ22 的研究. 航空学报,1985,6(3):236-242

[15] 殷时桥,毛协民,史正兴,等. 用微机控制铝合金定向凝固参数及组织结构的探讨. 航空材料,1987,7(1):34-39

[16] 吴仲棠,温仲元,程德厚. DD3 单晶合金的成分设计和试验研究. 金属学报,1987,23(4):B171-B178

[17] 张克福,毛协民,傅恒志,三维铸件定向凝固过程模拟Ⅰ-稳态定向凝固过程的边界元解. 航空学报,1993,14(4):B72-B78

[18] Tortorelli D A,Tiller M M,Dantzig J A. Optimal design of nonlinear parabolic systems. Part I:Fixed spatial domain with application to process optimization. Computer Methods in Applied Mechanics and Engineering,1994,113(1/2):141-155

[19] 殷克勤,胡壮麒,孙家华,等. 中国高温合金四十年. 北京:中国科学技术出版社,1996:50

[20] Fu H Z,Geng X G,Li J G. Sub-high rate directional solidification. Journal of Materials Science and Technology,1998,14:9-14

[21] Morvan D,Ganaoui M E,Bontoux P. Numerical simulation of a 2-D crystal growth problem in vertical Bridgman-Stockbarger furnace:Latent heat effect and crystal-melt interface morphology. International Journal of Heat and Mass Transfer,1999,42:573-579

[22] Batur C,Srinivasana A,Duval W M B,et al. On-line control of solid-liquid interface by state feedback. Journal of Crystal Growth,1999,205:395-409

[23] Sampath R,Zabaras N. Numerical study of convection in the directional solidification of a binary alloy driven by the combined action of buoyancy,surface tension,and electromagnetic forces. Journal of Computational Physics,2001,168:384-411

[24] Stelian C,Duffar T,Nicoara I. Comparison between numerical simulation and experimental measurement of solute segregation during directional solidification. Journal of Crystal Growth,2003,255:40-51

[25] Charlmers B. Principles of Solidification. New York:Wiley,1964:126

[26] Mullins W W,Sekerka R F. Morphological stability of a particle growing by diffusion or heat flow. Journal of Applied Physics,1963,34:323-329

[27] Mullins W W,Sekerka R F. Stability of a planar interface during solidification of a dilute binary alloy. Journal of Applied Physics,1964,35:444-451

[28] Trivedi R,Kurz W. Morphological stability of a planar interface under rapid solidification conditions. Acta Metal-lurgica,1986,34:1663-1670

[29] 王自东,胡汉起. 单相合金凝固界面形态稳定非线性动力学理论. 中国科学(E辑),1997,27(2):102-107

[30] Coriell S R,Hardy S C. Morphology of unstable ice cylinders. Journal of Applied Physics,1969,40(4):1652-1655

[31] Coriell S R,Hardy S C. A non-linear analysis of experiments on the morphological stability of ice cylinders freez-

ing from aqueous solutions. Journal of Crystal Growth,1971,11:53-67

[32] Kurz W,Fisher D J. Dendrite growth at the limit of stability:Tip radius and spacing. Acta Metallurgica,1981,29:11-20

[33] Trivedy R. Interdendritic spacing:Part Ⅱ. A comparison of theory and experiment. Metallurgical and Materials Transactions,1984,15:977-982

[34] Kurz W,Fisher D J. Fundamentals of Solidification. Pfaffikon:Trans Tech Publication,1989:68-84

[35] 刘振侠,黄卫东,杨森,等. 激光熔凝的数值模拟及其在激光定向凝固中的应用. 中国有色金属学报,2002,12(3):458-464

[36] 黄卫东,林鑫. 激光立体成形高性能金属零件研究进展. 中国材料进展,2010,26:12-27

[37] Lin X,Yue T M,Yang H D. Microstructure and phase evolution in laser rapid forming of a functionally graded Ti-Rene88DT alloy. Acta Materialia,2006,54:1901-1915

[38] Liu F C,Lin X,Huang C P,et al. The effect of laser scanning path on microstructures and mechanical properties of laser solid formed nickel-base superalloy Inconel 718. Journal of Alloys and Compounds,2011,509:4505-4509

[39] Kurz W,Giovanola B,Trivedi R. Microsegregation in rapidly solidified Ag-15wt%Cu. Journal of Crystal Growth,1988,91:123-125

[40] 李建国,毛协民,傅恒志. 快速生长枝-胞转变过程的界面结构和微观组织. 金属学报,1990,26(4):A309-A313

[41] 李建国,毛协民,傅恒志,等. Al-Cu 合金高梯度定向凝固过程中的形态转变. 材料科学进展,1991,5(6):461

[42] 毛协民,李建国. 柱晶侧向分枝及侧枝消失历程的研究. 西北工业大学学报,1991,9(3):340-344

[43] Mao X M,Fu H Z,Oeters F. Morphological transition between cells and dendrites. Chinese Journal of Science and Technology,1991,7:405-410

[44] Gremaud M,Carrard M,Kurz W. Banding phenomena in Al_2Fe alloys subjected to laser surface treatment. Acta Metallurgica et Materialia,1991,39:1431-1443

[45] Mao X M,Li J G,Fu H Z,et al. Effect of T-S condition on D-C transition. Progress in Nature Science,1993,3(5):447-454

[46] Gill S C,Kurz W. Rapidly solidified Al_2Cu alloys-I. Experimental determination of the microstructure selection map. Acta Metallurgica et Materialia,1993,41:3563-3573

[47] Mao X M,Li J G,Fu H Z. Effect of local solidification time on the dendrite-to-cell transition at high growth rates. Materials Science and Engineering:A,1994,183:233-238

[48] 傅恒志,毛协民,李建国. 液固相变中的界面形态选择. 材料研究学报,1994,3:209-217

[49] 王祖锦,黄韬,李建国,等. 亚快速定向凝固中枝胞转变的原位观测. 材料研究学报,1995,9:167-171

[50] 蔡英文,李建国,毛协民,等. 超高温度梯度场中的 Al-Bi 偏晶共生行为. 材料研究学报,1995,9:208-213

[51] 傅恒志,王祖锦. 亚快速单向凝固晶体生长的非稳态演化. 材料研究学报,1996,6(1):253-259

[52] 魏朋义,傅恒志,毛协民,等. 高温度梯度定向凝固振荡性微观结构的特征和形成机制. 中国有色金属学报,1997,7(3):130-134

[53] 杨森,黄卫东,刘文今,等. 激光超高温度梯度快速定向凝固研究. 中国激光,2002,29(5):475-479

[54] Baker J C,Cahn J W. Solidification. Metals Park:ASM,1971:23

[55] Aziz M J. Model for solute redistribution during rapid solidification. Journal of Applied Physics,1982,53:1158-1168

[56] Boettinger W J,Corriell S R,Sekerka R F. Mechanisms of microsegregation-free solidification. Materials Science and Engineering,1984,65:27-36

[57] Su Y Q,Luo L S,Li X Z,et al. Well aligned in situ composites in directionally solidified Fe-Ni peritectic system. Applied Physics Letters,2006,89:231918-231920.

[58] 耿兴国. 近快速定向凝固界面形态演化特征研究. 西安:西北工业大学博士学位论文,1999

[59] Guo J J,Li X Z,Luo L S,et al. Phase and microstructure selection from initial transient to steady state during directional solidification of peritectic alloys//Proceedings of the 5th Decennial International Conference on Conference on Solidification Processing,Sheffield,2007:268-271

[60] Noël N,Jamgotchian H,et al. Influence of grain boundaries and natural convection on microstructure formation in cellular directional solidification of dilute succinonitrile alloys in a cylinder. Journal of Crystal Growth,1998,187: 516-526

[61] Hunt J D. Solidification and casting of metals. London:The Metall Society,1979:1

[62] Trivedi R. Interdendritic spacing. Part Ⅱ. A comparison of theory and experiment. Materials Transactions,1984, 15A:977-982

[63] 何国,毛协民,傅恒志.一次枝晶间距模型及在单晶高温合金中的险证.材料科学进展,1993,7(5):467-473

[64] 蔡英文,毛协民,李建国,等.强制性晶体生长降速过程胞晶距调整机制.人工晶体学报,1994,23(增刊):39-42

[65] Makkonen L. Spacing in solidification of dendritic arrays. Journal of Crystal Growth,2000,208:772-778

[66] Zhang Y,Li X Z,Guo J J,et al. Effect of growth rate on characteristic lengths of microstructure in directionally solidified Ti-46Al-2Cr-2Nb-0. 2B alloy. China Foundry,2013,5:304-309

[67] Fisher D J,Kurz W. A theory of branching limited growth of irregular eutectics. Acta Metallurgica,1980,28: 777-794

[68] 李双明,马伯乐,李晓历,等.定向凝固下共晶合金中相的竞争生长.中国科学 E 辑,2005,35(5):479-489

[69] Trivedi R,Kurz W. Solidification processing of eutectic alloys. Warrendale:Metallurgical Society of AIME,1988:3

[70] Guo J J,Li X Z,Luo L S,et al. Investigation on coupled growth in a peritectic system//Proceedings of the 5th Decennial International Conference on Conference on Solidification Processing,Sheffield,2007,23-25:263-267

[71] 傅恒志,魏炳波,郭景杰.凝固科学技术与材料.中国工程科学,2003,5(8):1-15

[72] Derby B,Favier J J. A criterion for the determination of monotectic structure. Acta Materialia,1983,31(7):1123-1130

[73] 崔红保,郭景杰,毕维生,等.高温度梯度下 Al-In 偏晶合金定向凝固组织的演化规律.金属学报,2004,40(12): 1253-1256

[74] Hunziker O,Vandyoussefi M,Kurz W. Phase and microstructure selection in peritectic alloys close to the limit of constitutional undercooling. Acta Materialia,1998,46(18):6325-6336

[75] 骆良顺,傅恒志,张宇民,等.包晶合金定向凝固过程中的对流效应及带状组织形成机制Ⅱ.理论分析.金属学报, 2011,47(3):284-290

[76] 傅恒志,苏彦庆,郭景杰,等.高温金属间化合物的定向凝固特性.金属学报,2002,38(11):1127-1133

[77] Lo T S,Dobler S,Plapp M,et al. Two-phase microstructure selection in peritectic solidification:From island banding to coupled growth. Acta Materialia,2003,51(3):599-611

[78] Fu H Z,Xie F Q. The solidification characteristics of near rapid and supercooling directional solidification. Science and Technology of Advanced Materials,2001,2(1):193-196

[79] Xie F Q,Zhang J,Mao X M,et. al. Rapid directional solidification excited from bulk supercooled melt. Journal of Materials Processing Technology,1997,63(1-3):776-778

[80] 李金富,吕衣礼,杨根仓,等.过冷熔体的定向凝固.自然科学进展,1998,8(3):350-354

[81] 谢发勤,傅恒志.深过冷定向凝固工艺过程的研究.材料科学与工艺,1999,7(4):44-54

[82] 沈军,李金山,李建国,等.电磁自约束定向生长条件下影响温度场的若干因素.中国有色金属学报,1996,6(4): 119-123

[83] 李金山,张军,李建国,等.钢的电磁约成型定向凝固工艺研究.西北工业大学学报,1998,16(1):133-138

[84] 傅恒志,沈军,郝启堂,等.镍基高温合金真空电磁约束成形与定向凝固.中国有色金属学报,2002,12(6): 1081-1087

[85] 李双明,李建国,傅恒志,等.液态金属的无容器近终成形.稀有金属材料与工程,1999,28(1):5-10

[86] Ohno A,Motoyasu G. Solidification Processing 1987. London:The Institute of Metals,1998:416

[87] 毛协民,彭立明,温宏权,等.强度与导电兼顾的自生复合电车线//第四届中国功能材料及其应用学术会议论文集,厦门,2001:1644-1647

[88] 季诚昌,吴中,李建国.TbDyFe 合金定向凝固过程中晶体的取向生长.上海交通大学学报,2002,36(5):604-607

[89] 闵乃本.晶体生长的物理基础.上海:上海科学技术出版社,1982

[90] Kurz W,Sahm P. 定向凝固共晶材料. 李新立译,北京:冶金工业出版社,1989

[91] Elloitt R. Eutectic solidification. Materials Science and Engineering,1984,(65):85-92

[92] 傅恒志,郭景杰,刘林,等. 先进材料定向凝固. 北京:科学出版社,2008

[93] 张永刚,韩雅芳,陈国良,等. 金属间化合物结构材料. 北京:国防工业出版社,2001

[94] 刘冬梅. Al-Ni 包晶合金定向凝固组织演化及小平面包晶相生长机制. 哈尔滨:哈尔滨工业大学博士学位论文,2012

[95] Sims C T,Stoloff N S,Hagel W C. Superalloys Ⅱ. New York:Wiley,1987

[96] Reed R C. The Superalloys:Fundamental and Application. Cambridge:Cambridge University Press,2006

[97] Durand-charre M. The Microstructure of Superalloys. Boca Raton:CRC Press,1997

[98] Sass V,Glatzel U,Feller-Kniepmeier M. Creep Anisotropy in the on monocrystalline nickel-base superalloy CMSE-4// Kissmger R D,Deye D J,Anton D L,et al. Superalloys 1996. Warrendale:TMS,1996:283-290

[99] Dalal R P,Thomas C R,Dardi L E. Superalloy. Warrendale:TMS,1984:185-197

[100] Tien J K,Caulfield T. Superalloys,Supercomposites and Superceramics. Boston:Academic Press,1989

[101] Fu H Z,Shen J,Liu L,et al. Electromagnetic shaping and solidification control of Ni-base superalloys under vacuum. Journal of Materials Processing Technology,2004,148(1):25-29

[102] 傅恒志,丁宏升,陈瑞润,等. 钛铝合金电磁冷坩埚定向凝固技术的研究. 稀有金属材料与工程,2008,37(4):565-570

[103] 陈瑞润. 钛基合金电磁冷坩埚连续熔铸与定向凝固研究. 哈尔滨:哈尔滨工业大学博士学位论文,2005

[104] 王艳丽. 钛基合金近矩形冷坩埚连续熔铸与定向凝固研究. 哈尔滨:哈尔滨工业大学博士学位论文,2006

[105] 汪明月. 钛铝基合金方形凝固冷坩埚定向凝固工艺研究. 哈尔滨:哈尔滨工业大学硕士学位论文,2007

[106] 白云峰. 钛合金冷坩埚电磁定向凝固传输过程耦合模拟与数值计算. 哈尔滨:哈尔滨工业大学博士学位论文,2006

[107] 杨劼人. 高 Nb-TiAl 合金的冷坩埚定向凝固传热特性及组织与性能. 哈尔滨:哈尔滨工业大学博士学位论文,2013

[108] 聂军. 电磁冷坩埚定向凝固 α_2/γ 片层 TiAl 基坯锭组织与性能. 哈尔滨:哈尔滨工业大学博士学位论文,2012

[109] 杜玉俊,沈军,熊义龙,等. 电磁约束成形的技术特点及其发展前景. 材料导报,2012,26:118-122

[110] 寇宏超. 特种合金的电磁成形过程及凝固特性研究. 西安:西北工业大学博士学位论文,2001

[111] 俞建威. 双/单频电磁成形过程的三维计算机模拟. 西安:西北工业大学博士学位论文,2005

第 2 章　多元多相合金定向凝固特性

2.1　多元系组成相凝固热力学

2.1.1　多元体系的自由能

与单质及二元合金系的分析相似,多元合金系中热力学平衡条件分析的核心问题仍然是自由能的确定,即该自由能在不同物相中随成分、温度、压力的变化规律[1-8]。对于任意一个多组元物相 z,其自由能 G^z 的通用表达式为

$$G^z = \sum_i n_i^z G_{i0}^{\text{ref}} + \Delta G_{\text{mix}}^z \tag{2-1}$$

式中, n_i^z 为组元 i 在 z 相中的物质的量; G_{i0}^{ref} 为组元 i 在参考状态下的自由能; ΔG_{mix}^z 为混合自由能。

可以看出,自由能计算的关键和难点是混合自由能 ΔG_{mix}^z 的确定,它包含了原子排列与组合方式变化引起的熵的变化以及异类原子之间的相互作用引起的内能变化。因此, ΔG_{mix}^z 又可以分解为两项,即

$$G_{\text{mix}}^z = \Delta G_{\text{mix,ideal}}^z + \Delta G_{\text{mix,ex}}^z \tag{2-2}$$

式中, $\Delta G_{\text{mix,ideal}}^z$ 为理想混合自由能,是由原子的组合排列引起的熵的变化决定的; $\Delta G_{\text{mix,ex}}^z$ 为考虑原子之间相互作用引起的附加自由能。

影响两相平衡的是不同组态的自由能差,而不是它的绝对值。

多组元体系中的自由能计算通常根据物相的结构,采用置换式溶液模型[3]或亚晶格模型[4]处理。其中置换式溶液模型又称 R-K-M 模型[3],其应用较为普通。根据该模型, n 组元合金体系中液相和 fcc、bcc、hcp 可以采用固溶体模型,其摩尔自由能 G^z 可以表示为

$$G^z = \sum_{i=1}^n x_i^z G_{i0}^{\text{ref}} + G_{\text{mix,ideal}}^z + G_{\text{mix,ex}}^z \tag{2-3}$$

式中, x_i 为组元 i 的摩尔分数; G_{i0}^{ref} 为参考状态下纯组元 i 的摩尔自由能,其值可通过文献[8]进行数据计算。理想混合的自由能 $G_{\text{mix,ideal}}^z$ 表示为

$$G_{\text{mix,ideal}}^z = RT \sum_{i=1}^n x_i^z \ln x_i^z \tag{2-4}$$

与原子之间的相互作用相关的附加自由能 $G_{\text{mix,ex}}^z$,对于二元和三元固溶体合金,可以有以下不同的表示方法[3]。

二元合金:

$$G_{\text{mix,ex}}^z = x_1^z x_2^z \sum_{l=0}^m \left[L_{12,\text{L}}^z \left(x_1^z - x_2^z \right)^l \right] \tag{2-5}$$

三元合金:

$$G_{\text{mix,ex}}^z = \sum_{i=1}^2 \sum_{j=i+1}^3 x_i^z x_j^z \sum_{l=0}^m \left[L_{ij,\text{L}}^z \left(x_i^z - x_j^z \right)^l \right] + x_1^z x_2^z x_3^z \left[\sum_{i=1}^3 \left(L_{\text{ter},i}^z x_i^z \right) \right] \tag{2-6}$$

式中，L_{ij}^z 为 z 相中组元 i 和组元 j 的相互作用系数；L_{ter}^z 为 z 相中三组元 1、2、3 之间的相互作用系数。

对于 n 元合金，附加自由能 $G_{mix,ex}^{z,n}$ 可以表示为 $n-1$ 元合金自由能之和再加上 n 元溶质相互作用引起的自由能增量。

2.1.2　多元系结晶过程的热力学平衡条件

相律是分析多元多相体系相平衡条件的一个基本概念。按照相律，如果影响多相平衡的外界因素包括压力和温度，多元合金相变过程中的自由度为[2,3,5]

$$f = n - \varphi + 2 \tag{2-7}$$

式中，f 为系统的自由度；n 和 φ 分别为系统的独立组元数和相数；参数 2 代表压力和温度的影响。在常压下，压力的影响可以忽略，则式(2-7)中的 2 变为 1。

根据热力学原理，体系在恒温恒压条件下达到平衡的一般条件是

$$\mu_i^\alpha = \mu_i^\beta = \cdots = \mu_i^\eta \tag{2-8}$$

式中，μ_i^α、μ_i^β 和 μ_i^η 分别为组元 i 在 α、β 和 η 相中的化学位。

对于 n 元合金，系统中某一组元在 z 相中的化学位可以表示为[2,5]

$$\mu_i^z = G_m + \sum_{j=2}^n (\delta_{ij}^z - x_j^z) \frac{\partial G_{mix,ex}^z}{\partial x_j^z} \tag{2-9}$$

式中，μ_i^z 为组元 i 在 z 相中的化学位；x_j^z 为组元 j 在 z 相中的摩尔分数；δ_{ij} 为 Kronecker 数，即在 $i=j$ 时，$\delta_{ij}=1$，而在 $i\neq j$ 时，$\delta_{ij}=0$。

对于三元合金，各元素在 z 相中的化学位可以表示为

$$\mu_1^z = G_{mix,ex}^z - x_2^z \frac{\partial G_{mix,ex}^z}{\partial x_2^z} - x_3^z \frac{\partial G_{mix,ex}^z}{\partial x_3^z} \tag{2-10a}$$

$$\mu_2^z = G_{mix,ex}^z + (1-x_2^z) \frac{\partial G_{mix,ex}^z}{\partial x_2^z} - x_3^z \frac{\partial G_{mix,ex}^z}{\partial x_3^z} \tag{2-10b}$$

$$\mu_3^z = G_{mix,ex}^z - x_2^z \frac{\partial G_{mix,ex}^z}{\partial x_2^z} + (1-x_3^z) \frac{\partial G_{mix,ex}^z}{\partial x_3^z} \tag{2-10c}$$

按照相平衡判据，各组元在各相中的化学位相等，即各相自由能曲面在各相的平衡成分处具有公共切面。如果知道了该合金体系的自由能，就可以通过求解相平衡方程的方法获得多元合金中的溶质分凝系数。

对于 n 组元合金从液相的结晶过程，在液相和初生固相的两相平衡中，按照相律其自由度为 n；如果忽略压力的影响，则自由度变为 $n-1$；再进一步将温度固定下来，则自由度变为 $n-2$。这一结果也可以从另一个角度得出，式(2-8)为 $n-1$ 个独立的非线性方程，但固、液两相共有 $2n-2$ 个独立的成分变量，还必须再找到 $n-2$ 个约束条件才能确定体系的平衡状态。对于与环境没有物质交换的保守体系，这些约束条件可以通过溶质守恒条件确定。

2.1.3　化合物材料热力学

随着先进材料日益增多，越来越多具有特殊物理性能的金属间化合物材料不断被发现和采用。因此，化合物和含有化合物相的材料的定向凝固成为人们关注的焦点。在化合物中，由于化学键的存在和化学反应的参与，使得热力学问题的研究更加复杂。

化合物分解与合成过程的热力学分析[4,8]如下。

化合物多为具有固定化学计量比的有序结构,根据其中所含组元的数量可以分为二元化合物、三元化合物,乃至 n 元化合物。然而,常见的具有工业应用价值的化合物材料主要是二元及三元化合物,更多组元的化合物多以置换固溶体的形式出现。以下以最典型的 A_mB_n 型二元化合物为例进行分析。假定单质 A 为 α 相、单质 B 为 β 相,则由 1mol 的 A 和 B 组元形成的标准化学计量比 A_mB_n 化合物(记为 θ)自由能可表示为

$$G^\theta = x_A G_A^\alpha + x_B G_B^\beta + \left(\frac{x_A}{m} + \frac{x_B}{n}\right)\Delta G^\theta \tag{2-11a}$$

然而,对于 A_mB_n 化合物,$x_A = \frac{m}{m+n}$,$x_B = \frac{n}{m+n}$,从而式(2-11a)可以表示为

$$G^\theta = x_A G_A^\alpha + x_B G_B + \frac{2}{m+n}\Delta G^\theta \tag{2-11b}$$

式中,G_A^α 和 G_B^β 分布为纯组元 A 和 B 在 α 相和 β 相状态下的摩尔自由能;ΔG^θ 为由单质 A 和 B 形成 1mol 的 A_mB_n 化合物(包含 m mol 的组元 A 和 n mol 的组元 B)的形成自由能,可以用化合物 A_mB_n 的生成热 ΔH^θ 来近似。化合物的形成过程通常为放热反应,ΔG^θ(或 ΔH^θ)为负值。

形成 A_mB_n 的化学反应可以表示为

$$mA(\alpha) + nB(\beta) = A_mB_n(S) \tag{2-12}$$

对应的生成热可以表示为 $\Delta H_{\alpha+\beta}^\theta$。除了 A 和 B 组元通过固相反应生成化合物,最常见的是通过液相反应生成化合物,即在 A+B 熔体中形成化合物 A_mB_n[7,8]:

$$mA(L) + nB(L) = A_mB_n(S) \tag{2-13}$$

该反应的生成热可表示为 ΔH_L^θ,其化学反应平衡常数为

$$K_L^\theta = \frac{1}{x_A^m x_B^n} \tag{2-14}$$

K_L^θ 同时也是温度函数。

A_mB_n 化合物也可通过气相反应生成,即

$$mA(G) + nB(G) = A_mB_n(S) \tag{2-15}$$

对应的生成热和化学反应平衡常数可分别采用 ΔH_G^θ 和 K_G^θ 表示。

此外,A_mB_n 化合还可以通过气相的 A 与固相的 B、固相的 A 与气相的 B 等不同状态的母相间化学反应获得。不同的反应物对应的生成热及化学平衡常数均可根据化学反应原理计算。

通常获得理想的标准化学计量比的化合物是少见的,化合物的成分或多或少会发生偏离。这种偏离将以空位、间隙原子、反位原子等点缺陷的形式存在,导致晶体自由能增大。因此,实际晶体的自由能可表示为

$$G^\theta = x_A G_A^\alpha + x_B G_B^\beta + \frac{2}{m+n}(\Delta G^\theta + \Delta G_{div}^\theta) \tag{2-16}$$

式中,ΔG_{div}^θ 为导致化合物成分偏离标准化学计量比的各种点缺陷引起自由能变化的总和。点缺陷的形成通常会造成自由能的增大,因此,ΔG_{div}^θ 为正,并且随着实际成分对标准

化学计量比偏离程度的增加而增大。

金属间化合物是由两个或更多的组元组成的,即使是一个简单的二元金属间化合物,由于存在某些杂质及其偏聚,有时也不能简单地以二元合金对待。金属间化合物在解决平衡条件下的基本特征和各相之间的关系都可以在相图上表示出来。

金属间化合物在相图上作为一个相而存在。它存在于一定的成分区间和一定的温度范围,具有一定的相结构,即具有一定的晶体结构。

2.1.4　含有金属间化合物的相图

含有金属间化合物的二元相图有三种不同类型[6,7]。

1. 熔解式金属间化合物

熔解式金属间化合物(congruent compound)在相图上有明显的熔化温度,并生成成分相同的液相。具有熔解式金属间化合物相的二元相图通常具有共晶反应或包晶反应。图 2-1(a)~(e)是具有共晶反应的自由能曲线随温度变化的情况。冷却时液相(L)的自

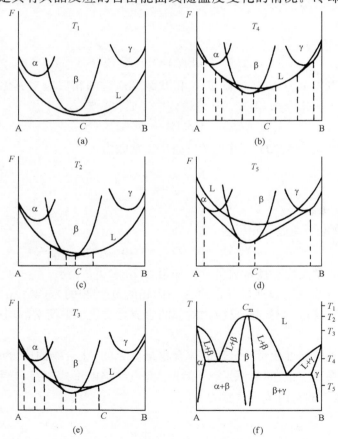

图 2-1　金属间化合物相自液相形成的相图

(a)~(e)-不同温度的自由能曲线;(f)-相对应的二元相图

由能曲线先与金属间化合物相（β 相）的曲线相切。这个温度是熔解式金属间化合物的熔点。随温度下降（T_2），该两个自由能曲线相交，产生 β 相单相区及两个 L＋β 双相区。在共晶温度 L 相的曲线与端际固体 α 相及 β 相的曲线相切，产生 L⟺α＋β 共晶反应。同样，L 还可以发生另一个 L⟺β＋γ 共晶反应，得到 β 相和另一个端际固溶体 γ 相。这样就在金属间化合物 β 相两边形成两个共晶的相图（图 2-1(f)）。应该指出，共晶反应可能被包晶反应代替，此时 γ 相应与液相及 β 相曲线的公切线相切，从而发生 L＋β⟺γ 的包晶反应。

具有熔解式金属间化合物的相图中，液相线通常为 S 状，具有最大值，它位于液相线和固相线相交的成分处（C_m）。这个成分不一定是金属间化合物相自由能曲线上最小值的成分，热力学分析不能证明液相线最大值必须处于化合物的当量成分处。它与金属间化合物相及液相的自由能曲线形状以及公切线是否正好是水平线等因素有关。

当金属间化合物的自由能曲线十分尖锐时，（图 2-2 的 Na_3Bi 相），金属间化合物相区

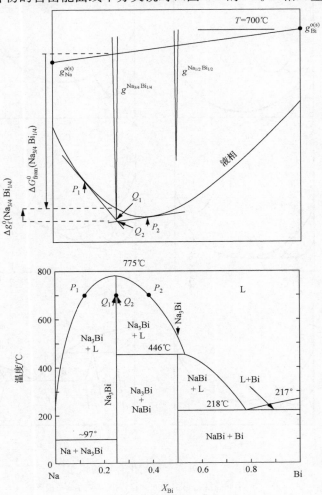

图 2-2　Na-Bi 相图及 700℃ 自由能曲线

的成分极窄,或者说溶解度接近于零,这类金属间化合物相可以称为线性金属间化合物。此时液相线上的最大值可认为处于当量成分位置(图 2-2 中的 Q_1 和 Q_2 点接近重合)。

　　2. 分解式金属间化合物相

　　分解式金属间化合物相(incongruent compound)在相图上没有明确的溶解温度,当温度升高达到分解温度时发生分解反应,即 $\beta \Longleftrightarrow L+\alpha$(图 2-3)。其可逆反应是当冷却时,该化合物由液相及一个固相(固溶体或另一个化合物相)发生包晶反应生成 β 相($L+\alpha \Longleftrightarrow \beta$)。此时液相成分与该化合物成分明显不同。图 2-3 表示当温度不断冷却时,(从 T_1 到 T_5)的各相自由能曲线的变化及各个相区的形成。由图 2-3(f)看出,β 相也可以由另一个成分液相发生共晶反应生成。不过发生共晶反应的温度总是低于包晶反应,因此应该说常见的分解式金属间化合物是由包晶反应先生成的。

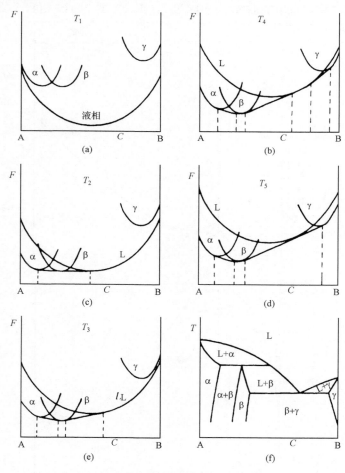

图 2-3　分解式金属间化合物的相图

(a)～(e)不同温度的自由能曲线;(f)相对应的二元相图

在含有熔解式金属间化合物的二元相图中,化合物的熔点往往高于纯组元。而在含有分解式金属键化合物的相图中,该化合物的熔点没有出现。这是由于液相的自由能曲线首先与端际固溶体 α 相的曲线相交时,虽然 β 相的自由能低于液相,但是高于 L＋α 二相区的自由能,因此只能先生成 L＋α 两相,直到 L、α、β 三相有共同公切线时,发生包晶反应生成 β 相。

分解式金属间化合物在相图中可以存在于一定的成分范围内(图 2-3(f)),也可以是线性化合物(图 2-2 中的 NaBi 相)。前者称为伯托利化合物(Berthollide),后者为道尔顿化合物(Daltonide)[6,7]。

3. 固态生成金属间化合物相

这种相图有几种不同的情况。首先是通过有序化转变得到的有序相,它经常发生在一定的成分区间和比无序相低的温度范围。有序化温度与成分有关,偏离当量成分使有序化温度降低。其次是通过固态相变形成新的金属间化合物相,可以有包析和共析转变两种不同的固态相变。图 2-4 为 Ti-Al 二元相图,无序的 α 相可以通过共析反应生成其有序相 α_2 以及 γ-TiAl 相。α_2 相是有序的 α 相。同时 $TiAl_2$ 相也可以由 δ 相(Ti_2Al_5)和 TiAl 相通过包析反应生成。但是从 $TiAl_2$、$TiAl_3$ 和 δ 相的关系来看,在较低的温度下 δ 相可以发生共析分解,生成 $TiAl_2$ 和 $TiAl_3$ 两个相。

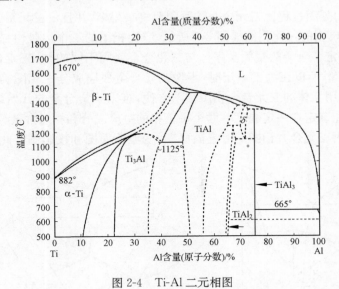

图 2-4　Ti-Al 二元相图

一个复杂的含有金属间化合物的二元相图可以包含上述 3 种不同的金属间化合物相区和相反应类型。

二元合金系能否生成至少一个稳定的金属间化合物相区的热力学判据有两条:第一条是 A 和 B 两元素通过反应生成 A_xB_y 化合物的生成焓或形成自由能必须小于零;第二条是在一定温度和压力的条件下,该成分化合物相的自由能最低,即它比任何其他 A 和 B 元素合金系中可能出现的其他相区的自由能低。图 2-2 中标出熔解式线性金属间化合

物 Na_3Bi 的形成自由能(等温等压下) ΔG_{from}^0 和熔解自由能 Δg_1^0。可以根据 $\frac{3}{4}Na(S)+$
$\frac{1}{4}Bi(S) \Longleftrightarrow Na_{3/4}Bi_{1/4}(S)$ 反应中三个组成物的标准自由能值计算出 ΔG_{from}^0 值。对于分解式金属间化合物及固态反应生成的金属间化合物,也可以用相似的方法得到形成自由能或生成焓。如果其值为负,则具有稳态生成该化合物的必要条件。该化合物的结合键性多与其组成元素的结合键性不同,例如,两个电负性差别很大的金属元素可以形成一个具有很强离子键的半离子键化合物(图 2-2 中的 Na_3Bi),此时如果成分偏离当量成分,会导致自由能剧烈升高,得到一条极尖锐的成分-化合物自由能曲线(图 2-2),该化合物基本上只能是线性的。当两个电负性相差不十分大时,生成一个金属键性较强的化合物,则可能得到变化平缓的成分-化合物自由能曲线,可能导致出现一个宽成分的金属间化合物相区,而且有时候其当量成分却不在相区内。如图 2-4 中的 TiAl 相,室温下当量成分的 TiAl 的合金处于两相区。这种现象可以用上述第二条热力学判据理解。

2.2　多元合金凝固过程中的溶质分凝

2.2.1　多元合金凝固时的溶质分凝系数

多元合金的凝固过程比二元合金的凝固要复杂得多,并且仅三元系有较明确的相图可以参考[9-19]。典型的三元相图如图 2-5 所示,三元相图的三个边是由二元相图构成的,液相面的形状决定了合金的凝固次序。与二元合金凝固不同的是,三元合金两相平衡时系统的自由度为 2,所以在温度一定时,不像二元合金那样成分由相图确定,两相的成分还可以变化。应用立体的三元合金相图很不方便,难以确定合金的开始结晶温度和结晶终了温度,也不能确定在一定温度下两个平衡相的对应成分和相对含量等,为了适用和便于研究,通常采用三元合金相图的等温截面图、变温截面图和投影图。此外,对于多元合

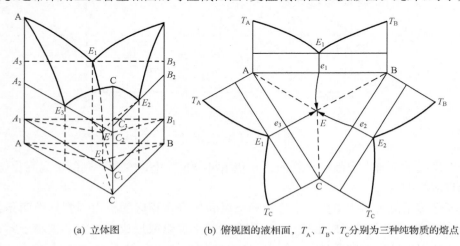

(a) 立体图　　　　　(b) 俯视图的液相面,T_A、T_B、T_C 分别为三种纯物质的熔点

图 2-5　典型的三元相图

金,采用相图进行溶质再分配的讨论也不方便。由于各种相图都是在平衡热力学的基础上建立的,所以可以从热力学的基本原理出发对相析出及溶质再分配规律进行判断。在凝固过程中可能析出的各个相 i 的自由能 G_i 是温度 T 和溶质质量分数 C 的函数,即 $G_i = f_i(T, C_1, C_2, \cdots, C_n)$。当温度降低时,自由能最先低于液相自由能的固相首先析出,并同时引起液相成分变化,可能导致其他相的自由能低于液相而发生凝固[19]。

在多元合金凝固过程的研究中,仅当发生单相凝固时讨论溶质分配因数才是有意义的。多元合金凝固时,各组元的平衡溶质分配系数可以按下面的方法计算[8,20-25]。在多元合金中,溶质元素之间发生相互作用,这种作用可以通过彼此对活度系数的影响表现出来。例如,在溶剂 1 中,有 $2, 3, 4, \cdots, n$ 等溶质,它们中间任何一个组元的活度系数,如组元 2 的活度系数 γ_2,可用其他组元 $3, 4, \cdots, n$ 对 γ_2 的影响的乘积来表示:

$$\gamma_2 = \gamma_2^{(2)} \gamma_2^{(3)} \gamma_2^{(4)} \cdots \gamma_2^{(n)} \tag{2-17}$$

式中,$\gamma_2^{(2)}$ 为组元 2 在二元合金中的活度系数;$\gamma_2^{(i)}$ 为组元 i 对组元 2 活度系数的影响。式(2-17)可以用展开的 Taylor 级数并略去高次微分项进行简化

$$\ln\gamma_2(C_2, C_3, \cdots, C_n) = \ln\gamma_2^0 + \left[C_2\left(\frac{\partial \ln\gamma_2}{\partial C_2}\right) + C_3\left(\frac{\partial \ln\gamma_2}{\partial C_3}\right) + \cdots + C_n\left(\frac{\partial \ln\gamma_2}{\partial C_n}\right) \right]$$
$$+ \left(\frac{1}{2}C_2^2 \frac{\partial^2 \ln\gamma_2}{\partial C_2^2} + C_2 C_3 \frac{\partial^2 \ln\gamma_2}{\partial C_2 \partial C_3} + \cdots + C_2 C_3 \cdots C_n \frac{\partial^2 \ln\gamma_2}{\partial C_2 \partial C_3 \cdots \partial C_n} \right) \tag{2-18}$$

式中,γ_2^0 为无限稀熔体中组元 2 的活度系数,应等于 1;C_i 为组元 i 的浓度。将式(2-18)中高次项略去,并令 $\frac{\partial \ln\gamma_2}{\partial C_2} = \varepsilon_2^{(2)}$, $\frac{\partial \ln\gamma_2}{\partial C_3} = \varepsilon_2^{(3)} \cdots\cdots$,式(2-18)变为

$$\ln\gamma_2(C_2, C_3, \cdots, C_n) = C_2\varepsilon_2^{(2)} + C_3\varepsilon_2^{(3)} + \cdots + C_n\varepsilon_2^{(n)} = \ln\gamma_2^{(2)} + \ln\gamma_2^{(3)} + \cdots + \ln\gamma_2^{(n)} \tag{2-19}$$

或

$$\gamma_2 = \exp(C_2\varepsilon_2^{(2)} + C_3\varepsilon_2^{(3)} + \cdots + C_n\varepsilon_2^{(n)}) \tag{2-20}$$

式中,$\varepsilon_2^{(i)}$ 为相互作用系数,是温度的函数,不同熔体中溶质元素间的相互作用系数可以通过实验求出。如 $\varepsilon_2^{(3)}$ 的值,通常是在溶质 2 的浓度一定时,以 $\ln\gamma_2$ 为纵坐标,C_3 为横坐标作图,当 $C_3 \rightarrow 0$ 时求该曲线的斜率,此斜率即为 $\varepsilon_2^{(3)}$ 值。在多元素合金中,如果溶质间的吸引作用大于溶剂对它们的吸引力作用时,$\varepsilon_2^{(i)} < 0$,组元 i 的活度就变小;反之若溶质间有较大的排斥作用,则 $\varepsilon_2^{(i)} > 0$,组元 i 的活度就变大。溶质元素间的作用改变了某组元的活度系数,就会改变其活度,从而影响该组元在系统中的化学势,最终影响该组元在凝固过程中的平衡溶质分配系数。若组元间的相互作用使某组元在液相中的活度减小,则为维持与固相同样的化学位,必须自发地提高液相中该组元的溶质浓度,这样就势必减小该组元的溶质平衡分配系数;反之,凡组元间的相互作用提高该组元的液相活度时,将使其溶质平衡分配系数增加。为此,在多元合金中,计算某组元 i 的溶质平衡分配系数时,由于该组元受到其他溶质组元的相互作用,必须把它们对该组元活度系数的影响反映进去。由此就可得到多元合金系统的平衡溶质分配系数

$$k_0^i = \frac{\gamma_i^S}{\gamma_i^L} \exp\left[\frac{\mu_0^L(p_0, T) - \mu_0^S(p_0, T)}{RT}\right]$$

$$= \exp\left[\frac{\mu_0^L(p_0, T) - \mu_0^S(p_0, T)}{RT}\right]$$

$$\times \exp\left[(\varepsilon_i^{(i)L}C_i^L - \varepsilon_i^{(i)S}C_i^S) + (\varepsilon_i^{(2)L}C_i^L - \varepsilon_i^{(2)S}C_2^S) + \cdots + (\varepsilon_i^{(n)L}C_i^L - \varepsilon_i^{(n)S}C_2^S)\right]$$

$$(2-21)$$

在理想溶液中,溶质元素 i 的自作用系数 $\varepsilon_i^{(i)} = 0$。利用式(2-21)可以计算某一组元平衡分配系数与第三组元溶质含量的关系。图 2-6 所示为根据热力学数据计算出的钢中 Ni、N、Co、Mn、Cr 等元素奥氏体(A)与液相(L)的平衡溶质分配系数 $k_M^{A/L}$ 随碳含量的变化关系。

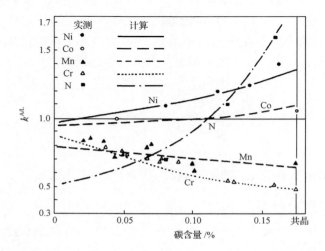

图 2-6　Fe-C 合金中第三组元 M 的溶质分凝系数与碳含量的关系

2.2.2　多元合金定向凝固时的溶质分凝

具有工业应用价值的合金一般都是多元合金,所以研究多元合金凝固过程中的溶质分凝更具有应用价值[18,20,24,26-29]。对多元合金进行适当的假设可以将二元合金平界面和胞/枝定向凝固的溶质分凝理论推广到多元合金中。

在分析多元合金定向凝固过程中的溶质分凝前,需要进行以下假设[26]:①液相中没有对流,溶质传输是通过扩散进行的;②不考虑固相中的溶质扩散;③定向凝固进入稳态;④溶质扩散系数与合金成分无关,在下文还会讨论;⑤界面处于局域平衡,不考虑界面非平衡性对溶质分布的影响;⑥熔体为稀熔体。在以上的假设下,根据 Fick 第二定律,稳态生长时溶质 i 的扩散方程为

$$V\frac{\partial C_i}{\partial z} = -\sum_{j=1}^{n} D_{ij} \nabla C_j \tag{2-22}$$

边界条件为 $z \to \infty$ 时,$C_i = C_i^\infty$。C_i^∞ 为溶质 i 的原始成分,且

$$-V_n \Delta C_i = \sum_{j=1}^{n} D_{ij} \frac{\partial C_j}{\partial n} \tag{2-23}$$

式(2-23)为溶质平衡方程，V_n 为界面的实际速率。ΔC_i 为界面平衡成分 C_i^{L} 与 C_i^{S} 之差，即

$$\Delta C_i = C_i^{\mathrm{L}} - C_i^{\mathrm{S}} \tag{2-24}$$

假设多元相图的相线近似为直线，即

$$m_i = \frac{\partial T_{\mathrm{L}}}{\partial C_i^{\mathrm{L}}} \tag{2-25}$$

$$H_{ij} = \frac{\partial \Delta C_i}{\partial C_j^{\mathrm{L}}} = I_{ij} - \frac{m_j}{m_i^{\mathrm{S}}} = I_{ij} - K_{ij}^* \tag{2-26}$$

式中，H_{ij} 为合金成分对溶质分布系数的影响，$I_{ij} = 1$，K_{ij}^* 定义为 m_j/m_i^{S}，m_j 和 m_i^{S} 分别为液、固相线的斜率，如式(2-26)所示。对二元合金有 $H = 1 - k_0$（k_0 为平衡溶质分配系数）。可以看出，合金凝固时接近平衡的程度可以利用 ΔC 和 H 描述。参数 H 描述了溶质间的相互作用。利用上面定义的参数可以对多元合金平界面和胞-枝界面定向凝固时界面前沿的溶质分配进行讨论。

1. 多元合金平界面凝固时的溶质分凝

多元合金平界面定向凝固时的溶质分布可近似看成一维时的溶质传输方程描述[18,26]。此时的溶质扩散方程根据式(2-23)为

$$V \frac{\mathrm{d}C_i}{\mathrm{d}z} = - \sum_{j=1}^{n} D_{ij} \frac{\mathrm{d}^2 C_j}{\mathrm{d}z^2} \tag{2-27}$$

溶质 i 在凝固界面前沿的溶质分布为[26]

$$C_i(z) - C_i^{\infty} = \sum_{w=1}^{n} A_{iw} \exp\left(-\frac{V}{B_w} z\right) \tag{2-28}$$

式中，A_{iw} 和 B_w 为待定的系数。在固-液界面处，即 $z = 0$ 时，代入到式(2-28)，整理得

$$\sum_{w=1}^{n} A_{iw} \frac{\exp(-Vz/B_w)}{B_w} \left[\left(\sum_{j=1}^{n} D_{ij} \frac{A_{jw}}{B_w} \right) - A_{iw} \right] = 0 \tag{2-29}$$

若式(2-29)成立，则需要 $z > 0$，且满足式(2-30)。

$$\sum_{j=1}^{n} D_{ij} A_{jw} - B_w A_{iw} = 0 \tag{2-30}$$

式(2-30)说明，B_w 是 n 维扩散矩阵 $\boldsymbol{D}$ 的特征值，而 A_{iw} 为向量 $\boldsymbol{A}_w$ 的第 i 个元素。在固-液界面处，式(2-23)变为

$$-V_n \Delta C_i = \sum_{j=1}^{n} D_{ij} \frac{\partial C_j}{\partial n}, \qquad z = 0 \tag{2-31}$$

利用式(2-31)可以求出 $\boldsymbol{A}_w$ 的 $\|\boldsymbol{A}_w\|$。引入扩散矩阵的单位长度的特征向量 $\boldsymbol{N}_w$

$$A_{iw} = N_{iw} \|\boldsymbol{A}_w\| \tag{2-32}$$

再将式(2-28)代入式(2-31)，得到

$$\Delta C_i = \sum_{w=1}^{n} N_{iw} \|\boldsymbol{A}_w\| \tag{2-33}$$

这样，多元合金平界面定向凝固时界面前沿的溶质分布，即式(2-28)可以按下面的步骤计算出。

（1）根据 $\boldsymbol{N}_w$，计算出 n 维扩散矩阵 $\boldsymbol{D}$ 的特征值 B_w；

(2) 以 $\|A_w\|$ 为变量解 n 维方程(2-23);

(3) 将 A_{iw}(式(2-32))代入式(2-28)中。

图 2-7 是分别利用表 2-1 和表 2-2 的数据按上面的方法计算的三元合金平界面定向凝固时界面前沿两溶质的分布。其中虚线为溶质间没有相互作用的情况,即 $D_{12}=D_{21}=0$ 时的溶质分布。由图可见,当溶质间具有吸引作用时,界面处的溶质浓度梯度变大。这是由于其溶质间具有吸引作用,溶质 i 会被吸引到界面处,浓度梯度变大,而溶质间存在排斥作用时正好相反。

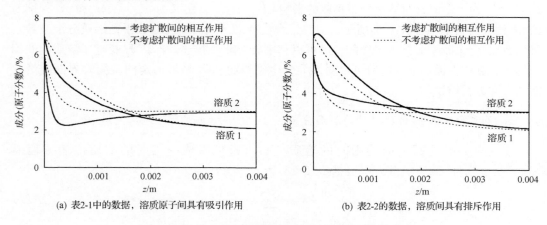

(a) 表2-1中的数据,溶质原子间具有吸引作用　　(b) 表2-2的数据,溶质间具有排斥作用

图 2-7 三元合金定向凝固固-液界面前沿的溶质分布

表 2-1 溶质间具有吸引作用时计算所用的参数

参数	具体数值
扩散矩阵 $\boldsymbol{D}$	$D_{11}=1\times10^{-8}\ \mathrm{m^2/s}$, $D_{12}=-3\times10^{-9}\ \mathrm{m^2/s}$ $D_{21}=-3\times10^{-9}\ \mathrm{m^2/s}$, $D_{22}=2\times10^{-9}\ \mathrm{m^2/s}$
特征值 B	$B_1=1.1\times10^{-8}\ \mathrm{m^2/s}$, $B_2=1\times10^{-9}\ \mathrm{m^2/s}$
纯溶剂熔点	1100K
液相线斜率	$m_1=-7.1429\mathrm{K/\%}$(原子分数), $m_2=-8.3333\mathrm{K/\%}$(原子分数),
原始成分(原子分数)	$C_1^0=2\%$, $C_2^0=2\%$
Gibbs-Thomson 系数	$\varGamma=2\times10^{-7}\mathrm{m\cdot K}$
温度梯度	20000K/m
平界面生长速率	$V=10\mu\mathrm{m/s}$
枝晶生长速率	$V=0.2\mathrm{m/s}$

表 2-2 溶质间具有排斥作用时所用的参数(其他参数同表 2-1)

参数	具体数值
扩散矩阵 $\boldsymbol{D}$	$D_{11}=1\times10^{-8}\ \mathrm{m^2/s}$, $D_{12}=5\times10^{-9}\ \mathrm{m^2/s}$ $D_{21}=2\times10^{-9}\ \mathrm{m^2/s}$, $D_{22}=2\times10^{-9}\ \mathrm{m^2/s}$
特征值 B	$B_1=1.11\times10^{-8}\ \mathrm{m^2/s}$, $B_2=9.01\times10^{-10}\ \mathrm{m^2/s}$

利用上面的溶质分布,可以轻易地将二元合金的成分过冷判据推广到多元合金系中。

根据界面前沿的溶质分布,利用式(2-28)可以得到界面前沿附近的温度分布为

$$T_{\mathrm{L}}(z) = T^* + \sum_{i=1}^{n} m_i [C_i(z) - C_i^*] \tag{2-34}$$

式中,T^* 和 C_i^* 分别为界面处的温度和成分。将式(2-28)代入式(2-34)并微分,得

$$\frac{\mathrm{d}T_{\mathrm{L}}}{\mathrm{d}z}(z=0) = -V \sum_{i=1}^{n} m_i \sum_{j=1}^{n} \frac{A_{ij}}{B_j} \tag{2-35}$$

成分过冷判据是指系统的温度梯度大于界面前沿的液相温度梯度时界面是稳定的,即

$$G = \frac{\mathrm{d}T}{\mathrm{d}z} > \frac{\mathrm{d}T_{\mathrm{L}}}{\mathrm{d}z} \tag{2-36}$$

将式(2-35)代入式(2-36),得

$$\frac{G}{V} > -\sum_{i=1}^{n} m_i \sum_{j=1}^{n} \frac{A_{ij}}{B_j} \tag{2-37}$$

式(2-37)即为多元合金定向凝固过程中的成分过冷判据。

2. 多元合金胞/枝定向凝固时的溶质分凝

以等温抛物面棒状枝晶为例[18,26]。利用以下三个参数对空间坐标进行变化

$$\eta = \frac{z + \sqrt{x^2 + y^2 + z^2}}{R}$$

$$\xi = \frac{-z + \sqrt{x^2 + y^2 + z^2}}{R}$$

$$\theta = \arctan(y/x)$$

式中,R 为胞/枝尖端的曲率半径。

在上述的坐标下,界面是用 $\eta = 1$ 来描述的。当凝固进入稳态凝固时

$$C_i(\eta) - C_i^{\infty} = \sum_{j=1}^{n} F_{ij} \frac{\int_{\eta P_j}^{\infty} [\exp(-u)/u] \mathrm{d}u}{\int_{P_j}^{\infty} [\exp(-u)/u] \mathrm{d}u} \tag{2-38}$$

对于不同的特征值 B_j,佩克莱(Pelect)数的定义为

$$Pe_j = \frac{RV}{2B_j} \tag{2-39}$$

式(2-38)中的系数 F_{ij} 待定。对式(2-38)利用式(2-23)的边界条件

$$\frac{RV}{2}\Delta C_i = \sum_{j=1}^{n} D_{ij} \sum_{w=1}^{n} F_{jw} \frac{\exp(-Pe_w)}{\int_{P_w}^{\infty} [\exp(-u)/u] \mathrm{d}u} \tag{2-40}$$

假设相图为线性的,则界面前沿的浓度差为

$$\Delta C_i = \Delta C_i^0 + \sum_{j=1}^{n} H_{ij}(C_j - C_j^0) \tag{2-41}$$

式中,C^0 为由相图(在此为简化后的相图)确定的平衡成分。

特征向量 $\boldsymbol{F}_w$ 可以利用单位长度向量通过下式求得

$$F_{jw} = \| \boldsymbol{F}_w \| N_{jw} \tag{2-42}$$

$\boldsymbol{F}_w$ 的 $\| \boldsymbol{F}_w \|$ 可以通过求解将式(2-41)代入式(2-40)后所得的 n 元方程得到,即方程

$$\sum_{w=1}^{n} \left[\| \boldsymbol{F}_w \| \sum_{j=1}^{n} N_{jw} \left\{ \frac{2D_{ij}}{RV} \frac{\exp(-Pe_w)}{\int_{P_w}^{\infty} [\exp(-u)/u] \mathrm{d}u} - H_{ij} \right\} \right] = \Delta C_i^0 + \sum_{j=1}^{n} H_{ij}(C_j^{\infty} - C_j^0) \tag{2-43}$$

胞/枝定向凝固时界面的成分等可以通过将 $\eta = 1$ 代入到式(2-38)中得到

$$C_i^* = C_i^{\infty} + \sum_{j=1}^{n} F_{ij} \tag{2-44}$$

系数 F_{ij} 可以由式(2-42)和式(2-43)确定。利用 C^* 就可以求得界面的实际温度 T^*

$$T^* = T_L(C^0) + \sum_{i=1}^{n} m_i(C_i^* - C_i^0) - 2\Gamma/R \tag{2-45}$$

图 2-8 为利用式(2-44)计算出的三元合金在边界稳定性假设条件下[30]界面的溶质分布。进一步了解计算过程,请参阅相关文献[18,26]。

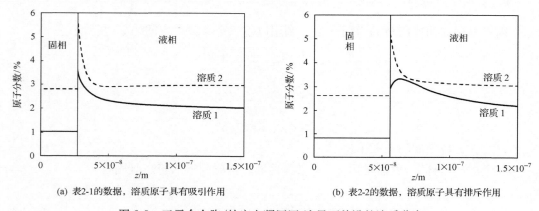

(a) 表2-1的数据,溶质原子具有吸引作用   (b) 表2-2的数据,溶质原子具有排斥作用

图 2-8　三元合金胞/枝定向凝固固-液界面前沿的溶质分布

2.3　定向凝固阵列柱晶的稳态生长

定向凝固与自由生长在凝固条件上的主要区别是热流方向。自由生长是在过冷熔体中的生长,热流由固相流向液相,通常形成具有发达分枝的枝晶。定向凝固则是在外部强加的正温梯度下的凝固过程,热流由液相流向固相,在平界面失稳之后形成平行晶胞或枝晶阵列[31]。

下面对阵列柱晶稳态扩散场进行分析。

与自由枝晶稳态扩散场分析的任务一样,阵列柱晶稳态扩散场分析的任务也是要弄清楚 ΔT-V-R 的关系。区别在于,自由枝晶生长的过冷度是由外部控制的,尖端生长速率和形态、尺度要与过冷度相适应;而定向凝固的外部控制因素是温度梯度和等温线的强制移动速率,尖端过冷度和形态、尺度要与之相适。

考虑在忽略对流情况下限制性生长的柱晶的尖端行为,柱晶前沿的过冷度可以表达为

$$\Delta T = T_L(\infty) - T_t = \Delta T_c + \Delta T_r + \Delta T_k \tag{2-46}$$

式中, T_t 是尖端温度。

由于在定向凝固过程中不存在热过冷,式(2-46)中没有 ΔT_t 项。

1. Bower-Brody-Flemings 模型[32]

Bower-Brody-Flemings 模型(BBF 模型)忽略 ΔT_r 和 ΔT_k,在计算 ΔT_c 时,忽略固相扩散,只考虑在阵列柱晶前沿液相中一维扩散的溶质分布[32,33]。得到柱晶前沿溶质通量平衡方程为

$$(C_t - C_0)V = -D_L \left(\frac{\partial C_L}{\partial z}\right)_{z=z_t} \tag{2-47}$$

式中, C_t 为针状晶尖端液相浓度,由于假定溶质一维分布, C_t 同时又是柱晶前沿 $z = z_t$ 处溶质平均浓度。考虑界面局域平衡,可得

$$\left(\frac{\partial C_L}{\partial z}\right)_{z=z_t} = \frac{G}{m} \tag{2-48}$$

于是得到

$$C_t = C_0 - \frac{D_L G}{mV} \tag{2-49}$$

$$\Delta T_c = \Delta T_G = \frac{D_L G}{V} \tag{2-50}$$

式中, ΔT_G 为只考虑溶质一维扩散时的尖端过冷度。引入尖端无量纲过冷度 $\Delta T^* = \Delta T / \Delta T_0$,则由式(2-50)得

$$\Delta T^* = \frac{DG}{\Delta T_0 V} = \frac{l_S}{l_t} = \frac{1}{V} \tag{2-51}$$

式中, $l_t = \Delta T_0 / G$,称为定向凝固热扩散长度。 $V = 1$,即稳态平界面前沿的溶质过冷度。但当 $V \to \infty$ 时,式(2-51)预言 $\Delta T^* \to 0$。而按照 MS 稳定性理论,当 $V \geqslant V_a$ 时, ΔT^* 应重新回到 1,此处 V_a 为定向凝固时与绝对稳定平界面对应的生长速度。由于绝对稳定性是考虑界面能和溶质多向扩散后得到的结果,而这些在 BBF 模型中没有考虑,这表明该模型存在严重缺陷。也正因为没有考虑这些因素,BBF 模型对柱晶的形态和尺度没有任何描述,而只解决了 ΔT 和 V 的关系。

2. Burden-Hunt 模型[34]

Burden-Hunt 模型(BH 模型)在 BBF 模型基础上考虑了除动力学过冷以外的其他各项,并用最小过冷原理建立了微观组织尺度与控制参数 $(G、V)$ 的关系,提出尖端区域的浓度为两部分之和[34]

$$C_L = \overline{C}_L + \int C_L \tag{2-52}$$

式中, $\overline{C}_L$ 为平行于界面方向的平均浓度,即考虑溶质沿 z 方向一维扩散时的浓度场; $\int C_L$

是考虑溶质多向扩散时浓度场的变化。于是在尖端一点处的浓度梯度为

$$\left(\frac{\partial C_L}{\partial z}\right)_{z=z_t} = \left(\frac{\partial \overline{C_L}}{\partial z}\right)_{z=z_t} + \left[\frac{\partial \int C_L}{\partial z}\right]_{z=z_t} \qquad (2\text{-}53)$$

式中

$$\left(\frac{\partial \overline{C_L}}{\partial z}\right)_{z=z_t} = -\left(\frac{V}{D_L}\right)(1-k_0)C_t \qquad (2\text{-}54)$$

$$\left(\frac{\partial \overline{C_L}}{\partial z}\right)_{z=z_t} = \frac{G}{m} \qquad (2\text{-}55)$$

对 $\left[\dfrac{\partial \int C_L}{\partial z}\right]_{z=z_t}$ 采用 Zener 近似,即

$$\left[\frac{\partial \int C_L}{\partial z}\right]_{z=z_t} = -\frac{\int C_t}{R} \qquad (2\text{-}56)$$

式(2-56)表明,总的无限小的浓度梯度等于尖端沿 R 的浓度梯度。联立式(2-54)~式(2-56),并考虑 $R \ll l_S$,Burden 和 Hunt 得到

$$\Delta T_c = \frac{D_L G}{V} + \frac{mVR}{D_L}(k_0-1)C_0 = \Delta T_G + \Delta T_D \qquad (2\text{-}57)$$

式中,$\Delta T_G = \dfrac{D_L G}{V}$,是成分过冷

$$\Delta T_D = \frac{mC_0 VR(k_0-1)}{D_L} \qquad (2\text{-}58)$$

是溶质多向扩散效应对尖端过冷度的贡献。再考虑毛细作用效应,BH 模型给出尖端过冷度为

$$\Delta T = \Delta T_G + \Delta T_D + \Delta T_r = \frac{D_L G}{V} + \frac{mC_0 VR(k_0-1)}{D_L} + \frac{2\Gamma}{R} \qquad (2\text{-}59)$$

式(2-59)中给出了 ΔT、V、R 的关系,但与自由枝晶稳态扩散场分析一样,它不能单值确定 ΔT-V-R 关系。当 V 一定时,R 与 ΔT 将有无穷多组可能的选择。由于 ΔT 随 R 的变化通过一个最小值,Burden 和 Hunt 应用最小过冷度原理(它与自由枝晶生长的最大速率原理等价),得到 R 和 V 的单值关系为

$$VR^2 = \frac{2\Gamma D_L}{mC_0(k_0-1)} \qquad (2\text{-}60)$$

而尖端过冷度与 V 的单值关系为

$$\Delta T = \frac{D_L G}{V} + \left[\frac{8\Gamma mC_0(k_0-1)V}{D_L}\right]^{1/2} \qquad (2\text{-}61)$$

Hillert 认为 BH 模型的两个主要缺点是:①R 与 G 无关;②当 $V \to \infty$ 时,$\Delta T_0 \to \infty$。而实际上,R 将随 G 增大而增大,ΔT 不可能大于 ΔT_0。

3. Burden-Hunt-Laxmanan 模型

Laxmanan 认为[35,36],定向柱晶的正确模型应该在低速时能回到成分过冷理论,在高

速时产生绝对稳定性,而这一点对 BH 模型稍加修改就能实现。正确的尖端过冷度方程为

$$\Delta T = \frac{D_{\mathrm{L}} G}{V} + \lambda R \left[\frac{Vm C_0 (k_0 - 1)}{D_{\mathrm{L}}} - k_0 G \right] + \frac{2\Gamma}{R} \quad (2\text{-}62)$$

对式(2-62)应用最小过冷原理,得到尖端过冷度与生长速率及尖端半径 λ 与生长速率的单值关系

$$\Delta T^* = \frac{\Delta T}{\Delta T_0} = \frac{V_{\mathrm{C}}}{V} + 2 \sqrt{2\lambda} \left(\frac{V - V_{\mathrm{C}}}{V_{\mathrm{a}}} \right)^{1/2} \quad (2\text{-}63)$$

$$R = \left[\frac{2l_{\mathrm{c}}' D_{\mathrm{L}}}{\lambda (V - V_{\mathrm{C}})} \right]^{1/2} \quad (2\text{-}64)$$

当 $V = V_{\mathrm{C}}$ 时, $\Delta T = \Delta T_0$, $R = \infty$,正确地预言了低速下的平界面稳定性。为了能够在 $V = V_{\mathrm{a}}$ 时也有 $\Delta T = \Delta T_0$,只要适当选择 λ 值就行了。由于 $V_{\mathrm{C}} \ll V_{\mathrm{a}}$,从式(2-63)可见,当 $\lambda = 1/8$ 时,这个要求就可以满足。在高速下扩散场的有效作用距离比曲率半径小得多,但考虑到高速下溶质非平衡分配特性,Laxmanan 选择 $\lambda = 1/16$。

4. Kurz-Fisher 模型

Kurz 和 Fisher 胞/枝柱晶端部假设为半个椭球体,并将孤立枝晶稳态扩散场的结果与临界稳定性原理相结合,得到以 V_{C}/k_0 为界,在低速区和高速区尖端行为不同的结果[37]

$$R = \begin{cases} \dfrac{2D_{\mathrm{L}}}{V(1 - k_0)} + \dfrac{2mC_0}{G_{\mathrm{L}}}, & V < V_{\mathrm{C}}/k_0 \quad (2\text{-}65\mathrm{a}) \\[3mm] 2\pi \left(\dfrac{D_{\mathrm{L}} \Gamma}{V k_0 \Delta T_0} \right)^{1/2}, & V > V_{\mathrm{C}}/k_0 \quad (2\text{-}65\mathrm{b}) \end{cases}$$

他们认为这种尖端行为的突变对应胞-枝转变点,低速行为对应胞晶区,高速行为对应枝晶区。KF 模型不能预言低速的平界面稳定性和高速的绝对稳定性。

5. Trivedi 模型

Trivedi 借用自由生长孤立针状晶的数学处理方法,把阵列柱晶作为具有旋转抛物面形状的孤立针状晶来处理[38],但考虑了外部强加的正温度梯度效应,比较严格地分析了包括热扩散和溶质扩散耦合作用下孤立针状晶尖端的行为,但只能在尖端一点处应用连续性条件。其解的形式非常复杂,当忽略 ΔT_{r} 和 ΔT_{k} 时,得到

$$\Delta T^* = \left[\frac{I_{\mathrm{V}}(Pe_{\mathrm{C}}) k_0}{1 - (1 - k_0) \mathrm{IV}(Pe_{\mathrm{C}})} \right] \times \left[1 + \frac{1}{2} Q N_{\mathrm{g}}(Pe_{\mathrm{C}}) + \frac{2A'}{Pe_{\mathrm{C}}^2} f(Pe_{\mathrm{C}}) \right] \quad (2\text{-}66)$$

式中, $Q = 2G_{\mathrm{L}} D_{\mathrm{L}} / (\Delta T_0 k_0 V)$; $A' = \Gamma V / (2D_{\mathrm{L}} \Delta T_0 k_0)$; $N_{\mathrm{g}}(Pe_{\mathrm{C}})$ 和 $f(Pe_{\mathrm{C}})$ 是 Pe_{C} 的复杂函数。由于当时(1980 年)已经证明自由枝晶选择的最小过冷度假设是错误的,为了寻求 ΔT、V 和 R 的单值关系,Trivedi 在尖端应用了稳定性原理,认为稳态枝晶尖端应处于成分过冷不稳定效应和界面张力稳定效应的平衡之中,得到

$$\frac{C_{\mathrm{t}}}{C_0} = \frac{1}{2} Q + \frac{A' L}{Pe_{\mathrm{C}}^2} \quad (2\text{-}67)$$

式中，$L = \frac{1}{2}(1+1)(1+2)$，$L$ 是球谐阶数，联立式（2-66）和式（2-67），就可单值确定 ΔT-V-R 关系。但由于式（2-66）函数形式太复杂，找不到这三个参数之间显式的单值表达式。Trivedi 模型在 V 较小时可以预言平界面稳定性，但在 $V > V_a$ 时不能预言绝对稳定性。

从以上介绍可看出，关于胞/枝晶生长的解析分析都表明，在给定控制参数时存在一组连续范围或离散的自适应解，引入界面张力并未消除解的多值性。近年人们发现凝固界面的非稳态演化过程对最终形态发展有重要影响，开始用分析非稳态扩散场对定向柱晶生长问题进行研究。Hunt 等在原有稳态分析基础上突破了原有稳态扩散分析的速率极限，获得较大速率范围的胞/枝晶自适应解。

2.4 共晶定向凝固

2.4.1 共晶合金类别

工业上使用的重要合金多为多相合金，其中尤以共晶合金应用最为广泛。近年快速发展的自生复合材料即为通过定向凝固而形成的共晶材料。图 2-9 是某些典型的共晶材料，既包括共晶合金，也包括非金属的共晶材料。图 2-10 则为金属间化合物共晶的典型显微组织[25,39-43]。

最简单的典型的共晶反应是在二元合金系统中，具有共晶成分的液体 L，在共晶温度下同时凝固形成两固体相 α 和 β 共晶组织，通常用公式 L ⟶ α+β 表示。在此共晶反应温度下，出现 L、α 及 β 三相共存。由平衡相图知道，共晶反应的自由度为零，它表示该反应只能发生在固定的成分与温度。任何偏离该成分的凝固，都不可能得到完全的共晶组织（100%）。但在非平衡存在一定过冷度的条件下，可通过高的冷却速率或在液-固界面

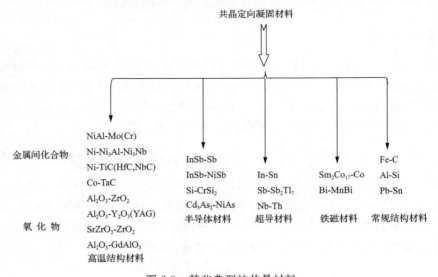

图 2-9　某些典型的共晶材料

(a)　　　　　　　　　　　　(b)

图 2-10　定向凝固 Ni-Ni$_3$Si 共晶合金的显微组织

形成高的温度梯度来抑制先共晶组织的形成，使液体可以直接通过共晶方式凝固，并可调节 α 及 β 相的体积分数与液体的成分相适应。通常这种非共晶成分的共晶组织又称为伪共晶。共晶组织的形态多样，就需要将其组织结构与合金的基本参量建立联系。显微结构与共晶各相凝固界面的性质（在原子尺度上是光滑的还是粗糙的）、组成相的相对量和凝固条件等有关。按组成相 α 及 β 的熔化熵，$\alpha_\alpha = \dfrac{\Delta S_f^\alpha}{R}$，可将共晶分为三类[1,2]。

　　第一类，α 和 β 相的熔化熵都很低，即两相的凝固界面都是粗糙界面。这类非小晶面-非小晶面共晶（非晶面也称非棱面，表示界面在原子尺度上是粗糙的），称为正常（规则）共晶。金属-金属和金属-金属间化合物共晶多属这类共晶，其微结构是有规则的。当两相的体积分数相接近时，多形成平行的层状组织（图 2-11(b)）；如两相的体积分数相差较大，则出现规则的棒状组织（图 2-11(a)）。

　　第二类，α 相和 β 相中有一相熔化熵比较高，其凝固界面是光滑的，另一个相是粗糙的。这类小晶面-非小晶面共晶称为反常（不规则）共晶，金属-非金属共晶属于这类共晶，其显微结构呈不规则或复杂规则的形态，示意图如图 2-11(c)、(d)所示。

　　第三类，α 相 β 相的熔化熵都很高，显示出小晶面-小晶面共晶特征。一般而言，非金属与非金属组成的共晶属于此类。此类共晶在生长时，虽然从两相液相同时析出，但彼此生长互不依赖，它们最终的显微结构是两相规则或紊乱排列的混合体。

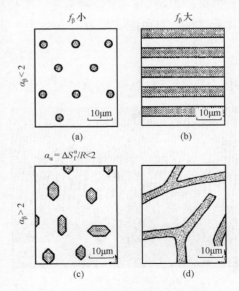

图 2-11　二元共晶合金的典型形貌
f_β 为 β 相（灰色相）的体积分数

关于共晶显微组织的分类有人认为应以组织特征区分,分为规则(正常)共晶组织及不规则(反常)共晶组织。也有人认为应按共晶组成相特性分为非棱面(非不平面)-非棱面类,非棱面-棱面(不平面)类及棱面-棱面类。实际上这两种分类基本上是相通的,按组成相分类的后两种一般属于不规则组织,而前一种属规则共晶。

定向凝固规则共晶形态的特点是两相大体上垂直于固-液界面规则的层片状或棒状组织,在生长速率保持不变时形成相对稳定的组成相间距,在低速定向凝固中其固-液界面近似地保持平面,等温面也大体是平直的,并且两相之间在生长中有不同程度的耦合。而不规则共晶则完全没有这些特性,呈现复杂无规则的组织形态。

2.4.2　共晶相变的基本特征

共晶的凝固是典型的由溶质扩散控制的液固相变过程,图 2-12 是一组 Al-CuAl$_2$ 共晶的片层组织。一旦共晶的两个相在液体中成核,通过它们的生长就可形成具有共晶特点的显微组织。共晶两相的生长是借助片层边缘以垂直于界面的方向同时向液体扩展来进行的。凝固速率或界面速率依赖紧靠固-液边界的溶质沿界面扩散。此类扩散不需要溶质长距离的移动,而形成一种两相之间"协同"的生长。由于界面上液相中原子输运得很快,在每个界面点上固相均处于亚稳态。对 α、β 和液相自由能曲线的切线表明(图 2-13),在某一低于平衡共晶温度的生长温度 T,成分为 C_S^α 的固相 α 与成分为 C_L^α 的液相处于亚稳平衡状态,成分为 C_S^β 的固相 β 与 C_L^β 的液相处于亚稳平衡。这种状况如图 2-14 所示,在液-固界面片层中心处尤为明显。然而,在非定向生长情况下,液-固界面可认为是等温的,故在片层边缘 α、β 和液相必在温度 T 处于亚稳平衡。Shewmon[44]曾通过 α-β 界面对平衡温度的影响,分析了这种情况。单位体积的共晶液体转变为间距为 λ 的片层 α 和 β 固体所带来的自由能变化为

$$\Delta G(\lambda) = \Delta G(\infty) + \frac{2\gamma_{\alpha\beta}}{\lambda} \tag{2-68}$$

式中,$\Delta G(\infty)$ 为 λ＝∞ 的自由能变化,2/λ 是单位体积的 α-β 界面的面积。

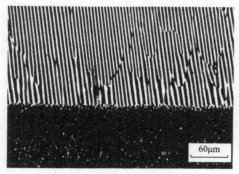
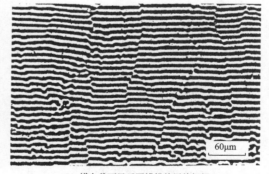

| (a) 纵向截面显示了淬火界面 | (b) 横向截面显示了错排的层片组织 |

图 2-12　Al-CuAl$_2$ 共晶的片层组织

式(2-68)中第二项,如图 2-13(a)虚线所示,表示提高了 α 和 β 相的自由能。应说明

的是,如在准平衡情况,在共晶温度发生相变,则液相的自由能曲线应在共晶成分和 α 与 β 相的自由能曲线在它们极限成分有一条公共切线。而在非平衡过冷至温度 T 时发生相变,α 与 β 的 G-C 曲线更多下移,使液体的 G-C 曲线不能与之公共相切。此时 α 的液相成分为 C_L^α,固相成分为 C_S^α(β 也相应如此,按各自延伸的液、固相线)。应注意的是,所延伸的液、固相线是亚稳的。而在此温度(T)的稳定相 α 与 β 的成分应是 P、Q,它们对应着最低的自由能,但却不能与液相的自由能曲线相切,故不能由液相析出 P、Q 成分的 α 与 β 相。以上是未考虑界面曲率效应的讨论,如考虑界面曲率效应,弯曲界面 α 与 β 相的自由能显然高于平界面,即如图 2-13(a)所示,反映在相图上就表现为虚线所表示的曲率过冷。图 2-13(b)表示,若间距减小,α 相-液体及 β 相-液体的浓度也有相应变化。同时展示,对低于平衡温度的任何温度 T,都存在一个临界间距 λ^*,此时,该 α、β 和液相均处在亚稳平衡状态,即 $\Delta C = 0$(三相平衡的共晶点)。

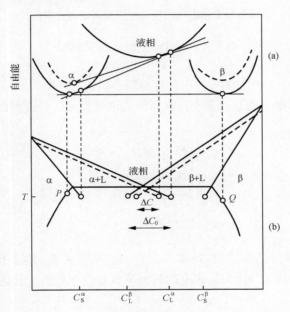

图 2-13　α、β 和液相在平衡共晶温度 T 以下时自由能曲线
(a) 不考虑 α-β 界面—考虑 α-β 界面;(b)对应的液、固相成分[9]

　　共晶两相生长基本是依赖溶质的短程扩散进行的,其生长速率决定于该扩散过程。当片层前移时,A 组元在 β 相界面前富集,而 B 在 α 相前富集,大致如图 2-14 所示。由于浓度梯度的存在,协同生长时,A 向 α 相,B 向 β 相扩散。促使扩散进行的梯度近似为 $2\Delta C/\lambda$。如 α 界面在 dt 时间内前移一距离 dx,$(C_L^\alpha - C_S^\alpha) dx$ 的 B 组元必须迁离 α 界面。在稳态条件下液相中 B 的通量(近似为 $2D(\Delta C/\lambda)$)将向侧向扩散,在 dt 时间内溶质的扩散量为 $2D(\Delta C/\lambda)dt$。此通量就控制着 α 相的生长速率。界面前移所排出的溶质量应和进入液相中的溶质量相等

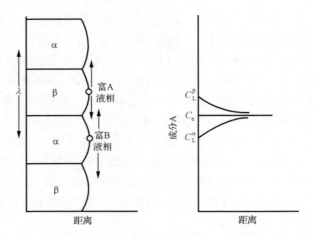

图 2-14 共晶片层界面前沿溶质富集以及溶质短程横向扩散示意图

$$(C_L^\alpha - C_S^\alpha)\mathrm{d}x = 2D(\Delta C / \lambda)\mathrm{d}t$$

$$\frac{\mathrm{d}x}{\mathrm{d}t} = V_\alpha = \frac{D\Delta C}{K(C_L^\alpha - C_S^\alpha)\lambda} \tag{2-69}$$

对 β 相可有类似的方程以得到 V_β，液体中的浓度差 ΔC 对恒定的生长温度也决定于片层间距[39]。

$$\Delta C = \Delta C_0 - \frac{\lambda^*}{\lambda} \tag{2-70}$$

式中，λ^* 为在过冷条件下的片层间距(图 2-12)

将式(2-69)与式(2-70)合并，得

$$V = \frac{D\Delta C_0}{K(C_L^\alpha - C_S^\alpha)\lambda}\left(1 - \frac{\lambda^*}{\lambda}\right) \tag{2-71}$$

恒生长速率的实验结果表明，速率与间距间有单值关系，其细节讨论将放在以后几节。根据 Zener 的建议[45]，认为所测定的间距应该对应于最大生长速率，即 $\lambda = \lambda^*$，于是

$$V_{max} = \frac{D\Delta C_0}{K(C_L^\alpha - C_S^\alpha)\Delta\lambda^*} \tag{2-72}$$

若 $\lambda = \lambda^*$，则 $\Delta G(\lambda^*)$ 在式(2-68)中将等于零，故有

$$\lambda^* = \frac{2\gamma_{\alpha\beta}}{\Delta G(\infty)}$$

然而，$\Delta G(\infty)$ 正比于 ΔT，且 ΔC_0 也正比于 ΔT，结果是对给定的生长速率，$\lambda^*\Delta T =$ 常数；对给定温度，$(\lambda^*)^2 V =$ 常数；对于给定λ，$\Delta T/V^{\frac{1}{2}} =$ 常数。此类关系在定向凝固的片层组织中均曾观察到。

2.4.3 共晶合金的生长

1. 共晶合金中的初生相生长

共晶型而非共晶成分材料中孤立初生相的生长一般也均以针状形式进行分析，但对

各向异性生长则须以片状形式考虑。通常金属取扩散控制生长的几何外形,而第二类共晶的小平面相则取生长受约束的片状形态。针状晶或片状晶端部的生长问题首先是由 Ivantsov 从理论上解决的。而对正温度梯度下针晶端部生长的问题则是由 Burden 和 Hunt 成功处理的,他们得到了针端过冷度(ΔT_n)、温度梯度(G)、生长速率(V)和针端半径曲率(R)之间的关系为[46,47]

$$\Delta T_n = GD/V - (mVR/D)(1-k)C_0 - kRGD/V + 2\Gamma/R \quad (2\text{-}73)$$

为得到唯一解,仍需采用最小过冷或最大生长速率原则及相应的针端形式。当针端半径 $R \ll 1$,溶质分凝系数 $k < 1$ 时,式(2-73)第 3 项与第 1 项数比,可忽略不计,即

$$\Delta T_n = GD/V - (mVR/D)(1-k)C_0 + 2\Gamma/R \quad (2\text{-}74)$$

令 $Z_1 = A\left[-mC_0(1-k)\Gamma/D\right]^{1/2}$,则

$$\Delta T_n = GD/V + Z_1 V^{1/2} \quad (2\text{-}75)$$

可以看出,在正温度梯度定向凝固条件下,针状晶体生长的过冷度由两项组成。在低速,第一项构成过冷度的主要部分;在高速则主要决定于第二项。

Kurz 提出了一个示意图(图 2-15)表明此种特性。当凝固达到稳定态时,在低生长速率情况下,有两个参数温度作为界面温度变化的比较依据。一是平面生长的固相线;二是针/枝晶在 $G \to 0$ 时等温生长的液相线。应用最小过冷原则可以看到,对于 $G \to 0$ 时,合金定向凝固总是取针-枝晶形态。

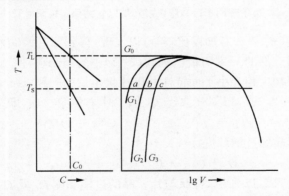

图 2-15　平界面($T \approx$ 常数 $= T_S$)和针状晶($G_3 > G_2 > G_1 > G_0 = 0$K/mm)界面温度与生长速率响应关系
因为在高速生长时,针状晶有较高的界面温度,交点 a、b、c 代表平界面稳定极限

增大温度梯度即增大了针端过冷度,Kurz 等依成分过冷原理提出了平界面与针状晶定向生长的简单表示可以说明共晶成分合金中初生相的生长特性。正如图 2-16 所示,在一个平液-固界面前沿存在的成分过冷必引起扰动的增大,导致胞晶形成。然后胞晶将发展直到胞(或枝)端达到它的稳定极限。阵列针/胞晶的生长中液相内溶质浓度的分布见图 2-16(b)。由图可见,胞端液相的成分 C_D 由于侧向扩散会大大低于平面生长的 C_L 而高于 C_0,胞间由于溶质的富集在根部最高达到 C_{max},形成 C_{max}—C_0 的浓度梯度。假设胞间液体中由热流决定的温度梯度 dT_q/dz 和由浓度梯度决定的液相线温度梯度 dT_L/dz 相等,则在胞端前必然有成分温差 ΔT_c。根据成分过冷理论,对平面生长,无成分过冷的判据为 $G/V \geqslant \Delta T/D$,而对针或胞晶来说,没有成分过冷的条件必然是 $\Delta T_c = GD/V$。将此

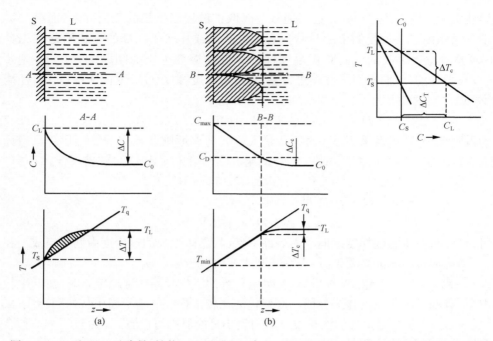

图 2-16　以平面(a)及胞晶(针状)(b)界面生长条件:胞晶或枝晶生长倾向于使成分过冷区消失
(左边下部阴影区),胞(或枝)端以它的稳定极限生长

式与前面枝晶过冷度(式(2-75))加以比较,可以发现,得到 $\Delta T_c = GD/V$ 结论的前提是低的生长速率。因为只有低的 V 才可能消去式(2-75)中的第二项,使 $\Delta T_c = \Delta T_n$。

在定向凝固下对初生相为小平面特性并以片状生长的问题,Kurz 等引入了浓度过饱和度,将溶质扩散过冷度 ΔT_D 以下式取代式(2-74)中右侧第二项,即

$$\Delta T_D = mC_0\{1 - 1/[1 + (k-1)\Omega]\} \tag{2-76}$$

正生长的针端与片状晶的过饱和度

$$\Omega = (C_L^* - C_0)/[C_L(1-k)] \tag{2-77}$$

各符号的含义如图 2-17 所示,针状与片状晶的过饱和度 Ω_n 及 Ω_p 根据 Ivantsov 解为

$$\Omega_n = p\exp(Pe)E(Pe)$$
$$\Omega_p = \sqrt{\pi p}\exp(Pe)\mathrm{erfc}(\sqrt{Pe}) \tag{2-78}$$

则可得针状与片状晶生长的过冷度为

$$\Delta T_n = GD/V + mC_0\{1 - 1/[1 + (k-1)\Omega_n]\} + 2\Gamma/R$$
$$\Delta T_p = GD/V + mC_0\{1 - 1/[1 + (k-1)\Omega_p]\} + \Gamma/R \tag{2-79}$$

2. 非共晶成分合金定向凝固[48,49]

探索非共晶成分合金如何获得完全的共晶结构对制备自生复合材料是关键的问题。Mollard 和 Flemings[50] 分析了亚共晶 C_0 成分合金从定向凝固初始过渡到稳态的两相生长过程并给出如图 2-18 的示意描述。

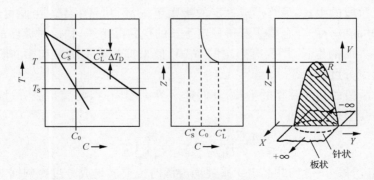

图 2-17   正在生长的针状晶尖端或板状晶边缘过饱和度

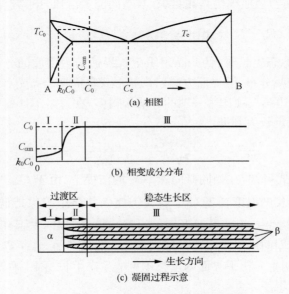

(a) 相图

(b) 相变成分分布

(c) 凝固过程示意

图 2-18 C_0 成分亚共晶合金定向凝固

$C_{\alpha m}$ 为 α 相的最大固溶度

凝固开始后,当温度达到液相线 T_{C_0} 时凝固出单相 α,其成分为 $k_0 C_0$,随着凝固界面向前推移,固-液界面上固相和液相成分分别沿固、液相线变化,当液相成分富集到共晶成分 C_e,与之平衡的固相 α 成分是 $k_0 C_e = C_{\alpha m}$,这是第 I 阶段。

当固-液界面达到共晶温度 T_e,固-液界面液相成分为 C_e 时,α 和 β 两相同时析出。β 相的量不断增加,直到在 T_e 温度下 α、β 两相达到近于平衡比例为止,这是第 II 阶段。

第 II 阶段结束时,固-液界面前沿的液相成分为 C_0,并以稳定速率和稳定界面形态进行生长,这是第 III 阶段。第 III 阶段结晶出来的 α、β 两相比例是平衡相图上成分为 C_0 时的 α、β 比例,并保持不变,形成定向凝固伪共晶组织,这就是所谓的伪二元共晶复合材料。

仔细分析上述的定向凝固过程可以看出,初始过渡的第 I 阶段的单相 α 和第 II 阶段全部 α+β 共晶组织都是在没有达到稳态生长条件下形成的,生长时保持低速平界面状态;第 II 阶段生长结束时,α+β 共晶组织的生长达到稳态,并继续维持低速平界面生长,这就进入第Ⅲ阶段的生长,最终形成稳定的凝固组织:伪共晶组织。由此可知,在定向凝固条件下,非共晶成分的合金要想获得稳定生长的伪共晶组织,初始过渡区的组织凝固必须维持低速平界面的生长,即要有一定的 G_L/V 值来抑制第Ⅰ阶段和第Ⅱ阶段的生长界面前沿出现的成分过冷[48,50]。

对于第Ⅰ阶段的初生 α 相的生长,其低速平界面凝固时,要满足成分过冷判据,根据单相合金定向凝固理论可知

$$\frac{G_L}{V} \geqslant \frac{m_L C_0 (1-k_0)}{D_L k_0} = \frac{m_L}{D_L}\left(\frac{C_0}{k_0} - C_0\right) \tag{2-80}$$

同样,第Ⅱ阶段 $\alpha+\beta$ 伪共晶组织平界面凝固时也要满足成分过冷判据。对于伪共晶组织稳定态长大的条件,Mollard 和 Flemings 依据 Jackson 和 Hunt 共晶理论模型,推导出成分为 C_0 的亚共晶合金形成伪共晶组织,其凝固前沿溶质分布方程为[48]

$$C_L = C_0 + (C_e - C_0)\exp\left(-\frac{V}{D_L}x\right) + \sum_{n=1}^{\infty} B_n \cos\left(\frac{2n\pi}{\lambda}y\right)\exp\left(-\frac{2n\pi}{\lambda}x'\right) \tag{2-81}$$

式(2-81)表明,稳态生长时,伪共晶组织生长界面前沿溶质的分布规律为:在生长速率方向溶质呈指数衰减分布,沿界面方向以余弦形式呈周期分布。

式(2-81)等号右边第三项比第一项的影响小得多,在忽略不计的情况下,按过冷判断式求得伪共晶组织稳定长大判据:

$$\frac{G_L}{V} \geqslant \frac{m_L(C_e - C_0)}{D_L} = \frac{m_L}{D_L}\left(\frac{C_{\alpha m}}{k_0} - C_0\right) \tag{2-82}$$

分析 G_L/V 的两式可知,在相同凝固速率 V 的前提下,由于 $C_0 > C_{\alpha m}$,所以使初生 α 相保持低速平界面生长的温度梯度 G_L^{α},要大于使伪共晶组织保持低速平界面生长的温度梯度 $G_L^{\alpha+\beta}$,这就是初生 α 相平界面凝固前沿发生共晶形核,共晶组织能以平界面方式在初生 α 相平界面凝固前沿发生凝固的原因所在。也就是说,在平界面凝固的前提下,对于亚共晶合金而言,初生 α 相平界面的生长不可能稳态生长出来,平界面稳态生长出来的只可能是全部的共晶组织。

3. 共晶生长

共晶生长通常是指其成分及过冷度可以生长整体的共晶组织,而没有初生晶体。通过对给定速率下的相应界面温度或给定过冷度下的相应生长速率的调整将会决定此非平衡凝固条件下的组织形态。人们研究发现,即使合金成分不在平衡共晶点,但在某些凝固条件下,如高生长速率,也可得到完全的共晶组织。这样对二元合金来讲就出现两类可获得完全共晶组织的共生区,如图 2-19 所示,一类是以共晶成分为中心的对称型共生区,另一类是非对称型的,其共晶点靠近某一组元,共生区偏向一方的共生区。前者一般发生在两相熔点相差不太大的金属-金属共晶系中,后者则多发生在两相熔点相差较大的金属-非金属(或类金属)系中。

20 世纪 60 年代,Hunt 和 Jackson[51],继而 Mollard 和 Flemings[50]通过实验发现共晶共生区的扩大并不只限于高的生长速率。在定向凝固条件,给以高的温度梯度,也可在低生长速率下得到全共晶组织。图 2-20 给出 Pb-Sn 合金共生区范围与成分及温度梯度

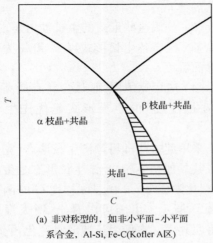

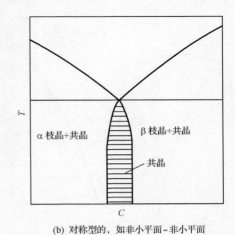

(a) 非对称型的，如非小平面–小平面　　　　　　　　(b) 对称型的，如非小平面–非小平面
系合金，Al-Si, Fe-C(Kofler A区)　　　　　　　　系合金，Pb-Sn(Kofler A区)

图 2-19　两类共晶合金的共生区
f 为小平面相，nf 为非小平面相

和生长速率的关系。由图可以看出，共生区随 G/V 的增大而扩大，显示共生区的范围与成分过冷的密切关系。

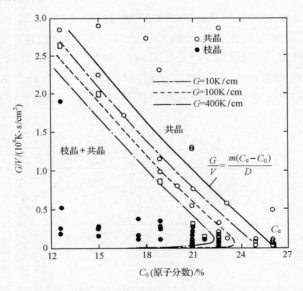

图 2-20　Pb-Sn 合金共生区范围与成分及温度梯度和生长速率的关系

　　定量地用稳定性理论描述纯的稳态共晶（100％共晶）向共晶胞或枝晶的转化在数学上极为困难，Cline[52] 曾提出用简单的假设，即只考虑长波长的影响来处理此问题，但以后证明是错误的。一些实验结果表明，界面最初失稳的波长非常接近于共晶间距并非只决定于波长。以后 Strassler 和 Scheider[53] 从理论上证明，界面上短波长和长波长的扰动都同样重要。计算复杂的共生区问题，现已通过更简单的途径解决，它包含以下四步[46]。
（1）在整个发展的定态中考虑所有可能的生长形式（如亚共晶和过共晶的初生晶体

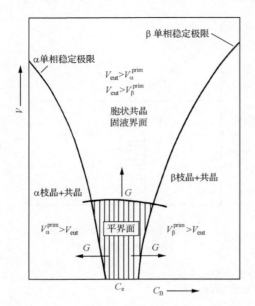

图 2-21　各种竞争生长形式下的共生生长区
(V-C 图)与生长速率的关系

及共晶体)。

(2) 分析这些形式的生长动力学。

(3) 确定各生长形式以 V 和 G 为函数的界面温度

(4) 应用竞争原则,认为具有最高温度(最小过冷度)的生长形式是优先生长的体系。

采用此方法即可预测生长形态(完全共晶或共晶加初生相)。该生长形态是生长速率 V、化学成分 C_B 和温度梯度 G 的函数如图 2-21 所示。由图可以看出,增大温度梯度将使共生区在低生长速率时宽化,它相应于减小单相的不稳定性,同时,G 的增大也将平面共晶生长范围向上扩展至更高的速率,使 V_{eut} 大于 V_α^{prim} 和 V_β^{prim},即相当于减低两相的不稳定性。

为了确定共生区,必须首先确定 α 或 β 作为初生相及 α 或 β 作为共晶相各自的长大速率与过冷度(界面温度)的关系。在定向凝固条件下,利用界面最高温度优先生长原则及图 2-22 中的生长速率与界面温度的关系,可以构建共晶合金枝端及共晶体的生长温率与 G 和 V 的关系(对具有等温固-液界面的规则共晶 G 的影响可以忽略)。共晶界面的过冷度为 $\Delta T_E = Z_3 V^{1/2}$(式(2-75)右侧第一项为零),其界面温度与生长速率的关系为图中较平的曲线。而初生相枝晶,无论 α 还是 β

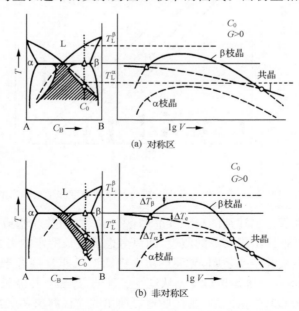

图 2-22　不同生长区类型的共生区与生长速率和界面温度的关系

相其温度(T)-生长速率(V)曲线都将呈现出最大值,这样共晶的 T-V 曲线可能在低速和高速与初生相的曲线有两个交点(图 2-22)。图 2-22 左侧为成分 C_0 的合金及其相图。上部的相图对应于图 2-19 中 Pb-Sn 合金的规则共晶生长,两相均为简单的非小平面晶。可以看出,对 C_0 合金存在三种生长形式的准平衡液相线,β 枝晶有稳定的液相线温度,共晶有稳定的共晶温度,而 α 枝晶则只有亚稳的液相线温度。对几何对称的共生区,α 和 β 初生晶体的 T-V 曲线极为相似,如 C_0 不同,只需简单地使它们之间相互沿温度轴移动即可。对于偏歪的共晶区,曲线将十分不同。由图 2-22(b)中可看出,为了得到一个偏歪的共晶区,β 相的过冷度随速率的变化率必须大于共晶,同时共晶的变化率必须大于 α 相,这也从一个方面反映出两类共晶凝固特性的明显差别。

应用竞争生长原则和式(2-75)及($\Delta T_E = Z_3 V^{1/2}$)可得到对称的共晶共生区的一半,即由共晶成分到该区的边界,其成分范围为

$$\Delta C = (1/m)\left[GD/V + (Z_1 - Z_3)V^{1/2}\right] \tag{2-83}$$

不规则共晶多由小平面-非小平面相组成,它的生长呈现较弱的耦合扩散。这些共晶多为偏歪的耦合区(图 2-22(b))。此类耦合区不能用 BH 模型预测。Fisher 和 Kurz[54]认为小平面-非小平面共晶的生长特性表现为两方面:一方面是,f-nf 共晶的液-固界面不是等温的,从而明显改变了 ΔT-V 关系,并导致 G 对 ΔT 和 λ 的影响;另一方面是小面相的初生晶体不再是枝晶或针状晶形态,如图 2-23(a)所示,而是片状(图 2-23(b))。他们通过实验观察,考虑了生长形式的不同后,提出了对共晶生长分类的改进:第一类共晶包括非小平面组元系统,它们具有低的熔化熵(金属、聚合物晶体等)和生长的各向同性,使共晶组织始终保持理想的生长,如较强的共生生长特性和易于分叉;第二类共晶是小平面与非小平面类型,其中小平面相有较高的熔化熵,具有明显的生长各向异性,且难于分叉,从而使该相难以理想生长,只能在稳定极限分叉。如果小平面-非小平面共晶中小平面相具有各向同性的生长特性,则该共晶属于第一类。当某一初生相取片状形式时,该第二类共晶总是不规则的,并有粗大的组织并导致形成偏歪的共生区(coupled zone)。

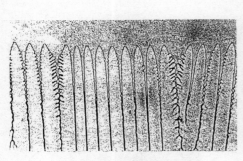

(a) 特戊酸非小平面针状晶(枝晶)　　　　　　　(b) 萘烷板状小平面晶

图 2-23　初生晶体形貌

2.4.4　规则共晶的定向凝固

共晶合金两相生长的特点是每一相生长中排出的组元提供给另一相所用,因而凝固过程就构成一个两相互相协作的生长。图 2-24 即是描述两相(如 α 与 β)以片层在单向热流稳态下生长的模型。α 相的生长在其前沿液相中必不断集聚溶质并沿界面向侧向输运,形成类似于图 2-24 及图 2-25 所示的成分分布曲线。在长大过程中,A 原子从 β 相前沿横向扩散到 α 相前沿;B 原子从 α 相前沿横向扩散到 β 相前沿,从而保证了同时结晶出两个不同成分的相,而远场的液相仍维持原来的成分 C_e,结晶出来的两固相平均成分也是原来的共晶合金成分 C_e。在固-液界面前沿很小的距离范围内,液相的成分是极不均匀的。α 相中心前沿液相由于距离 β 相较远,富集了较多 B 原子。而越靠近 α 相边缘,B 原子富集得就越少,在 α 相与 β 相交界处液体的成分为 C_e。同样,在 β 相中心前沿液相中也会富集较多的 A 原子,越靠近其边缘,富集的 A 原子越少,从而就在共晶固-液界面前沿的液相中分别形成了富 A 和富 B 的两个不同的溶质区。沿不同平界面分布的溶质浓度将导致不同的熔点,在图上就表现为温度的降低。沿界面每一点与原等温平界面温度的差异,即为该处的溶质过冷度 ΔT_c。界面的实际温度是热流(包括释放的潜热)和 L(液相)、α 及 β 三相不同导热性综合作用的结果。由于热扩散性通常比溶质扩散性大约 5 个数量级,沿液-固界面的温度 ΔT_i 波动较小。实际上由于动力学过冷在低速下与 ΔT_c 相比很小,可忽略不计。热过冷对于共晶合金而言等于零。曲率过冷 ΔT_r 就成为总过冷度的另一重要组成部分,这意味着界面形状的变化就决定于 $\Delta T_c + \Delta T_r$;同时,这两项也决定了界面温度 T_i。由此可认为稳态(定态)共晶生长的问题是一个求解使界面形状与过冷方程相一致的溶质场和温度场的问题。处理片层共晶的生长首先是 Zener[45] 将溶质扩散

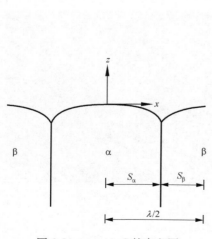

图 2-24　x,z,λ,S 的定义图

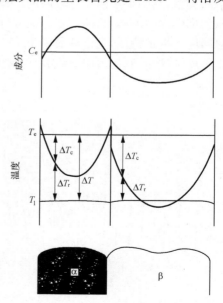

图 2-25　显示沿界面的成分变化和成分过冷(ΔT_c)以及曲率过冷(ΔT_r)的共晶固-液界面示意图

场与界面能综合考虑,认为在某些速率下一定间距范围内对扩散与界面能方程可能有稳态解,片层间距对应于接近最小过冷度。之后,Jackson 和 Hunt[55]、Nash[56]、Datye 和 Langer[57] 及 Kurz 和 Trivedi[58] 深入地推进了这方面的研究并为理论模型的建立提出了一系列假设:如热扩散远高于溶质扩散;忽略对流影响;液体中溶质流只依赖于扩散;沿生长方向为线性温度梯度及界面温度仅决定于梯度的位置等。

1. 共晶稳态生长的溶质场分析

为了描述共晶界面前沿液体中成分的分布,当溶质在界面前达到稳态,界面沿 z 方向以恒速前移时,扩散方程为

$$\frac{\partial^2 C}{\partial x^2} + \frac{\partial^2 C}{\partial z^2} + \frac{V}{D}\frac{\partial C}{\partial z} = 0 \tag{2-84}$$

为了解微分方程式(2-84),假定整体合金成分为共晶成分 C_e,并使固-液界面近于平面,即其边界条件之一是在 $z = \infty$ 处, $C_L = C_e$。

在 $x=0$ 处

$$\frac{\partial C_L}{\partial x} = 0 \tag{2-85a}$$

在 $x = S_\alpha + S_\beta$ 处

$$\frac{\partial C_L}{\partial x} = 0 \tag{2-85b}$$

这里, $x=0$ 是指 α 相的层片中央, $x = S_\alpha + S_\beta$ 是指 β 相层片中央。如果凝固时过冷度很小,则 $C_L \approx C_e$,形成的固相 α 及 β 的成分分别为平衡相图中的成分,即图 2-26 中的 C_α 及 C_β。根据守恒原则,由凝固而排出的溶质量 $V(C_e - C_\alpha)$ 应等于从界面处沿垂直于界面方向液体中扩散的量 $D_L \frac{\partial C_L}{\partial z}$:

$$\left(\frac{\partial C_L}{\partial z}\right)_{z=0} = \begin{cases} \dfrac{V}{D_L}(C_e - C_\alpha), & 0 < x < S_\alpha \\[2mm] \dfrac{V}{D_L}(C_e - C_\beta), & S_\alpha < x < S_\alpha + S_\beta \end{cases} \tag{2-86}$$

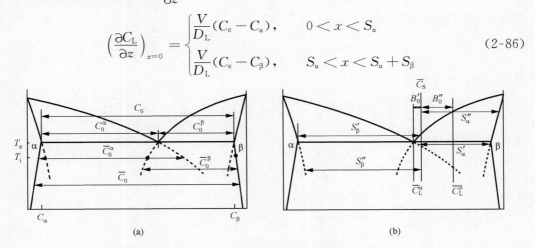

(a)　　　　　　　　　　　　　　　　　　　(b)

图 2-26　定义 $C_{0e}, C_{0e}^\alpha, C_{0e}^\beta$ 的共晶相图

在合金成分为 $\overline{C}_S$ 时,两种可能的液相界面成分 $\overline{C}_L^\alpha$ 和 $\overline{C}_L^\beta$,假设每相中元素有相同的原子体积,则对于 $\overline{C}_L^\alpha$ 和 C_L^β,可每个相的相对尺寸由 $S_\alpha', S_\beta', S_\alpha'', S_\beta''$ 近似给出

利用上述边界条件,可求解微分方程(2-84)。该方程为椭圆方程,是一个描述稳态过程的方程,式(2-84)的通解为

$$C_L = \overline{C}_L + C_e \tag{2-87}$$

式中,$\overline{C}_L$ 为 $\nabla^2 C_L = 0$ 的解,C_e 为式(2-84)的另一特解,表明线性方程(2-84)的解应为二者之和。

由于 $\overline{C}_L$ 同时与 z 及 x 有关,表明 $\overline{C}_L$ 是 z 和 x 的函数,式(2-87)的解可以表示为 z 和 x 单变量分离函数的乘积,故可设

$$\overline{C}_L = Z(z)X(x) \tag{2-88}$$

式(2-88)表明,共晶生长中界面前沿的溶质分布由垂直于界面沿生长方向的溶质浓度变化及沿平行于界面在两相间溶质变化的乘积组成。

对于垂直于界面的 z 方向,指数函数是一个可选择的解,设

$$Z = \exp(bz)$$

由分离单变量法可以得到

$$Z = \exp\left\{ \left[-\frac{V}{2D} - \sqrt{\left(\frac{V}{2D}\right)^2 + a} \right] z \right\} \tag{2-89}$$

其中

$$b = \frac{-V}{2D} - \sqrt{\left(\frac{V}{2D}\right)^2 + a}, \quad a = \left(\frac{2\pi}{\lambda}\right)^2 \tag{2-90}$$

对于沿界面的 x 方向其 Z 函数必须能描述浓度沿界面的变化,而且该变化呈周期性特征,于是可设

$$Z = \cos(cx)$$

同理可有

$$c = \sqrt{a}, \quad Z = \cos(\sqrt{a}x)$$

将上两式代入式(2-88),即有

$$\overline{C}_L = \cos(\sqrt{a}x) \exp\left[-\frac{V}{2D} - \sqrt{\left(\frac{V}{2D}\right)^2 - \left(\frac{2\pi}{\lambda}\right)^2} \right] z \tag{2-91}$$

将式(2-91)整理可得

$$\overline{C}_L = \sum_{n=1}^{\infty} B_n \cos\left(\frac{2n\pi x}{\lambda}\right) \exp\left\{ \left[-\frac{V}{2D} - \sqrt{\frac{V}{2D} - \left(\frac{2n\pi}{\lambda}\right)^2} \right] z \right\} \tag{2-92}$$

式(2-92)可简化为

$$\overline{C}_L = B_0 \exp\left(-\frac{V}{D}z\right) + \sum_{n=1}^{\infty} B_n \cos\left(\frac{2n\pi x}{\lambda}\right) \exp\left(-\frac{2n\pi x}{\lambda}\right) \tag{2-93}$$

式中

$$B_0 = \frac{2(C_0^{\alpha} S_{\alpha} - C_0^{\beta} S_{\beta})}{\lambda} \tag{2-94}$$

$$B_n = \frac{\lambda V C_0}{(n\pi)^2 D_L} \sin\left(\frac{2n\pi S_{\alpha}}{\lambda}\right) \tag{2-95}$$

此处 C_0^{α} 与 C_0^{β} 的定义见图 2-26,$C_0^{\alpha} = C_e - C_{\alpha}$,$C_0^{\beta} = C_{\beta} - C_e$;余弦函数项反映出溶质沿

界面的分布特性,反映出两相交替的形态;指数项则为沿定向生长方向的分布特性,反映出界面作为整体平面的性质,其分布的示意表示如图 2-27 所示。图(a)表示假若共晶两相分隔开各自生长,不存在侧向扩散的情况,这时会形成较大的边界层,在远场条件下达到共晶成分。如果两相组成共晶相互发生作用,由于两相边界处浓度的突变,将发生侧向扩散,形成如图 2-27(b)所示的浓度场,图(a)中平界面较厚的边界层(2D/V)将会变成厚度约等于相间距 λ 的边界层。

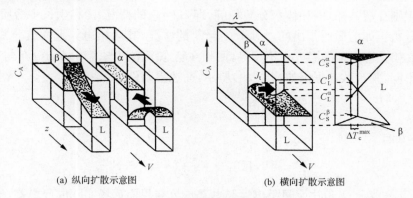

(a) 纵向扩散示意图　　　　(b) 横向扩散示意图

图 2-27　共晶界面前沿的扩散场

由图 2-24 可知,$\lambda = 2 (S_\alpha + S_\beta)$,即有

$$C_L = C_e + B_0 \exp\left(-\frac{V}{D}z\right) + \sum_{n=1}^{\infty} B_n \cos\left(\frac{n\pi x}{S_x + S_\beta}\right) \exp\left(-\frac{n\pi z}{S_\alpha + S_\beta}\right) \quad (2\text{-}96)$$

将 B_0 及 B_n 代入式(2-96),得

$$C_L = C_e + \frac{2(C_0^\alpha S_\alpha - C_0^\beta S_\beta)}{\lambda} \exp\left(-\frac{V}{D}z\right) + \sum_{n=1}^{\infty} \frac{\lambda V C_0}{(n\pi)^2 D} \sin\left(\frac{2n\pi S_\alpha}{\lambda}\right) \cos\left(\frac{2n\pi x}{\lambda}\right) \exp\left(-\frac{2n\pi z}{\lambda}\right)$$

$$(2\text{-}97)$$

从前面的表达式可以得知,界面前沿液相中溶质分布包括两部分,一是共晶成分 C_e 与沿垂直于界面呈指数变化的溶质部分;二是以共晶成分为基础的溶质沿界面富集或贫乏的 $\overline{C_L}$。$\overline{C_L}$ 是随垂直于界面的距离和沿界面不断变化的。如设 $S_\alpha = \lambda/4$,则

$$\sum_{n=1}^{\infty} \frac{\lambda V}{(n\pi)^2} (C_\beta - C_\alpha) e^{\frac{-2n\pi}{\lambda}z} \cos\left(\frac{2n\pi}{\lambda}x\right) \quad (2\text{-}98)$$

为反映溶质沿 x 方向分布的正弦形式的振幅大小,在 $z=0$ 处振幅最大并随距界面垂直方向的液体内的延伸逐渐减小。这里 $C_\beta - C_\alpha = C_0^\alpha + C_0^\beta \approx C_0$,如图 2-26 所示。

Jackson 和 Hunt 等[55]指出,C_0^α 及 C_0^β 应表示为

$$C_0^\alpha = (1-k^\alpha)C(x,0), \quad C_0^\beta = (1-k^\beta)[1-C(x,0)]$$

式中,k 为分凝系数;$C(x,0)$ 为由式(2-97)给出的在 $z=0$ 时的界面成分,于是 C_0^α 与 C_0^β 就取决于 x,即沿界面的距离。一般而言,成分随位置沿界面的变化相对较小,但在偏离共晶成分时,成分随位置沿界面的变化在界面形状的计算中就比较重要,然而在方程(2-97)中的总成分并非是对共晶 C_e 成分的偏离。式(2-97)中所包括的决定于 x 的 $C(x,0)$ 所有各项之和与 C_e 相比是比较小的。同时,$C_\infty + B_0$ 与 C_e 相比也是较小的。因此,在大多情

况下，$C(x,0)$ 的值可用 C_e 代替，而不会有大的误差，C_0^α 和 C_0^β 则可通过相图确定。

　　粗略看 B_n 项提供了溶质横越界面的溶质梯度，而 B_0 项则决定其平均成分。如有太多的 A 组元在共晶前沿富集，当达到稳态时，α 相在 α-β 边界的生长就同时要耗费 β 相，这样就可调整液体的平均成分以最终使固体的平均成分等于整体的成分，并使两相保持在同样温度生长，满足局域过冷方程。B_0 项的作用是使对称共晶、偏共晶或具有较大动力学过冷度共晶中的任一相均能在同样温度生长。

　　对于规则片层共晶，两相体积分数相等，即 $S_\alpha = S_\beta$ 的情况，两相生长中溶质场与温度场耦合的分析正如前面所指出的。对于 $S_\alpha \neq S_\beta$ 的情况，其两相边界上的成分并非 C_e，相应的 α 与 β 相在边界上的温度也不相等，两相在稳态下溶质与温度场的分布与 $S_\alpha = S_\beta$ 的情况有所不同，其扩散方程仍如式（2-84）所示，而边界条件为

　　在 $x = \infty$ 时

$$C = C_e + C_\infty \tag{2-99a}$$

　　在 $x = 0$ 时

$$\frac{\partial C}{\partial x} = 0，且有 \ x = \frac{1}{2}\lambda = S_\alpha + S_\beta \tag{2-99b}$$

式中，C_e 是共晶成分；λ 是片层间距；C_∞ 是共晶成分与界面远场实际成分之差；S_α 和 S_β 分别是 α 相和 β 相宽的 $1/2$，由于界面为平面，守恒方程为

$$\left(\frac{\partial C}{\partial Z}\right)_{z=0} = \begin{cases} -\dfrac{VC_0^\alpha}{D}, & 0 < X < S_\alpha \\ \dfrac{VC_0^\beta}{D}, & S_\alpha < X < S_\alpha + S_\beta \end{cases} \tag{2-100}$$

式中，C_0^α 和 C_0^β 均为正，代表 α 相及 β 相单位体积凝固时分别排出的 A 和 B 组元的量，$C_0^\alpha = C_e - C_\alpha$ 及 $C_0^\beta = C_\beta - C_e$，它决定于局部的液相成分。这里应指出的是，对非平面的界面，式（2-100）中速率与梯度均为局部界面的法向取向。于是，正如前述，界面前沿液体中溶质浓度分布的解，通过分离变量可得到类似式（2-97）的形式：

$$C = C_e + C_\infty + B_0 \exp\left(-\frac{V}{2D}\right) + \sum_{n=1}^{\infty} B_n \cos\left(\frac{2n\pi x}{\lambda}\right)\exp\left(\frac{2n\pi z}{\lambda}\right) \tag{2-101}$$

与式（2-96）比较，唯一的差值是 C_∞。它表明当两相体积分数不等时，相界成分偏离 C_e 的情况。对 Bridgman 型的定向凝固，固-液界面的成分沿界面是变化的，两相交接界面处的成分为 $C_e + C_\infty$。故仅从浓度角度考虑（暂不计曲率的影响），固-液界面前的液相应在 $C_e + C_\infty$ 成分的基础上变化，就如等间距共晶稳态生长液相成分在 C_e 基础上变化一样。所以式（2-101）右侧第 3、4 项与式（2-96）第 2、3 项之和完全一样。两式的差别就在于后者代表了在 C_e 基础上液相中溶质（或溶剂）沿 z 方向及沿界面方向（x）的变化；而前者是在 $C_e + C_\infty$ 基础上液相中溶质的变化。当两相数量相差不大时，一般可近似认为相界成分即为共晶成分。当两相体积分数相差很大，相界成分与 C_e 相甚远时，C_∞ 的作用就成为不可忽视的。C_∞ 是两相间距 $\xi(S_\beta/S_\alpha)$ 的函数。它不仅对固-液界面前沿液相中的溶质分布造成影响，而且对两相相界的界面张力平衡及由此导致的共晶生长形态造成影响。特别是对共晶两相熔点相差较大，共晶点严重偏向一方的合金系统更应注意 C_∞ 对共晶凝固的作用。

应指出的是,式(2-94)对 B_0 来讲在平衡条件下是正确的,但非平衡的过冷情况并非很好地近似,因为分子中的两项均较大,数值大体相当,所以假设 $\overline{C_0^\alpha}$ 与 $\overline{C_0^\beta}$ 为共晶值,$(\overline{C_0^\alpha} + \overline{C_0^\beta} = \overline{C_0})$ 会在式(2-94)中两项的差值上产生显著误差。假如其界面温度降至 T_i,这里 $\overline{C_0^\alpha}$ 和 $\overline{C_0^\beta}$ 即为过冷至 T_i 温度时在每一个固相与液相成分间的平均差值,如图 2-26 所示。在此情况下,C_0^α 及 C_0^β 应用 $\overline{C_0^\alpha}$ 和 $\overline{C_0^\beta}$ 替代,S_α 与 S_β 应用在 T_i 的 S_α^0 和 S_β^0 替代。显然这时 $\overline{C_0^\alpha} + \overline{C_0^\beta}$ 就不一定等于 $\overline{C_0}$。Jackson-Hunt 假设此类值可近似于它们在共晶温度的平衡值 C_0^α 和 C_0^β,同时认为 $\overline{C_0^\alpha} + \overline{C_0^\beta}$ 也可近似于 $\overline{C_0}$,这相当于假设界面近似于共晶成分并沿界面成分的变化不大。他们还认为此假设也可用于 B_n(除很大的过冷度外),引入到 $\overline{C_0^\alpha} + \overline{C_0^\beta}$ 中计算误差也是很小的。然而对 B_0 来讲,认为 $\overline{C_0^\alpha} + \overline{C_0^\beta}$ 可等于 C_0,如前所述,就不是一个很好的近似,因为在 B_0 中同样的两项不是和而是差。

对 B_0 项物理意义的更好说明是将横越界面的式(2-94)平均化,并在 $z = 0$ 的情形下给以评析,即

$$B_0 = \overline{C_L} - \overline{C_S} \tag{2-102}$$

它正表示平均液体成分 $\overline{C_L}$ 与平均固体成分 $\overline{C_S}$($\overline{C_S} = C_e + C_\infty$)之差。与单相不同,共晶中在平均固体和液体成分之间没有简单的关系。如仅考虑扩散方程,不考虑过冷条件,界面的平均液相成分可取任意值。对合金 $\overline{C_S} = C_e + C_\infty$,如图 2-26(b)所示。$\alpha$ 相与 β 相前沿两个平均液相成分 $\overline{C_L'}$(及 B_0')与 $\overline{C_L''}$(及 B_0'')和横越界面所需的液相成分范围也均表示在图中,它们两者之间的主要区别是:对于横越界面所需的液相成分,$\overline{C_L'}$ 两相以很不相同的温度生长。如果在所有相中原子的体积相等,则 S_α' 和 S_β' 及 S_α'' 和 S_β'' 很容易从相图中的原子分数得出。同时,体积比 $\xi = \dfrac{S_\beta}{S_\alpha}$ 对此两种情况也有所不同(图 2-26(b))。考虑了在每一相上溶质的析出,Series 等[59]借助函数 ζ 导出了 B_0 更好的表达式。

由图 2-26 可以看到,如果 $\overline{C_S}$ 代表界面的固相平均成分,则 α 与 β 两相在共晶中的相对数量 S_α' 和 S_β' 就应以 $\overline{C_S}$ 划界,如图 2-26(b)所示。α 与 β 前沿的平均液相成分也可以 $\overline{C_S}$ 为准分别为 $\overline{C_L^\alpha}$ 及 $\overline{C_L^\beta}$。两相界面前沿液相中溶质的富集(或贫化)也应参照 $\overline{C_S}$,分别为 B_0^α 与 B_0^β,这些成分参数的表达均如图 2-26 所示。显然这些变化反映在组织结构就与 α 和 β 两相等间距对称生长的共生组织不同,而这种非对称的共晶在实际材料中更为常见。

2. 稳态共生生长中过冷度-层间距-生长速率的关系

在液-固界面还同时需要满足过冷方程;一般来讲,对共晶成分的液体,在与两共晶固相平衡并有平界面的情况下,$T_e = T_i$。而对非共晶成分,非平界面及非平衡的情况,T_e 和 T_i 之差,即 ΔT 应由三部分组成。

$$\Delta T = T_e - T_i = \Delta T_c + \Delta T_r + \Delta T_k \tag{2-103}$$

式中,T_e 为共晶温度;T_i 为局部界面温度;$\Delta T_c = m(C_e - C_i)$,为溶质过冷,允许沿界面有成分变动;$\Delta T_r = \alpha/\gamma$ 为曲率过冷,允许沿界面的不同部位有不同的曲率;ΔT_k 为动力学过冷,体现所有非平衡效应对界面过冷的贡献。在低速下与其他过冷项相比,ΔT_k 对非小平面材料可以忽略(在高生长速率下 ΔT_k 就必须充分考虑)。在讨论界面过冷时,首先要

分析两相界面前沿的成分过冷。α 与 β 相界面前液体中的平均成分为

$$\overline{C_\alpha} = C_e + C_\infty + B_0 + \frac{1}{S_\alpha}\int_0^{S_\alpha}\sum_{n=1}^{\infty}B_n\cos\frac{n\pi x}{S_\alpha + S_\beta}\alpha x$$

$$= C_e + C_\infty + B_0 + \frac{2\,(S_\alpha + S_\beta)^2}{S_\alpha}\frac{V}{D}C_0 P \tag{2-104}$$

同样

$$\overline{C_\beta} = C_e + C_0 + B_0 - \frac{2\,(S_\alpha + S_\beta)^2}{S_\beta}\frac{V}{D}C_0 P \tag{2-105}$$

此处，$P = \sum_{n=1}^{\infty}\left(\frac{1}{n\pi}\right)^3\sin^2\left(\frac{n\pi S_\alpha}{S_\alpha + S_\beta}\right)$，可以看出 P 仅决定于 $\frac{S_\alpha}{S_\beta}$。

由界面过冷的组成可知，$\Delta T = m[C_e - C(x) + \alpha/r(x)]$，这里 m 为液相线斜率，$C(x)$ 与 $r(x)$ 是界面上点 x 的成分与曲率，α 为 Gibbs-Thompson 关系给出的系数。对片层共晶在每一相上的平均过冷度为

$$\Delta T_\alpha = m_\alpha\left[C_\infty + B_0 + \frac{2V}{D}C_0\frac{(S_\alpha + S_\beta)^2}{S_\alpha}P\right] + \frac{\alpha_\alpha^L}{S_\alpha}$$

$$\Delta T_\beta = m_\beta\left[-C_\infty - B_0 + \frac{2V}{D}C_0\frac{(S_\alpha + S_\beta)^2}{S_\beta}P\right] + \frac{\alpha_\alpha^L}{S_\beta} \tag{2-106}$$

式中，m_α、m_β 为液相线斜率，均定为正值；α_α^L、α_β^L 为 Gibbs-Thomson 系数，分别为

$$\alpha_\alpha^L = \frac{T_e}{L_\alpha}\sigma_{\alpha L}\sin\theta_{\alpha L}$$

$$\alpha_\beta^L = \frac{T_e}{L_\beta}\sigma_{\beta L}\sin\theta_{\beta L} \tag{2-107}$$

式中，$\sigma_{\alpha L}$、$\sigma_{\beta L}$、$\sin\theta_{\alpha L}$、$\sin\theta_{\beta L}$ 分别为两相的比表面自由能及正弦角；L_α 和 L_β 为单位体积的熔化热。并让 $S_\beta/S_\alpha = \xi$，为相体积比。

应注意的是，由于热扩散远快于溶质扩散，一般均假设液-固界面近似于等温，这样在每一相上的平均过冷度必然相等，即 $\Delta T_\alpha = \Delta T_\beta$。在利用式（2-94）进行过冷度计算中涉及式（2-106）中的两未知参数 B_0 与 ξ 的处理。由 ξ 定义，得

$$S_\alpha = \frac{\lambda}{2(1 + \xi)}, \quad S_\beta = \frac{\xi\lambda}{2(1 + \xi)}$$

对于两相均无固溶度的情况，ξ 由合金成分首先确定，并应用式（2-106）将 B_0 消去，这样就保证两相可以相同温度生长。当存在固溶度时，原则上 B_0 的表达式应借助 ξ（式（2-94）），将其代入式（2-106）中，然后用该两方程再消去 ξ。Jackson 和 Hunt 据此认为仅 B_0 和平均过冷度是 ξ 的敏感函数[55]，这样可用式（2-106）消去 B_0，而在其他项中的 ξ 可取为平衡值，来保证取正确的 B_0 值使两相在相同的温度生长。

应注意的是，在采用式（2-106）求得 B_0 之前不应先假设液-固界面的成分，同时，平均液相成分严格等于共晶成分的假设也会使两个相的平均过冷度难以相等。在 α-β 相界处的成分严格相等的假设也阻碍过冷方程在该处得到满足。因为一般而言，在相界处每一侧的曲率过冷是不同的。这类假设只能作为应用过冷方程的结果来对待才是近似正确的，而不能用来表达 B_0。

根据上述,由于 $\Delta T_\alpha = \Delta T_\beta$,把式(2-106)的两式结合起来消去 $B_0 + C_\infty$ 后可得

$$\frac{\Delta T}{m} = V\lambda Q^{\mathrm{L}} + \frac{\alpha^{\mathrm{L}}}{\lambda} \tag{2-108}$$

式中

$$\frac{1}{m} = \frac{1}{m_\alpha} + \frac{1}{m_\beta}, \quad Q^{\mathrm{L}} = \frac{P\,(1+\xi)^2 C_0}{\xi D}, \quad \alpha^{\mathrm{L}} = 2(1+\xi)\left(\frac{\alpha_\alpha^{\mathrm{L}}}{m_\alpha} + \frac{\alpha_\beta^{\mathrm{L}}}{\xi m_\beta}\right)$$

式(2-108)形式上与 Zener 和 Tiller 所得相同,可看出过冷度是速率和间距两者的函数,在恒定速率下,过冷度对间距的关系示于后面。将式(2-108)对 ΔT 取极值,可得

$$\lambda^2 V = \frac{\alpha^{\mathrm{L}}}{Q^{\mathrm{L}}}$$

$$\frac{\Delta T^2}{V} = 4m^2\alpha^{\mathrm{L}}Q^{\mathrm{L}} \tag{2-109}$$

$$\Delta T\lambda = 2m\alpha^{\mathrm{L}}$$

用扩散解和接近极值生长的假设可计算出界面的形状。图 2-28 是计算和实际观察得到的四氯-六氯乙烷透明系共晶材料生长界面的形状,暗的一半是实验所得。由图可以看出,它们之间有很好的一致性[42,55]。

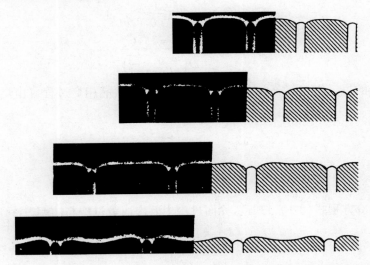

图 2-28　四氯-六氯乙烷透明系共晶材料生长界面形貌的实验及理论比较

对共晶生长中界面过冷度的讨论,还可从另一角度考虑。由于系二元共晶,α 与 β 片层前分别富集的 B 和 A 原子各自向另一方扩散,假定熔体中 A 和 B 原子的扩散速率相同,即可有

$$J_1 = V(C_\alpha^{\mathrm{L}} - C_\alpha^{\mathrm{S}}) = V(1-k_\alpha)C_\alpha^{\mathrm{L}} \tag{2-110}$$

式中,J_1 为沿相界的质量流;k_α 为 α 相的溶质分凝系数。

由于每一相的片层被另一相从两侧包围,质量流要向两侧扩散,所以对于一个 α-β 偶对,必须将 J 平分,故

$$J_1 = \frac{V}{2}(1-k_\alpha)C_\alpha^{\mathrm{L}} \tag{2-111}$$

在一般共晶合金的界面过冷情况下,两相前沿溶质或溶剂的富集程度与 C_e 相比是很小的, C_α^L 和 C_e 之差也很小,故可假设 $C_\alpha^L \approx C_e$,则

$$J_1 \approx \frac{V}{2}(1-k_\alpha)C_e \tag{2-112}$$

J_1 质量流的流动必须有浓度梯度 $\dfrac{dC}{dx}$ 的支撑,即

$$\frac{dC}{dx} = \frac{C_\alpha^L - C_\beta^L}{\lambda/2} \tag{2-113}$$

显然该梯度系溶质(或溶剂)沿界面按正弦形曲线分布的近于锯齿形的平均值,其流量为

$$J_2 = D\frac{C_\alpha^L - C_\beta^L}{\lambda/2} \tag{2-114}$$

在近平衡状况,两质量流应相等,故有

$$C_\alpha^L - C_\beta^L = \frac{\lambda V(1-k_\alpha)C_e}{4D} \tag{2-115}$$

由图 2-27(b)可知,成分过冷

$$\Delta T_c = -m_\alpha(C_\alpha^L - C_e) = m_\beta(C_e - C_\beta^L)$$

$$C_\alpha^L - C_e = \Delta T_c\left(\frac{1}{m_\beta} - \frac{1}{m_\alpha}\right) \tag{2-116}$$

$$\Delta T_c = \frac{\lambda V(1-k_\alpha)C_e}{4D\left(\dfrac{1}{m_\beta} - \dfrac{1}{m_\alpha}\right)} \tag{2-117}$$

界面过冷的另一组成部分曲率过冷 ΔT_r 往往通过共晶相变过程自由焓的变化取得,对片层状共晶

$$\Delta G = \frac{2\sigma_{\alpha\beta}}{\lambda} = \frac{\Delta H_S}{T_e}\Delta T_r$$

$$\Delta T_r = \frac{2\sigma_{\alpha\beta}T_e}{\lambda\Delta H_S} \tag{2-118}$$

由界面过冷方程式(2-103)知道,界面过冷主要由成分过冷与曲率过冷组成

$$\Delta T = \frac{(1-k)C_e}{4D\left(\dfrac{1}{m_\beta} - \dfrac{1}{m_\alpha}\right)}\lambda V + \frac{2\sigma_{\alpha\beta}T_e}{\Delta H_S}\frac{1}{\lambda} \tag{2-119}$$

将此两个过冷表达式与式(2-108)对照

$$\Delta T = \Delta T_c + \Delta T_r = Q^L\lambda V/m + m\alpha^L/\lambda \tag{2-120}$$

即可知

$$Q^L = \frac{(1+\xi)^2 C_e}{\xi D} \tag{2-121}$$

$$\alpha^L = 2(1-\xi)\left(\frac{\alpha_\alpha^L}{m_\alpha} + \frac{\alpha_\beta^L}{m_\beta}\right) \tag{2-122}$$

$$\frac{1}{m} = \frac{1}{m_\alpha} + \frac{1}{m_\beta} \tag{2-123}$$

Jackson 和 Hunt[55] 在此处把共晶 α 与 β 两相符号相反的液相线斜率 m_α 与 m_β 均定为

正值,这样对共晶 m 恒为正值。由式(2-122)可知 $\alpha^L > 0$,而 Q_L、λ、V 亦均为正值,故 ΔT 必为正,按 JH 定义 ΔT 必为过冷度。

由式(2-117)及式(2-118)可知,ΔT_c 随 λ 的增大而增大,而 ΔT_r 则随 λ 增大而减小(图 2-29),而且成分过冷还随生长速率的增加而增大。这样,ΔT 与 λ 和 V 的关系就可表示于图 2-30。由图 2-30 可看出,ΔT 与 λ 的曲线有最小值,且随 V 的增大 λ 值减小,过冷度 ΔT 均为正值并随 V 而增大。图 2-30 为通过计算得到的 Al-CuAl$_2$ 共晶的 ΔT-λ 的曲线。由图可看出,共晶生长发生在极值条件下[60-62]。

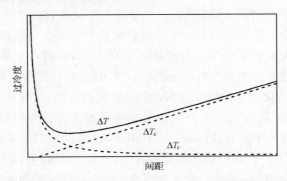

图 2-29　过冷度与共晶层片间距的关系(总过冷 ΔT,成分过冷 ΔT_c,曲率过冷 ΔT_r)

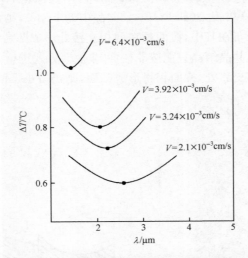

图 2-30　计算 Al-CuAl$_2$ 共晶的 ΔT-λ 曲线和不同生长速率下的实验数据

2.4.5　不规则共晶定向凝固

1. 不规则共晶的特点

许多合金都呈现不规则共晶的组织,此类组织的主要特点是呈现断续的片层状、薄片状、复杂的规则或准规则组织形态及纤维状等。一般而言,不规则共晶(非小平面-小平面)多由金属-非金属相组成,如 Al-Si 和 Fe-C 等。图 2-31 是最常遇到的典型不规则共晶 Al-Si

的显微组织。由于其小平面相晶体长大的各向异性很强，其固-液界面为特定的晶面。共晶长大过程中，虽然也靠附近液相中原子的横向扩散生长，但其固-液界面的形态是非平面的，且极不规则，其等温面也不是平直的。该相的长大主要依靠晶体缺陷进行侧向扩展的方式。不规则合金生长的方式除了受生长速率和体积分数的影响，对相的生长机制与各向异性（如表面能、热导率、择优生长方向、生长速率等）、液体温度梯度及合金成分（包括微量元素）的影响等也都比较敏感。不规则共晶组织的形成首先是由于其中一个相具有小平面（棱面）的生长特性，它表现为该相生长时，由于生长界面原子级的完整性（缺少台阶、扭折等），新的附加的固相层难以在生长的界面上稳定存在。一个不规则共晶合金的两个不相似相的生长会是合作的，但却不是共生的，并且是在一非等温界面发生的[39]。可以预料，在这样一个界面上，其扩散过程要求较大的驱动力。曾有显示表明，其界面过冷度和晶粒间距远大于用Jackson-Hunt分析方法对正常共晶所预测的。应指出的是，相的棱面特性在凝固过程中会由于凝固条件而发生变化。如某些情况下的侧向散热或加热，可导致界面呈凸式凹形，这种宏观曲率的变化可使某些相的棱面生长特性强化或退化。如果界面上的曲率是下凹状，由于新的凝固层较易于附着在棱面化的界面上，棱面型的生长可能不会发生。按棱面方式长大只能发生在其界面为凸面的凝固条件下，并且其固-液界面与棱面相的生长平面相切，如图 2-32 所示。相反，如果其界面为凹面，如图 2-32 左侧所示，由于凹面任一点周围邻近固相的新原子层都可以向该点提供生长台阶，以侧面扩展的棱面长大方式就难以进行。如棱面相的体积分数较大（如 Fe-Fe$_3$C 共晶中的 Fe$_3$C），则该相可能成为共晶组织中的基体相，非棱面相分布在其中，棱面相在两相交接处形成凹台。使得该相在凹面处不能按棱面方式长大，因此共晶结晶只能按非棱面-非棱面方式进行。如果棱面相的数量很小，在棱面相与非棱面相交界处，棱面相将形成凸面，则仍按小平面方式长大。

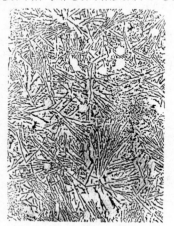

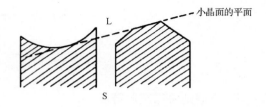

图 2-31　典型不规则共晶 Al-Si 的显微组织　　图 2-32　小平面相界面曲率对其长大方式的影响

　　Hunt 和 Hurle[63] 指出，如图 2-33(a) 所示，如果界面曲率在 α 相的 A 点出现棱面化（局部曲率为凸形）而在 β 相的 B 处并非凸形。α 相在 A 的棱面化将延滞其向左生长，而非小平面的 β 相在同等的过冷度下，则沿垂直于液-固界面以较快的速率生长，从而超越 α 相，形成共晶片体的层错。这样，在生长速率保持不变的情况下，其生长特性将趋向于较大的间距。图 2-33(b)是四溴化碳-六氯乙烷共晶定向凝固生长形貌的变化,展示由于基体相的"超越"造成间距的增大。但间距的过分增大会导致等温界面难以保持,从而造成在非等温界面上的生长,形成不规则的、反常薄片组织的形态。

　　图 2-34[39] 是樟脑和萘组成的共晶体的生长曲线。规则共晶位于该曲线的极值,具有最小的过冷度与相应的间距,不规则共晶则远离该极值,具有较大的过冷度和片层间距。

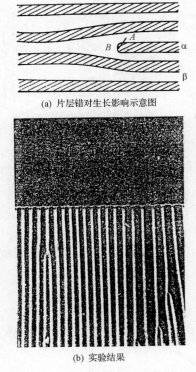

(a) 片层错对生长影响示意图

(b) 实验结果

图 2-33　四溴化碳-六氯乙烷透明系共晶材料从下到上生长方向

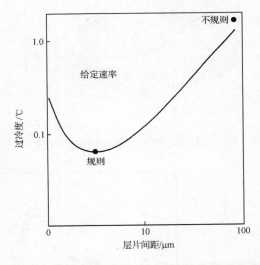

图 2-34　在给定生长速率 8.9μm/s 条件下,樟脑和萘组成的共晶体的 Jackson-Hunt 生长曲线

　　不规则共晶在生长中其界面过冷度与相间距之间的关系远比规则共晶复杂[64],虽然在局部区域也存在间距对应于相应的过冷度极值,但其平均间距大于规则共晶,如图 2-35 所示。其原因在于棱面相分叉的困难。已知分叉是一个使共晶组织的特征尺寸(包括间距)适应局部生长条件并趋近于其极值点的基本机制,如果其中一个相生长中难以调节方向并以很强的各向异性方式生长,如 Fe 和 Al 合金中的棱面相 C 和 Si,由于它们的原子结构或缺陷的生长机制,棱面相的片层将会发散而形成分枝。这些棱面相很难调整生长方向的结果造成出现如图 2-36 所示的锯齿状的生长组织,相应的间距不等并具有界面非等温的特点,最终形成不规则的共晶组织,Fe-C 及 Al-Si 合金即属此类。图 2-37 中局部放大的近原子层次的部分表示非棱面 α 相的界面是弥散且容易生长的,棱面的 β 相的界面是平滑的,它依靠缺陷的生长机制,也较难以生长。由图 2-36 可看出,当两个相邻片层发散时,大体积分数相(一般为非棱面相)的界面将首先由于在其中心处溶质浓度的增加而下凹。这里溶质越易富集的结果及生长过冷度的加大,使界面原来的曲率不能

适应此种变化,必将使界面成为更不等温的。最后,该发散的相所形成的间距大到使小分数相也在固-液界面出现凹陷。在此情况下单个片层将分叉为 2。当一个新的层片形成时,它通常与原母体层片分开而向界面上相邻的层片靠拢,如图 2-37 中部 β 相层片的分叉所示。

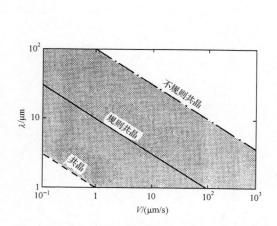

图 2-35　共晶和共析层片间距与生长速率的关系

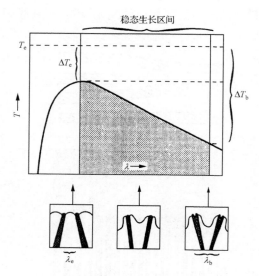

图 2-36　不规则共晶层片间距的控制机理

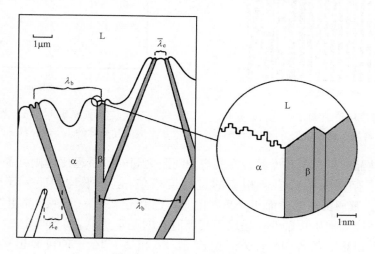

图 2-37　不规则共晶的生长

由于棱面相不易改变其生长方向,它的生长会将局域的间距减小至极值以下。然而小的间距会立刻降低该局域的温度,结果任何低于极值的小的间距由于一个相邻层片生长的中断而导致其又增大。这样,稳定的共晶生长的范围就位于极值间距 λ_e 和分叉间距 λ_b 之间。只有那些难分叉的共晶才能在整个生长范围保持不变。这就说明了不规则共晶为什么会有较大尺寸的间距、较大的过冷及较大的间距变化。

2. 不规则共晶生长

当共晶组织中至少一相为小平面相时,小平面相的各向异性将导致形成非规则的共晶组织。在非规则共晶生长过程中,组成共晶的两相位置不能进行光滑调整。同时,晶体生长方向受传热条件的控制作用不明显,晶体学各向异性是决定生长方向的关键因素[2,19,65]。

Tassa 和 Hunt 认为[60],Jackson 和 Hunt 在共晶生长稳态条件下计算预测了规则共晶的定向凝固行为,其数学模型具有非常好的精度。非规则共晶生长理论模型虽有许多研究工作,但这些模型仍有待进一步完善,原因是必须面对理论上难以克服的一系列问题。第一,它们的非规则性本身意味着理想上的小平面共晶与非小平面基体间难以协同生长,而且对应于全过程的生长,各片层间距及结晶取向有较大变化范围。第二,实验表明小平面-非小平面共晶的固-液界面明显不是等温的。因此,为了满足很不规则固-液界面的边界条件,导致数学上处理起来非常复杂。

Jackson 和 Hunt 模型[55]为共晶生长理论的重要基石,同时也是规则共晶生长的经典模型。目前各种非规则共晶理论模型仍然以其为基础。Sato 和 Sayama[66]模型论证了对于整个固-液界面而言不必都等温,只要部分主相(β)界面与靠近它的整个小相是等温的即可,从而发展了 Jackson 和 Hunt 模型。图 2-38 为 Sato 和 Sayama 提出的共晶界面几何形状。

Sato 和 Sayama 模型在非规则共晶生长理论上占比较重要的位置,该模型成功解决了非规则共晶生长固-液界面非等温的问题,模型中主相和小相间部分耦合的理念至今仍在许多有关非规则共晶生长模型中延用,其不足之处在于部分耦合 ω 取值的随意性[65]。

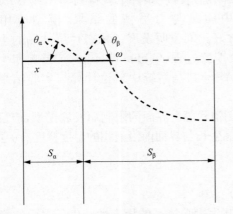
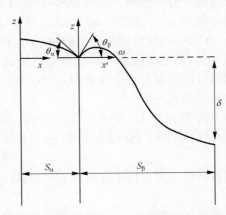

图 2-38　Sato 和 Sayama 给出的共晶界面几何形貌　　　图 2-39　Fisher 和 Kurz 模型的界面几何形貌

Fisher 和 Kurz 模型[67]是在 Sato 和 Sayama 模型的基础上,考虑了主相降低的部分和没有降低部分的界面通过表面张力而相关联,耦合部分的几何形状实际必然引起降低部分形状的变化,因此认为部分耦合主相中的 ω 参数不能随意取值(图 2-39)。这就是说,如果降低界面的一点具有确定数量的溶质和曲率过冷度(忽略界面过冷),那么它一定处于对应于它的区域凝固温度的等温面上。因此温度场限制了系统能够采用的 ω 的可能值。一旦估算出平均浓度和曲率,降低谷底总的过冷度就可知道。这个过冷度和 β 到 ω 界面处的过冷度之差及 α 处的界面一定等于 $G\delta$(图 2-39):

$$\Delta T_\alpha^{\text{sol}} + \Delta T_\alpha^{\text{curv}} = \omega \Delta T_\alpha^{\text{sol}} + \omega \Delta T_\beta^{\text{sol}} = \Delta T_d^{\text{sol}} + \Delta T_d^{\text{curv}} + G\delta \qquad (2\text{-}124)$$

式中,$\Delta T_\alpha^{\text{sol}}$ 和 $\Delta T_\alpha^{\text{curv}}$ 为共晶两 相溶质及曲率的平均过冷度。在一定凝固速率下,通过选择 λ 和 δ 的值可以得到组织的解。

　　Magnin 和 Kurz 的模型描述了规则共晶和非规则共晶的生长,它以 Jackson 和 Hunt 及 Fisher 和 Kurz 的处理为基础。模型应用固有的平均非等温耦合条件,得到了完全符合条件的分析解,而且依形貌判据来表征小面相的分枝点。他们将非等温条件建立和应用到整个界面:如果固-液界面前沿的温度梯度一定,其非等温模型的耦合条件可以表示为

$$\frac{1}{S_\alpha} \int_0^{S_\alpha} \left[\Delta T_0(x) + \Delta T_r(x) + G \cdot I(x) \right] \mathrm{d}x$$

$$= \frac{1}{S_\beta} \int_0^{S_\beta} \left[\Delta T_c(x) + \Delta T_r(x) + G \cdot I(x) \right] \mathrm{d}x = \Delta \overline{T} \qquad (2\text{-}125)$$

式中,$\Delta T_c(x)$ 和 $\Delta T_r(x)$ 分别为溶质和曲率过冷;$I(x)$ 为 Fisher 和 Kurz 给出的三次方程。

　　此外,Nash 将一般稳态片层凝固的理论问题处理归纳为对于热和溶质扩散方程的边界值问题[56]。界面形状和界面上的溶质浓度作为一组一般非线形微分方程的解。这些解是在假定溶质扩散长度比 λ 大而且固-液界面大致等温条件下得到的。分析表明,如果实际界面曲率较大,平界面模型可能导致计算溶质浓度过程中的明显错误。Nash 的计算结果与基于 Jackson 和 Hunt 的模型比较表明,由最小过冷度条件得出的 R-λ 关系对于固液界面形状不灵敏。

　　Pandey 和 Ramachandrarao[68] 在 Sato 和 Fisher 模型的基础上,将界面上溶质浓度与界面偏离平界面的偏差对应起来,并在界面处没附加过冷度条件下就得到 $\lambda^2 R$ 或 $\Delta T \lambda$ 为常数的结果,认为它们是在稳态生长过程中质量与力平衡的结果,模型应用到 Al-CuAl$_2$ 共晶,理论计算与实验结果符合得非常好。刘俊明发展了稳态片层共晶的生长模型,主要表现在稳态生长过程中热交换、溶质扩散过程、Gibbs-Thompson 影响和生长动力学过冷度都考虑进模型中,该模型应用于 Al-Si 共晶系统中理论计算与实验结果符合的效果也很好[69]。

　　上面 Sato、Fisher、Pandey 和 Magnin 等都试图消除等温界面的限制而发展模型,但目前还没有发展成为成熟的理论。但是,已经证明共晶生长与界面前沿液相的温度梯度有关:

$$\lambda^2 V = f(G)$$

而一些实验结果支持更普遍性的表达式:

$$\lambda^m \cdot V = KG^{-n}, \qquad m > 0, 2 < n < 3$$

　　共晶生长稳定性更广泛的意义应该是两相共生生长体系的稳定性。生长界面的稳定性分析对定向复合生长的意义尤为显著。共晶合金固-液界面的稳定性与单相合金的情况有所不同。对于纯二元共晶合金,在定向凝固情况下,生长着的相邻两相沿液相成分的差异引起原子侧向扩散比较容易,溶质富集程度远比单相合金小,成分过冷也小。但在非规则共晶组织中,由于非小平面相和小平面相长大机制不同,晶体长大所需的动力学过冷度有较大差异,所以可以定性地理解维持平界面所需的 G_L/R 值应更大些。在实际的定向共晶复合体的研究和生产中,界面前熔体内的温度梯度 G_L 与凝固速率 R 的比值是其

保持稳定态生长的基本判据,也是对定向凝固工艺的直接要求。因此,固-液界面保持平面的稳定性条件为

$$G_L/R \geqslant m\Delta C/D + k_iC_i \tag{2-126}$$

式中,m 为液相线斜率;D 为溶质原子液相中的扩散系数;ΔC 为与共晶成分的偏差;k_iC_i 为共晶系以外的添加元素相。

3. 共晶生长棱面化的判据

棱面化是不规则共晶生长最明显的特点。影响液-固界面结构的因素都会对组成相生长的棱面化起重要作用。最初对单组元液-固界面结构给予的最简明分析是建立在液-固之间局域平衡,界面及其结构位于保持界面自由能最小的状态。在此假设的基础上,Jackson 提出著名的判据[70,71]:

$$\frac{\Delta G_s}{NKT_e} = \alpha N_A \frac{N-N_A}{N^2} - l_n\left(\frac{N}{N-N_A}\right) - \frac{N_A}{N}l_n\left(\frac{N-N_A}{N_A}\right) \tag{2-127}$$

式中,$\alpha = \Delta S_f\left(\dfrac{n_1}{n}\right) = \dfrac{L}{KT_e}\left(\dfrac{n_1}{n}\right)$,称为 Jackson 因子,其中,$n_1$ 和 n 分别为界面和晶内原子的配位数;$\Delta S_f = \dfrac{L}{KT}$,称为熔化熵。

不规则类共晶有广阔的组织范围,它与组成相的棱面化可溯源于熔化熵的差异和各向异性的特性。低熵相生长速率受控于所有原子均可作用而进入固相的扩散过程,而高熵相生长速率决定于界面与原子协同进入固相的方式。结果是在同样过冷下,低熵相通常比高熵相生长得快。而后者的生长(高熵相)对固-液界面的特性和稳定性甚是敏感,受结构缺陷、杂质的吸附和温度的影响。可以看出,如对 $\alpha < 2$ 或界面熔化熵 $\Delta S_f < 16.8\text{J}/(\text{mol} \cdot \text{K})$ 的材料,当界面可能的空位有一半被占据时,自由能位于最低值。对此类界面结构,液相中原子向固相的附着比较容易,界面将是非棱面的。如 $\alpha > 2$ 或 $\Delta S_f > 16.8\text{J}/(\text{mol} \cdot \text{K})$,界面自由能的最小值对应于界面空位几乎完全被占据或完全空着的状态,几乎是完全平滑的界面(没有凹角、台阶等),极不利于原子向它上面附着,生长较为困难。一般而言,金属的 α 均在 2 以下,而类金属如 Ga、Sb、Bi 和 As 以及半导体如 Si、Ge,其 α 均大于 2。表 2-3 是各类材料晶体生长形态与 Jackson 因子的关系。

表 2-3　生长形态和结晶熵[49]

无量刚熵($\Delta S_f/R$)	物质	过饱和相	界面形态
～1	金属	熔液	非小平面
～1	"塑性"晶体	熔液	非小平面
2～3	半导体	熔液	非小平面或小平面
2～3	半金属	熔液	非小平面或小平面
～6	分子晶体	熔液	小平面
～10	金属	汽相	小平面
～20	复杂分子化合物	熔液	小平面
～100	聚合物	熔液	小平面

　　Jackson 判据虽源自平衡条件下的分析,且许多实验观察确证此分析可以成功地预测界面结构的特性,但也存在不完善之处,就是它未考虑非平衡凝固条件下生长速率及界面过冷度的影响。之后,Jackson 又补充了不同熔化熵材料对某些主要凝固参数的响应规律,主要有:在给定生长速率,对高熔化熵材料其过冷度大于小熔化熵材料;高熔化熵材料生长速率的各向异性大于小熔化熵材料;随生长驱动力的增加,生长速率各向异性减小,导致在大过冷度下棱面化倾向降低等。这些补充看法打开了棱面(小平面)向非棱面或相反方向转化的思路。Cahn 提出,在低生长速率,界面试图维持平衡态,其界面自由能是对应于固体点阵周期平均位置的函数,如图 2-40 所示。如生长驱动力小于图中曲线极值点间的自由能差,由于它不能跨越高能量的中间位置,界面将不能连续地前移。只有具有克服该能量垒的能力的更大驱动力(如过冷度)才可保证像粗糙界面那样的连续生长。Cahn 计算了该临界能量势垒[72],即

$$\Delta G^* = \pi r g / a \tag{2-128}$$

式中,g 为界面的扩散性;a 为台阶高度。

　　由棱面向非棱面转变的临界过冷度为

$$\Delta T^* = \pi g T_e / (r \Delta H) \tag{2-129}$$

　　Cahn 认为所有材料的棱面化均在足够小的过冷度下,而对金属,ΔT^* 更小,故均呈现粗糙界面特征。遗憾的是 Cahn 与 Jackson 的界面理论仅考虑了单原子层的情况,而 Temkin 考虑了多层原子构成界面的实际情况[73],可以逐层减低界面液、固两侧的势垒,得到包含两个参数 β 及 γ 的解。β 正比于驱动力,是过冷度的函数,为

$$\beta = \frac{\Delta H}{KT} \frac{\Delta T}{T_e} \tag{2-130}$$

γ 与界面能有关,并且

$$\gamma = \frac{4}{KT} \left(e_{SL} - \frac{e_{LL} + e_{SS}}{2} \right) \tag{2-131}$$

　　e_{SL}、e_{LL}、e_{SS} 分别代表液-固、液-液、固-固近邻原子间的键能。该模型预测在 ΔT 及 β 为零时,即在平衡条件下,$\alpha > 2$ 的材料具有比 $\alpha < 2$ 的材料更平滑的界面[39]。比较 Temkin 的多层界面与 Jackson 单层界面模型可以看出,后者在 $\alpha = 2$ 附近界面粗糙度有一折点,即 α 在 2 以下界面有较高粗糙度且保持不变,利于连续性生长;$\alpha > 2$,则粗糙度突然降低,界面由非棱面变为棱面,阻碍连续生长。多层界面模型则展示了液-固间势垒多层分割使单层能量差减小,粗糙度与界面能的关系呈渐变特征,棱面与非棱面也显示某种程度的过渡,可以相互平缓转化,见图 2-41。

　　对共晶凝固来讲,更关注的是共晶两相定向生长中棱面生长的特性。前面讨论的熔化熵对晶体固-液界面的影响是针对单组元材料。然而共晶相的生长是从两相相互溶解的溶液(熔体)中产生的,而且有着比单组元低得多的熔点,它们的熵值由于成分和温度的影响有别于单组元。Kerr 等将 Jackson 的分析应用于合金系统,得到类似结果[74],主要是将单组元的熔化熵换为溶解熵。

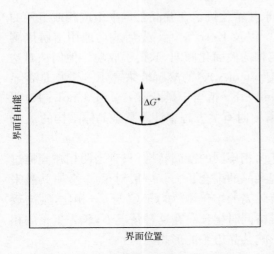

图 2-40　与界面垂直的名义位置与自由
能关系示意图

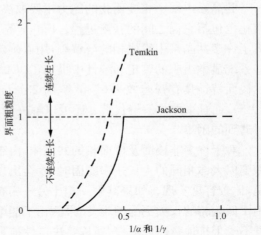

图 2-41　界面粗糙度随 Jackson 的单原子层
分析规定的 $1/\alpha$ 以及随 Temkin 多层原子分析
规定的 $1/\gamma$ 变化情况

4. 共晶显微组织与组成相特性

以什么作为依据来分类共晶组织一直是争论的问题。近年的研究表明,生长过程和生长机制是决定共晶显微组织特征的基本因素,以它们作为分类的依据较为科学和全面。Crocker 等通过定向凝固的研究对共晶组织形成进行了分类[75],该分类的核心是,当一相为非小平面时,第二相以熔化熵量度其棱面化的能力。这里采用了溶解熵临界值 23J/(mol·K) 以区分两类共晶:第一类为正常共晶,其中第二相是非棱面的;第二类为反常(不规则)共晶,其第二相为棱面的。表 2-4 展示对某些二元共晶合金的组织分类。

表 2-4　共晶系合金溶解熵(S_1、S_2)、相体积分数(V_f)及其主要结构

区域	相 1	相 2	ΔS_1/(J/(mol·K))	ΔS_2/(J/(mol·K))	V_f	结构
A	CuAl$_2$	Al	15.1	12.9	0.46	L
A	Pb	Sn	—	—	0.37	L
AB	Cd	Pb	22.7	8.9	0.18	LR
C	Zn	Sn	31.8	15.4	0.08	BL
C	Ag	Bi	37.8	20.5	0.02	BL
C	Al	Sn	51.2	13.9	0.01	BL
D	Ge	Fe	—	—	0.07	F
DE	Sb	Pb	33.8	8.5	0.13	F,CR
DE	Si	Al	—	—	0.13	F,CR
E	Ge	Al	41.0	14.3	0.34	CR
E	Bi	Pb$_2$Bi	24.3	10.3	0.27	CR
F	Bi	Cd	26.2	16.7	0.57	QR
F	Fe$_3$C	Fe	—	—	0.51	QR

注:L 为层片;R 为棒状;BL 为破碎层片;F 为薄片;CR 为复杂规则结构;QR 为准规则结构。

共晶系中一个相棱面化的能力主要取决于其熔化熵。在共晶合金中组成相或组元的熔化也包括它们之间的互溶过程。Fidler 等[76]以及 Kerr 等[74,77]先后成功地用溶解熵测算了许多共晶系中组成相的溶解熵,用以确定相的棱面化倾向,取得了成功。他们从对这些系统显微组织的鉴定和统计中提出了以 23J/(mol·K)的溶解熵来表示一个相是否显示棱面特性具有普遍效果(该溶解熵 23J/(mol·K)相当于熔化熵 16.8J/(mol·K)或 $\alpha=2$),而且采取溶解熵代替 α 还可以解决计算 α 时有关方程中计算复杂晶体结构的 n_1/n 时遇到的困难。

对于许多非棱面及棱面相的共晶体,由于两相不同的凝固特性,只有当两相在同样过冷度以大体相同的生长速率凝固时,才会出现共晶的耦合长大。一般对金属-金属共晶来说,比较容易实现。如果其中一相比另一相有较高的熔化熵,如 Cr_7C_3 与 Co 相比,则高熵相比低熵相的长大更为困难,结果两相不能维持同时生长。在这种情况下,领先生长的相可不受干扰地弯曲或分枝,所以将决定性地影响共晶组织的形态。

van Suchtelen[78]曾观察到定向生长时,界面有时会形成棱面(小平面)化的晶胞,他认为这是形成复杂规则共晶组织的原因。他的研究还指出,生长速率高时,棱面长大的许多相会过渡到非棱面长大。如果两个相都是高熔化熵相,则生长主要取决于两相固-液界面上原子接触动力学,而不像金属共晶体那样取决于扩散的耦合机制。在此情况下,两相将在很大程度上独自长大。值得提及的是,Filonenko[79]发现,在这种情况下,ΔS_1 和 ΔS_2 的比值起着重要作用,而熔化熵的绝对值反作用不大。若该比值接近 1,则会出现两个棱面化生长的共晶并有耦合长大和规则的组织,如 Sb-Ge 和 Ni_3Al-Ni_3Nb 等[39]。

应当指出,许多高熵相团块由于具有化合物的价键特性,往往在液相线以上就已存在于熔体中,凝固时,这些团块(团簇)集聚叠加而长大。这种情况在定向凝固中表现得最为清晰。图 2-42(a)是 Ni-Nb 亚共晶合金定向生长启动阶段的固-液界面及初生 Ni_3Nb 的形貌[80],可以看出,液相中已存在叠加成片的 Ni_3Nb 团块。随凝固的进行,从图 2-42(b)还可以观察到 Ni_3Nb 的枝晶定向生长出来的柱状晶体本身也是由更多细小的不规则片体以一定的位向向上叠加而成的,实际上这些细小的片体都成为 Ni_3Nb 柱状枝晶的二次臂[40,81]。

(a) 启动阶段　　　　　　　　　　　　　　(b) 生长阶段

图 2-42　Ni-Nb 亚共晶合金定向凝固组织

对一系列二元共晶以溶解熵 23J/(mol·K)作为共晶棱面特性的临界值,并以其区分规则和不规则组织的统计结果,绘制了如图 2-43 所示的组织与溶解熵的关系。由图可以看出,组织的区分还决定于棱面相的体积分数和生长速率,而组织依赖于生长速率的关系往往通过物理参数的各向异性给以阐释,如相界能的各向异性和热各向异性等。由于棱面相晶体的各向异性很强,其固-液界面为特定的晶面,晶体生长的各向异性可通过依赖于生长速率的非棱面相来促使棱面相在不规则组织中的超前生长。共晶长大过程中虽然也有液相原子侧向扩散形成某些相间的合作生长,但其作用在整个共晶生长中是很微弱的。此外,还应注意共晶的生长受杂质及界面晶体缺陷的影响很大。如 Al-Si 合金中加 Na,改变了硅的生长机制,取得了变质细化的效果。这主要是由于 Na 作为表面活性元素吸附在{111}孪晶面的凹槽中抑制了硅晶体的长大。同样,在铸铁中加入 Mg、Ce 等也改变了石墨的生长机制,使瓣片状石墨变为团球状。图 2-43 展示在恒速为 5μm/s 时,熔解熵和体积分数对组织的影响,以 $\Delta S = 23\text{J/(mol·K)}$ 的垂线将规则和不规则组织分开。图左侧规则组织内有片层(A 区)和棒状(B 区)两区,两区下部的分界线随溶解熵 ΔS 的增大而向下,这是因为稳定片层结构的相间界面能各向异性随棱面化倾向的增加而增大。体积分数在区分各类不规则组织中也起重要作用。当存在少量棱面相时,该相被非棱面相的超越由于局部分枝或孪晶会受到限制。当 $V_f < 10\%$(C 区)及发生局部分枝或分裂时,断续的片状组织即占优势。

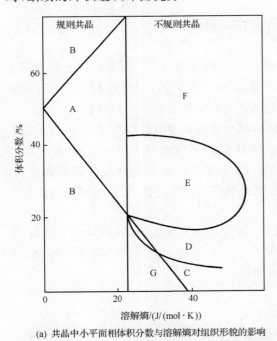

(a) 共晶中小平面相体积分数与溶解熵对组织形貌的影响

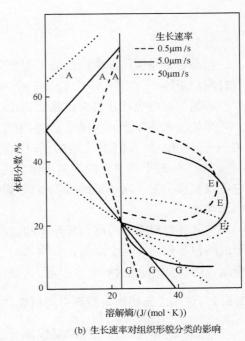

(b) 生长速率对组织形貌分类的影响

图 2-43　组织与溶解熵的关系

A-规则片层,B-规则棒状,C-不规则的分枝层片,D-紊乱的薄片,E-复杂的规则结构,F-准规则结构,G-不规则的丝状结构

　　当棱面相数量增加时,超越的次数会减少,当 V_f 超过 20% 时,界面上胞状的形成就成为克服生长受限的主导机制。图 2-43 中复杂规则组织(E 区)一般由一个明显的脊柱和一组在小区域内整齐阵列的层片组成。此类结构的形成是由于液-固界面呈宏观的棱面

特性,并且在界面上存在成分过冷及胞晶生长中出现侧向分枝的原因。此种形态可能多出现在棱面相在 20%~35%的范围。图 2-44 是定向凝固的 Ni-Al-C-Ta 四元共晶中 TaC 的形貌。Baragar 等[82]对 Bi-Pb 共晶的研究发现,该合金系统存在多种形貌的复杂规则共晶,有些非常类似 Ni 基合金中的棱面相。

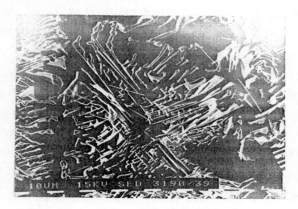

图 2-44　Ni-Al-C-Ta 四元合金中的 TaC

2.5　包晶定向凝固

包晶合金是应用非常广泛的工程合金,如 Fe-Ni,Ti-Al 等[83-85],更多的三元或多元工程材料(如 Fe-C-X、Fe-Ni-Cr、Nd-Fe-B 和 Co-Sm-Cu[86]等结构)和磁性材料及 Y-B-Cu-O[87]等超导材料也往往具有包晶反应,因此包晶合金的凝固引起了人们的极大关注。

无论二元还是多元包晶合金,在冷却凝固时都会出现典型的包晶反应,即液相+初生相——→包晶相,如人们所熟悉的 Fe-C 合金系中的包晶反应就是在 1495℃出现液相与 δ-Fe 和 γ-Fe 的平衡并转变为奥氏体。在 Fe-Ni-Cr 合金中类似的包晶反应也非常重要,它不仅直接决定了所得到的凝固组织,影响铁素体最终的体积分数,还影响材料的热裂倾向及性能[85]。

在某些材料系中可能出现连串的包晶反应,如 TiAl、Cu-Sn、Cu-Zn 和某些工具钢,所形成的包晶相通常是金属间化合物,如 γ-TiAl、Cu_3Sn[69,88]等。由于他们具有较高的高温强度,这些金属间化合物合金引起人们的很大关注。

2.5.1　包晶二元相图与凝固中的相变

包晶反应作为二元相图的组成部分示于图 2-45,随冷却的进行,有 L+α ——→β 的相变反应。所谓"包晶成分",是指固体包晶相 β 在 T_p 温度的成分 C_p,这与共晶系中共晶成分相类似。因为只有在此成分 C_p 通过包晶反应才能使高温相 α 和液相 L 完全被低温相 β 所取代。相应的液相成分 C_L 即为包晶液相,也有人将 C_L 称为包晶点(peritectic point)[88]或包晶极限(peritectic limit)[89,90]。图 2-45 相图中从 $C_α$ 到 C_L 的所有成分都会有包晶反应产生,故而在此成分范围的合金称为包晶合金。在图 2-45 中,如果合金成分 $C_0 > C_L$,

则为非包晶合金,因为在此成分下冷却形成的包晶相 β 是由液相直接形成的而没有通过包晶反应。

　　图 2-45 虽是示意相图,但有重要的代表意义。图 2-45(a)类似于 Fe-C 相图及 Cu 基和 Ti 基系统的相图,后两者的包晶相通常为金属间化合物。图 2-45(a)类相图的合金系统其初生相和包晶相的平衡溶质分凝系数 k_0 均小于 1。按照图 2-45(a)通常定义,亚包晶为 $C_\alpha \sim C_p$ 的成分区间。同样,将成分 $C_p \sim C_L$ 的合金定义为过包晶。根据此种定义,在 T_p 温度以下平衡条件时,亚包晶成分应包含有 α 与 β 两相。

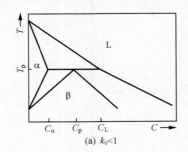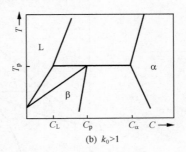

(a) $k_0 < 1$　　　　　　　　　　　　(b) $k_0 > 1$

图 2-45　包晶相图展示 $k_0 < 1$ 及 $k_0 > 1$ 的两类包晶反应

　　图 2-45(b)代表 $k_0 > 1$ 的包晶系统,如 Al-Ti 系及其他许多 Al 基包晶系。在此类系统中,亚包晶合金对应 $C_L \sim C_p$ 的成分范围[91]。此类合金在 T_p 以下应包含液相与 β 相,而不是 $k_0 < 1$ 系统的 α 和 β 两相。应当指出,当使用亚包晶或过包晶这类名词时要注意不可混淆。同样,对 $k_0 > 1$ 的系统,包晶相直接由液相形成的非包晶合金是指 $C_0 < C_L$ 的成分。表 2-5 给出两类不同溶质分凝系数包晶的成分范围(图 2-45)。

表 2-5　$k_0 < 1$ 和 $k_0 > 1$ 包晶系的比较

包晶系	$k_0 < 1$	$k_0 > 1$
非包晶	$C_0 > C_L$	$C_0 < C_L$
过包晶	$C_p < C_0 < C_L$	$C_p < C_0 < C_\alpha$
亚包晶	$C_\alpha < C_0 < C_p$	$C_L < C_0 < C_p$

　　依据经典的对包晶合金凝固相变的描述[83,84,92],在近平衡条件下如图 2-45(a)所示,当冷却温度低于 α 液相线时,即有初生 α 相形成,此时会在冷却曲线的 T_α 温度出现变化。继续冷却 α 相继续凝固直到达到 T_p,若低于该温度则会有 β 相形核。

　　图 2-46 是一个 $k_0 > 1$ 的理想包晶相图,图 2-47 和图 2-48 是不同合金(k_0 均大于 1)测得的冷却曲线[93],曲线的变化特征与相应凝固过程的对照大致规律如下:合金冷凝至液相线以下,就会有初生相析出,在某些合金的冷却曲线上(如 Cd-Ag)即有停滞或折点出现,但在有些合金的曲线上就难以观察到。随着冷却及初生相的连续析出,曲线一般保持不变的斜率。如果冷速加大,曲线斜率增大,初生相析出的动力学过冷度增大,折点也会相应下降。冷至包晶相延伸的亚稳液相线以下温度,在非平衡条件下亚稳包晶相成核并开始生长[94]。反映在曲线上即为有折点 a 及对应于亚稳包晶相生长的 ab 线段。一般来说,a 点标志着亚稳包晶相形核的宏观起始,它的生长显然会与包晶反应衔接,b 点既是亚

稳包晶相析出的终止,又是包晶反应 L+初生相——→包晶相的起始,所以可以认为 ab 代表了非平衡条件下在包晶反应温度 T_p 以上的亚稳包晶相的形核与生长温度区间。若冷却很慢,亚稳包晶生长的截止温度(假设为 T_a)就等于 T_p,即 $T_a-T_p=0$。但随冷速的增大,对于 $k_0>1$ 的合金而言,T_a 将大于 T_p。

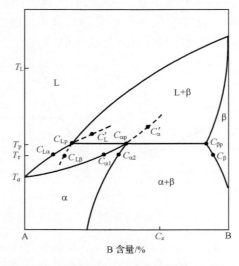

图 2-46　示意的包晶相图,图中符号表示相应的成分与温度

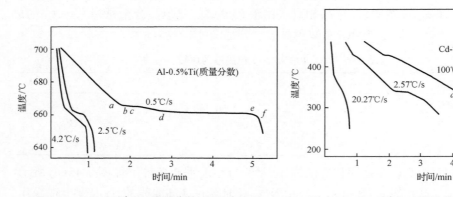

图 2-47　Al-0.5% Ti(质量分数)包晶合金的　　　　图 2-48　Cd-7% Ag(质量分数)合金冷却
　　　　　冷却曲线　　　　　　　　　　　　　　　曲线,β 液相线在 400℃以上有折变

　　包晶反应开始后首先即为液相+初生相——→包晶相的反应。在定向凝固条件下,由于冷却是连续的,并且初生相很快被反应形成的包晶所覆盖,一般通过该反应形成的初生相数量并不多,在冷却曲线上表示为 bc 的一段。伴随包晶反应的同时还会有固相相变的包晶转变(peritectic　transformation)及由液相直接转变为包晶相的过程。对不同合金系统,这后两者促使形成包晶相的作用及先后的影响有所不同。文献[93]指出,对 Cd-Cd₃Ag,包晶转变先占主要地位与包晶反应同时进行,冷却曲线上表现为 bc 段,稍后液相直接凝固,即为包晶相占据优势,形成曲线上的 cd 段。而对 Al-Al₃Ti 合金则不同,bc 很

短,主要是包晶反应。在 cd 段(图 2-47)包晶转变起主要作用,将液体中几乎所有的 Ti 全部耗费,而在后面形成有液体直接凝固占优势的平台 de,大量包晶相直接凝固(图 2-47)释放出的潜热造成该平台在较长时间几乎仍能保持近于等温的状态。

　　上面的讨论适用于较慢的冷却速率,此时亚稳包晶生长的截止温度(仍设为 T_a)就等于 T_p(平衡包晶反应温度),即 $T_a-T_p=0$。若冷却速率增大,由于这些合金属于溶质分凝系数 $k_0>1$ 的系统,亚稳包晶相生长的截止温度 T_a 将会大于 T_p(平衡包晶反应温度)。这意味着实际包晶反应的起始温度将升高,包晶反应将不再是一段固定于某温度的等温水平线,而是一个温度区间并且是冷却速率的函数,代表包晶反应的 bc 线段,也未必再能保持水平的特征。当然,对于 $k_0<1$ 的合金系统冷却速率的影响正好相反。增大冷却速率会降低包晶反应的实际温度,使包晶反应在低于 T_p 时进行。

　　图 2-49 表示了一个 $k_0<1$ 的合金系在偏离平衡条件下包晶反应时的局域过冷及包晶反应和包晶转变的示意图。在低于包晶温度的 ΔT_p 的过冷下液相 C_L^β 与富溶质 B 的 β 相处于局域平衡,与此同时,与 α 相接触的成分为 C_L^α 的液相与含溶质较少的 α 相处于局域平衡。由于 C_L^β 较 C_L^α 有更高的 B 组元,所以液相中的溶质 B 将由 β 相前沿向 α 相前沿扩散(图 2-49(c)),其浓度驱动力为 $C_L^\beta-C_L^\alpha$。而 β 相的生长却伴有溶剂组元 A 原子的反向扩散。应注意的是,包晶合金中的 α 相要比 β 相有更高的 A 浓度,伴随包晶相 β 的生长,A 原子不断离开 α 相前沿,向 β 相前沿扩散,必然导致初生 α 相的溶失,同时延滞包晶β 相的生长。在定向凝固条件下,α-β 界面在稳态生长中本应平行于生长方向,α-β、L-α 及L-β 三个表面张力应处于力学平衡状态。在随 β 相生长,初生 α 相不断溶失的情况下,三力平衡难以维持,必会在生长的 β 前沿出现 α 相的溶解和再凝(图 2-49(c))。如果凝固为等温凝固(低速定向),一旦初始的包晶反应完成,β 相就应将初生相与液相分隔开。β 相的进一步生长由于没有了 α 相,只能通过固态扩散进行(图 2-49(a)、(b))。在低于 T_p 任

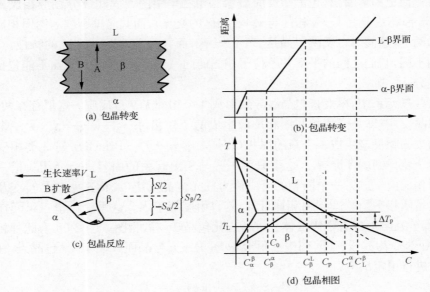

图 2-49　包晶反应与包晶转变的示意图

何温度的成分极限均可由相图估计(图 2-49(d))。如横越 β 相的成分差别为 $C_\beta^L - C_\alpha^L$,该成分差驱动扩散沿 β 相进行并使其变厚。此类固态相变现一般均称为包晶转变,以与初始的三相共同接触的包晶反应相区别。

2.5.2　多元系包晶

　　平衡条件下,二元的包晶反应发生在特定的温度 T_p,自由度为零,而三元或多元系包晶型的反应发生在一定的成分范围内,自由度为 1。三元合金中包晶液相线成分 C_L 成为液相面上的一个单变量线,自由度为 2。在任何给定温度,包晶反应均包括液相 C_L 与 C_α 和 C_β 两参数平衡并给出一个三相连接的三角形,如图 2-50 所示。三角形的顶点分别与液相、α、β 相连接[1]。如果合金成分位于初生 α 相区,则 α 的生长促使液相成分按照 α 相中的溶质 B 和 C 的溶质分凝系数 k_0 而变化。当一个合金的凝固途径跨越单变量线时,β 相将围绕初生 α 相成核,出现类似于二元合金中 β 相在 T_p 温度 C_L 的液相成核一样。

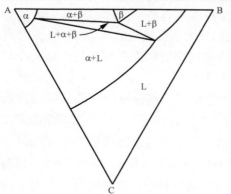

图 2-50　三元系通过单变量包晶温度等温截面相平衡图

　　为进一步理解三元包晶系的特性,有必要将三元系的三相包晶反应与共晶反应进行对比。三元系中传统的包晶反应的定义如图 2-51(a)所示。两固相的成分位于液体单变量线的同一侧,这点可从图 2-51(a)与图 2-50 的比较看出。而共晶系则相反,两固相位于液相线的两侧,即液相线与两固相成分的连线相交(图 2-51(b))[23]。这种差异反映在相图的垂直截面上即可看出,包晶型反应显示三相三角中的两固相成分在液相成分的同一侧(图 2-52 液相成分为 L+α 相区与 L+β 相区的交点),而共晶型则展示两固相成分在液相成分的两侧,这同时也反映包晶是 L+α ⟶ β,而共晶是 L ⟶ α+β 的特性。然而,三相与两相不同,它们之间的平衡并不位于相图的同一个面,所以垂直截面不能包括所有三个相的成分。

　　在某些三元系中,单变量包晶线导致形成 4 个相的无变量反应。这里存在两种可能:一是准包晶反应,即一个液相和固相反应生成两个新相(L+α ⟶ β+γ),另一个是一个液相和两个固相反应生成一个新的固相(L+α+β ⟶ γ)。Prince 曾对此类相变及相应的相图给予较详细的评介[95]。这里只就一些与相图有关的内容进行介绍。把一个液相与两个固相反应生成另一个固相的反应称为三元包晶反应(或称三元包晶转变及双包晶转变),这是四相平衡[95,96]。由相律可知,其自由度等于零。这里只讨论三组元在液态全溶,固态部分互溶形成有限固溶体且进行三元包晶转变的相图。图 2-53 为此种相图的空间图形,图 2-54 为其投影图,图中三角形 abP_T 为三元包晶面,P_T 为三元包晶点,在这个三角形面上进行恒定反应:

$$L(P_T) + \alpha(a) + \beta(b) \Longleftrightarrow \gamma(c)$$

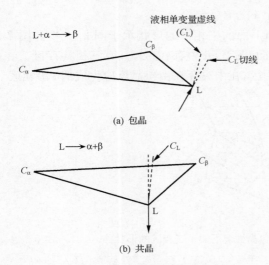

图 2-51　三元系相图三角
液相单变量虚线与 C_α 与 C_β 连线相交

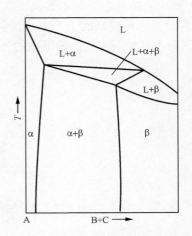

图 2-52　三元包晶合金等浓度垂面

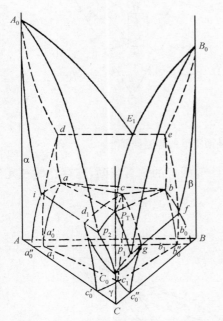

图 2-53　具有三元包晶转变的合金相图的
空间图形

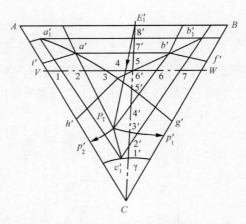

图 2-54　图 2-53 的投影图

三元包晶反应后,这个面被分割为 (α,β,γ)、(L,α,γ) 及 (L,β,γ) 三个三相区,然而 (α,β,γ) 三个固相共存区是一直下降到底面上的三棱柱,形成大三角形 $a_1b_1c_1$,其他两个三相区均是包晶反应三相区下降到 B-C、A-C 二元系包晶线上封闭的三棱柱。

$$L(P_T \sim P_1) + \beta(b \sim f) \Longleftrightarrow \gamma(c \sim g)$$

$$L(P_T \sim P_2) + \alpha(a \sim i) \Longleftrightarrow \gamma(c \sim h)$$

三元包晶面上的三相区及三元包晶面下面的三相区的形状示于图 2-55 中。图 2-56 (a)、(b)为三元包晶面上下温度的等温截面,图 2-56 中存在(L,α,β)三相共存区。在图 2-56(b)中存在三元包晶面下面的三个三相区,在中央存在由包晶反应生成的 γ 单相区。

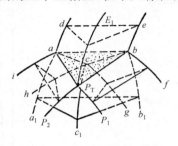

图 2-55　图 2-53 中三元包晶面上下四个三相区的形状

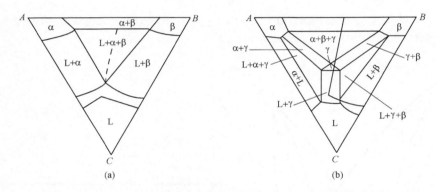

图 2-56　图 2-53 的三元包晶面上下的等温截面

图 2-57(a)、(b)为图 2-54 投影面图上 VW、CE_1' 线上的垂直截面,均存在截三元包晶面的水平线,在图(a)中存在着四个三相共存区。

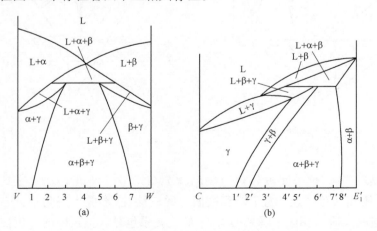

图 2-57　图 2-54 中 VW、CE_1' 线上的垂直截面

　　该三元系合金的凝固过程及凝固后的组织变化类似于二元系包晶合金,比较容易理解。

2.5.3　多元包晶合金的生长

　　原则上多元包晶合金生长的问题与二元合金是一样的,只是由于组成相更为复杂及它们之间存在相互影响,其生长机制更为复杂。这里准备以几个典型的多元系合金为例予以讨论。

　　Fe-Cr-Ni 合金系统是大多数奥氏体不锈钢和耐热钢的基础并包含典型的受人关注的包晶反应。图 2-58 为给定 Fe 含量的 Fe-Ni-Cr 三元相图的垂直截面。随合金中 Cr 量的增加与 Ni 量的减少,凝固时 δ 相将优先以初生相由液相析出。相反,随 Ni 的增加,Cr 的减少,γ 相将优先析出。无论铁素体或奥氏体的凝固对 Cr 或 Ni 每一元素都包含一个

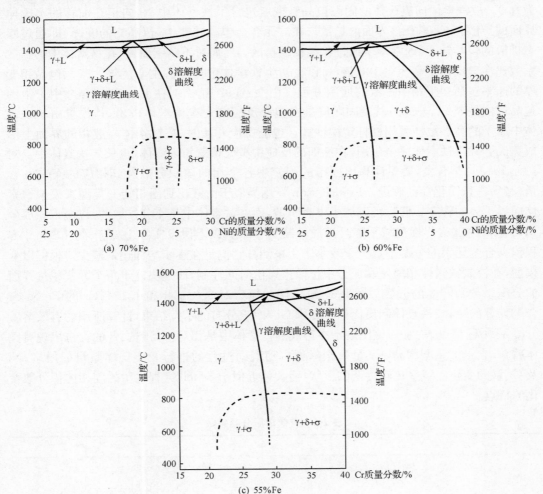

图 2-58　恒 Fe 含量的 Fe-Ni-Cr 垂直三元相图

固-液分凝系数,原则上它们可从图 2-50 的三角所示的连接线计算出来。如对铁素体凝固 k_{Ni}^{δ} 约为 0.85,k_{Cr}^{δ} 为 0.98~1.15;对奥氏体凝固 k_{Ni}^{δ} 约为 0.98,k_{Cr}^{δ} 约为 0.92。因此,当奥氏体凝固时,液相将富 Cr 又富 Ni,而铁素体凝固时,液相会富 Ni,但可能贫 Cr 或不发生变化。按照合金成分,那些有初生奥氏体相的合金,在凝固刚终了时,可能出现少量共晶铁素体。然而,室温有一定百分数铁素体呈现有包晶反应的合金,它的热裂敏感性小于铁素体作为共晶相形成的合金。一些作者将含有初生铁素体合金热裂倾向小归因于较大的溶解度和在铁素体中有较大的固相扩散系数。较大的溶解度意味着较大的分凝系数,它和较大的背扩散(back diffusion)将导致硫、磷元素偏析较小,减小凝固范围。如图 2-59 所示,奥氏体与铁素体相比,相对而言,Cr 含量较少,Ni 含量较高。

在铁素体-奥氏体界面上的平衡可通过每一元素的固态分凝系数来描述。在 Fe-Ni-Cr 系统中,由 δ 铁素体向奥氏体固态转变中所测量的数据表明,$k_{Ni}^{\gamma/\delta}$ 为 1.1~1.2,而 $k_{Cr}^{\gamma/\delta}$ 为 0.9。故铁素体向奥氏体的固态包晶转变就包含了铁素体中 Ni 向正在前移的奥氏体界面的扩散和 Cr 离开该界面的扩散。在二元合金包晶转变中,包晶相的变厚(即通过固态扩散的包晶转变)通常基于通过包晶相的扩散。然而对不锈钢而言,在铁素体中的扩散系数比在奥氏体中高 50~100 倍,所以在初生铁素体中扩散占主要优势。二元包晶相变厚的速率包括初生相中扩散的通用方程已由文献[97]给出。在 Fe-Ni-Cr 合金中正常的包晶反应是 δ+L ⟶ γ,其凝固顺序是在包晶反应前先有铁素体析出,其数量由于铁素体中原子的高扩散性可用杠杆定律计算。包晶反应开始时,在铁素体与液相的界面上形成奥氏体并将铁素体完全包围,在后面的反应中奥氏体既长入液体,也长入铁素体中。对三元 Fe-Ni-Cr 合金,要想计算出固态的相变中各个相的体积分数及其相应的 Cr、Ni 含量,必须进行简化性的假设。Fredriksson[97]用类似于由液相到固相转变模型来模拟铁素体向奥氏体的转变。假设奥氏体中没有扩散,而在铁素体中是充分扩散的,以至该相成分均匀,同时在 γ-δ 界面局域平衡且溶质分凝为常量。以上假设实际上等于采用 Scheil 方程依据合金元素的分凝系数大于或小于 1 来测算它们是在逐步增加还是减少。根据以上模型,在控制铁素体相厚度和成分中扩散不再由时间控制,而是决定于每个元素越过界面的分配系数和转变的分数。图 2-60 给出用此模型对 9.8％Ni 和 13.3％Cr 的 Fe-Ni-Cr 合金计算的液体、铁素体和奥氏体三相中 Ni 和 Cr 分布的示意结果,计算所用的有效溶质分凝系数 k_e 值见表 2-6。该图展示在形成的铁素体中是相对富 Cr 贫 Ni 的。自出现奥氏体后 Ni 含量即急剧增高,Cr 量急剧降低。随凝固过程的进行及奥氏体数量的增多,Ni 及 Cr 量的变化曲线呈比较复杂的形状,但大体近似于 Scheil 方程表示的固相体积分数变化的特点。

表 2-6　有效溶质分凝系数

k_e^{Cr}	k_e^{Ni}
0.91(γ)	0.95(γ)
0.97(δ)	0.84(δ)

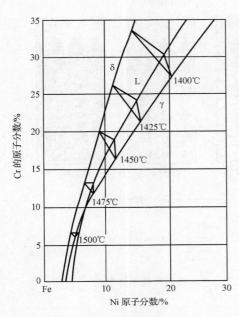

图 2-59　Fe-Ni-Cr 相图富 Fe 角，展示
液相线面上对应于 C_δ 和 C_γ 的
单变量液相线成分 C_L

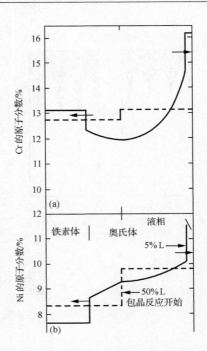

图 2-60　按照文献[44]，若初生铁素体达 50%
后包晶反应开始，合金（9.8%Ni、13.3%Cr）
中的 Cr(a)与 Ni(b)含量的分析

最终铁素体在凝固后的形态主要取决于成分，如图 2-61 所示，对于 60%～70%（质量分数）Fe，增加 Cr 和 Ni 之比会将铁素体由共晶改变为骨架状，继而细条状（lathy ferrite）。该骨架的形成似乎起始于液-固包晶反应并继而通过铁素体-奥氏体界面的包晶转变，反映了铁素体枝晶的轮廓。该 γ-δ 界面在转变接近结束时可能变成非平面的，所以铁素体通常并不严格地对应枝晶芯部。细条状铁素体组织主要是固态魏氏体型的铁素体向奥氏体的转变。然而不清楚的是，是否某些细条状组织的奥氏体也可以通过液-固包晶反应形成，因为在某些合金中会形成条状与骨架状的混合组织。

对不锈钢焊接中凝固过程的研究认为，Fe-Ni-Cr 合金的焊接凝固与铸造过程极为相似，主要区别在于冷却条件。在许多焊接过程中，对广泛冷却条件的考察发现，冷速对该合金系铁素体的百分数影响很小。对靠近单变量 C_L 线的合金，高冷速可能影响初生相或一直保留在室温的铁素体的百分数。增大冷速有利于奥氏体作为初生相，因为它有近于 1 的分凝系数，故而凝固时需要较小的溶质过冷。这个差别同样阻碍了某些在慢速下含有铁素体的合金中的二次铁素体的形核，如图 2-62 所示。

另外，较快的冷速也阻碍固态包晶转变，故而含有高体积分数初生铁素体的合金可能展示随冷速的增大铁素体增加的情况。在某些合金中另一种可能是：随着快冷，铁素体可能通过固态块状转变（massive transformation）为奥氏体，而不是通过包晶反应转变，如图 2-62 所示。

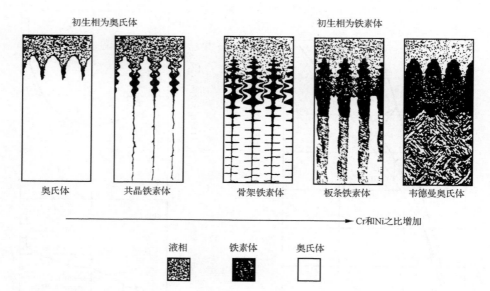

图 2-61　Fe-Cr-Ni 合金凝固和相变模式示意图及最终铁素体形态

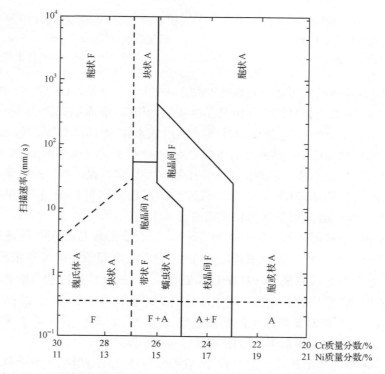

图 2-62　电子束扫描速率和 Fe-Cr-Ni 合金成分对凝固模式和最终组织的影响
F-铁素体;A-奥氏体

2.5.4　包晶合金定向凝固初始过渡阶段

1. 初始过渡阶段的形核与成分过冷

　　包晶合金的凝固是一个固相和液相发生反应生成另外一个固相的过程,有别于单相和共晶合金的凝固。由于包晶合金不像单相和共晶合金凝固领域有比较成熟的凝固理论体系与模型,许多问题还没有定论,有待于进一步的研究。随着定向凝固技术在包晶合金中的应用,人们在定向包晶合金中发现许多异常的显微组织,如带状组织,它不像熟知的定向组织,晶体沿着与液-固界面垂直的方向生长,而是形成一种与固-液界面平行的、初生相与包晶相两者周期性交替的条带状结构。它最初在 Sn-Cd、Sn-Sb 及 Pb-Bi 等低熔点合金系中发现,以后在 Ti-Al 、Ni-Al 、Fe-Ni 等合金系中也均观察到类似的带状结构[53,62,64,66]。进而,随着对不同包晶系统及不同成分在不同温度梯度和生长速率的定向凝固条件下的研究又发现了更多类型的相和组织形态:从协同共生的胞枝状到平面带状,从类树状到岛状等,如图 2-63 所示。

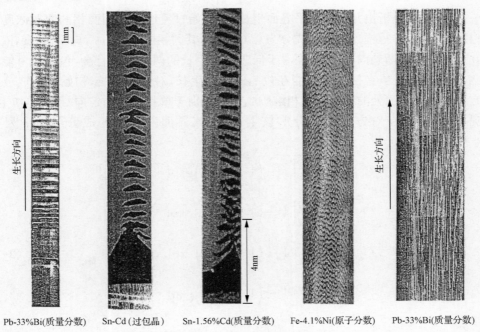

Pb-33%Bi(质量分数)　　Sn-Cd (过包晶)　　Sn-1.56%Cd(质量分数)　　Fe-4.1%Ni(原子分数)　　Pb-33%Bi(质量分数)

图 2-63　包晶合金的凝固组织

　　包晶合金在定向生长中呈现出的异彩纷呈的凝固组织,反映了合金在定向凝固过程中组成相与显微组织之间竞争与选择的多样性。凝固过程中相的选择如同组织形态变化一样,决定于相的稳定性。该稳定性既表现为相的形核竞争,也表现为相的生长竞争,而这些竞争选择均是在相应的温度场和溶质场中进行的,从而使相的形核及生长与它们的环境处于非稳态过渡还是进入稳态阶段有着不可分割的联系。通常在给定的定向凝固条件下,那些在较高温度下形核生长的相总是优先的。图 2-64 为一典型的包晶合金相图。

该图右侧中间为起始凝固两相析出生长的示意描述,最右侧图则表示合金定向凝固达到稳态后两相竞争生长的情况。

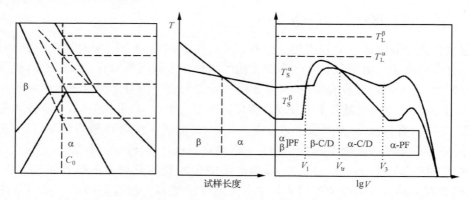

图 2-64 Ti-Al 合金相图及从初始过渡到稳态生长固-液界面温度随试样长度和生长速率变化示意图

PF-平界面;C/D-胞晶/枝晶

一个单相合金析出并以低速平界面生长时,初始过渡区内液固两相的溶质浓度分布均有相应的经典方程描述。对于成分为 C_0 的合金,其固相成分从 $k_0 C_0$ 向 C_0 发展,液相成分相应地由 C_0 逐渐趋向 C_0/k_0。而对于低速定向生长的两相包晶合金,包晶相可能在初生相前沿形核生长或者初生相可能在包晶前形核生长,对这种生长,初始液相成分不是 C_0,它们在凝固界面处的固相和液相溶质成分就有别于单相合金的定向凝固。初生相 β 及包晶相 α 分别在对方前沿充分形核生长时,其界面液固相的成分可由下列方程表示[98,99]:

$$C_{i,\beta}^{S}(z) = C_0 \left[1 - \left(1 - \frac{C_L^M}{C_0} k_\beta \right) \exp\left(\frac{-k_\beta V}{D_L^\beta} z \right) \right] \tag{2-132}$$

$$C_{i,\beta}^{L}(z) = \frac{C_0}{k_\beta} \left[1 - \left(1 - \frac{C_L^M}{C_0} k_\beta \right) \exp\left(\frac{-k_\beta V}{D_L^\beta} z \right) \right] \tag{2-133}$$

$$C_{i,\alpha}^{S}(z) = C_0 \left[1 - \left(1 - \frac{C_L^m}{C_0} k_\alpha \right) \exp\left(\frac{-k_\alpha V}{D_L^\alpha} z \right) \right] \tag{2-134}$$

$$C_{i,\alpha}^{L}(z) = \frac{C_0}{k_\alpha} \left[1 - \left(1 - \frac{C_L^m}{C_0} k_\alpha \right) \exp\left(\frac{-k_\alpha V}{D_L^\alpha} z \right) \right] \tag{2-135}$$

式中, $C_L^M = C_p \left[1 + \dfrac{\Delta T_\beta}{C_p (m_L^\beta - m_L^\alpha)} \right]$, $C_L^m = C_p \left[1 - \dfrac{\Delta T_\alpha}{C_p (m_L^\beta - m_L^\alpha)} \right]$,分别为初生相与包晶相在对方前沿形核时所对应的合金成分,见图 2-65(a)。其余符号的定义可参看图 2-66 及图 2-67。

对包晶合金,如初生 β 相在另一相前沿形核并以平面定向生长,其成分沿固相线变化,同时界面液相中不断富集溶质,相应地界面固-液相成分及界面前沿液相中溶质浓度的分布如图 2-66(d)所示。两相在界面前沿的液相线温度随界面距离的分布示于图 2-66(b)。由图可以看出,当 β 相的平面生长低于包晶相变温度后,由于初生相的亚稳液相线低于包晶相,界面前沿开始出现对包晶相的成分过冷。随凝固的继续发展,成分过冷不断增大,

如果 β 相的生长在达到稳态前，其界面前沿液相中的溶质富集达到包晶相 α 形核所需的过冷度及相应的溶质浓度，α 相将形核以取代亚稳生长的初生 β 相。

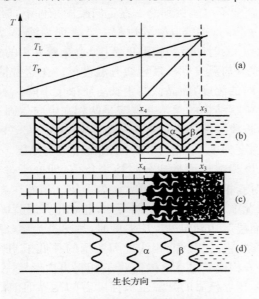

图 2-65　包晶合金定向凝固相的生长模式

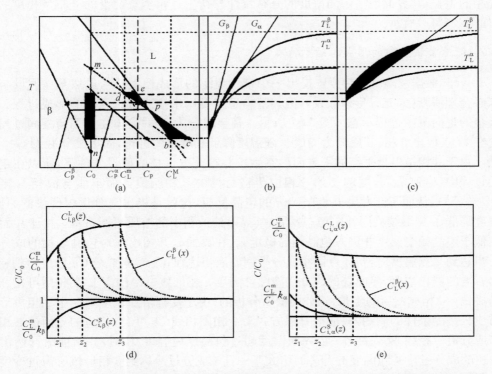

图 2-66　包晶合金低速平界面前沿发生第二相形核后，界面处及界面前沿液相中的溶质成分
分布和液相线温度分布

α包晶相形核后的生长，会遇到两个问题。首先是α固相的溶质浓度高于亚包晶合金成分 C_0，与之相应，液相浓度更远高于 C_0。如α相按常规的降温生长，将需要更多的溶质供应，这是 C_0 成分的合金不可能做到的。在定向凝固条件下，凝固的继续进行，只能是α相的生长向升温方向进行，这在定向凝固过程中就表现为液-固界面移向高温一侧。定向凝固过程的局部升温（一段时间及一定温度范围）意味着α相的成分沿其固相线向升温方向变化，相应地液相成分与温度则沿液相线升温进行。在这种情况下，α相在凝固过程中的最高浓度是其形核时的浓度，随晶核的生长溶质浓度下降。

另一个问题是形成带状结构的起始条件应是两相在定向凝固过程中互在对方前沿形核。包晶相形核后的生长应创造初生相再形核的条件。图 2-66(b) 示意地表示当α形核并以平界面生长时，其温度梯度 $G_α$ 应与α的液相线相切于界面。由图可以看出，在此情形下，对初生β相而言，该相在界面处成分过冷为负值，即处于过热状态，形核是不可能的。如继续冷却凝固，对β相的过热度将更大。为了使β能在α相前沿再次形核，α相的生长也只有在升温情况下才能进行。由图可知，随α相升温凝固的进行，在界面对β相的过热逐步减小，当界面温度达到包晶反应温度时，过热度为零，继续升温凝固，α相前沿将出现对β相的成分过冷，包晶相的液相线成为亚稳的并低于初生β相的液相线。一旦该成分过冷度能够满足β相形核过冷度的需要，β相将再次形核（图 2-66(c)）。

应指出的是，包晶α相形核后的升温生长伴随着的是界面前沿溶质浓度的降低。正如前所指出的，α相最初形核的溶质成分是凝固过程中组成相所能达到的最高值。这样，随α相的生长，其界面前沿溶质浓度的分布特性与初生β相生长前沿的分布呈相反的形状，如图 2-65(e) 所示。

2. 低速带状组织的形成与结构特点

Trivedi 根据包晶凝固特点曾提出一个带状组织的形成模型[100]，虽然某些假设与机制未必合理清晰（如充分形核假设），但其基本思路可用来描述带状组织的形成过程。包晶合金的定向凝固过程示意如图 2-67 所示。合金成分为 C_0 的熔体在近平衡凝固过程中首先在 H 点析出β相，其成分为 $k_β C_0$。随温度降低和凝固的进行，固相成分沿 H-G-3 线降低。由于β相是以近平衡的平界面形态生长并在充分形核的假设条件下，所以在定向凝固过程中，达到 T_p 温度的初始β相由于被后续的β相所覆盖而不能与液相 L 接触（图 2-65(b)），从而不能发生 L+β——→α 的包晶反应，这就是提出充分形核假设的原因。随温度降低，β相继续凝固并向稳态发展，其界面处液相中的溶质不断富集。由于界面温度已低于包晶相变温度并进入包晶相的稳定区，在界面处开始出现对包晶α相的成分过冷。当达到 3 点温度时，与 3 点固相成分平衡的液相达到 M 点，其成分 C_L^M 已经达到α相析出所需的液相浓度，界面处的成分过冷已可满足α相形核过冷的需求，α相即可在β相前沿成核。α相成核后的生长，正如前面所分析的，由于受到溶质供应及初生β相再形核所需成分过冷条件的制约，只能以升温方式沿α相固相线 1F 变化，相应的界面前液相温度与成分沿液相线 MN 变化。当界面温度超过包晶反应温度 T_p 时，界面前沿开始出现对β相的成分过冷并随温度的升高而增大。一旦该成分过冷达到β相形核所需过冷度，β相即再次成核，其固相成分对应于 G，液相成分对应 N 侧β相的相应液相线。β相的生长又继续沿其固相线 G3 进行，从而形成一个带状循环（banding cycle）。该循环以 T_p 为温度中轴,以 C_p 为成分中轴,固相围绕图中 $G31FG,\beta$ 与 α 交替生长,液相围绕 MN 反复变化的循环过程。从对该过程所描述的对理想带状结构形成的分析中可看出,形成带状组织的合金成分范围应是 $k_\beta C_L^M < C_0 < k_\alpha C_L^m$。它表示可能形成带状组织合金的最小浓度应保证初生相生长界面前沿溶质富集最终能满足包晶 α 相形核的需求,如果合金中 β 相定向凝固至稳态,其界面前沿溶质富集仍不足以使 α 相成核,则该合金的成分必定低于 $k_\beta C_L^M$,是不能形成带状组织的。同理,如某一成分合金,定向凝固中其包晶相升温生长的界面前沿的溶质条件不能满足初生相的形核需求,则该成分的合金也不会出现带状结构。由此可以判断,类似包晶系统,产生带状组织的合金成分必在亚包晶的某一范围内,过包晶成分的合金将不会出现带状结构。

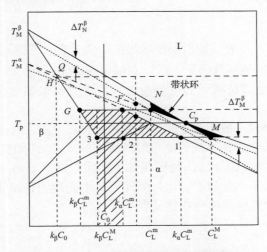

图 2-67　包晶合金定向凝固过程示意图

　　从前述对带状结构形成机制的分析可以知道,初生 β 相定向凝固经过 T_p 温度不发生包晶反应的原因是,在 T_p 温度的 β 相未能与液相接触,而与液相接触的 β 相却不在 T_p 温度[59]。造成这种情况是由于定向凝固是一种在一定温度梯度下的顺序凝固。完全覆盖前面已凝部分的固相形态最好是平面生长,如图 2-65(a)、(b)所示。组成相理想的平界面形态反映在试样中就表现为液固共存区极为狭窄,甚至 ΔT 接近于零的情况。相反,在 G/V 较小、β 相以枝晶生长时,试样中液固共存区的长度较大,位于 T_p 温度的 β 相有可能与液相接触,发生 $L+\beta \longrightarrow \alpha$ 的包晶反应(图 2-65(c))。该反应将会整个改变形成带状结构的温度和溶质条件,使包晶 α 相不可能在正生长的 β 相前形核,从而消除带状形成的基础。

　　如果定向凝固中温度梯度与生长速率的比值 (G/V) 较高,但还不足以保证理想的平面生长,将可能出现如图 2-65(d)所示的情况,即 T_p 温度下的 β 相与液相虽不能接触,也无包晶反应发生,但试样中却有一定长度的液固共存区,这样就会按照界面形态的成分过冷判据 $(G/V = \Delta T/D)$ 形成从浅到深的各种以胞晶形态为主的两相交替生长的带状组织(图 2-65(d)),因此,在定向凝固试样中液固共存区的长度 L 就成为又一个影响带状形成的因素。当 $L \ll \Delta T/G$ 时,将促使形成带状组织;当 $L \geqslant \Delta T/G$ 时,合金将较易形成定向发展的枝晶或深胞晶组织。而试样中液固共存区 L 的大小基本决定于凝固过程中的 G/V。

定向凝固过程中两相的生长形态决定于 G/V,维持平界面生长的 G/V 条件是[98]

$$\left(\frac{G}{V}\right)_\beta \geqslant \frac{-m_L^\beta}{D_L^\beta}\left\{\frac{C_0}{k_\beta}\left[1-(1-k_\beta)\exp\left(-\frac{k_\beta V}{D_L^\beta}z\right)\right]-C_0\right\} \quad (2\text{-}136)$$

$$\left(\frac{G}{V}\right)_\alpha \geqslant \frac{-m_L^\alpha}{D_L^\alpha}\left\{\frac{C_0}{k_\alpha}\left[1-(1-k_\alpha)\exp\left(-\frac{k_\alpha V}{D_L^\alpha}z\right)\right]-C_0\right\} \quad (2\text{-}137)$$

据此,出现带状组织的成分范围将是

$$\frac{C_\alpha-\dfrac{k_\alpha\Delta T_n^\beta}{m_L^\alpha-m_L^\beta}-C_L^m k_\alpha\exp\left(-\dfrac{k_\alpha V}{D_L^\alpha}z\right)}{1-\exp\left(-\dfrac{k_\alpha V}{D_L^\alpha}z\right)} > C_0 > \frac{1}{1-(1-k_\beta)\exp\left(-\dfrac{k_\beta V}{D_L^\beta}z\right)}\left(C_\beta+\dfrac{k_\beta\Delta T_\alpha}{m_L^\alpha-m_L^\beta}\right)$$

$$(2\text{-}138)$$

将式(2-138)与图 2-67 展示的出现带状组织的合金成分范围 $k_\alpha C_L^m > C_0 > k_\beta C_L^M$ 进行比较可以知道,不等式左侧项就等于 $k_\alpha C_L^m$,右侧项则等于 $k_\beta C_L^M$。

同理,对于形成胞状或枝状形态的界面也可以建立类似的合金成分、G/V 与相和组织形态的关系。

包晶带状组织的出现一般均在定向凝固的初始过渡阶段。若在此阶段初生相界面前沿液相中所富集的溶质浓度达不到包晶相形核所需的成分,两相交替形核的溶质条件就不会建立。因此,对给定合金及具体凝固条件下初始过渡区长度 L 的确定就甚为重要。这里以典型的包晶合金 Fe-Ni 和 Pb-Bi 为例计算了不同凝固速率下初始过渡区的长度,如图 2-68 所示[101]。计算所用物性参数见表 2-7。

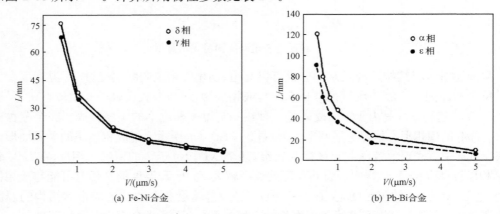

(a) Fe-Ni合金　　　　　　　　(b) Pb-Bi合金

图 2-68　Fe-Ni 及 Pb-Bi 合金在不同凝固速率下的初始过渡区长度

表 2-7　Fe-Ni 和 Pb-Bi 合金物性参数[102,103]

合金	α	β	C_α(质量分数)/%	C_β(质量分数)/%	C_L(质量分数)/%	k_0^α	k_0^β	m_L^α/(K/%)(质量分数))	m_L^β/(K/%)(质量分数))	$D_L^\alpha=D_L^\beta$/(m²/s)
Fe-Ni	δ	γ	4.03	4.55	5.15	0.79	0.87	−3.99	−1.94	7.5×10^{-9}
Pb-Bi	α(Pb)	ε	22.1	29.2	38.2	0.579	0.764	−5.01	−2.17	7×10^{-9}

从图 2-68 中可看出,初始过渡区的长度随凝固速率的下降而增大,尤其是在低速平

界面凝固时,凝固速率为 $V \approx 1 \mu m/s$,Fe-Ni 合金的 δ 和 γ 相的初始过渡区长度有 38mm 和 34mm,Pb-Bi 合金中的 α 和 ε 相初始过渡区的长度也有 48.3mm 和 36.61mm。如果凝固速率更低($V \approx 0.4 \mu m/s$),那么初始过渡区的长度会更大(L 有可能超过 100mm),因此实验中在初始过渡区内发生相的转变是完全可能的。

图 2-69 和图 2-70 中的实线是根据式(2-138)分别计算出的 Fe-Ni 和 Pb-Bi 合金在不同凝固距离下初生相界面上发生第二相(包晶相)形核的成分曲线,相应的虚线是根据式(2-138)计算出的不同凝固距离下包晶相界面上发生第二相(初生相)形核的成分曲线。这两条曲线将图中区域划分为三部分,分别标记为 1、2 和 3。区域 1 和 3 分别对应于包晶相和初生相在不同凝固距离下可以以平界面定向凝固而不发生第二相形核的成分区间;区域 2 是既可以在初生相平界面凝固界面上发生包晶相的形核,也可以在包晶相平界面凝固界面上发生初生相形核的区域,对应于两相都可以形核的区域,因此是包晶合金中初生相和包晶相以平界面凝固的带状组织和类共晶组织(eutectic-like)形成的成分区域,另外随初生相和包晶相形核过冷度的增加(其中图 2-70(b)中 ε 的形核过冷度高达 11K),形成两相的平界面带状组织成分区域 2 缩小,相应的初生相和包晶相各自能以平界面凝固的区域增加,如图 2-69(b)和图 2-70(b)所示,这说明初生相和包晶相形核过冷度的增加都相应地加大了它们在界面上形核的阻力。图 2-69 和图 2-70 中的数据点对应于初生相经过一定的凝固距离后开始发生第二相形核转变的实验点,图 2-70 中的实验点处于计算的凝固距离和成分区域,符合较好。另外,从图 2-69(b)中可以看出,当初生 δ 相的形核过冷度为 0.5K 时($\Delta T_\delta = 0.5$),实验数据点在计算的区域 2 之外,说明低速下初生 δ 相平界面凝固时界面上发生 γ 相的形核后,在后续 γ 相以平界面凝固的界面上不会再发生 δ 的形核,因此试样凝固的组织中只有一层带状组织。图 2-70 中点处于区域 3 之外,说明在该区域可以在初生相凝固平界面上发生第二相的形核,与实验结果相吻合,并且发生第二相形核的凝固距离($z < 120$mm)也正好处于初始过渡区内。根据图 2-69(b)的计算结果,处于中间成分(26% ~ 30%Bi(质量分数))出现带状组织的数量要多一些,这与 Karma 等[102]的实验结果(带状组织的数量随成分增加而增加)有一定的差异。分析原因可能有两个,一是计算采用的合金体系物性参数存在误差;二是 Pb-Bi 合金中存在较大的对流,

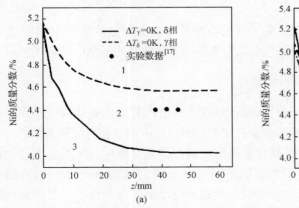
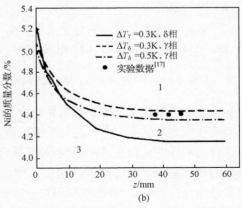

图 2-69　不同凝固距离下计算出的 Fe-Ni 合金初生相和包晶相在低速(1μm/s)平界面定向凝固时界面上发生第二相转变的成分分布

它的存在相应地提高了出现带状组织的初始成分,使得成分为 $32\% \sim 35\%$ Bi(质量分数)的 Pb-Bi 体系也能处于凝固距离与带状组织出现的成分区间 2 中,其次对流也会造成凝固组织的不稳定性,增加带状组织形成的可能性,因此要比液相纯扩散情况下出现的带状组织数量多。

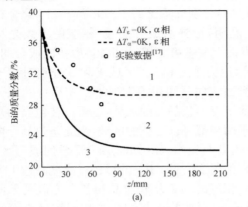 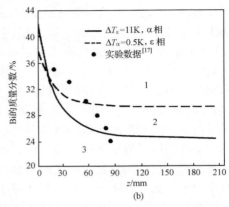

図 2-70　不同凝固距离下计算出的 Pb-Bi 合金初生相和包晶相在低速(0.4μm/s)平界面定向凝固时界面上发生第二相转变的成分分布

总括前面对定向凝固过程中带状形成的分析,可以归纳不出现或阻碍出现带状组织的条件包括以下几点。

(1) 凝固过程中明显的熔体对流,它使界面前沿难以建立起新相形核所需的溶质富集。

(2) 在初始过渡阶段优先进入初生相的稳(定)态定向凝固。

(3) 合金成分小于包晶相析出所需最小形核过冷度对应的初生相固相成分,即 $C_0 < k_\beta C_L^m$。

(4) 合金成分大于初生相再析出最小形核过冷度对应的包晶相固相成分,即 $C_0 < k_\alpha C_L^m$。

(5) 枝晶或深胞晶凝固形态。

(6) 过包晶合金。

(7) 具有分解型包晶相的合金系统。由于该包晶相具有不变的化学成分,固相线为一垂线,熔点与凝固点重合,液、固相线交于一点,无论亚包晶或过包晶均不会形成带状组织。

3. 包晶合金初始过渡阶段相和组织选择

包晶合金在定向生长中呈现出异彩纷呈的凝固组织,从协同共生的胞枝状到平面带状及从类树枝状到岛状等[104-107],充分反映了合金在定向凝固过程中组成相与显微组织之间竞争和选择的多样性。为此,许多学者对包晶合金提出以成分和温度梯度与生长速率比值作为函数的相和显微组织选择图,其中比较典型的是 Hunziker 等[108]提出的近成分过冷限制的包晶合金相选择模型,该模型利用充分形核假设和成分过冷准则及相稳定生长的最高界面温度判据,获得了 Fe-Ni 合金的相选择图。图 2-71 即为该合金在包晶平台附近的 G/V 值与不同成分的显微组织。该图中不同组织形态的边界线 $1 \sim 7$ 分别来自以下方程:

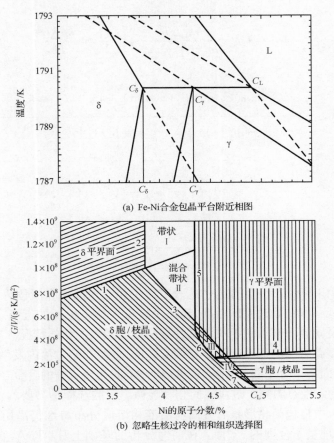

(a) Fe-Ni合金包晶平台附近相图

(b) 忽略生核过冷的相和组织选择图

图 2-71　Fe-Ni 合金在包晶平台附近的 G/V 值与不同成分的显微组织

线 1

$$\frac{G}{V} = \frac{-m_L^\delta \left[C_L - C_0 + \dfrac{m_S^\delta}{m_L^\delta}(C_0 - C_\delta) \right]}{D}$$

线 2

$$C_0 = C_\delta - \frac{m_L^\delta \Delta T_n^\gamma}{m_S^\delta (m_L^\delta - m_L^\gamma)}$$

线 3

$$\frac{G}{V} = \frac{m_L^\delta}{D} \left[C_0 - C_L + \frac{\Delta T_n^\gamma}{(m_L^\delta - m_L^\gamma)} \right]$$

线 4

$$\frac{G}{V} = \frac{-m_L^\gamma \left[C_L - C_0 + \dfrac{m_S^\gamma}{m_L^\gamma}(C_0 - C_\gamma) \right]}{D}$$

线 5

$$C_0 = C_\gamma - \frac{m_L^\gamma \Delta T_n^\delta}{m_S^\gamma (m_L^\gamma - m_L^\delta)}, \quad \frac{G}{V} = \frac{m^\delta \Delta C}{D}$$

线 6

$$C_0 = \frac{x(C_L - m_S^\gamma C_\gamma + \Delta T_n^\delta) - m_L^\delta(1 + \ln x)\left(C_L - C_\gamma \dfrac{m_S^\gamma}{m_L^\gamma}\right)}{x(m_L^\delta - m_S^\gamma) - m_L^\delta(1 + \ln x)\left(1 - \dfrac{m_S^\gamma}{m_L^\gamma}\right)}$$

线 7

$$\frac{G}{V} > \frac{-m_L^\delta\left[C_L - C_0 + \dfrac{m_S^\gamma}{m_L^\gamma}(C_0 - C_\gamma)\right]}{Dx}$$

$$\frac{G}{V} > \frac{(m_L^\delta - m_L^\gamma)(C_0 - C_L) - \Delta T_n^\delta}{D\ln\left(\dfrac{m_L^\delta}{m_L^\gamma}\right)}$$

李双明等指出[101],该模型的建立是假定初生相或包晶相在凝固界面前沿已存在稳定的溶质浓度梯度,即初始过渡区后期,相还没有进入稳态生长的近稳态情况,忽略了在初始过渡区内,凝固界面前沿的溶质浓度梯度随凝固距离变化的情况。实际上,从凝固开始到结束,相和显微组织的选择应该是连续变化的过程,初始过渡内发生的相或组织形态的转变对后续凝固有十分重要的影响,因此,研究不同初始成分的合金在不同的生长条件下(G/V)从初始到稳态的整个过渡区间相和显微组织的选择是必要的。而且,在 Hunziker 等[108]的分析中将包晶相形核后界面前沿液相溶质分布特性仍沿用与初生相生长界面前沿同样的处理是不合理的。为此,在前面分析的基础上,以 Ti-Al 合金为研究对象,重新构建从初始到稳态的整个过渡区间内的相和显微组织选择[98,109,110]。图 2-72 为计算所得的 Ti-Al 合金相图及形核过冷度为 0K 时的组成相和凝固组织图。

首先与 Hunziker 模型进行比较。文献中有关关系式确定了从初始到稳态的整个过渡区间,随凝固距离变化的定向凝固包晶合金相选择图的边界线。当凝固距离 $z >$ $4D_L/(k_0V)$(即凝固距离大于初始过渡区长度)时,可恢复为 Hunziker 等分析的近稳态模型。而这里列出的模型不仅隐含了近稳态的情况,而且还能准确地描述初始过渡区内即 $z < 4D_L/(k_0V)$ 相和显微组织的选择。直线 2、3 和 5 构成了两相均可以在对方界面前沿形核的区域,也就是包晶合金低速平界面定向生长时,形成带状组织的成分区域。从图 2-72 可清楚地看到,在初始过渡区内,对于初始成分为过包晶成分的合金,完全有可能发生第二相的形核转变,但由于初生相只能在作为单相生长的包晶相界面前沿形核,不能在作为充分形核相生长的包晶相界面前沿形核,所以只能形成单一的带状组织,这已经在一些包晶合金的定向生长实验中观察到[102,103]。而在 Hunziker 等[90,108]的分析中,将包晶相形核后界面前沿液相溶质分布特性仍沿用与初生相生长界面前沿同样的处理,忽略了相生长的历史相关性,因此,不能对这种组织的出现进行正确预测。而且与 Hunziker 模型相比,新模型获得的结果能清楚地反映整个凝固过程中发生的相和组织形态的转变。例如,以 Ti-Al 合金为例,在无形核过冷时,用 Hunziker 等模型计算的结果为图 2-72(d)。

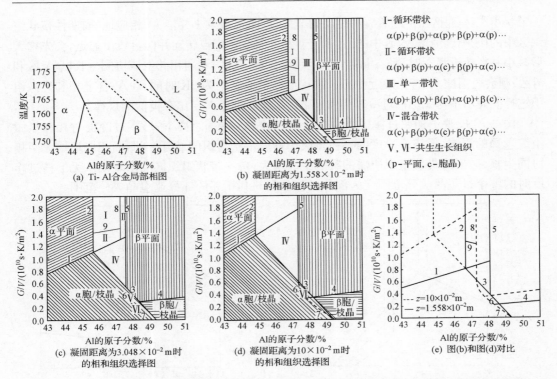

图 2-72　Ti-Al 合金相图及两相形核过冷度为零时随凝固距离变化的合金相和显微组织选择图

参照相图 2-72(a) 可看出，对于 G/V 高的过包晶成分合金，在接近稳态时的相和显微组织是包晶相 β 的平界面；而新模型获得的结果(图 2-72(b)～(d))表明，先是初生相 α 从高温熔体析出，作为单相以低速平界面生长，在初始过渡区内发生包晶相 β 在其界面前沿的形核转变，并迅速覆盖初生相(假设充分形核)，随后以低速平界面生长直接进入稳态，界面前沿不再发生初生相的形核，最终的相和显微组织应该是 α+β 的单一带状组织，与实验结果一致。显然，此模型结果更为合理。

定向凝固从初始到稳态的整个过渡区间相和显微组织的选择可参看图 2-72。该图给出了两相形核过冷度均为 0K 时，从初始过渡到接近稳态，三个凝固距离下 Ti-Al 合金的相和显微组织选择图，图 2-72(e) 是对图 2-72(b) 和 2-72(d) 的比较。由图可看出，随着凝固距离的增大，由于凝固界面处溶质成分梯度单调变化[111]，直线 1 和 4 向上移动，即维持 α 和 β 相为单相以低速平界面定向生长的临界 G/V 值逐渐增大；直线 3 和 7 涉及溶质在胞枝状界面的分布，由于其复杂性，这里采用与文献[108]一样的简化处理方法，使它们均与凝固距离无关；直线 2 和 5 向左移，在不考虑两相形核过冷时，其对应溶质浓度分别逐渐逼近 C_α 和 C_β，直到稳态；直线 6 随直线 5 一起向左移动。直线 8 在两相形核过冷度为零时，保持不动，形核过冷度不为零时则逐渐向右移动，并逼近直线 5；而直线 9 的移动较为复杂，其实际上是绕固定点斜率从负到正的转动，并逐渐逼近直线 1，在接近稳态时与直线 1 重合。

综合考虑，从初始过渡到接近稳态，随着凝固距离的增大，单相 α(或 β)平界面生长区逐渐减小，相应地，α(或 β)胞晶或枝晶生长区逐渐增大；在初始过渡区开始阶段，存在较大的单一带状组织区（Ⅲ区），但随着凝固距离的增大，该区逐渐减小并消失，相应地，周期性带状组织区中的Ⅰ区则逐渐增大，其中的Ⅱ区由于直线 9 是绕固定点转动并向直线 1 逼近，会先增大后减小并在接近稳态时消失；混合带状组织生长区（Ⅳ区）和两相共生或协同生长区（Ⅴ区和Ⅵ区）则会逐渐增大，直到接近稳态。两相形核过冷度均为 2K 时的 Ti-Al 合金相和显微组织选择图展示了与无形核过冷时相和显微组织随凝固距离变化有类似的规律。

图 2-73 反映了初始过渡区内及接近稳态的两个凝固距离下，形核过冷度对相和显微组织选择的影响：形核过冷度的存在将减小形成带状组织的成分区间，而相应地增大两相协同生长区；形成带状组织所需的凝固距离增大，单一带状组织区的出现则从无形核过冷度时的整个过包晶成分范围变为部分过包晶和与其相邻的部分亚包晶成分范围。

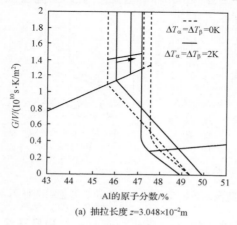 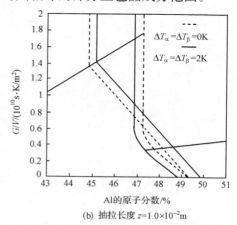

(a) 抽拉长度 $z=3.048\times10^{-2}$m　　　(b) 抽拉长度 $z=1.0\times10^{-2}$m

图 2-73　形核过冷度对 Ti-Al 合金相和显微组织选择图的影响

郭景杰等[109]利用充分形核假设和成分过冷准则及相稳定生长的最高界面温度判据，对包晶合金低速平界面凝固前沿尚没有确立稳态成分分布的情况进行分析，建立了从初始到稳态的整个过渡区间，随凝固距离变化的相选择模型，并考虑了相生长的历史相关性。该模型在近稳态时可恢复为 Hunziker 等提出的模型。利用该模型计算获得了随凝固距离变化的包晶合金（以 Ti-Al 为例）的相和显微组织选择图。该图表明，随着凝固距离的增大，由于凝固界面处溶质成分梯度的单调变化，单相 α（或 β）平界面生长区逐渐减小，相应地，α 相（或 β 相）胞晶或枝晶生长区逐渐增大；在初始过渡区开始阶段，存在较大的单一带状组织区，但随着凝固距离的增大，该区逐渐减小并消失，相应地，周期性带状组织区中的Ⅰ区则逐渐增大，其中的Ⅱ区会先增大后减小并在接近稳态时消失；混合带状组织生长区和两相协同生长区则会逐渐增大，直到接近稳态。

2.5.5　包晶合金稳态定向凝固

1. 组成相稳态生长的界面响应规律

包晶合金的定向凝固一旦进入稳态，初生与包晶两相界面前沿溶质与溶剂的富集即为定值，不再会发生两相交替形核的生长过程。但是两相在稳态生长中依然存在相的竞争与选择，如图 2-74 所示。

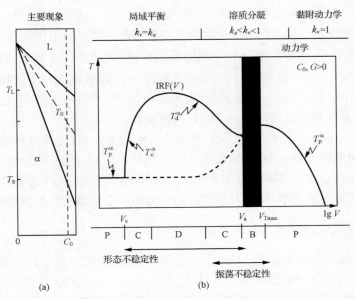

图 2-74　单相合金相图及其界面响应函数(IRF(V))示意图

k_v-非平衡溶质分配系数；P-平界面；C-胞晶；D-枝晶；B-带状

凝固过程中相的选择决定于其稳定性,该稳定性既取决于相在凝固过程中的热力学,也取决于动力学。通常在一个给定的凝固条件下,在较高温度生成的相总是优先生长(最高界面温度准则)。然而非平衡的动力学条件对相的择先生长同样有重大影响,特别在偏离平衡时较大的凝固速率下会改变组成相生长的界面温度,从而影响相的择先顺序。对定向凝固而言,通常以合金液-固界面温度(T)对生长速率(V)的响应来表示相界面与其形态的稳定性。对一个单相合金而言,其平界面和胞-枝生长时界面温度(T_p 及 T_d)对生长速率的响应关系见图 2-74,相应地,表示该关系的方程分别为[112,113]

$$T_p(V) = T_m + C_L^* m_v - (R_g T_f / \Delta S_f) V / V_0 \tag{2-139}$$

$$T_{c/d}(V) = T_d^0 - \Delta T_c \tag{2-140}$$

$$T_d^0 = T_m - \Gamma K + C_L^* m_v - (R_g T_f / \Delta S_f) V / V_0 \tag{2-141}$$

式中

$$R_g = [(\Gamma / \sigma^*) / (m_v \zeta_c G_c - G)]^{1/2}$$

$$m_v = m_e \{ 1 - k_v [1 - \ln(k_v / k)] \} / (1 - k)$$

$$C_L^* = C_0 / (1 - (1 - k_v) Iv[Pe])$$

$$\zeta_c = 1 - 2k_v / \{ [1 + (2\pi / Pe)^2]^{1/2} - 1 + 2k_v \}$$

$$G_c = -(1 - k_v) V C_L^* / D$$

$$k_v = (k_e + a_0 V / D) / (1 + a_0 V / D)$$

$$Pe = RV / (2D)$$

式中,T_m 为纯组元熔点；C_L^* 为界面处溶质液相成分,在稳态,$C_L^* = C_0 / k_v$,C_0 为初始成分；k_v 为非平衡溶质分配系数；ΔS_f 为摩尔熔化熵；V_0 为声音在水中的传播速率；m_v 为非平衡液相线斜率；V 为摩尔体积；$\sigma^* = 1/4\pi^2$；ζ_c 为稳定参数；G_c 为枝晶尖端的溶质成分梯度；$Iv[Pe]$ 为 Ivantsov 函数，Pe 为 Peclet 数。

图 2-74 右侧就表示包晶合金中初生相 β 与包晶相 α 的界面温度随生长速率的变化。在很低的生长速率下，两相均会以平界面形态生长，其界面温度应分别是两相在 C_0 成分的固相线温度 T_S^β 与 T_S^α。显然，这种情况只有在凝固达到稳态后才能达到，从而表明，以界面响应函数（interface response function）为基础得到的界面温度与生长速率的关系曲线，只是反映了合金凝固达到稳态之后的相选择规律。

图 2-74 显示，低速生长达到稳态后，优先生长的应是 α 相，因为它具有较高的界面温度。相图及定向凝固实践表明，凝固总是从初生相开始的，由凝固起始到稳态之前的初始过渡区间的凝固过程常被忽略。事实表明，过渡区间组成相之间的竞争选择往往是影响组织形态演化更重要的因素，同时对稳态后组织结构的形成也会产生重要影响。

2. 包晶稳态定向凝固相与组织选择

应用表 2-8 的有关参数对 Ti-(43%～55%)Al 在稳态两相定向生长时界面温度随生长速率的变化以及温度梯度的影响进行了计算，图 2-75(a)、(b) 给出 Ti-45Al 及 Ti-48Al 界面响应函数（IRF）的关系，图 2-75(c) 则是 Ti-47Al 合金中温度梯度的影响[114]。

表 2-8　Ti-Al 合金相关的热物性参数

相	$\Delta S/$ (J/(mol·K))	T_p/K	$\Delta H/$ (J/mol)	$D_L/$ (10^{-9}m²/s)	$\Gamma/$ (10^{-7}m·K)	$V_0/$ (10^3m/s)	k_e	$m_e/$(K/% (原子分数))
α	30.418	1748.23	16055.4	2.8	1.5	3.0	0.933	−9.17
β	30.418	1725.50	10814.9	2.8	1.5	3.0	0.907	−14.35
γ	30.418	1698.10	3367.13	2.8	1.5	3.0	0.917	−0.03

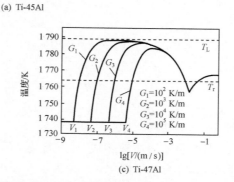

(a) Ti-45Al

(b) Ti-48Al

(c) Ti-47Al

图 2-75　Ti-Al 合金的界面响应函数（$G=10000$K/m）

　　当合金定向凝固由初始过渡进入稳(定)态时,其重要标志之一是界面取平面形态,固相成分为原始合金成分 C_0 并有相应的界面温度(图 2-74)。随生长速率的增加,β 及 α 相的界面温度和界面形态均随之变化。由于包晶相的溶质分配系数总是大于初生相,即 $k^{\alpha} > k^{\beta}$,凝固过程中溶质变化量较小,其 T-V 曲线相对平坦,因而进入稳态的包晶相的平界面温度总是高于初生相而优先生长。而随定向凝固进行,具有较小 k 值的初生相界面温度随 V 的增加会有较大幅度变化,在较高 V 值可能超越包晶相成为优先生长相。生长速率进一步增大,如出现两相界面温度曲线再次相交,则优先生长相将会再次发生改变。

　　温度梯度在稳态对界面温度随生长速率变化的影响表现为增大了平界面的稳定性,扩大了平面生长的成分与速率范围。将不同合金成分与生长速率及温度梯度综合归纳,即可得到组织形态与成分及 G/V 的选择图。图 2-76 即为 Ti-(44%~50%)Al 的相选择图,相应区域的组织及标注如图中所示。

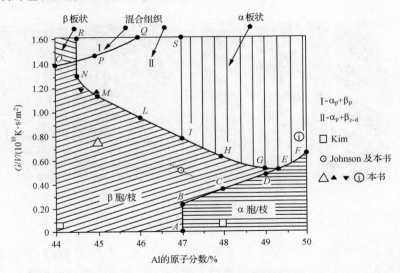

图 2-76　Ti-(44%~50%)Al 相选择图

　　图 2-77 则是在初生 β 单相区与 β 及 α 两相区相界两侧的定向凝固组织。对小于 45%Al(原子分数)的成分,显示出单相 β。由于 β 与 γ 片层结构有固定的晶体学位向关系 $(110)_{\beta} \parallel (111)_{\gamma}$,作为体心立方的 β 相固态转变为 γ 的片层与生长方向成 45° 交角 θ,而对于大于 45%Al(原子分数)的成分,凝固中形成 β 与 α 两相组织,α 相为六方体,与 γ 片层的位向关系为 $(0001)_{\alpha} \parallel (111)_{\gamma}$,由 α 转变为 γ 的片层取向则与晶体生长成正交方向,垂直于 α 的择优取向。图 2-77 展示 γ 片层有些与生长方向成 45°,有些成 90°,这表示稍大于 45%Al(原子分数)的合金既有 β,也有 α 析出,属双相共存的成分范围。对 Ti-50%Al 的合金,图 2-78(a)为原铸态凝固组织,其二次枝臂与择优生长的一次枝臂成 60° 夹角,显示了 α 相六方晶体的特点,而转变为 γ 片层的取向则与生长方向垂直。显微组织表明,该成分的合金得到的是 α 单相组织,这与相图是完全一致的。

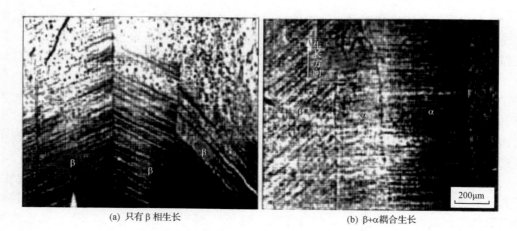

(a) 只有β相生长　　　　　　　　　　(b) β+α耦合生长

图 2-77　Ti-45Al 合金定向凝固组织

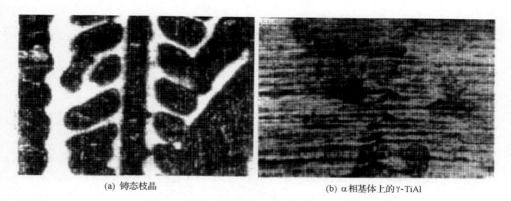

(a) 铸态枝晶　　　　　　　　　　(b) α相基体上的γ-TiAl

图 2-78　Ti-50Al 合金定向凝固组织

　　根据包晶合金稳态生长模型,β 与 α 两相的竞争生长,在通常情况的平面定向凝固中包晶相往往领先生长,并在较高速率仍维持平界面。具有较低液相线温度的包晶相能够领先生长是与承接初始过渡阶段的定向凝固过程相关联的。图 2-79 给出 47％Al(原子分数)合金由初始过渡到稳态的相与组织形貌随生长速率演化的示意。进入稳态后,两相随速率的变化,将调整哪个为领先相,哪个为次生相的竞争顺序。根据不同生长速率,将相的领先变化情况分为若干区域,在各区域相的选择与形态大致列于表 2-9。需要指出的是,图 2-79 及表 2-9 的示意是按照 Ti-47％Al(原子分数)的参数进行计算和分析的,该成分位于过包晶范围,不会在初始阶段产生带状组织,两相在定向凝固中具有协同或有先后次序的与热流方向一致的定向生长。而对于合金成分位于带状形成范围的 TiAl 合金,它们不会有如图 2-79 所示的理想的稳态竞争生长,会存在各种形式的带状组织及由带状向协同生长的衰退转化。此类多相的组织形态及由初始过渡向稳态转化的细节,尚有许多不清楚之处,需要进一步研究。

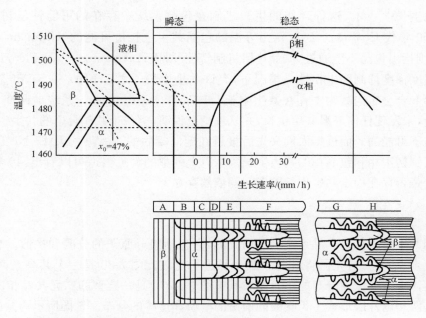

图 2-79　生长速率对相形貌及竞争生长的影响

表 2-9　与图 2-79 中对应的不同部位界面形态和相的选择性

区域	状态	相	形态
A	初始过渡	β-领先	平
B	初始过渡	α-领先 β-第二	平 平
C	稳态	α-领先 β-第二	平 平
D	稳态	α-领先 β-第二	平 胞
E	稳态	β-领先 α-第二	胞或枝 平
F	稳态	β-领先 α-第二	胞或枝 胞或枝
G	稳态	β-领先 α-第二	胞或枝 胞或枝
H	稳态	α-领先 β-第二	胞或枝 胞或枝

2.5.6　包晶合金定向凝固的共生生长

　　包晶合金定向凝固中两相生长的特性及是否存在共生生长,迄今仍是一个正在讨论且有争议的问题。共生生长的概念源自共晶合金,它表示在单向热流,两相以平面生长时,互相给对方提供所需的组分,在液相中形成一个溶质和溶剂的扩散偶场,保证两相得以稳定地生长[107,115]。这种合作的生长机制在包晶系统中存在的可能性已讨论多年，20 世纪 50 年代 Chalmers[116] 就认为等温的包晶共生生长是可能的，Uhlmann 和 Chadwick[117] 则指出包晶不能通过"共晶片层机制特性"凝固，Livingston[118] 及 Flemings[119] 认为在高温度梯度抑制初生相枝晶情况下，允许共生生长。之后 Kurz 和 Sahm[120] 实验证实在 Sn-Sb 合金定向凝固中存在共生生长。1974 年 Boettinger[121] 系统地研究了 Sn-Cd 包晶合金，未发现任何等温共生生长，并从理论上说明，类似于共晶合金的共生生长，对包晶合金是不可能的。而近年人们又先后报道在定向凝固的 Ni-Al[104] 及 Fe-Ni[107,122] 等合金中观察到初生相和包晶相的共生生长。从以上列举的文献报道可以看出，40 年来关于包晶合金是否存在稳定共生生长的老问题依然存在[120-123]。

1. 共生生长的基本特征

两相共生生长源自共晶系统的定向凝固，它包括组分原子的分凝和扩散。为了讨论包晶共生生长问题，首先需将其与共晶生长进行比较。图 2-80 是一个共晶系两相固-液界面前熔体中溶质浓度分布的示意图。其中图 2-80(a) 是一典型的二元共晶相图，图(b) 则是共晶两相以片层形式生长其凝固前沿的溶质和过冷的分布。该图所示为共晶成分的合金 C_e 以速率 V 单向生长，在稳态下，其界面前沿液相中溶质浓度分布及相应的由于成分沿界面变化造成的成分过冷。在定向凝固的温度场中，沿界面成分过冷的不同必然造成界面弯曲，又导致出现曲率过冷。所以共晶定向凝固的过冷度为[115]

$$\Delta T = \Delta T_D + \Delta T_r \tag{2-142}$$

固-液界面的过冷度 ΔT 由两部分组成，即由生长过程中界面前沿液相中溶质的富集及侧向扩散综合形成的成分过冷 ΔT_D 和由于相生长时界面形状偏离平面呈现曲面所需的曲率过冷 ΔT_r[①]。图 2-80(b) 列出正在生长的界面前液相的整体过冷、成分过冷及曲率过冷沿界面的变化。如图 2-80(a) 所示，对平界面两相在同样过冷度下[115]，有

$$\Delta T_D = -m_\alpha(C_\alpha^L - C_e) = m_\beta(C_e - C_\beta^L) \tag{2-143}$$

根据界面前沿溶质扩散流的质量平衡原则，有

$$C_\alpha^L - C_\beta^L = \frac{\lambda V(1 - k_\alpha)C_e}{4D} \tag{2-144}$$

$$\Delta T_D = \frac{\lambda V(1 - k_\alpha)C_e}{4D\left(\frac{1}{m_\beta} - \frac{1}{m_\alpha}\right)} \tag{2-145}$$

式(2-145)表明，ΔT_D 除受合金本身物性影响外，它还是生长速率和相间距的函数。而界面曲率过冷则取决于合金熔点及两相间界面能及其相间距的大小。

$$\Delta T_r = \frac{2\sigma_{\alpha\beta}T_e}{\lambda\Delta H_s} \tag{2-146}$$

将两者相加，即可得到两相共生生长时的过冷度 ΔT、相间距 λ 与生长速率 V 之间的关系：

---

① 一般认为动力学过冷 ΔT_k 与前两项相比甚小，可忽略不计。

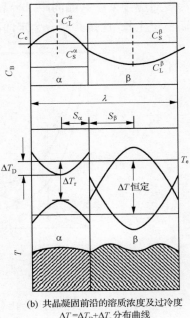

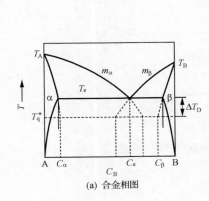

(a) 合金相图

(b) 共晶凝固前沿的溶质浓度及过冷度
$\Delta T = \Delta T_{\mathrm{D}} + \Delta T_{\mathrm{r}}$ 分布曲线

图 2-80　导出共晶共生模型所需要的参数

$$\frac{\Delta T}{m} = Q^{\mathrm{L}}\lambda V + \frac{\alpha^{\mathrm{L}}}{\lambda} \tag{2-147}$$

式中

$$\frac{1}{m} = \frac{1}{m_\alpha} + \frac{1}{m_\beta}$$

$$Q^{\mathrm{L}} = \frac{D\,(1+\xi)^2}{\xi D}(C_\beta - C_\alpha)$$

$$\alpha^{\mathrm{L}} = 2(1+\xi)\left(\frac{\alpha_\alpha^{\mathrm{L}}}{m_\alpha} + \frac{\alpha_\beta^{\mathrm{L}}}{\xi m_\beta}\right)$$

$$\alpha_\alpha^{\mathrm{L}} = (T_{\mathrm{e}}/L_\alpha)\sigma_{\alpha\mathrm{L}}\sin\theta_{\alpha\mathrm{L}}$$

$$\alpha_\beta^{\mathrm{L}} = (T_{\mathrm{e}}/L_\beta)\sigma_{\beta\mathrm{L}}\sin\theta_{\beta\mathrm{L}}$$

式中，m_α 和 m_β 分别为 α 相和 β 相液相线斜率的代数值，根据 Jackson 和 Hunt[72] 的定义，两斜率异号时该式恒为正，ξ 为 S_α/S_β，即两相宽度之比。$\sigma_{\alpha\mathrm{L}}$、$\sigma_{\beta\mathrm{L}}$ 和 $\theta_{\alpha\mathrm{L}}$、$\theta_{\beta\mathrm{L}}$ 分别为 α、β 与 L 相之间的界面能和接触角，其他参数定义如图 2-80(a) 所示。

　　共晶合金定向凝固正如前面所指出的，两相共生生长 $\Delta T = Q^{\mathrm{L}}V\lambda m + \alpha^{\mathrm{L}}m/\lambda$ 前一项为扩散所需的过冷，后一项为界面曲率所需的过冷。该方程所揭示的过冷度与相间距在不同生长速率下的关系示意如图 2-81 所示。由图可以看出，两项各自包含的过冷度与片层间距的关系综合构成了共晶合金总的过冷度 ΔT。该图还展示在任一生长速率下的曲线有一最小值。这意味着曲线最小值左边，$\mathrm{d}\Delta T/\mathrm{d}\lambda < 0$，即随 λ 的增大过冷度减小，曲线最小极值右侧 $\mathrm{d}\Delta T/\mathrm{d}\lambda > 0$，表示随 λ 的增大将有更大的过冷度。大量的研究表明，对共晶合金片层的共生生长，对给定的生长速率，合金有相应的过冷度与片层间距关系曲线，其最小过冷度对应于某一共晶间距,偏离此间距的片层会在定向生长中自动调节,优取该间距尺寸而稳定生长,这是共晶合金定向凝固的特性。

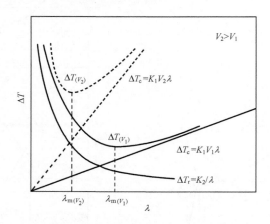

图 2-81　ΔT-λ 曲线与生长速率之间的关系

2. 包晶合金两相生长及与共晶的比较

对包晶合金而言,由于两相液相线斜率具有相同的符号,所以 m 变为 $1/m_\alpha - 1/m_\beta$[8]。由于 $m_\alpha > m_\beta$,所以式(2-147)中的 m 永是负值,这与共晶合金中的 m 始终是正值有根本区别。分析 ΔT 与 λ 的关系式,可以看到该式右侧诸参数 Q^L、λ、V 均恒为正值。对给定的 V,ΔT 依赖于 λ 的关系决定于 α^L 的符号。若 α^L 为正($\alpha^L > 0$),ΔT 在任何情况下均为负值,这意味着按式(2-147)所揭示的关系,包晶合金稳定的共生生长是在负的过冷度下进行的;若 α^L 为负($\alpha^L < 0$),ΔT 的符号则决定于式(2-147)右侧两项的大小,若后者(曲率项 $\frac{\alpha^L}{\lambda}$)大于前者(成分过冷项 $Q^L\lambda V$),ΔT 为正,反之,ΔT 为负。图 2-82 为在给定生长速率 V,包晶及共晶合金片层间距 λ 对过冷度的影响。它表明,对共晶合金,由于 m_β 与 m_α 符号相反,α^L 恒为正值,所以在任何情况下,片层的共生生长都是在正过冷度下进行的。只是在小的间距范围随 λ 的增大过冷度减小;而在大间距范围,随 λ 的增大,过冷度增大。而对于包晶合金 ΔT 与 λ 的关系可以看出,在 α^L 为负时,只是在

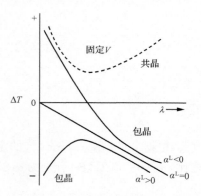

图 2-82　凝固速率一定时,片层间距对共生过冷度的影响

很小的片层间距,其共生生长位于正过冷度区域,在较大的片层间距及在 $\alpha^L > 0$ 时,共生生长都是只能在负的过冷度即过热下进行。

包晶合金共生生长不能在过冷只能在过热下进行的结论是在分析构成"共生"基本条件的溶质扩散场特性而提出的。图 2-83 是对共晶与包晶两相定向生长中固-液界面前沿溶质场的示意比较,由于包晶两相前沿均富集溶质,在包晶温度 T_p,与之平衡的液相成分

都是 C_p，所以定向生长中在两相前沿的液相中不能构成如共晶共生生长的扩散偶。

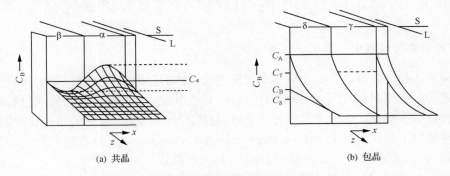

(a) 共晶

(b) 包晶

图 2-83 共晶和包晶共生生长前沿熔体中的溶质分布

图 2-84 是两个比较典型的共晶与包晶相图，如果观察共晶两相在过冷条件下的溶质扩散，当其界面过冷度为 ΔT_i 时，在两相稳态生长下界面前沿液体的平均成分分别为 C_L^α 及 C_L^β，α 相前沿富集的 B 原子向 β 相前沿扩散供给 β 相的生长的需要，β 前沿富集的 A 原子则向 α 前沿扩散满足 α 相的生长，从而形成完整的扩散偶，而对于成分为 C_0 的包晶，在过冷下 β 相界面前沿，液相成分 C_L^β 的溶质浓度大于 C_L^α，而且 β 相析出的成分 C_S^β 也高于合金成分 C_0。在这种情况下显然包晶 β 的生长不可能得到溶质的充分供应。同时由图 2-84(c) 的示意描绘可以看出，在 ΔT 为正时，由于 $C_L^\beta > C_L^\alpha$，溶质原子只能由 β 相向 α 相扩散，这与两相共生生长要求的溶质扩散方向背道而驰。所以说从溶质场的要求来看，在正过冷度下包晶共生生长是不可能的。但是，近年 Lee 和 Verhoeven[104] 及 Vandyoussefi 等[107] 分别在 Ni-Al 及 Fe-Ni 合金中观察到两相的并列共生生长，前者更展示了 γ + γ′ 共生组织形成的发展过程。

鉴于包晶两相并列生长的定向组织有很强的应用背景，是包晶系统复合材料的结构基础，弄清包晶两相共生生长的可能与条件和定向生长与可控凝固参量间的关系是十分必要的。因而选 Fe-Ni 系合金为主要对象，研究其在各种凝固条件下的定向生长，以达到上述目的。

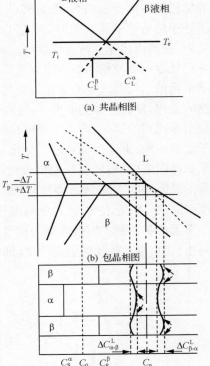

(a) 共晶相图

(b) 包晶相图

(c) 包晶界面生长扩散场

图 2-84 共晶和包晶共生界面前沿的溶质扩散

2.6　包晶定向凝固中的 TGZM 效应及分离式包晶反应

1. 定向凝固过程中的温度梯度区熔效应

定向凝固是使金属或合金由熔体中定向生长晶体的一种工艺方法。对于具有一定结晶温度范围的金属材料,在温度梯度的作用下,必然形成一个与结晶区间相对应的液固相共存的糊状区。当糊状区处于温度梯度下时,糊状区内将发生一系列的熔化或凝固现象,譬如温度梯度下的区熔现象(temperature gradient zone melting, TGZM)[124-127]以及二次枝晶迁移(secondary dendrite arm migration by TGZM)[128]等。

据 Pfann 报道,1926 年,Whitman[124]首次观察到 TGZM 效应。20 世纪 60 年代,Pfann、Tiller 等在定向凝固过程中发现了 TGZM 效应[124,125,128-130]:当外界强加一个温度梯度时,被固相完全包围的液滴将向高温区移动,如图 2-85 所示。其中图 2-85(a)为典型的单相固溶体合金相图,图 2-85(b)为外界强加的温度分布,对于图 2-85(c)中的液滴,液滴处于热力学平衡状态时,对应于液滴两侧的液相区域内将具有不同的成分(C_1,C_2)。从而,液滴内将建立浓度梯度($C_1 > C_2$),溶质原子 B 由低温一侧向高温一侧扩散。这将导致低温一侧液相中的溶质浓度低于热力学平衡值,而高温一侧液相中的溶质高于热力学平衡值。局部成分的变化将引起局部液相的凝固点变化。结合相图可知,对于高温一侧的液相,外界强加的温度 T_2 将高于液相对应的热力学平衡凝固温度(固相的熔点),从而引起固相的熔化,即由于温度梯度引起的溶质再分配将引起高温一侧固相的重熔。对于低温一侧,由于局部成分的变化,外界强加的温度 T_1 将低于该区域液相对应的热力学平衡凝固温度,即局部液相成分过冷,从而导致 T_1 处液相凝固。由此可知,TGZM 现象是由温度梯度下固-液界面处局部溶质过饱和度及固-液界面热力学平衡产生的化学势梯度引起的。研究表明,当处于高温度梯度下时,TGZM 效应将引起一系列在常规凝固条件下无法观察到的溶解或凝固现象。单相固溶体合金在定向凝固过程中当固溶体相呈枝晶生长时,由于外加的温度梯度,即 TGZM 效应,将导致二次枝晶臂向高温区迁移[130],如

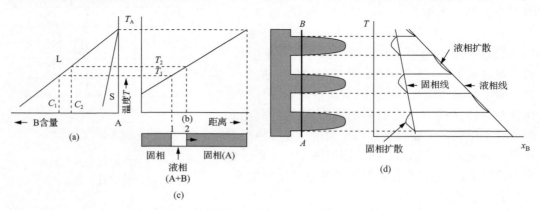

图 2-85　TGZM 效应及二次枝臂迁移示意图[124]

图 2-85 所示。以二元合金为例,液相线斜率 $m = \mathrm{d}T/\mathrm{d}C_L < 0$,溶质分配系数 $k_0 < 1$。定向凝固枝晶生长过程中,假设枝晶生长糊状区内固-液界面处保持热力学平衡。结合相图可知,枝晶生长糊状区区域内 AB 线上的溶质分布如图 2-85 所示。当抽拉速率较小,温度梯度较高时,液相中的溶质分布与液相线基本一致。由图可知,在二次枝晶间的液相中存在浓度梯度。因此,对于任何一个枝晶间的液相,类似 TGZM 效应引起液滴向高温区移动,浓度梯度的存在将导致溶质自冷端向热端扩散,进而引起冷端处的液相发生凝固,而热端处的固相发生溶解,即由于 TGZM 效应,对于相邻的两个二次枝臂,处于较高温度的二次枝晶(the former sidearm)下端溶解,而处于较低温度的二次枝晶(the latter sidearm)上端凝固。然而对于以混合键为主要键合特征、具有包晶特点的金属间化合物材料及各类复合材料的凝固结晶特性中是否也存在 TGZM 效应,迄今基本是不明确的。针对具有复杂结构、各向异性和小平面特征的包晶合金体系,其中包晶两相为无固溶度的金属间化合物的定向凝固及 TGZM 效应的研究是非常必要的。由于其 α 在 $2 \sim 5$ 的复杂过渡区域,固-液界面也会出现复杂的混合界面,相应地,其生长方式也必然是复杂的。这种生长方式与 $\alpha < 2$ 的金属非小平面界面生长方式和 $\alpha > 5$ 的氧化物小平面界面生长方式不同,处于中间的一个过渡区域,必然具有一些独特的热力学和动力学特性。此外,金属间化合物的界面光滑度要小于半金属 Si、Ge 及石墨,它们的生长方式也应有所不同,以小平面生长来简单地理解金属间化合物的熔体生长规律也是不合适的。

　　对具有小平面特征的 Al-Ni 及 Sn-Ni 的包晶合金进行定向凝固研究同样发现,低速下枝晶凝固低于包晶温度时,初生相二次枝臂前侧形成一厚层包晶相,而同时在其背侧几乎没有包晶相。显然,由 TGZM 导致的二次枝臂迁移机制,即二次枝臂前侧凝固,背侧熔化的规律也可扩延至温度梯度下的包晶凝固。由 TGZM 导致的包括初生和包晶相的二次枝臂迁移的新模式,可用来解释定向凝固包晶合金组成相生长和演化的复杂现象。

　　在存在一较高梯度的情况下,一种熔-凝机制,包括固相中液滴向试样高温区的移动就会发生[124,125,128,129]。实际上液滴的两侧温度不同,并因此由于固-液界面热力学局部平衡而具有不同的溶质浓度。这样,在此微区液相中就存在溶质梯度促使溶质由冷端向热端扩散,直到冷端液体发生凝固而热端固体熔化,从而液滴移向高温区。此熔-凝机制即可以当作 TGZM 专门机制对待。TGZM 还能引起在温度梯度下的单相合金的二次枝臂在液相中向热区迁移[130]。近年的研究表明[131-140],在较陡的温梯下,受控于熔或凝过程显微组织的演化是由 TGZM 和它们之间的作用所引起的。然而,对定向凝固的包晶合金的研究主要集中于显微组织的演化[141-143]和包晶转变动力学[144-151]。关于 TGZM 对包晶合金定向凝固中组织演化和相转变动力学影响的研究工作则比较少见。

　　合金的选择与实验方法见文献[136],相应的 Al-Ni 及 Ni-Sn 相图如图 2-86 和图 2-87[152]所示。在 Bridgman 型装置中,定向凝固的 Al-Ni 包晶合金的显微组织如图 2-88 所示。虚线表明了包晶界面 T_p 的位置。上部截面给出低倍包晶界面处的显微组织,而下部截面给出高倍的稍低于包晶界面的组织。灰色相为初生 Al_3Ni_2 相,亮白相为

Al₃Ni 相，对定向凝固的 Al-Ni 包晶合金而言，初生 Al₃Ni₂ 首先由液体析出，继而在 T_p 发生包晶反应 L＋Al₃Ni₂——→Al₃Ni，析出 Al₃Ni 相。对于一个二次枝臂，固-液界面的高温一侧定为二次枝臂的前侧；低温一侧定为背侧。如图 2-88(a2)～(d2)所示，在低于 T_p 的相对高温范围，在初生 Al₃Ni₂ 相的每个二次枝臂的前侧均形成较厚的 Al₃Ni 层，而在背侧几乎没有包晶相 Al₃Ni。当温度进一步降低，前侧的 Al₃Ni 相向前生长并逐渐达到前面二次臂的背侧。正如图 2-88 所示，这种新的显微组织特点可在所有三个 Al-Ni 合金中看到，这就表明，对定向凝固的 Al-Ni 包晶合金这种组织特点具有普适性。

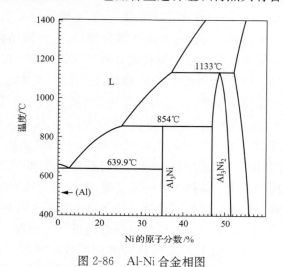

图 2-86　Al-Ni 合金相图
包晶反应 L＝Al₃Ni₂→Al₃Ni(854℃)，共晶反应(L＝Al₃Ni＋Al) 639.9℃

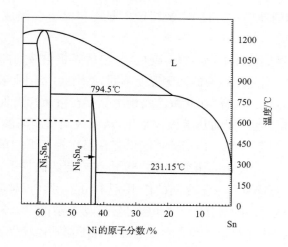

图 2-87　Sn-Ni 包晶合金相图
包晶反应 L＋Ni₃Sn₂——→Ni₃Sn₄(794.5℃)，共晶反应 L——→Ni₃Sn₄＋Sn(231.15℃)

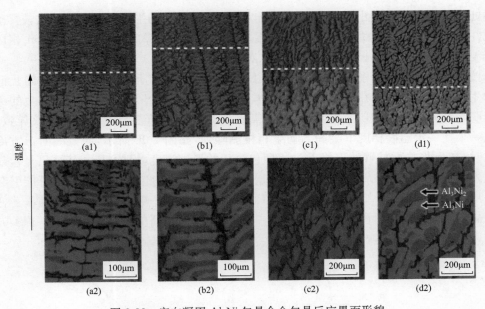

温度

图 2-88　定向凝固 Al-Ni 包晶合金包晶反应界面形貌

(a1)、(a2)Al-18%Ni,$V=10\mu m/s$,$G=50K/mm$;(b1)、(b2)Al-18%Ni,$V=50\mu m/s$,$G=40K/mm$;
(c1)、(c2)Al-23%Ni,$V=10\mu m/s$,$G=50K/mm$;(d1)、(d2)Al-25%Ni,$V=20\mu m/s$,$G=50K/mm$

类似的现象在定向凝固的 Sn-36Ni 包晶合金中也可观察到。图 2-87 给出 Sn-Ni 相图中相关包晶部分[152],图 2-89 给出了 Sn-36Ni 合金在抽拉速率为 5 $\mu m/s$ 定向凝固中的显微组织。所观察到的在背散射成像中黑灰相分别对应于 Ni_3Sn_2 相和 Ni_3Sn_4 相,温度梯度则自左向右。图 2-89(a)中虚线表明包晶界面的位置。图 2-89(b)～(d)展示接近包晶

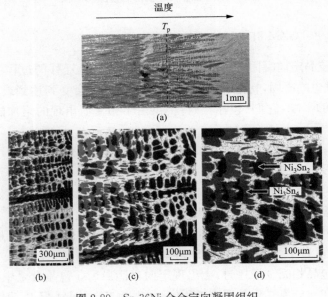

图 2-89　Sn-36Ni 合金定向凝固组织

凝固速率 5$\mu m/s$,温度梯度 40K/mm

界面处的显微组织。由图 2-89(c)和(d)看出,包晶 Ni_3Sn_4 在初生 Ni_3Sn_2 相的二次枝臂前缘形成并且较厚,而在后缘几乎没有 Ni_3Sn_4 相。当温度进一步降低时,前缘的 Ni_3Sn_4 相以平行于温度梯度的方向生长并达到前一个二次枝臂后缘,如图 2-89(c)和(d)所示。

　　按照经典包晶凝固模型,在包晶温度以下,会围绕初生相形成一层包晶,并阻止液相与初生相直接接触。而在刘冬梅的研究中,对定向凝固 Al-Ni 和 Sn-Ni 包晶合金的考察都表明与经典模型存在明显差异。首先,需确证此种差异是否为包晶相的成核导致的。先取一个在一定温度梯度下凝固的初生相枝晶阵列,如图 2-90 所示,当枝晶向下方冷区抽拉时,初生相二次枝臂的下缘首先达到包晶相的形核温度,设为 T_p。其结果是包晶相应优先在初生相二次枝臂的下缘(back edge)形核,因而认为包晶相的形核不可能引起图 2-88 所示的实验结果。当包晶凝固达到 T_p 温度时,应该有一层大体均匀的包晶覆盖初生相枝晶。为解释定向凝固 Al-Ni 和 Al-Si 中观察到的这些新的结果,人们提出了 TGZM 效应,该效应引起了二次枝臂的迁移。

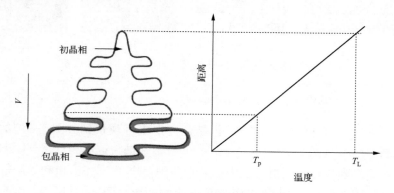

图 2-90　枝晶生长过程中的包晶相形核

2. 包晶凝固中 TGZM 引起的二次枝臂迁移

　　对单相合金枝晶定向凝固时二次枝臂依温度梯度向上迁移的过程已有 TGZM 予以解释[153]。然而对包晶凝固,初生相二次枝臂的迁移仍然会受到达到或低于包晶温度的新形成的包晶相的影响,它们(包晶相)将提供由于相变而出现的附加的溶质扩散流,如图 2-91 和图 2-92 所示。

　　图 2-91 为包晶合金枝晶定向凝固时各相的生长机制示意图。由图可知,该包晶合金在凝固过程中涉及两个等温液固转变:包晶反应 $L+\alpha \longrightarrow \beta$ 和共晶反应 $L \longrightarrow \beta+\gamma$。图(b)为试样上的温度分布,图(c)为定向凝固生长形貌示意图。当温度低于液相温度 T_L 高于包晶反应温度 T_p 时,初生相以枝晶形式自液相析出,此为 Stage Ⅰ。当温度降至 T_p 时,由于发生包晶反应,包晶相依附初生相形核并完全包裹初生相。但是由于 TGZM 效应,初生相二次枝晶臂下侧的包晶相不断溶解直至完全消耗,此为 Stage Ⅱ。当初生相二次枝晶臂下侧的包晶相完全消耗时,会出现定向凝固 Al-Ni 包晶合金中观察到的分离式包晶反应模式。在此分离式包晶反应过程中,初生相二次枝晶臂不断溶解,二次枝晶臂上侧的包晶相不断生长,由于包晶相的生长速率高于初生相的溶解速率,最终枝晶间液相将

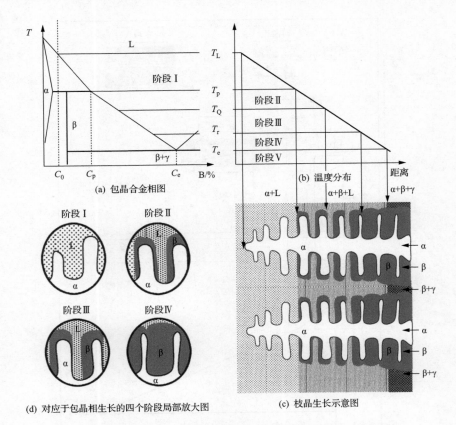

(a) 包晶合金相图

(b) 温度分布

(d) 对应于包晶相生长的四个阶段局部放大图

(c) 枝晶生长示意图

图 2-91　包晶合金定向凝固过程中初生相及包晶相的生长机制

完全消耗,此过程为 Stage Ⅲ。当枝晶间液相完全消耗之后,后续包晶相的生长将通过包晶转变及液相直接凝固形成。以上定性地叙述了包晶合金定向凝固过程中分离式包晶反应模式形成的原因。为了定量描述包晶相生长的各个阶段,从而确定其生长或溶解的驱动力,首先进行以下假设。

(1) 定向凝固过程中糊状区内固-液界面保持热力学平衡。

(2) Al_3Ni_2/Al_3Ni 的液相线为直线,即 $dT/dC = m_L$。

(3) 各步骤中液膜中溶质分布满足线性规律。

(4) 各步骤中液膜两固-液界面处溶质在液相中扩散系数相同。

(5) 由于液相中的溶质扩散系数比固相中的溶质扩散系数高 3～4 个数量级,所以,在 Stage Ⅰ～Ⅲ中,忽略固相中的溶质扩散。

(6) 忽略糊状区内固相、液相之间的密度差。

(7) 在凝固过程中,忽略由 Ostwald 效应带来的二次枝晶粗化现象。

图 2-92 为定向凝固过程中随温度变化由 TGZM 效应引起的二次枝晶臂的熔化/凝固现象。由图可以看出,在定向凝固过程中 TGZM 效应的存在对初生相及包晶相生长模式的改变,以及各个阶段反应的驱动力。图中的 $C_L^{\alpha,T}$ 和 $C_L^{\beta,T}$ 分别为温度为 T 时,α-L 和 β-L 界面处液相中的成分。

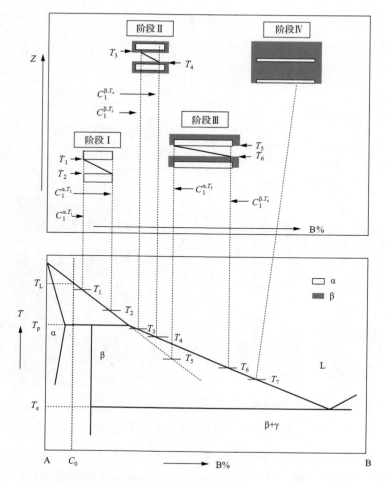

图 2-92　定向凝固过程中二次枝晶臂的熔化或凝固现象示意图

1) 阶段 I

如图 2-92 所示,在此阶段考虑两个枝晶臂及一个枝晶间液相层。前面二次枝晶臂的背边对应温度 T_1,其后的二次枝晶臂的前沿对应温度 $T_2(T_1 > T_2)$。TGZM 在此阶段对显微组织的影响可用 Allen 和 Hunt 几年前引入的由 TGZM 导致的二次枝晶臂的迁移解释。[130,153] 参考(1)～(4)假设,横跨枝晶间液相层可建立一成分梯度,如

$$\frac{\mathrm{d}C}{\mathrm{d}x} = \frac{\mathrm{d}C}{\mathrm{d}T}\frac{\mathrm{d}T}{\mathrm{d}x} = \frac{G}{m_{\mathrm{L}}^{\alpha}} \tag{2-148}$$

式中,G 为温度梯度;m_{L}^{α} 为初生 α 相的液相线斜率。

用在枝晶液相层建立的浓度梯度,该液相可起到作为快速扩散的通道,溶质 B 的原子即由 T_2 移至 T_1。其结果使溶质 B 在 T_2 处贫化,而在 T_1 处富集,从而在 T_1 处造成出生 α 相不断重熔入液相,而在 T_2 处液相却不断凝固成 α 相。应用 Fick 第一扩散定律及 α-L 界面微小位移的质量守恒,可得到下面微分方程:

$$-D\frac{\mathrm{d}C}{\mathrm{d}x} = \frac{\mathrm{d}l^{\alpha}}{\mathrm{d}t}(C_{\alpha}^{\mathrm{L},T_1} - C_{\mathrm{L}}^{\alpha,T_1}) \tag{2-149}$$

式中，C_α^{L,T_1} 是 T_1 温度在 α-L 界面 α 相的溶质浓度；C_L^{α,T_1} 是 T_1 温度 α-L 界面液相的溶质浓度；D 是扩散系数，t 是时间。

若

$$C_\alpha^{L,T_1} = k_\alpha C_L^{\alpha,T_1} \qquad (2\text{-}150)$$

这里 k_α 是 α 相的溶质分配系数，二次枝晶臂在 T_1 温度的熔化速率为

$$\left.\frac{\mathrm{d}l^\alpha}{\mathrm{d}t}\right|_{T_1} = \frac{DG}{C_L^{\alpha,T_1} m_L^\alpha (1-k_\alpha)} \qquad (2\text{-}151)$$

在 T_2 温度液相的凝固速率为

$$\left.\frac{\mathrm{d}l^\alpha}{\mathrm{d}t}\right|_{T_2} = -\frac{DG}{C_L^{\alpha,T_2} m_L^\alpha (1-k_\alpha)} \qquad (2\text{-}152)$$

在阶段 I 二次枝晶臂前沿和背沿迁移速率为

$$\frac{\mathrm{d}l^\alpha}{\mathrm{d}t} = \frac{DG}{C_L^\alpha m_L^\alpha (1-k_\alpha)} \qquad (2\text{-}153)$$

式中，C_L^α 是 α-L 界面在第一阶段液相的成分。

由式(2-153)可有

$$\frac{\mathrm{d}l^\alpha}{\mathrm{d}T}\frac{\mathrm{d}T}{\mathrm{d}t} = \frac{DG}{C_L^\alpha m_L^\alpha (1-k_\alpha)} \qquad (2\text{-}154)$$

定向凝固中试样中的冷却速率（$\mathrm{d}T/\Delta t$）应等于抽拉速率与温度梯度 G 的乘积。通过综合此类关系及式(2-154)可得

$$\frac{\mathrm{d}l^\alpha}{\mathrm{d}T} = \frac{D}{C_L^\alpha m_L^\alpha (1-k_\alpha)V} \qquad (2\text{-}155)$$

当试样仅平行于恒温度梯度进行抽拉时，枝晶间 C_L^α 必定不断增大，假设液相浓度（C_L^α）在每一个阶段均是温度 T 的线性函数，则在阶段 I，有

$$C_L^\alpha = C_p + \frac{T-T_p}{m_L^\alpha} \qquad (2\text{-}156)$$

式中，C_p 是 $L+\alpha \longrightarrow \beta$ 包晶反应水平线的包晶极限。

阶段 I 的 α 相的熔或凝速率可由下式给出：

$$\frac{\mathrm{d}l^\alpha}{\mathrm{d}T} = \frac{D}{(m_L^\alpha C_p + T - T_p)(1-k_\alpha)V} \qquad (2\text{-}157)$$

总之在阶段 I，TGZM 将导致初生 α 相二次枝晶臂后(背)沿连续熔化和液相在 α 枝晶臂前沿的不断凝固[136,153]。

2) 阶段 II

当温度降至 T_p，包晶 β 相形成并快速通过包晶反应包覆了初生 α 相的枝晶臂。如图 2-92 所示，在初生 α 相前面的二次枝晶臂后沿形成的包晶相的固-液界面位于 T_3，在初生 α 相后面的二次枝晶臂的前沿形成的包晶相的固-液界面位于 T_4。同样类似阶段 I 新提出的，此前在 T_3 的包晶 β 相应当熔化，同时在 T_4 的液相应当凝固。阶段 II 在 T_3 的包晶相的熔化速率可给出

$$\frac{\mathrm{d}l^{\beta}}{\mathrm{d}t} = \frac{DG}{C_{L}^{\beta,T_3}(1-k_{\alpha})m_{L}^{\beta}} \tag{2-158}$$

式中，C_{L}^{β,T_3} 是在 T_3 温度 β-L 界面的液相成分，k_{β} 是 β 相的溶质分配系数，在 T_4 的液相的凝固速率为

$$\frac{\mathrm{d}l^{\beta}}{\mathrm{d}t} = -\frac{DG}{C_{L}^{\beta,T_4}(1-k_{\beta})m_{L}^{\beta}} \tag{2-159}$$

式中，C_{L}^{β,T_4} 是在 T_4 的 β-L 界面液体的成分。

在阶段 II，晶 β 相的熔/凝速率为

$$\frac{\mathrm{d}l^{\beta}}{\mathrm{d}t} = \frac{DG}{C_{L}^{\beta}m_{L}^{\beta}(1-k_{\beta})} \tag{2-160}$$

式中，C_{L}^{β} 是阶段 II β-L 界面处液体的成分。

若液相浓度 C_{L}^{β} 是温度 T 的线性函数，则在阶段 II，有

$$C_{L}^{\beta} = C_{p} + \frac{T-T_{p}}{m_{L}^{\beta}} \tag{2-161}$$

则有

$$\frac{\mathrm{d}l^{\beta}}{\mathrm{d}T} = \frac{D}{(m_{L}^{\beta}C_{p}+T-T_{p})(1-k_{\beta})V} \tag{2-162}$$

总之，在阶段 II，TGZM 可引起初生 α 相二次枝臂背侧沿的包晶 β 相不断熔化及液相向二次枝臂前沿包晶相上的凝固。在某温度 T_Q，原先在二次枝臂背沿形成的包晶相耗尽。

3) 阶段 III

当初生 α 相二次枝臂后沿的包晶 β 相完全耗尽时，如图 2-92 所示，枝晶间液体的热侧对应于前面二次枝臂的 α-L 界面，位于 T_5。枝晶间液体的冷侧对应于 β-L 界面，位于 $T_6(T_5 > T_6)$

在此阶段，有

$$C_{L}^{\beta,T_6} - C_{L}^{\alpha,T_5} = \frac{T_p - T_6}{m_{L}^{\beta}} - \frac{T_P - T_5}{m_{L}^{\alpha}} = (T_p - T_5)\left(\frac{1}{m_{L}^{\beta}} - \frac{1}{m_{L}^{\alpha}}\right) + \frac{GL}{m_{L}^{\beta}} \tag{2-163}$$

式中，L 是相邻的初生 α 相与包晶 β 相间的液相的宽度，C_{L}^{α,T_5} 和 C_{L}^{β,T_6} 分别是 α-L 和 β-L 界面液体的成分。阶段 III 由于横越两固相间的存在成分梯度，应产生一流量 J，即

$$J = -D\frac{C_{L}^{\beta,T_6} - C_{L}^{\alpha,T_5}}{L} \tag{2-164}$$

溶质 B 原子应当有 β-L 界面扩散至 α-L 界面，从而导致在 T_5 的初生相熔化并是液相凝入在 T_6 的包晶中。

应用对 α-L 界面微小位移的质量守恒，即有

$$-D\frac{C_{L}^{\beta,T_6} - C_{L}^{\alpha,T_5}}{L} = \frac{\mathrm{d}l^{\alpha}}{\mathrm{d}t}(C_{\alpha}^{L,T_5} - C_{L}^{\alpha,T_5}) \tag{2-165}$$

初生 α 相在 T_5 温度的熔化速率可由式(2-166)求得

$$\frac{\mathrm{d}l^{\alpha}}{\mathrm{d}t} = \frac{D}{LC_{L}^{\alpha,T_5}(1-k_{\alpha})}\left[(T_p - T_5)\left(\frac{1}{m_{L}^{\beta}} - \frac{1}{m_{L}^{\alpha}}\right) + \frac{GL}{m_{L}^{\beta}}\right] \tag{2-166}$$

将式(2-156)纳入式(2-166),有

$$\frac{\mathrm{d}l^{\alpha}}{\mathrm{d}T} = \frac{m_{\mathrm{L}}^{\alpha}D}{(m_{\mathrm{L}}^{\alpha}C_{\mathrm{p}} + T_5 - T_{\mathrm{p}})(1 - k_{\alpha})}\left[\left(\frac{T_{\mathrm{p}} - T_5}{GVL}\right)\left(\frac{1}{m_{\mathrm{L}}^{\beta}} - \frac{1}{m_{\mathrm{L}}^{\alpha}}\right) + \frac{1}{m_{\mathrm{L}}^{\beta}V}\right] \quad (2\text{-}167)$$

类似地,包晶 β 相在 T_6 的凝固速率为

$$\frac{\mathrm{d}l^{\beta}}{\mathrm{d}T} = \frac{m_{\mathrm{L}}^{\beta}D}{(m_{\mathrm{L}}^{\beta}C_{\mathrm{p}} + T_6 - T_{\mathrm{p}})(1 - k_{\beta})}\left[\left(\frac{T_{\mathrm{p}} - T_6}{GVL}\right)\left(\frac{1}{m_{\mathrm{L}}^{\beta}} - \frac{1}{m_{\mathrm{L}}^{\alpha}}\right) + \frac{1}{m_{\mathrm{L}}^{\beta}V}\right] \quad (2\text{-}168)$$

在阶段Ⅲ前面的二次枝臂后侧(沿)初生 α 相熔化维持液相向初生相后面二次枝臂前侧的包晶相的凝入(固)。值得留意的是,式(2-163)包括两部分:式(2-163)右侧的第一部分 $(T_{\mathrm{p}} - T_5)\left(\frac{1}{m_{\mathrm{L}}^{\beta}} - \frac{1}{m_{\mathrm{L}}^{\alpha}}\right)$ 是传统包晶反应模型所提出的包晶反应的驱动力[112];第二部分 $\frac{GL}{m_{\mathrm{L}}^{\beta}}$ 是由温度梯度引起的,即 TGZM 效应。因此,第Ⅲ阶段的熔或凝过程不仅由 TGZM 效应引起,还被包晶反应所强化。

第Ⅲ阶段定向凝固的 Al-Ni 及 Sn-Ni 包晶合金图 2-93 示意地展示了相图中包晶反应 $(\mathrm{L} + \alpha \longrightarrow \beta)$ 部分。示意图描述了实验观察及溶质分配的轮廓温度梯度是向上的,α 分别代表 Al-Ni 和 Sn-Ni 合金中的初生 $\mathrm{Al}_3\mathrm{Ni}_2$ 和 $\mathrm{Ni}_3\mathrm{Sn}_2$,β 分别代表 Al-Ni 和 Sn-Ni 合金中包晶 $\mathrm{Al}_3\mathrm{Ni}$ 和 $\mathrm{Ni}_3\mathrm{Sn}_4$。借助 α-L 界面微小位移 $\mathrm{d}l^{\alpha}$ 造成的质量守恒并结合图 2-93 和式(2-165),初生 α 相在 T' 的熔化速率为

$$\frac{\mathrm{d}l^{\alpha}}{\mathrm{d}t} = \frac{D}{L(C_{\mathrm{L}}^{\alpha} - C_{\alpha}^{\mathrm{L}})}(C_{\mathrm{L}}^{\alpha} - C_{\mathrm{L}}^{\beta}) \quad (2\text{-}169)$$

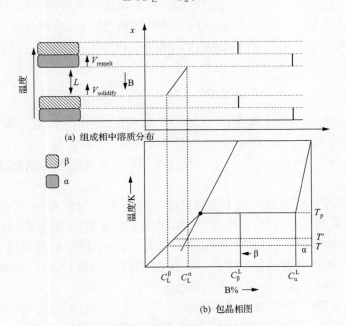

(a) 组成相中溶质分布

(b) 包晶相图

图 2-93　生长形态示意图

包晶 β 相在 T 的凝固速率为

$$\frac{\mathrm{d}l^{\beta}}{\mathrm{d}t} = \frac{D}{L(C_{\mathrm{L}}^{\beta} - C_{\beta}^{\mathrm{L}})}(C_{\mathrm{L}}^{\alpha} - C_{\mathrm{L}}^{\beta}) \qquad (2\text{-}170)$$

式中，L 为枝晶间液池宽度；D 为液相扩散系；C_{L}^{α} 为 T' 温度 α-L 界面液相成分；C_{L}^{β} 为 T 温度 β-L 界面液相成分；C_{α}^{L} 为在 T' 温度与液相平衡的 α 相的成分；C_{β}^{L} 为在 T 温度与液相平衡的 β 相的成分。

　　由于 α 相与液相间溶解度的差别 $C_{\mathrm{L}}^{\alpha} - C_{\alpha}^{\mathrm{L}}$ 大于 β 相与液相间的差别，包晶相的凝固速率应大于初生相的熔化速率。当温度降低时，液池的宽度应减少。在某一时刻两个二次枝臂间的液相将会耗尽，β-L 界面应达（触）到 α-L 界面，如图 2-88 和图 2-89 所示。在此情况，初生相的熔化在第Ⅲ阶段液相通过枝晶间液体的扩散凝入包晶相的过程即应停止。

　　4）第Ⅳ阶段

　　一旦两个二次枝臂间的液相耗尽，下一步的包晶转变即可借助于 β 相的固态扩散进行。直至达到共晶温度 T_{e} 时被包晶反应 L ⟶ β+γ 截停，定义为阶段Ⅳ。在此阶段，扩散通过 β 相导致初生 α 相的进一步溶解和 β 相的生长。这里初生 α 相的溶解和 β 相的生长即可用传统包晶转变模型进行计算[144-151]。

　　TGZM 对包晶凝固的影响介绍如下。

　　实验观察最引人注意的方面是有关定向凝固的 Al-Ni 和 Sn-Ni 合金中初生相与包晶相的重熔，尽管发生在连续冷却的过程中，在定向凝固过程中二次枝臂间的枝晶间液池的迁移应借助于两相同时竞争的斗争予以解释[153]。一方面，TGZM 作用使液池两侧均上移至高温度梯度方向；另一方面，试样的冷却使局部固相分数增大，TGZM 使液池两侧相向移动。若 TGZM 起主导作用，液池较热界面的固相会熔化，然而若由于连续冷却凝固起主导作用，则液池较热端界面的液体应该冷凝。

　　按照文献[153]，TGZM 为主导的条件是

$$L \ll \frac{2D}{V} \quad \text{或} \quad \frac{VL}{2D} \ll 1$$

式中，V 为生长速率；L 为液池宽度；D 为液相扩散系数。由以上方程可知，低冷却速率和小液池宽度有利于熔化。在实验中，V 一般小于 10^{-5} m/s，L 在 $10^{-6} \sim 10^{-5}$ m，D 约为 10^{-9} m²/s，此时，VL/D 为 $10^{-3} \sim 10^{-2}$，明显小于 1，故判断在此情况下，TGZM 应为主导。

　　按照包晶凝固理论，当温度低于包晶温度 T_{p} 时，包晶为稳定相，因此若在初生相二次枝臂背侧的包晶相耗尽，包晶相应再形核。然而研究表明，观察不到包晶相再形核。这是由于当 TGZM 主导时，包晶相的熔化较为容易，而再形核时临界尺寸效应受到抑制。值得指出的是，二次枝臂背侧包晶相的熔化仅在 TGZM 主导时发生，也就是在较低冷速并且有较小液池宽度下也会出现包晶相的熔化[153]。

　　在传统包晶凝固模型中，通过液相中溶质扩散进行的包晶反应（peritectic reaction）通常是受限制的。因为一个连续的包晶层套很快包围初生相形成。然而，当 TGZM 主导时，二次枝臂背侧的包晶相由于 TGZM 效应会完全熔化。这就更利于通过枝晶间液相的溶质扩散使初生相进一步熔解和包晶相生长（第Ⅲ阶段）。所以第Ⅲ阶段可看成分离式的

包晶反应(divorced reaction),其中初生相的熔解温度稍高于包晶相的凝固温度。总而言之,对在一温度梯度下的包晶凝固,TGZM 效应和造成的显微组织演化都还需要进一步的研究分析和表征。

2.7　包晶合金定向凝固组织形态演化

2.7.1　包晶合金定向凝固形态特征

随凝固条件和合金成分的变化,包晶定向凝固过程中会形成极其丰富的组织,多种组织形态变化异彩纷呈,相互之间经常出现组织转化,使包晶合金定向凝固组织分析异常复杂。因此在介绍包晶合金定向凝固组织形态演化之前,有必要对包晶合金定向凝固过程中的组织进行系统分类,方便人们对包晶合金定向凝固组织的分析和认识。

1. 离散带状组织

在定向凝固过程中,人们在某些二元包晶合金中发现了带状组织,如 Fe-Ni、Sn-Cd、Pb-Bi、Ti-Al、Sn-Sb、Zn-Cu 等合金。带状组织的典型特征:垂直于晶体生长方向,由初生相 α 和包晶相 β 周期性交替形成的周期性组织,如图 2-94 所示。

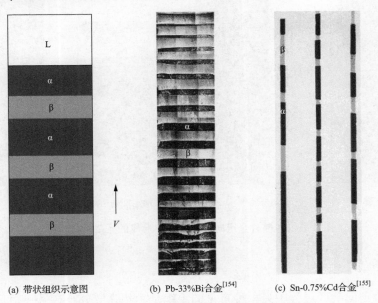

(a) 带状组织示意图　　　　　(b) Pb-33%Bi合金[154]　　　　　(c) Sn-0.75%Cd合金[155]

图 2-94　包晶合金定向凝固过程中形成的带状组织

带状组织一般是在定向凝固速率较低的条件下,较细直径的试样中,包晶两相都以平界面生长时发现的。起初人们怀疑是炉子晃动等实验条件的影响[156],后来,Barker 和 Hellawell[157]提出低速带状结构的形成是溶质偏析造成的,但 Brody 和 David[158]采用区熔法尽可能减少在试样大部分区域的偏析,否定了溶质偏析的影响。Boettinger[159]首先利用成分过冷原理对带状组织的形成进行了定性解释。1995 年,Trivedi[100]提出了纯扩散条件下的带状组织形成模型,从而证明带状组织是包晶合金低速定向凝固过程中形成的一种代表性组织。

2. 振荡树状组织

在包晶合金定向凝固中,另一种常见的组织是初生相 α 被包晶相 β 包裹,两相同时生长的振荡树状组织(oscillatory treelike structure),如图 2-95 所示。振荡树状组织的典型特征是:初生相 α 被包晶相 β 包裹,或完全包裹,或不完全包裹,两相沿生长方向同时生长,两相界面为振荡界面,表明两相在同时生长过程中存在激烈的竞争过程。振荡树状组织的形态非常丰富,是包晶合金定向凝固中最常见的组织特征,在定向凝固起始阶段最常见。

振荡树状组织主要是在直径较大的试样中发现的,而直径较大的试样中的对流效应都很强[160],所以目前认为这种组织主要是由对流引起试样径向宏观偏析引起的。

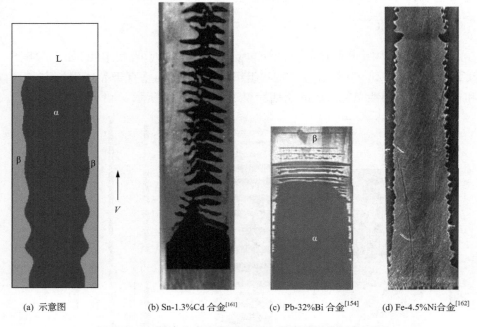

(a) 示意图　　　　(b) Sn-1.3%Cd 合金[161]　　　(c) Pb-32%Bi 合金[154]　　　(d) Fe-4.5%Ni合金[162]

图 2-95　包晶合金定向凝固过程中形成的振荡树状组织

3. 岛状组织

包晶合金定向凝固过程中另一种常见的组织是一相弥散分布在另一相基体中的岛状组织,如图 2-96 所示。经过对 Fe-Ni 包晶合金定向凝固过程中的岛状组织进行连续切片,而后经三维重构分析[163]发现,形状规则的岛状组织类似橄榄球,中间大,两端小,不规则的岛状组织形状各异,相邻的岛如果距离较近可能相互接合,如图 2-96(c)所示。虽然岛状组织形态各异,但是其具有一般共性特征:体积存在一个逐渐增大然后逐渐减小的过程,说明新形核相存在一个加速生长然后衰退的过程,如图 2-96 和图 2-97 所示。

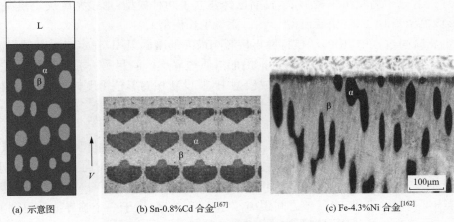

(a) 示意图　　　　　　(b) Sn-0.8%Cd 合金[167]　　　　　(c) Fe-4.3%Ni 合金[162]

图 2-96　包晶合金定向凝固过程中形成的组织

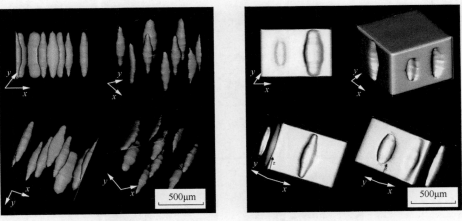

(a) 初生相岛　　　　　　　　　　　　　　(b) 包晶相基体

(c) 初生相岛的三维视图

图 2-97　Fe-4.3％Ni 合金定向凝固岛状组织三维重构形貌[11]

从理论上分析岛状组织的形成,目前已经建立了两种模型:形核密度决定模型[164,165](或称形核模型)和不完全相变模型[165,166](竞争生长模型)。

在金属凝固过程中,相的形核特性直接影响最终的凝固组织,在定向凝固过程中也是如此。2.5节曾经介绍过,当一相界面前沿的溶质边界层内满足另一相的形核条件时,新相将开始形核过程。在带状组织的形成模型中,假设新相的形核密度极大,或者新相形核后的生长速率极大。而实际上,在这种情况下,形核密度,或称晶核之间的距离对最终的凝固组织具有决定性作用。Trivedi 和 Shin[167]认为在新相形核过程中存在一个临界距离 d_{cr}。当晶核之间的距离 d 大于 d_{cr} 时,即 $d>d_{cr}$ 时,将得到带状组织;当 d 逐渐减小时,形核相 β 将会完全被已存在的 α 相包裹从而形成 β 相的岛状组织;而当 d 继续减小时,β 相将沿着生长方向持续生长,形成两相的共生生长,如图 2-98(a)～(c)所示。在相场模拟中,也得到了类似的结果,当晶核之间距离(对应于形核率)大于一个临界值时得到离散带状组织,反之得到岛状组织,如图 2-98(d)和(e)所示。

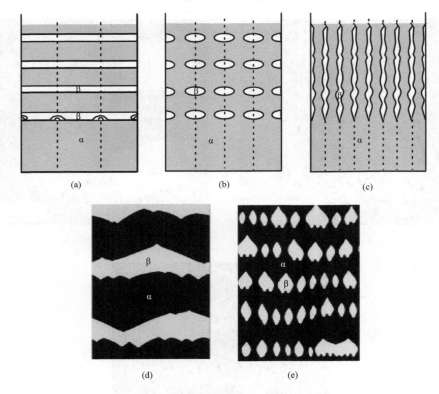

图 2-98　形核率对岛状组织的影响[155,164]

形核率(a)～(c)逐渐减小

岛状组织形成的另一种解释为竞争生长模式。在 Trivedi 的一维带状组织形成模型[100]中,假设新相一旦形成,它将很快地沿横向铺展。然而,在一般情况下,这种情况是不成立的。因为在新相横向铺展的同时,已存在相仍沿着生长方向继续生长。随着新相的横向铺展速率与原存在相轴向生长速率之间相对大小的不同会形成复杂的组织。若考虑在坩埚两端各形成一个新相 α 的情况，当 α 相横向生长的同时，β 相将继续沿垂直于界面的方向生长。所以，如果相 β 生长足够快并且将 α 相包围，将不会形成 α 相的完整带而形成 α 相的岛状组织。当 α 相的速率比 β 相的生长速率大很多时才会形成完整带状组织。

4. 共生生长组织

共生生长的概念源自共晶合金，在单向热流情况下，两相以平面生长时，互相给对方提供所需的组分，在液相中形成一个溶质和溶剂的扩散偶场，从而保证两相得以稳定生长。共生生长组织是指沿着生长方向两相或多相规则排列或近似规则排列的一种复合组织。

包晶合金定向凝固中能否形成两相共生生长是一个讨论了很多年的问题。包晶合金定向凝固能否形成类似共晶共生生长是包晶合金定向凝固研究的一个源动力。由于包晶合金的两相之间存在竞争关系，不像共晶合金两相可以很容易地形成互补的扩散偶，所以包晶系共生生长的形成具有一定的困难。20 世纪 50 年代 Chalmers 提出[116]，除包晶成分点以外所有的亚、过包晶成分合金均能存在两相的同时凝固，如果两相均能够维持平界面生长，就可以形成类似共晶凝固的共生生长组织。Uhlmann 和 Chadwick[168] 则认为在这些成分区间，总会首先形成初生相的枝晶，而非两相的同步生长。Livingston[169] 及 Flemings[119] 认为在高温度梯度抑制初生相枝晶情况下，允许共生共长。之后 Kurz 和 Sahm[170] 通过实验证实在 Sn-Sb 合金定向凝固中存在共生生长。

目前在实验中已经证实包晶合金定向凝固过程中是可以形成共生生长的，如图 2-99 所示。此前我们也对包晶共生生长的溶质分布特征以及与共晶共生生长的对比进行了详细介绍。但是近年的研究发现[171]，与共晶共生生长不同，包晶共生生长在热力学和形态学上都是不稳定的，所以包晶共生生长的形成是非常困难的。

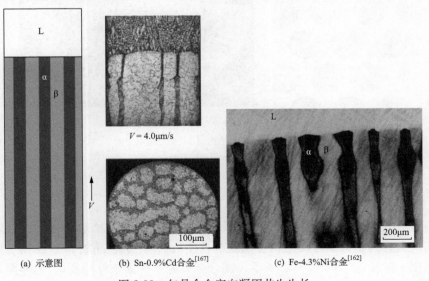

(a) 示意图　　　　(b) Sn-0.9%Cd合金[167]　　　　(c) Fe-4.3%Ni合金[162]

图 2-99　包晶合金定向凝固共生生长

5. 胞状非等温共生生长组织

前面已经介绍了包晶合金定向凝固很难形成稳定的共生生长,但是在包晶系定向凝固过程中发现了一种新型共生生长方式——胞状共生生长[172](cellular peritectic coupled growth)。胞状共生生长是一个胞状相(一般为初生相 α)和一个近平界面相(一般为包晶相 β)之间通过弱耦合形成的共生生长,如图 2-100 所示。胞状初生相 α 在界面前沿生长排出的溶质正好是后方包晶相 β 生长所需的溶质,两者可以形成较稳定的扩散偶,从而使胞状共生生长稳定进行。通过包晶胞状共生生长生成纤维状规则排列的原位自生复合材料,在某些包晶系具有重要的潜在应用。

人们已陆续在 Fe-Ni 和 Sn-Cd 合金系中发现了胞状共生生长[172,173]。Kurz 和 Sahm[170]认为胞状共生生长是在高于包晶相的平界面生长条件而低于初生相的平界面生长条件时形成的。但是不存在从胞状共生生长到等温(平界面)共生生长之间的连续转变,即包晶系两种共生生长之间的转变是亚临界的。此外,在 Fe-Ni 合金系中发现包晶反应对胞状共生生长形态具有重要影响,它使胞状初生相在 L、α、β 三相交接点附近的界面下凹(界面曲率为负),如图 2-100(a)所示。包晶反应对包晶胞状共生生长稳定性具有一定的影响,使包晶胞状共生生长限定在一个区间。

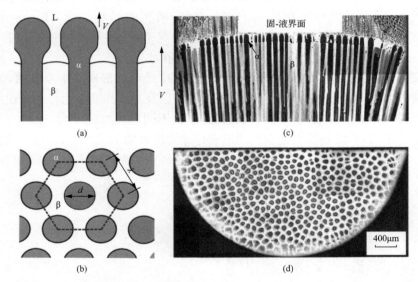

图 2-100　包晶合金定向凝固胞状共生生长[162]

(a)和(b)为示意图,(c)和(d)为 Fe-4.0%Ni 合金定向凝固得到的胞状共生生长,(a)和(c)为纵截面,(b)和(d)为横截面

6. 包晶胞或枝组织

包晶合金低 G/V 值定向凝固过程中最常见的组织就是包晶胞/枝组织,包晶定向凝固胞或枝组织的典型特征是初生相 α 以胞或枝生长,领先于包晶相 β,包晶相 β 包裹并依附于初生相 α 生长,如图 2-101(a)所示。随合金成分和凝固条件的变化,包晶两相的体积分数会发生变化,使包晶胞或枝组织呈现出多种形态。

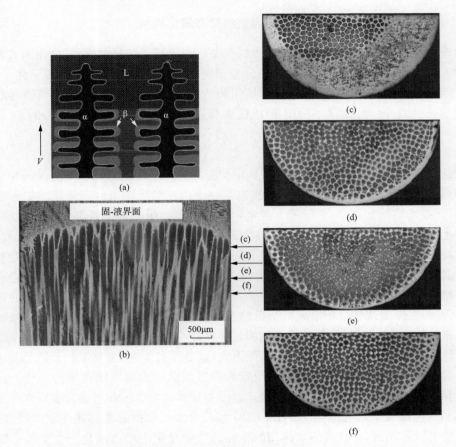

图 2-101　包晶胞枝组织示意图及 Fe-4.0Ni 合金定向凝固胞枝组织

(a)包晶胞枝组织示意图,(b)Fe-4.0%Ni 合金定向凝固纵界面组织,(c)～(f)为距离固液界面不同位置横截面组织

　　包晶胞或枝组织的另一个典型特征是存在严重的偏析,初生相 α 体积分数随凝固的进行逐渐增加,而后发生包晶反应被包晶相 β 包裹,随包晶反应和包晶转变的持续进行,初生 α 相逐渐被消耗,体积分数又逐渐减小。由于包晶反应和包晶转变的不完全性,初生 α 相会存在残留,从而形成大范围的成分偏析,这是包晶胞或枝组织的明显特征。图 2-101(b)～(f)为 Fe-Ni 包晶合金定向凝固得到的典型胞或枝组织,采用连续切片技术可以清楚看到成分偏析的演化过程。

　　本节将包晶合金定向凝固过程中形成的常见典型组织进行了分类,对系统认识和分析包晶合金定向凝固组织演化具有重要意义。但是需要说明的是:①本节针对的是初生相和包晶相都是固溶体的非小平面相的包晶体系,对于包晶两相中有严格计量化学比的化合物相,其凝固组织可能具有其他特征,目前该领域仍处于研究之中;②本节对多种组织的典型特征进行了描述,在实际过程中,由于合金体系和凝固条件的多样性,具体的组织形态会发生变化,并且多种组织之间存在相互转化而形成的过渡组织,在分析包晶合金定向凝固组织演化时都需要注意。

2.7.2　纯扩散条件下包晶合金定向凝固组织形态演化机制

此前,对包晶合金定向凝固过程形成的典型组织进行了分类和介绍,这里对几种典型组织的形成机制进行讨论以加深对包晶合金定向凝固组织演化的认识。为了便于理解,首先介绍在理想的纯扩散条件下几种典型组织的演化机制,主要包括理想离散带状组织和共生生长组织,因为这两种组织的形成机制都是基于理想纯扩散凝固条件的。

1. 离散带状组织形成机制

在纯扩散条件下,包晶合金在高 G/V 定向凝固过程中常见的组织是包晶两相交替周期性排列的带状组织。Trivedi[100]首先提出了一个纯扩散凝固条件下带状组织形成的概念模型,其基本模型如图 2-67 所示。初生 α 相和包晶 β 相单相生长都无法达到稳态,交替形核生长从而形成带状组织。对于无限长试样,在理想情况下,带状组织形成后将贯穿整个试样,带的宽度是一定的,由合金成分和包晶两相形核过冷度确定。对于有限长度的试样,初期的凝固组织演化与无限长试样基本一致,只是在最后的溶质富集区内所有的包晶合金都会变成单相 β 凝固。

Trivedi 提出的带状组织形成模型目前在小直径试样的定向凝固实验中已经被证实是基本正确的[100]。但是,分析该模型的假设显然还存在一些不合理处:一是假设新相形核密度无限大或者形核后横向铺展速率无限大,这是不可能的;二是新相形核后其生长速率保持常数并与抽拉速率相同;三是假设新相形核后液相内溶质浓度保持不变。这三个假设会导致理论预测与实验结果出现偏差。图 2-102(a)为 Fe-Ni 包晶合金局部相图。而根据 Fe-Ni 包晶合金研究结果[22],在 Fe-Ni 包晶合金以较低的凝固速率定向凝固时,包晶反应是可以存在的,并且可能对两相的生长动力学及组织形态演化产生重要影响。因此,在带状组织形成过程中,尤其是包晶相 β 在初生相 α 界面前沿形核时应该考虑包晶反应,而不能仅把包晶两相作为两个独立的个体。认为当初生相 α 以平界面生长,界面溶质富集引起界面温度降低,界面温度达到或低于 T_p 时,液相和 α 发生 L＋α —→ β 的包晶反应而生成包晶相 β。凡是初生相与液相接触处必然有 β 相产生。新生成的 β 相可能迅速将 α 完全覆盖形成一个完整的 β 带,据此就不需假设 β 相的形核密度无限大或者形核后生长速率无限快。所以带状组织形成过程中 β 相形成的过冷度应该是包晶反应 L＋α —→ β 的过冷度 ΔT_p,而不是包晶相的形核过冷度 ΔT_β。同理,α 相在 β 相界面前沿形核时可通过包晶反应的逆反应 β —→ L＋α 形成,这样 α 相的形核过冷度与包晶反应的逆反应的过热度 $\Delta T_p'$ 有关。因此,当应用 Trivedi 带状组织模型[100]来描述两相形核时应该考虑包晶反应效应。在本书中,为了后续理论描述的连续性,仍将包晶两相的形核过程看成独立过程,仅用两相形核过冷度 ΔT_α 和 ΔT_β 描述。

包晶合金带状组织形成的成分区间决定于包晶两相 α 和 β 的形核过冷 ΔT_α 和 ΔT_β,带状组织形成区间 ΔC_b 的计算公式为[169]:

$$C_\alpha - \frac{m^\alpha \Delta T_\beta}{m_S^\S(m^\alpha - m^\beta)} < C_0 < C_\beta - \frac{m^\beta \Delta T_\alpha}{m_S^\beta(m^\beta - m^\alpha)} \tag{2-171}$$

式中,$m^i, m_S^i, i = \alpha, \beta$,分别为 α 和 β 相液相线和固相线斜率。

　　根据式(2-171)可以计算出 Fe-Ni 合金定向凝固过程中带状组织形成的成分区间及带状组织的"成分窗"随包晶两相过冷度的变化,如图 2-102(b)所示。为了图形显示的方便,并且在研究结果显示包晶两相的形核过冷度非常接近,所以本节假设包晶两相 α 和 β 的形核过冷度相同。由图可以看到,随着形核过冷度的增加,纯扩散条件下带状组织的"成分窗"逐渐减小,当包晶两相的形核过冷度达到 0.75K 时,带状组织只能在 Fe-4.06Ni 合金中形成,而当两相形核过冷度大于 0.75K 时,Fe-Ni 包晶合金定向凝固过程中就已经无法形成带状组织了。当包晶两相的形核过冷度不一致时,图 2-102(b)中带状组织的"成分窗"的具体数值可能发生变化,但是整体趋势不变。

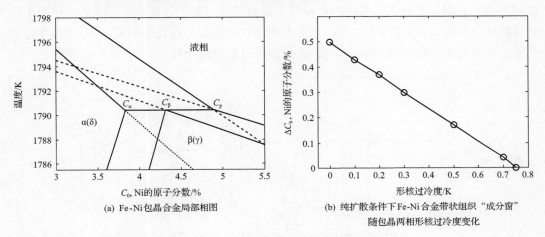

(a) Fe-Ni 包晶合金局部相图　　　　　(b) 纯扩散条件下 Fe-Ni 合金带状组织"成分窗"
随包晶两相形核过冷度变化

图 2-102　Fe-Ni 包晶合金局部相图及带状组织成分窗

　　由于金属凝固过程中形核过冷度基本不受对流的影响,所以可以将扩散模型计算结果与实验结果进行对比。实验中在 Fe-4.0Ni 和 Fe-4.3Ni 合金中都得到了带状组织,说明带状组织的成分窗至少应该大于 0.3Ni。而通过图 2-102(b)可以看到,只有在包晶两相的形核过冷度在 0.3K 及以下时才满足要求。上面的推断是基于纯扩散条件得到的。在有对流情况下,现有研究结果表明对流将引起带状组织"成分窗"向过包晶成分范围移动,并且使带状组织的"成分窗"减小。而实际的定向凝固实验结果一般都是在有对流的条件下得到的,所以考虑到对流的影响,纯扩散条件下 Fe-Ni 包晶合金带状组织的"成分窗"应该比 0.3Ni 更大。这样可推断包晶两相的形核过冷度应小于 0.3K,这与通过测量带状组织反推确定的 ΔT_α 在 0.1~0.2K,ΔT_β 在 0.2~0.3K 是相吻合的[162],这从另一方面也证实 Trivedi 提出的包晶带状组织形成模型是基本正确的。

　　2. 包晶共生生长

　　包晶共生生长,就是包晶两相以平界面同时向液相中生长并且固-液界面在宏观上保持平界面(等温)的生长方式。目前关于两相共生(耦合)生长的理论,都是建立在共晶系合金共生生长[174]基础上的。对于共晶点成分的共晶合金,当液相温度低于 T_e 时,液相将析出两成分互补的固相,一相的生长需要溶质 B,而另一相的生长需要溶剂 A,所以共晶两相以相互协同的方式同时向液相中生长是很容易理解的,如图 2-103 所示。而对于包晶合金,情况则大不相同。由于包晶两相具有相同的液相线斜率符号,所以具有相同的凝固特性,即凝固过程中都会在界面前沿富集溶质 B(图 2-104),所以包晶两固相的生长应该是一种本质上的竞争关系,这与共晶两相正好相反。具有竞争关系的包晶两相实现共生(耦合)生长,在理论上是很难理解的,所以很多研究者据此认为包晶共生生长在理论上是不可能的。而从热力学角度来说,在非平衡状态下,两相实现同时从液相中凝固并不违背热力学基本定律。所以,很多研究者几十年来一直未放弃对包晶共生生长的研究,且终于在 Ni-Al、Ti-Al、Nd-Ba-Cu-O、Fe-Ni 包晶系中得到了共生生长[162]。虽然只有在 Fe-Ni 合金系中得到的才是严格意义上的共生生长[162](即类似共晶合金两相以平界面同时向液相中生长),但至少证实了包晶两相在低速定向凝固过程中以平界面同时向液相中生长是可能的。然而,目前在理论上分析包晶共生生长时遇到了很大的困难,主要体现在包晶共生生长过程中界面所处的实际状态,界面曲率过冷度的矛盾等,下文进行详细分析。

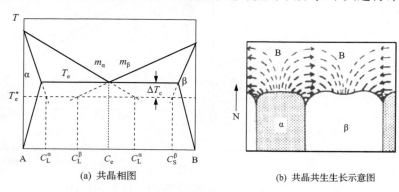

(a) 共晶相图　　　　　　　　　　　(b) 共晶共生生长示意图

图 2-103　共晶共生生长示意图

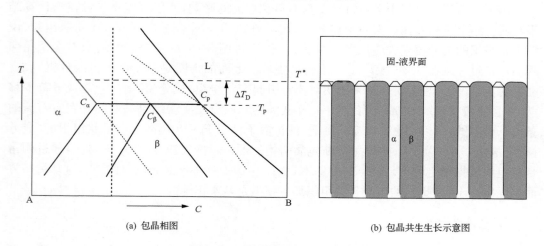

(a) 包晶相图　　　　　　　　　　　(b) 包晶共生生长示意图

图 2-104　包晶共生生长示意图

1) 包晶共生生长界面的实际状态

在共晶共生生长过程中,共生界面温度低于共晶温度,即共晶共生生长界面处于过冷状态(相对于共晶温度),过冷度主要由界面前沿溶质富集及侧向扩散引起的溶质过冷度和界面偏离平界面时 Gibbs-Thomson 效应引起的曲率过冷度两部分组成(对金属低速定向凝固忽略了动力学过冷度和热过冷度)。

共晶共生生长在宏观上是平的界面,即固-液界面是一近平面的等温面,它是由溶质过冷度和曲率过冷度之间的竞争与耦合形成的平衡关系来维持的,如图 2-80 所示。包晶共生生长在宏观上也是平的界面,也是由溶质过冷度和曲率过冷度之间的竞争与耦合形成的平衡关系来维持的,如图 2-105 所示[171]。需要说明的是,不是曲率过冷度为维持平的界面而根据溶质过冷度进行自动调整,而是固-液界面根据溶质过冷度自动调整自身的形态,从而形成与溶质过冷度相匹配的曲率过冷度。

对共晶共生生长,界面处于过冷状态是界面溶质扩散和生长驱动的要求。一方面,界面过冷时才能保证两相稳定地从过冷液相中析出;另一方面,在过冷状态下,共晶两相界面前沿才能富集溶质,从而形成满足两相耦合或协同生长所需要的溶质扩散偶,如图 2-84(a) 所示。

而对于包晶共生生长,情况则很不相同。以 Fe-Ni 包晶合金为例,若共生生长界面处于过冷状

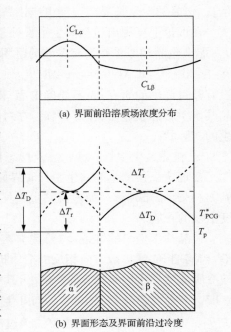

(a) 界面前沿溶质场浓度分布

(b) 界面形态及界面前沿过冷度

图 2-105　包晶共生生长界面前沿
溶质分布及过冷度示意图

态,即界面温度低于 T_p 时,初生相 $\alpha(\delta)$ 和包晶相 $\beta(\gamma)$ 界面前沿都富集溶质 Ni,并且初生相 α 界面前沿液相溶质浓度 C_L^α 低于包晶相 β 界面前沿的溶质浓度 C_L^β。在这种情况下,溶质 Ni 将从 β 相界面前沿向初生相 α 界面前沿扩散。而对包晶共生生长,初生相 α (3.83Ni)生长比包晶相 β(4.33Ni)需要更少的溶质,即包晶两相共生生长得以维持的溶质扩散偶应该是溶质 Ni 从 α 界面前沿向界面前沿扩散,溶剂 Fe 从界面前沿向 α 界面前沿扩散。由此可见,当包晶共生界面温度低于 T_p 时,固-液界面前沿实际的溶质扩散方向与共生生长所需要的溶质扩散偶方向是相反的,即界面处于过冷时不满足共生生长所需要的溶质扩散场要求。因此,包晶共生生长过程中,固-液界面的温度应该高于 T_p,即界面处于过热状态(相对于 T_p),如图 2-106 所示,这与共晶共生生长时的情况明显不同(图 2-84(a))。

包晶共生生长界面处于过热状态,高于 T_p,不仅是共生生长溶质扩散场的需要,还是共生生长得以稳定进行的需要。因为如果界面温度低于 T_p,包晶反应 L+α ⟶ β 将很显然有足够的驱动力发生,这样初生相 α 界面将很快被包

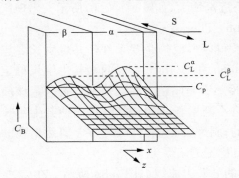

图 2-106　包晶共生生长前沿熔体中的
溶质分布

晶反应形成的包晶相完全覆盖从而与液相不再接触,即共生生长中的初生相的生长将会发生中断,共生生长将会被单相包晶相生长所代替。由此可见,为避免包晶反应中断共生生长,包晶共生生长界面温度也应该高于 T_p,即处于过热状态。

在理论上预测出包晶共生生长处于过热状态是很难理解的,因为如果界面温度高于 T_p,那么包晶相似乎并没有足够的凝固驱动力,无法维持从液相中连续生长。此外,虽然在 Ti-Al[175]、Ni-Al[176] 和 Fe-Ni[172,173,177] 包晶系中都得到了共生生长,但是对共生生长并没有经过详细的研究,尚不能确定固-液界面的实际状态,即还没有直接的证据来证实包晶共生生长处于过热状态。因此,在对共生生长进行深入研究之前,必须首先确定包晶共生的实际状态。

2) 包晶共生生长界面状态及形态稳定性

在理论上预测包晶共生生长时界面应处于过热状态,即界面温度高于包晶反应温度 T_p,这已经很难理解。而包晶共生生长另一更难理解的问题是共生生长时界面曲率过冷度引发的矛盾。

包晶共生生长的维持,需要建立溶质 Ni 从初生相 α 界面前沿扩散到包晶相界面前沿,与溶剂 Fe 的扩散方向相反的溶质扩散偶。这种扩散偶的建立需要初生相 α 界面前沿的溶质浓度高于包晶相 β 界面前沿,其示意图如图 2-105(a) 所示,这与共晶共生生长是一致的。对等温包晶共生生长,界面处于过热状态,假设其过热度为 $\Delta T_{PCG} = T_{PCG}^* - T_p$,其中 T_{PCG}^* 为共生界面的实际温度。该过冷度由成分过冷度 ΔT_D 和曲率过冷度 ΔT_r 两部分组成。对初生相 α 而言,成分过冷度 $\Delta T_D^\alpha = m_\alpha \Delta C$,$\Delta C$ 为界面的成分与合金原始成分之间的差,所以初生相 α 界面的成分过冷度如图 2-105(b) 所示,从中心向边缘逐渐减小。为使面保持平的等温界面,ΔT_r^α 和 ΔT_D^α 正好相反,沿等温面 T_{PCG}^* 对称分布。为形成这种曲率过冷度,初生相 α 界面中心的曲率小,边缘的曲率大,为正常的近平界面凝固,与共晶共生生长是一致的,如图 2-105(b) 所示。

对包晶相而言,情况则发生很大的变化。由于包晶相 β 界面前沿相对于 α 相贫溶质 Ni,所以其成分过冷度 ΔT_D^β 是中心小,边缘大,即 ΔT_D^β 曲线凹向下,如图 2-105(b) 所示。相应地,包晶相 β 界面的曲率过冷度 ΔT_r^β 与 ΔT_D^β 正好相反,呈凹向上的形态,为了得到这种曲率过冷度,包晶相 β 界面的曲率从边缘向中心逐渐增大,如图 2-105(b) 所示。出现这种情况在物理上是很难理解的,因为它违背了 Gibbs-Thomson 效应。

应该强调的是,扩散偶场的建立只是共生生长得以形成的必要条件。共生生长要想稳定存在,必须满足形态稳定性的要求。根据 Langer 和 Gollub[178] 对两相共生生长稳定性的分析,共生生长的稳定性取决于共生生长过冷 ΔT 与间距 λ 曲线斜率的符号。该斜率为负值时,共生生长阵列间距偶然出现的扰动将不断增长,不断发展,从而使共生生长阵列不稳定,即此时的共生生长是"本质"不稳定的;斜率为正值时,阵列中 λ 偶然出现的扰动将逐渐减小并消失,即此时共生生长阵列是自稳定的。

按照 Cahn[72] 的理论,对共晶共生生长,典型的 ΔT-λ 曲线如图 2-82 所示。在 λ_m 左侧,ΔT-λ 曲线斜率为负,共生生长是不稳定的;而在 λ_m 右侧,ΔT-λ 曲线斜率为正,所以共生生长是稳定的。对于包晶共生生长,根据 Boettinger-Jackson-Hunt(BJH 模型)理论[159]，ΔT-λ 曲线与 α^{L} 密切相关：当 $\alpha^{\mathrm{L}} < 0$ 时，过冷度由大于零逐渐减小到小于零，且曲率 $\mathrm{d}\Delta T/\mathrm{d}\lambda$ 小于零；而当 $\alpha^{\mathrm{L}} > 0$ 时，ΔT 随 λ 的增加先增加后减小，但一直为负，如图 2-82 所示；当 $\alpha^{\mathrm{L}} = 0$ 时，ΔT-λ 曲线为一条直线。若共生生长只能在 $\mathrm{d}\Delta T/\mathrm{d}\lambda > 0$ 时才能稳定存在，那么包晶共生生长只可能在 $\alpha^{\mathrm{L}} > 0$ 时，且层片间距 $\lambda < \lambda'_{\mathrm{m}}$ 时，才可能稳定存在，并且此时过冷度为负值。然而在实验中的观察发现，包晶共生生长的特征间距都非常大，Fe-Ni 包晶系在 $80 \sim 200\mu\mathrm{m}$，远大于共晶生长时的间距 $(0.1 \sim 50\mu\mathrm{m})$，如此大的的层片间距已经无法满足共生生长的形态稳定性假设。下面将以 Fe-Ni 包晶共生生长为例进行分析。

3) Fe-Ni 包晶合金共生生长

在 Fe-Ni 合金的低速定向凝固过程中可以得到共生生长。在本节将根据这些实验结果，详细讨论包晶共生生长理论预测与实验结果之间的矛盾，加深对包晶共生生长方式的认识。

为明确包晶共生生长界面的实际状态，需要确定固-液界面的温度。然而，确定固-液界面的实际温度是很困难的，主要是因为：①直接测量固-液界面温度时很难确定固-液界面的位置，所以很难准确确定固-液界面的实际温度，这与确定定向凝固固-液界面的温度梯度中遇到的困难是类似的；②固-液界面的过冷度很小，在 $0.01\mathrm{K}$ 数量级，而现在的热电偶的测量精度很难精确确定界面温度的这种变化。对共晶共生生长也是如此，直到最近 Akamatsu 研究组[179]才在显微镜的帮助下，比较精确地确定了薄片状透明有机共晶合金 $\mathrm{CBr_4}$-$\mathrm{C_2Cl_6}$ 共生生长局部的平均过冷度。然而，对不透明的金属体积试样，这种方法是无法实施的。所以，为确定包晶共生生长界面的温度，还需要寻求其他可行的方法。

然而，在 Fe-Ni 共生生长过程中，三相交接点附近发生了明显的包晶反应。包晶反应的发生，为确定共生生长界面的温度提供了重要的参照点。由于定向凝固速率非常小，为 $5\mu\mathrm{m/s}$，所以相应的冷却速率约为 $0.06\mathrm{K/s}$。由此可见，系统的冷却速率是非常小的，在如此小的情况下，系统具有足够的时间趋近平衡状态，这也证实定向凝固过程中固-液界面处的局域平衡假设是合适的。而在共生生长过程中，在 L、α、β 三相交接点处发生包晶反应，首先说明共生生长时界面温度非常接近平衡包晶反应温度 T_{p}，这与理论预测和文献中原位观察到的结果也是一致的。包晶反应主要集中在三相交接点处，而稍落后于包晶两固相的固-液界面一段距离 Δl，如图 2-106 所示，这明确证明了共生生长时界面温度稍微高于包晶反应发生的温度，即包晶共生生长处于过热状态，这也为理论预测的包晶过热共生生长提供了直接的证据。

需要说明的是，在这里并没有考虑包晶反应的过冷度 $\Delta T_{\mathrm{p}} = T_{\mathrm{p}} - T_{\mathrm{p}}^*$，其中 T_{p}^* 为包晶反应实际发生的温度，这主要是因为不论包晶反应的过冷度为何值，包晶共生生长都是在过热状态下进行的。主要原因如下：若包晶反应在平衡包晶温度发生，即 $\Delta T_{\mathrm{p}} = 0$，显然共生生长界面温度高于平衡包晶反应温度 T_{p}，即包晶共生生长是在过热状态下进行的；另外，实际上包晶反应具有一定的过冷度，即 $\Delta T_{\mathrm{p}} = T_{\mathrm{p}} - T_{\mathrm{p}}^* \neq 0$，但是包晶共生生长界面温度仍高于实际的包晶反应发生的温度 T_{p}^*，即包晶共生生长仍处于过热状态。所以需要明确指出的是，包晶共生生长的过热状态是针对包晶反应实际发生的温度 T_{p}^*，而不是平衡温度 T_{p}，这与共晶共生生长时的情况是一样的，共晶共生生长过程中，共晶共生生长界面的温度低于共晶反应发生的实际温度，即共晶共生生长处于过冷状态。由此可见,不论包晶反应的过冷度有多大,包晶共生生长都是处于过热状态的。

此外,由于包晶共生生长发生时,系统的冷却速率非常缓慢,为 0.06K/s,所以固-液界面非常接近完全平衡状态,因此包晶反应的过冷度 ΔT_p 非常小,可以假设其为零,即包晶反应的温度 $T_p^* \approx T_p$。这样,根据包晶共生生长界面与三相交接点处包晶反应发生位置的相对距离 Δl 可以近似定量确定包晶共生生长的过热度,如图 2-107(a)所示。为此,对实验中得到的共生生长进行测量[162],发现 Δl 在 $2\mu m$ 左右,相应的共生生长的过热度为 $\Delta T_{PCG} = G\Delta l = 12K/mm \times 2\mu m = 0.024K$,即 Fe-4.3Ni 以 $5\mu m/s$ 定向凝固得到的共生生长的过热度在 0.024K 左右。

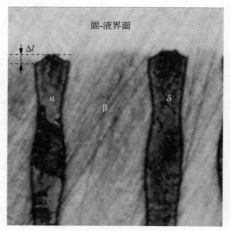

(a) 光学金相照片　　　　　　　　　　(b) SEM照片

图 2-107　在 Fe-Ni 合金中得到的共生生长

需要说明的是,上面方法确定的包晶共生生长的过热度的数值只是一个近似值,因为忽略了包晶反应的过冷度,并且系统的温度梯度也只是一个近似值。但是对金属体积试样,这种近似方法是目前一个实际可行的方法,并且得到的过热度与共晶共生生长的过冷度在数值上是同一个数量级,说明得到的结果是可信的。

4) 包晶共生生长模型化

前面详细介绍了包晶共生生长的理论预测和 Fe-Ni 合金中得到的共生生长。然而深刻认识共生生长,必须对其进行模型化,找到共生生长的特征参数随凝固条件的变化规律,从而对共生生长进行精确控制。此外,在理论上对共生生长进行模型化可以为认识其他复杂体系的生长行为提供参考。本节将在 Jackson 和 Hunt 提出的共晶共生生长模型和 Boettinger 对包晶共生生长分析的基础上重新求解包晶共生生长过程中的溶质场,求证包晶共生生长所遵循的规律,尝试解释目前理论和实验中的矛盾。和共晶共生生长的理论处理一样,首先假设共生生长过程中固-液界面处于完全平衡状态,这样共生生长的两固相的体积分数可以完全按照平衡相图计算,这也就是假设共生生长过程中可以发生包晶反应,并且包晶反应进行完全。为此,将在这种假设下推导出的模型定义为平衡包晶共生生长模型。

(1) 平衡包晶共生生长模型。

对包晶共生生长进行模型化,首先需要求解共生生长过程中的溶质场。以图 2-108(a)所示的典型包晶合金为例,初始成分为 C_0 的合金定向凝固过程中,初生相 α 和包晶相 β 交替周期性排列向液相中生长,如图 2-108(b)所示。当达到稳态时,固-液界面以一定的速率 V 向液相中移动,界面在宏观上近似为一平面,温度为 T_p^*。定义包晶温度 T_p 与界面温度 T_p^* 之差为包晶共生生长的过冷度,即 $\Delta T = T_p - T_p^*$。由于初生相 α 和包晶相 β 之间的成分差异,溶质 B 在共生生长过程中将由初生相 α 界面前沿向包晶相 β 界面前沿扩散,同时溶剂 A 原子将由包晶相 β 界面前沿向初生相 α 界面前沿扩散,这样就形成了类似共晶共生生长所需要的溶质扩散偶。定量地分析包晶共生生长过程需要求解定向凝固过程中的溶质扩散方程,即

$$\nabla^2 C_L + \frac{V}{D}\frac{\partial C_L}{\partial z} = 0 \tag{2-172}$$

式中,D 为液相中溶质扩散系数;C_L 为液相中某点的溶质浓度。对于纤维共生生长,式(2-172)取三维形式,主要讨论层片状包晶共生生长,因此取式(2-172)的二维形式,即

$$\frac{\partial^2 C_L}{\partial x^2} + \frac{\partial^2 C_L}{\partial z^2} + \frac{V}{D}\frac{\partial C_L}{\partial z} = 0 \tag{2-173}$$

求解式(2-173)需要确定方程的边界条件,类似 Jackson-Hunt 对共晶共生生长的处理方式[26],对包晶层片共生生长进行以下假设。

① 共生生长过程中包晶相变进行完全,这样两相的体积分数才可以按照平衡相图计算。

② 在远离固-液界面的熔体中的溶质浓度趋于合金的原始成分 C_0,即 $z \to \infty, C_L \to C_0$。

③ 由于共生生长过程中层片是对称分布的,所以只需求解相邻的两个层片前沿液相中的溶质浓度分布即可,如图 2-108(b)所示。同时,根据对称性,在层片中心的正上方,即 $x=0$ 和 $x = S_\alpha + S_\beta$ 处,$\partial C_L/\partial x = 0$。

④ 假设固-液界面为完全的平面。虽然这明显不符合实际情况,因为固-液界面在三相交接点附近区域需要弯曲以达到力学平衡,但是为了简化计算,仍假设固-液界面为平面,界面形状的影响将作为一种干扰因素来考虑。在共晶共生生长模型中,对规则共生生长,界面形状变化对液相中溶质浓度的影响较小,采用这一假设是可以接受的。

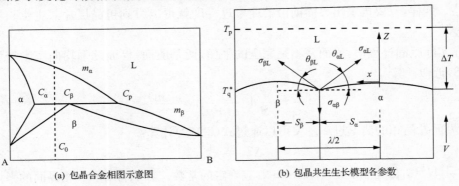

(a) 包晶合金相图示意图　　　　(b) 包晶共生生长模型各参数

图 2-108　推导包晶共生生长模型中的各参数定义

⑤ 共生生长达到稳定状态。此时界面前沿的溶质分布不再随时间变化,两相凝固排出的溶质量与从界面处向液相内部扩散量相等,即

$$\frac{\partial C_L}{\partial z}\Big|_{z=0} = -\frac{V}{D}(C_0 - C_\alpha), \qquad 0 \leqslant x \leqslant S_\alpha$$

$$\frac{\partial C_L}{\partial z}\Big|_{z=0} = -\frac{V}{D}(C_0 - C_\beta), \qquad S_\alpha < x < S_\beta + S_\alpha$$

在上述边界条件下,求解式(2-173),得到共生生长界面前沿液相中溶质浓度为[159]

$$C_L(x,z) = C_0 + B_0 \exp\left(-\frac{V}{D}z\right) + \sum_{n=1}^{\infty} B_n \cos\left(\frac{n\pi x}{S_\alpha + S_\beta}\right) \exp\left(\frac{-n\pi}{S_\alpha + S_\beta}z\right) \quad (2\text{-}174)$$

式(2-174)的傅里叶系数为

$$B_0 = C_p - \frac{C_\alpha S_\alpha + C_\beta S_\beta}{S_\alpha + S_\beta} \tag{2-175a}$$

$$B_n = \frac{2}{(n\pi)^2}(S_\alpha + S_\beta)\frac{V}{D}(C_\beta - C_\alpha)\sin\left(\frac{n\pi S_\alpha}{S_\alpha + S_\beta}\right) \tag{2-175b}$$

式中,S_α 和 S_β 分别为 α 相和 β 相层片厚度的 $1/2$。需要注意的是,上述解只在 $\frac{\pi}{S_\alpha + S_\beta} \gg V/(2D)$ 条件下成立,这是由扩散长度决定的。

得到了 α 相和 β 相界面前沿液相中溶质浓度的分布,对其分别在 S_α 和 S_β 内对 x 积分,就可得到界面处($z=0$)与 α 相和 β 相接触液相平均溶质浓度[174]:

$$\bar{C}_\alpha = \frac{1}{S_\alpha}\int_0^{S_\alpha} C(x,0)\mathrm{d}x = C_0 + B_0 + \frac{2(S_\alpha + S_\beta)^2}{S_\alpha}\frac{V}{D}(C_\beta - C_\alpha)P \tag{2-176a}$$

$$\bar{C}_\beta = \frac{1}{S_\beta}\int_{S_\alpha}^{S_\alpha + S_\beta} C(x,0)\mathrm{d}x = C_0 + B_0 - \frac{2(S_\alpha + S_\beta)^2}{S_\beta}\frac{V}{D}(C_\beta - C_\alpha)P \tag{2-176b}$$

式中,$P = \sum_{n=1}^{\infty}\left(\frac{1}{n\pi}\right)^3 \sin^2\left(\frac{n\pi S_\alpha}{S_\alpha + S_\beta}\right)$。

得到了界面处液相的平均溶质浓度,就可以计算出界面处的平均溶质过冷度 $\Delta T_D = m_i(C_p - \bar{C}_i)$, $i=\alpha,\beta$。而共生生长界面的总过冷度 ΔT 包括以下几部分:

$$\Delta T = \Delta T_D + \Delta T_r + \Delta T_k \tag{2-177}$$

对于金属包晶系,ΔT_k 一般远小于溶质过冷度 ΔT_D 和曲率过冷度 ΔT_r,所以可以将其忽略。这样,只要再求出界面前沿的曲率过冷度就可以得到包晶层片共生生长界面的过冷度。

在实际凝固过程中,界面并不是完全的平面,而是曲面,界面的平均曲率半径可由式(2-178)近似计算[174]:

$$\frac{1}{r} = \frac{1}{S}\int_0^S \frac{1}{r(x)}\mathrm{d}x = \frac{\sin\theta}{S} \tag{2-178}$$

这样,界面处两相的曲率过冷度便可以通过式(2-179)计算:

$$\Delta T_r = \alpha_i^L / r \tag{2-179}$$

式中,α_i^L ($i=\alpha,\beta$) 为 Gibbs-Thomson 效应确定的常数。分别将 α 和 β 相界面的平均溶质过冷度和曲率过冷度代入式(2-177)可得两相界面处总的平均过冷度[174]为

$$\Delta T_\alpha = m_\alpha \left[C_0 + B_0 + \frac{2(S_\alpha + S_\beta)^2}{S_\alpha} \frac{V}{D}(C_\beta - C_\alpha)P \right] + \frac{\alpha_\alpha^L}{S_\alpha} \tag{2-180a}$$

$$\Delta T_\beta = m_\beta \left[-C_0 - B_0 + \frac{2(S_\alpha + S_\beta)^2}{S_\beta} \frac{V}{D}(C_\beta - C_\alpha)P \right] + \frac{\alpha_\beta^L}{S_\beta} \tag{2-180b}$$

式中，m_α 和 m_β 分别为两相液相线斜率的代数值。根据式(2-179)和 Gibbs-Thomson 公式，常数 α_i^L 可表示为

$$\alpha_\alpha^L = (T_p/L_\alpha)_\alpha \sigma_{\alpha L} \sin\theta_{\alpha L} \tag{2-181a}$$

$$\alpha_\beta^L = (T_p/L_\beta)_\beta \sigma_{\beta L} \sin\theta_{\beta L} \tag{2-181b}$$

式中，$L_i(i=\alpha,\beta)$ 为单位体积 i 相的熔化潜热；$\sigma_{iL}(i=\alpha,\beta)$ 为 i 和液相之间的界面能；$\theta_{iL}(i=\alpha,\beta)$ 为 i 和液相的接触角。

定义 λ 为共生生长层片间距，即 $\lambda = 2(S_\alpha + S_\beta)$，$\xi$ 为两相层片厚度之比，即 $\xi = S_\beta/S_\alpha$，则两相厚度 S_α 和 S_β 可分别表示为 $S_\alpha = \lambda/[2(1+\xi)]$，$S_\beta = \lambda\xi/[2(1+\xi)]$。将其代入式(2-180)并根据平界面假设，两相的过冷度相等，即 $\Delta T_\alpha = \Delta T_\beta$，将参数 $C_0 + B_0$ 消去，可得到包晶层片共生生长界面过冷度 ΔT 与层片间距 λ 的关系[159]为

$$\frac{\Delta T}{m} = Q^L \lambda V + \frac{\alpha^L}{\lambda} \tag{2-182}$$

其中

$$\frac{1}{m} = \frac{1}{m_\alpha} - \frac{1}{m_\beta} \tag{2-183a}$$

$$Q^L = \frac{P(1+\xi)^2}{\xi D}(C_\beta - C_\alpha) \tag{2-183b}$$

$$\alpha^L = 2(1+\xi)\left(\frac{\alpha_\alpha^L}{m_\alpha} - \frac{\alpha_\beta^L}{\xi m_\beta} \right) \tag{2-183c}$$

式(2-182)显示包晶共生生长和共晶共生生长界面过冷度与层片间距 λ 的关系具有相同的形式，但是由于 $m_\alpha > m_\beta$，所以式(2-183a)中的 m 为负值，这与共晶合金中的 m 始终是正值有根本区别。分析式(2-182)，可以看到该式右侧参数 Q^L、λ、V 均恒为正值。因此，对给定的 V，ΔT-λ 的关系决定于 α^L 的符号[159]。若 α^L 为正，ΔT 在任何情况下均为负值，此时包晶系层片共生生长在负的过冷度下进行；若 α^L 为负，ΔT 的符号则决定于式(2-182)右侧两项的相对大小，若后者(曲率项)大于前者(成分过冷项)，ΔT 为正，反之，ΔT 为负。由此可见，α^L 的符号对包晶共生生长界面行为具有重要的影响。分析式(2-183c)可见，随着 ξ 由 0 增大到无穷大，α^L 将由负变为正，而 ξ 是由合金成分决定的。因此，存在一个临界的成分 C^*，使 $\alpha^L = 0$。为确定 C^* 的大小，令

$$2(1+\xi)\left(\frac{\alpha_\alpha^L}{m_\alpha} - \frac{\alpha_\beta^L}{\xi m_\beta} \right) = 0 \tag{2-184}$$

求解式(2-184)发现临界成分为

$$C^* = \frac{C_\beta - C_\alpha}{C_p - C_\alpha} C_p + \frac{C_p - C_\beta}{C_p - C_\alpha} C_\alpha - \frac{C_\beta - C_\alpha}{1 - \dfrac{L_\beta}{L_\alpha} \dfrac{\sigma_{\alpha L}}{\sigma_{\beta L}} \dfrac{m_\alpha}{m_\beta} \dfrac{\sin\theta_{\beta L}}{\sin\theta_{\alpha L}}} \tag{2-185}$$

利用式(2-185)对 Fe-Ni 合金进行计算发现[180]，Fe-Ni 合金的临界成分为 4.20Ni，其中 α 代表 Fe-Ni 合金中的初生相 α 铁素体，β 代表包晶相奥氏体。当合金成分大于 4.20Ni 时，

$\alpha^L > 0$，包晶共生生长的界面过冷度为负，即共生生长处于过热状态；当合金成分小于 4.20Ni 时，$\alpha^L < 0$，层片间距 λ 较小时过冷度为正，层片间距 λ 较大时过冷度为负；而当合金成分为 4.20Ni 时，$\alpha^L = 0$，过冷度与层片间距 λ 成正比，为一条直线，如图 2-109 所示。

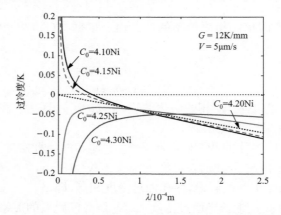

图 2-109　Fe-Ni 包晶合金共生生长界面过冷度随层片间距变化曲线

根据两相共生生长稳定性的假设，共生生长在 ΔT 随 λ 逐渐增大时，即 $\mathrm{d}\Delta T/\mathrm{d}\lambda > 0$ 时才能稳定进行[159]。包晶共生生长要满足这种条件，需要 $\alpha^L > 0$，并且层片间距范围在 0 到最大的过冷度（最小的过热度）所对应的层片间距 λ_m' 之间；而当 $\alpha^L < 0$ 时，$\mathrm{d}\Delta T/\mathrm{d}\lambda$ 一直小于 0，所以不能得到稳定的包晶共生生长，如图 2-108 所示。此外，与共晶共生生长不同，包晶系的最小过热度变化区间非常大，合金成分的微小变化就会引起 λ_m' 的急剧变化，例如，合金成分仅从 4.25Ni 增加到 4.30Ni，λ_m' 便由 48μm 增加到 156μm[180]。这可能是实验中得到的包晶共生生长的层片间距变化范围非常大[173]的原因。此外，实验中发现包晶共生生长在 $\alpha^L < 0$ 或者 $\mathrm{d}\Delta T/\mathrm{d}\lambda < 0$ 时也可能稳定存在，仔细分析图 2-109 发现，这也与包晶共生生长的 ΔT-λ 曲线的特点有关。仔细观察图 2-109 中 Fe-4.3Ni 和 Fe-4.25Ni 曲线发现，$\mathrm{d}\Delta T/\mathrm{d}\lambda$ 在 λ_m' 附近很大的层片间距范围内都非常接近零，特别是凝固速率减小时，$\mathrm{d}\Delta T/\mathrm{d}\lambda$ 在 λ_m' 附近接近零的区间更大，如图 2-110(a) 所示。在这种情况

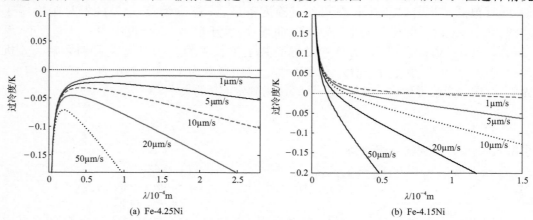

(a) Fe-4.25Ni　　　　　　　　　　　　　　(b) Fe-4.15Ni

图 2-110　凝固速率对 Fe-Ni 合金共生生长界面过冷度的影响（$G = 12\mathrm{K/mm}$）

下,包晶共生生长也可以稳定存在,这可能是包晶共生生长不满足共生生长形态稳定性假设的原因。此外,对于 $\alpha^{L}<0$ 的合金,当凝固速率减小,随着层片间距的增大, $d\Delta T/d\lambda$ 由小于零逐渐趋近于零,这说明在 $\alpha^{L}<0$ 的情况下也同样可能得到包晶系共生生长,这在模拟中也已经得到了证实[173]。

在 Fe-Ni 合金的定向凝固过程中发现[162],包晶共生生长过程中在 L、α、β 三相交接点附近存在包晶反应,并且共生生长界面温度确实高于包晶温度 T_{p},即包晶系共生生长确实是在过热状态下进行的。以 Fe-4.3Ni 合金 5μm/s 的共生生长为例,如果忽略包晶反应的过冷度,发现共生生长界面比 T_{p} 高 0.02K 左右。在理论模型计算中,虽然 Fe-4.3Ni 合金 5μm/s 的共生生长确实是在过热状态下,但是计算所得的最小过热度也在 0.05K 左右,大于实验中观察的 0.02K,如图 2-109 所示。这种差别可能来自于计算所用的物性参数不准确以及模型的简化假设,其中最主要的是假设包晶共生生长过程中包晶相变(主要指包晶反应)进行完全。在实际凝固过程中,固相中溶质的扩散过程是很慢的,即使是在慢速定向凝固过程中,包晶反应也很难进行完全,所以初生相的实际体积分数总是比依据平衡相图计算的要大。

由此可见,由于包晶反应的不完全性,假设包晶共生生长过程中包晶反应完全进行是不合适的,将会与实际情况产生很大的偏差,因此有必要对包晶共生生长模型进行改进,考虑包晶反应不完全性的影响。

(2) 考虑包晶反应的包晶共生生长模型[180]。

分析式(2-182)~式(2-183c)发现,包晶反应的不完全性将主要影响初生相的体积分数。因此,对包晶共生生长模型的改进应主要考虑包晶反应的不完全性对初生相体积分数的影响。

在推导包晶共生生长模型过程中,初生相体积分数 f_{α} 完全按平衡相图计算,即

$$f_{\alpha}=\frac{C_{p}-C_{0}}{C_{p}-C_{\alpha}}-\frac{C_{p}-C_{\beta}}{C_{p}-C_{\alpha}}\frac{C_{0}-C_{\alpha}}{C_{\beta}-C_{\alpha}} \tag{2-186}$$

而在实际凝固过程中,包晶反应是一个复杂的动力学过程,很难全面、精确地描述包晶反应不完全性对包晶共生生长的影响,但是可以简单地认为在稳态包晶共生生长过程中包晶反应只完成了完全平衡状态时的一定比例,即假设只有分数为 ψ 的初生相发生了包晶反应而重新溶解,这样在包晶共生生长过程中初生相的总体积分数为

$$f'_{\alpha}=\frac{C_{p}-C_{0}}{C_{p}-C_{\alpha}}-\psi\frac{C_{p}-C_{\beta}}{C_{p}-C_{\alpha}}\frac{C_{0}-C_{\alpha}}{C_{\beta}-C_{\alpha}} \tag{2-187}$$

图 2-111 所示为包晶反应完成的分数与初生相 α 体积分数的关系。由图可以看到,随包晶反应完成程度的不同,初生相 α 的体积分数可在很大的区间内变化,特别是对过包晶合金 Fe-4.4Ni,当包晶反应进行得不完全时,初生相 α 的体积分数可在 0~0.47 变化,完全有可能出现共生生长。而平衡凝固理论认为,此时 α 相体积分数为 0,即不可能发生两相共生生长。

包晶反应不完全性对包晶共生生长 ΔT-λ 曲线的影响主要体现在两相厚度之比 ξ 上,因此引入 ξ' 表示包晶反应不完全时两相厚度之比,即

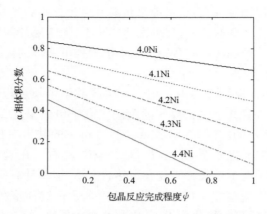

图 2-111　初生相体积分数与包晶反应完成程度的关系

$$\xi' = \frac{1 - f'_\alpha}{f'_\alpha} \tag{2-188}$$

这样,利用 ξ' 代替式(2-183b)和式(2-183c)中的 ξ 即可计算出不同包晶反应程度时包晶共生生长界面过冷度与共生层片间距 λ 的关系。图 2-112 所示为 Fe-4.3Ni 合金在包晶反应完成不同程度时界面过冷度随层片间距 λ 变化曲线和实验中得到的测量结果。

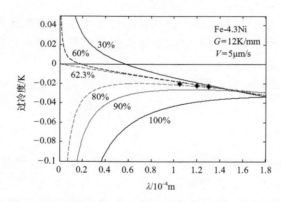

图 2-112　不同包晶反应程度时界面过冷度随层片间距变化曲线与实验结果

由图 2-112 可以看到,实验中得到的过冷度都小于包晶反应完成 100% 的计算值,但是正好落在包晶反应完成 60%～80% 曲线的区间内。此外,随着包晶反应完成程度的不同,共生生长有可能从 $\alpha^L > 0$ 的情形变为 $\alpha^L = 0$ 和 $\alpha^L < 0$ 的情形,如图 2-112 中的 $\psi = 62.3\%$ 和 $\psi = 60\%$ 曲线。更有趣的是,不同 ψ 值的 ΔT-λ 曲线在某一区域非常接近,这说明不管 $\alpha^L > 0$ 还是 $\alpha^L < 0$,ψ 在一定范围内,包晶反应完成不同程度的共生生长的生长状态非常类似,如图 2-112 所示。然而,包晶共生生长的这种特性增加了共生生长的不稳定性,因为共生生长的层片间距可以在一个很大的范围内自由变化。

需要注意的是,在包晶共生生长过程中,三相交接点附近的包晶反应对共生生长的影响是非常复杂的,它不但影响共生生长的两相体积分数,还影响界面前沿的溶质分布和共生生长的形态稳定性,尚需要进行深入的研究,特别需要系统的数值模拟研究来再现这种影响。

　　3. 胞状非等温共生生长

　　1) 胞状非等温共生生长形成机制[162]

　　包晶胞状非等温共生生长是胞状的初生相 α 与平界面的包晶相 β 之间通过较弱的溶质耦合形成的一种全新的共生生长方式[162]。相对于传统的等温共生生长,两相不再是以平界面、对称的方式同时向液相中生长。在胞状共生生长过程中,共生生长两固相之间的平衡关系被打破了,但是二者之间仍保持一定的耦合关系来维持两相的稳定析出。另外,虽然胞状共生生长与单相合金的胞状生长具有很大的相似性,但是二者之间仍是有本质区别的。在胞状共生生长过程中,平界面的包晶相 β 稍微落后胞状初生相 α 一段距离(图 2-100),平面包晶相 β 的生长吸收了胞状初生相 α 生长过程中排出的溶质,使初生相的生长变得容易,并从而增加胞状阵列的稳定性;而胞状初生相的生长向侧向液相中排出溶质,这些溶质富集在胞晶阵列间隙的液相凹槽内,使液相凹槽内的溶质浓度非常接近包晶相的溶质浓度,从而加速胞晶间包晶相的生长,这与单相合金胞状生长胞晶间溶质浓度无限富集(或有后续共晶凝固)是不同的。由此可见,胞晶间存在包晶相,它就像一个"溶质吸收器",使胞状共生生长与单相胞状生长时溶质场的情况发生根本变化。

　　胞状共生生长的初始过渡区是非常短的,胞状共生生长的形成不需要任何中间过渡状态,Fe-Ni 合金定向凝固开始总是会形成一薄层初生相,随着定向凝固的进行,平界面的初生相生长很快变得不稳定,转化为胞状生长,包晶相在初生相胞晶间形核并开始以平界面生长。随着凝固过程的进行,胞晶初生相和平界面的包晶相的生长逐渐变得稳定,从而形成胞状共生生长。其初始演化过程是非常简单的,远没有包晶共生生长那么复杂。这也再次证明,通过包晶胞状共生生长制备包晶系原位自生复合材料是可行的,并且控制过程非常简单。此外,由于维持包晶胞状共生生长的 G/V 值远低于等温共生生长,通过胞状共生生长制备原位自生复合材料具有更高的效率,从而可以打破通过定向凝固制备各向异性材料的技术瓶颈。

　　2) 胞状非等温共生生长特征尺度[181]

　　特征尺度是共生生长一个最主要的参数,了解特征间距随生长条件的变化规律,这对认识这种生长方式,控制最终组织具有非常重要的意义。为此,主要探讨胞状共生生长的基本特征,胞状共生生长间距随凝固条件的变化规律。

　　对定向凝固过程中形成的组织花样来说,最主要的参数就是尺度特征。对定向凝固形成的胞或枝晶阵列,这个尺度便是一次间距 λ。一次间距 λ 与胞或枝晶尖端的曲率半径 R 密切相关,所以胞或枝晶尖端曲率半径 R 实际上是这些组织花样的最重要参数。这也是胞或枝凝固中最普遍的尺度规律 $R^2V = 2Dd_0/\sigma^* \approx$ 常数最根本原因[178,182]。其中,D 为溶质在液相中扩散系数,$d_0 = \Gamma/[\,|m|C_0(1-k_0)]$ 为系统的毛细长度,σ^* 为经典的稳定性常数,是一个与晶体的各向异性相关的参数。按经典单相胞/枝凝固理论,σ^* 为常数 $1/(4\pi^2)$,这样就可以得到胞-枝晶尖端曲率半径 R 随凝固速率的变化规律为

$$R = 2\pi \left[\frac{2\Gamma_\delta D}{m_\delta C_0 (k_0 - 1)V} \right]^{0.5} \tag{2-189}$$

由式(2-189)可以看到,胞-枝晶尖端曲率半径与$V^{1/2}$成反比。这种规律已经在很多定向凝固实验中得到了证实[183]。图 2-113 所示为 Fe-Ni 合金定向凝固过程中初生相以胞-枝凝固时尖端曲率半径随凝固速率的变化曲线,其中直线为式(2-189)的预测结果。由图可以看到,Fe-Ni 定向凝固中胞状生长与理论预测是非常吻合的,特别是当合金成分较低时,吻合更好,如图 2-113(a)。而当合金成分较高时,偏差有所增大,如图 2-113(b)所示。随着合金成分的增加,理论结果与实验结果之间的偏差增大说明,偏差主要来自于初生相 α 胞或枝凝固过程中胞或枝晶间包晶相 β 的存在及模型和物性参数的误差。随着合金成分的增加,包晶相 β 的体积分数逐渐增大,使 α 胞或枝凝固越来越偏离单相合金的胞或枝凝固过程,所以必然引起理论与实验之间偏差的增加。即使如此,由于胞状共生生长过程中,溶质的相互作用主要集中在胞状初生相 α 与近平界面的包晶相 β 之间,而 α 胞之间的相互作用是很弱的,所以利用式(2-189)来预测胞状共生生长胞端部的曲率半径在理论上也是满足要求的。

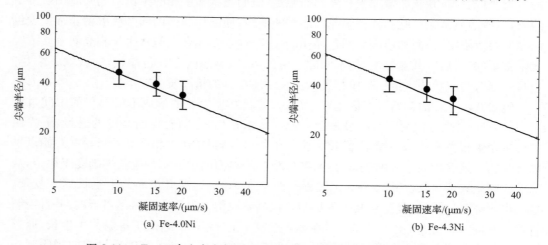

(a) Fe-4.0Ni　　　　　　　　　　　　　　(b) Fe-4.3Ni

图 2-113　Fe-Ni 合金定向凝固过程中胞-枝尖端半径随凝固速率变化曲线

对单相合金,定向凝固的胞状花样间距随凝固速率变化规律,目前已经有很多模型进行预测,并且很多模型在实际的定向凝固过程中都可以给出较准确的预测结果。然而对于多相合金的胞状或枝晶凝固,目前并没有模型预测其最终的特征间距。对于第二相体积分数较小的单相合金的定向凝固,可以利用建立在单相合金上的 Kurz-Fisher[183]、Hunt-Lu[184] 和 KGT[185] 等模型进行近似预测,但是当第二相的体积分数较大,如当第二相的体积分数达到 30% 时,理论预测将会出现很大的偏差。而本节关注的包晶胞状共生生长正是这种情况。然而,在实际的定向凝固过程中,具有工程意义的都是多相合金,所以有必要建立一个预测多相合金胞或枝定向凝固特征间距 λ 的模型。

定向凝固属于典型的非线性、非平衡耗散系统,六边形花样是这种系统中一个最常见的花样,定向凝固形成的胞晶或枝晶花样就是典型的六边形花样。为了处理的简化,假设定向凝固胞或枝晶为规则的六边形花样,如图 2-100 所示。下面简要介绍多相合金胞或枝定向凝固特征间距 λ 的推导过程。

　　假设胞/枝晶为理想的圆柱状,直径为 d ,这样根据图 2-100,选取一个基本的六边形,可以得到两相实际的体积分数之比为

$$\xi = \frac{f_\alpha}{f_\beta} = \frac{\pi d^2}{\sqrt{3}\lambda^2 - \pi d^2} \tag{2-190}$$

式中, d 为胞的直径。

　　根据固-液界面局域平衡假设,按照平衡相图,可以计算两相体积分数之比。这样与式(2-190)结合,就可以求得胞或枝间距 λ 与两相体积分数之比之间的关系。对包晶胞状共生生长而言,根据相图(图 2-107),两相的体积分数之比为

$$\xi = \frac{f_\alpha}{f_\beta} = \frac{C_p - C_0}{C_0 - C_\alpha} \tag{2-191}$$

　　需要注意的是,式(2-191)并未考虑包晶反应对两相体积分数的影响,这是因为在 L、α、β 三相交接点以上,完整的初生相胞晶阵列已经形成,即间距已经确定了,虽然后续的包晶反应会影响两相的体积分数,但是并不会影响胞晶间距。所以图 2-100 所示的仅是胞晶刚刚形成时的间距,胞晶间实际上是残余的液相,这些液相在随后的包晶反应中将形成包晶相,并且初生相的胞会发生部分溶解,即变细,但是胞晶间距并不发生改变,变化的只是两相之间的相对体积分数。

　　根据式(2-190)和式(2-191),要想求得多相合金胞或枝晶间距随生长条件的变化规律,还需要确定一个变量,即胞的直径 d 。由于胞端部的形状非常类似于旋转椭圆体,而偏离旋转抛物体,借用 Kurz 和 Fisher 及 Hunt 的假设,认为胞晶尖端曲率半径 R 与 d 之间满足以下的关系[183]:

$$R = \frac{d^2}{\Delta T'/G} = \frac{d^2 G}{\Delta T'} \tag{2-192}$$

式中, $\Delta T'$ 为包晶胞状共生生长过程中初生相 α 胞顶端与胞晶间包晶相平面之间的温差,即

$$\Delta T' = (C_0 - C_p)m_\alpha \tag{2-193}$$

这样,联合式(2-190)和式(2-192)可得

$$\lambda = \left[\frac{\pi \Delta T'(1+\xi)}{2\sqrt{3}\xi} \right]^{0.5} G^{-0.5} R^{0.5} \tag{2-194}$$

　　将式(2-189)代入式(2-194)得

$$\lambda = \pi \left[\frac{\Delta T'(1+\xi)}{\sqrt{3}\xi} \right]^{0.5} \left(\frac{2D\Gamma}{k_0 \Delta T_0} \right)^{0.25} G^{-0.5} V^{-0.25} \tag{2-195}$$

　　将式(2-195)中的常数简化后得

$$\lambda = 2.84 \left[\frac{\Delta T'(1+\xi)}{\xi} \right]^{0.5} \left(\frac{D\Gamma}{k_0 \Delta T_0} \right)^{0.25} G^{-0.5} V^{-0.25} \tag{2-196}$$

　　式(2-196)与多相合金的胞或枝凝固间距与单相合金非常类似,只是多相合金需要考虑两相的体积分数之比,这与另一多相生长过程——共晶共生生长是类似的。

　　图 2-114 所示为根据式(2-196)计算的 Fe-Ni 合金胞状共生生长间距与实验结果的比较。由图可以看到,计算结果与实验结果吻合很好。特别是包晶合金定向凝固过程中宏观偏析的影响,实验的实际成分经常会偏离名义成分,但是由图 2-114(c)可以看到,在

Fe-4.0Ni 和 Fe-4.3Ni 合金中得到的实验结果正好落在两条曲线之间,这充分说明预测结果与实验结果吻合很好。图 2-114(d)所示为单相合金胞枝间距模型与本书的实验结果进行比较,由图可以看到,对多相合金定向凝固过程,传统的单相合金模型会产生很大的偏差。

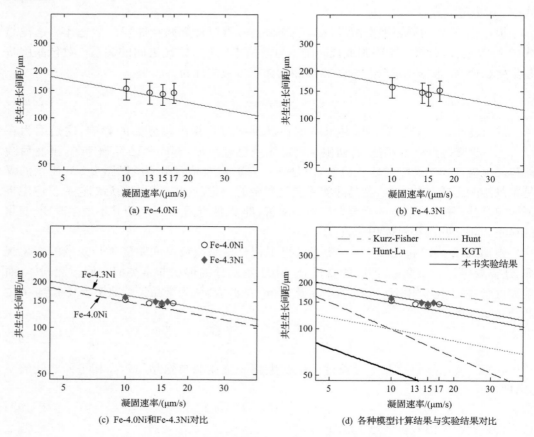

图 2-114　实验中观察到的胞状共生生长间距与各种模型的比较

从图 2-114 可以看到,对于两种包晶合金,随着凝固速率的增加,间距应该逐渐减小,而在最后,间距却都开始增加,似乎与理论相矛盾。事实上,这是很容易理解的,因为随着凝固速率的增加,胞状初生相的生长开始变得不稳定,而有向枝晶转变的趋势,间距也随之发生变化,即逐渐增加以满足胞-枝转变条件,这在单相合金的定向凝固中早已得到证实。

需要注意的是,虽然上述推导的多相合金定向凝固胞或枝间距模型在预测 Fe-Ni 包晶合金胞状共生生长特征间距时取得了很好的结果,但是该模型在使用中具有以下的局限性。

(1)假设固-液界面处于局域平衡,这样两相的体积分数按照平衡相图计算,而实际的定向凝固过程是一个非平衡过程,所以两相的体积分数会与平衡相图产生一些偏差。因此,该模型在预测低速段的胞或枝凝固时可能取得更好的结果。

（2）只能预测稳态多相合金的胞或枝凝固特征间距。

（3）假设胞枝阵列为理想的六边形花样，而实际的胞枝阵列只是近似的六边形分布，一般带有较大的噪声，所以在理论预测将会与实验结果产生一定的偏差。

虽然该模型具有上述局限性，但是这是首次对预测多相合金胞或枝凝固特征间距随凝固速率变化规律所进行的尝试，并且与 Fe-Ni 合金的实验结果吻合很好。因为多相合金具有类似的特征，所以该模型也应该适合共晶和偏晶合金的胞或枝凝固过程。

3）胞状非等温共生生长选择理论[186]

通过定向凝固是完全可以制备规则排列的自生复合材料的，只是生长方式由共晶系的等温共生生长变为胞状共生生长。此外，由于维持胞状共生生长需要比等温共生生长低的 G/V 值，所以通过定向凝固制备包晶系原位自生复合材料比共晶系具有更高的效率，从而可以打破定向凝固制备这种材料效率很低的技术瓶颈。

前面对胞状共生生长进行模型化，包括形态、特征间距的描述与预测，这对认识和控制胞状共生生长这种生长方式具有重要的意义，从而为规则排列的原位自生复合材料制备提供理论基础。然而，要利用胞状共生生长制备规则的包晶系原位自生复合材料，还有一个重要的问题没有解决，即胞状共生生长在什么条件下形成，它是否具有一个有实际意义的工艺窗口。为了解决这个问题，本节将主要研究包晶胞状共生生长的形成条件，即稳定的包晶胞状共生生长选择理论。

在实验中发现，对于稳定的胞状共生生长，当 G/V 减小时，等价于 G 一定、V 不断增加时，胞状共生生长将不再稳定，而向传统的包晶枝晶凝固转变。这是非常容易理解的，因为胞状共生生长是由初生相胞晶主导的弱耦合生长方式，当 G/V 减小，初生相枝晶必然不稳定而发生胞枝转变并终止胞状共生生长。另外，当 G/V 增大时，等价于 G 一定、V 不断减小时，L、α、β 三相交接点处的包晶反应将会影响初生相胞端部的凝固过程，使其偏离稳定状态，从而引起胞状共生生长的形态不稳定性。当胞状共生生长形态不稳定时，无法制备出规则排列的两相组织。因此，对一个给定的合金 C_0，存在一个稳定的生长条件区间，在该区间内，胞状共生生长可以稳定存在并生长规则排列的两相组织；而在区间外，胞状共生生长是不稳定的或根本无法形成。因此，包晶胞状共生生长选择就是找到给定成分包晶合金的稳定胞状共生生长的稳定存在区间，即确定包晶合金稳定胞状共生生长的 G/V 区间。如果确定了稳定胞状共生生长的存在区间，就可以确定制备包晶系规则排列原位自生复合材料的"工艺窗口"。

首先确定的 G/V 上限，即 G 一定时，最小的生长速率为 V_{min}，当 $V>V_{min}$ 时，胞状共生生长可以避免直接受到三相交接点包晶反应的影响，保持形态稳定。对包晶胞状共生生长，存在一个临界的两相界面之间距离 l_c，当 $l>l_c$ 时，初生相胞端部可以免受三相交接点处包晶反应的影响而维持稳定状态，如图 2-115 所示。因此，确定了临界距离 l_c，就可以确定稳定胞状共生生长的生长速率下限 V_{min}。

由图 2-115 可知，根据胞状生长的几何特性，$2R$ 应该可以是 l_c 的一个可靠近似值，因为当 $l>2R$ 时，三相交接点的胞已经处于尾部稳定区，远离胞顶端，可以保证包晶反应不直接影响胞端部的凝固。为此，对稳定和不稳定的胞状共生生长的距离 l 进行了测量，结果如图 2-116 所示。由图可以看到，$l_c=2R$ 作为胞状共生生长形态稳定性的临界值在

Fe-Ni 合金中是非常合适的。为此,将 2R 作为包晶胞状共生生长稳定性的临界值。

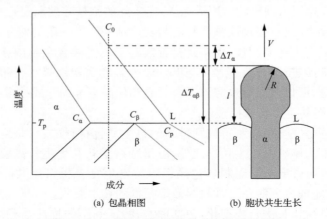

(a) 包晶相图　　　　　(b) 胞状共生生长

图 2-115　包晶相图及胞状共生生长的示意图

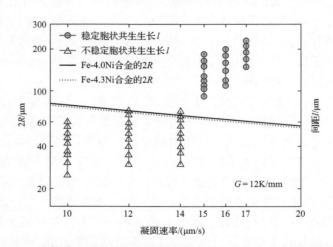

图 2-116　胞状共生生长初生相胞端部曲率的二倍与实验中测量的距离 l

下文将简要介绍稳定胞状共生生长速率下限 $V_{\min}$ 的推导过程。在胞共生生长时,初生相胞的胞晶间包晶相界面距离对应于两相的温差 $\Delta T_{\alpha\beta} = T_\alpha^* - T_\beta^*$,其中,$T_\alpha^*$ 和 T_β^* 分别为包晶两相的界面温度(图 2-115)。由于胞状共生生长过程中,初生相 α 胞状生长占据主导地位,胞顶端的生长过程与单相合金胞状生长是一致的,只是在胞侧面与胞晶间的包晶相产生溶质耦合,所以初生相胞顶端的温度可以根据 Bower-Brody-Flemings(BBF)模型[187]得到,即

$$T_\alpha^* = T_L - GD/V \tag{2-197}$$

由于胞状共生生长过程中,定向凝固系统的冷却速率,近似为 GV 是非常小的,所以可以忽略包晶反应的过冷度,即三相交接点处的包晶反应近似在 T_p 进行。这样胞晶间包晶相的界面温度就非常接近 T_p 了(图 2-115)。这样,胞状共生生长时,包晶两相界面温度之差为

$$\Delta T_{\alpha\beta} = T_\alpha^* - T_\beta^* = T_L - GD/V - T_p \tag{2-198}$$

对于稳定的胞状共生生长,两相界面间距离大于 $l_c = 2R$,这样两相间的界面温度 $\Delta T_{\alpha\beta}$ 就大于 $Gl_c = 2GR$,将其代入式(2-198)中,可得

$$T_L - GD/V - T_p > 2GR \tag{2-199}$$

将式(2-189)代入式(2-199),经过数学处理,可得

$$V > \frac{-GDm_{\alpha}C_0(1-k_0)}{16G\pi^2\Gamma + m_{\alpha}^2 C_0(C_p - C_0)(1-k_0) - 4\pi\sqrt{16G^2\pi^2\Gamma^2 + 2Gm_{\alpha}^2\Gamma C_0(C_p - C_0)(1-k_0)}} \tag{2-200}$$

仔细分析式(2-200),发现分母中 $16G\pi^2\Gamma$ 远小于 $2Gm_{\alpha}^2\Gamma C_0(C_p - C_0)(1-k_0)$ 及 $m_{\alpha}^2 C_0(C_p - C_0)(1-k_0)$,上式可以简化为

$$V > \frac{GDm_{\alpha}C_0(1-k_0)}{-\Omega + 4\pi\sqrt{2\Gamma G\Omega}} \tag{2-201}$$

式中

$$\Omega = m_{\alpha}^2 C_0(1-k_0)(C_p - C_0)$$

当凝固速率满足式(2-201)时,对于给定的合金成分 C_0 和温度梯度 G,包晶胞状共生生长可以避免三相交接点处包晶反应的直接影响而稳定存在,从而生长出规则排列的包晶相原位自生复合材料。

下面推导稳定胞状共生生长生长速率的上限,即当合金成分 C_0 和温度梯度 G 一定时,胞状共生生长可以存在的最大生长速率 V_{max}。对稳定的胞状共生生长,当凝固速率逐渐增大时,初生相胞状生长将不稳定而形成枝晶。因此,对稳定的胞状共生生长,其凝固速率应该低于初生相的胞-枝转变速率 V_{CD}。单相合金定向凝固中的胞-枝转变是凝固理论的一个重要研究对象,同时具有重要的工程意义,所以从 20 世纪 80 年代开始,定向凝固过程中的胞-枝转变吸引了很多实验和理论研究,这里不再赘述。

2005 年,Billia 等[162]将在 Saffman-Taylor 黏性指理论上发展起来的理论引入到胞状凝固中,发现对有限的 k_0,胞-枝转变的临界速率为

$$V_{CD} = \frac{(1+k_0)V_C}{k_0} \tag{2-202}$$

在定向凝固实验中发现,包晶平台附近 Fe-Ni 合金定向凝固的胞-枝转变与式(2-202)吻合得非常好,即

$$V_{CD} = (1.1 + k_0)V_C/k_0 \tag{2-203}$$

式中,$V_C = GDk_{\alpha}/[m_{\alpha}C_0(1-k_{\alpha})]$,为初生相 α 的平界面临界生长速率。当凝固速率小于 V_{CD} 时,胞状共生生长不会发生胞-枝转变,从而稳定进行,即对于稳定胞状共生生长,凝固速率应该满足

$$V < (1.1 + k_0)V_C/k_0 \tag{2-204}$$

当凝固速率满足式(2-201)和式(2-204)时,即

$$\frac{GD^2 m_{\alpha}C_0(1-k_0)}{\Omega + 4\pi\sqrt{2\Gamma G\Omega}} < V < (1.1 + k_0)V_C/k_0 \tag{2-205}$$

胞状共生生长既可以免于三相交接点附近包晶反应的影响,同时又可以避免发生胞-枝转变,经过一定时间的演化,可以达到稳定状态并维持下去,从而制备出规则排列的包晶系原位自生复合材料。

　　为了和包晶合金定向凝固过程中的相和组织选择图相结合,对式(2-205)求解,将其绘制到形核与成分过冷假设(nucleation and constitutional undercooling criterion,NCU)组织选择图中,并与实验结果进行比较,如图 2-117 所示。其中虚线 1 由式(2-201)确定,虚线 2 由式(2-204)确定,虚线 3 为胞状共生生长形成的成分界限,假设其为初生相的固溶体极限 C_α,由上述三条线确定的区间为稳定胞状共生生长的可能存在区间。由图可以看到,实验结果与理论预测结果吻合得非常好,这说明,本书提出的模型在 Fe-Ni 包晶系中是非常适用的,是可以预测稳定胞状共生生长的形成条件和成分条件的,这为通过定向凝固制备包晶系规则排列原位自生复合材料提供了重要的工艺和理论基础。

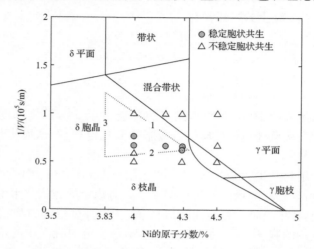

图 2-117　实验中得到的稳定胞状共生生长与理论预测之间的比较

　　虽然上述模型在 Fe-Ni 包晶系中取得了成功,但是仍需要在其他包晶系中对该模型进行验证,这是因为该模型主要是针对固溶体型包晶系合金提出的,且在推导过程中利用了一些假设,所以在使用中可能存在以下局限。

　　(1) 假设包晶反应的过冷度为很小,接近于 0,这样胞晶间包晶相的界面温度近似为 T_p。虽然凝固速率不大时包晶反应的过冷度确实很小,但是肯定存在,所以上述假设可能会引入一定的偏差。

　　(2) 包晶胞状共生生长归根到底仍然是多相生长方式,而在模型的推导过程中利用了建立在单相合金定向凝固理论上发展起来的胞端部曲率理论(式(2-189))和过冷度理论(式(2-198)),虽然已经证明这种假设是合理的,但是与实验结果比较时,仍然会引入一定偏差。

　　(3) 近年来的研究发现,定向凝固过程中的胞-枝转变过程虽主要受凝固条件的影响,但还受到局部的间距影响,所以胞-枝转变不仅存在一个临界速率,还存在一个临界的特征间距。此外,胞-枝转变是一个超临界过程,所以是一个范围,而不是一个突变过程。因此,利用一个临界速率来预测胞-枝转变过程也可能带来一定偏差。

　　(4) 合金成分对包晶胞状共生生长具有重要影响。当合金成分非常接近初生相成分 C_α 时,胞状共生生长是很难形成的,这主要是因为两相的体积分数相差太大,很难形成两相的耦合生长,而当合金成分接近包晶成分 C_β 时,胞状共生生长却很容易形成(图 2-117),

这主要是因为在实际的定向凝固过程中包晶反应很难进行完全。因此初生相 α 的体积分数总是高于平衡相图的计算值,接近包晶成分时胞状共生生长反而更容易形成,这在实验中也得到了证实(图 2-117),这说明本节提出的模型在实际应用中应该稍微向高成分区域偏移。

虽然预测稳定包晶胞状共生生长的理论模型存在上述局限性,与实验结果可能会出现一定的偏差,但是对于实际的工程控制过程,该模型可以预测出具有足够精度的结果,可以满足实际生产的控制需要。

2.7.3　非纯扩散条件下包晶合金定向凝固组织形态演化

1. 非纯扩散理想条件下包晶合金定向凝固组织形态演化特征

在纯扩散情况下,影响合金定向凝固过程中组织演化的主要因素有温度梯度 G、合金成分 C_0、凝固速率 V 等。对于给定成分的单相合金或共晶合金 C_0,在温度梯度 G 条件下,以速率 V 定向凝固,经过初始过渡区后,按照平衡相图和现有凝固理论可以近似预测出该合金的凝固组织及其特征尺度。然而,对于包晶合金,由于包晶两相之间近似凝固特性引起的相互竞争,使得包晶合金定向凝固达到类似单相合金和共晶合金那样的稳定状态非常困难。此外,由于包晶两相的成分相近,定向凝固过程中局部微弱偏析就将引起相和组织的转变,这使得包晶合金的定向凝固组织演化异常复杂。

下面以 Fe-Ni 为例来简要说明宏观偏析引起的包晶合金定向凝固过程中复杂组织演化[162,114]。

图 2-118 为 Fe-Ni 合金在双区电阻加热定向凝固炉内得到的部分宏观组织。试样的固-液界面形状规则、稳定、略微上凸,是 Bridgman 定向凝固系统稳定定向凝固的典型形态。Fe-Ni 包晶合金定向凝固的组织演化基本特征可以归纳如下。

(1) 当定向凝固 G/V 值较大,即包晶两相以平界面生长时,在整个包晶平台范围内,三种成分包晶合金定向凝固都未得到稳定的组织。随着凝固距离的增加,固相组织始终在发生变化,如 Fe-4.0Ni-5μm/s 试样 1 中得到的是初生 α 相和包晶 β 相交替排列的带状组织;Fe-4.3Ni-5μm/s 试样 2 中得到的是两相振荡组织 O(α/β) 与两相复合组织交替形成的复杂组织;Fe-4.5Ni-5μm/s 试样 4 中得到的是形态不断发生变化的振荡树状组织 O(α/β),最后演化为两相共生生长,并不断向单相 β 过渡,见表 2-10 和图 2-118。

表 2-10　Fe-Ni 包晶合金部分定向凝固参数及组织特征

序号	C_0 /at%	G /(K/mm)	V /(μm/s)	f_S	宏观组织演化
1	4.0	12	5	0.61	$\alpha \to O(\alpha/\beta) \to \beta \to O(\alpha/\beta)(f_S^{\alpha 0}=0.285)$
2	4.3	12	5	0.61	$\alpha \to O(\alpha/\beta) \to PCG \to O(\alpha/\beta) \to$ $(\alpha\text{-}P)+PCG+(\beta\text{-}P)(f_S^{\alpha 0}=0.266)$
3	4.3	12	5	1	$\alpha \to O(\alpha/\beta) \to \alpha\text{-}IB \to PCG \to \beta(f_S^{\alpha 0}=0.234)$
4	4.5	12	5	0.61	$\alpha \to O(\alpha/\beta) \to \alpha\text{-}IB \to PCG+(\beta\text{-}P)(f_S^{\alpha 0}=0.383)$
5	4.5	12	10	0.61	$\alpha \to O(\alpha/\beta) \to CPCG \to O(\alpha/\beta) \to CPCG$

注:P 为平界面生长;PCG 为包晶共生生长;CPCG 为包晶胞状共生生长;IB 为岛状组织;O(α/β) 为振荡树状组织。

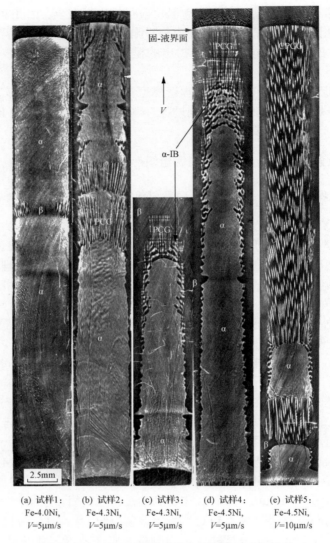

(a) 试样1：
Fe-4.0Ni,
V=5μm/s

(b) 试样2：
Fe-4.3Ni,
V=5μm/s

(c) 试样3：
Fe-4.3Ni,
V=5μm/s

(d) 试样4：
Fe-4.5Ni,
V=5μm/s

(e) 试样5：
Fe-4.5Ni,
V=10μm/s

图 2-118　Fe-Ni 包晶合金定向凝固宏观组织演化

　　(2) Fe-Ni 包晶合金在定向凝固过程中形成严重的轴向宏观偏析。在轴向上，随着凝固距离 Z_S，即固相分数 f_S 的逐渐增大，固相中初生相 α 体积分数逐渐减小，包晶 β 相的体积分数逐渐增大，并最终过渡到全部为 β 相，即 Fe-Ni 包晶合金定向凝固在轴向上存在单相初生 α 相生长到单相包晶 β 相生长的转变过程，如图 2-118(c) 和 (d) 所示。以 Fe-4.3Ni-5μm/s 试样 3 为例，从凝固开始到结束的演化为：初生 α 相→两种振荡树状组织 O(α/β)→α 岛/带组织→两相共生生长→单相 β，随着定向凝固的进行，初生相 α 体积分数逐渐减小，包晶相 β 的体积分数逐渐增加，最后 α 相完全消失，全部转化为包晶相 β，如图 2-118(c) 所示。这说明随着凝固距离的增加，液相中的溶质浓度逐渐增高，当液相中平均成分满足全部以单相 β 生长时便会形成稳定的单相。由于这种组织演化过程在 Fe-Ni 包晶合金定向凝固过程中是一个普遍现象，且在其他包晶系定向凝固中也得到了类似的结果,所以将包晶合金这种单相 α 生长转变为稳定的单相 β 生长的转变称为 α-β 转变。需要说明的是,α-β 转变与带状组织中 β 相在 α 相界面前沿形核形成一个 β 带并不相同,α-β 转变发生后 β 相将稳定生长直至凝固完全结束,不会再形成 α 相。实验中发现,α-β 转变过程与合金的原始成分及凝固分数 f_s 有关,对于 Fe-4.3Ni-5μm/s 试样 3,α-β 转变的临界固相分数为 0.83,如图 2-118(c) 所示。对于 Fe-4.5Ni-5μm/s 试样 4,从凝固开始到抽拉结束淬火,整个组织演化与试样 3 非常类似:单相初生相 α→两种振荡树状组织 O(α/β)→α 岛-带组织→两相共生生长,定向凝固结束时尚未发生 α-β 转变,但是可以看出共生生长并不稳定,即将发生 α-β 转变,如图 2-118(d) 所示。试样 4 定向凝固结束时固相分数为 0.7,这说明 Fe-4.5Ni 合金以 5μm/s 定向凝固发生 α-β 转变的临界固相分数要略大于 0.7,小于 Fe-4.3Ni 合金的 0.83。这说明随着合金成分的增加,Fe-Ni 合金发生 α-β 转变的临界固相分数逐渐减小,这与理论预测结果是相符的。

高 G/V 值定向凝固试样中严重的轴向宏观偏析说明 Fe-Ni 包晶合金在定向凝固过程中液相中的对流是存在的,与理想的纯扩散条件下存在较大区别。可以认为,定向凝固过程中液相中的对流是引起包晶合金定向凝固过程中组织演化异常复杂的一个主要原因。对流对包晶合金高 G/V 值定向凝固组织演化规律的影响主要是引起定向凝固过程中的溶质分布与纯扩散条件下相比发生明显变化,从而引起液相中的溶质富集或者局部富集而产生宏观偏析。宏观偏析的存在使定向凝固组织演化一直处于动态变化中而难以达到稳态。而在常见的定向凝固系统如 Bridgman 系统中,由于采用侧向辐射加热,将在试样中不可避免地引入径向温度梯度,从而使定向凝固试样界面前沿液相中产生对流,所以对有对流作用下的包晶合金定向凝固过程中的宏观偏析进行深入研究,对分析包晶合金定向凝固过程中的组织演化过程具有重要意义。

2. 对流条件下包晶合金定向凝固组织形态演化机制

以 Fe-Ni 包晶合金为例,定向凝固过程中轴向的宏观偏析主要表现形式是定向凝固初始形成单相初生相 α,而后出现两相过渡组织,如带状组织、岛状组织、振荡树状组织或两相复合组织,主要特征是 α 相体积分数逐渐减小,β 相体积分数逐渐增加,最后过渡到稳定的单相 β 生长。随合金成分和凝固条件的不同,单相 α 向单相 β 过渡区的组织演化规律非常复杂且重复性很差。

为了在理论上分析包晶合金定向凝固过程中宏观偏析的形成机制及对流的影响,利用溶质边界层模型和 Scheil 方程分别讨论在不同对流强度下包晶合金定向凝固过程中轴向的宏观偏析及组织形成规律[162,114]。

1) 强对流条件下包晶合金定向凝固组织形态演化

对于半无限长试样,当液相中的对流很强时,包晶合金定向凝固是不会形成周期性带状组织的。这是因为强对流消除了边界层效应,使得固-液界面前沿没有溶质富集。而对于有限长试样,当单相 α 以平界面凝固时,随着凝固距离 Z_s 增加,即固相分数 f_s 增加,液相中的溶质浓度逐渐增高,当增高到满足包晶相形成的浓度条件时,包晶相 β 形核,随后以单相继续凝固,直至凝固终了。

若液相中对流强度很大,液相中溶质分布均匀,则固相和液相的浓度可用 Scheil 方程

描述,即

$$C_S = k_0 C_0 (1 - f_S)^{k_0 - 1} \qquad \text{或} \qquad C_L = C_0 (1 - f_S)^{k_0 - 1}$$

参考该方程,可对包晶合金有限长试样定向凝固过程中液相中的溶质浓度分布和组织演化进行分析。图 2-119 为 Fe-4.1Ni 合金 80mm 试样在强对流条件下定向凝固过程中固相中溶质浓度随凝固距离的变化及相应的组织演化。由图可以看到,强对流条件下,有限长试样定向凝固过程中都将发生 α 到 β 的转变,形成 β 单带。

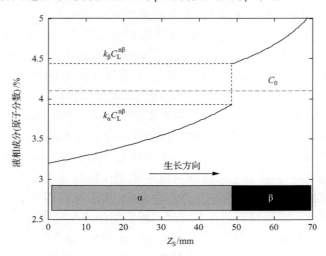

图 2-119　Fe-4.1Ni 合金强对流条件下定向凝固组织演化及液固两相中溶质浓度随凝固距离变化曲线

此外,利用 Scheil 方程对强对流情况下 Fe-Ni 包晶合金定向凝固过程中液相中的溶质分布情况进行计算,还可以对液相中的对流强度进行定性评估。图 2-120 所示为利用 Scheil 方程计算的三种包晶合金定向凝固过程中液相溶质浓度随凝固距离 Z_S,即固相分数 f_S 的变化曲线。图中平行于横坐标轴的虚线是对应于 $\Delta T_\beta = 0.3K$ 时 β 相在 α 相界面前沿形核时液相的临界成分。Scheil 方程与虚线的交点确定出 β 相在 α 相界面前沿形核,在图中将初生 α 相生长中断的临界固相分数 f_S 转化为临界距离 Z_S。临界距离 Z_S 其实就是初生相连续生长中断的距离 $Z_S^{\alpha 0}$,为了与实验结果进行对比,将实验结果中确定的初生 α 相连续生长的固相分数 $f_S^{\alpha 0}$ 归一为 $Z_S^{\alpha 0}$,$Z_S^{\alpha 0} = 80 \times f_S^{\alpha 0}$,其中 80 为理论计算选取的试样长度 80mm。随 ΔT_β 和合金成分的不同,β 相形核,初生 α 相生长中断的 $Z_S^{\alpha 0}$ 会发生变化。为了与实验结果相比较,将根据 Scheil 方程计算的 $Z_S^{\alpha 0}$ 及两种定向凝固实验得到的结果示于图 2-121 中(固相分数统一转化为定向凝固距离)。由图 2-121 可以得到如下结论。

（1）理论计算结果显示随着合金成分的增加,初生 α 相连续生长中断的 $Z_S^{\alpha 0}$ 逐渐减小。

（2）定向凝固过程中得到的 $Z_S^{\alpha 0}$ 都小于理论预测结果,这说明两种定向凝固方式中的对流强度要小于强对流传质的情况,界面前沿仍有溶质富集。

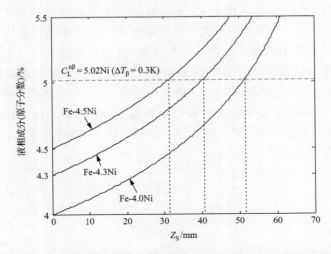

图 2-120　Fe-Ni 合金强对流条件下定向凝固过程中液相中溶质浓度随凝固距离变化曲线

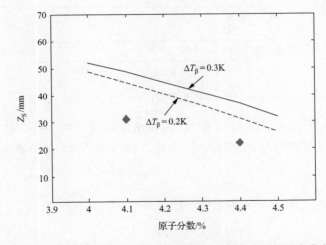

图 2-121　Fe-Ni 合金初生 α 连续生长的长度随合金成分的变化曲线

需要说明的是,在定向凝固过程中,由于径向偏析的存在,在试样边缘会形成部分 β 相,β 相的生长将"吸收"部分溶质,所以将减小液相中的溶质富集,这将引起实验中得到的 $Z_S^{\alpha 0}$ 偏高,所以在图 2-121 中标记的实验结果都是取自径向偏析比较小的试样。关于包晶合金径向宏观偏析形成将在下文中详细介绍。

2) 弱对流条件下包晶合金定向凝固组织形态演化

在实际定向凝固过程中,液相中的对流都是存在的,对流强度介于纯扩散和强对流传质之间。其中感应加热定向凝固更接近强对流条件,而电阻加热定向凝固更接近纯扩散条件。参考 Karma 等[188]利用溶质边界层模型,本节介绍利用溶质边界层模型针对 Fe-Ni 包晶合金定向凝固过程中的带状组织以及对流影响规律进行分析,并与实验结果进行对比。

假设一半无限长试样从右向左以速率 V 抽拉,如图 2-122 所示,可以建立这样一个坐标系:横坐标为距离 Z,纵坐标为成分 C,坐标原点位于界面前沿液相中温度为初生相 α 熔点 T_m^a 处。在纯扩散条件下,某一相固-液界面在 Z_0 处,界面固相溶质成分为 C_S',液相溶质成分为 C_L',界面前沿液相中溶质呈指数分布,直至初始成分 C_0,如图 2-122 虚线所示。当存在对流时,相界面液相溶质成分富集程度降低至 C_L,在界面前沿液相中有限长度 d 范围内,仍存在溶质的扩散,称为"扩散区(diffusive zone)";而在"扩散区"外,由于对流的作用,液相溶质均匀分布为 C_m,可称这段区域为"混合区(mixed zone)",如图 2-122 中实线所示。显然,"扩散区"长度 d 越大,对流越弱,反之,则对流越强。

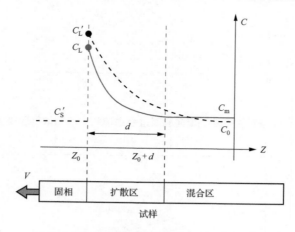

图 2-122　溶质边界层模型示意图[166,188]

　　对 $k_0 < 1$ 的合金,固相凝固向"扩散区"内排出的溶质与"扩散区"向液相中排出的溶质数量之差构成了"扩散区"内的溶质浓度变化。"扩散区"内溶质分布方程为

$$\frac{\partial C}{\partial t} = D \nabla^2 C + V \frac{\partial C}{\partial Z} \tag{2-206}$$

式中,D 为扩散系数。式(2-206)满足如下边界条件,即

$$V(t)(1-k_i)C_L^i(t) = D \frac{\partial C}{\partial Z}\bigg|_{Z=Z_0} \tag{2-207}$$

$$C(Z_0,t) = C_L^i \tag{2-208}$$

$$C(Z_0+d,t) = C_m(t) \tag{2-209}$$

式中,$V(t) = V + \dfrac{dZ_0}{dt}$ 为界面生长速率,上标 i 对应 α 或 β。

　　边界层溶质的浓度变化有指数分布形式,则方程(2-206)的通解应为[166,188]

$$C(Z,t) = a(t)\exp\left[\frac{Z_0(t)-Z}{l_0(t)}\right] + b(t) \tag{2-210}$$

式中,l_0 为特征扩散长度 D/V,$Z_0(t) \leqslant Z \leqslant Z_0(t)+d$。通过求解式(2-206)~式(2-210)可得

$$a(t) = [C_L^i - C_m(t)]/[1-\exp(-d/l_0)] \tag{2-211}$$

$$b(t) = C_m(t) - [C_L^i - C_m(t)]\frac{\exp[-d/l_0(t)]}{1-\exp[-d/l_0(t)]} \tag{2-212}$$

式(2-209)中, $Z_0(t)$、$l_0(t)$ 和 $C_m(t)$ 是三个独立的变量, 需要分别求解。通过对式(2-206)和式(2-207)的积分并加以简化, 分别得到

$$\frac{\mathrm{d}l_0}{\mathrm{d}t} = -f\frac{\mathrm{d}Z_0}{\mathrm{d}t}\frac{Gl_0}{m_i(C_L^i - C_m)} + g\left(\frac{D}{l_0} - V\right) \tag{2-213}$$

$$\frac{\mathrm{d}Z_0}{\mathrm{d}t} = \frac{D}{l_0(1-k_i)C_L^i}\frac{C_L^i - C_m}{1 - \exp(-d/l_0)} - V \tag{2-214}$$

$$\frac{\mathrm{d}C_m}{\mathrm{d}t} = \frac{V(C_m - k_iC_L^i)}{L_S - Z_S} \tag{2-215}$$

式中, k_i 为溶质平衡分配系数; m_i 为液相线斜率

$$f = \frac{1 - (d/l_0)\exp(-d/l_0)/[1 - \exp(-d/l_0)]}{1 - (d/l_0)^2\exp(-d/l_0)/[1 - \exp(-d/l_0)]^2}$$

$$g = \frac{1}{1 - (d/l_0)^2\exp(-d/l_0)/[1 - \exp(-d/l_0)]^2}$$

$Z_S = Z_0 - Z_0\mid_{t=0} + Vt$ 为离试样初始端的凝固距离; L_S 为试样长度。式(2-213)表示扩散长度向稳定生长速率发展中的时间变量, 式(2-214)表示相生长过程界面位置的变化; 式(2-215)表示随着凝固的进行,"混合区"内溶质成分的变化。

对于半无限长试样, 即 $L_S \to \infty$, 则 $C_m = C_0$, 并令 $\mathrm{d}l_0(t)/\mathrm{d}t = 0$ 和 $\mathrm{d}Z_0(t)/\mathrm{d}t = 0$, 通过求解式(2-213)~式(2-215), 可获得两相的稳态生长液相成分为

$$C_L^i = C_0/k_i' \tag{2-216}$$

式中, $k_i' = k_i + (1-k_i)\exp(-1/\lambda)$, 而 $\lambda = l_0/d$, 即纯扩散条件下稳态特征扩散长度 l_0 与扩散区长度的比值, 它反映对流的强弱。λ 越大, 对流强度越大, 当 λ 为 0 时即为纯扩散条件, 当 λ 为 ∞ 时即为强对流完全混合条件。

在带状组织形成过程中, 包晶相可以在初生相界面前沿形核的成分条件[166,188]为

$$C_0 \geqslant \left[k_\alpha + (1-k_\alpha)\exp(-1/\lambda)\right]\left(C_p + \frac{\Delta T_\beta}{m_\beta - m_\alpha}\right) \tag{2-217}$$

初生相可以在包晶相界面前沿形核的成分条件为

$$C_0 \leqslant \left[k_\beta + (1-k_\beta)\exp(-1/\lambda)\right]\left(C_p - \frac{\Delta T_\alpha}{m_\beta - m_\alpha}\right) \tag{2-218}$$

式(2-217)和式(2-218)确定了有对流时形成带状组织的成分范围。图 2-123 为根据式(2-217)和式(2-218)确定的半无限长 Fe-Ni 合金试样定向凝固过程中带状组织形成的"成分窗"随对流强度 λ 的变化曲线。图中浅色阴影区是包晶两相的过冷度 $\Delta T_\alpha = 0.1\mathrm{K}$、$\Delta T_\beta = 0.2\mathrm{K}$ 时的"成分窗", 而浅色区域内部包含的深色区域为 $\Delta T_\alpha = \Delta T_\beta = 0.3\mathrm{K}$ 时的"成分窗"。图中两条虚线间的区域为纯扩散条件下式(2-169)计算的 Fe-Ni 合金在 $\Delta T_\alpha = 0.1\mathrm{K}$、$\Delta T_\beta = 0.2\mathrm{K}$ 时的带状组织"成分窗"。通过图 2-123 可以清楚地总结出两条对流对带状组织形成的影响规律。

(1) 随对流强度的增加, 即随 λ 的逐渐增大, 带状组织的形成区间逐渐减小, 即对流的增加有减小包晶合金定向凝固过程中带状组织的形成趋势, 并且对于 $\Delta T_\alpha = \Delta T_\beta = 0.1\mathrm{K}$, 当 $\lambda > 1.7$ 时, 定向凝固过程中将不再形成带状组织; 对于 $\Delta T_\alpha = \Delta T_\beta = 0.3\mathrm{K}$, 当 $\lambda > 3.9$ 时, 就不再形成带状组织了(图 2-123)。

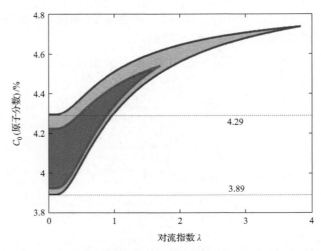

图 2-123　2Fe-Ni 合金半无限长试样中带状组织形成"成分窗"随 λ 变化曲线

浅色区域 $\Delta T_\alpha = 0.1K$，$\Delta T_\beta = 0.2K$，深色区域 $\Delta T_\alpha = \Delta T_\beta = 0.3K$

　　(2) 随着对流强度的增加,即 λ 值的增大,阴影区逐渐"上翘",显示随着对流强度的增加带状组织的"成分窗"将逐渐从亚包晶区域向过包晶区域移动,特别是当对流强度较大时,带状组织将只能在过包晶区域内形成。

　　为了与实验结果比较,需要计算给定长度试样定向凝固过程中相选择及溶质浓度分布。根据试样的实际长度 $L_s = 80mm$,以及上文确定的两相形核过冷度,$\Delta T_\alpha = 0.1K$,$\Delta T_\beta = 0.2K$,假设 λ=1.5,计算出 Fe-4.3Ni 合金定向凝固过程中的固-液界面处液相溶质浓度及熔体中混合区溶质浓度随凝固距离的变化曲线,如图 2-124 所示。图中平行于横坐标轴的阴影区是由式(2-217)和式(2-218)确定的半无限长试样带状组织形成的成分范围。由图可看出,对于有限长度试样,混合区内溶质成分 C_m 逐渐增大,当初始成分小于半无限长试样形成带状组织的成分范围(即在阴影区之下),当 C_m 经过阴影区时,界面处就会出现另一相的形核与生长,从而可能形成带状组织。而当 C_m 穿越阴影区后,带状组织的生长结束,转变为稳定的 β 相单相生长。只是已凝固出的 β 相内的溶质含量逐渐增加,形成了宏观偏析,如图 2-124 所示。

　　由此可见,在对流强度一定的情况下,包晶合金定向凝固过程中的组织演化过程取决于形成带状组织的成分区间及合金的原始成分。仍以图 2-124 为例说明,如果合金初始成分在阴影区之上,则 C_m 不经过阴影区,界面处就不会出现另一相的形核与生长,也就不会形成带状组织,这类合金定向凝固得到的组织是单相 β,且在 β 相内形成轴向宏观偏析,偏析程度可由式(2-210)~式(2-215)定量给出。而对于原始成分低于阴影区的包晶合金,随着凝固的进行,C_m 必将经过阴影区,这类合金都可能形成带状组织。C_m 停留在阴影区内的时间越长,相的交替形核与生长就更频繁,形成带状组织的带数越多。对于这类包晶合金,其组织演化为:初生单相 α→带状组织→单相 β,如图 2-124 中组织示意图所示。因此,在有对流情况下,对于有限长试样,能否形成带状组织以及形成带的个数取决于液相混合区溶质成分 C_m 是否经过半无限长试样形成带状组织的成分范围以及在里面停留时间的长短。

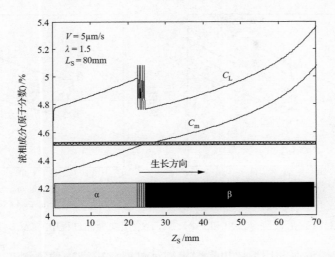

图 2-124　Fe-4.3Ni 合金定向凝固过程中固液界面处液相成分 C_L 及熔体混合区溶质浓度 C_m
随凝固距离 Z_S 的变化曲线

　　根据上述分析,可以对实验中观察到的带状组织的低稳定性、低重复性给出解释。由于定向凝固过程中的对流强度并不是固定的,强度和频率都可能发生变化,并且定向凝固存在各种成分和温度的扰动,因此就可能出现:①由于每次定向凝固实验过程中对流强度可能并不完全相同,其轻微的变化或者扰动都可能使带状组织形成的凝固距离和带的个数发生显著变化;②局部对流及溶质浓度和温度的扰动都可能使局部出现不该出现的带状组织或者使理论预测的带状组织消失。因此,可以说对流进一步增加了包晶合金定向凝固过程中组织演化的复杂性。

　　图 2-125 为 Fe-4.1Ni 和 Fe-4.4Ni 合金在不同对流强度下定向凝固过程界面处液相溶质浓度及液相混合区溶质浓度随凝固距离的变化曲线。由图可以看到,随着对流强度的增加,即随着 λ 从 2.0 增加到 3.3,Fe-4.1Ni 合金定向凝固过程中不再形成带状组织,如图 2-125(a)所示,只在凝固 40mm 左右时形成一个 β 带,转变为 β 单相生长。而对于 Fe-4.4Ni 合金,随着 λ 从 1.7 增加到 2.0,Fe-4.4Ni 合金定向凝固过程中也不再形成带状组织,如图 2-125(b)所示。

　　将计算结果与实验结果进行比较可以估算实验条件中的对流强度。Fe-4.1Ni 合金在感应加热定向凝固过程中可以形成完整的带状组织,由图 2-125(a)可知定向凝固过程的对流强度应满足 λ≤2.0,而对于 Fe-4.4Ni 合金在实验中所有的凝固速率范围内都未发现带状组织,由图 2-125(b)可知,对流强度应该满足 λ>1.7,这样就可以近似确定 Fe-Ni 合金在感应加热定向凝固炉中定向凝固时对流强度应满足 1.7<λ≤2.0 的条件,即界面前沿液相中的扩散区长度约为纯扩散条件下特征扩散长度 $l_d = D/V$ 的 1/2。

　　此外,对于 Fe-4.1Ni 合金,理论计算预测出现带状组织凝固距离为 38mm 左右,而实验中得到的结果是 31mm,二者还是比较吻合的;对 Fe-4.4Ni 合金来说,实验中发生 α-β 转变的凝固距离为 $Z_S=21$mm 左右,理论计算结果 $Z_S=18$mm,考虑到在发生 α-β 转变前在试样边缘由于径向偏析已经形成了部分 β 相,实验结果与理论计算结果的定量差距将

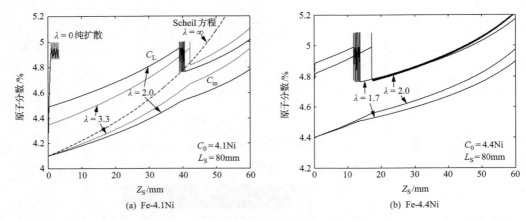

(a) Fe-4.1Ni　　　　　　　　　　　　　　　　　(b) Fe-4.4Ni

图 2-125　不同对流强度下 Fe-4.1Ni 和 Fe-4.4Ni 合金定向凝固过程中 C_L 及 C_m 随 Z_S 变化曲线

进一步缩小,这充分说明利用溶质边界层模型是可以比较准确地预测在对流强度较大时包晶合金定向凝固过程中的组织演化和宏观偏析形成规律的。

3. 包晶定向凝固径向宏观偏析及组织形态演化唯象模型

1) 包晶合金定向凝固径向宏观偏析

在包晶合金定向凝固过程中,可以观察到横向组织的明显差异,显然这是由试样在径向上存在宏观偏析所致。实验表明,一般在试样中心溶质浓度较低,易形成初生相 α,在试样边缘溶质浓度较高,易形成 β,在 α 相和 β 相中间则可能形成复杂的两相组织。以 Fe-4.3Ni-5μm/s 为例,试样中心溶质偏低,形成单相初生相 α,从中心向边缘逐渐富集溶质,形成 β 相岛状组织 β-IB、两相共生生长组织 PCG,最后过渡到单相 β,如图 2-126 所示。即使当定向凝固 G/V 值减小到初生相 α 以浅胞状界面生长时,这种径向的宏观偏析同样是存在的,如图 2-127 所示为 Fe-4.3Ni-10μm/s 试样定向凝固得到的组织,心部为浅胞状 α,边缘为单相 β,中间过渡区域为 α 相岛状组织。由此可见,在径向方向上,Fe-Ni 包晶合金定向凝固同样存在一个从单相 α 过渡到单相 β 的转变过程。

包晶合金定向凝固过程中径向的宏观偏析的主要表现形式是试样中心贫溶质形成初生相 α,边缘富集溶质形成包晶相 β($k<1$ 包晶系),α 与 β 相之间存在复杂过渡组织。而如果定向凝固固-液界面前沿液相中对流强度较大,液相中溶质浓度可以大范围混合均匀,径向宏观偏析程度反而降低,α 相向 β 相生长过渡过程简单,基本没有复杂过渡组织。

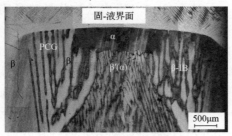

图 2-126　Fe-4.3Ni 合金 5μm/s 定向凝固固-液界面组织

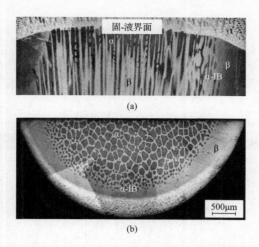

(a)

(b)

图 2-127　Fe-4.3Ni 合金 10μm/s 定向凝固组织

2）包晶定向凝固径向宏观偏析形成机制唯象模型

包晶两相振荡树状组织是包晶定向凝固径向宏观偏析的一个显著的组织体现。由于这种组织主要是在直径较大的试样中发现的，而直径较大的试样中的对流效应都很强[160]，所以 Trivedi 等[160]认为这种组织主要由对流引起。通过数值模拟[189]，根据定向凝固固-液界面前沿液相中对流的特性，将定向凝固分为三种情况[166]：①纯扩散条件，在纯扩散条件下定向凝固时，一个较窄的成分区间内会形成带状组织；②固-液界面前沿存在稳定的对流时，包晶两相之间界面会出现弯曲；③固-液界面前沿存在振荡对流时，振荡对流与包晶两相的液固相变之间的耦合作用将会产生在三维下相连的振荡层状组织，如图 2-128 所示为数值模拟再现的固-液界面前沿的振荡对流，图 2-129 所示为数值模拟得到的振荡对流引起包晶两相振荡树状组织形成示意图。

虽然通过数值模拟技术可以再现振荡对流引起振荡树状组织的形成过程，但是为了方便读者理解，下文将对包晶合金定向凝固过程中对流形成机制及径向宏观偏析形成机制进行唯象描述。

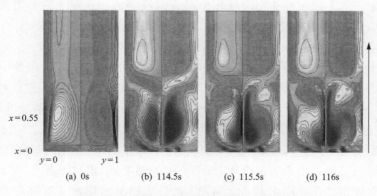

(a) 0s　　　　(b) 114.5s　　　　(c) 115.5s　　　　(d) 116s

图 2-128　数值模拟再现的固液界面前沿的振荡对流[41]

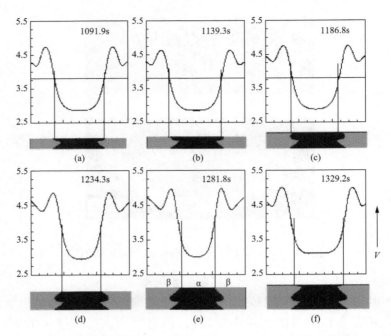

图 2-129　数值模拟得到的振荡对流引起包晶两相振荡树状组织形成示意图[189]

　　在包晶合金以较大 G/V 值定向凝固时，即初生 α 相保持以平界面凝固时，在定向凝固试样的径向上会形成比较严重的偏析[188]，对这种偏析的形成机制进行研究对分析包晶合金高 G/V 值定向凝固组织具有重要意义，同时对其他合金系的定向凝固也具有重要参考作用。

　　Trivedi 通过精细实验和数值模拟对定向凝固过程中的对流和径向偏析进行了深入研究[160]，指出对于竖直向上定向凝固系统，液相内的对流取决于液相内界面处密度梯度的正负。当排出的溶质的密度比溶剂大时，或者说界面处液相内的溶质浓度梯度为负时，径向温度梯度的存在将引起径向的偏析，当排出的溶质较轻时，界面处液相中的密度梯度是正的，由于双扩散不稳定性将引起液相中显著的液相流动。双扩散类对流引起径向溶质浓度均匀化，仅在接近容器壁时例外。下面结合 Bridgman 定向凝固的一些特点对 Fe-Ni 定向凝固过程中的径向偏析形成机制进行简单的唯象分析。

　　对于 Bridgman 定向凝固系统，由于采用侧向辐射加热，这将不可避免引起金属熔体边缘温度高，心部温度低，除非金属熔体的导热率极大，或者试样极细，这两种情况在实际的定向凝固系统是不常见的。因此可以说，由于 Bridgman 定向凝固系统的固有特点，将不可避免地在液相和固相中引起径向的温度梯度，如图 2-130（a）所示。对于绝大多数流体，其密度随温度的升高而降低，而金属熔体边缘的温度高，所以相对密度将降低，由于浮力的作用，边缘的熔体将沿着容器壁上升，而心部的温度低，相对密度大，所以心部的熔体将下沉，这样金属熔体在轴向上将产生环流，如图 2-130（b）所示。这种环流将会把熔体心部的溶质运输到边缘，对 Fe-Ni 合金而言，溶质 Ni 将被运输到熔体边缘，使边缘富集溶质 Ni，这样径向温度梯度就在金属熔体中产生径向的溶质浓度梯度，而 Ni 元素的富集将引起熔点的降低,这样将引起原来平直的固-液界面发生上凸,如图 2-130(c)和(d)所示。由于在熔体心部贫溶质 Ni,所以优先形成初生相 α,而边缘富集溶质 Ni,所以更容易形成包晶系 β,这样就会形成包晶合金定向凝固过程中常见的两相振荡(树状)组织,如图 2-130(e)所示,这种组织在两种定向凝固过程中都是很常见的。如果固-液界面前沿金属熔体中的径向溶质浓度梯度较大,即从试样中心向边缘溶质浓度变化范围较大,就可能在径向形成复杂的过渡组织,每种组织与局域内的溶质浓度相对应,这样就可能产生定向凝固过程中常见的径向复杂组织演化,如图 2-130(f)所示,这种组织在电阻加热定向凝固过程中是很常见的,而在感应加热过程中由于对流强度较大,径向溶质浓度梯度较小,径向复杂组织演化并不明显。

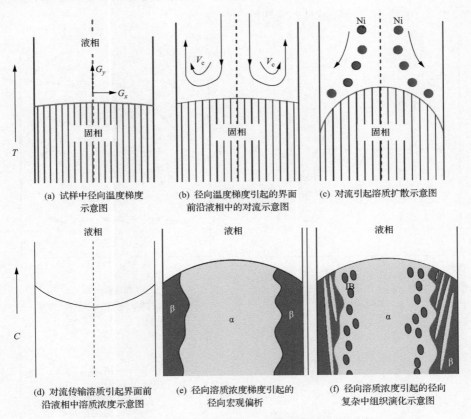

图 2-130　包晶合金定向凝固过程中径向宏观偏析形成机制示意图

需要说明的是,上述的讨论虽然是针对 Fe-Ni 这种排出溶质的密度大于溶剂的合金系,但是对于排出的溶质密度低于溶质的合金系,如 Pb-Bi,上述机制也是适用的,只是当密度较低的溶质被逐渐运输到边缘时,将进一步增加熔体边缘和心部的密度差,所以将加强金属熔体中的流动,可能出现双扩散对流[160],双扩散对流将使固-液界面前沿中的液相溶质混合均匀,减小径向溶质浓度梯度,这与实验结果是相吻合的。

关于振荡树状组织(图 2-95、图 2-130(e))的形成机制,Yasuda 等[190,191]认为其与带状组织、不完全带状组织在本质上是一致的,是包晶两相生长过程中界面温度和三相交接点周期性、动态运动的结果,他们给出了一种唯象的解释,图 2-130 是这种唯象模型的示意图,下面进行简要描述。

当包晶合金定向凝固以初生相 α 单相生长时,界面温度将逐渐向 T_S^α 降低以达到稳态,使 T_S^α 低于 T_p。而以包晶相 β 单相凝固时界面温度将向高于 T_p 的 T_S^β 升高。两相界面温度的变化如图 2-131(b)中 α 相和 β 相对应的箭头所示。然后考虑三相交接点处界面温度变化的运动,如图 2-131(c)所示,当界面温度高于包晶温度 T_p 时,α 相将"过生长",即生长到 β 相界面前沿。这是因为 β 相界面前沿的液相对 α 相是过冷的。当温度低于 T_p 时,β 相将"过生长",即生长到 α 相界面前沿。这意味着包晶两相并列生长对于外界扰动,如对流,是非常敏感的。因此,两相并列生长时界面温度变化和 β 相体积分数变化将沿图 2-131(b)中箭头方向呈逆时针周期性变化。

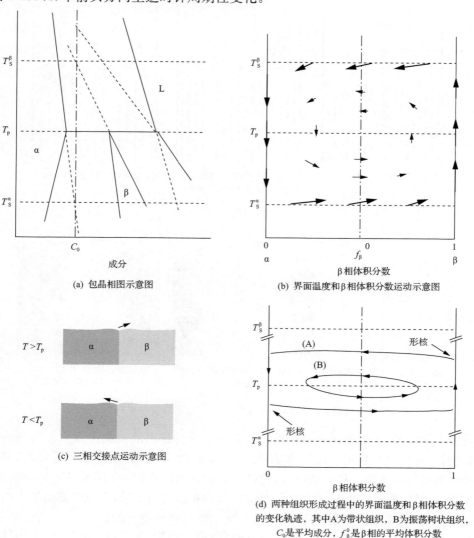

(a) 包晶相图示意图

(b) 界面温度和 β 相体积分数运动示意图

(c) 三相交接点运动示意图

(d) 两种组织形成过程中的界面温度和 β 相体积分数的变化轨迹,其中 A 为带状组织, B 为振荡树状组织, C_0 是平均成分, f_β^0 是 β 相的平均体积分数

图 2-131　包晶合金带状组织、振荡树状组织形成机制示意图[191]

　　Yasuda 等[190,191]认为,在包晶两相并列生长过程中,至少有一相相对于另一相一直处于过冷状态。这将引起包晶两相并列生长的不稳定,在以近似平界面生长过程中两相的界面温度、界面前沿的溶质成分都是不稳定的,造成三相交接点在两相生长过程中不是以近直线运动,而是以曲线运动,三相交接点的曲线运动造成了包晶两相的振荡界面,如图 2-130(c)和(e)所示。Yasuda 的分析结果[190,191]对带状组织、不完全带状组织和两相振荡树状组织形成过程中振荡界面轨迹的形成提供了一种唯象的解释,与相场模拟部分结果也基本一致。

2.7.4　包晶合金凝固理论研究展望

　　随着具有重要工程应用前景的 Ti-Al、Fe-Al、Ni-Al、Nd-Fe-B、Y/Nd-Ba-Cu-O、Co-Sm-Al 等包晶系先进材料的开发,包晶系材料的重要性日益凸显。由于本征脆性和结构特性,液态成形是这些材料制备过程中一个最常用的工艺过程,凝固过程对这些材料的最终性能产生重要影响。另外,近年来在包晶系凝固过程中发现了大量新奇的组织,这些组织的出现极大地促进了现有凝固理论的发展,同时也清楚地说明目前人们对包晶凝固过程认识的局限性。所以,对包晶凝固过程持续开展研究在工程和理论角度都具有重要意义。

　　近十年来,国内外对包晶定向凝固过程的研究取得了重要进展,对多种组织形态演化机制都有了深刻的认识,但是仍有很多问题尚未深入理解,主要集中在以下几个方面。

　　(1) 包晶两相中含有严格计量比的化合物包晶系的定向凝固组织演化。

　　(2) 非小平面系包晶合金和小平面系包晶合金包晶反应机制、热力学、动力学及其对组织形态演化、组织/性能的影响。

　　(3) 包晶凝固非平衡性引起的宏/微观偏析及其对组织形态演化及性能的影响。

参 考 文 献

[1] 师昌绪. 材料科学技术百科全书. 北京:中国大百科全书出版社,1995:20-56

[2] 傅恒志,郭景杰,刘林,等. 先进材料定向凝固. 北京:科学出版社,2008:32-64

[3] Buhler T,Fries S G,Spencer P J,et al. A thermodynamic assessment of the Al-Cu-Mg ternary system. Journal of Phase Equilibria,1998,19(4):317-333

[4] Hillert M. The compound energy formalism. Journal of Alloys and Compounds,2001,320(2):161-176

[5] Lupis C H P. Chemical Thermodynamics of Materials. New York:North-Holland,1983:263-294

[6] 陈国良,林均品. 有序金属间化合物材料. 北京:冶金工业出版社,1999:1-30

[7] 张永刚. 金属间化合物结构材料. 北京:国防工业出版社,2001:155-160

[8] 介万奇. 晶体生长原理与技术. 北京:科学出版社,2010:36-52

[9] 胡汉起. 金属凝固原理. 北京:机械工业出版社,2000:167-190

[10] Hecht U,Granasy L,Pusztai T,et al. Multiphase solidification in multicomponent alloys. Materials Science and Engineering,2004,46(1-2):1-49

[11] Dobler S,Lo T S,Plapp M,et al. Peritectic coupled growth. Acta Materialia,2004,52(9):2795-2808

[12] 陈福义,介万奇. Al-Cu-Zn 合金溶质分凝的热力学模型. 金属学报,2003(06):39-42

[13] 张瑞杰,王晓颖,介万奇. Al-Si-Mg 三元合金的溶质分凝及其对凝固过程的影响. 中国有色金属学报,2003, (06):164-168

[14] Chen K,Li Q. Solute redistribution model for multicomponent alloys during rapid solidification. Chinese Journal of Metal Science and Technology,1992,(8):305

[15] Qian M,Adibhatla S,Yi F,et al. Solute redistribution during solution treatment of cast Al-Si-Cu-Mg-Fe alloys. Pittsburgh:ASM International,2003:145-152

[16] Meurer B,Spencer P,Neuschutz D. Simulation of solidification of multicomponent alloys. Journal De Chimie Physique Et De Physico-Chimie Biologique,1997,94(5):889-893

[17] Grafe U,Bottger B,Tiaden J,et al. Simulations of the initial transient during directional solidification of multi-component alloys using the phase field method. Modelling and Simulation in Materials Science and Engineering, 2000,8(6):871-879

[18] Boettinger W J,Coriell S R,Greer A L,et al. Solidification microstructures:Recent developments,future directions. Acta Materialia,2000,48(1):43-70

[19] 周尧和,胡壮麒,介万奇. 凝固技术. 北京:机械工业出版社,1998:125-180

[20] Flemings M C. Solidification Processing. New York:McGraw-Hill Book Co,1974,126-156

[21] 陈长乐,陆福一. 二元合金非平衡凝固溶质分配的统计模型. 金属学报,1997,(5):455-460

[22] 介万奇. Hg$_{1-x}$Cd$_x$Te 生长中的溶质再分配及其对生长条件的限制. 功能材料,1995,(6):505-509

[23] 陈福义,介万奇. Al-Cu-Zn 合金微观偏析的实验和 Scheil 模型研究. 金属学报,2004,(6):106-110

[24] 傅恒志. 合金定向凝固过程中的非平衡问题//铸造高温合金文集编委会. 铸造高温合金论文集. 北京:铸造高温合金文集编委会,1984:20-36

[25] Kurz W,Fisher D. Fundamentals of Solidification. Fourth Revised Edition. Switzerland:Butterworths,1983: 133-165

[26] Hunziker O. Theory of plane front and dendritic growth in multicomponent alloys. Acta Materialia,2001, 49(20):4191-4203

[27] King K C,Voorhees P W,Olson G B,et al. Solute distribution around a coherent precipitate in a multicomponent alloy. Metallurgical Transactions a Physical Metallurgy and Materials Science,1991,22(10):2199-2210

[28] Brody H D. Simulation of solution treatment in multicomponent aluminum alloy castings. Journal of Metals, 2004,56(11):313

[29] Guo J,Samonds M T. Microporosity simulations in multicomponent alloy castings. Destin:Minerals,Metals and Materials Society,2003:303-310

[30] Trivedi R,Kurz W. Dendritic growth. International Materials Reviews,1994,39(2):49-74

[31] 傅恒志,毛协民,李建国. 液固相变中的界面形态选择. 材料研究学报,1994,8(3):209

[32] Bower T F,Brody H D,Flemings M C. Measurements of solute redistribution in dendritic solidification. Transaction of the Metallurgical Society of AIME,1966,236:624

[33] Sharp R,Flemings M. Solute redistribution in cellular solidification. Metallurical and Materials Transactions, 1974,5(10):823

[34] Burden M,Hunt J,Cryst J. Cellular and dendritic growth II. Journal of Crystal Growth,1974,22(2):109

[35] Laxmanan V. Dendritic solidification-II. A model for dendritic growth under an imposed thermal gradient. Acta Metallurgica,1985,33(6):1037-1049

[36] Fu H,Geng X,Li J,et al. Sub-high rate direction solidification. Science and Technology,1998(14):9-14

[37] Kurz W,Fisher D. Dendrite growth at the limit of stability:Tip radius and spacing. Acta Metallurgica,1981, 29(1):11-20

[38] Trivedi R,Cryst J. Theory of dendritic growth during the directional solidification of binary alloys. Journal of Crystal Growth,1980,49(2):219

[39] Elloitt R. Eutectic Solidification Processing:Crystalline and Glassy Alloys. London and Boston:Butterworths, 1983:133-165

[40] 王家炘. 金属的凝固及其控制. 北京:机械工业出版社,1983:24-65

[41] Kurz W,Fisher D. Dendrite growth in eutectic alloys:The coupled zone. International Materials Reviews,1979,24(1):177-204

[42] Hunt J D,Lu S Z,Hurle D. Handbook of Crystal Growth. Second B. Amsterdam:North-Holland,1994:23-56

[43] 胡汉起. 金属凝固原理,北京:机械工业出版社. 2000:56-70

[44] Shewmon P G. Transformations in Metals. New York:McGraw-Hill,1969:188

[45] Zener C. Kinetics of the decomposition of austenite. Transactions of AIME,1946,167:550

[46] Kurz W,Fisher D. Dendrite growth in eutectic alloys:The coupled zone. International Materials Reviews,1979,24(1):177-204

[47] Burden M,Hunt J,Cryst J. Cellular and dendritic growth II. Journal of Crystal Growth,1974,22(2):109

[48] 毕晓琴. 高梯度定向凝固 Cu-Cr 自生复合材料凝固组织与性能. 西安:西北工业大学博士学位论文,2003

[49] 弗莱明斯 M C. 凝固过程. 关玉龙,等译. 北京:冶金工业出版社,1981:60-95

[50] Mollard F,Flemings M C. Growth of composites from melt 2. Transactions of TMS-AIME,1967,239:1534

[51] Hunt J D,Jackson K A. The dendrite-eutectic transition. Transactions of AIME,1967,239(6):864

[52] Cline H E. Theory of the Lamellar Dendritic Transition in Eutectic Alloys. Transactions of AIME,1968(242):1613

[53] Strassler S,Scheider W R. Stability of Lamellar Eutectics. Condensed Matter Physics,1974(17):153

[54] Fisher D,Kurz W. Solidification and Casting of Metals. London:The Metals Society,1979:57

[55] Jackson K A,Hunt J D. Lamellar and rod eutectic growth. Transactions of the Metallurgical Society of AIME 1966,236:1129-1142

[56] Nash G E. A self-consistent theory of steady-state lamellar solidification in binary eutectic systems. Journal of Crystal Growth,1977,38(2):115

[57] Datye V,Langer J S. Stability of thin lamellar eutectic growth. Physical Review B,1981,24:4155

[58] Kurz W, Trivedi R. Eutectic growth under rapid solidification conditions. Metallurgical Transactions,1991,22(12):3015

[59] Series R W, Hunt J D, Jackson K A. The use of an electric analogue to solve the lamellar eutectic diffusion problem. Journal of Crystal Growth,1977,40(2):221-233

[60] Tassa M, Hunt J D. The measurement of Al-Cu dendrite tip and eutectic interface temperatures and their use for predicting the extent of the eutectic range. Journal of Crystal Growth,1976,34(1):38-48

[61] Borland S,Elliott R. Growth temperatures in Al-CuAl$_2$ and Sn-Cd eutectic alloys. Metallurgical Transactions A,1978,9(8):1063-1067

[62] Jordan R M, Hunt J D. The growth of lamellar eutectic structures in the Pb-Sn and Al-CuAl$_2$ systems. Metallurgical and Materials Transactions B,1971,2(12):3401-3410

[63] Hunt J D,Hurle D T. The structures of faceted/non faceted eutectics. Transactions of the Metallurgical Society of AIME,242:1043

[64] Verhoeven J D,Gibson E D. The dendrite-to-composite transition in off-eutectic Sn-Pb alloys. Metallurgical Transactions B,1973,4(11):2581-2590

[65] Hellawell A. The growth and structure of eutectics with silicon and germanium. Progress in Materials Science,1970,15(1):3-78

[66] Sato T,Sayama Y. Completely and partially co-operative growth of eutectics. Journal of Crystal Growth,1974,22(4):259-271

[67] Fisher D,Kurz W. A theory of branching limited growth of irregular eutectics. Acta Metallurgica,1980,28(6):777-794

[68] Pandey L,Ramachandrarao P. A model for lamellar eutectic solidification. Acta Metallurgica,1987,5(10):2549-2556

[69] 刘俊明. 铝硅共晶生长过程研究. 西安:西北工业大学博士学位论文,1989

[70] Jackson K A. Liquid Metals and Solidification. Cleveland:ASM,1958:60-78

[71] Jackson K A.　On the theory of crystal growth: Growth of small crystals using periodic boundary conditions. Journal of Crystal Growth,1968,3:507-517

[72] Cahn J W.　Theory of crystal growth and interface motion in crystalline materials.　Acta Metallurgica,1960,8(8): 554-562

[73] Temkin D E.　Molecular roughness of the crystal melt boundary crystallization processes//Sirota N N,Gorski F K,Vanikash V M.　Crystallization Processes.　New York:Consultants Bureau,1966:182-190

[74] Kerr H W,Winegard W C.　Crystal Growth.　H. Oxford:Pergamon Press,1976:179

[75] Croker M N,Fidler R S,Smith R W.　The characterization of eutectic structures//Proceedings of the Royal Society of Edinburgh,　Section A,1973,335:15-37

[76] Fidler R,Croder M,Smith R.　The thermodynamics and morphologies of eutectics containing compound phases. Journal of Crystal Growth,1972,13:739-746

[77] Kerr W, Lewis M.　Crystallographic relationships and morphologies of the Bi-Zn and Bi-Ag eutectic alloys. Journal of Crystal Growth,1972,15(2):117-125

[78] van Suchtelen J.　Philips for Schungs Laboratorium.　Holland:Einalhoven,1971:32-56

[79] Filonenko V A.　Relation between entropies of fusion of components and structure of binary eutectics.　Russian Journal of Physical Chemistry,1970,44(5):648

[80] Yu J,Zhang J,Fu H,Zhao J.　The characteristic of directionally solidified Ni-Nb hypo-eutectic alloy under high temperature gradient.　Journal of Materials Science and Technology,2001,17:97-98

[81] 于金江,张军,傅恒志,等.　亚共晶 Ni-Nb 合金定向凝固过程中初生相的析出行为. 金属学报,1999,35(2): 254-257

[82] Baragar D,Sahoo M,Smith R W.　Proceedings of Solidification and Casting of Metals.　London:Metals Society, 1979:120-146

[83] Massalski T B.　Binary alloy phase diagrams.　Cleveland:ASM,1986:23-45

[84] McCullough C,Valencia J J,Levi C G,et al.　Peritectic solidification of Ti-Al-Ta alloys in the region of γ-TiAl. Materials Science and Technology:A,1992,156(2):153-166

[85] Brooks J,Thompson A.　Microstructural development and solidification cracking susceptibility of austenitic stainless steel welds.　International Materials Reviews,1991,36(1):16-44

[86] Glardon R,Kurz W.　Solidification path and phase diagram of directionally solidified Co-Sm-Cu alloys.　Journal of Crystal Growth,1981,51(2):283-291

[87] Izumi T,Nakamura Y,Shiohara Y.　Crystal growth mechanism of $YBa_2Cu_3O_y$ superconductors with peritectic reaction.　Journal of Crystal Growth,1992,128:757-761

[88] 傅恒志,郭景杰,苏彦庆,等.　TiAl 金属间化合物的定向凝固和晶向控制. 中国有色金属学报,2003,13(4): 797-810

[89] Chalmer B.　Physical Metallurgy.　New York:Wiley,1959:129-401

[90] St John D H,Hogan L M.　A simple prediction of the rate of the peritectic transformation.　Acta Metallurgica, 1987,35(1):171-174

[91] St John D H,Hogan L M.　The peritectic transformation.　Acta Metallurgica,1977,25(1):71-81

[92] Gordon P.　Principles of Phase Diagrams in Materials Systems.　New York:McGraw-Hill,1968

[93] St John D H,Hogan L M.　Thermal analysis of peritectic alloys.　Journal of Materials Science,1982,17(8):2413- 2418

[94] Tiwari S,Malhotra S.　Heat of non-equilibrium solidification of lead-bismuth peritectic alloy.　Scripta Metallurgica et Materialia,1973,7(4):331-336

[95] Prince A.　Alloy Phase Equilibrium.　Amsterdam:Elsevier,1966:184-198

[96] 王家忻,黄积荣,林建生,等. 金属的凝固及其控制. 北京:机械工业出版社,1983:21-68

[97] Fredriksson H.　Solidification and casting of metals.　London:The Metals Society,1979:56-86

[98] 傅恒志,李新中,刘畅,等. Ti-Al 包晶合金定向凝固及组织选择. 中国有色金属学报,2005,15(4):495-505

[99] Tokieda K,Yasuda H,Ohnaka I. Formation of banded structure in Pb-Bi peritectic alloys. Materials Science and Engineering:A,1999,262:238-245

[100] Trivedi R. Theory of layered-structure formation in peritectic systems. Metallurgical and Materials Transactions A,1995,26(6):1583-1590

[101] 李双明,刘林,李晓历,等. 包晶合金定向凝固平界面前沿的形核分析. 金属学报,2004,40(1),20-26

[102] Karma A,Rappel Q,Fun B et al. Model of banding in diffusive and convective regimes during directional solidification of peritectic systems. Metallurgical and Materials Transactions A,1998,29(5):1457-1470

[103] Umeda J,Okane T,Kurz W. Phase selection during solidification of peritectic alloys. Acta Materialia,1996, 44(10):4209-4216

[104] Lee J,Verhoeven J. Peritectic formation in the Ni-Al system. Journal of Crystal Growth,1994,144:353-366

[105] Busse P,Meissen F. Coupled growth of the properitectic α- and the peritectic γ-phases in binary titanium aluminides. Scripta Materialia,1997,36(6):653-658

[106] Park J,Trivedi R. Convection-induced novel oscillating microstructure formation in peritectic systems. Journal of Crystal Growth,1998,187:511-515

[107] Vaudyoussefi M,Kerr M,Kurz W. Solidification microstructures:Recent developments,future directions. Acta Materialia,2000,48(1):43-70

[108] Hunziker O,Vandyoussefi M,Kurz W. Phase and microstructure selection in peritectic alloys close to the limit of constitutional undercooling. Acta Materialia,1998,46(18):6325-6336

[109] 郭景杰,李新中,苏彦庆,等. 定向凝固包晶合金带状组织的形成机制及相选择 II. 相选择. 金属学报,2005, 41(6):599-604

[110] 李新中. 定向凝固包晶合金相选择理论及其微观组织模拟. 哈尔滨:哈尔滨工业大学博士学位论文,2006:1-60

[111] 李新中,郭景杰,苏彦庆,等. 定向凝固包晶合金带状组织的形成机制及相选择 I. 带状组织的形成机制. 金属学报,2005,41(6):593-598

[112] Kerr H,Kurz W. Solidification of peritectic alloys. International Materials Reviews,1996,41(4):129-164

[113] 傅恒志,苏彦庆,郭景杰,等. 高温金属间化合物的定向凝固特性. 金属学报,2002,38(11):1127-1132

[114] Su Y Q,Liu C,Li X Z,et al. Microstructure selection during the directionally peritectic solidification of Ti-Al binary system. Intermetallics,2005,13:267-274

[115] Jackson K A,Hunt J D. Lamellar and rod eutectic growth. Transactions of the Metallurgical Society of AIME, 1966,236:1129-1142

[116] Chalmers B. Physical Metallurgy. New York:Wiley,1959:129-359

[117] Uhlmann D R,Chadwick G A. Undirectional solidification of melts producing the peritectic reaction. Acta Metallurgica,1961,9(9):835-840

[118] Livingston J D. Growth of duplex crystals. Materials Science and Engineering,1971,7(2):61-70

[119] Flemings M C. Solidification Processing. New York:McGraw-Hill,1974:177-179

[120] Kurz W,Sahm P R. Gerichtet Erstarrte Eutektische Werkstoffe. Berlin:Springer,1975:140-141

[121] Boettinger W. The structure of directionally solidified two-phase Sn-Cd peritectic alloys. Metallurgical Transactions B,1974,5(9):2023-2031

[122] Dobler S,Lo T S,Plapp M,et al. Peritectic coupled growth. Acta Materialia,2004,52:2795-2808

[123] Karma A,Plapp M. New insights into the morphological stability of eutectic and peritectic coupled growth. Journal of Metals,2004,4:28-32

[124] Pfann W G. Temperature gradient zone melting. Transactions of AIME,1955,203:961-964

[125] Tiller W A. Migration of a liquid zone through a solid. Part I. Journal of Applied Physics,1963,34(9):2757-2762

[126] Pfann W G. Cumulate maturation and melt migration in a temperature gradient. American Journal of Science,1926, (211):126-132

[127] Rettenmayr M. Melting and remelting phenomena. International Materials Reviews,2009,54:1-17

[128] Lograsso T A,Hellawell A. Temperature gradient zone melting:Approach to steady state. Journal of Crystal Growth,1984,66:531

[129] Beech J. The formation of solute depleted bands in aluminum-gold alloys. Journal of Crystal Growth,1984,67: 385

[130] Allen D J,Hunt J D. Melting during solidification. Metallurgical and Materials Transactions A,1976,7:767-770

[131] Nguyen T H,Drevet B,Debierre J M,et al. Preparation of the initial solid-liquid interface and melt in directional Solidification. Journal of Crystal Growth,2003,253(1-4):539-548

[132] Nguyen T H,Reinhart G,Buffet A,et al. In situ and real-time analysis of TGZM phenomena by synchrotron X-ray radiography. Journal of Crystal Growth,2008,310(11):2906-2914

[133] Buchmann M,Rettenmayr M. Microstructure evolution during melting and resolidification in a temperature gradient. Journal of Crystal Growth,2005,284(3-4):544-553

[134] Bösenberg U,Buchmann M,Rettenmayr M. Initial transients during solid/liquid phase transformations in a temperature gradient. Journal of Crystal Growth,2007,304(1):281-286

[135] Su Y Q,Liu D M,Li X Z,et al. Preparation of the initial solid-liquid interface and melt in directional solidification of Al-18 at%Ni peritectic alloy. Journal of Crystal Growth,2010,312:2441-2448

[136] Liu D M,Su Y Q,Li X Z,et al. Influence of thermal stabilization on the solute concentration of the melt in directional solidification. Journal of Crystal Growth,2010,312:3658-3664

[137] Bogno A,Nguyen Thi H,Buffet A, et al. Analysis by synchrotron X-ray radiography of convection effects on the dynamic evolution of the solid-liquid interface and on solute distribution during the initial transient of solidification. Acta Materialia,2010,59:4356-4365

[138] Assadi H,Shirzadi A A,Wallach E R. Transient liquid phase diffusion bonding under a temperature gradient: Modelling of the interface morphology. Acta Materialia,2001,49:31

[139] Shirzadi A A,Wallach E R. Analytical modelling of transient liquid phase(TLP) diffusion bonding when a temperature gradient is imposed. Acta Materialia,1999,47:3551

[140] Jabbareh M A,Assadi H. Modelling of microstructure evolution in transient-liquid-phase diffusion bonding under temperature gradient. Scripta Materialia,2009,60:780

[141] Boettinger W J,Coriell S R,Greer A L,et al. Solidification microstructures:Recent developments,future directions. Acta Materialia,2000,48:43

[142] Lo T S,Dobler S,Plapp M,et al. Two-phase microstructure selection in peritectic solidification:From island banding to coupled growth. Acta Materialia,2003,51(3):599-611

[143] Asta M,Beckermann C,Karma A,et al. Solidification microstructures and solid-state parallels:Recent developments, future directions. Acta Materialia,2009,57(4):941-971

[144] Lopez H F. Analysis of solute segregation effects on the peritectic transformation. Acta Metallurgica et Materialia,1991,39:1543

[145] Das A,Manna I,Pabi S K. A numerical model of peritectic transformation. Acta Materialia,1999,47:1379

[146] Das A,Manna I,Pabi S K. An analytical model for peritectic transformation with experimental verification. Scripta Materialia,1997,36(8):867-874

[147] Ha H P,Hunt J D. A numerical and experimental study of the rate of transformation in three directionally grown peritectic systems. Metallurgical and Materials Transactions A,2000,31(1):29-34

[148] Sha G,O'Reilly K A Q,Cantor B,et al. Quasi-peritectic solidification reactions in 6xxx series wrought Al alloys. Acta Materialia,2003,51(7):1883-1897

[149] Favez D,Wagniere J D,Rappaz M. Au-Fe alloy solidification and solid-state transformations. Acta Materialia, 2010,58(3):1016-1025

[150] Boussinot G,Brener E A,Temkin D E. Kinetics of isothermal phase transformations above and below the

peritectic temperature：Phase-field simulations. Acta Materialia,2010,58(5):1750-1760

[151] Munekazu O,Kiyotaka M. Diffusion-controlled peritectic reaction process in carbon steel analyzed by quantita-tive phase-field simulation. Acta Materialia,2010,58:1750

[152] Massalski T B,Okamoto H,Subramanian P R,et al. Binary Alloy Phase Diagrams. 2nd Edition. Cleverland：ASM International,1990

[153] Hillert M. Solidification and casting of metals. London：The Metals Society,1979:175-178

[154] Liu S,Trivedi R. Effect of thermosolutal convection on microstructure formation in the Pb-Bi peritectic system. Metallurgical and Materials Transactions A,2006,37(11):3293-3304

[155] Trivedi R,Park J S. Dynamics of microstructure formation in the two-phase region of peritectic systems. Journal of Crystal Growth,2002,235(1-4):572-588

[156] 王猛. Zn-Cu 包晶合金定向凝固组织及相选择. 西安：西北工业大学博士学位论文,2002:30-68

[157] Baker N J W,Hellawell A. The peritectic reaction in the system Pb-Bi. Materials Science and Technology,1974,8(1):353-356

[158] Brody H D,David S A. Solidification and casting of metals. Sheffield：The Metals Society,1979:144-151

[159] Boettinger W J. The structure of directionally solidified two-phase Sn-Cd peritectic alloys. Metallurgical Trans-actions,1974,5(9):2023-2031

[160] Trivedi R,Miyahara H,Mazumder P,et al. Directional solidification microstructures in diffusive and convective regimes. Journal of Crystal Growth,2001,222(1/2):365-379

[161] Park J S,Trivedi R. Convection-induced novel oscillating microstructure formation in peritectic systems. Journal of Crystal Growth,1998,187(3-4):511-515

[162] 骆良顺. Fe-Ni 包晶合金定向凝固过程中的组织演化规律. 哈尔滨：哈尔滨工业大学博士学位论文,2008:32-98

[163] 骆良顺,王新,苏彦庆,等. 基于连续切片的三维重构技术在材料凝固组织研究中的应用. 材料导报,2010,24(5):1-5

[164] Lo T S,Dobler S,Plapp M,et al. Two-phase microstructure selection in peritectic solidification：From island banding to coupled growth. Acta Materialia,2003,51(3):599-611

[165] Lo T S,Karma A,Plapp M. Phase-field modeling of microstructural pattern formation during directional solidifi-cation of peritectic alloys without morphological instability. Physical Review E,2001,6303(3):031504

[166] Mazumder P,Trivedi R,Karma A. A model of convection-induced oscillatory structure formation in peritectic alloys. Metallurgical Transactions A,2000,31(4):1233-1246

[167] Trivedi R,Shin J H. Modelling of microstructure evolution in peritectic systems. Materials Science and Engineering A,2005,413-414:288-295

[168] Uhlmann D R,Chadwick G A. Unidirectional solidification of melts producing the peritectic reaction. Acta Metallurgica,1961,9(9):835-840

[169] Livingston J D. Growth of deplex crystals. Materials Science and Engineering,1971,7(2):61-70

[170] Kurz W,Sahm P R. Gerichtet Erstarrte Eutektische Werkstoffe. Berlin：Springer-Verlag,1975:120-141

[171] 傅恒志,骆良顺,苏彦庆,等. 包晶合金定向凝固中的共生生长. 中国有色金属学报,2007,17(3):349-359

[172] Dobler S,Lo T S,Plapp M,et al. Peritectic coupled growth. Acta Materialia,2004,52(9):2795-2808

[173] Su Y Q,Luo L S,Li X Z,et al. Well-aligned in situ composites in directionally solidified Fe-Ni peritectic system. Applied Physics Letters,2006,89:231918

[174] Jackson K A,Hunt J D. Lamellar and rod eutectic growth. Transactions of the Metallurgical Society of AIME,1966,236:1129-1142

[175] Busse P,Meissen F. Coupled growth of the properitectic α- and the peritectic γ-phases in binary titanium aluminides. Scripta Materialia,1997,36(6):653-658

[176] Lee J H,Verhoeven J D. Peritectic formation in the Ni-Al system. Journal of Crystal Growth,1994,144(3/4):353-366

[177] Vandyoussefi M,Kerr H W,Kurz W. Two-Phase Growth in Peritectic Fe-Ni Alloys. Acta Materialia,2000,

48(9):2297-2306

[178] Langer J S, Gollub J P. Pattern formation in nonequilibrium physics. Reviews of Modern Physics, 1999, 71(2): S396-S403

[179] Akamatsu S, Plapp M, Fairvre G, et al. Pattern stability and tri-junction motion in eutectic solidification. Physical Review E, 2002, 66: R030501

[180] Luo L S, Su Y Q, Guo J J, et al. A simple model for lamellar peritectic coupled growth with peritectic reaction. Science in China Series G-Physics Mechanics & Astronomy, 2007, 50(4): 442-450

[181] Su Y Q, Luo L S, Guo J J, et al. Spacing selection of cellular peritectic coupled growth during directional solidification of Fe-Ni peritectic alloys. Journal of Alloys and Compounds, 2009, 474(1-2): L14-L17

[182] Warren J A, Langer J S. Prediction of dendritic spacings in a directional-solidification experiment. Physical Review E, 1993, 47(4): 2702-2712

[183] Kurz W, Fisher D F. Fundamentals of Solidification. Pfaffikon: Trans Tech Publications Ltd, 1989: 19-100

[184] Hunt J D, Lu S Z. Numerical modeling of cellular/dendritic array growth: Spacing and structure predictions. Metallurgical Transactions A, 1996, 27(3): 611-623

[185] Kurz W, Giovanola B, Trivedi R. Theory of microstructural development during rapid solidification. Acta Metallurgical, 1986, 34(5): 823-830

[186] Luo L S, Su Y Q, Guo J J, et al. Producing well aligned in situ composites in peritectic systems by directional solidification. Applied Physics Letters, 2008, 92(6): 061903

[187] Bower T F, Brody H D, Flemings M C. Solute redistribution in dendritic solidification. Transactions of AIME, 1966, 236: 624-631

[188] Karma A, Rappel W J, Fuh B C, et al. Model of banding in diffusive and convective regimes during directional solidification of peritectic systems. Metallurgical Transactions A, 1998, 29(5): 1457-1470

[189] Mazumder P, Trivedi R. Novel pattern forming process due to the coupling of convection and phase change. Physical Review Letters, 2002, 88(23): 235507

[190] Tokieda K, Yasuda H, Ohnaka I. Formation of banded structure in Pb-Bi peritectic alloys. Materials Science and Engineering: A, 1999, 262(1/2): 238-245

[191] Yasuda H, Notake N, Tokieda K, et al. Periodic structure during unidirectional solidification for peritectic Cd-Sn alloys. Journal of Crystal Growth, 2000, 210(4): 637-645

第 3 章　定向凝固晶体生长取向与界面各向异性

3.1　晶体取向与材料各向异性

凝固组织形成或形态选择过程是长期以来人们研究的一个重要课题。不同的组织形态具有不同的力学性能、物理性能及电学性能。然而组织形成除了受凝固条件的控制,还主要受系统内在特性的影响。在多数情况下,这种系统内在特性对组织形成过程的影响程度还同时受外加凝固条件的制约。系统内在特性的一个重要表现即为液-固界面的各向异性。对于合金以及大多数结构和功能材料,如高温合金、钛铝合金、超导材料、光纤材料等,界面各向异性对其组织形成往往具有决定性影响。

晶体取向是定向凝固材料的一个重要物理量,它与定向凝固主热流方向一起决定了晶体生长的方向,从而影响晶体的力学性能。由于晶体取向既与材料本身的结构特性有关,又受定向凝固过程中温度梯度(G)、抽拉速率(V)等参数的影响,十分复杂[1,2]。一般来讲,材料多是各向异性的,不同的晶体取向往往具有不同的性能,很多材料最优的物理力学性能方向并不一定是晶体生长的择优取向。例如,Nd-Fe-B 永磁合金晶体择优生长方向与易磁化方向成 90°角[3,4]。TiAl 合金 α 相按择优取向⟨0001⟩生长时其最终形成的γ片层结构取向与加载方向垂直,力学性能最差[5,6]。这些都要求在定向凝固过程中除了控制相和组织的竞争选择外,还必须精确调节和控制晶体的生长方向,使具有最佳性能而非择优生长的晶向转变成为与热流方向一致的生长方向[7-9]。

镍基单晶合金不同于其他高温合金的最重要特点为其力学性能的晶体取向相关性,例如,相同应力和应变水平时,不同晶体取向的蠕变和疲劳寿命可能相差数倍、数十倍、数百倍[10,11]。图 3-1 说明,当材料的⟨001⟩方向与试样轴向发生很小的偏离时,就会导致高温合金抗蠕变性能明显下降,寿命分散。不仅如此,迄今,镍基单晶叶片的轴向设计为[001]晶向,其他两个取向并不要求控制。在叶片合格性检验时,也仅要求晶体取向[001]对轴向(z 轴)的偏离必须小于某个角度,如 5°或 10°。因此,镍基单晶叶

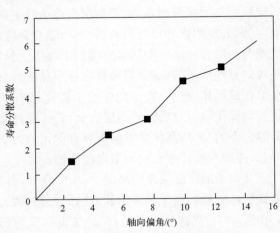

图 3-1　轴向偏角对蠕变寿命的影响

片的横向两个方向的晶体取向事实上处于某种程度的随机状态。

表 3-1 是垂直于轴向⟨001⟩的横截面上⟨100⟩及⟨010⟩晶向取向随机性带来的影响。

若⟨100⟩及⟨010⟩与叶片横截面的 x 及 y 轴的夹角不加以控制，则会给使用寿命带来巨大影响，可从约 6000h 降至 1100h。

表 3-1　取向随机性带来的影响

参数	夹角/(°)						
	0	15	30	45	60	75	90
强度储备系数	1.25	1.31	1.13	1.21	1.13	1.31	1.25
寿命/h	4807	6103	3146	1109	3146	6103	4803

图 3-2 是两种镍基单晶合金的弹性模量和晶体学取向之间的关系。由图可以看出，在各种温度下⟨111⟩晶向的弹性模量均高于⟨001⟩晶向，与之相应的是⟨111⟩晶向的低周疲劳寿命远低于⟨001⟩（图 3-3）。

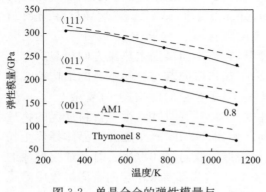

图 3-2　单晶合金的弹性模量与晶体学取向和温度之间的关系[3]

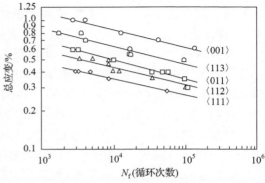

图 3-3　单晶高温合金的 LCF 寿命与取向的关系（982℃）[3]

从材料的服役出发，人们要求构件承载主应力方向应是具有最佳力学性能的晶体方向。例如，对用作叶片材料的 Ni 基高温合金应是⟨001⟩晶向，它具有择优的抗高温蠕变与抗疲劳的综合性能。但从定向凝固中晶体生长特性来看，给定组织的晶体生长方向也多是各向异性的，只有那些界面具有最小晶面能、最大界面粗糙度、最大界面扩散系数与最小熔化熵的相应晶向在定向生长中耗能最小，称为 Easy Growth Direction 的晶体方向，认为是择优取向。对镍基高温合金而言，晶体生长的择优取向被确认为是⟨001⟩。显然，高温合金的⟨001⟩晶体学方向既具有优化的力学性能，又是最适合生长的择优取向，两者得兼，遂成为叶片生长控制取向的依据。

又如当前广泛关注的高温 γ-TiAl 合金，当其 γ 片层方向与主承载方向一致时其抗高温蠕变性能就远高于偏离承载方向的材料，而为获得精确可控的片层取向，必须有效控制 α 相的⟨0001⟩晶体生长方向[7,8]。这也就成为利用定向凝固技术控制初生 α 相的晶体生长取向，继而控制 γ 片层取向的重要课题。

凝固组织的各向异性显然与材料在定向凝固中界面的稳定性和生长速率的各向异性有关，此前所讨论的界面稳定性的动力学理论适用于生长速率各向同性的凝固系统，如常用金属或合金的熔体生长系统。如果考虑化合物相及具有小平面特性的生长系统，就必须考虑生长速率的各向异性。生长速率的各向异性系数正如之前所述是关于某特定晶向的单位偏离所引起的单位生长速率的变化。

生长速率的各向异性系数可以从理论上去估计，也可以通过实验求得。对熔体中的晶体生长，迄今没有实验测量数据，但一般来讲，具有高熔化熵的材料，其各向异性较强，它们的低指数晶面和高指数晶面生长速率的差值远大于低熔化熵、各向异性较低的材料。表 3-2 是 Jackson 估算的生长速率系数与无量纲熔化熵的关系，可以看出熔化熵小于 2 与大于 2 的生长速率系数有几倍甚至超过几百倍的差别。

表 3-2　简单立方二维晶体的生长速率系数 k_{hkl} 与熔化熵之间的关系

无量纲熵 α	k_{100}	k_{111}	k_{111}/k_{100}
1	0.2	0.1	0.5
5	0.007	0.01	1.4
10	0.000005	0.0001	20

3.2　定向凝固中的界面各向异性

凝固过程中的界面各向异性现象早在 20 世纪 60 年代就已开始研究[1,12]，但直到 80 年代中后期才有所发展[2,13]，而这些发展也主要限制在数学的理论推导上，还未能和实验很好地联系起来。理论上也还没有形成完整的体系，甚至对界面的各向异性还不能进行准确的分类或不能给出科学的定义。例如，界面分子动力学各向异性和结晶学各向异性的内在联系或差异；界面各向异性对界面形态选择过程影响的非线性分析等。因此概括地说，凝固过程中的界面各向异性在理论上还仅处于初级的线性或弱非线性分析阶段，对其发生作用的本质还缺少准确认识。在实验上，对粗糙界面和光滑界面的结构已有较明确的认识，但对这两种类型界面的各向异性特性还没有客观的评价。传统的观点认为，粗糙界面是各向同性界面，光滑界面为各向异性界面。然而在具有粗糙界面合金定向凝固过程中的大量实验[14-16]已表明，它们的界面分子动力学或结晶学特性具有明显的各向异性。所有这些事实说明，界面各向异性特性存在于几乎所有的凝固过程中，并对系统的形态选择和界面稳定性产生重要影响。

应该指出，界面各向异性包括固-液界面自由能或界面张力的各向异性，以及界面分子动力学或界面结晶学各向异性。这几类界面各向异性之间存在怎样的联系，在处理凝固问题时是否能够用一种代替另一种，目前还没有一致的看法。本书后面的讨论对界面能各向异性和界面张力各向异性不加区别；界面分子动力学各向异性和界面结晶学各向异性不加区别。Coriell 和 Sekerka 在 Gibbs Thomson 条件中引入界面张力各向异性，这样能够直观地看到，不同取向界面局部张力长度发生变化，从而对界面稳定性产生影响。Coriell 和 Sekerka[17] 以及 Young 等[18] 对界面动力学各向异性的研究表明，扰动波除了沿垂直界面传播，还存在一个沿平行界面传播的平行波，而后者造成胞状生长方向偏离热流方向。以上结论仅在线性或弱非线性范围适用。目前还难以对界面各向异性进行完全的非线性分析。为讨论方便，这里仅考虑二维情况。

1. 界面能(界面张力)各向异性

设 d 为界面张力长度,则有

$$d = d_0 f(\theta) \tag{3-1}$$

式中,θ 为界面外法线与界面推进方向(定向凝固中即为主热流方向)夹角(图 3-4)[20];$f(\theta)$ 为描述界面张力各向异性的函数,$f(\theta)$ 值取决于晶体方向;d_0 为界面张力各向同性($f(\theta)=1$)时的界面张力长度。

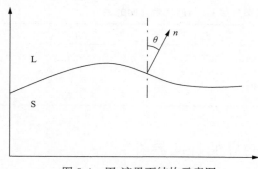

图 3-4　固-液界面结构示意图

通过 Gibbs-Thomson 条件引入界面张力各向异性对界面温度 T_1 的影响为[19]

$$T_1 = T_m + mC_1 - \Gamma K \tag{3-2}$$

式中,T_m 为纯熔体凝固温度;m 为相图液相线斜率;C_1 为界面处溶质含量;K 为界面曲率;Γ 为 Gibbs-Thomson 系数,此处 $\Gamma = d\,\Delta T_0$。在近平衡凝固条件下,利用 Mullins-Sekerka[21,22] 界面稳定性扰动分析,可以得到平界面稳定性判据为

$$G \geqslant mG_c - \frac{kdV^2}{D^2} f(\theta) \tag{3-3}$$

式中,$G_c = -(V/D)\Delta C$ 为界面前沿浓度梯度;m 为液相线斜率;k 为平衡溶质分配系数。根据式(3-3),界面张力项对界面具有稳定作用,作用的大小取决于界面各向异性函数 $f(\theta)$。

枝晶凝固时,界面张力各向异性同样通过式(3-2)形式对枝晶形态选择和枝晶生长稳定性产生影响。Kessler 等对热扩散控制的枝晶凝固过程,通过界面张力项引入 $f(\theta)$ 函数,获得的固-液界面形状位置的二维演化方程为[13,23]

$$\Delta - d_0 f(\theta) K = \int dx' dt' \cdot G(\boldsymbol{x}, \boldsymbol{t} \mid x', t') \cdot v_n(x', t') \tag{3-4}$$

式中,Δ 为界面过冷度;$\boldsymbol{x}$ 代表界面位置矢量;$\boldsymbol{t}$ 为时间向量;$G(\boldsymbol{x}, \boldsymbol{t} \mid x', t')$ 为 Green 函数;v_n 为界面法向生长速率。该式说明了不同界面位置,法向生长速率与界面过冷度、曲率及界面张力各向异性之间的关系。根据这个二维演化方程,Kessler 得出结论,界面张力各向异性不仅有助于单值确定枝晶尖端生长速率,对枝晶的形态选择和稳定性也有重要影响。通过 Kessler 对非稳态枝晶凝固过程的研究,可以看出界面张力各向异性对形成规则枝状晶的必要性。然而目前较成熟的稳态凝固理论几乎都忽略了液-固界面的这种特性。尽管如此,Kessler 的研究也并没有完全解决界面的各向异性问题。由于数学上的复杂性,Kessler 模型还难以获得关于界面各向异性对非稳态凝固过程影响的明晰的数学表达式,并由于界面各向异性参数尚无法准确测量,对 Kessler 结果也难以进行定量的实验验证。

在处理溶质扩散控制的枝晶生长问题时,界面张力各向异性可以通过界面浓度局部平衡关系产生影响,即

$$C_l = \Delta C - d_0 f(\theta) K \tag{3-5}$$

式中,C_l 为界面处溶质浓度分布;ΔC 为界面液固相浓度差。Saito 等[24] 利用式(3-5)引入界面张力各向异性,进行数值研究。结果表明,枝晶生长速率及枝晶形态在很大程度上受到界面各向异性的影响。Saito 关于界面各向异性的研究虽然说明了枝晶凝固过程中存在固-液界面各向异性的普遍性,但研究方法也同样存在前述难以解决的问题。

综上所述可以看到,对于枝晶凝固过程,普遍存在固-液界面的各向异性;在研究凝固问题时,界面张力各向异性可以通过 Gibbs-Thomson 条件或温度场 T_l 与浓度场 C_l 引入凝固模型,界面张力各向异性对界面形态演化过程及界面稳定性都具有重要影响。

2. 界面能(界面张力)各向异性函数

各向异性界面张力相对 θ 呈周期性变化,一般假定 $f(\theta)$ 具有如下形式[13,24,25]:

$$f(\theta) = 1 \pm \varepsilon_m \cos(m\theta) \tag{3-6}$$

式中,ε_m 为各向异性强度(对于立方晶体,$m=4$),正负号分别表示浓度扩散控制的凝固过程和温度扩散控制的凝固过程。用 Gibbs-Thomson 条件可分别表示为

$$T_l = T_l^e - \Delta T - d_0 K (1 - \varepsilon_4 \cos 4\theta) \tag{3-7}$$

$$C_l = C_l^e - \Delta C - d_0 K (1 + \varepsilon_4 \cos 4\theta) \tag{3-8}$$

式中,T_l 和 C_l 为界面实际温度及成分;T_l^e 和 C_l^e 为平衡界面温度及成分;ΔT 为非平衡界面生长过冷度;ΔC 为相应非平衡界面溶质浓度差。在考虑界面各向异性情况下,加进第三项,但这里只考虑了张力各向异性。

当 θ 为 0 或 $\pi/2$ 偶数倍时(对应择优取向),$f(\theta)$ 具有极小值式(3-7)或极大值式(3-8);当 θ 为 $\pi/4$ 的奇数倍时(对应〈110〉晶向),$f(\theta)$ 具有极大值 $1+\varepsilon_4$ (式(3-7))或极小值 $1-\varepsilon_4$ (式(3-8))。图 3-5 为式(3-6)表示的界面张力各向异性极图。各向异性的大小取决于强度系数 ε_4。当 $\varepsilon_4 = 0$ 时,$f(\theta) = 1$,对应各向同性界面。式(3-7)和式(3-8)成为各向同性界面温度或浓度的 Gibbs-Thomson 条件,并对应图 3-5 的单位圆。界面各向异性越强烈,ε_4 越大,则 $f(\theta)$ 极图和单位圆偏离越显著。

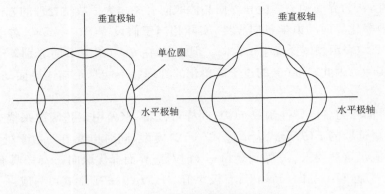

图 3-5　各向异性界面张力极图

为了正确描述界面的物理特性,对于界面前沿凸出的胞晶或枝晶尖端,在式(3-7)和

式(3-8)所示的 Gibbs-Thomson 关系中，K 定义为正值；而在胞谷或枝晶间凹陷处，K 应为负值，即负的曲率。

为了分析和处理的方便，$f(\theta)$ 可以假设为如下函数形式[26]，即

$$f(\theta) = 1 + \alpha(1 - \cos 4\theta) \tag{3-9}$$

式中，α 为描述界面张力各向异性强度的参数。式(3-9)可以进一步写成

$$f(\theta) = 1 + 8\alpha \frac{\tan^2\theta}{(1 + \tan^2\theta)^2} \tag{3-10}$$

由于 $\tan\theta = \left.\dfrac{\partial z}{\partial x}\right|_1$，$f(\theta)$ 可以表示为界面位置偏导数的函数。

从以上讨论中可以发现，引入界面张力各向异性后，Gibbs-Thomson 条件可表示成更为一般的形式，即

$$u_1 = \Delta u - d_0 K - \varepsilon f'(\theta) \tag{3-11}$$

式中，u_1 为界面扩散场，ε 为各向异性常数，$f'(\theta)$ 为取决于 θ 的函数。$\varepsilon = 0$ 时，式(3-11)回到界面张力各向同性的 Gibbs-Thomson 条件。

3. 界面动力学（结晶学）各向异性

前述界面张力各向异性主要反映了平衡条件的界面特性，界面动力学各向异性则反映了界面动态过程中不同晶体学方向生长的各向异性。在凝固过程中，液-固界面固相生长速率由凝固条件（界面过冷度）和系统自身性质（成分、界面动力学）所决定，界面动力学各向异性通过对界面生长速率的影响，对凝固组织形成过程发生作用。在近平衡条件下，可以简单地假设界面生长速率 v_n 和界面动力学及界面过冷度具有线性函数关系[17,18]：

$$v_n = \mu_1 \Delta T + \mu_2 F(\theta) \tag{3-12}$$

式中，ΔT 为界面局部过冷度；μ_1、μ_2 为系统常数（$\mu_1 > 0$，$\mu_2 > 0$）；$F(\theta)$ 为描述界面动力学各向异性的函数。对于立方晶系的凝固组元，结晶速率具有四重对称性，择优生长晶向的结晶速率最大。Young 等[18]在研究界面动力学对平界面稳定性影响时考虑了界面动力学的各向异性，认为界面动力学应和界面晶体取向有关。为了数学处理的方便，用界面形状函数偏导数模化界面动力学各向异性，实际相当于假设 $F(\theta) = \tan\theta$。对于立方晶体，θ 等于 0 和 $\pi/2$ 均表示晶体择优生长方向。但 $F(\theta)$ 在 $\theta = 0$ 或 $\pi/2$ 时分别等于 0 和 ∞，这显然不符合实际。因此，Young 的过于简单化的处理并不能真正描述界面动力学各向异性特征。

借助于界面张力各向异性函数 $f(\theta)$，同样可以将 $F(\theta)$ 用余弦函数来描述。和 $f(\theta)$ 形式不同，这里选取的 $F(\theta)$ 形式应适应式(3-12)模型，同时也要方便数学处理。简单的 $\cos 4\theta$ 即能够满足这些要求。θ 等于 0 和 $\pi/2$ 时对应界面择优取向，$\cos 4\theta$ 具有极大值 1；θ 等于 $\pi/4$ 时，对应〈110〉晶向，$\cos 4\theta$ 具有极小值 -1。$F(\theta)$ 一般形式可写成[17,27,28]

$$F(\theta) = \beta \cos 4\theta \tag{3-13}$$

式中，β 为各向异性强度因子。β 和前述 ε_4 具有类似的性质。$F(\theta)$ 及 $F(\theta)$ 对 v_n 的影响如图 3-6 所示。

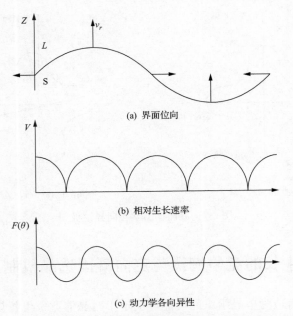

(a) 界面位向

(b) 相对生长速率

(c) 动力学各向异性

图 3-6　界面位向、动力学各向异性和相对生长速率的关系

　　在定向凝固过程中，当择优生长方向和最大热流方向存在一偏角 θ_0 时，如图 3-7 所示，则 $F(\theta)$ 应为

$$F(\theta) = \beta\cos4(\theta + \theta_0) \tag{3-14}$$

令 $\tan\theta_0 = a$，则式(3-14)可以表述为界面位置的函数，即

$$F(\theta) = \beta - \frac{8\beta}{(1+a^2)^2} \times \left[\frac{(a+\tan\theta)(1-a\tan\theta)}{1+\tan^2\theta}\right]^2 \tag{3-15a}$$

若 $\theta_0 = 0$，即当择优生长方向和最大热流方向一致时，有

$$F(\theta) = \beta\left[1 - 8 \times \left(\frac{\tan\theta}{1+\tan^2\theta}\right)^2\right] \tag{3-15b}$$

　　由于 $\tan\theta$ 等于界面形状函数偏导数，式(3-15a)将 $F(\theta)$ 与界面形状坐标联系起来。界面动力学各向异性对界面生长速率的影响如图 3-7 所示。和极轴相近的界面取向生长速率最快；和极轴成 $\pi/4$ 角的取向生长速率最小。在非对称情况下，极图将发生偏转。

　　凝固过程中的界面各向异性问题目前还是一个较新的领域，无论在理论上还是在实验中都需要进行更深入的研究。本书所讨论的几种模型仅在一定程度上模拟了固-液界面各向异性的影响变化规律，但并不完善。对多数合金凝固系统，界面各向异性强度或各向异性参数还没有准确测定的报道，理论模型也不成熟。今后的工作除了继续进行理论模型的探讨，主要还应该加强实验研究。具有强烈界面各向异性的大多数功能材料，有利于用来研究界面各向异性的合金凝固过程中对组织形成的影响。随着实验手段的不断发展和完善，对界面各向异性的认识也会更深入、更全面。

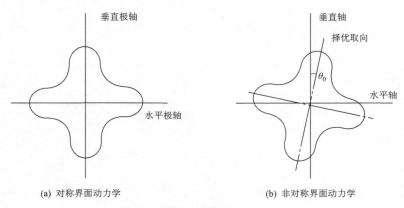

(a) 对称界面动力学　　　　　　　　(b) 非对称界面动力学

图 3-7　界面动力学各向异性极图

3.3　多晶生长的竞争淘汰与定向凝固选晶机制及单晶形成

将一整体构件铸造为单晶组织的可能性决定于对晶体竞争生长规律的认识及工艺控制,因此探索由铸造多晶演化为单晶的晶体竞争淘汰过程引起人们的高度重视。大家知道,枝晶端部的生长速率 V 决定于该端部的过冷度 ΔT_{tip}。对于远离平界面临界失稳的枝晶而言,控制其枝端过冷的关键因素是溶质扩散[16,29]。多年前 Burden 和 Hunt 的模型就指出[30],定向凝固下,枝晶生长速率 V 单调地随过冷度 ΔT_{tip} 的平方而增大。这样与相对于温度场最大梯度错向的枝晶必须比取向较佳的枝晶有更快的生长速率,才能与固-液界面推进的速率一致,因而必然更滞后于生长前沿以获得更大的过冷度。这种效应使得取向较优的晶粒通过二次或三次侧枝臂的发展挤掉那些取向较差的晶粒。图 3-8[29] 展示

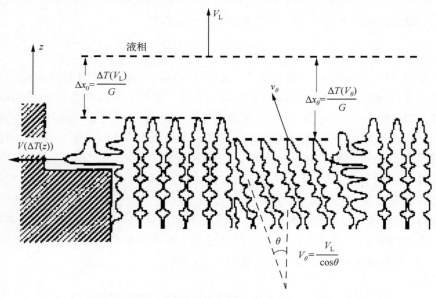

图 3-8　枝晶竞争生长中择优取向晶粒淘汰非择优取向晶粒过程

Walton 和 Chalmers[31]首次提出的枝晶竞争生长的示意。偏离最大热梯度方向 θ 角的枝晶有较大 $\Delta T(V_\theta)$ 和距界面较远的距离 Δz_θ，从而被相邻的取向有利的枝晶限制和排挤。这被认为是枝晶竞争淘汰的基本机制。Carter 等[29]按照这个机制采用 Gandin 和 Rappaz[32]发展的对枝晶竞争生长的随机模型并考虑热传输的确定性特点模拟了如图 3-9 所示选晶器中定向凝固时晶粒的竞争生长过程，同时选用 CMSX-4 单晶合金进行定向凝固单晶选晶实验。图 3-10 是在引晶起始段实验和计算所得到的温度梯度和冷却速率的比较。由图可以看出，模拟计算的结果与实验有相当好的一致性。在合金与激冷板界面处的冷却速率为 2K/s，其温度梯度为 200K/cm；而在离开界面 25mm 处，冷速仅为 0.2K/s，温度梯度为 20K/cm。

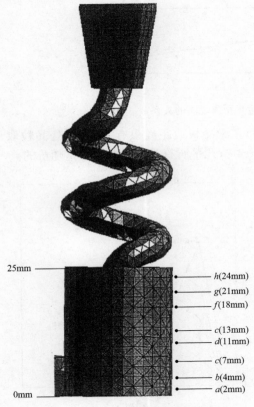

图 3-9　选晶过程放置的热电偶位置

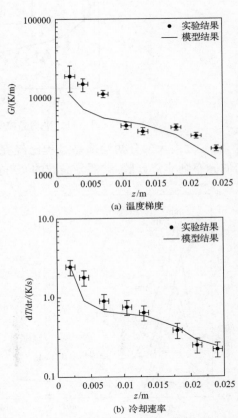

图 3-10　选晶起始段模型结果与实验结果比较

　　图 3-11 将电子背散射衍射(electron back-scattered diffraction，EBSD)计算和测定的晶粒密度作为离开激冷板距离的函数给予对比，实验数据以最原始的形式列出，即平均线密度 N_L(垂直于定向炉轴线上单位长度截交的晶粒间界数)与激冷板距离的关系，数据在横截面及纵截面两方向获得。在激冷板近处所测的晶粒密度已用为边界条件，其模型和实验结果可看出符合得很好，但距激冷板较远的距离吻合度稍差。

　　图 3-12 为测定与计算的晶粒取向分布的比较。θ 角定义为晶粒〈001〉晶向与定向炉轴线(或抽拉方向)间的夹角。可看出测定与计算的结果表明两者的分布特性非常相近，

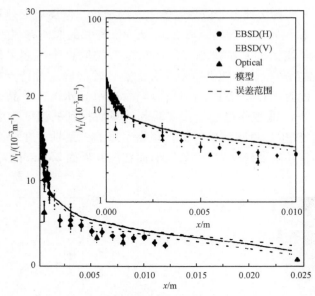

图 3-11　平均晶粒密度与生长距离之间的关系

在 5mm 之内大部分初始选晶过程已经完成。而在激冷板或距离只有 0.5mm 处晶粒取向的分布则非常分散,大部分晶粒的 θ 角在 20°～40°,几乎所有晶粒的取向都是随机的。

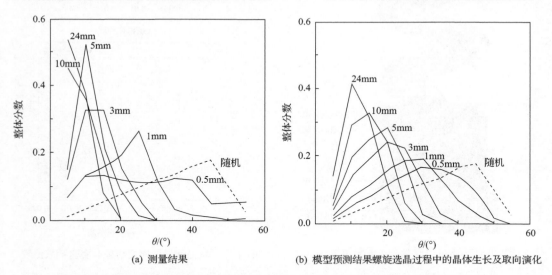

(a) 测量结果　　　　　(b) 模型预测结果螺旋选晶过程中的晶体生长及取向演化

图 3-12　选晶起始段不同位置处枝晶生长方向〈001〉与基底法向偏离角 θ 之间的关系

　　螺旋选晶法是目前制备单晶高温合金叶片的一个重要方法。选晶过程中晶粒的演化过程,决定了最终单晶体的取向。但由于选晶器不同位置截面的变化,导致晶体在变热场、变流场和变方向条件下生长,晶体取向十分复杂。选晶器的引晶段是晶粒形核和生长竞争的重要阶段,引晶段中不同取向晶粒的竞争生长,对选晶效果有显著影响。Seo 等[33]与 Esaka 等[34]认为利用较高的引晶段,选晶效率和合格率随之增加。但在实际的选晶器选晶过程中,较长的引晶段必然缩短了螺旋段的高度,因此对引晶段的高度设计,必须综合考虑单晶的质量和生产效率。另外如果在激冷端有较多的晶粒形核,会增大形成取向偏离角较小单晶的概率[33]。选晶器的引晶段就是为获得取向度较好的⟨001⟩取向的晶粒,但是目前的研究结果并不理想。

螺旋段选晶过程中选晶器的几何特征对选晶效率有很大影响,虽然国内外很多学者进行了大量的研究工作,但是目前对选晶器的选晶细节还不够清楚。选晶器的螺旋段所承担选晶的任务是确保只有一个晶粒进入铸件型腔。Carter 等[29]认为螺旋选晶器的主要原理是螺旋选晶器中晶体横向择优生长与螺旋结构的耦合作用,形成了连续选晶过程。Dai 等[35]发现随着螺旋选晶器螺旋直径的增大和螺旋通道直径的减小,选晶效率会变得更为高效,同时具有较小的螺旋段起始角 θ_1(图 3-13)的选晶速率较快,并认为螺旋段对选择晶粒的数量竞争很有效,但对晶体取向的优化作用却不大。Esaka 等[34]通过数值模拟方法研究了选晶段的几何参数对选晶效果和单晶合格率的影响。结果表

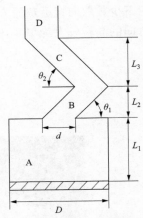

图 3-13　选晶器示意图

明,起始角太大或者太小对于制备取向度很好的单晶都是不利的;太小的起始角造成螺旋通道中发生晶粒选择的可能性比较小,因此存在一个最佳起始角,当起始角为 40° 时,单晶合格率最高。由此可见,目前对选晶段起始角大小的认识还存在一定的分歧。

选晶器的结构通常有多种形式,比较常用的有转折、螺旋、缩颈等,如图 3-14 所示。西北工业大学凝固实验室近年针对螺旋选器晶特点以单晶合金为对象对选晶器结构及选晶效果进行了比较系统的研究。研究结果突出地表明了引晶段高度与直径比是能否获得单晶及精确控制晶向的关键参数。

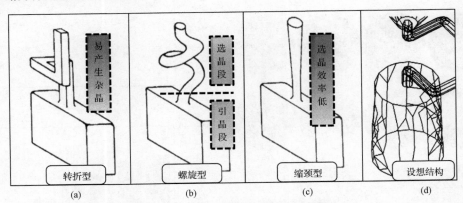

图 3-14　选晶器几何特征对选晶效果的影响

使用优化的选晶器,王柠等利用修正的 KGT 模型[29,34,36]和 Pro CAST 软件模拟了镍基单晶合金在螺旋选晶器中晶粒竞争生长的过程,并用电子背散射衍射装置测定了相应晶粒的择优取向[37-40]。图 3-15 及图 3-16 展示了晶粒演化模拟结果。图中不同颜色代表各晶粒的不同取向;不同数值代表⟨001⟩晶向偏离轴向的角度 φ_0 的值。研究表明,在引晶段下部,靠近激冷板底部浇注瞬间会产生大量微细晶粒,数量可达 10^4 上下,晶粒择优

取向及生长方向为随机的。随定向凝固的进行，晶粒生长竞争异常激烈，在距底部仅5mm高处晶粒数即减至约数百个。根据EBSD对引晶段不同高度截面晶粒晶向的测定，生长竞争过程中〈001〉择优取向偏离热流方向（轴向）较大的晶粒先被淘汰，到引晶段上部只留下少数取向接近热流方向的晶粒进入螺旋段，再经最后的竞争淘汰，〈001〉最接近热流方向的晶粒长大为单晶，并保持该晶体择优〈001〉的方向。

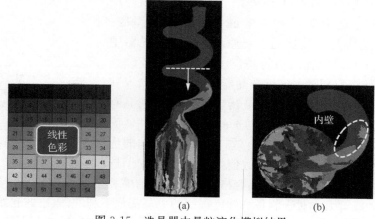

图 3-15　选晶器中晶粒演化模拟结果

由于螺旋通道的阻碍作用，靠近螺旋通道内侧的晶粒最终长成单晶，这与 Seo 等的研究结果吻合

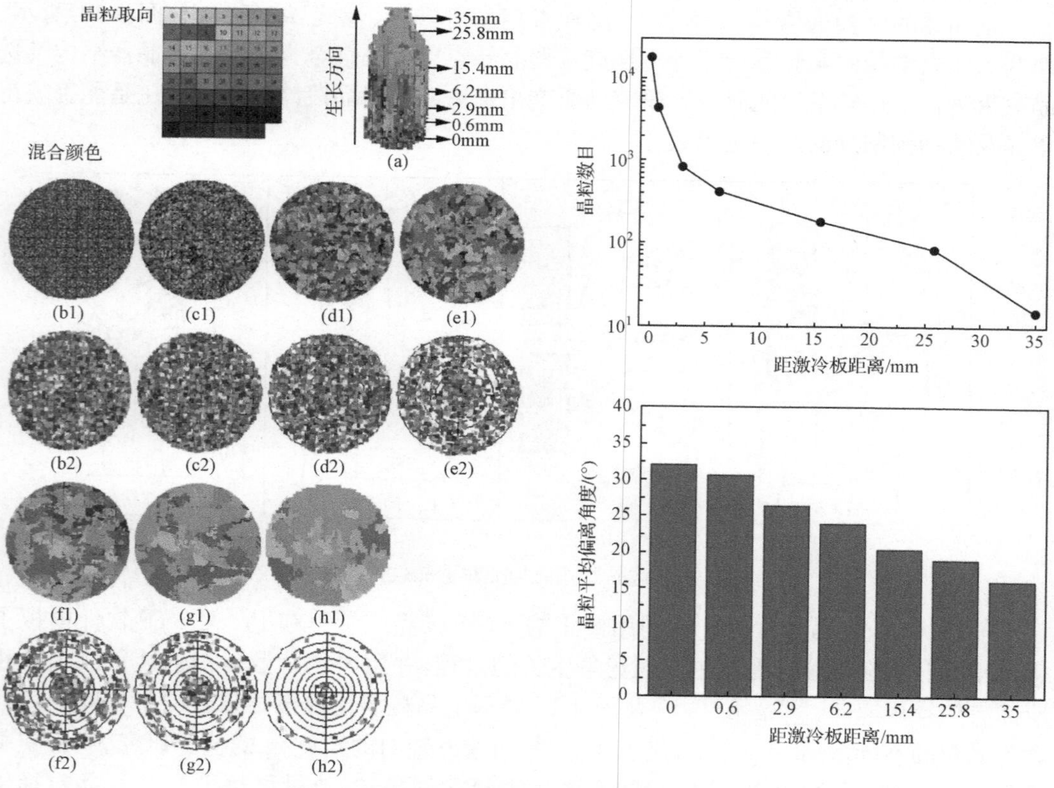

图 3-16　引晶段内晶粒组织演化的模拟结果

　　图 3-16 是模拟得到的在引晶段距激冷底部不同距离晶粒数的变化。确证，靠近底部处晶粒的竞争淘汰最为激烈，结果与图 3-11 相同。如果择优取向偏离热流方向较大的晶粒在竞争中逐渐淘汰，则随引晶段高度的增加，晶粒的平均偏离角应逐渐减小，图 3-16 反映了这种预期。将两图对照比较展示当距离达到引晶段较高位置 35mm 时，保留的约十几个晶粒的平均偏离角度从 35° 减小到约 15°。

　　图 3-17 为 EBSD 测定的引晶段不同位置横截面 EBSD 图和相应的反极图。由图可知，随引晶段高度增加，晶粒择优取向⟨001⟩方向的分布越来越集中于试样轴向（设定的理想⟨001⟩方向）。在引晶段顶部有 90% 的⟨001⟩晶粒取向与轴向偏离小于 10°。

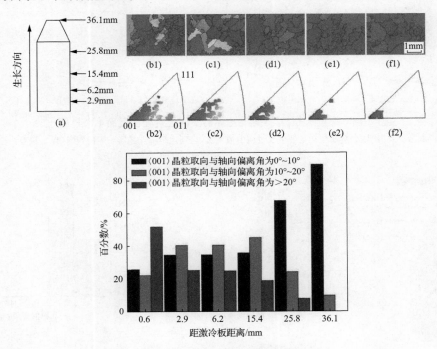

图 3-17　引晶段内晶粒组织演化

引晶段不同位置处晶粒取向分布图在引晶段顶部，有 90% 的⟨001⟩晶粒取向与轴向偏离小于 10°，
只有少数晶粒取向与轴向偏离大于 12°

　　螺旋选晶的行为如图 3-18 所示。该图展示了在引晶段竞争淘汰后保留的少量晶粒在变热流与变方向的螺旋选晶段生长中的竞争行为。在螺旋通道 Ⅰ 到 Ⅱ 段内较多的晶粒在竞争生长中被淘汰。当到达螺旋的一周位置时（Ⅳ），只有一个晶粒存在，其择优取向⟨001⟩非常接近轴向，如图 3-18(e1) 和 (e2) 所示。

　　图 3-19 进一步展示对螺旋段晶粒竞争中⟨001⟩晶向对试样轴向偏离的演化过程，纵坐标表示偏离轴不同角度的晶粒所占的百分数。由图可以看出，从 b 到 e 的不同位置晶粒取向的分布从比较分散，偏离轴向较大，发展到接近 100% 的晶粒（实际只有一个晶粒）的择优取向与轴的偏离度只有约 7°。

　　类似的规律在对 DD8 单晶合金的晶粒取向竞争中也出现[41]，实验是用双晶及四晶组合的籽控晶体的定向竞争生长中进行的，将预制的粒晶按⟨001⟩与试样轴向不同夹角的

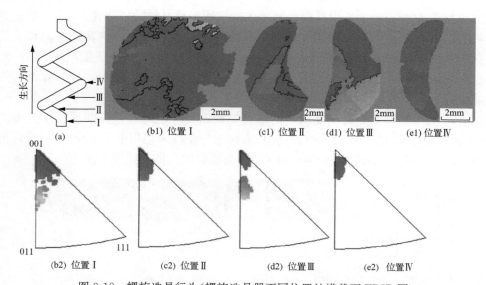

图 3-18　螺旋选晶行为(螺旋选晶器不同位置处横截面 EBSD 图)

在螺旋通道"Ⅰ"到"Ⅱ"段内大量晶粒在竞争生长过程中被淘汰,当到达螺旋选晶器一周位置时(Ⅳ),只有一个晶粒存在

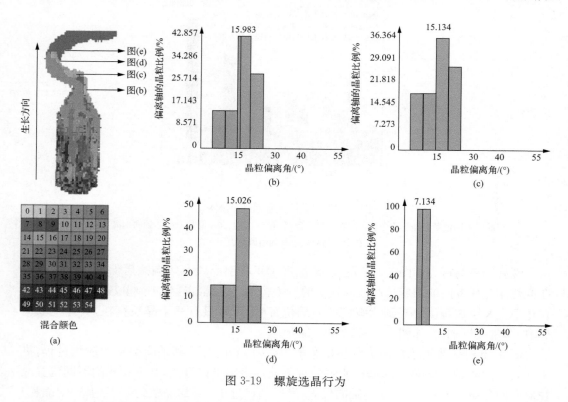

图 3-19　螺旋选晶行为

　　设计组合在一起进行定向凝固。图 3-20 为四晶粒组合的实验结果,表明〈001〉与轴向偏离角 α 越大的晶粒被淘汰的越快,进一步验证了前面晶粒演化竞争的模拟与 EBSD 的测定都是正确可信的。

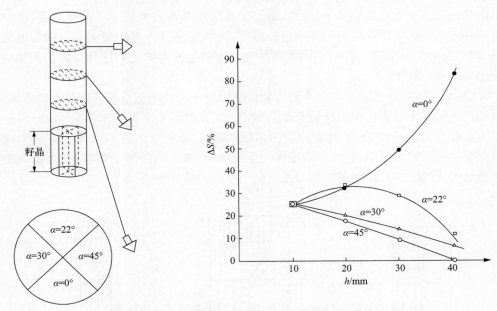

图 3-20　晶粒一维取向对四晶粒竞争生长规律的影响

通过对螺旋选晶过程的模拟、EBSD 对晶体取向的测定及双或四晶竞争生长的定向凝固实验,并且与相关文献研究相对照,认为对单晶高温合金螺旋选晶器结构与过程的研究可以得到如下几点共识。

(1) 用修正的 KGT 模型及 ProCAST 软件模拟单晶高温合金在定向凝固螺旋引晶过程中晶粒的生长、竞争与淘汰,获得了规律性的结果。

(2) EBSD 对定向凝固引晶选晶段晶粒生长竞争的测定结果与模拟计算是一致的,并确认定向凝固中枝晶生长方向与〈001〉晶体择优取向是一致的,采用设定的引晶选晶方案可以获得完整的单晶。

(3) 在引晶段底部由于激冷会形成大量初始微晶,他们的晶体取向相对于主热流方向是随机的。随定向凝固的进行,晶粒间发生激烈竞争与淘汰,晶粒数急剧减少。

(4) 晶粒生长竞争淘汰中,凡〈001〉取向与主热流方向相差较大的晶粒,越易被淘汰。引晶段顶端经淘汰遗留的少数晶粒的〈001〉取向均比较接近主热流方向,进一步淘汰将需很长距离。为加速竞争淘汰需要采取变截面、变方向的螺旋选晶。

(5) 晶粒的竞争淘汰是按照晶粒生长方向与热流方向的对比偏离为依据的,模拟中关于晶粒枝晶生长方向,即代表晶体学择优取向〈001〉的设定对高温合金发达枝晶组织是被认可的。

3.4　不同取向晶粒定向凝固的竞争生长

随先进燃气轮机的发展,定向凝固的涡轮叶片已逐渐被单晶叶片所代替[42],从而允许进一步提高涡轮的工作温度,使推重比增加[1,2]。由高温熔体生长单晶叶片经常遇到的问题之一是如何控制单晶的完整性[3,43]。通用的选晶或籽晶法是利用不同取向的多晶在单向热流条件下通过相互竞争、淘汰、最终生长出单晶铸件或利用单晶籽晶直接生长。无论哪种方法都必须严格控制晶体的生长过程,防止出现设定晶向与主应力轴的偏离或杂晶[44,45]。为此,从宏观上探讨不同取向晶粒的竞争生长规律是十分必要的。而相关的研究迄今却报道较少[41,46]。

文献[41]、[47]采用镍基单晶高温合金分别设计不同取向的双晶及四晶实验方案,定向凝固后进行纵横截面的组织分析及晶向测定。定义晶界水平移动速率 $V_x = v(x/h)$,其竞争实验原理如图 3-21 所示,典型的凝固组织如图 3-22 所示。图 3-22 给出不同取向双晶粒竞争生长的宏观组织,它显示随晶体的生长,与热流方向一致的具有⟨001⟩晶向的晶粒逐渐增大,排挤⟨001⟩择优晶向与热流方向不一致的晶粒生长。

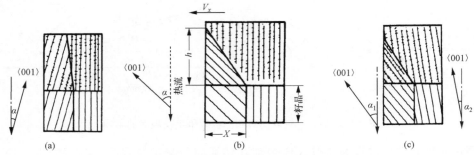

图 3-21　不同晶体取向双晶竞争生长实验

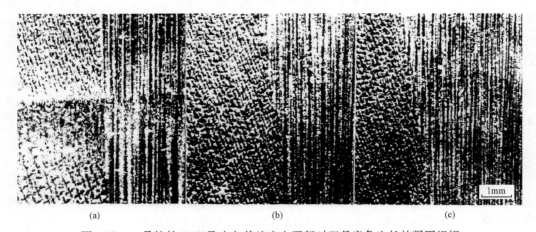

图 3-22　一晶粒的⟨001⟩取向与热流方向平行时双晶竞争生长的凝固组织

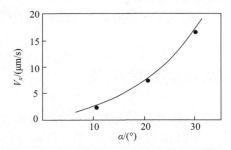

图 3-23　角对晶界水平移动速率 V_x 的影响

图 3-23 是两晶粒界面水平移动速率随 α 角的变化。一侧晶粒取向与另一晶粒取向(与热流一致)的偏离角越大,被淘汰的速率越快。与图 3-23 相对应的两晶粒横截面组织的变化如图 3-24 所示。实际定向凝固过程中还存在其他晶体取向关系,如图 3-21(a)所示。右侧晶粒⟨001⟩方向与最大温度梯度方向平行,而左侧晶粒⟨001⟩方向偏向右侧晶

粒 ⟨001⟩ 方向 α 角，呈收敛型生长，此种情况下晶粒截面积的变化与同样以 α 角背向最大温度梯度方向（图 3-21(b)）时不同，后者随高度的变化其晶粒截面积缩减远高于前者。对于两个晶粒的择优生长方向均偏离最大温度梯度方向的生长（图 3-21(c)），由于它们的 ⟨001⟩ 方向偏向同一侧，在竞争过程中加速了左晶粒的缩减和右晶粒的扩张。此两类双晶竞争中晶粒截面积变化与 α 角的关系示于图 3-24。

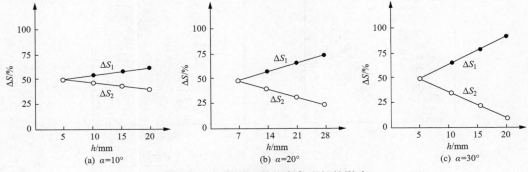

图 3-24　α 角对双晶粒竞争生长的影响

为了搞清晶粒间相互竞争生长的机制，人们采用多种形式的双晶组合模拟定向凝固晶粒竞争生长的过程。Waton 和 Chalmers 是最早开展这方面工作的[31]，图 3-25 和图 3-26 是他们示意地展示双-单晶粒生长的实验结果并按晶体生长方向与热流方向的一致性标定晶粒为"有利"或"不利"，以及晶粒生长方向间的"发散"与"收敛"。若晶粒 A 为有利取向，其 ⟨001⟩ 晶向平行于热梯度，晶粒 B 为不利取向，与热梯度有一偏离角 θ。由于此错向，晶粒 B 需要更大的过冷度以保持与晶粒 A 同步。因此，在竞争生长中晶粒 B 滞后于晶粒 A。此微小的滞后导致晶粒 B 在多种方式下都被晶粒 A 超越。

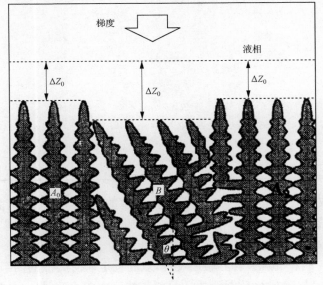

图 3-25　Walton 和 Charmers 晶粒竞争生长模型

晶粒 A 为择优取向晶粒，晶粒 B 为非择优取向晶粒

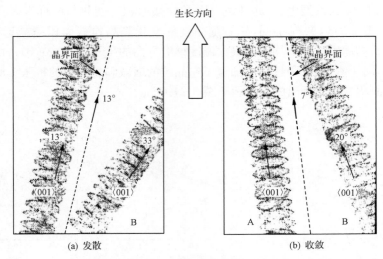

图 3-26   收敛和发散晶界下枝晶竞争生长示意图
其中择优取向晶粒 A 与收敛和发散晶界平行

Zhou 等[48]对镍基单晶合金进行了双晶定向凝固实验,其实验条件与结果分别示于表 3-3 及图 3-27 和图 3-28。结果说明,对于发散型双晶,两晶间夹角越大,晶界与热流方向间的 θ_{GB} 越大,不利取向的晶粒越易被淘汰。而对于收敛型的 $\theta_B - \theta_A$ 与 θ_{GB} 却未见这种规律(图 3-28)。

表 3-3   双晶定向凝固实验条件及结果

实验	籽晶方位	$\theta_A/(°)$	$\theta_B/(°)$	制备方法
1	发散型	0	9	HRS
2	发散型	0	13	HRS
3	发散型	0	20	HRS
4	收敛型	0	10	HRS
5	收敛型	0	19	HRS
6	收敛型	0	23	HRS
7	收敛型	0	30	HRS
8	发散型	0	10	LMC
9	收敛型	0	10	LMC

为了检验收敛型双晶晶界取向与双晶取向角差的关系,用 DD8 单晶合金进行复验,其部分结果示于图 3-21 和图 3-24[41,47]。实验发现收敛型双晶取向角差($\theta_B - \theta_A$)确实不存在与晶界取向(θ_{GB})的单调关系,而且也不像图 3-28[48]所展示的,不利取向的 B 晶粒总是超越有利取向 A 晶粒的规律。实验还发现,双晶设定取向类似的两组实验得到了矛盾的结果。图 3-21(a)与图 3-28 都是一边的晶粒与热流方向一致,另一晶粒呈收敛型倾向,图 3-28 中的"不利"晶粒超越并排挤了"有利"晶粒,而图 3-21(a)[49]的情况却相反。刘志

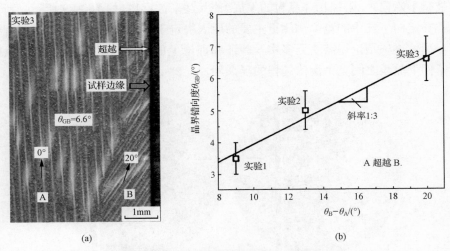

(a)　　　　　　　　　　　(b)

图 3-27　快速定向凝固下发散型枝晶光学金相组织(a)及
晶界角 θ_{GB} 与 $\theta_B - \theta_A$ 之间关系(b)

图中 θ_{GB} 为正,说明择优取向晶粒 A 淘汰非择优取向晶粒 B

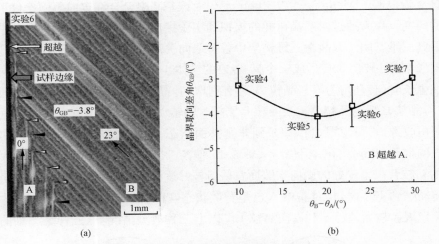

(a)　　　　　　　　　　　(b)

图 3-28　快速定向凝固下收敛型枝晶光学金相组织(a)及
晶界角 θ_{GB} 与 $\theta_B - \theta_A$ 之间关系(b)

图中 θ_{GB} 为负说明非择优取向晶粒 B 淘汰择优取向晶粒 A

义[50]在对镍基高温合金 DD8 定向凝固晶体取向的实验研究中也观察到双晶竞争生长中具有与热流方向一致的⟨001⟩方向生长的晶粒被不利取向的晶粒所淘汰的现象,进而在预设的双籽晶实验中发现,当预设籽晶的二次侧枝⟨001⟩的取向偏离双晶界面的法向时,即使该晶的一次轴⟨001⟩取向与热流方向一致,也会被二次枝晶⟨001⟩取向垂直于双晶界,但一次轴⟨001⟩偏离热流的晶粒所排挤淘汰。对双晶竞争生长过程的观测进一步发现,枝晶主轴⟨001⟩偏离热流呈不利取向的晶粒 B 淘汰了⟨001⟩与热流方向一致呈有利取向晶粒A 的过程是不利取向晶粒 B 的二次枝晶相对于晶界法向处于"有利"位向,在定向生长中其二次枝臂不断侵入、阻挡相邻晶粒的发展,使其逐渐被吞噬,如图 3-29 所示。所以他们认为晶粒在定向生长中的竞争淘汰更主要的原因决定于二次枝晶相对于晶粒界面的取向和排列。虽然这项结论还需要更多实验验证和理论上的诠释,但也从一个方面反映出定向凝固条件下晶粒之间竞争淘汰进程的复杂性。

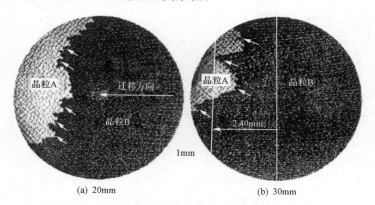

(a) 20mm　　　　　　　　　(b) 30mm

图 3-29　定向凝固下抽拉不同距离双晶组织的横截面图

近日文献报道了 Meng 等[51]与 Zhou 等[52]对镍基高温合金在定向凝固条件下晶粒生长竞争的研究。作者通过对双晶试样的模拟和实验提出了晶粒竞争新的取向关系模型并将其扩展到三维空间。双晶在三维构架中各种取向关系如图 3-30[51]所示,晶粒 B 围绕热梯度方向(z 轴)可转动 360°形成一个具有 2θ 的锥体。当晶粒 B 的取向以 15°靠向晶粒 A 呈收敛性生长时(转动角为零),晶粒 A 为有利取向,晶粒 B 为不利取向。此时随定向凝固的进行,晶粒 B 超越晶粒 A。当晶粒 B 围绕 z 轴转动 90°时,晶粒 A 和晶粒 B 间的取向关系逐渐由收敛(转角为零,图 3-30)到非全共面状态,在此状态双晶试样的初次枝晶是非全共面的(non-uniplanar),但仍与 z 轴成 15°偏离。研究发现,有利取向晶粒 A 通过在晶粒 B 的初枝背离型壁处的侧向空隙而发展新枝并逐渐超越不利取向晶粒 B。若晶粒 B 进一步转动达到 180°时,相对晶粒 A 已呈背散状态,有利取向晶粒 A 通过在两晶之间出现的空隙发展新枝而超越不利取向晶粒 B。以上三种典型情况下(三种绕 z 轴的转动角

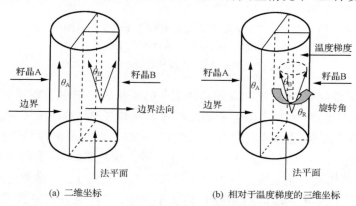

(a) 二维坐标　　　　　　　　　(b) 相对于温度梯度的三维坐标

图 3-30　择优取向晶粒 A 和非择优取向晶粒 B 空间位置关系图

度)双晶晶界与热梯度(z轴)的θ_{GB}与转角的关系示于图 3-31(a),相应试样的宏观组织如图 3-31(b)~(d)所示,模拟与实验所得结果具有很好的一致性。

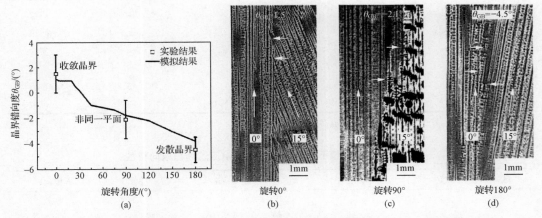

图 3-31　(a)抽拉速率 5mm/min 下晶界从收敛向发散转变中 θ_{GB} 演变(b)收敛型(c)非同一平面(d)发散型

作者也发现他们的某些研究结果与目前广泛采用的模型(如 W-C 模型)和结论有所不同。但认为定向凝固条件下双晶的竞争淘汰机制,不但取决于枝晶取向与热梯度方向偏离程度,而且在三维空间,双晶间的晶界作用(GB interaction)往往有更大的影响,如晶粒 B 以 15°错向呈收敛型生长(转角为零)并超越有利取向晶粒 A 的原因是在该收敛型生长中的"晶界作用"很强,主导了晶粒的竞争生长。

鉴于双晶竞争生长对认识和掌握构件(样件)晶体取向规律的重要性,最近围绕三维构架高温合金双晶定向凝固中的竞争生长,人们开展了更多的探索[48]。

表 3-4[51]和表 3-5[53]展示三维框架下双晶籽晶安置与晶体取向相互关系及相应的晶粒取向特性。模拟与实验方案的多样化基本概括了定向凝固过程中双晶竞争生长所有可能出现的基本配置。其中包括两晶粒晶向与最大热梯度方向的错角 θ_A 和 θ_B;晶粒 B 以热梯度方向为轴的不同旋转角度 θ_R;两晶粒绕主轴在 x-y 面上转动其二次枝臂与 O-y 的夹角 β_A、β_B 以及两晶界(GB)与热梯度的错角 θ_{GB}(斜向 A 为正,背向 A 为负)等参数对晶粒竞争生长的作用和影响。对于晶粒 B 与晶粒 A 以汇聚型组成的双晶实验表明:总体讲,非择优取向晶粒 B 在多数情况控制着竞争生长过程,晶粒间界向有利取向一侧移动,但并非稳定。从二维面观察双晶沿晶界互有侵入,晶粒 B 枝端由于滞后于晶粒 A,其向侧面的发展受到晶粒 A 主枝臂的阻挡,而晶粒 A 二次枝臂的发展方向又与固-液面平行,过冷度并未增大,因此汇聚型的双晶竞争,虽然晶粒 B 略占优势,却是非压倒性的。而且这种优势只是在二维框架内晶粒 B 的一次枝臂与晶粒 A 的枝臂在一个垂直于晶界的共同平面上方能体现。图 3-32 是镍基单晶合金 AM3 在表 3-5 第一和第二种配置下双晶试样竞争生长的宏观组织变化[53]。

表 3-4　三维框架下双晶籽晶安置及晶体取向相互关系

试样	$\theta_A/(°)$	$\theta_B/(°)$	$\theta_R/(°)$	籽晶位向	抽拉速率/(mm/min)	方法
1	0	15	0	C	1/3/5/6/12	模拟
2	0	15	90	N	1/3/5/6/12	模拟
3	0	15	180	D	1/3/5/6/12	模拟
4	0	15	0	C	5	实验
5	0	15	90	N	5	实验
6	0	15	180	D	5	实验
7	0	15	0~180	C-N-D	5	模拟

注：C 表示收敛；N 表示非同向；D 表示发散。

表 3-5　三维框架下双晶籽晶安置及相应的晶粒取向特性

试样	$\theta_A/(°)$	$\beta_A/(°)$	$\theta_B/(°)$	$\beta_B/(°)$	$\theta_R/(°)$	位向
1	0	15	20	0	0	收敛
2	0	5	20	0	0	收敛
3	0	70	20	0	180	发散
4	0	45	20	45	45	非同一平面
5	0	40	30	50	90	非同一平面

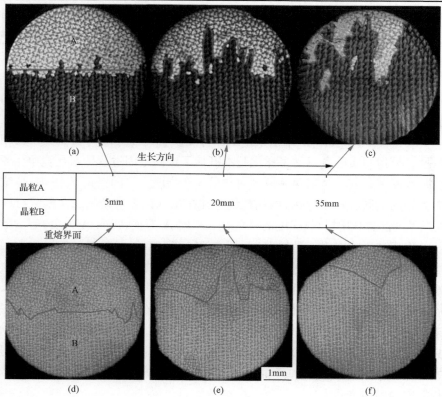

图 3-32　双晶在收敛型枝晶($\theta_B=20°$和 $0°$)下的晶粒竞争生长组织图

(a)~(c) $V=15\mu m/s$,　(d)~(f) $V=100\mu m/s$

　　对于两晶呈发散型的设置,可以看到总是晶粒 A 主导竞争生长过程,晶界单调地移向不利取向的晶粒 B。该过程主要是晶粒 A 通过在两晶间出现的空间发展新的高次晶枝而实现的,而且随抽拉速率的增大,GB 向不利取向晶粒 B 的倾角增大,加速了晶粒 A 对晶粒 B 的淘汰过程。图 3-33 是选用 CMSX-4 单晶合金按表 3-4 的第 3 和第 6 配置所取得的结果[51]。有利取向晶粒 A 对不利取向晶粒 B 的超越及晶界的迁移过程是相对稳定的。

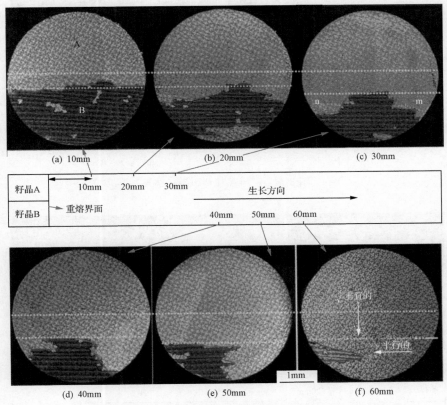

图 3-33　非同一平面情况下双晶晶粒竞争生长晶粒组织演变

　　在其他条件相近的情况下可以把以 θ_B 错向的不利取向晶粒 B 对晶粒 A 呈汇聚(收敛)型的设置在三维空间予以改变,使具有相同 θ_B 的枝晶绕试样主轴旋转,改变如图 3-30 所示的转角,从而调整晶粒 B 的一次枝晶相对于晶粒 A 的取向关系。

　　在 $90° < \theta_R < 180°$ 的情况下,晶粒 B 的晶枝是背离晶界的,因此,在晶界间隙有新枝发展,晶界向不利取向晶粒方面移动,类似于二维发散型的竞争生长。当 $\theta_R = 90°$,非择优取向晶粒在其发散枝晶末端处有新枝出现时,将会被淘汰。图 3-33 的实验结果表明,新枝在试样两端同时出现并淘汰了非择优取向晶粒 B。事实上当非择优取向的偏离角相对较大时,由于枝晶的分叉将会在籽晶汇聚端部随凝固过程进行有发散晶枝出现。此实验结果也可用 ProCAST 模拟和验证。图 3-34(a)、(b)分别列出表 3-5 第 4 种和第 5 种情况的模拟结果。由图 3-34(a)可看出[54],当 $\theta_R = 45°$,$\theta_B = 20°$ 时,竞争生长由试样右侧开始以圆 1 表示(图 3-34(a2)),它与图 3-35 的实验结果一致。然而,当偏角 θ_B 增加到 30°,非择

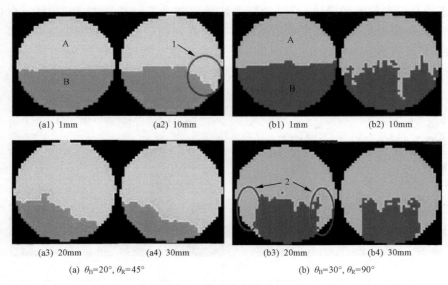

(a1) 1mm (a2) 10mm   (b1) 1mm (b2) 10mm

(a3) 20mm (a4) 30mm   (b3) 20mm (b4) 30mm

(a) $\theta_B=20°$, $\theta_R=45°$ (b) $\theta_B=30°$, $\theta_R=90°$

图 3-34 三维晶粒竞争生长结果

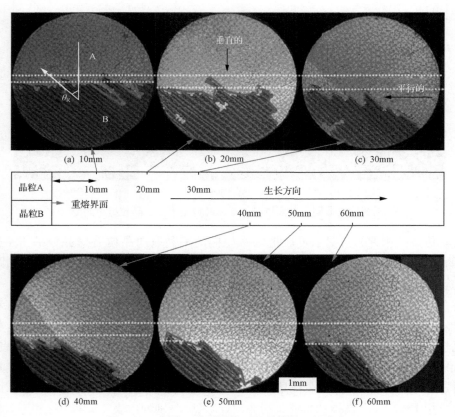

(a) 10mm   (b) 20mm   (c) 30mm

(d) 40mm   (e) 50mm   (f) 60mm

图 3-35 非同一平面情况下双晶晶粒组织演变

$\theta_B=20°$ 和 $\theta_R=45°$, $V=100\mu m/s$

优取向晶粒 B 的转动角 $\theta_R = 90°$ 时，竞争生长在试样两端发生，如图 3-34(b3) 圆 2 所示，与图 3-33 的实验现象近似。当 $0° < \theta_R < 90°$ 时，晶粒 B 的晶枝汇聚向晶界，在此条件下若基于两维竞争生长机制，不利取向晶粒会超越有利取向。然而三维的实验结果却与之相反。

基于前面的实验与讨论，可发现晶粒三维的竞争生长主要决定于在非择优取向发散端部新枝的出现，即决定于择优取向枝晶是否能够在非择优取向的发散端部分叉形成新的三次枝臂。这里有两个主要因素，一个是在发散端部对新枝的分叉是否有足够的空间；另一个是在发散端部对晶枝分叉所需的过冷度能否达到。而且这两个条件都关联于非择优取向的转动角。如转动角 θ_R 较大，在发散端部会有较大空间，使凝固过程中的溶质在该处富集，这样就会有较大的过冷度。

总之，通过对高温合金二维与三维双晶定向凝固下的竞争生长实验与模拟，发现双晶间晶体取向的几何关系随双晶设置的不同呈现规律性的变化。对发散型的配置，总是有利取向晶粒主导凝固生长过程，超越并淘汰不利取向晶粒。而汇聚型的双晶配置，只有当 θ_R 趋近于零，两晶的一次枝轴位于垂直于两晶界面的全共面上，才会出现不利取向晶粒超越淘汰有利取向晶粒的结果。无论对 $0° < \theta_R < 90°$ 还是 $90° < \theta_R < 180°$ 的设置，都会由于晶粒 A、晶粒 B 与模壁三者交汇处出现不利枝晶发散生长形成的空间被有利取向晶粒的新枝（包括高次枝）占据与发展而使不利取向晶粒被超越淘汰。

通过前面的介绍可以想到，在如 Bridgman 型的定向凝固过程下浇注后的试样中会立刻形成数万甚至数十万个晶核与微晶，每个有利取向晶粒周围会有成十上百个邻晶。要从其中选一个汇聚型的邻晶，且它们之间的一次枝臂取向位于一个 $\theta_R = 0°$ 的垂直于晶界的全共面上，这样的概率是极其微小的。因此从宏观的统计学角度看，对成千上万晶粒的竞争生长来说，有利取向晶粒超越并淘汰不利取向晶粒应该是一条基本规律。

为进一步实验观察实用合金晶粒竞争淘汰与晶粒择优取向对比于主热流方向（试样轴向）的关系。最近樊江磊[54]用 TiAl 合金在单向热流下观测与热流方向不同偏离度晶粒的淘汰过程。该合金定向生长的择优取向为 〈0001〉晶向，同样发现，凡是〈0001〉晶向接近于热流方向的晶粒总是排挤淘汰那些与热流方向偏离较大的晶粒。图 3-36 所示为在定向试样不同高度截取的横断面晶粒面积的变化。正如前面所讨论的，由于 TiAl 合金初始凝固的 α 相的〈0001〉晶向与固态相变后 γ 片层取向的晶体学关系参照文献[3]中图 11-24 及图 11-27，γ 片层与 α 相的择优取向成 90°正代表了 α 相的〈0001〉晶向与试样的轴向平行。图中数字是 X 射线衍射测定的 γ 片层取向与试样轴向的偏离角度。该图表明，在不同生长速率下，数字越接近 90°的晶粒（即 α 相的〈0001〉与热流方向一致）越具有较强的生长能力。它会淘汰那些偏离 90°越远的晶粒，这与高温合金所得到的规律是一致的。

值得注意的是，迄今对双晶定向生长竞争的研究，虽然取得了很大的进展，但也并不总是像人们所认识和期待的那样廓清了所有矛盾的问题。即使最基本的在特定情况下（$\theta_R = 0$，汇聚型）"具有不利取向晶粒淘汰有利取向晶粒"的论述本身至今还缺乏科学性的深刻解释。显然，这里还有一些尚未被认识的因素在起作用。

在分析作者及前人的实验结果中，发现双晶竞争淘汰的作用与晶粒间界取向有密切的关系。迄今收集到的及作者的实验所得到的双晶生长竞争结果几乎无一例外地说明，晶粒生长过程中晶界倾向一侧的晶粒，无论其取向有利与否，均会被挤压淘汰，而偏离一

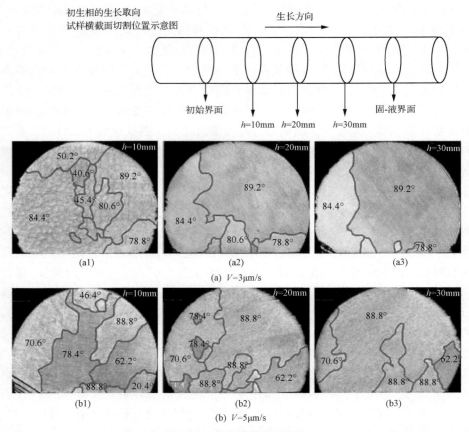

图 3-36　典型的横截面组织

侧的晶粒得到保留。

　　但是晶粒间界倾侧方向与角度（θ_{GB}）的正确确定并非像某些文献所展示的从宏观晶粒组织中就可一目了然地判断。由于晶粒生长中局部热场及流场的变化会干扰该局部生长方向与生长速率，晶粒间界的取向也会在局部位置发生变化，影响对 θ_{GB} 的判断。

　　竞争生长中晶界这种独特的作用，显然还与定向凝固中晶界前侧与后侧的不同溶质场特性有关。晶界前侧无论对于 k 小于 1 还是大于 1 的合金系，均能为晶体生长提供比较有利的条件。另外，由于定向生长各向异性动力学的影响，晶界前侧的固-液界面的稳定性比后侧低，更易形成发达的二次甚至三次枝臂的枝晶，从而促使并保证晶界倾斜的进一步延续。

　　为考察四个晶粒的竞争生长，分别设计了两种方案：一种是仅控制四个晶粒的一维取向以模拟定向凝固中随机取向的晶粒间的竞争生长规律；另一种是使四个晶粒的一维择优取向都与最大温度梯度方向一致，考察不同二维取向晶粒间的竞争生长规律。按照第一种方案，四个晶粒的择优取向与最大温度梯度方向的夹角分别为 0°、22°、30° 及 45°，四晶粒截面积随高度的变化如图 3-20 所示，可见 $\alpha = 45°$ 的晶粒截面积减小最快，并在一定试样高度处完全消失，$\alpha = 30°$ 的晶粒被压缩的速率次之，$\alpha = 22°$ 最慢，这三个晶粒都受到

具有有利取向的 $\alpha=0°$ 的晶粒的压缩。

　　对于图 3-21(b)所示的晶粒竞争关系,左晶粒择优生长方向背离择优生长方向与最大温度一度方向一致的右晶粒。在生长过程中两晶粒由于生长方向相背而逐渐分离,这样在两晶粒间会出现逐步增大的空间,使两枝晶朝向晶界一侧的二次枝臂上有可能产生三次分支。右晶粒产生的三次分支平行于其一次臂。随定向凝固的进行,将重复上述枝晶分叉过程(图 3-37(a)),但总体上看,右晶粒扩张,左晶粒缩减,晶界向左移动。对于图 3-21(a)所示的竞争关系,即一晶粒〈001〉晶向以 α 角倾向另一〈001〉方向与最大温度梯度方向平行的晶粒,其竞争机制示于图 3-37(b),当右晶粒枝晶 2 的生长尖端靠近左晶粒 1 时,由于枝晶 1 扩散场的影响,其前端已形成三次分支,它的进一步发展会形成平行于枝晶 1 主干的又一枝晶并使晶界向右移动,结果左晶粒扩张而右晶粒压缩。

　　当两个晶粒的择优取向〈001〉相互背离且均不与最大温度梯度方向一致时,其竞争生长机制将如图 3-37(c)所示。在定向凝固过程中,两个晶粒的枝晶在晶界处不断形成三次分支并逐渐发展成为一次枝臂。由于两晶粒择优取向相互背离,晶粒间的界面将出现分叉,产生较大的空间,随固-液界面的不断推进,界面承受的过冷度增大,在适当条件下会形成新的的结晶核心,出现第三个晶粒。

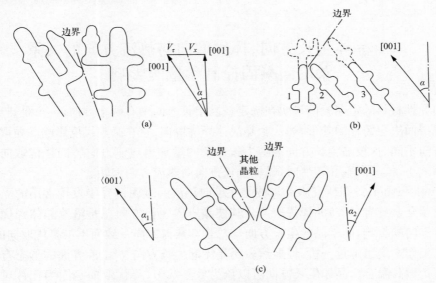

图 3-37　双晶竞争生长机制

　　以下为晶粒(双晶)竞争生长的某些规律。

　　(1) 晶粒间界的走向总是在两相邻晶粒生长方向之间。收敛型晶粒晶界偏向有利取向,有利取向晶粒被超越。对发散型晶粒晶界偏向不利晶向,不利取向(偏离热流方向相对较大)晶粒被超越。

　　(2) 晶粒间的竞争生长与晶界走向密切相关。晶界偏向一侧的晶粒生长会被晶界偏离一侧的晶粒所抑制以至淘汰。

　　(3) 晶界上侧发展空间大,溶质场有利,故晶界上侧(即晶界偏离的一侧)晶粒容易发展。

（4）对发散型晶粒的生长，其晶界的空隙需要一次或二次枝晶填充，由哪个晶粒的枝臂充填要视该枝臂生长的取向是否有利（与热流方向相近）。参与充填晶界空间的晶粒往往使晶界方向向另一方倾斜，影响晶界的走向，如图 3-27（A 晶一次臂有利）及图 3-28（B 晶二次臂有利）所示。

（5）定向凝固中多晶晶粒的取向与宏观凝固界面的取向和曲率有密切关系。生长方向垂直于固-液界面（或局域固-液界面）的晶粒有更好的发展条件。所以与抽拉方向垂直的宏观平直界面，促使晶体沿试样轴向生长，晶界垂直于界面，容易得到择优取向与生长方向均与热流方向一致的晶体。

（6）下凹的凝固界面易使晶粒呈收敛型生长，方向偏离轴向，试样表面形成的杂晶比较容易长入内部。

（7）上凸的凝固界面易使晶粒呈发散型生长，也偏离轴向。在生长速率较大，产生较大成分过冷情况下，发散的枝晶晶粒间出现新的晶核并发展长大。

（8）定向凝固中保持凝固界面平直是关键。要从炉膛设计、加热系统、抽拉系统、试样位置等方面保证凝固界面的平直稳定及试样内热场的稳定和均匀。

（9）对控制单晶取向的定向凝固必须建立抽拉速率对温度梯度及凝固界面影响的测试系统及工艺要求。

3.5　晶体生长方向、择优取向与热流方向的关系及定向凝固控制参量的影响

各向异性材料的定向凝固说明在确定枝晶生长方向中有两个方向，一个是热流方向，即在宏观层面决定铸件的外形；另一个是晶体择优取向，它在微观尺度影响晶粒取向。当这两个方向不同时，枝晶生长方向会随生长速率的增加由热流方向转向择优取向。而当生长速率减小，枝晶向胞晶转变时，晶体生长方向向热流方向偏转。

Kurz 和 Fisher[15]在研究胞晶与枝晶在单向热流的凝固过程中发现常用的立方晶系多元金属及合金具有⟨100⟩的择优取向。其枝晶定向生长方向总是沿着晶体择优取向而不受热流方向的影响，而胞晶的生长方向却总是与热流方向一致而不沿择优取向的方向。虽然研究工作未给出定量分析，但显然表明晶体的生长方向与固-液界面的形态有密切关系。前面指出高温合金晶体生长方向可以认为就是⟨001⟩择优取向是因为在针对叶片类单晶定向凝固中所采用的 G/V 值总是使晶体呈发达的枝晶形态。

分析常规的 Bridgman 定向凝固过程，当熔融金属注入金属型中时，在铸型表面立刻有大量晶核形成，并进一步组成初始晶粒。一旦它们形成完整的晶体结构，其⟨001⟩晶体取向便已固定。该晶向与热流方向的关系是随机的，并在以后的定向生长中不会改变。所以通过多晶竞争生长以获得单晶并控制择优取向⟨001⟩与热流方向一致的技术，只能在多晶粒各自的⟨001⟩晶向随机取向的基础上，通过竞争淘汰那些⟨001⟩晶向与热流方向偏离较大的晶粒，最终获得其晶向⟨001⟩与热流方向最接近的单晶。

大量晶粒竞争淘汰的研究与实验表明，凝固初期晶粒择优的⟨001⟩的随机取向在以后凝固的竞争淘汰中，其⟨001⟩晶向一般不会再发生改变。这就表明，凝固起始晶粒随机取

向形成阶段是非常重要的。假如该阶段晶粒随机形成的择优取向〈001〉大多偏离热流方向很大,则竞争淘汰后形成的叶片也只能是〈001〉偏向较大的单晶。为了保证最终单晶的〈001〉方向最大限度地与热流方向一致,必须在凝固起始,晶粒形成初期有尽可能多的晶粒以提高〈001〉晶向与热流方向一致的概率。从大量取向无序的微细晶粒到有固定生长方向的柱晶转换过程就是所谓的晶粒优选。虽然当前在生产中,如制造涡轮叶片,已广泛应用晶粒优选法则并取得了极大的成功,但基本上多是通过实践中的试错法取得的,而对晶粒竞争选择的机制仍然缺乏科学的了解。

　　21 世纪初 Esaka 等[55]借助原位观察有机模拟合金单向凝固条件下的生长,发现枝晶与胞晶的生长取向特性确有不同。图 3-38～图 3-40 分别是在不同的温度梯度下测定的琥珀精(SCN)生长速率对无量纲生长方向的影响。相应参数的定义如图 3-41[55]所示。

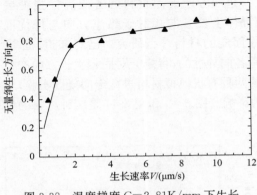

图 3-38　温度梯度 $G=2.81K/mm$ 下生长
速率与无量纲生长方向之间的关系

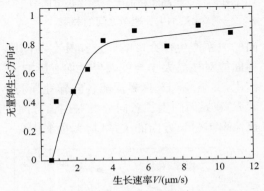

图 3-39　温度梯度 $G=5.51K/mm$ 下生长
速率与无量纲生长方向之间的关系

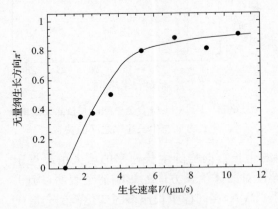

图 3-40　温度梯度 $G=7.37K/mm$ 下生长
速率与无量纲生长方向之间的关系

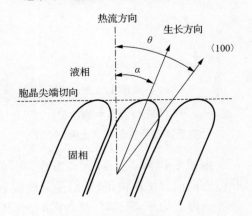

图 3-41　胞状界面生长方向与
无量纲生长方向之间示意图

　　结果表明,随 V 的增加,α/θ 剧烈增大,靠向〈001〉择优取向,继续增大 V,α/θ 的增大放慢,直至接近〈001〉方向。有趣的是,随 V 而急剧增大的 α 的这一段其晶体形态正好对应平-胞转向胞-枝的速率范围。α 角由接近于零的平界面转向接近〈001〉的枝晶形态,曲线的转折点正好是胞晶向枝晶转变的速率,而且这种规律是在三种不同温度梯度下得到

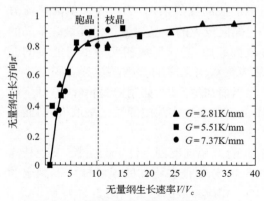

图 3-42　胞晶和枝晶无量纲生长方向与
无量纲生长速率之间的关系

的相同结果。

应指出的是,如果把生长速率 V 也归一化为 V/V_c(这里 V_c 为固-液平界面失稳的临界速率),则三种温度梯度所得到的结果可以用一条曲线描述,如图 3-42[56] 所示。这表明,生长速率与生长方向间有确定的单值关系,并不受温度梯度的影响,其原因在于 V_c 的大小正比于温度梯度。同时也表明,在描述定向凝固组织形态中,V/V_c 是一个重要的无量纲参量。

进而考虑凝固材料的各向异性强度会对晶体生长方向相对于热流方向与择优取向的关系产生什么影响。选择具有不同固-液界面能的材料进行研究。已经知道,固-液界面能对枝晶大小与枝端半径均有影响,并且是各向异性的,肯定会对固相生长方向产生作用,文献[56]选择界面能各向异性强弱不同的两种有机模拟材料进行定向凝固实验,考察固-液界面的生长各向异性对生长方向变化的影响。图 3-43 和图 3-44 是两种材料的生长速率与生长方向的关系(均无量纲化)。

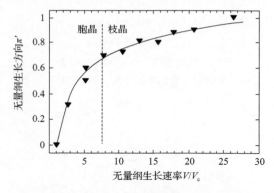

图 3-43　SCN-H₂O 合金中胞晶和枝晶无量纲
生长方向与生长速率之间的关系

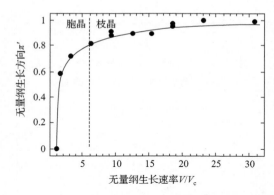

图 3-44　PVA-H₂O 合金中胞晶和枝晶无量纲
生长方向与生长速率之间的关系

由图 3-43 和图 3-44 可以发现,两种材料的生长方向均随生长速率的增大由趋近于热流方向向择优取向偏转,但是界面能各向异性对固体生长方向的影响清楚表明,当固-液界面形态为平-胞晶时,强各向异性的特戊酸(PVA)在同样生长速率的变化范围会造成生长方向更剧烈的变化。换言之,弱各向异性琥珀精生长方向随生长速率的变化在平-胞晶阶段相对比较平缓。而在胞-枝晶阶段琥珀精的生长方向随生长速率的变化却大于特戊酸,图 3-45[57] 给出了两种物质无量纲生长速率与生长方向之间的关系,其差异特性正是界面的各向异性的函数。

分析这些实验所得的结果可以发现,$\alpha/\theta(\pi')$ 随 V/V_c 的变化在低速阶段比较剧烈,继续增大生长速率,α/θ 的增长逐渐放缓。直至接近 $\langle100\rangle$ 择优方向。有趣的是随 V/V_c

而急剧增大的 α/θ 的这一段的凝固形态恰好对应由平-胞转向胞-枝的速率范围。α 角由接近于零，与热流方向一致的平界面转向接近 $\langle 100 \rangle$ 择优取向的枝晶形态。曲线的转折点正好是胞晶向枝晶转变的速率，而且这种变化的规律性是在三种不同温度梯度下得到的完全相同的结果（图 3-42）。即使对界面能各向异性程度不同的 PVA 及琥珀精也有着相同的关系特性。这从一个方面说明，在定向凝固条件下，当固相（晶体）以发达枝晶形态出现时，其枝晶生长方向就应该是其晶体学择优取向。

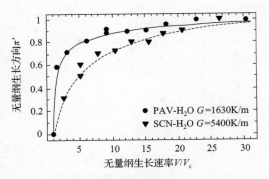

图 3-45　两种合金体系中无量纲生长速率和生长方向与表面能各向异性之间的关系

为了验证前面实验结果的有效性，人们用相场法模拟正温度梯度下合金凝固时晶体的生长行为。此前实验结果多来自有机模拟合金，虽然它们的凝固特性，包括熔化熵在内均与常用金属相当，毕竟其晶体结构和键合特性与金属有相当差异，且所需的热力学数据难以得到，故而模拟选择广泛应用的 Fe-C 合金为研究对象。图 3-46[55] 为计算出的固-液界面形态和 Fe-0.2%C 合金定向凝固中溶质的显微偏析图像，暗的部分代表溶质富集。择优生长方向与 y 轴（对应于热流方向）的夹角设置为 $20°$。由图可看出，胞晶（界面）生长方向在温度梯度近于零的情况下与择优生长方向是一致的（图 3-46(a)）。然而在正温度梯度下（图 3-46(b)、(c)），胞晶的生长方向就偏离择优取向而向热流方向靠近。当温度梯度相同时，减小 V 值，生长方向就要靠近热流方向，而偏离择优取向。相应地，此计算的 π' 和生长速率间的关系示于图 3-47[51]，相应参量关系的曲线特性与有机物模拟的实验结果完全一致。

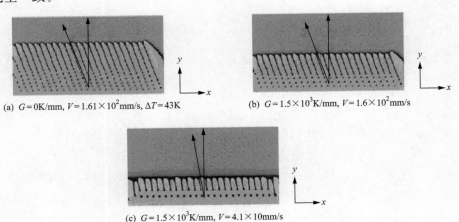

(a) $G=0$K/mm, $V=1.61×10^2$mm/s, $\Delta T=43$K　　　(b) $G=1.5×10^3$K/mm, $V=1.6×10^2$mm/s

(c) $G=1.5×10^3$K/mm, $V=4.1×10$mm/s

图 3-46　计算获得的 Fe-0.2%C 合金中成分分布

晶体生长的界面各向异性不仅影响生长方向，对于定向凝固组织的影响也是很显著的。Pocheau 等[57] 用有机物模拟合金研究了定向生长下界面各向异性对枝晶形态、取向

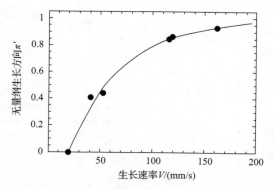

图 3-47 计算获得的生长速率与无量纲
生长方向 π' 之间的关系

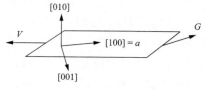

(a) 相对试样坐标的晶体主要取向

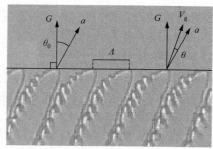

(b) 生长系统中各种生长方向方向

图 3-48 主要参量变化示意图
V-试样移动速率，V_g-枝晶生长方向，G-热流方向，a-晶体择优取向；$\theta_0 = \langle a, G\rangle$ 为择优取向与热流方向之间的夹角；$\theta = \langle a, V_g\rangle$ 为择优取向与枝晶生长方向之间夹角；Λ-枝晶间距

和枝晶间距的影响，进行了原位观察和测定，其结果示意如图 3-48 所示。观测发现在给定的代表各向异性强度的 θ_0 角，随生长速率（即稳态下的抽拉速率）的增大，生长方向 V_g 逐渐趋近择优取向 a 而偏离热流方向 G。同时枝晶的形态与非对称性也发生变化：侧枝愈益发展，且不对称性增加。图 3-49 表示在给定的择优取向夹角 θ_0 与枝晶间距 Λ，当抽拉速率增加时，V_g 的方向由热流 G 转向择优取向 a，与此同时，枝晶的非对称性增大，择优取向 a 一侧枝晶界面的稳定性明显增加。这从一个方面表明，反映

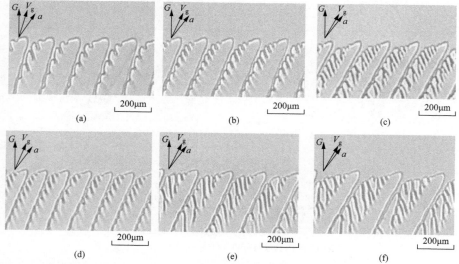

图 3-49 在固定枝晶间距 $\Lambda = 112\mu m$ 下连续增加抽拉速率对枝晶生长方向的影响(a)、(b)、(c)；在固定抽拉速率 $V_g = 26\mu m/s$ 下增大枝晶间距时枝晶生长方向变化(d)、(e)、(f)。(a) $V_g = 8.7\mu m/s$，(b) $V_g = 17.3\mu m/s$，(c) $V_g = 43.3\mu m/s$，(d) $\Lambda = 112\mu m$，(e) $\Lambda = 174\mu m$，(f) $\Lambda = 214\mu m$。注意在上述两种情况下枝晶生长方向向晶体择优生长方向靠近导致枝晶尖端之间出现枝晶二次分枝[53]

固-液界面各向异性的晶体择优取向增大了界面的稳定性。考虑到定向枝晶生长中尖端半径与溶质扩散的限定作用,作者将横坐标生长速率以溶质佩克莱数 Pe 代替,给出生长方向 θ,择优取向 θ_0 与 Pe 的关系如图 3-50[58] 所示。结果表明:对给定 θ_0,随 Pe(主要是生长速率)的增大,θ 值减小,即生长方向向择优取向靠近;对固定的 Pe 值,界面各向异性越强,即 θ_0 越大,θ 值也随之增大。这表明,在单向凝固的晶体生长中界面各向异性是导致晶体生长方向偏离热流方向的主要原因,而且这种对热流的偏离随生长速率的增加而加强,同时导致枝晶侧枝的非对称发展。然而值得质疑的是,图 3-49 中固定枝晶间距,却增大抽拉速率(稳态时生长速率)的模拟似乎不切实际,实际定向凝固过程中人们不可能在其他条件相同的情况下,任意改变生长速率而保持枝晶间距不变;也不可能在固定生长速率的同时,任意改变枝晶间距。但是此质疑并不影响 Pocheau 关于 V_g 取向变化和枝晶非对称生长的规律。

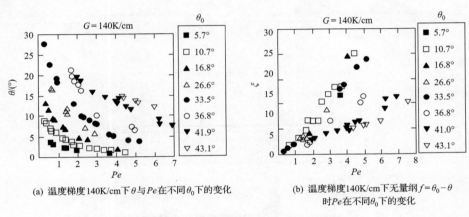

(a) 温度梯度140K/cm下 θ 与 Pe 在不同 θ_0 下的变化　　(b) 温度梯度140K/cm下无量纲 $f=\theta_0-\theta$ 时 Pe 在不同 θ_0 下的变化

图 3-50　不同 θ_0 下枝晶生长方向与 Pe 之间关系

　　赵新宝选择 DD407 单晶镍基高温合金用籽晶法进行了定向凝固条件下晶体生长与热流和择优取向关系的研究[47]。图 3-51[47] 是采用不同取向的籽晶在定向凝固初始过渡阶段晶体生长的图像。图中晶体择优取向分别设定为 ⟨001⟩ 与 ⟨011⟩,与热流方向夹角分别为 7.8°、17.3° 及 18.5°。由图可以看出,图中底部籽晶未熔部分的晶体取向与定向生长界面前沿激冷组织的晶体生长方向是一致的。图 3-52[47] 是三类试样在生长前后籽晶与

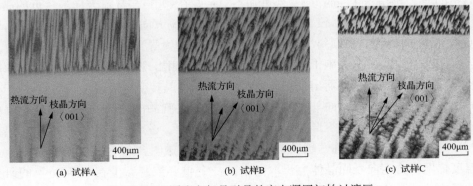

(a) 试样A　　　　　　(b) 试样B　　　　　　(c) 试样C

图 3-51　不同取向籽晶引晶的定向凝固初始过渡区

生长单晶的 X 射线衍射(X-ray diffraction, XRD)取向图谱,下图为籽晶取向,上图为引晶生成的单晶取向。由图也可以看出,单晶仍然大体上保留着设定籽晶的择优取向。实验结果表明,晶体生长方向总是在热流与择优取向之间随凝固速率的增大由趋近热流方向转向趋近择优取向。

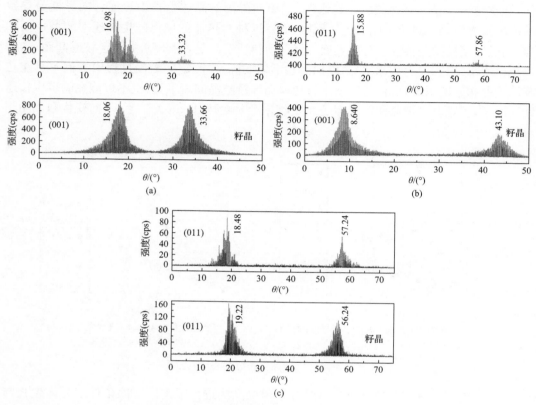

图 3-52　不同取向晶体的 XRD 衍射图

　　研究也同时发现 DD407 合金单晶的界面形态明显地受晶体择优取向的影响。图 3-53 表示在凝固速率相同的条件下(抽拉速率为 $6\,\mu m/s$),随〈001〉方向与最大热流方向偏离角的增大,胞晶的凝固界面变得更加不稳定。在〈001〉与热流方向最接近的晶体中(图 3-53(a)),胞端呈半球状,没有突缘。随〈001〉和热流方向之间偏离角 ϕ 的增大,胞端开始变得尖锐,向择优方向倾斜。偏离角 ϕ 的进一步增大导致胞端与热流方向有更大背离,其端部变得更加尖锐,在胞干靠近凝固界面前沿一侧出现突缘,同时由浅胞向深胞发展,表明界面更加不稳定,进而出现侧枝,胞晶开始向枝晶转变。值得注意的是,由于界面各向异性引起的晶体择优取向与热流方向的偏离,在由胞晶向枝晶的形态演变过程中将使胞或枝晶出现非对称的组织形态,这点将在后面讨论。设定的晶体择优取向与热梯度方向相差越大,胞或枝不对称性越显著,侧枝越发达,与透明合金模拟结果相同。

　　温度梯度作为定向凝固晶体生长取向中的一个重要控制参量在赵新宝[47]的研究中也给予了充分的关注。图 3-54 所示为温度梯度对晶体取向的影响。由图可以看出,随凝

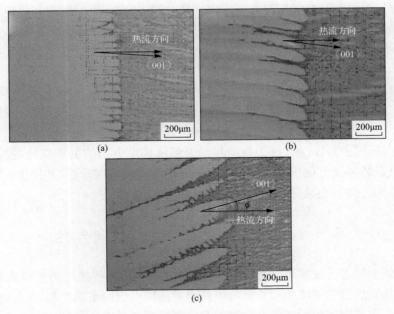

图 3-53　晶体取向对 DD407 单晶胞晶界面的影响

固界面前沿温度梯度的增大,晶体取向与〈001〉方向的偏离角增大,晶体生长更趋近于热流方向,这与 Esaka 等[55]对 Fe-C 合金所做的实验结果非常符合。实际上在定向凝固条件下,晶体的生长取向受两个作用相反的"方向"参量的制约,当由各向异性决定的晶体择优取向相对较强时,生长方向就偏向〈001〉方向,而当决定热流方向的温度梯度较强时,生长方向则偏向最大热梯度方向。

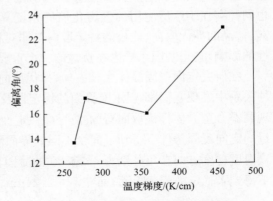

图 3-54　温度梯度对晶体取向的影响

　　实际的定向凝固过程受多种因素的作用,它们都可能影响晶体的生长方向,许多实验结果也常会出现矛盾和混淆,通过认真分析并与当前的凝固理论相对照认为以下几点可以作为共同的参考。

　　(1) 定向凝固晶体生长中有三个独立的基本方向:①主热流方向(最大温梯方向、抽拉方向、界面生长方向、试样轴向);②晶体生长的晶体学择优取向(反映界面各向异性);③晶粒生长方向(枝晶或胞晶生长方向)。

　　(2) 定向凝固中晶体的生长方向受最大温度梯度与各向异性相互竞争的制约,在两个取向之间变动。最大温度梯度方向意味着晶体沿此方向生长有最佳的温度场及溶质场环境,散热及溶质或溶剂的排出(决定于 k)最为有利;晶体学择优方向意味着晶体的生长耗能最小,液相原子向相应界面沉积最为有利,凝固相变熵最小,因此一般称为"易生长方向"。

（3）若晶粒择优取向〈001〉与热流方向一致,通常情况下生长方向与热流及择优取向一致。若晶粒择优取向与热流方向不一致,高 G/V 值时生长方向趋向热流。随 V 的增加,生长方向趋向择优方向,低 G/V 值与择优趋同。故发达枝晶生长方向应接近其择优取向($\alpha \rightarrow \theta$),平/胞晶生长方向应接近热流方向。

（4）若晶粒形态为枝或胞晶,定向生长中枝或胞晶的主轴应与其生长方向一致,而不是与晶体择优取向一致(除非生长方向与晶体择优取向一致)。即是说,金相观察到的宏观枝晶及其一次、二次枝臂的取向都是相对于生长方向的。

（5）定向凝固中晶体(相)择优取向与最大温度梯度方向的关系应是:若晶体为界面各向同性,其晶体择优方向应与温度梯度方向一致。若为各向异性,其择优取向偏离最大梯度方向,界面各向异性越强,偏离角度越大,即 $\varphi_0(\psi)$ 越大。

3.6　晶体生长取向与界面各向异性

凝固组织的稳态分析模型已经得到了相当的发展,但这些模型仍然存在很大的局限性。通过大量物理过程的简化和数学近似获得对凝固组织的精确控制,如晶向控制,还处在试错阶段。对凝固组织形成和变化过程有重要影响的界面各向异性迄今基本上都被忽略了。大量实验和生产实践已表明,界面各向异性不仅存在于高熔化熵的小平面型合金,也同样存在于广泛应用的低熔化熵的粗糙界面合金系统。如胞晶取向对热流方向的偏离、枝晶的择优取向、侧枝的特定取向与非对称晶体形态的发展,无不说明了界面各向异性的影响,它是凝固系统内在特性的一个重要表现。

在研究定向凝固晶体生长方向、择优取向和热流方向三方面与生长速率及温度梯度的关系中发现它们都与固-液界面的稳定性及凝固形态有关。20 世纪 90 年代,何国[49]发现高温合金晶体择优取向对固-液界面稳定性有明显影响。单晶高温合金 DD8 在非常接近的定向凝固条件下得到了完全不同的界面形态。图 3-55[49]为晶体择优取向〈001〉与最大温度梯度方向夹角分别为 45° 和 22° 的凝固界面形态。在 $V=2.46\mu m/s$ 和 $\varphi_0=22°$ 条件下得到了稳定的胞状界面;而在 $V=2.24\mu m/s$ 和 $\varphi_0=45°$ 时却得到平界面,表明似乎 φ_0

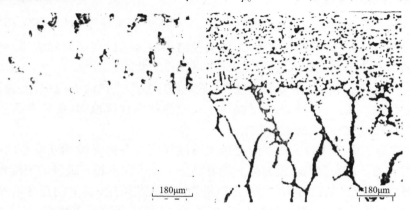

(a) $G=250K/cm$, $V=2.2\mu m/s$, $\varphi_0=45°$　　　　(b) $G=250K/cm$, $V=2.2\mu m/s$, $\varphi_0=22°$

图 3-55　晶体取向对 DD8 单晶高温合金平界面稳定性的影响

角越大,平界面越稳定。文献[58]报道,Ma 等对高温合金 In939 的实验发现了与前述相同的现象。进一步研究证实,〈001〉择优取向和最大温度梯度方向有偏角的平界面比〈001〉和温度梯度方向一致的界面更为稳定。图 3-56 依据实验结果给出了界面各向异性决定的晶体择优取向对固-液界面稳定性影响的示意图。由图可知,〈001〉择优取向与最大温度梯度方向(主热流方向)一致时,平界面最不稳定。若〈001〉偏离最大温度梯度方向,平界面相对稳定,偏离角 φ_0 增大时,平界面稳定性加强。这也进一步说明一个更普遍的规律,即反映界面各向异性动力学强弱的〈001〉与热流方向的偏离程度直接影响界面的稳定性。

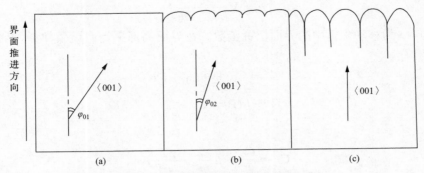

图 3-56 晶体取向对平界面稳定性影响示意图($\varphi_{01} > \varphi_{02}$)

对上述现象的分析提出了一个命题,即晶体生长的择优取向和界面各向异性与固-液界面稳定性的关系。

迄今为止,界面动力学各向异性还没有成熟的模型。界面动力学各向异性将造成晶体生长的各向异性。借鉴 Coriell 和 Sekerka[17] 及 Young 等[18]的方法,通过假设界面生长速率决定于界面过冷度及界面取向,而将各向异性界面动力学考虑进理论分析中。

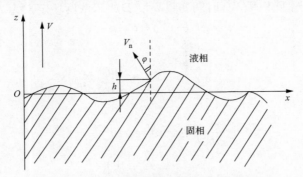

图 3-57 定向凝固时的固-液界面结构示意图

此前已经对定向凝固条件下固-液界面的稳定性进行了分析讨论,但那是各向同性的情况。若现有以恒定速率 V 定向凝固的二元系统,为了与后面将要讨论的界面各向异性更好地联系,这里仍先从界面稳定性开始。固-液界面推进方向为 z 方向,x 轴垂直于 z,标识界面的横向坐标,Oxz 为以速率 V 移动的坐标系。由于热扩散远快于溶质扩散,可认为定向凝固过程由溶质扩散过程控制。在以速率 V 和界面同向移动的 zx 坐标系中

（图 3-57），固-液界面前沿液相溶质浓度应满足的扩散方程为

$$D\left(\frac{\partial^2 C}{\partial x^2}+\frac{\partial^2 C}{\partial z^2}\right)+V\frac{\partial C}{\partial z^2}=\frac{\partial C}{\partial t} \tag{3-16}$$

式中，D 为液相溶质扩散系数；C 为溶质成分；t 为时间向量。当凝固系统以速率 V 向前移动时，熔体中溶质守恒条件为

$$v(1-k)C=-D\frac{\partial C}{\partial n} \tag{3-17}$$

式中，k 为平衡溶质分配系数；n 表示界面外法向；v 为界面凝固速率，表达式为

$$v=V+\frac{\partial h(x,t)}{\partial t} \tag{3-18}$$

式中，$h(x,t)$ 为移动坐标中的界面位置函数。在界面局部平衡假设条件下，界面温度耦合条件为

$$T_1=T_\mathrm{m}+mC_1+\Gamma K \tag{3-19a}$$

$$T_1=T_0+hG=T_\mathrm{m}+m\frac{C_0}{k}+hG \tag{3-19b}$$

式中

$$C_1=\frac{C_0}{k}+h\frac{G}{m}-\frac{\gamma T_\mathrm{m}}{mL}K$$

C_1 为界面液相溶质成分；C_0 为系统平均成分；G 为液相温度梯度；m 为液相线斜率；γ 为界面张力；T_m 为纯组元熔点；L 为凝固潜热；K 为界面曲率。式（3-16）还应满足远场条件，即

$$C=C_0,\quad z\to\infty \tag{3-20}$$

因此，定向凝固界面前沿液相中浓度场由式（3-16）及边界条件式（3-17）～式（3-20）决定。为简化数学处理过程，对上述方程和边界条件变量作归一化处理并以上标"′"表示处理后的相应变量：长度变量除以 D/V，时间变量除以 D/V^2，浓度场定义为

$$u=(C-C_0)/(C_0/k-C_0)$$

变换后的扩散方程为

$$\nabla^2 u+\nabla u=\frac{\partial u}{\partial t'} \tag{3-21}$$

满足的边界条件为

$$\left(1+\frac{\partial h'}{\partial t'}\right)[k+(1-k)u]=-\frac{\partial u}{\partial z'} \tag{3-22a}$$

$$u_1=1-\frac{h'}{l_\mathrm{T}}+d_0 K' \tag{3-22b}$$

$$u=0,\quad z'\to\infty \tag{3-22c}$$

式中，h'、z'、x'、t'、K' 分别是由 h、z、x、t、K 变换后的无量纲变量；$l_\mathrm{T}=V\Delta T_0/(DG)$，为无量纲热扩散长度；$d_0=\gamma V T_\mathrm{m}/(D\Delta T_0 L)$，为无量纲毛细长度；$u_1$ 表示变量 u 在界面液相中值。式（3-22a）忽略了界面侧向扩散。

在稳定状态下 $\dfrac{\partial u}{\partial t'}=0$，由方程（3-21）可得到平界面稳定解为

$$u = \mathrm{e}^{-z'} \tag{3-23}$$

在准稳态假设条件下,对于平界面,如果存在一振幅无限小的扰动,则将引起平界面变形,从而影响界面前沿液相中溶质扩散场。其界面形态和扩散场可用式(3-24a)和式(3-24b)来描述(为书写和分析的方便,以下省去各变量的上标"'"):

$$h = \varepsilon \mathrm{e}^{\mathrm{i}\omega x + at} \tag{3-24a}$$

$$u = \mathrm{e}^{-z} + u_0 \mathrm{e}^{\mathrm{i}\omega x + at - qz} \tag{3-24b}$$

式中,ε 为起始扰动振幅;u_0 为耦合系数;$\mathrm{e}^{\mathrm{i}\omega x}$ 表示界面扰动波;ω 为扰动频率;a 为扰动生长速率;e^{at} 表示扰动随时间的变化规律;e^{-qz} 表示界面前沿液相中溶质浓度按指数规律衰减。研究平界面的稳定性实际归结为确定扰动生长速率 a 与系统性质及凝固条件的关系。a 分别小于 0、等于 0 和大于 0 时,当 $t \to \infty$,e^{at} 分别趋向于 0、1 或 ∞,即分别表示界面为稳定、临界稳定和不稳定,确定了 a 的取值范围,即可判断界面的稳定性。为此将式(3-24)分别代入式(3-21)和式(3-22a)得到

$$q^2 - q - (\omega^2 + a) = 0 \tag{3-25}$$

$$(q + k - 1)u_0 = (k + a)\varepsilon \tag{3-26a}$$

在界面上由式(3-24b)和式(3-22b)得到

$$u_0 = \left(1 - \frac{1}{l_{T_L}} - d_0 \omega^2 \right)\varepsilon \tag{3-26b}$$

式(3-26a)中 $k \approx -\omega^2 \varepsilon \mathrm{e}^{\mathrm{i}\omega x + at}$,在式(3-26)的推导过程中忽略了 $O(h^2)$ 项,在扰动初期振幅很小时,进行这样的线性化处理是合理的。由式(3-26)得到 a 表达式,再将各无量纲变量代回原变量,最后得到

$$a = qV\left(1 - \frac{l}{l_{T}} - ld_0 \omega^2 \right) - \frac{V}{l} + (1 - k)\left(\frac{V}{l_{T}} + Vd_0 \omega^2 \right) \tag{3-27}$$

式中,$l = \dfrac{D}{V}$,为扩散长度;$l_{T} = \Delta T_0 / G$,为热扩散长度;$d_0 = \gamma T_{\mathrm{m}} / (L \Delta T_0)$,为毛细长度;$q$ 由式(3-25)确定。一般来说,界面移动规律包含了界面行为积累的影响,即变形的界面引起扩散场扰动,然后又对界面移动产生影响。在通常情况下,如果相对扩散场弛豫时间不长,界面的运动速率比较小,则准稳态假设是合理的。根据这种假设,上述线性稳定性分析只有在 $l/\lambda \gg 1$ 才是合理的。这里 λ 为扰动波长,则有 $l\omega \gg 1$,再根据式(3-25)(注意式(3-25)为变量变换前的无量纲变量)可以得到 $q \approx \omega$,代入式(3-27),得

$$a = \frac{V}{l}(l\omega - 1) - \frac{V}{l_{T}}(l\omega - p) - Vd_0 \omega^2 (l\omega - p)$$

式中,$p = 1 - k$,$p < 1$,由 $l\omega \gg 1$ 的假设,忽略上式三个括号中的后一项,重新整理得到

$$a \approx V\omega\left[\left(1 - \frac{l}{l_{T}} \right) - ld_0 \omega^2 \right] \tag{3-28}$$

式(3-28)表明扰动波数 ω、热扩散长度 l_{T}、毛细(张力)长度 d_0 及凝固速率 V 对界面扰动生长速率 a 的影响。正号项降低界面稳定性,负号项使界面稳定,可见温度梯度和界面张力对平界面都具有稳定作用。在不考虑界面张力情况下,根据稳定性条件,$a < 0$,由式(3-28)可以得到 $G > mG_c$,$G_c = V\Delta T_0 / (mD)$,为液相溶质梯度。式(3-28)完全退化为成分过冷判据。

　　扰动波数对界面稳定性也具有重要影响,对于长波长,界面总是不稳定的,对应的临界波长,有

$$\lambda_i = 2\pi \sqrt{\frac{l_T d_0}{l_T - l}} \qquad (3\text{-}29)$$

小于λ_i的扰动波,界面都是稳定的。a取得最大值时,对应最不稳定波长为

$$\lambda_c = 2\pi \sqrt{\frac{3l l_T d_0}{l_T - l}} \qquad (3\text{-}30)$$

由式(3-29)和式(3-30),$\lambda_c = \sqrt{3}\lambda_i$ 或 $\omega_i = \sqrt{3}\omega_c$,最不稳定波长在后面讨论针状晶侧向不稳定性时具有重要意义。

　　$a < 0$,根据式(3-28)得到平界面稳定性判据为

$$G > mG_c - \frac{\gamma T_m}{L}\omega^2 \qquad (3\text{-}31)$$

式(3-31)及Kurz和Fisher[15]得到的稳定性判据$G > mG_c - \dfrac{\Gamma k V^2}{D^2}$极其相似,然而本书得到的模型张力项中包含了扰动波数。

　　下面介绍界面各向异性动力学对平界面稳定性的影响。

　　界面动力学各向异性是凝固过程中液-固界面的重要特性之一,它对界面稳定性及界面形态演化过程都具有重要影响。然而目前对界面动力学各向异性的认识还相当肤浅,理论上还没有较成熟的模型。这里将对界面各向异性动力学对平界面稳定性的影响从理论上进行探讨,建立包括界面各向异性动力学的界面稳定性模型。

　　由于界面动力学各向异性造成晶体生长明显的各向异性,所以有理由将界面动力学各向异性与晶体取向相联系。用余弦函数模化动力学各向异性,对于立方形组元能够和晶体的择优生长方向相对应,因此具有直观的合理性。

　　如前所述,为引入界面动力学,假设界面局域生长速率是界面过冷度和与晶体取向有关的界面动力学函数[18,29],即

$$v = f[\Delta T, A(\theta)] \qquad (3\text{-}32a)$$

式中,$A(\theta)$为界面动力学函数;ΔT为界面过冷度;$\Delta T = T_I - T$,T_I为界面温度。为了使界面动力学各向异性与结晶学各向异性相对应,参照文献[59]~[61]假设界面动力学各向异性函数为[16,28]

$$A(\theta) = \varepsilon_4 \cos 4(\varphi + \varphi_0) \qquad (3\text{-}32b)$$

式中,ε_4为界面动力学强度系数;φ为局域界面外法向与最大温度梯度方向夹角;φ_0为晶体择优取向与最大温度梯度方向夹角(图3-58),$\cos 4(\varphi + \varphi_0)$描述具有四重对称性晶体系统的界面动力学各向异性。当$\varphi_0 = 0$时,式(3-32b)则为对称的界面动力学各向异性函数,即

$$A(\theta) = \varepsilon_4 \cos 4\varphi$$

　　界面生长速率是界面过冷度和界面各向异性动力学的线性函数,即

$$v = \varepsilon_T \Delta T + \varepsilon_4 \cos 4(\varphi + \varphi_0) \qquad (3\text{-}33)$$

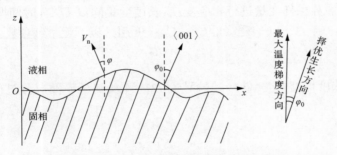

图 3-58　晶体取向对固液界面形态演化的影响

式中，ε_T 为过冷强度系数，对于界面过冷，有

$$\Delta T = \frac{v}{\varepsilon_T} + \frac{\varepsilon_4}{\varepsilon_T}\cos 4(\varphi + \varphi_0)$$

当 $\varepsilon_T \rightarrow \infty$ 时，有 $v \rightarrow \infty$，表示极小的过冷就可有非常快速的界面凝固。ΔT 为界面过冷度，$\Delta T = T_e - T_I$，T_e 为界面平衡温度，T_I 为界面实际温度，表达式为

$$T_e = T_m + mC_I + \frac{T_m \gamma}{L}K \tag{3-34a}$$

$$T_I = T_0 + Gh \tag{3-34b}$$

式中，T_0 为平界面温度。将式(3-18)和式(3-34)代入式(3-33)得到

$$T_I = T_0 + Gh = mC_I + T_m + \frac{T_m \gamma}{L}K - \frac{1}{\varepsilon_T}\left(V + \frac{\partial h}{\partial t}\right) + \frac{\varepsilon_4}{\varepsilon_T}\cos 4(\varphi + \varphi_0) \tag{3-35}$$

式(3-35)表明了定向凝固时凝固速率 V 和界面前沿液相温度梯度、界面张力及界面各向异性动力学的关系。当 $\varepsilon_T \rightarrow \infty$，$\varepsilon_4/\varepsilon_T$ 很小，凝固过程完全由界面过冷项决定时，式(3-35)退化成界面动力学各向同性的温度耦合关系式。对于无扰动平界面($h = 0$)，由式(3-35)可以得到

$$T_0 = m\frac{C_0}{k} + T_m - \frac{V}{\varepsilon_T} + \frac{\varepsilon_4}{\varepsilon_T}\cos 4\varphi_0 \tag{3-36}$$

式中，$mC_0/k + T_m$ 为稳态条件下平界面温度。可见引入界面各向异性动力学后，平界面温度也受到凝固速率及各向异性动力学强度的影响。同样对于 $\varepsilon_T \rightarrow \infty$ 表示的各向同性动力学条件，平界面温度即为稳态条件下的平界面温度，相当于快凝条件下绝对稳定平界面的条件。将式(3-36)代回式(3-35)，有

$$m\left(C_I - \frac{C_0}{k}\right) - Gh + \frac{T_m \gamma}{L}K - \frac{1}{\varepsilon_T}\frac{\partial h}{\partial t} - \frac{\varepsilon_4}{\varepsilon_T}\left[\cos 4\varphi_0 - \cos 4(\varphi - \varphi_0)\right] = 0 \tag{3-37}$$

式(3-37)是假设界面局部生长速率为界面过冷度和界面动力学的线性函数条件下构造的又一界面扩散场边界条件，反映了界面液相成分、温度分布、界面张力因素及界面动力学各向异性之间的关系。式(3-37)第一项是由于平界面形状扰动产生的温度差，它与界面张力和界面动力学因素造成的液相熔点变化及外加温度梯度造成温度变化总和相平衡。

根据以上讨论，引入界面动力学因素的定向凝固问题可归结为解扩散方程(3-16)，其边界条件为式(3-17)、式(3-20)和式(3-37)。为简化数学处理过程，用和 3.5 节相同的方

法对上述方程和边界条件变量进行相应变换:长度变量除以 D/V,时间变量除以 D/V^2,浓度变量定义为 $u = (C-C_0)/[(C_0/k)-C_0]$,并引入以下无量纲参数:

$$M = \frac{G}{mG_c} \qquad (3-38)$$

式中,G_c 为液相浓度梯度,$G_c=(k-1)C_0V/(kD)$,M 反映了界面成分过冷,当 $M>1$ 时,无成分过冷

$$d = \frac{T_m\gamma}{L\Delta T_0}\frac{V}{D} \qquad (3-39)$$

式中,ΔT_0 为液固相线温度区间,$\Delta T_0=mC_0(k-1)/k$;d 为界面张力对凝固过程的影响。

由式(3-33)可以有

$$\Delta T = \frac{V}{\varepsilon_T} + \frac{\varepsilon_4}{\varepsilon_T}\cos4(\varphi+\varphi_0)$$

及

$$\varepsilon_T = \frac{V}{\Delta T} + \frac{\varepsilon_4}{\Delta T}\cos4(\varphi+\varphi_0)$$

令

$$\beta_T = \frac{V}{\Delta T_0\varepsilon_T} \qquad (3-40)$$

式中,β_T 为界面过冷度对界面生长速率的影响。

令

$$\beta_4 = \frac{\varepsilon_4}{\Delta T_0\varepsilon_T} \qquad (3-41)$$

式中,β_4 为界面各向异性动力学对界面生长速率的影响,也反映了界面动力学强度的大小。变换后的式(3-37)成为

$$1 - u_1 - Mh + dK - \beta_T\frac{\partial h}{\partial t} - \beta_4[\cos4\varphi_0 - \cos4(\varphi+\varphi_0)] = 0 \qquad (3-42)$$

如果扰动的界面形态不随时间而变化,$\frac{\partial h}{\partial t} = 0$,由式(3-42)得到

$$u_1 = 1 - Mh + dK - \beta_4[\cos4\varphi_0 - \cos4(\varphi+\varphi_0)] \qquad (3-43)$$

式(3-43)表明对稳态胞状界面,无量纲浓度场 u_1 由界面成分过冷、界面张力和界面动力学各向异性决定。对于平界面,由式(3-43)可以得到

$$u_1 = 1 \qquad (3-44)$$

式(3-44)完全符合扩散场 u 的定义式

$$u = (C-C_0)/[(C_0/k)-C_0]$$

这里,在稳态 $z=0$ 的界面处 $C=C_0/k$,$u=1$。为了确定界面张力及界面各向异性动力学对平界面稳定性的影响,用和 3.5 节相同的方法进行扰动分析,得到以下方程组:

$$q^2 - q - (\omega^2 + a) = 0 \qquad (3\text{-}45a)$$
$$(q+k-1)u_0 = (k+a)\varepsilon \qquad (3\text{-}45b)$$
$$u_0 = (1 - M - d\omega^2 - \beta_T a - i\omega\beta_4 A_0)\varepsilon \qquad (3\text{-}45c)$$

式中,变量 q、ω、u_0、ε、a 定义和前述公式中的定义相同,其中 A_0 为界面局部形状位向函数

$$A_0 = \frac{4}{(1+\tan^2\varphi)^2}\left[2\cos4\varphi_0\tan\varphi + \sin4\varphi_0(1-\tan^2\varphi)\right] \quad (3\text{-}46)$$

式(3-46)描述了界面动力学各向异性,其中包含了对称因素 φ 及非对称因素 φ_0 的影响。在 $\varphi_0 = 0$ 的对称条件下,有

$$A_0 = 8\tan\varphi / (1+\tan^2\varphi)^2 \quad (3\text{-}47)$$

$\tan\varphi$ 反映了界面的形状位向因素: $\tan\varphi = \dfrac{\partial h}{\partial x}$。

解方程(3-45)的结果得到关于扰动生长速率 a 的隐式表达式为

$$\frac{1}{2}\sqrt{1+4(a+\omega^2)} + k - \frac{1}{2} = \frac{a+k}{1-M-\omega^2 d - \beta_{\mathrm{T}}a - \mathrm{i}\omega\beta_4 A_0} \quad (3\text{-}48)$$

式(3-48)表明,a 受扰动波数 ω、界面成分过冷 M、界面张力 d、界面各向异性动力学 $\beta_4 A_0$ 及溶质分配系数 k 等因素影响。如果进行数值计算可以用迭代法求解 a。当 a 的实部为 0 时,从式(3-48)可以得到临界稳定条件下,由成分过冷 M、界面张力 d、溶质分配系数 k 及界面各向异性动力学 $\beta_4 A_0$ 确定的起始胞的波数 ω_0 或起始胞的胞间距为

$$\lambda_1 = \frac{2\pi D}{\omega_0 V} \quad (3\text{-}49)$$

如果 ω 较小,λ 可能超过溶质扩散长度,使得准稳态分析误差较大,但在临界稳定状态附近进行线性分析仍然能够对界面稳定或不稳定行为进行定性描述[18,61]。

当 ω 较大时,在 $(1/4-\omega^2)<a<\omega^2$ 范围内,将式(3-48)中的根号项进行 Taylor 展开,则有

$$\sqrt{1+4(a+\omega^2)} \approx 2\omega + a/\omega$$

式(3-48)可以写成

$$a = \frac{[1-2(\omega+k)]\omega\Delta - 2\omega k}{2\omega + \Delta} \quad (3\text{-}50)$$

其中

$$\Delta = M - 1 + \omega^2 d + \beta_{\mathrm{T}}a + \mathrm{i}\omega\beta_4 A_0$$

对于多数合金系统,在平胞凝固阶段界面动力学强度较弱,可以认为 ε_{T} 较大,则上式中可忽略 $\beta_{\mathrm{T}}a$ 项。如果 $\omega<1$,则 $a<0$,对应短波长扰动,界面总是稳定的。只有当 $\omega<1/2-k$,$k<1/2$ 才能出现 $a>0$ 情况,可见 k 对界面的稳定起着前提性作用,即 $k<1/2$ 时界面才可能不稳定。因此讨论 $\omega\ll1$ 时的界面稳定性,对评价界面失稳条件以及界面形态演化趋势都是很有意义的。考查式(3-48),限定 $a\leqslant(1/4-\omega^2)$,则在 $-\omega^2\leqslant a\leqslant(1/4-\omega^2)$ 时,将根号项进行 Taylor 展开,取一级近似,可将式(3-48)写成如下形式:

$$a = \frac{\omega^2}{M+\omega^2 d + \mathrm{i}\omega\beta_4 A_0 + \beta_{\mathrm{T}}a} - (\omega^2+k) \quad (3\text{-}51)$$

如果限定 a 具有 ω^2 数量级,在大值 ε_{T} 假设条件下,式(3-51)分母中 $M+\omega^2 d + \mathrm{i}\omega\beta_4 A_0 > \beta_{\mathrm{T}}a$,相对 a 进行 Taylor 展开,取一级近似可得到 a 的显式表达式为

$$a = \frac{(M+\omega^2 d + \mathrm{i}\omega\beta_4 A_0)\omega^2 - (\omega^2+k)(M+\omega^2 d + \mathrm{i}\omega\beta_4 A_0)^2}{(M+\omega^2 d + \mathrm{i}\omega\beta_4 A_0)^2 + \omega^2\beta_{\mathrm{T}}} \quad (3\text{-}52)$$

根据上面假设,分母中 $\omega^2\beta_{\mathrm{T}}$ 项相对括号项可以忽略,则得到更为简明的 a 表达式,即

$$a = \frac{\omega^2 - (\omega^2 + k)(M + \omega^2 d + i\omega\beta_4 A_0)}{M + \omega^2 d + i\omega\beta_4 A_0} \tag{3-53}$$

由式(3-53)可见,平界面扰动的生长速率 a 由成分过冷 M、界面张力 d、界面各向异性动力学 $\beta_4 A_0$ 和扰动波数 ω 所决定。同时显示式(3-53)包含有 a 的实部 a_R 和虚部 a_I 为

$$a_R = \frac{\omega^2(M + \omega^2 d) - (\omega^2 + k)(M + \omega^2 d) - (\omega^2 + k)\omega^2\beta_4^2 A_0^2}{(M + \omega^2 d)^2 + \omega^2\beta_4^2 A_0^2} \tag{3-54}$$

$$a_I = \frac{\omega^3\beta_4 A_0}{(M + \omega^2 d)^2 + \omega^2\beta_4^2 A_0^2} \tag{3-55}$$

决定平界面稳定性的是 a 的实部数值大小。式(3-54)表明平界面稳定性和成分过冷 M、溶质分配系数 k、界面张力 d、界面各向异性动力学 $\beta_4 A_0$ 以及扰动波数 ω 的关系。显然,界面动力学因素对平界面具有稳定作用。

如果忽略界面张力及界面动力学影响,由(3-54)式可得

$$a_R = \frac{\omega^2}{M} - \omega^2 - k \tag{3-56}$$

平界面稳定时必须 $a_R < 0$,有

$$M > \frac{\omega^2}{\omega^2 + k} \tag{3-57}$$

式(3-57)为忽略界面张力和界面动力学效应时平界面的稳定条件。当 ω^2 较大时,式(3-57)右边约等于1,则式(3-57)退化为成分过冷判据。事实上 $\omega^2/(\omega^2 + k) < 1$,满足式(3-57)的 M 必然满足成分过冷判据,因此成分过冷理论包含于式(3-57)稳定性判据内,式(3-57)还包含了扰动波数对稳定性的影响。

引入界面张力而忽略界面动力学影响时,稳定性判据成为

$$M > \frac{\omega^2}{\omega^2 + k} - \omega^2 d \tag{3-58}$$

式(3-58)和 Mullinsand-Sekerka 理论[21,22]具有极相近的形式,差异在于式(3-58)包含了界面扰动波数 ω 的影响。由式(3-58)可见,界面张力对平界面具有稳定作用。

对于合金系统,若取 $T_M\gamma/L = 10^{-9}\text{m·K}$,$D = 10^{-8}\text{m}^2/\text{s}$,$k = 0.1$,$\Delta T_0 = 50\text{K}$,平胞转变临界速率 $V_c = 2\mu\text{m/s}$,则无量纲界面张力 d 约为 10^{-9} 数量级,可见 d 的影响是很小的。在式(3-54)中如果忽略界面张力因素,考查界面各向异性动力学的影响,则由稳定条件 $a_R < 0$ 得到

$$M > \frac{1}{2}\frac{\omega^2}{\omega^2 + k} + \sqrt{\frac{1}{4}\left(\frac{\omega^2}{\omega^2 + k}\right)^2 - \omega^2\beta_4^2 A_0^2} \tag{3-59}$$

式(3-59)具有较复杂的形式,但从中可以直观地看到界面动力学对稳定性的影响。如果引入界面张力因素,则稳定性条件成为

$$M > \frac{1}{2}\frac{\omega^2}{\omega^2 + k} - \omega^2 d + \sqrt{\frac{1}{4}\left(\frac{\omega^2}{\omega^2 + k}\right)^2 - \omega^2\beta_4^2 A_0^2} \tag{3-60}$$

界面动力学因素包括两个方面:一方面是动力学强度 β_4,对于多数合金系统迄今还没有准确的 β_4 数据。即使同一系统,在低速(平、胞)和高速(枝直到绝对稳定)β_4 似乎具有不同的数值,因此目前还难以用作定量计算。另一方面是动力学各向异性。A_0 表明了界

面取向对界面动力学的影响,生长方向在择优取向(如立方晶系⟨001⟩)方向时界面动力学具有极大值。在讨论平界面稳定性时,界面动力学的影响主要由强度 β_4 决定,换句话说就是 β_4 决定界面动力学的数量级,而各向异性因素 A_0 仅是一个系数,其意义在于对界面结构的重要影响[62]。

为了分析方便,将式(3-60)中根号项进行 Taylor 展开,取一级近似得到

$$M > \frac{\omega^2}{\omega^2 + k} - \omega^2 d - (\omega^2 + k)\beta_4^2 A_0^2 \tag{3-61}$$

和式(3-50)比较,式(3-61)具有更简明的形式,仅比式(3-58)多了界面动力学各向异性项。

为明确起见,将式(3-57)、式(3-58)和式(3-61)进行一些变换,设 $S_1 = \frac{\omega^2}{\omega^2 + k}$,$S_2 = \frac{\omega^2}{\omega^2 + k} - \omega^2 d$,$S_3 = \frac{\omega^2}{\omega^2 + k} - \omega^2 d - (\omega^2 + k)\beta_4^2 A_0^2$,很明显,有

$$1 > S_1 > S_2 > S_3 \tag{3-62}$$

式(3-62)表示,平界面稳定性 S_3 最大,S_2 次之,S_1 最小。$M=1$ 对应成分过冷限;比较式(3-57)、式(3-58)和式(3-61)判据及成分过冷判据可见,成分过冷判据预示稳定的界面,也一定满足式(3-57)、式(3-58)和式(3-61)判据。然而成分过冷判据预示不稳定的界面,用式(3-57)、式(3-58)和式(3-61)判据判断,可能是不稳定的,也可能是稳定的。因为成分过冷判据没有考虑界面张力和界面动力学各向异性的影响,所以有较大的局限性。界面张力和界面动力学对平界面都具有稳定的作用,因此式(3-61)判据预示的界面稳定性最强。

本节得到的稳定性判据式(3-57)、式(3-58)和式(3-61)包含了界面扰动波数的影响。对不同波数的扰动波,界面具有不同的稳定性。如果取变量 $\Delta M = M_0 - S_i (i = 1, 2, 3)$,$M_0$ 表示由成分过冷极限确定的临界稳定性点($M_0 = 1$),ΔM 越大,预示稳定性越强,即 $\Delta M_3 > \Delta M_2 > \Delta M_1$。由式(3-57)、式(3-58)和式(3-61)可得

$$\Delta M_1 = \frac{k}{\omega^2 + k} \tag{3-63a}$$

$$\Delta M_2 = \frac{k}{\omega^2 + k} + \omega^2 d \tag{3-63b}$$

$$\Delta M_3 = \frac{k}{\omega^2 + k} + \omega^2 d + (\omega^2 + k)\beta_4^2 A_0^2 \tag{3-63c}$$

图 3-59 所示为 ΔM-ω^2 曲线,$\Delta M = 0$ 表示成分过冷限,ω^2 较小时,对应长波扰动,ΔM_1、ΔM_2 和 ΔM_3 比成分过冷限预示的更稳定,ω^2 较大时,对应短波长扰动,此时 ΔM_1 接近成分过冷限,而 ΔM_2 和 ΔM_3 则出现极小值,这是因为短波长扰动,界面张力因素将起主导作用,因此界面稳定性更强。ΔM_2 和 ΔM_3 取得极小值对应的扰动波数分别为

$$\omega_2^2 = \sqrt{k/d} - k \tag{3-64a}$$

$$\omega_3^2 = \sqrt{k/(d + \beta_4^2 A_0^2)} - k \tag{3-64b}$$

比较 ω_2^2 和 ω_3^2,有 $\omega_2^2 > \omega_3^2$,造成这种极值点的差异是由于式(3-61)引入界面动力学的影响,但与由式(3-61)和式(3-58)表示的 ΔM-ω^2 趋势相同。

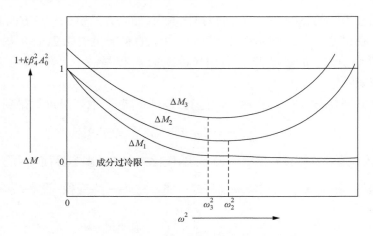

图 3-59　扰动波数对平界面稳定性的影响

3.7　凝固组织与界面各向异性

首先讨论定向凝固界面各向异性胞或枝晶生长。定向凝固时若平界面失稳,界面将转化成胞状甚至枝状界面。由于界面形态的复杂性,界面前沿溶质富积层也将具有较复杂的分布状态。对于具有侧向分枝的树枝晶,为了理论处理的方便,将其简化为侧面光滑的针状晶列,这样溶质扩散可近似为沿针状晶生长方向的一维扩散。Burden 和 Hunt 建立的稳态扩散场模型,后来又经 Laxmanan[63-66]修正,获得的比较全面的尖端过冷度方程为

$$\Delta T = \frac{DG}{V} + \lambda\rho\left[\frac{VmC_0(k-1)}{D} - kG\right] + \frac{2\Gamma}{\rho} \tag{3-65}$$

式中,Γ 为 Gibbs-Thomson 系数。在处理尖端扩散场时应用了 Zener[67]方法,假定扩散场有效作用距离正比于界面曲率半径,比例常数为 λ。式(3-65)中右边第一项表示晶间液相一维扩散产生的界面过冷,中项表示针状晶尖端扩散场及温度梯度对尖端过冷度的影响,右边最后一项为尖端曲率对尖端过冷度的影响。Laxmanan 在式(3-65)基础上应用最小过冷度原理得到针状晶尖端半径与生长速率及尖端过冷度与生长速率的关系式为

$$\rho = \left[\frac{2d_cD}{\lambda(V-V_{CS})}\right]^{1/2} \tag{3-66}$$

$$\frac{\Delta T}{\Delta T_0} = \frac{V_{CS}}{V} + 2\sqrt{2\lambda}\left(\frac{V-V_{CS}}{V_{AS}}\right)^{1/2} \tag{3-67}$$

式中,$d_c = \Gamma/(k\Delta T_0)$,为张力长度;$V_{CS}$ 为平界面失稳的临界速率;$V_{AS} = D/(d_ck^2)$,为MS 稳定性理论定义的绝对稳定性临界速率。

胞晶或枝晶凝固时,由于界面各向异性的作用,择优生长方向和最大温度梯度方向有一夹角 φ_0,则界面可以简化为图 3-60(a)所示的针状晶列结构,针状晶间的液相等浓度线是图 3-60(b)所示的孤立针状晶等浓度线叠加的结果。朝向界面推进方向一侧针状晶表面浓度梯度较大,背向界面推进方向一侧的浓度梯度较小。如前所述,晶间远离尖端液相

浓度很快能够达到均匀。为数学处理方便,进一步假设晶间液相等浓度线如图 3-60(c)所示,则这种非对称的针状晶列溶质扩散场同样可以分为图 3-60(c)所示的 x' 方向的一维扩散和图 3-60(d)所示的尖端多向扩散两部分,即

$$C_{\mathrm{L}} = \bar{C} + C^* \tag{3-68}$$

式中, C_{L} 为液相浓度场; $\bar{C}$ 为忽略尖端影响的平均浓度场; C^* 为尖端扩散浓度场。对于图 3-60(c)所示的一维扩散,由界面过冷度

$$\Delta T_{\mathrm{G}} = T_0 - T_1 = m(C_0 - \overline{C_1}) \tag{3-69a}$$

对 x' 求导,得

$$\mathrm{d}T_1/\mathrm{d}x' = m\mathrm{d}\overline{C_1}/\mathrm{d}x'$$

并由于

$$\mathrm{d}T_1/\mathrm{d}x' = G\cos\varphi_0$$

则

$$\mathrm{d}\,\overline{C_1}/\mathrm{d}x' = \frac{G}{m}\cos\varphi_0 \tag{3-69b}$$

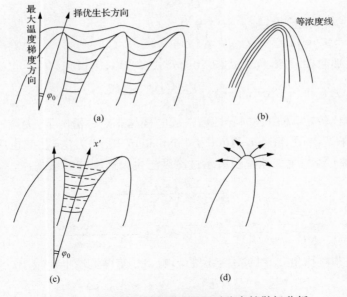

图 3-60　非对称胞晶或枝晶凝固时稳态扩散场分析

由界面溶质平衡

$$V'(C_0 - \overline{C_1}) = D\left(\frac{\partial \bar{C}}{\partial x'}\right)_{x'=x'_{\mathrm{t}}} = \frac{DG}{m}\cos\varphi_0 \tag{3-70a}$$

有

$$\Delta T_{\mathrm{G}} = \frac{DG}{V}\cos^2\varphi_0 \tag{3-70b}$$

尖端扩散场应用 Zener[67]假设,有

$$\left(\frac{\partial C^*}{\partial x'}\right)_{x'=x'_t} = -\frac{C^*_t}{\lambda\rho} \tag{3-71}$$

由尖端溶质平衡,有

$$V'(1-k)C_t = -D\left(\frac{\partial C_L}{\partial x'}\right)_{x'=x'_t} \tag{3-72}$$

式中,V' 为尖端沿择优生长方向的生长速率,$V'=\dfrac{V}{\cos\varphi_0}$,将式(3-68)代入式(3-72),有

$$V'(1-k)(\overline{C_t}+C^*_t) = -D\left[\left(\frac{\partial \overline{C}}{\partial x'}\right)_{x'=x'_t} + \left(\frac{\partial C^*}{\partial x'}\right)_{x'=x'_t}\right] \tag{3-73}$$

将式(3-70a)、式(3-70b)及式(3-71)代入式(3-73),因一般 λ 与 ρ 的乘积远小于1,可假设[64-66]

$$\frac{V'(1-k)}{D} \ll \frac{1}{\lambda\rho}$$

可得到

$$C^* = \lambda\rho\left[\frac{VC_0(1-k)}{D\cos\varphi_0} + \frac{kG\cos\varphi_0}{m}\right] \tag{3-74}$$

如果忽略界面动力学过冷度,则尖端过冷为

$$\Delta T = m(C_0-\overline{C_t}) + \Delta T_r = m(C_0-\overline{C_t}) - mC^* + \Delta T_R$$

式中,ΔT_r 为尖端曲率过冷,代入式(3-70b)及式(3-74),则得到

$$\Delta T = \frac{DG}{V}\cos^2\varphi_0 + \lambda\rho\left[\frac{VmC_0(k-1)}{D\cos\varphi_0} - kG\cos\varphi_0\right] + \frac{2\Gamma}{\rho} \tag{3-75}$$

　　和式(3-65)比较,可见由各向异性新造成的枝晶非对称情况下,尖端过冷度要受到非对称角 φ_0 的影响。沿用 Burden-Hunt 及 Laxmanan[59-61,63] 方法,在此也应用最小过冷度原理可得到尖端半径与生长速率及尖端过冷度与生长速率的关系式:

$$\rho = \left[\frac{2d_0D\cos\varphi_0}{\lambda(V-V_{CS}\cos^2\varphi_0)}\right]^{1/2} \tag{3-76}$$

$$\frac{\Delta T}{\Delta T_0} = \frac{V_{CS}\cos^2\varphi_0}{V} + 2\sqrt{2\lambda}\left(\frac{V-V_{CS}\cos^2\varphi_0}{V_{AS}\cos\varphi_0}\right)^{1/2} \tag{3-77}$$

由式(3-76)可见非对称角 φ_0 对尖端半径的影响,φ_0 使得尖端半径减小。如果令

$$V'_{CS} = V_{CS}\cos^2\varphi_0, \quad V'_{AS} = V_{AS}\cos^2\varphi_0$$

则式(3-77)可写成

$$\frac{\Delta T}{\Delta T_0} = \frac{V'_{CS}}{V} + 2\sqrt{2\lambda}\left(\frac{V-V'_{CS}}{V'_{AS}}\right)^{1/2} \tag{3-78}$$

　　可见非对称针状晶列尖端过冷度表达式形式和对称针状晶列完全相同。非对称角 φ_0 的作用可以归结为对临界稳定性速率 V_{CS} 和绝对稳定性速率 V_{AS} 的影响。随 φ_0 增大,面向生长方向一侧界面的临界稳定性速率 V'_{CS} 和绝对稳定性速率 V'_{AS} 均减小。背向生长方向一侧,即与择优生长同方向的枝端右侧界面的稳定性得到加强。

　　对于非对称针状晶列尖端液相溶质浓度可用式(3-79)求得

$$C_t = \overline{C_t} + C^* = (\overline{C_t}-C_0) + C^* + C_0$$

将式(3-70)、式(3-74)和式(3-76)代入上式

$$C_\mathrm{t} = C_0 + \frac{C_0(1-k)}{k}\left\{\frac{V'_\mathrm{CS}}{V} + k\left[\frac{2\lambda d_\mathrm{c}}{D\cos\varphi_0}(V - V'_\mathrm{CS})\right]^{1/2}\right\} \tag{3-79}$$

当 $V = V'_\mathrm{CS}$ 时，$C_\mathrm{t} = C_0/k$ 对应平胞转变临界点，界面浓度差即为平衡浓度差 ΔC_0。在很高的凝固速率下，式(3-79)可简化为

$$C_\mathrm{t} = C_0 + \sqrt{\frac{2\lambda\Gamma V C_0(k-1)}{mD\cos\varphi_0}} \tag{3-80}$$

注意在很高的凝固速率下，溶质分配系数 k 也是 V 的函数，达到绝对稳定性时，界面上 $\Delta C = C_\mathrm{t} - C_0 = \Delta C_0$。

下面介绍非对称针状晶列一次间距。

有关枝晶或胞晶的一次间距已有很多的研究者在不同的假设条件下建立了自己的模型，这在前面已有讨论。比较成功而且被人们普遍引用的主要有 Hunt 模型、Trivedi 模型和 Kurz-Fisher 模型。这三种模型虽然思路和推导过程有差异，但都得到了相似的结果，即

$$\lambda_1 \propto G^{-\frac{1}{2}}V^{-\frac{1}{4}} \tag{3-81}$$

尽管式(3-81)的模型在许多系统中和实验[68-70]相吻合，但其模型建立过程中的许多假设条件和实际的凝固过程以及枝晶形状有较大出入，因此有理由认为式(3-81)模型仍有很大的局限性。目前还没有任何一次间距模型能够全面深刻地描述枝晶或胞晶的一次间距调整形成机制。一次间距的许多实验[68-73]结果都很分散，普遍采用的关系式 $\lambda_1 \propto G^q V^{-r}(q > 0, r > 0)$ 被实验[72,73]证实 q、r 并不一定是常数，q、r 似乎也是 V 和 G 的函数。因此关于存在各向异性条件下一次间距的理论模型目前还是一个没有解决的问题。

这里仍假设胞晶或枝晶尖端具有旋转抛物面形状，通过固-液界面的局部热量平衡讨论针状晶生长方向偏离最大温度梯度方向的非对称针状晶列一次间距选择机制。

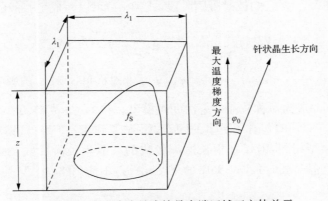

图 3-61　非对称胞晶或枝晶尖端区域正方体单元

在界面前沿选取一正方体单元(图 3-61)，由周期对称性，可认为该单元体内固相释放的凝固潜热和单元体温度变化相平衡为[74]

$$L\left(\frac{\partial f_\mathrm{s}}{\partial z}\right) = C\left(\frac{\partial T}{\partial z}\right) \tag{3-82}$$

式中，f_s 为单元体固相体积分数；T 表示温度；t 表示时间；C 和 L 分别表示体积比热和熔化潜热。如果定向凝固速率为 v，则由于 $v = \partial z / \partial t$，式（3-82）可写为

$$Lv \frac{\partial f_s}{\partial z} = Cv \frac{\partial T}{\partial z} \tag{3-83}$$

式中，$\dfrac{\partial T}{\partial z} = G$（图 3-61），通过简单的几何计算可以得到

$$f_s = \frac{\pi \rho}{\lambda_1^2 \cos^2 \varphi_0} (z - 2\sqrt{2\rho z \cos\varphi_0} \tan\varphi_0) \tag{3-84}$$

式中，ρ 为尖端半径；φ_0 为非对称角；λ_1 为一次间距。将式（3-84）代入式（3-83），有

$$\lambda_1^2 = \frac{\pi \Delta T_h \rho}{G \cos^2 \varphi_0} \left(1 - \sqrt{2\rho \cos\varphi_0} \tan\varphi_0 \frac{1}{\sqrt{z}}\right) \tag{3-85}$$

其中 $\Delta T_h = L/C$，表示系统的热性质，λ_1 除受 ΔT_h、G、ρ、φ_0 等影响外和单元体选取的 z 的大小也有关，因此确定 λ_1 还需要另外的附加条件。如果将 z 和尖端到侧向出现第一个明显扰动的距离相对应，并考虑非对称角 φ_0，则可以选取[75]

$$z = 5\rho \cos\varphi_0 \tag{3-86}$$

代入式（3-85），得

$$\lambda_1^2 = \left(1 - \frac{\sqrt{10}}{5} \tan\varphi_0\right) \frac{\pi \Delta T_h \rho}{G \cos^2 \varphi_0} \tag{3-87}$$

　　式（3-85）表示由针状晶尖端半径、温度梯度、非对称角 φ_0 和系统热性质确定的一次胞晶或枝晶间距。对于 $\varphi_0 = 0$ 的对称针状晶列，其一次间距 $\lambda_1^2 = \pi \Delta T_h \rho / G$，式（3-87）完全退化为 Makkonen[74] 结果。将式（3-76）代入式（3-87），得

$$\lambda_1^2 = \frac{1}{\cos^2 \varphi_0} \left(1 - \frac{\sqrt{10}}{5} \tan\varphi_0\right) \frac{\pi \Delta T_h}{G} \sqrt{\frac{2 d_c D \cos\varphi_0}{\lambda (V - V_{cs} \cos^2 \varphi_0)}} \tag{3-88}$$

式中，$\lambda = \dfrac{1}{8}$[76]，在 $V \gg V'_{cs}$ 的枝晶凝固阶段，式（3-88）可以写成更一般的形式，即

$$\lambda_1 = 2\xi(\varphi_0) (\pi \Delta T_h)^{1/2} \left(\frac{\Gamma D}{k \Delta T_0}\right)^{1/4} G^{-1/2} V^{-1/4} \tag{3-89}$$

式中，$\xi(\varphi_0) = \left(1 - \dfrac{\sqrt{10}}{5} \tan\varphi_0\right)^{1/2} \cos^{-3/4} \varphi_0$，表示非对称角 φ_0 对 λ_1 的影响。当 $\varphi_0 = 0$ 时，$\xi(\varphi_0) = 1$，式（3-89）成为对称枝晶的一次间距模型。和 Hunt 模型、Trivedi 模型及 Kurz-Fisher 模型比较，式（3-89）包含了更多的因素，如 ΔT_h 和 $\xi(\varphi_0)$ 等；该模型建立的 λ_1-GV 关系和以上三种模型相同，但仅在生长速率较快的枝晶生长阶段式（3-89）才是合理的。在近临界速率的胞晶凝固时式（3-88）中的 $V_{cs} \cos^2 \varphi_0$ 不能忽略，λ_1-V 关系并不是简单的 $\lambda_1 \propto V^{-\frac{1}{4}}$。

　　胞晶和枝晶的重要结晶学特征之一就是胞晶和枝晶生长方向的变化。生长方向的不同将导致胞晶或枝晶的形态演化过程以及最终的组织形态的重大变化，因此研究胞晶及枝晶的生长方向有助于对不同界面结构的凝固过程全面而深刻的理解。具有低指数的晶体取向（如立方晶系的 ⟨001⟩）是枝晶的择优生长方向[14,15,77]，然而对于胞晶生长，人们的认识并不一致，有人认为胞晶沿最大温度梯度方向生长[15,77]，热流方向是控制胞晶生长

方向的主导因素。但也有实验[16,55,57]证实胞晶生长方向可能偏离最大温度梯度方向。研究表明,胞晶的生长方向是凝固速率、温度梯度及系统成分的函数。对于具有各向异性界面动力学或各向异性界面能的合金系统,胞晶生长方向由近最大温度梯度方向转向择优取向,决定于生长速率,同时伴随着相应的平-胞向枝-胞的形态变化。

确定胞晶生长方向和最大温度梯度方向偏离角可以通过对具有界面各向异性动力学的平界面线性稳定性分析来实现[16,18],在平-胞转变时,由于界面各向异性动力学的影响,扰动胞的生长速率包含了实部和虚部两个部分,实部决定了胞的垂直界面生长速率,虚部则使得扰动胞沿平行界面方向移动,这个平行界面的速率最终导致胞晶生长方向和最大温度梯度方向的偏离,界面各向异性动力学的影响越大,平行于界面的速率越大,则偏离角也越大。

考查式(3-24a),其中 $a = a_R + ia_1$,则可将式(3-24a)改写为

$$h = \varepsilon \, e^{i\omega\left(x + \frac{a_1}{\omega}t\right) + a_R t} \tag{3-90}$$

式中,$x + \dfrac{a_1}{\omega}t$ 描述了界面上扰动的位置,由于该项是时间 t 的函数,所以扰动沿平行界面方向(x 方向)移动的速率为

$$V_x = -\frac{a_1}{\omega} \tag{3-91}$$

将式(3-55)代入式(3-91),并由于 ω、β_4、M 和 d 均为无量纲量,所以有

$$V_x = \frac{\omega^2 \beta_4 A_0 V}{(M + \omega^2 d)^2 + \omega^2 \beta_4^2 A_0^2} \tag{3-92}$$

对于稳定胞的生长,其生长方向应由定向凝固速率 V 和平行界面的移动速率 V_x 共同决定,即

$$\Phi = \arctan\left(\frac{V_x}{V}\right) = \arctan\frac{\omega^2 \beta_4 A_0}{(M + \omega^2 d)^2 + \omega^2 \beta_4^2 A_0^2} \tag{3-93a}$$

长期以来人们往往认为[15,26],胞晶生长方向与最大温度梯度方向一致,而与凝固界面晶体取向无关,然而近年来对界面动力学各向异性的研究发现[14,27,77-79],对于具有明显界面各向异性的凝固系统,胞晶的生长方向介于最大温度梯度方向和择优生长方向之间。在近平胞转变点附近,胞晶生长方向偏向于最大温度梯度方向一边,而在近胞-枝转变点时,胞晶生长方向偏向于择优生长方向。许多研究者还认为[15,26],对于界面各向同性的大多数合金凝固系统,胞晶生长方向不受晶体取向影响,始终保持与最大温度梯度方向一致,通过对单晶高温合金胞晶凝固界面的观察,发现了在被认为具有各向同性界面的凝固系统中胞晶生长方向与上面的结论有稍微不同的现象。

图 3-62 所示为单晶高温合金 DD8 胞晶凝固界面,择优晶体取向〈001〉与最大温度梯度方向夹角 $\varphi_0 = 10°$,温度梯度 $G = 250\text{K/cm}$,凝固速率 $V = 2.5\,\mu\text{m/s}$,这个速率接近胞-枝转变速率,但稳定生长的胞晶,其生长方向和最大温度梯度方向完全一致(图 3-62 下端稳定生长区),说明在接近胞-枝转变的速率,胞晶生长方向仍然完全由热流方向决定,界面的动力学各向异性影响很小。快淬界面区域胞晶生长方向由朝向最大温度梯度方向逐渐转向择优生长方向,表明在快淬过程中,随界面凝固速率的突然加快,加大了对界面动力

学各向异性的影响,胞晶的生长方向最终完全由择优生长方向决定。在高温合金中发现这种由界面各向异性动力学引起的胞晶生长方向由最大温度梯度方向转向择优生长方向的现象,说明了普遍认为的具有各向同性界面的高温合金凝固系统,在一定的凝固速率条件下仍然可能表现出界面的各向异性。对于单晶高温合金的胞晶凝固过程,这种界面各向异性对胞晶生长方向的影响仅发生在较高凝固速率和较窄的凝固速率范围。图 3-63 所示为胞晶生长方向和最大温度梯度方向夹角 Φ 与凝固速率的关系。对于具有界面各向异性的凝固系统[12,80],胞晶生长方向随凝固速率从 V_{cs} 增加而偏离最大温度梯度方向,直到凝固速率达到胞-枝转变点 V_{tr},此时胞晶生长方向完全转到择优生长方向($\Phi = \varphi_0$,图 3-63 中曲线 1)。而对于界面各向同性的单晶高温合金,在胞晶凝固的速率范围,当 $V \in [V_{cs}, V_t]$ 时,胞晶生长方向和最大温度梯度方向接近,界面各向异性动力学的影响很小;当 $V \in [V_t, V_{tr}]$ 时,界面各向异性动力学加强,胞晶生长方向朝择优生长方向偏转,Φ 与 V 关系如图 3-63 中曲线 2 所示。根据实验,V_t 更接近 V_{tr},在设计实验时,由于环境因素的波动很难获得明显的偏转胞晶组织,所以只有在快淬界面区域才能观察到胞晶生长方向的偏转。

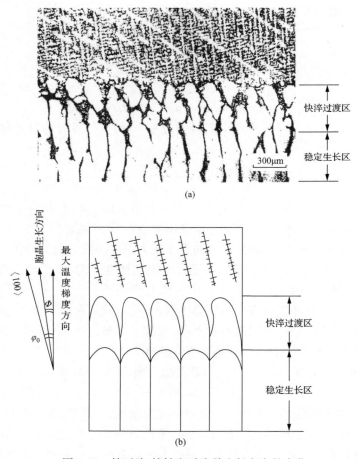

图 3-62　接近胞-枝转变时胞晶生长方向的变化

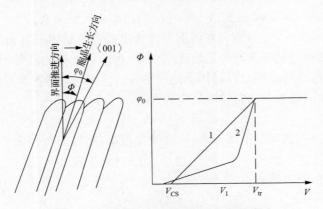

图 3-63　凝固速率对胞晶生长方向的影响

1-各向异性凝固系统；2-界面各向同性凝固系统

此前，曾经得到式（3-93）为

$$\tan\Phi = \frac{\omega^2\beta_4 A_0}{(M+\omega^2 d)^2+\omega^2\beta_4^2 A_0^2} \tag{3-93b}$$

式中，β_4 是描述界面各向异性动力学强度的参数；A_0 为界面位向的函数；在一定凝固速率区间，如果成分过冷参数 M 和界面张力因素 d 对速率变化的敏感性很小，胞晶间距变化也很小，即 ω 变化很小，则 β_4 的大小和性态完全决定了 Φ 的大小和性质。根据现有的实验结果[12,27,78,81]及式（3-93b）模型，可以推测 β_4 是凝固速率的函数。对于界面各向异性的凝固系统，在整个胞晶凝固速率区间，随凝固速率增加，β_4 也相应增大。当达到胞-枝转变速率 V_{tr} 时，β_4 不再随凝固速率的增加而变化，而保持某一恒定值。根据实验结果，认为具有界面各向同性的单晶高温合金胞晶凝固，在很大的凝固速率范围内，β_4 不受凝固速率的影响而保持接近于零。但在凝固速率大于某一定值后，随凝固速率增加，β_4 迅速增大，同样在达到胞-枝转变速率 V_{tr} 时，β_4 不再随凝固速率的增加而变化，保持和曲线 1 相同的恒定值 β_{40}（图 3-64）。β_{40} 对应非对称角 φ_0，即达到最大的界面各向异性，此时有

$$\tan\varphi_0 = \frac{\omega^2\beta_{40} A_0}{(M+\omega^2 d)^2+\omega^2\beta_{40}^2 A_0^2} \tag{3-93c}$$

应该指出的是，式（3-93）是准稳态假设条件下线性分析的结果，在用来解释非线性凝固过程时，特别是近胞-枝转变时的胞晶生长特性存在一定误差。但作为对界面各向异性特性的初步的定性解释还是具有十分重要的意义的。

鉴于式（3-93），直接关联于存在各向异性时界面沿热流方向的生长速率 V 和沿界面横向的生长速率 V_x 的比值以及它所确定的界面动力学各向异性在界面的偏离角 φ_0，对晶体生长方向与择优取向均有关键

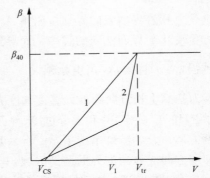

图 3-64　凝固速率对界面各向异性动力学
因素 β_4 的影响

1-界面各向异性凝固系统；2-界面各向同性凝固系统

的影响,人们希望进一步了解 φ、φ_0、V_x/V 与生长速率之间的关系。

Coriell 和 Sekarka[17] 在考察存在各向异性效应的定向凝固平界面的线性稳定性时,发现当凝固系统刚刚超越平界面的稳定性门槛时,扰动放大率的实部沿抽拉方向造成扰动的生长,同时虚部或行波部分引起扰动侧向发展。该侧向扰动速率导致了胞晶的偏转,偏转角就决定于界面动力学各向异性效应的大小。

$$\Phi = \tan^{-1}(V_x/V)$$

式中,V_x 为沿界面方向扰动发展的速率;V 为抽拉速率,在稳态时即为界面沿热流方向的移动速率。

文献[82]指出,侧向速率

$$V_x = -2h(\mu_x/\mu_T)$$

式中,μ_x 为沿界面的方位变化引起生长速率变化的系数;μ_T 为界面法向过冷度变化引起生长速率变化的系数;h 为一个关联于生长速率、成分梯度及溶质和热动力学系数的复杂函数。

正是由于界面速率的侧向分量 V_x,胞晶相对热流方向才偏转了 Φ 角。由 Young 等[18] 发展的线性及弱非线性分析给出了 μ_x/μ_T 与 V_x/V 的关系为

$$\frac{V_x}{V} = \frac{\left(\dfrac{\mu_x}{\mu_T}\right)\Delta T_D}{\left(\dfrac{GD}{V} + \dfrac{\omega^2 D\Gamma}{V}\right)^2 + \dfrac{\omega^2 D^2}{V^2}\left(\dfrac{\mu_x}{\mu_T}\right)^2} = \tan\Phi$$

由式(3-92)还有

$$\frac{V_x}{V} = \frac{\omega^2 \beta_4 A_0}{(G/mG_C + \omega^2 d)^2 + \omega^2 \beta_4^2 A_0^2} = \tan\Phi$$

可以看出,两式右侧分母是完全对应的,其中 $\dfrac{\omega^2 D^2}{V^2}\left(\dfrac{\mu_x}{\mu_T}\right)^2$ 即等于 $\omega^2 \beta_4^2 A_0^2$,并有 $\dfrac{\mu_x}{\mu_T} = \dfrac{\beta_4 A_0 V}{D}$ 或 $\beta_4 A_0 = \dfrac{D}{V}\dfrac{\mu_x}{\mu_T}$,从两式分子来看,$\beta_4 A_0 = \dfrac{\Delta T_0}{\omega^2}\dfrac{\mu_x}{\mu_T}$,$\omega^2 \beta_4 A_0$ 即等于 $\left(\dfrac{\mu_x}{\mu_T}\right)\Delta T_0$,则有 $\dfrac{\mu_x}{\mu_T} = \dfrac{\beta_4 A_0 \omega^2}{\Delta T_0}$。

这就意味着界面各向异性位向角 A_0 与界面各向异性沉积动力学强度 β_4 是造成沿界面的方位变化与界面法向的过冷从而导致生长速率沿正向和侧向变化的根源。界面各向异性越强,$\dfrac{\mu_x}{\mu_T}$ 越大,Φ 角也就越大。

Φ 为胞晶生长方向和最大温度梯度方向夹角(图 3-65),可见 Φ 主要由界面各向异性动力学 β_4 和 A_0 决定,并和成分过冷、界面张力以及扰动波数有关。在择优取向和最大温度梯度方向重合的特殊情况下,$\varphi_0 = 0$,则 A_0 由式(3-47)确定,此时对于界面法向和最大温度梯度方向成 φ 角的界面局部区域,其生长方向即扰动生长方向仍然和最大温度梯度方向成 Φ 角(图 3-66),这正好解释了针状晶出现侧向扰动时,在近尖端区域,侧枝的生长方向往往并不是沿择优方向,也不是沿针状晶表面法线方向,而是偏向最大温度梯度方向[27,83]。在对称针状晶的尖端,$\varphi = 0$,$A_0 = 0$(式(3-32)),则 $\Phi = 0$,因此式(3-93)完全描

述了界面各向异性动力学影响的胞晶的生长方向问题。为了确证式(3-93)的正确和有效,这里引用 Trivedi 用特戊酸加 0.22% 乙醇试剂得到的结果。图 3-67[82] 给出了 $\tan\varphi$ 与 V_x/V 的关系。在定向凝固及三种不同择优取向的夹角 φ 为 $14°$、$19°$、$40°$ 条件下 $\tan\varphi$ 与 V_x/V 有斜率为 $45°$ 的完全直线的关系,该直线的拟合系数达 0.96。

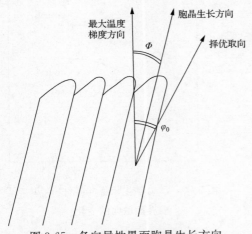

图 3-65　各向异性界面胞晶生长方向、
热流方向及择优取向相互关系

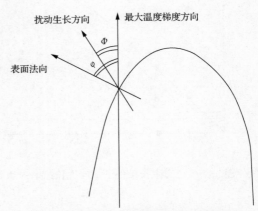

图 3-66　界面各向异性对枝晶尖端扰动
生长方向的影响

图 3-68 给出了不同界面取向 ψ(即晶体择优取向 φ)条件下稳态 $\tan\Phi$(即 $\tan\varphi$)与生长速率的关系。而图 3-69 则展示对于不同的生长速率,在稳态下胞晶生长方向 Φ 与择优取向偏离热流夹角 $\psi(\varphi)$ 的关系。它们的基本特点是择优取向偏角 $\psi(\varphi)$ 与生长速率 V 均促使胞或枝晶体生长方向偏离热流方向,且其促偏作用在 ψ 与 V 居高值时有所强化。

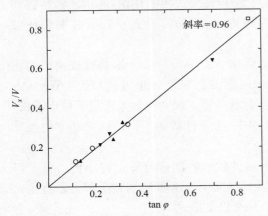

图 3-67　定向凝固速率 0.5μm/s 下三个不同
晶粒取向 X 方向生长速率随 φ 的变化关系

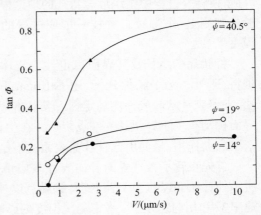

图 3-68　稳态生长条件下 $\tan\Phi$ 与界面
取向 ψ 之间变化关系

引人注意的是 Trivedi 等[82] 还给出了 μ_x/μ_T 作为界面取向(晶体择优取向)函数在不同生长速率和 $\psi(\varphi_0)$ 值的变化规律(图 3-70)。由图可以看出,随界面各向异性动力学的增强,μ_x/μ_T 都随之增大,而且在不同生长速率之下其增大的趋势相近。

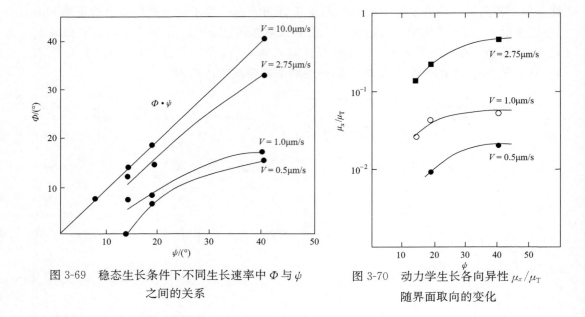

图 3-69　稳态生长条件下不同生长速率中 Φ 与 ψ
之间的关系

图 3-70　动力学生长各向异性 μ_x/μ_{T}
随界面取向的变化

3.8　界面各向异性对胞-枝转变的影响

　　胞-枝转变是在一定条件下，胞晶界面产生扰动并不断发展最终形成侧枝的结果。胞-枝转变过程是伴随着界面周围质场和热场不断变化的动态不稳定过程[3.69,84]，精确地描述胞-枝转变过程质场和热场的变化是相当困难的，因此还没有一个能够比较全面地解释胞-枝转变过程中组织形态特征的理论模型，对胞-枝转变过程的认识，基本还停留在实验的观测上，作为对二次枝晶形成过程的定性描述，人们先后建立了驻波模型和行波模型[75,85]。

　　针状晶的生长及其界面稳定性与流体动力学中 Saffman-Taylor 胞具有极相似的物理特征[86,87]，为了简化分析，用 Saffman-Taylor 问题的稳定性分析方法（所谓 WKB 方法）来研究针状晶表面的稳定性。其基本假设是针状晶特征尺寸应远大于最不稳定波长，界面扰动产生于针状晶尖端点附近。在生长过程中，由于针状晶表面的切向速率对扰动产生放大作用，从而引起针状晶表面的不稳定。

　　首先在暂不考虑界面各向异性效应情况下对针状晶界面进行稳定性分析。图 3-71所示的针状晶以速率 V 生长时，尖端点以外的区域法向生长速率 V_{n} 可以分解为垂直生长速率 V 和切向速率 V_{τ}，考虑温度梯度的影响 V_{τ} 具有以下形式[86]：

$$V_{\tau} = V\sin\theta\left(1 - \frac{D}{Vl_{\mathrm{T}}}\right) \tag{3-94}$$

式中，$l_{\mathrm{T}} = \dfrac{\Delta T_0}{G}$，表示热长度，后一项反映了温度梯度驱动力对切向速率的贡献。θ 为界面法向与针状晶生长方向的夹角。

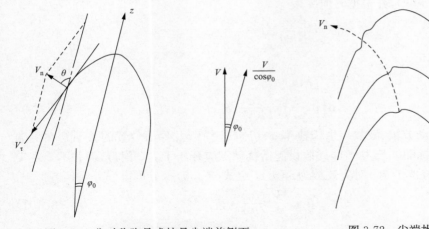

图 3-71　非对称胞晶或枝晶尖端前侧面
局部生长速率关系

图 3-72　尖端扰动的演化规律

设尖端附近的扰动为 $\varepsilon_0 e^{i\omega x + at}$，在界面推进过程中，该扰动将从尖端附近开始沿针状晶表面以速率 V_τ 向后传播（图 3-71 和图 3-72），在传播过程中，由于 V_τ 是 θ 角（或弧长）的函数，扰动波将发生伸展，引起扰动波数的变化，其变化速率应等于 V_τ 随弧长的变化率[88,89]

$$\frac{\dot{\omega}}{\omega} = -\frac{dV_\tau}{ds} \tag{3-95}$$

式中，$\dot{\omega} = \dfrac{d\omega}{dt}$；$s$ 表示从尖端点开始的弧长，在尖端点 $s=0$。根据几何关系，$ds = dt(ds/dt) = V_\tau dt$，由式（3-95）积分可得

$$\omega = \frac{A}{V_\tau} \tag{3-96}$$

式中，A 为积分常数。式（3-96）表明了扰动波数和切向速率的反比关系。

扰动波的伸展过程同样引起扰动波幅的变化，当扰动波变宽时，必然引起波幅的减小，可以认为波幅因伸展产生的变化率也等于 V_τ 随弧长变化率[88]，即

$$\frac{\dot{\varepsilon}}{\omega} = -\frac{dV_\tau}{ds} \tag{3-97}$$

式中，$\dot{\varepsilon} = \dfrac{d\varepsilon}{dt}$，即波幅变化率。

另外，界面扰动波的发展和界面前沿浓度梯度、温度梯度及扰动波数有关。扰动波的生长速率 a 是界面扩散场以及界面性质的函数。由扰动波形假设：$\varepsilon_0 e^{i\omega x + at}$ 可以直接得出波幅的变化率为

$$\frac{\dot{\varepsilon}}{\varepsilon} = \frac{\varepsilon_0 a e^{at}}{\varepsilon_0 e^{at}} = a \tag{3-98}$$

扰动波幅总的变化率应为式（3-97）和式（3-98）的总和，即

$$\frac{\dot{\varepsilon}}{\varepsilon} = a - \frac{dV_\tau}{ds} \tag{3-99}$$

将式(3-95)代入式(3-99)，并根据几何关系

$$\mathrm{d}t = \frac{\mathrm{d}t}{\mathrm{d}s}\frac{\mathrm{d}s}{\mathrm{d}\theta}\mathrm{d}\theta = \frac{\mathrm{d}\theta}{KV_\tau}$$

式中，K 为界面曲率。

可以得到

$$\mathrm{d}\left(\ln\frac{\varepsilon}{\omega}\right) = \frac{a}{KV_\tau}\mathrm{d}\theta \tag{3-100}$$

式(3-100)表明了扰动波幅、波数与生长速率 a、切向速率 V_τ 及界面位置的关系。在尖端点，$\theta = 0$，$V_\tau = 0$，扰动波长为 0，因此假设起始扰动波应开始于尖端附近，但并不是在尖端点。设起始扰动波位于 θ_0，对应波数为 $\omega(\theta_0)$，由式(3-100)积分可得

$$\varepsilon(\theta_i) = \varepsilon(\theta_0) \cdot \frac{V_\tau(\theta_0)}{V_\tau(\theta_i)} \cdot \mathrm{e}^{N(\theta_0,\theta_i)} \tag{3-101}$$

其中

$$N(\theta_0,\theta_i) = \int_{\theta_0}^{\theta_i} \frac{a}{KV_\tau}\mathrm{d}\theta \tag{3-102}$$

式中，扰动波幅 $\varepsilon(\theta_i)$ 是 $N(\theta_0,\theta_i)$ 的函数，而 $N(\theta_0,\theta_i)$ 直接影响扰动波幅的放大倍数。

式(3-101)表示 θ_0 处产生的扰动波沿针状晶表面向尾部传播，到达 θ_i 处时扰动波幅的放大倍数。这个放大倍数除了和切向速率有关，还和针状晶表面形状有关，只要确定了针状晶形状，$\varepsilon(\theta_i)$ 即可确定。

对于满足 WKB 条件下的针状晶界面，假设扰动波幅比扰动波长小得多，扰动波长比局部界面曲率半径小得多。基于这些假设，式(3-102)中 a 可以用平界面扰动分析得到的扰动生长速率(式(3-28))来描述，即

$$a = V_\mathrm{n}\omega\left(1 - \frac{l}{l_\mathrm{T}} - \frac{D}{V_\mathrm{n}}d_0\omega^2\right) \tag{3-103}$$

式中，$V_\mathrm{n} = V\cos\theta$，为法向速率；$\omega$ 是 θ 的函数；a 是 ω 的函数，也是 θ 的函数。当接近尖端 $\theta \to 0$ 时，由式(3-96)和式(3-94)可见，ω 将趋向无穷大，此时 a 将小于 0。

当 $\theta = \frac{\pi}{2}$ 时，$V_\mathrm{n} = 0$，有 $a = 0$，因此在 $\theta \in \left[0,\frac{\pi}{2}\right]$ 时，一定存在 θ_1 和 $\theta_2\left(0 < \theta_1 < \theta_2 \leqslant \frac{\pi}{2}\right)$，使得 $a(\theta_1) = a(\theta_2) = 0$，而当 $\theta < \theta_1$ 和 $\theta > \theta_2$ 时，有 $a(\theta) < 0$，在 $[\theta_1,\theta_2]$ 一定存在 $a(\theta)$ 的极大值。由式(3-103)和式(3-96)还不能够确定 a 的极大值，因为积分常数仍然未知，为此需要对起始扰动波长进行假设。

在平界面稳定性讨论时，曾引入了最不稳定波长概念，具有最不稳定波长的扰动生长速率最快。作为定性讨论，假设在针状晶尖端附近 θ_0 处起始扰动波长等于平界面最不稳定波长 λ_c(式(3-30))。针状晶生长过程中，由于存在切向速率 V_τ，扰动波长将不断扩张，同时扰动生长速率降低，如果起始扰动波幅较小，还没有足够时间发展，其生长速率就已降到小于零，而此时界面是稳定的。

为计算和讨论的方便，将针状晶界面扰动发展过程分成三个阶段或扰动经历三个区域。在尖端区域，扰动波长小于尖端半径，因此该区域满足 WKB 条件。尖端区域扰动放大因子 $N_1(\theta_0,\theta_1)$ 粗略地估算为

$$N_1(\theta_0,\theta_1) = \int_{s_0}^{s_1} \frac{a}{V_\tau}\mathrm{d}s \approx \int_{\theta_2}^{\theta_1} \frac{\rho a}{V_\tau}\mathrm{d}\theta \tag{3-104}$$

根据 WKB 假设，$\theta_0 \ll 1$，由式（3-104）可得

$$N_1(\theta_0,\theta_1) \approx \frac{16\pi}{9\theta_0} \tag{3-105a}$$

由于 $\theta_0 = \dfrac{\lambda_c}{\rho}$，代入式（3-105a），则有

$$N_1(\theta_0,\theta_1) \approx \frac{8}{9\sqrt{3}}\rho\sqrt{\frac{1-\dfrac{l}{l_T}}{ld_0}} \tag{3-105b}$$

由式（3-105b）可见，针状晶尖端曲率半径较大时，扰动经历尖端区域放大时间较长，因此 N_1 较大。换句话说，大曲率针状晶尖端相对稳定，小曲率尖端扰动发展快，相对较不稳定。d_0 和 l 表明了界面张力和定向凝固速率 V 的影响，张力长度小，凝固速率快，均增大 N_1，因此都增加针状晶的不稳定性，l_T 表明了温度梯度对针状晶的稳定性影响。

在针状晶尾部区域，界面曲率半径相对扰动波长很大，WKB 条件仍然满足，因此 WKB 方法仍然适用。尖端 s_0 处产生扰动，在针状晶生长过程中沿其表面向尾部扩展，由 a 的变化规律以及式（3-101）、式（3-102）可知，扰动的波幅从尖端处开始，在扩展过程中不断增大，在 $a=0$ 时，波幅达到极大值，扰动继续扩展，将失去生长的驱动力（$a<0$），因此在尾部区域，式（3-102）积分的上限应对应波幅极值点，或对应 $a=0$，此时的扰动波长为式（3-106）：

$$\lambda_m = \frac{\lambda_c}{\sqrt{3\cos\theta_m}} \tag{3-106}$$

将 λ 在 θ_m 处的值代入式（3-106），即可确定 θ_m：

$$\theta_m = \frac{\pi}{2} - \frac{1}{3}\theta_0^2 \tag{3-107}$$

在尾部区域，$N(\theta_0,\theta_1)$ 计算式为

$$N_2(\theta_2,\theta_m) = \int_{\theta_2}^{\theta_m} \frac{a}{KV_\tau}\mathrm{d}\theta = \int_{s_2}^{s_m} \frac{a}{V_\tau}\mathrm{d}s$$

将式（3-94）、式（3-103）、$\theta_0 = \dfrac{\lambda_c}{\rho}$ 以及 $\omega = \dfrac{2\pi}{\lambda} = \dfrac{2\pi}{\rho\sin\theta}$ 代入上式，$\mathrm{d}s = \dfrac{\mathrm{d}\theta}{K} = \dfrac{\rho}{\cos^3\theta}\mathrm{d}\theta$（假设针状具有抛物线形状），则上式积分可化为

$$N_2(\theta_2,\theta_m) = 2\pi\int_{\theta_2}^{\theta_m}\left(\frac{1}{\sin^2\theta\cos^2\theta} - \frac{\theta_0^2}{3}\frac{1}{\sin^4\theta\cos^3\theta}\right)\mathrm{d}\theta \tag{3-108}$$

同样由 $\theta_0 \ll 1$ 条件，对式（3-108）积分估算结果为

$$N_2(\theta_2,\theta_m) \approx \frac{3\pi}{\theta_0^2} \tag{3-109a}$$

将 $\theta_0 = \dfrac{\lambda_c}{\rho}$ 及 λ_c 代入式（3-109a），则

$$N_2(\theta_2,\theta_m) \approx \frac{\rho^2 V\left(1-\dfrac{l}{l_T}\right)}{4\pi Dd_0} = \frac{\rho^2\left(1-\dfrac{l}{l_T}\right)}{4\pi l d_0} \tag{3-109b}$$

比较式(3-109)和式(3-105)，$N_2(\theta_2,\theta_m) \gg N_1(\theta_0,\theta_1)$，可见针状晶界面扰动的发展在尾部比在尖端附近快得多，尖端半径越大，凝固速率越快，都促进扰动的发展，增加界面不稳定性，界面张力和温度梯度抑制扰动发展，增加界面稳定性。

在以上讨论的尖端区域和尾部区域之间，约在弧长 s 接近尖端半径 ρ 的区域，扰动波长 λ 和尖端半径具有同一数量级，即 $\lambda \approx \rho$。在这个区域不满足 WKB 假设条件，因此不能用以上方法计算 $N(\theta_0,\theta_i)$，但可以根据扰动波形假设对 N 通过量纲进行估算，即

$$N_3(\theta_1,\theta_2) \sim at \tag{3-110a}$$

由式(3-103)，有 $a \sim V\omega \sim V/\lambda \sim V/\rho$，扰动通过该区域的时间为 $t \sim \dfrac{\rho}{V}$，因此有

$$N_3(\theta_1,\theta_2) \sim (V/\rho) \cdot (\rho/V) \sim 1 \tag{3-110b}$$

式(3-110b)表明扰动通过该区域时，N_3 约在 1 数量级，比较式(3-105)、式(3-109)和式(3-110b)有

$$N_2 \gg N_1 \gg 1 \tag{3-111}$$

由此可见，扰动波从尖端区域扩展到尾部区域，其波幅将不断被放大，但在三个区域中放大的程度不同，在尾部区域放大倍数远高于尖端区域和中间区域。对于定性地讨论扰动波的发展，N_1 和 N_3 相对 N_2 可以忽略，则扰动波幅达到的最大值为

$$\varepsilon(\theta_m) = \varepsilon(\theta_0) \frac{V_\tau(\theta_0)}{V_\tau(\theta_m)} e^{N_1(\theta_2,\theta_m)} \tag{3-112a}$$

由于 $\sin\theta_0 \approx \theta_0 = \dfrac{\lambda_c}{\rho}$，$\sin\theta_m \approx 1$，$\varepsilon(\theta_0) = \varepsilon_0$，式(3-112a)简化为

$$\varepsilon(\theta_m) = \frac{\lambda_c}{\rho} \varepsilon_0 e^{N_2(\theta_2,\theta_m)} \tag{3-112b}$$

如果将针状晶特征尺度尖端半径 ρ 作为扰动波幅的稳定性临界值，即当 $\varepsilon(\theta_m) < \rho$ 时，针状晶界面稳定；$\varepsilon(\theta_m) > \rho$ 时，针状晶界面不稳定，将式(3-109)代入式(3-112b)，并将 $\varepsilon(\theta_m)$ 以 ρ 代换，得到针状晶临界稳定性条件：

$$\frac{3\pi\rho^2}{\lambda_c^2} \leqslant \ln\left(\frac{\rho^2}{\varepsilon_0\lambda_c}\right) \tag{3-113}$$

式(3-113)表明了稳定的针状晶所应满足的凝固条件和系统性质之间的关系。式中，ρ 和 λ_c 都是凝固速率 V 和温度梯度 G 的复杂函数。

1. 考虑各向异性效应的非对称状晶的界面稳定性

在定向凝固过程中，由于起始形核和选晶过程的波动，择优晶体取向可能和最大温度梯度方向不一致(图 3-71)，造成胞晶或枝晶的生长方向和最大温度梯度方向存在一夹角(如前面所述)。由结晶学方向的对称性可知，这个夹角应在 $0 \leqslant \varphi \leqslant \pi/4$ 的范围内，由于尖端两侧温度场的不对称性，使得两侧界面上扰动的发展条件与历程不同，造成两侧的稳定性不同，最终造成两侧生长形态的不对称，这里将朝向液相的一侧称为前侧，背向液相的一侧称为后侧。

对于以速率 V 定向凝固的针状晶界面，在针状晶生长方向的温度梯度应为 $G' =$

$G\cos\varphi$，针状晶的轴向生长速率为 $V/\cos\varphi$。对于前侧，有

$$V_{\mathrm{n}} = \frac{V}{\cos\varphi}\cos\theta \tag{3-114}$$

$$V_{\tau} = \frac{V}{\cos\varphi}\sin\theta - \frac{D}{l_{\mathrm{T}}}\sin(\theta - \varphi) \tag{3-115}$$

由平界面扰动生长速率(式(3-28))可得

$$a = V_{\mathrm{n}}\omega\left[1 - \frac{l}{d_1}\frac{\cos\varphi\cos(\theta - \varphi)}{\cos\theta}\right] - Dd_0\omega^3 \tag{3-116}$$

仍然假设扰动起始点弧长 s_0（距尖端点弧长），起始扰动波长为平界面最不稳定波长 λ_{c}，并且 $s_0 = \lambda_{\mathrm{c}}$，$\theta_0 = \dfrac{\lambda_{\mathrm{c}}}{\rho}$，由式(3-96)及式(3-115)，界面扰动波数为

$$\omega = \frac{2\pi}{\lambda_{\mathrm{c}}}\frac{V_{\tau}(\theta_0)}{V_{\tau}(\theta)} \tag{3-117a}$$

由于 s_0 很小，在尖端附近 V_{τ} 可以作线性简化，即

$$V_{\tau}(\theta_0) = s_0\left.\frac{\partial V_{\tau}}{\partial\theta}\right|_{s=0} = \lambda_{\mathrm{c}}\left.\frac{\partial V_{\tau}}{\rho\partial\theta}\right|_{\theta=0} = \frac{\lambda_{\mathrm{c}}}{\rho}\left(\frac{V}{\cos\varphi} - \frac{D}{l_{\mathrm{T}}}\cos\varphi\right)$$

$$\omega = \frac{2\pi}{\rho}\frac{1 - \dfrac{l}{l_{\mathrm{T}}}\cos^2\varphi}{\sin\theta - \dfrac{l}{l_{\mathrm{T}}}\sin(\theta - \varphi)\cos\varphi} \tag{3-117b}$$

扰动波长为

$$\lambda = \frac{\rho}{1 - \dfrac{l}{l_{\mathrm{T}}}\cos^2\varphi}\left[\sin\theta - \frac{l}{l_{\mathrm{T}}}\cos\varphi\sin(\theta - \varphi)\right] \tag{3-118}$$

式(3-117)和式(3-118)分别表示非对称针状晶前侧面扰动波数和波长与 θ 角的关系。如果 $\varphi = 0$，则式(3-117)和式(3-118)退化为对称条件下扰动波数波长随 θ 角的变化关系式

$$\omega = \frac{2\pi}{\rho\sin\theta}, \quad \lambda = \rho\sin\theta$$

如前所述，$a = 0$ 对应扰动波幅的极大值，因此估算扰动波幅放大的历程应从 θ_0 到 $a = 0$ 对应的 θ_{m}，θ 超过 θ_{m} 以后，扰动的生长失去驱动力（$a < 0$）。当 $a = 0$ 时，由式(3-116)得

$$\lambda_{\mathrm{m}}^2 = \frac{\lambda_{\mathrm{c}}^2}{3}\frac{V\left(1 - \dfrac{l}{l_{\mathrm{T}}}\right)}{V_{\mathrm{n}}\left[1 - \dfrac{l}{l_{\mathrm{T}}}\dfrac{\cos(\theta_{\mathrm{m}} - \varphi)}{\cos\theta_{\mathrm{m}}}\right]} \tag{3-119}$$

对于本书研究的高温合金系统，$D \approx 10^{-8}\mathrm{m}^2/\mathrm{s}$，$\Delta T_0 \approx 50\mathrm{K}$，$G = 50\mathrm{K/cm}$，则 $D/l_{\mathrm{T}} = DG/\Delta T_0 \approx 1\mu\mathrm{m/s}$。胞-枝转变点或枝晶生长时，$V$ 在 $20\sim200\mu\mathrm{m/s}$，比较 V 及 D/l_{T} 可见，$V \gg D/l_{\mathrm{T}}$ 或 $l/l_{\mathrm{T}} \ll 1$，因此式(3-119)可以简化为

$$\lambda_{\mathrm{m}}^2 = \frac{\lambda_{\mathrm{c}}^2}{3}\frac{\cos\varphi}{\cos\theta_{\mathrm{m}}} \tag{3-120}$$

由 $\lambda = \lambda_m$ 可确定 θ_m，联合式(3-118)和式(3-120)，由于 $l/l_T \ll 1$，$\varphi \in [0, \pi/4]$，所以 $\sin\theta > \sin(\theta - \varphi)$。由此式(3-118)可简化为 $\lambda \approx \rho\sin\theta$，如果代入 $\lambda_c/\rho = \theta_0$，有

$$\cos\theta_m \sin^2\theta_m = \frac{\theta_0^2}{3}\cos\varphi$$

由于 θ_m 接近 $\frac{\pi}{2}$，$\sin\theta_m \approx 1$，$\cos\theta_m = \sin\left(\frac{\pi}{2} - \theta_m\right) \approx \frac{\pi}{2} - \theta_m$，式可得

$$\theta_m \approx \frac{\pi}{2} - \frac{1}{3}\theta_0^2\cos\varphi \tag{3-121}$$

θ_m 对应的弧长 s_m（抛物线形状）为

$$s_m = \int_0^{\theta_m} \frac{\rho}{\cos^3\theta}d\theta \approx \frac{9}{2}\frac{\rho}{\theta_0^4\cos^2\varphi} \tag{3-122}$$

为计算扰动波幅极大值，首先需要估算 $N(\theta_0, \theta_m)$：

$$N(\theta_0, \theta_m) = \int_{\theta_0}^{\theta_m} \frac{a}{V_\tau}ds$$

为方便积分运算过程，作如下简化：

$$V_\tau \approx V\frac{\sin\theta}{\cos\varphi}, \quad \lambda \approx \rho\sin\theta, \quad \lambda_c^2 \approx 12\pi^2 ld_0$$

并由于 $ds = \frac{\rho}{\cos^3\theta}d\theta$，则 $N_L(\theta_0, \theta_m)$ 可作如下估算：

$$\begin{aligned}
&N_L(\theta_0, \theta_M) \\
&= \int_{\theta_0}^{\theta_m} \frac{2\pi}{\sin^2\cos^2\theta}\left[1 - \frac{l}{l_T}\frac{\cos\varphi\cos(\theta-\varphi)}{\cos\theta}\frac{4\pi^2 ld_0}{\sin^2\theta\cos\theta}\frac{\cos\varphi}{\sin^2\theta\cos\theta}\right]d\theta \\
&\approx 2\pi\int_{\theta_0}^{\theta_m}\left(\frac{1}{\sin^2\theta\cos^2\theta} - \frac{\theta_0^2\cos\varphi}{3}\frac{1}{\sin^4\theta\cos^3\theta}\right)d\theta \\
&\approx \frac{3\pi}{\theta_0^2}\left(\frac{2}{\cos\varphi} - \cos\varphi\right) = \frac{\rho^2\left(1 - \dfrac{l}{l_T}\right)}{4\pi ld_0}\left(\frac{2}{\cos\varphi} - \cos\varphi\right)
\end{aligned} \tag{3-123}$$

式(3-123)表明了非对称针状晶前侧面扰动放大因子 N 和凝固条件、系统性质以及非对称角 φ 的关系。当 $\varphi = 0$ 时，式(3-123)完全转化为式(3-109)，代表对称针状晶界面扰动放大因子。由式(3-123)可得，当非对称角 φ 从 0 逐渐增大时，系数 $(2/\cos\varphi - \cos\varphi)$ 的值随之增大，即放大因子 N 随之增大，这意味着扰动波幅所达到的极大值在增大，因此前侧面越来越不稳定。当 $\varphi = \pi/4$ 时，N 最大，前侧面的不稳定性也最大。

将式(3-123)代入式(3-101)并进行必要的简化，可以得到前侧面扰动波幅的极大值为

$$\varepsilon(\theta_m) = \varepsilon_0\frac{\lambda_c}{\rho}e^{N(\theta_0, \theta_m)} \tag{3-124}$$

如前所述，如果将尖端半径作为扰动波幅的稳定性临界值，则可以得到前侧面稳定性条件为

$$\frac{3\pi\rho^2}{\lambda_c^2}\left(\frac{2}{\cos\varphi} - \cos\varphi\right) < \ln\left(\frac{\rho^2}{\varepsilon_0\lambda_c}\right) \tag{3-125}$$

比较式(3-125)和式(3-113),式(3-125)仅比式(3-113)左边多一系数项 $(2/\cos\varphi - \cos\varphi)$,该系数使式(3-125)左边的值被放大了 $(2/\cos\varphi - \cos\varphi)$ 倍,因此同样的凝固条件,式(3-113)条件满足,但式(3-125)条件不一定满足,说明相同的凝固条件,非对称针状晶前侧面比对称针状晶界面具有更大的不稳定性。

本节讨论的针状晶移动界面问题所采用的 WKB 分析方法是 Wentzel、Kramers 和 Brillouin 研究液体动力学中流体界面移动问题的稳定性分析方法。凝固过程的界面移动和流体界面移动有相似的特征,然而界面移动的物理机制有着本质的差异,定向凝固针状界面的移动和界面形态的演化,是由界面性质、界面温度场和界面前沿的浓度梯度决定的。界面形态和界面沿浓度场相互关联,相互影响,界面前沿的浓度梯度是界面移动的驱动力,WKB 分析方法没有直接考虑界面前沿浓度梯度的分布与变化规律,仅从界面移动的动力学规律出发,考查界面形态的演化规律。在非对称针状晶界面生长过程中,界面的移动除了遵循动力学规律,还受到非对称分布的温度场和浓度场影响,因此在考查非对称针状晶界面稳定性时应该综合考虑以上两方面因素的影响。在前侧面扰动到达 θ_m 时,虽然推动了动力学驱动力,但由于界面前沿具有较高的浓度梯度[76],扰动处于极其有利的生长环境,因此将继续生长直到接近相邻的一次针状晶,界面浓度梯度趋于 0,才会停止生长。当 φ 比较大时 ($\varphi \to \pi/4$),前侧面扰动将处于最大生长速率,扰动形成的二次枝晶臂可能会超过邻近一次臂,形成 V 形枝晶组织(图 3-73)。这种现象可在后面的实验中观察到。

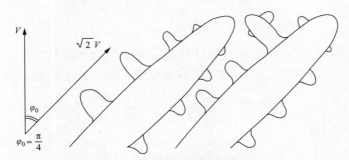

图 3-73　V 形枝晶组织形成机制示意图

针状晶后侧面在生长过程中处于不利的生长环境中,从尖端往后界面浓度梯度越来越小,大约当 θ 达到 $\pi/2 - \varphi$ 时,界面浓度梯度很小甚至小于 0,界面扰动将被抑制。因此后侧面扰动的发展主要集中在 $\theta \in [0, \pi/2 - \varphi]$,为判定后侧面的稳定性,继续采用 WKB 分析方法(图 3-74)。

法向速率

$$V_n = \frac{V}{\cos\varphi}\cos\theta \tag{3-126}$$

切向速率

$$V_\tau = \frac{V}{\cos\varphi}\sin\theta - \frac{D}{l_T}\sin(\theta + \varphi) \tag{3-127}$$

仍然假设起始扰动处于弧长 s_0 处,$s_0 = \lambda_c$,对应 θ_0 角,起始波长 λ_c,$\theta_0 = \lambda_c/\rho$,采用和

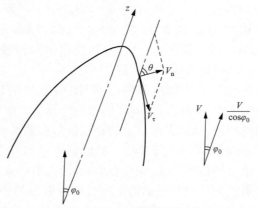

图 3-74　非对称胞晶或枝晶尖端后侧面
局部生长速率关系

前侧面相同的分析方法可以得到界面扰动波数及波长的表达式为

$$\omega = \frac{2\pi}{\rho}\frac{1 - \frac{l}{l_T}\cos^2\varphi}{\sin\theta - \frac{l}{l_T}\sin(\theta + \varphi)\cos\varphi} \tag{3-128}$$

$$\lambda = \frac{\rho\sin\theta}{1 - \frac{l}{l_T}\cos^2\varphi}\left[1 - \frac{l}{l_T}\frac{\cos\varphi\sin(\theta + \varphi)}{\sin\theta}\right] \tag{3-129}$$

式(3-128)和式(3-129)分别表示非对称针状晶后侧面扰动波数和波长与 θ 角的关系,当 $\varphi = 0$ 时,同样可以得到对称条件下扰动波数波长随 θ 角的变化关系:

$$\omega = \frac{2\pi}{\rho\sin\theta}, \quad \lambda = \rho\sin\theta$$

扰动波幅的放大因子为

$$N(\theta_0, \theta_m) = \int_{s_0}^{s_m}\frac{a}{V_\tau}\mathrm{d}s \tag{3-130}$$

式中

$$a = V_n\omega\left[1 - \frac{l}{l_T}\frac{\cos(\theta + \varphi)\cos\varphi}{\cos\theta}\right] - Dd_0\omega^3 \tag{3-131}$$

s_m 为 $\theta_m = \frac{\pi}{2} - \varphi$ 时对应的弧长

$$s_m = \int_0^{\theta_m}\frac{\rho}{\cos^3\theta}\mathrm{d}\theta = \frac{\rho}{2}\left[\frac{\cos\varphi}{\sin^2\varphi} + \ln\left(\frac{1 + \cos\varphi}{\sin\varphi}\right)\right] \tag{3-132}$$

若继续简化,则

$$V_\tau \approx V\frac{\sin\theta}{\cos\varphi}, \quad \lambda \approx \rho\sin\theta, \quad \lambda_c^2 \approx 12\pi l d_0$$

则放大因子可进行以下估算:

$$N_r(\theta_0, \theta_m)$$

$$= \int_{\theta_0}^{\theta_m} \frac{2\pi}{\sin^2\theta\cos^2\theta}\left[1 - \frac{l}{l_T}\frac{\cos\varphi\cos(\theta+\varphi)}{\cos\theta}\frac{4\pi^2 l d_0}{\rho^2}\frac{\cos\varphi}{\sin^2\theta\cos\theta}\right]d\theta$$

$$\approx 2\pi\int_{\theta_0}^{\frac{\pi}{2}-\varphi}\left(\frac{1}{\sin^2\theta\cos^2\theta} - \frac{\theta_0^2\cos\varphi}{3}\frac{1}{\sin^4\theta\cos^3\theta}\right)d\theta \qquad (3\text{-}133a)$$

$$\approx \frac{2\pi}{\theta_0}$$

在式(3-133a)的积分过程中,假定了 $\varphi > \theta_0 \approx 0$,因此尽管式(3-133a)最后的结果中不包含 φ,但 $N(\theta_0, \theta_m)$ 的计算过程受 φ 的影响。式(3-133a)对非对称针状晶后侧面扰动波幅放大因子的简化表达式,将 $\theta_0 = \lambda_c/\rho$ 代入式(3-133a),有

$$N_r(\theta_0, \theta_m) = \rho\sqrt{\frac{1-\dfrac{l}{l_T}}{3l d_0}} \qquad (3\text{-}133b)$$

比较式(3-123)和式(3-133a),得

$$N_L \gg N_r \qquad (3\text{-}134)$$

可见非对称针状晶前侧面扰动波幅放大因子比后侧面大得多,因此后侧面比前侧面稳定,在相同条件下,后侧面稳定性条件为

$$\frac{2\pi\rho}{\lambda_c} < \ln\left(\frac{\rho^2}{\varepsilon_0\lambda_c}\right) \qquad (3\text{-}135)$$

由式(3-125)和式(3-135)可见,非对称针状晶前侧面和后侧面具有不同的稳定性条件。式(3-125)和式(3-135)条件更苛刻,前侧面不稳定时后侧面可能不稳定,也可能稳定;前侧面稳定时,后侧面也一定稳定。反过来,后侧面不稳定,前侧面一定也不稳定;后侧面稳定;前侧面则可能稳定,也可能不稳定,概括以上所述,前侧面在凝固速率增加时率先失去稳定性,最终形成不对称二次枝晶组织。

2. 各向异性的胞枝转变

在前面针状晶界面稳定性的讨论中,假定尖端半径 ρ 为扰动波幅的稳定性临界值,得到了针状晶界面稳定性表达式(3-113)、式(3-125)和式(3-135)。这几个表达式中都仅包含了 ρ、λ_c 和 ε_0 几个参数。ε_0 可以认为是特定常数,则考查针状晶界面稳定性和凝固条件的关系归结为考查 ρ 和 λ_c 与凝固条件的关系。如果假设温度梯度和其他物性参数恒定,则由式(3-30)和式(3-66)得

$$\rho \propto \frac{1}{\sqrt{V}}, \quad \lambda_c \propto \frac{1}{\sqrt{V}}, \quad \frac{\rho}{\lambda_c} \sim 1, \quad \frac{\rho^2}{\lambda_c^2} \sim 1, \quad \ln\frac{\rho^2}{\lambda_c} \sim \ln\frac{1}{\sqrt{V}}$$

考查式(3-113)、式(3-125)和式(3-135),不等式右端随凝固速率增加而减小,不等式左端则基本不随凝固速率变化,因此 V 从低速向高速变化达到某一值(V_{tr})时,针状晶界面将失去稳定性,用同样的分析方法可以得出,随温度梯度增大,针状晶界面稳定性增强。

针状晶界面领先生长的尖端附近,由于界面动力学因素的波动,在低指数面容易形成小凸起。这最先出现的小凸起(或称作界面结构扰动)在界面推进过程中由前述的动力学

因素和界面前沿的浓度梯度的驱动被不断扩大,当凝固速率超过胞枝转变速率 V_{tr} 时,扰动将超过界面稳定的临界值,使得界面失去稳定性。

如前所述,二次枝晶的生长除了受其前沿扩散场的控制,还受到系统自身性质决定的界面动力学因素的影响,如本章前面所讨论的胞晶生长方向受最大温度梯度方向和择优生长方向综合影响,在扰动的起始阶段,扰动生长很慢,界面动力学各向异性影响较弱,因此扰动胞偏离择优生长方向,而偏向最大温度梯度方向,随着扰动由尖端区域向尾部区域扩展,其生长速率加快,界面动力学各向异性的影响逐渐加强,最终使尾部区域扰动胞的生长方向转向择优生长方向,形成垂直于主干的二次枝晶。

失去稳定性的针状晶界面,其扰动波在界面前沿浓度梯度的驱动下,不断放大,形成二次枝晶,二次枝晶的生长将受到其前沿温度场和浓度场的影响,二次枝晶前沿的温度场和浓度场不仅受自身扩散过程的控制,还要受到相邻枝晶扩散场的影响,当二次枝晶前沿失去浓度梯度,或温度达到剩余液相的熔点时,二次枝晶停止生长,在枝晶间形成共晶相。

胞-枝转变过程如图 3-75 所示。图中,(a)为稳定的针状晶,当凝固速率超过 V_{tr} 时,针状晶尖端产生扰动(图(b)),由于界面动力学各向异性的影响,扰动胞产生于低指数面,并在扩散场和界面动力学各向异性作用下向尾部扩展长大(图(c))最终形成二次枝晶。

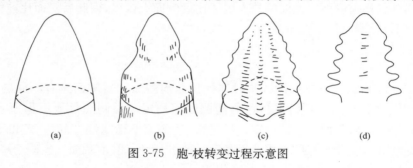

图 3-75　胞-枝转变过程示意图

3. 晶体取向对单晶高温合金组织形态影响

在平界面凝固时,晶体取向对单晶高温合金组织形态不产生明显影响,仅对临界稳定性生长速率产生影响。胞晶凝固阶段界面各向同性和界面各向异性的凝固系统有很大不同,对于界面各向异性的胞晶凝固组织,由于界面各向异性特性的影响,使胞晶的生长方向发生偏转,从而影响胞晶的形态和尺度。

由前面对针状晶界面稳定性分析可知,非对称针状晶前侧面比后侧面更加不稳定,因此前侧面扰动发展的速率比后侧面快,从而使得前侧面侧枝比后侧面发达。另外,形成侧枝的时空条件的不对称性也决定了不对称二次分枝的形成。对于一个孤立枝晶,设其一次轴生长方向和热流反方向成 φ_0 角,ϕ_1 为出现第一个侧向扰动处一次枝晶主干直径(图 3-76)。假设扰动产生的凸起两侧同时开始生长,则所经历的生长时间长短不同,当右侧枝生长达到糊状区边缘停止生长时,左侧枝仍然处于糊状区中继续生长,两侧生长时间差为

$$\Delta t = \frac{\phi_1}{V}\sin\varphi_0 \tag{3-136}$$

式中,V 为抽拉速率。

　　由式(3-136)可见，$\varphi_0 = 0$ 时 $\Delta t = 0$，两侧枝具有相同的生长时间，因此具有对称的二次枝晶形态；当 φ_0 从 $0°$ 向 $45°$ 增大时，Δt 增大，导致二次枝晶形态不对称性加剧。

　　考虑糊状区长度，则

$$Z = (\Delta T' - \Delta T_t)/G$$

式中，$\Delta T'$ 为非平衡凝固温度区间；ΔT_t 为尖端过冷度。如果第一个侧向扰动发生在糊状区内，则扰动产生的凸起将生长形成二次枝晶分枝，在图 3-76 情况下，两侧凸起不在同一水平位置，所经历的糊状区长度也不同，设凸起的产生和发展局限于糊状 Z_b 范围，则左凸起与右凸起所经历的糊状区长度分别为

$$Z_{b1} = \frac{\Delta T' - \Delta T_t}{G} - \lambda_P \cos\varphi_0 + \frac{1}{2}\phi_1 \sin\varphi_0 \tag{3-137}$$

$$Z_{b2} = \frac{\Delta T' - \Delta T_t}{G} - \lambda_P \cos\varphi_0 - \frac{1}{2}\phi_1 \sin\varphi_0 \tag{3-138}$$

式中，λ_P 为枝晶尖端至出现第一个侧向扰动的距离。比较式(3-137)和式(3-138)，$Z_{b1} > Z_{b2}$，即当右凸起失去存在空间时，左凸起仍可以发展，最终形成无右侧枝而仅有左侧枝的不对称二次枝晶形态。

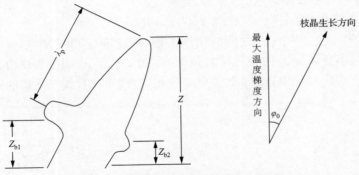

图 3-76　非对称孤立枝晶二次枝晶形态的形成机制

　　枝晶生长时，改变择优取向和热流方向的相对夹角将影响枝晶界面前沿溶质场的分布，从而影响枝晶的生长形态，溶质场和枝晶形态交互作用的结果也将影响枝晶组织的特征尺度。实验中测量了不同 φ_0 时$\left(0 \leqslant \varphi_0 \leqslant \dfrac{\pi}{4}\right)$枝晶一次和二次间距，结果列于表 3-6。

表 3-6　不同 φ_0 对 DD8 单晶高温合金一次和二次枝晶间距

G/(K/cm)	V/(μm/s)	φ_0/(°)	λ_1/μm	λ_2/μm	G/(K/cm)	V/(μm/s)	φ_0/(°)	λ_1/μm	λ_2/μm
250	50	4.4	142	—	150	50	22	160	40
250	50	7.1	148	36	150	50	45	151	—
250	50	23	151	32	67	83	0	260	58
250	50	26	145	42	67	83	20	260	74
250	50	30	140	42	67	83	22		62
250	50	45	126	—	67	83	25	270	60
120	50	7	193	48	67	83	44	213	—

图 3-77 所示为三种不同凝固条件下晶体取向与 DD8 高温合金一次枝晶间距的对应关系。三种情况都表明，随择优生长方向与最大温度梯度方向偏离越远（φ_0 越大），一次枝晶间距越小。图中直线仅表示一次枝晶间距 φ_0 的变化趋势，由于实验点有限以及一次枝晶间距实验测量值的分散性，通过本书的实验还不可能确切地得到 λ_1 和 φ_0 的定量关系。比较图 3-77 中直线 1 和直线 2 可以发现，温度梯度比较高时，φ_0 对 λ_1 的影响比较平缓，温度梯度小，φ_0 对 λ_2 的影响比较明显。

对非对称枝晶扩散场分析时曾得到一次枝晶间距与 φ_0 的关系式为

$$\lambda_1 = \xi(\varphi_0)\eta G^{-\frac{1}{2}}V^{-\frac{1}{4}} \tag{3-139}$$

式中，$\eta = 2(\pi\Delta Tk)^{0.5}\left[\Gamma D/(k\Delta T_0)\right]^{\frac{1}{4}}$，该式表明了 λ_1 和 φ_0 的关系，由式(3-89)可以得到

$$\xi(\varphi_0) = \left(1 - \frac{\sqrt{10}}{5}\tan\varphi_0\right)^{\frac{1}{2}}\cos^{-\frac{3}{4}}\varphi_0 \tag{3-140}$$

由式(3-140)可见，$\xi(\varphi_0)$ 是 φ_0 的复杂函数，即 λ_1 和 φ_0 具有复杂的三角函数关系，而不是简单的线性关系。

除 φ_0 以外的各参数作为 $\xi(\varphi_0)$ 系数，则有

$$\lambda_1 = f(G,V,\eta)\xi(\varphi_0) \tag{3-141}$$

式中，$f(G,V,\eta)$ 为 λ_1 和 $\xi(\varphi_0)$ 之间的比例系数，并且随 G 和 V 增大，$f(G,V,\eta)$ 减小，$f(G,V,\eta)$ 的减小意味着 φ_0 的变化对 λ_1 值影响减小，在 λ_1-φ_0 图中表现为 λ_1-φ_0 曲线较平坦，这充分解释了图 3-77 中直线 2 比直线 3 平坦，直线 1 比直线 2 平坦的原因。

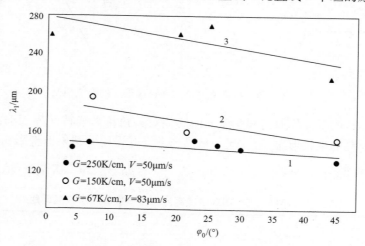

图 3-77　φ_0 对 DD8 单晶高温合金一次枝晶间距的影响

迄今为止关于定向凝固的理论，特别是枝晶凝固理论还没有对择优取向偏离最大温度梯度方向的这种非对称枝晶形态及尺度的变化规律进行过系统的理论分析，针对单晶高温合金定向凝固过程经常出现的非对称组织，比较系统地研究了其形态演化规律及尺度形成特征。胞晶生长方向是反映固-液界面各向异性程度的重要标志，胞晶界面的结构稳定性与平界面稳定性具有一定相似性，发生胞-枝转变时，胞晶界面扰动的产生与发展

特性将决定或影响枝晶的形态与尺度特征。尤其是界面各向异性的存在更构成了枝/胞晶体形态变化的复杂因素,根据前面的讨论概括地归纳以下几点要点。

(1)通过对平界面线性稳定性分析,发现扰动波数(或波长)是影响平界面稳定性的重要因素。固-液界面张力和界面各向异性动力学对平界面具有稳定作用。界面动力学的各向异性与界面固相的晶体取向有关,因此固-液界面的晶体取向对平界面稳定也产生影响,择优取向与界面推进方向偏离越远,界面越稳定。

(2)非对称的胞晶或简化的枝晶(针状晶)定向生长时,其尖端半径、尖端过冷度及尖端浓度都要受到非对称角 φ_0 的影响。φ_0 越大,尖端半径越小,尖端浓度增高。尖端过冷度的变化取决于凝固速率与临界速率 V_{CS} 和 V_{AS} 的相对大小。

(3)胞晶或枝晶一次臂间距都受非对称角 φ_0 影响,φ_0 越大,胞晶和枝晶的一次臂间距均越小。

(4)界面(包括平界面和胞状界面)初始扰动胞的生长方向与扰动波数、界面成分过冷、界面张力及界面各向异性动力学有关。当择优取向偏离最大温度梯度方向 φ_0 时,扰动胞生长方向将偏离最大温度梯度方向 Φ 角($\Phi \in [0, \varphi_0]$)。界面各向异性动力学因素 $\beta_4 A_0$ 是影响 Φ 的最显著因素。对于各向同性界面接近胞枝转变时,以及各向异性界面胞晶凝固时,β_4 值相对较大,Φ 也比较大,但对于各向同性界面胞晶生长,β_4 值相对很小,$\Phi \approx 0$,胞晶生长方向受择优取向影响很小,而与最大温度梯度方向一致。

(5)生长方向偏离最大温度梯度方向的针状晶,其前侧面比后侧面具有更大的不稳定性。偏角越大,这种稳定性差异越大。与对称针状晶界面相比,前侧面比对称针状晶界面更不稳定,后侧面则比对称针状晶界面稳定。非对称针状晶界面的这种稳定性差异是形成非对称枝晶组织的重要原因。

(6)初始二次枝晶间距与枝晶尖端半径具有同一数量级,凝固系统的固有性质和外加凝固条件共同决定了初始二次枝晶间距大小。较大的界面张力和较高的界面温度梯度都增大初始二次枝晶间距,而提高凝固速率则使初始二次枝晶间距减小。

参 考 文 献

[1] Cahn J W. On morphological stability of growing crystals//Peiser H S. Crystal Growth. Oxford: Pergamon Press, 1967: 681-690

[2] Hong D C, Langer J S. Analytic theory of the selection mechanism in the Saffman-Taylor problem. Physical Review Letters, 1986, 56(19):2032-2035

[3] 傅恒志,郭景杰,刘林,等. 先进材料定向凝固. 北京:科学出版社,2008:753-757

[4] 钟宏,李双明,吕海燕,等. Nd-Fe-B包晶合金的定向凝固组织及相选择. 中国科学G辑,2007,37(3):303-312

[5] Yamaguchia M, Johnson D R, Lee H N, et al. Directional solidification of TiAl-base alloys. Intermetallics, 2000, 8: 511-517

[6] Inui H, Oh M H, Nakamura A, et al. Room-temperature tensile deformation of polysynthetically twinned (PST) crystals of TiAl. Acta Metallurgica et Materialia, 1992, 40(11): 3095-3104

[7] 傅恒志,苏彦庆,郭景杰,等. 高温金属间化合物的定向凝固特性. 金属学报,2002,38(11):1127-1132

[8] Kim S E, Lee Y T, Oh M H, et al. Directional solidification of TiAl-Si alloys using a polycrystalline seed. Intermetallics, 2000, 8: 399-405

[9] 傅恒志，郭景杰，苏彦庆，等. TiAl 金属间化合物的定向凝固和晶向控制. 中国有色金属学报，2003,13(4):797-810

[10] Yue Z F, Lu Z Z, Zheng C Q. The creep-damage constitutive and life predictive model for nickel-base single-crystal superalloys. Metallurgical and Materials Transactions A, 1995, 26A: 1815-1821

[11] Kanda M, Hasebe T, Sakane M, et al. High temperature multiaxial low cycle fatigue of CMSX-2 Ni-base single crystal superalloy. Journal of Engineering Materials and Technology, 1997, 119(2): 153-160

[12] Coriell S R, Hardy S C. Morphological stability of a cylinder. Journal of Research of the Notional Bureau of Standards—A. Physics and Chemistry. 1969, 73A(1): 65-68

[13] Kessle D A, Levine H. Theory of the Saffman-Taylor "finger" pattern I. Physical Review A, 1986, 33(4): 2621-2633

[14] Chalmers B. Principles of Solidification. Hoboken: Wiley, 1964

[15] Kurz W, Fisher D J. Fundamentals of Solidification. Zurich: Trans Tech Publications Ltd, 1986

[16] Trivedi R, Mason J T. The effects of interface attachment kinetics on solidification interface morphologies. Metallurgical Transactions A, 1991, 22A: 235-249

[17] Coriell S R, Sekerka R F. The effect of the anisotropy of surface tension and interface kinetics on morphological stability. Journal of Crystal Growth, 1976, 34(2): 157-163

[18] Young G W, Davis S H, Brattkus K. Anisotropic interface kinetics and tilted cells in unidirectional solidification. Journal of Crystal Growth, 1987, 83(4): 560-571

[19] 闵乃本. 晶体生长的物理基础. 上海：上海科学技术出版社，1982

[20] 何国，李建国，毛协民，等. 凝固过程中的界面各向异性. 物理，1994，23(12): 724-727

[21] Mullinsand W W, Sekerka R F. Morphological stability of a particle growing by diffusion or heat flow. Journal of Applied Physics, 1963, 34(2): 323-329

[22] Mullinsand W W, Sekerka R F. Stability of a planar interface during solidification of a dilute binary alloy. Journal of Applied Physics, 1964, 35(2): 444-451

[23] Kessler D A, Levine H. Stability of dendritic crystals. Physical Review Letter, 1986, 57(24): 3069-3072

[24] Saito Y, Wood G G, Krumbhaar H M. Dendritic crystallization: Numerical study of the one-sided mode. Physical Review Letters, 1987, 58(15): 1541-1543

[25] Ben-Jacob E, Goldenfeld N, Langer J S, et al. Boundary-layer model of pattern formation in solidification. Physical Review A, 1984, 29(1): 330-340

[26] Meiron D I. Selection of steady states in the two-dimensional symmetric model of dendritic growth. Physical Review A, 1986, 33(4): 2704-2715

[27] Langer J S. Mode selection in a dendritelike nonlinear system. Physical Review A, 1983, 27(1): 499-514

[28] Davis Stephen H. Theory of Solidification. Cambridge: Cambridge University Press, 2011: 86-105

[29] Carter P, Cox D C, Gandin C A, et al. Process modelling of grain selection during the solidification of single crystal superalloy castings. Materials Science and Engineering A, 2000, 280: 233-246

[30] Burden M H, Hunt J D. Cellular and dendritic growth II. Journal of Crystal Growth, 1974, 22(2): 109-116

[31] Walton D, Chalmers B. The origin of the preferred orientation in the columnar zone of ingots. Transactions of the American Institute of Mining and Metallurgical Engineers, 1959, 215(3): 447-457

[32] Rappaz M, Gandin C A. Probabilistic modelling of microstructure formation in solidification processes. Acta Metallurgica et Materialia, 1993, 41(2): 345-360

[33] Seo S M, Kim I S, Lee J H. Grain structure and texture evolutions during single crystal casting of the Ni-base superalloy CMSX-4. Metals and Materials International, 2009, 15(3): 391-398

[34] Esaka H, Shinozuka K, Tamura M. Analysis of single crystal casting process taking into account the shape of pigtail. Materials Science and Engineering A, 2005, 413-414: 151-155

[35] Dai H J, Gebelin J C, Newell M, et al. Grain selection during solidification in spiral grain selector//Reed R C.

Superalloys 2008. Warrendale：TMS，2008：367-374

[36] Kurz W，Giovanola B，Trivedi R. Theory of microstructural development during rapid solidification. Acta Metallurgica，1986，34(5)：823-830

[37] Gao S F，Liu L，Wang N，et al. Grain selection during casting Ni-base, single-crystal superalloys with spiral grain selector. Metallurgical and Materials Transactions A，2012，43A：3767-3775

[38] 高斯峰，刘林，王柠，等. 镍基单晶高温合金 DD3 制备过程中晶粒演化和选晶行为的 EBSD 研究. 金属学报，2011，47(10)：1251-1256

[39] 赵新宝，刘林，余竹焕，等. X 射线衍射法测量单晶高温合金的取向. 稀有金属材料与工程，2009，38(7)：1280-1283

[40] Wang N，Liu L，Gao S F，et al. Simulation of grain selection during single crystal casting of a Ni-base superalloy. Journal of Alloys and Compounds，2014，586：220-229

[41] 傅恒志，何国，李建国. 单晶高温合金定向凝固过程中晶体竞争生长观察. 金属学报，1997，33(12)：1233-1238

[42] 李成功，傅恒志，于翘. 航空航天材料. 北京：国防工业出版社，2002

[43] Vijayakumar M，Tewari S N，Lee J E，et al. Dendrite spacings in directionally solidified superalloy PWA-1480. Materials Science and Engineering：A，1991，132：195-201

[44] Duhl D N. Single crystal superalloys//Tien J K，Caulfield T. Superalloys，Supercomposites，and Superceramics. San Diego：Academic Press，1989：149-182

[45] Bois F，Theret J M，Remy L. Superalloy single crystals for high temperature turbine components//Betz W，et al. High Temperature Alloys for Gas Turbines and Other Applications Part 1. Dordrecht：D. Reidel，1986：729-744

[46] Watanabe A，Sudo A，Honma V，et al. Dendrite morphology of Al-Cu alloys in unidirectionally solidified in different crystallographic orientation. Aluminium，1982，58：346

[47] 赵新宝. 高梯度定向凝固单晶高温合金晶体取向研究. 西安：西北工业大学博士学位论文，2010

[48] Zhou Y Z，Volek A，Green N R. Mechanism of competitive grain growth in directional solidification of a nickelbase superalloy. Acta Materialia，2008，56：2631-2637

[49] 何国. 镍基单晶高温合金凝固行为及组织形成控制规律. 西安：西北工业大学博士学位论文，1994

[50] 刘志义. DD8 高温合金定向凝固各向异性及动态再结晶诱导超塑性研究. 西安：西北工业大学博士学位论文，1995

[51] Meng X B，Lu Q，Zhang X L et al. Mechanism of competitive growth during directional solidification of a nickelbase superalloy in a three-dimensional reference frame. Acta Materialia，2012，60：3965-3975

[52] Zhou Y Z，Volek A，Green N R. Mechanism of competitive grain growth in directional solidification of a nickelbase superalloy. Acta Materialia，2008，56：2631-2637

[53] Yang C B，Liu L，et al. Competitive grain growth mechanism in three dimensions during directional solidification of a nickel-based superalloy. Journal of Alloys and Compounds，2013，578：577-584

[54] 樊江磊. 定向凝固下 Ti-46Al-0.5W-0.5Si 合金组织演化及片层取向控制. 哈尔滨：哈尔滨工业大学博士学位论文，2012

[55] Esaka H，Daimon H，Natsume Y，et al. Growth direction of cellular and dendritic interface in a constrained growth condition. Materials Transactions，2002，43(6)：1312-1317

[56] Esaka H，Taniguchi H，Shinozuka K，et al. Effect of anisotropy of surface energy on the growth direction of solid phase in constrained growth condition. Materials Transactions，2005，46(5)：902-908

[57] Pocheau A，Deschamps J，Georgelin M. Dendrite growth directions and morphology in the directional solidification of anisotropic materials. The Journal of The Minerals，Metals and Materials Society，2007：71-76

[58] Ma D et al. University of Sheffield，Institute of Metals. CRC Unit//Solidification Processing 1987：Third International Conference. Sheffield：Institute of Metals，1988：180

[59] Dee G，Mathur R. Cellular patterns produced by the directional solidification of a binary-alloy. Physical Review

B，1983，27(12)：7073-7092

[60] Meiro D I. Selection of steady states in the two-dimensional symmetric model of dendritic growth. Physical Review A，1986，33(4)：2704-2715

[61] Young G W，Davis S H. Directional solidification with buoyancy in systems with small segregation coefficient. Physical Review B，1986，34(5)：3388-3396

[62] 何国，李建国，毛协民，等. 界面动力学对平界面稳定性的影响. 材料研究学报，1995，9(1)：7-12

[63] Laxmanan V. Dendritic solidification-I. Analysis of current theories and models. Acta Metallurgica，1985，33(6)：1023-1035

[64] Laxmanan V. Dendritic solidification-II A model for dendritic growth under an imposed thermal gradient. Acta Metallurgica，1985，33(6)：1037-1049

[65] Laxmanan V. Dendritic solidification-III. Some further refinements to the model for dendritic growth under an imposed thermal gradient. Acta Metallurgica，1985，33(8)：1475-1480

[66] Laxmanan V. Dendritic solidification in a binary alloy melt：Comparison of theory and experiment. Journal of Crystal Growth，1987，83(3)：391-402

[67] Zener C. Theory of growth of spherical precipitates from solid solutions. Journal of Applied Physics，1949，20：950-953

[68] Somboonsuk K，Mason J T，Trivedi R. Interdendritic spacing. Part I. Experimental studies. Metallurgical Transactions A，1984，15(6)：967-975

[69] Trivedi R. Interdendritic spacing：Part II. A comparison of theory and experiment. Metallurgical Transactions A，1984，15(6)：977-982

[70] Wills V A，Mccartney D G. A comparative study of solidification features in nickel-base superalloys：Microstructural evolution and microsegregation. Materials Science and Engineering：A，1991，145(2)：223-232

[71] Mason J T，Verhoeven J D，Trivedi R. Primary dendrite spacing I. Experimental studies. Journal of Crystal Growth，1982，59(3)：516-524

[72] Mason J T，Verhoeven J D，Trivedi R. Primary dendrite spacing. Part II. Experimental studies of Pb-Pd and Pb-Au alloys. Metallurgical Transactions A，1984，15(9)：1665-1676

[73] Mccartney M A，Hunt J D. Cellular spacing-1：Steady-state growth. Acta Metallurgica. 1988，36：1165

[74] Makkonen L. Primary dendrite spacing in constrained solidification. Materials Science and Engineering：A，1991，148(1)：141-143

[75] Huang S C，Glicksman M E. Overview 12：Fundamentals of dendritic solidification-II Development of sidebranch structure. Acta Metallurgica，1981，29(5)：717-734

[76] 黄卫东. 凝固非稳态过程溶质再分配与形态选择研究. 西安：西北工业大学博士学位论文，1988

[77] Flemings M C. Solidification Processing. New York：McGraw-Hill Book Company，1974

[78] O'hara S，Tarshis L A，Tiller W A，et al. Discussion of interface stability of large facets on solution grown crystals. Journal of Crystal Growth，1968，3：555-561

[79] Chernov A A. Stability of faceted shapes. Journal of Crystal Growth，1974，24-25：11-31

[80] Saito Y，Wood G G，Krumbha H M. Numerical simulation of dendritic growth. Physical Review A，1988，38(4)：2148-2157

[81] Saito Y，Goldbeck-Wood G，Müller-Krumbhaar H. Numerical simulation of dendritic growth. Physical Review A，1988，38(4)：2148

[82] Trivedi R，Seetharaman V，Eshelman M A. The effects of interface kinetics anisotropy on the growth direction of cellular microstructures. Metallurgical Transactions A，1991，22(2)：585-593.

[83] Langer J S，Müller-Krumbhaar H. Theory of dendritic growth. Acta Metallurgica，1978，26(11)：1681-1697

[84] Fu H Z，Geng X G，Li J G，et al. Sub-high rate directional solidification. Journal of Materials Science and Technology，1998，14(1)：9-14

[85] Kotler G R, Tiller W A. Stability of the needle crystal. Journal of Crystal Growth, 1968, 2(5): 287-307

[86] Sarkar S K, Jasnow D. Quantitative test of solvability theory for the Saffman-Taylor problem. Physical Review A, 1987, 35(11): 4900

[87] Bensimon D. Stability of viscous fingering. Physical Review A, 1986, 33(2): 1302

[88] Sarkar S K. A WKB type analysis of marginal stability in directional solidification. Physics Letters A, 1986, 117 (3): 137-140

[89] Bensimon D, Kadanoff L P, Liang S, et al. Viscous flows in two dimensions. Reviews of Modern Physics, 1986, 58(4): 977

第4章　电磁约束成形定向凝固

4.1　电磁场在材料加工中的应用

通过非接触手段,将电磁场这种同时具有高能流密度和强大电磁作用力的外场施加到金属上对其进行加工的方法已经产生了多项重要的金属加工技术。最典型的具有代表性的电磁熔化和成形技术是电磁悬浮技术(electromagnetic levitation,EML)、冷坩埚感应熔炼技术(cold crucible induction melting process)、磁悬浮熔体处理技术(magnetic suspension melting process,MSMP)及电磁连铸技术(electromagnetic casting,EMC)等。

4.1.1　电磁悬浮技术

电磁悬浮[1]技术是利用线圈中交变磁场及其在金属中的感应电流相互作用在空间产生电磁力,将金属悬浮在空间。许多学者应用该技术形成"失重"状态,模拟太空中的研

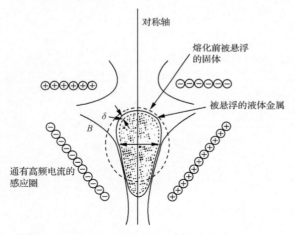

图 4-1　电磁悬浮原理示意图

究。对材料研究者来说,用该技术将材料悬浮在空间的同时,通过控制功率和频率,在与周围无任何接触的条件下进行感应加热熔化,避免了材料在熔化过程中与模壳反应而受的污染,其原理如图 4-1 所示。利用高频电磁场对金属进行悬浮是 Brisley 和 Okress 等计算和实验完成的[2,3]。随后陆续出现了许多种线圈装置[4,5],以便能悬浮起更多的金属。1964 年,Rony 首次比较全面地总结了 EML 技术的研究成果,给出了详尽的理论分析和一整套实用的数据图表[6]。

电磁悬浮熔炼技术综合运用了电磁场对负载材料的加热升温功能和悬浮功能,即以电磁力抵消负载所受重力,使负载在失重状态下加热熔化,其基本原理可表述为

$$F_L/W = -3G(x)(B \cdot \nabla)B/(2\rho\mu_0) \tag{4-1}$$

$$Q_L = 3\pi RH(x)(B \cdot B)/(\sigma\mu_0^2) \tag{4-2}$$

$$x = R/\delta = R(\pi\mu\sigma f)^{1/2} \tag{4-3}$$

式中,F_L 为电磁悬浮力;Q_L 为负载吸收功率;W 为负载重量;B 为磁感应强度;R 为负载半径;$G(x)$ 为悬浮力函数;$H(x)$ 为加热函数;f 为电磁场频率;μ_0 为空间导磁率;ρ 为合金的密度;σ 和 μ 分别为被悬浮材料的电导率及磁导率;δ 为在被悬浮材料上感应电流的

集肤深度。显而易见,电磁悬浮力的大小与电磁场的强度和梯度有关,而加热则主要依赖于电磁场的强度。更进一步的研究发现,随着频率 f 的增大,集肤深度 δ 减小,悬浮力函数 $G(x)$ 很快趋近于 1 后基本保持稳定,加热函数 $H(x)$ 则不断增大。也就是说,提高电磁场的频率对加热熔化非常有利,但当频率达到一定程度后,频率对悬浮力的影响不再明显。因此,稳定的悬浮要求适当的频率和较高的电磁场强度和梯度,快速加热熔化则希望采用较高的频率和适度的电磁场强度,这就是电磁悬浮熔炼的基本原理。

EML 技术的主要优点是无污染、熔体成分均匀、加热熔化速率快等。它可用于制备高纯、高活性和高熔点材料,还能用于制备某些极易偏析的合金或亚稳合金,包括一些在应用上有很大潜力的高温超导合金[1]。采用此技术可以在地面模拟太空条件,进行各种微重力研究[7],测量物质的一些热物性参数,如测量表面张力、比热、黏度等。电磁悬浮熔炼技术的另一重要用途是净化液态金属以获得大的过冷度,在深过冷的基础上进行快速冷却,凝固后制成微晶、纳米晶、准晶或非晶态金属。

与冷坩埚熔炼技术相比,EML 技术存在熔炼量小(以克计算)、电效率低、技术复杂、操作困难以及温度控制难等缺点。因此,EML 技术的发展远远落后于冷坩埚技术的发展,长时间停留在实验室和理论研究阶段。直到 20 世纪 80 年代末期,Herlach 和 Lohofer 等开展了双频电磁悬浮熔炼技术的研究,才为电磁悬浮技术注入了新的活力。双频和多频电磁悬浮技术是电磁悬浮技术的一次重大改进,也是该技术发展的延续。据文献[8]报道,利用双频电磁悬浮技术已能稳定悬浮质量达 1kg 的铝块,克服了单频电磁悬浮技术悬浮质量有限(仅几十克)、温度控制较难等一系列缺点。

4.1.2　冷坩埚感应熔炼技术

早在 20 世纪 70 年代就出现了利用水冷坩埚熔炼活性金属的熔炼技术。原理是:电磁场通过坩埚各瓣间的间隙透入到合金中,对合金加热熔化,并且将熔体推离坩埚壁使大多数熔体不与坩埚接触,只有底部的少部分与水冷坩埚之间接触,形成一层由合金熔体重凝而生成的凝壳,相当于用所熔炼金属制成坩埚内衬,坩埚内衬表面与金属熔体的成分相同,从而避免了坩埚对金属熔体直接接触而产生污染[9]。

冷坩埚感应熔炼技术起源于感应渣熔炼技术(inductoslag melting)[10],主要用于钛废料熔炼回收。为了减少熔渣给凝固金属带来的污染,开发了无渣分瓣水冷铜坩埚感应熔炼技术。起初,此技术称为感应壳熔炼技术(induction skull melting),主要是因为熔炼过程的开始阶段炉底存在凝壳,后来进一步发展为没有熔渣和凝壳(或很少一些凝壳)的现代形式的冷坩埚感应熔炼技术。最初的实践表明,当采用导电坩埚熔炼金属时,由于集肤效应,坩埚本身发热,产生的热量绝大部分被冷却水带走。美国 BMI 研究所将铜坩埚开缝以切断感应电流回路,测量不同频率下坩埚磁场的衰减情况表明,不开缝的坩埚内磁场衰减几近殆尽,开缝后磁场衰减很少,功率主要消耗在熔炼金属上,从而大大提高了电热效率[11-14]。

图 4-2 为两种冷坩埚结构的示意图,冷坩埚由数个弧形块或管线组成,各块间彼此绝缘不构成回路,每一块都产生感应电流。由于在相邻两管的邻近截面上电流方向相反,彼此之间建立的磁场方向相同,使管间的磁场增强,因而冷坩埚每一缝隙都是强磁场,并由

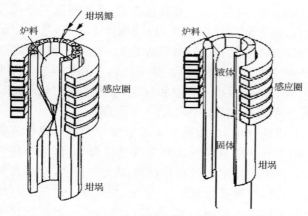

图 4-2　感应加热水冷坩埚结构示意图

环状效应所致,在坩埚内形成比较强的磁场,促进金属的熔化并施加电磁搅拌,提高了熔体温度和成分的均匀性。与此同时,坩埚内磁场与炉料中感应电流相互作用,产生垂直指向金属熔体的电磁压力而将熔体推离坩埚壁。因此冷坩埚熔化有以下优点:①在无污染环境下对材料进行熔炼和处理;②熔体在感应加热过程中电磁搅拌,提高了金属熔体温度和成分的均匀性;③坩埚不受熔炼金属熔点和活泼性的影响,坩埚寿命长。所以,冷坩埚技术特别适用于熔炼活泼金属、难熔金属、高纯金属等[10]。图 4-2 中的另外一种冷坩埚的下部是开口的,在这种情况下,可以通过上部不断加入母料,同时下面已凝固的部分不断的抽拉而形成连续的材料凝固和成形,若凝固界面处的温度场达到近一维时,可以形成连续的定向凝固。

4.1.3　磁悬浮熔体处理技术

磁悬浮熔体处理技术是将固态金属无污染熔化后浇注成零件的技术,它是美国 Alabama 大学的 Nagy 等在开展电磁感应熔炼技术的基础上,借鉴冷坩埚熔炼技术而发明的。图 4-3 是该技术的实验装置和电磁成形原理示意图[15]。从图中可看出,该技术主要是利用移动感应器中通入的交变电流将冷却支架上的固态金属无接触地从上至下加热熔化,并利用感应器内磁场和液态金属感应出的涡流之间相互作用产生的电磁压力,使熔化的液态金属在无接触条件下保持一定形状,同时由于电磁搅拌力的作用使金属熔体中的

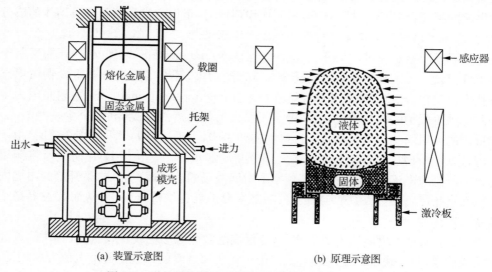

(a) 装置示意图　　　　　　　　(b) 原理示意图

图 4-3　磁悬浮熔体处理技术的原理及实验装置示意图

气体和夹杂物上浮,净化熔体,当固态金属全部熔化后,底漏浇注到下部真空室的成形模壳中,达到成形零件的目的。

MSMP 技术由于采用直接感应加热,热效率能达到 50% 左右,远远高于冷坩埚技术(5%~10%)。从原理上看,磁悬浮熔体处理技术的关键就是如何控制电磁力稳定地将熔化的金属约束住,并实现温度的控制,使液态金属有一定的过热度。在磁悬浮熔体处理技术中,固态金属的半悬浮熔化可减轻污染,凝固成形在真空中进行,适用于高熔点、高活性的特种合金。成形时采用模壳可实现复杂构件的精确成形。但 MSMP 技术的最终成形仍然在模壳中形成,如果铸型材料导热能力差或铸件比较大,凝固过程中熔体与铸型会长时间接触,仍然存在界面反应,无法完全消除铸型材料对熔体的污染。

4.1.4 电磁铸造技术

电磁铸造装置[16]如图 4-4 所示。当感应器中通入交变电流后,在其中产生交变电磁场,并且上部屏蔽罩的加入可以根据需要控制磁场的分布。交变磁场在浇入底模中的金属熔体内产生感应电流,并和其相互作用形成指向熔体内部的电磁压力,当熔体表面各点的电磁压力与静压力平衡时,金属熔体成为一个被电磁场约束而直立的液柱并按等磁感应强度线的形状获得稳定的截面形状。液态金属与感应器无任何接触,金属熔体保持自由表面状态。然后,在感应器下方喷水冷却,底模向下移动,从上方熔化炉不断注入铝液,保持液柱高度不变,就可连续铸造出表面光滑的铸锭。在电磁连续铸造中,由于金属熔体是在自由表面状态下凝固的,所以铸锭表面质量显著提高。冷却介质直接作用于金属表面产生强烈的冷却效果,加上电磁场对金属熔体的强烈搅拌,使整个铸锭中的凝固组织都是非常细小、均匀的等轴晶组织,没有形成柱状晶区和各种宏观偏析,表现出优异的后续加工性能和良好的使用性能。

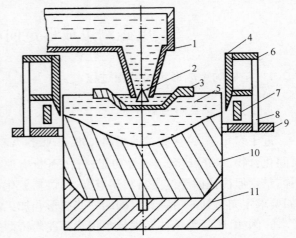

图 4-4　电磁铸造装置示意图

1-流盘;2-节流阀;3-浮标漏斗;4-屏蔽罩;5-液态金属柱;6-冷却水环;7-感应器;8-调距螺栓;9-盖板;10-铸锭;11-底模

电磁铸造技术是 20 世纪 60 年代末由苏联 Getselev 发明的[17],并于 1969 年在美国申请了专利[18]。早期的电磁铸造技术用于铸造圆锭,后来主要侧重于电磁铸造扁锭技术的研究[19]。美国、瑞士、日本等国将该技术陆续应用于铝及其合金等铸锭的连续铸造。电磁铸造法不但生产规模逐年扩大,而且计算机在线控制的多锭(5~12 锭)铸造技术已逐步成熟[20]。日本研制了新型的电磁铸造装置,在铝合金的电磁铸造过程中,可快速地通过调整屏蔽线圈的电感,以改变铸造电磁场的强度,从而确保铸锭的质量。此外,还有电磁铸造棒材、薄板[21]的技术报道。除铝外,铜、镁、锌、铋、锡等[22]都成了 EMC 的实验和研究对象,并取得了不同程度的进展。美国 OLIN 公司已于 1982 年成功地应用电磁铸造技术制造了商用规格的铜合金扁锭。钢的电磁铸造也是国际关注的开发课题,日本和法国已经在实验室开展了批量试生产小型钢坯的电磁连铸。Chales 对电磁铸造铸锭的结晶组织进行了研究,表明电磁搅拌对细化晶粒、减少偏析非常有利[23]。研究发现,控制搅拌的不均匀性、强化铸锭中心的搅拌、抑制表面流动是获得光滑表面并细化组织的关键。美国专利提出用一直流线圈和低频磁场减少表面流动,增加电磁搅拌深度使铸锭表面和内部质量均得到改善。国内,东北轻合金加工厂从 20 世纪 70 年代中期开始电磁铸造技术的研究,1990 年实现了横截面为 520mm×(130~174)mm 铝合金扁锭的中试实验。大连理工大学还采用热顶-电磁铸造技术铸出 20mm×480mm×850mm 的铝薄板[24]。东北大学对镁合金的电磁铸造进行了研究[25],结果表明,镁合金的电磁铸造由于镁合金的高电阻率而具有明显的特殊性,集肤效应不明显,工频即可满足搅拌要求,与铝合金的电磁铸造明显不同。

但由于电磁铸造中的熔化是在单独的熔化炉中完成的,材料熔炼过程仍然存在污染,整个成形过程在非真空条件下进行,所以能熔化、成形的合金种类有限,无法用于许多高熔点、高活性特种合金的无污染熔化和成形。

4.2　电磁约束成形定向凝固理论及模型

4.2.1　电磁约束成形定向凝固过程

1. 先进材料成形的需要

近十多年来,许多先进的材料(如 TiAl、NiAl、Nb_5Si_3 及其他 Nb 基、Mo 基高熔点金属间化合物,NdFeB、SmCo 等功能材料)不断出现,这些材料性能优异,展示出广阔的应用前景。但往往由于这类材料熔点高、活泼易氧化、难加工以及对组织排列有特别的要求(如要求定向排列)等特点,目前的一些成形和加工制备技术,在许多方面不能满足其加工要求。例如,磁悬浮熔体处理技术仍然存在与铸型的反应问题,不能满足高熔点、高活性、易氧化的特种金属的高洁净、无污染、组织可控的制备要求;电磁连铸技术由于熔化是在单独的熔炉中完成的,整个成形过程在非真空条件下进行,因此能熔化成形的合金种类有限,对凝固组织也难以有效控制,无法用于许多特种合金的无污染熔化和成形,主要针对铝、钢在非真空条件下的连续制锭;而冷坩埚熔化技术可以满足熔化各种合金的要求,但很难进行组织控制,并且电的热效率很低;电磁悬浮技术在熔化重量上仍然不够,并且稳定悬浮和熔化温度合理控制之间的平衡很难达到。

此外,如航空发动机叶片或工业燃气轮机叶片的制备,主要采用 HRS 法,可以实现凝固组织的定向排列,改善材料的单向力学性能,其性能比等轴晶组织明显提高,从而成为当今制造高性能航空发动机叶片及工业燃气轮机叶片的重要手段和基本方法。但这种方法由于冷却条件的限制,温度梯度比较低,迄今为止世界上最高水平的德国爱力德真空技术有限(ALD Vacuum Technologies)公司生产的定向凝固设备,其温度梯度在 100K/cm

左右。研究表明,如果将温度梯度提高,就会使组织细化,当温度梯度达到 $500\sim800K/cm$ 时,高温合金的蠕变强度和寿命会成倍提高,材料的潜力会被充分挖掘出来。因此,提高凝固过程温度梯度的技术是提高和挖掘许多先进结构材料、功能材料力学和物理性能重要而有效的手段。

鉴于以上的现状,迫切需要针对特种金属材料给出无污染熔化成形、流程短、凝固过程温度梯度高、冷却快、组织可控的材料加工新方法。

2. 电磁约束成形定向凝固技术

针对特种金属材料这一领域,结合先进材料对加工制备的特殊需求,Fu 等[26] 提出了电磁约束成形定向凝固技术:利用电磁场的加热作用及其对熔体表面的电磁压力来对合金进行加热熔化的同时,按设定形状进行约束成形,并通过抽拉进行连续的定向凝固;或利用电磁场的加热作用及其对熔体表面的电磁压力来对合金进行加热熔化的同时,用导热性很好的薄壳材料与电磁力共同对合金熔体进行约束成形,并通过抽拉实现连续的定向凝固。这样既可以得到一定的外部形状,又避免(或减弱)了熔体与坩埚、模壳之间的接触,可以实现合金的无(少)污染熔化与成形。并且由于冷却剂对合金表面的直接强冷,可以获得高的温度梯度和高的冷却速率。最终,在一个过程中同时完成部件的成形和凝固组织的控制,实现特种金属短流程、高温度梯度、高冷却速率及组织定向的无污染熔化与凝固成形。

图 4-5 就是该技术的示意图。感应器中的交变电磁场在置于其中的金属中产生涡流,该涡流产生的感应热加热并熔化金属,而涡流和电磁场相互作用产生的洛伦兹力对被熔化的熔体形成一个约束力。通过调整电磁场的分布及冷却状态就可达到:熔体产生的静压力和表面张力产生的压力及电磁压力三者在熔体表面各个点的平衡,实现熔体侧表面无接触约束,熔体的截面形状则按磁场的分布被电磁压力成形为预设的形状;同时电磁场对合金进行加热熔化并在固-液界面处形成近一维的温度分布。在随后抽拉杆的抽拉和冷却器的冷却作用下,熔体在固-液界面的位置处连续凝固成形并通过改变温度梯度和抽拉速率实现凝固组织的控制。

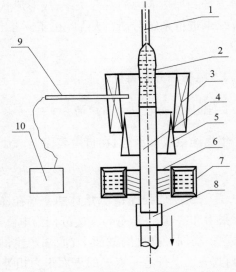

图 4-5　电磁成形定向凝固示意图

1-送入固料;2-被成形熔体;3- 感应器(可以是一个也可以是两个);4-已凝和成形样件;5-屏蔽罩;6-冷却液;7-冷却器;8-抽拉系统;9-热电偶;10-温度记录仪

具体的实施步骤如下:将固体料从上部送入感应系统,该系统由感应器(可以是单感应器也可以是双感应器)及屏蔽罩组成,在单感应器产生的单频磁场作用下,感应器熔化固料并按预设的磁场分布将熔体约束成形,屏蔽罩通过改变插入感应器的深度调整磁场分布,起到调整温度场的作用,从而达到改变热力耦合的目的;在双频双感应器的条件下,上感应器中通入更高频率的电流,主要起加热熔化作用,下感应器中通入更低频率的电流,主要起约束成形及辅助加热作用,屏蔽罩主要起调整磁场分布的作用。冷却系统则主要起调整固-液界面位置和控制凝固组织的作用。送入感应系统的固料被磁场熔化成液体后,同时被电磁场约束成为设定的形状,在启动抽拉系统后,熔体按此形状在固-液界面处凝固成形为设定截面形状的样件。而且在该过程中送入感应器熔化的固料和成形件的截面形状与尺寸既可以相同也可以不同。

该技术的特点是:在真空条件下,在同一个感应成形系统中,利用电磁场的感应加热作用和电磁压力作用,同时完成对材料的加热熔化和无接触无污染的约束成形及组织定向凝固的一体化控制,避免了熔化和成形过程中坩埚材料及铸模材料对金属熔体的污染,使被成形件与冷却介质直接接触,有效地提高了凝固界面温度梯度和凝固冷却速率,从而可以实现定向凝固及组织的细化,并且缩短了工艺流程。该过程最关键的问题是形成一个合理的电磁场分布,并维持电磁场对熔体中的加热作用和成形力之间的热力耦合平衡关系。

这种全新材料制备方法的提出,在难成形、高熔点、活泼易氧化特种合金的成形制备中展示出其明显的优势和先进性,但也必然涉及许多新的技术和工艺问题,同时该新技术的特点是在多物理场作用下,将凝固和成形融为一体,因此,在理论方面也会存在其特有的新规律和新理论。下面各节将建立这种定向凝固及成形方法涉及的电磁场、成形力场、成形力场和加热能力的耦合关系、成形形状等的理论模型,并对在这些模型基础上的模拟计算结果进行系统分析。最后,在实际条件下用该技术对多种合金进行定向凝固成形实验。

4.2.2 电磁场分布特征

1. 圆柱表面磁感应强度的分布

根据约束成形原理,在自由表面上,力的平衡关系为[27]

$$\frac{B^2}{2\mu} + k\gamma = \rho g h \qquad (4-4)$$

式中,B 为磁感应强度;k 为熔体曲率半径;h 为熔体的高度;μ、γ、ρ 分别为熔体的磁导率、表面张力和密度。式(4-4)左边分别为电磁压力和表面张力产生的压力项,右边为液柱静压力项。在同一高度的截面上,液柱产生的静压力相同,如果成形形状为简单的圆形截面,则其表面上任意一点处的表面张力相等,因此要求电磁压力的值在成形圆柱截面上也要相等,具体值为

$$B = \sqrt{2\mu(\rho g h - k\gamma)} \qquad (4-5)$$

式中,$k = \dfrac{1}{r}$,为液柱的曲率。由于式(4-5)中表面张力系数和液态金属的密度都是温度的函数,在过热度不大的条件下,表面张力和密度在形式上可表示为

$$\gamma = \gamma_0 - c(T - T_0) \qquad (4-6)$$

$$\rho = \rho_0 \left(1 - \frac{T - T_0}{T_0}\right) \qquad (4\text{-}7)$$

式中，γ_0 为熔点处的表面张力系数值；c 为常数；T_0 为熔点；ρ_0 为液态金属在熔点处的密度。下面以液态金属铝和铁的情况为例来进行分析，如对电磁成形液态金属铝来说，铝的熔体表面张力可表示为[28]

$$\gamma = 871 - 0.155(T - T_0) \qquad (4\text{-}8)$$

代入式(4-5)，有

$$B = \sqrt{2\mu \left\{ \rho_0 gh \left(1 - \frac{T - T_0}{T_0}\right) - k[871 - 0.155(T - T_0)] \right\}} \qquad (4\text{-}9)$$

如果进一步考虑液态金属尺寸和交变电磁场频率的影响，对于电磁成形圆形液态金属有

$$B = \sqrt{\frac{\mathrm{ber}^2 m + \mathrm{bei}^2 m}{\mathrm{ber}^2 m + \mathrm{bei}^2 m - 1}} \sqrt{2\mu \left\{ \rho_0 gh \left(1 - \frac{T - T_0}{T_0}\right) - k[871 - 0.155(T - T_0)] \right\}} \qquad (4\text{-}10)$$

式(4-10)右边的第一项因子主要是考虑交变电磁场的频率和成形形状造成的影响[29]。其中 $\mathrm{ber}x$，$\mathrm{bei}x$ 为贝塞尔函数；$m = \frac{\sqrt{2}r}{\delta}$；$r$ 为成形液柱半径；$\delta = \pi\mu\sigma f$ 为集肤层厚度；μ 为磁导率；σ 为电导率；f 为交变电磁场的频率。

物性参数：铝的熔点 $T_0 = 660℃$，而在电磁成形时液态金属的过热度为 ΔT，$\mu = 4\pi \times 10^{-7}$，$\rho_0 = 2.4 \mathrm{kg/cm^3}$，$g = 9.8 \mathrm{m^2/s}$，$h = 20 \mathrm{mm}$，频率 $f = 400 \mathrm{kHz}$。不同曲率 r、温度和交变电磁场的频率下所需磁感应强度如图 4-6 所示。同样对于液态金属铁来说，其物性参数为：铁的熔点 $T_0 = 1530℃$，$\rho_0 = 7.8 \mathrm{kg/cm^3}$，$g = 9.8 \mathrm{m^2/s}$，$h = 20 \mathrm{mm}$。不同曲率 r、温度和交变电磁场的频率下所需磁感应强度如图 4-7 所示。

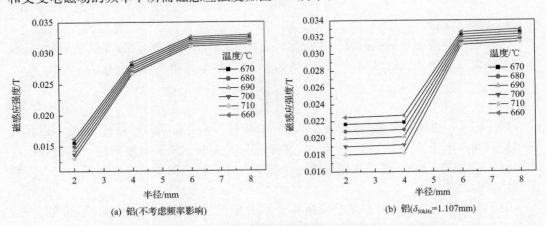

(a) 铝(不考虑频率影响)　　　　　　(b) 铝($\delta_{50\mathrm{kHz}} = 1.107 \mathrm{mm}$)

图 4-6　不同半径 20mm 高铝液柱电磁约束成形所需的磁感应强度大小

比较图 4-6 和图 4-7 可发现：①在频率足够高的前提下(相当于集肤层无限小)，所需的磁感应强度大小随成形半径增大而增加。随温度的升高，约束成形液柱的所需磁感应强度下降，幅度为 3‰～5‰。②在电磁场频率较低时，约束成形液柱的直径与电磁场产生的集肤层相比相当时，所需磁场受到液柱半径的调控。具体来说，对于图 4-6(a)中成形

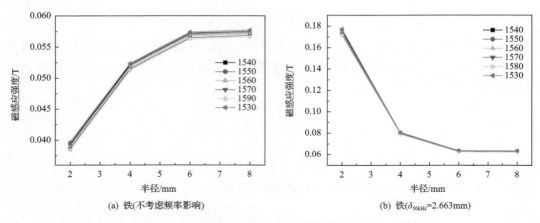

(a) 铁(不考虑频率影响)　　　　　　　　(b) 铁($\delta_{50kHz}=2.663mm$)

图 4-7　不同半径 20mm 高铁液柱电磁约束成形所需的磁感应强度大小

半径为 2mm 高 20mm 铝液柱所需磁感应强度与图 4-6(b)中成形半径 4mm 所需磁感应强度相当,说明成形液柱半径变小时,虽然表面张力增加了,但由于电磁压力在液柱中相互抵消了一部分,结果所需的电磁压力并不一定减少,这样有可能成形小半径液柱所需的磁感应强度比成形大半径液柱所需的要大。③50kHz 电磁场中,液态金属铁的集肤层与成形液柱半径相当时,电磁压力衰减很大,成形半径变化造成的表面张力变化抵消不了液柱中电磁压力的衰减。尤其是成形半径 2mm 高 20mm 液柱时,所需要的磁感应强度达到了 0.17T,而实验中感应线圈产生的磁场为 0.06T 左右,这就说明要达到上述要求,实验中还存在一定的难度。

2. 异形截面上磁感应强度的分布

1) 椭圆形截面

圆形截面的液态金属电磁成形相对比较简单,如果成形复杂形状,如椭圆形状,就要考虑表面曲率变化造成的影响。椭圆长轴为 a,短轴为 b,其曲率半径变化为

$$R = a^2 b^2 \left(\frac{x^2}{a^4} + \frac{y^2}{b^4} \right)^{\frac{3}{2}} \tag{4-11}$$

对于图 4-8 的成形形状,将长轴 $a=20$mm,短轴 $b=5$mm($a/b=4$)代入式(4-11),计算出椭圆曲率半径范围为 1.2~80mm。这种情况下成形 30mm 高度液柱所需要的电磁压力(P_m)如图 4-8 所示,图中相应也绘出了静压力(P_h)和表面张力造成的压力(P_r)沿椭圆试样表面的变化。

由于电磁压力的分布结果最终要折算到作用在液态金属表面上磁感应强度的分布,对于成形图 4-8 这种情况,其表面上磁感应强度的分布有三种情况,如图 4-9 所示。第一种情况是电磁场的频率足够大,或者曲率半径远远大于集肤层厚度,所需磁感应强度分布在椭圆截面上的磁场分布遵循图 4-9 中 8MHz 曲线的分布;第二种情况是电磁场的频率很小,集肤层与曲率半径相当或小时,电磁压力衰减严重,虽有曲率半径减小的表面张力弥补作用,但此时小曲率半径处所要求的磁场要远高于大曲率半径的地方,如图 4-9 中 50kHz 曲线所示;第三种情况是电磁场的频率处于中间状态,液态金属的集肤层比小曲

率半径略大,电磁压力也衰减比表面张力弥补的多,如图 4-9 中 200kHz 曲线所示。因此在成形变截面形状时,需分析曲率半径变化造成的影响。

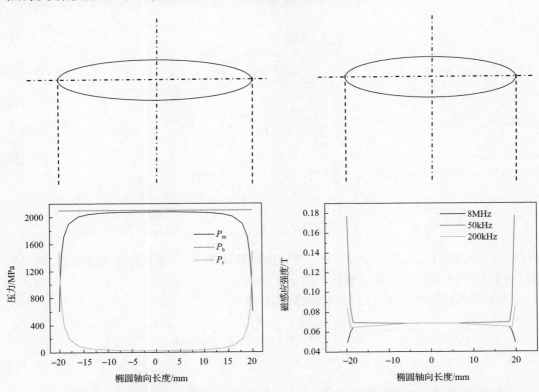

图 4-8　成形 30mm 高椭圆截面形状液柱静压力、
表面张力和电磁压力沿椭圆表面的分布

图 4-9　成形 30mm 高椭圆截面形状液柱在
不同频率下所需的磁感应强度分布

图 4-9 计算出的磁感应强度沿表面不同曲率分布规律变化很大,说明利用一个刚性不能变形的线圈使约束液态金属连续变形为复杂形状非常困难,因此必须找到一种能够在液态金属电磁成形中能改变磁场大小的技术和方法。

2) 更复杂线圈中磁感应强度的分析和计算方法

通电圆弧面段在空间产生的磁场分析[30]如图 4-10 所示。

对于图 4-10 中的圆弧 AB 段通入交变电流 I,在空间任意一点产生的磁场根据 Biot-Savart 定律,其磁位 A 为

$$A = \frac{\mu}{4\pi} \int \frac{\mathrm{d}l}{R} \qquad (4\text{-}12)$$

式中,R 为圆弧段半径;$\mathrm{d}l$ 为圆弧单元体。

分析时将坐标原点定于圆弧心,圆弧段位于坐标 $x\text{-}y$ 内,与 z 坐标轴垂直,如图 4-10 所示,则角度为 2θ 的圆弧段(即圆弧 AB 段)产生的磁位为

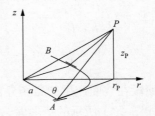

图 4-10　圆弧段在空间产生的
磁场分析

$$A_P = \frac{\mu Ia}{\pi} \int_0^{\frac{\pi}{2}} \frac{(2\sin^2\theta' - 1)\,\mathrm{d}\theta'}{\sqrt{z^2 + (a+r)^2 - 4ar\sin^2\theta'}} - \int_0^{\frac{\pi-\theta}{2}} \frac{(2\sin^2\theta' - 1)\,\mathrm{d}\theta'}{\sqrt{z^2 + (a+r)^2 - 4ar\sin^2\theta'}}$$

$$(4\text{-}13)$$

令

$$k^2 = \frac{4ar}{(a+r)^2 + z^2}$$

则

$$A_P = \frac{\mu I}{\pi} \sqrt{\frac{a}{r}} \left[\left(1 - \frac{1}{2}k^2\right) K(k) - E(k) \right] - \frac{\mu I}{\pi} \sqrt{\frac{a}{r}} \left[\left(1 - \frac{1}{2}k^2\right) K_1(k) - E_1(k) \right]$$

$$(4\text{-}14)$$

$$K(k) = \int_0^{\frac{\pi}{2}} \frac{\mathrm{d}\theta'}{\sqrt{1 - k^2\sin^2\theta'}}, \quad K_1(k) = \int_0^{\frac{\pi-\theta}{2}} \frac{\mathrm{d}\theta'}{\sqrt{1 - k^2\sin^2\theta'}}$$

$$E(k) = \int_0^{\frac{\pi}{2}} \sqrt{1 - k^2\sin^2\theta'}, \quad E_1(k) = \int_0^{\frac{\pi-\theta}{2}} \sqrt{1 - k^2\sin^2\theta'}$$

$K(k)$、$E(k)$、$K_1(k)$、$E_1(k)$ 分别为第一类完全椭圆函数、第一类不完全椭圆函数、第二类完全椭圆函数和第二类不完全椭圆函数。

根据磁感应强度与磁位的关系 $B = \nabla \times A$，得到

$$B_r = \frac{\mu I}{2\pi} \frac{z}{r\left[(a+r)^2 + z^2\right]^{\frac{1}{2}}} \left\{ \left[\frac{a^2 + r^2 + z^2}{(a-r)^2 + z^2} E - K \right] - \left[\frac{a^2 + r^2 + z^2}{(a-r)^2 + z^2} E_1 - K_1 \right] \right\}$$

$$(4\text{-}15)$$

$$B_z = \frac{\mu I}{2\pi} \frac{1}{\left[(a+r)^2 + z^2\right]^{\frac{1}{2}}} \left\{ \left[\frac{a^2 - r^2 - z^2}{(a-r)^2 + z^2} E + K \right] - \left[\frac{a^2 - r^2 - z^2}{(a-r)^2 + z^2} E_1 + K_1 \right] \right\}$$

$$(4\text{-}16)$$

这样对高度为 z_0 的线圈圆弧段在空间任意一点 P 处的磁感应强度为

$$B_r = \frac{\mu I}{2\pi z_0} \int_0^{z_0} \frac{z_P - z}{r_P\left[(a+r_P)^2 + (z-z_P)^2\right]^{\frac{1}{2}}} \left\{ \left[\frac{a^2 + r_P^2 + (z-z_P)^2}{(a-r_P)^2 + (z-z_P)^2} E - K \right] \right.$$
$$\left. - \left[\frac{a^2 + r^2 + (z-z_P)^2}{(a-r_P)^2 + (z-z_P)^2} E_1 - K_1 \right] \right\} \mathrm{d}z \qquad (4\text{-}17)$$

$$B_z = \frac{\mu I}{2\pi z_0} \int_0^{z_0} \frac{1}{\left[(a+r_P)^2 + (z-z_P)^2\right]^{\frac{1}{2}}} \left\{ \left[\frac{a^2 - r_P^2 - (z-z_P)^2}{(a-r_P)^2 + (z-z_P)^2} E + K \right] \right.$$
$$\left. - \left[\frac{a^2 - r_P^2 - (z-z_P)^2}{(a-r_P)^2 + (z-z_P)^2} E_1 + K_1 \right] \right\} \mathrm{d}z \qquad (4\text{-}18)$$

矩形面段在空间产生的磁场分析如下。

如图 4-11 所示的矩形面 $ABCD$ 在空间任意一点 (x, y, z) 处产生的 z 方向磁场表达式为

$$B_{ZT1} = \frac{\mu I}{4\pi z_0} \left\{ \arctan\left[\frac{a_1}{b_0} \sin\left(\arctan\frac{z - z_0}{\sqrt{a_1^2 + b_0^2}} \right) \right] + \arctan\left[\frac{a_0}{b_0} \sin\left(\arctan\frac{z}{\sqrt{a_0^2 + b_0^2}} \right) \right] \right.$$

$$- \arctan\left[\frac{a_0}{b_0}\sin\left(\arctan\frac{z-z_0}{\sqrt{a_0^2+b_0^2}}\right)\right] - \arctan\left[\frac{a_1}{b_0}\sin\left(\arctan\frac{z}{\sqrt{a_1^2+b_0^2}}\right)\right]\Bigg\}$$

$$(4-19)$$

式中,$a_0 = x_0 - x$;$a_1 = -x_0 - x$;$b_0 = y_0 - y$。

复杂线圈就是由圆弧面组合或者圆弧面与矩形面段组合而成,因此将各个段产生的磁场叠加,就可计算出复杂线圈中的磁场分布和大小。以图 4-12 圆弧面段组合复杂线圈为例,在通入电流为 I 时,产生的磁场为四部分圆弧段线圈的组合,磁场也为四部分磁场的叠加。图 4-13 中的感应圈由圆弧段和矩形面组成,磁场也为各组成部分的磁场叠加而成。

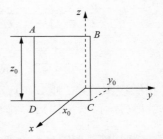

图 4-11 矩形面 $ABCD$ 在空间产生的磁场分析

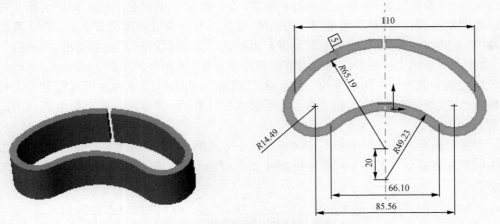

图 4-12 圆弧面段组合复杂线圈中磁场分析(单位:mm)

图 4-13 不同高度圆弧面段组合和圆弧面段与矩形面组合复杂线圈中磁场分析

3. 感应圈-屏蔽罩系统的磁感应强度模型

图 4-5 所示的电磁成形的核心部分感应圈-屏蔽罩系统中的磁感应强度的分布可以通过各匝线圈中通入的正方向电流产生的正方向磁感应强度的和与屏蔽罩中各匝(由于屏蔽罩不同高度上产生的感应电流强度不同,所以将其沿高度方向分解成不同的匝的组合)感应的反方向电流产生的负方向磁感应强度的和的代数和来表示。式(4-20)就是电磁约束成形的感应圈-屏蔽罩系统中磁感应强度 B 的分布与各个参数(感应圈的匝数 n、

匝高 h、匝径 R、层数 m、内壁倾角 α、通入感应圈的电流强度 I，屏蔽罩的内径 R'、高度 h'、匝数 n'、插入深度 H_0 等)之间的关系模型[31]。该模型可全面计算以上参量对感应圈-屏蔽罩系统磁感应强度的影响，从整体上对磁场的分布特点及变化规律进行全局性的描述。

$$B = \frac{\mu}{2} \sum_{i'=1}^{n'} \frac{R'^2 I_{i'}}{\{R'^2 + [z - H_0 - (i'-1)h']^2\}^{\frac{3}{2}}}$$

$$+ \frac{\mu I}{2} \sum_{j=1}^{m} \sum_{i=1}^{n} \frac{[R_j + (i-1)h \cdot \tan\alpha]^2}{\{[R_j + (i-1)h \cdot \tan\alpha]^2 + [z - (i-1)h]^2\}^{\frac{3}{2}}} \quad (4\text{-}20)$$

式中，i 指感应圈的第 i 匝$(i=1,2,\cdots,n)$；i' 指屏蔽罩的第 i' 匝$(i'=1,2,\cdots,n)$；j 指感应圈的第 j 层$(j=1,2,\cdots,n)$。

4. 双频电磁成形下磁场分布

在单频、单感应圈形成的磁场中进行电磁成形定向凝固的实验发现，尽管通过调整感应圈结构、屏蔽罩位置、冷却位置和冷却能力，有可能在一定状态下满足加热熔化和约束成形之间的平衡，但这种平衡是很不稳定的，磁场可容许调节的范围非常小。为了克服这个缺陷，双频、双感应圈形成复合磁场进行电磁成形定向凝固的方法被提出，并进行了实验，确实发现双频率的复合磁场可调节的自由度更多，可调节的参数范围更大，更容易产生成形力场和温度场之间的平衡。鉴于此，下面部分内容将建立和分析双频复合磁场的电磁场特征、电磁压力模型、热力耦合关系及成形计算，并进行实际的双频电磁成形定向凝固。

双频电磁场并不是两个频率电磁场通入一个线圈，而是分别通入不同的线圈中，因此产生的总电磁场分别是两个线圈电磁场叠加的结果。对于磁场强度、电流密度等物理量分别有[32]

$$H = H_1 + H_2 = H_{01} \frac{\mathrm{ber}m_{11} + \mathrm{jbei}m_{11}}{\mathrm{ber}m_{21} + \mathrm{jbei}m_{21}} + H_{02} \frac{\mathrm{ber}m_{12} + \mathrm{jbei}m_{12}}{\mathrm{ber}m_{22} + \mathrm{jbei}m_{22}} \quad (4\text{-}21)$$

式中，H_{01}、H_{02} 分别表示两种频率的电磁场作用在圆形液态金属表面上的磁场大小；$m_{11} = \frac{\sqrt{2}r}{\delta_1}$；$m_{12} = \frac{\sqrt{2}r}{\delta_2}$；$m_{21} = \frac{\sqrt{2}R_0}{\delta_1}$；$m_{22} = \frac{\sqrt{2}R_0}{\delta_2}$。其中，$r$ 为轴向坐标；R_0 为试样半径；δ_1、δ_2 分别为交变磁场 1 和 2 在试样中产生的集映层大小。

$$J = J_1 + J_2 = -\mathrm{j}\sqrt{2}\left(\frac{H_{01}}{\delta_1} \frac{\mathrm{ber}'m_{11} + \mathrm{bei}'m_{11}}{\mathrm{ber}m_{21} + \mathrm{bei}m_{21}} + \frac{H_{02}}{\delta_2} \frac{\mathrm{ber}'m + \mathrm{bei}'m}{\mathrm{ber}m_2 + \mathrm{bei}m_2}\right) \quad (4\text{-}22)$$

必须注意的是，H_1、H_2、J_1、J_2 及其共轭复数是与时间有关的时谐电磁场，可表示为

$$H_1 = \hat{H}_1 \sin\omega_1 t \quad (4\text{-}23)$$

$$H_2 = \hat{H}_2 \sin(\omega_2 t + \varphi) \quad (4\text{-}24)$$

式中，"^"表示其幅值大小。而 J_1、J_2 分别滞后 H_1、H_2 1/8 个周期[33]，故其可表示为

$$J_1 = \hat{J}_1 \sin\left(\omega_1 t - \frac{\pi}{4}\right) \quad (4\text{-}25)$$

$$J_2 = \hat{J}_2 \sin\left(\omega_2 t + \varphi - \frac{\pi}{4}\right) \quad (4\text{-}26)$$

对于电磁力来说,用三角函数表示为

$$f = \frac{\mu}{2}\text{Re}\Big[(\hat{J}_1 \times \hat{H}_1^*)\sin\big(\omega_1 t - \frac{\pi}{4}\big)\sin(\omega_1 t) + (\hat{J}_2 \times \hat{H}_2^*)\sin\big(\omega_2 t + \varphi - \frac{\pi}{4}\big)\sin(\omega_2 t + \varphi)$$

$$+ (\hat{J}_1 \times \hat{H}_2^*)\sin\big(\omega_1 t - \frac{\pi}{4}\big)\sin(\omega_2 t + \varphi) + (\hat{J}_2 \times \hat{H}_1^*)\sin\big(\omega_2 t + \varphi - \frac{\pi}{4}\big)\sin(\omega_1 t)\Big]$$

$$(4\text{-}27)$$

由此可看出,双频电磁场产生的电磁力其实是单频电磁力的线性叠加和六个三角函数的组合,即可统一表示为

$$f = f_1 + f_2 + \sum_{i=1}^{i=6} h(f_1, f_2, f_3, f_4)\sin(\omega_i t + \varphi) \tag{4-28}$$

当式(4-28)中三角函数为零时,双频电磁力为单频电磁力的线性叠加与理想状态中假设的分析是一致的。对于其他电磁成形参数(加热密度和电磁压力等)分析同样也可表示成式(4-28)的形式。且这种分析可从原理上推广到多个频率电磁场的组合,使多频问题转化为单频问题,然后进行叠加计算求得双多频液态金属电磁成形物理量的分布和大小。

事实上,无论简单形状还是复杂形状截面的液态金属单双频电磁成形,都涉及液柱表面上的磁场强度(H_0)分布,它可先通过计算空载线圈中的磁场,获得线圈中与试样表面位置相同处的磁感应强度的大小及其分布规律,再根据磁场切向连续的条件来确定,下面以圆形截面试样表面上的物理量(磁感应强度(B_0)、电磁压力等)计算为例来说明。

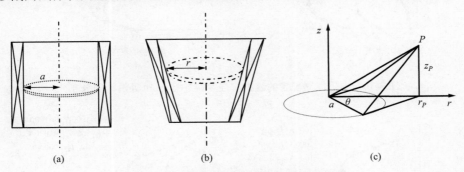

图 4-14　圆形线圈中磁场的分析示意图

对于图 4-14(a)的圆形线圈,假设线圈中的电流沿表面均匀流过,则圆形半径为 a 的线圈单元在空间任意一点 P 产生的磁感应强度 B_{Pz} 为[34]

$$B_{Pz} = \int_{z_1}^{z_2} \frac{\mu_0 I}{2\pi} \frac{1}{\big[(r+r_P)^2 + (z_P - z)^2\big]^{\frac{1}{2}}} \times \Big[\frac{r^2 - r_P{}^2 - (z_P - z)^2}{(r_P - r)^2 + (z_P - z)^2}E + K\Big]\text{d}z$$

$$(4\text{-}29)$$

式中,E 和 K 分别为第 1 类和第 2 类椭圆函数。

令 $r = z\tan\alpha$,则可得带锥形圆形线圈(图 4-14(b))的磁场表达式:

$$B_{Pz} = \int_{z_1}^{z_2} \frac{\mu_0 I}{2\pi} \frac{1}{\big[(z\tan\alpha + r_P)^2 + (z_P - z)^2\big]^{\frac{1}{2}}} \times \Big[\frac{(z\tan\alpha)^2 - r_P{}^2 - (z_P - z)^2}{(r_P - z\tan\alpha)^2 + (z_P - z)^2}E + K\Big]\text{d}z$$

$$(4\text{-}30)$$

如果双频线圈形式上下配置,利用式(4-29)和式(4-30),可计算出图 4-15 所示的直筒线圈与直筒线圈形式的磁场分布,如图 4-16 所示。图 4-17 是利用电磁压力公式 $P = B^2/(2\mu)$ 计算出的线圈中电磁压力分布和大小。

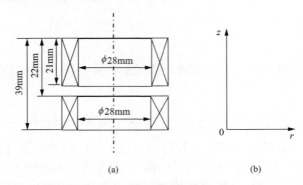

图 4-15　上下配置的不同形状线圈组合

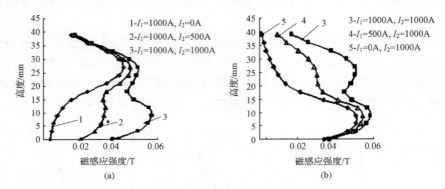

图 4-16　上下线圈配置的磁感应强度在 $r=10\text{mm}$ 处沿轴向分布

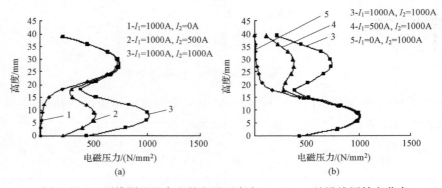

图 4-17　上下线圈配置产生的电磁压力在 $r=10\text{mm}$ 处沿线圈轴向分布

图 4-17 的磁感应强度分布分为两种情况,一是上线圈中的电流 I_1 不变,下线圈中电流 I_2 逐渐增加时两线圈中磁感应强度的分布,如图 4-16(a)中曲线 1、2 和 3 所示;二是下线圈的电流不变,上线圈电流逐渐增加时两线圈中磁感应强度的变化,如图 4-16(b)中曲线 3、4 和 5 所示。第一种情况相当于实验中上线圈相连的设备功率保持不变的条件下,

逐渐增加下线圈相连的设备的功率；第二种情况恰好相反，即下线圈相连的设备功率保持不变，而把上线圈相连的设备功率逐渐加大。

　　线圈的磁感应强度分布——曲线 1 呈现小大小的分布，其中峰值出现在上直筒线圈的中部；曲线 2 的磁感应强度分布出现两个峰值；而曲线 3 磁感应强度分布的两个峰值更明显，且下线圈峰值要大于上线圈的峰值，这是因为下线圈高度比上线圈小，电流密度相应比上线圈大。

　　由于线圈中磁场产生的电磁压力 $P = B^2/(2\mu)$，所以电磁压力分布与磁感应强度分布规律相同（$y = kx^2$，k 为大于零的常数；当 $x > 0$ 时，函数 y 是单值递增函数），不同的是数值的大小。两种情况的三种线圈配置中的电磁压力分布如图 4-17 所示。由图可见，它的分布规律与相应图 4-16 中磁感应强度分布规律相似。

　　由于线圈中磁场产生的电磁压力主要是平衡液态金属的静压力，而静压力沿线圈高度为直线分布，所以要求线圈中的电磁压力也为近直线分布。考察图 4-16 和图 4-17 的磁感应强度及电磁压力分布曲线可知，两直筒线圈配置形式易造成两个峰值的磁感应强度分布曲线，与液柱静压力直线分布相差很大，而有锥度线圈配置形式有利于获得一个峰值的磁感应强度分布曲线，因此设计双频电磁加热和成形线圈时尽可能采用有锥度线圈的配置形式。

　　在双频电磁成形时，有两个磁场控制量，两个磁场可分别进行不同组合来达到要求，这种不同的磁场组合就有一个加热功率的调节范围来充分熔化固态金属，达到既熔化又无模壳成形的目的。

　　要使液态金属电磁成形为复杂形状，如叶片形状，并实现定向凝固，那么首先要实现弯曲液面的电磁约束成形，如图 4-18 所示。在双频电磁成形中这种复杂尺寸截面形状液态金属中电磁压力分布可表达为[29]

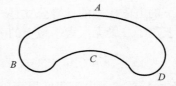

图 4-18　液态金属电磁成形弯月面截面形状

$$\frac{B_1\,(h_A,R_A)^2 + B_2\,(h_A,R_A)^2}{2\mu} = \rho g h_A - \frac{\gamma}{R_A}, \qquad R_A \geqslant 7\delta_2 \qquad (4\text{-}31)$$

$$\frac{B_1^2}{2\mu} + \frac{B_2^2}{2\mu}\Big(1 - \frac{1}{\mathrm{ber}^2 m_2 + \mathrm{bei}^2 m_2}\Big) = \rho g h_A - \frac{\gamma}{R_A}, \qquad 7\delta_1 \leqslant R_A < 7\delta_2 \qquad (4\text{-}32)$$

$$\frac{B_1^2}{2\mu}\Big(1 - \frac{1}{\mathrm{ber}^2 m_1 + \mathrm{bei}^2 m_1}\Big) + \frac{B_2^2}{2\mu}\Big(1 - \frac{1}{\mathrm{ber}^2 m_2 + \mathrm{bei}^2 m_2}\Big) = \rho g h_A - \frac{\gamma}{R_A}, \qquad R_A < 7\delta_1$$
$$(4\text{-}33)$$

式中，δ_1 为频率 1 金属的集肤层大小；δ_2 为频率 2 下金属的集肤层大小；R_A 为 A 点处的曲率半径。值得注意的是：如上述圆弧过渡光滑连接，曲率半径连续变化，则电磁压力在截面上是连续变化的；如圆弧过渡光滑，曲率半径非连续变化，就会在圆弧结合处存在电磁压力不连续现象，其中各控制点的电磁压力差如下：

　　A-B 点电磁压力突变为

$$\frac{B_B\,(h,R)^2}{2\mu} - \frac{B_A\,(h,R)^2}{2\mu} = \frac{\gamma}{R_A} - \frac{\gamma}{R_B} \qquad (4\text{-}34)$$

　　B-C 点电磁压力突变为

$$\frac{B_C\ (h,R)^2}{2\mu} - \frac{B_B\ (h,R)^2}{2\mu} = \frac{\gamma}{R_B} - \frac{\gamma}{R_C} \tag{4-35}$$

C-D 点电磁压力突变为

$$\frac{B_D\ (h,R)^2}{2\mu_0} - \frac{B_C\ (h,R)^2}{2\mu_0} = \frac{\gamma}{R_C} - \frac{\gamma}{R_D} \tag{4-36}$$

D-A 点电磁压力突变为

$$\frac{B_A\ (h,R)^2}{2\mu} - \frac{B_D\ (h,R)^2}{2\mu} = \frac{\gamma}{R_D} - \frac{\gamma}{R_A} \tag{4-37}$$

从式(4-34)~式(4-37)可看出,C 点处的电磁压力最大($R_C<0$),B 和 D 点处的电磁压力相对较小,如果电磁压力连续过渡,则实际操作可行性较大;如要使电磁压力在圆弧连接点处发生突变,尤其是较大的磁场和电磁压力突变,实际操作中非常困难。

4.2.3　电磁压力模型

1. 单频率磁场下板件的电磁压力模型

电磁压力计算公式为

$$P_m = \frac{B^2}{2\mu} \tag{4-38}$$

式(4-38)仅适合于厚度大的板状熔体或厚度大、表面曲率半径大的圆柱状熔体的电磁压力计算。薄板条件下的实验已经发现该电磁压力公式不再适用。因此,获得适合各种板厚条件下的电磁压力的计算公式是开展电磁成形研究最基本的要求。Shen 等[35]通过理论推导获得了二维无限大平板上的电磁压力公式为

$$P_m = \frac{B^2}{2\mu}\frac{1}{\mathrm{ch}Ka + \cos Ka}\int_0^{Ka}\sqrt{\mathrm{ch}^2 t - \cos^2 t}\,\mathrm{d}t = \frac{B}{2\mu}p \tag{4-39}$$

式中,$K=1/\delta$,δ 为电流集肤厚度,$\delta=1/(\pi f\sigma\mu)^{1/2}$;$a$ 为熔体的厚度;f 为磁场频率;σ、μ 分别为熔体的电导率和磁导率;p 是电磁压力系数。对式(4-39)应用数值方法展开就可以获得电磁压力与磁感应强度、熔体厚度、电磁参数以及电流频率的具体关系。从图4-19 可以看到,在熔体足够厚或频率足够高或电导率足够大的条件下,即满足 $a/\delta>2.2$,则电磁压力仅与磁感应强度平方成正比,而与频率、材料电导率和厚度皆无关系;但若熔体厚度、频率或电导率使 $a/\delta<2.2$,则随着厚度变薄、频率下降、电导率减小,电磁场产生的电磁压力也将迅速减小。图4-20 和图4-21 则具体说明磁场频率、熔体厚度及合金种类对电磁压力的影响规律。

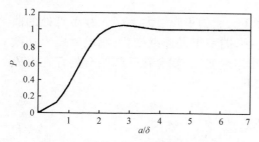

图4-19　熔体电磁压力的变化规律

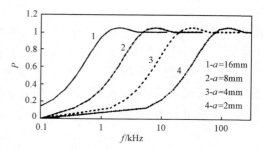

图4-20　磁场频率及厚度变化对电磁压力的影响
铝合金液 $\mu\sigma=5.03\mathrm{H}/(\Omega\cdot\mathrm{m}^2)$

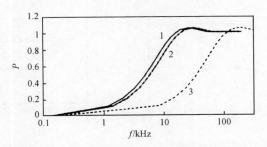

图 4-21　磁场频率及合金变化对电磁压力的影响

$a=4\text{mm}$。1 为铝合金液,$\mu\sigma=5.03\text{H}/(\Omega\cdot\text{m}^2)$;2 为铜合金液,$\mu\sigma=6.0(\text{H}/\Omega\cdot\text{m}^2)$;

3 为钢液,$\mu\sigma=0.84\text{H}/(\Omega\cdot\text{m}^2)$

2. 双频复合磁场下的电磁压力模型

解决双频率复合磁场作用下电磁压力的计算是进行双频成形和感应圈设计、配置以及成形控制的基础。通过理论分析推导获得了双频复合磁场的电磁压力计算公式,即

$$P_\text{m} = P_\text{m1} + P_\text{m2} + P_\text{m12} + P_\text{m21} \tag{4-40}$$

式中,P_m1、P_m2、P_m12、P_m21分别表示磁场 1 的磁感应强度和磁场 1 在熔体中产生的感应电流相互作用产生的电磁压力、磁场 2 的磁感应强度和磁场 2 在熔体中产生的感应电流相互作用产生的电磁压力、磁场 1 的磁感应强度和磁场 2 在熔体中产生的感应电流相互作用产生的电磁压力、磁场 2 的磁感应强度和磁场 1 在熔体中产生的感应电流相互作用产生的电磁压力。

进一步分析发现,在频率的差距是整数倍数时,或即使不是整数倍,但若差距很大,则作用在熔体表面总的电磁压力等于两个磁场单独作用时各自产生的电磁压力之和,两磁场交互作用产生的电磁压力的平均值为零。即在板件表面产生的电磁压力为[36]

$$
\begin{aligned}
P_\text{m} &= P_\text{m1} + P_\text{m2} \\
&= \frac{B_{z1}^2}{2\mu}\frac{1}{\text{ch}K_1a+\cos K_1a}\int_0^{K_1a}(\text{ch}^2q-\cos^2q)^{\frac{1}{2}}\,\text{d}q \\
&\quad + \frac{B_{z2}^2}{2\mu}\frac{1}{\text{ch}K_2a+\cos K_2a}\int_0^{K_2a}(\text{ch}^2q-\cos^2q)^{\frac{1}{2}}\,\text{d}q
\end{aligned}
\tag{4-41}
$$

式中,$K_1 = \sqrt{\pi\mu\sigma f_1}$,$K_2 = \sqrt{\pi\mu\sigma f_2}$;$B_{z1}$、$B_{z2}$分别为熔体表面高频和低频磁场的磁感应强度;$\mu$为熔体磁导率;$\sigma$为熔体电导率;$a$为熔体厚度;$f_1$、$f_2$分别为高频和低频磁场的频率。对式(4-41)进行数值积分后获得图 4-22~图 4-25 所示的结果。图中曲线反映了在频率的差距是整数倍,或差距很大的条件下,双频率复合磁场的电磁压力随熔体厚度、频率、磁感应强度以及材料电磁参数的变化规律。由图可以看到,这种变化与单频磁场的变化规律类似。

3. 复杂截面件表面的电磁压力

以上给出了无限大板或宽厚比很大的薄板件上的电磁压力模型,并就多种因素对其分布的影响规律进行了分析。但是在进行矩形及更复杂截面件的电磁成形过程中发现,

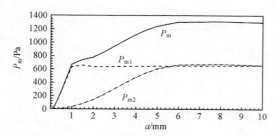

图 4-22　熔体厚度对电磁压力的影响

$f_1 = 300\text{kHz}$, $f_2 = 10\text{kHz}$, $B_1 = 0.04\text{T}$, $B_2 = 0.04\text{T}$,
铝合金 $\mu\sigma = 5.03\text{H}/(\Omega \cdot \text{m}^2)$

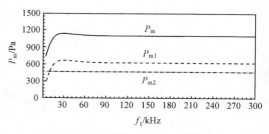

图 4-23　频率对电磁压力的影响

$a = 4\text{mm}$, $f_2 = 10\text{kHz}$, $B_1 = 0.04\text{T}$, $B_2 = 0.04\text{T}$,
铝合金 $\mu\sigma = 5.03\text{H}/(\Omega \cdot \text{m}^2)$

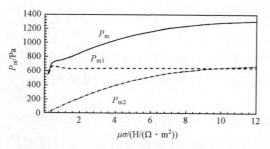

图 4-24　熔体的电磁参数对电磁压力的影响

$a = 4\text{mm}$, $f_1 = 300\text{kHz}$, $f_2 = 10\text{kHz}$, $B_1 = 0.04\text{T}$,
$B_2 = 0.04\text{T}$

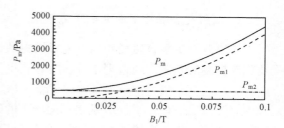

图 4-25　磁感应强度与电磁压力的关系

$a = 4\text{mm}$, $f_1 = 300\text{kHz}$, $f_2 = 10\text{kHz}$, $B_2 = 0.04\text{T}$,
$\mu\sigma = 5.03\text{H}/(\Omega \cdot \text{m}^2)$

在样件曲率半径较小的弯角处,总是无法成形为提前预设的形状,经分析认为主要是由于板状条件下计算电磁压力的公式不能准确地计算角部的电磁压力。因此想要成形出更准确更复杂的截面形状,则需对整个截面廓线上,尤其是角部处电磁压力的分布进行准确计算,这是感应器及其磁场设计的理论基础,是实验中成形更复杂截面件所迫切需要解决的问题。

电磁压力实质是一个能表征整个电流层中洛伦兹力(电磁体积力)对熔体所产生的总约束效果的等价表面压力[37],其原理由式(4-42)给出,其中 F 为洛伦兹力,即体积力,a 为熔体厚度。

$$P_\text{m} = \int_0^{\frac{a}{2}} F\text{d}x \tag{4-42}$$

由于体积力在实验中无法直接测量,实际应用中无法使用式(4-42)直接求取电磁压力,所以通常应用式(4-43)和式(4-44)求得熔体各处磁感应强度、涡流密度,再用式(4-45)求得各处的电磁体积力,然后以式(4-46)沿集肤层进行积分得到表面各点的电磁压力[38]

$$\dot{\boldsymbol{B}} = \nabla \times \dot{\boldsymbol{A}} \tag{4-43}$$

$$\dot{\boldsymbol{j}}_\text{e} = \sigma\left(-\nabla\dot{\phi} - \frac{\partial \dot{\boldsymbol{A}}}{\partial t}\right) \tag{4-44}$$

$$\dot{\boldsymbol{F}}_\text{n} = \dot{\boldsymbol{j}}_{\text{e}\tau} \times \dot{\boldsymbol{B}}_z \tag{4-45}$$

$$P_{\mathrm{m}} = \frac{\left| \int_0^{a_{F0.01}} \dot{\boldsymbol{F}}_{\mathrm{n}} \mathrm{d}x \right|}{\sqrt{2}} \tag{4-46}$$

式中, $\boldsymbol{B}$ 为磁感应强度; $\boldsymbol{J}_{\mathrm{e}}$ 为涡流密度; $\boldsymbol{A}$ 为矢量磁位; ϕ 为标量磁位; 角标 n 表示与表面垂直; 角标 τ 表示与表面相切; 角标 z 表示竖直方向。

事实上, 由于体积力 F 沿法线方向上衰减较快, 在达到集肤层的内边缘时已经衰减至所对应的表面上的体积力的 1% 左右, 因此规定体积力衰减至表面体积力 1% 的地方作为其积分区域的末端, 其积分深度用 $a_{F0.01}$ 表示。

4.2.4　熔体的热力比及熔体成形控制

1. 单频磁场下的热力比

在真空下进行不锈钢、高温合金等材料的电磁成形实验时, 由于冷却能力变化范围有限, 其可调节的导出热量变化范围不大, 因此反映磁场加热能力的熔体高度所产生的静压力和反映磁场约束成形能力的电磁压力之间不平衡的问题突出地显示了出来。为了维持熔体成形过程的稳定进行, 必须要从理论上搞清楚磁场的热贡献和力贡献的定量份额, 以及影响这些份额的各个工艺因素、参数。通过对这些参数的合理控制, 在每个成形过程中找到熔体静压力和电磁压力的耦合范围, 实现成形过程稳定进行。

1) 热力比定义

将单位侧表面积为底以整个厚度为高的熔体内单位体积的熔体吸收的平均功率 Q_0 与作用在该单位侧表面上的电磁压力 P_{m} 的比 Q_0/P_{m} 定义为热力比 HL。热力比的物理意义很明确, 表明在单位电磁压力的条件下, 单位体积的熔体在单位时间内吸收的热量。反映了电磁场在产生相同的约束成形力的条件下, 其对熔体加热能力的差别。

2) 影响热力比的因素

通过理论分析和推导获得单频率磁场的热力比计算公式[39] 为

$$\mathrm{HL} = \frac{\mathrm{sh}\,\dfrac{a}{\delta} - \sin \dfrac{a}{\delta}}{\int_0^{\frac{a}{\delta}} (\mathrm{ch}^2 t - \cos^2 t)^{\frac{1}{2}} \mathrm{d}t} \frac{4}{a} \sqrt{\frac{\pi f}{\mu \gamma}} \tag{4-47}$$

式(4-47)中符号的意义同前面公式一致。从式中可以看到, 磁场频率的大小以及熔体的厚度、电导率、磁导率皆对热力比产生影响。在单频率的条件下, 磁感应强度对热力比不产生影响。将式(4-47)应用数值积分的方法处理成图 4-26～图 4-28 中的曲线。从这些曲线中可以清楚地看到各参量对热力比的影响规律: 选择大尺寸、低频率、高导电性材料就可以获得很低的热力比, 这就是大尺寸铝合金电磁铸造过程在调整磁场时不必考虑对温度场影响的原因; 反之, 热力比则较高, 就必须重点考虑成形与加热的耦合过程, 才有可能掌握和控制成形过程与凝固组织。

在单频率磁场成形中, 通常熔体的尺寸以及电磁参数是确定的, 所以调整系统热力比的内因(冷却能力是外因)仅是一个频率。

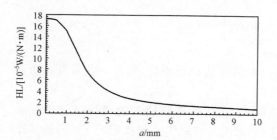

图 4-26　熔体厚度对热力比的影响

$f=300\text{kHz}$，$B=0.04\text{T}$，$\mu\sigma=5.03\text{H}/(\Omega\cdot\text{m}^2)$

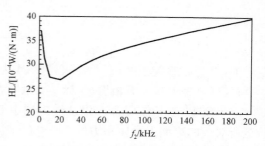

图 4-27　频率对热力比的影响

$a=4\text{mm}$，$B_1=0.04\text{T}$，$\mu\sigma=5.03\text{H}/(\Omega\cdot\text{m}^2)$

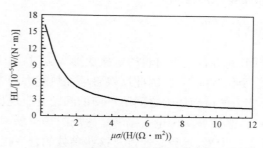

图 4-28　熔体电磁参数对热力比的影响

$a=4\text{mm}$，$f=300\text{kHz}$，$B=0.04\text{T}$

2. 双频复合磁场下的热力比

类似的方法也推出双频复合磁场作用下热力比的计算公式[40]为

$$\text{HL}=\frac{4}{a}\sqrt{\frac{\pi}{\mu\gamma}}$$

$$\times\left[\frac{\left(\text{sh}\frac{a}{\delta_1}-\sin\frac{a}{\delta}\right)\left(\text{ch}\frac{a}{\delta_2}+\cos\frac{a}{\delta_2}\right)\sqrt{f_1}+\left(\text{sh}\frac{a}{\delta_2}-\sin\frac{a}{\delta_2}\right)\left(\text{ch}\frac{a}{\delta_1}+\cos\frac{a}{\delta_1}\right)\sqrt{f_2}\left(\frac{B_{z2}}{B_{z1}}\right)^2}{\left(\text{ch}\frac{a}{\delta_2}+\cos\frac{a}{\delta_2}\right)\int_0^{\frac{a}{\delta_1}}(\text{ch}^2q-\cos^2q)^{\frac{1}{2}}\,\text{d}q+\left(\text{ch}\frac{a}{\delta_1}+\cos\frac{a}{\delta_1}\right)\int_0^{\frac{a}{\delta_2}}(\text{ch}^2q-\cos^2q)^{\frac{1}{2}}\,\text{d}q+\left(\frac{B_{z2}}{B_{z1}}\right)^2}\right]$$

$$(4\text{-}48)$$

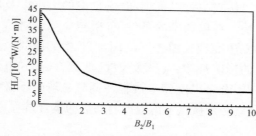

图 4-29　中频磁感应强度与高频磁感应强度的
比对热力比的影响

$a=4\text{mm}$，$f_1=300\text{kHz}$，$f_2=10\text{kHz}$，$\mu\sigma=5.03\text{H}/(\Omega\cdot\text{m}^2)$

式(4-48)中各个符号的意义和式(4-47)中相同,只是角标 1、2 分别对应高频率磁场和低频率磁场。对式(4-48)进行数值积分处理,可以得到与图 4-26 ~ 图 4-28 类似的曲线,即到双频复合磁场中,磁场频率的大小、熔体的厚度、电导率、磁导率皆对热力比产生类似于单频磁场的影响。而且从图 4-29 中还看到,两个磁场强度的比也对热力比产生影响。因此,在被成形合金的电磁参数及尺寸确定后,双频率的复合磁场可以通过调节频率以及两个磁场强度的比值,实现系统热力比的调节。和单频磁场相比,可调节的参量以及配置关系增多,调节范围增大,这是双频复合磁场成形的重要优点。

4.3　电磁约束成形定向凝固过程数值分析

4.3.1　电磁场及电磁压力的数值模拟

对圆柱、半无限大板或宽厚比很大的薄板件的电磁成形研究,可以按二维进行处理。但是在进行矩形及更复杂截面件的成形实验时发现,真实的板件或异形截面的样件在曲率半径较小的弯角处,总是难以成形为提前预设的形状。经分析认为,主要是由于板状条件下计算电磁压力的公式不能准确地计算角部的电磁压力而导致无法合理地设计感应器的形状参数。因此想要成形出更复杂的截面形状,则需对整个截面廓线上,尤其是不同宽厚比的直边及其角部电磁压力的分布进行准确全面的计算,这是感应器及其磁场设计的理论基础,是实验中成形更复杂截面件迫切需要解决的问题。

1. 电磁成形系统模型及其特点

图 4-30 是对感应器-屏蔽罩-样件系统的三维关系的示意及进行的剖分。通过固定宽边长度 48mm,仅改变短边的长度可以得到宽厚比为 1～6 的矩形试样截面,这些截面分别具有曲率半径为 3mm 和 5mm 的 90°圆弧倒角(宽厚比为 5、6 的试样由于受短边长度影响,没有 5mm 圆角半径的模型样件);感应器的内表面始终保持与样件表面间距相等,确保感应圈内壁形状与样件边界严格相似;材料(物性参数)选用镍基高温合金,电源选择实验所用的 20kHz 中频正弦电流。

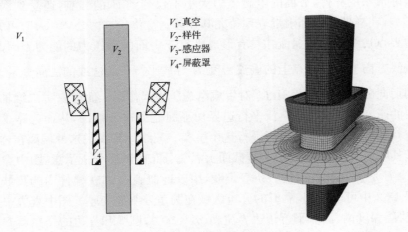

V_1-真空
V_2-样件
V_3-感应器
V_4-屏蔽罩

V_1

V_2

V_3

V_4

图 4-30　电磁成形示意图及其三维剖分图

前面的模型分析中,已经给出了式(4-43)和式(4-46)来计算复杂截面下的电磁压力。下面通过对这些公式进行离散处理来求解不同宽厚比及不同圆角半径条件下的板件表面各个点上的磁场及电磁压力分布,来说明如何计算三维真实异形截面件上的磁场及电磁压力。采用控制方程 $A\varphi-A$ 来求解电磁场,离散过程使用单元生长法对求解区域进行剖分,使用非结构化六面体网格保证计算结果具有较高的精度。以 Fortran 语言编程实现有限元计算过程,Pascal 语言编程实现剖分及后处理过程。将有限元计算所得的矢量磁位 A 和标量电位 ϕ 代入式(4-43)~式(4-45),算出磁感应强度 B 及其沿样件的轴向分量 B_z、涡流密度 J_e 及其径向分量 J_{er} 和体积力相对于样件表面的法向分量 F_n。然后按式(4-46)沿样件表面的法线方向在集肤层内对 F_n 进行积分,就可以求出电磁压力的有效值 P_m。所选的样件横截面的宽边长度为 48mm,然后以不同的宽厚比给定样件厚度;样件与感应圈间隙为 4mm;感应圈高度为 16mm;源电流强度为 1000A。根据集肤层计算公式 $\delta=\dfrac{1}{\sqrt{\pi f\mu\sigma}}$,可求得其厚度为 4.3mm,最后分别选取 5mm 和 3mm 作为半径的圆弧倒角以便计算当圆角半径小于或大于集肤层厚度时磁感应强度、涡流密度及电磁压力的分布规律。

2. 磁感应强度及涡流密度的分布规律

当样件为二维无限大平板时,其表面所受电磁压力只受表面磁感应强度的影响。对于具有有限尺寸的样件,磁感应强度的分布仅是影响样件表面电磁压力分布规律的主要因素之一。图 4-31 是宽厚比为 4 的样件在感应器中部位置处 B_z 的分布,从中可以看到 B_z 沿廓线的变化规律[41]:角部附近磁场密度高,因此此边界上的磁感应强度 B_z 呈现出在直边部分低而在圆角处升高的马鞍形分布;同时,窄边边界上的磁感应强度明显高于宽边边界上的磁感应强度。随着宽厚比的加大,宽边上的磁感应强度对窄边上磁感应强度的比值会进一步增大。

对于实际形状的样件,表面的电磁压力大小不仅受到 B_z 的影响,还受到涡流密度及其方向的影响,在样件的角部附近表现得尤其显著。从洛伦兹力公式(4-45)可知:只有平行于对应边界点切线方向的涡流才具有形成垂直于表面电磁压力的能力。因此,如果将任一边界法线方向上经过的点上的涡流密度 J_e 分成平行于此法线的法向分量 J_{en} 和垂直于此法线的切向分量 J_{et},则仅有 J_{et} 对生成电磁压力起作用。而过去对二维轴向方向上的电磁压力的研究一般假设了电流平行边界切平面流动这个条件,从而忽略了很多时候电流方向与其邻近边界切平面并不平行这个事实。三维计算发现这种偏离在样件的小圆弧角附近尤其明显。图 4-32 是 1/4 横截面上涡流分布的情况分析示意,图中虚线 E 是样件边界,实线 F 是 J_e 在样件内的一条等位线,用以近似表示 J_e 在样件内的集肤层内边缘位置。从图 4-32 中可以看到,涡流的分布区域在圆角处明显变厚。图中直边中点 A 的截面上,在集肤层深度内,涡流平行于边界流动($\theta_A=90°$);圆弧和直边的交界点 D 的截面上($\theta°<\theta_D<90°$),随着与边界距离增加,涡流方向极大地偏离了边界的切平面方向(图 4-32 中的 G 线表示了这样一条涡流流线),使切平面方向的涡流分量 J_{et} 急剧减小,因此还可以推定,在集肤深度一定的情况下,随着曲率半径的减小,此处涡流密度的切向分量会大幅度减小;在圆角中点 B 的截面上,由于边界的偏转,涡流方向又瞬时与边界的切平面方向

平行($\theta_B=90°$)。

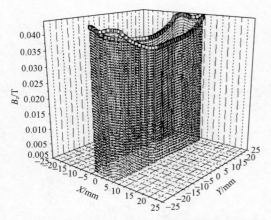

图 4-31　宽厚比为 4：1 的样件横截面廓线
上的磁感应强度 B_z 的分布

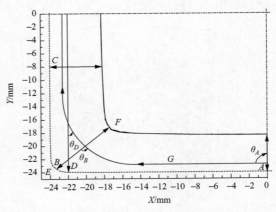

图 4-32　样件横截面上涡流的分布

以上结果显示出在中小尺寸矩形截面上磁感应强度及涡流密度的分布明显不同于大平板上磁感应强度及涡流密度的分布，这将必然会对电磁压力的分布产生更复杂的影响。

3. 电磁压力 P_m 的分布特征

由式(4-45)和式(4-46)可知，电磁压力 P_m 是磁感应强度 B_z、切向涡流密度 $J_{e\tau}$ 和涡流密度分布深度 $a_{F0.01}$ 的函数。总体来说，截面的角部处磁感应强度最大(图 4-31)，同时由于此处的集肤层厚度大于直边处的集肤层厚度，涡流密度切向分量 $J_{e\tau}$ 沿集肤层衰减必然较缓慢，分布深度 $a_{F0.01}$ 大，所以电磁压力在此处达到最大。在宽边中部位置磁感应强度最小，涡流密度切向分量 $J_{e\tau}$ 沿集肤层的衰减较快，分布深度 $a_{F0.01}$ 浅，所以电磁压力在此处最小，形成一种马鞍形分布。在窄边中部位置随着窄边宽度的减小，磁感应强度逐渐增大，其他性质则与宽边处相似，因此电磁压力随宽厚比的增大逐渐增大至接近角部处电磁压力值。

在圆弧和直边交界点附近区域，电磁压力的分布情况要复杂得多：当圆弧曲率半径远大于集肤层厚度时，集肤层内的涡流基本沿边界切线方向流动，流经集肤层的涡流对电磁压力皆产生了贡献。与此同时，在该处的磁感应强度也比较高，因此电磁压力较大，其值介于角部电磁压力和对应直边中部的电磁压力之间；当圆弧曲率半径接近或小于集肤层厚度时，该处截面上(截面 D)涡流方向明显偏离此处边界的切线方向，因此涡流密度在切线方向上的分量 $J_{e\tau}$ 值只是此处总涡流密度值的一小部分，这导致了电磁压力在该点附近的下降，而且曲率半径越小，这种下降越明显，并对边界上电磁压力的分布规律产生了很大的影响。图 4-33 显示了当倒角半径为 5mm(大于集肤层厚度)时各种宽厚比下电磁压力沿样件横截面廓线上的分布，可以看出其分布规律与磁感应强度分布基本相似，但在圆弧与直边交界处还是受到涡流流向改变的影响，发生了一定的突变；图 4-34 则是倒角半径为 3mm(小于集肤层厚度)时各宽厚比试样所受电磁压力沿样件横截面廓线上的分布。

由于上述原因,交界处附近涡流流向改变剧烈,所以造成的影响很大地改变了电磁压力的分布形貌,这种影响造成的结果包括以下几点。

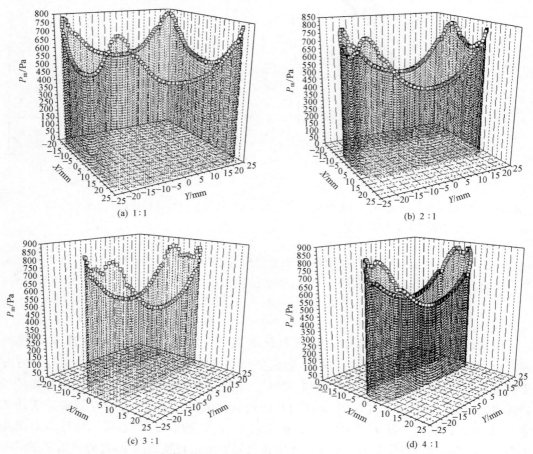

图 4-33　不同宽厚比矩形截面廓线上电磁压力 P_m 的分布(圆角曲率半径＝5mm)

(1)明显降低了图 4-33 中样件直边部分电磁压力的马鞍形起伏分布,使得直边区域所受电磁压力更为均匀化。

(2)造成角部所受电磁压力与直边所受的电磁压力的明显分界。

(3)形成角部区(当宽厚比较大时则表现为整个窄边区域)电磁压力的突增。

这些由于形状因素造成的电磁压力分布改变,总体上都有使样件轮廓向椭圆形截面转变的趋势;而在局部区域,电磁压力分布又存在一些复杂的起伏,这些规律表明要精确成形大宽厚比或小尺寸矩形截面的样件是非常困难的。上面的结果说明,计算三维复杂异形截面上各个点的电磁压力是完全可行的,但是要成形截面上曲率很大的部位的准确形状则是非常困难的,需要不断应用电磁压力递进计算来修改感应圈的形状,最后达到截面廓线上电磁压力满足需要的分布。

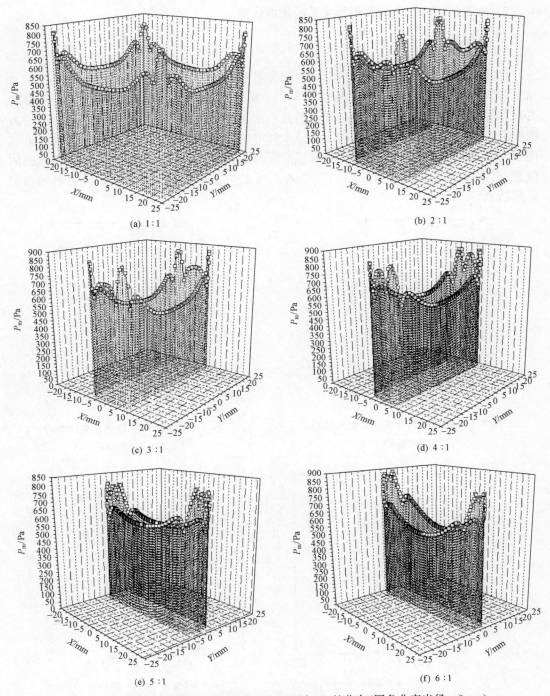

(a) 1 : 1

(b) 2 : 1

(c) 3 : 1

(d) 4 : 1

(e) 5 : 1

(f) 6 : 1

图 4-34 不同宽厚比矩形截面廓线上电磁压力 P_m 的分布(圆角曲率半径=3mm)

4.3.2 电磁压力分布与熔体形状关系的模拟计算

1. 单频磁场下的电磁压力分布与熔体成形

在成形过程中,熔体侧表面的形状对成形过程的稳定性,对成形表面的光洁度、尺寸精度等皆有非常重要的影响,最理想的形状是侧表面垂直的形状。要保持侧面的垂直就要求在忽略表面张力的情况下,必须使沿侧表面上电磁压力的分布曲线和静压力的分布曲线完全吻合。也就是说,影响静压力分布和电磁压力分布的因素也是影响侧表面形状的因素,即影响熔体形状的主要因素是感应圈的结构、熔体的上顶面位置、下固-液界面的位置、电流频率、电流强度等。图 4-35~图 4-39 是以上因素对熔体成形形状影响的模拟计算结果。

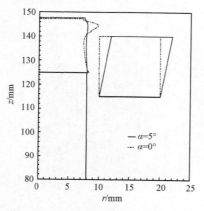

图 4-35　感应圈的张角 α 对铝熔体
形态的影响

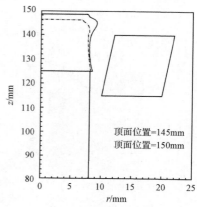

图 4-36　铝熔体上顶面位置改变对
其形态的影响

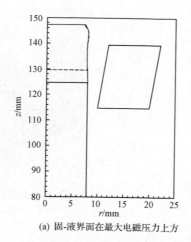

(a) 固-液界面在最大电磁压力上方

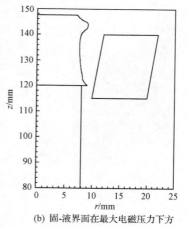

(b) 固-液界面在最大电磁压力下方

图 4-37　铝熔体固-液界面位置的变化对熔体形态的影响

这些结果表明[42]:

(1) 具有 5°~10°张角的感应圈,由于其磁感应强度沿纵向的分布变化比较平缓,并最大值在感应圈的中下部,所以成形的电磁压力与熔体的静压力之间存在更好的吻合关系,当下固-液界面的位置在较大的范围内变化时,熔体的侧面始终保持良好的垂直形状。该结果对不同的合金、轴对称的熔体形状、板状的熔体形状皆适用。

（2）熔体上固-液界面的位置在感应圈上顶面以上 $4\sim8\mathrm{mm}$,下固-液界面位置保持在磁感应强度最大的位置以上,则熔体的形状将维持良好的侧面垂直状,该结果对不同的合金、轴对称的熔体形状、板状的熔体形状皆相同。

（3）当选用的感应圈、熔体的上、下固-液界面的位置确定以后,仅从成形力的角度来看,频率的变化对熔体的成形形状的影响很小,可以忽略。

（4）电流强度对熔体的形状起着非常重要的作用,当其他参数确定以后,可以找到一个合适的电流强度使熔体的形状达到理想的状态。

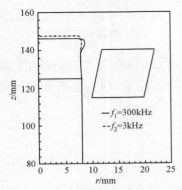

图 4-38　电流频率改变与钢熔体形态的关系

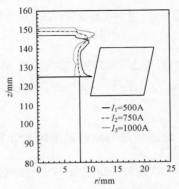

图 4-39　电流强度的改变对钢熔体形态的影响

2. 双频复合磁场下的电磁压力分布与熔体成形

将双频率的复合磁场用于成形,使过程控制以及对形状进行调节的参量更多,可调节的范围更大;但同时又要必须考虑感应圈的配置以及两组参数的配置,还要考虑双磁场对熔体的交互作用。因此其成形过程呈现的规律显得更加复杂。

电磁成形有限元程序模拟的双频复合感应圈的配置、感应圈的结构、电源频率及电流强度等与熔体形态的依存关系如图 4-40～图 4-42 所示。模拟结果对于实验中选择合适的工艺参数和配置具有重要的、直接的指导作用。由图可以得到以下结论:

（1）选用的感应圈及其配置关系和熔体的上、下固-液界面的位置确定以后,改变两个感应圈中的电流频率,对其成形的熔体形状影响很小,可以忽略。

（2）置于下部的中频感应圈承担了熔体的大部分静压力,因此通入的电流强度产生的电磁压力应该刚好平衡理想形状下的熔体最大静压力,否则无法约束熔体或使熔体严重变形。

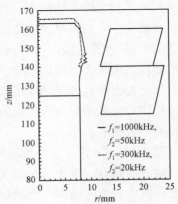

图 4-40　不同频率的配置对熔体形态的影响

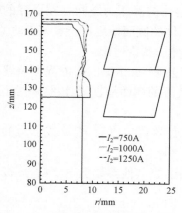

图 4-41　中频电流强度的改变对熔体
形态的影响

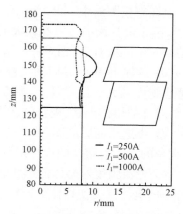

图 4-42　高频电流强度的改变对
熔体形态的影响

（3）置于上部的高频感应圈主要起到调整熔体形状的作用，若其与中频磁场共同产生的电磁压力在侧表面上各个点皆与静压力产生理想的吻合，则其电流强度的值最为理想。

4.3.3　电磁成形与温度场的耦合计算

1. 圆形截面件温度场和成形力场的二维耦合分析

热力比的定义直接给出了其与作用在熔体表面的磁感应强度、电流频率、熔体的厚度及其电磁参数之间的关系。但这些关系都是在抽象出来的模型中确定的，没有直接和具体过程、感应圈的结构等联系起来，也不能给出感应圈结构及各工艺参数改变时对温度场和成形力场耦合关系的定量影响，因此无法直接为实验选择所需的各个参数。

进行真空下不锈钢的成形实验时，用于非真空条件下并且具有很强冷却能力的水基冷却剂无法在真空下使用，出现了冷却不足的问题。因此，靠改变冷却能力来调整温度场和成形力场耦合的余地很小。在真空下，对感应圈结构的设计及对工艺参数的选择提出了更高的要求。通过对感应圈的优化设计及工艺参数的合理匹配，期望提高电磁压力，减少感应加热，并设法使熔区形成的静压力与电磁压力产生最佳吻合，使固-液界面刚好落在电磁压力的最大点附近，实现约束成形和温度场分布的最佳耦合。

以上提出的这些问题对模拟计算提出了更高、更直接的要求，即要求直接对具体的一个过程进行温度场与成形力场的定量耦合建模和模拟计算，提出解决问题的方案和实现最佳的参数组合。

图 4-43～图 4-45 是几种不同结构的感应圈及其在熔体表面的电磁压力和产生的温度场的分布特点。图 4-46～图 4-51 是实验中成形过程的成形力场和温度场的二维模拟结果。其中感应圈结构、电源频率、熔体材料及冷却剂的对流换热系数和冷却位置皆选择接近真实的实验参数。这些模拟结果与实验中观察到的现象及实验结果吻合得很好。

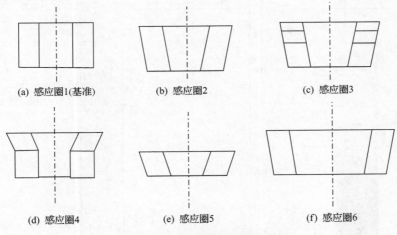

(a) 感应圈1(基准)　　(b) 感应圈2　　(c) 感应圈3

(d) 感应圈4　　(e) 感应圈5　　(f) 感应圈6

图 4-43　6 种不同的感应圈结构

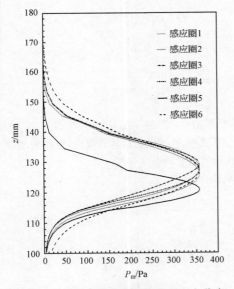

图 4-44　6 种不同感应圈中电磁压力分布

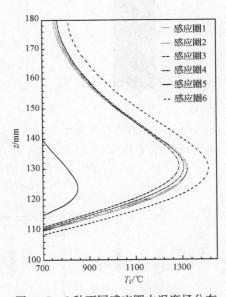

图 4-45　6 种不同感应圈中温度场分布

　　在熔化的初期无论不锈钢还是铝,其固-液界面的中部都存在一个较明显的凸起,并且铝的凸起比不锈钢的凸起更加明显,随着熔区的增高及下固-液界面的下降,固-液界面将逐渐变得平整。

　　在熔化初期,电磁压力总是大于熔体的静压力,随感应圈中电流强度的增加,熔体高度及电磁压力都在增加,但前者的增加速率超过后者,这样总会存在一个耦合点,使熔体高度与电磁压力完全平衡和耦合,此时,各个参数值就达到了最佳的匹配。图 4-48 和图 4-49 所对应的感应圈、材料、冷却参数、电流强度及电流频率就形成了理想耦合的参数匹配。

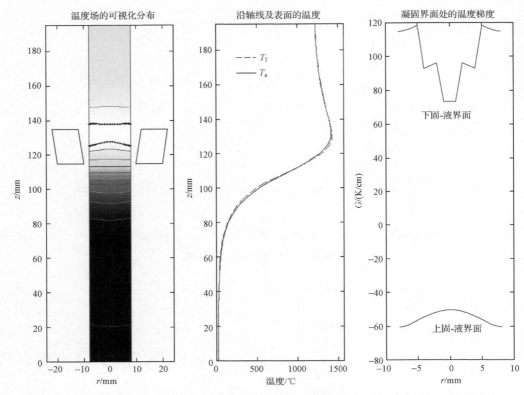

图 4-46　不锈钢在冷却点坐标 $d=105$mm，对流换热系数 $\alpha=350$W/(K·m²)，电流频率 $f=$
50kHz，电流强度 $I=525$A 时，其熔区位置、高度，上、下固-液界面位置及其凸起度，熔体表面及
其轴线上的温度分布，上、下固-液界面处的温度梯度

T_f 为表面温度；T_a 为轴线上的温度

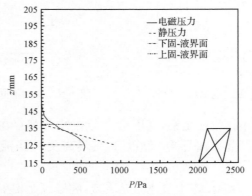

图 4-47　不锈钢在冷却点坐标 $d=105$mm，对流换热系数 $\alpha=350$W/(K·m²)，
电流频率 $f=50$kHz，电流强度 $I=525$A 时，电磁压力与静压力之间的关系

　　从整体上看，在同样的冷却条件下，铝的熔区更高，明显超出感应圈的上顶面，而下
固-液界面位置也较高，因此熔体不容易塌漏，但却因为上部的静压力明显高于电磁压力
而常常使形状呈"葫芦形"；相比之下不锈钢的熔区更低，因此其熔体的侧面形状更加垂直

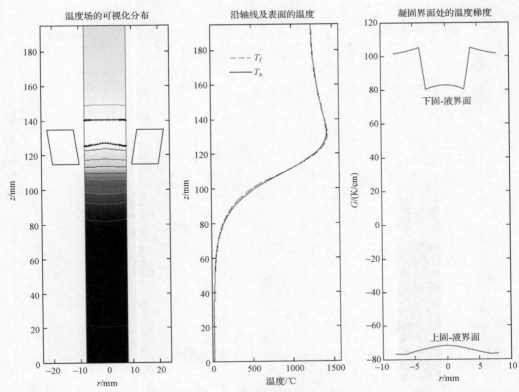

图 4-48　不锈钢在冷却点坐标 $d=105\mathrm{mm}$，对流换热系数 $\alpha=350\mathrm{W/(K\cdot m^2)}$，电流频率 $f=$ 20kHz，电流强度 $I=770\mathrm{A}$ 时，其熔区位置、高度，上、下固-液界面位置及其凸起度，熔体表面及其轴线上的温度分布，上、下固-液界面处的温度梯度

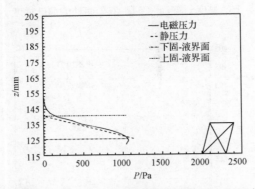

图 4-49　不锈钢在冷却点坐标 $d=105\mathrm{mm}$，对流换热系数 $\alpha=350\mathrm{W/(K\cdot m^2)}$，电流频率 $f=20\mathrm{kHz}$，电流强度 $I=770\mathrm{A}$ 时，电磁压力与静压力之间的关系

和理想，但是下固-液界面位置很容易降到电磁压力的"鼻子"下部，所以在冷却能力不充分时容易塌漏，这在实验中已经得到了多次证明。

1）感应圈结构对热力耦合的影响

感应圈的构造对成形力场与温度场之间耦合关系产生明显的影响，可通过选择不同

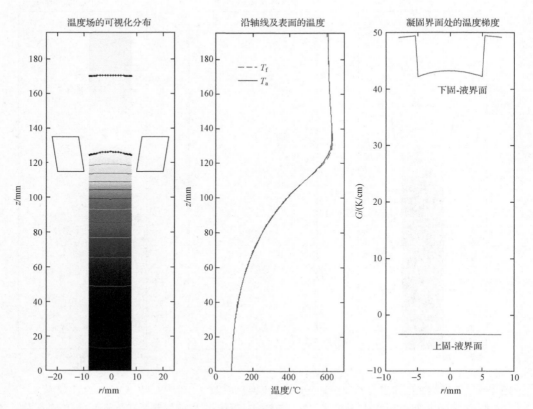

图 4-50　铝在冷却点坐标 $d=105\text{mm}$，对流换热系数 $\alpha=500\text{W}/(\text{K}\cdot\text{m}^2)$，电流频率 $f=20\text{kHz}$，电流强度 $I=1830\text{A}$ 时，其熔区位置、高度，上、下固-液界面位置及其凸起度，熔体表面及其轴线上的温度分布，上、下固-液界面处的温度梯度

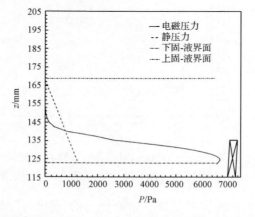

图 4-51　铝在冷却点坐标 $d=105\text{mm}$，对流换热系数 $\alpha=500\text{W}/(\text{K}\cdot\text{m}^2)$，电流频率 $f=20\text{kHz}$，电流强度 $I=1830\text{A}$ 时，电磁压力与静压力之间的关系

的感应圈完成对热力比的有效调整。图 4-43～图 4-45 就是 6 种感应圈的结构及电磁压力和温度场的分布曲线。模拟结果表明,增加感应圈的张角、提高感应圈上匝电流密度、增大下匝与熔体的间隙都可以在保持感应圈中最大电磁压力不变的前提下,在一定的范围内改变熔体温度场的分布并改变上、下固-液界面位置和熔区高度。最为明显的是,如果加大感应圈的内径,即增加其与熔体的间隙,则在获得同样最大电磁压力的前提下,可使整体温度上升,熔区高度明显增加,并使下固-液界面明显下降。如果减小感应圈高度,则在获得同样最大电磁压力的前提下,可使整体温度明显下降,熔区高度明显减小,并使下固-液界面明显上升。可以利用这个结果,针对真空下冷却不足的问题,提出减小感应圈内径、减小感应圈高度的设计原则,实现降低热力比的目的。

2) 频率对温度与成形力场的关系

在感应圈、材料、冷却能力确定以后,选择不同的频率,对是否实现温度场、熔化状态、成形力场之间的耦合非常重要。对导电性很好并且密度小的材料,如铝,只能选择比较高的频率,才有可能获得熔体的熔化高度和提供的电磁压力之间比较好的吻合,否则(如选择 20kHz),强大的电磁压力和很低的静压力之间的严重不平衡破坏了温度场和成形力场的耦合关系,会将熔体挤出。反之,如果材料的导电性差并且密度大,如不锈钢,则高的频率无法提供约束其熔化的熔区高度所需要的电磁压力,如图 4-46 和图 4-47 所示,而选择更低的频率就能提供足够的电磁压力,实现加热与成形之间的平衡和耦合,如图 4-48 和图 4-49 所示。

总之,频率越高,则加热能力越强,而成形能力越弱;频率越低,则加热能力越弱,而成形能力越强。对已经选定的材料、成形加热系统、冷却状态来说,总能找到一个最佳的频率,满足加热与成形之间的平衡,实现最佳的耦合。

3) 材料对温度场与成形力场之间耦合关系的影响

在感应圈、频率、冷却能力确定以后,对不同的材料而言,温度场和成形力场的耦合关系是不同的。如图 4-48 和图 4-49 所示,在 20kHz 时,不锈钢可以找到合适的电流强度,形成的熔区与形成的电磁压力可以很好地匹配,而铝则无法找到合适的匹配,无法耦合,如图 4-50 和图 4-51 所示。总体来说,对导电好、密度小的材料,为使其耦合,需要提供更高的频率和较弱的冷却,而对导电差、密度大的材料,如不锈钢、高温合金来说,则需要提供更低的频率和较强的冷却。

4) 冷却能力对温度场与成形力场之间耦合关系的影响

冷却能力是控制和调整熔体温度场及成形力场之间平衡耦合的重要因素,增加冷却可以使理想耦合的熔体高度增加,并使熔体的过热度、固-液界面的温度梯度增加,比较图 4-48 和图 4-49 就可以得出这样的结论。宽范围冷却能力的可调,对电磁成形过程及其凝固组织的控制显得非常重要。

以上在二维条件下进行的电磁场、成形力场、熔体成形形状及温度场和成形力场之间的耦合计算结果反映了电磁成形过程中存在的基本规律和耦合关系,对实验的研究具有重要的指导作用。其中获得的感应圈的结构参数、各个工艺参数及其配置关系可直接作为圆形截面样件电磁成形参数定量选择的依据。

2. 异形截面件温度场和成形力场的三维耦合分析

二维计算的结果虽然也可以反映三维成形过程中的规律特点,但是对更复杂的三维样件电磁成形过程的具体工艺参数的选择却无法提供定量的指导。考虑到对比较复杂的三维样件的成形实验进行指导的需要,进行三维有限元耦合计算是非常必要的,通过对更复杂件的电磁成形过程中频率、材料、冷却位置、冷却强度、感应圈结构等参数对温度场、温度梯度、固-液界面形状及温度场与成形力场的耦合关系进行分析计算,可以帮助确定大宽厚比板状样件或叶片类样件的成形工艺及工艺参量的匹配关系。图 4-52～图 4-55是相关三维模拟计算的一些结果。

通过对比图 4-52 和图 4-53 可以看到,频率增加明显提高了热力比,在同样的熔区高度下(即相近的温度场分布前提下),频率越高,电磁压力越小。不锈钢在比较低的频率下容易获得熔区高度与电磁压力之间的良好耦合。

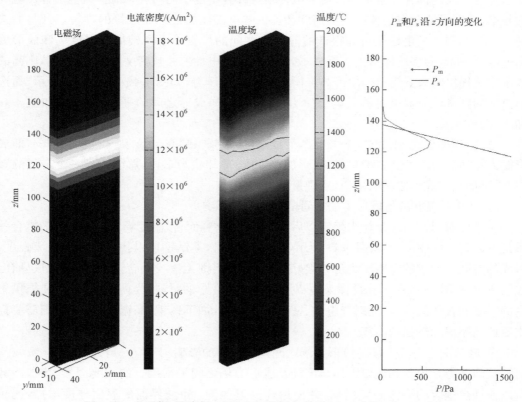

图 4-52　电磁场、温度场、成形力场的耦合关系($f=50\text{kHz}, I=680\text{A}$)

不锈钢,冷却位置 $z=95\text{mm}$,对流换热系数 $\alpha=500\text{W}/(\text{m}^2\cdot\text{℃})$

图 4-54 和图 4-55 则表明,增加感应圈中的电流强度使熔区高度增加,而熔区高度的增加可以使固-液界面变得更加平整,并明显提高固-液界面的温度梯度,当熔区高度为 $12\sim18\text{mm}$(这是实验中常取的值)时,下固-液界面的温度梯度通常在 $400\sim500\text{℃}/\text{cm}$,这样高的温度梯度对于组织的细化及形成良好排列的定向组织是非常有利的。但是熔区的

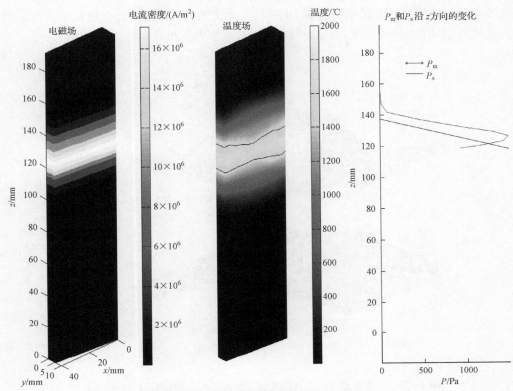

图 4-53　电磁场、温度场、成形力场的耦合关系($f=20\text{kHz}$, $I=1400\text{A}$)

不锈钢,冷却位置 $z=95\text{mm}$,对流换热系数 $\alpha=500\text{W}/(\text{m}^2\cdot℃)$

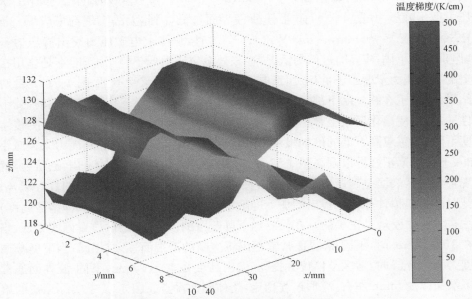

图 4-54　固-液界面形状及其温度梯度的大小($f=20\text{kHz}$, $I=1340\text{A}$)

不锈钢,冷却位置 $z=95\text{mm}$,对流换热系数 $\alpha=500\text{W}/(\text{m}^2\cdot℃)$

高度要受到电磁压力的限制,熔区过高,电磁压力无法约束其高度则必然造成熔区的塌漏,因此选择感应圈中的电流强度,必须要以是否形成成形力场和温度场之间的耦合为准。

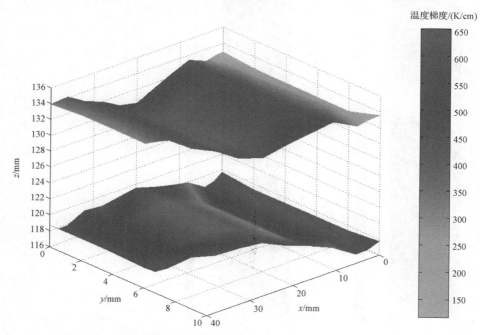

图 4-55　固-液界面形状及其温度梯度的大小($f=20\mathrm{kHz}$,$I=1400\mathrm{A}$)

不锈钢,冷却位置 $z=95\mathrm{mm}$,对流换热系数 $\alpha=500\mathrm{W/(m^2 \cdot ℃)}$

当频率 $f=50\mathrm{kHz}$,冷却位置 $z=95\mathrm{mm}$,$\alpha=500\mathrm{W/(m^2 \cdot ℃)}$ 时,熔区总体上获得的电磁压力低于静压力(图 4-52),而且下固-液界面过低,因此无法实现约束成形。当 $f=20\mathrm{kHz}$、冷却位置 $z=95\mathrm{mm}$,$\alpha=500\mathrm{W/(m^2 \cdot ℃)}$ 时,总体上电磁压力超出静压力一定的水平,但是存在下固-液界面过低的情况,在该处电磁压力低于静压力,即不是作用在整个熔体上的电磁压力承受不了静压力,而是在下固-液界面处承受不了(图 4-53)。针对这一模拟结果,提出了在感应圈下部插入屏蔽罩的方法,试图屏蔽下部的部分磁场,减小对下部样件的加热,使熔化区域上移。图 4-56 的实测结果说明,下加屏蔽罩可以使整体的磁场强度下降,但感应圈下部的磁场强度下降得更加明显,使下部的加热能力大大减小。因此,加入下屏蔽罩正好可以调高图 4-53 中的熔区位置,同时调小整体的电磁压力,就有可能实现整个熔区表面电磁压力和静压力的平衡,获得成形力场和温度场的良好耦合。

针对以上模拟计算结果提出的加下屏蔽罩调整成形力场与温度场(即熔区高度)耦合的方法在实验中发现是正确的。在没有加下屏蔽罩的条件下,熔区位置确实太低,当熔区高度在 10~12mm 时,下固-液界面常常超出感应圈的下端面,形成塌漏;当下屏蔽罩的插入深度为 0~1mm 时,熔区整体位置提高,熔区高度在 12~15mm,下固-液界面通常在感应圈下端面以内 5mm 左右,成形过程稳定,熔体侧面垂直。图 4-57 是实际测量的熔区中温度及熔体表面的磁感应强度沿样件高度方向的分布曲线。由图可以看到,熔区处在电磁压力的最大值作用范围之内,表明成形力场和温度场之间达到了良好的耦合。在以上的感应圈、屏蔽罩及其工艺参数的配置下,实验室中制备出了板状的高温合金电磁无接触成形样件。

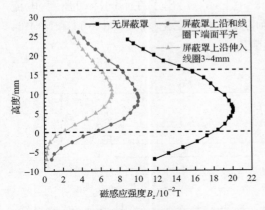

图 4-56　下屏蔽罩对磁感应强度分布
特征的影响[43]

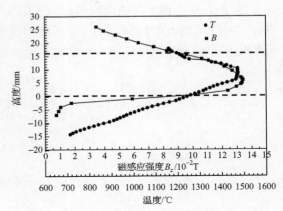

图 4-57　磁场和温度场沿熔体高度的
耦合关系[44]

3. 有效热力比及最佳热力耦合关系的确定

1) 有效热力比的意义

对于电磁铸造,选择的磁场频率低、材料导电性好、体积大,因此,单位体积中的感应加热量很小,完全可以忽略。因此,电磁铸造可以看成磁场仅起到一个提供电磁力的单作用行为,其加热熔化则由另外的熔化装置单独进行。但对于电磁成形定向凝固而言,该过程是直接将固料送入到磁场中,磁场将其熔化、过热并同时将其成形为理想的形状。这是一种新的技术,与现有的电磁铸造技术存在很大的差别,因此,也必然引出相应的一些基础问题。最根本的问题是:在该加热-成形感应系统中如何保证磁场提供的加热能力产生的熔化高度与电磁压力之间保持平衡耦合。

前面的研究工作已经提出了热力比的问题,给出了在一个固定的磁场中,熔体吸收的总热量与产生的电磁压力的比值,但是由于没有考虑感应圈结构等的变化对磁场分布的影响,也没有考虑不同冷却条件对产生的感应热量的散出作用,所以热力比不能全面反映真实条件下合金受到的有效加热份额与电磁压力份额之间的关系。随着研究工作的进一步深入,特别需要知道在多种因素综合作用且考虑了感应圈结构、冷却能力等因素下,熔体实际受到加热的状态与电磁压力的比例关系。实际条件下,无论单频还是双频电磁成形,多种因素皆影响电磁场对电磁压力贡献份额及对熔体加热贡献份额的比例关系。对电磁压力的影响可以由最大电磁压力 P_m 的变化来衡量,而最能反映有效加热(考虑了冷却损失后的净加热)效果的参量是熔体的高度 H。因此,定义 H/P_m 为有效热力比。很明显,电流强度、频率、材料种类、冷却位置、冷却强度和感应圈结构等皆对该量的大小有直接的影响。即有效热力比是一个多元函数,$H/P_m = F(I, f, k, d, \alpha, c)$,其中,$I$ 为感应圈中的电流强度,f 为电流频率,k 为材料种类,d 为冷却位置,α 为对流换热系数,c 为感应圈结构。要维持一个过程的稳定进行,该参量的大小必须合理,否则会造成无法充分过热或电磁压力不足以约束熔体的结果,即合理的有效热力比是保证成形过程耦合的必要条件。

2) 影响有效热力比的因素及规律

图 4-58 是几种不同结构的感应圈。图 4-59～图 4-62 给出了在不同冷却强度、电流频率、感应圈结构和材料种类下,有效热力比随电流强度的变化规律。图 4-63 和图 4-64 分别给出了频率和冷却能力对有效热力比的影响。

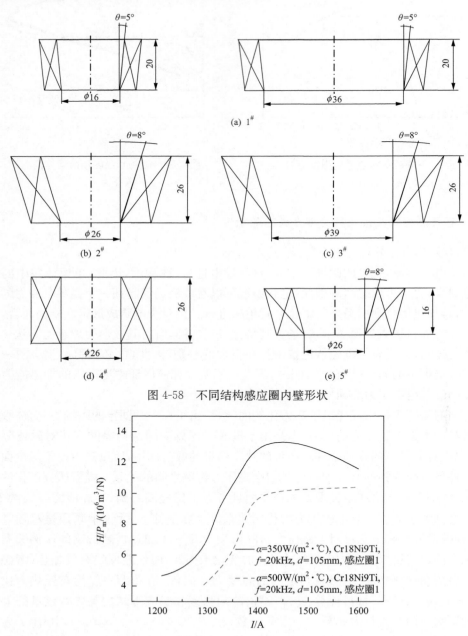

图 4-58 不同结构感应圈内壁形状

图 4-59 不同冷却条件下有效热力比随电流强度的变化规律

图 4-59～图 4-62 都表明,随着电流强度的增加,有效热力比迅速增大,随着电流强度的进一步增大,有效热力比趋于稳定值,此后,当电流强度更大时,该值开始缓慢减小。即电流强度的大小在一定范围内可以明显调节有效热力比,在电流强度低,熔区高度小时,有效热力比小,即电磁约束通常能完成,但随电流强度的增加、熔区高度的增大,就有可能出现无法约束的现象。

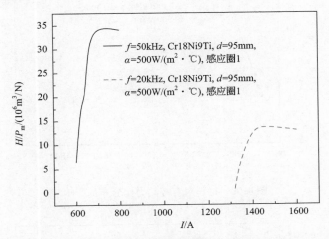

图 4-60   不同频率下有效热力比随电流强度的变化规律

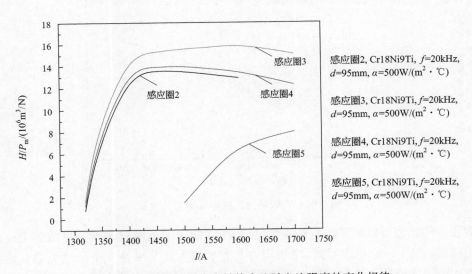

图 4-61   不同感应圈中有效热力比随电流强度的变化规律

图 4-62 表明,导电、导热性能差的材料(如不锈钢)的有效热力比明显大于导电导热性能好的材料(如铝),对这类材料来说,电磁场如何提供充分的电磁压力是更加关键的问题;而对导电导热好的材料来说,电磁场如何产生充分的加热则成了问题的核心。图 4-60 和图 4-63 表明:改变频率是调整有效热力比非常有效的方法,提高频率可以显著提高有效热力比。所以对导电导热性能差的材料,为了获得足够的电磁压力,必然使用更

低的频率;反之,对导电导热性能好的材料,为了保证熔化,则要使用更高的频率。但是应用该方法进行连续调节的方便性目前受到电源设备的限制。

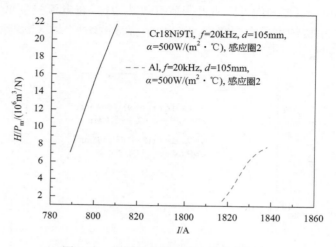

图 4-62　材料对有效热力比分布的影响

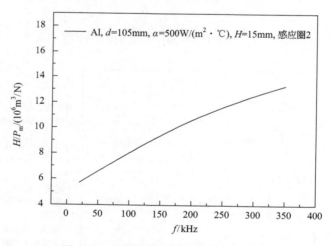

图 4-63　有效热力比随频率的变化规律

　　改变冷却能力可以明显改变有效热力比,冷却能力的范围越大则对有效热力比的调节作用越强,从图 4-64 可以看到,冷却能力与有效热力比几乎是一个反比关系。因此开发真空下的强冷介质和冷却方法对调节电磁约束成形的耦合关系是非常重要的。

　　另外一个调整有效热力比非常有效的办法是改变感应圈的结构。图 4-61 表明,改变感应圈的结构对有效热力比皆有影响,如降低感应圈的高度可以明显减小有效热力比,而增加感应圈的内径则可以明显增大有效热力比。

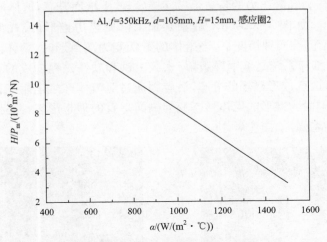

图 4-64　有效热力比随冷却条件的变化规律

4.4　金属材料的电磁无接触成形定向凝固

4.4.1　低比重合金的电磁成形定向凝固

1. 单频磁场下铝合金简单截面件的成形及定向凝固

1) 成形的基本规律和稳定性

图 4-65 中的封闭曲线是在成形感应圈高度的 1/3 处的截面上(固-液界面通常的位置)测得的不同磁感应强度的等磁感应强度线,阴影部分是被成形熔体的横截面形状。等磁感应强度线的形状在感应圈确定以后就被确定了,并不随感应圈中所加电流的大小和频率而变化。图 4-65 中测量结果指出,在凝固界面处等磁感应强度线的形状与样件横截面形状非常接近,但是在弯角等曲率半径小的地方,表面张力产生的压力不可忽视,引起了成形形状与等磁感应强度线的偏离。这个结果表明,在进行线圈设计时,要以预先期望获得的部件截面形状为基础来设计其成形磁场中等磁感应强度线的形状,同时要考虑合金材质及其所处环境(在真空中或大气中)的不同造成表面张力的差异及各点曲率半径的不同,来综合修正磁场的分布。

　　大量的研究得出了同一个结果,即在成形过程中,熔体侧表面的形状对成形过程是否稳定及成形表面的光洁度、尺寸精度等皆有非常重要的关系,最理想的形状是侧表面垂直的形状[45]。根本上来说,熔体的成形形状,取决于熔体表面的电磁压力和静压力之间的吻合,具体反映到感应圈的形状以及熔体上液面、固-液界面

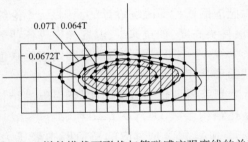

图 4-65　样件横截面形状与等磁感应强度线的关系

位置等影响电磁压力和静压力的参量上。实验发现,上液面升高,熔体形态经历锥形→柱形→葫芦形的转化,如图 4-66 所示;固-液界面下降则经历锥形(或柱形)→葫芦形的转变,如图 4-67 所示。在两种情况下,当熔体的形状变为葫芦形时,熔体出现晃动,稳定性明显下降。屏蔽-抑流系统是紫铜屏蔽罩、永久磁铁和软铁磁轭构成的直流磁路组成,将该系统加入,前者改变成形磁场的分布,后者则通过对流体产生电阻尼抑制电磁搅拌,将该系统加入可将侧面为锥形的熔体形态变为侧面垂直的理想形态,并且可以消除电磁搅拌,使熔体稳定性增强,如图 4-68 所示。

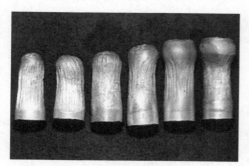

图 4-66　感应圈上液面高度改变对
熔体形状的影响

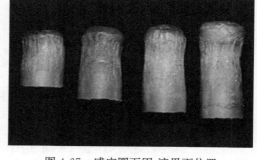

图 4-67　感应圈下固-液界面位置
改变对熔体形状的影响

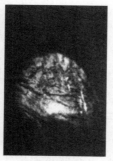

(a) 加屏蔽罩　　　　　(b) 未加屏蔽罩

图 4-68　屏蔽罩对熔体形状的影响

总之,电磁成形中样件的截面形状取决于固-液界面处熔体的形状,而固-液界面处熔体的形状则由该处等磁感应强度线的形状决定,若截面形状存在曲率半径很小的圆角,则该处的表面张力会产生足够的压力,使该处截面形状发生变化。而电磁成形过程的稳定与否,则主要由熔体的侧面形状决定,侧面垂直,则过程稳定,成形样件的表面光洁。

2) 感应圈设计的基本原则

感应圈的基本形状及几个重要的结构参数直接决定了磁场的分布,影响了电磁压力与静压力的吻合关系,对成形形状、成形过程的稳定、成形表面的光洁度皆产生重要的影响。

实验中发现等磁感应强度线的形状及分布与电流强度无关,而只与线圈构造有关系,所以感应圈横截面磁场设计的原则是:无论约束成形的样件材质是否相同,线圈的电流强度、液柱头高度、抽拉速率、温度梯度等各种参数是否相同,只要始终保证凝固界面处的等成形力线(考虑了表面张力及厚度效应后修正的等磁感应强度线)的形状与被成形样件的横截面形状相同即可。

要想获得理想的熔体形状,感应圈的结构参数 D/H 非常重要,图 4-69 和图 4-70 分别是在结构参数 $D/H=0.27$ 和 $D/H=0.46$ 的感应圈中获得的铝合金液柱头的形状。图 4-71 和图 4-72 是对应的感应圈中静压力(直线)和作用在熔体表面的电磁压力(曲线）。这些实验结果表明：感应圈的结构参数 D/H 决定其磁场分布状态，选取合适的 D/H 参数是实现良好、稳定成形的基础。D/H 不能太大，否则横向约束成形不稳定，形状的随意性很大，无法形成一个清晰稳定的截面形状；D/H 也不能太小，否则磁感应强度在线圈中存在一个平台，该平台区的存在就会使固-液界面以上一段距离内，电磁压力恒定不变，而静压力则以线性关系迅速减小，造成电磁压力明显大于静压力。而超出感应圈以后，在液柱头的上部，电磁压力迅速衰减，又使静压力明显大于电磁压力，如图 4-71 所示。因而下部被明显压凹，上部约束不力而鼓出，形成一个明显"头大颈细"的形状，如图 4-69 所示。若 D/H 选择的比较合理，则电磁压力曲线和静压力曲线吻合较好（图 4-72），熔体的侧表面保持理想的垂直（图 4-69）。

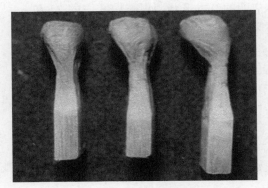

图 4-69　$D/H=0.27$ 的感应圈中熔体形状
与下固-液界面位置的关系

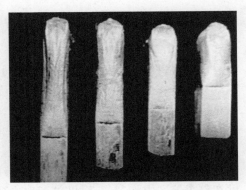

图 4-70　$D/H=0.46$ 的感应圈中熔体
形状与下固-液界面位置的关系

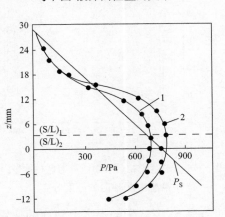

图 4-71　$D/H=0.27$ 的感应圈中电磁压力
和静压力沿轴线的分布曲线

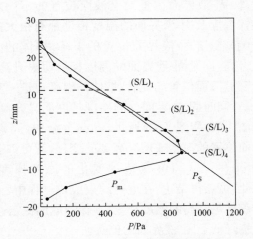

图 4-72　$D/H=0.46$ 的感应圈中电磁压力
和静压力沿轴线的分布曲线

实验还发现：具有喇叭形内壁的感应圈中磁感应强度沿轴线的分布更加平缓，因而其电磁压力的分布更接近于静压力的直线分布状态，如图 4-72 所示。当其作用于侧面垂直的液柱头表面时，在任何一点的电磁压力与该处的静压力很接近，从而维持了侧面形状的垂直。并且由于在喇叭形内壁的感应圈中电磁压力的最大值在其下部，故感应圈对液柱

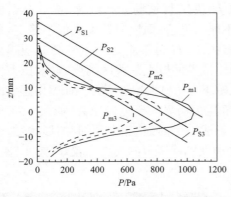

图 4-73　内壁垂直的感应圈中作用在熔体
表面的电磁压力和静压力的分布曲线

的约束范围更大,当固-液界面发生波动时,不易超出约束范围造成液柱塌漏。而对具有垂直内壁的感应圈来说,其电磁压力的分布与静压力分布吻合得不好(图 4-73),故液柱头在其中的稳定性差,往往难以维持。在此情况下要实现过程的稳定进行,成形并生长出一个好的样件是非常困难的。模拟计算和实验结果表明:无论圆形截面感应圈还是矩形截面感应圈,应该选择具有张角的喇叭形内壁的感应圈作为成形感应圈的基本形状,如图 4-58 中的 2$^\sharp$ 和 5$^\sharp$ 感应圈所示。

3) 成形过程的温度场

电磁场进行成形的过程实际上是同时对熔体进行加热与熔化的过程,熔体的形状对温度场的分布以及固-液界面前沿的温度梯度有直接影响[46]。实验发现[47]:若熔体的形状是锥形,则熔体中感应的电流密度低,因此熔体的温度低;若熔体的形状是鼓形,则熔体中感应的电流密度大,熔体的温度明显升高且不稳定,有明显的摆动;若熔体的侧面形状是垂直的,则熔体的温度较高而且稳定。图 4-74 则表明:在固体样件中由于没有对流搅拌,温度沿轴向的变化比较平缓,而在液相中观察到了环状的对流搅拌,这种搅拌使其温度在整个熔区内均匀化,温度的变化主要集中在固-液界面的前沿,使温度梯度明显增加。此外,固-液界面位置及上液面位置的不同对熔体温度及固-液界面的温度梯度都有很大的影响。随着固-液界面位置的下降,熔体的温度升高,同时固-液界面的温度梯度明显升高;随着上液面位置的提高,熔体的温度也进一步升高,同时固-液界面处的温度梯度明显升高。如图 4-75 和图 4-76 所示,在铝合金中,固-液界面位置的改变或熔区高度的变化,就可以获得 77～365℃/cm 大范围变化的温度梯度。因此,可获得结论:在电磁约束成形过程中,为

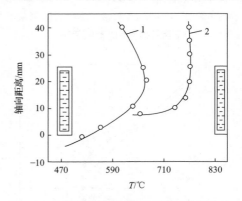

图 4-74　未熔固相(曲线 1)及熔区(曲线 2)
中沿感应圈轴向的温度分布

了获得足够高的温度梯度,在保证成形稳定进行的前提下,要尽量的提高上液面的位置且尽量降低下固-液界面的位置。

4) 成形过程的温度场与熔体形状的耦合

在铝合金的成形过程中,选择了高频电源,并且样件的厚度比较薄,图 4-26 和图 4-27 是理论分析的结果。由图可以看到,随着厚度 a 的减小,频率 f 的升高,热力比 Q_0/P_m 的值明显增加,因此电磁场不仅具有约束成形的作用,而且具有很强的加热熔化作用。所以,如何在调整温度场的同时,保证熔体形状、成形过程的稳定,即电磁场如何保证成形形状与温度场之间的良好耦合就显得非常重要。图 4-70 表明,如果感应圈的结构参数

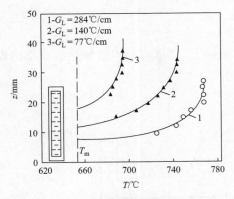

图 4-75　固-液界面位置的变化对温度
沿轴向分布的影响

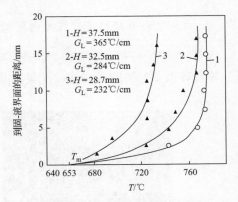

图 4-76　熔区高度的变化对温度
沿轴向分布的影响

D/H、张角 α、熔体上顶面位置、固-液界面位置选择合理则成形形状的侧面垂直,并且即使温度场产生较大的波动,影响下固-液界面在相当大的范围内移动(可移动范围 11mm),固-液界面的温度梯度在较大范围内变化,熔体的形状也仍然保持良好的侧面垂直不变,说明二者的耦合范围相当大,如果以上任何一个参数选择不合适,则熔体都无法获得侧面垂直、稳定的形状,与温度场之间的耦合也非常差。所以,单感应圈形成的单频率磁场虽然可以调节的因素有限,但是,如果精心设计感应圈,选择合适的电流频率及合适的成形参数,仍然可以在较大的范围内获得成形形状和温度场的良好耦合。

5)成形简单截面形状并且具有柱状晶组织的铝合金样件

在以上对感应圈结构与其磁感应强度分布特征、成形特征之间关系的研究以及对熔体成形规律的系统性研究和对成形过程温度场及稳定性的分析基础之上,实验室中对铝合金进行了成形实验,选择了具有喇叭形内壁形状的感应圈,在保证熔体的侧表面垂直的前提下,稳定获得了一系列成形良好、表面光洁、具有柱状晶组织、截面为圆形和椭圆形的铝合金样件。图 4-77 为铝合金电磁成形定向凝固的部分样件。

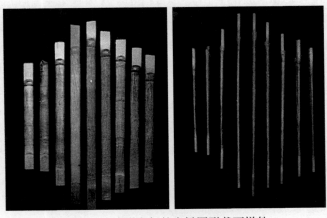

图 4-77　成形良好的扁椭圆形截面样件

2. 双频复合电磁场成形及定向凝固

　　同样在理论分析和单频电磁成形实验研究的基础上,根据双频电磁加热和成形的设想,特设计以下四种双频线圈的配置,如图 4-78 所示[48]。

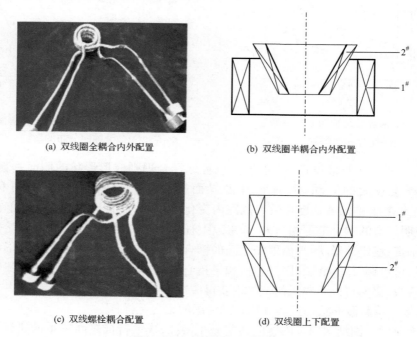

(a) 双线圈全耦合内外配置　　　　　　　　(b) 双线圈半耦合内外配置

(c) 双线螺栓耦合配置　　　　　　　　(d) 双线圈上下配置

图 4-78　双频线圈配置形式

　　图 4-78(a)和(b)是全耦合和半耦合内外配置的两种线圈形式,其优点是两个线圈叠加在一起的高度可以很好地控制,有利于控制加热和成形的液柱高度,且两个线圈同心效果比较好,外层线圈的匝数可以是单层多匝,也可以是多层多匝,能加以调节配置。图 4-78(c)是双线耦合配置,采用双头螺栓绕制方式,分别从上下抽出两对接头接在加热和成形的电源上。此种绕制方式的优点是加工绕制方便,线圈对心好,线圈的高度可通过绕制的匝数来控制,两线圈的电磁场耦合作用强等。但由于熔化和约束成形的液态金属高度不能太高,所以线圈绕制的匝数有限。图 4-78(d)是上下放置的线圈配置方式,即将加热熔化线圈放在上面,约束成形线圈放在下面,这种配置方式的优点是两电源产生的电磁场耦合作用较小,上下线圈可进行多层多匝绕制,能很好地控制线圈的高度,也能与两电源匹配。四种线圈配置都有其优点和缺点,到底哪一种比较合适,需进行理论分析和实验论证。

　　由于两线圈之间的电磁场干扰在理论上很难进行分析,因而在简化理论分析中,可先忽略它们之间的干扰,研究它们对试样的加热熔化或液态金属电磁成形的能力,来确定合适的双线圈配置形式,然后在具体实验条件下来研究其干扰情况。这样结合理论和实验分析来综合考察和选取最佳双频双线圈配置方式。

　　从感应加热原理可知,单个频率的线圈作用单位面积试样上的加热功率为

$$p_0 = K_0 I_1^2 \sqrt{\rho \mu f} \tag{4-49}$$

式中，K_0 为决定于感应器和试样几何尺寸的系数；ρ、μ 分别为被加热试样材料的电阻率和导磁率；f 为加热电流频率；I_i 为感应器中的电流。如用作用在线圈两端的电压来表示则为

$$P_0 = \frac{E_i^2 \sqrt{\rho\mu}}{32\pi^3 a^2 l_i^2 \sqrt{f^3}} \tag{4-50}$$

式中，E_i 为加在线圈两端的电压；a 为线圈与试样之间的间隙；l_i 为载流线圈的长度。其中 E_i 的表达式为

$$E_i = 2\pi f_i L_i I_i \tag{4-51}$$

这里，L_i 为线圈的电感。对于图 4-78 中的双线圈配置，在忽略干扰的情况下，两线圈对试样的加热功率简单叠加为

$$P_0 = P_{01} + P_{02} = \frac{E_{i1}^2 \sqrt{\rho_1\mu}}{32\pi^3 a_1^2 l_{i1}^2 \sqrt{f_1^3}} + \frac{E_{i2}^2 \sqrt{\rho_1\mu}}{32\pi^3 a_2^2 l_{i2}^2 \sqrt{f_2^3}} \tag{4-52}$$

对于图 4-78(a)和(b)的两种双频线圈配置形式，假设线圈 1 是外置线圈，线圈 2 是内置线圈。根据感应加热原理可知，线圈 2 与试样之间的间隙 a_2 一般取 3～5mm，故线圈 1 与试样之间的间隙 $a_1 = a_2 + \phi(5\sim8) = 8\sim13$mm。从间隙的角度，并结合加热功率方程可知，图 4-78(a)和(b)的每一对配置线圈中线圈 1 和线圈 2 在相同条件作用下(仅线圈与试样之间的间隙不同)，线圈 1 的加热能力仅是线圈 2 的 25/169～9/64，所以线圈 1 在整个双频双线圈中所起的作用很小，调节功能很弱。综上分析可知，这两种双线圈配置实际上只能起到单线圈(内层线圈 2)的作用，不符合设计双频电磁加热和成形目的，这一点还得到了后面全耦合双线圈配置实验的验证。

对于图 4-78(c)中双螺栓绕制线圈形式不存在两线圈与试样之间的间隙相差太大的问题，理论上两线圈加热熔化和约束成形的调节都能独立进行，可以实现试样的加热熔化和约束成形。但由于双线圈叠加后的高度有限，每个线圈的匝数受到限制，所以它与电源匹配上存在实验上的问题。

图 4-78(d)中上下线圈配置，既不存在两线圈与试样之间的间隙相差过大的问题，也不存在线圈与电源匹配的问题，因为上下线圈可采取多层多匝设计来与电源匹配，因而是一种较好的双频电磁成形的线圈配置形式，如图 4-79(a)所示。而图 4-79(b)是实验中铝合金双频电磁约束成形的照片，从中可明显看到铝合金熔体在线圈中被无模壳约束成形为圆形截面形状[49]。

(a)　　　　　　　　　　　(b)

图 4-79　实验中双线圈配置(a)和约束成形铝合金熔体试样(b)

在合适的工艺条件下,完全可以依靠线圈设计来产生所需要的电磁场大小及分布来获得不同截面形状液态金属电磁成形的试样,图 4-80 是实验中获得的圆形截面、椭圆形截面及弯月界面形状的双频电磁约束成形样件。

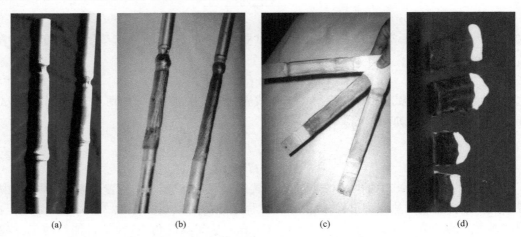

图 4-80　圆形截面、椭圆形截面及弯月界面形状的双频电磁约束成形样件

对于双频电磁成形下的温度场分布,可通过实验测量获得,其中双频电磁成形试样中温度场可分为四区,即开始熔化区(Ⅰ)、熔化升温区(Ⅱ)、熔化保温区(最高温度区Ⅲ)及凝固区(Ⅳ),实验中测量出的铝合金双频电磁约束成形温度梯度大约为 200℃/cm。相应原始试样和双频电磁成形后的试样组织如图 4-81 所示。从图中可看出,原始试样组织图 4-81(a)为粗大等轴晶组织,而双频电磁约束成形后组织(图 4-81(b))则呈现以下几个特点:在双频强交变电磁作用下凝固组织可实现定向;定向的枝晶有所发散,可能原因是外界冷却条件和线圈对试样加热功率变化引起凝固的固-液界面形状发生改变等因素造成的;凝固组织有间断定向凝固的迹象,可能是凝固界面前沿双频电磁强烈搅拌所致,因为双频电磁约束成形时存在两个频率的耦合项和单独随时间变化的项,虽然它们在一个完整的周期中平均效应为零,但随时间的脉动作用会造成液态金属的流动,使生长的枝晶发生破碎。

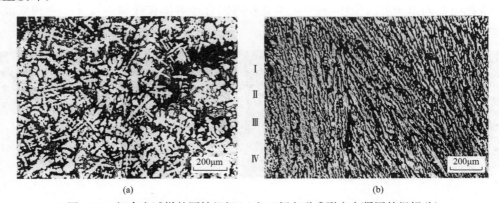

图 4-81　铝合金试样的原始组织(a)和双频电磁成形定向凝固的组织(b)

4.4.2　高比重合金的真空电磁成形定向凝固

1. 圆形截面耐热不锈钢及高温合金的成形及定向凝固

铝合金中进行的大量研究和实验弄清了感应圈结构设计的基本原理和方法,掌握了成形简单截面、复杂截面合金中各个工艺参数的选择、匹配关系,提出和解决了许多理论问题,如感应圈-屏蔽系统的磁场分布计算模型,薄板条件下电磁压力的计算模型、热力比计算模型,复合磁场作用下的电磁压力计算模型、热力比计算模型等。这些结果对成形密度更大、导电性和导热性更差的不锈钢、高温合金等特种合金有直接的指导或间接的借鉴作用。但在真空环境中,无法使用水基冷却剂,冷却能力大大减少,产生的大量热量无法及时排出,必然造成下固-液界面位置太低,熔区高度明显增加,电磁压力无法约束如此高熔体的结果。真空条件下由于冷却不足,无法消除过多的热量,出现了许多新的问题。因此,在无法提高冷却的条件下,研究电源频率、感应圈结构、下屏蔽罩插入的合理配合,通过共同调节系统关系,实现电磁压力和静压力的平衡是非常必要的。

从图 4-26~图 4-28 所示的热力比曲线可知,选择大尺寸、低频率、高导电性材料就可以获得很低的热力比,这就是大尺寸铝合金电磁铸造过程在调整磁场时不必考虑对温度场影响的原因。反之,就必须考虑成形与温度的耦合过程,才有可能掌握和控制成形过程与凝固组织。在单频率磁场成形中,通常熔体的尺寸及电磁参数是确定的,所以调整系统热力比的因素仅是一个频率。而双频率的磁场可以调节两个频率及两个磁场强度的比值,其可调节的参量明显增多,这是双频率成形的重要优点。

1) 选择电源频率

前面的分析表明,降低频率就可以降低热力比,提高电磁压力。因此在成形铝等轻金属时选择较高的频率,而成形钢等重金属时则必须选择较低的频率,才能在加热能力维持成形所需要的理想熔体高度,电磁压力成倍增加。铝合金成形实验结果指出:在 $f=350\mathrm{kHz}$ 时,电磁压力可以支持 30mm 甚至更高的铝熔体的高度(相当于 11mm 的钢熔体的高度)。而理论计算的结果表明,与铝合金中 $f=350\mathrm{kHz}$ 相比,在钢中 $f=20\mathrm{kHz}$ 的频率使钢熔体的热力比减少为原来铝熔体的 70%,即电磁压力增加了 1.4 倍。因此,如果设备上采用 $f=20\mathrm{kHz}$ 这种配置,就可以支持 14~15mm 的钢熔体高度。实验表明,在真空、液态金属冷却的条件下,钢的电磁成形过程中,熔体的高度通常在 10~15mm,所以选择这样的电源频率,从设备的角度来看可以达到钢或高温合金的无模型成形的要求。

2) 感应圈结构尺寸的选择

在铝合金成形中,使用的感应圈的高度通常在 24~26mm。但是,在真空条件下,冷却条件大不如非真空时,使用同样的感应圈,发现电磁压力无法约束形成的熔体高度,即热力比太大。为了在真空、不锈钢条件下获得更小的热力比,有必要对感应圈结构与热力比的关系进行研究,提出更适合在真空下约束密度更大的不锈钢感应圈。图 4-43~图 4-45 就是 6 种感应圈的结构及电磁压力和温度场的模拟计算曲线。模拟结果表明,增加感应圈的张角、提高感应圈上匝电流密度、增大下匝与熔体的间隙都可以在保持感应圈中最大电磁压力不变的前提下,在一定的范围内,改变熔体温度场的分布并改变上、下固-

液界面位置和熔区高度。最为明显的是,如果加大感应圈的内径,即增加其与熔体的间隙,则在获得同样最大电磁压力的前提下,可使整体温度上升,熔区高度明显增加,并使下固-液界面明显下降。如果减小感应圈高度,则在获得同样最大电磁压力的前提下,可使整体温度明显下降,熔区高度明显减小,并使下固-液界面明显上升。利用这个结果,针对真空下冷却不足,提出减小感应圈高度的设计原则,实现降低热力比的目的。最终,选择了感应圈的高度 H 为 14~16mm,比铝合金非真空条件下的 26mm 明显减小,考虑到要插入下屏蔽罩,所以试棒的直径为 16~18mm 时,感应圈下端面的直径 D 取为 30mm,张角 $\alpha=3°~4°$。

3) 下屏蔽罩对磁感应强度分布特征的影响

在频率为 $f=20$kHz 的磁场中进行的实验表明,虽然产生的电磁压力比较充分,但是整个熔区的位置比较低,下固-液界面很容易超出感应圈的下端面而失去约束,形成塌漏。为此,提出了加入下屏蔽罩的方法,目的就是为感应圈的磁场对样件中下部的加热增加屏蔽,使下固-液界面的位置升高,但是这种屏蔽作用是双重的,在对样件中下部加热减弱的同时又减小了电磁压力。图 4-82 为电源电压 200V 时,下屏蔽罩对感应线圈中不同位置磁感应强度分布规律的影响曲线[50]。从图中可以看出:①随着下屏蔽罩上沿与感应线圈下端面的接近,磁感应强度的数值有所减小,其最大值点对应于线圈高度方向的位置逐渐上移;②距离感应线圈越近,磁场的敏感程度增加,并且屏蔽罩对磁感应强度的影响增大,表现在对应于最大值点以下,磁感应强度降低非常明显。

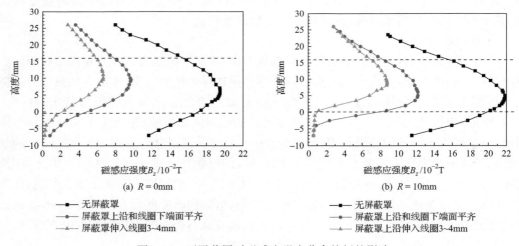

图 4-82　下屏蔽罩对磁感应强度分布特征的影响

以上磁场测量的结果说明:加入下屏蔽罩确实对磁场起到了明显的屏蔽减弱作用,下部磁场衰减速率很快,而且屏蔽罩插入深度越大,这种衰减速率越快,磁场最大的电磁压力作用点上移,这样会造成感应圈功率的利用效率明显下降,同时会造成即使下固-液界面在感应圈内也可能塌漏。因此,选择合适的屏蔽罩插入深度,才有可能充分利用其优点而最大限度地限制其缺点。通过多次实验,最后发现下屏蔽罩插入深度为 1~2mm 时,其下固-液界面可以在感应圈内,同时电磁压力又足以约束 10~15mm 的钢熔体高度。

4) 熔体中温度场的分布特点

实验采用的感应圈、屏蔽罩结构与尺寸同磁场测量所用一致,感应线圈上沿伸入屏蔽罩中 1mm 左右。在 ϕ18mm 圆形截面试样中用双铂铑热电偶测试抽拉过程中的温度分布,测试过程在真空炉膛内进行,根据相应的时间和实验过程的抽拉速率求得热电偶头在感应圈中的位置。

图 4-83 为在熔化并稳定抽拉状态下,无接触电磁成形过程中沿轴向的温度分布曲线。从图中可以看出:①最高温度为 1474℃左右,其对应于感应圈下端面进入感应圈 7～11mm;②在进入感应圈上端面一定距离后,温度变化较快,由原来的 1240℃增至 1340℃左右,此时试样表面已基本开始软化;③如果将 1400℃对应的位置(进入感应圈下端面5.2mm)当做实验过程中熔区的下固-液界面,再向下 10mm 的位置有 370℃左右的温差。从以上的温度梯度曲线可以看出,在下固-液界面处,熔体中温度梯度可以接近400℃/cm。

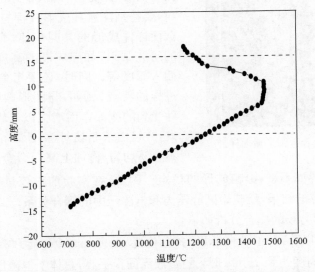

图 4-83　无接触电磁成形过程中试样中心沿轴向的温度分布特征

5) 成形过程中磁场与温度场的耦合

图 4-57 为感应线圈内磁场和温度场沿轴向分布的耦合曲线,其测量条件和参数见表 4-1。从中可以看出,虽然温度测试过程中熔区范围比较窄,但磁感应强度最大的位置低于温度最高的位置,对无接触电磁约束一定高度的熔区并实现稳定抽拉是很有利的。最终,在真空条件下获得了电磁无接触成形的不锈钢、高温合金的圆形截面的样件,如图 4-84 所示。

目前,电磁约束成形定向凝固方法已经在不锈钢、高温合金、TiAl 基金属间化合物和NdFeB 磁性材料中成功应用。电磁约束成形定向凝固技术为许多特种合金成形提供了一种新的方法,显示出该技术在先进材料制备上的广阔应用前景。

表 4-1　磁场和温度场耦合曲线的测量条件

条件	磁场	温度场
下屏蔽罩上沿和感应线圈下端面的位置关系	伸入 1mm 左右	伸入 1mm 左右
电源参数	250V,36A,16.7kHz	260V,50A,16.8kHz
测试位置	$R=10mm$	试样中心,即 $R=0$

图 4-84　高温合金圆形截面样件

2. 单频磁场下大宽厚比矩形截面耐热不锈钢、高温合金的成形及定向凝固

无污染、具有细密定向凝固组织的大宽厚比矩形截面的特种合金板件可以作为很多先进材料零件的高品质坯件,电磁无接触定向凝固技术可以实现这种高品质坯件的制备。实验时,要特别注意其成形过程与圆形截面、椭圆形截面样件成形的共同规律,充分利用以前取得的研究结果,如感应圈的高度、张角、屏蔽罩的插入深度等。同时,还要考虑矩形截面件成形过程的特点,例如,与圆形截面的样件相比,样件受到的冷却作用增强以及辐射损失的热量增大,并且由于非轴对称,所以沿长边的温度分布不容易均匀,再加上高温合金的导热能力较差,有可能造成固-液界面不平,影响成形的稳定。因此,在实验前对该过程进行模拟计算,图 4-53 是模拟计算的结果,反映熔区静压力和电磁压力的耦合关系。

温度场和成形力场的耦合分析如下。

从模拟结果可以看到,在 $f=20kHz$,冷却位置 $z=95mm$,冷却能力 $\alpha=500W/(m^2 \cdot ℃)$ 的条件下,当熔区高度达到 15mm 时,下固-液界面很平直,总体上电磁压力超出静压力一定的水平,但是存在下固-液界面电磁压力偏低的情况,不是作用在整个熔体上的电磁压力平衡不了静压力,而是在下固-液界面处平衡不了。针对这一模拟结果,在实验中提出了在感应圈下部插入屏蔽罩的方法,试图屏蔽下部的部分磁场,减小对下部样件的加热,调高图 4-53 中的熔区位置,同时调小整体的电磁压力,就有可能实现整个熔区表面电磁压力和静压力的平衡,获得成形力场和温度场的良好耦合。

实验发现,在没有加下屏蔽罩的条件下,熔区位置确实太低,当熔区高度在 $10\sim12mm$ 时,下固-液界面常常超出感应圈的下端面,形成塌漏;当下屏蔽罩的插入深度为 $1\sim2mm$ 时,熔区整体位置提高,熔区高度在 $12\sim15mm$,下固-液界面通常在感应圈下端面以内 5mm 左右,成形过程稳定,熔体侧面垂直,表明成形力场和温度场之间达到了良好的耦合。最后,获得了宽厚比为 $2:1\sim3:1$ 的板状不锈钢及高温合金的电磁无接触成形样件。

当宽厚比进一步增加至 $4:1$ 时,感应圈对试样的加热在横截面上表现出不均匀,致使液-固界面容易不平整,加热强的部位常常静压力大于电磁压力,在此容易塌漏,难以形成表面质量和尺寸符合要求的样件,对组织的定向凝固也很不利[51]。因此,需要对感应圈进行进一步的改进。

对矩形感应圈不同位置(图 4-85)的磁场测试(图 4-86)发现,虽然感应圈内 1、2、3 三点距感应圈内壁的距离相等,但在相同的电流强度时,由于两个侧面产生的叠加效果,位置 3 的磁场强度最大,位置 1 的磁场强度最小,这样的磁场分布必然导致矩形截面母合金坯料在加热过程中温度分布不均匀,即位置 3 的温度最高,而位置 1 的温度最低。为此,将感应圈设计成四角放大(即试样角部和感应圈内壁的间隙要比长边和感应圈内壁的间隙大)的近矩形,就保证了感应圈在母合金坯料表面的磁场强度基本相当,且试样内温度分布均匀,下液-固界面趋于平整[52]。最终成功实现了宽厚比为 3.5∶1～4∶1 的高温合金板件的无接触成形,获得了相应的样件。样件及其定向凝固组织如图 4-87 所示。

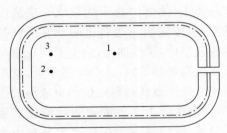

图 4-85　成形宽厚比为 2.5∶1 高温
合金板件的感应圈结构

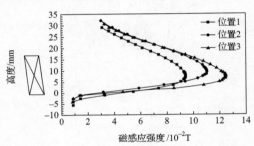

图 4-86　感应圈内不同位置沿高度方向
磁感应强度分布
位置 1、2、3 见图 4-85

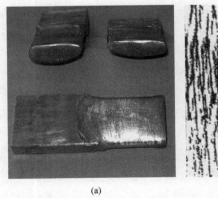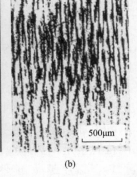

(a)　　　　　　　　　　(b)

图 4-87　电磁成形耐热不锈钢、高温合金大宽厚比(3∶1～4∶1)样件(a)及其微观组织(b)

3. 双频磁场下的成形及定向凝固

单频电磁场条件下成功实现了大气下铝合金和真空条件下大密度高熔点特种合金电磁约束成形;对单频电磁场条件下铝合金变截面送料电磁无接触成形过程进行了研究,发现在此条件下能使熔体形态与加热状态之间达到更好的耦合:液柱高度控制更加方便、独立;但是在抽拉和送料速率过大时,仅靠熔池中热量的对流和传导来加热熔化固料往往很难完成,会造成熔体温度下降,固-液界面处温度梯度下降,甚至出现熔体"冻结"的状态。为了实现高温合金和耐热不锈钢等大密度高熔点特种合金变截面送料电磁约束成形,提出了双频变截面送料电磁约束成形的思想:除了在成形感应圈中通入中频电流产生约束成形作用,还在其上加一个高频感应圈对加入的固料进行预热,使其在熔点或半固态的状态下进入熔区,同时该感应圈还对熔区有一定的过热作用和辅助约束作用。

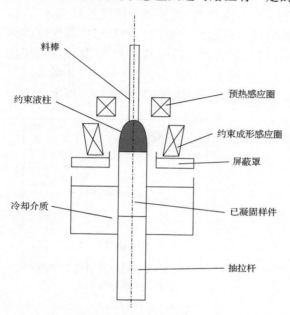

图 4-88　双频变截面送料电磁成形过程示意图

成形过程如图 4-88 所示[53],下部固料在两感应圈共同加热下熔化,并在成形感应圈中约束成一定高度的液柱,且达到一定过热度,通过送料机构将小尺寸的固体料棒送入预热感应圈,经预热达到料棒熔点,再送入液柱熔池内熔化,在静态下,使熔体稳定约束成一定高度的液柱,按变截面送料比调整好送料与抽拉速率比,连续抽拉,当上部熔化量与下部凝固量相等时,达到动态平衡,就形成了双频变截面送料电磁约束成形的连续过程,由于上送料的截面比液柱截面小得多,所以液柱大多数表面是自由表面,在电磁场的作用下可以容易地成形为多种形状。

1) 感应圈结构及磁场分布

成形感应圈的结构:前期对感应圈高度、内壁斜度、内壁与样件匹配的尺寸及感应圈形状与感应圈中磁场分布的影响进行研究后,确定高度为 15mm~18mm、内径为 $\phi28\sim32$mm,内环倾角为 $\alpha=7°\sim15°$ 的喇叭口结构对 $\phi16\sim20$mm 的特种合金样件进行约束成形比较理想。

预热感应圈结构:对不同结构的预热感应圈的加热过程进行测定,如图 4-89 所示。发现内环高度尺寸 $H_1=17$mm 时,即为直筒子结构时,在感应圈中部加热能力最强,容易将料棒在预热感应圈中熔化;而 $H_1=4$mm 时,加热能力较差;$H_1=10$mm 和 7mm 时,加热能力和 $H_1=17$mm 时相差不大,只是温度最高点的位置有所差异。其中,$H_1=10$mm 时,温度最高点位置接近预热感应圈下端面,这是异步送料电磁成形所要求的,即尽量使料棒越接近液柱,其温度越高,能使料棒进入液柱后迅速熔化,但不希望料棒在预热感应圈中熔化,造成无法约束成形的现象。

2) 成形感应圈与屏蔽罩的位置关系

同一电源参数下,根据不同成形感应圈-屏蔽罩关系实测的磁场强度分布曲线如图 4-90 所示,l 是屏蔽罩上沿伸入成形感应圈下端面的位置。由图可以看出,随着屏蔽罩上沿逐渐接近并伸入到成形感应圈下端面,磁场强度分布曲线在成形感应圈下半部迅速降低;磁场强度相对于无屏蔽罩时降低许多;磁场强度的改变不仅表现在其数值的减小,

图中标注:
料棒　约束液柱　预热感应圈　约束成形感应圈　屏蔽罩　冷却介质　已凝固样件　抽拉杆

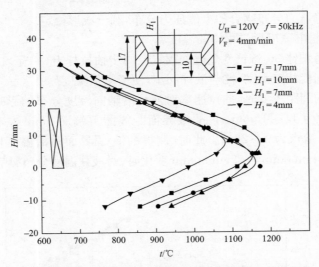

图 4-89　不同结构预热感应圈料棒中心温度轴向分布曲线

其最大值相对于感应圈的位置也发生相应上移。屏蔽罩的这种作用调整了成形感应圈中磁场的分布,选择合适的插入深度可以使加热区域上移,引起下固-液界面上移,使液柱位于电磁压力最大作用范围内,有利于过程的耦合;同时也避免冷却介质被过分加热,改善了冷却条件。

　　3)成形感应圈与预热感应圈的配置关系

　　在双频电磁成形中,测试了两感应圈之间的间距变化时,成形感应圈中磁场强度沿轴向分布的变化规律,在间距大于 25mm 时,预热感应圈基本上不影响成形感应圈中磁场的分布,即不影响成形感应圈中液柱表面电磁压力的分布。如图 4-91 所示,当间距过小,为 15mm 时,成形困难,原因在于预热感应圈中的磁场改变了成形感应圈中磁场的分布,在液柱上部电磁压力大于液柱的静压力,使液柱形状发生变化。上部逐渐变细,液柱与感应圈的间隙增大,加热能力下降,液柱过热度降低,失去热平衡,容易"冻结"。因此,两感应圈应保持合适的距离,使预热感应圈中的磁场不明显影响成形感应圈中磁场的分布,以

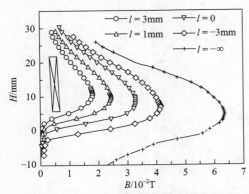

图 4-90　屏蔽罩对成形感应圈磁场强度
分布的影响

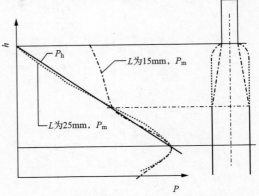

图 4-91　两感应圈间距、成形感应圈磁场分布
和液柱形态关系示意图

保证产生与液柱静压力分布吻合的电磁压力分布,利于成形稳定。

4) 变截面送料电磁成形过程中的温度场

采用上测法将铂铑 30-铂铑 6 热电偶固定在同步抽拉杆上,并穿入具有通孔的料棒,热电偶和料棒之间能相对滑动,能与液柱同步,便于测量温度。

当感应圈间的间距不变时,抽拉速率对液柱沿轴向温度分布的影响如图 4-92 所示。实验中,液柱高度为 14~18mm,下固-液界面距线圈下端面 3mm 左右,最大过热度为 48℃(1Cr18Ni9Ti 熔点为 1412℃)。此时,测得的液-固界面前沿温度梯度为 160K/cm。当抽拉速率从 0.5mm/min 到 1.5mm/min 变化时,对液柱温度分布影响不明显。

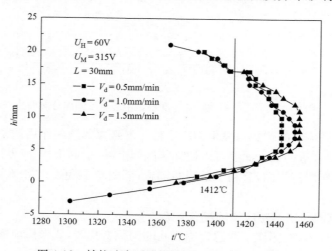

图 4-92　抽拉速率对液柱沿轴向温度分布的影响

U_H 为高频感应器的电压;U_M 为中频感应器的电压;L 是两个感应器之间的距离;V_d 是抽拉速率

不同的感应圈间的间距对液柱温度场影响很大,如图 4-93 所示。当间距为 30mm 时,液柱高度为 16mm;而间距为 40mm 时,由于料棒辐射散热时间过长,使温度降低,导致液柱过热度下降,高度变低,仅为 8mm 左右。

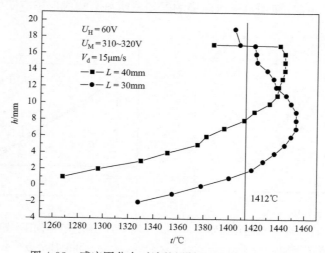

图 4-93　感应圈分布对液柱沿轴向温度分布的影响

　　实验发现,通过增大预热感应圈的功率来提高送入固料的温度,对于保证送入固料的熔化是很有效的方法。图 4-94 表明在动态下(一定的送料速率下)当 $U_H=130V$ 时,预热感应圈内部分料棒达到了熔点,在预热感应圈内就已经熔化,使送料无法继续。因此,对给定尺寸的料棒,高频电源电压不宜超过 120V。

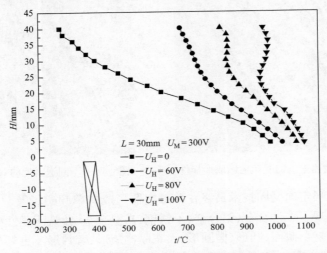

图 4-94　两感应圈不同间距 L 对 $\phi13$ 料棒中心轴向温度分布曲线

　　感应圈与料棒的间隙也对加热效率影响很大。当间隙存在时,总有部分磁力线在间隙中,对料棒不起加热作用,间隙越大,漏磁越严重。在同一电压下,间隙越大,料棒温度越低,导致液柱温度降低。

　　单频成形时,若抽拉速率过大,则加热过程无法和冷却相匹配,使液柱过热度降低、高度下降,电磁压力明显大于静压力,液柱产生缩颈,试样表面质量变差。而在双频成形条件下,预热感应圈能独立调节成形过程中的温度场,虽然抽拉速率大时,液柱在成形感应圈中时间短,过热度降低,但预热感应圈则可以快速加热料棒,维持一定过热度,使液柱高度保持不变。

　　5) 成形过程控制

　　在其他条件给定后,抽拉速率是控制成形过程的重要参数[54,55]。抽拉速率过慢容易导致熔区高度增加,使作用于熔体表面的电磁压力和静压力不能很好吻合,影响样件的形状和表面质量。在不同的 V_d 下,样件(图 4-95)的横截面尺寸均匀度有很大差异。实验发现:随着 V_d 的增大横截面尺寸均匀度由不均匀变化为基本均匀,再变为不均匀,直到均匀度很差。$V_d<10\mu m/s$ 时,要不断根据熔体状态调整电源参数,保证动态平衡,液柱高度偏高,静压力与电磁压力难以维持平衡,容易塌漏;$V_d=10\sim20\mu m/s$ 时,基本上不调整电源参数,能很好地达到动态平衡,样件横截面较均匀,这是因为不用调整电源参数,电磁压力恒定,没有波动,与液柱静压力达到平衡,保证液柱侧表面垂直;在 $V_d=25\sim30\mu m/s$ 时,要不断根据熔体状态调整电源参数,保证动态平衡,致使样件横截面不均匀,呈忽大忽小状;而 $V_d>30\mu m/s$ 时,调整电源参数很难保证动态平衡,熔体过热度降低,液柱高度降低,容易冻结。这说明,给定其他条件下,V_d 和一定电源参数相匹配,液柱才能达到热平衡,保证液柱侧表面垂直,样件横截面均匀。

在以上研究结果的指导下,最终初步获得了不同变截面送料条件下(截面比为 1：2,1：3,1：5)的不锈钢圆柱电磁无接触成形样件,如图 4-96 所示。

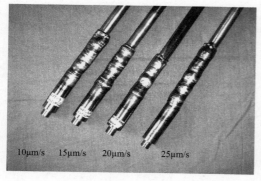

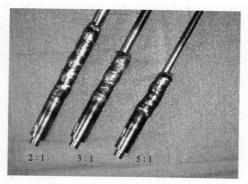

图 4-95　不同抽拉速率下的双频电磁成形样件　　　图 4-96　不同送料比的双频电磁成形样件

总之,电磁成形定向凝固技术最终在单感应器形成的单频磁场及双感应器形成的双频复合磁场中,实现了多种合金(铝合金、不锈钢、高温合金、钕铁硼磁性材料、钛铝金属间化合物等)的比较复杂截面(圆形、椭圆形、大宽厚比矩形、弯月形及更复杂的异形)件的电磁成形及定向凝固。图 4-97 是多种合金各种截面的成形样件,图 4-98 是定向凝固组织。这些结果进一步说明,电磁成形定向凝固技术对高熔点、易氧化、组织方向有定向排列要求的合金的无污染成形及定向或单晶组织控制是非常有应用价值的一种短流程加工技术,对许多新材料的加工有显著的应用前景。

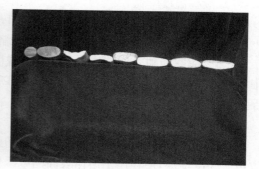

(a) 正面　　　　　　　　　　　　　　　　　　(b) 横截面

图 4-97　多种截面形状的无接触成形样件

4.4.3　电磁成形定向凝固组织

1. 高温合金的电磁成形定向凝固组织

在电磁场条件下,高温合金的组织保持了良好的定向排列,但微观组织仍然表明其凝固组织受到电磁搅拌的影响[56]。图 4-99 是抽拉速率为 $V_d = 10\mu m/s$ 时电磁成形定向凝固的镍基高温合金样件的微观组织。由图可以看出,凝固组织基本上为与定向凝固方向

(a) 存在流动　　　　　　　　(b) 抑制流动

图 4-98　电磁成形件定向凝固组织

一致的柱晶组织,表层柱晶组织向外有一定的偏离生长。这是由于在磁场驱动下,熔体在固-液界面上形成了与固-液界面基本平行且流向内部的流动,造成了树枝晶的迎流偏转,当偏转角达到一定值时,原来的一次主轴无法突出生长,而在侧面形成新的主轴,并与原来的一次轴竞争生长,获得穗状晶组织,如图 4-99(a)所示。而在样件的中心部位,过热度相对较小,电磁搅拌不太剧烈,因此,定向凝固组织呈现出与轴向基本平行的定向树枝晶组织特征,如图 4-99(b)所示。

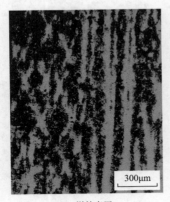
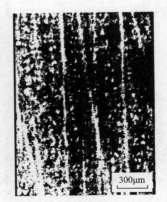

(a) 样件表层　　　　　　　　(b) 样件中心

图 4-99　电磁成形定向凝固高温合金样件微观组织

　　图 4-100～图 4-104 是在不同抽拉速率下用电磁成形定向凝固工艺制得的高温合金的微观组织。由图可以看出,随着抽拉速率的增加,凝固组织由粗大的树枝晶逐渐转变为细密的树枝晶;但当抽拉速率很高,如 $V_d = 220\mu m/s$ 时,样件定向凝固的条件已被破坏,样件表面快速冷却,形成较细密的等轴晶组织,而中心处冷却相对滞后和缓慢,形成的等轴晶组织更粗大,如图 4-104 所示。图 4-105 为高温合金定向凝固组织的一、二次枝晶间距 λ_1 和 λ_2 与抽拉速率 V_d 的关系。由图可以看出,在感应器加热功率不变的条件下,高温

合金样件定向凝固组织的一次枝晶间距 λ_1 和二次枝晶间距 λ_2 随着抽拉速率增大而减小。

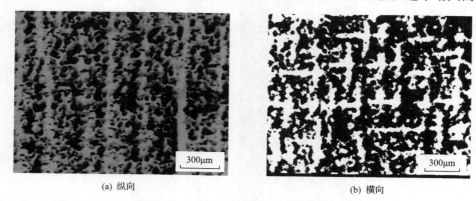

(a) 纵向　　　　　　　　　　　　　　　　(b) 横向

图 4-100　$V_d = 5\mu m/s$ 时样件微观组织

(a) 纵向　　　　　　　　　　　　　　　　(b) 横向

图 4-101　$V_d = 40\mu m/s$ 时样件微观组织

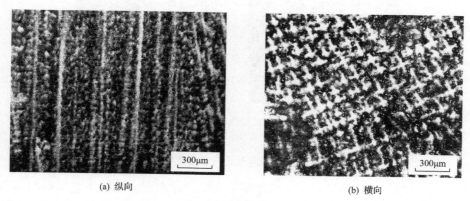

(a) 纵向　　　　　　　　　　　　　　　　(b) 横向

图 4-102　$V_d = 70\mu m/s$ 时样件微观组织

　　由凝固理论可知,枝晶间距决定于凝固界面上的散热条件,散热能力越强,枝晶间距越小。定向凝固时固-液界面处的散热能力又决定于凝固期间的冷却速率,冷却速率越大,散热能力就越强,因此大的冷却速率会导致形成细小的枝晶间距。

(a) 纵向　　　　　　　　　　　　(b) 横向

图 4-103　$V_d = 120 \mu m/s$ 时样件微观组织

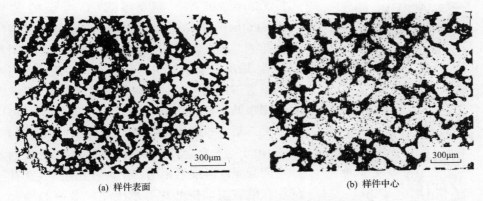

(a) 样件表面　　　　　　　　　　(b) 样件中心

图 4-104　$V_d = 220 \mu m/s$ 时样件微观组织

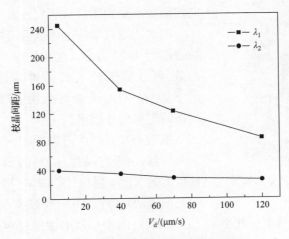

图 4-105　抽拉速率对枝晶间距的影响

　　感应加热时无论频率高低,坯料心部的加热都主要靠热传导。热量传递的快慢,除决定于材料本身的热传导系数外,还决定于表面和中心的温度差,以及表面热透层与中心的距离。抽拉速率太快,坯料表层的热量来不及传递到坯料中心,导致坯料中心难以充分加热。在抽拉速率 $V_d = 200\mu m/s$ 时，对 $\phi 18mm$ 的高温合金坯料，虽能完全熔化，但过热度、凝固界面前沿的温度梯度降低过多，样件凝固组织变为等轴晶。

　　2. TiAl 合金的电磁成形定向凝固组织

　　TiAl 金属间化合物为基的合金由于具有低密度、高弹性模量、优异的高温强度和抗氧化性，是一种极具潜力并且人们寄予厚望的高温结构材料。因为该合金的应用目标之一是作为发动机的叶片，所以希望其凝固成为具有定向组织的合金。对于 TiAl 这类几乎与所有材料制造的模壳都存在强烈化学反应的合金，电磁成形定向凝固技术是制备这类合金定向凝固铸棒的最佳方法。图 4-106 就是用电磁成形定向凝固技术制备的无污染的 TiAl 合金定向凝固棒锭。

图 4-106　TiAl 合金电磁成形
定向凝固

　　Yamaguchi 等[57] 制备了 TiAl 合金的多孪晶（polysynthetically twinned，PST），该晶体的片层组织单向排列。测试发现：PST 的强度与塑性具体明显各向异性，取决于承载方向与片层取向的角度。当外加载荷垂直于片层方向时屈服强度虽然最高，但该方向延伸率很低；当片层取向与其受力方向平行时，可以获得强度与塑性的最佳组合，室温延伸率可以达到4%～8%。由于这种合金具有明显的各向异性，如果制备出和定向凝固方向排列相同的定向片层组织，就有可能应用在航空发动机叶片等承受单向载荷的场合。目前，TiAl 合金的定向凝固及籽晶作用下的片层组织定向控制技术受到了许多研究人员的广泛关注和研究。

　　西北工业大学将电磁成形定向凝固技术和籽晶法结合进行 TiAl 合金片层组织定向制备的技术具有无污染、可以实现较大尺寸铸棒锭连续制造等优点。图 4-107 是 TiAl 合金籽晶法电磁成形定向凝固技术制备的定向全片层组织。

　　从图 4-107(a)中可以看到，籽晶方向与定向凝固方向一致，由于籽晶含有3%的 Si 元素，所以还存在大量粗大的 Ti_5Si_3 颗粒；图 4-107(b)中的引晶界面表明，引晶很成功，其片层方向和籽晶方向一致，由于存在一定的 Si 元素，所以仍然有一些细的 Ti_5Si_3 颗粒；图 4-107(d)中的稳定生长阶段组织表明，引晶后形成的定向凝固组织，其片层方向完全实现了与生长方向一致的定向排列，并且没有 Ti_5Si_3 颗粒，基本实现了引晶的要求；但图 4-107(c)则表明，在引晶后的组织中，表面有少部分组织并没有和生长方向完全平行，这可能是集肤层中存在的电流在表面引起的比较强的流动导致的结果。

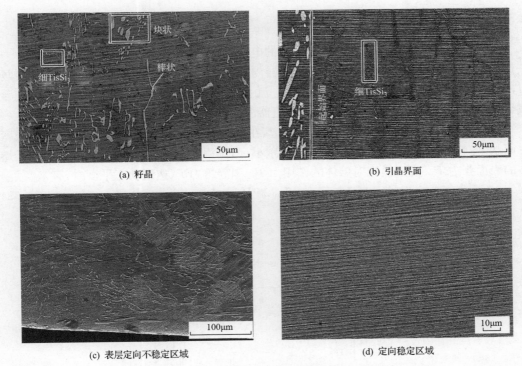

(a) 籽晶

(b) 引晶界面

(c) 表层定向不稳定区域

(d) 定向稳定区域

图 4-107　TiAl 合金籽晶法电磁成形定向凝固的定向片层微观组织

4.5　电磁软接触成形定向凝固

　　电磁软接触成形是将交变电磁场施加到铸型中的金属熔体上,使熔体与铸型之间的接触减轻或接触面积减小,并在接触很短的时间内凝固,从而防止金属熔体与铸型间的反应造成污染;同时,金属熔体在电磁成形力和铸型的作用下可实现成形形状精确化。利用该技术可以实现低污染、少偏析、具有超细化组织、截面形状复杂的构件生产。而合理控制铸型中金属熔体的悬浮高度,保持熔体与铸型的合适接触高度是软接触成形技术的关键。

　　在钢坯连铸中,利用电磁软接触技术可以改善铸坯的初始凝固过程,减轻铸坯表面的振痕、减小表面裂纹的发生概率,从而改善钢坯的表面质量。另外,由于电磁软接触减轻了初生坯壳与结晶器壁之间的接触压力,有利于减小拉坯阻力,有助于连铸拉速的进一步提高,使高拉速条件下高表面质量铸坯的生产成为可能,而且有利于连铸-连轧工艺一体化。在特种合金方面,利用软接触电磁成形技术开发的冷坩埚技术已实现了钛合金的冶炼和简单形状(圆形截面)成形;对于复杂形状坯(构)件的软接触电磁成形以及在该条件下凝固组织控制方面,虽然还处于初级阶段,但已显示出良好的应用前景。

4.5.1　单频电磁软接触成形定向凝固

电磁软接触成形既可以采用单个频率的电磁场[58]，也可采用两个频率的电磁场。对于单频电磁成形，如图 4-108 所示，在感应器内通入交变电流时，在其内部产生交变磁场 H，并在构成闭合回路的熔体内产生感应电流 J，由于集肤效应，感应电流主要集中在金属熔体的表层，其方向在每一瞬间都与感应器内电流方向相反，这样在熔体侧面就产生一个垂直于表面指向熔体内部的电磁压力 P_{em}，在电磁压力作用下，金属熔体在液面形成弯月面状"驼峰"，与模壳接触减轻、接触高度减小；当作用于金属熔体上的电磁压力 P_{em}、熔体的表面张力 P_r、成形模壳对熔体的作用力 P_{mf} 和静压力 P_h 达到动态平衡时，有

$$P_{em} + P_{mf} + P_r = P_h \tag{4-53}$$

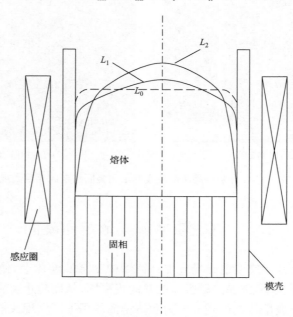

图 4-108　单频电磁软接触成形过程示意图
L_0 为无电磁场作用下液柱形状；L_1 和 L_2 分别为施加弱和强的电磁场作用下液柱的形状

满足式（4-53）时金属熔体可以保持与模壳（铸型）软接触，并在一定的抽拉速率下稳定成形为特定的形状。式中，$P_{em} = B^2/(2u)$ 为电磁压力；$P_r = k\psi$ 为表面张力；$P_h = \rho g h$ 为熔体静压力。其中，B 为磁感应强度；u 为材料的磁导率；ψ 表面张力系数；ρ 为金属熔体密度；g 为重力加速率；h 为金属熔体的高度。在构件尺寸较大下，式（4-53）中表面张力可忽略不计，因此有

$$P_{em} + P_{mf} = P_h \tag{4-54}$$

在式（4-54）中，当 $P_{em} = 0$ 时，即作用于金属熔体侧表面的电磁压力为零，或无电磁场作用时，维持金属熔体为一定形状的力平衡方程为

$$P_{mf} = P_h \tag{4-55}$$

式（4-55）表明，在无电磁场对金属熔体施加作用的情况下，金属熔体完全依靠铸型的

作用成形,熔体与铸型的接触高度就是熔体的高度,也就是金属熔体与铸型完全接触,这种状态就相当于传统的铸型成形。在这种状态下,金属熔体凝固时始终与铸型紧密接触,而且熔体与铸型接触时间较长,因此,铸型对金属熔体的污染会比较严重。

另外,在式(4-54)中,当 $P_{mf} = 0$ 时,即铸型对金属熔体的作用力为零,铸型与金属熔体不接触时,此时维持金属熔体为一定形状的力平衡方程为

$$P_{em} = P_h \tag{4-56}$$

由式(4-56)可以看出,当铸型对金属熔体的作用力为零时,金属熔体完全依靠电磁压力来平衡熔体产生的静压力并维持金属熔体为特定形状,这种状态属于电磁约束无接触成形工艺方法。当电磁约束无接触成形时,金属熔体与周围无任何接触,因此,利用这种方法可以获得高纯净、无污染的坯(构)件。

由上述分析可知,软接触电磁成形是介于传统的铸型成形和电磁约束无接触成形之间的一种成形技术,由于电磁场的作用,使铸型中的金属熔体处于半悬浮状态,降低了熔体与铸型的接触高度并减轻了熔体与铸型的接触,缩短了熔体与铸型的接触时间,从而克服了传统铸型成形对熔体造成严重污染的缺陷。

4.5.2　双频电磁软接触成形定向凝固

采用两个频率的电磁场来实现双频电磁软接触成形定向凝固,如图 4-109 所示。该工艺主要利用上下两个感应线圈,上线圈对母合金料棒加热熔化(基本无过热),熔化中产生的电磁搅拌可去除杂质元素,使溶解在固液态金属中的气体挥发,下感应器使液态金属过热并实现软接触约束成形。其中磁化套(石墨材料制成,图 4-109 中8)上沿处磁压力为最大,液态金属在磁压力的作用离开铸型(图 4-109),磁化套中下部由于磁屏蔽作用,磁压力很快衰减,液态金属与铸型短时间接触成形为所需形状。这样熔体的过热既靠固态金属试样自身的感应涡流,也靠磁化套感应加热后对熔体的辐射加热。在各部件配合位置合理的情况下,通过调节上下感应线圈的功率可使熔体最高温度的位置约对应于磁化套的上端部,在下感应器的中上部位。这样熔体与铸型接触的高度为 20 ~ 25mm,弯月面高度可达20mm,然后可以按照预定的凝固速率进行抽拉,实现定向凝固过程。

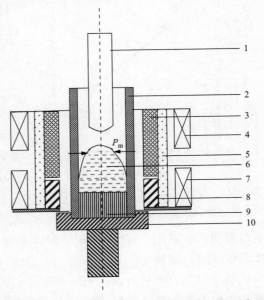

图 4-109　电磁软接触成形定向凝固工艺的示意图
1-固态料棒;2-铸型;3-绝热层;4-上加热线圈;5-保温层;
6-约束成形熔体;7-下加热成形线圈;8-磁化套;
9-凝固的金属;10-水冷铜盘

根据上述分析可知,双频电磁软接触成形定向凝固工艺具有以下 3 个方面的特点。

(1)电磁软接触成形定向凝固过程是一个边加料、边熔化、边抽拉、边成形、边凝固的相互联系的过程,整个工艺流程非常短,减少了液态金属与成形模壳之间接触时间,污染小。

(2)液态金属在电磁力和铸型的共同作用下,可实现较高精度尺寸形状构件的约束成形凝固,工艺控制相对较易。

(3)铸型内部仍有相当的磁感应强度,熔体侧面有电磁压力的作用,使得金属熔体离开铸型,铸型与金属熔体接触面积减少,时间缩短。

4.5.3　电磁软接触成形定向凝固中磁场分布

电磁软接触成形中电磁压力来源于感应线圈产生的磁场,同时不同模壳材料对线圈中磁感应强度也会有影响,为此测定了有无模壳材料下线圈中磁感应强度的分布,如图 4-110 所示。从中可看出,刚玉模壳材料对磁场几乎没有屏蔽,而 BN 磁模(铸型)材料减弱了线圈中的磁场大小,但幅度很小。但是磁化套材料(图 4-110 中石墨材料)可以较大幅度减少线圈产生的电磁场大小,但仍有相当大的数值,也能实现部分液态金属的软接触电磁成形。因此可通过设计磁化套的高度来相应调整线圈中磁场的大小及固液态金属料棒中的温度场分布。

双频电磁软接触成形方案采取双感应器的方式,上感应线圈主要是加热熔化,下线圈对熔化的液态金属软接触成形及继续过热液态金属,使之有一定的过热度。而电磁软接触成形的双频电磁场可通过单频电磁场的线性叠加获得,根据这一规律,可得出不同功率下铸型中双频电磁场的大小和分布,如图 4-111 所示。其中图 4-111(a)是不同磁化套高度下铸型中磁感应强度沿轴向的变化,而图 4-111(b)

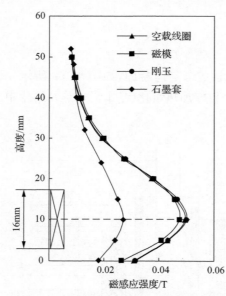

图 4-110　空载线圈及放入三种模壳材料中磁感应强度沿轴向的分布曲线

是下线圈功率和磁化套高度(10mm)保持不变,上线圈的功率逐渐增加时铸型中磁感应强度沿轴向的分布情况。

从图 4-111(a)中看出,高 7mm 和 10mm 磁化套和不加磁化套双线圈磁模中磁感应强度分布呈现两个峰值分布,第一个峰值的磁场有利于将固态料棒加热熔化,而后一峰值有利于将液态金属过热和液态金属软接触电磁成形,在电磁压力允许的范围内,高的磁化套有利于调整液态金属凝固的温度场。而从图 4-111(b)可看出,在维持下线圈产生的磁感应强度(电磁压力)的前提下,可通过增加上线圈的功率,来提高铸型中上部磁感应强度的大小,从而可促使上固态料棒的快速熔化。因此利用上下感应器,分别赋予不同的功率,产生所需要的磁场大小和分布,从而使液态金属在电磁压力和铸型的共同作用下实现精确形状凝固成形。

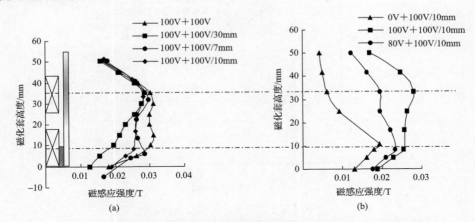

图 4-111　双频组合不同磁化套高度对磁模中磁感应强度大小和分布的影响

考虑到磁化套是由石墨材料制成,它可以是发热体,提高熔体温度,改善温度分布,有利于对凝固组织进行控制,但同时磁化套对电磁场有屏蔽作用,势必对熔体驼峰高度产生影响,因此,研究磁化套的作用规律,有利于合理使用磁化套,获得合适的驼峰高度及熔体与磁模的软接触高度,最终获得少或无污染、形状精确的坯(构)件。

图 4-112 和图 4-113 是磁化套放置的位置示意图和熔体驼峰高度随磁化套高度及磁化套位置的变化曲线[59]。从中可以看出,当磁化套位于感应器下部时,随着磁化套高度的增加,熔体驼峰高度逐渐降低;而当磁化套位于感应器上部,磁化套高度从 0 增加到 8mm 时,熔体驼峰高度产生突降,然后随着磁化套的增加平缓减小;当磁化套高度为 0～16mm 时,磁化套位于感应器下部熔体驼峰高度远大于磁化套位于感应器上部时熔体的驼峰高度;当磁化套高度为 16～32mm 时,磁化套位于感应器上部和下部时形成的熔体驼峰高度几乎相等。实验还发现,加入磁化套可以有效抑制金属熔体的流动,对金属熔体"驼峰"具有明显的稳定作用。

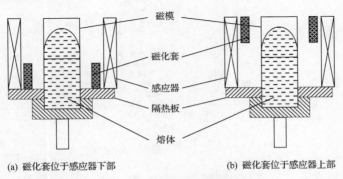

图 4-112　磁化套位置示意图

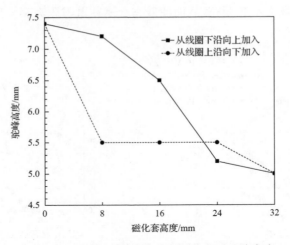

图 4-113　不同高度磁化套在不同位置时驼峰高度

4.5.4　电磁软接触成形定向凝固中温度场的分布

　　另外软接触电磁成形下,合金能否实现定向凝固取决于合金凝固的温度场,图 4-114 是不同功率下线圈中加高磁化套(140mm)获得的铸型(140mm)内温度分布。从中可看出,最高温度在下线圈的中上部,随着功率的增加,温度快速上升,最高温度增加的幅度较大,而上下端温度增加较慢,主要是因为上下端之间有散热,尤其是下端的散热较大,所以最高温度区上移至下线圈的中上部。另外从图 4-114 中可估算出温度梯度在 100K/cm 左右,并随加热功率的增加有所提高。

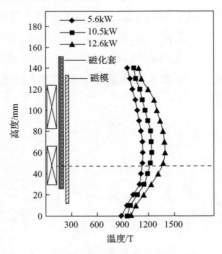

图 4-114　不同功率下磁模中的温度分布

　　温度梯度的提高也可通过改变冷却方式来实现,如采用空气辐射冷却方法获得的温度梯度小($\leqslant$100K/cm),而采用低熔点液态金属冷却方法获得的梯度要大,如采用水冷铜盘加低熔点液态金属双区冷却的方法可获得高达 400K/cm 的温度梯度,相应的 ZMLMC

法通过控制加热和冷却,使凝固界面温度梯度高达 1000K/cm,如图 4-115 所示,因此只要采取合理的冷却方式,就可以获得满意的温度梯度,达到定向凝固组织细化的目的。

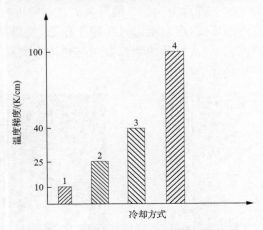

图 4-115　不同冷却方式获得的温度梯度

1-水冷铜盘加空气辐射冷却;2-低熔点液态金属冷却;3-水冷铜盘加低熔点液态金属冷却;
4-ZMLMC 法冷却

4.5.5　电磁软接触成形定向凝固宏微观组织

利用上下感应器产生的磁场使液态金属在电磁压力和铸型的共同作用下实现凝固成形,是完全可以的[60]。图 4-116 是在抽拉速率为 7.5mm/min 下获得的高温合金电磁软接触成形叶片类铸件和定向凝固组织,实验的结果充分说明了开发的工艺完全可以实现高温合金近叶片形状类铸件的电磁软接触成形定向凝固过程。

图 4-116　电磁软接触成形定向凝固方案抽拉出的大小叶片样件

相应地,软接触电磁成形定向凝固工艺获得的高温合金坯件凝固组织,如图 4-117 所示。可看出在凝固初期,由于交变电磁场对金属熔体的搅拌以及熔体重力引起的流动,导致凝固组织为发达的树枝晶和部分等轴晶(图 4-117(a)),由于磁化套的屏蔽作用,交变电磁场对金属熔体的搅拌相对较弱,熔体重力引起的流动对凝固组织的影响占主导作用;在这个时期内,由于固-液界面处一维单向热流尚未完全形成,定向凝固过程尚未达到稳态,已经形成的树枝晶并不是完全平行生长,而是显得有些发散,部分树枝晶发生枝晶间距增大和生长方向偏转,当偏转角达到一定值时,原来的一次主轴无法突出生长,而在侧面形成新的主轴,并与原来的一次主轴竞争生长。随着凝固过程的进行,在上部强热和下部强冷条件下,一维单向热流逐渐形成,定向凝固过程趋于稳态,使得凝固组织由等轴晶逐渐向树枝晶转变,侧枝逐渐消失,一次枝晶的生长方向与热流方向趋于一致,获得了平行生长的树枝晶,如图 4-117(b)所示。

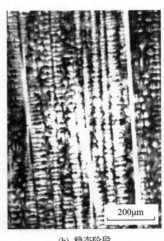

(a) 凝固初期　　　　　　　　　　　　(b) 稳态阶段

图 4-117　软接触电磁成形定向凝固高温合金样件的微观组织

不同抽拉速率下软接触电磁成形定向凝固工艺获得的高温合金板状和圆柱状样件的微观组织如图 4-118 所示。由图可以看出,随着抽拉速率的增大,一次枝晶和二次枝晶明显细化,如图 4-118(a)和(b)所示。在薄板状样件,当抽拉速率为 9.8mm/min 时,可以获得比较细化、生长平直的柱晶组织。

对于圆形截面试样,在抽拉速率为 9.4mm/min 时,获得了一次枝晶间距平均为 61μm、生长比较平直的枝晶组织(图 4-118(c)),当抽拉速率提高到 29mm/min、65mm/min、98mm/min 时,得到了图 118(d)~(f)所示组织,合金凝固组织并没有得到充分的细化,可能原因是抽拉速率虽然提高了,但是试样尺寸较大,外部冷却条件有限,为此合金的冷却速率并没有增加,结果组织并没有得到很好细化。

4.5.6　本章小结

在电磁成形定向凝固中,电磁场不仅起约束成形的作用,同时还要对固料加热熔化并控制温度场使熔体实现定向凝固获得细密的柱状晶组织,因此该过程涉及复杂的多物理场的耦合。本章从理论建模、模拟计算、实验研究多个方面,对电磁成形定向凝固过程中的电磁场、温度场、成形力场之间的耦合关系及成形和凝固规律进行了全面的阐述。初步构造了电磁约束成形定向凝固的理论框架和技术基础,理清了单频磁场及双频复合磁场进行合金熔化及成形所面临的基本问题,分析了真空条件下特种合金的电磁成形定向凝固样件制备的规律及工艺过程。

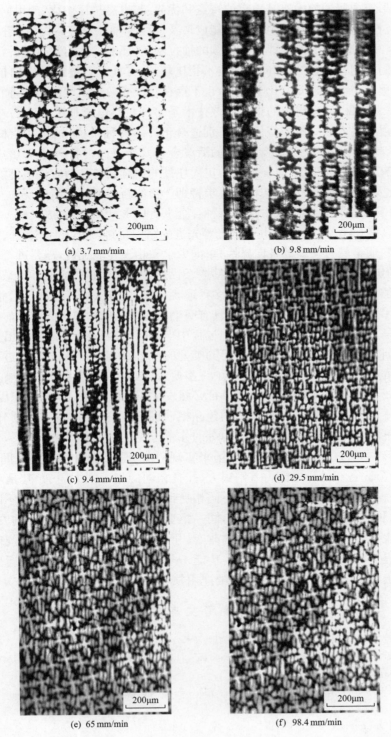

(a) 3.7 mm/min

(b) 9.8 mm/min

(c) 9.4 mm/min

(d) 29.5 mm/min

(e) 65 mm/min

(f) 98.4 mm/min

图 4-118 不同抽拉速率条件下高温合金板件((a)、(b))及圆形截面((c)～(f))样件微观组织

电磁成形定向凝固技术有其独有的特点和优势：与电磁悬浮熔化、冷坩埚悬浮熔化相比，除了具有相同的无污染熔化功能，还能成形及连续地抽拉制坯，并且能进行组织的控制；与电磁连续铸造相比，除了能进行连续的抽拉制坯，还能消除熔化过程的污染，实现组织的单向凝固控制；与通常的定向凝固技术相比较，除了能进行连续的定向抽拉，还能消除在凝固过程中与模壳之间的化学反应，也不存在对模壳耐热温度的限制，而且温度梯度高、冷却速率大，可以实现组织的细化。该技术是多种材料电磁加工方法、一般的定向凝固方法及悬浮区熔方法所不能替代的，特别适合于许多特种结构材料、功能材料（具有明显各向异性、易氧化、易与模型材料反应的活泼合金及熔点高的特种合金）的多种不同截面形状的具有细密柱晶组织、表面光洁的定向坯件的连续制备。随着许多性能先进、熔点更高、对熔化及成形过程中形成的污染要求特别严格的新材料的不断出现，一般的定向凝固方法、悬浮区熔方法已经无法对这类特种合金进行成形，更难以制成具有一定截面形状的坯件。如 TiAl、NiAl、MoSi、Nb 基合金等先进的结构材料，NbFeB、SmCo、YBCO 等先进的功能材料通常具有明显的各向异性，单向力学和物理性能优良，需要进行定向凝固生长，用一般的定向凝固方法会形成污染、粘连、组织粗大，甚至不能成形。而悬浮区熔无法形成尺寸足够大的件并且不能形成板等多种形状，组织也难以进行控制。因此，电磁成形定向凝固技术在许多特种材料制备方面具有明确的应用目标和广阔的应用前景。但是要将该技术进一步工程化，还需要对其凝固过程中电磁场与凝固组织之间的相关科学和技术问题深入研究。如包晶型、共晶型等不同类型的合金，在正常的定向凝固过程中会呈现出不同的凝固特点。在这方面已经进行了许多研究，取得了比较系统的成果。但是在电磁场这种外场作用下，它们的定向凝固特征必然发生不同的变化。其根本原因是：凝固过程中会出现不同的初生相、不同的共晶或包晶相，通常凝固过程中，这些相的分布、生长状态取决于温度场、溶质场、流场、表面张力等的分布与变化。但电磁场作用下，会出现以下的特点：①电磁场通过影响以上的物理场来实现对凝固组织的控制，这是间接的作用；②熔体、以及凝固各相的导电能力差别很大，并且相同的相不同方向（尤其是功能材料和金属键化合物）电导率差别大。这就使不同相受到不同的电磁作用力，导致不同相的分布情况不同、生长状态受到影响；另一方面，同一相受到电磁力的大小在不同的方向上不同，这会使其发生偏转，引起优先生长方向的改变。所以，在对电磁成形的耦合规律研究得比较完整的前提下，对电磁场的另一个重要功能——改变凝固组织的功能，进行更深入的研究将会开拓出一个广阔的材料电磁加工的应用领域。

参 考 文 献

[1] 钟晓燕,陈佳圭.空间电磁悬浮技术的发展状况.物理,1996,25(9)：565-570

[2] Brisley W, Thornton B S. Electromagnetic levitation calculations for axially symmetric. British Journal of Applied Physics, 1963, 14(10)：682-686

[3] Okress E C, Wroughton D M, Comenetz G, et al. Electromagnetic levitation of solid and molten metals. Journal of Applied Physics,1952, 23 (5)：525-547

[4] Brisley W, Thornton B S. Electromagnetic levitation calculations for axially symmetric. Journal of Applied Physics, 1963,34(10)：682

[5] Holmes L M. Stability of magnetic levitation. Journal of Applied Physics, 1978,49(6)：3102

[6] Rony P R. The electromagnetic levitation of metals // Transactions of Vacuum Metallurgy Conference. Boston: American Vacuum Society, 1964: 55

[7] 魏炳波,杨根仓,周尧和. 深过冷液态金属凝固组织的特点. 航空学报 1991,12(5): 213

[8] Sagsrdia S R, Segsworth R S. Electromagnetic levitation melting of large conductive loads. IEEE Transactions on Magnetics, 1977, 13(1): 49

[9] 李正邦. 钢铁冶金前沿技术. 北京:冶金工业出版社,1997

[10] 浅井兹生,佐佐健介. 冷坩埚工艺熔炼法. 工业加热,1991,101(3): 43

[11] Reymond J R. Large scale cold crucible melting of titanium and its alloys, titanium'95. Science and Technology, 1995:1462-1469

[12] 陈坚强,任忠鸣,邓康,等. 水冷坩埚悬浮熔炼中悬浮力的研究. 钢铁研究学报,2000,12(1): 1-4

[13] 郭景杰,王同敏,苏彦庆,等. 钛的水冷坩埚感应熔炼温度场数值模拟. 铸造,1997(9): 1-4

[14] 蒋炳玉,冷坩埚感应熔炼活性金属的发展和应用. 稀有金属材料与工程,1993,22(2): 3-5

[15] Bhamidipati J R, El-Kaddah N. Calculation of electromagnetic field and melt shape in the magnetic suspension melting process // Szelely J, Evans J W, Blazek K, et al. Magnetohydrodynamics in Process Metallurgy, Warrendale:TMS, 1991: 69

[16] 韩至成. 电磁冶金学. 北京:冶金工业出版社,2001

[17] Getselev Z N. Casting in an electromagnetic field. Journal of Metals, 1971,(23): 38

[18] Getselev Z N. Method of continuous and semicontinuous casting of metals and plants: US,3467166, 1969

[19] БЕРЕЗИН Л Г. 大规格扁锭铸造工艺. 邵秀兰,译. 轻金属,1987(2): 17

[20] 曹志强,张兴国,金俊泽. 电磁铸造技术及其发展. 轻金属,1995(10): 51-53

[21] Cook D P, Evans J W. Application of mathematics model to thin strip electromagnetic casting // Magnetohydrodynamics in Process Metallurgy. Warrendale:TMS, 1991:145

[22] Tyler D E, et al. Electromagnetic casting of copper alloys. Journal of Metals, 1985(9): 51-53

[23] Chales V. Effects of forced electromagnetic vibrations during the solidification of aluminum alloys. Part II. Solidification in the presence of crossed alternating electric fields and stationary magnetic field. Metallurgical and Materials Transactions B,1996, 27B(3): 457-464

[24] 田正宏,张兴国,金俊泽. 铝薄板热顶-电磁铸造成型工艺研究. 材料研究学报,1999,13(5): 546-548

[25] 许光明,郭世杰,崔建忠. 镁合金电磁铸造的电磁场分析. 有色矿冶,2002,18(5): 42-45

[26] Fu H Z, Shen J, Li S M, et al. Electromagnetic shaping and solidification control of Ni-base superalloys under vacuum. Journal of Materials Processing Technology,2004,148: 25-29

[27] 韩至成. 电磁铸造法概论. 国外钢铁,1992,11:1

[28] Keene B J. Review of data for the surface tension of pure metals. International Materials Review, 1993,38(4): 157

[29] 李双明. 金属熔体双频电磁成形过程研究. 西安:西北工业大学博士学位论文,1999

[30] 李双明,李建国,沈军,等. 液态金属电磁成形的理论模型, 钢铁研究学报,2000, 12(3): 5-9

[31] 沈军. 电磁约束成形定向凝固过程研究. 西安:西北工业大学博士学位论文,1996

[32] 李双明,李金山,傅恒志. 金属熔体的电磁近终成形技术. 中国机械工程,2002,11(1):73-76

[33] 潘人庸. 高频感应加热的工业应用. 北京:机械工业出版社,1972:23

[34] 西安电炉研究所,第一机械工业部技术情报所. 感应加热技术应用及其设备设计经验. 西安:机械工业出版社, 1974:36

[35] Shen J, Li J G, Fu H Z. Analysis of electromagnetic pressure on thin plate melt. Chinese Science Bulletin,1999, 44(23): 2141-2145

[36] Shen J, Liu L,Fu H Z. Research on the coupling between electromagnetic pressure and temperature field in dual-frequency electromagnetic shaping process. Materials Science Forum, 2003, 1176:1235-1239

[37] 俞建威. 双单频电磁成形过程的三维计算机模拟. 西安:西北工业大学博士学位论文,2005

[38] 俞建威. 沈军,卢百平,等. 电磁成形中矩形截面板件所受电磁压力的三维分析. 材料科学与工程学报,2004, 22 (12):787-780

[39] Shen J, Pei X F, Hou J P et al. Study of Interaction between the shape and the temperature field of the metal in the electromagnetic shaping process. Science and Technology of Advanced Materials, 2001, 213-217

[40] 沈军. 电磁成形定向凝固过程数值模拟. 西安:西北工业大学博士后出站报告,1999

[41] 俞建威,沈军,刘林,等. 电磁成形中不同宽厚比矩件所受电磁压力的三维有限元模拟分析. 中国有色金属学报,2004, 14(9):1494-1500

[42] 沈军,傅恒志. 电磁无接触成形过程熔体形状的数值模拟及实验研究. 稀有金属材料和工程, 2007, 36(9):1517-1522

[43] 寇宏超,郝启堂,傅恒志. 金属熔体电磁成形特性研究. 材料科学与工艺, 1999, 7:104-107

[44] 寇宏超,李金山,傅恒志. 耐热不锈钢电磁成形过程的稳定性. 铸造,2001,50(4): 195-197

[45] Shen J, Fu H Z. Effect of coupling between metal shape and temperature field on electromagnetic shaping. Transactions of Nonferrous Metals Society of China, 2001,11(1):40-44

[46] Li J S, Hao Q T, Fu H Z. Research on the non-linear temperature field of molten metal shaped by an electromagnetic field in DS processing. Journal of Materials Processing Technology. 2003, 137:145-150

[47] 沈军,傅恒志,李建国,等. 电磁约束定向生长条件下影响温度场的若干因素.中国有色金属学报,1999,9:119

[48] 李双明,郝启堂,傅恒志. 液态金属双频电磁成形中磁感应强度和电磁压力的数值计算. 材料科学与工艺,1999, 7:28-32

[49] Li S M, Fu H Z. Research on the Dual-frequency electromagnetic shaping of liquid metal. Journal of Materials Processing Technology,2003,(137):204-207

[50] 寇宏超,李金山,沈军,傅恒志. 电磁成形耐热不锈钢的实验研究. 钢铁研究学报, 2001, 13(5):15-18

[51] Shen J, Yu J W, Liu L,et al. Investigation on electromagnetic contactless shaping and directional solidification of plates of stainless steel and superalloy under vacuum. Materials Science Forum,2005, 478:2647-2650

[52] 卢百平,沈军,俞建威,等. 电磁成形高温合金大宽厚比板状件的实验研究.稀有金属材料与工程,2004,33(12):1295-1298

[53] 卢百平. 特种合金双频电磁成形定向凝固过程研究. 西安:西北工业大学博士学位论文, 2004

[54] 卢百平,沈军, 刘林,等. 小截面送料双频电磁成形的实验研究. 特种铸造及有色合金,2003,(2): 21-23

[55] 卢百平,沈军, 李双明,等. 变截面送料电磁成形过程的稳定性.铸造技术,2003, 24(2):137-140

[56] 卢百平. 高温合金电磁成形定向凝固柱状晶组织及形成条件. 铸造,2006,55(10):1008-1010

[57] Yamaguchi M, Johnson D R, Lee H N, et al. Directional solidification of TiAl base alloys. Intermetallics, 2000, (8): 511-517

[58] 张丰收,李双明,傅恒志. 特种合金软接触电磁近终成形技术的基础研究. 铸造技术,2002,23(4):227-229

[59] 张丰收,李双明,沈军,等. 特种合金软接触电磁成形稳定性分析.热加工工艺,2002,(1):12-14

[60] 李双明,张丰收,傅恒志. 高温合金叶片类铸件电磁软接触成形过程研究. 稀有金属材料与工程,2003,32(6):443-446

第 5 章　电磁冷坩埚定向凝固

在很多科学领域和工业部门,冷坩埚感应熔炼(cold crucible induction melting)广泛应用在制备各种难熔材料和活性物质上,如 Ti 合金、TiAl 合金、氧化物陶瓷和熔点高于 2000℃的特种玻璃等。美国 BMI 公司在 20 世纪 50 年代开发出冷坩埚熔炼技术,实现了感应壳熔炼 Ti 合金[1]。Duriron 公司在 80 年代初建造了第一套大型工业用熔炼和铸造活性金属的冷坩埚装备,并浇铸出多种合金和金属间化合物[2]。俄罗斯科学院系统研究了冷坩埚熔炼理论,并将应用领域拓展到氧化物、玻璃和单晶材料制备上[3]。我国于 80 年后期开始发展冷坩埚技术,在活泼金属熔炼、单晶、磁性材料制备和玻璃固化等方面,也取得了不少先进成果[4-6]。冷坩埚制备材料具有以下优点:水冷铜壁和感应壳避免了坩埚材料对物料的污染;熔体可以过热到较高的温度,利于杂质的去除;电磁搅拌促进熔体的温度和溶质均匀化,减小热应力和成分偏析。

近 10 年,傅恒志等[7]在国际上率先提出冷坩埚定向凝固思想,由此将冷坩埚技术从单一的熔炼领域推进到材料的成形及组织控制领域。哈尔滨工业大学系统地研究了冷坩埚定向凝固组织控制理论、工艺流程和定向凝固用冷坩埚优化设计。在此基础上,研制出了不同内腔形状和尺寸的定向凝固用冷坩埚,并成功制备出具有定向组织和优良性能的 Ti 合金及 TiAl 合金铸锭,达到涡轮叶片的应用尺寸。

由于物料和水冷铜壁接触,冷坩埚定向凝固过程在较为强烈的横向热流条件下进行。由此,如何控制热流方向和大小成为能否实现组织定向生长的关键,这丰富了定向凝固的组织控制理论。

本章首先介绍冷坩埚定向凝固的技术原理、发展阶段和坩埚设计,然后针对传热过程和热流控制展开详细的理论论述。接下来,主要围绕 TiAl 合金的冷坩埚定向凝固过程进行分析,在数值计算、成形过程、宏观组织控制、α_2/γ 片层取向和性能方面展开讨论。最后,对冷坩埚定向凝固技术进行总结和展望。

5.1　冷坩埚定向凝固技术发展

5.1.1　冷坩埚技术发展

冷坩埚定向凝固从传统的熔炼式冷坩埚技术发展而来,发展初期为分瓣式结构,工作原理如图 5-1 所示[8]。真空供电系统中,主体由分瓣式结构的水冷铜坩埚和外部装套的感应线圈构成,线圈、坩埚外壁和分瓣之间的缝隙均为绝缘状态,避免导体之间发生短路。待熔炼的初始物料放置在坩埚内。施加功率后,线圈中通入一定频率的交变电流,使周围产生交变的电磁场,电磁场通过开缝区透入坩埚内腔作用于物料,如图 5-1(a)所示。

由电磁场原理可知,每一个独立的水冷坩埚瓣会感生出与外部线圈相反的环形电流,

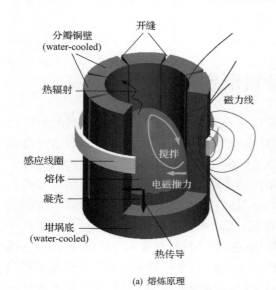

(a) 熔炼原理　　　　　　　　　　　　　　(b) 分瓣式冷坩埚

图 5-1　传统熔炼式冷坩埚工作原理与材料制备

相邻分瓣在开缝区的电流方向相反,在线圈电流和感生环形电流的共同作用下,开缝区的电磁场相对最强,开缝结构起到了聚磁的作用。同理,物料集肤层内产生感应电流,方向与坩埚瓣内侧电流方向相反,越靠近导体表面,电流密度越大,如图 5-2 所示。

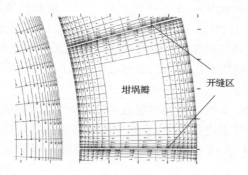

图 5-2　冷坩埚工作时的感应涡流分布特征[9]

在感生电流作用下,物料集肤层内产生大量的焦耳热,使物料逐渐升温熔化。熔体形成后,在铜壁的激冷作用下形成凝壳,凝壳可以隔绝内部熔体和坩埚壁的化学反应,还能起到一定的隔热保温作用。内部物料进行合金化反应的过程中,电磁场对熔体始终起到感应加热和电磁搅拌的作用。图 5-1(b)为分瓣式熔炼冷坩埚实物图,水冷系统从坩埚底部接入,容积为8L,可熔炼 20kg 以上 Ti 合金或 TiAl 合金。

冷坩埚熔炼过程中,加热频率 f 是其重要参数,有效加热柱状体所需的最小临界频率为[3]

$$f \geqslant 3 \times 10^6 \rho / d^2 \tag{5-1}$$

由于氧化物和一些卤族化合物在室温下是优良的介电体,通过式(5-1)可知,要使物料有效释放感生热量,需要很高的频率。例如,加热电阻率为 $10^6 \ \Omega \cdot m$、直径为 100mm 的材料时,所需加热频率为 3.0×10^8 Hz。由于设备水平的限制,实际中感应加热频率一般不超过 10MHz。由此,一般对高电阻率材料采用预热启熔方法,通过电阻加热或者热传导加热使高电阻材料升温,使之形成熔体后成为半导体或导体,电阻率很低,此时可以较容易地实现高频熔炼。

冷坩埚中的熔化过程和热坩埚中的熔化过程有很大区别。采用热坩埚熔炼时,坩埚本身就是热源,熔化过程从物料和坩埚壁接触的位置开始,熔化波逐层向内蔓延。冷坩埚熔炼时,由于物料和水冷坩埚壁接触发生换热,熔化波的传播受感应热源的影响,感应涡流通过熔体释放热量,一部分传递给相邻物料的固相层,对之加热熔化,另一部分被坩埚壁的换热消耗。研究表明,只有当向内传递的热量足够引起固相物料的逐层熔化时,熔化波才能向内持续蔓延。在这一过程中,物料发生化学反应产生的燃烧波可以促进熔化波的传递,而物料间的孔隙对熔化波的传递会起到阻碍作用。

俄罗斯库兹明诺夫(Кузьминов)等[3]系统地研究和建立了冷坩埚熔炼理论,针对氧化物的熔炼提出了建议的感应线圈功率因数为

$$\cos\varphi = P_m/(\eta P_i) \tag{5-2}$$

式中,P_m 为熔体中释放的功率;P_i 为进入感应线圈的功率;η 为常数。P_m 可以用贝塞尔函数描述,即

$$P_m = 0.5\pi\rho m^2 H_{me}^2 A(m)h \tag{5-3}$$

$$m = d/\sqrt{2}\delta \tag{5-4}$$

式(5-3)和式(5-4)中,m 为表征感应电流穿透物料的能力,m 越小,穿透能力越强;H_{me}、$A(m)$、h 和 δ 分别为材料表面磁场强度振幅、含有贝塞尔函数的多项式、物料高度和集肤深度。研究表明,当线圈高度和熔体高度接近、并且 m 在 $2\sim7$ 时,物料中的感应热能最有效释放。然而,由理论计算出的 m 值往往较小,实际过程中,为了提高制备体积,在功率满足的条件下,通常采用 $1\sim2$ 倍最佳坩埚直径的设计。

传统熔炼式电磁冷坩埚对感应线圈产生的高频电磁场有很强的屏蔽作用,磁力线无法有效透入坩埚内部加热物料。由此,进一步发展出感应器熔炼式冷坩埚,图 5-3(a)和(b)分别为其工作原理图和实物图,它的特点是将线圈和坩埚整合成一体,坩埚壁同时起到装载物料和感应线圈的作用,产生的交变磁场直接作用于物料,避免了坩埚壁的屏蔽效应,特别适用于高电阻率材料的熔炼,如氧化物和难熔玻璃。

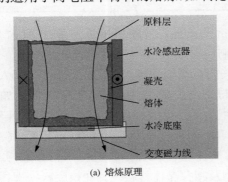

(a) 熔炼原理　　　　　　　　　　　　　　　(b) 感应器冷坩埚

图 5-3　感应器熔炼式冷坩埚工作原理与材料制备[10]

随着冷坩埚技术的发展,20 世纪 90 年代中后期出现了底漏式结构设计,使冷坩埚的功能和应用领域扩大[11]。图 5-4(a)为底漏浇铸式冷坩埚,制备原理如图 5-4(b)所示,高熔点合金在坩埚内进行熔炼过热后,卸载功率并移动底部堵口,熔体在重力作用下直接流入下部预热的型腔。由于坩埚上部可以继续添料,所以此方法可以熔炼制备比坩埚内腔

容量更多的物料[12]。

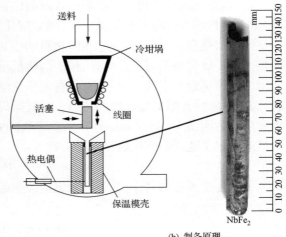

(a) 底漏式冷坩埚　　　　　　　　　　　　　　　　(b) 制备原理

图 5-4　底漏式冷坩埚制备材料

　　熔炼式冷坩埚技术经过了五十多年的发展,在熔炼理论和相关材料的制取工艺上已日趋成熟,并广泛应用在制备活泼金属、高温结构材料、难熔材料和核废料玻璃固化等领域,如表 5-1 所示。

表 5-1　冷坩埚制取材料应用领域

应用领域	材料制备
结构材料	钛合金,金属间化合物,超纯钢铁,陶瓷,高纯铝合金
核废料处理	核废料玻璃固化,放射性靶材
功能材料	多晶硅,特种玻璃,磁性合金,磁性材料,储氢电极合金
生物医用	医用生物材料,形状记忆合金

　　德国 ALD 真空技术公司和 ACCESS 研究所开展了冷坩埚熔炼制备 TiAl 合金汽车排气阀的研究,如图 5-5(a)所示[13],其加速响应时间和降噪度明显优于传统钢铁材料。Hannover 大学对冷坩埚熔炼氧化物以及相关的物理场建模、计算方面进行了深入研究,在制备过程、熔体温度和流动形态等方面取得了很多成果,制备出的 ZrO_2 铸锭如图 5-5(b)所示[10]。俄罗斯科学院在介电体的冷坩埚熔炼理论和冷坩埚参数设计领域开展了大量工作,并对 Czochralshi 法生长单晶氧化物、R_2O_3-Al_2O_3-SiO_2(R 为稀土元素)高温高纯特种玻璃、菲安尼特光学玻璃和部分稳定的 ZrO_2(PSZ)陶瓷结构材料的制备进行了系统研究,在国际上首次制备出单晶状态的氧化物及相关晶体材料[3]。在核废料处理领域,冷坩埚玻璃固化法是目前最为先进的手段,它将高放射性的核废料和玻璃基料一起放置在冷坩埚内进行熔炼,如图 5-5(c)所示,最终浇铸成玻璃固化体,便于存放[14]。日本主要集中研究超纯钢铁的冷坩埚悬浮熔炼和制取[15]。我国于 20 世纪 80 年代后期开始引进并发展冷坩埚熔炼技术,哈尔滨工业大学于 1996 年从德国引进 30kg 级水冷铜坩埚设备,对金属间化合物感应凝壳熔炼(induction skull melting,ISM)过程中的物理化学反应机制

和熔体成分控制进行了深入研究,制备出的 TiAl 合金铸锭如图 5-5(d)所示。

(a) TiAl合金汽车排气阀　　　　　　　　　　(b) ZrO₂铸锭

(c) 核废料玻璃固化　　　　　　　　　　(d) TiAl合金铸锭

图 5-5　熔炼式冷坩埚应用

5.1.2　定向凝固制备 TiAl 合金

目前,高温合金是 600℃ 以上主要的发动机叶片结构用材,但此类合金密度偏高,通常达到 $8g/cm^3$ 以上,极大增加了发动机重量[16]。为实现飞行器减重和提高发动机推重比,TiAl 合金作为一种轻质高温结构材料,其密度仅为 $4g/cm^3$ 左右,且有着优良的高温强度、耐蚀性和抗蠕变性,被认为是发动机 650~900℃ 的最佳候选材料[17]。其中,传统双相全 α_2/γ 片层和双态粒状组织由于前者优异的断裂韧性和后者良好的塑性受到更多关注。研究表明,对于叶片材料,拥有全 α_2/γ 片层组织的 γ-TiAl 合金具有最佳综合性能[18]。Boeing 公司首先将熔模铸造的 Ti48Al2Cr2Nb 合金成功应用在 GE-nx90 发动机第 6、7 级低压涡轮叶片上,如图 5-6 所示,由此实现了发动机的大幅减重[19]。

为了进一步提升材料的性能潜力,采用定向凝固技术,完全消除晶体横向晶界,可显著提高材料的初熔温度、受载方向的强度、塑性和持久性能[20],是高性能涡轮叶片制备的主要方法。例如,在 1200℃ 的发动机工作环境中,目前只有定向凝固制备的单晶 Ni 基合金叶片满足服役条件[21]。定向凝固制备的共晶复合陶瓷材料,其工作温度可达 1700℃,有望作为非冷却叶片材料使用在推重比为 15 以上的发动机上[22]。

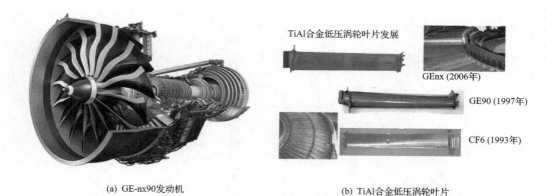

(a) GE-nx90发动机　　　　　　　　　　　(b) TiAl合金低压涡轮叶片

图 5-6　TiAl 合金涡轮叶片的应用

定向 TiAl 合金在涡轮叶片上具有巨大的性能优势,多年来研究人员在凝固组织控制和模壳材料研制方面开展了大量工作[23]。研究发现,当 TiAl 合金为定向组织且片层方向与受力方向一致时,其高温蠕变速率仅为铸态组织的几百分之一[24]。Yamaguchi 等较为系统地研究了具有单一层片取向的 TiAl 基合金组织和性能之间的关系[18,25]。目前,通过调整成分和控制凝固参数,可初步实现片层取向控制,如籽晶法、成分调整法、自引晶法和二次定向凝固法。然而迄今为止,尚未见到有关定向凝固 TiAl 合金构件应用的报道,这主要是 Ti 元素的高温化学活性大,由此造成的合金熔体污染问题始终没有解决,使 TiAl 合金的定向制备仍处于实验室研究阶段,导致无法进一步开展工业级尺寸 TiAl 合金铸锭制备和定向组织控制的研究工作。

图 5-7 是目前传统采用的 TiAl 合金定向凝固方法和原理图。图 5-7(a)和(b)为加热方式不同的 Bridgman 法,都使用了小尺寸陶瓷型壳来约束和盛装熔体,此过程无法避免陶瓷材料对熔体的污染和组织控制的影响。并且,陶瓷颗粒在组织中作为脆性质点,会恶化材料的性能。但是,采用陶瓷型壳进行 TiAl 合金定向凝固研究具有设备简单、成本低和操作容易的优点,所以仍广泛应用于 TiAl 合金微观组织控制的研究。图 5-7(c)为光区悬浮定向凝固,Yamaguchi 领导的研究团队采用此方法在 TiAl 合金定向凝固理论、组织控制和性能关联方面开展了大量研究,它的优点是避免了熔体的污染,所制备出的 TiAl 合金试样可以很好地体现材料固有的力学性能[18,24,25]。但是,它所制备出的试样尺寸较小,形状简单,无法满足工业应用的需求。图 5-7(d)为电磁约束成形定向凝固原理,它是由西北工业大学首先提出并发展的。此过程中,熔体完全靠电磁力约束,彻底避免了污染问题,并且可以实现较大尺寸的 TiAl 合金成形[26]。然而,靠电磁力约束复杂形状的熔体较为困难,且当熔体体积较大时,电磁约束力往往不足。研究表明,采用电磁约束成形定向凝固 TiAl 合金,要同时实现大体积熔体悬浮、截面形状控制和组织控制,在技术程度上是十分复杂的,需要进一步深入研究。

综上所述,熔体污染、尺寸限制和成形问题无法满足定向凝固 TiAl 合金工程化应用的需求。所以,开展工业级尺寸 TiAl 合金定向洁净制备技术及组织控制研究是 TiAl 合金的发展趋势,也是当前面临的难题。

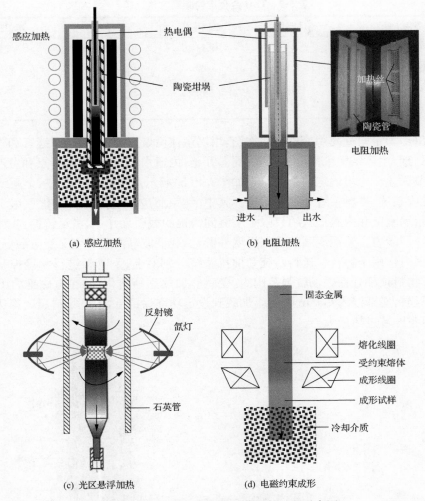

(a) 感应加热　　　　　　　　　　　　(b) 电阻加热

(c) 光区悬浮加热　　　　　　　　　　(d) 电磁约束成形

图 5-7　TiAl 合金定向凝固装置与过程示意图

5.1.3　电磁冷坩埚定向凝固原理与过程

　　针对高活性、高熔点材料定向凝固过程中的熔体污染和工业尺寸成形限制问题,哈尔滨工业大学开发出电磁冷坩埚定向凝固技术,不仅避免了陶瓷坩埚对 TiAl 合金组织的影响,并且将冷坩埚技术从熔炼领域拓展到成形及组织控制领域,由此同时解决了熔体污染、工业尺寸成形和定向组织制备问题[7]。目前几种 TiAl 合金定向凝固方法的比较在表 5-2 中列出。由于水冷铜坩埚的引入,物料和坩埚壁之间产生软接触,电磁推力和坩埚内腔同时对物料进行约束,克服了电磁约束成形定向凝固中坯料截面形状控制困难的问题,可较为容易地实现不同截面形状坯料的定向凝固。

表 5-2　　TiAl 合金定向凝固方法比较

定向凝固方法	熔体污染	截面形状	试样尺寸	组织控制
冷坩埚定向凝固	无	圆、扁、方	≥35mm	较易
陶瓷型定向凝固	有	圆	≤15mm	容易
电磁约束成形定向凝固	无	圆、扁	≥30mm	较难
光悬浮定向凝固	无	圆	≤15mm	容易

　　图 5-8(a)为定向凝固用冷坩埚实物图,坩埚主体由紫铜加工而成,开缝区和外表面均通过绝缘处理,主体结构采用上下开通、周向开缝、内通水道设计,详细特点和发展阶段将在 7.3.4 节详述。冷坩埚定向凝固原理如图 5-8(b)所示,其过程主要由三个系统配合实现:约束感应系统、送料系统和抽拉系统。其中,约束感应系统是物料熔化和组织控制的核心。冷坩埚刚度和内腔形状约束限定了凝固铸锭的截面尺寸,以满足铸锭连续抽拉、坩埚透磁和冷却能力。紫铜线圈装套在坩埚外壁,加载谐波电流后产生交变电磁场,通过开缝透入坩埚内作用于物料。送料系统和抽拉系统分别对上、下物料进行相接控制。定向抽拉前,下物料顶部处在磁场较强范围内,受感应加热逐渐熔化,并在电磁推力下形成液相驼峰,下物料底部浸入 Ga-In 合金。加载到设定功率保持后,上下物料温度都达到平衡稳态,熔池各区域过热最大。

(a) 定向凝固用冷坩埚

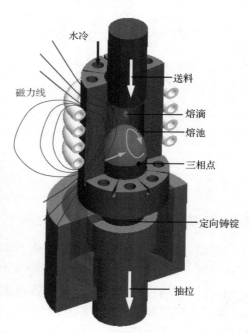

(b) 冷坩埚定向凝固原理

图 5-8　电磁冷坩埚定向凝固工作原理

　　定向凝固开始后,按照送抽体积相等的原则进行送料和抽拉。整个过程中,在热端熔池和冷端 Ga-In 合金的共同作用下,下物料内始终存在自上而下的热流,形成轴向温度梯度,随着浸入 Ga-In 体积的增大,其定向凝固长度逐渐增加,而送料熔滴不断对熔池进行补料。

目前,在冷坩埚结构优化设计基础上,已成功制备出表面质量良好、宏观组织定向和力学性能优良的 TiAl 合金坯锭[27]。研究表明,约束感应、送料和抽拉三个系统之间的科学配合是成功实现组织定向的关键,如物料、坩埚和线圈之间的相对位置、电流参数和抽拉速率的选择等。

5.2　电磁场分布特征与定向凝固用冷坩埚优化设计

5.2.1　电磁场作用

电磁场在坩埚中的分布特征和变化规律是冷坩埚悬浮与定向凝固组织控制的基础。首先,熔体在电磁力推力约束下形成液相驼峰,其自由表面形状和电磁压力 P_{EM} 的关系为[28]

$$\rho g \Delta h = P_{EM} + \phi\left(\frac{1}{r_1} + \frac{1}{r_2}\right) + \Delta P \tag{5-5}$$

$$P_{EM} = \frac{B^2}{2\mu} \tag{5-6}$$

式(5-5)左边为高度 Δh 的熔体产生的静压力,右边前两项分别为电磁压力项和熔体表面张力项,ΔP 为坩埚壁对物料的支持力。在驼峰形状稳定时,自由表面上的每一点应满足式(5-5)和式(5-6)。其中,ρ、B、μ 和 ϕ 分别为熔体密度(kg/m³)、磁感应强度(T)、磁导率(H/m)和熔体表面张力系数;r_1 和 r_2 为熔体曲率半径。

图 5-9 为 Fe 熔体形状在不同电流强度下的计算结果[29]。当电流为 600A 时,物料上部完全被推离坩埚壁,物料底部和坩埚壁之间为软接触状态,如图 5-9(a)所示。增加电流至 800A 后,如图 5-9(b)底部熔体被推离坩埚壁,整个熔体形状在电磁压力下变得高耸,超出了坩埚顶部高度,基本呈全悬浮状态,其电磁力分布如图 5-9(c)所示,由于物料最底部不受到向上的电磁推力,故仍存在小面积的接触。增大电流可以获得更大的电磁推力,使更多的熔体处于完全悬浮状态,这将有利于降低物料的热量损耗。电流为 600A 和 800A 时,熔体温度分别为 1415℃和 1585℃,完全悬浮熔炼时,物料只发生辐射散热,可获得过热度较高的洁净熔体。

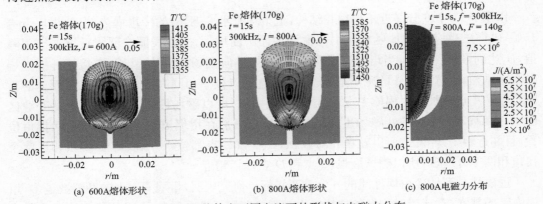

(a) 600A熔体形状　　　　　(b) 800A熔体形状　　　　　(c) 800A电磁力分布

图 5-9　Fe 熔体在不同电流下的形状与电磁力分布

交变电磁场对坩埚内物料感应加热时,电磁感应物料表面的功率流在其内部被损耗而转变为焦耳热,集肤层厚度 δ 内吸收的平均功率 P_δ 为[30]

$$P_\delta = \frac{1}{2} H_{0m}^2 R_S \tag{5-7}$$

$$R_S = \frac{1}{\sigma\delta} = \sqrt{\frac{\pi f \mu}{\sigma}} \tag{5-8}$$

式中, H_{0m} 和 R_S 分别为合金表面磁场强度场量的最大值和合金的表面电阻。由式(5-7)和式(5-8)可知,磁场越强,电流频率 f 越高,电导率 σ 越小,则电磁场对物料的加热作用越强,集肤层单位时间内产生的热量越多,有利于熔体的过热和补偿热量损耗。

电磁场加热坩埚内物料的同时,还对熔体进行电磁搅拌,在交变电磁场中,感生电流 $u \times B$ 的方向满足右手法则。运动熔体的欧姆定律和描述熔体流动的 Navier-Stokes 方程分别为[31]

$$J = \sigma(E + u \times B) \tag{5-9}$$

$$\rho \frac{du}{dt} = \nabla(\eta \nabla u) + \rho g + J \times B - \nabla P \tag{5-10}$$

式中, u 为速率矢量; σ 为熔体电导率; η 为熔体运动黏度。

冷坩埚中的适当电磁搅拌可以起到促进熔体温度和成分均匀的作用。熔体的流动形态、搅拌强度和范围主要受电流大小和频率的影响。

图 5-10 显示了 7kg TiAl 合金在 5kHz 和 20kHz 时的熔炼状态(熔体形状、温度分布和流场)[10,32,33]。在较高频率下,由于电磁推力较弱,导致熔体高度较低,流动速率较低,使电磁搅拌程度减弱。但是,高频有利于熔体的过热,在熔体相似区域,20kHz 时的熔体过热度比 5kHz 时平均要高 10K 左右。

5.2.2　电磁场分布特征

坩埚结构和电流参数是影响冷坩埚内磁场分布的主要因素。一般来说,线圈高度中部附近的磁场最强,对坩埚内物料的加热效率最高。同一高度下,由于坩埚瓣的屏蔽作用,开缝处磁场最强,而分瓣中点处相对最弱。由于线圈的邻近效应,坩埚拐角处磁场较强,而内腔边中部磁场较弱。

以图 5-11 中 6 分瓣近矩形内腔结构(上下均有水冷铜环)的冷坩埚为例,从坩埚下端开始,轴向磁感应强度 B_z 随着坩埚高度增加而不断增大,并在线圈中部附近位置出现峰值, B_z 达到最大。随后,当坩埚高度继续增加时,轴向磁场 B_z 开始衰减,在接近开缝终端时衰减剧烈,开缝区以外的磁场很弱。$A \sim E$ 这 5 点处于相同高度、但分布在截面上的不同位置。A 点既处于坩埚瓣中点,又位于长边中点,所以磁场最弱;磁场总体上从开缝区向中心衰减,所以 B 点处磁场也相对较弱;D 点虽然在坩埚瓣中点,但处于坩埚拐角位置,且邻近两个开缝区,所以磁场相对较强;C 点和 E 点都位于开缝区,但 E 点邻近两个拐角和两个开缝区,所以磁场最强,C 点和 D 点磁场相近[7]。

透磁性是评估冷坩埚性能的一个重要指标。研究表明,坩埚周向上的开缝数越多,坩埚内磁场越强,意味着对物料的加热能力越强。美国活性金属公司 BMI 研究所对直径为

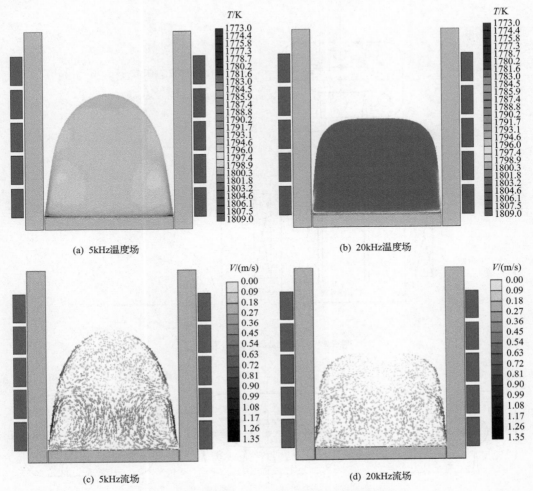

(a) 5kHz温度场

(b) 20kHz温度场

(c) 5kHz流场

(d) 20kHz流场

图 5-10 不同频率下的 TiAl 合金电磁冷坩埚熔炼状态

500mm 的熔炼式冷坩埚进行了磁场测量。无开缝时,坩埚内磁场基本被屏蔽,当开缝数从 1 条增加到 4 条时,磁场衰减呈显著下降的趋势。但是当开缝数达到一定数量后,透过坩埚壁的磁力线密度达到饱和,再增加开缝数时,其透磁效果基本不变[1]。

开缝数和位置对定向凝固用冷坩埚内磁场分布的影响如图 5-12 所示[34]。冷坩埚内腔长 42mm,宽 8.4mm。当缝数由 4 条增大到 6 条时,磁感应强度 B_z 在 x 和 y 方向上的分布趋势基本不变,B_z 增大到约原来的两倍。当缝数进一步增大到 8 条时,x-y 面上各处 B_z 值都显著增加,短边开缝处增加幅度较小,坩埚中心增加幅度大。这表明,坩埚内各处 B_z 的增加幅度与开缝数增加之间呈非线性关系。

王艳丽等采用小线圈法,测量研究了不同开缝结构冷坩埚的轴向磁场分布,并对离散点进行了高斯函数拟合,获得了结构参数与电磁场分布的关联[34,35],如图 5-13(a)所示。轴向磁感应强度 B_z 在坩埚高度 H 方向随缝数 s 的变化为

$$B_z = (-0.1 + 0.6s - 0.1s^2) + (279 - 111s + 13s^2) \\ \times \exp(-0.5 \times \{[H + (30 + 1.1s - 0.1s^2)]/(47 - 10s + s^2)\}^2) \quad (5\text{-}11)$$

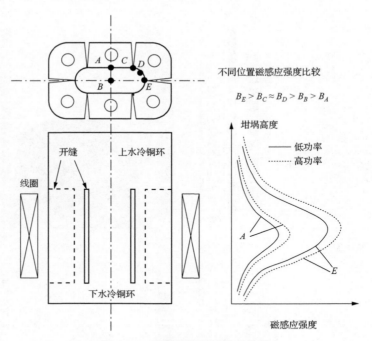

图 5-11　冷坩埚内磁场分布特征

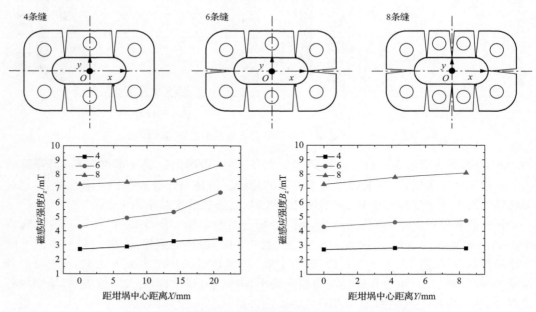

图 5-12　开缝数对定向凝固用冷坩埚内磁场分布的影响

轴向磁感应强度 B_z 在坩埚高度 H 方向随缝长 h_2 的变化为

$$B_z = (2.6 - 0.02h_2) + (1012 - 14h_2)$$
$$\times \exp(-0.5 \times \{[H + (15.2 + 0.3h_2)]/(-1374 + 28h_2)\}^2) \tag{5-12}$$

综合图 5-12 与图 5-13（a）可知,随着开缝数目增多,屏蔽作用逐渐减弱,坩埚内的磁场强度增强,加热熔化能力提升。然而需要注意的是,增加开缝数目将使坩埚结构和冷却系统复杂化,每个坩埚瓣内都有独立的水冷通道,当内腔形状确定时,过多的开缝会造成分瓣截面尺寸的缩小,由此降低坩埚强度,并且水冷通道的加工非常困难,使坩埚制造难度和成本提高。所以,定向凝固用冷坩埚的开缝设计需要结合透磁性和可加工性共同考虑。

针对图 5-12 的 6 开缝情况,从 5-13（b）的轴向磁场分布可知,增加缝长可以有效增加坩埚内磁感应强度,从而使物料受到感应加热的程度增强。图 5-13（b）中的 $\Delta H_2 > \Delta H_1$,说明长缝坩埚能在更大的高度范围内达到某一确定磁感应强度 B_z,由此可预计在相同功率下,长缝坩埚内的熔区范围较大且熔体的过热度更高。

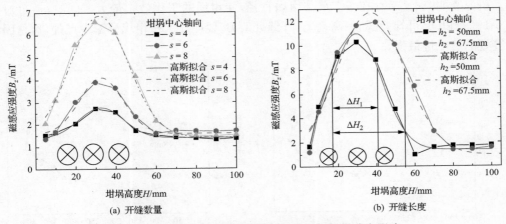

(a) 开缝数量　　　　　　　　　　　　(b) 开缝长度

图 5-13　开缝对定向凝固用冷坩埚内轴向磁场分布影响

通过建立三维有限元模型,如图 5-14 所示,可系统地研究坩埚结构和电流参数对定向凝固用冷坩埚内磁场的影响[36]。坩埚集肤层厚度内采用细化网格,以提高计算精度。

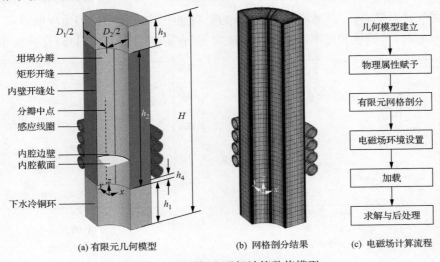

(a) 有限元几何模型　　　　　(b) 网格剖分结果　　　　(c) 电磁场计算流程

图 5-14　冷坩埚电磁场计算数值模型

Chen 等[37,38]以圆形内腔坩埚为研究对象,采用 1/4 对称结构建模,研究了结构和电流因素对定向凝固用冷坩埚内电磁场分布的影响,其标准模型的结构尺寸在表 5-3 中列出。

表 5-3 标准坩埚模型的尺寸和电源参数

结构参数	下水冷铜环高度(h_1)	缝长(h_2)	上水冷铜环高度(h_1)	h_4	总高(H)	坩埚外径(D_1)	坩埚内径(D_2)	缝宽(d)
尺寸/mm	30	100	20	3	150	60	30	1

当坩埚壁厚为 15mm、内径 D_2 为 24mm、30mm 和 48mm 时,磁场计算结果如图 5-15 所示。在线圈高度范围内,随坩埚内径减小,B_z 随之增大。这说明当功率一定时,缩小坩埚内腔可获得更大的磁力线密度。但是,过小的坩埚内径使物料容积下降,降低能量利用率。研究表明[37,39,40],存在一个最佳坩埚直径,使坩埚的工作效率最大。同时,通过对比图 5-15(a)和(b)可知,在同一高度上,开缝处的 B_z 要明显大于坩埚分瓣中点处,这是因为开缝处的透磁性最强。

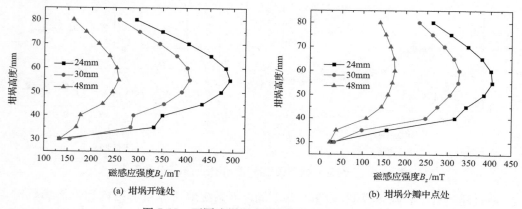

(a) 坩埚开缝处   (b) 坩埚分瓣中点处

图 5-15 不同冷坩埚内腔直径 D_2 下的 B_z 分布

坩埚外径不变时,不同壁厚对内腔 B_z 的影响如图 5-16 所示。当坩埚壁厚从 7mm 变化到 17mm 时,开缝处和坩埚瓣中点处的最大 B_z 在起初呈现下降趋势,达到极小值后又

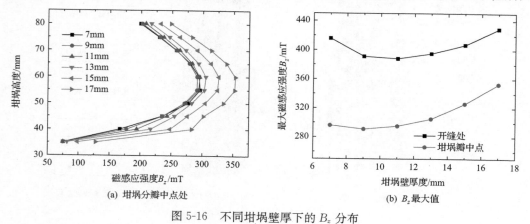

(a) 坩埚分瓣中点处   (b) B_z 最大值

图 5-16 不同坩埚壁厚下的 B_z 分布

上升,从图 5-16(b)中可以很明显看到这一变化趋势。较薄的坩埚壁设计可以降低坩埚对电磁场的屏蔽性,由此会在坩埚内部出现一个较大的 B_z 值。坩埚壁的增厚会增大坩埚瓣对电磁场的屏蔽,所以导致其内部 B_z 值的降低。随着坩埚壁的进一步增厚,坩埚的内部空间逐步缩小,使坩埚内壁周长上的开缝密度增加,因此 B_z 值随之增大。

　　开缝大小对坩埚内磁场也有重要影响。当矩形缝宽度从 0.4mm 增加到 1.6mm 时,B_z 的计算结果如图 5-17 所示。B_z 随着开缝宽度的增加而增加,在坩埚高度大约为 55mm 时(线圈半高附近)达到峰值,最大 B_z 值和开缝宽度呈近线性的关系。随着开缝宽度的增加,坩埚的透磁性增加,因此,开缝宽度的增加可能会导致开缝处和坩埚瓣中点处 B_z 之间差值的增大。当开缝形状为楔形时,研究表明,随着开缝截面积的增大,坩埚的透磁性增加,开缝处和分瓣中点处的磁场都有显著提高。文献研究也表明[41,42],相对于矩形开缝,三角形开缝具有增大坩埚透磁性的优势。但是,为增大开缝截面积而使坩埚瓣截面形状尖锐化,会阻碍分瓣上感应涡流的产生和增加,过大的开缝宽度甚至会导致熔体流入缝内,使坩埚瓣之间出现短路。

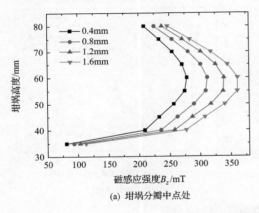

(a) 坩埚分瓣中点处

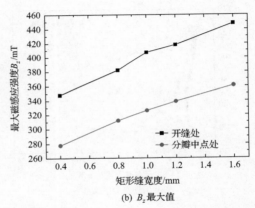

(b) B_z 最大值

图 5-17　不同矩形缝宽下的 B_z 分布

　　水冷铜环起到连接坩埚水道和提高坩埚强度的作用,在有上下水冷铜环的情况下,坩埚内磁场分布如图 5-18(a)所示。可明显看出,水冷铜环的存在对坩埚内磁场有强烈的削弱作用,这是由于屏蔽效应造成的[43,44]。由于上水冷铜环和感应线圈的距离较远,所以对坩埚内的 B_z 值影响较小。进一步,当下水冷铜环和感应线圈距离(h_4)不同时,分瓣中点处 B_z 值分布如图 5-18(b)所示。结果表明,h_4 的减小导致 B_z 值整体衰减。因此,一个适当较大的 h_4 值可有效减少系统的功率损失。但是,过大的 h_4 值会增大熔体到底部 Ga-In 金属之间的冷却距离,从而可能降低物料内的温度梯度。

　　除了坩埚结构,电流参数也是影响冷坩埚内磁场分布的重要因素[38]。在 50kHz 下,电流强度对坩埚内磁场 B_z 值的影响如图 5-19 所示。由图明显看出,开缝处和坩埚瓣中点处的 B_z 值随着电流强度的增加而增加,B_z 最大值位置大约在感应线圈中部。在同一高度,由于开缝处良好的透磁性,开缝处的 B_z 值大约是坩埚分瓣中点处 B_z 值的 1.5 倍。当频率一定时,熔化一定质量的物料存在一个临界功率值,称为启熔功率。低于启熔功率时,坩埚中的物料不能熔化。坩埚透磁性越好,启熔功率越低。因此,如果电流频率较低

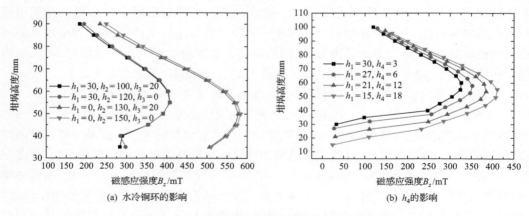

图 5-18　水冷铜环对坩埚瓣中点处 B_z 值的影响

或过高,则应适当增大电流强度,使物料产生足够熔化的感应热。

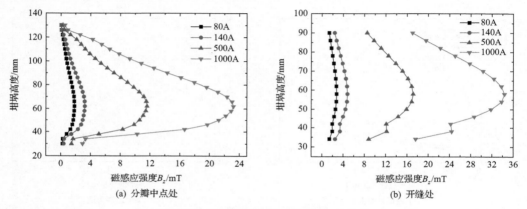

图 5-19　不同感应电流参数下的 B_z 分布

电流频率对坩埚内磁场影响如图 5-20 所示。由图可见,随着频率的降低,坩埚瓣中点处的 B_z 值增加,文献[43]中也有相似的研究结论。频率越高,坩埚壁对电磁场的屏蔽

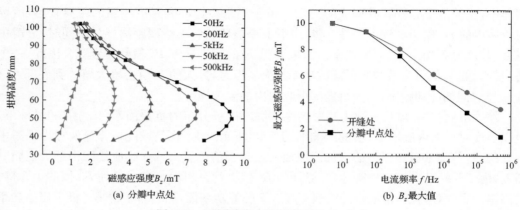

图 5-20　不同感应电流频率下的 B_z 分布

效应越大,因而较低的电流频率有利于提高磁场的穿透性。图 5-20(b)表明,开缝处和坩埚瓣中点处的最大 B_z 值在 50Hz 以下时几乎一样,随着频率的增加,两者差距逐渐增大。另外,从感应加热方面考虑,由式(5-7)和式(5-8)可知,较低的频率会降低物料集肤层内产生的感应热,不利于物料的升温和熔化。由此,频率选择范围需结合温度场分析确定,并且还应考虑电磁搅拌对熔体和组织生长的影响。

5.2.3　磁场均匀性

由图 5-15～图 5-19 分析可知,开缝处区域由于其良好的透磁性,其磁场要强于相同高度的坩埚瓣中点处,这意味着坩埚内同一高度、不同位置对物料的电磁推力和加热能力不一致,进一步对定向凝固过程产生重要影响。事实上,研究结果已经表明坩埚结构对凝固界面形状的影响,如图 5-21 所示[45]。

对于圆形内腔坩埚,其结构对称性高,周向上对物料的推力和加热较为均匀,部分热量通过物料表面和坩埚壁发生热交换,更多的热量在物料内部蓄积。因此,尽管可以通过功率和抽拉速率来调控凝固界面形态,但一般情况下,凝固界面呈现出下凹形貌,如图 5-21(a)所示。对于近矩形内腔坩埚,如图 5-21(b)所示,它在短边对开两条缝,长边两侧对开四条缝,而中部没有开缝。结果发现,凝固界面的中部位置总是呈现出上凸的形貌,而长边开缝区附近的凝固界面下凹。当内腔为扁形时,如图 5-21(c)所示,它的结构相当于在近矩形内腔结构基础上,在长边中部再对开两条缝。结果表明,长边中部的开缝使原本上凸的凝固界面变得下凹,同时,相邻两侧由于不在开缝区而变得上凸,长边两侧区域由于存在四条对开的缝,还是呈现出下凹的形态。

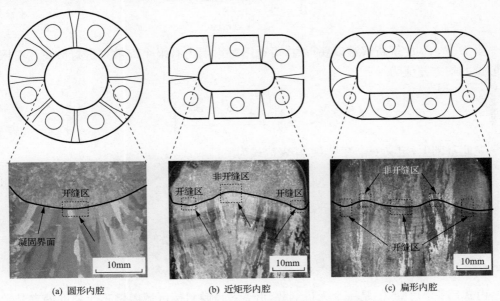

图 5-21　开缝结构对 TiAl 合金凝固界面形状的影响

在研究冷坩埚定向凝固组织控制的初期,研究者投入大量工作来控制凝固界面平直化,主要集中在凝固参数和过程参数对界面形态的影响。对于各种内腔形状的坩埚,凝固界面总是随着抽拉速率和功率的增加而逐渐下凹。根据这个重要的分析结果,针对不同材料的冷坩埚定向凝固,可以通过正交实验来确定最优的工艺条件,提高凝固界面的平直化程度。

但是,对于某些特定结构的坩埚,发现通过调整参数很难获得较为平直的凝固界面,甚至无法熔化物料和完整成形。通过对不同内腔形状中凝固界面特征的对比分析后,发现坩埚结构对组织控制具有重要影响。在同一高度下,磁场在物料与坩埚接触的周向区域内分布不均匀,这会造成物料在同一高度上受到的电磁推力不一致。在透磁性较强区域,如开缝处,物料受到的电磁推力较强,且受到的加热作用也较强,使内部邻近的凝固界面更加下凹。同理,在磁场较弱区域时,如长边未开缝处,物料受加热程度较低,相比于开缝处附近物料,三相点高度和凝壳厚度都会较大,熔池深度相对较浅。进一步,当坩埚内腔不同区域的透磁性差异很大时,凝固界面高度出现差异,且宏观弯曲形状很难调整,整体上呈现出明显的坡度形貌,不利于柱状晶的定向生长。

由此,冷坩埚内的磁场分布特征对定向凝固过程有重要影响,尽量降低同一高度下磁场的不均匀性,是定向凝固用冷坩埚设计必须考虑的,这也是和熔炼式冷坩埚设计的重要区别之一。为了评估冷坩埚内磁场波动幅度的相对大小和程度,可引入方差分析来研究磁场均匀性的问题。首先,对于坩埚内有限个离散点,磁感应强度平均值 $\bar{B}$ 为[45]

$$\bar{B} = \frac{1}{n} \sum_{i=1}^{n} B_i \tag{5-13}$$

当 B 在一定范围内为连续变量时,式(5-13)可以表示为

$$\bar{B} = \frac{\iint B(x,y)\,\mathrm{d}x\mathrm{d}y}{\iint_{\sigma} \mathrm{d}x\mathrm{d}y} \tag{5-14}$$

当 $B(x,y)$ 的解析解难以获得时,可选用对坩埚内有限个离散点进行分析。有限个离散点的均方差值为

$$S_B = \sqrt{\frac{\sum_{i=1}^{n} (B_i - \bar{B})^2}{n}} \tag{5-15}$$

在此基础上,定义一个变量 U,其表达式为

$$U = \frac{S_B}{\bar{B}} \tag{5-16}$$

将式(5-15)代入式(5-16),可得到

$$U = \frac{1}{\bar{B}} \sqrt{\frac{\sum_{i=1}^{n} (B_i - \bar{B})^2}{n}} \tag{5-17}$$

由式(5-17)可知,U 是一个无量纲数,可有效反映目标区域内磁感应强度偏离其数学方差的程度,可称为磁场均匀性指数。U 值越小,说明区域内的磁场均匀性越高,有利于凝固界面平直化和组织定向生长;反之,U 值越大,说明区域内的磁场均匀性越低,不利于定向凝固。由于集肤效应,紧邻坩埚内壁一周区域的磁场是物料最能有效利用的,此区域

的交变磁场一方面加热物料,一方面对物料产生电磁推力,形成驼峰熔池,其均匀性对定向凝固过程影响很大。

在图 5-14 所示模型基础上,选取线圈中部高度的坩埚内腔边壁(inner rim)和内腔截面(inner section),通过式(5-17)计算分析坩埚结构和电流参数对内腔磁场均匀性的影响,结果如图 5-22 所示。

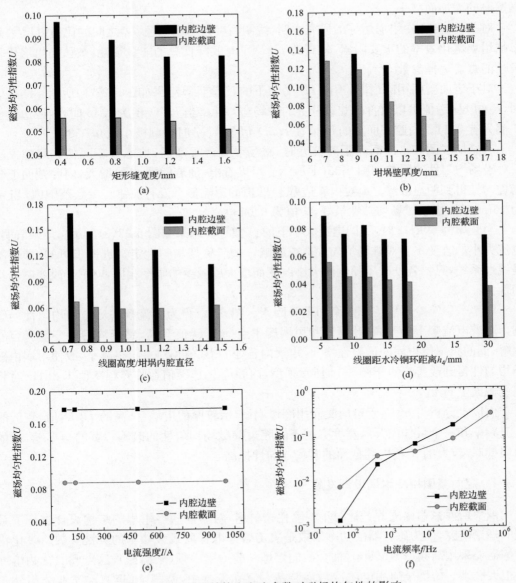

图 5-22　冷坩埚结构和电流参数对磁场均匀性的影响

图 5-22(a)显示了不同矩形缝宽度对磁场均匀性指数 U 的影响。当缝宽从 0.4mm 增加到 1.6mm 时,内腔截面的磁场均匀性得到改善。开缝宽度为 1.2mm 时,内腔边壁上的 U 值达到极低值 0.082。这说明存在一个最佳开缝宽度设计,使坩埚边壁磁场均匀

性最高。图 5-22(b)为坩埚壁厚对磁场均匀性的影响,此时坩埚外径为 60mm。由此可看出,磁场均匀性随着坩埚壁厚的增加而得到改善。

当坩埚壁厚从 7mm 增加到 17mm 时,内腔边壁上的 U 值从 0.163 降低到 0.073,内腔截面的 U 值从 0.128 降低到 0.041。磁场均匀性的改善是由电磁场受到屏蔽的程度增加造成的。由图 5-16(b)可知,开缝处最大 B_z 值和分瓣中点处最大 B_z 值的差值,随着坩埚壁厚的增加而减小。

对 TiAl 合金冷坩埚熔炼的研究表明,线圈高度和坩埚直径(D)之间的比值(H/D)是影响坩埚熔化效率的重要因素,较高的 H/D 可有效降低总的能量损耗,被认为坩埚优化设计的重要选择参数[32,33]。

对于定向凝固用冷坩埚,不同 H/D_2 值下的 U 值计算结果如图 5-22(c)所示。结果表明,高的 H/D_2 值可以改善内腔边壁上的磁场均匀性。当 H/D_2 值为 1.46 时,内腔边壁上 U 值只有 0.11。内腔截面上的 U 值在 H/D_2 值为 0.97 时达到极小值 0.058。

当感应线圈和水冷铜环距离较近时,磁场受到严重削弱,熔炼效率降低。间隙大小 h_4 对磁场均匀性的影响如图 5-22(d)所示。可以看出,随着间隙 h_4 的增大,内腔截面上磁场均匀性得到明显改善。h_4 对内腔边壁上 U 值的影响似乎没有规律。参数范围内,当 h_4 为 15mm 时,边壁磁场均匀性最好,U 值为 0.043。

当频率为 50kHz 时,不同电流大小下的 U 值计算结果如图 5-22(e)所示。结果表明,电流大小的改变不会对磁场均匀性造成影响。按照磁场均匀性定义进一步可知,即使不是线性系统,只要各处磁场随电流大小改变而增大或减少的幅度相同,就不会改变磁场均匀性。

频率是影响冷坩埚熔炼效率的重要因素。图 5-22(f)为电流频率对磁场均匀性的影响。随着电流频率的升高,开缝处和坩埚瓣中点处的 U 值升高,磁场均匀性变差。容易理解,低的频率使坩埚的透磁性增大,坩埚内各处的 B_z 值相对差距将减小,故使坩埚内磁场均匀性得到改善。对于图 5-14 所示模型,内腔边壁上 U 值在临界频率值 1.2kHz 时将超过截面上 U 值。

由以上分析可知,对于定向凝固用冷坩埚设计,较厚的坩埚壁、高的 H/D_2 值、较低的电流频率和一个最佳的开缝宽度有利于内腔边壁磁场均匀性的改善。宽的矩形缝,薄的坩埚壁厚,较大的 h_4 使内腔截面的磁场均匀性提高。

5.2.4 定向凝固用冷坩埚设计发展

俄罗斯库兹明诺夫等[3]针对难熔氧化物材料,对熔炼式冷坩埚的结构设计进行了系统的理论研究,认为感应器的功率因数是决定熔体内释放最大功率的关键参数。氧化物熔炼需要采用高频(>1MHz),而金属的熔炼一般采用中频(千赫兹),这点和氧化物熔炼有很大区别。熔炼金属用电磁冷坩埚装备一直在发展中,德国 ALD 真空工业公司处于领先水平,具备大型感应壳熔炼装备的研发与生产能力,生产的冷坩埚均为圆形内腔,最先进的 LEICOMELT 26 型容量为 26 L,频率在 6kHz 左右,功率达到 1300kW,可熔炼 100kg 级 Ti 合金或 TiAl 合金[46]。

利用冷坩埚进行定向凝固,不仅拓展了冷坩埚的应用范围,还发展出区别于熔炼式冷坩埚的冷坩埚结构设计理论,这给研究带来了新的挑战。针对冷坩埚定向凝固的应用目的,其坩埚结构设计应该服从以下原则。

首先,不同于熔炼式冷坩埚,定向凝固用电磁冷坩埚上下开通且有一定斜度,以实现坯料的抽拉过程。其次,考虑到工业应用,内腔截面应该大于工业构件需求的截面尺寸。再者,坩埚壁必须开缝,使电磁场能进入坩埚内腔并作用于物料。整个坩埚体内要设计循环相通的冷却水道,保证铜坩埚不被熔化。最后,在满足上述原则下,坩埚整体设计要力求简约,具有方便的可加工性,尽量避免难度大、复杂和成本高的机械加工手段。各种不同内腔形状和尺寸的定向凝固用冷坩埚如图 5-23 所示。

哈工大开展了系统的定向凝固用电磁冷坩埚设计工作,其起步阶段是圆形内腔,内腔尺寸为 $\phi30mm$,如图 5-23(a)所示[47]。坩埚结构较简单,便于加工。为提高整体刚度,上下均设计了水冷铜环。定向凝固用圆形内腔冷坩埚具有开创意义,基本确立了设计参照和制造工艺流程。但坩埚效率较低,且圆形坯料的后续加工利用率低,提高了应用成本。

(a) 圆形内腔($\phi30mm$)

(b) 近矩形内腔($42mm \times 16.8mm$)

(c) 扁形内腔($48mm \times 16.5mm$)

(d) 扁形内腔($48mm \times 12mm$)

(e) 方形内腔($26mm \times 26mm$)

(f) 方形内腔($36mm \times 36mm$)

图 5-23　不同内腔结构的定向凝固用电磁冷坩埚

第二阶段是内腔扁形化发展[34,48,49]。为了实现叶片坯料的近终成形,设计发展了三种内腔冷坩埚,宽厚比分别为 2.5∶1(图 5-23(b))、3∶1(图 5-23(c))和 4∶1(图 5-23(d))。通过工艺优化得到了表面质量和宏观定向组织较好的铸锭,但由于内腔的逐渐扁形化,使定向凝固用冷坩埚的不足凸显出来,特别是电磁场分布复杂带来的成形性下降:送料宽角部位不易熔化,熔池不同位置受到的电磁约束力和加热非常不均匀,工艺条件苛刻,这些都给稳定制备表面和定向组织良好的铸锭带来了困难。

第三阶段是方形内腔结构的设计发展[50]。采用方形内腔设计可使坯料克服圆形坯料利用率低和扁形坯料成形性不足的问题,且明显提高了表面质量和定向组织的控制水平,目前来看是定向凝固用冷坩埚的优先设计类型,如图 5-23(e)所示。在确定发展方形内腔设计的基础上,一方面通过结构优化来改善坩埚的透磁性,以提高加热效率并降低物料的启熔功率,满足更大内腔尺寸的设计需求;另一方面,引入磁场均匀性指标,通过调整结构参数来获得较低的磁场均匀性指数 U，以提高定向组织的控制水平。在此基础上，设计制造出了 36mm×36mm 方形内腔冷坩埚[51]，如图 5-23(f)所示。

图 5-23(e)和(f)中两个方形坩埚的结构相似，开缝数、分瓣位置和线圈匝数相同，其性能最具有可比性。当电流为 80A、50kHz 时，开缝处的磁场计算结果如图 5-24(a)所示。数据表明，36mm×36mm 方形坩埚具有更好的透磁性，内腔磁感应强度相对较高，这意味着其加热能力也随之增强。进一步计算了图 5-23 中 4 种坩埚在 50kHz 时的内腔磁场均匀性，结果如图 5-24(b)所示。相比于近矩形(near-rectangular,NR)和方形(square)坩埚，圆形(cylindrical)坩埚的磁场均匀性最好，内腔边壁和截面的 U 值都相对最低，这是因为其结构的对称性相对最高。同理，由于较低的结构对称性和复杂的分瓣结构，近矩形坩埚的磁场均匀性最差，并且可以推断，内腔形状越扁，磁场均匀性越差。方形坩埚的磁场均匀性处于前两者之间，36mm×36mm 方形坩埚(square 2)内腔截面的磁场均匀性和 26mm×26mm 方形坩埚(square 1)持平，但边壁的磁场均匀性略有降低，U 值从 0.145 升高到 0.159，这是由其内腔尺寸增大了近一倍造成的。由此可见，对于高能效和大截面尺寸的定向凝固用冷坩埚设计，需要在降低磁场均匀性指数 U 值方面进一步开展工作。

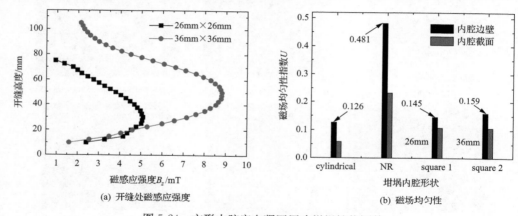

(a) 开缝处磁感应强度 (b) 磁场均匀性

图 5-24　方形内腔定向凝固用冷坩埚性能评估

5.3　冷坩埚定向凝固传热过程

冷坩埚定向凝固过程中的传热行为对凝固界面形貌和组织生长有重要影响。在上送料和下铸锭中，同时存在感应热和物料表面的辐射热。下铸锭处于抽拉运动状态，传热状态复杂，包括凝固区间(糊状区)释放的结晶潜热、凝壳和水冷铜壁之间的界面换热、铸锭底部和液态 Ga-In 合金的界面换热以及送料熔滴和电磁搅拌对温度场的影响。所以，冷坩埚定向凝固的传热分析要合理简化，通过对传热过程的模型化来理解传热机制和各因素的影响，获得系统的冷坩埚定向凝固界面及组织控制理论。

5.3.1　冷坩埚定向凝固过程传热状态演变

根据传热机制和边界条件，可将冷坩埚定向凝固传热过程分为三个阶段[51]：

　　第一阶段：熔池未形成前。传热示意如图 5-25（a）所示。在功率的步进施加下，上送料棒和下铸锭温度逐渐升高，同时，物料表面向环境进行热辐射。在 Ga-In 金属冷却下，下铸锭内热流向下运动。上下物料在此升温阶段均未形成熔池。

　　第二阶段：熔池形成后，定向凝固抽拉前。传热示意如图 5-25（b）所示。随着加热功率升高和时间推移，处于磁场相对较强区域的物料开始熔化并逐渐形成熔池（线圈中部附近），在电磁推力作用下形成驼峰。上送料棒前端边缘稍有熔化后，形成向下凸出略低于其熔点的高温端部。熔体和水冷铜壁接触后形成凝壳，随之发生横向换热。

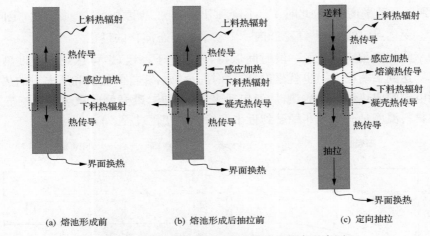

(a) 熔池形成前　　　　　(b) 熔池形成后抽拉前　　　　　(c) 定向抽拉

图 5-25　冷坩埚定向凝固各阶段传热状态示意图

　　图 5-25（b）中，T_m^* 为凝固界面液相前沿中紧靠热对流扩散边界层的温度。在建立物理模型时，假定 T_m^* 在电磁搅拌作用下是均匀的。T_m^* 和加热功率之间的关系比较复杂。一方面，功率增加使物料集肤层在单位时间内感生更多热能，有利于 T_m^* 的增加；另一方面，功率增加会使熔池体积增大，导致凝壳面积增大，从而增强其和坩埚内壁的界面换热，阻碍 T_m^* 的升高。驼峰形状在较高的电磁推力下也会高耸化，甚至会出现漏磁现象，降低电磁能的利用率，也不利于 T_m^* 的升高。

　　第三阶段：定向凝固抽拉过程。传热机制如图 5-25（c）所示。定向凝固开始后，控制上送料棒和下铸锭按一定的速率比同时向下运动，送料熔滴不断对熔池进行等体积的补偿。在抽拉初期，下铸锭的热平衡被打破，其温度分布从一个平衡的稳态向非平衡态演变，这可从两方面理解：首先，仅达到熔点的送料熔滴会降低熔池的过热度；其次，熔池体积和形状在一定抽拉速率下较抽拉前必然发生改变，由此会带来侧向散热程度的变化。抽拉一段距离后，物料的温度分布在一定抽拉速率下，会逐渐过渡到动平衡稳态，而此时的传热特性最为关键，将对定向凝固组织控制产生直接影响。

　　在以上三阶段传热状态分析基础上，考虑到熔池温度 T_m^* 对定向凝固的重要参数 G_L 有直接影响，由此可以将 T_m^* 作为切入点来研究抽拉铸锭的传热特性。T_m^* 在整个冷坩埚定向凝固过程中的演化规律如图 5-26 所示。需要注意的是，T_m^* 在熔池形成之前是没有实际物理意义的，在 T_L 以下时可认为代表将要熔化区域的温度。$t_0 \sim t_1$ 阶段，固相物料温度迅速上升,物料上端在 t_1 时刻达到液相线温度 T_L 后逐渐铺开形成熔池,其过热度在 t_2 以前不断增加。当电磁推力无法平衡一定熔池体积所产生的横向静压力时,熔体和水冷铜壁在 t_2 时刻接触并形成凝壳,随即发生横向换热,导致 T_m^* 在 $t_2 \sim t_3$ 的短时间内迅速降低。随着功率的增加和加热的持续,T_m^* 从 t_3 时刻起又开始上升,当施加到预定功率 P_0 后一段时间,熔池过热度达到最大值 ΔT,其温度为 T_m,对应图 5-26 中的 t_4 时刻。在 $t_4 \sim t_5$ 时间段内,熔池进行保温和溶质均匀化,T_m^* 处于平衡状态。从 t_5 时刻起,进行定向凝固抽拉,在送料熔滴不断注入和抽拉的影响下,T_m^* 开始下降。随着抽拉过程的进行,T_m^* 在 t_6 时刻达到一个动平衡稳态,此时 T_m^* 下降到 T_m',其过热度为 $\Delta T'$。简言之,定向凝固开始后的 T_m^* 变化,是从一个平衡稳态向一个动平衡稳态演化的过程。

待功率施加到预定值后经一段时间保持,T_m^* 趋于稳定,熔体达到最大过热度,此时物料温度场达到平衡稳态。也就是说,单位时间内物料获得的热能和所失去的热能相等,前者包括电磁感应热和结晶潜热,后者包括表面辐射热,凝壳侧向散热和铸锭底部换热。此阶段的物料温度是一个从非稳态到近平衡稳态的变化过程。

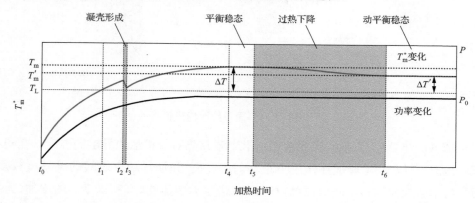

图 5-26　冷坩埚定向凝固过程熔池区域 T_m^* 温度变化示意图

在动平衡稳态抽拉时期,根据均匀 T_m^* 的假设模型,一定抽拉速率下熔池能量守恒的数学表达式为[52]

$$P_{in}\mathrm{d}t = P_{ra}\mathrm{d}t + (q_L' + q_{eL})S\,\mathrm{d}t + \rho u\,\mathrm{d}tSc_p(T_m' - T_L) \tag{5-18}$$

$$q_L' = \lambda_L\frac{T_m' - T_L}{\Delta X} \tag{5-19}$$

$$q_{eL} = \lambda_L\frac{T_m' - T_L}{\Delta X_e} \tag{5-20}$$

式(5-18)的物理意义为,熔池在单位时间内,吸收的感应加热能量等于表面辐射散失的能量、向下传导的热量、送料熔滴造成的等效传导和温度降低所失去的能量之和。其中,P_{in} 为熔池吸收的感应加热功率;P_{ra} 为熔池表面热辐射功率;q_L' 为一定抽拉速率下液相区向糊状区传导的热流密度;q_{eL} 为送料熔滴造成熔池温度下降的等效热流密度;S 为铸锭截面积;ρ 为合金密度;u 为抽拉速率;c_p 为合金比热容。

将熔池和熔滴之间发生热传导的等效距离 ΔX_e 和凝固界面液相前沿热溶质对流扩

散层厚度 ΔX 引入式(5-18),可求得

$$T'_m = \frac{(\rho c_p u \Delta X_e + \lambda_L) \Delta X T_L + \Delta X_e \lambda_L T_m}{\rho c_p u \Delta X \Delta X_e + \lambda_L (\Delta X + \Delta X_e)} \tag{5-21}$$

由此,通过式(5-21)建立了一定抽拉速率 u 下熔池动稳态温度 T'_m 和抽拉前熔池稳态温度 T_m 之间的数学联系。当 $u \to +\infty$ 时,$T'_m \to T_L$,说明抽拉速率很高时,熔池温度接近合金液相线温度,几乎没有过热度。当 $u \to 0$ 时,可认为 $\Delta X_e \to +\infty$,使 $q_{eL} = \lambda_L \dfrac{T_m - T_L}{\Delta X_e} \to 0$,故有 $T'_m \to \dfrac{\Delta X T_L + \Delta X_e T_m}{\Delta X + \Delta X_e} \to T_m$。说明抽拉速率越低,熔池温度越接近抽拉前稳态温度,过热度几乎不降低,进一步可求出熔池稳态温度的变化值 ΔT_m 为

$$\Delta T_m = T_m - T'_m = \frac{(\rho c_p u \Delta X_e + \lambda_L)(T_m - T_L) \Delta X}{\rho c_p u \Delta X \Delta X_e + \lambda_L (\Delta X + \Delta X_e)} \tag{5-22}$$

较高的熔体过热度可增加温度梯度,并有利于补偿铸锭的横向散热。由式(5-21)和式(5-22)可知,采用较低的抽拉速率可以有效减少熔池稳态温度的降低。

5.3.2　糊状区传热物理模型

通过对熔池温度 T'_m 的分析可知,在铸锭底部冷却作用下,熔池内的部分热流从熔池底部向下进入糊状区,物料经糊状区从液相逐渐转变为固相,其间伴随着结晶潜热的释放,晶粒生长方向为糊状区内热流宏观方向的逆方向。由此,糊状区的形貌与其内部的热流特性将直接影响晶粒的生长形态,宏观平直化的凝固界面和液相前沿单向热流是定向凝固的必要条件。

冷坩埚定向凝固中的糊状区纵截面呈 U 字带状形貌,如图 5-27 所示。由图可知,物料高度上横向散热不均匀导致凝壳不等厚,由于凝壳上部受到较强的感应加热,相对较薄,凝壳下部受加热程度较小,相对较厚。

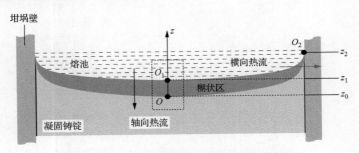

图 5-27　冷坩埚定向凝固糊状区传热示意图

在图 5-27 基础上,糊状区传热可分解成轴向和横向分别进行[52]。对于轴向传热,可简化为自上而下的有内生热源的一维导热模型,内生热源包括结晶潜热和电磁感应热,前者在糊状区产生,后者在集肤层内产生,且假定在单位体积内均匀释放。对于径向传热,糊状区内有两个典型高度区间,在 $z_1 \sim z_2$ 内有液相存在,而在 $z_0 \sim z_1$ 高度内无液相存在,如图 5-28 所示,也可简化为一维导热模型。

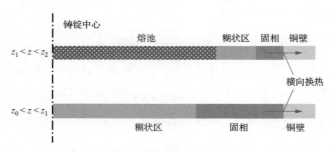

图 5-28　冷坩埚定向凝固糊状区径向传热模型

集肤层内电磁感应热是物料内产生径向热流的直接原因,在感应热和表面散热的双重作用下,物料在径向上存在两个相反方向的热流,一个方向的热流向物料内部流动,对物料起到保温和加热的作用;另一反方向热流流向物料表面,通过和坩埚壁的接触热传导或热辐射被带走。相反热流的分界位置对糊状区的径向热流特性有决定性影响,对糊状区内任意高度的径向传热存在以下几点影响。

（1）当热流方向分界位置处于糊状区内侧时,径向热流穿过糊状区流向表面,使糊状区内的总热流方向发生轴向偏离,晶粒生长朝着物料内部偏斜,凝固界面呈下凹形貌,如图 5-29(a)所示。

（2）当热流方向分界位置处于糊状区外侧时,感应热对整个糊状区起到加热保温作用,抑制糊状区在径向上的热流损失。但此时穿过糊状的径向热流指向物料中部,使总

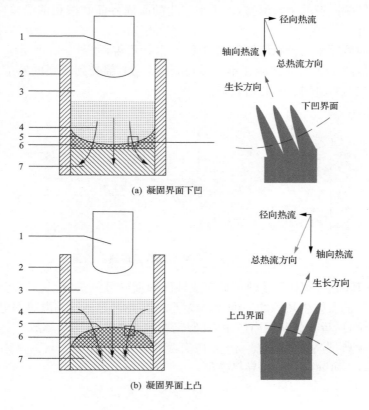

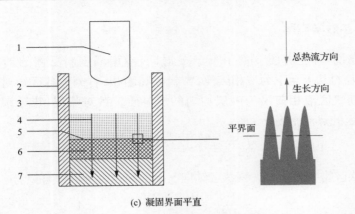

(c) 凝固界面平直

图 5-29　糊状区径向热流方向对凝固界面宏观形貌和晶粒生长方向的影响

1. 送料棒；2. 冷坩埚；3. 熔体；4. 热流方向；5. 固液界面；6. 凝固层；7. 凝固合金

热流方向也发生轴向偏离，晶粒生长指向物料表面，凝固界面呈上凸形貌，如图 5-29(b)所示。

（3）理想状态为糊状区内没有径向热流，总热流方向平行于抽拉方向，晶粒逆向热流方向生长，凝固界面在宏观上表现为平直形貌，如图 5-29(c)所示。如何进一步控制温度分布，使糊状区内无径向热流，将在后面深入讨论。

另外，定向凝固中，试样的直径越大，界面的平直化和柱状晶生长方向控制越困难。Elliott 等[53]研究了 Ni 基高温合金在直径为 100mm 的陶瓷型壳中定向凝固过程传热特征和晶粒生长的关系，如图 5-30 所示。平直的凝固界面能获得平行生长的柱状晶组织；上凸的界面易形成发散的柱状晶组织；下凹的界面则形成内聚的柱状晶组织。

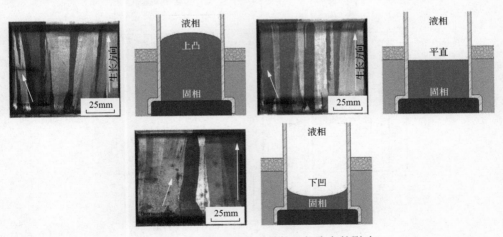

图 5-30　凝固界面形状对晶粒生长取向的影响

所以，对于 TiAl 合金冷坩埚定向凝固，界面宏观形貌的控制将成为组织控制的重要影响因素。在冷坩埚定向凝固传热状态分析和糊状区传热物理模型建立的基础上，需要进一步对糊状区传热进行数学解析研究，从而实现对热流特性和凝固界面形状控制的定量描述和分析，为实验设计与过程优化提供理论指导。

5.3.3　轴向传热数学模型

在平衡稳态期,对应着图 5-26 中 $t_4 \sim t_5$ 时间,冷坩埚定向凝固的轴向传热模型如图 5-31 所示。物料从上至下为液相熔池、糊状区和固相,右侧为各区域对应的温度分布示意图。假设糊状区液相前沿为一层均匀的热溶质扩散对流层,热导率为 λ_L,厚度为 ΔX,进入糊状区的热流密度 q_L 为

$$q_L = -\lambda_L \frac{T_m - T_L}{\Delta X} = -\lambda_L G_L = -\lambda_m \left. \frac{dT}{dz} \right|_{z=z_L} \tag{5-23}$$

式中,λ_m 为糊状区物料热导率。糊状区轴向 z 上的导热微分方程可记为

$$\frac{d^2 T}{dH^2} + \frac{L_n}{\lambda_m} + \frac{P_\delta}{\lambda_m} = 0 \tag{5-24}$$

糊状区内的内生热源包括结晶潜热 L_n 和电磁感应热 P_δ 两部分。当物料处于集肤层区时,P_δ 为集肤层内吸收的平均功率,如式(5-7)表示。当物料处于非集肤层区时,P_δ 为 0。

为便于分析,假定磁场在开缝端高度 z_R 以下被完全屏蔽,磁场强度 H_0 是关于铸锭高度 z 的线性函数,有

$$H_{0m} = \frac{z - z_R}{z_L - z_R} H_{0mL} \tag{5-25}$$

将式(5-25)代入式(5-7),整理可得

$$P_\delta(z) = \frac{H_{0mL}^2 R_S}{2(z_L - z_R)^2} (z - z_R)^2 \tag{5-26}$$

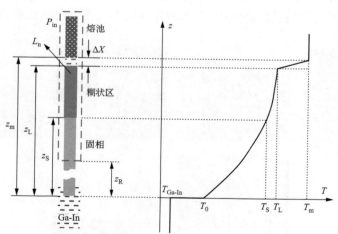

图 5-31　冷坩埚定向凝固轴向传热模型

式(5-26)中,H_{0mL} 是合金在高度 z_L 时的表面磁场强度场量的最大值,式(5-24)的通解为

$$T = \frac{H_{0mL}^2 R_S}{2\lambda_m (z_L - z_R)^2} \left(-\frac{1}{12} z^4 + \frac{h_R}{3} z^3 - \frac{h_R^2}{2} z^2 \right) - \frac{L_n}{2\lambda_m} z^2 + C_1 z + C_2 \tag{5-27}$$

式(5-27)即为糊状区内轴向温度分布函数。式(5-23)和 $T(z_L) = T_L$ 为式(5-27)的边界

条件,求出积分系数 C_1 和 C_2,得

$$C_1 = \frac{H_{0mL}^2 R_S}{2\lambda_m (z_L - z_R)^2}\left(\frac{1}{3}z_L^3 - z_R z_L^2 + z_R^2 z_L\right) + \frac{L_n z_L - q_L}{\lambda_m} \tag{5-28}$$

$$C_2 = T_L + \frac{H_{0mL}^2 2R_S}{2\lambda_m (z_L - z_R)^2}\left(-\frac{1}{4}z_L^4 + \frac{2z_R}{3}z_L^3 - \frac{z_R^2}{2}z_L^2\right) - \frac{L_n}{2\lambda_m}z_L^2 + \frac{q_L}{\lambda_m}z_L \tag{5-29}$$

由式(5-27)～式(5-29)可知,当材料属性和磁场强度一定时,糊状区轴向温度分布是随物料高度变化的函数。

5.3.4　径向传热数学模型

由于高温物料和水冷铜壁之间发生热交换,使物料在径向上出现不可避免的径向热流。根据定向凝固的热流单向性条件,采用冷坩埚进行定向凝固应该不具备可行性。然而,实验结果表明,冷坩埚定向凝固制备出了具有优良定向组织的 TiAl 合金铸锭和其他高温结构材料,这就对传统定向凝固理论进行了挑战。由此,我们需要重新思考和分析径向热流对组织控制的影响,理解晶粒是如何在物料存在径向热流的情况下,实现定向生长。

从加热开始,物料径向上温度和状态的演化过程如图 5-32 所示。加热开始前,物料在径向上的温度分布为均匀状态,径向上无热流梯度。参照图 5-26,t_0 时开始加热,在集肤感应热作用下,物料表面温度高于内部,热流向内部流动。随着加热的持续,物料表层温度最先超过固相线 T_S 和液相线 T_L,在 t_1 时形成熔体后开始过热,熔化波快速向内部传递,一段时间后使物料在径向上均为液相状态。

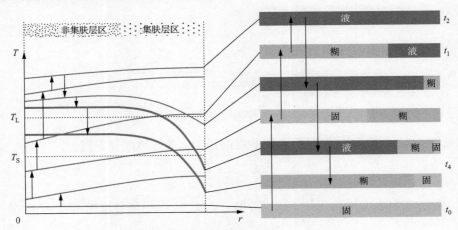

图 5-32　冷坩埚定向凝固径向温度与状态演化过程

在 t_2 以前,由于物料表面集肤层区为热源,所以径向上始终为正温度梯度,热传导由外向内进行,凝固界面呈上凸形貌,意味中心部位仍在接受来自表层的热流。由于物料中心为绝热条件,可以预计,当径向上的加热功率和热损功率相等时,感应热无法使物料温度继续升高,此时物料在径向上温度分布均匀,达到最高过热度。在 t_2 时刻,如前面所分析的,熔体和坩埚壁接触,随即发生强烈的径向换热,物料表层温度迅速下降,从液相线 T_L 以上降到固相线 T_S 以下,受径向换热影响,内部温度在短时间内也会下降,热流方向

发生转向,从内部指向表面。

随着加热的同时进行,功率也在继续增加,集肤层在单位时间内可以产生更多的焦耳热。因此,在图 5-26 中 $t_3 \sim t_4$ 阶段,径向上热流方向会再次发生反转,集肤层内的感生热量向内部传递,使物料温度再次继续升高。物料中心处在径向上为对称绝热边界,所以在 $t_4 \sim t_5$ 阶段,在感应热和表面换热的共同作用下,物料径向上单位时间内吸收的热量和散失的热量相等,径向温度分布达到热平衡稳态,总体上内部温度高于外部。在凝壳高度范围内,如图 5-27 和图 5-28 所示,径向上会出现三区(液、糊、固)或两区(糊、固)共存的状态,此时径向上为负温度梯度,凝固界面呈下凹形态。

在图 5-28 的基础上,将物料在径向上划分为集肤层区和非集肤层区,并对物理模型进行以下简化:①由于感生热源在内生热源中占主导,忽略结晶潜热的作用;②物料在径向上热导率相同,为 λ_r。进一步,冷坩埚定向凝固的径向传热模型如图 5-33 所示。采用一维轴对称模型,将物料径向划分为集肤层和非集肤层区,左边为铸锭中心,满足绝热边界条件。

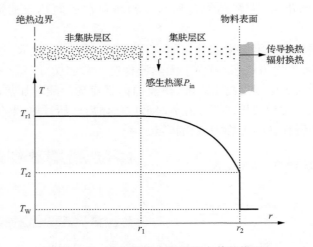

图 5-33　冷坩埚定向凝固径向传热模型

对于图 5-33 中所示的传热模型,集肤层内径向上的传热微分方程为

$$\frac{\mathrm{d}^2 T}{\mathrm{d}r^2} + \frac{P_\delta}{\lambda_r} = 0 \tag{5-30}$$

在 r_1 满足绝热边界条件 $\left.\dfrac{\mathrm{d}T}{\mathrm{d}r}\right|_{r=r_1} = 0$ 时,求得式(5-30)的通解为

$$T = -\frac{P_\delta}{2\lambda_r}r^2 + \frac{P_a r_1}{\lambda_r}r + C_4 \tag{5-31}$$

在热传导换热和热辐射双重作用下,流向集肤层表面 r_2 处的热流密度和物料横向散失的热流密度相等,于是有

$$P_\delta(r_2 - r_1) = \xi_1 \alpha(T_{r2} - T_W) + (1 - \xi_1)\frac{\sigma_{SB}(T_{r2}^4 - T_W^4)}{\dfrac{1}{\varepsilon_{r2}} + \dfrac{1}{\varepsilon_W} - 1} \tag{5-32}$$

式(5-32)反映了物料径向热流和表面换热之间的关系。式中,P_δ 为集肤层感应生热功

率；ξ_1 为接触热传导换热占横向换热的比例；α 为接触热传导换热系数；T_{r2} 为物料表面温度；T_w 为水冷铜壁温度；σ_{SB} 为 Stefan-Boltzmann 常量，大小为 5.67×10^{-8} W/(m² · K⁴)；ε_{r2} 为物料表面灰度；ε_w 为水冷铜壁表面灰度。

当 $\xi_1 = 1$ 时，可将式(5-32)等效为全部的径向热传导换热，求得径向温度分布函数为

$$T = -\frac{P_\delta}{2\lambda_r}r^2 + \frac{P_\delta r_1}{\lambda_r}r + T_w + \left(\frac{r_2 - r_1}{\alpha'} + \frac{r_2^2 - 2r_1 r_2}{2\lambda_r}\right)P_\delta \tag{5-33}$$

式中，α' 为等效热传导换热系数。进一步得到等效热传导换热时的集肤层区两端的温度为

$$T_{r1}\big|_{\xi_1=1} = T_w + \frac{r_2 - r_1}{\alpha'}P_\delta + \frac{(r_2 - r_1)^2}{2\lambda_r}P_\delta \tag{5-34}$$

$$T_{r2}\big|_{\xi_1=1} = T_w + \frac{r_2 - r_1}{\alpha'}P_\delta \tag{5-35}$$

$\xi_1 = 0$ 时，可将式(5-32)等效为全部的径向热辐射换热，同理，求得径向温度分布函数为

$$T = -\frac{P_\delta}{2\lambda_r}r^2 + \frac{P_\delta r_1}{\lambda_r}r + \sqrt[4]{\frac{P_\delta(r_2 - r_1)\left(\frac{1}{\varepsilon_{r2}'} + \frac{1}{\varepsilon_w} - 1\right)}{\sigma_{SB}} + T_w^4} + \frac{P_\delta}{2\lambda_r}r_2^2 - \frac{P_\delta r_1 r_2}{\lambda_r} \tag{5-36}$$

式中，ε_{r2}' 为等效热辐射的物料表面灰度。等效热辐射换热时，集肤层区两端的温度为

$$T_{r1}\big|_{\xi_1=0} = \frac{P_\delta(r_2 - r_1)^2}{2\lambda_r} + \sqrt[4]{\frac{P_\delta(r_2 - r_1)\left(\frac{1}{\varepsilon_{r2}'} + \frac{1}{\varepsilon_w} - 1\right)}{\sigma_{SB}} + T_w^4} \tag{5-37}$$

$$T_{r2}\big|_{\xi_1=0} = \sqrt[4]{\frac{P_\delta(r_2 - r_1)\left(\frac{1}{\varepsilon_{r2}'} + \frac{1}{\varepsilon_w} - 1\right)}{\sigma_{SB}} + T_w^4} \tag{5-38}$$

由式(5-33)～式(5-38)可知，随着电磁感应热源 P_δ、水冷坩埚壁温度 T_w 和集肤层厚度 $\delta(\delta = r_2 - r_1)$ 的增大，集肤层内侧温度 T_{r1} 和物料表面温度 T_{r2} 会升高。等效热传导换热系数 α'、物料表面等效灰度 ε_{r2}' 和铜壁灰度 ε_w 增大时，T_{r1} 和 T_{r2} 会降低。此外，导热系数 λ_r 越大，T_{r1} 越低。

5.3.5　理想传热状态分析

当径向上存在液相时，一般情况下，液相线温度 T_L 处于 T_{r1} 和 T_{r2} 之间，如图 5-34 所示。此时，物料在径向 r_L 内为液相，包括全部的非集肤层区和部分集肤层区。T_{r2} 低于固相线温度 T_S 时，物料在 $r_L \sim r_S$ 为糊状区，在 $r_S \sim r_2$ 为固相。此时的糊状区和固相都在集肤层内，由图 5-34 结合温度分布方程可知，热流会从液相区穿过糊状区向物料表面流动，与坩埚壁发生热交换。

当径向上不存在液相时，集肤层内侧温度 T_{r1} 小于 T_L，且当物料表面温度 T_{r2} 低于固相线温度 T_S 时，径向传热模型如图 5-35 所示。如果径向上 r_S 的温度为 T_S，那么集肤层内 $r_S \sim r_2$ 为固相区，而 r_S 以内为糊状区，包括部分集肤层区和全部非集肤层区。此时糊

状区在 r_1 内不存在径向热流,但在 $r_1 \sim r_S$ 存在径向热流。

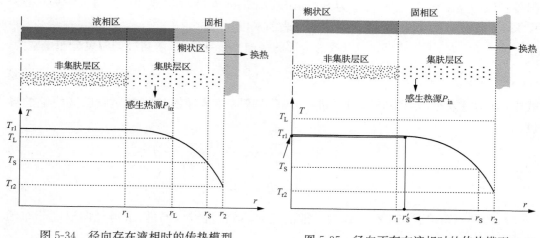

图 5-34　径向存在液相时的传热模型　　　　　图 5-35　径向不存在液相时的传热模型

如果集肤层和非集肤层分界处 r_1 的温度 T_{r1} 刚好稍稍高于固相线温度 T_S,对应的径向位置为 r_S',则由图 5-35 可知,此时全部糊状区基本和全部非集肤层区吻合,而全部固相区基本和全部集肤层区吻合。这种情况下,糊状区内基本没有径向热流,总热流方向为单一的轴向。对组织控制而言,这有利于凝固界面的平直化,晶粒平行于抽拉方向生长,达到冷坩埚定向凝固的理想热流控制状态。

实际过程中,目前的手段还很难将所有高度上物料的固相和糊状区都控制为对应的集肤层区和非集肤层区。一般情况下,糊状区存在不可避免的径向热流,由此,需要进一步研究如何减少径向热流对总热流传递的影响,其关键在于如何使固相或集肤层区尽量减小,而使糊状区在径向上尽量扩展。

5.3.6　糊状区轴-径热流密度比分析

在建立温度分布函数(5-27)和式(5-32)的基础上,使用热流密度这个特征量来研究糊状区内的传热特性,可以很好地反映出糊状区内径向热流的相对强弱。热流密度也称为热通量,指单位时间内单位面积截面传输的热量,它与传输方向上的温度梯度成正比,可有效表征热流在某方向上的传导速率。

首先,对糊状区轴向温度分布函数(5-27)的高度变量 z 进行求导,可得到糊状区轴向热流密度 q_a 为

$$q_a = \frac{P_\delta|_{H=h_L}}{(z_L - z_R)^2}\left[\frac{1}{3}(z^3 - z_L^3) - h_R(z^2 - z_L^2) + z_R^2(z - z_L)\right] + L_n(z - z_L) + q_L$$

$$(5\text{-}39)$$

分析可知,式(5-39)中右边第一项为感应加热因素对轴向热流密度的影响,是关于高度 z 在糊状区范围内的增函数,由于 $z < z_L$,故和后两项一样,其值小于 0,说明感应加热对糊状区向下的热流密度起到加强作用。物料的表面磁场强度场量最大值 H_{0mL} 越大,表面电阻 R_S 越大,糊状区热导率 λ_m 越小,感应热源对向下热流的加强作用就越强。此

外,糊状区内高度越靠下,这种加强作用越明显。

同理,根据铸锭径向温度分布函数(5-33)和式(5-36),可以求出统一的径向热流密度 q_r,表达式为

$$q_r = -\lambda_r \frac{dT}{dr} = P_\delta (r - r_1) \tag{5-40}$$

由式(5-40)可知,集肤层区内的 P_δ 越大,r 越大(越靠近物料表面),横向热流密度 q_r 就越强。通过图 5-34 可知,当物料径向上存在液相区时,糊状区内的侧向热流是无法避免的。此时,只能通过降低 P_δ 来减弱糊状区的侧向散热。当径向上不存在液相区时,尽量将糊状区控制在非集肤层区,可以有效减少糊状区内的径向散热。

分析式(5-39)和式(5-40)发现,集肤层内感应热源同时加强了物料轴向和径向上的热传导。由此,为了对比糊状区内轴向和径向上热流密度的相对强弱,定义一个无量纲参数 K,称为糊状区轴-径热流密度比,其表达式为

$$K = -\frac{q_a}{q_r} \tag{5-41}$$

可以认为,当 $K>1$ 时,糊状区内轴向热流占主导地位;当 $K<1$ 时,糊状区内径向热流占主导地位。冷坩埚定向凝固过程中,当出现不可避免的径向热流时,通过大幅提高 K 值,可有效减弱径向热流对总热流方向的影响。进一步,取液相线高度 $H = h_L$,并将式(5-39)和式(5-40)代入式(5-41),化简整理得

$$K \big|_{H=h_L} = \frac{2\lambda_L G_L}{H_{0mL}^2 (r - r_1)} \sqrt{\frac{\sigma}{\pi f \mu}} \tag{5-42}$$

式(5-42)是物料在液相线高度 z_L 时的 K 值表达式。结合图 5-32～图 5-35 可知,当 $r < r_1$ 时,径向上的热流梯度为 0,说明径向上无热流,糊状区内热流为单一的轴向,此时 $K \to \infty$。当 $r_2 > r > r_1$ 时,径向上存在热流梯度,径向位置 r 越接近 r_1,径向热流越弱,轴向热流越占主导地位,K 值越大,此时更有利于凝固界面的平直化和柱状晶的平行生长。

5.3.7　凝固界面形状函数与影响因素分析

K 值表征了糊状区内的总热流方向,定向凝固过程中,晶粒沿逆向热流方向生长,由此可知,热流方向垂直于凝固界面的法线方向。根据这个物理概念,可通过式(5-42)求得凝固界面宏观轮廓曲线 $z_{0L}(r)$ 和 K 值的关系为

$$z_L'(r)K(r) = z_L'(r) \frac{2\lambda_L G_L}{H_{0mL}^2 (r - r_1)} \sqrt{\frac{\sigma}{\pi f \mu}} = 1 \tag{5-43}$$

假设凝固界面最低位置的相对高度为 0,可进一步求得

$$z_{0L}(r) = \frac{H_{0mL}^2}{4\lambda_L G_L} \sqrt{\frac{\pi f \mu}{\sigma}} (r - r_1)^2 \tag{5-44}$$

式(5-44)建立了凝固界面相对高度 z_{0L} 和物料径向位置 r 的数学关联,并将磁场强度、温度梯度、加热频率和材料物性参数定量的统一起来,$z_{0L}(r)$ 即为冷坩埚定向凝固中凝固界面宏观形状函数。

对于 TiAl 合金,其物性和过程参数如表 5-4 所示。当频率为 50kHz 时,通过式(5-44),不同温度梯度 G_L 下计算的 K 值如图 5-36(a)所示。K 值随着的 G_L 增加而增

加,当 G_L 从 10K/mm 增加到 50K/mm 时,集肤层内侧附近的 K 值从 4 增加到 18,试样表面的 K 值从 0.18 增加到 0.89。结果表明,靠近试样表面区域的径向热流较强,尽管轴向温度梯度较高,但表面区域径向热流仍占主导。K 值的增加有利于凝固界面的平直化。由式(5-44)可进一步计算出凝固界面形状 $z_{0L}(r)$,如图 5-36(b)所示。增大 G_L 可以有效改善界面的平直性,当 G_L 从 10K/mm 增加到 50K/mm 时,物料表面的凝固界面上翘高度从 14.0mm 下降到 2.8mm。同时可看出,增大 G_L 并不能改变凝固界面在径向上的上翘范围,由于集肤层厚度一致,不同 G_L 下的凝固界面都在 5mm 左右的集肤层范围内出现上翘。

表 5-4　电流频率对 K 值和 h_{0L} 影响的各参数取值

λ_L /(W/(m·K))	H_{0mL} /(A/m)	σ /(S/m)	μ /(H/m)
28	7.96×10^5	2.0×10^5	$4\pi \times 10^{-7}$

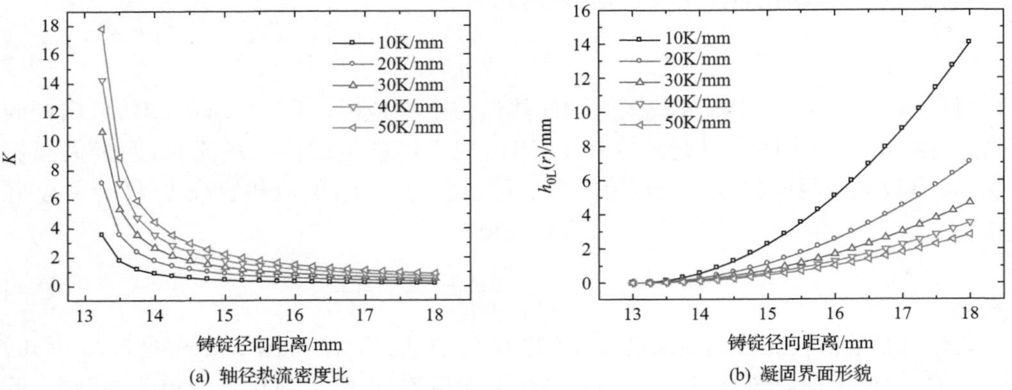

图 5-36　温度梯度 G_L 对 K 值和凝固界面宏观形貌的影响

当材料一定时,可以通过调节线圈功率对 G_L 进行控制。增加功率时,可能会使温度增加,但也会使坩埚内磁场强度增大。由式(5-44)可知,凝固界面形状 $z_{0L}(r)$ 受 H_{0mL}^2/G_L 影响。所以,通过坩埚的优化设计和工艺参数的合理选择,希望使物料在较小的 H_{0mL} 情况下获得较大的 G_L 值,这样有利于凝固界面的平直化。

当 G_L 为 40K/mm 时,不同频率下 K 值和 z_{0L} 的计算结果分别如图 5-37(a)和(b)所示。随着 f 的提高,K 值显著增加。当频率从 10kHz 提高到 200kHz 时,16mm 处 K 值从 0.86 增加到 3.45。进一步,凝固界面也会随着频率的提高而平直化,并且上翘范围也变窄。10kHz 时,界面在径向上 7~18mm 范围内上翘,上翘最高值在表面,为 7.94mm。而 200kHz 时,界面仅在径向上 15.5~18.0mm 范围内上翘,上翘最高值仅为 1.8mm。由此说明,单一的增大频率可显著促进凝固界面的平直化。

通过式(5-7)和式(5-8)可知,增加频率可以减薄物料集肤层厚度,还可以有效增加集肤层的感应热吸收功率。但在实际过程中,增大电流频率时,坩埚壁对电磁场的屏蔽性也增加,使透入坩埚内的磁场减弱。所以,为了增加熔体的过热,可选择一个最佳频率,使磁场对坩埚内物料的加热能力最强。同时,为了控制凝固界面平直化,在过热度足够的条件下,可以适当增加频率。

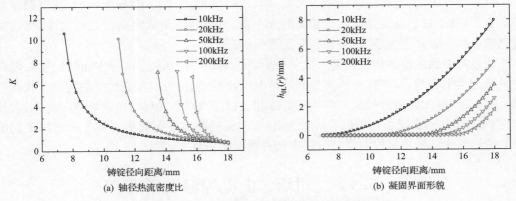

图 5-37　加热频率 f 对 K 值和凝固界面宏观形貌的影响

定向抽拉后,熔体的过热度会下降,这会进一步影响凝固界面的 K 值和宏观形状。同理,可计算出不同抽拉速率 u 下的 K 值和界面形状 z_{0L} 的径向分布,所得曲线分别如图 5-38 所示。从图可知,和抽拉前相比,随着 u 的增加,K 值呈下降趋势。抽拉前速率为 0,只有距表面 1mm 之内的 K 值小于 1,说明集肤层内大部分区域的轴向热流占主导,利于晶粒定向生长。当速率增大到 1.5mm/min 时,距离表面 4mm 之内的 K 值都小于 1,说明集肤层内大部分区域径向热流占主导,不利于晶粒定向生长。从图 5-38(b)凝固界面形状可直观看出,随着 u 的增加,靠近物料表面的凝固界面更加上翘。当抽拉速率增加到 1.5mm/min 时,凝固界面上翘高度从抽拉前的 3.5mm 上升到 14.1mm。由此可以预测,此种情况下的宏观组织必然呈现出"内八字"形貌。

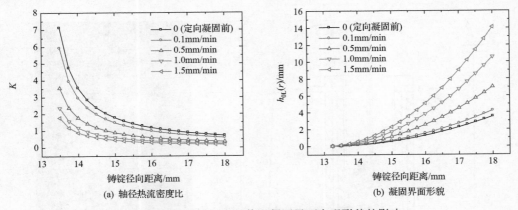

图 5-38　抽速率 u 对 K 值和凝固界面宏观形貌的影响

在图 5-32～图 5-35 基础上,讨论了物料在径向上为负温度梯度的情况(总体上内高外低),此时物料在糊状区和凝壳高度范围内的状态分布可参照图 5-27,凝固界面呈下凹形态。在抽拉过程中,若抽拉速率较慢且保持恒定,凝固界面下凹形态应保持恒定。但是,参照图 5-32 和式(5-44)分析,如果增加功率,或者选择合适的频率相匹配,使集肤层内生热源增大,那么物料表层温度会再次升高,可能超过中心温度,此时径向上的热流方向由外向内,中心温度升高。

这种情况下,就有可能改变凝固界面(糊状区)的形态,使下凹程度减弱,甚至趋平或稍有上凸,利于柱状晶的持续生长甚至形成单晶。所以,冷坩埚定向凝固过程中,可以通过调整过程参数和电流参数,来控制凝固界面形态。

通过对糊状区传热物理模型的数学分析,可以揭示糊状区传热特性和晶粒生长取向的关系。结果表明,即使在有径向热流的情况下,冷坩埚仍可以实现组织的定向生长与控制。进一步,凝固界面形状函数将凝固参数和过程参数对界面形状的影响统一起来,发现提高 G_L、增大 f 和减小 u 可以有效增大 K 值和促进凝固界面的平直化。冷坩埚定向凝固的传热理论分析将对控制晶粒取向生长有重要指导意义。

5.4　冷坩埚定向凝固温度场

获得冷坩埚定向凝固热平衡稳态期的熔池温度和物料的温度分布,对理解物料传热、控制界面形状和组织生长有重要意义。但是,由于 TiAl 合金熔体的化学活性高,且冷坩埚内物理环境复杂,所以物料的温度测量非常困难。图 5-39 为电磁冷坩埚测温系统[51]。测温试样在轴向上开槽,并在不同高度上钻孔至心部,成为热电偶放置通道。物料熔化后,可通过红外和热电偶对熔池进行测温。图 5-39 右侧为测量熔池温度热电偶的控制装置,需要测温时控制热电偶向下移动插入熔池底部(凝固界面液相前沿),记录下温度后快速将热电偶提出,需要再次测温时,再将热电偶下移测量,如此可避免热电偶在 TiAl 熔体中长时停留而反应熔化,并实现热电偶的反复使用。

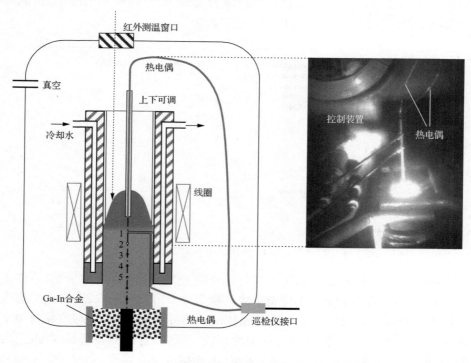

图 5-39　冷坩埚定向凝固测温原理

　　参照图 5-39,最上位置的测量点为 1 号,向下依次为 2~5 号,TiAl 合金和纯铝(Al)中各测量点的升温曲线如图 5-40 所示,加热功率分别为 5.76kW 和 7.56kW。

　　对比图 5-40(a)和(b)可知,虽然 TiAl 合金的加热功率比 Al 要低 25%,但相同测量点的稳态温度却远高于 Al,这是由材料的热导率 λ 差异所导致的。在测温范围内,λ_{Al} 在 200W/(m・K)以上,远高于 TiAl 合金热导率 λ_{TiAl}(≤25W/(m・K))。相同时间内,高热导率材料的界面换热更快,热量很难在高热导率材料中蓄积,表现为较低的稳态温度和温度梯度,而低热导率材料容易蓄积热量,表现为较高的稳态温度和温度梯度。所以,低热导率的材料更容易实现高温度梯度下的冷坩埚定向凝固。

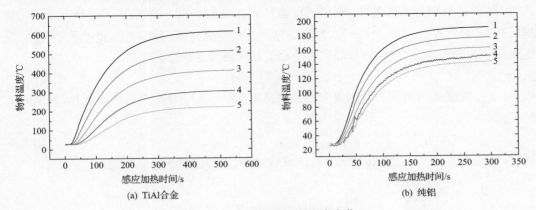

图 5-40　物料加热过程温度变化

　　物料温度在初期快速上升,随着加热时间的延长,升温速率变缓,最终达到稳态。假设单位时间内物料中的感生功率为定值 P_0,那么可将 P_0 分为三个部分:使物料温度上升的吸收功率 P_a、物料和 Ga-In 合金界面换热导走消耗的功率 P_{con} 和物料表面的辐射功率 P_{em},如图 5-41 所示[54]。加热初期,由于物料温度较低,感生出的 P_0 大部分用来使物料温度升高,表现为各测量点温度的快速上升。随着铸锭温度的升高,物料底部的换热和表面热辐射增强,P_a 逐渐下降,P_{con} 和 P_{em} 逐渐上升,温度曲线在后期趋于平直,在 t_s 时达到稳态,各点温度不再变化,此时 P_a 为 0,而物料热损功率 P_{con} 和 P_{em} 之和就等于感生功率 P_0。

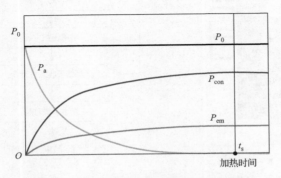

图 5-41　物料各部分功率利用变化示意图

　　进一步,通过 ANSYS 有限元计算,可获得冷坩埚中物料的温度分布。采用简化的二维轴对称模型,有限元网格剖分和计算流程如图 5-42 所示。为提高计算精度,对物料、坩埚、线圈及开缝区的集肤层区进行细化网格剖分。其中,开缝区域作为具有电阻系数的材料处理,以此等效三维结构中坩埚壁对电磁场的屏蔽作用。有限元模型中各材料的单元类型和物料属性如表 5-5 所示。其中,对称边为绝热边界条件,控制方程为

$$\partial T / \partial x = 0 \tag{5-45}$$

物料表面与环境发生热辐射换热,控制方程为

$$\lambda \cdot \partial T / \partial n + \varepsilon \cdot \sigma_{SB} \cdot (T^4 - T_\infty^4) = 0 \tag{5-46}$$

式中,n、ε、σ_b 分别为物料表面法向矢量、物料表面发射率(0.64)和 Stefan-Boltzmann 常量($5.67 \times 10^{-8} \mathrm{W/(m^2 \cdot K^4)}$);$T_\infty$ 为环境温度。在凝壳高度区域,物料和坩埚壁接触,发生热传导和辐射的综合换热,可等效为全部的径向热传导换热,即

$$q_{skull} = \alpha' (T - T_W) \tag{5-47}$$

式中,q_{skull} 为凝壳表面散失的热流密度。物料底部与 Ga-In 合金进行界面换热,其热流密度 $q_{Ga\text{-}In}$ 为

$$q_{Ga\text{-}In} = \alpha_{Ga\text{-}In} (T_0 - T_{Ga\text{-}In}) \tag{5-48}$$

其中,$\alpha_{Ga\text{-}In}$、T_0 和 $T_{Ga\text{-}In}$ 分别为底部换热系数,物料底部温度和 Ga-In 温度。

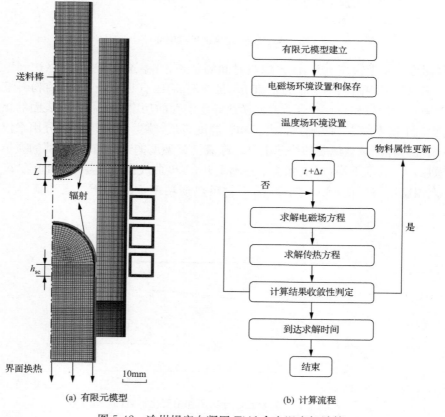

(a) 有限元模型　　　　　　　　　　(b) 计算流程

图 5-42　冷坩埚定向凝固 TiAl 合金温度场计算

表 5-5　模型中单元类型与物理属性

材料	单元类型		电阻率 /$(\Omega \cdot m)$	相对磁导率	密度 /(kg/m^3)	热物性
	电磁场	温度场				
Ti46Al6Nb	PLANE 53	PLANE 55	随温变化	1	4180	随温变化
冷坩埚	PLANE 53	—	1.8×10^{-8}	1	—	—
线圈	PLANE 53	—	1.673×10^{-8}	1	—	—
开缝区	PLANE 53	—	1.8×10^{-5}	1	—	—

当频率 f 为 50kHz 时,不同加热功率下 Ti46Al6Nb 合金在抽拉前的稳态温度场计算结果如图 5-43 所示。Ti46Al6Nb 合金熔点约为 1560℃,图中虚线为凝固界面宏观轮廓。由图看出,提高加热功率使熔池体积增大,同时也增大了熔池内的最高温度 T_{max}。T_{max} 一般出现在物料的右上区域,原因是此处受感应加热程度很强,并且没有和坩埚壁热传导散热。35kW、40kW 和 45kW 时的 T_{max} 分别为 1762℃、1855℃和 1942℃。因为模型没有实现电磁-熔池形状-流动-温度的多物理场耦合,所以物料温度随功率的增加而增加的效果非常显著。实际过程中,如果功率过高,电磁推力会使熔池驼峰变得高耸,熔体和坩埚之间缝隙变大,出现漏磁现象,降低磁场对物料的有效加热能力,甚至会使物料温度下降[29]。

凝固界面宏观形貌也受功率影响。随着功率从 35kW 增加到 45kW,凝固界面形状从上凸向下凹演变,其中,40kW 时的凝固界面较为平直。不同电流密度下,对 Ti50Al 温度场计算也得到了类似结果[55]。这表明在一定功率范围内,增大功率使熔区体积扩大,熔体高度 h_{melt} 随之增加(图 5-43(a)),导致界面形貌从上凸向下凹逐渐转变。为了获得较为平直的界面,需要选择适当的功率。

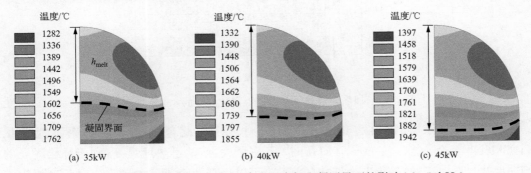

图 5-43　加热功率对 Ti46Al6Nb 合金温度场和凝固界面的影响($f = 50$kHz)

加热频率对物料温度场影响比较复杂。图 5-44 为 45kW 时,不同频率下 Ti46Al6Nb 合金温度场计算结果。20kHz 时(图 5-44(a)),物料熔区体积非常小,此时处于磁场较强处的物料刚出现熔化,熔体开始过热。50kHz 时(图 5-43(c)),熔区体积明显扩大,且过热度增加,凝固界面下凹,这说明物料受到感应加热的程度显著增强。80kHz 和 50kHz 时的熔体过热度几乎一样,但 80kHz 时的凝固界面更加平直(图 5-44(b))。计算结果表明,较高的频率有利于凝固界面平直化,这和前面糊状区传热理论计算结果是一致的。进一步,当频率增加到 100kHz 时,如图 5-44(c)所示,凝固界面更加平直,但此时熔池体积变小,过热度下降,说明坩埚壁对磁场的屏蔽效应增加,导致磁场对物料的加热能力下降。

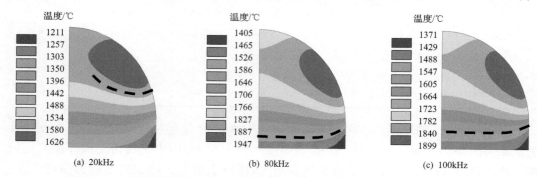

图 5-44　加热频率对 Ti46Al6Nb 合金温度场和凝固界面的影响(P=45kW)

研究表明,当坩埚结构和物料一定时,存在一个最佳频率,使坩埚的工作效率最高[39,40]。这是因为低频电磁场易于穿透坩埚壁,但降低加热效率,虽然高频电磁场受到坩埚壁的屏蔽明显,但却能有效加热物料。对于图 5-42 中模型和表 5-5 中材料参数,当功率为 45kW 时,Ti46Al6Nb 合金最高温度 T_{max} 随频率 f 的变化关系如图 5-45 所示。

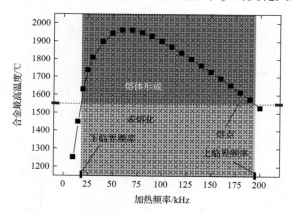

图 5-45　加热频率对 Ti46Al6Nb 合金温度最大值的影响

由图 5-45 可知,物料熔化频率在 18～190kHz,此范围之外的频率不能熔化 Ti46Al6Nb 合金。当 f 在 60～70kHz 时,T_{max} 最大,熔池过热度最高,利于补偿凝壳的侧向散热。同时可知,获得一个期望的 T_{max},可以选择两个不同的频率。对于冷坩埚定向凝固,为控制得到平直的凝固界面,当过热度足够时,建议采用较高的频率。另一方面,高频下的熔池受到的电磁搅拌相对较弱,利于柱状晶的稳定生长。

图 5-42 中,h_{sc} 表征了物料和坩埚壁的软接触面积 S_{sc}。S_{sc} 受电磁场分布、合金物性和抽拉速率耦合影响。熔池较大且电磁推力较低时,电磁推力无法平衡熔体产生的径向压力,导致软接触面积增大,侧向换热增加,降低熔体过热度。当 α' 为 1500W/(m² · K) 时,分别取 h_{sc} 为 4mm、6mm 和 8mm,Ti46Al6Nb 合金温度场计算结果如图 5-46 所示。h_{sc} 的增加(换热面积增大)使熔区体积明显变小,说明侧向换热带走了熔体的大量热能。熔区

的过热度也随 h_{sc} 的增加而减小，h_{sc} 为 4mm、6mm 和 8mm 时，T_{max} 分别为 1904℃、1855℃ 和 1809℃。侧向换热程度会影响凝固界面形貌。只有当侧向散热和电磁加热相匹配时，凝固界面才会平直，当 h_{sc} 为 8mm 时，凝固界面总体较为平直，中间略为上凸，有利于晶粒生长形成单晶。通过工艺优化可以控制侧向散热程度，获得较为平直的凝固界面。

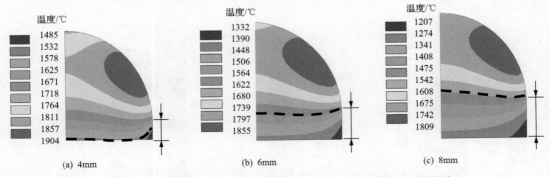

图 5-46　侧向换热面积对 Ti46Al6Nb 合金温度场和凝固界面的影响

陈瑞润[47]运用 VC 语言编制了冷坩埚定向凝固过程温度场数值计算程序，计算了 TiAl 合金在不同抽拉速率下的温度场。当功率为 50kW，抽拉速率为 3.0mm/min、4.8mm/min 和 6.0mm/min 时，Ti50Al 合金的温度分布如图 5-47 所示。明显看出，随抽拉速率增加，凝固界面位置下降，形状变凹，熔池过热度在 3.0mm/min 时最大，然后随抽拉速率增加过热度变小。此外，送料棒前端的过热度和过热区域逐渐变小，且在 6.0mm/min 的情况下出现边部无法熔化的现象。

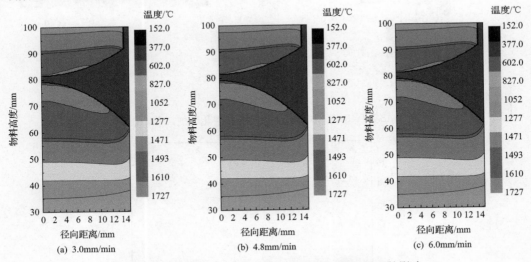

图 5-47　抽拉速率对 Ti50Al 合金温度场和凝固界面的影响

送料棒向下运动过程中，前端一直处于被熔化的状态。但当料棒尺寸或位置不合理时，会出现送料过快，发生上下料粘连的情况。另外，送料熔滴从较高位置坠入会使液相驼峰发生较大晃动，降低熔池的稳定性并容易产生崩料，理想情况为送料端与下驼峰处于相切状态。

当加热功率 45kW,频率 50kHz 时,不同尺寸送料棒前端达到熔点时的温度场如图 5-48 所示。对比图 5-48(a)~(c)可知,料棒半径 R_{rod} 越细,其前端越深入线圈才能熔化。这是由于同一高度下,磁感应强度从开缝区向中部呈衰减趋势,所以棒料越细,只能更靠近线圈中部的磁场较强区域才能熔化。图 5-49 为送料前端熔化时的 R_{rod} 与深入线圈距离 L 的关系图。

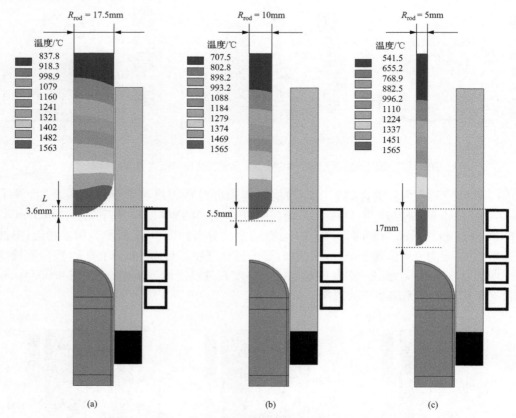

图 5-48 Ti46Al6Nb 合金送料棒前端熔化时的尺寸与位置

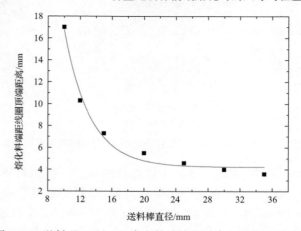

图 5-49 送料 Ti46Al6Nb 合金前端熔化时直径和位置的关系

根据图 5-49 中数据,可将 R_{rod} 与 L 的关系拟合成

$$L = 4.26 + 271\mathrm{e}^{\frac{R_{rod}}{1.62}} \tag{5-49}$$

由图 5-48 和式(5-49)可知,选择细的送料棒可以有效减小其和下驼峰之间的距离,进而减小熔滴下落对熔池的冲击。但是,当抽拉速率一定时,送料棒越细,会使送料速率越快,而过快的送料速率可能使料端来不及熔化而直接插入熔池,发生上下料粘连。

5.5　冷坩埚定向凝固 TiAl 合金

5.5.1　成形性分析与表面质量控制

冷坩埚定向凝固的成形控制包括三方面问题:一是送料体积能否及时补偿抽拉过程中已凝固的熔体体积;二是下驼峰熔池的形态与位置控制;三是抽拉铸锭在凝固过程中的表面质量控制[56-58]。

通常情况下,随着坩埚内腔的扁形化和磁场均匀性下降,上送料的熔化变得困难,这是由于感应涡流主要分布在送料截面中部区域,导致扁形送料截面两边和棱角部位不能得到有效加热。当上送料加热不足时,送料端会与下熔池发生接触粘连,导致定向凝固过程失败。方形和圆形内腔坩埚采用圆形送料棒,前端熔化均匀,呈现出向下隆起的送料形状,实现顺序熔化,可以及时补偿下熔池体积。定向凝固时,当上送料前端形状和位置基本不变时,可认为处于稳定的持续熔化过程中,此时只要控制好抽送比,即可确保有稳定体积的熔滴及时补偿下熔池。

定向凝固发生在下驼峰熔池所处的抽拉过程中,驼峰形态和位置在复杂的受力条件下保持动平衡形状,对稳定性、熔体流动、受加热程度和温度场分布有重要影响。下熔池驼峰受力如图 5-50 所示。

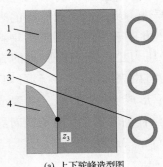
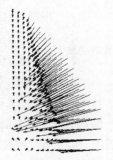
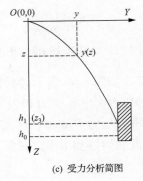

(a) 上下驼峰造型图　　　(b) 下驼峰时均Lorentz力分布　　　(c) 受力分析简图

图 5-50　下驼峰受力及受力分析简图

1. 上驼峰;2. 开缝区;3. 线圈;4. 下驼峰

图 5-50(a)中 z_3 为驼峰自由液面与坩埚壁的接触点,称为三相点(凝壳、坩埚壁和气氛交接处)。对于驼峰中的任意一点,除了受自身重力,还受到电磁压力在轴向 z 方向的分量 F_z 和径向 y 方向的分量 F_y,如图 5-50(b)所示。在图 5-50(c)和式(5-5)基础上,当下

驼峰稳定时,忽略表面张力的影响,自由液面高度 $0 \sim h_1$ 范围内任意点满足受力平衡[59],即

$$\rho g z + \int_0^z \left[\frac{1}{Y(z)} \int_0^{Y(z)} F_z(y,z) \mathrm{d}y \right] \mathrm{d}z = \int_0^{Y(z)} F_y(y,z) \mathrm{d}y \tag{5-50}$$

径向电磁力平衡可以表示为

$$F_y(y,z) = -\frac{\sqrt{2}k\delta\omega\sigma}{4} \left[G_0(z) - E_{01}(z) - E_{02}(z) \right]^2 \left[\exp\left(-\frac{y_0 - y}{0.5\delta} \right) \right]^2 \tag{5-51}$$

式中,$G_0(z)$ 为无坩埚壁时的磁感应强度 B_{zm} 的高斯分布函数;$E_{01}(z)$ 为上水冷铜环对磁场的削弱效果;$E_{02}(z)$ 为下水冷铜环对磁场的削弱效果。

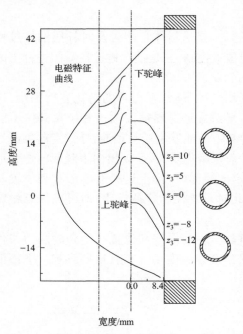

图 5-51　驼峰形状与冷坩埚电磁特性的关系

冷坩埚定向凝固中,自由液面受到的径向电磁约束力不仅要平衡熔体自身重力,还需平衡 z 向电磁压力产生的径向力。需要注意到,物料受到 z 向和 y 向的电磁压力是不能单独调节的,由此使得驼峰高度、位置和形态的相互关联非常紧密。在假定初始位置 z_3 在线圈中部的基础上,初步计算出 z_3 在不同高度时的驼峰形状,如图 5-51 所示[59]。结果发现,由于电磁特征曲线的上下区域较为陡峭且向两端衰减,当 z_3 处于线圈下部时,驼峰形状较为"瘦高",这将不利于驼峰的稳定性和电磁能的有效吸收(漏磁现象);当 z_3 处于线圈上部时,随着 z_3 的增加,驼峰会变得"矮胖",由此可以吸收更多的电磁能,且有利于其稳定性的提高。

当送料棒可以持续稳定补偿熔池且驼峰形状一定时,需要进一步控制凝固铸锭的表面质量。Ding 等[56]发现三相点 z_3 附近的物料对坩埚壁产生的静压力是影响表面质量的直接因素。如图 5-52 所示,物料在 z_{meniscus} 高度范围内的熔体为自由表面,从式(5-5)可知,熔体静压力由电磁压力和表面张力平衡。熔池在电磁压力下形成驼峰,在 z_{skull} 高度范围内,电磁压力 P_{EM} 和表面张力产生的压力 P_σ 无法抵消一定熔体高度 z_{melt} 产生的横向静压力,此时熔体和坩埚之间发生软接触,由坩埚壁提供支持力 P_{soft} 补偿静压力,如式(5-52)所示。

$$\rho g z_{\mathrm{melt}} = P_{\mathrm{EM}} + P_{\mathrm{soft}} + P_\sigma \tag{5-52}$$

相应的,式(5-53)为物料和坩埚壁之间的摩擦力 f_{wall},即

$$f_{\mathrm{wall}} = P_{\mathrm{soft}}\mu_{\mathrm{wall}} \tag{5-53}$$

合金从液相转变到固相的过程中,一方面发生凝固收缩,另一方面受到向上的摩擦力。当物料还未完全凝固时,摩擦力会使物料表面产生褶皱甚至局部撕裂,形成表面缺陷,冷坩埚定向凝固 Ti48Al2Cr2Nb 合金的表面质量如图 5-53(a)所示。

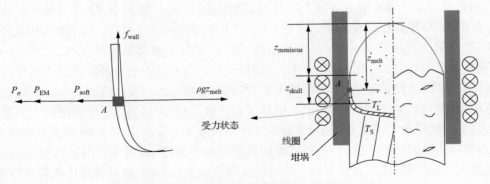

图 5-52　冷坩埚定向凝固表面质量控制分析示意图

图 5-53　冷坩埚定向凝固 TiAl 合金表面质量

　　所以,减小物料和坩埚壁之间的摩擦力是控制表面质量的关键。平衡一定高度的熔体,电磁推力 P_{EM} 越大,合金和坩埚壁之间的接触程度越"软",两者之间摩擦力就越小。通过合理调整过程参数,将三相点位置控制在电磁推力较强区域,可以获得表面质量光滑平整的铸锭。

通过提高加热功率能有效增大熔体受到电磁推力 P_{EM} 的大小,使驼峰高度增加,如图 5-9 中 Fe 熔体形状在较高功率下更为高耸,基本呈完全悬浮状态。在定向凝固用冷坩埚中,高功率使凝固界面下推,三相点下移,图 5-54 为不同功率下的驼峰形状[34];一方面,功率过低时,虽然三相点位置靠上,但物料受到的电磁推力和有效加热能力不足,导致表面质量下降,且熔体过热低,流动性不好,不利于充填成形;另一方面,功率过高时,虽然磁感应强度增加,但三相点下移,进入磁场较弱区域,附近物料仍然不能获得较大的推力,也会降低表面质量。更重要的是,熔池驼峰在高功率下变得高耸,可能会造成上下熔池粘连,破坏定向凝固过程。此外,高频感应加热使液面沸腾晃动,熔体在电磁环境中的摆动程度加大,且强烈的电磁搅拌会进一步降低液面稳定性,由此会使熔体发生失稳和崩塌。

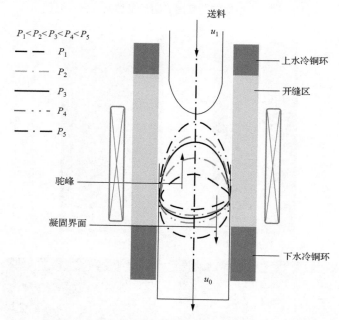

图 5-54　冷坩埚定向凝固驼峰熔池形状分析

另外,冷坩埚的开缝结构导致了同一高度上电磁场分布不均匀性,使同一高度下物料受到的电磁推力不一致。开缝处磁场强,合金受电磁约束力大,使附近物料和坩埚壁摩擦力小;坩埚分瓣中间处磁场弱,合金受电磁约束力小,导致附近物料和坩埚壁摩擦力大,表面容易出现褶皱和撕裂现象[58]。可以预计,坩埚内腔越扁,摩擦不均匀性越明显,物料同一高度下的表面质量差异较大甚至无法成形。所以,需要通过提高磁场均匀性来提高冷坩埚定向凝固表面质量的控制水平。

针对冷坩埚的结构特征和磁场分布,在工艺优化基础上,制备出不同截面形状、表面质量优良的定向 TiAl 合金铸锭。图 5-53(b)为方形坩埚制备的 Ti46Al6Nb0.1B 合金铸锭,图 5-53(c)和(d)分别为近矩形和矩形坩埚制备的 Ti46Al0.5W0.5Si 铸锭,可明显看出其宽边中部有明显表面褶皱,而两边开缝处区域的表面光滑平整。

5.5.2　宏观组织生长与控制

组织控制是冷坩埚定向凝固的工艺核心,包括宏观的晶粒生长和微观片层取向两方面。前人研究多限于 TiAl 合金定向凝固微观组织控制,采用 Bridgman 法或光悬浮法对小尺寸圆棒试样进行研究,基本不考虑熔体对流和污染对组织生长的影响。目前,大尺寸、无污染 TiAl 合金的定向凝固只能通过冷坩埚成功实现,但由于径向热流的存在和熔体受到电磁搅拌,组织控制有其特殊性和复杂性。

冷坩埚定向凝固过程中,坩埚和合金成分一定时,加热功率和抽拉速率是组织控制的主要手段。图 5-55 为 Ti46Al6Nb 合金在不同加热功率下凝固后的铸锭表面和凝固界面形貌。凝固后熔池外表面高度 h_{s1} 随着功率的增大而增大。这表明,功率的增加使熔池体积扩大。由图可看出,总体上凝固界面随着功率的降低而趋向于平直化。随着功率从 35kW 增加到 50kW,h_{s2} 从 29.5mm 增加到 38.0mm,功率的增大使软接触面积增大,这会进一步导致凝壳高度 h_{s3} 的增加,h_{s3} 从 3.1mm 增加到 6.8mm。高功率时,凝固界面在靠近表面的位置更加上翘,上翘的凝壳会使其附近的晶粒生长偏离抽拉方向。

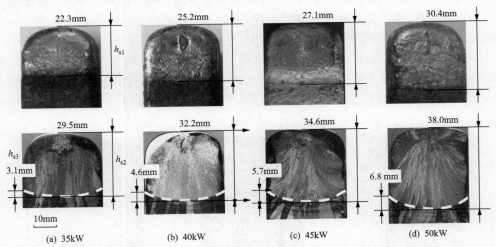

图 5-55　不同功率下 Ti46Al6Nb 合金冷坩埚定向凝固的铸锭表面与凝固界面形貌

增加功率使集肤层内产生更多的感应热,一部分通过侧向换热散失掉,另一部分则向内传递,使熔池内温度升高,将凝固界面下推,表现为明显的下凹性,宏观组织如图 5-56 所示。由图可见,35kW 时,凝固界面最为平直,但可能由于凝固界面液相前沿温度梯度 G_L 相对较低或者热流影响,造成柱状晶无法实现持续生长;45kW 和 50kW 时,其凝固界面下凹性增加,使柱状晶生长方向与抽拉方向发生较大偏离,组织无法稳定生长;40kW 时其柱状晶总体定向效果最佳,这是因为其凝固界面相对较为平直,并且柱状晶可基本保持持续生长。

TiAl 合金在小尺寸陶瓷管中定向凝固时,往往通过增加功率来提高熔体过热度,以细化一次枝晶间距,由于型壳是热壁,且直径较小,不会考虑凝固界面在宏观上的变化。但是,对于冷坩埚定向凝固,功率的选择首先要考虑凝固界面的宏观平直性,相对较低的

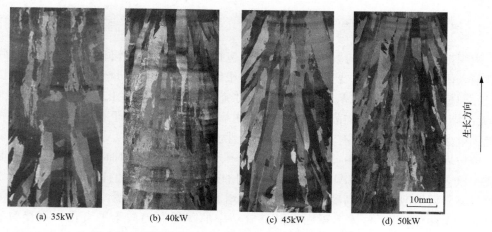

生长方向 →

(a) 35kW　　　　(b) 40kW　　　　(c) 45kW　　　　(d) 50kW

10mm

图 5-56　不同功率下 TiAl 合金冷坩埚定向凝固的宏观组织

功率有利于凝固界面的平直化。这样做尽管可能会降低熔体的过热，但由式（5-44）可知，可以通过优化坩埚结构和调整加热频率来获得低的 H_{0mL} 和高的 G_L。同时，功率的变化会改变熔池形状、温度分布和电磁搅拌程度，这些都对熔池流动场产生影响。较强的熔体对流使凝固界面液相前沿的热流方向紊乱时，柱状晶无法稳定生长。

　　Ti46Al6Nb 合金在不同抽拉速率 u 下冷坩埚定向凝固后熔池表面和凝固界面形貌如图 5-57 所示。随着 u 从 0.3mm/min 增加到 1.0mm/min，凝固后熔池表面高度 h_{s1} 从 28mm 增加到 34mm，熔池凝固组织高度 h_{s2} 从 31.2mm 增加到 41.7mm，这说明了熔池体

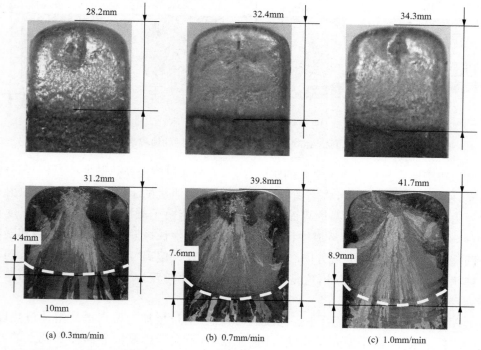

28.2mm　　　　32.4mm　　　　34.3mm

31.2mm　　　　39.8mm　　　　41.7mm

4.4mm　　　　7.6mm　　　　8.9mm

10mm

(a) 0.3mm/min　　　　(b) 0.7mm/min　　　　(c) 1.0mm/min

图 5-57　不同抽拉速率 u 下 Ti46Al6Nb 合金定向凝固熔池表面和凝固界面形貌

积随抽拉速率的增大而增大。抽拉开始前，凝固界面在热平衡下维持在一个稳态位置。抽拉开始后，凝固界面逐渐下移，当定向凝固达到稳态时，凝固界面在新的热平衡下会保持为一个动平衡稳态形貌。随着抽拉速率的增加，凝固界面的动平衡稳态位置越靠下，并且由图 5-38 分析可知，界面形貌下凹，导致凝壳高度 h_{s3} 增加。对 Ti50Al 合金定向凝固温度场计算也发现，熔池体积随抽拉速率增大而增大并且凝固界面下凹[47]。同时，增加 u 会使三相点发生下移，由电磁场分布可知，三相点下移使物料受到的电磁推力下降，从而增大物料和坩埚壁之间的摩擦力，导致表面质量下降。

　　图 5-58 为不同 u 下的 Ti46Al6Nb 合金定向凝固宏观组织。结合图 5-57 可知，凝固界面随着 u 的增加而下凹。0.3mm/min 时，凝固界面最为平直，1.0mm/min 时的凝固界面明显下凹。当 u 增加时，熔池中部的热量来不及向下导出，而靠近表面的物料可以很快通过侧向换热将热量导走，由此造成凝固界面的下凹。对比图 5-57（a）～（c）发现，0.3mm/min 时的柱状晶定向生长效果相对最好，这是由于其凝固界面相对较为平直，且柱状晶基本保持持续生长。0.7mm/min 时，靠近表面的晶粒出现明显的倾斜生长，这是由下凹的凝固界面导致的。1.0mm/min 时，界面更加下凹，组织杂乱，定向生长效果很差。

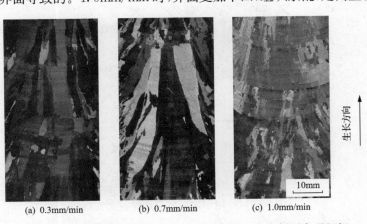

(a) 0.3mm/min　　　　(b) 0.7mm/min　　　　(c) 1.0mm/min

图 5-58　不同抽拉速率 u 下 Ti46Al6Nb 合金定向凝固宏观组织

　　所以，抽拉速率宜采用较小值，以保证凝固界面的平直，利于柱状晶平行于抽拉方向生长。但是，抽拉速率过小时，凝固相同体积物料的情况下，糊状区和凝固界面前沿受到的电磁搅拌时间也随之增加，这会增加热流对枝晶臂的冲刷时间。当热流方向出现紊乱、或者枝晶臂熔断并在凝固界面前沿发生形核时，都会干扰柱状晶的稳定生长[60,61]。

　　冷坩埚定向凝固过程中，电流参数（功率和频率）和抽拉速率是组织控制的主要手段。功率选择要和侧向散热相匹配，还须考虑熔体受到电磁搅拌的影响。增大功率可能会增大温度梯度，但也会使热流的平稳性降低，干扰柱状晶的稳定生长。因此，希望能在一个相对较低的功率下使凝固界面平直。在一定范围内，增大频率可促进界面平直化和减小熔体搅拌[62-64]。图 5-44 中凝固界面形貌计算结果表明了高频电流对冷坩埚定向凝固的优势，但是，由于冷坩埚对电磁场的屏蔽，过高的频率会降低坩埚的工作效率，甚至无法熔化物料。降低抽拉速率增加糊状区轴-径热流密度比，使凝固界面平直化，减小晶粒生长与轴向的偏离程度，利于柱状晶的稳定生长。

综上分析,可定性地确立出冷坩埚定向凝固工艺窗口,如图 5-59 所示[65]。图中五边形深色阴影部分为最优窗口区域,它由 6 条线 P_s、P_t、L_1、L_2、L_3 和 L_4 限定获得。其中,只有超过启熔功率 P_s 才能熔化坩埚内物料;当功率超过 P_t 时,尽管此时的熔体过热度可能足够,但电磁搅拌导致晶粒生长前沿热流紊乱,无法实现柱状晶的稳定生长;L_1 和 L_2 为考虑凝固界面平直性的抽拉速率约束区间(图中 Region$_{1-2}$)。抽拉速率高于 L_2 时,凝固界面下凹明显,无法使柱状晶持续生长。功率较低时,凝固界面相对平直,可较快抽拉;而高功率时界面下凹,需采用低速;L_3 和 L_4 为考虑熔体过热度的抽拉速率约束区间(图中 Region$_{3-4}$)。由于熔池温度随抽拉速率增加而降低。所以,低功率时宜采用低速;高功率时,为提高效率,可以采用较高抽拉速率。

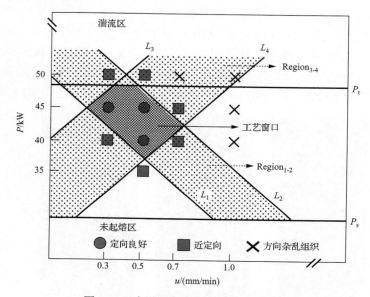

图 5-59　冷坩埚定向凝固组织控制窗口

提高频率时(不降低熔体的过热度),电磁场对熔体搅拌程度减弱,这样会使紊流功率 P_t 上升。可以预计,一定范围内提高频率可有效增大熔池过热度和最佳工艺的选择区间,使窗口区域向高功率扩展。

在最优工艺区间内,不仅能保证凝固界面的平直性较好,同时凝固界面液相前沿的热流不发生紊乱,使进入糊状区的热流方向和大小保持在一个相对稳定的程度,从而实现柱状晶的持续稳定生长。当频率为 50kHz 时,Ti46Al6Nb 合金在 36mm×36mm 方形内腔坩埚中的组织控制与工艺参数选择区间如图 5-59 所示[65]。当抽拉速率 u 为 1.0mm/min时,由于界面下凹,无法形成定向组织,当加热功率 P 为 50kW 时,宏观组织定向效果也不理想。P 与 u 对宏观组织的影响见前文分析。当功率区间为 40～45kW 且抽拉速率区间为 0.3～0.5mm/min 时,可获得宏观组织定向良好的 TiAl 合金铸锭。

需要注意,当坩埚内磁场均匀性很低或加热效率不足时,会导致工艺窗口窄,组织控制难度大。如前文所述,坩埚内腔越扁,其磁场均匀性越差,加热不均匀性明显,在 4∶1 内腔截面坩埚中,甚至出现了送料棒难以熔化的现象,导致成形和组织控制都极为困难。

尽管如此,通过工艺优化和过程控制,采用传统的方形、近矩形和扁形坩埚,仍制备出了定向组织优良的 TiAl 合金坯锭,如图 5-60 所示。

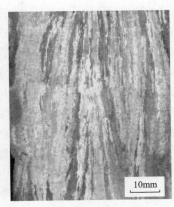

(a) 方形, Ti47Al2Cr2Nb　　　　(b) 2.5 : 1近矩形, Ti50Al　　　　(c) 3 : 1扁形, Ti46Al0.5W0.5Si0.5Y

图 5-60　不同内腔冷坩埚定向凝固 TiAl 合金宏观组织

5.5.3　硼元素细化柱状晶机制分析

　　为细化柱状晶,可在 Ti46Al6Nb 合金中添加微量硼元素进行冷坩埚定向凝固,由此获得定向良好的细柱状晶组织,如图 5-61 所示。图 5-61(a)为不含硼的 Ti46Al6Nb 合金组织,其晶粒较为粗大,柱状晶平均尺寸为 3.5mm,含硼的 Ti46Al6Nb0.1B 合金晶粒明显细化,其柱状晶平均尺寸仅为 0.4mm,如图 5-61(b)所示。然而,继续增加合金中的硼含量时,实验发现无法获得更加细化的柱状晶组织,整个凝固范围内都为细小的等轴晶,如图 5-61(c)所示。

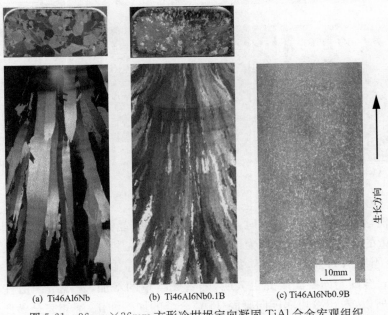

(a) Ti46Al6Nb　　　　　　(b) Ti46Al6Nb0.1B　　　　　　(c) Ti46Al6Nb0.9B

图 5-61　36mm×36mm 方形冷坩埚定向凝固 TiAl 合金宏观组织

对于全片层(full lamellar,FL)组织的 TiAl 合金,当 α_2/γ 片层方向与载荷方向平行时,合金综合性能最佳[18]。图 5-61 表明硼元素可以显著细化柱状晶尺寸,Ti46Al6Nb 和 Ti46Al6Nb0.1B 合金定向区域的金相显微组织分别如图 5-62(a)和(b)所示。对比柱状晶内的片层取向可发现,Ti46Al6Nb 合金先析出相为 β,柱状晶内 α_2/γ 片层取向与生长方向呈近 0°或近 45°关系(由于是二维照片,所以存在角度偏差),SEM 组织如图 5-62(c)所示。对于 Ti46Al6Nb0.1B 合金,α_2/γ 片层取向与生长方向呈近 90°关系。此现象说明,硼元素的添加改变了 Ti46Al6Nb 合金在定向凝固过程中的先析出相。研究表明,硼元素的添加会促使硼化物在枝晶间区域析出[66-68],如图 5-62(d)所示。接着,α 相会在硼化物上形核,α 相和硼化物 TiB 的位相关系为$\langle 1120 \rangle_{\alpha_2}//[010]_{B27}$ 和 $(0001)_{\alpha_2}//(001)_{B27}$,B27 为 TiB 的晶体结构。因此,硼对定向凝固柱状晶的细化机理是作为形核基体,使大量 α 相形核生长,最终形成 α_2/γ 片层取向与生长方向垂直的凝固组织,虽然柱状晶细小,但会显著降低定向凝固 TiAl 合金的延伸率。

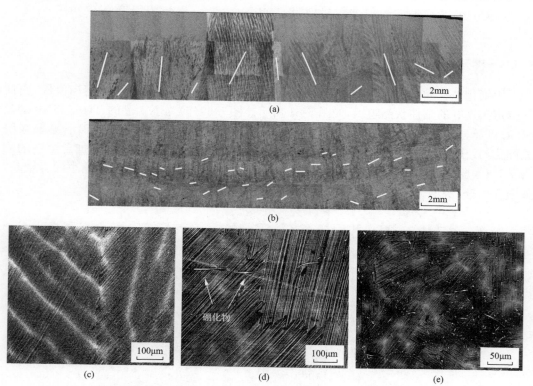

图 5-62　冷坩埚定向凝固 Ti46Al6Nb 和 Ti46Al6Nb0.1B 合金片层取向与显微组织

可以发现,当硼元素添加过多时,在凝固过程中,枝晶间和凝固界面液相前沿区域会析出形成大量的高熔点硼化物,作为形核质点,使大量 α 相随机析出,彻底破坏柱状晶的持续生长,凝固组织为细小等轴晶,如图 5-62(e)所示,其晶粒平均直径只有 0.25mm。TiAl-Mo-B 合金的定向凝固研究也表明,随着硼含量的增加,宏观组织由柱状晶向等轴晶转变[69]。所以,对于冷坩埚定向凝固 TiAl 合金的加硼细化,不能完全参照铸造合金中的加硼细化作用,需要认识到硼元素对定向凝固柱状晶的细化作用是非常有限的。微量硼元素可以细化柱状晶尺寸,但是同时也使大量 α 相析出,无法进行 α_2/γ 片层组织的控制,而过多的硼元素会直接破坏定向组织,导致凝固组织等轴化。

5.5.4　α_2/γ 片层取向

　　TiAl 合金定向凝固中,通过控制 FL 组织初生相类型(α 或 β)和凝固后的 α_2/γ 片层取向,可以进一步发掘合金的性能潜力,获得更加优异的力学性能。高温时的先析出相决定了室温下 α_2/γ 的片层取向,在凝固过程中,两相会随机出现不同片层取向的室温变体,最终的结果是,先析出相为 α 的合金具有与生长方向成 90° 垂直的唯一取向片层组织,而先析出相为 β 的合金具有平行或者与生长方向成 45° 的片层组织[70]。为了获得最佳的综合性能,人们希望控制 α_2/γ 片层取向与晶粒生长方向(受载荷方向)一致,并且不同柱状晶的片层在横截面上的角度不同,以消除合金的偏轴性能。研究表明,初生相类型和 α_2/γ 片层取向主要受成分和凝固条件影响,其控制手段主要有改进籽晶法、自引晶法、成分调整法和二次定向凝固法。

　　图 5-63 显示了加热功率为 45kW 时,不同抽拉速率下冷坩埚定向凝固 Ti46Al6Nb 合金稳态生长区的 α_2/γ 片层取向和初生相类型。由于凝固界面有下凹现象,故部分 α_2/γ 片层取向与生长方向(θ_g)和抽拉方向的夹角存在差异。由于是二维照片,当先析出相为 β 时,部分 α_2/γ 片层取向与生长方向并不严格呈 45° 或平行关系,但当先析出相为 α 时,α_2/γ 片层取向必定和生长方向呈 90° 关系。

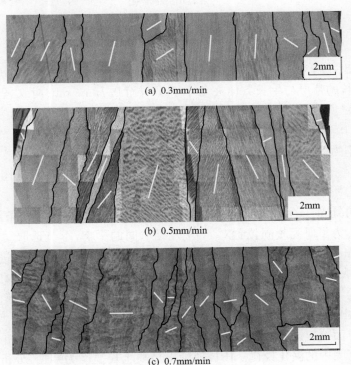

(a) 0.3mm/min

(b) 0.5mm/min

(c) 0.7mm/min

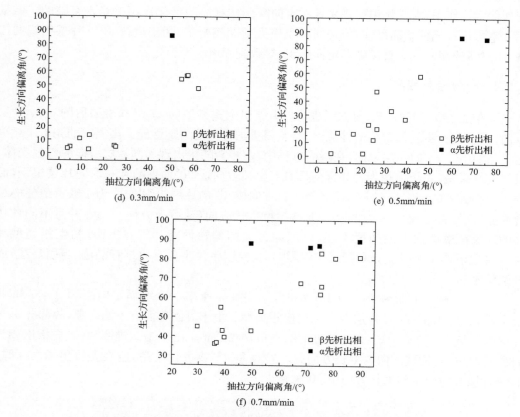

图 5-63　功率 45kW 时 Ti46Al6Nb 定向组织与 α_2/γ 片层取向

由图 5-63 可看出,随着抽拉速率的增加,总体上 θ_g 逐渐增大。抽拉速率为 0.3mm/min 时,有接近 60% 晶粒的片层与生长方向夹角小于 15°,而 0.7mm/min 时 θ_g 全部大于 30°。α 先析出相的晶粒所占分数也随着抽拉速率的增加而增加,抽拉速率为 0.3mm/min、0.5mm/min 和 0.7mm/min 时,所占分数分别为 8%、15% 和 22%。

当加热功率为 50kW、抽拉速率为 0.3mm/min 时,冷坩埚定向凝固 Ti46Al6Nb 合金铸锭底部、中部和上部位置的片层取向分别如图 5-64(a)~(c)所示,其初生相类型分别如图 5-64(d)~(e)所示。

冷坩埚定向凝固 TiAl 合金过程中,当凝固界面液相前沿满足形核条件时,会出现新的柱状晶生长。为了研究凝固位置对 α_2/γ 片层取向的影响,本节选取功率为 50kW、抽拉速率为 0.3mm/min 的试样,分别在其生长初始区、中部和凝固前位置进行金相组织分析和 α_2/γ 片层取向统计,其结果如图 5-64 所示。对比不同位置的片层取向特征可发现,随着铸锭高度的增加(生长距离),α 先析出相的比例增大。当选取为底部、中部和凝固末端时,其 α 先析出相的比例分别为 5%、8% 和 20%。

可以参照界面响应函数(interface response function,IRF)理论来分析 α_2/γ 片层取向在冷坩埚定向凝固中的演化规律。IRF 理论以最高生长温度为判据,分析不同生长速率下 α 和 β 相的界面形态和优先生长判断,还可计算出温度梯度和成分对响应函数曲线的

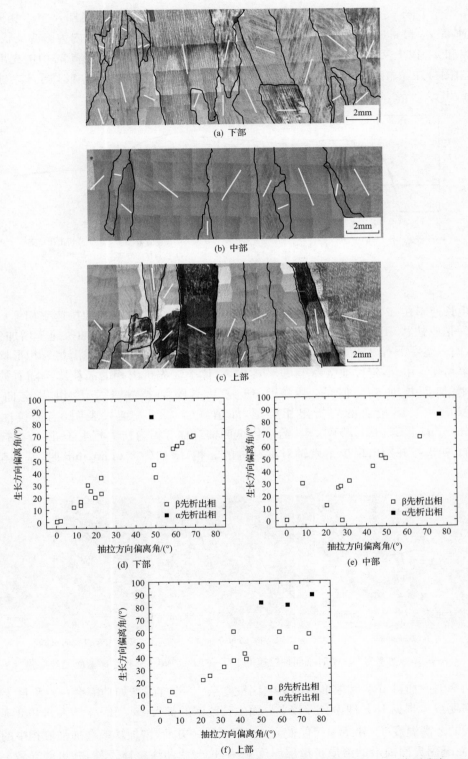

图 5-64　冷坩埚定向凝固 Ti46Al6Nb 合金不同位置的宏观组织与 α_2/γ 片层取向

影响[71-73]。图 5-65 为 Ti46Al6Nb 合金先析出相的 IRF 函数定性示意图，α 和 β 相分别在生长速率 $u_{\alpha1}$ 和 $u_{\beta1}$ 以下为平界面生长，在 $u_{\alpha1} \sim u_{\alpha2}$ 和 $u_{\beta1} \sim u_{\beta2}$ 范围内为胞或枝状生长，在 $u_{\alpha2}$ 和 $u_{\beta2}$ 以上又为平界面生长。在某一给定速率时，形核温度最高的相优先形核长大。由图可知，β 相只有在 $u_{tr1} \sim u_{tr2}$ 范围内优先形核，当速率低于 u_{tr1} 或高于 u_{tr2} 时，α 相优先析出。

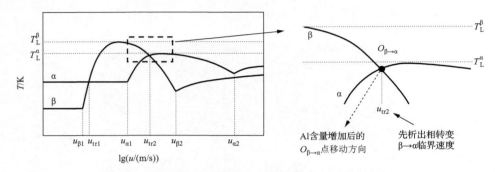

图 5-65　Ti46Al6Nb 合金界面相应函数示意图

生长速率在 0.3～0.7mm/min 范围内时（近似认为生长速率和抽拉速率相等），凝固界面为胞或枝状，Ti46Al6Nb 合金平衡凝固的先析出相为 β 相。当抽拉速率增加到 u_{tr2} 附近，同一温度下有 β 和 α 两种先析出相的可能，且 u 越高，局部区域满足 α 相形核条件的概率越高。由此，定性地解释了图 5-63 中，总体上 α 先析出相的晶粒比例随着抽拉速率的增加而增加。类似的，聂革[61] 研究了不同抽拉速率下冷坩埚定向凝固 Ti46Al0.5W0.5Si 合金的先析出相类型，如图 5-66 所示。结果表明，当抽拉速率为 0.8mm/min 时，Ti46Al0.5W0.5Si 合金以全四轴对称 β 相为初生相生长，随着抽拉速率的增加，初生相开始出现少量六轴对称结构的 α 相，增加到 2.0mm/min 时，基本都为 α 初生相。

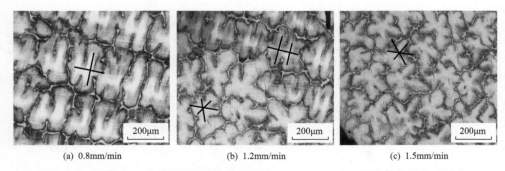

(a) 0.8mm/min　　　　　　(b) 1.2mm/min　　　　　　(c) 1.5mm/min

图 5-66　功率为 50kW 时不同抽拉速率下 Ti46Al0.5W0.5Si 枝晶横截面微观形貌

功率的增加对 IRF 函数形状的影响比较复杂。一方面，增加功率会一定程度上增大温度梯度 G_L，根据 IRF 理论会导致平界面生长范围的扩大（$u_{\alpha1}$ 和 $u_{\beta1}$ 增大），并会降低响应曲线的最高温度 T_L^α 和 T_L^β，可能使 u_{tr2} 右移。另一方面，增加功率会加强液相中的电磁搅拌，使凝固界面前沿的溶质扩散层厚度减薄，这会使曲线整体下移，并可能导致 u_{tr2} 左移。当抽拉速率为 0.3mm/min 时,通过对比图 5-63(d)和(f)可知,α 先析出相比例随着功率的增加而增加。功率为 45kW 和 50kW 时,α 先析出相的晶粒比例分别为 8% 和 20%。

由于 Al 溶质在生长方向上存在宏观偏析,液相中的 Al 含量随着抽拉距离的增加而增加。对 TiAl 二元合金的研究表明,随着 Al 含量的升高,α 和 β 两相的响应函数曲线均下移,且最高形核温度逐渐接近,当 Al 的原子分数超过 50% 时,T_N^α 将超过 T_N^β,在整个生长范围内 α 相均为领先形核相。IRF 理论表明,在 Al 含量增加的过程中,点 $O_{\beta \to \alpha}$ 逐渐向图 5-65 中的左下方移动。由此可知,当其他凝固条件相同时,Al 含量的增加会增加 α 相的形核概率,这和图 5-64 中片层取向的统计分析结果是一致的。

必须注意到,IRF 理论的实验基础是小尺寸的 TiAl 两元合金,并忽略了液相中的对流和两相之间的相互影响。因此,对研究分析坩埚定向凝固大尺寸的多元 TiAl 合金有一定局限性,将来的工作需要在 IRF 理论基础上,建立一种适用于冷坩埚定向凝固 TiAl 合金的相选择理论。

另外,建立 α_2/γ 片层控制理论的实验基础是采用陶瓷管或光悬浮法进行 TiAl 合金定向凝固。可以发现,由于过于偏向理论并且试样尺寸较小,这些工作基本不涉及 TiAl 合金的宏观组织控制研究。相比较而言,采用冷坩埚进行 TiAl 合金的定向凝固的工作起步较晚,目前尚未完全进入 α_2/γ 片层取向控制的研究,但实验结果揭示了一些规律性现象和机制,这为进一步的片层控制进行了铺垫。冷坩埚定向凝固 TiAl 合金的最终目标是要实现宏观柱状晶生长和微观片层取向的多尺度控制,复杂的电磁环境、熔体对流、较大的尺寸和严格的过程控制使其具有相当的难度,也给研究带来了机遇与挑战。

5.5.5　成分偏析

凝固过程中,由于溶质分凝和液相流动,会导致铸件不可避免地出现宏观偏析和显微偏析[74,75]。其中,显微偏析包括晶界偏析和晶间偏析,可通过热处理消除,而宏观偏析很难消除,只能通过改善工艺来尽量减少其偏析程度。

冷坩埚定向凝固中,成分为 C_0 的母合金送料棒在感应加热过程中,对熔区进行持续的熔滴补偿。在稳定生长阶段,可认为送料熔滴体积和凝固体积相等,且送料熔滴的溶质浓度低于熔池内溶质浓度,而熔滴在电磁搅拌下会很快与熔池均匀混合。这个过程为一个非保守系统,可按照区熔定向凝固的溶质浓度分布进行分析,其表达式为[76]

$$C_S(z) = C_0 \left[1 - (1 - k_e) \exp\left(-\frac{k_e}{l} z \right) \right] \tag{5-54}$$

式(5-54)中,z 和 l 分别为试样的已凝固长度和熔区长度。研究表明,区熔定向凝固生长出的晶体比保守系统生长出的晶体更加均匀。熔区长度 l 越窄,溶质分布越均匀。对于冷坩埚定向凝固,可认为 z 是抽拉距离,l 相当于驼峰熔池的等效熔区长度。由此,根据式(5-54),抽拉距离越长,溶质浓度越高,熔池体积越小,宏观偏析程度越轻。TiAl 合金的分凝系数 $k<1$,在冷坩埚定向凝固过程中,Al 溶质会不断在凝固界面液相前沿富集,造成 Al 含量在生长方向上的宏观偏析,而 Al 含量对 TiAl 合金的先析出相、α_2/γ 片层尺寸、性能有重要影响。

图 5-67 为 Al 溶质在冷坩埚定向凝固 Ti46Al6Nb 和 Ti46Al6Nb0.1B 合金中沿生长方向的分布情况,每个高度横截面都选取了 3 块区域进行能谱成分分析(energy dispersive spectroscopy,EDS)。结果表明,对于两种成分合金,Al 含量均随着凝固距离的增加而增加。在凝固距离 40mm 以前,Al 原子分数小于 46%,而在抽拉长度内的凝固界面附近,Al 原子分数超过了 48%。剩余的 Al 富集在熔池内,在电磁搅拌下较为均匀,其原子分数超过了 50%。Al 原子分数超过 50% 时,初生相将会由 L→β 向 L→α 转变[77]。当然,如前文分析,由于硼元素的加入,即使在低 Al 含量时,合金也会出现 α 相的形核生长。冷坩埚定向凝固过程中,有三个方面影响 Al 元素的分布:其一是 Al 溶质在凝固界面液相前沿的富集,这会增加液相中 Al 含量;其二是送料熔滴的补偿,这会降低液相中 Al 含量;其三是液相中的电磁搅拌,这会使液相中 Al 溶质均匀化。

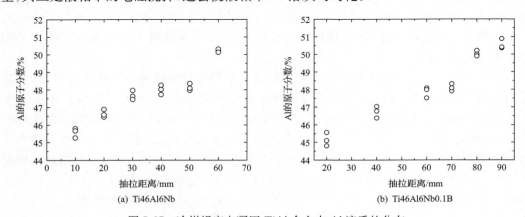

图 5-67 冷坩埚定向凝固 TiAl 合金中 Al 溶质的分布

由于凝固过程中的溶质分凝和各元素的扩散能力不同,TiAl 合金铸态组织中存在着不可避免的显微偏析。图 5-68(a)和(b)显示了自耗电弧熔炼 Ti46Al6Nb 合金铸态组织的显微偏析。由于溶质分凝,Al 溶质不断向枝晶间排出,使凝固组织中的枝晶间区域富 Al,背散射电子成像(back scattered electron,BSE)照片表现为暗黑色,称为 S 型偏析。合金在包晶相变 β + L ——→ α 时,Nb 原子从 β 相向 α 相扩散,但由于其扩散速率低,相变无法彻底完成,剩余 β 相在室温就形成富 Nb 相或者 B2 相[78,79],主要在枝晶干富集,衬度为白亮色,如图 5-68(a)中的白色蠕虫状条纹所示。α 型偏析和 β 相的再析出有关,当局部 Nb 含量较高时,在 1100℃ 以下出现α2+γ+β(B2)三相共存的区域,此时 β 相又会沿着α2/γ 片层方向重新析出,成为 α 型偏析。

冷坩埚定向凝固后,Ti46Al6Nb 合金的显微组织如图 5-68(c)所示。对比定向凝固前组织,可发现其显微偏析程度得到明显改善,没有观察到 α 型偏析,S 型偏析不明显,β型偏析的区域缩小很多。显微偏析的主要影响因素是原子扩散和溶质分凝,由于冷坩埚定向凝固中熔池受到电磁搅拌,从固-液界面中排出的 Al 原子可以被很快的热流带走而不在 β 相前沿富集,从而使包晶相变 β + L ——→ α 的进行更加充分,残余 β 相较少,有效地减轻了 S 型偏析和 β 型偏析。同理,电磁搅拌也加速了糊状区内 Nb 原子向 α 相中的扩散,使 Nb 元素在局部富集的程度降低,避免了在低温时出现 β 相的再析出,由此消除了 α

型偏析。

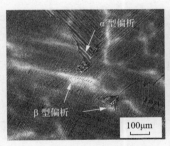
(a) 铸态，β 型和 α 型偏析

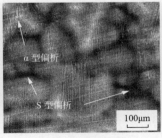
(b) 铸态，α 型和 S 型偏析

(c) 定向组织，β 型偏析

图 5-68　Ti46Al6Nb 合金冷坩埚定向凝固前后显微偏析

5.5.6　熔体流动与组织相关性

凝固界面前沿的液相流动对界面稳定性和枝晶形貌有重要影响。冷坩埚定向凝固过程中，电磁搅拌对晶粒生长和组织形成的影响不可忽略。由于 TiAl 熔体化学活泼的特点，可采用数值计算的方法对冷坩埚定向凝固 TiAl 熔体的流动行为进行研究。图 5-69 为 TiAl 合金在方形坩埚内的三维流动场有限元模型，凝固界面简化为宏观平界面，并认为流体为不可压缩层流。采用 ANSYS 计算电磁场-流动耦合过程，首先进行电磁场计算，获得熔体中的电磁力分布，然后转换为流动场环境，将时均电磁力计算结果加载在熔体上，并对熔体属性进行设置[62,80]。模型中流体自由表面满足无滑移边界条件，即

$$V_x = V_y = V_z = 0 \tag{5-55}$$

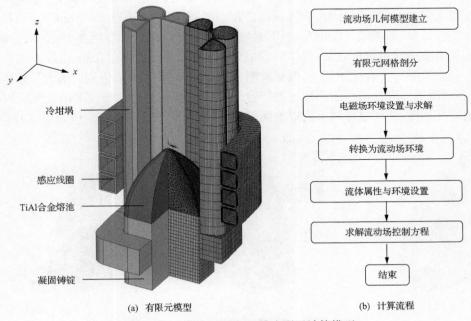

(a)　有限元模型　　　　　　　　　(b)　计算流程

图 5-69　冷坩埚流动场三维有限元计算模型

TiAl 合金流体中压力分布和流动速率可以用 Navier-Stokes 方程准确表示,即

$$\rho \frac{\partial V}{\partial t} = \rho g - \nabla P + \mu \nabla^2 V \tag{5-56}$$

式中,ρ、P 和 μ 为合金密度、流体压力和流体流动速率。

当频率为 50kHz 时,不同加热功率下 TiAl 合金熔池流动场计算结果如图 5-70 所示。可以发现,随着功率增加,熔体流速增加,当功率从 40kW 增加到 50kW 时,熔池内最高流速从 29.4mm/s 增加到 39.1mm/s。同时,熔体流动形貌并没有随功率增加而变化,均在 XZ 平面呈现出两个方向相反的涡流。凝固界面上(XY 平面)中心区域为弱流区,径向中部区域相对流速较快。

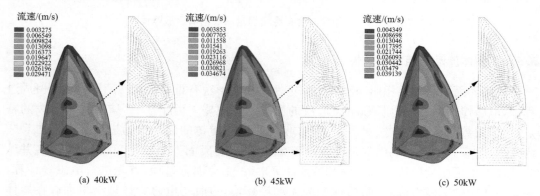

图 5-70 加热功率对冷坩埚定向凝固 TiAl 合金熔体流动的影响

当功率为 40kW 时,计算了 10kHz、20kHz 和 100kHz 时的 TiAl 合金流动场,结果如图 5-71 所示。结果表明,熔体呈明显的双漩涡状流动,且随着频率的升高,电磁搅拌的范围和程度逐渐减小。10kHz 时,熔体强流区在心部,最高流速接近 40.0mm/s;20kHz 时,强流区仍在心部,但流动程度明显减弱,最高流速为 28.7mm/s;当频率为 100kHz 时,搅拌漩涡显著缩小且更接近表面,熔体心部成为弱流区,平均流速在 5.0mm/s 左右。冷坩埚定向凝固需要一个合适的频率,低频有利于增加坩埚的透磁性,但同时加大了熔体的搅拌程度,而凝固界面前沿过于剧烈的搅拌会干扰柱状晶的稳定生长。采用高频可以降低熔体的搅拌程度,增加电磁约束力以加强软接触程度,减小侧向换热。但如图 5-45 分析,

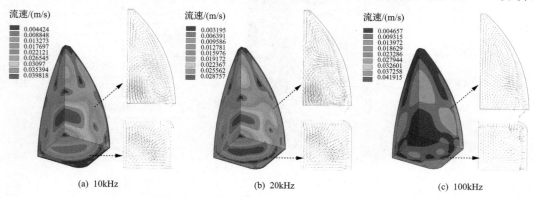

图 5-71 加热频率对冷坩埚定向凝固 TiAl 合金熔体流动的影响

过高的频率使坩埚的屏蔽效应凸显,降低磁场对物料的感应加热能力。

　　驼峰形状对熔体流动也有重要影响。当功率为 40kW、频率为 50kHz 时,不同驼峰高度 MH 下的 TiAl 合金流动场如图 5-72 所示。驼峰高度为 20mm 时,熔体中仅存在一个涡流,位置靠上。随着驼峰高度增加到 30mm,下部逆时针的涡流显现出来。驼峰高度为 40mm 时,下部漩涡状的流动区域更加明显,出现强流区向熔体内部移动的趋势。

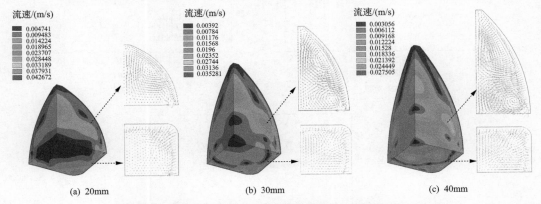

图 5-72　驼峰高度对冷坩埚定向凝固 TiAl 合金熔体流动的影响

　　在图 5-70～图 5-72 基础上,可进一步对凝固界面上的流动特征进行分析,参照模型 5-69(a),TiAl 合金熔体在凝固界面 x 方向上的流速分布如图 5-73 所示。由图 5-73(a)可以看出,熔体在径向 14mm 内朝外流动,流速在 11mm 左右达到峰值,且随着功率的增加而增加。如前文所述,凝固界面上的快速流动会降低柱状晶生长的稳定性,图 5-74 显示了冷坩埚定向凝固 Ti46Al6Nb0.1B 合金宏观组织。可以发现,40kW 时柱状晶可以较为稳定地生长,而 45kW 时的组织呈断续状。图 5-73(b)反映出提高频率可以明显减弱凝固界面上的流动,当频率从 10kHz 增加到 100kHz 时,熔体朝外的流动峰值从 28.4mm/s 降低到 5.65mm/s。同时可发现,在靠近物料表面 2～4mm 范围内,由于熔体受到朝内的推力,其流动方向朝内,越靠近表面,流速越高。但在实际过程中,靠近表面的物料为凝壳区,在固态下不发生流动,仅受到感应加热和电磁推力作用。

　　图 5-73(c)表明可以通过控制驼峰高度来改变熔体的流动方向,进一步控制凝固界面上的流动程度。随着熔体高度从 40mm 降低到 20mm,熔体流动峰值降低,径向上的流速波动性变缓,并且发生转向。由此可以预计,存在一个最佳驼峰高度,使凝固界面上大部分区域的流速处于较低值。

　　进一步,Ti46Al6Nb 合金在柱状晶生长横截面不同位置的显微组织如图 5-75(a)所示。可以发现,在铸锭横截面的中心、径向中点和靠近表面位置上,显微组织差异性很小,枝晶干的富 Nb 相呈准连续条网状分布,且条网状的形态和尺寸基本一致,无 α 型偏析,S 型偏析较轻,只有局部存在小区域的 β 型偏析。分析表明,电磁搅拌使熔池中存在强制对流,计算结果显示,熔体中的流速达到 20mm/s,凝固界面上的平均流速也在 5mm/s 左右[80]。熔体对流促进了合金成分和温度的均匀化,降低了凝固组织形貌的差异性,这也在一定程度上成为冷坩埚定向凝固的优势,有利于对大尺寸铸锭进行整体上统一的微观

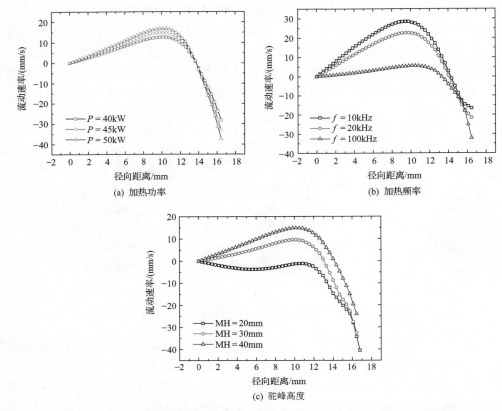

图 5-73　不同参数下冷坩埚定向凝固 TiAl 合金熔体凝固界面径向流速分布

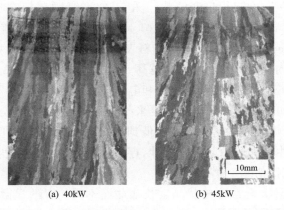

图 5-74　冷坩埚定向凝固 Ti46Al6Nb0.1B 铸锭宏观组织

组织控制。相比较,采用 Brighman 法在 Y_2O_3 陶瓷型壳进行 Ti46Al8Nb 合金定向凝固时发现,直径 8mm 试样的横截面中心和边缘的微观组织有明显差异,如图 5-75(b)所示[81]。这是由于 Al 溶质在自然对流的条件下向凝固界面液相前沿的中心富集,造成径向上不同位置的初生相不同,从而使凝固组织出现差异,不利于 α_2/γ 片层取向控制。

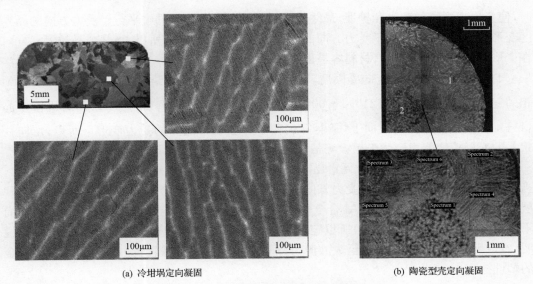

(a) 冷坩埚定向凝固　　　　　　　　　　　　　　(b) 陶瓷型壳定向凝固

图 5-75　TiAl 合金定向凝固横截面组织均匀性

1-试样边部；2-试样中心区域

5.5.7　冷坩埚定向凝固 TiAl 合金性能

　　Ti46Al6Nb 合金冷坩埚定向凝固前后的拉伸性能如图 5-76 所示。由图 5-76(a)可知，相比于非定向原铸态组织合金，定向后 TiAl 合金的室温抗拉强度得到较大幅度提升，其中，工艺为 45kW、0.5mm/min 试样的抗拉强度达到 473MPa，比原铸态组织提高了 50% 以上。另外，定向后合金的室温塑性没有得到明显改善，延伸率仍小于 0.5%，断口形貌如图 5-77(a)所示，呈典型片层撕断的脆性解理断裂形貌。

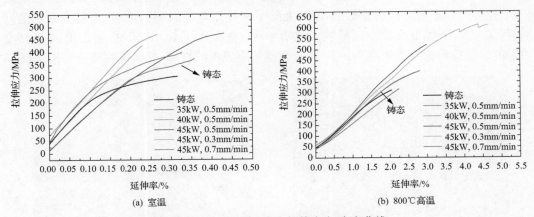

(a) 室温　　　　　　　　　　　　　　　　　　(b) 800℃高温

图 5-76　Ti46Al6Nb 合金拉伸应力-应变曲线

　　TiAl 合金具有本征脆性，Nb 的作用是稳定 β 相，提高合金初熔温度和高温强度，但并不能改善 TiAl 合金的室温脆性。当组织内存在 B2 相时，更会恶化合金室温塑性。对于铸态等轴晶组织，为了使变形晶粒彼此相适应，各晶粒需要在多组滑移系同时开动时进行变形。由此，在拉力方向一定时，当一些晶粒的滑移系难以配合周围晶粒的变形而开动时,便会出现裂纹的萌生和扩展,最终导致材料的断裂。等轴晶中平行于受力方向的晶界区变形程度最大,而垂直于受力方向的晶界区变形程度最小。所以,当某个晶粒滑移方向在变形方向的分量很小时,材料容易出现过早的断裂。

TiAl 合金经冷坩埚定向凝固后,减少甚至消除了横向晶界,柱状晶晶粒内 α_2-Ti_3Al 相的三个滑移系 $\{10\bar{1}0\}\langle1\bar{2}10\rangle$、$\{0001\}\langle1\bar{2}10\rangle$、$\{11\bar{2}1\}\langle\bar{1}\bar{1}26\rangle$ 和 γ-TiAl 相的机械孪晶 $\{111\}\langle11\bar{2}\rangle$ 只需在拉力方向上协调变形,而不存在横向晶界的受力变形。所以,定向柱状晶的变形持续能力要优于粗大等轴晶,表现为相对较高的断裂强度。

同时,TiAl 合金中的合金元素、α_2/γ 片层尺寸和取向对材料的强度和塑性影响很大。当合金成分一定,片层取向与受力方向成 30° 左右时,TiAl 合金表现出最高的塑性。当片层取向垂直于受力方向时,TiAl 合金塑性最差。对于冷坩埚定向凝固 TiAl 合金,目前尚不能完全控制 α_2/γ 片层取向,所以定向后的合金塑性没有表现出较高的提升。这也说明,冷坩埚定向凝固技术仍有巨大的潜力,通过控制 α_2/γ 片层取向,大幅提升 TiAl 合金的塑性。

800 ℃下,Ti46Al6Nb 合金的拉伸应力-应变曲线如图 5-76(b)所示。对比图 5-76(a)可发现,定向后 Ti46Al6Nb 合金的高温强度和延伸率均得到大幅提升。其中,工艺为45kW、0.3mm/min 试样的 800℃高温强度达到 611MPa,几乎是原铸态组织的 2 倍,其延伸率超过了 4.5%,而铸态合金的断裂延伸率仅有 0.2%。45kW、0.5mm/min 试样的800℃拉伸强度达到 522MPa,也明显高于其室温强度 473MPa。而 45kW、0.7mm/min 试样的 800℃拉伸强度和其室温强度相当,均达到 400MPa。

传统 TiAl 合金中出现的高温强度大于室温强度的现象称为反屈服现象,研究表明,TiAl 合金中 $\{11\bar{2}1\}\langle\bar{1}\bar{1}26\rangle$ 滑移系的临界切应力随着温度的升高而升高,由此使合金的高温强度出现反常现象[82-84]。图 5-77(b)为 Ti46Al6Nb 合金定向组织反屈服现象的800℃拉伸断口形貌。可明显看出,断口上除了有片层直接断裂的形貌,还有大面积的韧窝群,呈现出韧-脆混合的断裂形貌。说明 800℃左右是 Ti46Al6Nb 合金发生韧-脆转变的温度。目前尚未有关于高 Nb-TiAl 合金反屈服现象的报道,此结果有待进一步研究。

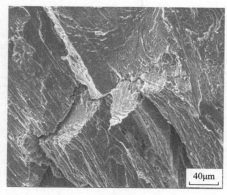

(a) 室温

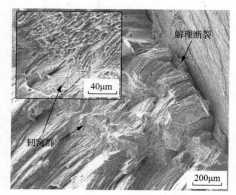

(b) 800℃高温

图 5-77　Ti46Al6Nb 合金定向组织拉伸断口形貌

断裂韧性 K_{IC} 是表征材料抗裂纹扩展能力的重要参数,由于 TiAl 合金室温塑性较低,断裂韧性的测量需采用压痕法,如图 5-78 所示,通过对表面裂纹尺寸分析,按照经验公式计算合金的 K_{IC} 值[85]。

断裂韧性 K_{IC} 的经验公式为

$$K_{IC} = 0.16 HV_m \sqrt{a} \, (C/a)^{-3/2} \quad (5\text{-}57)$$

式中,C 为辐射裂纹平均长度;a 为压痕对角线的一半;HV_m 为维氏硬度

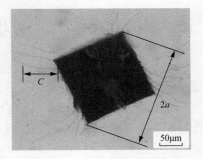

图 5-78　TiAl 合金显微压痕照片

根据式(14-50),Nie 等利用显微硬度的裂纹尺寸,研究了冷坩埚定向凝固 FL 组织 TiAl 合金的断裂韧性[86,87],K_{IC} 与冷坩埚定向凝固后 TiAl 合金 K_{IC} 随片层尺寸的变化关系如图 5-79 所示。

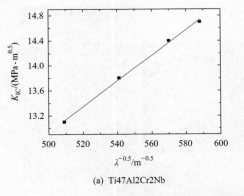

(a) Ti47Al2Cr2Nb

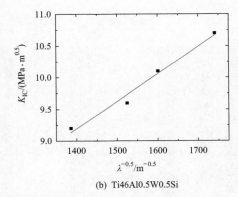

(b) Ti46Al0.5W0.5Si

图 5-79　定向凝固 TiAl 合金断裂韧性 K_{IC} 随片层间距 λ 变化关系

根据图 5-79 中数据,Ti47Al2Cr2Nb 和 Ti46Al0.5W0.5Si 合金的 K_{IC} 与片层间距 λ 经过线性回归后的数学关系分别为

$$K_{IC} = 2.79 + 0.021\lambda^{-0.5} \quad (5\text{-}58)$$
$$K_{IC} = 3.12 + 0.0041\lambda^{-0.5} \quad (5\text{-}59)$$

结果表明,冷坩埚定向凝固后 FL 组织的 TiAl 合金 K_{IC} 均随片层间距的降低而升高,这是由于层间距的减小使得穿过片层的滑移与孪生所需的应力会随之增加。由于 Ti47Al2Cr2Nb 合金拥有更细的片层结构,所以其断裂韧性比 Ti46Al0.5W0.5Si 合金更加优异。在 TiAl 合金的四种典型室温组织中,FL 组织在断裂过程中会出现断裂韧带,并且片层间的锯齿界面使裂纹的扩展路径变得曲折,增大扩展时受到的阻力,说明片层结构具有良好的抗裂纹扩展能力,由此使得 FL 组织 TiAl 合金的断裂韧性相对最高。此外,当冷坩埚定向凝固可以制备出超细柱晶组织时,需考虑晶粒尺寸对材料断裂韧性的影响。有研究表明,当晶粒尺寸小于裂纹尖端塑性变形区的大小时,此时晶界的影响将超过片层间距对断裂韧性的影响。当晶粒大小超过 $500\mu m$ 时,TiAl 合金的断裂韧性将不会受到晶粒尺寸的影响。

5.6　冷坩埚定向凝固 Ti 合金

Ti 合金由于其比强度高、耐热性和耐腐蚀性能好,在航空航天领域有广泛的应用,其服役温度可达到 600℃。其中,Ti6Al4V 合金具有良好的综合性能和可加工性,在航空航天工业应用最为广泛[88]。和 TiAl 合金相似,Ti 合金也存在熔点高、化学活性大的特点,使其制备和应用受到了很大限制,特别是铸造 Ti 合金。目前来看,还未有定向组织 Ti 合金应用的报道。

针对 Ti6Al4V 合金,哈尔滨工业大学采用冷坩埚定向凝固技术,系统研究了其工艺实现过程,揭示了裂纹形成机制,获得了过程参数对铸锭表面质量和宏观组织的影响规律[34,47,56,58,89]。在此基础上,使用不同内腔形状冷坩埚制备出了表面质量和定向组织优良的 Ti6Al4V 铸锭,如图 5-80 所示。

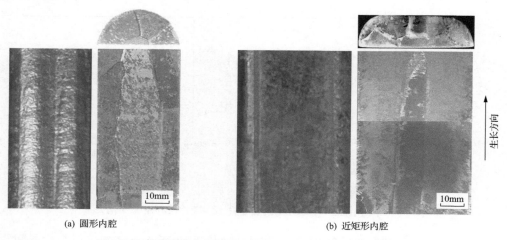

(a) 圆形内腔　　　　　　　　　　　　　　　(b) 近矩形内腔

图 5-80　冷坩埚定向凝固 Ti6Al4V 合金表面质量和宏观组织

从图 5-80 可明显看出,经过初始过渡区的竞争生长后,柱状晶在稳定生长区粗大且晶界清晰,平均宽度为 10mm,而粗大的柱状晶具有较好的高温疲劳性能。图 5-81 为 Ti6Al4V 合金在定向生长区的显微组织,在合金从高温 β 相向室温缓冷却的过程中,原始 β 晶界上析出晶界 α 相,呈长条状。紧邻晶界处存在明显的集束,为粗大的 α 片层,如图 5-81(a) 所示。在扫描电镜观察下发现,在晶粒内 β 基体上均匀分布着取向不一致的细小的 α 相网篮状组织,这是由冷速较慢导致的。

Ti6Al4V 合金在冷坩埚定向凝固前后的拉伸性能如图 5-82 所示。其中,对定向组织 Ti6Al4V 合金进行了多个试样的测试。结果发现,经冷坩埚定向凝固后,合金的延伸率普遍有显著提升,部分试样达到 10% 以上,而铸态组织仅为 5.4%,这是由于晶界的变形能力很差,而定向凝固消除了横向晶界,合金在受力方向上仅存在晶粒的变形,由此导致延伸率的增加。合金的断裂强度表现为稳中有升,平均值为 887.8MPa,略高于铸态组织的 865.9MPa。定向凝固后合金的性能受试样切割影响较大,当试样变形区域为单晶时,合金可以表现出更为优异的拉伸性能。

(a) 金相照片　　　　　　　　　　　(b) SEM照片

图 5-81　冷坩埚定向凝固 Ti6Al4V 合金显微组织

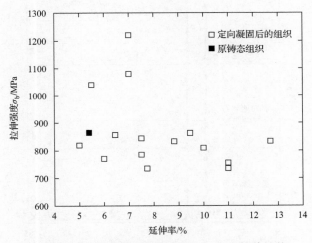

图 5-82　冷坩埚定向凝固 Ti6Al4V 合金拉伸性能

5.7　冷坩埚定向凝固 Nb-Si 合金

难熔金属硅化物中，A_5B_3 型过渡金属硅化物由于其高熔点和较低的密度而受到广泛关注。其中，Nb_5Si_3 的熔点达到 2484℃，密度为 7.16g/cm³（低于高温 Ni 基合金）。研究表明，由脆性 Nb_5Si_3 相和延性 Nb 相组成的双相组织展示出良好的力学性能，1500℃时的结构热化学和形态稳定超过 100h，是一种具有应用潜力的高温结构材料。

但是，高温硅化物材料的制备和加工温度高、净成形技术不足、低温脆性、断裂韧性低等特点严重限制了其进一步发展。为解决这些问题，可采用冷坩埚定向凝固技术制备 Nb-Si 合金铸锭[90]，图 5-83 为不同抽拉速率下 Nb-Si 合金的显微组织，合金成分为 Nb22Ti16Si3Cr3Al2Hf。进一步由图 5-84 的 XRD 相分析表明，图 5-83 中灰白色区域为 Nb 基体，灰色区域为 α-(Nb,Ti)$_5$Si$_3$ 相，黑色区域为富 Ti 的 γ-(Nb,Ti)$_5$Si$_3$ 相。Nb-Nb$_5$Si$_3$ 系合金的显微组织形态较为复杂，共晶 Nb$_5$Si$_3$ 相在 Nb 基体上呈准连续的条状分布，局部还存在块状和准枝晶形态的共晶 Nb$_5$Si$_3$ 相。

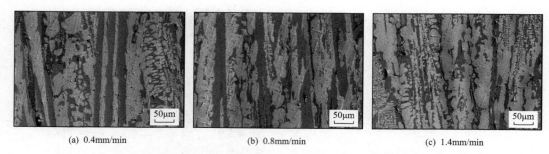

(a) 0.4mm/min　　　　　　　(b) 0.8mm/min　　　　　　　(c) 1.4mm/min

图 5-83　不同抽拉速率下冷坩埚定向凝固 Nb-Si 合金显微组织

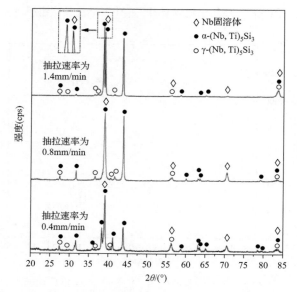

图 5-84　冷坩埚定向凝固 Nb-Si 合金相组成分析

不同抽拉速率下冷坩埚定向凝固 Nb22Ti16Si3Cr3Al2Hf 合金的力学性能如图 5-85 所示。总体上看,合金室温断裂韧性平均值为 11.66MPa·m$^{0.5}$,结果和 Tian[91] 的研究水平相当。西北工业大学采用陶瓷管对 Nb22Ti16Si6Cr4Hf3Al1.5B0.06Y 合金进行了定向凝固,由于加入了 B 和 Y,组织得到细化,合金的断裂韧性可达到 20MPa·m$^{0.5}$左右[92]。合金在冷坩埚定向凝固后1250℃高温拉伸结果表明,抗拉强度随着抽拉速率的增加而增加,在 1.4mm/min 时达到 180MPa,研究者认为这是由于增加抽拉速率使组织细化,增加了塑形 Nb 基体和脆性 Nb_5Si_3 相的界面数量,限制了位错运动。由此可见,共晶Nb_5Si_3相的析出形态、尺寸和分布对 Nb-Nb_5Si_3 系合金的性能有重要影响。从图 5-83 中可看出,经冷坩埚定向后的 Nb-Si 合金仍存在较多横向的相界面,在合金受到轴向载荷时,这种横向界面容易受到破坏,成为裂纹源。进一步的工作需要控制 Nb-Si 合金中共晶相的形态,使之耦合平行生长,以获得优异的性能。

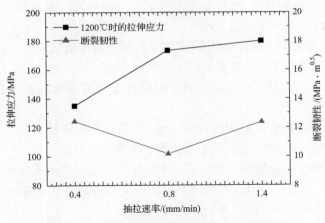

图 5-85　冷坩埚定向凝固 Nb-Si 合金力学性能

5.8　总结与展望

　　冷坩埚定向凝固在制备高温、活泼材料方面,具有无污染、组织可控和工业尺寸成形的综合优势,从其思想提出、理论论证到技术研究,经过十余年的发展,展现出良好的应用前景,特别是针对定向组织 TiAl 合金涡轮叶片的制备。

　　冷坩埚定向凝固组织控制和传热行为密切相关,坩埚结构、电流参数和凝固条件对凝固界面形状和晶粒取向产生复杂的耦合影响。在传热分析基础上,通过工艺窗口的确立,可以控制获得宏观组织定向良好的 TiAl 合金坯锭。研究还初步表明,冷坩埚定向凝固可调控微观 α_2/γ 片层取向,这为进一步提升定向 TiAl 合金性能提供了基础。由于基本消除了横向晶界,定向后 TiAl 合金坯锭的拉伸性能得到较大幅度提升。在坩埚系统优化设计和定向凝固过程控制的基础上,哈尔滨工业大学在国际上率先实现了具有定向组织TiAl 合金坯锭的制备和相应涡轮叶片的制造,如图 5-86 所示。

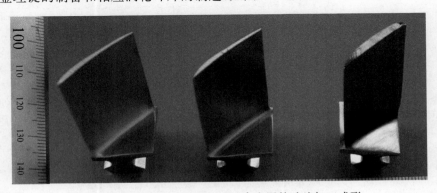

图 5-86　冷坩埚定向凝固 TiAl 合金涡轮叶片加工成形

　　冷坩埚定向凝固是一个多物理场耦合的复杂过程,伴随着电磁场、温度场、流动场和溶质场的相互作用。这些因素给研究带来困难的同时,也使冷坩埚定向凝固成为一项尖端的凝固成形与组织控制技术,向研究者提出了更高的挑战。为进一步发展冷坩埚定向凝固技术,需要在以下几个方面深入展开。

(1) 更大尺寸、更高磁场均匀性和高能效定向凝固用冷坩埚设计,以满足较大尺寸涡轮叶片的后续加工,并需进一步提高定向组织的可控性。

(2) 针对 TiAl 合金,开展冷坩埚定向凝固控制 α_2/γ 片层取向的研究,充分挖掘定向 TiAl 合金的性能潜力。

(3) 进一步开展冷坩埚定向凝固模拟工作,特别需要实现抽拉状态下的宏观组织模拟,由此可以较好地预测晶粒生长形态,提高研究效率。

(4) 建立冷坩埚定向凝固的过程规范,以提高铸锭表面质量和定向组织控制的可重复性。在此基础上,可进一步开发与冷坩埚定向凝固相关的复合制备和组织控制技术,以提升冷坩埚定向凝固的技术优势,并扩展其研究范围。

参 考 文 献

[1] Schinppereit G H, Leatherman A F, Evers D. Cold crucible induction melting of reactive metals. Journal of Metals, 1961: 140-143

[2] 马宏声. 钛及难熔金属真空熔炼. 长沙: 中南大学出版社, 2010: 54-56

[3] 库兹明诺夫 ЮC, 洛曼诺娃 E E, 奥西科 B B. 冷坩埚法制取难熔材料. 贾厚生, 等译. 北京: 冶金工业出版社, 2006: 1-283

[4] Guo J J, Jia J, Liu Y, et al. Evaporation behavior of aluminum during the cold crucible induction skull melting of titanium aluminum alloys. Metallurgical and Materials Transactions B, 1999, 31(B): 837-844

[5] Chen J L, Gao S X, Wang W H, et al. Single crystals of $Tb_{0.3}Dy_{0.7}Fe_2$ grown by Czochralski method with cold crucible. Journal of Crystal Growth, 2007, 236(1-3): 305-310

[6] 徐建华, 周慧, 郯东生, 等. 冷坩埚玻璃固化连续运行试验验证. 中国原子能科学研究院年报, 2011: 283-284

[7] 傅恒志, 丁宏升, 陈瑞润, 等. 钛铝合金电磁冷坩埚定向凝固技术的研究. 稀有金属材料与工程, 2008, 37(4): 565-570

[8] Umbrashko A, Baake E, Nacke B, et al. Experimental investigations and numerical modelling of the melting process in the cold crucible. COMPEL: The International Journal for Computation and Mathematics in Electrical and Electronic Engineering, 2005, 24(1): 314-323

[9] Pericleous K, Bojarevics V, Djambazov G, et al. Experimental and numerical study of the cold crucible melting process. Applied Mathematical Modelling, 2006, 30(11): 1262-1280

[10] Nacke B. Skull melting technology for oxides and glasses. Harbin: Harbin Institute of Technology, 2007

[11] Dour G, Ehret E, Laugier A, et al. Continuous solidification of photovoltaic multicrystalline silicon from an inductive cold crucible. Journal of Crystal Growth, 1998, 193(1/2): 230-240

[12] Voß S, Stein F, Palm M, et al. Synthesis of defect-free single-phase bars of high-melting laves phases through modified cold crucible levitation melting. Materials Science and Engineering A, 2010, 527(29-30): 7848-7853

[13] Blum M, Jarczyk G, Scholz H, et al. Prototype plant for the economical mass production of TiAl-valves. Materials Science and Engineering A, 2003, 329-331: 616-620

[14] Stefanovsky S V, Ptashkin A G, Knyazev O A, et al. Inductive cold crucible melting of actinide-bearing murataite-based ceramics. Journal of Alloys and Compounds, 2007, 444/445: 438-442

[15] Toh T, Yamamura H, Kondoh H, et al. Inclusions behavior analysis during levitation melting of steel in cold crucible for application to cleanliness assessment. ISIJ International, 2005, 45(7): 984-990

[16] 郭建亭. 高温合金材料学. 北京: 科学出版社, 2008: 3-6

[17] Wu X H. Review of alloy and process development of TiAl alloys. Intermetallics, 2006, 14: 1114-1122

［18］Yamaguchi M，Johnson D R，Lee H N，et al. Directional solidification of TiAl-base alloys. Intermetallics，2000，8(5)：511-517

［19］李金山，张铁邦，常辉，等. TiAl 基金属间化合物的研究现状与发展. 中国材料进展，2010，29(3)：2-5

［20］傅恒志，柳百成，魏炳波. 凝固科学技术与材料发展. 北京：国防工业出版社，2005：256-257

［21］傅恒志，郭景杰，刘林，等. 先进材料定向凝固. 北京：科学出版社，2008：525-539

［22］Waku Y，Nakagawa N，Wakamoto T，et al. A ductile ceramic eutectic composite with high strength at 1873 K. Nature，1997，389：49-52

［23］Zhang H R，Tang X X，Zhou C G，et al. Comparison of directional solidification of γ-TiAl alloys in conventional Al_2O_3 and novel Y_2O_3-coated Al_2O_3 crucibles. Journal of the European Ceramic Society，2013，33(5)：925-934

［24］Johnson D R，Inui H，Yamaguchi M，et al. Crystal growth of TiAl alloys. Intermetallics，1998，6(7/8)：647-652

［25］Lee H N，Johnson D R，Inui H，et al. Microstructural control through seeding and directional solidification of TiAl alloys containing Mo and C. Acta Materialia，2000，48(12)：3221-3233

［26］杜玉俊，沈军，熊义龙，等. 电磁约束成形的技术特点及其发展前景. 材料导报，2012，26(4)：118-112

［27］丁宏升，郭景杰，陈瑞润，等. TiAl 基合金冷坩埚定向凝固研究现状与发展趋势. 中国材料进展，2010，29(2)：14-23

［28］Umbrasko A，Bakke E，Nacke B. Numerical studies of the melting process in the induction furnace with cold crucible. COMPEL：The International Journal for Computation and Mathematics in Electrical and Electronic Engineering，2008，27(2)：359-368

［29］Bojarevics V，Pericleous K. Dynamic melting model for small samples in cold crucible. COMPEL：The International Journal for Computation and Mathematics in Electrical and Electronic Engineering，2008，27(2)：350-358

［30］许福永，赵克玉. 电磁场与电磁波. 北京：科学出版社，2005：283-285

［31］韩至成. 电磁冶金技术及装备. 北京：冶金工业出版社，2008：289-294

［32］Baake E，Nacke B，Bernier F，et al. Experimental and numerical investigations of the temperature field and melt flow in the induction furnace with cold crucible. COMPEL：The International Journal for Computation and Mathematics in Electrical and Electronic Engineering，2003，22(1)：88-97

［33］Umbrasko A，Baake E，Nacke B，et al. Thermal and hydrodynamic analysis of the melting process in the cold crucible using 3D modeling. Heat Transfer Research，2008，39(5)：415-422

［34］王艳丽. 钛基合金近矩形冷坩埚连续熔铸与定向凝固工艺基础研究. 哈尔滨：哈尔滨工业大学博士学位论文，2006

［35］王艳丽，丁宏升，郭景杰，等. 感应熔炼冷坩埚内磁场的分布规律. 哈尔滨：哈尔滨工程大学学报，2006，10：666-670

［36］Chen R R，Yang J R，Ding H S，et al. Magnetic field in a near-rectangular cold crucible designed for continuously melting and directionally solidifying TiAl alloys. Journal of Materials Processing Technology，2012，212：1934-1940

［37］Chen R R，Yang J R，Ding H S，et al. Effect of configuration on magnetic field in cold crucible using for continuous melting and directional solidification. Transactions of Nonferrous Metals Society of China，2012，22(2)：404-410

［38］Chen R R，Yang J R，Ding H S，et al. Effect of power parameter and induction coil on the magnetic field in cold crucible during continuous melting and directional solidification. China Foundry，2012，9(1)：15-19

［39］Gross C，Assmus W，Muiznieks A，et al. Power consumption of skull melting. Part I. Analytical aspects and experiments. Crystal Research and Technology，1999，34(3)：319-328

［40］Muiznieks A，Raming G，Mühlbauer A，et al. Power consumption of skull melting. Part II. Numerical calculation of the shape of the molten zone and comparison with experiment. Crystal Research and Technology，1999，34(3)：329-338

［41］Westphal E，Muiznieks A，Muhlbauer A. Electromagnetic field distribution in an induction furnace with cold crucible. IEEE Transaction on Magnetics，1996，32(3)：1601-1604

[42] Westphal E, Milhlbauer A, Muiznieks A. Calculation of electromagnetic fields in cylindrical induction systems with slitted metallic walls. Electrical Engineering, 1996, 79(4): 251-263

[43] Cho Y W, Oh Y J, Yi K W, et al. Numerical analysis of molten metal shape in cold crucibles by 3D FEM. Modelling and Simulation in Materials Science and Engineering, 1996, 4: 11-22

[44] Cha P R, Hwang Y S, Oh Y J, et al. Numerical analysis on cold crucible using 3D H-Φ method and finite volume method with non-staggered BFC grid system. ISIJ International, 1996, 36(9): 1157-1165

[45] Yang J R, Chen R R, Ding H S, et al. Uniformity analysis on magnetic field in an electromagnetic cold crucible used for directional solidification. COMPEL: The International Journal for Computation and Mathematics in Electrical and Electronic Engineering, 2013, 32(3): 997-1008

[46] ALD Vacuum Technologies. 2014-8-10. Titanium vacuum precision casting. http://www. ald-vt. com/cms/cn/

[47] 陈瑞润. 钛基合金电磁冷坩埚连续熔铸与定向凝固研究. 哈尔滨: 哈尔滨工业大学博士学位论文, 2005

[48] 刘晨光. 钛铝基合金扁锭冷坩埚定向凝固工艺研究. 哈尔滨: 哈尔滨工业大学硕士学位论文, 2007

[49] 李春晖. 钛基合金矩形冷坩埚电磁约束成形与凝固工艺研究. 哈尔滨: 哈尔滨工业大学硕士学位论文, 2004

[50] 汪明月. 钛铝基合金方形冷坩埚定向凝固工艺研究. 哈尔滨: 哈尔滨工业大学硕士学位论文, 2007

[51] 杨劼人. 高 Nb-TiAl 合金的冷坩埚定向凝固传热特性及组织与性能. 哈尔滨: 哈尔滨工业大学博士学位论文, 2013

[52] Yang J R, Chen R R, Ding H S, et al. Mechanism and evolution of heat transfer in mushy zone during cold crucible directionally solidifying TiAl alloys. International Journal of Heat and Mass Transfer, 2013, 63: 216-223

[53] Elliott A J, Tin S, King W T, et al. Directional solidification of large superalloy castings with radiation and liquid-metal cooling: A comparative assessment. Metallurgical and Materials Transactions A, 2004, 35: 3221-3231

[54] Yang J R, Chen R R, Ding H S, et al. Thermal characteristics of induction heating in cold crucible used for directional solidification. Applied Thermal Engineering, 2013, 59(1/2): 69-76

[55] Chen R R, Ding H S, Yang J R, et al. Temperature field calculation on cold crucible continuous melting and directional solidifying Ti50Al alloys. Transactions of Nonferrous Metals Society of China, 2012, 22(3): 647-653

[56] Ding H S, Chen R R, Guo J J, et al. The mechanism of hot crack formation in Ti-6Al-4V during cold crucible continuous casting. China Foundry, 2004, 1: 28-34

[57] Ding H S, Chen R R, Wang Y L, et al. Continuous casting and directional solidification of titanium based alloys with cold crucible. Material Science Forum, 2005, 475-479: 2575-2578

[58] Wang Y L, Ding H S, Bi W S, et al. Effects of processing parameters on the surface quality of titanium slab solidified directionally in a rectangular cold crucible. China Foundry, 2006, 1: 30-35

[59] 白云峰. 钛合金冷坩埚电磁定向凝固传输过程耦合模型与数值计算. 哈尔滨: 哈尔滨工业大学博士学位论文, 2006

[60] 大野笃美. 金属的凝固. 邢建东译. 北京: 机械工业出版社, 1990: 38-49

[61] 聂革. 电磁冷坩埚定向凝固 α_2/γ 片层 TiAl 基坯锭组织与性能. 哈尔滨: 哈尔滨工业大学博士学位论文, 2012

[62] Yang J R, Chen R R, Ding H S, et al. Numerical calculation of flow field inside TiAl melt during rectangular cold crucible directional solidification. Transactions of Nonferrous Metals Society of China, 2012, 22(1): 157-163

[63] Im D J, Hong J S, Kang I S. Numerical analysis on the enhancement of molten steel stirring by magnetic field strength control. Computers & Fluids, 2012, 70: 13-20

[64] Mapelli C, Gruttadauria A, Peroni M. Application of electromagnetic stirring for the homogenization of aluminium billet cast in a semi-continuous machine. Journal of Materials Processing Technology, 2010, 210(2): 306-314

[65] Yang J R, Chen R R, Ding H S, et al. Heat transfer and macrostructure formation of Nb containing TiAl alloy directionally solidified by square cold crucible. Intermetallics, 2013, 42: 184-191

[66] Hu D, Yang C, Huang A, et al. Solidification and grain refinement in $Ti_{45}Al_2Mn_2Nb_1$B. Intermetallics, 2012,

22：68-76

[67] Hu D, Yang C, Huang A, et al. Grain refinement in beta-solidifying $Ti_{44}Al_8Nb_1B$. Intermetallics, 2012, 23：49-56

[68] Yang C, Hu D, Huang A, et al. Solidification and grain refinement in $Ti_{45}Al_2Mn_2Nb_1B$ subjected to fast cooling. Intermetallics, 2013, 32：64-71

[69] Johnson D R, Chihara K, Inui H, et al. Microstructural control of TiAl-Mo-B alloys by directional solidification. Acta Materialia, 1998, 46(18)：6529-6540

[70] Kim M C, Oh M H, Lee J H, et al. Composition and growth rate effects in directionally solidified TiAl alloys. Materials Science and Engineering A, 1997, 239-240：570-576

[71] Su Y Q, Liu C, Li X Z, et al. Microstructure selection during the directionally peritectic solidification of Ti-Al binary system. Intermetallics, 2005, 13(3/4)：267-274

[72] Kurz W, Gilgien P. Selection of microstructures in rapid solidification processing. Materials Science and Engineering A, 1994, 178(1/2)：171-178

[73] Gilgien P, Kurz W. Microstructure selection in binary and ternary alloys. Materials Science and Engineering A, 1994, 178(1/2)：199-201

[74] 胡汉起. 金属凝固原理. 北京：机械工业出版社, 2007：215-220

[75] Kurz W, Fisher D J. 金属凝固原理. 李建国, 胡侨丹译. 北京：高等教育出版社, 2010：109-112

[76] Clyne T W. Theoretical solute redistribution during a modified form of zone refining-cascade purification. Journal of Crystal Growth, 1979, 47(1)：85-92

[77] Witusiewicz V T, Bondar A A, Hecht U, et al. The Al-B-Nb-Ti system. Ⅳ. Experimental study and thermodynamic re-evaluation of the binary Al-Nb and ternary Al-Nb-Ti systems. Journal of Alloys and Compounds, 2009, 472(1-2)：133-161

[78] Liu G H, Li X Z, Su Y Q, et al. Microstructure, microsegregation pattern and the formation of B2 phase in directionally solidified Ti-46Al-8Nb alloy. Journal of Alloys and Compounds, 2012, 541：275-282

[79] Song L, Zhang L Q, Xu X J, et al. Omega phase in as-cast high-Nb-containing TiAl alloy. Scripta Materialia, 2003, 68(12)：929-932

[80] Yang J R, Chen R R, Ding H S, et al. Flow field and its effect on microstructure in cold crucible directional solidification of Nb containning TiAl alloy. Journal of Materials Processing Technology, 2013, 213：1355-1363

[81] Kartavykh A V, Ginkin V P, Ganina S M, et al. Numerical study of convection-induced peritectic macro-segregation Effect at the directional counter-gravity solidification of Ti-46Al-8Nb alloy. Intermetallics, 2011, 19(6)：769-775

[82] Morris M A. Dislocation mobility, ductility and anomalous strengthening of two-phase TiAl alloys：Effects of oxygen and composition. Intermetallics, 1996, 4(5)：417-426

[83] Nakano T, Yasuda H Y, Higashitanaka N, et al. Anomalous behaviour of cyclic deformation and fatigue properties of TiAl PST crystals under constant applied stress. Acta Materialia, 1997, 45(11)：4807-4821

[84] Greenberg B A, Antonova O V, Volkov A Y, et al. The non-monotonic temperature dependence of the yield stress in TiAl and CuAu alloys. Intermetallics, 2000, 8(8)：845-853

[85] Kaya H, Gündüz M, çadırlı E, et al. Dependency of microindentation hardness on solidification processing parameters and cellular spacing in the directionally solidified Al based alloys. Journal of Alloys and Compounds, 2009, 478：281-286

[86] Nie G, Ding H S, Chen R R, et al. Microstructural control and mechanical properties of Ti-47Al-2Cr-2Nb alloy by directional solidification electromagnetic cold crucible technique. Materials and Design, 2012, 39：350-357

[87] Ding H S, Nie G, Chen R R, et al. Influence of oxygen on microstructure and mechanical properties of directionally solidifled Ti-47Al-2Cr-2Nb alloy. Materials and Design, 2012, 41：108-113

[88] 莱茵斯 C, 皮特尔斯 M. 钛与钛合金. 陈振华, 等译. 北京：化学工业出版社, 2005：19

[89] Ding H S, Chen R R, Guo J J, et al. Directional solidification of titanium alloys by electromagnetic confinement

in cold crucible. Materials Letters，2005，7：741-745

[90] Yan Y C，Ding H S，Kang Y W，et al. Microstructure evolution and mechanical properties of Nb-Si based alloy processed by electromagnetic cold crucible directional solidification. Materials and Design，2014，55：741-745

[91] Tian Y X，Gao J T，Cheng G M，et al. Effect of growth rate on microstructure and mechanical properties in a directionally solidified Nb-silicide base alloy. Materials and Design，2009，30：2274-2277

[92] Guo H S，Guo X P. Microstructure evolution and room temperature fracture toughness of an integrally directionally solidified Ni-Ti-Si based ultrahigh temperature alloy. Scripta Materialia，2011，64：637-640

第6章　高温合金定向凝固

高温合金是以元素周期表中第Ⅷ族元素为基,并含有适量的合金元素,可以在高温下(650℃以上)承受较高应力,并具有较高的抗氧化性能和良好的组织稳定性的合金。从加工方法上分类,高温合金一般分为变形、铸造和粉末高温合金。铸造高温合金又分为等轴、柱状和单晶合金,主要用作涡轮叶片;变形合金常用作燃烧室和涡轮盘,而涡轮盘的原材料则来自于铸锭或粉末冶金。

定向凝固技术作为材料制备的方法,已经在很多材料体系得到广泛应用。国内外在材料加工与制备领域,正在大力发展新型单晶高温合金、自生复合共晶合金、金属间化合物、高温超导材料等新型结构及功能材料的新型定向凝固及单晶生长技术。定向凝固技术已经成为材料制备与加工领域的重要学科方向和非常活跃的技术领域。

定向凝固技术具有代表性的成就是燃气轮机叶片材料的制备,目前先进的涡轮喷气发动机的涡轮前进口温度已达2050K,几乎所有的商用和军用先进发动机均使用定向或单晶涡轮和导向叶片。从定向凝固技术发展的历史来看,先进定向凝固技术大都首先在高温合金上得到应用,而高温合金的发展又对定向凝固技术提出了更高的要求。

本章首先简单介绍铸造高温合金的基本概念,然后就高温合金定向凝固技术、凝固特性、组织和缺陷进行深入分析,最后介绍定向凝固和单晶高温合金的性能特点。

6.1　铸造高温合金概述

1929年,英国的Mond镍公司在当时的电热丝材料Ni80-Cr20合金中加入少量的C、Al及Ti元素,结果发现合金的高温蠕变强度明显提高,形成了早期的析出相强化镍基合金。此后,该公司在合金中加入B、Zr、Co、Mo等合金元素和增加铝、钛含量,提高了强化相的含量,使合金高温性能明显改善,从而形成了著名的Nimonic系高温合金[1]。美国高温合金借鉴了英国的发展经验,大都添加了大量难熔合金元素,从而使高温合金的高温强度更加优异。苏联的高温合金研制开始于1949年,开始阶段对Nimomic80和Nimomic80A进行仿制,并主要通过增加W、Mo的含量固溶强化[2]。

为了获得更好的高温强度,强化元素不断被添加进高温合金中,使高合金化成为镍基高温合金的一个主要特征。图6-1列出了镍基高温合金中的代表元素。镍基高温合金通常含有10~20种合金元素,这些合金元素大致可分为三类:第一类主要是元素周期表中的第Ⅴ族、第Ⅵ族和第Ⅷ族元素,如Fe、Ni、Co、Cr、Mo、W、V等,起固溶强化作用;第二类主要是第Ⅲ族、第Ⅳ族和Ⅴ族元素,如Al、Ti、Nb和Ta等,主要作用是形成沉淀强化相;第三类为晶界强韧化元素,主要是第Ⅱ族、第Ⅲ族和Ⅳ族元素,如B、C、Zr、Mg及稀土元素Ce、La、Y等。通过固溶强化、沉淀强化和晶界强韧化,以及各种工艺强韧化方法,使高温合金具有从室温至高温优异的强度和塑性、良好组织稳定性和抗氧化和抗热腐蚀能力。

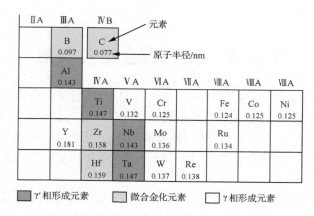

图 6-1　镍基高温合金中存在的合金化元素[3]

　　随着高温合金中 Ti、Al 及难熔元素的大量添加,使得合金变形愈发困难,限制了变形高温合金的发展。这与在 20 世纪 40 年代中期出现的真空冶炼技术和熔模铸造技术的应用一起,使铸造高温合金成为高温合金发展的主导方向。此外,铸造高温合金和锻造高温合金相比,可以提高材料的利用率,降低劳动强度,改善热强性并能获得复杂内腔的空心铸件,以进一步提高叶片的工作温度,这些优越性促进了铸造高温合金的广泛应用。

　　在 20 世纪 60 年代,美国普拉特·惠特尼公司的 VerSnyder 和 Shank[4]发现定向凝固技术能消除与应力成一定角度的晶界,从而减缓裂纹的出现并提高铸件高温性能;同时,如果通过控制铸件晶粒取向,使得铸件由平行于主应力轴方向的、低弹性模量的〈001〉取向柱晶组织组成,进一步提高铸件的性能(图 6-2)。基于以上原理的高温合金的定向凝固技术及合金,为提高航空发动机及现代先进工业汽轮机的性能奠定了基础。

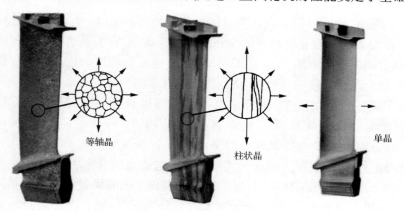

图 6-2　等轴、定向及单晶高温合金涡轮叶片[3]

　　单晶镍基高温合金和定向凝固镍基高温合金的研究几乎同时开始,单晶消除了在高温下比较薄弱的所有晶界,大幅度提高了材料的力学性能。20 世纪 80 年代,美国普拉特·惠特尼公司 Gell 等[5]提出了单晶高温合金成分设计的基本原则,并基于此原则研制了第一代单晶高温合金 PW1480。至今,按照 Re、Ru 元素含量的不同,单晶高温合金已发展至第五代,含量达到了 11%~12%。每一代单晶高温合金的承温能力相比上一代的提高 25~30℃。

由此可见,高温合金的发展是通过发展新的合金成分和新的加工技术来实现的,二者始终处于并行发展的状态。合金化的发展要求加工技术不断改进,而新的加工技术的应用又为合金化创造了条件。纵观高温合金叶片材料的发展史,其发展大致经历了变形、普通铸造、定向以及单晶高温合金四个阶段。图 6-3 为自 20 世纪 40 年代以来高温合金的发展情况[6]。从图中可见,随着新的合金出现和新的加工技术应用,高温合金的承温能力不断提高。

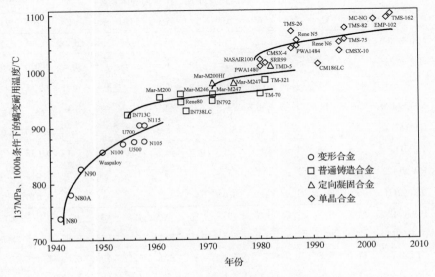

图 6-3　高温合金叶片材料的发展[6]
图中为合金牌号

6.1.1　定向柱晶高温合金

通过对大量失效叶片铸件进行分析发现,大多数裂纹都是源自垂直叶片主应力方向的晶界,即横向晶界,并逐渐延展开裂。针对这一现象,定向凝固技术及相应的合金应运而生。

国外典型定向凝固高温合金的化学成分如表 6-1 所示。定向柱晶高温合金最初基本沿用普通等轴晶高温合金的成分,然而这却会造成铸件横向强度的降低。Hf 元素的添加有效地解决了这一问题。之后,基于此原则,一批高温性能极佳的该类型合金相继出现,如 PWA1422、GTD 111、TMD-5、Rene80 和 Rene125 等,形成第一代定向凝固高温合金[7,8]。第一代定向高温合金由于含 Cr 较高,故抗热腐蚀性、高温强度和抗氧化性均较好,至今仍在应用。

20 世纪 80 年代末以来,在美国及苏联等相继开始了第二代定向凝固高温合金的研制。一般来说,研制第二代柱晶的重要指标是相当于第一代单晶合金的力学性能和环境性能、与第一代柱晶相当的铸造性能，以及优秀的组织稳定性、更宽的热处理窗口。按此原则，一批二代的定向柱晶高温合金出现，如 Rene150、PWA1426、CM186LC、Rene142 和ЖКС32 等[9,10]。这些合金的一个重要特征是含有 3% 左右的 Re。

第三代定向凝固高温合金 TMD-103 是在含 5%Re 的第三代单晶高温合金中添加晶界强化元素 C 和 B 而转化的定向凝固合金。它在 137MPa 应力下的蠕变断裂强度比第二代定向凝固高温合金高 36℃。定向凝固高温合金 TMD-103 被认为是在工业汽轮机、船用燃气轮机和航空发动机方面最有前途的高性价比涡轮叶片材料[11]。

表 6-1　典型定向凝固高温合金的化学成分

发展阶段	合金	质量分数/%（Ni 为基体元素）												
		Co	Cr	Mo	W	Al	Ti	Ta	Hf	Re	C	B	Zr	其他
第一代	Mar-M200	10	9	—	12	5	2	—	1.8	—	0.14	0.02	0.08	1Nb
	DZ 4125	10	9	2	7	5	1		1.5		0.1	0.015	0.09	—
	GTD111	9.5	14	1.5	3.8	3	4.9	2.8	—		0.1	0.01		
	MGA1400	10	14	1.5	4	4	3	5			0.08	?	0.03	
	CM247LC	9	8	0.5	10	5.6	0.7	3.2	1.4		0.07	0.015	0.01	
	TMD-5	9.5	5.8	1.9	13.7	4.6	0.9	3.3	1.4		0.07	0.015	0.015	
	PWA1422	10	9	—	12	5	2	1	1.5		0.14	0.015	0.1	
	IN792Hf	8.7	12.1	1.8	4.3	3.4	4	4.2	1		0.072	0.016	0.03	
第二代	PWA1426	12	6.5	1.7	6.5	6	—	4	1.5	3	0.1	0.015	0.03	
	CM186LC	9	6	0.5	8.4	5.7	0.7	3.4		3	0.07	0.015	0.005	
	DD406	11.6	6.8	1.5	6	6.1		6.4	1.5	2.8	0.09	0.015		
	Rene150	12	5	1	5	5.5		6	1.5	3	0.05	0.015	0.02	2.2V
	Rene142	12	6.8	1.5	4.9	6.2		6.4	1.5	2.8	0.12	0.015	0.02	
第三代	TMD-103	12	3	2	6	6		6	0.1	5	0.07	0.015		
第四代	TMD-107	6	3	3	6	6		6	0.1	5	0.07	0.015		2Ru

第四代定向合金 TMD-107 在第四代单晶合金 TMS-138 的基础上添加了 2% 的 Ru而研制的定向凝固合金。该合金含有 Ru、Mo 元素，组织稳定性、抗氧化性能和铸造性能均较为良好，合金的性能水平与第三代单晶高温合金相当[12]。

我国通过仿制、试制和研制，成功研发了定向凝固高温合金十余个，并应用于我国航空航天工业，同时也面向工业燃汽轮机、核工业、石油化工等民用工业，有力地推动了国防现代化和国民经济高速发展。国内的第一代定向柱晶高温合金已趋于成熟，并已开始第三代定向合金的研制。

我国自 1990 年开始用定向凝固技术制备涡轮叶片。最早的定向高温合金同样是沿用了普通铸造高温合金的成分，如 DZ403 就是在合金 K403 的基础上研发的。但该合金在制备薄壁件的过程中存在严重的热裂倾向。于是，根据合金化原理，综合考虑合金的高温强度、组织稳定性、可铸性等研发了 DZ404。该合金具有强度高、密度低、可铸性好和价格低等特点[13,14]。

此外，DZ422、DZ4125、DZ417G 等合金是根据国外性能优良的合金仿制而成的，其中 DZ422 合金的化学成分和力学性能水平与美国广泛应用于先进航空发动机的高强度定向合金 PWA1422 相当，该合金已经投入批量生产。DZ4125 合金仿制美国第一代定向凝固高温合金 DS Rene125 合金，是当前性能水平最高的定向凝固高温合金之一，合金具有良好的中、高温综合性能和优异的热疲劳性能，其性能水平达到甚至超过美国广泛应用定向高温合金 PWA1422。合金中 Ti 的含量较低，含有 1.5% Hf，使合金具有良好的铸造性能。该合金具有良好的组织稳定性且没有明显的薄壁效应[13,15,16]。

在总结第一代定向柱晶高温合金研发经验的基础上，我国新研制了第二代定向凝固高温合金 DZ406。该合金以美国 GE 公司的第二代定向凝固高温合金为基础，并对 Al、Ta、C 含量进行了调整，含有 3% 的 Re，W+Mo+Re+Ta 的含量达到 16%，Al+Ta 含量大于 12%，同时含有 Co、Cr、Hf、C、B 等元素，不含 Ti 和 Zr。该合金具有与国外第一代单晶和第二代定向合金相当的力学性能，且具有良好的铸造性能，可用于制造不同尺寸的定向空心涡轮叶片[17]。

在 20 世纪 70 年代初，我国开展了耐热腐蚀定向凝固高温合金的研究，该研究主要是针对舰船用燃气轮机和大功率地面燃气轮机的需求。其中典型的合金是 DZ438G 合金，该合金是通过对 IN738 合金进行 Al 和 Ti 含量调整，经定向凝固而得到的。合金具有和 K438 合金相同的抗氧化和耐热腐蚀性能，但强度显著提高，使用温度约提高 45℃，合金组织稳定性好[18,19]。

6.1.2　单晶高温合金

随着定向凝固技术在铸造高温合金中的应用，20 世纪 60 年代后期首次出现了镍基单晶高温合金，但由于当时的单晶合金与含 Hf 的定向柱晶合金相比在性能上并无明显优势，同时单晶高温合金铸件的合格率较低，且成本很高，所以单晶高温合金并未获得实际的应用。20 世纪 70 年代，Jackson 等[20]在研究定向凝固 Mar-M200+Hf 合金时发现，高温合金高温蠕变强度与持久寿命取决于细小 γ' 相的体积分数，提高合金的固溶处理温度可提高 γ' 相的体积分数，而固溶温度的提高受到合金初熔温度的限制。Gell 等[5]对去除了 C、B、Zr、Hf 等晶界强化元素的 Mar-M200 合金的组织与性能进行了研究，并在此基础上提出了单晶高温合金的设计准则：去除 C、B、Zr、Hf 等降低合金初熔点的晶界强化元素，大幅度提高难熔元素 Ta 的含量，以提高合金的初熔温度。根据这一准则，他们成功研制出了比定向凝固合金 PW1422 使用温度高 25～50℃ 的单晶合金 PW1480[21]，并将该合金应用于当时先进的军用和商用航空发动机上，从而极大地推动了单晶高温合金的发展。美、英、法、俄等国也分别研制出了与 PW1480 合金性能相当的 Rene N4、CMSX-2、NASAIR100、SRR99 等[22-24]合金并投入使用，由于这些合金比柱状晶高温合金的使用温度提高了 25～50℃，且成分相近，所以统称为第一代单晶高温合金。

进入 20 世纪 80 年代后，出现了耐温能力比第一代单晶提高近 30℃ 和 60℃ 的第二代和第三代单晶高温合金。第二代单晶高温合金加入了质量分数为 3% 左右的 Re，如 CMSX-4、PWA1484、Rene N5 等[25,26]。第三代单晶高温合金中 Re 的含量更高，质量分数达到了 6% 左右；其典型的合金有 CMSX-10 和 Rene N6[27,28]。近年来，法、英、美、日等国又发展 MC-NG[29]、RR3010、EPM-102[30]、TMS-138[31] 等第四代单晶高温合金，其中 Re 的含量相对有所减小，但加入了质量分数为 2%～3% 的 Ru 元素，使单晶铸件的高温力学性能得到进一步提高的同时，长期组织稳定性得到了改善。第五代单晶合金考虑了性能、组织稳定性和可铸型的平衡，进一步提高了 Ru 的含量，达到约 6% 左右，明显提高了组织稳定性，由于维持了较高 Cr 含量，去除了 Ti 并控制 Ta 的含量，合金的抗氧化性能和铸造性能均达到第二代单晶合金的水平，有效地克服了高代次单晶高温合金的这两个问题[32]。

我国目前已经成功研制出了多种牌号的单晶高温合金。其中北京航空材料研究院研制的第一代镍基单晶高温合金 DD403，具有成本低、密度小、强度高的特点[33]。钢铁研究总院和中国科学院金属研究所等科研单位对单晶高温合金的研制也取得了显著成绩，研发出了 DD402、DD404、DD407 以及 DD408 等第一代单晶高温合金。同时我国自主研发的第二代单晶合金 DD406 与国外的 CMSX-4 和 PWA1484 合金的拉伸及蠕变断裂性能相当[34,35]。含有质量分数为 4%～5%Re 的第三代单晶高温合金正处于研制阶段。随着国内相关产业技术水平的不断提高，单晶叶片的制备工艺也有了很大的发展。

由于 Re 和 Ru 元素稀缺的储量和昂贵的价格，使得先进单晶合金的成本成倍地增加。此外，由于难熔元素的高密度，单晶合金的密度也明显提高，这些都制约了高代次单晶合金的推广应用。单晶高温合金当前的发展重点之一是研发低成本和低密度合金。通过优化合金成分，降低 Re 和 Ru 的含量，在保证性能的前提下，尽可能降低合金成本。法国 ONERA 发展的无 Re 合金 MC2 已经达到了第二代单晶高温合金的性能水平[36]。2008 年，GE 公司在 Rene N5 合金的基础上研制了 Rene N515（含 1.5%Re（质量分数））和 Rene N500（无 Re）合金，并对 Rene N515 合金在一些航空发动机上进行了测试，计划将其应用到 GEnx 等发动机上[37]。我国发展了 DD98 系列无 Re 高性能合金，其高温力学性能基本达到了第二代单晶高温合金性能水平[38]。

由单晶高温合金的发展历程并结合表 6-2，可以看出镍基单晶高温合金成分的发展具有如下特征。

1. 晶界强化元素 C、B、Zr、Hf 等从完全去除转为限量使用

第一代单晶高温合金减少或去除了晶界强化元素 C、B、Zr、Hf 等，获得了较高的初熔温度，扩大了固溶处理窗口。随着对 C、B、Zr、Hf 等元素在单晶高温合金中所起作用认识的不断提高[39,40]。第二代单晶高温合金限量加入了 C 和 Hf 等微量元素来减小因大角度晶界存在而带来的危害。第三代和第四代单晶高温合金也加入了一定量的 C 和 B 元素。

2. 难熔元素的总含量不断增加

第二代之后单晶高温合金的显著特征就是添加了一定量的 Re 元素，同时难熔元素的总含量不断增加。研究表明 Re 能有效防止 γ′ 相的粗化，在固溶体中孤立存在的溶质原子能更有效地阻碍位错运动，从而提高单晶的蠕变性能[41]。Mo 和 W 能减慢 Al、Ti 和

Cr 的高温扩散,增加扩散激活能。Ta 能增大 γ 与 γ' 的错配度,强化 γ' 相和提高其稳定性。以 CMSX 系列单晶合金为例,第一代 Ta 的质量分数为 14.6%,第二代为 16.4%,而第三代达到 20.7%[42]。

3. Cr 的含量减少

第三代单晶高温合金大幅度降低了 Cr 的含量,就可以允许加入更多其他含量的合金化元素。虽然 Cr 能形成抗氧化和抗腐蚀的 Cr_2O_3 保护层,使合金具有较好的抗腐蚀性,但同时该元素又能增加 TCP 相形成的倾向性,因此含量不能过高,在新一代的单晶中 Cr 的质量分数降到了 5% 以下。

4. 稀土元素和 Ru、Ir 等在高温合金中不断得到应用

第四代单晶高温合金 MC-NG,加入了 Ru 元素。Ru 具有较低的密度,减小 TCP 相析出的趋势,可增强组织的稳定性,降低共晶含量,使单晶高温合金具有优异的高温蠕变性能[43]。含 Pt 和 Ir 的高温合金凝固过程中,Pt 主要分布在 γ' 相中,Ir 元素在 γ 和 γ' 两相中平均分布,添加 Pt 和 Ir 有可能提高合金的组织稳定性。

表 6-2　镍基单晶高温合金的成分

发展阶段	合金	成分(质量分数)/%													
		Cr	Co	Mo	W	Ta	Nb	Al	Ti	Hf	C	B	Re	其他	Ni
第一代	PWA1480	10.0	5.0	—	4.0	12	—	5.0	1.5	—	—	—	—	—	余量
	CMSX-2	8.0	4.6	0.6	8.0	6.0	—	5.6	1.0				—	—	余量
	SRR99	8	5	—	10	3	0.5	5.5	2.2						余量
	ЖC32	5	9	1.1	8.5	4	1.6	6			0.15	0.015	4	—	余量
	DD403	9.5	5.0	4.0	5.5	—	—	5.8	2.0						余量
第二代	PWA1484	5.0	10.0	2.0	6.0	9.0	—	5.6					3.0		余量
	CMSX-4	6.4	9.6	0.6	6.4	6.5	—	5.6	1.0	0.10			3.0		余量
	Rene N5	7.0	8.0	2.0	5.0	7.0	—	6.2		0.2			3.0		余量
	ЖC36	4.2	8.7	1	12	—	1		1.2				2		余量
	DD406	4.3	9.0	2.0	8.0	7.5	0.5	5.6		0.1			2.0		余量
第三代	CMSX-10	2.0	3.0	0.4	5.0	8.0	0.1	5.7	0.2	0.03			6.0	—	余量
	Rene N6	4.2	12.5	1.4	6.0	7.2	—	5.75		0.15	0.05	0.004	5.4	0.01Y	余量
	TMS75	3	12	2	6	6	—			0.1			5	—	余量
第四代	TMS-138	3.0	6.0	3.0	6.0	6.0	—	6.0		0.1			5.0	2.0Ru	余量
	MC-NC	4	0.2	1	5	—	—	6.0		0.1	0.03	0.004	4	4.0Ru	余量
	PWA1497	2.0	16.6	2.0	6.0	8.25	—	5.55		0.15	0.03	0.004	5.96	3.0Ru	余量
第五代	TMS-162	2.8	5.8	3.9	5.8	5.6	—	5.8		0.09			4.9	6.0Ru	余量

总之,在设计单晶高温合金成分时,要综合兼顾合金的性能和制备工艺性。单晶高温合金中含有多种合金元素,如 Al、Ti、Ta、Cr、Mo、W、Hf 等,这些元素并非孤立的存在,而

是存在相互的作用。因此,既要提高合金的高温性能,又要避免有害相和铸造缺陷的出现。

6.2 单晶高温合金的制备

目前单晶高温合金叶片的制备主要采用 Bridgman 定向凝固技术,即在凝固过程中采用强制手段,在凝固金属和未凝固熔体中建立沿特定方向的温度梯度,金属熔体中的热流垂直于合金的固-液界面且按照单一方向导出,使熔体在型壳冷端上形核后沿着与热流相反的方向进行凝固。定向凝固过程中的工艺参数(固-液界面前沿液相的温度梯度 G 和抽拉速率 V 等)、铸件结构设计及设备状况等因素对单晶质量和单晶合格率都有着非常重要的影响。目前工业生产中,镍基单晶高温合金涡轮叶片主要通过选晶法或者籽晶法来制备,但是在某些特殊情况下还会使用籽晶法和选晶法相结合的方法来制备镍基单晶高温合金。

6.2.1 选晶法

选晶法的原理是在铸件或叶片底部放置一个选晶器,并通过定向凝固技术适当地控

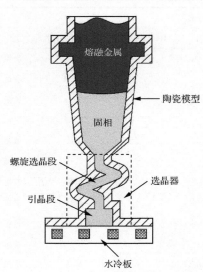

图 6-4 选晶法制备单晶
高温合金涡轮叶片示意图

制固-液界面的温度梯度和抽拉速率,最后只允许一个晶粒长入并逐渐充满整个型腔,得到单晶铸件。图 6-4 为选晶法制备镍基单晶高温合金涡轮叶片的原理示意图。通常情况下,选晶器由底部引晶段及其上方的选晶段两部分所组成,如图虚线框区域所示。

在定向凝固过程中,凝固开始于激冷板表面的等轴晶随机形核,随着凝固过程的进行,等轴晶晶粒逐渐向柱状组织转变。对于面心立方结构的镍基高温合金,〈001〉方向是其择优生长方向,晶体在这一方向的生长速率最快。因此,在引晶段顶部会获得取向较好的〈001〉定向组织。接下来,通过控制熔体在狭窄截面及变方向的选晶器内的竞争生长,多数晶粒被淘汰,最后只有一个晶粒长满型腔,从而得到单晶体。选晶法能获得与〈001〉取向接近的单晶,且能制备较大的复杂铸件,适合工业生产。

1. 选晶原理

在定向凝固晶体生长过程中存在三个独立的基本方向:晶体生长的晶体学择优取向、晶粒(枝晶或胞晶)生长方向和主热流方向,如图 6-5 所示。虽然众多学者对高温合金定向凝固过程中热流方向、晶体择优生长方向和晶体生长方向之间的位向关系还存在一定的分歧,但目前对于高温合金定向凝固晶体生长过程中晶体取向已有几点共识:定向凝固

中晶体生长方向受最大温度梯度与各向异性相互竞争的制约,在热流方向和晶体择优生长方向之间变动。若晶粒择优取向(〈001〉方向)与热流方向平行,通常情况下生长方向与热流及择优取向一致;若晶粒择优取向与热流方向不一致(材料有强的界面各向异性),则高 G/V 值时晶体生长方向趋向于热流方向,随凝固速率 V 的增加生长方向趋向于择优生长方向。当铸件以发达枝晶形态生长时,枝晶生长方向主要由择优取向决定,与热流方向之间没有明显关系,即随着凝固过程的进行,枝晶生长方向逐渐偏向择优取向〈001〉,并最终与之重合($\alpha \rightarrow \theta$)。

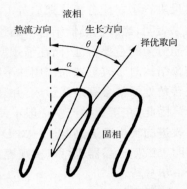

图 6-5　晶体生长方向与择优
取向之间关系示意图[44]

　　在工业生产中,高温合金铸件的定向凝固组织主要为树枝晶组织,晶体生长的择优取向、枝晶生长方向和主热流方向之间一般都会存在一定的夹角。这三个方向越接近,晶粒的生长速率就会越大。在定向铸件凝固初期,存在多个不同取向的晶粒,且每个晶粒的三个方向之间的夹角各不相同,因而其在不同结晶方向上的生长速率就不同,不同晶粒之间便存在着竞争生长。于是生长速率较快的晶粒就会超过生长速率较慢的晶粒并有可能将其淘汰。因此,高温合金定向凝固中可以利用不同晶粒之间的竞争生长来实现晶粒淘汰。

　　因为选晶器具有特殊的几何形状,使得其内部的热流方向在定向凝固过程中不再是单一向下的,而是随着选晶器几何结构的改变发生相应的变化。而高温合金强制性枝晶生长过程中枝晶的生长方向与热流方向之间没有明显的关系,所以选晶器可以有效地限制某些枝晶的继续生长,使大部分晶粒的生长被终止(淘汰),最后只留下一个晶粒长大并进入型腔成为单晶铸件。

　　2. 不同选晶器的选晶行为

　　选晶器的选晶段从结构上又可分为以下四种类型:螺旋型、倾斜型、转折型和尺度限制型(缩颈型),如图 6-6 所示。

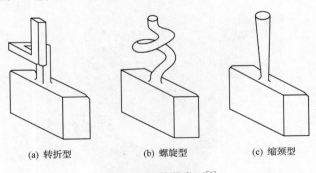

(a) 转折型　　　　　(b) 螺旋型　　　　　(c) 缩颈型

图 6-6　选晶器类型[6]

　　为了选择一种有效的选晶器以满足工业生产的需要,研究者针对不同选晶器的选晶效果进行了对比分析。郑启等[45]对螺旋型和缩颈型选晶器的选晶行为进行了相关研究。结果表明,螺旋选晶器结合了缩颈选晶器和转折选晶器的结构和原理,连续选晶是其优越选晶行为的主要特征;而在缩颈型选晶器中,几乎只存在单一的机械阻隔选晶行为,多重缩颈结构对于改善选晶作用并不明显,选晶效果不好。对于转折型选晶器,其选晶过程中在转角处经常会有杂晶形成,并且可能会对最终单晶的取向产生影响,从而影响单晶的质量。因此,在工业生产中一般不使用缩颈型选晶器和转折型选晶器。Seo 等[46]设计了一种改进的转折型选晶器——"3-D Angular"型选晶器,并通过实验和数值模拟的方法同时证明了该型选晶器也可以实现镍基高温合金单晶体的制备,但是并未对其选晶效果进行进一步分析。

相对于其他几种选晶器,螺旋选晶器是以一定的角度在三维空间连续攀旋的结构,不存在任何突变性拐角。利用这种结构进行晶体生长不会出现因为陡峭棱边剧烈的侧向散热而造成的局部低温区,从而基本上消除了内生形核的现象[47];同时由于螺旋选晶器狭窄的螺旋通道对晶粒的生长有着很好的约束作用,所以大大提高了其选晶效率。因此,螺旋选晶器是目前使用最广泛也是最成功的选晶器类型。

尽管螺旋选晶器在镍基单晶高温合金生产工业中的应用已有几十年的历史,工艺上也比较成熟,但因为高温合金组元和凝固组织的复杂性以及选晶过程中温度场的不断变化,其选晶机理、取向控制、凝固缺陷等问题一直还没有得到彻底解决。因此,对于利用螺旋选晶器制备单晶的研究工作也从未停止过。郑启等[45]认为在螺旋选晶过程中,晶体横向择优生长与螺旋结构的耦合作用,形成连续选晶过程,是螺旋选晶的主要原理。但是Dai 等[48-50]认为螺旋选晶主要依靠螺旋通道对枝晶生长的几何约束作用来实现。可见,目前对于螺旋选晶器的选晶机理还存在一定的争议。Seo 等[46]采用数值模拟方法对螺旋选晶器的选晶行为进行了分析。结果表明,螺旋选晶过程中靠近螺旋通道内侧的晶粒在竞争生长过程中会逐渐淘汰靠近螺旋通道外侧的晶粒,从而占据生长优势,最终进入单晶型腔形成单晶组织,如图 6-7 所示。但是 Seo 等并未从实验结果出发对这一结论进行论述。

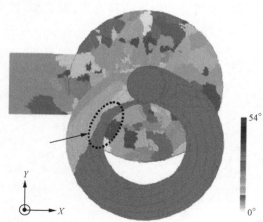

图 6-7　螺旋选晶器外部晶粒组织元胞自动机-有限元(cellular automata finite element,CAFE)模拟图[46]

3. 螺旋选晶器几何特征对选晶过程的影响

螺旋选晶器的几何特征对单晶制备过程的晶粒组织演化有着明显的影响。Esaka 等[51]采用二维选晶器模型对选晶过程进行了模拟,结果表明增加引晶段高度与直径之比(L_1/D,图 6-8(a))会提高取向度较好单晶的制备效率,且引晶段直径(D,图 6-4(a))对最终单晶的合格率没有明显影响。然而,二维模型不能全面地反映铸件实际形状,因此有必要采用三维实体模型对引晶段尺寸与单晶取向的关系进一步研究。

关于选晶器选晶段的几何特征对选晶过程的影响,Esaka 等[51]的研究结果表明:当选晶器倾斜角(θ_1,图 6-8(a))在 40°左右时,单晶的合格率是最高的;在选晶器通道直径(d,图 6-8(a))较小范围内,随着直径的增加,单晶合格率也增加;同时选晶器的高度(L_2,L_3,图 6-8(a))对最终单晶的合格率没有明显影响。Dai 等[48-50]通过数值模拟和实验研究分析了不同选晶器的晶粒选择过程。结果表明,选晶器的几何特征对选晶效率有着很大的影响,随螺升角(θ,图 6-8(b))、螺旋通道直径(d_T,图 6-8(b))的减小,以及螺旋直径(d_s,图 6-8(b))、螺旋螺距(L_p,图 6-8(b))的增大,单晶组织在螺旋段内获得的位置越低,选晶器的选晶效率越高。同时他们认为螺旋选晶器的几何结构不会对最终单晶体的取向产生明显影响。Meng 等[52]在确定选晶器高度的情况下,分析了选晶法制备单晶过程中不同选晶器的选晶效率。结果发现,随着螺升角的增加和螺旋直径的减小,单晶组织在螺旋段内的获得位置逐渐增加。同时 Meng 等发现,当螺升角足够大($\theta > 50°$)时,在螺旋选晶段的竞争生长过程中,晶粒取向会进一步优化。可见,目前对于选晶器几何结构对最终单晶取向的影响还存在一定争议。因此,螺旋选晶器的设计中要综合考虑引晶段和选晶段的几何结构和参数对单晶质量的影响,以提高单晶叶片的合格率和优化最终单晶取向。

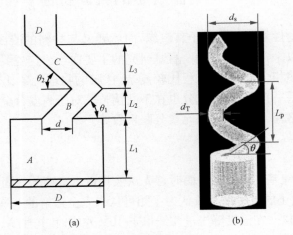

(a)　　　　　　　　　　(b)

图 6-8　Esaka 等研究所用选晶器结构(a)[51]和 Dai 等研究所用选
晶段结构示意图(b)[49]

6.2.2　籽晶法

籽晶法是将与所要制备的单晶部件具有相同材料的籽晶安放在型壳的最底部,然后将过热的熔融金属液浇注在籽晶上面,再适当地控制固-液界面前沿液相中的温度梯度和

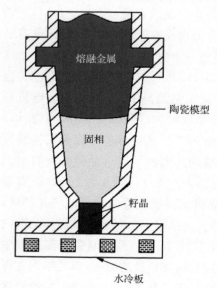

图 6-9　籽晶法制备单晶高温合金涡轮叶片示意图

抽拉速率,得到晶体取向与籽晶取向一致的单晶,如图 6-9 所示为籽晶法原理示意图。液态金属浇入型腔后,籽晶部分熔化,晶体沿与籽晶相同的结晶位向生长。如果生长过程中没有杂晶产生,即长成单晶。籽晶材料须与叶片合金的成分相同,或熔点一致。

籽晶法制备单晶的精度高,能控制单晶的三维取向。一般认为,只要籽晶择优取向与热流方向一致,就可以抑制非择优方向的晶粒而生成单晶。由于籽晶需要从事先制备的单晶上切取,切取不同取向的籽晶比较麻烦,且籽晶的完整性需要检测,所以导致制造成本高。同时籽晶法制备单晶过程中,在籽晶与炉料相熔的半固态区域,其他取向的晶粒可能在游离的枝晶上形核形成游离晶,导致杂晶的形成,并且这些杂晶常存在于铸件表面形成缺陷[53,54]。尽管如此,由于籽晶法制备的单晶取向的一致性容易得到保证,目前也有公司采用籽晶法生产单晶涡轮叶片。

6.3　高温合金的凝固特性

任何金属材料的性能主要取决于其组织,而后者又与材料的凝固特性密切相关。自铸造高温合金出现以来,其凝固特性一直是研究的主要内容。这主要基于两个因素:其一是高温合金属多元多相合金,凝固过程比较复杂,伴随的物理现象比较丰富;其二是由于高温合金的合金体系一直在发展,成分也在不断调整。对于高温合金,决定其凝固特性的因素主要涉及凝固路径、结晶温度和元素分配系数等。

6.3.1　凝固路径

在一般情况下,镍基高温合金凝固时首先从液相析出富镍的 γ 固溶体,其形核温度一般小于 $2K$[55]。如此小的过冷度一般认为 γ 相可从未完全溶解的一次碳化物或氮化物上形核,或从模壁上形核。在温度降至液相线以下 10℃ 左右时,初生 MC 型碳化物析出,这时液相分数已降为 $5\% \sim 10\%$,$(\gamma+\gamma')$ 共晶反应结束主要凝固过程。但是对于含 Hf 和含 B 的合金,在共晶反应以后,残余液相还会发生 $L \longrightarrow M_3B_2 + \gamma$ 或 $L \longrightarrow Ni_5Hf + \gamma$ 反应[56]。图 6-10 以 In100 合金为例[57],在差热分析(differential thermal analysis,DTA)分析的基础上,形象地说明了镍基高温合金的凝固顺序。该图还说明一次碳化物先在枝晶

内部析出,而后在枝晶间析出。硼化物的析出温度甚至低于 γ′相。图 6-11 表示了五种高
温合金的凝固顺序和相变温度,表中最右侧列说明了液-固相变类型。其中含 B 的 B1914
和 B1925 合金在凝固后期均有硼化物析出。对于高 Nb 的 Fe-Ni 基高温合金,凝固过程
的前两部分反应与镍基高温合金相同,但凝固结束时的共晶反应则为 L ——→ γ＋
Laves[58,59],其凝固顺序如图 6-12 所示。合金的最终凝固组织为 γ,γ-NbC 共晶和 Laves
相,其金相组织如图 6-13 所示。

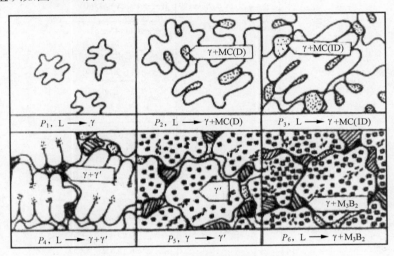

图 6-10　In-100 高温合金的凝固顺序[57]

P 为 DTA 曲线的峰值温度,D 为枝晶,ID 为枝晶间

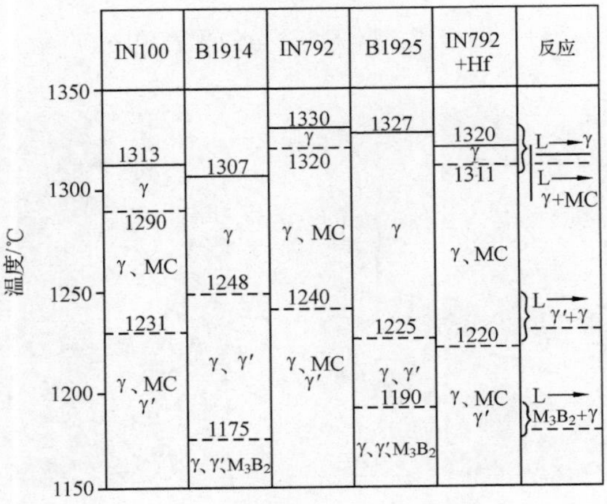

图 6-11　镍基高温合金的凝固顺序[55]

　　对于单晶高温合金,由于去除了晶界强化元素 C、B、Zr、Hf 等,W 和 Re 等难熔元素
大量增加,一般不析出碳化物和其他枝晶间强化相。因而凝固路径相对简单,只析出 γ 初
生相和最终的共晶组织[60],与一般的共晶系合金基本相同,其典型凝固组织由 γ 枝晶和
枝晶间的共晶组成,如图 6-14 所示。

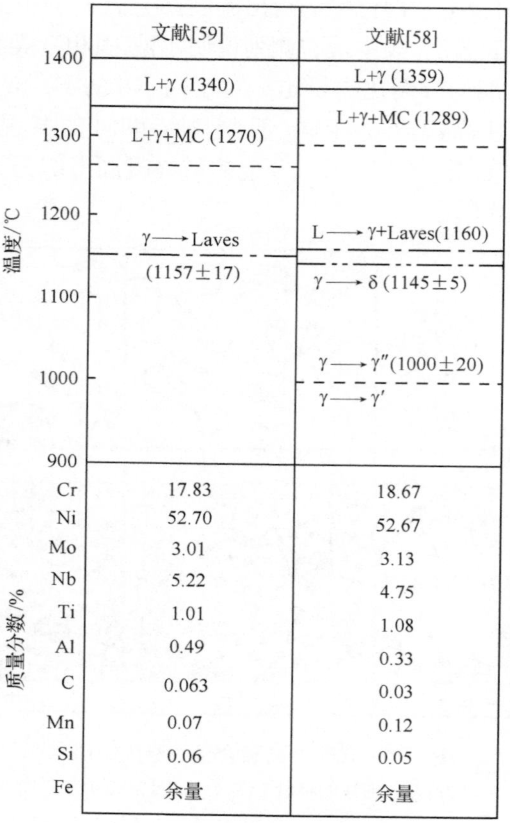

	文献[59]	文献[58]
1400	L+γ (1340)	L+γ (1359)
1300	L+γ+MC (1270)	L+γ+MC (1289)
1200	γ⟶Laves	L⟶γ+Laves(1160)
1100	(1157±17)	γ⟶δ (1145±5)
1000		γ⟶γ″(1000±20)
		γ⟶γ′
900		
Cr	17.83	18.67
Ni	52.70	52.67
Mo	3.01	3.13
Nb	5.22	4.75
Ti	1.01	1.08
Al	0.49	0.33
C	0.063	0.03
Mn	0.07	0.12
Si	0.06	0.05
Fe	余量	余量

（纵轴左侧标注：温度/℃；质量分数/%）

图 6-12　In 718 合金的凝固顺序

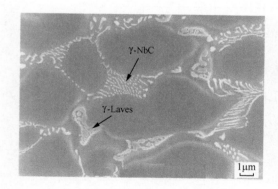

图 6-13　In 718 合金中的 γ-NbC 和
γ-Laves 共晶形貌[59]

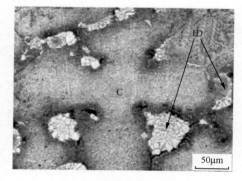

图 6-14　镍基单晶高温合金的典型组织[60]

综上所述,可以得出不同高温合金体系的凝固路径特点,见表 6-3。

随着高温合金成分的不断发展,在合金凝固组织中陆续还发现了一系列新相[61],如 δ 相、Ru_2AlTa 基的 Heusler 相及 B2 结构的 RuAl 相等。Feng[62] 等的研究发现,单晶高温合金中 Re 和 Al 含量的增大会促进凝固初期析出富 Re 的 δ 相,而 Ru 含量的增大则会抑

制 δ 相的析出。由此可见,随着合金体系的不断发展,使高温合金的凝固路径也变得更加复杂多样。

表 6-3　高温合金的凝固路径及其凝固组织的组成

凝固路径	镍基高温合金	高 Nb 铁-镍基高温合金	镍基单晶高温合金	备注
1. $L \longrightarrow \gamma$	√	√	√	—
2. $L \longrightarrow \gamma + MC$	√	√	—	或有 MC 反应, 取决于合金成分
3. $L \longrightarrow \gamma + \gamma'$	—	—	√	—
4. $L \longrightarrow \gamma + Laves$	—	√	—	—
5. $L \longrightarrow M_3B_2 + \gamma$	—	—	—	含 B 合金
6. $L \longrightarrow Ni_5Hf + \gamma$	√	—	—	含 Hf 合金
最终凝固组织	γ, MC, $(\gamma+\gamma')$,	γ, MC(NbC), $(\gamma+Laves)$	γ, $(\gamma+\gamma')$	—

6.3.2　凝固温度

　　高温合金的凝固特征温度主要指合金的液相线温度、碳化物形成温度、固相线温度和临界形核过冷度等。高温合金通常被认为是一种典型的固溶体型合金,在通常凝固条件下呈现出的树枝状组织。凝固特征温度,特别是结晶温度间隔(液相线和固相线温度之差)的大小,对合金的凝固偏析、铸造性能、组织稳定性和工艺性能等均有重要的影响。

　　纯镍的熔点为 1453℃,合金化后,高温合金中富镍的 γ 固溶体的析出温度(即合金的液相线)将发生明显的变化。Reed[6] 研究了 Ni-X 二元系的液固相线温度。由图 6-15 可见,对于 Ni 与 Co、Ru、W、Re 等元素形成的二元合金,它们的液固相线均有所上升。其中 Re 和 Ru 为包晶反应,Co 与 Ni 形成固溶体。相对地,Al、Mo、Ta、Ti 等元素与 Ni 存在共晶反应,从而降低液相线和固相线。由于高温合金是多组元合金,存在组元之间的交互作用,所以二元合金的结果并不一定反映他们在高温合金中的实际情况。对于高温合金中合金元素对凝固温度的影响,Lecomte-Beckers[63] 利用 DTA 和金相分析方法,研究了高温合金中六种主要元素 C、Cr、Co、Mo、Ti 和 Al 对凝固温度的影响,得出液相线 T_L、固相线 T_S、凝固温度区间 ΔT 及碳化物析出温度 T_C 分别为

$$T_L = 1530.54 - 13.47w(Al) - 0.72w(Co) - 4.51w(Cr) - 3.39w(Mo)$$
$$- 15.58w(Ti) + 13.40w(C) \tag{6-1}$$

$$T_S = 1521.77 - 18.35w(Al) - 1.30w(Co) - 6.09w(Cr) - 1.67w(Mo)$$
$$- 16.29w(Ti) - 151.97w(C) \tag{6-2}$$

$$\Delta T = 9.30 - 4.66w(Al) - 0.51w(Co) + 1.73w(Cr) - 1.92w(Mo)$$
$$+ 1.93w(Ti) + 158.27w(C) \tag{6-3}$$

$$T_C = 1450.25 - 9.54w(Al) + 0.11w(Co) - 2.30w(Cr) + 0.287w(Mo)$$
$$- 13.82w(Ti) - 147.28w(C) \tag{6-4}$$

式中,合金成分均为质量分数,其规律可归纳如下。

　　(1) Ti、Al、Mo、Cr 等元素降低合金液相线温度,其中 Ti 和 Al 更为明显。

（2）Ti、Al、Cr、C 等元素降低固相线温度。

（3）C、Al、Ti 等元素增大结晶温度范围。因为 Ti 对结晶温度范围的扩大以及引起诸多铸造缺陷，所以单晶高温合金中的 Ti 含量有减少的趋势，甚至不含 Ti。

（4）Ti、Al、C 降低碳化物形成温度。

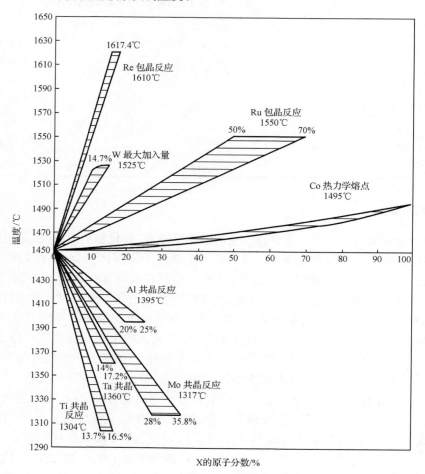

图 6-15　Ni-X 二元系的液相线和固相线[6]

对于微量元素 C、B 和 Hf 的影响还需进一步分析。

研究结果表明[64-67]，碳元素会降低合金液相线温度，但其规律并不相同。俄罗斯乌拉尔技术大学的研究结果[65]认为，碳对相变温度的影响主要在 0.06％以下，将使相变温度降低 10～15℃，如图 6-16 所示。而美国佛罗里达大学的结果[66]则显示，只有当碳的质量分数大于 0.05％时，才会明显降低液相线温度，但固相线温度反而上升，见表 6-4。对热处理后的试样研究表明，碳的加入对降低合金的固溶处理温度最为明显，这对提高合金的使用温度是十分不利的。中国科学院金属研究所 Liu 等的研究[39]则认为碳的添加会显著降低共晶析出温度。西北工业大学余竹焕[67]的研究发现少量碳的加入降低了合金的液相线温度、碳化物析出温度和固相线温度，但是当碳含量增大到 0.15％时，这些相变温度会转而升高。由以上分析可见,关于碳在高温合金凝固中的作用还需进一步研究。

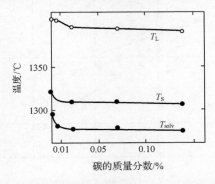

图 6-16　碳含量对第一代单晶高温合金相变温度的影响[65]

表 6-4　第三代单晶高温合金铸态试样的 DTA 分析结果[66]

碳的质量分数/%	固溶 γ′相溶解温度/℃	固相线温度/℃	碳化物溶解温度/℃	液相线温度/℃
0.0	—	1360	—	1424
0.01	—	1359	—	1424
0.05	—	1353	1396	1424
0.10	—	1360	1389	1418
0.15	—	1363	1395	1416

　　加入硼对合金的相变温度存在剧烈影响。Zhu 等[68,69] 在研究低偏析高温合金时发现,B 可明显降低合金的液相线和固相线温度,但对最终凝固温度的降低尤为剧烈,这是由形成低熔点的硼化物所导致的,见表 6-5。对低偏析高温合金的研究还发现[70],合金的固相线温度随微量元素 P、B、Zr、Si 含量的增加呈线性对数关系直线下降(图 6-17),其中 P 的影响最大、B、Zr 次之,Si 的作用最小,这些微量元素间还存在强烈的交互作用,其共同作用对合金终凝温度的影响更为明显,终凝温度的降低将导致结晶温度间隔增加,加剧元素偏析和共晶形成,不利于合金的组织稳定性,限制铸造高温合金的发展。因此,铸造高温合金需要严格控制 P、Si 等有害元素的含量,而 Zr、B 等晶界强化元素则需要限量使用。类似的,含 Hf 镍基高温合金凝固末期形成低熔点的 Ni₅Hf 相,也会明显地降低合金的终凝温度。王罗宝等[71] 的研究表明,DZ22 合金中加 Hf 后,合金的固、液相线温度都有下降,凝固范围有所扩大,凝固末期剩余液相中 Hf 含量明显增大,见表 6-6。

表 6-5　B 对 IN738 高温合金凝固温度的影响[68]

温度	B 的质量分数/%				
	0.0	0.01	0.1	0.2	1.0
液相线/℃	1315	1310	1300	1300	1240
共晶温度/℃	1220	1220	1190	1190	1190
最终凝固温度/℃	1210	1180	1150	1150	1120
凝固温度区间/℃	105	130	150	150	120

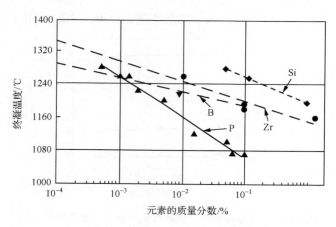

图 6-17　P、B、Zr 和 Si 含量对 Ni 基高温合金终凝温度的影响[70]

表 6-6　Hf 含量对 DZ22 合金凝固温度的影响[71]

温度	Hf 的质量分数/%				
	0.0	1.0	1.5	2.0	2.5
液相线/℃	1376	1374	1366	1359	1358
固相线/℃	1320	1315	1307	1300	1294
凝固温度区间/℃	56	59	59	59	64

　　随着单晶高温合金的发展,许多研究者对加入 Re、Ru 等难熔元素对相变温度的影响进行了大量研究,但研究结果并不完全一致。Kearsey 等[72]对几种合金的 DTA 分析曲线进行研究,得到难熔元素 Re 的加入明显提高合金的液相线和固相线温度的结果(表 6-7)。固相线温度提高的好处是合金的固溶处理温度得以提高,从而扩大了热处理窗口,提高了合金的使用温度。Feng[43]的研究表明,当加入的 Re 和 Ru 超过一定含量后,才会明显提高液相线温度,如图 6-18 所示。Heckl 等[73]则认为 Re 的加入会明显提高合金的液相线温度,但对固相线温度的影响较小,而相比于 Re 元素,Ru 对合金凝固温度的影响较小。但 Hobbs 等[74]对 RR 公司几种单晶高温合金的 DSC 分析表明,Ru 的加入降低了固相线温度,而对液相线则基本没有影响,因而扩大了结晶温度间隔,其数据见表 6-8。Liu 等[75]的研究表明,Re 添加(<6%)对合金液相线温度的影响不大,但会降低固相线温度,从而扩大结晶温度间隔,而 Ru 添加(<3%)对合金固、液相线温度的影响很小,Re 和 Ru 的加

表 6-7　合金的成分及相变温度[72]

合金	各成分的质量分数/%					T_L/℃	T_S/℃
	Ni	Ta	W	Re	Ru		
A	63.5	12	3	1	0	1349	1324
C	63.5	12	1	3	0	1357	1332
F	60.5	11	1	3	4	1359	1331

注:此外,每种合金还含有:7.5%Cr + 5%Co + 2%Mo + 1%Ti + 5%Al。

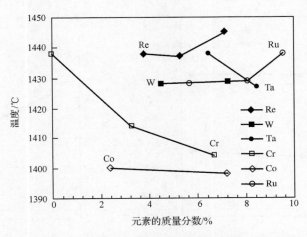

图 6-18　合金元素对单晶高温合金液相线温度的影响[43]

入还会明显降低合金的临界形核过冷度(图 6-19)。临界形核过冷度反映了高温合金在定向凝固过程中的杂晶形成能力。Re 和 Ru 的加入导致临界形核过冷度降低,将使得杂晶的形成倾向加剧,使合金铸造性能降低。

表 6-8　Ru 对单晶高温合金相变温度的影响[74]

合金	固相线/℃	液相线/℃	结晶温度区间/℃
RR3010	1373	1418	45
RR3010+1 Ru	1366	1418	52
RR3010+3 Ru	1365	1417	52
SRR300B	1341	1401	60
SRR300B+1 Ru	1335	1398	63
SRR300B+3 Ru	1335	1401	66
SRR300C	1338	1397	59
SRR300C+1 Ru	1340	1400	60
SRR300C+3 Ru	1340	1402	62
SRR300D	1340	1398	58
SRR300D+1 Ru	1333	1397	64
SRR300D+3 Ru	1339	1403	64

通过对微量元素和难熔元素对高温合金凝固温度影响的分析可以看出,在不同合金体系或实验条件下,合金元素对凝固温度的影响往往表现出不同或相反的结果,其规律还没有完全掌握。

此外,合金的制备工艺对高温合金的凝固温度也有明显的影响。中国科学院金属研究所[76]的研究结果显示,铸造高温合金 K417G 叶片,在凝固较慢的榫头,合金的初熔温度较低(1140℃),凝固较快的叶身部分,初熔温度较高(1200℃)。这是因为在凝固较慢的

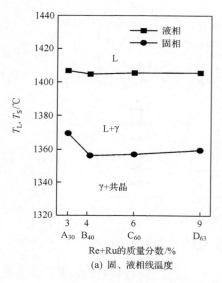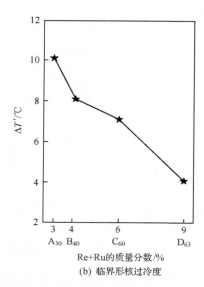

(a) 固、液相线温度　　　　　　　　(b) 临界形核过冷度

图 6-19　Re 和 Ru 含量对 Ni 基单晶高温合金凝固特征温度的影响

榫头部分,凝固偏析严重,形成粗大的低熔点 γ′-γ 共晶组织,导致合金的初熔温度(固相线温度)降低。近年来,随着单晶高温合金中 Re、W 等难熔元素含量的增加,凝固偏析加重,枝晶间形成粗大的 γ′-γ 共晶组织,降低了合金的初熔温度。为了扩大热处理窗口,先进镍基单晶高温合金需要在固溶处理前增加分步多级的均匀化热处理,使难熔元素扩散均匀化,使粗大的 γ′ 相和 γ′-γ 共晶部分溶解,从而提高初熔温度。对于变形高温合金,由于铸锭经过反复加热和热加工以及热处理,凝固偏析可以得到大幅度减轻或基本消除,使凝固偏析形成的低熔点组织消失,因此,变形高温合金的初熔温度要高于同成分的铸造高温合金。

6.3.3　凝固分配系数

凝固分配系数对于液固相变过程的元素偏析具有重要作用。对于多元合金,某一元素 i 的分凝系数可表示为

$$k_i = \frac{C_S^i}{C_L^i} \tag{6-5}$$

式中, C_L^i 和 C_S^i 分别为一定温度下溶质元素 i 在液相和固相的成分。对于多元体系,由于存在不同元素之间和析出相之间的交互作用,同一元素在不同的合金成分下的分配系数也会发生变化。尽管如此,确定高温合金的分配系数仍然具有实际意义。镍基高温合金是多组元的复杂合金体系,各组元凝固分配系数的测定方法主要有以下几种。

1. 定向凝固＋淬火

定向凝固低速平界面生长条件下,通过液淬法获得淬火平界面,利用电子探针测定固-液界面两侧溶质含量(图 6-20),计算出溶质分配系数。需要指出的是,利用定向凝固法测定分凝系数,需尽量采用小直径试样。Trivedi 等[77]对 Al-Cu 合金的研究结果显示,

当试样直径大于 1mm 时,液相溶质对流传输将会起到主导作用,从而影响液相溶质分布。采用小直径试样,一方面,可以抑制液相溶质对流,使界面处的溶质分布满足纯扩散条件,利于固-液界面两侧的成分测定。另一方面,在扩散传输条件下,由于试样直径较小,其液相-坩埚之间的黏滞力会阻止液相中的流动的产生,故淬火过程的速率突变不会对溶质边界层进行显著破坏。反之,在对流传输条件下,由于液相流动带走溶质边界层内溶质的速率远大于扩散传输,所以在淬火的瞬时,会使溶质边界层内外的溶质交换加剧,导致溶质分配系数发生变化。

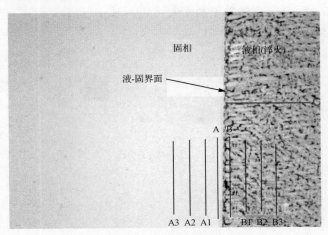

图 6-20　定向凝固淬火法测定固液界面两侧的成分分布

　　测定固相中的溶质分布,结合凝固组织特征,通过溶质分配相关模型可得到分凝系数。Seo 等[78] 对 CMSX-10 镍基单晶高温合金凝固界面两侧的成分分布进行了测定(图 6-21),发现当合金以平界面稳态生长时,固相的成分分布基本满足 Scheil 方程。但

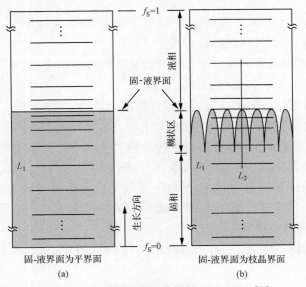

图 6-21　液淬法测定溶质分凝系数示意图[78]

枝晶生长与平界面生长的溶质再分配存在显著差别,纵向(垂直于定向凝固方向)成分偏析消失,此时溶质主要通过枝晶侧向传输,在枝晶尺度内形成微观偏析。

由于枝晶尺度远小于扩散长度,所以固相反扩散对枝晶偏析的影响不能忽略。Brody和Flemings[79]基于Scheil方程,考虑固相反扩散,并假设枝晶形态为板状且凝固速率满足抛物线关系,首次得到枝晶生长的溶质再分配模型(式(6-6))。该模型中固相反扩散能力由Fourier数(α)来表征,当$\alpha \rightarrow 0.5$时,Brody-Flemings模型转变为Scheil方程,此时并不符合平衡凝固的物理意义。因此,Clyne和Kurz[80]采用样条拟合对α进行了修正,指出当$\alpha \rightarrow 0.5$时,$\alpha' \rightarrow \infty$,随着$\alpha'$的增大,Clyne-Kurz模型趋向平衡凝固。

(1) Brody-Flemings模型:

$$C_S^i = k_i C_0^i [1 - (1 - 2\alpha k) f_S]^{(k_i - 1)/(1 - 2\alpha k_i)} \tag{6-6}$$

式中,$\alpha = \dfrac{4 D_S^i t_S}{\lambda^2}$,$t_S$为局部凝固时间$\left(t_S = \dfrac{\Delta T'}{\dot{T}} = \dfrac{\Delta T'}{GV}\right)$;$f_S$为名义固相分数;$D_S^i$为固相扩散系数;$\lambda$为二次枝晶间距。

(2) Clyne-Kurz模型:

$$C_S^i = k C_0 [1 - (1 - 2\alpha' k) f_S]^{(k-1)/(1 - 2\alpha' k)} \tag{6-7}$$

式中

$$\alpha' = \alpha \left[1 - \exp\left(-\frac{1}{\alpha}\right) \right] - \frac{1}{2} \exp\left(-\frac{1}{2\alpha}\right)$$

2. 液固共存组织保温＋成分测定

通过控制温度得到固相和液相共存的组织,保温一定时间后淬火,测定淬火液相和固相中的溶质成分,并得到溶质分配系数。

3. 点阵法

实际操作中,多元复杂合金体系各组元i的分凝系数测定多采用点阵法(point matrix scanning)进行,其具体的操作步骤如下。

(1) 测定各元素的分凝倾向。通过测定枝晶干和枝晶间成分、成分面扫描、相邻枝晶的成分线扫描等方法获得各组元的分凝方向。

(2) 选择代表性区域,测定成分。代表性区域上,随机选择$n \times n$个点,分别测定合金各组元的含量(不包含共晶、碳化物或硼化物上的点)。

(3) 对各组元含量排序。根据各元素的分凝倾向对各组元的含量进行排序,常用的排序规则有:①独立排序法,各组元按分凝倾向,独立以升序($k_i < 1$)或降序($k_i > 1$)排序;②单组元排序法,按照某一组元的成分排序(通常选择偏析倾向最为严重的C_{Re}或C_{Ta}),以升序或降序排列;③成分差排序法:按分凝倾向最为严重的两种组元的成分差排序(如$C_{Re} - C_{Ta}$),以升序或降序排列。

(4) 计算名义固相分数f_S。名义固相分数f_S的范围为$0 < f_S \leqslant 1$,按照式(6-8)计算名义固相体积分数

$$f_S = (R_i - 1)/(N - 1) \tag{6-8}$$

式中，N 为测试点数目；R_i 为测试点序数。

（5）绘制 C_i-f_S 图。

（6）根据 Brody-Flemings 模型或 Clyne-Kurz 模型拟合各组元的分凝系数。

图 6-22 为 Feng 等[43]采用点阵法测定的 C_{Al}-f_S 和 C_{Ru}-f_S 图，并根据 Brody-Flemings 模型分别拟合的正偏析元素 Al 和负偏析元素 Ru 的分凝系数。

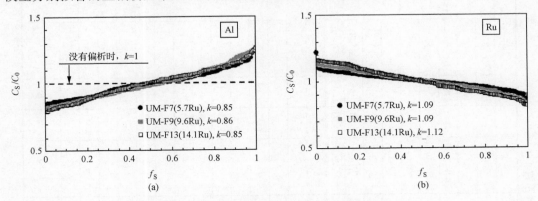

图 6-22　点阵法测定的 Al 和 Ru 元素溶质分凝系数[43]

采用定向凝固淬火、固液相等温保温、点阵成分测定等方法，可以测定出镍基高温合金各组元的分凝系数。自 20 世纪 80 年代以来，人们测定和计算了多种高温合金的液固分配系数，其结果如表 6-9 所示，其中有下列规律。

（1）W、Re、Ru、Ir 等元素的 k＞1，为负偏析元素，即凝固时富集在枝晶干部位。

（2）Ta、Nb、Al、Ti、Zr、Hf 的 k＜1，为正偏析元素，凝固时富集在枝晶间部位。

（3）Ni、Cr、Co 等元素的 k≈1，因此它们在凝固组织中的分布比较均匀。

合金成分对分配系数有明显影响。典型的有 Mo 元素，在一般合金中，其分配系数小于 1；而在单晶合金中则大于 1。Cr 和 Mo 的加入可以抑制偏析，而 Mo 的作用更加明显。例如，Mo 的加入可以明显降低 C17 合金中 W 和 Re 的分配系数，对 UM-F 合金系列的研究也支持这一结果。对于 In718 合金，Re 的加入则明显增大了其本身分配系数，并同时减小 Al、Ti、Nb、Mo 等其他元素的分配系数，意味着 Re 会增大元素偏析。通过对实验结果的多元线性回归分析，Hobbs 等[74]得到主要元素的液固分配系数与合金元素种类和成分之间的关系式（式(6-9)~式(6-13)中均为质量分数）为

$$k_{Cr} = 1.37 - 0.035\% \text{ Al} - 0.01\% \text{ Cr} - 0.00333\% \text{ Co} - 0.0068\% \text{ Mo}$$
$$+ 0.0028\% \text{ Ta} - 0.0094\% \text{ W} + 0.0053\% \text{ Re} - 0.0175\% \text{ Ru}$$

$$(6-9)$$

$$k_{Mo} = -0.02 + 0.154\% \text{ Al} + 0.0147\% \text{ Cr} - 0.00744\% \text{Co}$$
$$+ 0.0151\% \text{ Mo} + 0.00938\% \text{ Ta} + 0.0216\% \text{ W} + 0.00208\% \text{ Re} \quad (6-10)$$

$$k_{Ta} = 0.88 + 0.027\% \text{ Al} - 0.00396\% \text{ Co} - 0.0094\% \text{ Ta}$$
$$- 0.0275\% \text{ W} - 0.0049\% \text{ Re} - 0.0095\% \text{ Ru} \quad (6-11)$$

$$k_W = 1.97 - 0.091\% \text{ Al} - 0.0177\% \text{ Cr} - 0.0307\% \text{ Mo}$$
$$- 0.015\% \text{ Re} - 0.0078\% \text{ Ru} \quad (6-12)$$

表 6-9　高温合金中合金元素的液固分配系数

合金	Ni	Cr	Co	Mo	W	Ta	Nb	Al	Ti	Re	Ru	其他	研究者
In 738LC	1.05	1.05	1.1	0.85	1.4	0.7	0.4	1.2	0.6	—	—	Zr: 0.06	Taha 和 Kurz[81]
ATS 381-G	—	0.95	1.05	0.9	1.1	0.8	—	—	0.7	—	—	—	Taha 和 Kurz[81]
Mar-200+Hf	—	约 0.9	—	—	1.2~1.4	—	—	约 0.85	0.6~0.8	—	—	Hf: ~0.29	Sellamuthu 和 Goldstein[82]
Model Superalloys I	—	0.75~0.86	—	0.73~0.81	—	—	—	0.93	0.52~0.62	—	—	—	Lecomte-Beckers[83]
Model Superalloys II	—	0.89~0.93	1.02	0.80~0.90	—	—	—	0.89~0.99	0.52~0.62	—	—	—	Lecomte-Beckers[83]
In 718	1.03	1.09	—	0.73	—	—	0.28	0.79	0.41	—	—	Fe: 1.20	El-Bagoury 等[84]
In 718+2.4Re	1.03	1.09	—	0.67	—	—	0.22	0.76	0.35	1.46	—	Fe: 1.21	El-Bagoury 等[84]
In 718+6.0Re	1.03	1.10	—	0.64	—	—	0.19	0.67	0.32	1.61	—	Fe: 1.23	El-Bagoury 等[84]
SRR99	0.98	1.04	1.06	—	1.27	0.81	—	0.92	0.72	1.37	—	—	Hobbs 等[85]
CMSX-4	0.97	1.05	1.06	—	1.27	0.78	—	0.91	0.71	1.32	—	—	
PWA 1484	0.98	1.05	1.05	1.05	1.22	0.79	—	0.92	—	1.57	—	—	
RR 3010	0.97	1.15	1.08	—	1.26	0.77	—	0.88	—	1.53	—	—	
RR 3010+3Ru	0.98	1.10	1.08	—	1.26	0.76	—	0.87	—	1.55	1.04	—	
C17	0.95	—	1.05	—	1.30	0.65	—	0.85	—	1.52	—	—	
C17+4.5Cr	0.96	1.03	1.05	—	1.28	0.63	—	0.85	—	1.44	—	—	
C17+2.2Mo	0.96	—	1.05	1.10	1.25	0.68	—	0.87	—	1.40	—	—	
C17+4.5Cr+2.2Mo	0.97	1.03	1.05	1.10	1.22	0.68	—	0.88	—	1.53	—	—	
C17+3Ir	0.95	—	1.04	—	1.28	0.76	—	0.85	—	—	—	Ir: 1.13	
Model SX Superalloy A	1.00	1.41	1.19	1.30	2.29	0.70	—	0.85	0.59	1.99	1.05	—	Kearsey 等[72]
Model SX Superalloys F	0.99	1.32	1.20	1.19	1.87	0.62	—	0.86	0.55	2.22	1.03	—	Kearsey 等[72]
UM-F9	0.97	—	1.05	—	1.40	0.75	—	0.90	—	1.58	1.07	—	Feng 等[61]
UM-F16	0.96	1.12	1.05	—	1.36	0.69	—	0.88	—	1.55	1.14	—	Feng 等[61]
Mar-M247	—	—	1.07	—	1.23	0.77	—	0.94	0.73	—	—	Hf: 0.12	Zeisler-Mash 和 Plerka[86]
Ni-X Binary	1.0	0.89	约 1	0.78	约 1.4	0.81	—	0.85	0.83	—	—	Hf: 0.08　C: 0.34	

$$k_{Re} = 1.96 - 0.072\% \text{ Al} - 0.0259\% \text{ Cr} - 0.0035\% \text{ Co} - 0.0596\% \text{ Mo}$$
$$+ 0.0138\% \text{ Ta} + 0.0057\% \text{ W} - 0.0066\% \text{ Re} - 0.0223\% \text{ Ru}$$

(6-13)

　　由此可见,回归表达式只能定性地分析各元素之间的作用,并在特定的体系才能准确适用。大量的研究表明,镍基高温合金各组元的交互作用对分凝系数有着显著的影响,特别是 Re、W、Cr、Mo 等元素的交互作用明显。例如,Heckl 等[73]的研究发现,Ru 可以降低含 Re 单晶高温合金中 W 的偏析程度,但是当合金中不含 Re 时,Ru 对 W 的偏析程度影响并不明显;冯强等的研究则表明[62],Ru 的加入会增加 Re、W 和 Ru 自身的分凝系数,而对 Al 的分凝系数影响较小,而 Re、W、Cr 的加入则会减小 Re 和 W 的分凝系数;Hobbs等的研究表明[74],Cr 和 Mo 含量增加将降低 Re、W 等合金元素的分凝系数。刘刚[87]利用点阵法测定了不同 Re 和 Ru 含量镍基单晶高温合金各组元的分凝系数,结果如图 6-23和表 6-10 所示。其结果表明,Re 的加入会减小 Al 和 Ta 的分凝系数,促进 Al 和 Ta 向液相的溶质富集,导致铸态组织中的共晶含量增加,但 Re 的加入会降低 W 和 Re 自身的分

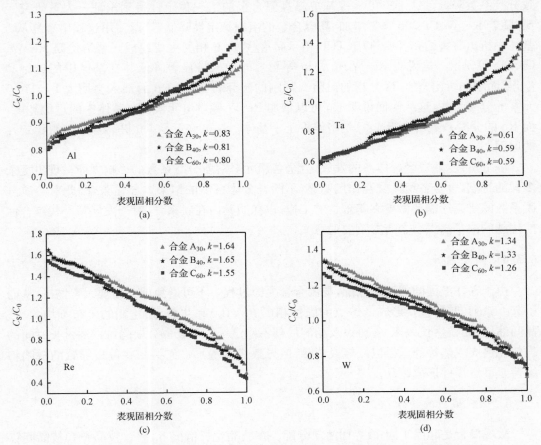

图 6-23　Re 对合金 A_{30}(3%Re)、B_{40}(4% Re)和 C_{60}(6% Re)(以上均为质量分数)
各组元平衡分凝系数的影响[87]

表 6-10　点阵法测定的四种实验合金各组元平衡分凝系数[87]

合金	Cr	Co	Al	Ta	Re	W	Ru	Ni
A$_{30}$	1.11	1.08	0.83	0.61	1.64	1.34	—	0.97
B$_{40}$	1.09	1.09	0.81	0.59	1.65	1.33	—	0.96
C$_{60}$	1.11	1.07	0.80	0.59	1.55	1.26	—	0.95
D$_{63}$	1.13	1.07	0.78	0.58	1.70	1.37	1.17	0.94

凝系数,这与冯强等的结果相一致。同时发现,Ru 的加入增强了 Re、W、Ta、Al 等元素的分凝倾向。

　　Re、W、Cr、Mo 等合金组元对分凝系数的影响,与它们在初生 γ 相中的固溶度有着密切的联系。Re、W 等组元强烈地偏析于初生 γ 相中,Cr、Mo 等组元的分凝系数约等于 1,但 Cr 和 Mo 的添加将显著降低 Re、W 等元素在初生 γ 相中的固溶度,当 Re、W 等组元在初生 γ 相中的含量达到其过饱和度极限时,多余的 Re、W 等组元将向液相富集,从而导致分凝系数降低。这一点可从镍基单晶高温合金的组织稳定性得到论证。大量研究表明,随着 Re、W、Cr、Mo 含量增加,高温合金的组织稳定性降低,高温使用过程中容易从 γ 基体中析出有害的拓扑密排相(TCP 相),而这些 TCP 相的主要组成元素恰恰是 Re、W、Cr、Mo 等元素。这说明 Re、W、Cr、Mo 等元素的加入将显著降低其在基体中的过饱和度,从而增加析出有害 TCP 相的风险。刘刚的研究表明[87],Ru 的加入会增大 Re、W 等元素的分凝系数,这从侧面说明 Ru 可以增加 Re、W 等难熔元素在 γ 基体中的过饱和度,而 Ru 的分凝系数略大于 1,只是略偏析于 γ 基体。这也许正是 Ru 提高合金组织稳定性的原因。

　　综上所述,随着合金体系的发展,合金各组元对溶质分凝系数的影响规律呈现出复杂多样的特点,合金各组元交互作用明显,不同合金体系下的结果差异显著,因此对溶质分凝系数的研究还需要做更多基础性的工作,以探明其内在联系,这对于发展新一代综合性能优越的镍基高温合金有着重要的意义。

6.3.4　微观偏析

　　由于存在液固间的溶质分配,高温合金凝固过程中不可避免地会出现元素偏析,从而引起一系列问题,包括形成低熔点的脆性相(如 M$_3$B$_2$)和共晶、强化相的分布不均匀、枝晶间缩松、晶粒生长偏离、雀斑以及相的局部不稳定等。尽管部分缺陷可以通过长时间的均匀化退火或热等静压得以减轻或消除,但导致成本增加。而另一些偏析导致的缺陷将维持至最终零件形成废品。

　　1. 微观偏析的特点

　　微观偏析是起因于固-液界面溶质分配。在枝晶生长情况下,导致枝晶干和枝晶间存在成分之间的差别,其成分梯度变化范围为一次枝晶间距,一般为数百微米,因此也称枝晶偏析。图 6-24 为镍基单晶高温合金主要合金元素在枝晶间和枝晶干的分布示意图,而电子探针 X 射线微区分析(electron probe X-ray microanalysis,EPMA)的元素分布如

图 6-25所示。

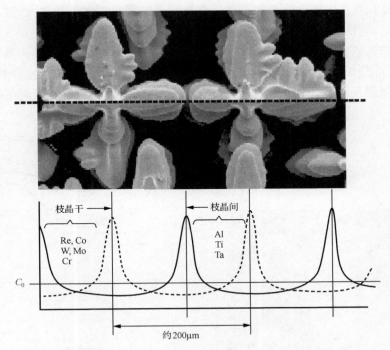

图 6-24　单晶高温合金元素在枝晶干和枝晶间的分布[72]

难熔元素分布于枝晶干,而 γ' 形成元素在枝晶间富集

表征微观偏析的参数普遍采用偏析系数 k',其定义为

$$k' = \frac{C_{DC}}{C_{ID}} \tag{6-14}$$

式中,C_{DC} 和 C_{ID} 分别为枝晶干中心的成分和枝晶间成分,通常为质量分数。如果 $k' < 1$,表明元素偏析于枝晶间,成为正偏析;如果 $k' > 1$,则表明元素在枝晶干富集,为负偏析;显然,当 $k' = 1$ 时,不存在微观偏析。

研究表明[72,88]:镍基高温合金中,Al、Ti、Nb、Ta、Hf、Zr 等均为正偏析元素,Re、W、Mo、Ru 为负偏析元素。对于 Cr 和 Co,部分研究认为它们为负偏析元素,而另一些研究则认其的偏析系数接近于 1,基本不存在偏析。苏联早期对 Mar-M200 和 In100 合金的研究[89]认为,V 的偏析系数略大于 1,为弱负偏析元素。

元素偏析导致沿二次枝晶的生长方向均存在成分梯度。如果测试高温合金定向凝固枝晶横截面的元素分布(沿图 6-25 中的虚线分布),则可以发现,在枝晶干边界及枝晶间最后凝固区域均发现明显的拐点,表明元素含量变化比较剧烈,如图 6-26 所示。

微观偏析受很多因素的影响,如合金成分、冷却速率、温度梯度、铸件形状以及液态金属流动等,其中也建立了一些规律。

(1)平衡分凝系数。平衡分凝系数决定了偏析的性质,若分凝系数趋近于 1,则合金元素在铸态组织中分布更均匀,即微观偏析程度减轻;反之,微观偏析程度加重。

(2)结晶温度间隔。微观偏析的大小也与固相线和液相线的相对位置有关,结晶温度间隔越宽的合金,偏析的程度也越严重。

(3) 合金元素在固相中的扩散系数。合金元素的固相扩散系数越大,固相扩散进行得越充分,该元素的偏析程度也越轻。

(4) 冷却速率。随着冷却速率的增大,定向凝固组织从近平衡态慢速凝固下的平界面向胞晶、枝晶组织转变,在远离平衡态的近快速凝固条件下,发生枝-胞转变,在极端非平衡的快速凝固条件下,则形成绝对稳定性的平界面。微观偏析的程度与组织形貌关系密切。

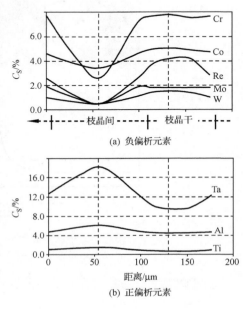

(a) 负偏析元素

(b) 正偏析元素

图 6-26　元素分布[72]

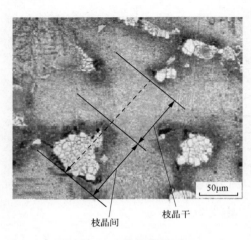

枝晶间　　　枝晶干

图 6-25　枝晶横截面
虚线为 EPMA 成分测试线

(5) 晶体取向。Ma 和 Grafe[90]测试了 CMSX-10 高温合金横截面沿〈100〉和〈110〉方向的成分分布。结果发现,所测定元素沿〈110〉方向的偏析明显高于〈001〉方向。此外,赵新宝[91]的研究表明,晶体取向影响枝晶间距的大小,进而影响凝固过程中元素的扩散距离,最终对微观偏析产生影响,〈001〉方向和晶体轴向方向的偏离度越大,Ti、Ta、W、Co的偏析程度越小。

(6) 熔体流动。熔体的流动对微观偏析有着复杂的影响,与合金热物性参数(黏度、导热系数等)、试样尺寸和形状、电磁搅拌作用等因素有密切相关。

(7) 熔体热历史。王常帅[92]的研究表明,通过改变高温合金的熔体热历史(超温处理温度和恒温静置时间),可以改变合金的熔体特性,从而影响高温合金铸态组织形貌及各组元的偏析程度。

2. 合金元素对微观偏析的影响

多组元高温合金的元素偏析必然存在元素间的交互作用。Caldwell 等[93,94]系统研究了单晶高温合金中的主要元素 Cr、Co、W、Ta、Al、Ti、Re、Mo 和 Ru 对其他元素偏析系数的影响。他们以 CMSX-10 和 René N6 合金为基础，通过加入不同含量的合金元素，在 Bridgman 炉子上定向凝固（$G=30\sim40℃/cm$，$V=3.3mm/min$）后，测定铸态成分，得出了一系列数据，可归纳为表 6-11。

表 6-11　合金元素对单晶高温合金微观偏析的影响规律（根据文献[93]和[94]的数据整理）

合金元素及加入量	正偏析元素偏析系数变化			负偏析元素偏析系数变化			
	Ni	Ta	Al	Re	W	Co	Cr
Co(4%~12%)	↘	↗	↗	↘		↘	↘
Cr(2%~6%)	—	↘	↗	↗	先增后减	—	—
Re(3%~9%)	↘	↘	↗	先减后增	↗	↗	↘
Mo(0~1.6%)			↗	↘	—		↘
W(5.85%~8.6%)	↘		↗	↘	—		
Ru(0~3.2%)	↘	先增后减	先增后减	先减后增			

注：正偏析元素的偏析系数减小和负偏析元素偏析系数增大意味着偏析加剧。

从表 6-11 中数据可见，Re 可明显增大元素偏析，W 对偏析的作用不明显，而 Co 和 Mo 可以减轻大多数元素的偏析。另外，郑亮等[95]认为 Ru 的加入不影响其他元素的偏析特性。上述结果对选择合金热处理制度具有参考作用。例如，第三代单晶高温合金 René N6 和 CMSX-10 均含有 6% Re，但前者的 Mo、Co 含量较高，偏析较轻，因此热处理温度较低且所需时间较短。

关于微量元素对合金微观偏析的研究不多，Al-Jarba 和 Fuchs[66]的研究发现 C 的加入基本不影响其他元素的偏析系数。余竹焕对单晶高温合金 AM3 的研究发现[71]，在碳含量为 0.15% 以下范围内，随着碳含量的增加，W 和 Mo 的偏析系数呈增大趋势，Ta 和 Ti 的偏析规律先增大后减小，而 Ni、Al、Co、Cr 等元素偏析程度受碳含量变化的影响比较小。

3. 凝固参数对微观偏析的影响

西北工业大学凝固技术国家重点实验室[96]研究了单晶高温合金在不同凝固参数范围内的偏析情况。发现正偏析（Al 和 Ta）和负偏析（Wu 和 Re）元素，平面状定向凝固基本不存在微观偏析，从胞状产生开始，偏析逐步增大，粗枝晶的偏析最为严重；而冷却速率进一步增大，枝晶细化，偏析逐步减轻，如图 6-27 所示。КуЛЕШОВА 等[89]对 Mar-M200 合金的定向凝固研究也发现，在生长速率为 0.4~20mm/min 时，偏析随生长速率的增大而加剧；而当生长速率在 20~80mm/min 变化时，偏析随之减轻。

4. 微观偏析的消除

高温合金在固溶处理过程中元素发生扩散，因此在固溶处理一段时间后，在凝固过程中形成的元素偏析程度会逐渐减轻。由图 6-28 可知，对于在凝固速率为 6mm/min 的第三代单晶高温合金，合金铸态时的元素偏析比较严重，偏析于枝晶干的难熔元素 Re 的偏

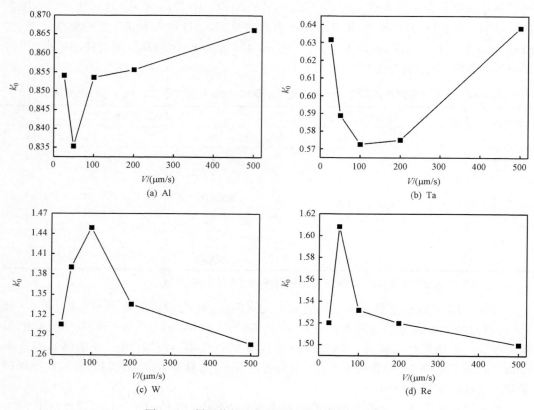

图 6-27　凝固偏析比与冷却速率之间的关系[97]

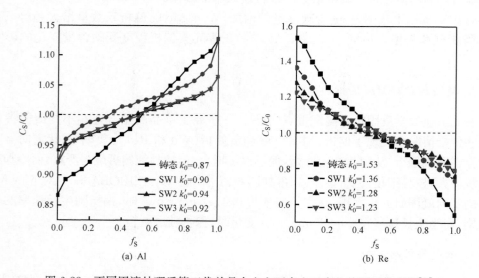

图 6-28　不同固溶处理后第三代单晶合金主要合金元素的偏析系数变化[96]

SW1:1310℃/8h，空冷；SW2:1310℃/8h+1315℃/15h,空冷；SW3:1310℃/8h+1315℃/15h+1320℃/24h,空冷

析系数为 1.53,远大于 1,而偏析于枝晶间
的元素 Al 的偏析系数则小于 1,为 0.87。
经过固溶处理后,元素的偏析系数逐渐接
近 1,说明在固溶处理后合金中的元素分布
趋于均匀,偏析情况逐渐减弱。但是即使
在完全固溶处理(SW3)后,合金中主要偏
析元素的偏析系数仍然不等于 1,即合金中
的元素偏析还不能完全消除。

　　图 6-28 还揭示了 Al 的固溶处理效果
远好于 Re,经 SW3 工艺处理后,其偏析系
数已经接近于 1(0.92),这是元素的扩散系
数不同的缘故。图 6-29 为 Ni-X 二元合金
不同温度下的扩散系数。可见,Re、W 等
难熔元素的扩散系数远小于 Al、Ti 等强化
相形成元素。其中 Re 的扩散系数比 Al 大
两个数量级。

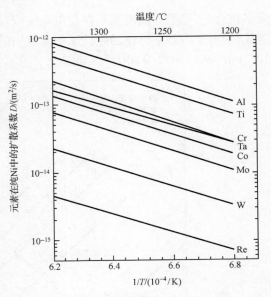

图 6-29　合金元素在纯 Ni 中的扩散
系数与温度的关系[88]

6.4　高温合金定向凝固组织

　　镍基高温合金的典型凝固组织由高度合金化的 γ 基体及与其共格的强化相 γ′ 组成,
在 γ 基体的枝晶内部和枝晶间分布着一次碳化物(MC 型),晶界处析出 γ-γ′ 共晶组织。
枝晶生长带来的元素偏析极大地影响了多数二次析出相及凝固缺陷的形成。此外,由重
力场和热场等引起的宏观对流对凝固组织和缺陷也会产生重大影响。单晶高温合金尽
管消除了晶界,仍然存在枝晶偏析及枝晶间和亚晶界的相析出情况,也需要对它们的形成
及产生机制进行研究。

6.4.1　凝固界面形态

　　自从 VerSnyder 和 Shank[4] 总结了高温合金定向凝固特点以来,关于其凝固界面形
态的研究也开展起来。这方面开创性的工作是曾在 P&W 公司任职的美国哥伦比亚大学
田家凯教授,他利用 Bridgman 方法研究了 Mar-M200 合金的定向凝固形态,发现当凝固
速率为 1μm/s 时,合金的树枝晶得到抑制,液淬界面显示为胞状晶[98,99]。英国国家物理
实验室 Quensted 和 McLean[97,100] 系统地研究了 Mar-M002、Mar-M246、In738LC 和
In939 等四种镍基高温合金的定向凝固组织特点,建立了高温合金的定向凝固组织与外
界条件(G 和 R)之间的关系。更详尽的 G-R 图由 Bhambri 等[101] 给出。如图 6-30 所示,
冷却速率(V)自图中左下方向右上方增大,从 10^{-3}~10^2K/s;而 G/R 值则自右下方向左
上方减小,凝固形态依次被分为平面状、胞状、树枝状和等轴枝晶等四个区域,工业生产的
定向凝固条件在图中的阴影区域,其典型的冷却速率在 10^{-1}~1K/s。尽管高温合金为多

元多相合金,但平界面凝固不存在微观偏析,因此没有其他析出相,其组织仍为单相(γ固溶体)。由于得到平界面的生长速率太低,在温度梯度为 $100\sim200$K/cm下,其典型值为 10^{-1}mm/min,所以没有什么工业意义。

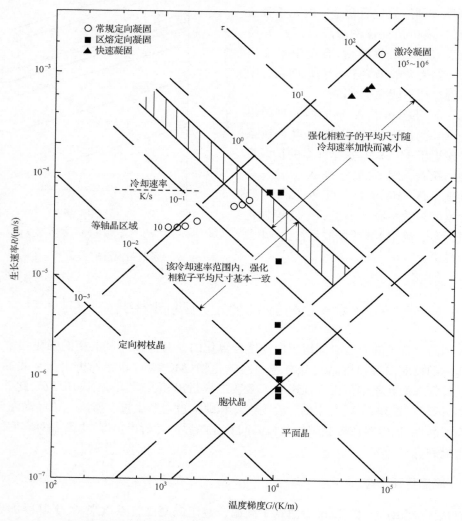

图 6-30　In713 镍基高温合金定向凝固的界面形态与温度梯度 G 和生长速率 R 之间的关系[101]

从图 6-30 可以看出,当生长速率接近 1mm/s 时,将不能维持定向凝固而出现等轴晶。这主要是温度梯度的限制($G<10^2$K/cm)和高温合金宽的结晶温度范围所致。高温合金为多元合金,但是其产生成分过冷的条件仍可以式(6-15)进行估算:

$$\left(\frac{G}{V}\right)_{crit} = \frac{\Delta T_0}{D_L} \tag{6-15}$$

这时,平面-胞晶转变得临界生长速率为

$$V_{P\text{-}C} = GD_L/\Delta T_0 \tag{6-16}$$

根据 Kurz 和 Fisher[102]提出的模型,对于高温合金,胞-枝转变的临界速率可表示为

$$V_{C\text{-}D} = V_{P\text{-}C}/k_e \tag{6-17}$$

式中,ΔT_0 为平衡结晶温度间隔;k_e 为等效溶质分配系数,对于镍基合金,其定义 $k_e = 1 - \dfrac{\Delta T_0}{T_m - T_S}$(纯镍熔点 $T_m = 1453℃$;T_S 为固相线温度;ΔT_0 为结晶温度间隔)。利用式(6-16)可以估算液相扩散系数 D_L 的值。因此,欲在高速凝固下减小成分过冷获得定向组织,提高温度梯度和选择结晶范围小的合金是主要途径。相比普通铸造和柱晶合金,单晶高温合金的 ΔT_0 值较小。另外,随着定向凝固技术的进步和快速凝固技术的发展,特别是高温度梯度定向凝固方法的使用,有可能在更高的凝固速率下得到定向凝固组织。西北工业大学凝固技术国家重点实验室利用 Bridgman 方法研究了在高温度梯度和宽生长速率范围下高温合金凝固界面形态与凝固参数之间的关系。发现在枝晶生长范围内,随凝固速率的增大,枝晶组织得到明显的细化[103]。特别是超高温度梯度(1000K/cm)下,枝晶主干不仅得到细化,侧枝的生长还受到抑制,侧向生长距离明显缩短,如图 6-31 所示。进一步提高温度梯度和生长速率,在激光快速熔凝条件下,侧枝进一步被抑制,甚至可以得到类似于胞状的组织[104](图 6-32)。

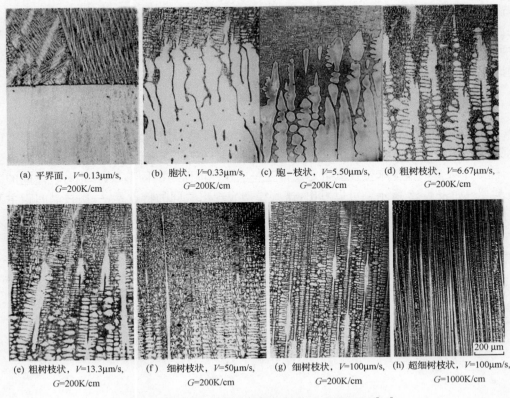

(a) 平界面,V=0.13μm/s, G=200K/cm　　(b) 胞状,V=0.33μm/s, G=200K/cm　　(c) 胞-枝状,V=5.50μm/s, G=200K/cm　　(d) 粗树枝状,V=6.67μm/s, G=200K/cm

(e) 粗树枝状,V=13.3μm/s, G=200K/cm　　(f) 细树枝状,V=50μm/s, G=200K/cm　　(g) 细树枝状,V=100μm/s, G=200K/cm　　(h) 超细树枝状,V=100μm/s, G=1000K/cm

图 6-31　CMSX-2 单晶高温合金的凝固界面形态[103]

图 6-32　CMSX-4 单晶高温合金激光重熔凝固组织形貌
显示类似胞状晶组织(激光功率 $P=200\mathrm{W}$,扫描速率 $V_\mathrm{b}=5\mathrm{mm/s}$)[104]

6.4.2　γ 枝晶/胞晶组织

高温合金定向凝固大多得到的是树枝状形态的枝晶组织,他们具有典型的面心立方金属晶体的生长特征。描述定向凝固树枝晶生长特征的主要指标有:一次枝晶间距(λ_1)、二次枝晶间距(λ_2)和枝晶尖端半径(R_t)。由于枝晶生长形态、间距及生长位向等特征对高温合金的力学性能将会产生一定的影响,并对雀斑、缩松、杂晶等凝固缺陷的形成有着重要影响,所以在过去几十年时间里关于高温合金定向凝固枝晶生长方面进行了大量的理论分析和实验研究。

1. 一次枝晶间距

一次枝晶间距(primary dendritic arm spacing,PDAS)作为定向凝固枝晶生长形态的主要特征尺度受到广泛关注,因此,在过去几十年时间里研究者针对简单二元合金枝晶生长,建立了大量的模型来定性或者定量描述一次枝晶间距与凝固参数、合金特性之间的关系[105-107],如表 6-12 所示。可以看出,这些模型表现出共同的特点是,一次枝晶间距主要受代表冷却速率的温度梯度和抽拉速率(生长速率)的乘积(GV)影响。当凝固速率较大

表 6-12　一次枝晶间距计算模型

模型	方程	参考文献
Hunt	$\lambda_1 = \dfrac{2.83(k\Delta T_0 D_\mathrm{L}\Gamma)^{1/4}}{V^{1/4}G^{1/2}}$	[105]
Kurz-Fisher	$\lambda_1 = 4.3\Delta T'^{1/2}\left(\dfrac{D_\mathrm{T}\Gamma}{\Delta T_0 k}\right)^{1/4}V^{-1/4}G^{-1/2}$ $\Delta T' = \left(1-\dfrac{GD_\mathrm{L}}{V\Delta T_0}\right)\dfrac{\Delta T_0}{1-k}$	[106]
Trivedi	$\lambda_1 = 2\sqrt{2}G^{-1/2}V^{-1/4}(Lk\Delta T_0\Gamma D_\mathrm{T})^{1/4}$	[107]

注:k 为平衡分配系数;D_L 为液相扩散系数;Γ 为 Gibbs-Thomson 系数;ΔT_0 为固液相温度间隔;$\Delta T'$ 为非平衡凝固范围;L 为谐波扰动常数,在枝晶生长条件下,其值为 28。

时,一次枝晶间距可以表示为

$$\lambda_1 = NG^{-a}V^{-b}, \qquad a > 0, b < 1 \tag{6-18}$$

式中,N 为材料物性参数。Bouchard 和 Kirkaldy[108]总结了不同二元合金定向的 a、b 值,发现 a 值为 0.24～0.59,而 b 值为 -0.11～0.83。

对于具有复杂组元的高温合金,要建立一次枝晶间距与工艺参数关系的定量模型并不容易。考虑到定向或者镍基单晶高温合金 γ 基体凝固特征与单相固溶体类似,所以可以近似地将镍基高温合金的作为简单二元合金来处理。

将表 6-13[109]所给出的单晶高温合金 DD403 的物性参数代入表 6-12 中的公式计算,得到一次枝晶间距的理论预测值,并与实验测得的结果进行比较,结果如图 6-33[110]所示。从图中可以发现,Hunt 模型预测的一次枝晶间距与实际值之间存在较大偏差,而 Kurz-Fisher 模型的计算结果则比实验值稍大。Trivedi 模型的计算结果与实验值吻合较好。从图 6-33 还可以发现,实验测得的一次枝晶间距的最小值要大于 Hunt 模型的预测值,并且实验测得的一次枝晶间距的最大值要小于 Kurz-Fisher 模型的预测值。闵志先[111]研究了高温度梯度定向凝固条件下 DZ4125 合金的凝固组织演化。结果表明,一次枝晶间距与抽拉速率之间满足 $\lambda_1 = 314.6V^{-0.24 \pm 0.02}$。当抽拉速率 $V \leqslant 50\mu m/s$ 时,Hunt-Lu 模型的计算结果与实验测得的一次枝晶间距能够很好地吻合。同时,Trivedi 模型的计算结果在高速情况下与实验结果很好地吻合。然而,一次枝晶间距不仅与当前生长条

表 6-13　DD403 合金的物性参数[109]

参数	符号	单位	数值
分凝系数	k	—	0.81
扩散系数	D_l	m^2/s	6×10^{-9}
Gibbs-Thomson 系数	Γ	$m \cdot K$	1.76×10^{-8}

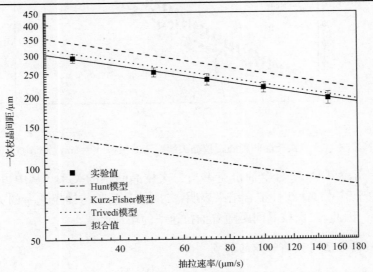

图 6-33　DD403 合金一次枝晶间距与抽拉速率的关系[110]

件有关系,还具有历史相关性。对于镍基高温合金,由于凝固过程中溶质分布和凝固组织的复杂性很难对一次枝晶间距进行精确的定量计算,而只能进行定性的分析和研究。

2. 二次枝晶间距

二次枝晶间距取决于局部凝固时间和冷却速率,二次枝晶能够明显地影响生长前沿的传输现象。与一次枝晶不同,二次枝晶一般都经历粗化的过程,图 6-34 为 Wagner 等[112]得出的 CMSX-4 合金二次枝晶间距随距枝晶顶端距离变化的关系。从图中可以发现,随着凝固过程的进行,二次枝晶明显粗化,这与扩散控制的 Ostwald 熟化规律相一致。

二次枝晶在凝固过程中都要经历粗化的过程,以往的研究结果表明,决定二次枝晶间距的参数为局部凝固时间 t_f。Wagner 等[112]获得的二次枝晶间距回归关系为

$$\lambda_2 = 5.5(Mt_f)^B \tag{6-19}$$

式中,$\beta = 0.27 \pm 0.05$,$M = 11s^{-1} \pm 2s^{-1}$

$$t_f = \frac{\Delta T}{GV}$$

从式(6-19)可以看出,二次枝晶间距随局部凝固时间的增加而增加。由此可见,窄的结晶温度间隔或高的温度梯度将缩小糊状区高度,提高冷却速率,从而使得二次枝晶间距减小。

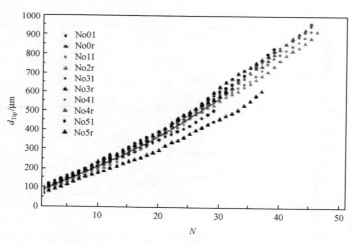

图 6-34　CMSX-4 合金二次枝晶间距随距枝晶尖端距离的关系($V = 3mm/min$,$G = 5K/mm$)[112]

图 6-35 所示为 DD403 合金抽拉速率与二次枝晶间距的关系。从中可以发现,二次枝晶间距正比于 $V^{-1/3}$,非线性拟合结果表明,二次枝晶间距与抽拉速率的关系满足 $\lambda_2 = 281V^{-0.32 \pm 0.03}$。因此,二次枝晶间距随着抽拉速率的增加而减小。

3. 定向凝固方法对枝晶组织的影响

以液态金属冷却为代表的高温度梯度定向凝固技术成为近年来的研究热点。Elliott 等[113]对两种不同定向凝固方法的进行了研究,结果显示:相比 HRS 方法,应用 LMC 方

法可显著细化铸态组织、削弱铸件不同壁厚及不同高度位置部分之间的组织差异：在 40μm/s 的抽拉速率下，LMC 铸件 10mm 壁厚部位的一次枝晶间距比 HRS 铸件小 120μm 左右；在 51mm 厚的铸件部位底部和顶部，HRS 铸件一次枝晶间距为 480μm 和 700μm，而 LMC 铸件的枝晶组织的变化范围在 40μm 以下，如图 6-36 所示。

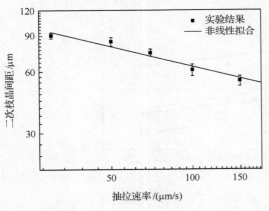

图 6-35 DD403 合金二次枝晶间距
随抽拉速率的变化[110]

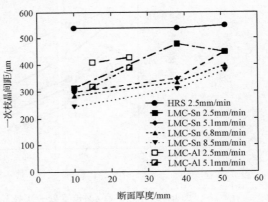

图 6-36 HRS 法和 LMC 法不同抽拉速率下不同截
面积横截面下铸件中平均一次枝晶间距比较[113]

Zhang 和 Lou[114] 的研究表明，在长度为 260mm 板状铸件的定向凝固过程中，铸件的一次枝晶间距随着凝固的进行不断粗化，但 LMC 铸件中的枝晶组织比 HRS 铸件更均匀（图 6-37）。另外，LMC 方法还能在大尺寸铸件的生产中减少缺陷产生、使 γ′ 相粒子及共晶组织分布更为均匀且尺寸更细小。

在较快的抽拉速率下，LMC 定向凝固技术细化枝晶的效果更加明显。图 6-38 为西北工业大学凝固技术国家重

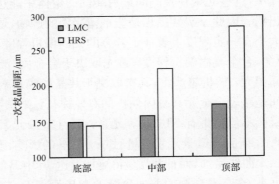

图 6-37 分别应用 LMC 和 HRS 方法制备
的板状件的一次枝晶间距值[114]

点实验室利用 HRS 和 LMC 定向凝固技术制备的 DZ4125 合金在铸件不同高度一次枝晶间距与凝固参数的对应关系。由图可见，LMC 定向凝固铸件的一次枝晶间距均比相应 HRS 铸件要小，尤其是在与激冷板距离较大和抽拉速率较高时更为明显。同一抽拉速率下，LMC 铸件中枝晶组织较相应 HRS 铸件截面中更为细小；更为重要的是，在整个铸件中一次枝晶间距的大小更为均匀。

6.4.3　γ-γ′ 共晶

镍基高温合金凝固的最后阶段，枝晶间将出现 γ-γ′ 共晶组织。由 γ-γ′ 共晶消耗大量的 γ′ 形成元素，这对于以 γ′ 相析出强化为主的镍基高温合金非常不利。此外，γ-γ′ 共晶相熔点较低，降低合金的初熔温度，因而一般要控制 γ-γ′ 共晶尺寸和数量或抑制其形成。

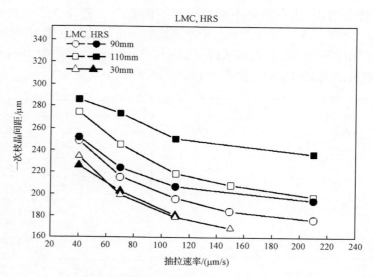

图 6-38　不同横截面位置处一次枝晶间距与凝固工艺参数的对应关系[115]
图中数字为距底板高度

　　γ-γ′析出与 γ′形成元素的含量和凝固偏析有关。γ′形成元素,如 Al、Ti、Ta 富集在熔体中,这些元素在枝晶间最后凝固的熔体中能达到较高浓度,最后形成大尺寸的共晶相析出物。因此 γ-γ′共晶相是非平衡凝固的产物,是合金元素凝固偏析的结果,共晶的多少和大小在一定程度上表征了合金的凝固偏析程度。

　　合金凝固偏析程度,首先取决于合金固、液相线的相对位置,固、液相线间的温度区间越大,偏析越严重,其次取决于共晶形成元素的偏析系数。因此,控制合金凝固温度区间是减轻合金元素凝固偏析的有效途径。对典型的低熔点组织进行探针分析发现,在终凝区不但富集有 Nb、Ti 等元素,而且微量元素 P、Zr、Si、B 富集到了显量的程度。朱耀霄[70]研究了微量元素含量对 γ-γ′共晶的影响,发现共晶量随微量元素含量的增加呈对数二次曲线增加,而且共晶显得更加发达,其中 B 的作用最明显,Si 的作用最小(图 6-39(a))。可见,在高温合金中普通含量的微量元素 P、Zr、B、Si 不但本身严重偏析,导致终凝温度明显下降,凝固温度区间扩大,而且会加剧合金元素的凝固偏析,促进共晶的析出,产生共晶反应偏析,进而影响合金的组织稳定性。

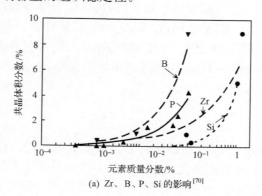

(a) Zr、B、P、Si 的影响[70]

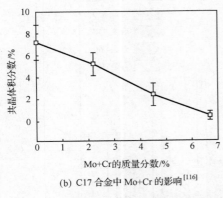
(b) C17 合金中 Mo+Cr 的影响[116]

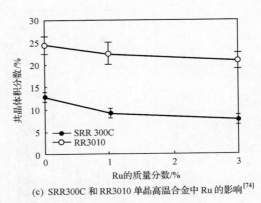
(c) SRR300C 和 RR3010 单晶高温合金中 Ru 的影响[74]

图 6-39　镍基高温合金中 γ-γ′共晶数量随元素种类和含量的变化

　　一些合金元素则可以抑制共晶的形成。Hobbs 等的研究结果表明[74,116]，Mo、Cr 和 Ru 均明显地减小 γ-γ′共晶的体积分数，如图 6-39(b)、(c)所示。Al-Jarba 和 Fuchs[66] 的研究发现，碳含量增加，共晶相也明显减少，但合金中的缩松增大，见表 6-14。

表 6-14　不同碳含量模型单晶高温合金 LMSX-1 共晶相的含量和缩孔[66]

碳含量(质量分数)/%	γ-γ′体积分数/%	缩松体积分数/%
0.0	8.33	0.4±0.1
0.01	6.17	1.2±0.2
0.05	0.28	0.9±0.4
0.10	0.00	1.2±0.2
0.15	0.00	1.9±0.3

　　Kearsey 等[72]归纳了合金元素对 γ-γ′共晶数量的作用规律：γ′形成元素(Al、Ti、Ta 等)、晶界强化元素(B、Zr、Hf 等)和某些难熔元素 Re 增加共晶数量，C、Cr、Mo、Ru 减少共晶含量，而 W 对共晶数量的作用不明显。

　　近年来随着单晶高温合金材料的发展，关于 Re 和 Ru 等难熔元素对共晶形成和影响的研究取得了一些进展。图 6-40 给出了在不同抽拉速率下，四种实验单晶高温合金铸态组织的共晶含量。通过比较可以看出以下几点。

1. 随着定向凝固抽拉速率的增大，共晶含量呈现出先增大后减小的规律

　　当凝固组织以平界面生长时，由于不存在凝固偏析，所以没有共晶形成；在低抽拉速率条件下($V = 10\,\mu m/s$)，凝固组织以胞状或胞-枝状生长，胞间存在少量的块状(图 6-41(a))或玫瑰状(图 6-41(b))共晶，且尺寸较大；随着抽拉速率的增大，凝固组织发生胞状—粗枝晶—细枝晶转变，共晶含量呈现出先增大后减小的趋势，在粗大的枝晶组织中($V \approx 100\,\mu m/s$)，共晶含量达到最大值，同时由于受到三维枝晶组织的约束，共晶形貌随着抽拉速率的增大转变为细条状(图 6-41(c)、(d))，分布也更加均匀离散。

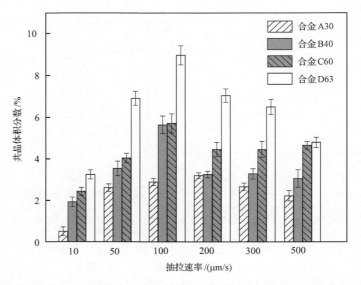

图 6-40　Re 和 Ru 对四种实验单晶高温合金铸态组织共晶含量的影响[87]
A30-3Re0Ru；B40-4Re0Ru；C60-6Re0Ru；D63-6Re3Ru

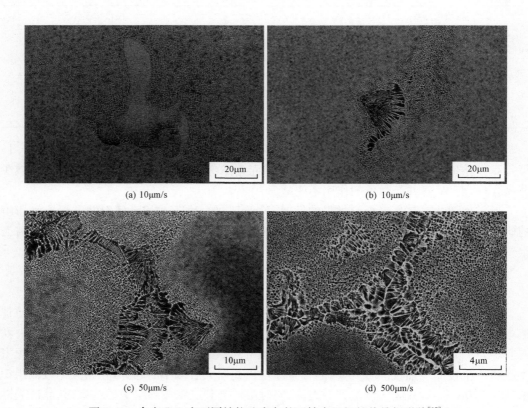

图 6-41　合金 B40 在不同抽拉速率条件下铸态组织的共晶相形貌[87]

2. 随着 Re 和 Ru 含量的增大，共晶含量不断增加

从图 6-40 可以看出，随着 Re 和 Ru 含量的增大，共晶数量均明显增多。特别是 Ru 的加入，明显提高共晶含量，与 Hobbs 的研究结果（图 6-39(c)）并不一致。

综上所述，因为 γ-γ′ 共晶大小和数量可以在一定程度上表征微观偏析的程度，所以要控制铸态组织的共晶数量，可以通过以下两种途径：①获得无偏析的平界面凝固组织或偏析较小的胞状组织（由于其低的抽拉速率，通常难以实现），或者尽量提高冷却速率，获得组织细化、低偏析的细枝晶组织；②在保证合金性能的基础上，优化合金元素的添加量和配比，获得低偏析的铸态组织。

高温均匀化热处理可以有效减少或消除共晶组织。由图 6-42 可见，CMSX-4 合金铸态组织枝晶间的共晶组织清晰可见，经 12h 均匀化处理后金相组织已经看不到共晶。定量测试表明，在 1315℃ 下长时间（30h）的均匀化处理，共晶组织中的 γ′ 相数量从铸态的 12% 下降为不到 2%。

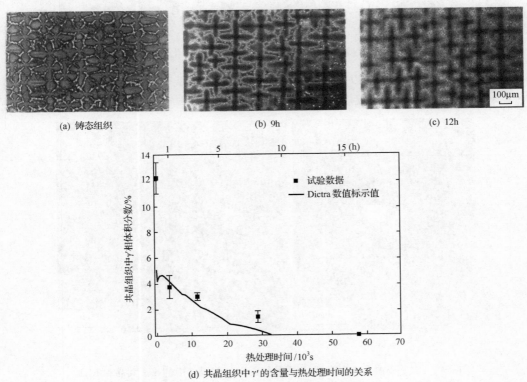

(a) 铸态组织　　　　　　　　(b) 9h　　　　　　　　(c) 12h

(d) 共晶组织中 γ′ 的含量与热处理时间的关系

图 6-42　CMSX-4 合金在 1315℃ 固溶热处理后共晶组织的变化[88]

6.4.4　初生碳化物和硼化物

高温合金中存在各种碳化物和硼化物，其种类取决于合金成分和外界（凝固、热处理等）参数。常见的碳化物和硼化物有 MC、M_6C、$M_{23}C_6$、M_7C_3 和 M_3B_2，这里 M 代表 Cr、

Mo、Ta、Ti 和 Hf 等金属元素。

　　MC 型碳化物通常在低于合金凝固液相线温度以下 30℃以内开始析出,此时固相分数为 0.5~0.6,它们常分布于枝晶间,与合金基体无共格关系,其形态为块状、草书体状和杆状等(图 6-43)[117,118],取决于合金成分和凝固参数。20 世纪 70 年代,Fernandez 等[119]通过对 In100 合金的单晶定向凝固研究,也将 MC 型碳化物的形态分为未熔、块状和汉字体三类。富 Cr 的 $M_{23}C_6$ 大约在 750℃长期时效过程中形成,其过程为 MC 型碳化物的分解反应:

$$MC + \gamma \longrightarrow M_{23}C_6 + \gamma' \tag{6-20}$$

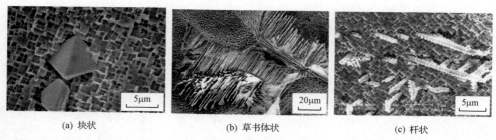

(a) 块状　　　　　　　　(b) 草书体状　　　　　　　　(c) 杆状

图 6-43　René N5 和 N6 合金中富 Ta 的 MC 型碳化物的形态[117,118]

　　硼化物在共晶 γ-γ′形成以后的凝固末期析出,常分布于 γ-γ′共晶的内部或边缘,尺寸小于 MC 型碳化物,形状比较规则,如图 6-44 所示。

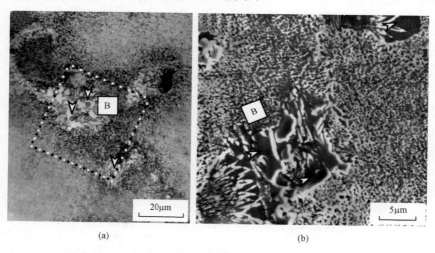

(a)　　　　　　　　　　　　　(b)

图 6-44　镍基高温合金 EP962(B 质量分数为 0.012%)中的 γ-γ′共晶和 M_3B_2,
图(b)为图(a)中线框部分的局部放大[120]

　　碳化物和硼化物在合金中的作用一直存在争议。但由于它们可以阻止晶界的滑移,所以对高温蠕变性能的改善已被认可,这也是等轴晶和定向高温合金含有一定的 C 和 B 的原因之一。最初的单晶高温合金不含 C 和 B,但后来的研究发现[121,122],适量的 C、B 可形成细小 $M_{23}C_6$ 并减少显微疏松,从而提高合金的蠕变性能。因此,有不少第二代以后的单晶高温合金含有适量的 C 和 B,但大块或草书体状的 MC 碳化物仍然是裂纹的起源,对合金蠕变和疲劳性能有害。

由于单晶高温合金加入大量的难熔元素,特别是 W、Re 的严重偏析导致 TCP 相的析出。Tin 和 Pollock[118] 的研究发现,单晶高温合金中加入 0.1% C 后,形成 MC 型碳化物消耗了难熔元素,减轻了难熔元素的偏析,从而有效地防止了 TCP 相的析出。

形成于枝晶间的碳化物,特别是连成网络的草书体状碳化物可以有效地组织枝晶间的热对流,从而减缓熔体密度变化或反转,减轻由于对流引起的缺陷(如雀斑),但却增大了缩松的倾向[117]。

6.4.5　固态相变组织

镍基高温合金固态相变产生的 γ' 相是其主要强化相,一种以 Ni_3Al 为基的金属间化合物。γ' 相和基体 γ 一样,都是面心立方结构(fcc),两相点阵常数相差很小,通常小于 0.5%。根据 γ' 相的成分不同,点阵常数略有变化,通常在 0.356～0.361nm。γ' 相的成分很复杂,合金元素都在该相中有一定的溶解度,尤其是 Al、Ti、Nb、Ta、V、Zr、Hf 等 γ' 形成元素在该相中的溶解度更大。

通过固相反应形成的另一类组织是有害相拓扑密排相(topologically close-packed phases,TCP),可在初始热处理过程中形成,但在高温长期服役环境下,更易形成 TCP 相。

1. 铸态下的 γ' 相

铸造高温合金中的 γ' 相有两种:次生 γ' 和共晶 γ' 相。次生 γ' 是合金凝固后从过饱和固溶体 γ 中脱溶出来的;而共晶 γ' 则是 γ-γ' 共晶中的组成相,在凝固时由共晶反应生成。普通铸造合金(如 IN100)γ' 相的析出温度在 1168～1220℃,而第三代单晶高温合金提高至 1280～1300℃。

γ' 相的数量、形态、尺寸和分布取决于合金的成分和凝固参数。在合金成分确定的情况下,枝晶间偏析起重要作用。图 6-45 表示 γ' 在不同温度下从枝晶干到枝晶间的摩尔分数变化情况。可见,随温度降低,γ' 相的摩尔分数不断增大,低于 800K 则没有大的变化。这时枝晶干的 γ' 相摩尔分数约为 65%,而枝晶间最高可达到 75%。注意到最大分数位于枝晶间最后凝固区域,而此处的元素偏析也最严重。事实上,γ' 相主要形成元素 Ni、Al、Ti 等均为正偏析元素,枝晶间这些元素含量较高,从而导致 γ' 相数量升高。

γ' 相的形态和尺寸与凝固参数密切相关。郭喜平、杜炜、张军等[124-126] 分别对 NASAIR100 和 CMSX-2 单晶高温合金进行研究发现,在很低的冷却速率下,凝固以平界面进行,γ' 沉淀在基体中分布和大小较均匀,形状为不规则的多边形,如图 6-46(a)所示。当冷却速率增大时,凝固以胞状界面进行,其 γ' 沉淀的大小和分布不均匀,在胞晶干处,分布着尺寸较小的 γ' 相,而在胞晶间则分布着粗大的 γ' 相,胞晶干和胞晶间的 γ' 相形状都不规则,如图 6-46(b)所示。γ' 相的尺寸在胞晶间和胞晶内部也发生明显差别。当冷却速率增大到以枝晶界面凝固时,枝晶干处的 γ' 相细小,且形状基本呈规则的立方体形状,而枝晶间 γ' 相仍较粗大且呈不规则形状,如图 6-46(c)所示。随着冷却速率的进一步提高,枝晶干与枝晶间的 γ' 相尺寸都减小,但其差值逐步减小,如图 6-46(d)、(e)所示。γ' 相

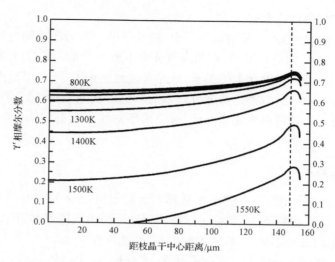

图 6-45　CMSX-4 合金中 γ′ 相的体积分数的计算值
横坐标为距枝晶干中心的距离，虚线代表枝晶边界[123]

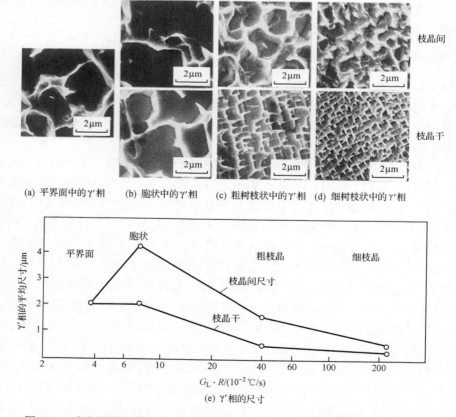

图 6-46　定向凝固冷却速率对 NSASIR 100 合金中 γ′ 相形态和尺寸的影响[124]

尺寸的变化规律呈现先增后减以及枝晶间尺寸较大的特点,再次说明其生长受到元素偏析的控制。很明显,当冷却速率增大时元素偏析的变化趋势与 γ' 相尺寸一致,且 γ' 相主要形成元素在枝晶间富集,由此导致枝晶间和枝晶干中 γ' 相尺寸的差别。

2. TCP 相

含有一定量 Re、Cr、Mo、W 等难熔金属元素的高温合金,在长期服役后或热处理状态下会形成一些硬而脆的金属间化合物相,其相配位数大于 12,说明原子排列极为紧密,故被定义为拓扑密堆相(TCP 相,如 σ(正方)、P(正交)、R(斜方六面体)、μ(斜方六面体)等)。TCP 相的高硬度以及针状或片状形态会导致使得材料延展性以及脆性时效降低。TCP 相的形成也会消耗基体中难熔金属元素,使基体的强度降低。高温断裂也可以沿着 TCP 相的界面和 γ 基体产生,导致合金持久寿命的降低。TCP 相的形貌常呈针状,由深腐蚀样品可见,其形貌类似相互编织的片状而将合金基体切割。TCP 相的形成是由于元素偏析和低的扩散率,TCP 相的析出位置常在枝晶干部,因为这里富集了大量的 Re 和 W 等难熔元素,如图 6-47 所示。

 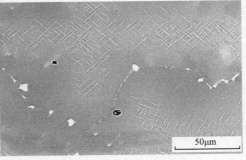

(a) Rene N6 单晶枝晶间的碳化物和枝晶干的富 Re TCP相,标准热处理+1050℃下200h时效)[127]　　(b) 定向合金中枝晶干的TCP相,标准热处理+850℃下 500h时效)[128]

图 6-47　高温合金中的 TCP 相

Rae 等[129]研究了 TCP 相的形成条件。图 6-48 表明,TCP 相会在 1000～1050℃下 20h 后析出。

图 6-49 表示 Exal17 合金(在 In792 基础上加入 2%～3% 的 Re)中 TCP 相在不同定向凝固(HRS、LMC)条件下的形成过程。可见,随时效时间的延长,TCP 相逐渐增多。在 200h 以内,枝晶尺寸对其没有影响。超过此时间,粗枝晶($\lambda_1 = 290\,\mu m$)生长条件下 TCP 相的数量铸件多于细枝晶($\lambda_1 = 180\,\mu m$)。在粗枝晶情况下,元素偏析严重,导致 W、Re 等负偏析元素向枝晶干富集;粗枝晶中的元素扩散距离较大,导致均匀化过程不充分。这些都是形成较多的 TCP 相的原因。

经过均匀化热处理,可以部分消除 TCP 相的影响,但没有一种加工方法可以完全消除 TCP 相。第二代和第三代单晶高温合金比第一代单晶高温合金更易于产生 TCP 相,主要是因为 Re 的存在会加快 TCP 相形成动力学。通常,随着 Re 含量的增加,TCP 相在高温下的形成速率越来越快[130]。

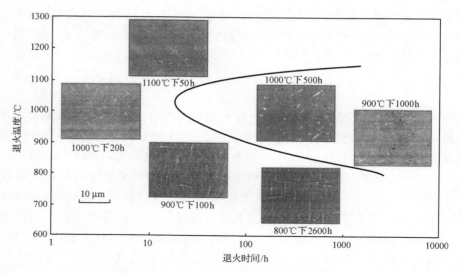

图 6-48　RR2071 单晶高温合金形成 TCP 相 TTT 曲线及其形态的 SEM 背散射电子像[129]

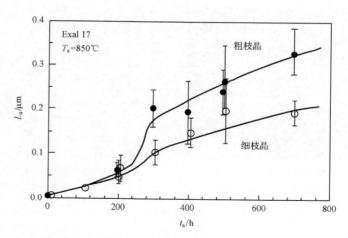

图 6-49　针状 TCP 的数量 L_a（单位面积的总长度）与时效时间 t_a 的关系[130]

6.4.6　熔体状态对高温合金组织的影响

　　在金属和合金熔体中,存在不同尺寸的原子集团,这些原子集团的变化不仅与合金的种类和成分有关,还与合金的熔体状态密切相关。因此,有研究人员提出了熔体超温处理工艺。俄罗斯研究人员提出了一种叫做高温处理熔体的工艺[131,132],结果表明,通过熔体处理之后,可以显著提高合金的综合使用性能。

　　西北工业大学系统研究了熔体超温处理对高温合金组织的影响[133],其过程参见图 6-50。先将熔体过热之 T_s 温度,保持 $t_2 - t_1$ 时间,然后再降至 T_0 温度后进行凝固,可研究熔体的超温处理温度和保持时间均对其凝固组织的影响。

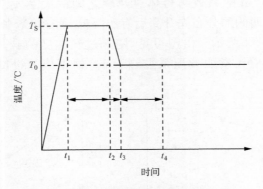

图 6-50　熔体超温处理示意图

1. 熔体超温处理对定向凝固界面形貌的影响

图 6-51 为凝固速率 $V=1\,\mu m/s$ 和 $5\,\mu m/s$ 时,不同熔体超温处理温度对应的界面形态。

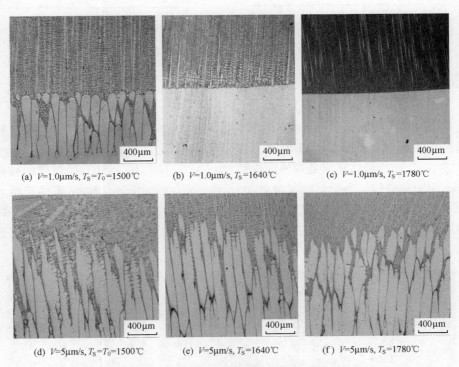

(a) $V=1.0\,\mu m/s$, $T_S=T_0=1500\,℃$　　(b) $V=1.0\,\mu m/s$, $T_S=1640\,℃$　　(c) $V=1.0\,\mu m/s$, $T_S=1780\,℃$

(d) $V=5\,\mu m/s$, $T_S=T_0=1500\,℃$　　(e) $V=5\,\mu m/s$, $T_S=1640\,℃$　　(f) $V=5\,\mu m/s$, $T_S=1780\,℃$

图 6-51　不同熔体过热温度下的定向凝固界面形态

由图 6-51 可见,随熔体超温处理温度的升高,合金界面由胞状界面(图 6-51(a))转变成平界面(图 6-51(b)、(c)),当凝固速率 $V=5\,\mu m/s$, $T_S=1500\,℃$ 时,合金界面为胞-枝界面,当 T_S 升高至 $1640\,℃$ 和 $1780\,℃$ 时,二次枝间臂逐渐消退,界面向胞状转化,说明熔体超温处理可以提高定向凝固界面的稳定性,其机理与溶质分配系数的变化有关。通过测定一种含铼单晶高温合金分配系数与熔体过热度之间的关系发现,随着过热温度的升高,Al、Ta元素在界面两侧的分布先升高后有所降低,而 Re、W 则是在界面两侧的分布先降低后升高,如图 6-52 所示。由图可见,随着过热温度的升高,合金熔体趋于均匀化,在 1700℃ 以下,溶质元素的分配系数趋于 1。根据成分过冷理论,凝固界面趋于稳定。

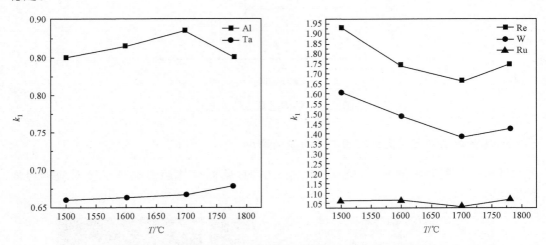

图 6-52 镍基合金中各组元的分配系数随过热温度的变化关系

2. 熔体超温处理对枝晶间距的影响

枝晶间距是定向凝固枝晶组织的重要特征尺寸,反映了合金枝晶偏析的尺度和均匀化处理的扩散距离,对铸态镍基单晶高温合金的性能及热处理制度都有重要影响。图 6-53 和图 6-54 为熔体超温处理温度分别为 1500℃、1640℃、1780℃ 所对应的枝晶形貌以及枝晶间距测量值。当凝固速率为 20μm/s(50μm/s、100μm/s)时,随熔体超温处理温度由 1500℃ 升高至 1640℃、1780℃,合金一次枝晶间距由 211μm (177μm、113μm)减小至 152μm (150μm、101μm),148μm (125μm、95μm),说明熔体超温处理可有效细化合金一次枝晶。

(a) V=20μm/s, T_S=T_0=1500℃   (b) V=20μm/s, T_S=1640℃   (c) V=20μm/s, T_S=1780℃

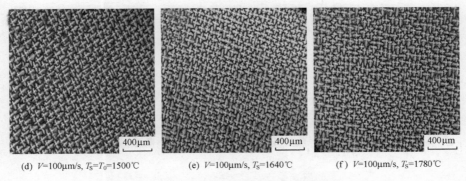

(d) V=100μm/s, T_S=T_0=1500℃   (e) V=100μm/s, T_S=1640℃   (f) V=100μm/s, T_S=1780℃

图 6-53 不同熔体超温处理温度所对应的枝晶形貌

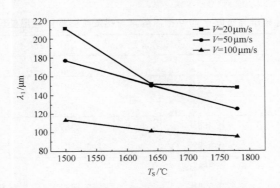

图 6-54 熔体超温处理对合金一次枝晶间距的影响

3. 熔体超温处理对合金中 γ′ 相的影响

图 6-55 所示为凝固速率 V=50μm/s,不同温度熔体超温处理所对应的合金枝干和枝间 γ′ 相形貌,相对于 T_S=1500℃,当 T_S 升至 1640℃和 1780℃时,不但枝干与枝间 γ′ 相尺寸均有所减小,且枝间 γ′ 相随熔体超温处理温度的升高也变得更加规整。表 6-15 所示为合金枝晶干与枝晶间 γ′ 和 γ 相点阵常数与错配度随熔体超温处理温度的变化。由表可知,随熔体过热温度的增加,合金枝干和枝间的 γ′ 与 γ 相错配度降低。

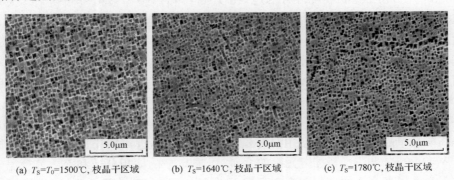

(a) T_S=T_0=1500℃,枝晶干区域   (b) T_S=1640℃,枝晶干区域   (c) T_S=1780℃,枝晶干区域

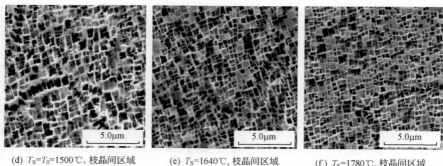

(d) $T_S = T_0 = 1500℃$, 枝晶间区域　　(e) $T_S = 1640℃$, 枝晶间区域　　(f) $T_S = 1780℃$, 枝晶间区域

图 6-55　熔体超温处理对合金 γ' 相形貌的影响 $(V = 50\mu m/s)$

表 6-15　合金枝干与枝间 γ' 与 γ 相点阵常与错配度随熔体超温处理温度的变化

温度/℃	点阵常数/nm		错配度 $\delta/\%$
	a_γ	$a_{\gamma'}$	
1500	0.3590	0.3581	0.25 *
	0.3593	0.3582	0.31 **
1640	0.3588	0.3581	0.20 *
	0.3592	0.3582	0.28 **
1780	0.3588	0.3581	0.20 *
	0.3591	0.3583	0.22 **

* 枝晶干。
** 枝晶间。

6.5　定向和单晶高温合金的常见凝固缺陷

　　由于合金成分设计以及工艺参数的控制问题,定向和单晶高温合金铸件经常会出现晶粒取向偏差、雀斑、大角度晶界(high angle grain boundaries,HABs)(>6°)、小角度晶界(low angle grain boundaries,LABs)(<6°)、缩松和热裂等多种凝固缺陷。大角度晶界、雀斑和杂晶是明显的薄弱环节,对于单晶合金特别有害。因为单晶合金一般不含晶界强化元素,这些缺陷导致单晶高温合金的性能甚至低于普通多晶合金。相对而言,形成于相互基本平行晶粒之间的小角度晶界对于性能的危害就要小一些,但是他们极其难以防止。图 6-56 给出了单晶叶片的典型缺陷,这些缺陷出现的概率见表 6-16。可见晶粒取向偏差、大角度晶界、再结晶和雀斑是主要的铸造缺陷,将直接影响叶片的合格率。

　　铸造缺陷的形成与合金成分、定向凝固工艺参数及铸件几何形状和尺寸密切相关。为了提高镍基单晶高温合金的使用温度和高温力学性能,近年来先进镍基单晶高温合金增加了 W、Mo、Re 和 Ru 等难熔元素的含量,以提高 γ' 的体积分数和固溶处理温度。虽然这些元素在提高合金的使用温度和高温力学性能方面起到了很大作用,但同时也给晶

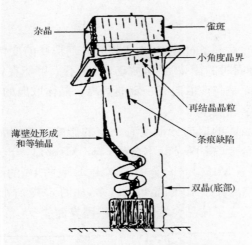

图 6-56　单晶叶片铸件的典型缺陷类型[134]

表 6-16　铸造工厂统计的单晶铸件缺陷 6 个月检测的平均值[6]

籽晶法制备第二代单晶		选晶法制备第三代单晶	
缺陷名称	比例/%	缺陷名称	比例/%
晶粒取向偏差	8	夹杂	4.7
大角度晶界	5.8	大角度晶界	4.6
型芯	3.1	型芯	3.5
再结晶	3.0	叶根壁缺陷	3.4
夹杂	2.3	雀斑	2.2
叶身成形	2.3	叶身成形	2.1
叶身内壁	2.2	设备故障	2.0
设备故障	1.1	再结晶	1.1
合格率	69	合格率	67

体取向、凝固组织、凝固缺陷控制方面带来了一些负面影响。例如,选晶法制备 CMSX-4 合金高压涡轮叶片时,晶粒取向偏离轴向平均为 8°,最大可达 18°[135]。另外,工业燃气涡轮(industrial gas turbine,IGT)的发展促进了对大尺寸叶片的需求。由于叶片体积增大,比表面积减小,降低了定向凝固时的散热效率,致使温度梯度下降;为保证实现定向组织,不得不采用低的拉晶速率。由此带来两个问题:其一是液固共存区增大,易于形成雀斑和杂晶;其二是单向热流更加难以保证,致使晶粒生长方向偏离⟨001⟩。由于解决这些问题的技术关键尚未突破,所以一些生长取向与⟨001⟩方向并不完全平行的铸件也不得不被认定为合格产品。

6.5.1 取向偏离

定向组织高温合金叶片制备过程中,由于模壳几何形状的变化,致使辐射挡板与模壳的间隙不断变化,导致凝固时的固-液界面波动,因此不太可能在铸件任何部位都保持完整的〈001〉晶体学位向,而是与该取向有一定的偏离。晶体取向的偏离会严重影响定向和单晶高温合金的高温力学性能。

合金成分的变化对晶体的取向分散度有一定的影响。英国帝国理工大学 Ardakani 等[136, 137]在对 CMSX-4 合金(高 W、Ta,不含碳)与 CM186LC 合金(低 W、Ta,含 0.07% 的碳)的对比研究中发现,CM186LC 合金中偏离〈001〉取向 10°的晶粒数多于 CMSX-4 合金;相反,CMSX-4 合金偏离大于 10°的晶粒数较多,如图 6-57 所示,其原因可能是加入碳后枝晶间碳元素的富集改变了枝晶尖端附近的液-固界面能。

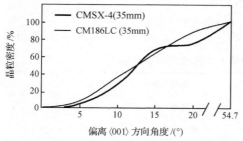

(a) 晶粒密度与偏离〈001〉方向角度之间的关系[137]

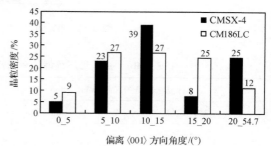

(b) 由 Histogram 极图得出的晶粒密度与偏离〈001〉方向角度之间的关系[136]

图 6-57　晶粒密度

图 6-58　定向凝固时形成的雀斑缺陷[139]

6.5.2 雀斑(通道偏析)

雀斑由连续或间断的无确定位相的等轴晶、第二相颗粒、显微疏松等组成,往往分布在枝晶间区域,平行于〈001〉方向(即定向凝固生长方向),如图 6-58 所示。由于腐蚀后宏观表面常呈明显的斑点状,故称为雀斑。因雀斑富含 Ti、Al、Ta 和 Nb 等正偏析元素,所以又称为通道偏析。雀斑缺陷早在 20 世纪 70 年代初就被研究者所发现,近年来随着对高温合金承温能力和高温蠕变强度要求的不断提高,第三、第四代单晶高温合金中 Re、W、Mo 等难熔元素的含量逐渐增加导致雀斑缺陷的形成趋势有所加剧。工业燃机大尺寸叶片的雀斑缺陷居高不下。同时真空电弧重熔(vacuum arc remelting,VAR)过程中也会在铸锭中形成雀斑,并对最终锻件的性能造成危害[138],因此对于雀斑的研究再次引起了研究者的重视。

雀斑是由糊状区内合金液的密度随凝固过程的进行逐渐减小,引起局部不稳定热质对流所导致的[140,141]。通常情况下,在多组元合金中,由于合金元素密度和基体元素密度不同以及各组元的溶质分配系数不同,所以当固-液界面前沿温度梯度为正时,由凝固偏析引起液相中溶质浓度沿凝固方向分布不均匀,导致固-液界面前沿液相中密度梯度的形成,可用式(6-21)表示,即

$$\frac{\mathrm{d}\rho_C}{\mathrm{d}h} = \rho\beta\frac{\mathrm{d}C}{\mathrm{d}h} \tag{6-21}$$

式中,$\mathrm{d}\rho_C/\mathrm{d}h$ 是由溶质浓度梯度差引起的密度梯度;ρ 是凝固开始前液相的密度;h 是枝晶尖端距糊状区某处的距离(图 6-59);$\mathrm{d}C/\mathrm{d}h$ 是溶质沿凝固方向的浓度梯度;β 是溶质体积膨胀系数。同时,定向凝固过程中由于沿凝固方向温度梯度 $\mathrm{d}T/\mathrm{d}h$ 的存在,也会导致固-液界面前沿液相内密度梯度的形成,即

$$\frac{\mathrm{d}\rho_T}{\mathrm{d}h} = \rho\alpha\frac{\mathrm{d}T}{\mathrm{d}h} \tag{6-22}$$

式中,$\mathrm{d}\rho_T/\mathrm{d}h$ 是由于凝固方向温度梯度引起的密度梯度;α 是体积膨胀热系数。因此,沿凝固方向液相总的密度梯度可以表示为

$$\frac{\mathrm{d}\rho}{\mathrm{d}h} = \frac{\mathrm{d}\rho_C}{\mathrm{d}h} - \frac{\mathrm{d}\rho_T}{\mathrm{d}h} = \rho\beta\frac{\mathrm{d}C}{\mathrm{d}h} - \rho\alpha\frac{\mathrm{d}T}{\mathrm{d}h} = \rho\Big(\beta\frac{\mathrm{d}C}{\mathrm{d}h} - \alpha\frac{\mathrm{d}T}{\mathrm{d}h}\Big) \tag{6-23}$$

如果 $\mathrm{d}\rho/\mathrm{d}h>0$,即沿着凝固方向液相密度是减小的,则不会形成热质对流;当 $\mathrm{d}\rho/\mathrm{d}h<0$ 时,沿着凝固方向液相密度是增加的,即枝晶间液态金属的密度小于糊状区之上液相的密度(未发生凝固前的液相密度)。如果由密度差引起的浮力大到足够克服液态金属的黏滞阻力,液态金属内便有热质对流形成。在非稳态条件下,糊状区内密度较低的液态金属以溶质卷流的方式流出糊状区,这部分流出的液态金属由周围液态金属从糊状区流入补充。这种液态金属流动会导致枝晶生长停滞甚至会导致枝晶的熔断,并在糊状区内形成狭窄、畅通的通道,被

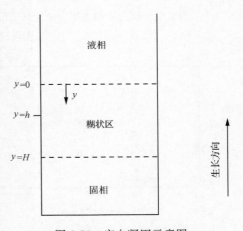

图 6-59　定向凝固示意图

液态金属流动所熔断或冲断的枝晶碎片,如果没有随液态金属流出通道,而是滞留在通道内,那么就会伴随着通道凝固,最后会在铸件中形成雀斑。

1. 雀斑的实验研究

与其他凝固特征一样,高温合金中的雀斑形成受到合金成分和凝固参数的影响。Tin 等[117]在 René N5 单晶高温合金的基础上,设计了 16 种以上的合金,系统地研究了 C 和合金元素 Al、W、Mo、Re 和 Hf 对雀斑数量的影响。结果表明,合金中 C、Ta、Al 和 Hf 能够降低雀斑形成的倾向性,而 W 和 Re 的加入则增加了雀斑的数量。例如,对于 CE (carbide effects,研究碳化物形成元素的影响)系列的合金(图 6-60(a)),当 Ta 含量从 CE4 合金中 4.0%增加至 CE1 的 8.3%时,雀斑数量明显减少。同样,CE5 至 CE8 合金中加入 0.125%的 C 后,雀斑数量也相应减少,而在细小直径的样品中,甚至见不到雀斑。对于 ME(main effects,研究主要合金元素的影响)系列合金的研究结果表明,W 和 Re 含量的增加促进了雀斑缺陷的形成,但加入质量分数为 0.125%的 C 以后雀斑形成趋势有所降低,见图 6-60(b)。

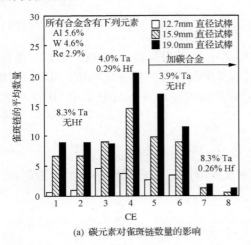
(a) 碳元素对雀斑链数量的影响

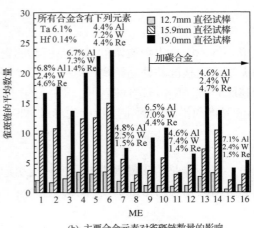
(b) 主要合金元素对雀斑链数量的影响

图 6-60　碳元素和主要合金元素 Al、W、Re(图中都为质量分数)对不同直径试样中
雀斑链数量的影响[117]

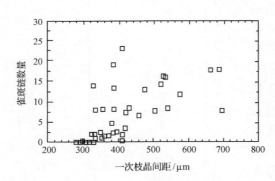

图 6-61　雀斑链数量与一次枝晶间距的关系[142]

Pollock 利用试样直径的不同进行了三种不同冷却速率的定向凝固实验,得到了一次枝晶间距、冷却速率与雀斑的关系,如图 6-61 和图 6-62 所示。由图可见,当枝晶间距小于 320μm 时,基本观察不到雀斑,相对应的冷却速率为 0.1℃/s[142]。可见提高冷却速率是防止雀斑形成的重要方法。图 6-61 还表明,当枝晶间距大于 500μm 时,随着枝晶间距的增加,雀斑数量基本恒定。图 6-62 则更直接地给出了温度梯度和冷却速率与雀斑之间的关系。图中点画线的冷却速率为 0.14℃/s,低于此值是雀斑形成区域,高于虚线的区域不会有雀斑形成,两条曲线之间为过渡区,雀斑的形成主要取决于铸件结构和几何尺寸。图 6-61 和图 6-62 的结果均表明:雀斑形成存在一个临界冷却速率,并对应临界枝晶间距,低于此值不会形成雀斑。

燃气轮机叶片尺寸较大,凝固冷却速率必然很低,导致形成雀斑的倾向性明显增加。这种情况如图 6-63 所示,常规定向凝固的冷却速率位于图中的椭圆黑色区域,容易导致雀斑、等轴晶和缩松形成。从图中还可以看到,雀斑的形成主要与冷却速率有关,当冷却

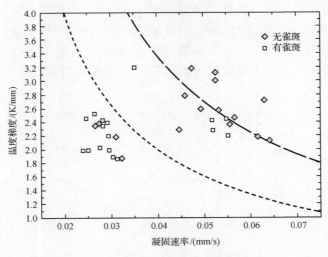

图 6-62　CMSX-4 合金的雀斑趋势与凝固参数的关系[143]

速率大于 GV 时,枝晶间距减小,则可防止雀斑。而等轴晶的形成则与 G/V 值有关,即取决于凝固界面的形态和稳定性。如果温度梯度较低,不管生长速率如何,都会产生缺陷。在充分高的温度梯度和快的生长速率下,可以保证不产生凝固缺陷,即图中的右上角灰色区域。

　　上述实验现象的机理可归结为糊状区液态金属密度反转和 MC 型碳化物的形成。由于 W、Re 富集于枝晶干,造成凝固过程中枝晶间残余液相中难熔元素的逐渐贫化,而 Al、Ti、Ta 等正偏析元素逐渐富集。注意到难熔元素的密

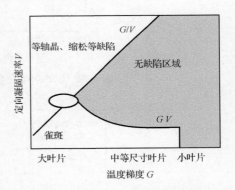

图 6-63　工业燃气轮机叶片的缺陷图[144]

度较大,导致糊状区液体密度随温度降低不增反降,即出现密度反转现象,如图 6-64 所示。这时底部密度较低的熔体将向上流动,当枝晶间的残余液体与整体熔体的亚稳平衡由于密度反转被破坏时,可在枝晶间形成湍流,对枝晶造成冲刷或溶解,从而形成由位相不一致的、成分接近共晶组织的等轴晶组成的雀斑。因此不难理解 W 和 Re 含量的增加将增大雀斑形成的可能性。C 和 Ta 的加入形成了初生碳化物 MC,而 MC 型碳化物的金属元素与雀斑中的基本一致,由于碳化物的形成温度高于雀斑,所以在碳化物形成后,消耗了大量雀斑形成元素,同时减缓了液体密度反转。图 6-65[145] 即说明了这一现象:加入 C 形成碳化物后使枝晶偏析减轻,使后期固相成分中 Ta 的含量有所降低,而 Ta 是促使雀斑形成的元素。Al-Jarba 和 Fuchs[146] 认为,连成网络的草书体状碳化物可以有效阻止糊状区熔体的热质对流,从而减轻密度反转和对枝晶的冲刷,也在一定程度上降低雀斑形成的可能性。在此基础上,有学者提出了合金元素对雀斑形成影响的经验公式[6],即雀斑形成因子

$$F = (W + 1.2Re)/(Ta + 1.5Hf + 0.5Mo - 0.5Ti) \qquad (6-24)$$

式中,合金成分为质量分数。显然,如果 F 较小,则不易产生雀斑。这是由于 W 和 Re 为高密度的负偏析元素,它们偏聚于枝晶干,引起枝晶间熔体的密度反转。而 Ta、Hf 和 Mo 等正偏析元素将减轻这种效应。一般来讲,单晶合金代次越高,因子 F 越大,越易产生雀斑。需要指出的是,Ru 尽管为高密度元素,但其凝固分配系数接近于 1,因此对雀斑形成影响不大。

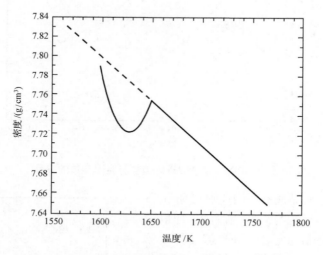

图 6-64 CMSX-4 合金熔体密度与温度之间的关系[6]

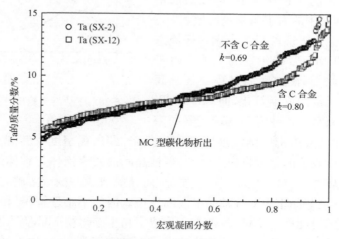

图 6-65 凝固过程中 Ta 的分布[145]
C 的加入阻止了凝固后期 Ta 的升高

Tin 和 Pollock[147] 根据回归关系整理出所研究的一个合金系列的雀斑数(一个试样表面的雀斑数量总合)的表达式为

$$\Phi = -25.6 + 119\left(\frac{\Delta\rho}{\rho}\right) + 17.97\left(\frac{\lambda_1}{\lambda^*}\right) + 537.7\left(\frac{T_L - T_{MC}}{T_{Ni}}\right) \quad (6\text{-}25)$$

式中,$\Delta\rho/\rho$ 为归一化的熔体密度差,即糊状区密度与整体熔体密度差;λ_1 为实际测试的一次枝晶间距；λ^* 为该合金体系形成雀斑的临界间距（图 6-61 中所示的 320μm）；$\dot{T}_L$、T_{MC} 和 T_{Ni} 分别为合金液相线、碳化物形成温度和纯镍的熔点。从式（6-25）看出，糊状区熔体密度变化越大、枝晶间距越大、碳化物形成温度越低，雀斑形成的倾向性越大。

2. 雀斑形成的理论模型和判据

经验公式（6-25）尽管可以预则雀斑形成的趋势和铸件表面雀斑数量，但无法确定雀斑形成的临界条件。根据雀斑形成的机理，枝晶间通道内熔体的流动失稳可以看成形成雀斑的条件，选择瑞利数作为雀斑形成的临界值是很自然的，因为其反映的是液体流动的驱动力与阻力的比值。

Beckermann 等[148,149]通过实验和数值模拟对雀斑的形成进行了大量研究，在分析高温合金凝固偏析特性的基础上，采用 Worster 定义的具有明确物理意义的瑞利数（即在整个糊状区高度 h 内瑞利数的平均值），即

$$Ra = \frac{h(\Delta\rho/\rho_0)g\bar{K}}{\alpha\nu} \qquad (6-26)$$

式中，$h = (T_L - T)/G$；其中，T 为糊状区某处的温度；G 为温度梯度；α 为热扩散率；ν 为动力学黏度；g 为重力加速度。其中 $\alpha\nu = 5 \times 10^{-12}\,\mathrm{m^4/s^2}$。

在糊状区，液体密度反转的相对值（$\Delta\rho/\rho_0$）可表示为

$$\frac{\Delta\rho}{\rho_0} = \frac{\rho_0 - \rho_h}{\rho_0} \qquad (6-27)$$

式中，ρ_0 和 ρ_h 分别为液-固界面和糊状区的熔体成分。

平均渗透性 $\bar{K}$ 取决于糊状区液相平均分数$\overline{\varepsilon_h}$，即

$$\bar{K} = K_0 \frac{1 - (\overline{\varepsilon_h})^3}{\varepsilon_h^2} \qquad (6-28)$$

式中，$K_0 = 6 \times 10^{-4}\lambda_1^2$，而

$$\overline{\varepsilon_h} = \frac{1}{h}\int_0^h \varepsilon_h \mathrm{d}y \qquad (6-29)$$

其中，y 为从凝固界面位置向下的距离。

如果

$$Ra < Ra_{(crit)} \qquad (6-30)$$

则枝晶间熔体是稳定的，不存在热质对流，自然就不会有雀斑形成。

合金成分和凝固参数的影响可通过 $\Delta\rho$、K_0 等加以反映。对于复杂合金，瑞利数的计算是一项较为烦琐的工作。

Beckermann 采用 Pollock 的实验数据对 SX-1 合金的临界瑞利数进行了计算，并与实验数据比较后得出临界瑞利数为 0.4 左右[148]。为准确起见，最终将临界瑞利数定为 0.25（图 6-66）。

式（6-29）尽管可以预测雀斑出现的临界条件，但还有不少问题需要解决：①只能预测雀斑的开始出现的条件，但不能预测其确切位置和数量多少。②未考虑铸件尺寸和形状。

可能 Ra 远远超过临界值,但有可能不出现雀斑,其原因是该模型未考虑铸件横截面的影响。很明显,过于细小的截面不太可能形成枝晶间的明显流动。该模型适用的铸件最小截面积为 $25\sim100mm^2$,对于圆形截面,铸件最小直径为 $3\sim10mm$。同样,如果铸件高度较小,也不利于雀斑的形成。该模型适用于铸件垂直高度大于糊状区高度的 20% 以上的情况。

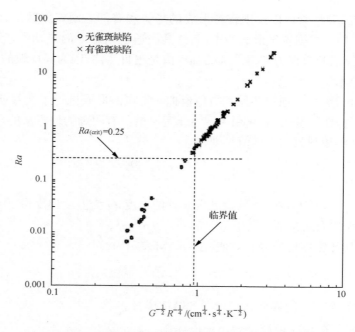

图 6-66　计算所得瑞利值与凝固参数之间的关系[148]

　　实验结果和理论分析均表明,减少雀斑的形成需要减缓糊状区内熔体密度反转并控制其流动的稳定性,具体方案可通过调整合金成分、加入微量元素(如 C)、控制凝固过程(提高冷却速率)以及合理设计铸件几何形状等加以解决。在合金成分确定的情况下,防止雀斑最直接有效的方法是提高定向凝固温度梯度。图 6-67 表示液态金属冷却法提高了燃气轮机叶片制备过程中的温度梯度,使凝固参数值位于雀斑形成的范围(黄线)以上。图中还揭示了不同零件尺寸下的温度梯度:全俄航空材料研究院的棒状试样温度梯度最高,航空发动机叶片次之,通用电气公司的地面燃气轮机叶片尺寸最大,尽管使用了液态金属冷却,但典型的温度梯度也低于 $10K/cm$。

　　雀斑除了与合金成分、铸件几何尺寸和凝固参数有关,还受到晶体取向的影响。Ma 等[151]研究了具有不同晶体取向,直径分别为 15mm、20mm 和 25mm 的单晶变截面铸件。研究发现,如果晶体沿 ⟨001⟩ 取向生长,具有截面尺寸突然变大形状的铸件易于出现雀斑缺陷,如图 6-68(a)所示;而接近 ⟨111⟩ 晶体取向的铸件有着最小的雀斑出现概率(图 6-68(b))。

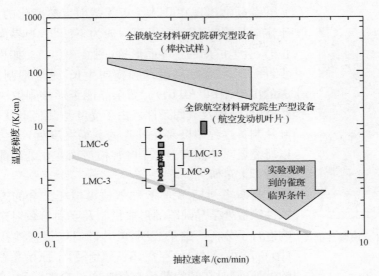

图 6-67　定向凝固参数和零件尺寸与雀斑形成区域的关系[150]

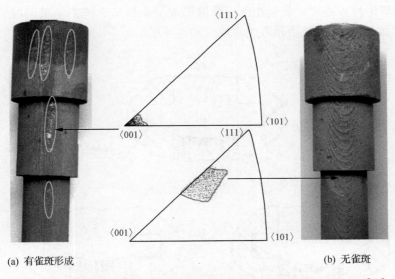

(a) 有雀斑形成　　　　　　　　　　　　　　　　　　　　　　(b) 无雀斑

图 6-68　雀斑缺陷出现与晶体取向之间的关系,极图所示为晶体取向[151]

6.5.3　杂晶

　　杂晶是镍基高温合金涡轮叶片定向凝固过程中经常出现的一类缺陷,是指在铸件凝固过程中形成取向随机分布的晶粒,如图 6-69 所示为叶片缘板处杂晶缺陷。杂晶会对凝固过程中的枝晶生长产生一定影响,并且破坏了铸件凝固组织的完整性。定向凝固过程中,如果固-液界面前沿液相的过冷度达到临界形核温度,就有新的晶粒形成,从而导致杂晶的形成;另外,定向凝固中热质对流冲碎的树枝晶也可以充当杂晶的结晶核心,随着凝固过程进行,碎断的树枝晶不断长大最终形成杂晶。

图 6-69 叶片缘板处的
杂晶缺陷[152]

杂晶常出现在叶片缘板等截面突然变化的部位,这是由于定向凝固宏观液-固界面一般为下凹状,当界面经过缘板部位时,会造成局部过冷而形核(图 6-70(a))。如果界面曲率较小,使二次枝晶能够沿缘板横向生长,则会抑制形核,避免杂晶的出现(图 6-70(b))。而杂晶能否形核则取决于合金的特性、铸件结构及凝固条件。由于受叶片几何形状的影响,单晶叶片制备过程中极易在叶片的截面突变处产生杂晶缺陷,所以研究者对单晶高温合金叶片横截面变化处杂晶缺陷的形成进行了大量研究。

高斯峰[110]采用实验和数值模拟相结合的方法对叶片模拟件缘板处杂晶缺陷的形成机制及凝固参数对杂晶缺陷的影响进行了分析。结果表明,叶片叶身与缘板连接处由于热节(图 6-71 中 A 处)的存在,阻碍(延缓)了原始晶粒向缘板边缘的生长,同时在叶片截面突然变大处会造成固-液界面急剧的"下凹",从而造成缘板边缘处(图 6-71 中 B 处)熔体的过冷度进一步增大,当该区域的过冷度达到临界形核过冷度时就会在这一区域形成杂晶缺陷。研究结果同时表明,随着抽拉速率的增加,叶片缘板处杂晶形成的倾向性逐渐增加。

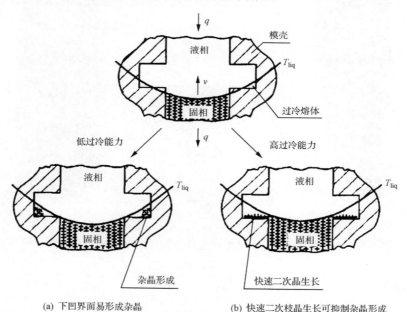

(a) 下凹界面易形成杂晶   (b) 快速二次枝晶生长可抑制杂晶形成

图 6-70 液-固界面形状与杂晶形成[153]

Yang 等[154]采用元胞自动差分法模拟涡轮叶片精密铸造过程中叶片缘板处杂晶缺陷的形成,研究结果表明,抽拉速率和等温界面倾斜角增加,最大过冷度随之增大(图 6-72),有利于杂晶形核和生长,杂晶缺陷形成的倾向性增加。随着抽拉速率从 75μm/s 增加到 300μm/s,界面前沿液相的过冷度从 21.8℃增加到 35.1℃;并认为抽拉速率的增加,界面前沿液相的过冷度也随之增加。因此,随着抽拉速率的增加,杂晶形成的倾向性增大。凝固过程中界面前沿最大过冷度与界面倾斜角也有一定的关系,当抽拉速率一定时,随着等温面倾斜角的增加,最大过冷度也增加。因此随着界面倾斜角增大,杂晶形成的可能性也随之增大。并且相对于抽拉速率,界面倾斜角对杂晶的影响较大。张小丽等[155]采用不同平台尺寸的模型试样,研究了镍基单晶高温合金定向凝固过程中平台处杂晶缺陷形成的倾向性。结果表明,平台长度越长、高度越小时,杂晶越容易在平台内形核并长大,凝固时平台尖角处的过冷度大于平台内部的过冷度,且随着平台长度增加和平台高度减小,平台尖角处的过冷度增大,当平台尖角处的过冷度达到临界形核过冷度时,杂晶在平台尖角处形核并快速长大进入平台内部。

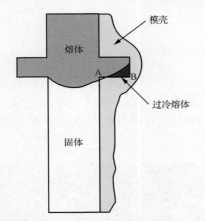

图 6-71　缘板处过冷区形成示意图[110]　　　　图 6-72　抽拉速率对最大过冷度的影响[154]

　　定向凝固参数(抽拉速率和温度梯度)必然会对固-液界面前沿的过冷度产生影响,因此,在过去几十年时间里,国内外研究者针对定向凝固参数(抽拉速率、温度梯度)和熔体流动对杂晶缺陷的形成进行了广泛研究。Yang 等[156]分析了籽晶法制备镍基单晶高温合金过程中籽晶回熔区内杂晶缺陷的形成。结果发现,凝固速率和籽晶晶体取向对回熔区杂晶的形成具有重要的影响,随着抽拉速率的增加,杂晶缺陷形成的倾向性增加;当籽晶取向与最大热流方向的夹角较小时,杂晶形成的倾向性也较小,而定向凝固温度梯度的变化对回熔区内杂晶缺陷的形成没有明显影响。Gu 等[157]认为糊状区内液态金属的热质对流,会冲碎或者熔断枝晶,在糊状区内形成碎断枝晶,若这些碎断枝晶没有被热质对流带出糊状区,而是停留在枝晶根部,就会在最终铸件中形成杂晶缺陷。因此,影响热质对流形成的温度梯度和凝固速率同样也会影响杂晶的形成。Pollock 等[142]的研究表明,随着合金中 Re、W 含量的增加和 Ta 含量的减小,凝固过程中液相内的热质对流有所加剧,导致取向偏离晶粒和杂晶缺陷的数量有增加的趋势,如图 6-73 所示。这也证明了定向凝固过程中热质对流会对杂晶缺陷的形成产生一定的影响。中国科学院金属研究所的研究[155]认为,杂晶形成与合金结晶温度间隔和熔体与铸型的润湿角有关。

　　Ma 和 Buhrig-Polaczek[158]基于叶片缘板边缘处杂晶缺陷的形成主要是因为该处在凝固过程中会形成孤立的过冷区的原理,提出了一种控制叶片缘板处杂晶缺陷的方法。

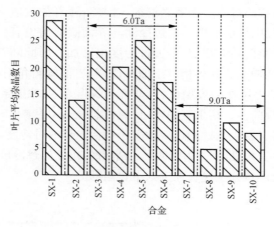

图 6-73　合金成分对取向偏离晶粒的影响[142]

　　如图 6-74 所示,叶片型壳制备过程中在叶片叶身和缘板连接处加装一石墨块,以提高该处的冷却速率,使叶片的原始晶粒在叶片缘板处液相达到临界形核过冷度之前通过横向生长而达到缘板边缘处。结果发现,加装石墨块的铸件不会在叶片的缘板处产生杂晶缺陷。

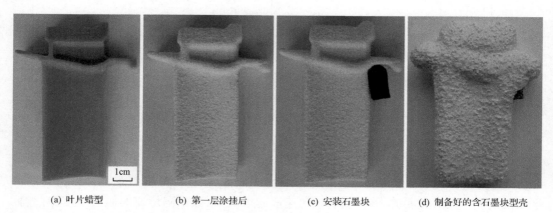

　　(a) 叶片蜡型　　　　　(b) 第一层涂挂后　　　　　(c) 安装石墨块　　　　(d) 制备好的含石墨块型壳

图 6-74　含石墨块型壳制备图[158]

6.5.4　小角度晶界

　　单晶叶片的大角度晶界和多个晶粒边界对性能的危害特别严重。由于单晶高温合金大都不含晶界强化元素,所以如果存在这些缺陷,单晶合金的力学性能将急剧恶化,甚至比不上普通等轴晶合金。小角度晶界一般为平行于单晶生长的晶粒,与主晶粒的取向差为 6°以内(图 6-75)。

　　美国 P&W 公司[160]、C-M 公司[161] 和北京航空材料研究院[162] 分别比较了 PWA1483、CMSX-486 和 DD6 合金存在大角度和小角度晶界的拉伸和持久寿命。以 CMSX-486 为例,利用不同取向双晶试样测试发现,在 1093℃、83MPa 条件下,小角度晶界使合金的蠕变强度明显下降(图 6-76),已经成为叶片报废的主要原因之一。由于小角度晶界对蠕变性能的影响并不明显,所以在很多情况下,铸件中存在的小角度晶界是允许的。但由于小角度晶界出现频率很高又难于防止,所以需要研究其产生机理并加以控制。

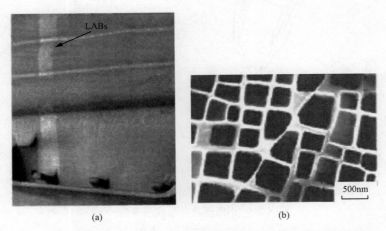

图 6-75　DD6 单晶高温合金叶片的小角度晶界的宏观组织(a)及显微组织(b)[159]

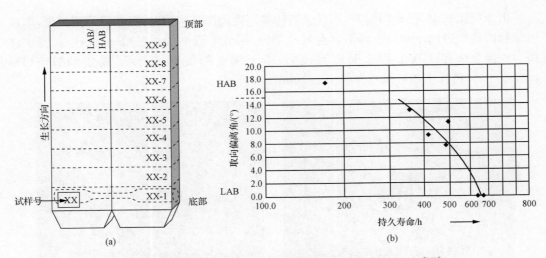

图 6-76　双晶试样(a)和持久寿命与晶界角度之间的关系(b)[161]

　　D'Souza 和 Newell 等[163,164]分析了小角度晶界的形成。对于导向叶片,经选晶器后,枝晶阵列分为两部分分别生长,然后再汇聚在一起;两组枝晶分别生长时,如果取向发生偏差,则在汇聚枝晶的边界会形成小角度晶界(图 6-77(a))。对于涡轮叶片,枝晶进入缘板处,由于界面突然变大,二次枝晶将沿横向生长,并发展为三次和四次枝晶,这些枝晶会聚的边界将导致小角度晶界的形成(图 6-77(b))。造成枝晶多次分枝后生长方向偏差的原因之一是在糊状区固相在高温下应力引起的变形[165]。

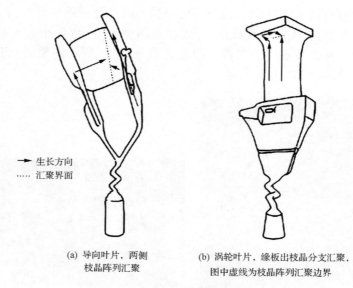

(a) 导向叶片，两侧　　　　　　　(b) 涡轮叶片，缘板出枝晶分支汇聚，
　　枝晶阵列汇聚　　　　　　　　　　图中虚线为枝晶阵列汇聚边界

图 6-77　小角度晶界形成示意图[166]

6.5.5　缩松

　　由于凝固收缩，在凝固后期，当残余液体被已凝固部分包围时，气体得不到排出，形成近球状的缩松（H-pores）；或得不到有效补缩时，形成非规则的缩松（S-pores），如图 6-78 所示。当合金在 1100℃ 以上长期服役后，由于蠕变的发生，还会形成变形缩松（D-pores）[166]。铸件中缩松尺寸一般小于 10μm。

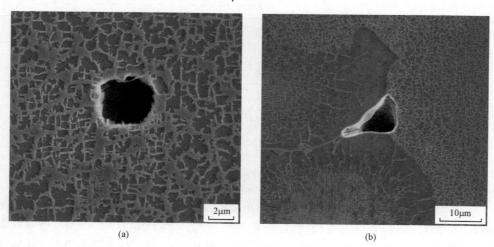

　　　　　　　　(a)　　　　　　　　　　　　　　　　(b)

图 6-78　气体造成的缩松（a）和补缩不足造成的缩松（b）[166]

　　缩松的形成是一个非常复杂的问题。合金凝固特性、合金液中气体溶解度、铸型和铸件的几何形状等对缩松的形成都有重要影响，而且这些因素对缩松形成的影响是通过相互之间的作用来实现的。在定向凝固合金中，由于正的温度梯度，枝晶间存在补缩通道，

使液体补缩可以持续到凝固结束,所以定向凝固铸件的缩松缺陷大大减少。然而,枝晶根部的液相在凝固过程中得不到充分补缩,也会形成缩松。

当大气压力(P_0)、熔体的静压力(P_ρ)和毛细压力(P_σ)三者之和小于糊状区气体分压(P_g)与压力差(ΔP_{MZ})之和时,就可能出现缩松[167]。即满足

$$P_T = P_0 + P_\rho + P_\sigma - P_g - \Delta P_{MZ} = P_0 + \rho_L gh + \frac{2\sigma_{LV}}{r} - P_g - \frac{8\mu\beta\Delta T_0 V}{Gr^2} < 0$$

$$(6\text{-}31)$$

式中,r 为气泡半径;h 为液体高度;σ_{LV} 为液-气界面张力;μ 为熔体黏度;β 为液固相的密度相对差;ΔT_0 为合金结晶温度间隔。式(6-31)反映了合金特性和控制参数对缩松的影响:

(1) 熔体因素。密度小,液体表面张力小,黏度大以及液固密度相差较大时,容易形成缩松。

(2) 凝固过程。凝固后期 h 减小,导致缩松产生。

(3) 合金特性。结晶温度间隔较小的合金不易产生缩松。

(4) 控制参数。高的 G/V 将明显减小糊状区高度,从而减小缩松形成的倾向。

式(6-31)尽管反映了各种因素的影响,但对于高温合金,由于参数难以确定,事实上很难得到 P_T 的精确值。另外合金元素的作用可能影响很多参数,也非常难以确定,因此该式只能定性表明规律。这也是很早 Lecomte-Beckers 等就提出高温合金凝固缩松形成倾向因子 ΔP^* 而至今得不到广泛应用的原因之一[167,168]。

Whitesell 和 Overfeld[169] 研究了凝固参数变化对显微缩松的影响,认为存在使铸件的气孔最小和缩松数量最少的最优凝固参数范围,对高温合金 Mar-M247 而言,这个最佳凝固速率范围是 0.005～0.01cm/s。当凝固速率大于 0.01cm/s 时,造成严重的收缩气孔;当凝固速率小于 0.005cm/s 时,合金将以胞状树枝晶方式凝固,导致铸件的缩松含量较高和数目较少的大气孔。如图 6-79 所示,试样在凝固速率为 0.005cm/s 时的缩松数量明显要比凝固速率为 0.0005cm/s 时的少,凝固速率从 0.0005cm/s 增加到 0.005cm/s 时,平均缩松数量减少了 55%。对于凝固速率为 0.0005cm/s 和 0.005cm/s 的试样,增加温度梯度可以减少试样底部的缩松数量。然而,以 0.005cm/s 速率凝固的试样与以 0.0005cm/s 速率凝固的试样相比,含有大量尺寸较小的气孔。高斯峰[110] 对单晶高温合金 DD403 的研究结果表明,当定向凝固抽拉速率在 30～150μm/s 变化时,缩松缺陷的含量随着抽拉速率的增加呈现出先减少后增加的趋势。当抽拉速率 $V = 100\mu m/s$ 时,缩松缺陷的含量最少。这主要是因为抽拉速率对缩松的影响具有两面性,一方面,随着抽拉速率的增加枝晶组织被细化(一次枝晶间距和二次枝晶间距随着抽拉速率增加而逐渐减小),较小的一次枝晶间距导致凝固时液态金属对凝固收缩的补缩通道变小,从而引起糊状区的渗透性降低,于是凝固过程中液态金属对凝固收缩的补缩作用受到限制,导致枝晶间的空隙不能及时得到液态金属流动的补充而形成缩松;另一方面,当抽拉速率在 30～150μm/s 时,随着抽拉速率的增加,合金凝固过程中元素偏析越来越严重,因此,铸态组织中的共晶含量随着抽拉速率的增加而逐渐增加。于是,随着抽拉速率的增加,凝固末期枝晶间剩余的液相就增多,这样就可以使枝晶间因凝固收缩而形成的空隙得到足够的补

充,抑制缩松缺陷的形成。当抽拉速率在 $30\sim100\mu m/s$ 变化时,随着抽拉速率的增加,枝晶组织虽然被细化,但同时共晶含量也有所增加。相对于一次枝晶间距的减小,共晶含量的增加更加明显。因此在 $30\sim100\mu m/s$ 缩松的含量随着抽拉速率的增加而逐渐降低。随着抽拉速率的继续增加($100\sim150\mu m/s$),细小的枝晶组织对枝晶间液态金属流动阻碍作用占主导地位,于是增加了缩松缺陷形成的倾向性。因此,随着抽拉速率的增加,缩松含量呈现出先减少后增加的趋势。

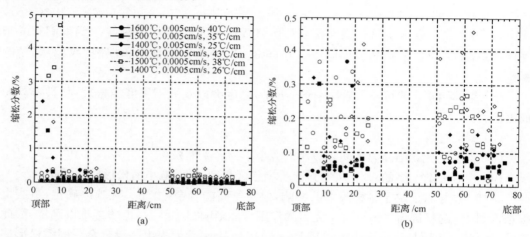

图 6-79　炉温、生长速率和温度梯度对 Mar-M247 合金定向凝固缩松百分数的影响[169]

(b)为(a)的纵坐标放大图

合金元素对缩松的影响主要通过对合金结晶温度间隔、共晶含量、元素偏析来实现。Lecomte-Beckers 的研究[168]认为,Al、Ti、Co 增大缩松缺陷形成的倾向性,而 Cr 降低缩松形成的倾向性。事实上,这些元素大都增大合金的结晶温度间隔,从而加剧缩松。对于共晶含量高的合金,其缩松缺陷形成的倾向性低。这主要是因为共晶含量的多少在一定程度上直接反映了凝固结束时合金流动性的强弱,如果合金的共晶含量较高,那么其在凝固末期的流动性较好,可以对凝固收缩区域进行补缩,降低缩松形成的倾向性。

研究者在合金微量元素碳对缩松形成的影响方面有不同的观点。美国的 Al-Jarba 和 Fuchs[66]认为单晶高温合金加入 C 使缩松的含量增加,见表 6-17。其原因是碳化物形成于凝固初期,糊状区内的碳化物会阻碍补缩过程的进行,因此缩松含量会增加。而中国科学院金属研究所 Liu 等[170]及英国的 Chen 和 Knowles[171]则认为加入碳以后形成的 MC

表 6-17　不同碳含量模型单晶高温合金 LMSX 共晶相和缩松的含量[66]

C 的质量分数/%	γ-γ' 共晶的体积分数/%	缩松的体积分数/%
0.0	8.33	0.4 ± 0.1
0.01	6.17	1.2 ± 0.2
0.05	0.28	0.9 ± 0.4
0.10	0.0	1.2 ± 0.2
0.15	0.0	1.9 ± 0.3

型碳化物的后期生长填补了枝晶间的空洞,或者导致基体点阵膨胀,从而减少了缩松。事实上,C 的加入有两个作用,一是使基体点阵增大,减小式(6-31)的 β 值,从而不利于缩松形成;二是形成碳化物,它们对缩松的影响则取决于其数量和形态,少量的块状对缩松影响不大,而连成网络的草书体状则引起缩松含量的增加。

6.5.6　热裂

　　热裂是在凝固末期,当剩余液相体积分数较小且不连续时,液态金属不能及时补偿液相冷却收缩和液固相变收缩而产生的一种凝固缺陷。Clyne 和 Davies[172]认为凝固过程中产生热裂纹时,液相的体积分数为 $1\%\sim10\%$。研究表明,热裂纹的形成与合金凝固后期的枝晶搭接强度、合金的凝固组织、晶界状态及合金凝固过程密切相关[173-175]。根据合金的凝固过程,可以将合金的凝固温度区间划分为准液相区和准固相区。在准液相区内,已凝固的枝晶还未形成连续骨架,晶界结合力很弱,强度趋于零;在准固相区内枝晶间形成了连续骨架,合金具有一定的强度,合金的热裂纹一般形成于准固相区内。Zhang[173]认为大多数含碳镍基高温合金存在一个形成热裂的临界结晶温度区间 ΔT_{CTR}($\Delta T_{CTR}=T_C-T_{\gamma\gamma'}$,$T_C$ 和 $T_{\gamma\gamma'}$ 分别是碳化物和 γ-γ' 共晶的形成温度)。当温度在 T_C 以上时,流动补缩始终可以实现,枝晶间任何空隙都能被糊状区以上的液相通过液相流动而补偿;当温度低于 $T_{\gamma\gamma'}$ 时,固相的网络结构可以抵制由冷却和凝固收缩引起的弹性应力,不会形成热裂。当温度处于这个温度区间时,由于固相体积分数较高,定向凝固的枝晶根部很难得到充分补缩。同时,枝晶之间的搭接强度又不是很高,不能抵制由冷却和凝固收缩引起的弹性应力而形成热裂纹。对于 ΔT_{CTR} 范围较大的合金,有充分的时间形成热裂纹,而且热裂纹的形成长度(Δl)和时间(Δt)与 ΔT_{CTR} 之间存在如下关系[173]:

$$\Delta l = \Delta T_{CTR}/G \tag{6-32}$$
$$\Delta t = \Delta T_{CTR}/V \tag{6-33}$$

式中, G 是温度梯度;V 是凝固速率。

　　合金元素 Ti 和 Ta 对热裂纹形成的影响主要表现在:随着 Ti 含量的增加,热裂产生的倾向性变大;降低 Ti 的含量,增加或者降低 Ta 的含量,都可以提高合金的可铸性,降低热裂形成的倾向,如图 6-80 所示。Hf 对热裂形成的抑制作用,已经得到了众多研究者的认可,然而研究者对 Hf 在减小热裂倾向性的作用机制看法不同。Zhu 等[174]的研究结果表明,Hf 通过增加枝晶间共晶成分的合金液来阻碍二次枝晶之间搭接,因此,抑制了凝固过程热裂纹的形成。而 Zhang[173]则认为 Hf 的存在,使凝固后期液相体积分数的变化变得很缓慢,提高镍基高温合金铸造性,从而减小热裂生成的倾向性。C 的加入明显减轻单晶合金的热裂倾向(图 6-81),其机理被认为是碳与 Ti 和 Ta 等元素在共晶温度前形成一次碳化物,从而减少了共晶含量。在合金凝固末期,有助于形成连续的枝晶搭接,不易产生热裂。另外,微量元素 Zr 和 B 对高温合金铸件热裂纹和缩松的形成也有一定影响,并且只有当合金中同时含有 Zr 和 B 时,才会对合金的热裂倾向性产生影响。研究表明,微量元素 Zr 和 B 对热裂的影响主要是通过改变糊状区凝固末期的晶界结构来实现的,当合金中不含 Zr 和 B 元素或者只含有其中一种元素时,剩余液相被隔离开单独存在时(图 6-82(a)),晶界处的结合力较强,不易于热裂的形成;而当合金同时含有 Zr 和 B 两种

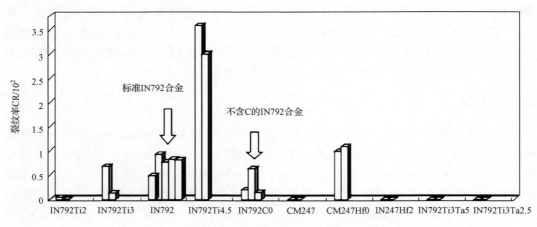

图 6-80 镍基高温合金合金成分对热裂的影响[173]

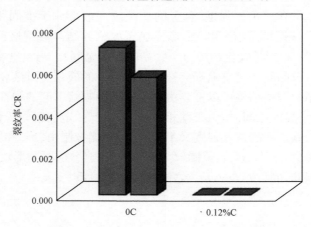

图 6-81 C 含量对单晶合金热裂的影响[175]

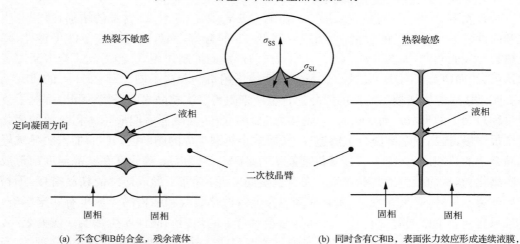

(a) 不含C和B的合金，残余液体乘分离状态，不易形成热裂

(b) 同时含有C和B，表面张力效应形成连续液膜，阻止了二次枝晶搭接，易产生热裂

图 6-82 微量元素 Zr 和 B 对糊状区凝固末期晶界结构的影响[175]

微量元素,晶界处剩余液相以连续的液体薄膜形式存在时(图 6-82(b)),晶界处的黏合力较弱,易产生热裂纹。

6.6　定向凝固和单晶高温合金的力学性能

决定高温合金选材和服役状态的主要力学性能有拉伸、蠕变、疲劳和断裂特性,它们取决于零部件设计、合金成分以及制备工艺。本节结合定向和单晶合金的特点,重点介绍凝固组织对蠕变和疲劳性能的影响。

6.6.1　定向凝固和单晶高温合金的性能特点

1. 镍基高温合金力学性能的各向异性

普通铸造高温合金形成的随机取向等轴晶组织,其宏观力学性能是各向同性的。单晶合金由于晶体结构的对称性,力学性能明显依赖于应力的取向。对于定向凝固柱晶材料,沿晶体生长方向的性能为各向异性,而在横截面则为各向同性。图 6-83 表示了三种晶粒组织的取向关系。

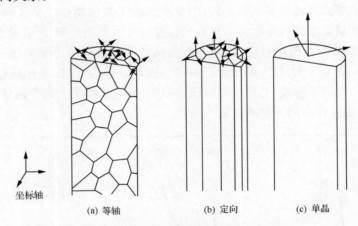

坐标轴

(a) 等轴　　　　　　(b) 定向　　　　　　(c) 单晶

图 6-83　不同的晶粒组织与取向关系示意图[6]

单晶合金最主要的特征是弹性模量的各向异性。根据立方晶系单晶材料沿⟨100⟩、⟨110⟩和⟨111⟩三个方向的正交轴系,可以得到三个方向的弹性模量 E。纯镍单晶的 $E_{\langle 100 \rangle} = 125\mathrm{GPa}$,$E_{\langle 110 \rangle} = 220\mathrm{GPa}$,$E_{\langle 111 \rangle} = 294\mathrm{GPa}$(图 6-84)。可见沿⟨100⟩方向具有最小的弹性模量,而⟨111⟩方向的弹性模量最大,为⟨100⟩方向的 2.35 倍,意味着镍单晶沿⟨111⟩方向变形所需的力为沿⟨110⟩方向的 2.35 倍。图中还揭示了弹性模量随温度的升高而降低,且三种晶向的变化幅度基本一致。

弹性模量还与晶粒排列状态有关。单晶镍⟨100⟩的弹性模量约为多晶镍(207GPa)的 2/3,定向柱晶 IN713LC 合金的弹性模量比等轴晶的低约 20%[176]。可见单晶的弹性模量最低,定向次之,多晶最高。上述结果说明,镍基单晶高温合金沿⟨100⟩方向的刚度最低。这对于合金设计和加工工艺的选择具有重要的指导意义。

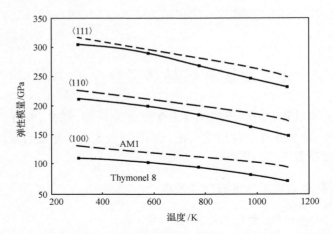

图 6-84　单晶合金的弹性模量与晶体学取向和温度之间的关系[6]

2. 蠕变

蠕变是材料长期塑性变形的积累。在航空发动机服役过程中,超过设计允许的蠕变变形是叶片等热端部件的主要失效方式,因此在高温下抵抗蠕变的持久断裂强度和塑性就成为高温合金最基本的强度指标。材料的蠕变特性通常用时间-变形量曲线来描述,称为蠕变曲线。由图 6-85 可以看出,高温合金的蠕变变形量对应力非常敏感。此外,蠕变变形量的初始阶段均较大,称为初始阶段或第一阶段。此后,变形量比较稳定,为恒定阶段或第二阶段。在第三阶段,变形量随时间逐步加速,直至断裂。蠕变曲线集中反映了材料在不同应力、温度和时间下材料的蠕变特性。

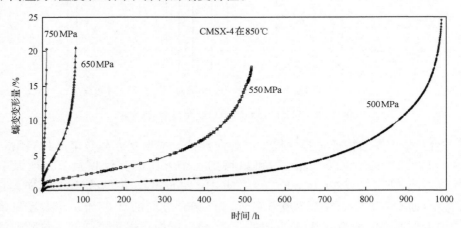

图 6-85　CMSX-4 合金在不同应力下的蠕变变形量与时间的关系[177]

蠕变是一个热激活过程,因此在第二阶段的蠕变速率 $\mathrm{d}\varepsilon/\mathrm{d}t$ 符合下式[6]:

$$\dot{\varepsilon}_{\mathrm{ss}} = \frac{\mathrm{d}\varepsilon}{\mathrm{d}t} = A\sigma^n \exp\left(-\frac{Q}{RT}\right) \tag{6-34}$$

式中,σ 为应力;A 为常数。

材料设计中通常考虑断裂时间 t_r，它符合 Monkman-Grant 关系：$t_r \times \dot{\varepsilon}_{ss} = B$，这里 B 为常数，一般等于蠕变塑性，即到断裂为止的变形量。这样，在恒应力下有

$$t_r \exp\left(-\frac{Q}{RT}\right) = C \tag{6-35}$$

或

$$\lg t_r - 0.4343\frac{Q}{RT} = D \tag{6-36}$$

式中，C 和 D 均为常数，这样蠕变速率表达式可表示为

$$T(E + \lg t_r) = P \tag{6-37}$$

式中，P 称为 Larson-Miller 因子；E 为 Lasson-Miller 常数，通常定为 20lgh。由式（6-36）反映的 P 与 $\lg t_r$ 之间的关系称为 Larson-Miller 图。图 6-86 表示了第二代单晶高温合金 Rene N5 和第三代单晶合金 Rene N6 的 Larson-Miller 曲线。由图可见，后者的断裂强度明显高于前者。据此可以认为 Rene N6 的承温能力高于 Rene N5 约 30℃。相对于蠕变曲线，Lasson-Miller 图将蠕变的三个参数（温度、应力、寿命）由一条曲线表示，已经成为表征材料高温特性的重要手段。

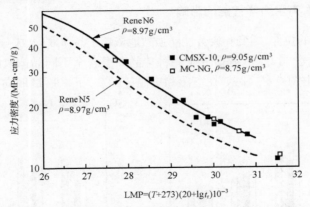

图 6-86　第二代和第三代单晶高温合金的 Larson-Miller 图[6]

3. 疲劳

1）热疲劳（低周疲劳）

在发动机叶片服役过程中，与高温燃气接触的表面温度较高，但叶片内部由于气冷温度较低，导致叶片内部存在温度梯度，由此产生应力。发动机的反复启动、加力、巡航等状态的循环即产生了交变应力。热疲劳就是起因于温度反复变化引起的热膨胀产生的交变应力，该应力的积累所产生的裂纹及其扩展是涡轮叶片和导向叶片失效的主要因素。

热疲劳具有应变控制的低周疲劳的特点。低周疲劳寿命 N_f 与塑性应变范围 $\Delta\varepsilon_p$ 的关系为

$$N_f = K(\Delta\varepsilon_p)^{-C} \tag{6-38}$$

式中，K 和 C 均为常数。由于定向和单晶高温合金的低弹性模量，在较小的塑性应变即可达到同样的总应变，所以高的弹性模量必然导致大的塑性应变范围，疲劳寿命较短。

2) 震动疲劳(高周疲劳)

航空发动机叶片的叶身常常受到导向叶片和燃烧室冷热不均的气流冲击,叶片周围也存在紊流,其变化周期从几赫兹到几千赫兹不等。如果这些变化的频率接近叶片的固有频率,或者振幅足够大,将导致叶片失效,这种由振动引起的疲劳为高周疲劳。

高周疲劳为应力控制,其疲劳寿命 N_f 与等价应力 σ_{eq} 的关系为

$$N_f = K_f(\sigma_{eq})^n \tag{6-39}$$

式中,K_f 和 n 为实验确定的常数,等价应力与 R 比值有关,即

$$\sigma_{eq} = \sigma_{alt}(1-R)^{w-1} \tag{6-40}$$

式中,w 为 Walter 指数,由实验确定。

高周疲劳寿命与加载率 R 有密切关系。当 $R \to 1$ 时,应力最大,疲劳寿命相应最短。事实上,如果 $R=1$,已经不存在交变载荷,此时的性能特点实际上是蠕变。等价应力与频率无关,也应引起注意。

高周疲劳常在高温下发生,材料还会发生蠕变,这种蠕变-疲劳的交互作用是航空发动机叶片服役环境的一个重要特点。

6.6.2　晶体取向对高温力学性能的影响

镍基高温合金的拉伸、蠕变和疲劳性能强烈地依赖于晶体取向、成分、组织和各种缺陷。

美国 Howmet 公司 Dalal 等研究了一种单晶高温合金不同晶体取向对其物理和力学性能的影响[178]。由图 6-87 可见,在室温和中温(760℃)下,〈111〉取向的拉伸强度最高;

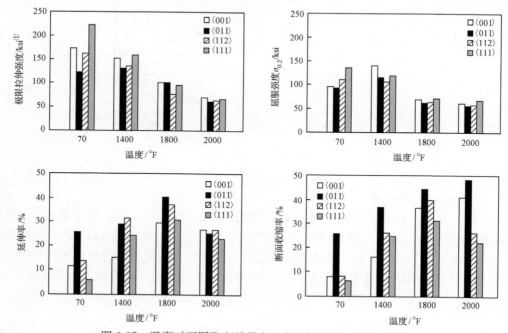

图 6-87　温度对不同取向单晶高温合金拉伸性能的影响[179]

---

① 1ksi=6.8947MPa。

高温下（982℃和1093℃）由于多个滑移系启动，所以不同晶体取向的拉伸性能趋于一致。总体上，〈011〉取向的延伸率和断面收缩率较高。

　　高温合金蠕变性能取决于晶体取向，并在不同的温度下表现出不同的规律。Caron 对单晶高温合金 CMSX-2 和 Alloy454 的研究表明[179]，〈001〉取向的持久寿命最长，〈111〉取向次之，〈011〉取向最差，且沿〈111〉和〈011〉的边界持久寿命最短，如图 6-88 所示。在 γ′尺寸较大情况下，〈001〉取向的性能优势更加明显。但在高温下晶体取向和 γ′尺寸对持久寿命的影响降低。蠕变性能不仅取决于晶体取向，而且测试温度、应力、合金成分等均对其产生影响。文献中公布的结果均在特定的条件下完成，因而不尽相同。例如法国 Snecma 公司[180]和德国柏林工业大学[181]分别认为 AM1 合金在 1100℃、120MPa 以及 CMSX-4 合金在 850℃下〈001〉方向具有最好的蠕变强度。北京航空材料研究院[182]认为 DD6 单晶高温合金在 980℃、350MPa 下，〈001〉、〈011〉、〈111〉取向蠕变强度的相对值为 1：0.18：0.08。但对 PWA1480 合金在不同温度下的测试表明[185]，在 760℃下，〈100〉方向的蠕变抗力最强，〈111〉方向最弱；而在 982℃下的情况几乎相反，〈111〉方向变为最强，如图 6-89 所示。

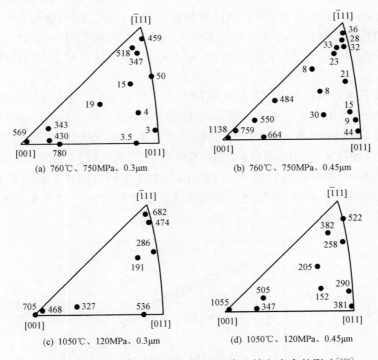

图 6-88　温度和 γ′相尺寸对 CMSX-2 合金持久寿命的影响[179]

图中数字单位为 h

　　单晶高温合金在不同温度下各晶向呈现不同的蠕变特性与其变形机制有关。金属晶体中的滑移通常沿原子排列密度最大的结晶学平面和原子排列最密的方向发生，因为沿这些平面滑移需要的能量最少。镍基单晶合金为面心立方（fcc）晶体结构，八面体和立方六面体是高密度原子排列晶面，因此，沿八面体和立方六面体晶面滑移是镍基单晶合金的

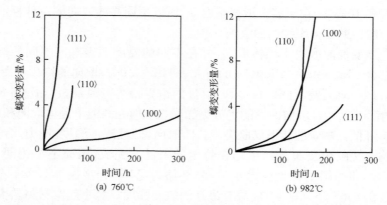

图 6-89　PWA1480 单晶高温合金蠕变性能的各向异性与温度的关系[183]

主要变形机制,但在不同的温度范围,产生变形的滑移系不完全相同。镍基单晶合金有四个八面体滑移面{111},每个八面体滑移面有 6 个滑移方向,其中 3 个为主滑移方向,3 个为次滑移方向。因此,构成的八面体滑移系有 12 个主滑移系{111}⟨110⟩,12 个次滑移系{111}⟨112⟩。此外,还有 6 个立方六面体滑移系{100}⟨110⟩。镍基单晶合金总共有 30 个可能开动的滑移系。滑移系的开动与温度相关。现有的实验表明,中温时(900℃以下)开动的滑移系为八面体滑移系,高温时(900℃以上)八面体滑移系和立方六面体滑移系同时开动。

　　合金的蠕变性能不仅在不同晶体学取向上存在明显差异,而且当取向偏离性能最优取向时,其性能也会发生明显变化。图 6-90 比较了 PWA1483 合金在 760℃偏离⟨001⟩取向不同角度的 Larson-Miller 图。由图可见,当晶体偏离角度从 10°增加到 25°时,L-M 参数减少了 207。意味着在相同应力下,持久寿命降低 35%;或持久强度相同,承温能力降低 8℃;或温度相同,蠕变强度降低 30～40MPa。由于生长取向在定向凝固过程中形成,所以控制凝固过程中的晶体取向,使其尽量接近初始方向⟨001⟩,对于充分发挥材料的性能潜力就显得十分必要。

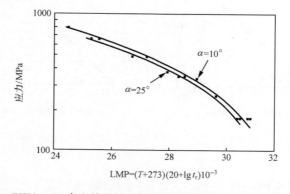

图 6-90　PWA1483 合金偏离初始取向不同角度的 Larson-Miller 图[184]

　　与蠕变类似,低周疲劳性能也表示出晶体取向的特点。Dalal 等[178]测试了一种模型单晶高温合金不同取向下的低周疲劳(low cycle fatigue,LCF)性能。发现⟨001⟩取向最优,而〈111〉取向最差(图 6-91)。这一结果说明,在叶片主应力方向〈001〉具有最长的疲劳寿命。

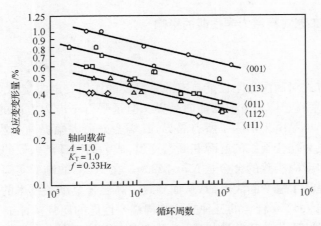

图 6-91　单晶高温合金的 LCF 寿命与取向的关系(982℃)[178]

当晶体位相偏离〈001〉时,其疲劳寿命也随之降低。由图 6-92 可以看出,随着偏离角度(纵坐标值)增大,疲劳寿命迅速降低。在 45°左右的寿命最低,甚至低于等轴晶(上方坐标)的数值,而后略有升高。如果 $\Delta\varepsilon_p$ 值较小,则位相偏离导致的疲劳寿命下降幅度更大,例如,当 $\Delta\varepsilon_p = 0.5\%$ 时,N_f 将降低约 1.5 个数量级。这种现象主要由模量随位相变化所致,即镍基合金在〈001〉方向的模量最小,偏离该方向,都导致弹性模量增大。值得注意的是,载荷(应力)控制的高周疲劳对晶体取向则不太敏感。

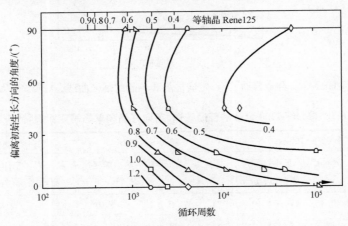

图 6-92　定向凝固 Rene 120 合金晶体偏离初始生长方向的 LCF 寿命(982℃,20 次/min)[185]
曲线上所标数值为应变范围,单位为％

从上述关于蠕变和疲劳与晶体学位相的关系可见,单晶和定向凝固合金具有强烈的性能各向异性,其优势是保证在应力方向获得最好的性能。但是,在材料制备过程中往往难以保证严格的初始晶体取向,使材料的性能潜力得不到充分发挥。另外,叶片实际的应力状态也十分复杂,存在其他方向的分应力,这些应力往往作用于蠕变和疲劳的薄弱方向,在低主应力下也可能引起叶片的破坏。由此看来,建立晶粒取向偏离的合理界限作为检验指标十分必要。

6.6.3　定向凝固工艺对高温力学性能的影响

1. 铸造技术

晶粒的排列方式对高温力学性能具有非常重要的作用。定向凝固使晶粒沿叶片长度方向排列,消除了垂直于应力方向的横向晶界。但是平行于应力方向的晶界仍然是蠕变断裂的薄弱环节。单晶由于消除了所有晶界,其蠕变寿命大幅提高。然而单晶合金中存在的亚晶界常常成为蠕变裂纹的起源和断裂通道,成为高温部件失效的途径之一。

最先用于定向凝固实验的合金是 Mar-M200。在 982℃ 的蠕变实验发现,定向凝固柱晶和单晶极大地提高了蠕变断裂寿命,从而导致了高温合金制备技术的革命。图 6-93 和表 6-18 给出了 Mar-M200 合金的三种晶粒结构蠕变性能的比较及详细数据。可见,在高温蠕变(982℃)条件下,与普通铸造相比,单晶高温合金的蠕变寿命提高 2 倍,延伸率提高 8 倍,而蠕变速率则下降了 1/3。

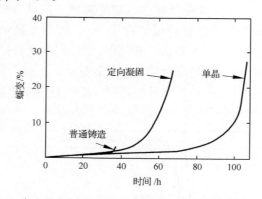

图 6-93　Mar-M200 合金普通铸造、定向柱晶和单晶的蠕变曲线(982℃,206MPa)[186]

表 6-18　Mar-M200 合金的普通铸造、定向柱晶和单晶蠕变断裂特性[186]

制备方法	1400°F、100ksi			1600°F、50ksi			1800°F、30ksi		
	持久寿命/h	延伸率/%	最小蠕变速率/(in·h/in)	持久寿命/h	延伸率/%	最小蠕变速率/(in·h/in)	持久寿命/h	延伸率/%	最小蠕变速率/(in·h/in)
多晶	4.9	0.45	70.0×10⁻⁵	245.9	2.2	3.4×10⁻⁵	35.6	2.6	23.8×10⁻⁵
柱晶	366.0	12.6	14.5×10⁻⁵	280.0	35.8	7.7×10⁻⁵	67.0	23.6	25.7×10⁻⁵
单晶	1914.0	14.5	2.2×10⁻⁵	848.0	18.1	1.4×10⁻⁵	107.0	23.6	16.1×10⁻⁵

定向和单晶合金还显著提高疲劳性能。图 6-94 所示的应力-应变回线图清楚地反映了两者的区别。根据式(6-38),单晶和定向凝固高温合金具有小的应变范围,明显提高了其低周疲劳寿命。

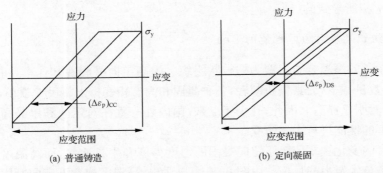

图 6-94　低模量的定向凝固合金比普通铸造的多晶合金具有较小的塑性应变范围[182]

2. 凝固界面形态对力学性能的影响

早在 20 世纪 70 年代初,Tian 和 Gamble[99] 就研究了不同凝固界面形态下 MAR-M200 合金的力学性能。他们认为,平界面和胞状晶的低偏析、少缺陷、高的初熔温度导致的高塑性及良好的抗疲劳性能具有应用前景。全俄航空材料研究院的结果[187] 也表明,平界面具有极高的持久塑性,在 975℃、275MPa 下,ЖС 型合金的延伸率为 36%～44%,断面收缩率为 64%。与等轴晶相比,平面晶的瞬时室温强度略高;而 1000℃下的强度略低,但其延伸率则为等轴晶的 4～5 倍。

Guo 等[124] 通过全面研究 NASAIR 100 单晶高温合金在不同凝固界面的持久性能后发现,随着凝固界面由平界面、胞状、粗树枝到细树枝的转化,铸态与热处理态呈现不同变化特点。铸态持久寿命大体在胞状附近呈极小值,热处理态则在粗树枝附近出现一个极大值,如图 6-95 所示。对于平界面,其铸态和热处理态的寿命均比较短。单晶高温合金主要依靠固溶强化和沉淀硬化,对于平界面和胞状组织,由于冷却速率特别慢,导致粗大的 γ' 相。

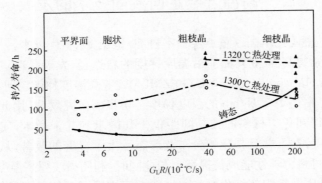

图 6-95　NASAIR 100 单晶合金凝固界面形态与持久寿命之间的关系(1050℃,160MPa)[124]

平界面组织力学性能的高塑性和低强度将导致长的蠕变寿命,但与之对应的是低的应力和大的变形量,显然不适合发动机叶片。另外,极低的生长速率也是不能用于工业生产的重要原因。胞状组织的性能相对较差,是胞晶间连续的析出相破坏了组织的连续性

以及粗大的 γ' 相所导致的。

3. 凝固组织尺度对力学性能的影响

工业上制备的高温合金一般为树枝状组织。提高定向凝固冷却速率,树枝状组织得到细化,共晶数量减少,元素偏析减轻,各种凝固和固态相变析出相尺寸减小,凝固缺陷减少,其性能必然明显提高。因此,几十年以来,国内外一直在对定向和单晶高温合金在不同组织尺度下的性能进行大量研究。

组织尺度的变化主要依赖于定向凝固的温度梯度和生长速率,而高温度梯度一直是高温合金制备技术努力的目标。由图 6-96 可以看出,高温度梯度下定向凝固和单晶合金的蠕变性能得到明显提高。温度梯度提高约 3 倍,持久寿命从约 800h 提高到约 1400h。

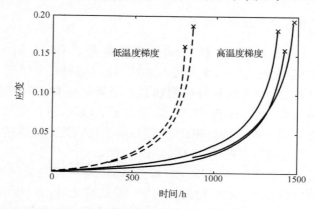

图 6-96　Mar-M246 合金在在低温度梯度(40℃/cm)和高温度梯度(130℃/cm)
的蠕变曲线(150MPa, 850℃)[188]

6.7　高温合金定向凝固技术的发展

西北工业大学凝固技术国家重点实验室自 20 世纪 80 年代以来,一直致力于定向凝固技术的研究,探索提高固-液界面前沿温度梯度的新途径,发展了改进型液态金属冷却(modified liquid-metal cooling,MLMC)和 ZMLMC 等高温度梯度定向凝固装置和方法,在实验室中实现了高达 1000K/cm 的温度梯度。初步的研究发现,用此方法可以获得相当高的冷却速率,得到各类材料的枝晶间距仅十几微米到几十微米,使枝晶侧向分枝消退、偏析程度大幅度减少,并且强化相分布及形态发生了显著的改善,从而充分挖掘了材料性能的潜力,使材料力学性能成倍提高。与此同时,利用高或超高温度梯度技术在高温合金亚快速定向凝固及组织超细化的基本规律方面进行了系统的研究,深入探讨了侧枝消退的物理机制,为组织的改善和性能的提高提供了理论指导。

为考察实验的适用性,选择了 4 种单晶合金进行研究,它们的各自成分见表 6-19。定向凝固在 50K/cm、250K/cm、460K/cm 和 1000K/cm 这 4 种温度梯度下进行,所选最高温度梯度为常规 HRS 的 10 倍[189]。

表 6-19 实验合金的成分(质量分数) (单位：%)

合金	Cr	Co	Mo	W	Ta	Nb	Al	Ti	Ni
NASAIR 100	8.5	—	1	10	3.3	—	5.8	1.2	余量
Rene N4	9	8	2	6	4	0.5	3.7	4.2	余量
CMSX-2	8	5	0.6	8	6	—	5.6	1.0	余量
DD403	9.5	5	3.8	5.2			5.9	2.1	余量

图 6-31 为 CMSX-2 单晶合金在不同温度梯度 G 和凝固速率 V 下得到的凝固界面形态。由图可见，在 $G_L = 200$K/cm 时，随 V 的增加，界面形态由平面向胞晶，再向枝晶转化。形态演化展示，与 CMSX-2 合金一样，Rene N4 合金的界面形态在该温度梯度下以极慢速率生长时呈现完整的平界面组织，然后随 V 的增加出现胞状、胞-枝和枝状，既反映了垂直于抽拉方向平界面的失稳(图 6-31(a)、(b))，也反映了平行于抽拉方向胞晶固-液界面的失稳(图 6-31(b)、(c))胞晶侧向界面的失稳给树枝晶的形成创造了条件。图 6-31(d)展示了胞晶侧界面失稳逐渐形成的发达枝晶的形貌。若抽拉速率进一步增加，使冷却速率(GV)增大，人们会发现侧枝延伸度减小，出现萎缩，如图 6-31(e)、(f)所示。当 $G=200$℃/cm，$V=100$μm/s 时，侧枝退化为近于胞晶的形态，一次间距也大大减小。值得注意的是，若维持 V 仍为 100μm/s，而将温度梯度提高到 1000K/cm，则发现合金的枝晶侧向分枝几乎完全消退，成为超细的胞晶组织(图 6-31(h))。这样一种定向凝固下在高温单晶合金中出现的晶体形态由平→胞→枝，再由枝→胞，是过去没有发现过的。据此，耿兴国等[189,190]利用超高梯度定向凝固技术经实验和理论两方面建立了在严格单向热流的定向凝固条件下，合金材料经热力学的近平衡到极端不平衡，经凝固界面的平衡稳定平界面到极不平衡的绝对稳定平界面的首个理论框架，并以这些单晶合金的实验数据为基础绘制了单晶合金凝固形态与定向工艺参数的组织图(图 6-97)。该图绘出在不同的定向

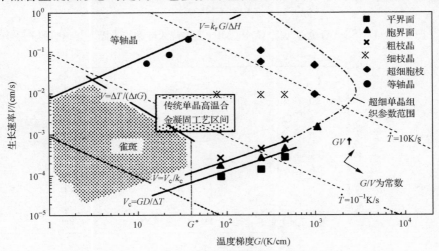

图 6-97 凝固组织图与凝固参数之间的关系[189]

k_r-溶质分配系数；k_c-临界溶质分配系数

重要工艺参数区域形成的单晶组织。图中虚线代表了不同的冷却速率($\dot{T}$),实线代表了界面未出现失稳的平界面的凝固条件。

将当前和曾报道的生产发动机单晶叶片的相关平均工艺参数与它们的凝固组织归纳整理列于图 6-98 中相应位置(长方区域)。可看出,这些单晶大部分都对应于粗枝晶区域。同时对单晶缺陷的研究统计也表明,若温度梯度再低,生长速率更小,则极易形成雀斑缺陷。对要求高质量的单晶叶片来讲,在一般情况下,应使 G 和 V 的乘积,即冷却速率 $\dot{T}$ 在 2~10K/s。随 GV 值得增大和相应的组织细化,单晶材料的高温力学性能应有相应的提高。

图 6-98 和图 6-99 为铸态 CMSX-2 单晶的高温持久寿命与冷却速率及枝晶一次间距的关系[191,192]。由图可知,随冷却速率的增大和一次间距的相应减小,持久寿命明显增高。若与工业上生产叶片的 HRS 法单晶相比,在高温度梯度定向凝固条件下制备的单晶材料,高温持久寿命有了较大幅度的提高。同样,随着冷却速率的提高,一次枝晶间距减小,单晶高温合金的持久寿命明显提高,合金高温持久延伸率也有明显提高。超细柱晶组织的单晶材料持久寿命较 HRS 法单晶提高了约 90%。

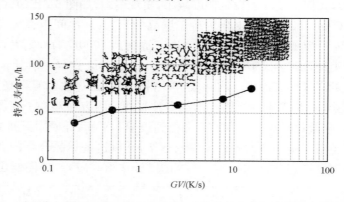

图 6-98　CMSX-2 合金在 1050℃、160MPa 下的持久寿命与凝固冷却速率的关系

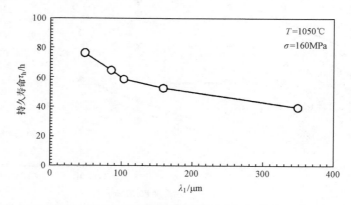

图 6-99　铸态 CMSX-2 单晶的高温持久寿命与一次枝晶间距的关系

图 6-100 列出了经 1315℃、1h+1080℃、4h+870℃、20h 热处理后的单晶 CMSX-2 在

1050℃、160MPa 下的持久寿命[191,192]，其数据见表 6-20。与铸态持久寿命相比，经热处理后的单晶 CMSX-2 的持久寿命都提高了将近一倍。值得注意的是，经热处理后的合金持久寿命与铸态一样随 GV 的增大而增加，并与显微组织的细化同步。

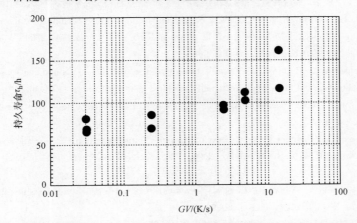

图 6-100　热处理后的单晶 CMSX-2 的高温持久寿命与凝固冷却速率的关系

表 6-20　CMSX-2 单晶高温合金在 1050℃、160MPa 下的组织特征和力学性能[103]

定向凝固方法	一次枝晶间距/μm	持久寿命/h		延伸率/%		断面收缩率/%	
		铸态	热处理态	铸态	热处理态	铸态	热处理态
HRS	350	39.4	84.0	25.2	22.0	45.2	60.0
HRS	245	52.6	67.0	31.3	39.0	40.2	58.7
LMC	123	58.6	94.0	34.7	32.5	57.1	53.0
LMC	79	64.8	108.8	38.1	24.0	49.1	46.3
LMC	38	76.4	131.5	34.1	35.1	55.3	63.3

注：热处理 1588K、1h+1353K、4h+1143K、20h。

　　总之，定向凝固单晶叶片制备技术的发展趋势是通过高温度梯度定向凝固技术与组织控制达到细化和优化材料组织结构，减少缺陷以提高性能的目的。而当前的高或超高梯度技术还需要进行大量研究开发，并与实际生产结合，使之逐渐臻于成熟与完善。

参 考 文 献

[1] Cahn R W. Modern practice in the design of strong alloys. Journal of Metals, 1973, 25: 28-37

[2] 黄乾尧, 李汉康. 高温合金. 北京: 冶金工业出版社, 2000: 1-6; 318-360

[3] Pollock T M, Tin S. Nickel-based superalloy for advanced turbine engines: Chemistry, microstructure and properties. Journal of Propulsion and Power, 2006, 22: 361-374

[4] VerSnyder F L, Shank M E. The development of columnar grain and single crystal high temperature materials through directional solidification. Material Science and Engineering, 1970, 6: 213-247

[5] Gell M, Duhl D N, Giamei A F. The development of single crystal superalloy turbine blades//Tien J K, Wlodek S T, Morrow III H, et al. Superalloys 1980. Warrendale: The Minerals, Metals and Materials Society, 1980: 205-214

[6] Reed R C. The Superalloys: Fundamental and Applications. Cambridge: Cambridge University Press, 2006: 14-

19，41，104-106，122-147，204

[7] Quested P N，McLean M. Solidification morphologies in directionally solidified superalloys. Material Science and Engineering A，1984，65：171-178

[8] 陈荣章，王罗宝，李建华. 铸造高温合金发展的回顾与展望. 航空材料研究学报，2000，20(1)：55-61

[9] Peteves S D，De F H，Timm J. et al. Effect of coating on the TMF lives of single crystal and columnar grained CM186 blade alloy//Pollock T M，Kissinger R D，Bowman R R，et al. Superalloys 2000. Warrendale：The Minerals，Metals and Materials Society，2000：655-663

[10] Harris K，Erichson G L，Brentnall W D. et al. Development of the rhenium containing superalloys CMSX-4 & CM186LC for single crystal blade and directionally solidified vane applications in advanced turbine engines//Antolovich S D，Stusrud R W，Mackay R A. et al. Superalloys 1992. Warrendale：The Minerals，Metals and Materials Society，1992：297-306

[11] Kobayashi T，Sato M，Koizumi Y. et al. Development of a third generation DS superalloy//Pollock T M，Kissinger R D，Bowman R R，et al. Superalloy 2000. Warrendale：The Minerals，Metals and Materials Society，2000：323-328

[12] Kobayashi T，Koizumi Y，Yamagata T，et al. Development of a 4th generation DS superalloy. Journal of the Japan Institute of Metals，2002，66(9)：897-900

[13] 陈荣章. 定向凝固和单晶高温合金及涡轮叶片的发展. 材料工程，1991，(3)：19-23

[14] 孙传棋，李其娟，吴昌新，等. 无铪定向凝固高温合金 DZ4 的工程应用. 航空制造工程，1997，(8)：13-15

[15] 陈荣章，佘力，张宏炜，等. DZ125 定向凝固高温合金的研究. 航空材料学报，2000，20(4)：14-19

[16] 陈荣章，王罗宝，佘力，等. DZ125 定向凝固涡轮叶片合金研究. 材料工程，1997，(9)：9-12

[17] 黄朝晖，谭永宁，贾新云，等. 第二代定向凝固柱晶高温合金 DZ6//中国金属学会高温材料分会. 第十届中国高温合金年会. 北京：冶金工业出版社，2007：384-388

[18] 唐亚俊，张静华，于洋，等. 约束性凝固参数对 DZ38G 合金定向结晶叶片组织和性能的影响. 材料科学进展，1991，5(2)：93-99

[19] 张静华，唐亚俊，于洋，等. 定向凝固 DZ38G 合金涡轮叶片试车后的解剖分析. 航空材料学报，1991，11(2)：26-32

[20] Jackson J J，Donachie M J，Gell M. et al. The effect of volume percent of fine γ′ on creep in Ds Mar-M200+Hf. Metallurgical and Materials Transactions A，1977，8A(10)：1615-1620

[21] Shah D M，Duhl D N. The effect of orientation，temperature and gamma prime size on the yield strength of a single crystal Nickel base superalloy//Gell M，Kortovich C S，Bricknell R H. et al. Superalloy 1984. Warrendale：The Minerals，Metals and Mateials Society，1984：105-114

[22] Gabb T P，Miner R V，Gaday J. The tensile and fatigue deformation structures in a single crystal Ni-base superalloy. Scripta Metallurgica，1986，20(4)：513-518

[23] Khan T，Caron P，Duret C. The development and characterization of a high performance experimental single crystal superalloy//Gell M，Kortovich C S，Bricknell R H，et al. Superalloys 1984. Warrendale：The Minerals，Metals and Materials Society，1984：145-155

[24] Nathal M V，Ebert L J. Elevated temperature creep rupture behavior of the single crystal Nickel base superalloy NASAIR 100. Metallurgical and Materials Transactions A，1985，16A(3)：427-439

[25] Blavette D，Caron P，Khan T. An atom-probe study of some fine-scale microstructural features in Ni-based single crystal superalloys//Reichman S，Duhl D N，Maurer G，et al. Superalloys 1988. Warrendale：The Minerals，Metals and Mateials Society，1988：305-314

[26] Cetel A D，Duhl DN. Second-generation Nickel-Base single crystal//Reichman S，Duhl D N，Maurer G，et al. Superalloys 1988. Warrendale：The Minerals，Metals and Materials Society，1988：235-244

[27] Erickson G. L. The development and application CMSX-10//Kissinger R D，Deye D J，Anton D L，et al. Superalloys 1996. Warrendale：The Minerals，Metals and Materials Society，1996：35-44

[28] Walston W S, O'Hara K S, Ross E W. et al. Rene N6：Third generation single crystal superalloys//Kissinger R D, Deye D J, Anton D L, et al. Superalloys 1996. Warrendale：The Minerals, Metals and Materials Society, 1996：27-34

[29] Argence D, Vemault C, DesvallCes Y. et al. MC-NG：A 4th generation single-crystal superalloy for future aeronatical turbine blades and vans//Pollock T M, Kissinger R D, Bowman R D, et al. Superalloys 2000. Warrendale：The Minerals, Metals and Materials Society, 2000：829-837

[30] Walston S, Cetel A, MacKay R, et al. Joint development of a fourth generation single crystal superalloy. NASA/TM—2004-213062, 2004

[31] High Temperature Materials Center, National Institute for Materials Science. TMS-Fourth generation nickel-base single crystal superalloy TMS-138/138A. NIMS, Ibaraki, 2006

[32] Sato A, Harada H, Yeh A-C, et al. A 5th Generation SC superalloy with balanced high temperature properties and process ability//Reed R C, Green K A, Caron P, et al. Superalloys 2008. Warrendale：The Minerals, Metals and Materials Society, 2008：131-138

[33] 吴仲棠,钟振纲,代修彦,等. 我国第一个单晶燃气涡轮叶片 DD3 的研究. 航空制造工程,1996,2：3-5

[34] 李影,苏彬,吴学仁. 高温下取向对 DD6 单晶高温合金低周疲劳寿命的影响. 航空材料学报,2001,21(2)：22-25

[35] 刘维维,唐定中. 抽拉速率对 DD6 单晶高温合金凝固组织的影响. 材料工程,2006,1：16-18

[36] Caron P. French developments of superalloys for gas turbine disks and blades//Fuchs G, James A, Gab T, et al. Advanced Materials and Processes for Gas Turbines. Warrendale：The Minerals, Metals and Materials Society, 2003：17-28

[37] Fink P J, Miller J L, Konizer D G. Rhenium reduction-alloy design using an economically strategic element. Journal of Metals, 2010, 62：55-57

[38] 金涛,赵乃仁,王志辉,等. 一种无铼第二代镍基单晶高温合金：中国,CN200610046891.X. 2007

[39] Liu L R, Jin T, Zhao N R, et al. Effect of carbon additions on the microstructure in a Ni-base single crystal superalloy. Materials Letters, 2004, 58(17/18)：2290-2294

[40] Chen Q Z, Jones N, Knowles D M. The microstructures of base/modified RR2072 SX superalloys and their effects on creep properties at elevated temperature. Acta Materialia, 2002, 50(5)：1095-1112

[41] 李嘉荣,唐定中,陈荣章. 铼(Re)在单晶合金中的作用. 材料工程, 1997,8：3-7

[42] Fuchs G E. Solution heat treatment response of a third generation single crystal superalloy. Materials Science and Engineering, 2011, A300：52-60

[43] Feng Q, Carroll L J, Pollock T M. Solidification segregation in ruthenium-containing nickel-based superalloys. Metallugrical Materials Transations A, 2006, 37A(6)：1949-1962

[44] Esaka H, Tanguchi H, Shinozuka K, et al. Effect of anisotropy surface energy on the growth direction of solid phase in constrained growth condition. Materials Transactions, 2005, 46(5)：902-908

[45] 郑启,侯桂臣,田为民,等. 单晶高温合金的选晶行为. 中国有色金属学报,2001,11(2)：176-178

[46] Seo S M, Kim I S, Lee J H, et al. Grain structure and texture evolutions during single crystal casting of the Ni-base superalloy CMSX-4. Metals Materials International, 2009, 15(3)：391-398

[47] Goulette M J, Spiling P D, Arthey R P. Cost effective single crystals//Gell M, Kortovich C S, Bricknell R H, et al. Superalloys 1984. Warrendale：The Minerals, Metals and Materials Society, 1984：167-176

[48] Dai H J, Gebelin J C, D'Souza N, et al. Effect of spiral shape on grain selection during casting of single crystal turbine blades. International Journal of Cast Metals Research, 2009, 22(1-4)：54-57

[49] Dai H J, Gebelin J C, Newell M, et al. Grain selection during solidification in spiral grain selector//Reed R C, Green K A, Caron P, et al. Superalloys 2008, Pennsylvania, 2008. Warrendale：The Minerals, Metals and Mateials Society, 2008：367-374

[50] Dai H J, D'Souza N, Dong H B. Grain selection in spiral selectors during investment casting of single-crystal turbine blades. Part Ⅰ. Experimental investigation. Metallurgical and Materials Transactions A, 2011, 42A

(11)：3430-3438

[51] Esaka H，Shinozuka K，Tamura M. Analysis of single crystal casting process taking into account the shape of pigtail. Materials Science and Engineering A，2005，413/414A：151-155

[52] Meng X B，Li J G，Jin T，et al. Evolution of grain selection in spiral selector during directional solidification of nickel-base superalloys. Journal of Materials Science and Technology，2011，27(2)：118-126

[53] Yang X，Ness D，Lee P D，et al. Simulation of stray grain formation during single crystal seed melt-back and initial withdrawal in the Ni-base superalloy CMSX4. Materials Science and Engineering A，2005，413/414A：571-577

[54] Stanford N，Djakovic A，Shollock B，et al. Defect grain in the melt-back region of CMSX-4 single crystal seeds// Green K A，Pollock T M，Harada H，et al. Superalloy 2004. Warrendale：The Minerals，Metals and Mateials Society，2004：719-726

[55] Ouichou L，Lavaaud F，Lesout L. Influence of the chemical composition of Nickal-base superalloys on their solidification behavior and foundry performance// Tien J K，Woldek S T，Morro III H，et al. Superalloy 1980. Ohio：ASM，1980：235-244

[56] 郑运荣. Hf 在铸造高温合金凝固过程中的作用. 金属学报，1986，22(2)：A119-A124，A16

[57] 村田純教，湯川夏夫，野田俊治，他. Ni 基超耐熱合金 In-100の凝固擧動. 鉄と鋼，1985，(1)：127-134

[58] Murata Y，Morinaga M，Yukawa N，et al. Solidification structures of inconel 718 with microalloying elements// Loria E A. Superalloys 718，625，706 and Various Derivatives. Warrendale：The Minerals，Metals and Materials Society，1994，81-88

[59] Ballantgne A S，Mitchell A. The Prediction of ingot structure in VAR/ESR inconel 718. //6th International Vacuum Metal Conference，San Diego，1979：599-623

[60] Kearsey R M，Beddoes J C，Jones P，Au P. Compositional design considerations for microsegregation in single crystal superalloy systems. Intermetallics，2004，12：903-910

[61] Feng Q，Nandy T K，Rowland L J，et al. New phases in ruthenium containing single-crystal superalloys//Green K A，Pollock T M，Harada H，et al. Superalloys 2004. Warrendale：The Minerals，Metals and Materials Society：769-778

[62] Feng Q，Nandy T K，Tin S，et al. Solidification of high-refractory ruthenium-containing superalloys. Acta Materialia，2003，51：269-284

[63] Lecomte-Beckers J. Study of solidification features of Nickel-base superalloys in relation with composition. Metallurgical Transactions A，1988，19A(9)：2333-2340

[64] Tin S，Pollock T M，Murphy W. Stabilization of thermosolutal convective instabilities in Ni-based single-crystal alloy：Carbon addition and freckle formation. Metallurgical and Materials Transactions，2001，32A(7)：1743-1752

[65] Kolotukhin E V，Tjagunov G V. Crystallization of superalloys with various contents of carbon. Journal of Materials Processing Technology，1995，53：219-227

[66] Al-Jarba K A，Fuchs G E. Effect of carbon additions on the as-cast microstructure and defect formation of a single crystal Ni-based superalloy. Materials Science and Engineering A，2004，373：255-267

[67] 余竹焕. 碳对单晶高温合金凝固组织及力学性能的影响. 西安：西北工业大学博士学位论文，2011

[68] Zhu Y X，Zhang S N，Xu L Y，et al. The effect of Boron on porosity in nickel-base superalloy cast. Journal of Materials Science and Technology，1985，1(2)：97-103

[69] Zhu H Q，Tang Y J，Li Y A，et al. Effect of Boron and Zirconium on directional solidification behaviour and segregation of DS In 738 superalloy. Materials at High Temperature，1992，10(1)：39-44

[70] 朱耀霄. 低偏析高温合金. 金属热处理学报，1997，18(3)：16-22

[71] 王罗宝，陈荣章，王玉屏. 铪含量对定向凝固高温合金 DZ22 偏析行为和力学性能的影响. 航空材料，1989，9(2)：1-7

[72] Kearsey R M, Beddoes J C, Jaansalu K M, et al. The effect of Re, W and Ru on microsegregation behaviour in single crystal superalloy systems// Green K A, Pollock T M, Harada H, et al. Superalloys 2004. Warrendale: The Minerals, Metals and Materials Society,2004: 801-810

[73] Heckl A, Rettig R, Singer R F. Solidification characteristics and segregation behavior of nickel-base superalloys in dependence on different rhenium and ruthenium contents. Metallurgical and Materials Transactions, 2010, 41A (6): 202-211

[74] Hobbs R A, Tin S, Rae C M F, et al. Solidification characteristics of advanced nickel-base single crystal superalloys// Green K A, Pollock T M, Harada H, et al. Superalloys 2004. Warrendale: The Minerals, Metals and Materials Society, 2004: 819-825

[75] Liu G, Liu L, Zhao X B, et al. Effects of Re and Ru on the solidification characteristics of nickel-base single-crystal superalloys. Metallurgical and Materials Transactions A, 2011, 42A(9): 2733-2741

[76] 郭建亭. 高温合金材料学. 北京:科学出版社,2010

[77] Trivedi R, Miyahara H, Mazumder P, et al. Directional solidfication microstructures in diffusive and convective regimes. Journal of Crystal Growth. 2001, 222: 365-379

[78] Seo S M, Lee J H, Yoo Y S, et al. Solute redistribution during planar and dendritic growth of directional solidified Ni-base superalloy CMSX-10// Reed R C, Green K A, Caron P, et al. Superalloys 2008. Warrendale: The Minerals, Metals and Materials Society, 2008: 277-286

[79] Brody H D, Flemings M C. Solute redistribution during dendritic solidification. Transactions of the Metallurgical Society of AIME, 1966, 236: 615-624

[80] Clyne T W, Kurz W. Solute redistribution during solidification with rapid solid state diffusion. Metallurgical Transactions A, 1981, 12: 965-971

[81] Taha M A, Kurz W. About microsegregation of nickel base superalloys. Z Matallkde, 1981, 72(8): 546-549

[82] Sellamuthu R, Goldstein J I. Measurement and analysis of distribution coefficients in Fe-Ni alloys containing S and/or P. Part Ⅰ. K_{Ni} and K_P. Metallurgical Transactions A, 15A(9), 1984: 1677-1685

[83] Lecomte-Beckers J. Study of solidification features of Nickel-base superalloys in relation with composition. Metallurgical Transactions A, 1988, 19A(9): 2333-2340

[84] El-Bagoury N, Yamamoto K, Ogi K. Effect of rhenium on solidification of Inconel 718 alloy. Materials Science and Technology,2005, 21(2): 204-210

[85] Hobbs R A, Tin S, Rae C M F, et al. Model based on elemental solid-liquid partitioning in advanced nickel-based single-crystal superlloys. Metallurgical and Materials Transactions, 2005, 36A(10): 2761-2773

[86] Zeisler-Mash K, Pletka B J. Segregation during solidification in the MAR-M247 system//Antolovich S D, Stusrud R W, MacKay R. A, et al. Superalloys 1992. Warrendale: The Minerals, Metals and Materials Society, 1992: 175-184

[87] 刘刚. 铼和钌对单晶高温合金凝固特性及组织的影响. 西安:西北工业大学博士学位论文,2012

[88] Karunaratne M S A, Cox D C, Carter P, et al. Modeling of the microsegragation in CMSX-4 superalloy and its homogenization during heat treatment//Pollock T M, Kissinger R D, Bowman R R, et al. Superalloys 2000. Warrendale: The Minerals, Metals and Materials Society, 2000: 263-272

[89] КуЛЕШОВА Е А, ЧЕРКАСОВА Е Р, ЛОгУНОВ А В. ДЕНДРИТНАЯ ЛИНВАЦИЯ В НИКЕЛЕВЫХ ЖАРОПРОЧНЫХ СПЛАВАХ. Металловедение и термическая обработка металлов,1981,(6):20-23

[90] Ma D, Grafe U. Microsegregation in directionally solidified dendritic-cellar structure of superalloys CMSX-4. Material Science and Engineering A, 1999, 270: 339-342

[91] 赵新宝. 高梯度定向凝固单晶高温合金晶体取向研究. 西安:西北工业大学博士学位论文,2010

[92] 王常帅. 熔体热历史对 DZ125 合金凝固特性、组织和性能的影响. 西安:西北工业大学博士学位论文, 2011

[93] Caldwell E C, Fela F J, Fuchs G E. Segragation of elements in high refractory content single crystal nickel based superalloys//Green K A, Pollock T M, Harada H, et al. Superalloys 2004. Warrendale: The Minerals, Metals

and Materials Society，2004：811-818

［94］Caldwell E C，Fela F J，Fuchs G E. The segregation of elements in high-refractory-content single-crystal nickel-based superalloys. Journal of the Minerals，Metals and Material Society，2004，56(9)：44-48

［95］郑亮,谷臣清,郑运荣. Ru 对铸造镍基高温合金凝固行为的影响. 中国有色金属学报，2002，12(6)：1199-1204

［96］张胜霞. 高梯度定向凝固单晶高温合金固溶处理研究. 西安:西北工业大学硕士学位论文,2012

［97］McLean M. Investment casting- developments in microstructural control and mechanical performance. Materials Science and Technology，1988，4(3)：205-217

［98］Tian J K，Gamble R P. The supression of dendritic growth in nickel-base superalloys during unidirectional solidification. Material Science and Engineering，1971，8：152-160

［99］Tian J K，Gamble R P. The microstructure and properties of a plane front solidified nickel-base superalloy//Second International Conference on the Strength of Metals and Alloys，ASM，Pacific Grove，1970，Ⅲ：1037-1041.

［100］Quested P N，McLean M. Solidification morphologies in directional solidified superalloys. Material Science and Engineering，1984，65：171-180

［101］Bhambri A K，Kattamis T Z，Morral J E. Cast microstructure of Inconel 713C and its dependence on solidification variables. Metallurgical Transactions B，1975，6B：532-537

［102］Kurz W，Fisher D J. Dendrite growth at the limit of stability：Tip radius and spacing. Acta Metallurgica，1981，29(1)：11-20

［103］Liu L，Huang T W，Zhang J，et al. Microstructure and stress rupture properties of single crystal superalloy CMSX-2 under high thermal gradient directional solidification. Materials Letters，2007，61：227-230

［104］Liu W，DuPont J N. Effects of substrate crystallographic orientations on crystal growth and microstructure development in laser surface-melted superalloy single crystals. Part Ⅱ. Mathematical modeling of single-crystal growth in a melt pool. Acta Materialia，2005，53：1545-1558

［105］Hunt J D. Cellular and primary dendrite spacing//Argent B B. International Conference on Solidification and Casting of Metal，London. London：The Metals Society，1979：3-9

［106］Kurz W，Fisher D J. Fundamentals of Solidification(4th revised ed). Switzerland：Trans Tech，1998：83

［107］Trivedi R. Interdendritic spacing. Part Ⅱ. A comparison of theory and experiment. Metallurgical and Materials Transactions A，1984，15A(6)：977-982

［108］Bouchard D，Kirkaldy J S. Prediction of dendrite arm spacings in unsteady-and steady flow of unidirectionally solidified binary alloys. Metallurgical and Materials Transactions B，1997，28B(4)：651-663

［109］Liu F，Cai Y，Guo X F，et al. Structure evolution in undercooled DD3 single crystal superalloy. Materials Science and Engineering A，2000，291A：9-16

［110］高斯峰. 镍基单晶高温合金选晶行为及凝固组织研究. 西安:西北工业大学博士学位论文,2012

［111］闫志先. 传输过程对定向凝固 DZ125 合金组织偏析的影响. 西安:西北工业大学博士学位论文,2011

［112］Wagner A，Shollock B A，McLean M. Grain structure development in directional solidification of nickel-base superalloys. Materials Science and Engineering A，2004，374A：270-279

［113］Elliott A J，Tin S，King W T，et al. Directional solidification of large superalloy castings with radiation and liquid-metal cooling：A comparative assessment. Metallurgical and Materials Transactions A，2004，35 (10)：3221-3231

［114］Zhang J，Lou L H. Directional Solidification assisted by liquid metal cooling. Journal of Materials Science and Technology，2007，23(3)：289-299

［115］葛丙明. 高梯度定向凝固 DZ4125 高温合金变截面铸件的组织与性能. 西安:西北工业大学博士学位论文，2012

［116］Hobbs R A，Tin S，Rae C M F. A castability model based on elemental solid-liquid partitioning in advanced nickel-based single-crystal superlloys. Metallurgical and Materials Transactions，2005，36A(10)：2761-2773

［117］Tin S，Pollock T M，King W T. Carbon addition and grain defect formation in high refractory nickel-base single crystal superalloys//Pollock T M, Kissinger R D, Bowman R R, et al. Superalloys 2000. Warrendale: The Minerals, Metals and Materials Society, 2000: 201-210

[118] Tin S, Pollock T M. Phase instabilities and carbon additions in single-crystal nickel-base superalloys. Materials Science and Engineering, 2003, A348: 111-121

[119] Fernandez R, Lecomte J C, Kattamis T Z. Effect of solidification parameters on the growth geometry of MC carbide in IN 100 dendritic monocrystals. Metallurgical Transactions A, 1978, 9A(10): 1381-1386

[120] Shulga A V. Boron and carbon behavior in the cast Ni-base superalloy EP962. Journal of Alloys and Compounds, 2007, 436: 155-160

[121] Liu L R, Jin T, Zhao N R, et al. Effect of carbon addition on the creep properties in a Ni-based single crystal superalloy. Materials Science and Engineering A, 2004, 385: 105-112

[122] 余竹焕, 刘林. C 对单晶高温合金持久性能的影响. 金属学报, 2014, 50(7):854-862

[123] Walter C, Hallstedt B, Warnken N. Simulation of the solidification of CMSX-4. Materials Science and Engineering A, 2005, 397: 385-390

[124] Guo X P, Fu H Z, Sun J H. Influence of solid/liquid interface on the microstructure and stress-rupture life of the single-crystal nickel-base superalloy NASAIR 100. Metallurgical and Materials Transactions A, 1997, 28A (4): 997-1009

[125] 杜炜, 魏朋义, 李建国, 等. 中速生长条件下单晶高温合金组织及偏析研究. 金属学报, 1998, 34(4): 356-361

[126] Jun Z, Liu Y H, Li J G, et al. Directional solidification of monocrystal superalloy by electron beam floating zone-melting. Journal of Materials Science, 1999, 34: 2507-2511

[127] Caron P, Khan T. Evolution of Ni-base superalloys for single crystal gas turbine blade application. Aerospace Science and Technology Technol, 1999, 3: 513-523

[128] Volek A, Singer R F. Influence of solidification conditions on TCP phase formation, casting porosity and high temperature mechanical properties in a Re-containing nickel-base superalloy with columnar grain structure// Green K A, Pollock T M, Harada, et al. Superalloys 2004. Warrendale: The Minerals, Metals and Materials Society, 2004: 713-718

[129] Rae C M F, Karunaratne M S A, Small C J, et al. Topologically close packed phase in an experimental rhenium-containing single crystal superalloy// Pollock T M, Kissinger R D, Bowman R R. Superalloys 2000. Warrendale: The Minerals, Metals and Materials Society, 2000: 767-776

[130] Karunaratne M S A, Rae C M F, Reed R C. On the microstructural instability of an experimental nickel-based single-crystal superalloy. Metallurgical and Materials Transactions A, 2001, 32(10): 2409-2421

[131] 桂忠楼. 镍基高温合金 BTOP 工艺的发展. 航空制造工程, 1995, (4):12-14

[132] Kolotukhin E V, Kuleshova E A, Baryshev E E, et al. Structure of high-temperature nickel alloys after time heat treatment of the melt. Metal Science and Heat Treatment, 1995, 37(5-6): 222-225

[133] Liu L, Huang T W, Zou M M, et al. The effects of withdrawal rate and melt overheating histories on the microstructure of a nickel-based single crystal superalloy//Reed R C, Green K A, Caron P, et al. Superalloys 2008, Warrendale: The Minerals, Metals and Materials Society, 2008: 287-293

[134] Seth B B. Superalloys-the utility gas turbine perspective//Pollock T M, Kissinger R D, Bowman R R, et al. Superalloys 2000, Warrendale: The Minerals, Metals and Materials Society, 2000: 3-16

[135] Carter P, Cox D C, Gandin C A, et al. Reed. Process modeling of grain selection during the solidification of single crystal superalloy castings. Materials Science and Engineering A, 2000, 280:233-246

[136] D'Souza N, Ardakani M G, Wagner A, et al. Morphological aspects of competitive grain growth during directional solidification of a nickel superalloy CMSX4. Journal of Materials Science, 2002, 37: 481-487

[137] Ardakani M G, D'Souza N, Wagner A, et al. Competitive grain growth and texture evolution during directional solidification of superalloys//Pollock T M, Kissinger R D, Bowman R R, et al. Superalloys 2000. Warrendale: The Minerals, Metals and Materials Society, 2000: 219-228

[138] Genereux P D, Borg C A. Characterization of freckles in a high strength wrought nickel superalloy//Pollock T M, Kissinger R D, Bowman R R, et al. Superalloys 2000. Warrendale: The Minerals, Metals and Mateials Society, 2000: 19-27

[139] Giamei A F, Kear B. H. On the nature of freckles in nickel base superalloys. Metallurgical Transactions, 1970, 1(8): 2185-2192

[140] Copley S M, Glamei A F. The origin of freckles in unidirectionally solidified castings. Metallurgical Transactions, 1970, 1: 2193-2204

[141] Schneider M C, Gu J P, Beckermann C, et al. Modeling of micro- and macrosegregation and freckle formation in single-crystal nickel-base superalloy directional solidification. Metallurgical and Materials Transactions A, 1997, 28: 1517-1531

[142] Pollock T M, Murph W H, Goldman E H, et al. Grain defect formation during directional solidification of nickel base Single crystals//Antolovich S D, Stusrud R W, MacKay R A, et al. Superalloys 1992. Warrendale: The Minerals, Metals and Mateials Society, 1992: 125-134

[143] Schadt R, Wagner I, Preuhs J, et al. New aspects of freckle formation during single crystal solidification of CMSX-4 // Pollock T M, Kissinger R D, Bowman R R, et al. Superalloys 2000. Warrendale: The Minerals, Metals and Materials Society, 2000: 211-218

[144] Konter M, Thumann M J. Materials and manufacturing of advanced industrial gas turbine components. Mater Journal of Materials Processing Technology, 2001, 117: 386-390

[145] Tin S, Pollock T M, Murphy W. Stabilization of thermosolutal convective instabilities in Ni-based single-crystal superalloys: Carbon additions and freckle formation. Metallurgical and Materials Transactions A, 2001, 32A(7): 1743-1753

[146] Al-Jarba K A, Fuchs G E. Effect of carbon addition on the microstructure and defect formation of single crystal Ni-based superalloy // Fuchs G E, James A W, Gabb T, et al. Advanced Materials and Processes for Gas Turbines. Warrendale: The Minerals, Metals and Materials Society, 2003: 101-109

[147] Tin S, Pollock T M. Predicting freckle formation in single crystal Ni-base superalloys. Journal of Materials Science, 2004, 39: 7199-7205

[148] Beckermann C, Gu J P, Boettinger W J. Development of a freckle predictor via rayleigh number method for single-crystal nickel-base superalloy castings. Metallurgical and Materials Transactions A, 2000, 31A: 2545-2557

[149] Schneider M C, Gu J P, Beckermann C, et al. Modeling of micro- and macrosegregation and freckle formation in single-crystal nickel-base superalloy directional solidification. Metallurgical and Materials Transactions A, 1997, 28: 1517-1531

[150] Gigliotti, M F X, Huang S C, Klug F J, et al. GE casting project, general electric corporate research and development. One Research Circle, Niskayuna, 2004

[151] Ma D X, Mathes M, Zhou B. et al. Influence of crystal orientation on the freckle formation in directionally solidified superalloys. Advanced Materials Research, 2011, 278: 114-119

[152] Ma D X, Buhrig-Polaczek A. Application of a heat conductor technique in the production of single-crystal turbine blades. Metallurgical and Materials Transactions B, 2009, 40B: 738-748

[153] Meyer ter Vehn M, Dedecke D, Paul U, et al. Undercooling related casting defects in single crystal blades// Kissinger R D, Deye D J, Anton D L, et al. Superalloys 1996. Warrendale: The Minerals, Metals and Materials Society, 1996: 471-479

[154] Yang X L, Dong H B, Wang W, et al. Microscale simulation of stray grain formation in investment cast turbine blades. Materials Science and Engineering A, 2004, 386A: 129-139

[155] 张小丽, 周亦胄, 金涛, 等. 镍基单晶高温合金杂晶形成倾向性的研究. 金属学报, 2012, 48(10): 1229-1236

[156] Yang X L, Ness D, Lee P D, et al. Simulation of stray grain formation during single crystal seed melt-back and initial withdrawal in the Ni-base superalloy CMSX4. Materials Science and Engineering A, 2005, 413/414A:

571-577

[157] Gu J P, Beckermann C, Giamei A F. Motion and remelting of dendrite fragments during directional solidification of a nickel-base superalloy. Metallurgical and Materials Transactions A, 1997, 28A(7): 1533-1542

[158] Ma D X, Buhrig-Polaczek A. Development of heat conductor technique for single crystal components of superalloys. International Journal of Cast Metals Research, 2009, 22(6): 422-429

[159] 史振学,李嘉荣,刘世忠,等. DD6 单晶高温合金叶片小角度晶界组织. 稀有金属材料与工程,2011,40(12): 2117-2120

[160] Shah D M, Cetel A. Evaluation of PWA1483 for large single crystal IGT blade applications// Pollock T M, Kissinger R D, Bowman R R, et al. Superalloys 2000. Warrendale: The Minerals, Metals and Materials Society, 2000: 295-304

[161] Harris K, Jacqueline B. Improved single crystal superalloys, CMSX-4® (SLS)[La + Y] and CMSX-486®// Green K A, Pollock T M, Harada H, et al. Superalloys 2004. Warrendale: The Minerals, Metals and Materials Society, 2004: 45-52

[162] Li J R, Zhao J Q, Liu S Z, et al. Effect of low angle boundaries on the mechanical properties of single crystal superalloy DD6//Reed R C, Green K A, Caron P, et al. Superalloys 2008. Warrendale: The Minerals, Metals and Materials Society, 2008: 443-451

[163] Newell M, Devendra K, Jennings P A, et al. Role of dendrite branching and growth kinetics in the formation of low angle boundaries in Ni-base superalloys. Materials Science and Engineering A, 2005, 412:307-315

[164] D'Souza N, Newell M, Devendra K, et al. Formation of low angle boundaries in Ni-based superalloys. Materials Science and Engineering A, 2005, 413/414: 567-570

[165] Newell M, D'Souza N, Green N R. Formation of low angle boundaries in Ni-based superalloys. International Journal of Cast Metals Research, 2009, 22(1-4): 66-69

[166] Roskosz S, Adamiec J. Methodology of quantitative evaluation of porosity, dendrite arm spacing and grain size in directionally solidified blades made of CMSX-6 nickel alloy. Materials Characterizations, 2009, 60: 1120-1126

[167] Lecomte-Beckers J. Study of microporosity formation in nickel-base superalloys. Metallurgical Transactions A, 1988, 19A(9): 2341-2348

[168] Lecomte-Beckers J, Lamberigts M. Microporosity formation in nickel-base superalloys in related with their solidification sequence//Bents W, Brunetaud R, Coutsouradis D, et al. High Temperature Alloys for Gas Turbines and their Applications 1986. Dordrecht: D Reidel Publishing Company, 1986: 745-755

[169] Whitesell H S, Overfeld R A. Influence of solidification variables on the microstructure, macrosegregation, and porosity of directionally solidified Mar-M247. Materials Science and Engineering A, 2001, A318: 264-276

[170] Liu L R, Jin T, Zhao N R, et al. Effect of carbon additions on the microstructure in a Ni-base single crystal superalloy. Materials Letters, 2004, 58: 2290-2294

[171] Chen Q Z, Knowles D M. Microporosity reduction in modified RR2072 single crystal superalloys. Materials Science and Technology, 2003, 19: 447-455

[172] Clyne T W, Davies G J. Influence of composition on solidification cracking susceptibility in binary alloy systems. British Foundryman, 1981, 74: 65-73

[173] Zhang J. Hot tearing in directionally solidified Ni-based superalloys//Green K A, Pollock T, Harada H, et al. Superalloys 2004. Warrendale: The Minerals, Metals and Materials Society, 2004: 727-733

[174] Zhu Y X, Zhang S N, Zhang T X, et al. A new way to improve the superalloys//Antolovich S D, Stusrud R W, MacKay R A, et al. Superalloys 1992. Warrendale: The Minerals, Metals and Materials Society, 1992: 145-154

[175] Zhou Y Z, Volek A. Effect of carbon additions on hot tearing of a second generation nickel-base superalloy. Materials Science and Engineering A, 2008, 479: 324-33

[176] McLean M. Directionally solidified materials for high temperature service. London：The Metals Society，1983：160-161

[177] Drew G L，Reed R C，Kakehi K，et al. Single crystal superalloys：The transition from primary to secondary creep// Green K A，Pollock T M，Harada H，et al. Superalloys 2004，Warrendale：The Minerals，Metals and Materials Society，2004：127-136

[178] Dalal R P，Thcmas C R，Dardi L E. The effect of crystallographic orientation on the physical and mechanical properties of an investment cast single crystal nickel-base superalloy// Bricknell R H，Kent W B，Gell M，et al. Superalloys 1984. Warrendale：The Metallurgical Society of AIME，1984：185-197

[179] Caron P，Ohta Y，Nakagawa Y G，et al. Creep deformation anisotropy in single crystal superalloys//Reichman S，Duhl D N，Maurer G，et al. Superalloys 1988. Warrendale：The Metallurgical Society，1988：215-224

[180] Durand-Charre M. The Microstructure of Superalloys. Boca Raton：CRC Press，1997，104

[181] Sass V，Glatzel U，Feller-Kniepmeier M. Creep anisotropy in the monocrystalline nickel-base superalloy CMSX-4// Kissinger R D，Deye D J，Anton D L，et al. Superalloys 1996. Warrendale：The Minerals，Metals and Materials Society，1996：283-290

[182] 王开国，李嘉荣，刘世忠，等. DD6 单晶高温合金 980℃蠕变性能研究. 材料工程，2004，(8)：7-11

[183] Sims C T，Stoloff N S，Hagel W C. Superalloys II. New York：John Wiley & Sons，1987：210-211

[184] Shah D M，Cetel A. Evaluation of PWA1483 for large single crystal IGT blede application// Pollock T M，Kissinger R D，Bowman R R，et al. Superalloys 2000. Warrendale：The Minerals，Metals and Materials Society，2000：295-304

[185] Wright P K，Anderson A F. The influence of orientation on the fatigue of directionally solidified superalloys// Tien J K，Wlodek S T，Morrow H I，et al. Superalloys 1980. Metals Park：American Society for Metals，1980：689-698

[186] Donachie M J，Donachie S J. Superalloys：A Technical Guide. 2nd Edition. Materials Park：ASM，2002：267

[187] Kablov E N，Gerasimov V V，Dubrovskii V A，et al. 定向结晶时高温合金组织控制的工艺前景. 郝应其译. 材料工程，1996，(5)：16-20

[188] McLean M. Investment casting-developments in microstructural control and mechanical performance. Materials Science and Technology，1988，4(3)：205-217

[189] Fu H Z，Gen X G，Li J G，et al. Near rapid directional solidification and its superfine microstructure. Acta Metallurgica Sinica，1996，9(6)：497-502

[190] 耿兴国. 近快速定向凝固界面形态演化特征研究. 西安：西北工业大学博士学位论文，1999

[191] 杜炜. 高梯度定向凝固单晶高温合金组织与性能. 西安：西北工业大学博士学位论文，1998

[192] Guo X P，Fu H Z. Stress rupture behavior of the single crystal super alloy NASAIR 100 at 1050℃. Zeitschrifte für Metallkunde，1996，87(4)：315-320

[193] 郭喜平. 单晶高温合金凝固界面形态与组织性能及蠕变断裂的关系. 西安：西北工业大学博士学位论文，1992

第 7 章　金属间化合物结构材料定向凝固

金属间化合物的名称于 1914 年首次提出，随后 Hume-Rothery 指出金属间化合物仍保留部分金属键特性，并总结出该类化合物结构，如原子尺寸、原子-电子比和传统原子价的关系等[1]。

镍铝化物和硅化物以及钛铝、钛硅为基的金属间化合物与镍基高温合金相比，具有更高的高温强度、优异的抗氧化和抗腐蚀能力、较低的密度和高的熔点，可以在更高的温度和恶劣的环境下工作，因而被认为最有希望开发成为一类新型高温结构材料。金属间化合物多呈低塑性和脆性，他们的制备和加工都比较困难和复杂，特别是塑性变形能力很低，极大地限制了他们的应用。对金属间化合物的凝固加工可以避免塑性变形的困难，特别是利用金属间化合物各向异性的特点，采用定向凝固的方法，控制相的择优生长，发挥某些晶向具有优异性能的优势，从而获得组织与性能的最佳配合。

由于金属间化合物的键合特性与一般合金有所差异，它们的熔化熵高于普通金属，这就导致它们的凝固结晶特性与一般合金有明显不同，而这正是过去研究较少，且较不熟悉的。加之作为高温材料的金属间化合物熔点较高，凝固过程控制较为困难，所以文献资料也都比较缺乏。因此以下的讨论就带有较大的局限性和可能的片面性。

7.1　金属间化合物材料的应用

金属间化合物是指由两种或两种以上的组元按比例组成的具有不同于其组成元素的长程有序结构和金属基本特性的化合物[1-4]。以前所讨论的金属材料都是以固溶体为基体的，析出相本身也多是合金固溶体。而金属间化合物材料则是以相图中间部分的有序金属间化合物为基或者虽以固溶体为基体而析出相为有序金属间化合物的材料。

金属间化合物材料往往背离传统的化学价概念，既按照金属键结合，同时又保存部分共价或离子键特征，形成以金属键为主的复合键合特性。因为金属间化合物具有长程有序的点阵结构及以金属键为主的复合键特性，所以具有高的化学稳定性、热稳定性和高温强度。某些金属间化合物，如 LI_2 结构的 Ni_3Al、Ni_3Si 和 Co_3Ti 等的屈服强度具有随温度而升高，达到峰值温度后下降的特点。它们有很强的键结合和复杂的原子排列，与一般固溶合金相比，还具有较低的自扩散系数，而这是抗蠕变性能的基础。含有铝和硅的金属间化合物材料还具有高的抗氧化和抗腐蚀能力。

大多数金属间化合物在室温下都呈低塑性和脆性，经常表现出沿晶的脆断或穿晶解理断裂，这主要是其电子结构含有共价键结合及晶体结构复杂与滑移系较少的原因[2]。不同类材料产生脆性的原因是不同的。如多晶 Ni_3Al 等是由于晶界脆性导致脆断，也有不少如前面所说是对称性低和复杂结构晶体滑移系不足导致的脆性，也有由于对环境极为敏感而出现的环境致脆[1]。我国钢铁研究总院在 20 世纪 60 年代的研究已经证明将多

晶 Ni_3Al 制备为单晶,材料的塑性会大为提高。70 年代之后美国橡树岭国家实验室发现,在六方结构的 Co_3V 中,用 Ni 和 Fe 置换部分 Co,可使其转变为立方 LI_2 结构,使原来的脆性材料转变为具有良好塑性的材料。日本东北大学在 70 年代末通过加入微量 B,可使 Ni_3Al 的室温延伸率由 0 提高到 40%。

金属间化合物由于含有一定数量的共价键,滑移面较少,塑性成形相对困难,因而发展铸造高温金属间化合物材料及其凝固成形成为当务之急,特别是对用量很大的压气机叶片来讲,采用定向凝固技术可以大大提高高温 TiAl 合金的抗蠕变性能和使用温度。Fox 和 Tabbernor[3] 对高温 TiAl 合金发展历程的总结表明,继变形合金之后铸造 TiAl 正开始广泛用于涡轮中的叶片等高温部件。2006 年波音宣布,787 民用客机发动机 GENX 低压涡轮后两级叶片将采用 TiAl 基叶片,可减重 200kg。

在许多金属间化合物中,共价键与金属键共存,其键合特性基本是由共价键形式与金属键形式所决定的,因而性能有较强的方向性[4,5],如 TiAl 合金在 $[001]$、$[1\bar{1}0]$ 和 $[110]$ 方向,电子云密度均存在差别,导致结合强度有显著差异[6]。同时,显微组织对性能的影响也极为重要,就 TiAl 而言,全片层的 $\gamma+\alpha_2$ 相组成及其 γ-(111) 片层平行于生长方向的组织具有最佳的综合性能[7],如果片层界面垂直于晶体的生长方向,材料的脆性会急剧增大,延伸率几乎为零[8]。因此,对高温金属间化合物材料通过定向凝固获得与生长方向一致的 γ-TiAl 片层组织及按设定取向顺序凝固的 α-γ 共生生长对获得优异性能至关重要。

图 7-1 为发动机候选材料的金属间化合物与高温合金和高温陶瓷材料的比较及几类金属间化合物系之间的对比[9],展示金属间化合物虽比高温合金有更优异的工作温度、高温比强度和抗氧化性,但由于低塑性和高脆性导致的低韧性及低可加工性,大大限制了它潜力的发挥。另外,从图 7-1 也可看出,由于最高使用温度已接近于高温合金熔点,迫切需要在更高温度工作或具有更高比强度材料的情况下,金属间化合物及其复合材料仍然具有比陶瓷材料更好的韧性与可加工性,特别是它的导热性还远优于高温合金,这对于在高温下工作的构件材料是极其宝贵的。这样,从发展角度看,金属间化合物及其复合材料在不断改善塑性提高韧性和高温强度的基础上最有可能作为近期高温合金的替代材料[10-12]。

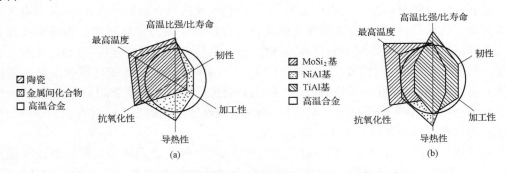

图 7-1　发动机候选材料与几类金属间化合物系之间的对比

当前,欧美各国都开展了对 Ti-Al、Ni-Al 材料的研究。美国通用电气公司率先用 NiAl 单晶合金制作航空发动机涡轮导向叶片,已成功通过 14h 台架试车考验。美国还开

发出大量的 Ni_3Al 基高温材料用于民用工业领域。俄罗斯发展出 BKHA 系列的 Ni_3Al 基合金,其单晶叶片已在直升机的发动机上应用。我国北京航空材料研究院研制成功的 IC6 Ni_3Al 基合金已在国际上率先用作航空发动机导向叶片。中国科学院金属研究所在 NiAl 脆性机理及韧化途径的研究和实用方面已取得重要进展。

7.2　Ti-Al 金属间化合物及其定向凝固

7.2.1　Ti-Al 金属间化合物的结构与性能[1,9,13,14]

在 Ti-Al 二元系中有三个金属间化合物得到了广泛研究和重视,即 Ti_3Al、TiAl 和 $TiAl_3$。各种基于 Ti_3Al 的 α_2 合金具有可接受的室温塑性,但其高温下强度的损失、易于氧化和对氢脆敏感等缺点大大限制了它的应用。γ-TiAl 基合金克服了这些缺点,但室温塑性和韧性却不尽如人意,人们一直在努力寻求解决这些问题的途径和方法。$TiAl_3$ 的密度最低,且具有优良的高温抗氧化性能,但因室温的脆性难以解决,且熔点与高温强度较低,对它的研究和发展相对较为迟缓。

γ-TiAl 是典型的分解式化合物,具有 $L1_0$ 有序超点阵结构。α_2 相具有较宽的成分范围,从 22% Al 到 39% Al(原子分数),在 1180℃ 由无序转变为六方的 α 相,如图 7-2[2,15] 所示。值得注意的是,Al 原子中 p-电子层指向 [001] 方向的极化。这种极化效应导致了 Ti 和 Al 原子层之间很强的键合力。γ-TiAl 中 Ti-Al 之间这种强键合使得扩散激活能很高,这有利于保持高温强度和蠕变性能,特别是扩散控制的蠕变,同时,也使合金具有高的刚度,在高温条件下也是如此,但这种强键合也导致了低的塑性和韧性。

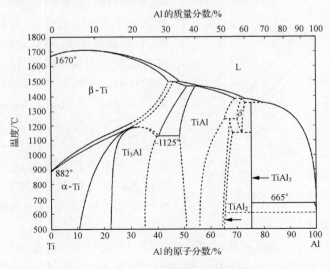

图 7-2　Ti-Al 合金二元相图

图 7-3 给出了多晶 γ-TiAl 的屈服强度、断裂强度和延伸率及单晶 γ-TiAl 的屈服强度随温度变化的关系。由图可见,单晶情况下,屈服强度随温度升高而显著增大,强度峰值的温度取决于晶体取向,在 600~800℃。多晶情况下强度大约在 600℃ 开始下降,不显

示强度峰值。这是由于晶界强化作用使室温和峰值以下温度的强度升高,而峰值强度或高温硬化对晶粒尺度不敏感,从而掩盖了单晶强度随温度升高而提高的现象。TiAl 合金作为高温材料与钛合金、Ti₃Al 及 Ni 基高温合金持久强度的对比示于图 7-4。由图可见,其比强度已远优于广泛应用的 In-718 合金。

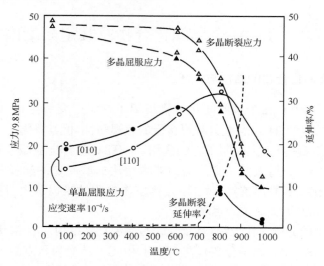

图 7-3　单晶和多晶 γ-TiAl 的屈服强度、断裂强度和延伸率随温度变化的关系

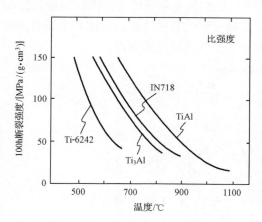

图 7-4　TiAl 合金与钛合金、Ti₃Al 及
Ni 基高温合金持久强度的对比

在众多的金属间化合物中,γ-TiAl 基合金不但具有良好的耐高温、抗氧化性能,而且其弹性模量、抗蠕变性能均比钛合金好得多,甚至优于 Ti₃Al 基合金,而与 Ni 基高温合金相当,但其密度还不到 Ni 基合金的 1/2,是一种在航空航天及地面燃气轮机上应用比较理想的材料。按照美国综合高性能涡轮技术计划(Integrated High Performance Turbine Engine Technology,IHPTET)和高速民航计划(High Speed Civil Transport,HSCT)及未来可重复使用的航天飞机需求,γ-TiAl 可使燃烧室及高温蒙皮结构使用的工作温度大增而无需用 Ni 基高温合金,它还可使喷气发动机推重比提高 50% 以上[12, 16-18]。

图 7-1 所示为作为发动机候选材料的金属间化合物与高温合金和高温陶瓷材料的比较及几类金属间化合物系之间的对比。从图中可以看出,TiAl 基合金的比强度/比寿命、导热性、韧性及可加工性均优于或接近于高温合金,而密度大为减小,是在 650～1000℃下使用的最佳候选材料。图 7-5 和图 7-6 所示为 γ-TiAl 合金的比强度和抗疲劳性能在各种温度下与其他合金系的对比[10,19]。

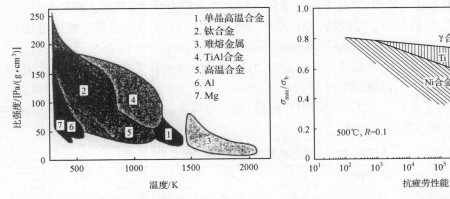

图 7-5　γ-TiAl 合金的比强度在各种温度下　　　图 7-6　γ-TiAl 合金的抗疲劳性能与
　　　　　与其他合金系的对比　　　　　　　　　　　　　　　其他合金对比

　　TiAl 合金有四种典型的室温显微组织,即双态、近 γ 状、近片层和全片层(图 7-7)。不同的显微组织具有各异的性能。表 7-1 给出 TiAl 合金的典型组织与性能间的关系[2]。钛铝合金组织对拉伸性能有巨大影响,所有合金的共同的规律是双态组织(duplex microstructure,DP)的塑性高,断裂韧性低,而全片层组织(full lamellar microstructure,FL)正相反。这种情况反映了晶粒大小的作用和片层组织的特性。DP 组织总是小晶粒的,强度大、塑性高。FL 组织常是大晶粒的片层组织,大晶粒使强度和塑性都降低,而片层组织使韧性提高。各种组织的强度高低是可以变化的,因为细晶或细片都能提高强度。表 7-1 中强度数据是 DP 高,因为 FL 组织的片层较粗。细化晶粒可缩短滑移带长度及滑移

图 7-7　TiAl 合金四种典型的室温显微组织:近 γ 状、近片层、双态及全片层

面位错运动长度和位错堆积,降低滑移面交截处和晶界的应力集中,不利于裂纹形核,从这点上说细化晶粒是有利于塑性的。FL 组织中的片层对 TiAl 合金的脆性断裂过程有重要影响。多孪晶片层晶体(polysynthetically twinned crystal, PST)合金研究表明,片层界面对裂纹扩展有阻力,片层组织的断裂抗力高于 γ 相,增加片层含量有助于提高组织的塑性和强度,FL 和近片层组织(near lamellar microstructure, NL)片层含量都很高,断裂塑性也高,但由于晶粒尺寸太大,使塑性降低。近 γ 组织(near γ microstructure, NG)晶粒粗大且非片层自然塑性均低。

表 7-1　钛铝合金的典型组织与性能间的关系

材料/%(摩尔分数)	微观结构	$\sigma_{0.2}$/MPa	σ_b/MPa	δ/%	K_{IC}/(MPa·m$^{1/2}$)
Ti-46.5Al-2.5V-1.0Cr	FL	399	428	1.6	24.6
	NL	420	460	1.4	23.0
	DP	450	535	4.8	11.0
	NG	369	427	1.5	10.8
Ti-48Al-2Cr-2Nb	FL	454	—	0.5	20.0~30.0
	DP	480	—	3.1	11.0~15.0
Ti-46Al-2Cr-3Nb-0.2W	FL	473	473	1.2	20.0~22.0
	DP	462	462	2.8	11.0

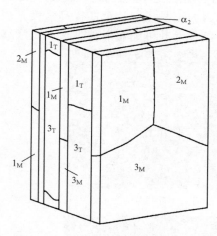

图 7-8　TiAl 合金片层结构的示意图

下标 M 表示基体;下标 T 表示孪晶;

1,2,3 为不同晶粒编号

作为含有相当多份额共价键的金属间化合物结构材料,γ-TiAl 的断裂韧性至关重要。由于全片层组织具有比其他组织形态更高的断裂韧性,所以多趋向于选择全片层组织。全片层的高断裂韧性是由于该组织能够产生较大的裂纹尖端应变,从而增大了抗裂纹扩展的能力。同时,层片相界面两侧如果存在不同的晶体位向及晶体结构,也会造成对滑移带和解理裂纹跨越界面的阻碍。这就是人们设计由 γ 及 α_2 交错形成片层结构的基本思路[6]。图 7-8 所示为 TiAl 合金片层结构的示意图,它由 γ 孪晶与 α_2 组成,其位向遵循 Blackburn 关系,$(0001)_{\alpha_2}$ // {111}和$\langle 0001 \rangle_{\alpha_2}$ // $\langle 110 \rangle_\gamma$[3,4]。

对于航空发动机中高温工作的零部件,如高压压气机叶片、低压涡轮叶片、压缩机叶轮等,它们的工作状态大多是旋转的,承受高温气流冲刷和异物冲击,因此,它们的高温性能,如高温强度、刚度、疲劳和裂纹抗力显得特别重要。蠕变抗力也是一个重要性能指标,但可放为第二位。韧性和塑性虽也是重要指标,但可不过分强调。据此,一般认为应严格控制 γ-TiAl 合金层片的平均晶粒尺寸和层片厚度以保证高温强度和疲劳强度。针对 γ 合金疲劳裂纹生长速率较高的问题,全层片组织宁可稍大也不宜过细,而更有效提高蠕变和疲劳强度的途径还是采用定向凝固组织。

　　断裂韧性和疲劳裂纹扩展抗力与晶粒尺寸的关系有时正好相反,如 Ti-48Al-2Mn-2Nb 的 NG、DP、NL 和 FL 组织在室温时的断裂韧性 K_{IC} 分别为 5.1MPa · m$^{1/2}$、5.2MPa · m$^{1/2}$、7.5MPa · m$^{1/2}$ 和 13.3MPa · m$^{1/2}$。当粗晶粒的 FL 和 NL 组织层片状结构中的裂纹扩展时,由于裂纹尖端明显的塑性变形和其他外部原因,比 DP 和 NG 组织能吸收更多的能量,所以显得断裂韧性和疲劳裂纹扩展抗力较高。但值得注意的是,对层片型组织而言,粒径并非越大越好。实验表明,当层片状晶粒大于 500~600μm 时,断裂韧性反而降低。

　　对 γ-TiAl 高周疲劳行为的研究表明,在温度低于 600℃时,FL 组织比 DP 组织的 10^7 周次疲劳强度要低,但在不低于 800℃时,情况刚好相反。此外,降低层片状的晶粒尺寸和层片厚度对提高其高周疲劳强度有利。总体来说,在各个温度上,FL 组织和 NL 组织的第二阶段抗蠕变性能都比 DP 组织和 ND 组织要好,且温度越高,其优势越大。值得注意的是,过度降低层片状的晶粒尺寸和片层厚度对蠕变抗力不利。有实验显示,细小的片层长期在高温中会自行分解和转变。

　　TiAl 两相合金依组织类型不同,其蠕变速率较单相 γ-TiAl 合金有高有低,如图 7-9 所示。完全转化为 γ+α$_2$ 的板条(片层)组织具有最佳的抗蠕变能力,而双态组织的抗蠕变性最差,近板条组织的蠕变速率略高于全板条组织。

　　γ-TiAl 基合金可分为单相 γ 和双相(α$_2$+γ)合金。由于双相 γ-TiAl 的力学性能明显优于单相 α$_2$ 或 γ,所以目前对双相 γ-TiAl 进行了广泛的研究[20,21],注意以 Ti-(45~49)Al 为基的双相合金,并加入适量的合金元素。TiAl 合金中合金元素的作用大体可归纳为三类[9]。

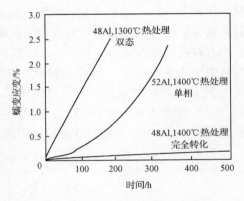

图 7-9　三种典型 TiAl 合金组织
在 850℃、690MPa 蠕变曲线

　　第一类,如 V、Mn、Cr,可提高双相合金的塑性,如在 Ti-48Al 中加入 1%~3% 的 V、Cr、Cr+Mn 或 V+Cr,可提高材料的室温塑性近两倍。最近的解释是,由于 X$_1$ 合金元素将 (α$_2$+γ)-γ 相界移向 Ti 侧,所以降低了 γ 相中 Al 的含量 $C_{Al}(\gamma)$,可能减少共价键或减少 Peievs 应力和各向同性,因而增强了普通 1/2[110] 位错的活动性,并可能减少堆垛层错能,促进位错的分解 ($b=\langle 101\rangle \longrightarrow 1/2\langle 110\rangle + \langle 110\rangle$),增强滑移的活动性。另外,V、Cr、Mn 占据 TiAl 相中 Al 的亚点阵,提高 Ti 原子电子云分布的对称性,有利于提高合金的塑性。Cr 取代 TiAl 中的 Al,获得低 Al 的 TiAl 相,降低 TiAl 相的稳定性,使片状变成粒状,降低层错能,促进孪晶生成,细化合金组织。Mn 可以促进 TiAl 合金的孪生变形。稀土元素对 TiAl 合金有明显的细化作用。Sn 使合金细化,片层尺寸均匀,减小晶胞体积,提高合金塑性。此外,无论 X$_1$ 还是 X$_2$ 元素的加入均可起固溶强化的作用,以 Cr 最强,Mn 较弱。

　　但第一类元素降低 γ 合金的氧化抗力,而第二类元素,如 W、Nb、Ta、Mo 可改善抗氧化能力。少量第三类元素的加入,如 C 和 H 可改善蠕变抗力。在 TiAl 合金中加入 C、N 后由于晶粒细化、固溶强化、弥散强化作用而使合金的屈服强度、断裂强度提高。添加 C 使单相 γ 合金的塑性提高,而使双相合金的塑性降低。

Si 在 TiAl 合金中有一定的固溶度,而且过量的 Si 与 Ti 形成 Ti$_5$Si$_3$ 相,它提高合金的屈服强度和高温蠕变强度。对于铸态 TiAl 合金,添加 0.5%～1%(原子分数)Si 可以显著提高合金的抗蠕变强度,但过多的 Si 不仅降低合金的抗蠕变强度,还降低合金的断裂韧性。添加 Nb 可以提高合金的抗氧化能力。铸态 Ti-Al-Nb-Si 四元合金在 1200K 时抗氧化能力、比蠕变强度优于镍基超合金,其室温断裂韧性可达 32.5MPa·m$^{1/2}$。Sb 可以促进钛合金表面形成 Al$_2$O$_3$ 薄膜,提高合金抗氧化性。

常规铸造合金的性能与全片层组织的变形合金性能类似,即断裂韧性高,而强度和塑性低。但铸造合金试样断裂韧性波动较大,这是晶粒尺寸较大且组织不均匀造成的。人们更感兴趣的是在保持较高断裂韧性不变的条件下,改调铸态组织使其拉伸塑性改善,这导致了铸造粗晶双态组织的发展,将使性能达到较好的配合,使片层间距减小,断裂韧性也可得到改善。韧性随温度升高而增加,而增加的快慢则取决于加载速率。

经密度归一化后,在 700～950℃温度范围内具有双态组织的 γ-TiAl 合金的比蠕变性能优于 Inconel718 超合金。两相合金中增加铝含量、单相合金中增大晶粒尺寸以及提高片层组织的体积分数均可有效地改善蠕变性能,具有大晶粒特点的全片层组织比双态组织有较高的蠕变抗力。如 Ti-48Al-2Cr-2Nb 合金,在 760℃、105MPa 的稳态蠕变速率,双态组织为 3.3×10^{-5}/h,大晶粒全片层组织为 4.0×10^{-7}/h。片层组织蠕变抗力的增大归因于 α$_2$ 条带的增强作用。金属齿状晶界形态对全片层组织的蠕变抗力也有重要的贡献。对具有交错晶界的全片层组织,其初始蠕变量很小。在 650℃以下,双态组织的蠕变断裂强度较高,而高于此温度片层组织表现出较高的破断强度。若在片层组织晶界附近存在 γ 或 β 相(颗粒或细晶状),可能增加蠕变速率。

850℃以下,双态组织的低周疲劳寿命高于全片层组织。对于高周疲劳来说,低温下双态组织疲劳性好。高温下全片层组织疲劳寿命长。而在更高温度,断裂寿命对环境非常敏感。合金 Ti-47Al-1Cr-1V-2.5Nb,是全片层组织,在 900℃、159MPa,其断裂寿命在真空下至少为 300h,而在空气中则仅有 2h。由此表明,蠕变断裂特性在 900℃以上对氧的分压极度敏感。

图 7-10 是 TiAl 合金各种力学性能与显微组织关系的示意图。由图可以看出,除强度外,几乎所有性能,对于全片层组织都有明显提高。同时强度在宽范围内变化。这也表明,需要更好地控制加工成形过程。

依据上面的讨论,对常规铸造 TiAl 金属间化合物全层片组织的结构应为:

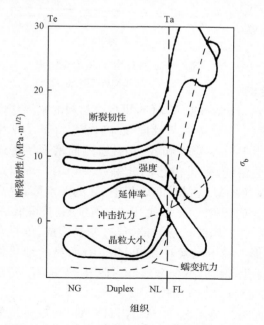

图 7-10　TiAl 合金显微组织与晶粒尺寸和力学性能关系,包括断裂韧性、强度、延伸率(EI)、冲击抗力(IR)和蠕变抗力(CR)

(1) 层片的平均晶粒尺寸为 50～350μm；

(2) α_2-γ 层片的平均体积分数为 5%～25%；

(3) γ 中的 α_2 相分布应该均匀；

(4) 层片厚度应小于 1μm，应控制最小值以保证该结构在高温长期工作时的稳定性；

(5) 晶界应呈不规范形状且处于稳定的低能量态；

(6) 层片状晶粒内不含细小的 γ 等轴晶粒。

需要指出的是，近年随定向凝固技术的发展及定向叶片的实验与成功服役，γ-TiAl 合金走定向凝固的路径已成共识，对定向凝固与常规铸造均应针对具体工况设计 γ-TiAl 合金的显微结构。例如，当主要要求高温强度和疲劳强度时，应严格控制 Lamellar 的平均晶粒尺寸和层片厚度；而为了获得高的蠕变抗力或低的疲劳缺口敏感性时，应获取较大的 Lamellar 晶粒。其次，有时需要的性能参数是相互矛盾的。例如，当既需要高的高温强度和疲劳强度，又需要高的蠕变抗力和低的疲劳缺口敏感性时；或既需要高的疲劳强度又需要高的疲劳裂纹扩展抗力时；就必须进行具体分析，以作出平衡和兼顾的结构设计。再者，应清楚地认识到 FL 结构的塑性和强度的确比 DP 和 NG 低，但可用细化 Lamellar 晶粒弥补，而细化晶粒可以通过调整成分和优化工艺在定向凝固中采用高梯度和超细化（增大 GV）技术来达到。

对 TiAl 二元合金相图最近的研究表明，接近化学当量 TiAl 成分的合金，例如，从 44%～60%Al（原子分数）的液相冷却时，可以有三种完全不同的凝固路线：即 β 相凝固、α 相凝固和 γ 相凝固，其相应的典型铸态组织如图 7-11 所示。目前所研究的多数 TiAl 基合金 Al 的原子分数为 46%～47%，由液相冷却时首先形成固相 α，α 晶体将择优沿其 c 轴 〈0001〉晶向生长，从而形成明显的柱状晶组织。在随后的冷却过程中，γ 相板条从 α 柱状晶中析出形成所谓的 γ+α_2 板条组织。γ 相和 α 相之间将保持确定的位向关系：$(0001)_{\alpha_2}$ // $\{111\}_{\gamma}$ 和 $\langle11\bar{2}0\rangle_{\alpha_2}$ // $\langle110\rangle_{\gamma}$。由于 γ 相和 α 相之间的位向关系，所有的 γ 板条将垂直于 α 相的 c 轴方向（大体垂直于柱状晶的生长方向），最终将得到如图 7-12(a)所示的典型各向异性铸态组织。该类组织的最大缺点是有明显的各向异性特征。因为多数铸造 TiAl 部件具有复杂的形状，这种柱状晶组织将导致铸件不同部位性能的差异。解决该问题的途径之一是通过添加 β 相稳定元素而发展 β 相凝固合金。如图 7-12(b)所示，β 相凝

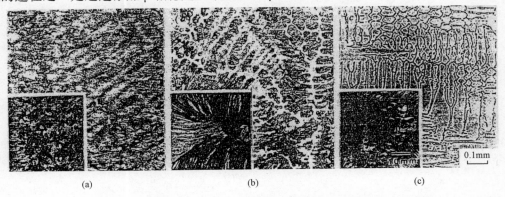

图 7-11　β 相凝固组织(a)、α 相凝固组织(b)和 γ 相凝固组织(c)

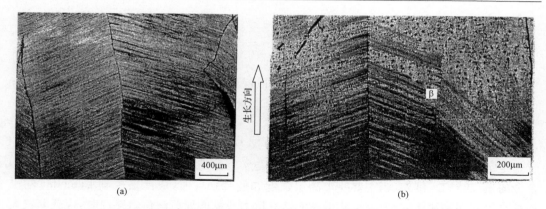

图 7-12　定向凝固的 α 相各向异性铸态组织(a)和定向凝固的 β 相典型铸态组织(b)

固组织的柱状晶特征比 α 相凝固要弱得多。尤其重要的是,沿⟨100⟩方向择优凝固的 β 相有两个与⟨100⟩等效的晶向(⟨010⟩、⟨001⟩)。进一步冷却转变为 α 相时两相间应满足位向关系:{1$\bar{1}$0}$_\beta$//(0001)$_\alpha$、⟨111⟩$_\beta$//⟨11$\bar{2}$0⟩$_\alpha$。所以,从理论上讲,将可能形成 12 种不同取向的 α 变体,最终将在每个 β 晶粒中得到取向完全不同的板条团,相应的具有这种组织的部件力学性能比较一致。

图 7-13 所示为用 PST 晶体所测定的屈服强度和塑性随片层取向与应力轴方向夹角的变化[1]。由图可以看出,当外加载荷垂直于片层时,屈服强度虽最高,但延伸率极低。综合

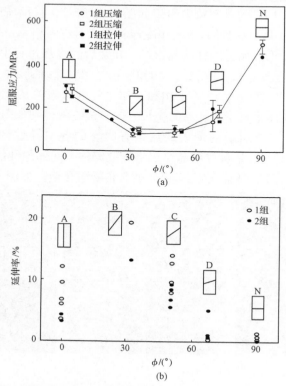

图 7-13　PST 结构屈服强度及塑性随片层与应力轴方向夹角的变化

而言,外加载荷平行于片层界面可以获得最佳的强度与塑性的综合。这种明显的力学性能的各向异性是由于片层界面平行或垂直于外加应力时,γ相沿{111}面的剪切形变与片层界面相截(硬形变),剪切形变必须通过孪晶界、$α_2$-γ界面和$α_2$片层,造成大的形变阻力[1,22]。

7.2.2 定向凝固 TiAl 合金[23-25]

用 PST 晶体所做的实验表明,用定向凝固技术获得具有平行于生长方向的以片层取向方式排列的柱晶材料具有很大的优势[1,26]。例如,Ti-46Al-1.5Mo-0.2C(摩尔分数)具有定向凝固片层组织的铸锭可以获得在 210MPa、750℃下,经 200h,蠕变变形仅为0.15%、稳态蠕变率接近 10^{-10} s^{-1} 的优异性能,其持久寿命也远高于 GE、ABB 和 Howmet 等公司开发出的并已进入使用状态的多种铸造 γ-TiAl 合金的水平[3,27,28]。1993 年,美国通用电气公司已将普通铸造 Ti-47.6Al-2Cr-2Nb 合金制作的低压压气机叶片装在 CF6-80C2 上进行了 1000 次模拟飞行周次考核,叶片完整无损;1996 年又制作GE-90 发动机 5 级和 6 级低压压气机叶片以取代 Rene77 镍基高温合金,取得了成功。仅此项就降低压气机叶片质量 80kg。如果将普通铸造 γ-TiAl 合金叶片发展为定向或单晶叶片,可以设想,将可能大大提高压气机的性能水平[2,29,30]。图 7-14 为最近几年发表的各类常规制备的 TiAl 金属间化合物与相应成分的定向凝固 TiAl 合金抗高温蠕变性能对比总结。可以看出,由定向凝固获得的合金其蠕变速率有数量级的降低,简单二元 Ti-47Al合金的蠕变速率甚至低于现有经充分合金化而用常规方法加工的 TiAl 合金。

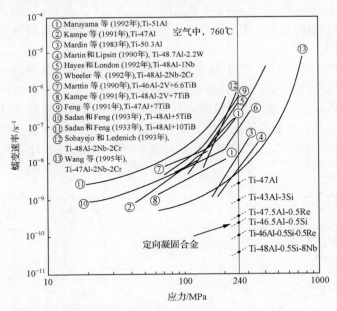

图 7-14 常规制备和定向凝固 TiAl 金属间化合物抗高温蠕变性能对比总结[31]

但是用常规的定向凝固方法难以获得平行于生长方向的 γ-$α_2$ 层片界面的定向排列组织。凝固过程中的包晶转变对组成相的生长与取向有不同的影响。由于 γ-$α_2$ 片层结构一般是在固态相变中由 α 母相形成,它不仅受凝固过程的影响,在很大程度上还受固态相变的左右。例如,在非平衡凝固条件下,对 Ti-(46%~49%)Al(摩尔分数)合金,其相变顺序为[32]:L+[β]——→[β+α]+L——→[β+α]+γ——→[α]+γ——→α₂+γ——→[α₂+γ]+γ;γ 相不仅可以由液相析出的 α 母相形成,还可以在液相中析出的 β 相转变为 α 相的母体中形成,而且还可以由液相中直接析出。这样,γ-TiAl 片体的取向就不仅决定它本身形成的条件,也受母相形成条件的影响。图 7-15 所示为 γ-TiAl 相图中初生相分别为 β 或 α 相时,母相凝固生长取向与 γ-TiAl 片体取向的关系[33,34]。β 相促使 γ-TiAl 片体与生长方向成 0°或 45°的交角,α 相则使 γ-TiAl 片体垂直于母相的晶体择优取向。如果凝固过程中 γ 相形成于不同的母相,则总体控制 γ 片层的结构与取向将更为困难。除此之外,定向凝固包晶反应过程中相的竞争与选择及界面形态的演化也将同时对 γ-TiAl 的凝固组织产生重要的影响。

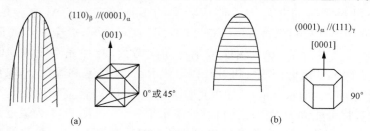

图 7-15　Ti-Al 系中片层方向与初生相枝晶生长方向的关系

由液相析出的 β 或 α 相在向 γ 相的固相相变中,不但相变产物 γ 会有完全不同于前两相择优生长的晶体取向,而且即使合金选择只位于 L+β 或 L+α 相区的成分范围,由于定向凝固过程中相的竞争生长,凝固析出相仍可能出现相之间的转化,从而影响最终 γ-TiAl 的晶体取向。

图 7-16 为对应于 Ti-Al 相图当 Al 含量为 x_0 的合金在定向凝固条件下初生稳态相 β 与亚稳相 α 在竞争选择界面温度对定向生长速率的响应[25,35,36]。在近平衡态,β 与 α 均可以平面形态生长。在低速的胞-枝晶生长范围,稳态 β 相因其形成温度较高、形核过冷度较小,成为领先相并优先生长。然而由于亚稳相 α 的溶质分配系数总是大于稳态相 β 的溶质分配系数[37],即 $k^α(TiAl) > k^β(TiAl)$,亚稳相 α 在定向凝固过程中排出的溶质量相对较少,因而随

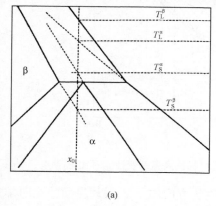
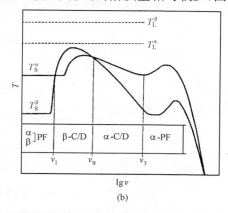

图 7-16　初生相 β 与包晶相 α 在定向稳态竞争生长中界面温度对定向生长速率的响应
C-胞状生长;D-枝晶生长;C/D-胞/枝状生长;PF-平面生长

着生长速率的增加,其 T-v 曲线的变化较为平缓。这样,在达到某一速率时,就会出现两相的 T-v 曲线相交,亚稳相的界面温度高于初生稳定相成为领先相而得到优先生长。

由于凝固过程中的偏析及领先相(leading phase)的动态竞争,实际定向凝固中往往有 β 与 α 或者 α 与 γ,甚至 β、α 与 γ 多相的凝固组织出现。这样,固态相变后形成的 γ＋α 片层,就会呈现出与凝固生长方向有多种取向差异的结果。图 7-17 所示为在实验室获得的 Ti-45％Al 的定向凝固组织[38]。由图可以看出,当初生相为 β 时,片层方向与生长方面成 45°夹角,凝固析出共生的 β 与 α 时,其中从 α 相形成的片层与生长方向垂直。可以用图 7-18[39] 示意地描述初生相分别为 β 或 α 的不同成分的合金在凝固和冷却过程中在近平衡情况下,经历不同相域晶体生长和取向的变化。β 相经历 L＋β→β→α＋β→α→α＋γ 形成了平行或与生长方向成 45°的 γ＋α₂ 片层;α 相则由 L＋α→α→γ＋α 形成垂直于生长方向的片层组织。因此,为了精确掌握 TiAl 合金主要组成相 α、β、γ 出现的工艺及成分条件,首先必须建立在有可能形成以 γ-TiAl 为主要组织的 TiAl 成分范围内合金成分、工艺参数与组成相的关系。根据充分形核假设与成分过冷准则和最高界面温度判据及经修正的 HunziKer-Trivedi 模型,计算绘制了 TiAl 合金相及组织的选择图,建立了合金成分 － G/V 与相选择-组织形态的关系如图 7-19。相应的组织成分与工艺参数见表 7-2。

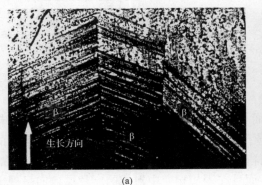 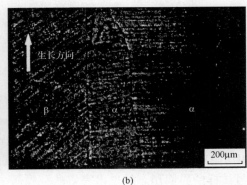

图 7-17　Ti-45％Al 的定向凝固组织

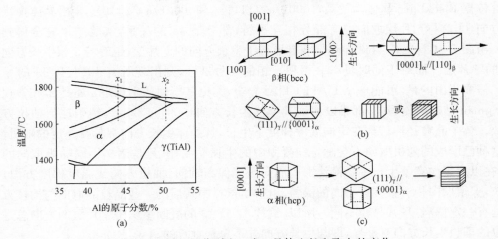

图 7-18　初生相分别为 β 或 α 晶体生长和取向的变化

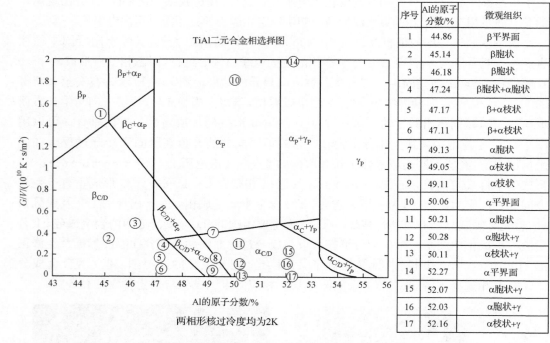

图 7-19　Ti-Al 合金成分-G/V 与相选择-组织形态的关系
图中下标 C 表示胞状生长，D 表示树枝晶生长，C/D 表示胞状或树枝状生长，P 表示平面生长

从各种条件所得凝固界面形态与组成相晶体特征见图 7-20。枝晶形态的 β 相总是以二次枝臂与一次枝干正交的立方晶体出现；而六方晶体的 α 相其二次枝臂与枝晶主干却成 60°夹角（试样 3、4）。试样 12 与 16 在相选择图中均位于以 α 相为主的相区，所得到的 α 相均呈有 60°夹角的六方晶体特征；1 号试样按选择图应具有平界面的 β 相组织，相应的一号试样的界面形态呈现出完整的平界面。而且在固相相变中形成的 γ 片层取向呈现出与生长方向成 45°的特点。

依据 Blackburn 晶体学关系，$(0001)_α$∥$\{111\}_γ$ 和$\langle0001\rangle_α$∥$\{110\}_β$，β 相晶体择优生长方向$\langle001\rangle$与 γ 片层取向应有部分相互平行，部分呈 45°的关系，实验结果完全得到证实。由图 7-21 看出，3 号试样获得既有平行于生长方向的 γ 片层，也有与 β 相生长方向成 45°的 γ 片层。而对于同时具有 β 相和 α 相的 4 号试样，则出现既有 45°也有 90°的 γ 片层。需要指出的是，可能含 γ-TiAl 的 TiAl 合金，无论其凝固初生相是 α 还是 β，在常规的 Bridgman 型定向凝固中，都难以保证其择优生长方向$\langle0001\rangle$或$\langle001\rangle$精确地与抽拉方向一致。各个晶粒经形核到在定向温度梯度下生长，其晶体生长方向都具有一定的随机性，且这种已形成的随机取向不会随定向凝固中的生长而变化，只是诸多不同随机取向的晶粒，在以后定向竞争生长中会淘汰那些晶向更多偏离轴向（抽拉方向或温度梯度方向）的晶粒，保留取向相对较接近轴向的晶粒。这样，试样中最后的一些晶粒的取向与抽拉方向总是有一定偏离，且各晶粒不同。所以，试样 12 及 13 的凝固组织中 γ 片层的方向总是与抽拉的理想生长方向有差异，即与生长方向并不总是垂直的。

表 7-2　**TiAl 合金相应的凝固组织成分与工艺参数之间的关系**

序号	Al的原子分数/%	$G/V/(\mathrm{K \cdot s/m^2})$	界面形态	微观组织	
1	44.86	1.43×10^{10}	平界面	β 平界面	
2	45.14	3.75×10^{9}	胞状	β 胞状	
3	46.18	4.8×10^{9}	胞状	β 胞状	
4	47.24	3×10^{9}	胞枝	β 胞状 + α 胞状	β 枝晶间偏析,出现少量 α
5	47.17	1.6×10^{9}	胞枝	β + α 枝状	
6	47.11	1.2×10^{9}	枝状	β + α 枝状	
7	49.13	3.8×10^{9}	胞状	α 胞状	
8	49.05	1.75×10^{9}	枝状	α 枝状	
9	49.11	0.8×10^{9}	枝状	α 枝状	
10	50.06	1.8×10^{10}	平界面	α 平界面	
11	50.21	3.52×10^{9}	胞状	α 胞状	
12	50.28	1.8×10^{9}	胞枝	α 胞状 + γ	α 胞或枝间偏析,出现少量 γ
13	50.11	1.2×10^{9}	枝状	α 枝状 + γ	
14	52.27	2.1×10^{10}	平界面	α-平界面	
15	52.07	4.2×10^{9}	耦合生长	α 胞状 + γ	α 胞或枝间偏析,出现少量 γ
16	52.03	2.1×10^{9}	胞枝	α 胞枝 + γ	
17	52.16	1.05×10^{9}	枝状	α 枝状 + γ	

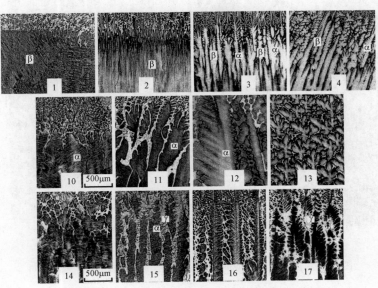

图 7-20　TiAl 合金凝固界面形态与组成相晶体特征

换言之,如果合金试样中初生 α 相的择优生长方向〈0001〉与理想生长方向一致,则通过固态相变($\alpha \longrightarrow \gamma + \alpha_2$)形成的 γ 片层就会与生长方向呈正交的取向状态,如图 7-22 所示。

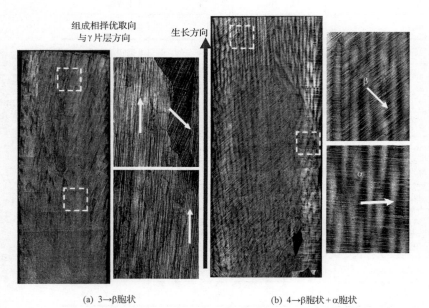

(a) 3→β胞状　　　　　　　　　　　　　　(b) 4→β胞状+α胞状

图 7-21　初生相为 β 时平行于生长方向的 γ 片层和与 β 相生长方向呈 45°的 γ 片层

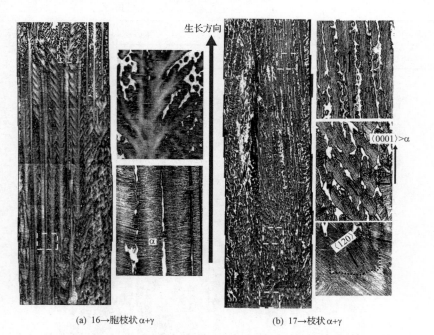

(a) 16→胞枝状 α+γ　　　　　　　　　　　(b) 17→枝状 α+γ

图 7-22　初生 α 相形成的 γ 片层就会与生长方向成正交的取向

7.2.3　γ-TiAl 合金的晶体生长与晶向控制

由前面的分析可以看出,γ 片层组织的取向除受凝固中相的竞争选择及非平衡效应影响之外,合金的固态相变也起了更重要的作用,所以仅靠在凝固过程中控制 TiAl 合金的片层在实践上是有困难的,主要是由于以下原因。

(1) 片层组织不是从液相中形成,而是通过固态相变形成的。

(2) 液固相变中形成的相生长取向与界面形态又影响固相相变及相变产物的晶体结构与取向。

(3) 片层组织由 γ + α_2 组成,它们之间有确定的晶向关系 $(111)_\gamma$ // $(0001)_{\alpha_2}$ 及 $(11\bar{2}0)_{\alpha_2}$ // $\langle 110 \rangle_\gamma$,要控制片层组织,首先必须控制高温 α 相,然而 α 相的枝晶择优生长方向垂直于 (0001) 面。

(4) 如凝固中有初生 β 相析出,片层边界与 β 择优生长的 [001] 晶向成 45° 或 0°。

因此,常规的定向凝固技术不能保证获得平行于凝固方向的 γ 片层组织。为了获得 γ 片层与凝固生长方向一致的显微组织,Yamaguch 等[33,34] 提出了改进的籽晶法来控制凝固取向。其基本思路是:控制合金成分使定向凝固中初生相全为 α,生成与热流方向一致的 α 柱晶并浇注成母锭;切取 α 晶体并转动 90° 作为供随后合金材料定向凝固的籽晶。这样,母锭中 α 柱晶择优生长的 [0001] 取向就与随后定向中凝固的热流方向垂直,而新的与热流一致的择优生长方向就与 γ 片层的取向一致。图 7-23 所示为改进籽晶法的示意图。

用改进的籽晶法定向凝固 γ-TiAl 常常是失败的,其主要原因是原来 α 相与 γ 片层的晶向关系及 α 相本身的位向关系在重熔加热中可能丧

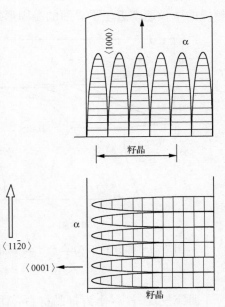

图 7-23　TiAl 合金定向凝固改进籽晶法的示意图

失。实践证明,用二元 TiAl 合金作为籽晶,简单地将原定向母锭截取并转动 90° 进行定向凝固是不行的。因为 β 相极限 Al 含量 x_2 高于 γ 相的最低 Al 含量 x_4 (图 7-24)[32]。籽晶在重熔加热时必然先要经过 γ 单相区,再进入 γ/α 两相区,此时的 α 相在 γ 相母体上成核析出,其晶体学位向决定于 γ 相。虽然籽晶中 γ 片体与 α 相有确定的位向关系,但在加热进入 γ 相时,由于 γ 相有 4 个晶体结构等同而取向不同的 {111} 面,它可能取其中任一个使 α 相在其上析出,这样就可能形成不同的形核取向,从而使新形成的 α 片体具有与原来片体取向不同的晶向组织。

为此,采用籽晶法控制 γ 层取向必须注意以下问题。

（1）α相必须是初生相。

（2）加热至 $\alpha_2 + \gamma \longrightarrow \alpha$ 共析温度，片层组织是稳定的。

（3）加热时，α相是热力学稳定的，且α相体积分数的增加是通过增厚α片层而不是形核为新的α片层。这样可使高温α相有与原始片层组织中的α片层同样的取向。

（4）冷却时，此过程是可逆的，片层组织原来的取向可保存。

由上面的讨论可以看出，要想满足定向籽晶的要求，必须适当改变相图中某些临界点，如 x_2 和 x_4 的位置（图 7-24），使所选合金在加热时既不要进入单相 γ 相区，在凝固时又不要有 β 相析出。

经过大量的实验研究发现，选用 Ti-Al-Si 系的合金作为籽晶材料可以满足前述要求。在加热和冷却时 γ+硅化物的两相区始终存在，片层组织一直到进入 α+硅化物的高温区始终是稳定的。由于α相直到熔点均保持稳定，所以用单一取向的该材料作为籽晶在比较慢的生长速率近于平界面的凝固形态可以获得很好的定向试样，如图 7-25 所示[19]。

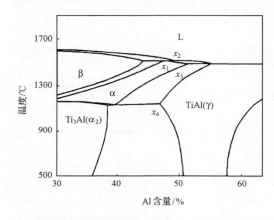

图 7-24 部分的 TiAl 合金二元相图

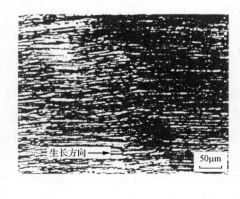

图 7-25 Ti-47Al 合金以 40mm/h 定向凝固后内部片层方向

研究发现[40-43]，作为籽晶材料，Al＋Si 量的控制非常重要，如果超过 47％，可能有 γ 相从液相中形核析出，如果 Al＋Si 量较低，又会有 β 初生相析出，最终设定为 Ti-43Al-3Si，其溶质摩尔分数相当于二元系中稍大于 49％Al（摩尔分数）的含量。母合金成分则为过包晶的 TiAl 合金（$x_1 < x < x_2$）。

樊江磊等利用电磁冷坩埚强侧向散热的特点进一步改进了籽晶锭的制备工艺（图 7-26），可直接切取籽晶，并探索更有效的片层取向控制方案[10,23,25]。研究表明，γ 片层精确控向的基础是定向凝固中初生 α 相择优生长方向⟨0001⟩的控制。如果 α⟨0001⟩晶向与抽拉方向一致，根据晶体学位向关系，其片层取向必定与抽拉生长方向平行，如图 7-26 所示，因此研究 α 相择优方向⟨0001⟩定向凝固过程中的生长取向规律至关重要[44,45]。

首先需要研究确定的是，一旦 α 相晶体学择优取向和⟨0001⟩在试样中确定之后，作为籽晶在以后的重熔定向凝固中其⟨0001⟩方向是否会发生变化[21,46]，图 7-27 是 α 相生长方向与 γ 片层取向的晶体学关系。α 相由⟨0001⟩到⟨11$\bar{2}$0⟩，其相对应的片层取向由 90°到

0°。图 7-28 是 Ti-46Al-0.5W-0.5Si 合金在不同生长速率下 α 相⟨0001⟩晶向、γ 片层取向与抽拉生长方向的关系。其基本趋向是生长速率较低时，⟨0001⟩与生长方向更为接近。图 7-29 为 Ti-49Al 的二元合金，在常规定向凝固下冷却速率对 α 相生长取向的影响，可见随冷却速率增加，α 相生长取向会以⟨0001⟩向⟨10$\bar{1}$0⟩转变，其中过渡阶段生长取向可以改变。图 7-30 是 Ti-Al-W-Si 合金籽晶不同生长速率的显微组织[47]。图中(a1)、(b1)、(c1)中虚线左侧为定向生长中籽晶未熔部分，显示它们的⟨0001⟩择优取向与虚线右侧及所有引籽晶生长的各截面的⟨0001⟩取向完全一致，表明籽晶中各晶粒的⟨0001⟩晶向在之后的定向凝固中会一直保持，不会发生改变，不受定向凝固过程中热流方向变化的影响。应该指出的是，在常规的定向凝固条件下，合金的凝固一般取枝晶形态。此前的研究表明，当合金呈枝晶时，其晶体的生长方向与晶体学的择优方向，如⟨0001⟩是一致的。就 TiAl 合金而言，从显微组织中显示的晶粒生长方向可以认为就代表了该晶粒晶体的⟨0001⟩择优取向。但若晶粒为胞状或平-胞状，生长方向与晶体学择优取向就不会保持一致，仅以金相组织中晶粒生长方向来判断择优取向就会发生大的偏差。

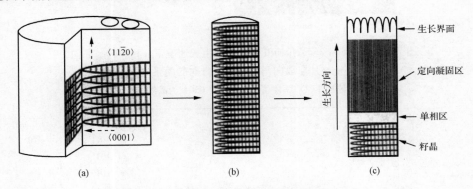

图 7-26　定向凝固自引晶法层片取向控制示意图

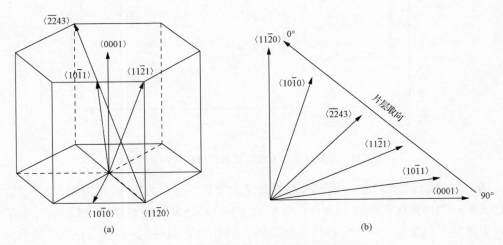

图 7-27　α 相生长方向与 γ 片层取向的晶体学关系

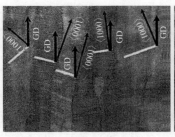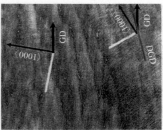

① 首先凝固析出 α 相，其后转变
的 γ 片层取向与 α〈0001〉垂直

(a) 3μm/s　　　　　(b) 10μm/s

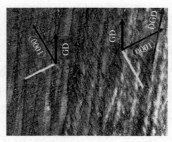

② 随生长速率增大 α 晶体择优取向
〈0001〉偏离轴向的机率增加

③ 系统研究了 G 与 V 对 α 晶体〈0001〉
取向影响的规律

(c) 30μm/s

图 7-28　Ti-46Al-0.5W-0.5Si 合金不同生长速率下 α 相〈0001〉晶向、
γ 片层取向与抽拉生长方向的关系

GD-热梯度方向；DGD-枝晶生长方向；〈0001〉为晶体学择优取向

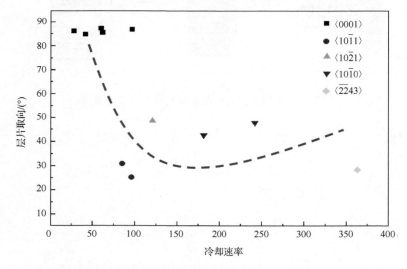

图 7-29　冷却速率对 α 相生长取向的影响（Ti-49Al）

　　图 7-31 为 Ti-49Al 的二元合金，在常规定向凝固下显示为胞/枝状组织，与片层取向成正交的〈0001〉择优方向展示出与晶体生长方向 DGD 有一定偏离，片层取向并不精确垂直于试样宏观生长方向。若将该试样旋转 90°，作为籽晶再定向生长，γ-片层显示与生长方向虽不准确一致，大体上比较接近。定向凝固中的热流 Q 的方向与晶体生长方向（DGD）、晶体学择优取向〈0001〉和片层方向之间的关系，两个试样之间大体上是对应的。

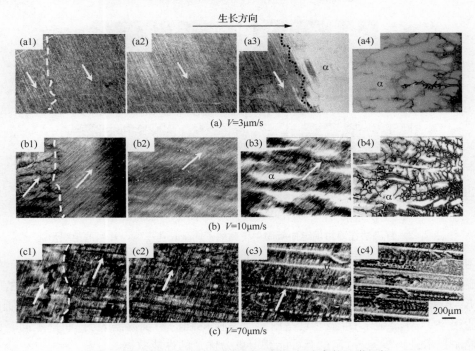

图 7-30　Ti-Al-W-Si 合金籽晶经不同生长速率的显微组织

图 7-32 给出用籽晶法在冷坩埚定向凝固中得到的不同生长速度下 γ-片层的组织形态,可以看出,随生长(抽拉)速率的增加,片层间距不断得到细化。

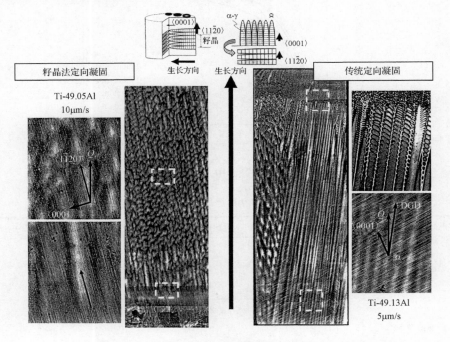

图 7-31　Ti-49Al 合金定向凝固胞或枝状组织与片层取向

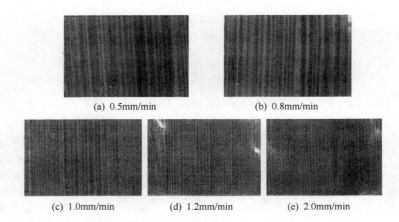

(a) 0.5mm/min　　　　　　　　　　(b) 0.8mm/min

(c) 1.0mm/min　　　　(d) 1.2mm/min　　　　(e) 2.0mm/min

图 7-32　籽晶法在冷坩埚定向凝固中得到的不同生长速率下 γ 片层的组织形态

　　图 7-33 及表 7-3 是在冷坩埚定向凝固成功控制 γ 片层取向条件下得到的力学性能。其室温平均拉伸强度达到 550MPa，延伸率最高可达 4%，且显微显痕法测定换算的断裂韧性 K_{IC} 最高可达 18MPa·$m^{1/2}$，但波动较大，最低约为 12MPa·$m^{1/2}$。从国内外所报道的商业用 γ-TiAl 合金来看，显然这些由实验室所得到的初步数据表明，如果定向凝固与晶向控制技术进一步完善，完全有可能获得更为优越的性能数据。

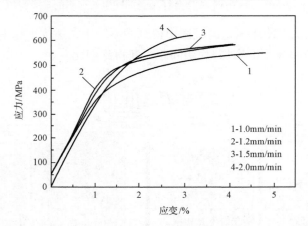

1-1.0mm/min
2-1.2mm/min
3-1.5mm/min
4-2.0mm/min

图 7-33　Ti-Al 冷坩埚定向凝固中 γ 片层取向一致时的力学性能

表 7-3　TiAl 冷坩埚定向凝固中 γ 片层取向一致下的合金硬度和断裂韧性

测试位置	试样号	维氏硬度(HV)	断裂韧性 K_{IC}/(MPa·$m^{1/2}$)
纵剖面	1#	249.05	18.14
	2#	268.86	16.00
	3#	270.56	15.64
横剖面	1#	236.10	14.60
	2#	241.91	12.93
	3#	220.80	12.55

7.3　NiAl 系金属间化合物定向凝固

7.3.1　NiAl 系金属间化合物材料概况

　　NiAl 系金属间化合物中作为高温材料具有应用价值的是 Ni_3Al 和 NiAl 合金。Ni_3Al 有序相作为镍基高温合金的主要强化相早为人们所熟悉,它在熔点(1395℃)以下呈面心立方长程有序结构,单晶 Ni_3Al 具有良好的塑性,但多晶 Ni_3Al 由于其脆性影响其发展和应用。1979 年,和泉修等通过加入微量硼使材料塑化,室温拉伸延伸率可达40%～50%。加硼后断裂特征由无硼时的晶界断裂转变成穿晶断裂。通过合金化进一步提高材料的室温屈服强度和高温强度是合金发展的重要内容,在合金元素强化作用中,Hf 的强化效果最为明显。经过 20 年的研究与发展,Ni_3Al 基合金已达到较高的性能水平和较满意的综合性能,成为一种实用工程材料,但由于其高温强度和持久性能显著低于目前广泛使用的高温合金材料,因而难于取代传统的高温合金。鉴于 Ni_3Al 具有一些良好的特殊性能,如高温(1000～1250℃)抗氧化性和抗烧蚀性,耐磨性和抗气蚀性,在某些应用领域有一定的使用前景。另外,通过纤维增强 Ni_3Al 基复合材料的强度和高温强度可以超过高温合金的水平,因此,它是将来需要研究和开发的一个方向。

　　在 Ni-Al 二元系中,只有 Ni_3Al 和 NiAl 才有作为结构材料而得到应用开发的潜力。尤其 Ni_3Al 基合金,在民用及军用材料中已得到成功应用。例如,美国橡树岭国家实验室开发出了大量 Ni_3Al 基合金,其中 IC-221M 铸造合金,在室温其强度与 IN-713C 相当,而当温度升高后,由于 Ni_3Al 合金具有反常屈服行为,其高温强度要比 IN-713C 高出许多,而且高周疲劳性能也优于 IN-713C,所以在汽车的涡轮增压器上用 IC-221M 取代了 IN-713C。此外,IC-221M 和 IC-218 均成功地应用于高温模具材料中。然而,ORNL 研制的合金大多用于 1000℃以下使用的民用材料。他们目前设计出的性能最好的 IC-396M 合金,是专门为飞机发动机涡轮增压器上的转动件而设计的,其 1000℃屈服强度也只有464MPa,还无法与传统 Ni 基合金相竞争。

　　国内中国科学院金属研究所和钢铁研究总院在变形 Ni_3Al 基合金方面做了许多工作,而且在民用材料上取得了应用。如钢铁研究总院研制的 MX-246 合金,由于具备良好的高温强度及耐磨损性能,已成功用于线材轧机的导卫板、圆盘及导向棒等。

　　北京航空材料研究院研制成功了一种定向凝固 Ni_3Al 基合金 IC6。该合金是在1000～1200℃工作的燃气涡轮发动机导向叶片和工作叶片较为理想的材料。它从室温到1200℃均具有高的屈服强度和塑性,特别是它的 1100℃持久强度优于国内外所有定向凝固 Ni_3Al 或 Ni 基合金。IC6 合金已试制成某涡轮发动机二级导向叶片,并成功地进行了试车和试飞考核,现正在几种型号发动机导向叶片上进行推广应用。然而,由于在实际应用的 Ni_3Al 基合金中大多引入一定量的 γ 相,所以在密度及熔点上比传统 Ni 基合金提高的幅度有限,还不能满足具有更高热效率和更大推重比的下一代更新型发动机叶片的需要。

因此,国内外许多材料研究工作者越来越多地把目光集中在 NiAl 基合金的研究上。在这一合金中通过引入颗粒的第二相强化或析出强化使其高温强度大幅度提高,特别是通过析出强化相的 NiAl 单晶合金的高温蠕变强度已达到第一代 Ni 基单晶合金的水平。NiAl 有序金属间化合物熔点高(1638℃),密度较小(5.68g/cm³),具有良好的抗氧化性和高的导热系数,是一种较为理想的航空航天用高温材料,但常温时的脆性和500℃以上高温强度偏低,影响其发展和应用。针对上述问题已经开展了大量的研究工作。通过合金化,如添加 Hf、Ti、Zr 以及通过加入氧化物、碳化物或 TiB₂ 相质点可以提高高温强度。通过快速凝固、粉末冶金工艺使晶粒细化,可以改善塑性。通过加入比较多的固溶度很大的 Fe、Co 等元素在 NiAl 基体中形成 $\gamma + \gamma'$ 塑性相来提高塑性。引入塑性相后,NiAl 合金的室温塑性也得到比较明显的改善。各种方法虽然使其性能提高,但到目前为止同时使高温强度和室温塑性达到应用水平的 NiAl 合金仍然没有,NiAl 合金还没有发展成为有实用价值的高温结构材料,还需进行大量深入、系统的工作。为提高 NiAl 的塑韧性及高温强度,研究者进行了大量探索,具体方法及机理见下面各节。

7.3.2 NiAl 合金特点

1. 晶体结构

如图 7-34 所示,NiAl 的晶体结构为有序立方 B2 结构,属 CsCl 型。这种结构可以看成由两种简单立方结构穿插而成,Ni 原子和 Al 原子分别占据两种亚晶格的顶点。NiAl 是一种 β 相电子化合物,其共价电子和原子的比例为 3/2,键合类型为金属键和共价键混合型。

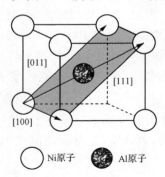

图 7-34　NiAl 的晶体结构

NiAl 的晶格常数与化学计量比有很大关系。化学计量比 NiAl 的晶格常数最大,为 0.2887nm。偏离计量比成分,晶格常数显著下降,且呈线性变化。从图 7-35 的 Ni-Al 二元相图可以看出[48],B2 结构的 NiAl 相中 Ni 含量可为 45%～60%,高温区相对更宽些。宽大的成分范围为其合金化提供了有利条件。

2. 物理性质

NiAl 的熔点高达 1638℃,比一般镍基高温合金高 300℃ 左右,比 Ni₃Al 高 250℃,NiAl 合金的使用温度可望达到 1250℃。而它的密度(5.86g/cm³)仅及镍基高温合金的 2/3,比 Ni₃Al 还轻 1.64g/cm³,即使合金化,其密度也在 6.0g/cm³ 左右,从而可有效地提高比强度,制作涡轮导向叶片或涡轮叶片预期可减重 30%～40%。同时,NiAl 的导热率大,在 20～1100℃,为 70～80W/(m·K),是一般镍基高温合金的 4～8 倍,大的导热率可使零件温度梯度减小,热应力降低,冷热疲劳性能提高,可提高空心气冷叶片的冷却效率,这是涡轮导向叶片十分需要的良好物理性能。NiAl 的热膨胀系数与典型的镍基高温合金差不多,约为 $15.1 \times 10^{-6} \mathrm{K}^{-1}$。此外,NiAl 还具有优异的抗氧化性能,作为镍基高温合金的抗氧化涂层,至今仍在广泛应用。

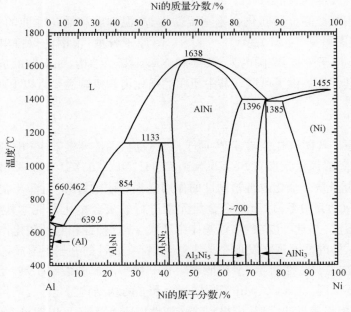

图 7-35　二元 NiAl 相图[48]

3. 力学性能

NiAl 在室温变形时只能进行 ⟨001⟩{110} 滑移,仅能提供三个独立的滑移系,不能满足多晶变形的 von Mises 准则[49],晶粒之间不能协同变形,因而极易在晶界处形成裂纹。NiAl 的断裂韧性只有 $4 \sim 6 \mathrm{MPa} \cdot \mathrm{m}^{1/2}$,并且基本不受晶粒尺寸、化学计量比和热处理状态的影响[50],多晶和单晶形式的 NiAl 在室温下都是脆性的,而在高温下是塑性的。其中单晶 NiAl 显示出其塑性对结晶方向和温度很敏感,由于滑移的各向异性,非 ⟨100⟩ 取向的晶体比 ⟨100⟩ 取向的晶体在低温下有较高的塑性,在 ⟨100⟩ 向的晶体中没有观察到塑性延伸率,对于 ⟨110⟩ 和 ⟨111⟩ 取向的 NiAl 单晶,在低温能获得 2% 的延伸率。

研究表明[51],NiAl 的韧脆转变温度(brittle-ductile transition temperature, BDTT)为 $500 \sim 750 \mathrm{K}$,高于此温度,其塑性明显提高,其断裂韧性从室温的 $4 \sim 6 \mathrm{MPa} \cdot \mathrm{m}^{1/2}$ 增加到 $20 \sim 50 \mathrm{MPa} \cdot \mathrm{m}^{1/2}$。对于这一变化,一般认为是热激活的形变过程引起的[52]。⟨100⟩ 位错的滑移与攀移结合可以满足 von Mises 条件,从而使 NiAl 塑性得到大幅度提高。当温度进一步升高时,NiAl 的强度迅速下降,抗蠕变性能恶化[53]。

7.3.3　NiAl 基合金的强韧化方法及机理

由于 NiAl 合金高温强度低,室温韧性和塑性差,难以加工成型,这些缺点阻碍了其实用化。NiAl 合金室温下的脆性和强度与其结合键的性质、晶体结构、缺陷敏感度、有序度及环境影响有关。为了改善其室温脆性并进一步提高其韧性，人们采用合金化、细化晶粒、调整微观组织、复相强化等工艺来对 NiAl 金属间化合物进行改性，每种方法都在一定的范围内达到改性的目的。

合金化是用来提高金属间化合物室温塑性、高温强度和蠕变性能的主要方法之一。由 NiAl 合金相图可见，NiAl 在 45%～60% Ni(原子分数)范围内保持单相 B2 结构，在 60%～75% Ni(原子分数)范围内为 NiAl 和 Ni_3Al 双相结构，如此宽的成分比范围为通过合金化改善其性能提供了可能。其中所用的强化增韧机制主要有以下几种。

1. 固溶强化

通过溶质原子气团钉扎位错、产生原子尺寸效应、弹性模量效应和固溶有序化等引起固溶强化，常用固溶强化元素有 Fe、Co、Mo、Ti、Hf、Nb、Au、V、Cr、Zr、Cu、Ho 等，实验证明，对 NiAl 合金微量合金化改善塑韧性的作用是很有限的，因此近年来的合金化研究基本上是加入 1%(质量分数)以上的合金化元素进行的宏合金化研究。其中，Fe、Co 等元素有很大的固溶度，并且可以在 NiAl 基体中形成 $\gamma+\gamma'$ 塑性相起到塑化作用，对 NiAl-Fe 合金拉伸断裂试样的截面观察发现[54]，裂纹通常都在脆性的 β 相中形成，并终止在 β 与 $\gamma+\gamma'$ 的相界面，这说明塑性的 $\gamma+\gamma'$ 相能够阻止 β 相中形成的裂纹扩展，是 NiAl-Fe 合金塑性改善的重要原因。Cr、Cu、Mn 等同样使 γ 和 β 两相结构稳定[55]，产生的 γ 相分布于晶界上，协调了相邻晶界的变形，可得到较高塑性。Fe 元素还可以改善 NiAl 合金的蠕变性能，NiAl 中加入 10% Fe(原子分数)，发现热激活交叉滑移成为控制蠕变速率的主要因素[56]，蠕变实验中产生了线状刃型位错的堆积。并且由于 Fe 的加入而形成了亚晶界，改善了 NiAl 的晶界结构，使合金在 750℃ 下的 0.2% 塑变实验应力达到 120MPa(而 $Ni_{50}Al_{50}$ 只有 88MPa)。

2. 沉淀强化

在 NiAl 系共晶合金中加入 Au、Ti、Hf、Ho[57-61]，由于这些元素在 NiAl 基体中的固溶强化和分布在晶界处的 $\alpha\text{-}AlAu_2$、Ni_2AlTi、Ni_2AlHf、Ni_2Al_3Ho 相沉淀强化的共同作用，使室温下的压缩率和屈服强度提高 2～3 倍。其中，Cr 和 Hf 是促进稳定面心立方 β-(Ti,Hf)的元素[62]，在 Heusler 相析出的同时，形成(Ti,Hf)固溶相，引入这种韧性相以及 Ti、Hf 在 NiAl 中的固溶强化两种综合作用使得合金室温下的 $\sigma_{0.2}$ 和断裂应变同时得到改善。

以上针对 NiAl 基合金的各种强韧化方法，使其性能得到了比较明显的提高，使 NiAl 基合金具有了更大的应用价值。但在 NiAl 基体中加入难熔金属(Cr、Mo、Ta、V、W 等)形成二者的共晶组织，并通过定向凝固的方法，将其制备为定向规则排列的共晶组织后[63-65]，NiAl 基合金的强度和韧性才得到了大幅度提高。这种方法制备的组织最大优点就是消除了横向的晶界和元素的偏析，并且多种强韧化方法同时起到了作用，如大量的两相界面产生的复相强化，基体或高熔点金属强韧相中的固溶强化、弥散强化等。下面将系统介绍这类材料的组织特征、凝固特点、凝固过程组织的演化、相的选择及凝固参数、化学成分等的影响规律,并对该类定向凝固合金的组织、性能和断裂机理等进行分析。

7.3.4　NiAl 基定向凝固共晶合金组织和性能

张建飞等得到的定向凝固 NiAl-9Mo 共晶合金的纵截面和横截面的金相组织如图 7-36 所示,是由 NiAl 基体和 Mo 纤维两个相组成的[66,67]。共晶体中基体和纤维成分的能谱分析结果如图 7-37 所示。结果表明,NiAl 基体中不固溶 Mo 元素,其成分为 Ni-45.1 Al。Mo 纤维相中固溶一定量的 Ni 和 Al,其成分为 Mo-12.55Ni-14.69Al。从高倍 SEM 图可以看出,Mo 纤维横截面的形状为矩形而非圆形。

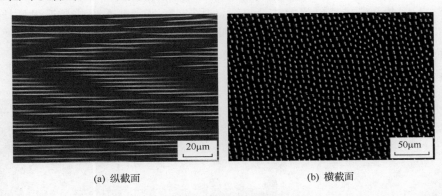

(a) 纵截面　　　　　　　　　(b) 横截面

图 7-36　NiAl-9Mo 共晶体组织形貌[66]

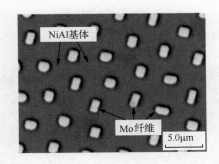

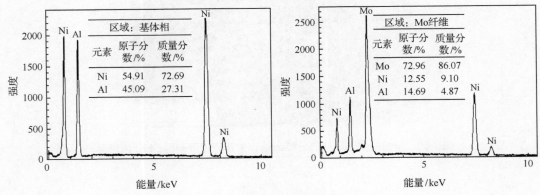

图 7-37　NiAl 基体和 Mo 纤维的 EDS 成分分析结果[67]

除了在 NiAl-9Mo 合金可获得纤维共晶组织,在 NiAl-34Cr 和 NiAl-W 合金中也得到了这种纤维状的共晶组织。图 7-38(a)、(b)和(c)分别是 NiAl-34Cr、NiAl-9.5Mo 和 NiAl-0.95W 三种定向凝固的共晶合金深腐蚀后的 SEM 图像[63],几种难熔金属 Cr、Mo、W 都在 NiAl 基体中以纤维状规则排列。这主要是由于这类共晶合金中,共晶点处难熔金属元素的含量比较低,所以强化相的体积分数小,通常小于或接近 1/3,因此容易形成纤维状的组织。但对共晶点处难熔金属元素含量高的合金系,强化相往往不再是纤维,而是片层,如 NiAl-40V 合金组织;或在 NiAl 中加入两种或两种以上的难熔金属元素,并且没有新相生成时,则同样增加了强化相的体积分数,或有些元素对强化相生长的界面形态产生了影响,因此会形成片层状的共晶组织,如图 7-39 所示。无论共晶组织是纤维还是片层,这一类共晶合金的基体 NiAl 通常很难固溶难熔金属元素,而难熔金属元素形成的强化相通常在高温下能大量固溶 Ni、Al 元素,并在随后的冷却中,以纳米级别的 NiAl 颗粒相大量弥散析出,进一步增加了合金的强度,如图 7-40 所示。

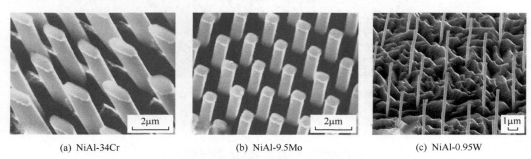

(a) NiAl-34Cr   (b) NiAl-9.5Mo   (c) NiAl-0.95W

图 7-38 定向凝固 NiAl 基合金中纤维增强相的 SEM 图像[63]

图 7-39 定向凝固 NiAl-32Cr-6Mo 合金中片层增强相的 SEM 图像[68]

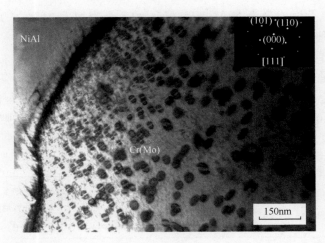

图 7-40　NiAl 基体相、Cr(Mo)强化相及在其中的沉淀的 NiAl 颗粒的 TEM 图像[69]

当加入 NiAl 的难熔合金和 Ni、Al 元素之间进行反应生成新的 Laves 相时,形成的组织由于 Laves 相的熔化熵比较高,所以常常是不规则的共晶复合组织,如图 7-41 所示[64],在 NiAl 中加入难熔金属 Nb,由于在凝固过程中经历了 L ——→ NiAl + NiAlNb 共晶反应,共晶体中的另一个相并不是 Nb 的固溶体而是 Laves 相 NiAlNb,其共晶组织不再规则。这类在 NiAl 中能形成 Laves 相的元素还有 Ta 和 C 等。此外,更多合金元素的加入,更加容易形成新的相或更容易破坏凝固界面的平面生长,因此,也更容易形成不规

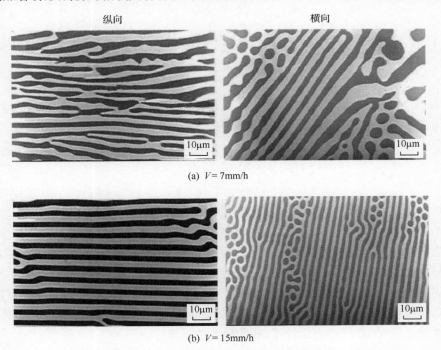

图 7-41　定向凝固的 NiAl-NiAlNb 共晶合金的纵向截面和横向截面组织[64]

则的共晶组织。在化学成分为 NiAl-28Cr-6Mo 的合金中加入 0.2%～1% 的 Hf,则共晶组织变得更不规则并且在晶界上会有少量白色块状 Heusler 相形成。

表 7-4[63] 给出了 NiAl-X(Cr,Mo,W) 系列共晶合金的弹性模量。由表可以看到,共晶组织的弹性模量介于两个单相弹性模量之间,并且和两个相的比例有关。表中显示出 NiAl-34Cr 合金具有最高的弹性模量,这主要是 NiAl-34Cr 合金中所含的 Cr 相的体积分数最高,尽管 Mo 相和 W 相的弹性模量比 Cr 相的更高。图 7-42[63] 则表示弹性模量基本上是一个随温度提高而线性下降的关系。

表 7-4　几种 NiAl-X(Cr,Mo,W) 合金的弹性模量[63]

NiAl-X 共晶合金	NiAl 基体的体积分数	第二相体积分数	[110]方向 NiAl 的弹性模量/GPa	第二相[110]方向上的弹性模量/GPa	计算获得的复合材料的弹性模量/GPa	实验获得的复合材料的弹性模量/GPa
NiAl-34Cr	0.65	0.35	173	278	210	208
NiAl-9.5Mo	0.881	0.119	173	302	187	189
NiAl-0.9W	0.989	0.011	173	389	175	182

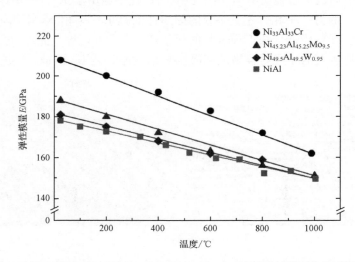

图 7-42　NiAl、NiAl-34Cr、NiAl-9.5Mo 和 NiAl-0.95W 的弹性模量与温度的关系[63]

图 7-43[65] 是目前为止国际上研制的大部分 NiAl 和高熔点金属的自生共晶合金的高温蠕变强度和室温断裂韧性的综合结果。从图中可见,NiAl-Laves 两相合金(NiAl-Ta) 具有优异的高温蠕变性能,其 1300K 时蠕变强度已达到高温合金 NASAIR100 水平,但其室温韧性却比二元 NiAl 还低,使用价值不大;虽然 NiAl-V 合金具有优异的室温韧性,但是其高温蠕变性能和高温抗氧化性能均较差,图中只有 NiAl-Cr-Mo 系合金具有优异的综合性能,显示出良好的应用前景,成为研究的重点。

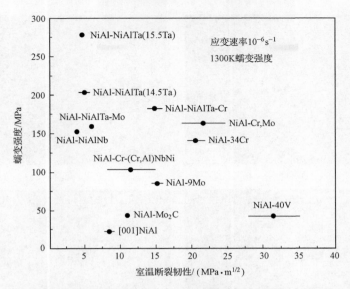

图 7-43　两相和三相基共晶合金蠕变强度与断裂韧性的比较[65]

7.3.5　共晶成分 NiAl 基共晶合金的定向凝固特征

1. 强化相为纤维状的 NiAl 基共晶合金的定向凝固

图 7-44 和图 7-45 分别为用 LMC 法[70,71]，凝固速率在 2～300μm/s 变化时的 NiAl-9Mo 共晶合金的固-液界面形貌和横截面的组织。由图可以看出，凝固速率小于 40μm/s 时固-液界面为光滑的平界面，当凝固速率为 40μm/s 时，固-液界面失稳，界面处有两相浅胞出现，当凝固速率为 300μm/s 时，界面形貌已经演变为深胞状，两相共晶组织已经变得很不规则。在胞中间的纤维仍然是沿热流方向单向生长的，纤维均匀分布在基体中，而胞界处的纤维紊乱排列。当然，这种胞中间纤维的规则区域会随凝固速率的增加逐渐变小。

表 7-5 则是对凝固后的共晶组织间距及 Mo 纤维直径的实测结果。由表可以看到，在给定凝固速率下，Mo 纤维间距不是唯一的值，而是存在一定的范围。对于实测的最大纤维间距、平均纤维间距和最小纤维间距与生长速率的回归结果如下：

$$\lambda_{\max} = 7.29V^{-0.51}, \quad \lambda_{\text{mean}} = 5.90V^{-0.50}, \quad \lambda_{\min} = 4.45V^{-0.47}$$

可以看出，纤维间距 λ 和生长速率 V 之间的 n 指数的平均值 0.50 和 J-H 共晶理论预测的 0.50 一致，而最大和最小间距回归的 n 指数的值也和 0.50 非常接近。这说明 NiAl-Mo 共晶体系遵守 $V\lambda^2 = 34.81\mu m^3/s$ 的关系式。实验还发现，Jackson-Hunt 模型关系不但满足平界面生长的组织，而且在胞界面生长条件下仍然满足。对于这种多元共晶合金在胞状组织中仍然满足 Jackson-Hunt 关系的原因还不太清楚，有待于进一步深究。

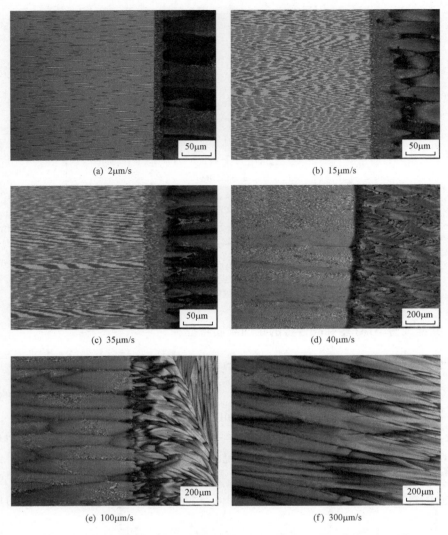

(a) 2μm/s

(b) 15μm/s

(c) 35μm/s

(d) 40μm/s

(e) 100μm/s

(f) 300μm/s

图 7-44　不同凝固速率下 NiAl-9Mo 合金的固-液界面形貌（LMC 法）[70]

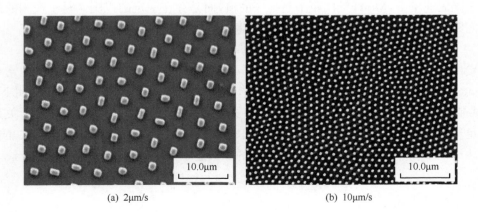

(a) 2μm/s

(b) 10μm/s

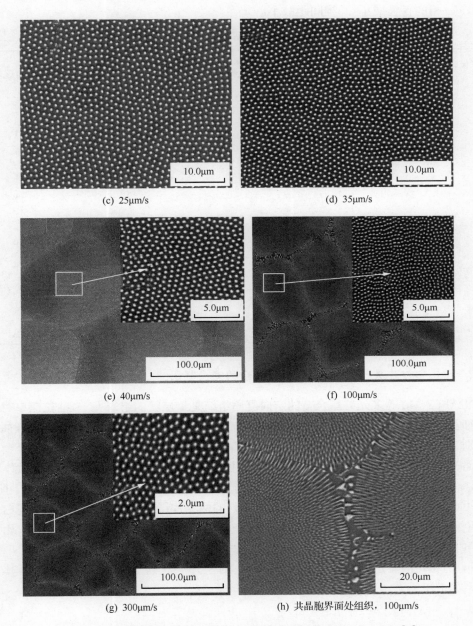

(c) 25μm/s　　　　　　　　　　　　(d) 35μm/s

(e) 40μm/s　　　　　　　　　　　　(f) 100μm/s

(g) 300μm/s　　　　　　　　　(h) 共晶胞界面处组织，100μm/s

图 7-45　不同凝固速率下 NiAl-9Mo 合金的横截面形貌（LMC 法）[71]

　　从表 7-5 可以看出，随着凝固速率的增加，Mo 纤维直径也得到细化，这说明共晶相尺度也取决于凝固速率的快慢。在其他条件一定的情况下，凝固速率越快，界面前沿的过冷度越大。Mo 纤维的形核速率和生长速率都与界面的过冷度和液相中的溶质扩散速率有关。随着过冷度的增加，Mo 的形核速率和生长速率增大，同时与温度有关的液相中溶质扩散速率减小。当过冷度的增大对 Mo 的形核速率或生长速率的影响程度大于对液相中溶质的扩散速率的影响时，凝固速率对形核和生长的影响起主导作用。随着凝固速率的增大,Mo 相的直径减小,纤维间距减小。

表 7-5　定向凝固 NiAl-9Mo 合金的实测数据(LMC)[66]

生长速率(V) /(μm/s)	Mo 的纤维间距/μm			Mo 纤维直径 /μm	界面形态
	最小值 λmin	最大值 λmax	平均值 λ		
2	3.2	5.3	4.271	1.80	平
4	2.4	3.5	2.894	1.10	平
6	1.8	2.7	2.256	0.92	平
10	1.5	2.1	1.747	0.83	平
15	1.1	1.9	1.483	0.74	平
25	1.1	1.6	1.395	0.61	平
30	0.9	1.4	1.106	0.58	平
35	0.8	1.3	1.029	0.52	平
40	0.9	1.2	1.000	0.46	胞
100	0.5	0.7	0.615	0.28	胞
300	0.2	0.4	0.286	0.08	胞

2. 强化相为片层状的 NiAl 基共晶合金的定向凝固

NiAl-Cr-Mo 等多元共晶合金的定向凝固组织是片层状的组织[72-74],抽拉速率对组织的粗细及凝固界面形态也会产生明显的影响。图 7-46 是在温度梯度为 250K/cm,抽拉速率分别为 4μm/s、6μm/s、10μm/s 和 15μm/s 时,定向凝固 NiAl-28Cr-6Mo 共晶合金的淬火界面[68,75]。在 4、6 和 10μm/s 三种抽拉速率下合金的固-液界面均为平界面,而在 15μm/s 时,固-液界面有向胞状界面转变的趋势。相应的横截面组织如图 7-47 所示。NiAl-Cr(Mo)合金的定向凝固组织由交替排列的两相片层组成,经 EDS 分析发现白色相和灰色相的成分见表 7-6,故可知白色相为 Cr(Mo)相,而灰色相为 NiAl 相。Mo 元素主要固溶在 Cr(Mo)相中,而在 NiAl 相中的固溶度很小。在稳态生长阶段,NiAl 和 Cr(Mo)两相均沿着定向凝固热流方向生长。对于片层状的 NiAl 和 Cr(Mo)相,其晶体学关系如下所示[76]。

界面:NiAl(11$\bar{2}$)∥Cr(Mo)(11$\bar{2}$)

生长方向:NiAl⟨111⟩∥ Cr(Mo)⟨111⟩

随抽拉速率的增大,片层间距逐渐减小,即共晶组织逐渐细化。在图 7-48 所示的横截面放大组织照片中可以发现一些共晶片层生长缺陷:①片层终止(如图 7-48 中 A 所示,Cr(Mo)片层停止生长);②片层错配(图 7-48 中 B 所示 Cr(Mo)片层调整一定间距再重新开始生长);③片层分叉(图 7-48 中 C 所示,产生了一个新的 Cr(Mo)片层使片层间距减小)等。这些生长缺陷有时并不是单独出现,而是几种缺陷一起产生,生长缺陷的出现是为了调整相间距以适应 NiAl 和 Cr(Mo)两相由于生长条件不同而导致的应力不匹配。

(a) V=4μm/s　　　　　　　　　　　　(b) V=6μm/s

(c) V=10μm/s　　　　　　　　　　　(d) V=15μm/s

图 7-46　定向凝固 NiAl-28Cr-6Mo 共晶合金固-液界面形貌

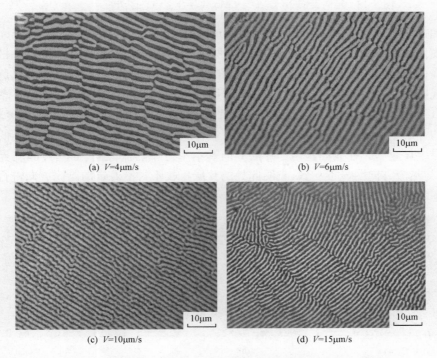

(a) V=4μm/s　　　　　　　　　　　　(b) V=6μm/s

(c) V=10μm/s　　　　　　　　　　　(d) V=15μm/s

图 7-47　定向凝固 NiAl-28Cr-6Mo 共晶合金稳态区横截面组织

表 7-6　共晶片层成分 EDS 结果[68]　　　　　　　　（单位：%）

相/元素	Ni	Al	Cr	Mo
Cr(Mo)相	7.26	8.61	74.43	9.70
	6.32	9.66	73.95	10.07
	6.61	9.05	74.81	9.53
平均	6.73	9.11	74.40	9.77
NiAl 相	47.80	46.85	4.92	0.43
	47.59	46.50	5.37	0.54
	47.62	46.21	5.57	0.60
平均	47.67	46.52	5.29	0.52

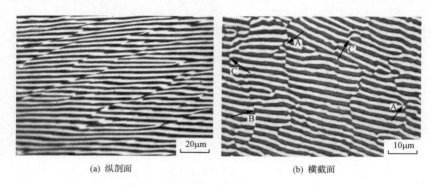

(a) 纵剖面　　　　　　　　　　　(b) 横截面

图 7-48　定向凝固 NiAl-28Cr-6Mo 共晶合金稳态区组织，$V=4\mu m/s$

当抽拉速率进一步增大到 $25\mu m/s$、$50\mu m/s$ 和 $100\mu m/s$ 时，共晶合金的淬火界面和稳态区横截面组织分别如图 7-49 和图 7-50 所示。抽拉速率的增大使合金的固-液界面形貌由平界面转变为胞状界面，相应的稳态区横截面组织由两相共晶胞组成，共晶胞基本上呈现不规则多边形。共晶胞的放大组织如图 7-51 所示，每个共晶胞均由交替排列的 NiAl 和 Cr(Mo)片层组成，片层从胞内部向胞界处发散生长，胞内部的片层厚度较小，而胞界处的片层则明显粗大，表明垂直于胞界的尖端区域的片层生长速率要明显低于胞内部的片层生长速率。在共晶胞内部片层方向基本平行于热流方向，而在共晶胞界处片层粗大，且与热流方向明显不一致，表明此处的片层生长不再沿着定向凝固方向进行。随着抽拉速率的增大，共晶胞尺寸逐渐减小。

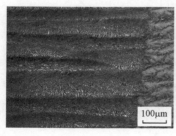  

(a) $V=25\mu m/s$　　　　　　(b) $V=50\mu m/s$　　　　　　(c) $V=100\mu m/s$

图 7-49　定向凝固 NiAl-28Cr-6Mo 共晶合金固-液界面形貌

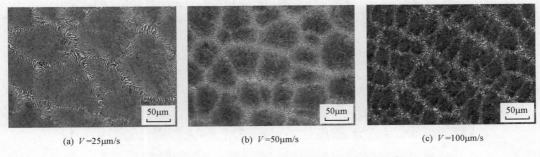

(a) $V=25\mu m/s$　　　　　　　　(b) $V=50\mu m/s$　　　　　　　　(c) $V=100\mu m/s$

图 7-50　定向凝固 NiAl-28Cr-6Mo 共晶合金稳态区横截面组织

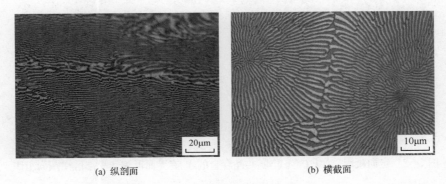

(a) 纵剖面　　　　　　　　　　　　　(b) 横截面

图 7-51　定向凝固 NiAl-28Cr-6Mo 共晶合金稳态区组织($V=50\mu m/s$)

　　当抽拉速率进一步增大到 200μm/s 和 500μm/s 时,共晶合金的淬火界面形貌和稳态区横截面组织如图 7-52 所示。抽拉速率的进一步增大使合金的固-液界面形貌转变为枝状,从图 7-52(a)和(c)可以明显看出树枝晶的二次分支,而从图 7-52(b)和(d)的横截面组织中可以发现,在类似共晶胞的组织内部还被分成几个小部分,表明此时的组织已不再是共晶胞。

　　当定向凝固生长达到稳态时,在固-液界面前沿将会形成稳定的溶质富集层,固-液界面前沿液相内的溶质浓度随着距离固-液界面的距离增加而减小,与此相对应,液相线的温度则由低变高,当液相线温度的分布曲线高于液相内的实际温度分布线时,则会在固-液界面前沿的液相中形成成分过冷区。

　　对于二元共晶合金,在忽略对流的条件下,根据成分过冷理论,界面稳定性准则如下式[77]:

$$\frac{G_L}{V} \geqslant \frac{m_L(C_E - C_0)}{D_L} \tag{7-1}$$

式中, G_L 为固-液界面前沿温度梯度;V 为抽拉速率;m_L 为液相线斜率;D_L 为溶质扩散系数;C_E 为共晶点成分;C_0 为合金的成分。一般而言,G_L、m_L 和 D_L 均为常数,故仅抽拉速率 V 会影响生长界面稳定性,即影响固-液界面形貌。

　　但对于多元共晶合金,抽拉速率 V 和第三组元均会影响界面稳定性。基于成分过冷准则,Sahm 和 Killias[77] 提出了共晶耦合生长的界面稳定性判据:

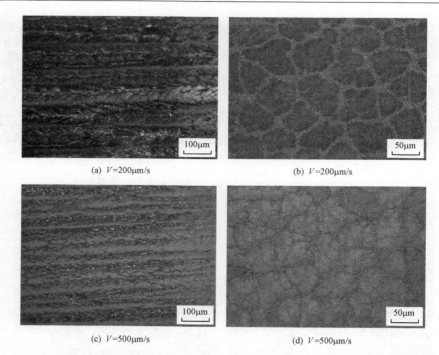

(a) $V=200\mu m/s$　　　　　　　　　　　(b) $V=200\mu m/s$

(c) $V=500\mu m/s$　　　　　　　　　　　(d) $V=500\mu m/s$

图 7-52　定向凝固 NiAl-28Cr-6Mo 共晶合金的固-液界面形貌和稳态区横截面组织

$$\frac{G_{\mathrm{L}}}{V} \geqslant \frac{m_{\mathrm{L}}\Delta C}{D_{\mathrm{L}}} + K_i C_i \tag{7-2}$$

式中，ΔC 为合金实际成分与共晶成分的偏差；$K_i C_i$ 为共晶系以外的添加元素。当生长速率增加到使式(7-2)不成立时，固-液界面将由平界面向胞状甚至树枝状界面转变。此外，第三组元也会导致不同类型的共晶界面不稳定性，其实质是第三组元在共晶两相中分凝，使固-液界面前沿形成长距离扩散边界层，导致两相形态不稳定。

在 NiAl-Cr-Mo 多元合金中，由 Cr-Mo 二元相图、NiAl-Mo 伪二元相图[78,79]和前面的 EDS 分析可知，Cr 和 Mo 是无限互溶的，而在 NiAl 相中不溶解 Mo 元素。在定向凝固过程中，NiAl 相前沿排出了大量的 Mo 元素，由于共晶生长的溶质富集层很薄，Mo 元素会横向扩散到相邻的 Cr 相前沿，凝固的 Cr 相虽然会固溶部分 Mo 元素，但仍然有许多 Mo 元素在固-液界面前沿富集，且随着抽拉速率的增大，Mo 元素的富集程度不断增大。此外，由于制备母合金铸锭时纯金属原料和实验过程中不可避免地会给母合金带入少量杂质元素，也会对界面稳定性产生影响。

对于定向凝固 NiAl-28Cr-6Mo 共晶成分合金，式(7-2)中的 ΔC 为 0，仅有 $K_i C_i$ 项会影响固-液界面稳定性。当抽拉速率为 $4\mu m/s$、$6\mu m/s$ 和 $10\mu m/s$ 时，抽拉速率较小，G_{L}/V 值较大，而此时固-液界面前沿富集的 Mo 元素还不太多，式(7-2)成立，固-液界面为平界面。当抽拉速率增大到 $15\mu m/s$ 时，G_{L}/V 值减小，Mo 元素的富集程度也较低抽拉速率时增大，即 $K_i C_i$ 项的影响增大，式(7-2)开始不成立，生长界面有向胞状界面转变的趋势，此时对应了合金的平-胞转变速率。当抽拉速率进一步增大时，随着 G_{L}/V 值的减小和 $K_i C_i$ 值的增大，式(7-2)不再成立，生长界面将完全转化为胞状甚至树枝状。

3. 温度梯度对共晶成分定向凝固过程的影响

图 7-53 为用区域液态金属冷却法,抽拉速率分别为 $15\mu m/s$、$25\mu m/s$、$50\mu m/s$ 和 $100\mu m/s$ 时的定向凝固 NiAl-28Cr-6Mo 共晶合金的固-液界面形貌[80,81],此时的温度梯度约为 $600K/cm$,对应的稳态区横截面组织如图 7-54 所示。由图可以发现,在此抽拉速率范围内,合金固-液界面仍然经历了从平界面向胞状界面的转化。在抽拉速率为 $15\mu m/s$ 时,$G_L=250K/cm$ 条件下的固-液界面为平-胞转变的临界状态;而 $G_L=600K/cm$ 时的合金固-液界面仍然保持平界面。这表明提高温度梯度可使合金的平-胞转变速率提高,有助于在较快的抽拉速率下获得平界面共晶组织。此外,当抽拉速率均为 $25\mu m/s$、$50\mu m/s$ 和 $100\mu m/s$ 时,尽管两种条件下的合金凝固组织均为共晶胞,但温度梯度高时,其共晶胞尺寸明显变小。

(a) $V=15\mu m/s$　　　　　　　　(b) $V=25\mu m/s$

(c) $V=50\mu m/s$　　　　　　　　(d) $V=100\mu m/s$

图 7-53　定向凝固 NiAl-28Cr-6Mo 共晶合金的固-液界面形貌(ZMLMC 法)

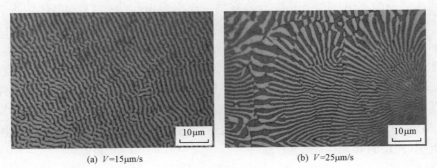

(a) $V=15\mu m/s$　　　　　　　　(b) $V=25\mu m/s$

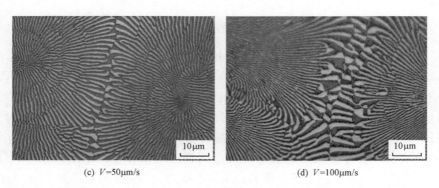

(c) $V=50\mu m/s$　　　　　　　　(d) $V=100\mu m/s$

图 7-54　定向凝固 NiAl-28Cr-6Mo 共晶合金的稳态区横截面组织(ZMLMC 法)

7.3.6　非共晶成分 NiAl-Cr(Mo)共晶合金的定向凝固及组织特征

共晶成分的合金在不同的温度梯度和抽拉速率下进行定向凝固时,可以形成规则的片层共晶组织及胞状的共晶组织,但在任何条件下,从凝固初期开始都是直接形成全共晶组织,不会形成初生相和共晶的混合组织,因此获得了比较高和稳定的力学性能。但是共晶成分的合金凝固的组织中其强韧相的比例基本是确定的,无法进行有效的调整,因此想进一步提高其韧性和强度是很难的。

西北工业大学[66-68,72-75]试图在过共晶的成分条件下在 NiAl-Cr(Mo)合金中制备强韧相体积分数显著增大、熔点明显提高的全共晶组织。尽管 NiAl-Cr(Mo)合金的多元相图还无法得到,但由 NiAl 相和 Cr 相的熔化熵[82,83] 及 Cline 等的研究结果[76,84],再结合 NiAl-Cr(Mo)合金规则的两相片层组织,可判断 NiAl-Cr(Mo)合金应为非小平面-非小平面型共晶合金,其耦合共生区如图 7-55 中阴影所示[84]。从该图中可以看到,过共晶成分的组织在定向凝固($G>0$)条件下,控制好过冷度是可以得到全共晶组织的。但在这种非平衡凝固条件下,必然存在初生相组织和共晶组织的竞争生长过程,不同凝固条件下竞争的结果不同,最后的稳定组织就不同。过共晶的 NiAl-Cr(Mo)合金常常有粗大的初生树枝晶生成,从而严重影响合金的力学性能。因此对过共晶成分合金的定向凝固过程的组织演化进行研究,才有可能获得合理的参数和工艺,制备出全共晶的组织。

1. 初生相和共晶相的竞争生长

过共晶成分的 NiAl-32Cr-6Mo 合金在抽拉速率为 $4\mu m/s$ 时,定向凝固组织的演化如图 7-56 所示[80,81]。图 7-56(a)~(d)分别为合金的铸态、初始区、过渡区和稳态区的纵剖面组织。由于合金成分偏离共晶点,所以铸态合金的凝固组织由初生枝晶+共晶组成,结合相图和表 7-7 中的 EDS 分析发现,枝晶相为 Cr(Mo)相。在定向凝固初始阶段,有较多的初生 Cr(Mo)枝晶形成,枝晶粗大,且基本上与热流方向一致。枝晶间的共晶片层排列较为紊乱,但总体上也与热流方向一致。随着定向凝固的进行,由于初生相和共晶相的竞争生长,初生 Cr(Mo)枝晶数量越来越少,达到稳态后初生相完全消失,最终获得了全共晶凝固组织,片层的排列也趋于整齐。

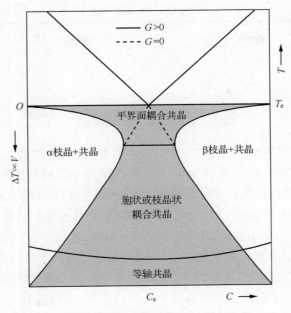

图 7-55　规则共晶耦合生长区[84]

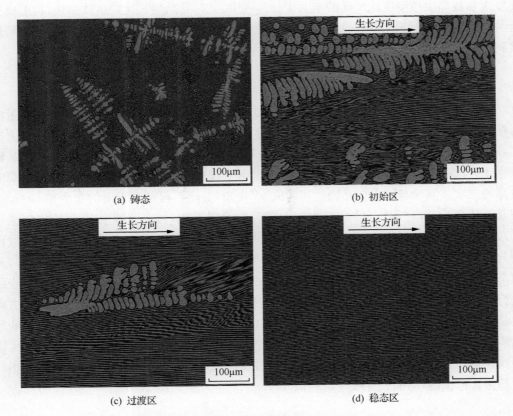

(a) 铸态　　　　　　　　　　　　　　　　(b) 初始区

(c) 过渡区　　　　　　　　　　　　　　　(d) 稳态区

图 7-56　定向凝固 NiAl-32Cr-6Mo 过共晶合金纵剖面组织($V=4\mu m/s$)

表 7-7　　初生 Cr(Mo)枝晶 EDS 成分[81]　　　　　　　　（单位：%）

相	Ni	Al	Cr	Mo
Cr(Mo)初生相	6.72	10.25	66.70	16.33
	7.24	11.36	63.96	17.44
	5.42	10.31	65.63	18.63
平均	6.46	10.64	65.43	17.47

当抽拉速率增大到 $6\mu m/s$ 和 $10\mu m/s$ 时，可在定向凝固过程中观察到类似的组织演化结果，仅有的差异是过渡区长度越来越短，且最终的片层组织越来越细密。若抽拉速率进一步增大到 $15\mu m/s$、$25\mu m/s$ 和 $50\mu m/s$，两相竞争生长过程仍然存在，但最终的生长界面形态和凝固组织会明显不同，这将在后面再进一步阐述。

从相图可知，对于偏离共晶成分的合金，其液相线总是高于共晶温度，也就是说，相应的初生相将有更大的过冷度，这与图 7-56(b)类似，在定向凝固的初始阶段产生了初生 Cr(Mo)枝晶相。但由于树枝晶和共晶的生长特性不同，在接近共晶成分时，共晶相往往比枝晶相生长得快，因而共晶相在一定的生长条件范围内会超过枝晶的生长，这种情况往往发生在枝晶尖端温度比较低的定向生长过程中，此时共晶生长比初生枝晶快，将形成完全共晶组织[85]。另外，Mollard 和 Flemings[86] 给出了非共晶成分合金从定向凝固初始过渡到稳态的两相生长过程的描述。

2. 直接的共晶枝晶生长

在更高的抽拉速率下，如 $100\mu m/s$ 时，如图 7-57 所示，在定向凝固初始阶段有大量的树枝晶生成，但其与图 7-56 (b)所示的低速生长时的初生 Cr(Mo)枝晶相的形态有很大不同，图 7-56(b)中的初生 Cr(Mo)枝晶相较为粗大，数量较少，Cr(Mo)枝晶的二次枝晶轴垂直于一次枝晶轴。而在 $100\mu m/s$ 的抽拉速率下，枝晶细密，排列规则，数量较多，同时枝晶的二次枝晶轴与一次枝晶轴之间约成 $35°$夹角，显然不再是先析出的初生相 Cr(Mo)枝晶。从图 7-57(c)和(d)的高倍数放大图片中可以看出，枝晶由交替排列的规则细小 NiAl 和 Cr(Mo)片层组成，可知此时的枝晶为两相共晶枝组织，在共晶枝之间的区域内则分布着粗大的共晶片层，所有片层的取向都基本与定向凝固生长方向一致。此外，从图 7-57(a)可见，在定向凝固初始阶段，各枝晶沿着不同的方向生长，但随着凝固过程的进行，沿非择优取向生长的晶粒逐渐被淘汰，最终可见所有的树枝晶均近似沿着热流方向生长，如图 7-57(b)所示。这些结果说明，在定向凝固生长时，过冷度随着抽拉速率的增大而增大。当抽拉速率较小时，过冷度也较小。熔体温度比共晶温度高，所以初生相可以形核并析出。当抽拉速率足够大时，过冷度变得很大，初生相来不及析出，所以初生相的形核生长被抑制，共晶相直接形核并长大。

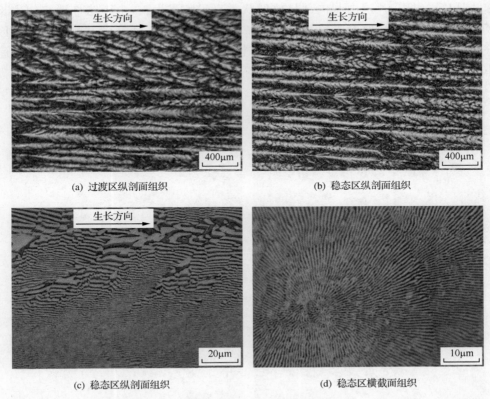

(a) 过渡区纵剖面组织   (b) 稳态区纵剖面组织

(c) 稳态区纵剖面组织   (d) 稳态区横截面组织

图 7-57　定向凝固 NiAl-32Cr-6Mo 过共晶合金组织（$V=100\mu m/s$）

3. 不同抽拉速率下的固-液界面形貌和稳态区组织

过共晶合金经过初始阶段和初生相的竞争生长后，将初生相淘汰，形成了稳定的全共晶组织。图 7-58 为定向凝固 NiAl-32Cr-6Mo 合金在 $4\mu m/s$、$6\mu m/s$ 和 $10\mu m/s$ 抽拉速率下达到稳定生长后的固-液界面形貌和稳态区横截面组织。在较低的抽拉速率下合金的固-液界面为平界面，在稳态区时获得了全共晶组织。由横截面组织可以清楚看出，合金凝固组织由白色和灰色片层交替排列组成，按前面的分析可知，白色相为 Cr(Mo) 相，而灰色相为 NiAl 相。两相片层组织排列规则、细密，取向与定向凝固方向基本一致，定向效果较好，且随着抽拉速率的增大片层厚度逐渐减小。

平界面的规则片层组织并不是在所有抽拉速率下都能得到的，当抽拉速率达到足够大时，凝固界面不再是平面，而会向胞状共晶组织转变。图 7-59 为定向凝固 NiAl-32Cr-6Mo 合金在 $15\mu m/s$、$25\mu m/s$ 和 $50\mu m/s$ 抽拉速率下的固-液界面形貌和稳态区横截面组织[75]。由图可见，在抽拉速率为 $15\mu m/s$ 时合金已经由低速时的平面生长转变为胞状生长，合金的凝固组织由一个个的共晶胞组成。在胞内部为交替排列的细密的 NiAl 和 Cr(Mo)

两相共晶片层组织,片层由胞内部呈放射状垂直于胞界生长,由于这种特殊的生长方式,靠近胞界处的片层厚度要显著大于胞中心的片层厚度。而在各共晶胞之间的区域则分布着粗大的短板状组织。随着抽拉速率增大,共晶胞尺寸和片层间距均逐渐减小。

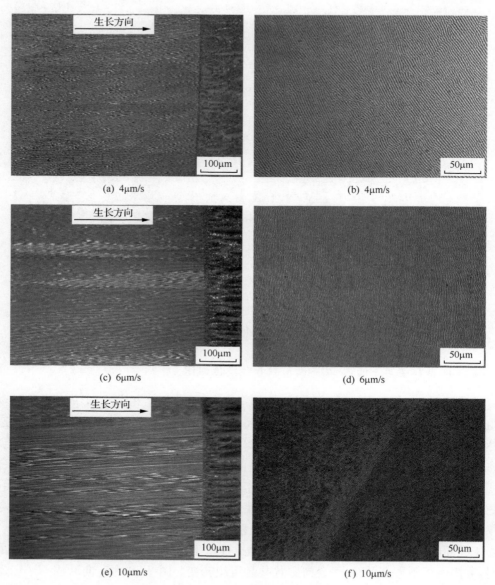

图 7-58　定向凝固 NiAl-32Cr-6Mo 过共晶合金固-液界面形貌和稳态区
横截面组织($V=4\mu m/s$、$6\mu m/s$、$10\mu m/s$)

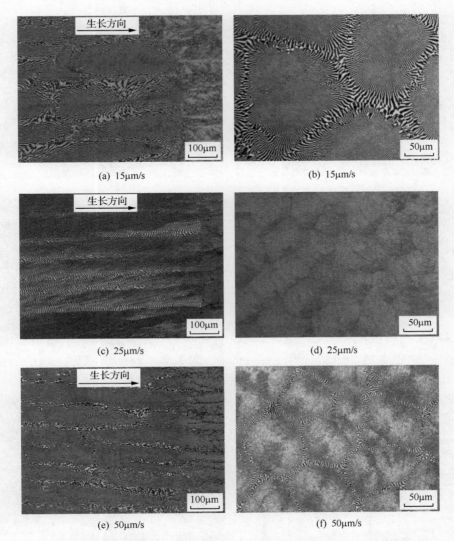

图 7-59　定向凝固 NiAl-32Cr-6Mo 过共晶合金固-液界面形貌和稳态区
横截面组织(V=15μm/s、25μm/s、50μm/s)

图 7-60 为定向凝固 NiAl-32Cr-6Mo 合金在 100μm/s、200μm/s 和 500μm/s 抽拉速率下的的固-液界面形貌和稳态区横截面组织。由图可见,在抽拉速率超过 100μm/s 后合金的固-液界面形貌均为树枝状。随抽拉速率的增大,树枝晶组织逐渐变得细小,排列更加致密,枝晶间区域范围变小,同时由横截面组织可以看出枝晶间的组织也明显细化。

对过共晶成分而言,式(7-2)中的 ΔC 项不为 0,与 $K_i C_i$ 项共同影响固-液界面的稳定性。当抽拉速率为 4μm/s、6μm/s 和 10μm/s 时,抽拉速率较小,G_L/V 值较大,式(7-2)成立,故此时的固-液界面为平界面,合金保持平界面生长。当抽拉速率增大到 15μm/s 时,G_L/V 值减小,Mo 元素的富集程度也较低抽拉速率时增大,即 $K_i C_i$ 项的影响增大,

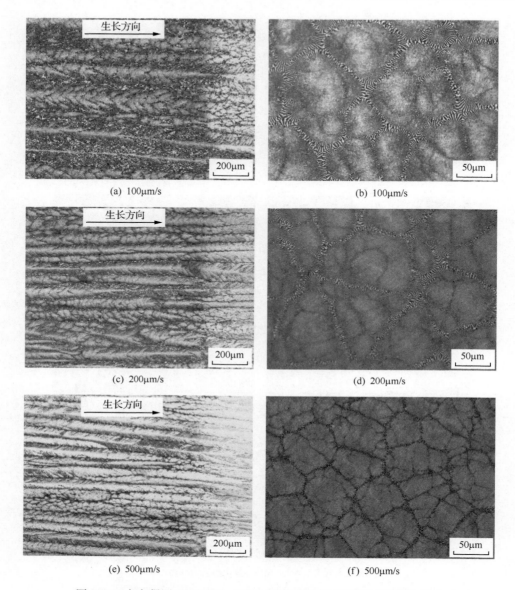

图 7-60　定向凝固 NiAl-32Cr-6Mo 过共晶合金固-液界面形貌和稳态区
横截面组织($V=100\mu m/s$、$200\mu m/s$、$500\mu m/s$)

式(7-2)不再成立,故平界面生长被破坏,生长界面转变为胞状。当抽拉速率进一步增大时,随着 G_L/V 值的减小和 K_iC_i 值的增大,生长界面进一步转化为树枝状。与定向凝固 NiAl-28Cr-6Mo 共晶成分合金的固-液界面形貌相比,当温度梯度同为 250K/cm 时,NiAl-28Cr-6Mo 共晶成分合金的平-胞转变速率为 $15\mu m/s$,但 NiAl-32Cr-6Mo 过共晶合金在抽拉速率为 $15\mu m/s$ 时已经为完全的胞状生长;类似的,在抽拉速率均为 $100\mu m/s$ 时,NiAl-28Cr-6Mo 共晶成分合金为共晶胞状生长,而 NiAl-32Cr-6Mo 过共晶合金为共晶枝状生长。这表明,若希望偏离共晶成分较大的过共晶合金在较高的抽拉速率下能够获得平界面共晶组织,则需进一步提高固-液界面前沿的温度梯度。

4. 温度梯度对非共晶成分定向凝固过程的影响

在单相合金的树枝状凝固过程中,除了抽拉速率,温度梯度也直接影响凝固组织的形态、粗细等。对非共晶成分的定向凝固来说,温度梯度的作用也是很重要的。

非共晶成分的定向凝固过程实际上是一个初生相和共晶相进行竞争生长的过程。从前面看到,在共晶成分时,无论抽拉速率多大,都会直接形成全共晶组织,在过共晶偏离共晶点不是很大的情况下,经过两个相的竞争生长后,最后也可以形成全共晶的组织。但是在同样的温度梯度 250K/cm 和同样的抽拉速率 $10\mu m/s$ 下,当共晶点的偏离更大时,如 NiAl-36Cr-6Mo 过共晶合金,其初始区、稳态区和淬火界面的定向凝固组织如图 7-61 所示。在定向凝固初始阶段,Cr(Mo)枝晶相的方向与热流方向不完全一致,枝晶间的共晶组织也较为杂乱。随着定向凝固的进行,在稳态生长阶段初生 Cr(Mo)枝晶完全平行于热流方向生长,枝晶间共晶片层的生长方向也基本与定向凝固方向一致。最终形成了"Cr(Mo)枝晶＋平界面共晶"的两相组织,并没有形成全共晶组织。

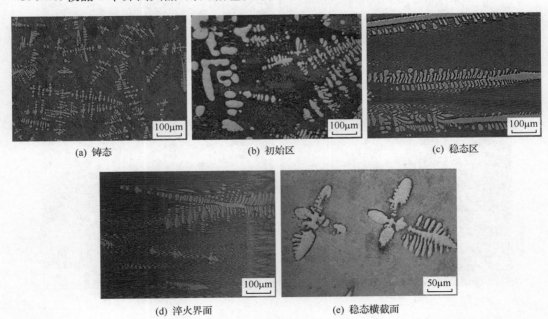

(a) 铸态　　　　　　(b) 初始区　　　　　　(c) 稳态区

(d) 淬火界面　　　　　　(e) 稳态横截面

图 7-61　定向凝固 NiAl-36Cr-6Mo 过共晶合金组织($V=10\mu m/s$)

当抽拉速率增大到 $15\mu m/s$、$25\mu m/s$ 和 $50\mu m/s$ 时,NiAl-36Cr-6Mo 过共晶合金固-液界面形貌和稳态区横截面组织如图 7-62 所示。在此三个速率下最终的凝固组织均为初生 Cr(Mo)枝晶和共晶组织。但很有意思的是,枝晶间共晶组织的生长界面已转变为胞状,即最终的组织是"Cr(Mo)枝晶＋胞界面共晶"的两相组织,也没有形成全共晶组织。随着抽拉速率的增大,初生 Cr(Mo)枝晶数量越来越多,尺寸越来越小,在不同抽拉速率下 Cr(Mo)枝晶相的体积分数如表 7-8 所示,从 $10\mu m/s$ 时的 25.5% 增大到 $50\mu m/s$ 时的 45.6%。枝晶间共晶胞直径越来越小,共晶片层的厚度也逐渐减小。

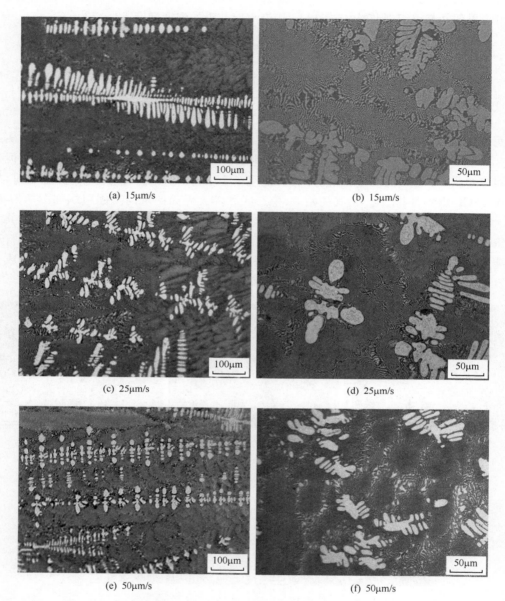

(a) 15μm/s　　　　　　　　　　　　(b) 15μm/s

(c) 25μm/s　　　　　　　　　　　　(d) 25μm/s

(e) 50μm/s　　　　　　　　　　　　(f) 50μm/s

图 7-62　定向凝固 NiAl-36Cr-6Mo 过共晶合金固-液界面形貌和稳态区横截面组织

表 7-8　不同抽拉速率下 NiAl-36Cr-6Mo 过共晶合金中初生 Cr(Mo)枝晶相体积分数[80,81]

参数	抽拉速率/(μm/s)			
	10	15	25	50
Cr(Mo)初生相体积分数/%	25.5	34.4	38.7	44.6

　　总之，NiAl-36Cr-6Mo 合金偏离共晶成分较大，且抽拉速率较快，所以此合金成分和凝固工艺条件已不再位于图 7-55 所示的共晶耦合共生区范围之内，在稳态生长区也不能

得到全共晶组织。枝晶间共晶生长界面由 $10\mu m/s$ 时的平界面转变为大于 $15\mu m/s$ 时的胞状界面，这依然可以用前面修正的成分过冷准则来解释，随着抽拉速率的增大而 Mo 元素的富集，共晶生长界面失稳而转变为胞状界面。

当温度梯度增大到 $600K/cm$ 时，定向凝固 NiAl-36Cr-6Mo 过共晶合金经历了和低温度梯度下类似的组织演变。图 7-63 为各种抽拉速率下的最终凝固组织，是抽拉速率从 $6\mu m/s$ 到 $100\mu m/s$ 时的定向凝固 NiAl-36Cr-6Mo 过共晶合金稳态区横截面。由图可见，在抽拉速率为 $6\mu m/s$ 和 $10\mu m/s$ 时，最终的稳态区凝固组织为片层状全共晶组织。此后，抽拉速率增大使最终的凝固组织中均含有 Cr(Mo) 枝晶相，且随抽拉速率的增大，Cr(Mo) 枝晶相数量越来越多，尺寸越来越小，其数量见表 7-9。

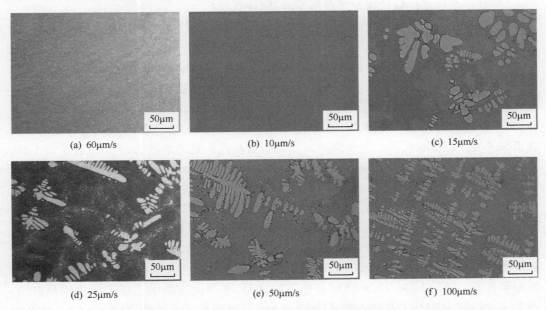

(a) $60\mu m/s$　　　　　　　(b) $10\mu m/s$　　　　　　　(c) $15\mu m/s$

(d) $25\mu m/s$　　　　　　　(e) $50\mu m/s$　　　　　　　(f) $100\mu m/s$

图 7-63　定向凝固 NiAl-36Cr-6Mo 过共晶合金稳态区横截面组织（ZMLMC 法）

表 7-9　不同抽拉速率下 NiAl-36Cr-6Mo 过共晶合金初生 Cr(Mo) 枝晶相体积分数（ZMLMC 法）[81]

参数	抽拉速率/$(\mu m/s)$				
	10	15	25	50	100
Cr(Mo)初生相体积分数/%	0	29.1	34.6	40.5	52.2

对比不同温度梯度下的定向凝固 NiAl-36Cr-6Mo 过共晶合金组织发现，在抽拉速率为 $6\mu m/s$ 时两种情况下共晶相和初生相的生长竞争中，共晶相均抑制了初生相，获得了全共晶组织。而在 $10\mu m/s$ 时采用 LMC 法（$250K/cm$）已不能抑制 Cr(Mo) 初生相的析出，Cr(Mo) 枝晶领先于共晶生长，最终得到 "Cr(Mo) 枝晶＋共晶" 的凝固组织；而采用 ZMLMC 法（$600K/cm$）制备的合金仍然是共晶相抑制了初生相，最后获得全共晶组织。迄今，NiAl-Cr(Mo) 合金在常见的温度梯度（$100K/cm$）及更低的情况下，未见到过共晶成分中获得全共晶组织的报道。这表明温度梯度的提高扩大了共晶耦合共生区的范围，使偏离共晶点的合金在更快的抽拉速率下也能获得全共晶凝固组织。Burden 和 Hunt 等

根据竞争生长原理给出了共晶共生区的成分范围[87]为

$$\Delta C = \frac{1}{m_L}\left[\frac{G_L D_L}{V} + (K_2 - K_1)V^{1/2}\right] \tag{7-3}$$

式中，m_L 为液相线斜率；G_L 为温度梯度；D_L 为溶质在液相中的扩散系数；V 为抽拉速率；K_1 和 K_2 为与合金性质有关的常数；m_L 和 D_L 基本保持不变。

ΔC 表示了共晶共生区的成分范围，式(7-3)表明若 ΔC 不变，则温度梯度 G_L 越大，抽拉速率 V 也可以增大，即能获得全共晶耦合共生组织的抽拉速率增大；若抽拉速率 V 不变，温度梯度 G_L 越大，ΔC 也越大，即此时能获得全共晶耦合共生组织的成分范围变大，最终的结果都使共晶耦合共生区的范围扩大。由于 ZMLMC 法温度梯度大，所以相比 LMC 法其能在更高的抽拉速率下获得全共晶凝固组织。

5. 改变元素含量对定向凝固合金组织的影响

毫无疑问，NiAl-Cr(Mo)合金过共晶成分可以形成全共晶组织，并且和共晶点偏离越大，需要的温度梯度就越高。问题是过共晶成分合金的应用除了获得全共晶组织外，其组织的特征和缺陷也对最终的性能产生很大的影响。Cline 等[84]对共晶成分的 NiAl-Cr(Mo)合金的研究结果表明，Mo 元素能促使 NiAl-Cr(Mo)合金凝固组织由棒状向片层状组织转变。在 Mo 元素的含量低于 0.7% 时，共晶组织是纤维状的；当 Mo 含量较少时，存在棒状和片层状共存的凝固组织。在 Cr＋Mo 元素含量同为 38%（原子分数）时，而 Cr、Mo 元素相对含量不同的过共晶成分中，Cr、Mo 相对含量的变化对定向凝固 NiAl-Cr(Mo)合金组织会产生如何的影响？下面是 NiAl-36Cr-2Mo、NiAl-34Cr-4Mo 和 NiAl-32Cr-6Mo 三种过共晶合金在温度梯度 G_L＝250K/cm 条件下的定向凝固组织分析。

定向凝固 NiAl-36Cr-2Mo 过共晶合金在不同抽拉速率时的固-液界面形貌和稳态区横截面凝固组织如图 7-64 和图 7-65 所示。当抽拉速率小于 15μm/s 时，合金的固-液界面为平界面。但与 NiAl-32Cr-6Mo 合金不同的是，平界面合金中出现了一些棒状组织，经 EDS 测试表明其为 Cr(Mo)相，但其中的 Mo 含量要显著小于 NiAl-32Cr-6Mo 合金中 Cr(Mo)相中的 Mo 含量。依据 Cline 等的分析，片层-棒状转变在片层不能按优先生长方式生长时发生。优先形态按照最小过冷度原理出现，对一个给定的生长方向，片层的生长过冷度小于棒状生长过冷度，但对另一个生长方向，如果棒状生长的过冷度小，则会发生棒状生长。当抽拉速率为 50μm/s、100μm/s 和 200μm/s 时，固-液界面为共晶胞状。在所有的抽拉速率下，合金的稳态区均获得了全共晶组织。

抽拉速率分别为 10μm/s、15μm/s 和 50μm/s 时，NiAl-34Cr-4Mo 过共晶合金的固-液界面形貌如图 7-66 所示。由图可见，在抽拉速率小于 15μm/s 时，合金的生长界面均为平界面，而在抽拉速率增大到 50μm/s 时，生长界面失稳转变为胞状。在三种抽拉速率下最终均获得了全共晶组织。抽拉速率分别为 6μm/s、10μm/s 和 15μm/s 时，NiAl-32Cr-6Mo 过共晶合金的固-液界面形貌如图 7-67 所示。可见在抽拉速率小于 10μm/s 时，合金的生长界面均为平界面，而在抽拉速率增大到 15μm/s 时，生长界面失稳转变为胞状。在三种抽拉速率下最终均获得了全共晶组织。

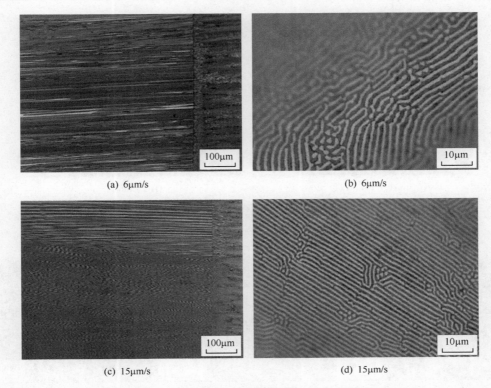

(a) 6μm/s　　　　　　　　　　　　　　　(b) 6μm/s

(c) 15μm/s　　　　　　　　　　　　　　(d) 15μm/s

图 7-64　定向凝固 NiAl-36Cr-2Mo 过共晶合金固-液界面形貌和稳态区横截面组织($V=6$μm/s、15μm/s)

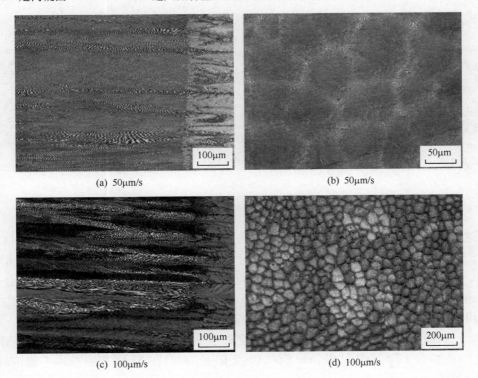

(a) 50μm/s　　　　　　　　　　　　　　(b) 50μm/s

(c) 100μm/s　　　　　　　　　　　　　(d) 100μm/s

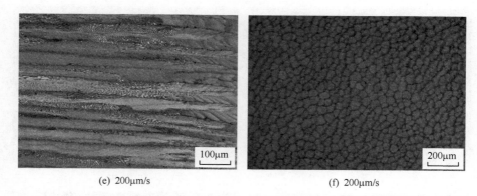

(e) 200μm/s　　　　　　　　(f) 200μm/s

图 7-65　定向凝固 NiAl-36Cr-2Mo 过共晶合金固-液界面形貌和稳态区横截面组织
（V＝50μm/s、100μm/s、200μm/s）

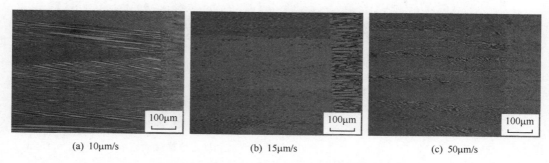

(a) 10μm/s　　　　　　(b) 15μm/s　　　　　　(c) 50μm/s

图 7-66　定向凝固 NiAl-34Cr-4Mo 过共晶合金固-液界面形貌

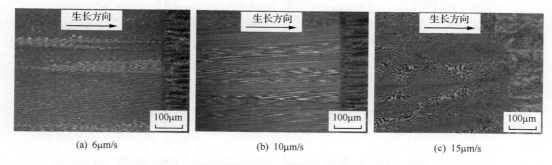

(a) 6μm/s　　　　　　(b) 10μm/s　　　　　　(c) 15μm/s

图 7-67　NiAl-32Cr-6Mo 过共晶合金固-液界面形貌

　　这些结果说明，在 Cr＋Mo 元素总含量不变，仅改变 Cr、Mo 元素的相对含量时，三种成分的过共晶合金最终均能获得全共晶组织，但 NiAl-32Cr-6Mo 合金在抽拉速率为 15μm/s 时生长界面已经转变为共晶胞状，而 NiAl-34Cr-4Mo 和 NiAl-36Cr-2Mo 合金在抽拉速率为 15μm/s 时生长界面仍为平界面；NiAl-32Cr-6Mo 合金在 100μm/s 时为共晶枝状组织，而 NiAl-36Cr-2Mo 合金在抽拉速率为 200μm/s 时也未出现共晶枝组织。这说明 Mo 元素的含量对合金的生长界面形貌有显著影响。对照 NiAl-Mo 和 Cr-Mo 相图[78,79]，并结合 EDS 分析结果，Mo 能与 Cr 无限互溶，但在 NiAl 相中基本不能溶解，故在合金定向凝固生长时 NiAl 片层前沿不断排出 Mo 元素,并向两侧的 Cr 片层前沿扩散,使凝固界面前沿富集了大量的 Mo 元素。在共晶合金定向凝固时,第三组元会导致共晶生长界面的不稳定性,与抽拉速率共同影响生长界面形态[86-91]。NiAl-32Cr-6Mo 合金中的 Mo 元素含量相对较多,其凝固前沿富集的 Mo 元素也多,在抽拉速率相同时,更容易使共晶生长界面失稳。与 NiAl-32Cr-6Mo 合金相比,由于 Mo 元素含量降低,NiAl-36Cr-2Mo 和 NiAl-34Cr-4Mo 合金定向凝固时生长界面前沿富集的 Mo 元素相对较少,故其界面的稳定性要高于前者。平-胞转变速率的提高有助于在较大的抽拉速率下制备出平界面共晶组织。此外,在 NiAl-36Cr-2Mo 过共晶合金平界面组织中有少量的棒状 Cr(Mo)相存在,这些 Cr(Mo)棒状组织却可能成为材料受力加载时的薄弱位置,导致断裂从此产生,对力学性能不利。

7.3.7 凝固条件对片层间距和强化相体积分数的影响

共晶组织的片间距及强韧相体积对材料的力学性能有非常重要的影响。而片间距的大小及强韧相的比例受凝固参数和成分的影响。表 7-10 是用 SISCIASV8.0 金相分析软件对共晶成分 NiAl-28Cr-6Mo 合金抽拉速率在 4~500μm/s 变化,温度梯度在 250K/cm 时,对稳态区的片层间距测量的结果。同时对强化相的体积分数也进行了测量。为了保证精确性,所有的测量均在稳态区的横截面组织中进行,对片层间距的测量在不同视场中至少测量 100 个位置取平均值,而对 Cr(Mo)强化相体积分数的测量则至少选取 40 个区域取平均值。对其进行数据拟合发现,片层间距 λ 与抽拉速率 V 基本符合关系式 $\lambda = 4.48V^{-0.40}$,其中 λ 的单位为 μm,V 的单位为 μm/s。根据 Jackson-Hunt 模型[92],对于平界面二元共晶合金,片层间距 λ 与抽拉速率 V 符合关系式 $\lambda = kV^{-0.5}$。而在多元 NiAl-Cr(Mo)共晶合金中,从平界面生长到共晶胞状生长直至共晶枝状生长,片层间距 λ 与抽拉速率 V 的关系也基本符合 Jackson-Hunt 模型,表明此模型也适用于 NiAl-Cr(Mo)共晶成分的多元共晶合金的胞状和树枝状生长。而 Cr(Mo)强化相体积分数随抽拉速率变化不明显,各抽拉速率下的体积分数基本不变,约为 48.4%。

表 7-10 不同抽拉速率下定向凝固 NiAl-28Cr-6Mo 合金片层间距[81]

参数	抽拉速率 $V/(\mu m/s)$								
	4	6	10	15	25	50	100	200	500
片层间距 $\lambda/\mu m$	2.8	2.4	1.9	1.5	1.1	0.9	0.7	0.6	0.5

Raj 和 Locci[93] 在温度梯度为 80~100K/cm 条件下研究 Ni-33Al-31Cr-3Mo 共晶合金时发现,在抽拉速率小于 14.1μm/s 时共晶片层间距约为 3.8μm,此后随着抽拉速率的增大,片层间距减小,在 141.1μm/s 时约为 0.8μm。与之相比,西北工业大学[35,42] 在温度梯度 250~300K/cm 条件下发现 Ni-33Al-28Cr-6Mo 合金的片层间距要明显减小,这主要是由于温度梯度的影响。在相同的抽拉速率下,增大温度梯度能明显减小片层间距,这一规律在 ZMLMC 法制备的合金组织中也可发现。

过共晶合金 NiAl-32Cr-6Mo 稳定的全共晶组织中测量片层间距并回归后的关系式为 $\lambda = 4.82V^{-0.42}$。可以看到,片层间距和抽速率之间的关系和共晶成分条件下非常接近,这表明 Jackson-Hunt 模型仍然适用于定向凝固 NiAl-32Cr-6Mo 过共晶合金。而 Cr(Mo)强化相体积分数则达到了 54.3%左右,比共晶成分的 48.4%有比较显著的提高。当进一步提高过共晶程度,使合金成分为 NiAl-36Cr-6Mo 时,Cr(Mo)强化相体积分数则达到了 59.1%左右。

7.3.8　NiAl 基定向凝固共晶合金的性能

　　室温塑性差和高温强度低是制约 NiAl 合金应用的两个主要缺点,向其中添加 Cr、Mo、Ta、W、V 等难熔元素制备自生共晶复合材料的目的就是提高其力学性能。到目前为止,各国的科学家对共晶成分附近的 NiAl 基共晶自生复合材料的性能进行了研究,取得了比较系统的结果,如图 7-43 所示。该图的结果表明,在足够高的温度梯度下,在定向凝固 NiAl-Cr(Mo)系合金中获得的韧性和强度之间的综合性能最佳,成为这种 NiAl 基共晶自生复合材料中最重要也最有代表性的合金。NiAl-Cr(Mo)合金可以获得平界面生长的规则纤维或片层组织,也可以在较高的生长速率下获得胞状生长的共晶组织,并随着 Cr、Mo 含量的增加,可在较大的过共晶成分范围内制备出有大体积分数强化相的全共晶组织,有望获得更好的室温及高温力学性能。下面采用三点弯曲的方法测试合金的室温断裂韧性;在 1000℃的高温下进行拉伸实验测试其高温力学性能。

　　力学性能测试以《金属材料平面应变断裂韧度 K_C 试验方法》(GB/T 4161—2007)和《金属材料高温拉伸试验方法》(GB/T 4338—2006)为依据,确定合金力学性能测试的试样尺寸和实验参数,研究抽拉速率和定向凝固工艺参数对 NiAl-Cr(Mo)合金力学性能的影响。

1. NiAl-Cr(Mo)定向凝固共晶合金室温断裂韧性

　　依据 GB/T 4161—2007,对于三点弯曲试样,室温断裂韧性 K_Q 的计算公式为

$$K_Q = [F_Q S/(BW^{3/2})]f(a/W)$$

式中

$$S = 4W$$

$$f(a/W) = 3(a/W)^{1/2}\frac{1.99-(a/W)(1-a/W)[2.15-3.93(a/W)+2.70(a/W)^2]}{2(1+2a/W)(1-a/W)^2}$$

(7-4)

K_Q 为平面应变断裂韧性的条件值(MPa·$m^{1/2}$);W 为试样的高度(mm);B 为试样的厚度(mm);a 为试样诱发裂纹沟槽的长度(mm);S 为跨距(mm);F_Q 为断裂时最大加载力(N);$f(a/W)$ 为试样的几何形状因子。

　　室温断裂韧性的试样形状和尺寸如图 7-68 所示。试样从定向凝固的稳态生长区切取,实验时的受力加载方向垂直于定向凝固生长方向。实验时压头移动速率为 0.05mm/min,每个条件下测试 3 个试样,然后对结果取平均值。

　　图 7-69 为 NiAl-32Cr-6Mo 过共晶合金分别在铸态组织和抽拉速率为 6μm/s 下获得的定向全共晶稳定组织试样上进行室温三点弯曲实验时的平面应力-应变曲线。各种定向凝固条件下的应力-应变曲线特征基本相似,只是最大载荷和应变量不同。由图可以看

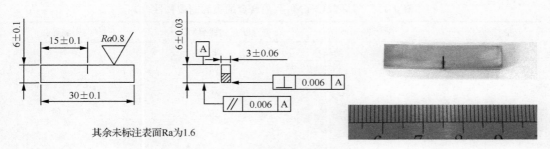

图 7-68　三点弯曲试样示意图

出,在试样的断裂过程中基本没有出现塑性变形的特征,在整个加载过程中,随应变量的增大,应力一直增大,试样断裂的失效形式表现为明显的脆性断裂特征。对铸态合金来说,应力-应变曲线基本呈线性,显示裂纹扩展阻力很小。对于定向凝固合金,在最大值附近有一些锯齿形,表明裂纹受到合金中强化相的阻碍作用,在达到最大值后,由于试样断裂其上承受的应力突然下降,说明此时合金的裂纹扩展速率很快。

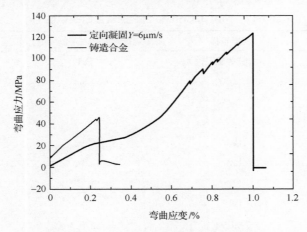

图 7-69　NiAl-32Cr-6Mo 过共晶合金应力-应变曲线

表 7-11～表 7-13 列出了不同成分的 NiAl-Cr(Mo)合金在不同定向凝固条件下所获得的组织的室温断裂韧性和对应的固-液界面形貌。铸态二元等轴晶 NiAl 合金的室温断裂韧性约为 6MPa·$m^{1/2}$[49],而添加了 Cr、Mo 元素后铸态 NiAl-28Cr-6Mo 等轴晶共晶合金、NiAl-32Cr-6Mo 等轴晶过共晶合金和 NiAl-36Cr-6Mo 等轴晶过共晶合金的室温断裂韧性分别为 8.13MPa·$m^{1/2}$、7.91MPa·$m^{1/2}$ 和 6.36MPa·$m^{1/2}$。这表明铸态 NiAl-Cr(Mo)合金中片层状 Cr(Mo)强化相的存在明显提高了合金的室温断裂韧性,相比于 NiAl-28Cr-6Mo 共晶合金,NiAl-32Cr-6Mo 和 NiAl-36Cr-6Mo 过共晶合金的室温断裂韧性有所降低,这主要是由于在铸态过共晶合金中产生了初生 Cr(Mo)枝晶相,初生枝晶的存在降低了铸态合金中的裂纹扩展阻力,使合金的室温断裂韧性下降。显然 Cr(Mo)强化相只有形成规则的共晶组织才能更好地发挥其强化作用。

表 7-11　NiAl-28Cr-6Mo 共晶合金的室温断裂韧性[81]

抽拉速率/(μm/s)	凝固条件	室温断裂韧性/(MPa·m$^{1/2}$)	固-液界面
—	铸态(等轴晶)	8.13	—
6	LMC	19.07	平
10	LMC	20.84	平
15	LMC	15.97	平-胞
25	LMC	12.39	胞
50	LMC	13.15	胞
6	ZMLMC	19.48	平
10	ZMLMC	20.71	平
15	ZMLMC	20.34	平
25	ZMLMC	15.45	胞
50	ZMLMC	18.69	胞

表 7-12　NiAl-32Cr-6Mo 合金的室温断裂韧性[81]

抽拉速率/(μm/s)	凝固条件	室温断裂韧性/(MPa·m$^{1/2}$)	固-液界面
—	铸态(等轴晶)	7.91	—
6	LMC	21.63	平
10	LMC	23.74	平
15	LMC	15.35	胞
25	LMC	22.92	胞
50	LMC	16.71	胞
100	LMC	11.37	枝
200	LMC	12.38	枝
6	ZMLMC	22.91	平

表 7-13　NiAl-36Cr-6Mo 合金的室温断裂韧性[81]

抽拉速率/(μm/s)	凝固条件	室温断裂韧性/(MPa·m$^{1/2}$)	固-液界面
—	铸态(等轴晶)	6.36	—
6	LMC	25.28	平
10	LMC	11.22	初生枝+平
6	ZMLMC	25.92	平
10	ZMLMC	26.15	平

相对于铸态合金,共晶成分的 NiAl-28Cr-6Mo 合金的定向凝固共晶组织的室温断裂韧性显著提高。在平界面生长时,室温断裂韧性在抽拉速率为 6μm/s 和 10μm/s 时分别为 19.07MPa·m$^{1/2}$ 和 20.84MPa·m$^{1/2}$。10μm/s 时的共晶片层间距要小于 6μm/s 时的片层间距,这表明共晶组织的细化可有利于提高室温断裂韧性。在抽拉速率为 15μm/s

时,合金生长界面处于平-胞转变的临界状态,凝固组织排列不规则,故其室温断裂韧性下降到 15.97MPa·$m^{1/2}$。此后,抽拉速率的增大使合金的凝固组织转变为两相胞状共晶,且共晶胞界处的组织粗大,成为受力加载时的薄弱环节,对裂纹扩展的阻力小,所以此时的室温断裂韧性较低。说明共晶合金中片层组织的排列形态对合金的室温断裂韧性有显著影响。对于 ZMLMC 法制备的定向凝固 NiAl-28Cr-6Mo 共晶合金,其室温断裂韧性的变化也有类似的规律。但在高温度梯度下,合金的凝固组织进一步细化,在同样的抽拉速率下,ZMLMC 法制备的合金室温断裂韧性稍高。当抽拉速率增大到 15μm/s 时,由于此时为平界面生长,合金的室温断裂韧性明显比 LMC 法制备的合金在相同抽拉速率时要高得多。

对于过共晶成分的 NiAl-32Cr-6Mo 合金定向凝固全共晶组织而言,在平界面生长时,如在 6μm/s 和 10μm/s 的抽拉速率下获得的规则片层共晶组织,其室温断裂韧性较高,分别达到了 21.63MPa·$m^{1/2}$ 和 23.74MPa·$m^{1/2}$;但随着抽拉速率的提高,凝固组织向共晶胞转变,在 15μm/s 和 50μm/s 的速率下,以共晶胞进行生长,并且共晶胞的片层厚度非常不均匀,这样的共晶组织其室温断裂韧性显著下降,分别为 15.35MPa·$m^{1/2}$ 和 16.71MPa·$m^{1/2}$;但在 25μm/s 抽拉速率下获得的胞状共晶组织片层厚度均匀,排列规则,其室温断裂韧性达到了 22.92MPa·$m^{1/2}$,这表明均匀规则的胞状共晶组织有利于提高合金的室温断裂韧性,与之一致的情况是 NiAl-28Cr-6Mo 共晶合金在 50μm/s 抽拉速率下用 ZMLMC 法制备的胞状共晶组织,其片层厚度也比较均匀,相应的室温断裂韧性也较高。当抽拉速率进一步增大时,合金的凝固组织为枝状共晶,组织的不均匀性加大,合金的室温断裂韧性进一步下降。

对于过共晶成分偏离共晶点更大的 NiAl-36Cr-6Mo 合金的定向凝固来说,当抽拉速率为 6μm/s,温度梯度为 250K/cm 时,合金保持平界面生长,在稳定态下获得了全共晶组织,其室温断裂韧性为 25.28MPa·$m^{1/2}$。而用 ZMLMC 法制备时,其温度梯度更高,达到了 600K/cm,同样的 6μm/s 抽拉速率下,在稳定阶段也获得了全共晶的组织,由于组织更加细化,合金的室温断裂韧性提高到了 25.92MPa·$m^{1/2}$,当抽拉速率达到 10μm/s 时,在稳定阶段仍然获得了全共晶组织,室温断裂韧性达到了 26.15MPa·$m^{1/2}$。但在温度梯度比较低的 250K/cm,当抽拉速率进一步提高到 10μm/s 时,其稳态组织是 Cr(Mo)初生相和共晶相的混合组织,初生相的存在对合金的断裂韧性不利,此时,合金的室温断裂韧性迅速下降到 11.22MPa·$m^{1/2}$。

由上面的分析可知,对于相同成分的合金,抽拉速率和温度梯度对其室温断裂韧性产生了显著的影响。这是因为抽拉速率和温度梯度直接影响合金的定向凝固组织,不同的凝固组织形态在受力加载时对裂纹扩展的阻碍作用有明显差异。对全共晶组织来说,在低速率条件下平界面生长形成的规则片层组织有利于提高合金的室温断裂韧性。在比较低的生长速率下,定向生长的粗大不均匀的胞状共晶组织则会显著降低室温断裂韧性,而在生长速率比较大的条件下,定向生长形成细密均匀的胞状共晶组织,其室温断裂韧性则显著提高,接近平面生长的规则片层组织。但在生长速率很高的情况下形成的枝状共晶组织,由于两相排列非常混乱,其断裂韧性则显著下降。此外,无论平面生长的规则共晶组织还是胞状生长的胞状共晶组织,随着温度梯度增大,其断裂韧性都比较明显地增大,这是高的温度梯度进一步细化组织的原因。

在相同的平界面定向生长条件下,合金成分对其室温断裂韧性的影响是较为显著的,当 Cr 含量由 28%增加到 32%及 36%时,Cr(Mo)强化相的体积分数明显增大,引起合金的室温断裂韧性也随 Cr 含量的增大而增大。表 7-14 为 LMC 法制备的三种不同成分下平界面定向凝固合金的 Cr(Mo)强化相体积分数和其最高的室温断裂韧性。与共晶成分合金中进行的实验相比[94-96],在过共晶条件下获得的全共晶定向凝固组织,随着过共晶程度(即 Cr+Mo 含量)的增大,强化相体积分数进一步增大,室温断裂韧性也进一步提高,这一趋势如图 7-70 所示。到目前为止,西北工业大学的商昭等[80,81]在 NiAl-36Cr-6Mo 过共晶合金中获得了 NiAl-Cr-Mo 系合金中最高的室温断裂韧性,即 ZMLMC 法(温度梯度 600K/cm)制备的定向凝固组织在 $10\mu m/s$ 抽拉速率下的室温断裂韧性达到了 $26.15MPa \cdot m^{1/2}$。

表 7-14　LMC 法制备的不同成分下的 Cr(Mo)强化相体积分数和其最高的室温断裂韧性[81]

合金成分	Cr(Mo)强化相体积分数/%	室温断裂韧性/$(MPa \cdot m^{1/2})$	抽拉速率/$(\mu m/s)$
NiAl-28Cr-6Mo	48.4	20.84	10
NiAl-32Cr-6Mo	54.3	23.74	10
NiAl-36Cr-6Mo	59.1	25.28	6

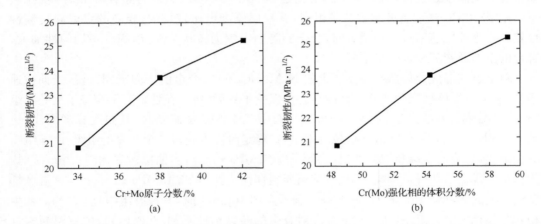

图 7-70　定向凝固 NiAl-Cr(Mo)合金室温断裂韧性与 Cr+Mo 元素含量及 Cr(Mo)强化相体积分数之间的关系

2. NiAl-Cr(Mo)定向凝固共晶合金的高温性能

表 7-15 为 LMC 法制备的不同成分和抽拉速率下的定向凝固 NiAl-Cr(Mo)合金 1000℃下高温拉伸强度和延伸率。对于共晶成分的 NiAl-28Cr-6Mo 合金,在平界面生长时其高温抗拉强度(UTS)为 374.9MPa,对应的延伸率约为 6.82%;在平-胞转变点 $15\mu m/s$ 时高温抗拉强度有所下降,为 333.6MPa;而在共晶胞状生长时,高温抗拉强度又增大到 347.6MPa。而二元的 Ni-50Al 合金在 980℃时的抗拉强度约为 55MPa,相比之下,定向凝固 NiAl-Cr(Mo)合金的高温性能有了显著的提高。对于 NiAl-32Cr-6Mo 过共

晶成分合金,平界面生长达到全共晶组织后,其高温抗拉强度为 428.6MPa;粗胞状生长达到的胞晶全共晶组织的高温抗拉强度为 374.6MPa;而生长良好、片层排列更规则的细胞状全共晶组织的高温抗拉强度提高到了 431.7MPa。而 NiAl-36Cr-6Mo 过共晶合金在平界面生长达到稳定后的全共晶组织,其抗拉强度达到 513.8MPa,但只要初生 Cr(Mo)相组织存在,其高温抗拉强度就迅速下降到 129.2MPa。与抗拉强度的变化趋势相反,当抗拉强度升高时,合金的延伸率基本呈下降趋势,即一般来说,合金高的抗拉强度对应着相对较低的延伸率。可见,与合金的室温断裂韧性的变化趋势类似,在同一合金成分下,平界面共晶组织合金的抗拉强度要高于粗胞状共晶组织合金,但好的胞状共晶组织合金甚至能够获得比平界面共晶组织合金更好的高温拉伸性能,若有初生相析出,则合金的高温抗拉强度迅速下降,且对应的延伸率也很低;此外,合金成分由共晶成分变化到过共晶成分后,即 Cr+Mo 元素含量增大时,若其稳定态的组织是全共晶组织,则合金共晶组织中 Cr(Mo)强化相体积分数的比例增大,其高温抗拉强度显著提高。图 7-71(a)和(b)分别为 NiAl-32Cr-6Mo 合金在 15μm/s 抽拉速率和 NiAl-36Cr-6Mo 合金在 10μm/s 抽拉速率时试样在高温拉伸实验中载荷随时间的变化曲线,不同的合金其曲线形状基本类似,只是载荷的最大值不同,此外就是达到最大载荷后到其降为 0 的时间不同。最大载荷大小反映了合金的抗拉强度,而达到最大值到降为 0 的时间则反映了其塑性变形程度,即延伸率的大小。由图 7-71 可见,全共晶组织合金的最大载荷远高于含有初生相组织的合金。NiAl-32Cr-6Mo 过共晶合金在抽拉速率为 15μm/s,温度梯度为 250K/cm 时,在定向凝固达到稳定态后,获得了全共晶的组织。图 7-71(a)表明其经过 560s 达到最大载荷 374.6MPa,再经过约 55s 试样断裂;而 NiAl-36Cr-6Mo 过共晶合金在抽拉速率为 10μm/s,温度梯度为 250K/cm 时,在定向凝固达到稳定态后,获得的只是初生相+共晶的组织。图 7-71(b)表明其约经过 194s 即达到最大载荷 129.2MPa,再经过 19s 试样即发生断裂。

表 7-15　不同成分和抽拉速率下的定向凝固 NiAl-Cr(Mo)合金高温拉伸性能[81]

合金成分	抽拉速率/(μm/s)	抗拉强度/MPa	延伸率/%	固-液界面
	6	317.6	7.39	平
	10	374.9	9.13	平
NiAl-28Cr-6Mo	15	333.6	10.43	平-胞
	25	347.6	11.30	胞
	50	355.3	12.61	胞
	6	347.3	5.65	平
	10	392.1	6.52	平
NiAl-32Cr-6Mo	15	374.6	7.83	胞
	25	431.7	10.87	胞
NiAl-36Cr-6Mo	6	513.8	4.55	平
	10	129.2	4.09	初生枝

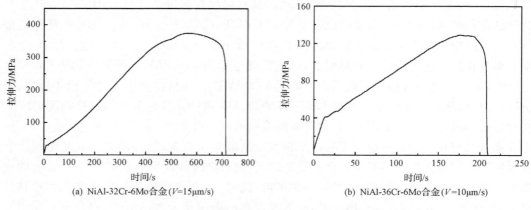

(a) NiAl-32Cr-6Mo合金(V=15μm/s)　　　　　　　(b) NiAl-36Cr-6Mo合金(V=10μm/s)

图 7-71　定向凝固 NiAl-Cr(Mo)合金高温拉伸力-时间曲线

3. NiAl-Cr(Mo)定向凝固共晶合金断口形貌和韧化机制

材料变形时各类断口形态的出现基本上对应一定的内部或者外部条件,金属构件断裂后,通过对断口形态的分析可以追溯断裂时所处的条件,从而确定断裂的机制和原因,所以断口分析在断裂失效分析中占有重要的地位。对于定向凝固的 NiAl 基共晶自生复合材料,无论强化相是 Cr 还是 Mo 或 V,也无论纤维还是片层,合金的组织特征都是类似的,其断裂特征也基本相似。合金的室温断裂韧性与裂纹尖端微区的塑性变形能力和裂纹扩展路径密切相关。前者依赖于材料的协同变形能力,协同变形能力越强,裂纹尖端的塑性区越大,能吸收更多的能量。如果合金的组织细化,材料的协同变形能力会得到提高;同时在裂纹扩展时裂纹也易于发生偏转和分叉。此外,材料中的可动位错数量也对合金的室温断裂韧性有显著影响[97],位错主要起源于 NiAl 基体和强化相的界面网[98,99],组织细化会带来更多的界面,从而产生更多的可动位错。所以共晶组织片层间距细化能够提高合金的室温断裂韧性。图 7-72 是定向凝固的 NiAl-Mo 系合金中几种具有代表性的断裂形貌。

经过在 SEM 下观察,各状态试样的裂纹均起源于试样预制缺口的根部,然后沿着载荷加载方向扩展,直至最终断裂[71]。对于多相复合材料,一般的韧化机制有裂纹桥接、裂纹偏转、裂纹钝化、裂纹再形核、界面剥离、剪切带韧化和微裂纹连接等[100,103],即使在某一微区,也可能是同时几种韧化机制共同作用。而这些韧化机制的作用大小与材料的组织状态密切相关,如合金中片层厚度,界面连接强度和组织形貌等。由图 7-72(a)明显看出在垂直于裂纹扩展方向 Mo 纤维的裂纹桥接机制,且 Mo 纤维有少许塑性拉伸变形现象(图 7-72(b)、(j))。但桥接区域相对于裂纹长度非常小,并且在所有的试样中都没观察到 Mo 纤维有较大的塑性拉伸变形,这说明 Mo 纤维的塑性变形行为是很小的。断口表面(图 7-72(c)、(d))表明 NiAl 相呈现解理断裂,而 Mo 相是通过颈缩断裂的(图 7-72(b)、(j))。在断口表面的裂纹捕捉迹线(图 7-72(c)、(d))表明了裂纹捕捉机制也在起韧化作用。在裂纹扩展过程中遇到 Mo 纤维则暂时受到阻碍作用,随后裂纹尖端剥离相界面或绕过 Mo 相在邻近基体中继续扩展。在断裂表面的一些区域还发现界面剥离和纤维拔出

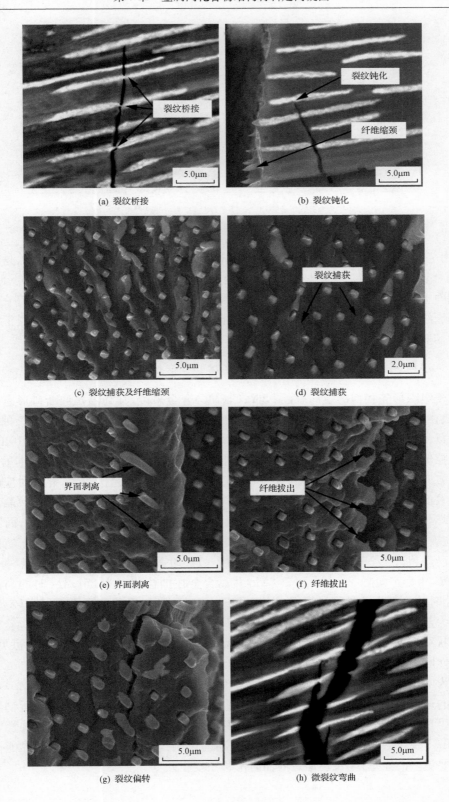

(a) 裂纹桥接

(b) 裂纹钝化

(c) 裂纹捕获及纤维缩颈

(d) 裂纹捕获

(e) 界面剥离

(f) 纤维拔出

(g) 裂纹偏转

(h) 微裂纹弯曲

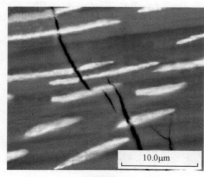

(i) 微裂纹键合　　　　　　　　　　　　　　(j) 主裂纹及纤维缩颈

图 7-72　室温下定向凝固 NiAl-Mo 三点弯曲的断裂形貌 SEM 图[71]

机制(图 7-72 (e)、(f))、裂纹钝化和裂纹偏转机制(图 7-72(g)、(h))。很明显,这些机制同样也对复合材料的韧性提升有一定的作用,虽然这些机制的韧化作用比较小。此外,在主裂纹附近观察到一些表面微观裂纹,称为裂纹键合机制。无疑,沿加载方向存在的这些分叉小裂纹使裂纹扩展路径增加,并且需要继续增大应力才能使裂纹继续扩展汇聚从而起到增韧效果。

4. NiAl-Cr(Mo)定向凝固共晶合金的高温断口形貌和强化机制

对于组织形貌相似的定向凝固 NiAl-Cr(Mo)合金来说,其高温拉伸断口形态也基本类似,故在此仅分别选取有代表性的平界面共晶、胞状共晶和含初生相组织的三种类型合金来进行分析。图 7-73 为定向凝固 NiAl-28Cr-6Mo 共晶合金在抽拉速率为 $10\mu m/s$ 时的高温拉伸断口,此时的合金为平界面生长形成的规则片层共晶组织,试样基本垂直于拉伸加载方向断裂。在宏观上可见,试样断口较为平齐,在局部起伏较大,此时对应的断后延伸率较低,仅为 6.82%。图 7-73(c)对应着图 7-73(a)中的 1 区,此时可见共晶片层组织被破坏,片层解理断裂,局部片层撕裂、破碎,或者片层聚集在一起被拉断。而图 7-73(d)对应着图 7-73(a)中的 2 区,此时有大量的韧窝产生,且韧窝较深,这是由于实验温度 $1000℃$ 已经超过了 NiAl 合金的韧脆转变温度,故此时 NiAl 相也表现为塑性断裂。

图 7-74 为定向凝固 NiAl-28Cr-6Mo 共晶合金在抽拉速率为 $25\mu m/s$ 时的高温拉伸断口,此时的合金为共晶胞状组织。由此可见,此时的断口形貌与平界面时有较大区别。断口较为起伏,在断裂面可见一个个的胞,每个胞内部基本还是呈放射状,对应着原始的共晶胞状组织,即试样是被直接拉断的。在高倍组织中可见较多的韧窝,由此可见,试样应以塑性断裂为主。

作为两相共晶合金,NiAl-Cr(Mo)合金也是由位错运动产生变形的,Cr(Mo)片层影响位错的运动。随着共晶片层间距减小,Cr(Mo)片层数量增多,将会给位错运动带来更多的阻碍。合金相界对位错的阻碍作用主要是因为:①NiAl 和 Cr(Mo)两相弹性模量不同;②NiAl 和 Cr(Mo)相界位错网对位错运动的影响;③有序相中的反相畴界能使位错运动需要更多的能量;④位错通过界面时滑移系发生改变。

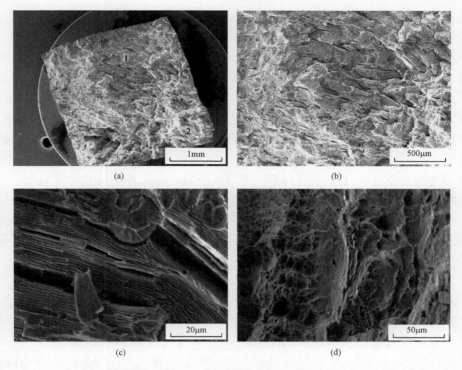

图 7-73　定向凝固 NiAl-28Cr-6Mo 共晶合金高温（1000℃）拉伸断口（$V=10\mu m/s$）

图 7-74　定向凝固 NiAl-28Cr-6Mo 共晶合金高温（1000℃）拉伸断口（$V=25\mu m/s$）

在高温加载条件下,材料的断裂总是起源于片层错配等生长缺陷和晶界连接处,这是由于拉伸加载时那些地方容易产生弹性模量错配和应力错配导致的应力集中。因为晶粒的竞争生长,晶界处的片层取向经常不一致,而且容易有杂质富集,所以晶界容易成为拉伸加载时的薄弱环节。高温下 NiAl 基体相的屈服强度小于 Cr(Mo)强化相,断裂总是先于 NiAl 相中产生,但由于塑性 NiAl 和 Cr(Mo)相的弹性约束,裂纹扩展不会像室温时那么迅速,故高温下合金的塑性会得到提高。但是,微孔会在生长缺陷和晶界处形核,并随着拉伸加载的持续而加速形核并聚合长大,继而最终发生断裂。由于高温下晶界的结合强度变弱,在晶界处微孔的聚合容易导致图 7-73(b)所示的一束共晶片层被全部拉出。

对于两相复合组织,其断裂性能取决于每一组成相的拉伸强度和断裂应变。一般来说,基体和强化相不会在同一应变下断裂,对复合组织抗拉强度的预测,通常以混合法则来进行分析。该法则的思路是:把单独拉伸强化相时的强度和单独拉伸基体时的强度相加,所得到的就是复合组织的拉伸强度,根据两相的体积分数来考虑载荷在基体与强化相相间的分配。则复合材料强度的混合法则为[104]

$$\sigma_c = \sigma_m V_m + \sigma_f V_f \tag{7-5}$$

式中,σ 为各相的极限拉伸强度;V 为各相的体积分数;下标 c、m 和 f 分别表示复合材料、基体和强化相。显而易见,为了达到材料强化的目的,强化相的拉伸强度均会大于基体相的强度。这表明复合组织的强度会随着强化相体积分数的增大而提高。在 NiAl-Cr(Mo)合金中,Cr(Mo)片层作为强化相,其强度显著大于 NiAl 基体相,所以随着 Cr(Mo)强化相体积分数的提高,复合材料的高温抗拉强度明显提高。

在 NiAl-Cr(Mo)共晶自生复合材料中,NiAl 和 Cr(Mo)的两相界面为半共格的[18],属于强结合界面,界面结合强度较高,在高温拉伸加载过程中,晶界强度对合金的断裂有重要影响,裂纹和微孔容易起源于晶界,并最终扩展长大,导致材料的失效断裂。高温下 NiAl-Cr(Mo)合金的晶界比室温下变弱,但相对来说,其界面结合强度还是很高的,这对于合金高温抗拉强度的提高很有帮助。但为了进一步提高合金的高温性能,尚需进一步提高其界面结合强度。

随着共晶片层间距的减小,位错缠结造成的应力集中减小,故减小片层间距有利于提高合金的抗拉强度。故在相同的定向凝固界面生长条件下,随着抽拉速率的提高,合金的高温抗拉强度提高。但当合金生长界面转化为粗胞状时,胞界结合变弱,且粗胞状时的胞界区域大,这会导致合金的抗拉强度下降,所以,胞状共晶组织合金的高温抗拉强度是这两个因素共同作用的结果(如定向凝固 NiAl-32Cr-6Mo 过共晶合金,$V=15\mu m/s$ 时)。但若合金的凝固组织为良好生长的共晶胞,由于胞界结合变强,且此时共晶胞界区域较小,对合金抗拉强度的弱化因素减小,此时的高温抗拉强度会有明显的提高(如定向凝固 NiAl-32Cr-6Mo 过共晶合金,$V=25\mu m/s$ 时)。但若当合金的凝固组织含有初生 Cr(Mo)枝晶相时,由于 Cr(Mo)枝晶相与共晶相之间的结合强度很差,且其连接处极易产生杂质元素的富集,枝晶附近的片层组织排列紊乱,在高温拉伸加载时,微孔极易在此处形核并长大,最终导致合金的失效断裂,所以凝固组织中含有初生 Cr(Mo)枝晶相的合金高温抗拉强度最低,并对应着最低的延伸率(如定向凝固 NiAl-36Cr-6Mo 过共晶合金,$V=10\mu m/s$ 时)。

7.3.9　Ni₃Al 合金的组织性能及其定向凝固

1. Ni₃Al 合金组织性能特点

Ni-Al 二元相图示于图 7-35。由图可看出,Ni₃Al 相是一分解式金属间化合物,其分解温度(可认为代表其熔点)为 1395℃。Ni₃Al 为有序面心立方 Ll₂ 结构,Ni 原子占据晶胞的 6 个面心位置,Al 原子占据晶胞的 8 个角点位置,如图 7-75 所示。Ni₃Al 相在低温也具有一定的成分范围,但比较狭窄(73%~75% Ni(原子分数)),如图 7-35 所示。

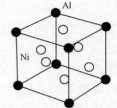

图 7-75　Ni₃Al 的晶体结构

Ni₃Al 具有{111}⟨110⟩滑移系统,因而具有足够的独立滑移系而使其产生室温塑性变形。单晶 Ni₃Al 塑性很高,而多晶 Ni₃Al 在室温却很脆,表明其脆性来源于 Ni₃Al 的晶界。以前的研究结果显示,Ni₃Al 存在一个本征脆的晶界,而且大量原子模拟计算和位错、晶界反应分析均支持这一观点。然而,最近许多研究结果显示,外部因素——环境脆性是 Ni₃Al 沿界脆断的主因。

美国把 Ni₃Al 为基的合金称为 IC 合金。IC 是金属间化合物"intermetallic compounds"的英文缩写。20 世纪 70 年代末,日本通过添加微量 B 大幅提高 Ni₃Al 室温塑性后,美国橡树岭国家实验室即把重点转移到对 Ni₃Al 的研究与开发。经过多年的努力,现已开发出一批以 Ni₃Al 为基,添加 B、Cr 和 Hf、Zr、Mo 等合金强化元素的系列合金,获得良好的综合性能,并已在民用工业上得到广泛应用。改善和提高 Ni₃Al 室温塑性还可以通过添加置换式或间隙式的合金化元素。表 7-16 是添加合金元素对 Ni₃Al 室温塑性和断裂行为的影响。

表 7-16　合金元素对 Ni-Al 合金室温塑性及断裂行为的影响

合金元素	成分/%	塑性/%	断口特征
—	Ni₃Al(24Al)	1~3	沿晶
B	Ni-24Al-0.5B	35~54	穿晶
B、Fe	Ni-20Al-10Fe-0.2B	50	穿晶
Mn	Ni-16Al-9Mn	16	穿晶
Fe	Ni-10Al-15Fe	8	混晶
Pd	Ni-23Al-2Pd	11	沿晶
Pt	Ni-23Al-2Pt	5	沿晶
Co	Ni-23Al-2Co	4	沿晶
Cu	Ni-23Al-2Cu	6	沿晶
Zr	Ni-22.65Al-0.26Zr	13	沿晶

IC 合金具有熔点高、密度小、比强度高、抗氧化性能好的优点,有高的弹性模量和刚度,疲劳性能优异,裂纹扩展速率小,而且在一定温度以下,屈服强度还随温度上升而提高。Ni₃Al 具有的诸多优异特性,赋予 Ni₃Al 一种潜在的结构材料的良好基础。但 IC 合

金也存在比较严重的不足,如塑性偏低,高温蠕变速率偏大,400℃以下的强度不足。

提高 IC 合金的强度,固溶强化是最常用的一种强化手段。以含 B 的 Ni₃Al 为基础加入适量的合金元素,通过固溶强化效应可以进一步提高其常温和高温强度。各种置换固溶的合金元素可分为三类:Si、Ge、Ti、V、Hf 等元素可以置换 Al 亚点阵位置而固溶;Cu、Co 和 Pt 可置换 Ni 亚点阵位置而固溶;而 Fe、Mn 和 Cr 可以同时置换 Al 和 Ni 而固溶。

已经发现,常温固溶强化效果依赖于合金元素的行为,原子尺寸错配度和合金的偏离化学计量的程度等。通常,只有那些置换 Al 原子的合金元素才产生有效的固溶强化,添加过渡金属元素 Ti、Mo、W、Nb、Ta、Zr 等及半金属元素 Si 等都可以提高 Ni₃Al 的常温和高温强度,其中 Hf、Ta 和 Nb 的强化效果最显著,B 和 C 是最有效的常温固溶强化元素。除进行单相固溶强化外,还可引进第二相强化,如 β 相、γ 相、碳化物、硼化物及外加第二相质点强化等。采用细晶、定向柱晶、单晶以及 Ni₃Al 基复合材料等也是提高 IC 合金强度的有效途径。IC 系列合金中目前得到成功应用的范例是添加 Hf、Zr、Cr、Mo 等元素,有效提高 IC 合金的强度。图 7-76 表明,Hf 使加 B 的 Ni₃Al 基合金 $\sigma_{0.2}$ 峰值温度从 600℃提高到 850℃,性能超过了 Hastelloy-X 合金。研究还表明,加 Hf 后的 Ni₃Al 合金比强度超过了 Waspalloy 合金。此外,Ti、Si 也能有效提高 IC 合金的强度,添加适量 Fe 不但能提高 Ni₃Al 合金的强度,而且对塑性也有好处。

IC-221M 是一种含 Mo 铸造 Ni₃Al 合金,具有优异的抗热疲劳性能,650℃的高周疲劳寿命比 In-713C 大两个数量级并有 10%~30% 的室温塑性和高温塑性,高温强度 $\sigma_{0.2}$ 超过了 In-713C 合金。图 7-77 是几种 IC 合金的屈服强度与温度的关系并与 Hastelloy-X 合金和 316 不锈钢的性能进行比较。结果表明,IC 合金比 Ni 基合金具有优越得多的抗力。表 7-17 是 IC 系列合金的化学成分和部分性能。

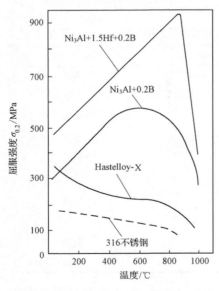 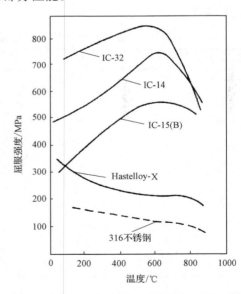

图 7-76　几种合金 $\sigma_{0.2}$ 与温度的关系　　图 7-77　几种 IC 合金与 Waspaloy-X 和 316 不锈钢性能比较

表 7-17　IC 系列合金的化学成分和性能

合金牌号	含量/%												部分性能
	Ni	Al	Ti	Cr	Mo	Hf	Zr	B	C	Mn	Fe	W	
IC-2	余	24	—	—	—	—	—	—	—	—	—	—	$\sigma_{0.2}$:480MPa(20℃);750MPa(600℃);620MPa(800℃)
IC-14	余	19.5	0.5	—	—	—	—	0.24	—	1.0	10	—	$\sigma_{0.2}$:300MPa(20℃);560MPa(600℃);520MPa(800℃)
IC-15	余	24	—	—	—	—	—	0.25	—	—	—	—	—
IC-19	余	24	—	—	—	—	—	0.05	—	—	—	—	—
IC-32	余	19	0.5	—	—	—	—	0.24	0.5	0.5	10	—	$\sigma_{0.2}$:790MPa(20℃);840MPa(600℃);620MPa(800℃)
IC-50**	余	23 / 11.3*	—	—	—	0.5	0.6*	0.2 / 0.02*	—	—	—	—	—
IC-72	余	11.7*	—	—	—	3.5*	—	0.05*	—	—	—	—	—
IC-145	余	21.5	—	—	—	0.5	—	0.1	—	—	—	—	—
IC-163	余	11.78*	—	—	—	3.39*	—	0.02*	—	—	—	—	—
IC-164	余	11.37*	—	—	—	5.0	0.5	0.02	—	—	—	—	—
IC-218**	余	17.0	—	8.2	—	—	0.5	0.1	—	—	—	—	$\sigma_{0.2}$:700MPa(20℃);930MPa(600℃);830MPa(870℃)
IC-221**	余	16.7	—	8.0	—	—	1.0	0.1	—	—	—	—	σ_{b}:1700MPa(20℃);300MPa(600℃);940MPa(870℃)　δ:30%(20℃);28%(600℃);17%(870℃)
IC-221M**	余	8.0*	—	7.7*	1.4*	—	1.7*	0.008*	—	—	—	—	—
IC-221W**	余	8.0*	—	7.7*	1.5*	—	3.0*	0.003*	—	—	—	—	—
IC-264**	余	16.7	—	8.0	—	—	1.0	0.1	—	—	—	—	—
IC-357	余	9.54*	—	6.95*	1.28*	—	0.35*	0.02*	—	11.2*	11.2*	—	—
IC-396	余	16.4	—	8.0	1.5	—	0.5	0.15	—	—	—	—	—
IC-396M**	余	8.0	—	7.8*	3.0*	—	0.85*	0.005*	—	—	—	—	—
IC-246**	余	8.5*	0.9*	7.8*	—	—	1.7*	0.1*	0.1*	—	—	—	—

* 质量分数,%;其余为原子分数。

** 已在工业上推广应用的材料。

在 Ni₃Al 的合金化方面,我国科技工作者也着重研究了在 Ni₃Al 中添加微量 B 合金化的微观机理,发现 B 对 Ni₃Al 的韧化首先是由于 B 在晶界处的偏聚增加了晶界的结合强度,并使位错容易穿过晶界,这种双重作用的结果韧化了晶界。此外也系统研究了 Zr、Ti、Cr、Hf、Si、Nb、Fe、Mn 和 V 等元素对 Ni₃Al 强度和塑性的影响。经研究首次发现,微量 Zr 可显著提高 Ni₃Al 的室温塑性,可替代 B 的作用,加 Zr 韧化还有另外的作用,即不降低合金的初熔温度,有利于提高高温强度,当 Zr 的加入量为 1%(原子分数)时,铸造 Ni₃Al 室温拉伸塑性可达 10%。

2. 定向凝固 Ni₃Al 基合金 IC6

Ni₃Al 的研究历史表明,晶界强度低、塑性差是 Ni₃Al 存在的一个突出问题,但 Ni₃Al 作为静叶片使用是可能的。改造晶界是提高 Ni₃Al 强度的一个重要方面。在高温应力下,晶界始终是合金强度的薄弱环节,有害杂质的偏聚及环境介质的沿晶入侵,空穴缺陷在晶界的聚集等,导致晶界在很大程度上影响合金的性能,因此对晶界的改造是合金研制中一项重要内容,特别是消除与主应力方向垂直的横向晶,更为关键。为了获得较好性能的 Ni₃Al 合金,采用定向柱晶或单晶制备技术,减弱或消除晶界的直接影响,是提高 Ni₃Al 合金性能的一个重要方面。

Ni₃Al 基合金 IC6 是一种定向凝固铸造高温合金,合金性能指标为 1100℃、100h 的持久强度为 100MPa,是为填补我国三十多年一直欠缺的高性能航空发动机涡轮导向叶片材料而进行研究的。IC6 合金采用 Ni-Al-Mo 作为基本组成元素,为 γ′-γ 两相合金,IC6 合金化学成分为 Ni-(7.4~8.5)Al-(12~15)Mo-<0.1B-C。

IC6 合金在元素组成与性能上具有如下一些特点[105]:成分简单,主量元素只有 Ni、Al、Mo 三个元素(外加微量 B 和 C);Mo 含量高,采用高 Mo 固溶强化;不含稀贵元素,成本低;密度低(7.9g/cm³),比强度高;初熔点高(1315℃),比先进镍基超合金高 50~70℃;有明显的"R"特性曲线,即一定温度下屈服强度随温度升高而增高,峰值温度在 800~850℃;为了改善定向凝固 Ni₃Al 合金的横向性能及铸造和焊接工艺性能,添加一定量的 B 是必要的,但过量的 B 则急剧降低合金的纵向持久强度。

为获得高质量 IC6 合金母材,在制备工艺上采用双真空的工艺技术路线,即真空感应炉炼制母合金+真空感应炉重熔母合金,用快速凝固定向工艺制备定向柱晶或单晶的试棒或零件。试棒及零件的生产工艺采用熔模精铸法。母合金炼制工艺要突出超高温精炼技术,严格控制加 Al 时的温度,适当加长 Al 混合搅拌的时间,确保炼制母合金的冶金质量。选择、确定定向凝固工艺参数时要根据合金成分中的元素含量及零件形状等情况,适当调整浇注温度、模壳温度以及模壳下降速率等参数,以便得到理想的微观组织、力学性能和合格零件。

为了得到优良的综合性能,并考虑生产的经济性,IC6 的热处理采用超高温固溶和快速冷却技术,即 1260℃保温 10h,然后采用油冷或相应的 Ar 冷技术。热处理温度选定在 γ′+γ 两相区范围内。IC6 合金中基体 γ′ 相的体积分数占 75%~85%,主要强化相 γ 的体积分数占 15%~25%,此外还有少量以小颗粒形态存在的硼化物相。IC6 合金典型成分在标准热处理条件下的显微组织如图 7-78 所示。按相的分布和形态分 A、B、C 三个领域,A 区为枝晶间组织,主要由 γ′+γ 两相构成;B 区为枝晶干组织,由 γ′ 和类似 A 区中的 γ′+γ 两相组织共同编制构成一个较大的网状组织,实际上 B 区是一种 γ′+(γ′+γ) 的复合组织;C 区是 γ′ 单相块比较集中的区域,分布在枝晶间。

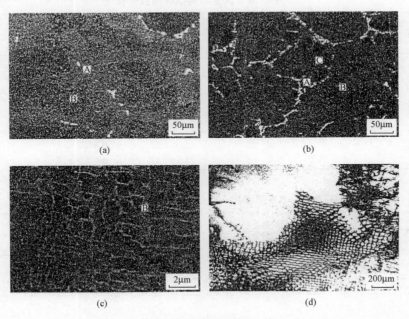

图 7-78 IC6 合金的典型微观组织(1260℃,10h,油冷)

分析表明,γ′ 的化学成分为(74~75)Ni-(21~22)Al-(3.8~5.0)Mo。在枝晶间的 A 区内,γ′ 大小为 0.3μm 左右;在枝晶干区域,在大网络状内,γ′ 大小为 1~3μm,γ′ 的晶格常数经测定为 0.35859nm。强化相 γ 是一种过饱和的固溶体,Mo 含量很高,为 25%~30%(原子分数),Al 含量很低,只有 0~1%(原子分数),由于 Mo 原子半径大,大量 Mo 的溶入,使 γ 相的晶格常数明显增大,X 光衍射确定 γ 相的晶格常数约为 0.36289nm。由于 γ′ 和 γ 的晶格常数相差较大,错配度高达 1.185,所以在 γ′-γ 界面附近形成大量高密度的错配位错,能有效地阻碍合金形变过程中的位错运动,从而使合金强度提高。当合金中 B 含量超过 0.03% 时,组织中出现硼化物相。随 B 含量增加,硼化物相的形态变大变粗,数量增多。X 射线波谱分析表明,硼化物的组成为 Ni:Mo:B=1:1.738:1.875,分子式为 Mo_2NiB_2(即 M_3B_2 型)。

A 区组织的面积和 C 区中 γ′ 单相块的大小和数量与性能有密切关系,严格控制合金中的 Al、B 含量和 Al 和 B 配比,可相应扩大 A 区面积并减少 C 区中的 γ′ 单相块数量和尺寸,对力学性能有利。

表 7-18 是 IC6 合金的纵向拉伸性能。表 7-19 是 IC6 合金的高温持久性能及其与先进的定向合金持久性能比较。由表可见,IC6 合金在中温(760~900℃)和 1000℃ 以上的持久强度均高于国内外先进的定向凝固 Ni 基和 Ni₃Al 基合金,而在 900~1000℃ 与这些合金相当。应当指出,IC6 合金的拉伸性能在室温至高温(熔点附近)均高于钴基合金 DZ40。另外,IC6 合金作为导向叶片材料,要求具有良好的热疲劳性能,表 7-20 是 IC6 合

金和定向 K403(DZ3)合金的热疲劳性能测定数据比较。由表可见,IC6 合金的冷热疲劳性能明显优于定向 K403 合金。

表 7-18　IC6 合金的典型纵向拉伸性能

拉伸性能	实验温度/℃									
	室温	700	760	870	1000	1050	1100	1150	1200	1250
σ_b/MPa	1115	1040	1170	1075	705	585	465	310	178	67.7
	1225	1090	1165	1040	720		500			
$\sigma_{0.2}$/MPa	805	980	1105	975	565	520	385	278	163	61.4
	785	995	1110	950	640		395			
δ_5/%	14.2	8.5	6.3	11.0	28.1	28.0	44.0	52.8	71.9	17.4
	15.7	8.7	4.2	10.3	25.0		32.4	(ψ)	(ψ)	(ψ)

表 7-19　IC6 高温持久性能与先进合金的性能比较

实验温度/℃	应力/MPa	持久寿命/h			
		IC6	DSNX-188(γ基)	PWA-1422	DZ4
760	860	219.4	—	100	100
	804	>194.00			
950	255	124、122	—	100	100
	245				
	220				
980	206	161、172	—	100	100
	180				
1040	140	107、169	—	100	100
	137				
1100	100	115、188		—	—
	88.3	>200	30、39	42、44	40、42
	78.5	>500		100	100

表 7-20　IC6 合金和 DZ3 合金的热疲劳性能

试验	合金	裂纹长度/mm			
		纵向		横向	
20℃↔900℃	DZ23	2.32	1.86	0.52	0.46
(200 次)	IC6	0.46	0.45	0.26	0.25
20℃↔1000℃	DZ23	5.16	3.38	1.47	0.95
(100 次)	IC6	1.62	2.61	0.18	0.29
20℃↔1100℃	DZ23	3.98	4.38	1.95	1.70
(50 次)	IC6	1.60	0.92	0.18	0.32

3. Ni₃Al 合金的定向凝固特性

1) 定向凝固中的相与组织的演化

由于 Ni₃Al 金属间化合物高温硬度与韧性的结合及该相在高温下的稳定性[105]，人们对以 Ni₃Al 为基的 $\gamma'+\gamma$ 的定向凝固特性产生了很大兴趣。文献[106]~[108]报道了对 NiAl 合金系中 $\gamma'+\gamma$ 定向凝固条件下相的变化与生长及它们的组织演化，特别在共晶及包晶反应附近的变化规律。图 7-79 给出了一个示意的包晶相图，两固相对应于 Ni-Al 系的相应相结构 $\gamma'(Ni_3Al)$ 与 $\gamma(Ni$ 固溶体)。显然，该图包含三个区域：①γ 单项区；②$\gamma+\gamma'$两相区；③γ'单项区(另有液相)。若合金保持平界面生长，根据成分过冷原理，必有

$$G/V \geqslant m(C_L - C_S)/D \tag{7-6}$$

在成分①区和③区，由于液固相线均随 Al 含量增加而下降，$C_L - C_S$ 将随铝含量增加而增加，则保持平面生长的 G/V 临界值也将增大。对于②区，若能维持平界面，则预计会有类似共晶的包晶两相($\gamma'+\gamma$)的共生生长。若假设合金凝固是在近平衡条件下，则达到包晶相变温度时的固相成分 C_γ 将变为 $C_{\gamma'}$，相应的液相成分为 C_p(图 7-79)。此时 $C_L - C_S$ 将减小，从而导致平界面生长的临界 G/V 减小。这意味着人们可以在较低的温度梯度或较小的抽拉速率获得 $\gamma'+\gamma$ 两相的共生生长。

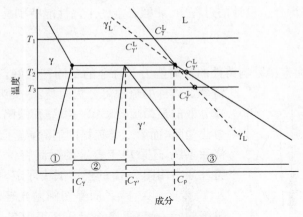

图 7-79　过包晶合金相图

图 7-80 是文献[108]给出的接近共晶和包晶点附近的 Ni-Al 相图的一部分。图 7-80(b)是该合金系相应的成分-组织选择图。值得注意的是，由图 7-80(a)可以看出，在包晶温度下面的 γ 相的亚稳定相线的延伸线，在实际的定向凝固中，由于界面过冷的存在，相的形核生长往往在过冷下进行，此时亚稳液相线的作用就非常显著。

将图 7-80(b)与(a)相对比可以发现，两相生长基本上在靠近 γ' 相的一侧。单项 γ' 平界面 γ_p 组织会延伸到相图的两相区成分内，并随 G/V 值的增大而向右扩展。同样，两相带状区只出现在两相区内靠 γ' 相的方面，并且是在较高 G/V 值的情况下，即能够维持两相都能以平面生长，并且基本无成分过冷。而两相共生生长的成分与 G/V 条件则相对宽松，可以从平面两相共生到胞晶，以至两相枝晶共生生长。

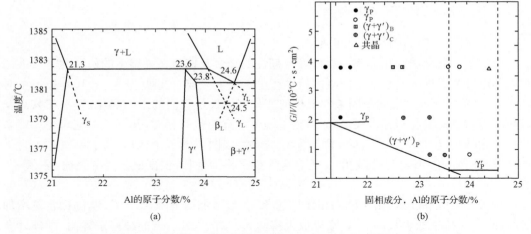

图 7-80　接近共晶点和包晶点的相图(a)和 G/V 临界值的比较(b)

2）Ni_3Al 基合金铸造工艺与技术

好的铸造性能可保证合金铸造成满意质量的铸件,否则铸件会出现显微疏松、热裂和夹杂等缺陷,使铸件的性能与合金的力学性能、物理性能有很大的差距。因此,在开发新型 Ni_3Al 基合金,进行合金设计的过程中,兼顾合金的工艺性能特别是铸造工艺性能是非常有益的。

（1）凝固特性。

合金的凝固特性直接影响铸件的补缩能力。合金的凝固特性好,有利于制成无疏松

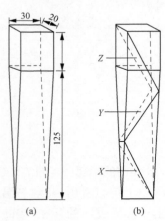

图 7-81　评定缩松的楔形试块

铸件。铸件的疏松可分为两类:一类为局部缩孔,一类为较分散的显微疏松。第一类缩孔缺陷可通过设置冒口的方法消除,而第二类疏松的消除,除了决定于铸件结构和浇注系统,还取决于合金的凝固特性。高温合金的凝固特性通常用图 7-81 的楔形试块评定,具体检验的部位为 X、Y、Z 面。X、Y、Z 面经切割抛光轻微侵蚀后进行显微组织检验。MX-246 合金铸造组织在 X 和 Y 截面上致密无疏松,而在 Z 截面上有轻微疏松。MX-246 显微疏松级别见表 7-21。和典型的高 TiAl 含量的高温合金（如 K17）相比,Ni_3Al 基合金有比较好的凝固特性。这是由 Ni_3Al 基合金物性参数的特殊性决定的。这类合金的基体是单相组织,基体物质在接近凝固点的温度范围仍表现出长程有序的属性。原子间的结合力要比金属键强得

多。Ni_3Al 的固液相区是很窄的,典型的 Ni_3Al 基合金仍保持着上述特征。MX-246 合金的 DTA 分析结果表明,MX-246 合金的液固相线的温度差为 17.7℃。合金的这一特点决定在凝固过程中,铸件的凝固前沿界面清晰,能够有序地向液相推进,不易出现未凝固液相与冒口间被固相隔断的情况。因此,合金的凝固能够得到较好的补缩,从而得到致密无疏松的铸件。

表 7-21　MX-246 合金显微组织等级

合金	截面			合金	截面		
	X	Y	Z		X	Y	Z
MX-246	1 级	1 级	2 级	K17	1 级	3 级	4 级
	1 级	2 级	3 级		1 级	3 级	3 级
	1 级	2 级	2 级		1 级	4 级	4 级
	1 级	1 级	2 级		1 级	2 级	3 级

注：1 级为无疏松；2 级为很轻微疏松；3 级为轻微疏松；4 级为一般疏松。

　　多晶 Ni_3Al 基合金已得到大量工程应用并暂被定为 MX-246 铸造合金，它在 900℃以上具有较高的拉伸性能、持久性能、抗蠕变性能及较好的耐磨性。

　　该合金以 γ' 相为基，可通过 Zr、Cr、Mn 等元素固溶强化和第二相 γ 相和碳化物粒子强化。其中 Mn 可以改善高温塑性和提高晶界强度，Zr 对 γ' 相具有较大强化作用和高温韧化晶界的作用，而 Cr 具有克服中温动态脆性的作用。和高温合金类似，Ni_3Al 基合金组织中碳化物具有强化晶界的作用，是保持较高的持久强度的主要强化相。碳化物的析出是通过加入强碳化物形成元素 Ti、Zr、Cr 和 C 来实现的。图 7-82 是两组不同 Zr 含量的 MX246 合金铸造状态的显微组织照片，基体由 γ' 枝晶和 $\gamma' + \gamma$ 共晶组成。块状的 γ'相周围有一层 γ 相膜。碳化物以颗粒状分布于枝晶间和晶界上。碳化物的颗粒尺寸较小，其类型主要有 Cr23C6、TiC 及 ZrC。由于 Zr 元素为强碳化物形成元素，所以对碳化

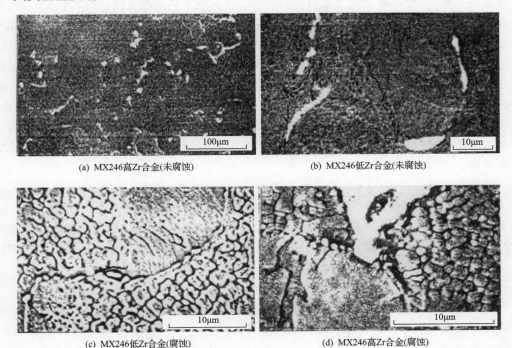

(a) MX246高Zr合金(未腐蚀)　　　　　　　　　　(b) MX246低Zr合金(未腐蚀)

(c) MX246低Zr合金(腐蚀)　　　　　　　　　　(d) MX246高Zr合金(腐蚀)

图 7-82　MX246 合金高 Zr、低 Zr 铸态显微组织

物的形成、分布有较大的影响。一般的,Zr 含量在上限时,形成部分 ZrC 相而晶界析出的碳化物数量相对少一些。

当 C 含量超过 0.3％时,可以观察到在枝晶间分布的呈棱形的 TiC 颗粒,颗粒外围是 γ' 相包膜。因为 γ' 相中 Al 元素为非碳化物形成元素,和 C 的亲和力较弱,所以在金属液凝固及有序化的过程中,C 向 γ' 形核的外部转移。当 C 浓度达到一定程度时,形成一次碳化物。在 MX246 合金中,γ' 和 γ 相中均能溶入一部分 C,过量 C 则可能形成碳化物。TiC 在 γ' 相中在 1000℃时已处于不稳定状态,八面体的边角处能量比较高,因而具备发生 Ti-$M_{23}C_6$＋γ' 的退化反应的条件。因此在 1000℃以上保温时,形成的 TiC 向 $M_{23}C_6$ 转变。这种情况非常类似于高温合金中 MC ——→$M_{23}C_6$ 的过程。

碳化物的类型、尺寸和分布对 MX246 合金的组织及其稳定性有较大的影响。TiC 初生碳化物等第二相的析出,可使铸态组织细化并提高其稳定性。若 C 含量在 0.2％～0.08％,碳化物则主要以次生相在晶界析出,如沿晶界析出的 $M_{23}C_6$。

（2）热裂倾向性。

合金的热裂或热撕裂的倾向性也是衡量合金铸造性能的重要指标。Ni_3Al 通过加入 B 元素使合金的室温韧性大大改善,但高温塑性指标仍不高,这使得 Ni_3Al 基合金有比较强的热裂倾向性。这类合金的热裂纹可分为铸件表面急冷微裂纹和凝固过程产生的热裂纹。急冷微裂纹多产生于大气熔铸 Ni_3Al 合金的过程,并且主要出现在厚大铸件上。这种微裂纹以网状分布在铸件表面,深度浅,轻轻打磨即能除去。这类裂纹常常与铸件表面氧化起皮共生,裂纹主要是由元素氧化引起的。在大气下铸造厚大铸件时,势必会伴有浇注充型时间长、合金在模壳中以液态保持的时间长的工艺环境,给合金中铝、钛和锆元素氧化提供了可能,并生成了高熔点的难变形氧化物,如 Al_3O_3、TiO_2 等。当铸件开始凝固并形成急冷层时,由于凝固收缩受到难变形氧化物的阻碍而产生裂纹。因为铸件表层的氧化分布在整个铸件的外表面,这驱使急冷区的裂纹呈网状特征。另外,当铸件的急冷区形成后,铸件与模壳之间会产生气隙,使得模壳的冷却能力瞬时下降。铸件主部合金液会使急冷层回热升温,这一热过程会松弛急冷层的铸造应力,焊合急冷层表面的微裂纹,结果使得这类裂纹被局限在面层很浅的深度。这类微裂纹打磨消除后基本上不影响铸件的使用寿命。

铸件凝固热裂纹的成因虽然是多方面的,但相对而言,起重要作用的一个因素就是 Ni_3Al 基合金的热塑性。MX 246 的延伸率指标的总体水平不高,在室温下最高为 16％,在 1100℃只有 6.5％,这一数值要比一般的铸造高温合金低。另外,该合金的延伸率随温度的变化有反常规律,即合金的韧性随温度的升高而降低,在高温的条件下合金的热塑性差。这一特性决定了 Ni_3Al 铸件在存在热应力的条件下易于产生热裂纹。

（3）流动性。

流动性是指合金熔体的流动能力和填满模壳空腔的能力,合金的这一性能在生产薄壁铸件时显得特别重要。和传统的铸造高温合金相比,Ni_3Al 基合金的流动性相对较差。这是因为在 Ni_3Al 合金中含有比高温合金高很多的铝和锆,无论大气熔铸,还是在真空铸造条件下,在浇注充型过程中,都不可避免地发生 Zr、Al 的二次氧化,氧化产生的 ZrO_2 和 Al_2O_3 的熔点分别在 2680℃和 2050℃,合金液中存在高熔点的夹杂后,会使合金液的过热度相对下降,从而降低流动性。另外,二次氧化生成的氧化物是以膜状覆盖在合金液的流头上,合金液向前流动需要冲破这层氧化膜,增加了合金液流动的阻力,降低了合金液的流动性。因此,在制造 Ni_3Al 基合金铸件时,要从浇温、模壳温度、浇注速率、浇口面积等工艺因素入手,强化充型,来弥补 Ni_3Al 合金充型能力不足,以保证铸件的成型。

7.4　难熔合金金属间化合物材料定向凝固

随着航空航天工业的发展,现代航空发动机的推重比不断增加,对涡轮叶片的高温工作条件要求更加苛刻。对于新一代推重比在 12 以上的航空发动机,其涡喷前进口温度在 1900℃ 以上,要求叶片材料本身耐温能力为 1200～1400℃,超过了镍基高温合金的极限使用温度,因此必须寻求更先进、更可靠的高温结构材料来满足航空发动机的发展要求。

在这种要求下,陶瓷基复合材料以及金属间化合物具有一定潜力。陶瓷基复合材料能够满足温度要求,但导热性差、韧性低、难于加工等缺点使其作为超高温结构材料来应用还存在一定问题。金属间化合物具有高熔点、密度适当、高温力学性能良好和抗氧化性优异等特点,且由于兼有金属键和共价键的特性,使得其使用温度和性能介于高温合金和工程陶瓷之间,与高温合金相比有较高的强度,与工程陶瓷相比又具有较低的脆性,从而填补了高温合金和工程陶瓷在使用温度上形成的鸿沟,成为人们寄予期望的结构材料之一。

作为高温结构材料使用的金属间化合物,除了有较高的高温强度,还要求在 1000℃ 以上有适当的抗氧化性能,同时材料在 $0.5T_m$ 下(T_m 为材料的熔点)也有较高的强度,根据上述要求,可发现基于 Laves 相 C14/C15 结构的 Cr_2Nb 或 Cr_2Ta,A15 结构的 Cr_3Si 或 Nb_3Al 以及 A12 结构的 $NbRe_3$ 等材料是高温结构应用的潜在使用材料[109,110]。下面就从 Laves 相材料、Cr_3Si 及 Nb 基超高温材料方面进行说明。

7.4.1　Laves 相金属间化合物材料

Laves 相种类超过了 900 种,在金属间化合物中最为常见。Laves 相是指具有 AB_2 型原子组成的金属间化合物,由大原子 A 和小原子 B 堆垛形成一种典型的拓扑密排相。Laves 相常见的晶体结构有三种类型:立方 C15(典型代表为 $MgCu_2$)、密排六方 C14(典型代表为 $MgZn_2$)和双密排六方 C36(典型代表为 $MgNi_2$),在三种晶体结构中,每种晶体结构具有相同的基本堆垛单元,但与一般面心立方和密排六方结构不同的是,Laves 相的基本堆垛单元不是单层原子面,而是由四层原子面组成的,其中,大原子 A 和小原子 B 各占两层原子面。C15 基本单元的堆垛顺序类似于通常的立方面心立方结构,即沿[111]方向按…ABCABC…的顺序堆垛;C14 的堆垛顺序类似于通常的密排六方结构,沿[0001]方向按…ABAB…顺序堆垛;而 C36 则按…ABACABAC…的顺序堆垛排列。

人们对 Laves 相结构材料的研究很大一部分集中于铬化物上,因为有大量 Cr 的存在,这类金属化合物不仅具有高熔点、低密度,还具有很好的抗高温氧化以及高温抗腐蚀能力。如 Laves 相 Cr_2Nb 有高熔点(约 1770℃)、适当的密度($7.76g/cm^3$)、好的高温强度和高温抗氧化性、高的蠕变抗力及优异的热腐蚀抗力,其使用温度可望超过1200℃[111]。

　　由于 Laves 相 Cr_2Nb 金属间化合物晶体结构复杂,空间利用率和配位数都很高,使得其晶体滑移较为困难,室温脆性较大。表 7-22 给出了 Nb-Cr 二元合金系和 Nb-Cr-Ti 三元合金系不同成分时的断裂韧性值[112]。由表可以看出,单相 Laves 相 Cr_2Nb 的 K_{IC} 仅有 1.4MPa·$m^{1/2}$左右,而 Nb-Cr 二元合金的断裂韧性最大值约为 7.9MPa·$m^{1/2}$,断裂韧性测试实验表明,断口主要表现为解理断裂的特征。在 Nb-Cr 系合金中加入适量的 Ti 后,可明显提高断裂韧性。在 Ti 原子分数达到 37％时,合金拥有最大的断裂韧性,约为 45.2MPa·$m^{1/2}$。进一步增加 Ti 含量,断裂韧性反而降低。

表 7-22　Nb-Cr 和 Nb-Cr-Ti 合金的断裂韧性[112]

原子分数/%			加工方式	Cr_2Nb 的体积分数/%	K_{IC}/(MPa·$m^{1/2}$)
Nb	Cr	Ti			
33.0	66.0	—	DS	100	1.1~1.6
50.0	50.0	—	DS	72	3.1~3.6
65.2	34.8	—	HT+HIP	44	4.6~7.2
71.0	29.0	—	HT+HIP	32	5.4
49.5	50.5	—	HT+Forge	5.51	7.9
58.6	33.4	7.9	Cast	15	4.1
61.7	34.1	4.0	Cast	25	4.9
82.6	8.2	8.7	Cast	0	11.1
75.0	7.9	11.7	Cast	0	16.1
37.0	36.0	27.0	Cast+HT	38	13.2
42.0	29.0	29.0	Cast+HT	27	20.1
42.0	18.0	40.0	Cast+HT	0	39.5
50.0	13.0	37.0	Cast+HT	0	45.2

注:DS 表示定向凝固;HIP 表示热等静压;HT 表示热处理;Forge 表示锻造;Cast 表示铸造。

　　Laves 相 Cr_2Nb 只有温度达到或超过 1200℃时才出现明显的塑性变形,图 7-83(a) 和(b)分别为 Cr-32.2Nb 单相 Cr_2Nb 合金在不同温度和应变速率时的真应力-真应变曲线[113]。从图 7-83(a)可以看出,单相 Cr_2Nb 合金在 1200℃时仍具有 600MPa 的屈服强度,在 1200℃和 1250℃时存在明显的应力峰值,而后流变应力下降并进入稳态流变过程。应变速率对流变应力的影响类似于温度对其的影响效果,即降低应变速率与提高温度对变形行为的影响是相同的,如图 7-83(b)所示,因此 Cr_2Nb 合金具有作为 1200℃以上使用的高温结构材料的应用潜力。

　　同时通过第二相来韧化 Laves 相 Cr_2Nb 基合金也是一种改善和提高 Cr_2Nb 合金室温韧性的有效方法。将具有较好强度和韧性的第二相与高强度和高稳定性的金属间化合

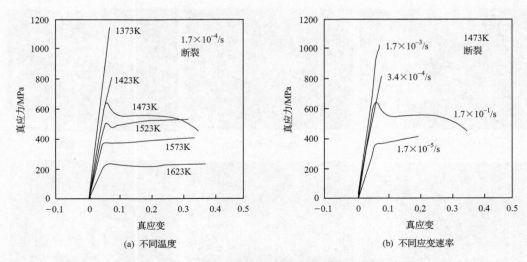

图 7-83　Cr-32.2Nb 合金在不同温度和不同应变速率下的真应力-真应变关系[113]

物形成复合材料,依靠韧性第二相来吸收断裂前的变形能,既可以保留金属间化合物的高温性能,又可以改善其低温脆性。另外,为了发挥第二相的有效作用,不仅要求第二相具有合适的强度和良好的韧性,并且第二相的数量、大小、形态和分布要合理而均匀。在Cr-Nb 二元 Laves 相中,NbCr$_2$ 通过引入软的 Nb 和 Cr 第二相,来形成共晶复合材料,复合材料的断裂韧性值均比单相的 NbCr$_2$ 高。例如,Takasugi 和 Liu 研究发现[114],Cr-Cr$_2$Nb 合金的室温拉伸应变达到了 5%～11%,而且硬度随着 Cr 含量的增加而下降,软的第二相起钝化裂纹的作用。Bewlay 等[115]也发现,在定向凝固的 Nb-NbCr$_2$ 合金中,如图 7-84 所示,富 Nb 相能有效地阻止 Laves 相 Cr$_2$Nb 中裂纹的扩展。另外,在实验中采用 Bridgman 定向凝固的方法,获得了 Cr-Cr$_2$Nb 胞状共晶复合材料组织,如图 7-85 所示,细小的共晶组织有望提高合金的室温断裂韧性。

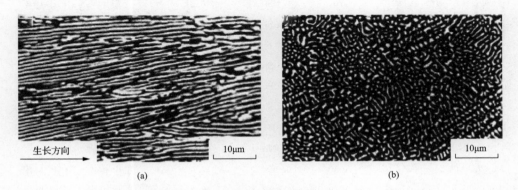

图 7-84　定向凝固的 Nb-Cr$_2$Nb 组织形态(5mm/min)[115]

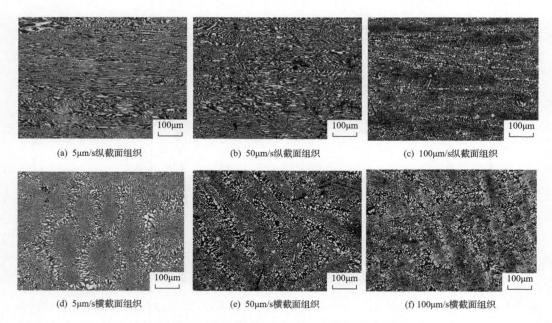

(a) 5μm/s纵截面组织　　　　　(b) 50μm/s纵截面组织　　　　　(c) 100μm/s纵截面组织

(d) 5μm/s横截面组织　　　　　(e) 50μm/s横截面组织　　　　　(f) 100μm/s横截面组织

图 7-85　定向凝固 Cr-18.5Nb 合金的微观组织

7.4.2　Cr₃Si 金属间化合物结构材料

考虑到使用的高温结构材料要替代高温合金,那么作为有增韧相的复合材料其熔点必须超过 1600℃,表 7-23 是最近开发和发展的熔点高于 1600℃ 几个共晶体系。

表 7-23　部分熔点高于 1600℃ 的共晶体系[116]

二元共晶	晶体结构	T_e/℃	C_e(原子分数)/%	金属间化合物的密度/(g/cm³)	预测组织	实验组织
Cr-Cr₃Si	A2-A15	1705	15.0Si	6.5	层片	层片
V-V₃Si	A2-A15	1870	13.0Si	5.7	层片	棒状
Nb-Nb₃Si	A2-L1₂	1883	18.7 Si	7.3	层片-棒状	层片-棒状
Hf-Hf₂Si	A2-C16	2050	10.0Si	11.7	棒状	—
Mo₅Si₃-MoSi₂	D8m-C11ᵦ	1900	54.0Si	8.12~6.3	层片	层片
Cr-Cr₂Ta	A2-C14	1760	13.0Si	11.2	层片	层片-棒状
Cr-Cr₂Hfa	A2-C14	1665	13.0Hf	10.2	层片	—
Cr-Cr₂Nb	A2-C14	1620	12.0Nb	7.6	层片-棒状	—
Nb-Cr₂Nb	A2-C14	1650	50.0Cr	7.6	层片-棒状	层片
Ru-RuAl	A3-B2	1920	30.0Al	8.3	层片	层片

除了 Laves 相复合材料,作为 A2-A15 典型高温结构材料,Cr-Cr₃Si、V-V₃Si 合金也是潜在的高温结构材料,图 7-86 是 Cr-Cr₃Si 定向凝固组织,该合金定向凝固后呈现规则的层片组织,而 V-V₃Si 合金为纤维共晶组织,如图 7-87 所示。对于合金凝固组织能否获

得耦合生长的共晶组织,与凝固工艺参数和成分有关,可由合金凝固的耦合共生区来决定,如图 7-88 所示。由图可见,在定向凝固速率很小的范围内,可在很大的成分范围内获得规则共晶组织,而当凝固速率较高时,只能在共晶点成分附近的区间才能获得完全耦合生长的共晶组织。

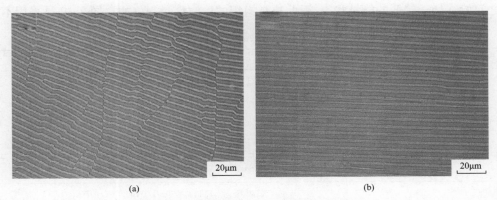

图 7-86 定向凝固 Cr-Cr₃Si 共晶合金片层组织

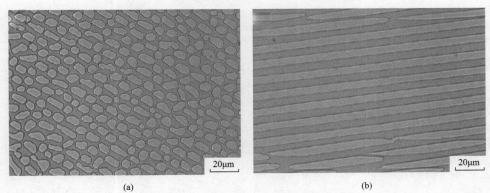

图 7-87 定向凝固 V-V₃Si 共晶合金片层组织

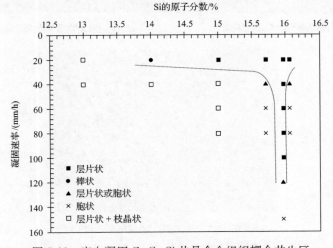

图 7-88 定向凝固 Cr-Cr₃Si 共晶合金组织耦合共生区

一般来说,共晶生长时,两相之间尽可能采用低的界面能匹配原则,因此两相之间存在一定的位向关系,表 7-24 是实验获得的不同共晶体系两相之间的位向关系[116]。从中可看出,两相之间的匹配关系可有一定的调节范围,这为合金在实际定向凝固过程发生组织调整提供了条件,同时这种关系是在低能量面之间进行的,说明定向凝固过程中共晶两相之间始终处于较低的能量状态,因此这类组织的稳定性是很好的。图 7-89 是采用不同

表 7-24   部分高温结构材料共晶体系中两相之间的位向关系

共晶	位向关系
Cr-Cr$_3$Si	$\langle 111 \rangle_{Cr} / \langle 001 \rangle_{Cr_3Si}$ 和 $(110)_{Cr} / (210)_{Cr_3Si}$
	$\langle 001 \rangle_{Cr} / \langle 001 \rangle_{Cr_3Si}$ 和 $(110)_{Cr} / (210)_{Cr_3Si}$
	$\langle 111 \rangle_{Cr} / \langle 001 \rangle_{Cr_3Si}$ 和 $(123)_{Cr} / (110)_{Cr_3Si}$
	$\langle 111 \rangle_{Cr} / \langle 001 \rangle_{Cr_3Si}$ 和 $(110)_{Cr} / (001)_{Cr_3Si}$
V-V$_3$Si	$\langle 111 \rangle_{V} / \langle 001 \rangle_{V_3Si}$ 和 $(110)_{V} / (\sim 4°)(210)_{V_3Si}$
Nb-Nb$_3$Si	$\langle 111 \rangle_{Nb} / \langle 111 \rangle_{Nb_3Si}$ 和 $(110)_{Nb} / (110)_{Nb_3Si}$
	$\langle 111 \rangle_{Nb} / \langle 110 \rangle_{Nb_3Si}$ 和 $(110)_{Cr} / (101)_{Nb_3Si}$
Mo$_5$Si$_3$-Mo$_2$Si	$\langle 110 \rangle_{MoSi_2} / \langle 110 \rangle_{Mo_5Si_3}$ 和 $(002)_{MoSi_2} / (220)_{Mo_5Si_3}$

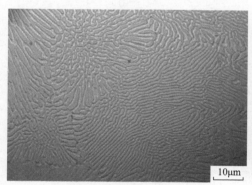

(a) 直接凝固获得的Cr-Cr$_3$Si共晶组织

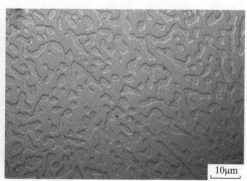

(b) 在1200℃下热处理120h凝固组织

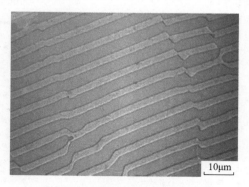

(c) 在1200℃下热处理1728h定向凝固组织

图 7-89   不同凝工艺获得的 Cr-Cr$_3$Si 共晶组织稳定性

凝固工艺获得的共晶组织稳定性比较,发现通过定向凝固获得的共晶组织稳定性较优,可以在高温下保持稳定,这也是高温结构材料十分需要关注的性能。

　　除了高温组织稳定性,材料的断裂韧性也是高温结构材料需要解决的问题,对于 Cr-Cr_3Si 片层共晶合金,显微硬度测试表明,脆性的 Cr_3Si 片层断裂,而延性很好的 Cr 片层的塑性阻止了相邻脆性片层中形核的裂纹,与单晶 Cr_3Si 中压痕附近的平直裂纹相比,Cr-Cr_3Si 片层结构的韧性要比单相 Cr_3Si 片层好很多,如图 7-90 所示。

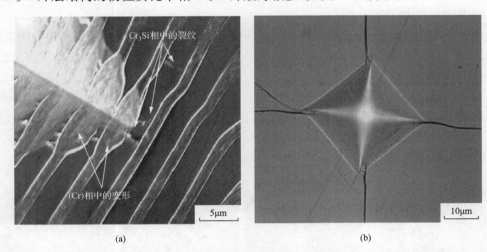

图 7-90　Cr-Cr_3Si 片层共晶合金和单相 Cr_3Si 裂纹扩展

7.4.3　Nb_3Si/Nb_5Si_3 基金属间化合物高温结构材料

　　Nb 基固溶体和 Nb_3Si、Nb_5Si_3 硅化物组成的 Nb-Si 系超高温共晶自生复合材料是一种新型的 Nb 基超高温合金,它具有高熔点(1800℃左右)、低密度(7.1g/cm^3)和高的高温强度。特点是,Nb 作为基体,通过固溶强化和硅化物相的弥散强化来改善高温强度和韧性,表 7-25 为各种成分 Nb 基超高温合金的定向凝固组织。

表 7-25　定向凝固的 Nb 基复合材料组织和断裂韧性[117]

成分	组成相	Nb 的体积分数	K_0/(MPa·$m^{1/2}$)
Nb-10Si	Nb,Nb_3Si	0.7	14.2±0.5
Nb-12Si	Nb,Nb_3Si	0.26	11.2±0.5
(14.2±0.5)Nb-14Si	Nb,Nb_3Si	—	9.1±0.5
Nb-16Si	Nb,Nb_3Si	—	7.8±0.5
Nb-18Si	Nb,Nb_3Si	0.34	5.8±0.5
Nb-20Si	Nb,Nb_3Si,Nb_5Si_3	—	7.1±0.5
Nb-22Si	Nb,Nb_3Si,Nb_5Si_3	0.22	8.5±0.5
Nb-27Ti-16Si	Nb(Ti),(Nb,Ti)$_3$Si	—	11.3

　　以 Nb-Si 二元相图为基础,在 Nb-Si 基复合材料中适量添加一些合金元素,依靠高

韧性的 Nb 基固溶体（Nb$_{ss}$）来提高室温韧性，而依靠金属间化合物相（如 Nb$_3$Si 和 Nb$_5$Si$_3$ 等）来提高其高温强度，因为 Nb$_3$Si 或 Nb$_5$Si$_3$ 等在温度高于 1500℃时仍有长期稳定的化学性能和组织性能。

从提高 Nb 基复合材料的韧性及延性考虑，有利元素包括 B、Ti、Hf 和 Zr 等，不利元素有 Cr、Al、Mo、W 及 Re 等。如果从提高材料的高温抗氧化性方面考虑，添加的合金化元素主要有 Ti、Hf、Cr、Al、Sn 和 Ge 等。W、Mo、C 及 V 等元素的加入主要是为了提高材料的强度和硬度[118]。

对于 Nb$_3$Si/Nb$_5$Si$_3$ 硅化物组成的 Nb-Si 系超高温共晶自生复合材料定向凝固组织，Sekido 等[119]对 Nb-xTi-17.5Si（x=0，2，5，10）合金采用光悬浮区熔定向凝固技术制备了 Nb-Nb$_3$Si 合金复合材料，采用的抽拉速率为 10mm/h、30mm/h、100mm/h 和 200mm/h，如图 7-91 和图 7-92 所示。当合金中不含 Ti，即为二元 Nb-Si 合金，抽拉速率为 10mm/h 时得到的共晶组织为平界面状共晶，高于该速率时为胞状共晶，选区衍射图谱表明，Nb-Nb$_3$Si 在平界面共晶凝固时的位相关系为(110)$_{Nb}$ // (110)$_{Nb_3Si}$，[112]$_{Nb}$ // [001]$_{Nb_3Si}$，Nb$_3$Si 首要的生长方向为[001]；而三元合金中四种抽拉速率得到的共晶组织均为胞状共晶。

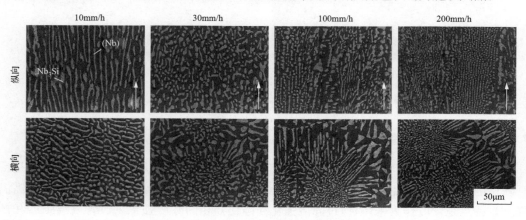

图 7-91　Nb-17.5Si 合金光悬浮区熔定向凝固组织形貌[119]

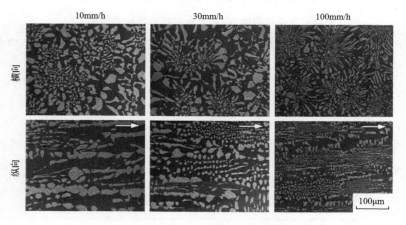

图 7-92　Nb-17.5Si-2Ti 合金光悬浮区熔定向凝固组织形貌[119]

　　另外，李小飞和郭喜平[120] 对 Nb-20Ti-15Si-5Cr-3Hf-3Al-0.06Y 多元合金进行定向凝固组织研究发现，合金凝固组织为复杂枝状共晶组织，如图 7-93 所示。这种枝状共晶组织有两类：Nb_{ss} 和 α-$(Nb,X)_5Si_3$ 及 Nb_{ss} 和 γ-$(Nb,X)_5Si_3$。其中，Nb_{ss}、α-$(Nb,X)_5Si_3$ 和 γ-$(Nb,X)_5Si_3$ 的择优生长方向分别为[100]、[001]和[0001]。Nb 基金属间化合物合金呈现不同凝固组织，结果合金的性能也各有差异。如 Bewlay 等[121] 报道了所制得的铌硅化物基复合材料的抗压强度，在室温时达 1700MPa，1200℃时为 520MPa，1350℃时为 310MPa。1700MPa 的抗压强度从室温持续至 800℃，而在 1200℃时试样的强度是同一温度下第二代镍基单晶高温合金的三倍，Nb-Si 自生复合材料与其他材料的强度比较如图 7-94 所示。

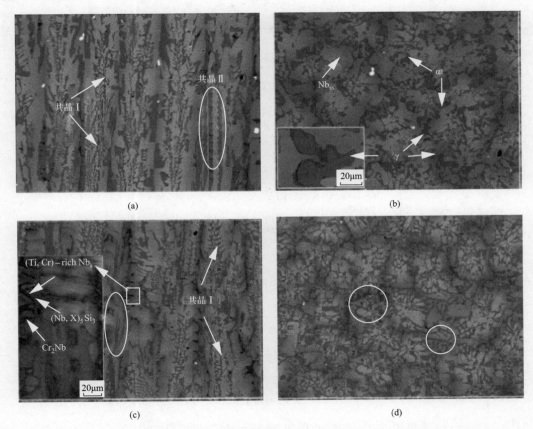

图 7-93　Nb-20Ti-15Si-5Cr-3Hf-3Al-0.06Y 多元合金进行定向凝固组织[120]

　　Fujikura 等[122] 研究了合金成分对 Nb 基合金高温强度的影响。通过对各成分的合金进行高温蠕变及持久实验，分别得到如图 7-95 和图 7-96 所示的蠕变曲线及蠕变强度曲线。从图 7-95 可以看出，Nb-16Si-5Mo-15W-5Hf 具有最优的抗蠕变能力，而从图 7-96 可以发现，经定向凝固之后的 NbTiAl 硅化物基复合材料和 Ni 基单晶高温合金具有类似的蠕变性能，添加 Hf 进行合金化之后的 Nb-Mo-W 合金同不含 Hf 的 Nb-Mo-W 合金相比，其蠕变性能有大幅度提高，Nb-16Si-5Mo-15W-5Hf 的蠕变破坏强度最高为

180MPa(1773K/100h)。

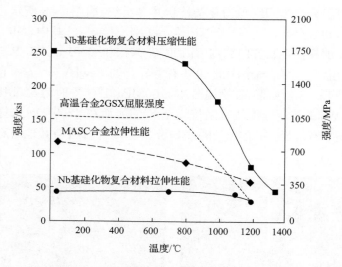

图 7-94 Nb-Si 自生复合材料的强度与其他合金比较[121]

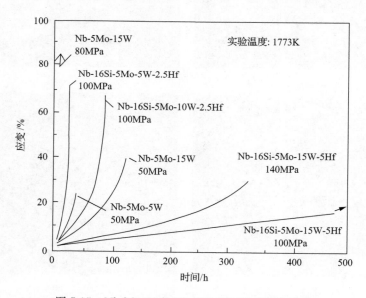

图 7-95 Nb-Mo-W 和 Nb-16Si-Mo-W 的蠕变曲线

尽管难熔合金的金属间化合物研究已经取得了很大的进展,材料的高温性能也能达到单晶高温合金的水平,但是室温脆性问题还没有充分解决,另外该类材料在服役过程常发生脆性断裂,这都限制了该类材料的应用,因此目前难熔合金的金属间化合物还难以替代高温合金。除此之外,难熔合金的金属间化合物研究除了关注高温结构材料方面的研究,在功能方面也要进行拓展(如储氢、磨损和腐蚀等领域)。

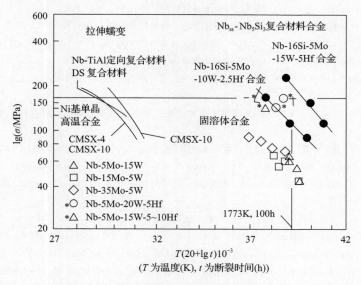

图 7-96　Nb 基硅化物复合材料的蠕变性能[122]

参 考 文 献

[1] 张永刚，韩雅芳，陈国良，等. 金属间化合物结构材料. 上卷. 北京：国防工业出版社，2001

[2] 陈国良，林均品. 有序金属间化合物结构材料物理金属学基础. 北京：冶金工业出版社，1999

[3] Fox A G, Tabbernor M A. The bonding change density of β'NiAl. Acta Metallurgica et Materialia, 1991, 37: 669

[4] Yoo M H, Fu C L. Fundamental aspects of deformation and fracture in high temperature ordered intermetallics. ISIJ International, 1991, 31: 1049-1062

[5] Loria E A. Gamma titanium aluminides as prospective structural materials. Intermetallics, 2000, 8: 1339-1345

[6] 黄伯云. 钛铝基金属间化合物. 长沙：中南大学出版社，1999: 288-314

[7] Johnson D R, Masuda Y, Shimada Y, et al. Structural Intermetallics. Warrendale: The Minerals, Metals and Materials Society, 1997: 287

[8] Yamaguchi M. Directional solidification of TiAl-base alloys. Intermetallics, 2000, 8: 511-517

[9] 李成功，傅恒志，于翘. 航空航天材料. 北京：国防工业出版社，2002: 16-18.

[10] 傅恒志，郭景杰，刘林，等. 先进材料定向凝固. 北京：科学出版社，2008

[11] 李志广. 国外第四代歼击机发动机的特点和我们应如何发展的意见. 航空发动机，1996，3: 1-4

[12] James S P. Moving ahead to the IHPTET era. Global Gas Turbine News, 1990, (11)

[13] 傅恒志. 未来航空发动机材料面临的挑战与发展趋势. 航空材料学报，1998，18: 52-61

[14] Kim Y W, Dimiduk D M. Progress in the understanding of gamma titanium aluminides. Journal of the Minerals, Metals and Material Society, 1991, 48(8): 40-47

[15] Kim Y W. Ordered intermetallic alloys. Part Ⅲ: Gamma titanium aluminides. Journal of the Minerals, Metals and Material Society, 1994, 46(7): 30-39

[16] Sweetman B. IHPTET spawns engines for 21st century. Interavia Aerospace 11, 1989, 44: 1113

[17] Jeal B. Moving towards the nonmetallic aeroengine. Metallurgia, 1988, 55: 371-372

[18] Buhl H. Advanced Aerospace Materials. Berlin: Spring-Verlag, 1992

[19] Dimiduk D M. Gamma titanium aluminide alloys—An assessment within the competition of aerospace structural materials Materials Science and Engineering, 1999, A263(2): 281-288

[20] 秦高悟，郝士明. Ti-Al 系金属间化合物. 稀有金属材料与工程，1995，24：1-7

[21] 黄泽文. γ-TiAl 基高温合金显微结构设计和性能学术. 材料研究学报，1998，12 增刊：12-20

[22] Johnson D R，Masuda Y，Shimasi Y，et al. Directional solidification of TiAl-based alloys//Nathal M V. Structural Intermetallics. Warrendale：The Minerals，Metals and Materials Society，1997：287-294

[23] 樊江磊. 定向凝固 Ti-46Al-0.5W-0.5Si 合金组织演化及层片取向控制. 哈尔滨：哈尔滨工业大学博士学位论文，2012

[24] 傅恒志，郭景杰，苏彦庆，等. TiAl 金属间化合物的定向凝固和晶向控制. 中国有色金属学报，2003，13：797-810

[25] 傅恒志，李新中，刘畅，等. Ti-Al 包晶合金定向凝固及组织选择. 中国有色金属学报，2005，15(4)：495-505

[26] Johnson D R，Inui H，Yamaguichi M. Crystal growth of TiAl alloys. Intermetallics，1998，6：647-652

[27] Boger R. New Titanium Applications on the Boeing 777 Airplane. Journal of the Minerals，Metals and Materials Society，1992，44(5)：23-25

[28] 陈亚莉. 波音 777 及其候选动力装置的选材. 航空制造工程，1995，3：11-14

[29] Kishida K，Johnson D R，Shima Y，et al. Characteristics，benefits and applications of PST TiAl crystal//Kim Y W. Gamma Titanium Aluminide. Warrendale：The Minerals，Metals and Materials Society，1995：219-229

[30] Keller M M，Jones P E，Porter W J，et al. Effects of processing variables on the creep behavior of investment cast Ti-48Al-2Nb-2Cr//Kim Y W. Gamma Titanium Aluminide. Warrendale：The Minerals，Metals and Materials Society，1995：441-450

[31] 傅恒志，丁宏开，陈瑞润，等. 钛铝合金电磁冷坩埚定向凝固技术的研究. 稀有金属材料与工程，2008，37(4)：522-527

[32] Mc Cullough C，Valencia J J，Lee C G，et al. Phase equilibria and solidification in Ti-Al alloy. Acta Materialia，1989，37：1321-1336

[33] Yamaguchi M，Johnson D R，Lee H N，et al. Directional solidification of TiAl-base alloys. Intermetallics，2000，8：511-517

[34] Inui H，Oh M H，Nakamura，et al. Room-temperature tensile deformation of polysynthetically twinned (PST) crystals of TiAl. Acta Materialia，1992，40：3095-3104

[35] Kurz W，Gilgien. Selection of microstructures in rapid solidification processing. Materials Science and Engineering A，1994，178：171-178

[36] Trivedi R，Kurz W. Dendritic growth. International Materials Reviews，1994，39：49-74

[37] Kurz W，Fisher D J. Fundamentals of Solidification. Aedermannsdorf：Trans Tech Publications Ltd，1986：244

[38] 刘畅. Ti-45Al 合金定向凝固组织研究. 哈尔滨：哈尔滨工业大学博士学位论文，2002

[39] Kim M C，Oh M H，Lee J H，et al. Composition and growth rate effects in directionally solidified TiAl alloys. Materials Science and Engineering A，1997，239-240：570-576

[40] Johnson D R，Inui H，Yamaguchi M. Directional solidified and microstructural control of the TiAl/Ti₃Al lamellar microstructure in TiAl-Si alloys. Acta Materialia，1996，44：2523-2535

[41] Johnson D R，Masuda Y，Inui H，et al. Alignment of the TiAl/Ti₃Al lamellar microstructure in TiAl alloys by directional solidification. Materials Science and Engineering A，1997，239-240：577-583

[42] Johnson D R，Masuda Y，Inui H，et al. Alignment of the TiAl/Ti₃Al lamellar microstructure in TiAl alloys by growth from a seed material. Acta Materialia，1997，45：2523-2533

[43] Jin H，Liu R，Cui Y，et al. Seeded growth of Ti-47Al-2Cr-2Nb PST crystals. Gamma Titanium Aluminide Alloys 2014：A Collection of Research on Innovation and Commercialization of Gamma Alloy Technology，2014：143-147

[44] Fan J L，Li X Z，Su Y Q，et al. The microstructure parameters and microhardness of directionally solidified Ti-43Al-3Si alloy. Journal of Alloys and Compounds，2010，504：593-599

[45] Fan J L, Li X, Su Y Q, et al. Dependency of microhardness on solidification processing parameters and microstructure characteristics in the directionally solidified Ti-46Al-0.5W-0.5Si alloy. Journal of Alloys and Compounds, 2010, 504: 60-64

[46] Fan J L, Li X Z, Su Y Q, et al. Microstructure evolution of directionally solidified Ti-46Al-0.5W-0.5Si alloy. Journal of Crystal Growth, 2011, 337: 52-59

[47] Li X Z, Fan J L, Su Y Q, et al. Lamellar orientation and growth direction of α phase in directionally solidified Ti-46Al-0.5W-0.5Si alloy. Intermetallics, 2012, 27: 38-45

[48] 郭建亭. 有序金属间化合物镍铝合金. 北京: 科学出版社, 2003: 31

[49] Kumar K S, Mannan S K, Viswanadham R K. Fracture toughness of NiAl and NiAl-based composites. Acta Metallurgica et Materialia, 1992, 40:1201-1222

[50] Noebe R D, Bowman R R. Texture in hot-worked B2-structure aluminides. Materials Science and Engineering A, 1993, 38:193

[51] Reuss S, Vehoff H. Temperature dependence of the fracture toughness of single phase and two phase intermetallics. Scripta Metallurgica et Materialia, 1990, 24:1021

[52] Noebe R D, Lerch B A. Room temperature cyclic deformation behavior of cast and extruded NiAl. Scripta Metallurgica et Materialia, 1992, 27:1161-1166

[53] Noebe R D, Behbehani M K. The effect of microalloying additions on the tensile properties of polycrystalline NiAl. Scripta Metallurgica et Materialia, 1992, 27:1795-1800

[54] Frommeyer G, Fischer R, Deges J, et al. APFIM investigations on site occupancies of the ternary alloying elements Cr,Fe,and Re in NiAl. Ultramicroscopy, 2004, 101:139-148

[55] 郭建亭, 任维丽, 周健. NiA1 合金化研究进展. 金属学报, 2002, 38:670-672

[56] Wang Y L, Jones I P, Smallman R E. The effects of iron on the creep properties of NiAl. Intermetallics, 2006, 14: 800-810

[57] Guo J T, Huai K W, Gao Q, et al. Microstructure and mechanical properties of NiAl-Cr(Mo)/Hf alloy prepared by injection casting. Materials and Design, 2007, 28: 1940-1944

[58] Hagihara K, Sugino Y, Umakoshi Y. The effect of Ti-addition on plastic deformation and fracture behavior of directionally solidified NiAl/Cr(Mo) eutectic alloys. Intermetallics, 2006, 14: 1326-1331

[59] 肖旋, 郭建亭, 于海朋. NiAl (Ti)-Cr (Mo) 共晶合金的微观组织和力学性能. 金属学报, 2006, 10: 1031-1035

[60] Huai K W, Guo J T, Gao Q, et al. The microstructure of Au-doped NiAl-Cr(Mo) eutectic and its mechanical properties. Materials Letters, 2005, 59: 3291-3294

[61] Medvedeva N I, Gornostyrev Y N, Kontsevoi O Y, et al. Ab-initio study of interfacial strength and misfit dislocations in eutectic composites:NiAl/Mo. Acta Materialia, 2004, 52: 675-682

[62] Li H T, Guo J T, Ye H Q, et al. Simultaneous improvement of strength and ductility in NiAl-Cr(Mo)-Hf near eutectic alloy by small amount of Ti alloying addition. Materials Letters, 2008, 62(1): 61-64

[63] Frommeyer G, Rablbauer R, Schäfer H J. Elastic properties of B2-ordered NiAl and NiAl-X (Cr, Mo, W) alloys. Intermetallics,2010,18(3):299-305

[64] Ferrandini P L, Araujo F L G U, Batista W W, et al. Growth and characterization of the NiAl-NiAlNb eutectic structure. Journal of Crystal Growth, 2005,275: 147-152

[65] Yang J M. The mechanical behavior of in-situ NiAl-refractory metal composites. Journal of the Minerals, Metals and Material Society,1997,49:40-43

[66] Zhang J F, Shen J, Shang Z, et al. Directional solidification and characterization of NiAl-9Mo eutectic alloy. The Transactions of Nonferrous Metals Society of China, 2013, 23(12): 3499-3507

[67] 苏慧平, 沈军, 张建飞, 等. NiAl-Mo 共晶复合材料定向凝固组织特性研究. 稀有金属材料与工程, 2010, 39(6):1009-1012

［68］ Shang Z, Shen J, Zhang J F, et al. Effect of withdrawal rate on the microstructure of directionally solidified NiAl-Cr(Mo) hypereutectic alloy. Intermetallics, 2012, 22(2): 99-105

［69］ Sheng L Y, Guo J T, Tian Y X, et al. Microstructure and mechanical properties of rapidly solidified NiAl-Cr(Mo) eutectic alloy doped with trace Dy. Journal of Alloys and Compounds, 2009, 475: 730-734

［70］ Zhang J F, Shen J, Shang Z, et al. Regular rod-like eutectic spacing selection during directional solidified NiAl-9Mo eutectic in situ composite. Journal of Crystal Growth, 2011, 329(1): 77-81

［71］ Zhang J F, Shen J, Shang Z, et al. Microstructure and room temperature fracture toughness of directionally solidified NiAl-Mo eutectic in situ composites. Intermetallics, 2012, 21(1): 18-25

［72］ Wang L, Shen J, Shang Z, et al. Effect of Dy on the microstructures of directionally solidified NiAl-Cr(Mo) hypereutectic alloy at different withdrawal rates. Intermetallics, 2014, 44: 44-54

［73］ Wang L, Shen J, Shang Z, et al. Microstructure investigation of directionally solidified NiAl-Cr(Mo)-xDy ($x=$ 0, 0.1 wt.%) hypereutectic alloys at different withdrawal rates. Journal of the Minerals, Metals and Materials Society, 2013, 65(11): 1419-1425

［74］ Wang L, Shen J, Shang Z, et al. Microstructure and mechanical property of directionally solidified NiAl-Cr(Mo)-(Hf, Dy) alloy at different withdrawal rate. Materials Science and Engineering A, 2014, 607: 113-121

［75］ Shang Z, Shen J, Zhang J F, et al. Perfect cellular eutectic growth in directionally solidified NiAl-Cr(Mo) hypereutectic alloy. Journal of Crystal Growth, 2012, 354(1): 152-156

［76］ Cline H E, Walter J L. The effect of alloy additions on the rod-plate transition in the eutectic NiAl-Cr. Metallurgical and Materials Transactions B, 1970, 1: 2907-2917

［77］ Sahm P R, Killias H R. Directional solidification of eutectic and off-eutectic Au-Co composites with and without magnetic field. Journal of Materials Science, 1970, 12: 1027-1037

［78］ Villars P, Prince A, Okamoto H. Handbook of Ternary Alloy Phase Diagrams. Materials Park: ASM International, 1995

［79］ Hansen M. Constitution of Binary Alloys. 2nd ed. New York: McGraw-Hill Book Co, 1958

［80］ Shang Z, Shen J, Zhang J F, et al. Effects of withdrawal rate and temperature gradient on the microstructure evolution in directionally solidified NiAl-36Cr-6Mo hypereutectic alloy. Journal of the Minerals, Metals and Materials Society, 2014, 9: 1877-1885

［81］ 商昭. 高温度梯度定向凝固 NiAl-Cr(Mo)合金组织及力学性能. 西安: 西北工业大学博士学位论文, 2015

［82］ Noebe R D, Bowman R R, Nathal M V. Physical and mechanical properties of the B2 compound NiAl. International Materials Reviews, 1993, 38: 193-232

［83］ Barin I. Thermochemical Data of Pure Substances. Weinheim: VCH Verlagsgesellschaft mbH, 1995

［84］ Cline H E, Walter J L, Lifshin E, et al. Structures, faults, and the rod-plate transition in eutectics. Metallurgical and Materials Transactions B, 1971, 2: 189-194

［85］ Stefanescu D M. Science and Engineering of Casting Solidification. 2nd ed. New York: Springer, 2009

［86］ Mollard F R, Flemings M C. Growth of Composites from the melt. Part Ⅰ. Transactions of the Metallurgical Society of AIME, 1967, 239: 1526-1533

［87］ Burden M H, Hunt J D. The extent of the eutectic range. Journal of Crystal and Growth, 1974, 22: 328-330

［88］ Cline H E. Theory of the lamellar dendrite transition in eutectic alloys. Transactions of the Metallurgical Society of AIME, 1968, 242: 1613-1618

［89］ Mccartney D G, Hunt J D, Jordan R M. The structures expected in a simple ternary eutectic system. Part I. Theory. Metallurgical Transactions A, 1980, 11A: 1243-1249

［90］ Plapp M, Karma A. Eutectic colony formation: A stability analysis. Physical Review E, 1999, 60: 6865-6889

［91］ Akamatsu S, Faivre G. Traveling waves, two-phase fingers, and eutectic colonies in thin-sample directional solidification of a ternary eutectic alloy. Physical Review E, 2000, 61: 3757-3770

［92］ Jackson K A，Hunt J D. Lamellar and rod growth. Transactions of the Metallurgical Society of AIME，1966，236：1129-1142

［93］ Raj S V，Locci I E. Microstructural characterization of a directionally-solidified Ni-33（at. %）Al-31Cr-3Mo eutectic alloy as a function of withdrawal rate. Intermetallics，2001，9：217-227

［94］ Chen X F，Johnson D R，Noebe R D，et al. Deformation and fracture of a directionally solidified NiAl-28Cr-6Mo eutectic alloy. Journal of Materials Research，1995，10：1159-1170

［95］ Whittenberger J D，Raj S V，Locci I E，et al. Elevated temperature strength and room temperature toughness of directionally solidified Ni-33Al-33Cr-1Mo. Metallurgical and Materials Transactions A，2002，33：1385-1397

［96］ Yang J M，Jeng S M，Bain K，et al. Microstructure and mechanical behavior of in-situ directional solidified NiAl/Cr（Mo）eutectic composite. Acta Materialia，1997，45：295-305

［97］ Noebe R D，Gibala R. Surface oxide softening of single crystal NiAl. Scripta Metallurgica，1986，20：1635-1639

［98］ Sheng L Y，Guo J T，Ye H Q. Microstructure and mechanical properties of NiAl-Cr（Mo）/Nb eutectic alloy prepared by injection-casting. Materials and Design，2009，30：964-969.

［99］ Ashby M F，Embury J D. The influence of dislocation density on the ductile-brittle transition in BCC metals. Scripta Metallurgica，1985，19：557-562

［100］ Chan K S. Fracture toughness of multiphase intermetallics//Materials Research Society Symposium Proceeding. Cambridge：Cambridge Press，1995，364：469-480

［101］ He M Y，Heredia F E，Wissuchek D J，et al. The mechanics of crack growth in layered materials. Acta Metallurgica et Materialia，1993，41：1223-1228

［102］ Heredia F E，He M Y，Lucas G E，et al. The fracture resistance of directionally solidified dual-phase NiAl reinforced with refractory metals. Acta Metallurgica et Materialia，1993，41：505-511

［103］ Chan K S. Micromechanics of shear ligament toughening. Metallurgical Transactions A，1991，22A：2021-2029

［104］ Haktan Z K，Kumlutas D. A numerical study on the coefficients of thermal expansion of fiber reinforced composite materials. Composite Structures，2007，78：1-10

［105］ 傅恒志. 铸钢和铸造高温合金及熔炼. 西安：西北工业大学出版社，1985

［106］ 肖程波，韩雅芳，殷克勤，等. 定向凝固 Ni_3Al 基合金 IC6 的高温蠕变行为. 材料工程，1996（3）：6-8

［107］ Lee J H，Verhoveven J D. Eutectic formation in the Ni-Al system. Journal of Crystal Growth，1994，143：86-102

［108］ Lee J H，Verhoveven J D. Peritectic formation in the Ni-Al system. Journal of Crystal Growth，1994，143：353-366

［109］ Bewlay B P，Lipsitt J H，Jackson M R. Solidification processing of high temperature intermetallic eutectic based alloys. Materials Science and Engineering，1995，A192/193：534-543

［110］ 徐瑞. 合金定向凝固. 冶金工业出版社，2009：76

［111］ Takasugi T，Kumar K S，Liu C T. Microstructure and mechanical properties of two-phase Cr-Cr2Nb，Cr-CrZr and Cr-Cr2（Nb，Zr）alloy. Materials Science and Engineering，1999，A260：108-112

［112］ 鲁世强，黄伯云，贺跃辉. Laves 相合金的力学性能. 材料工程，2003，（5）：43-47

［113］ Takeyama M，Liu C T. Microstructure and mechanical properties of Laves-phase alloys based on Cr2Nb. Materials Science and Engineering，1991，132：61-66

［114］ Takasugi T，Hanada S，Yoshida M. High-temperature mechanical properties of C15 Laves phase Cr2Nb intermetallics. Materials Science and Engineering，1995，A192：805-810

［115］ Bewlay B P，Sutliff J A，Jackson M R，et al. Microstructural and crystallographic relationships in directionally solidified Nb-Cr2Nb and Cr-Cr2Nb eutectics. Acta Metallurgica et Materialia，1994，42（8）：2869-2878

［116］ Bei H，Phar G M，George E P. A review of directionally solidified intermetallic composites for high-temperature applications. Materials Science，2004，39：3975-3989

[117] 姚成方，郭喜平. Nb 基超高温合金的制备技术及定向凝固组织. 材料导报，2007，21(12)：64-68

[118] 高丽梅. Nb-Si 基共晶自生复合材料的定向凝固组织特征及性能. 西安：西北工业大学硕士学位论文，2005：4-5

[119] Sekido N，Kimura Y，Miura S，et al. Microstructure development of unidirectionally solidified Nb/Nb$_3$Si eutectic alloy，Materials Science and Engineering A，2007，444：51

[120] 李小飞，郭喜平. 定向凝固 Nb-Ti-Si 基高温合金的共晶组织形貌演化. 金属学报，2013，49(7)：853-862

[121] Bewlay B P，Jackson M R，Zhao J C，et al. Ultrahigh temperature Nb-Silicide based composites. MRS Bulletin，2003，9：650-651

[122] Fujikura M，Kasama A，Tanaka R，et al. Effect of alloy chemistry on the high temperature strengths and room temperature fracture toughness of advanced Nb-based alloys. Materials Transactions，2004，45(2)：493

第 8 章　陶瓷材料定向凝固

8.1　概　　述

随着航空航天技术的发展,材料在超高温下的性能日益成为影响航天飞机、宇宙飞船、卫星以及未来航空航天飞机性能的关键因素。推重比 10 以上的发动机涡轮前进口的温度高达 1600～1650℃,而目前主流使用的性能最好的镍基单晶高温合金叶片最高工作温度仅在 1100℃左右[1]。另外,目前地球环境和节能是人类在 21 世纪亟待解决的问题,已经成为全球性国际问题。研究表明,如果集极端技术为一体的喷气式发动机和高效气体透平的热效提高 1‰,则全世界每年将节能 1000 亿美元[2]。因此,为提高航空发动机或燃汽轮机的热效率,降低 CO_2 或 NO_x 等废气的排放,改善环境,研究新一代高性能、高效率,且在 1400～1600℃大气中稳定工作的超高温结构材料及其制备技术,日益成为世界各国竞争的目标。

陶瓷材料具有耐高温、高强度、高硬度和强的抗腐蚀等优异性能,被认为是最有希望的新一代超高温结构材料之一。陶瓷材料稳定使用温度高,可高达 1400℃,有效提高了热效率,并降低了能耗;更重要的是,陶瓷材料密度小,仅是高温合金的 1/4～1/3,大大降低了构件的重量和旋转件的应力,从而极大提高了航空发动机的推重比和使用性能。1987 年,美国 NASA 研究中心制定了一个先进发动机材料计划(high temperature engine materials technology project,HITEMP),以满足包括亚音速运输机和高速运输机等民用运输机的要求[3]。美国空军实验室的 Tallan 指出,1204～1371℃发动机应用的陶瓷基复合材料已经研制成功,美国国防部和国家航空航天局的综合高温涡轮燃气轮计划(integrated high performance turbine engine technology,IHPTET),NASA 的 HITEMP 和国家宇航计划(national aerospace plan,NASP)中 21 世纪军事和民用热机的陶瓷基复合材料研制目标是使用温度提高到 1650℃。我国从事先进陶瓷的研究,始于 20 世纪 50 年代,主要以氧化铝陶瓷为主。20 世纪 90 年代,研究进入新的阶段,从微米陶瓷向纳米陶瓷发展,形成以多相复合陶瓷、陶瓷材料的剪裁与设计和纳米陶瓷为主的攻关方向。

陶瓷材料发展的过程,实际上是一个不断满足各种性能的过程。单相陶瓷,如 Al_2O_3 陶瓷、CaO 陶瓷及单相 SiC 陶瓷,它们在制备和使用上的局限性,使陶瓷材料趋向于多相体系发展。为满足烧结或使用性能的要求,往往需要一个多相和多组分的体系。近几十年来,Si_3N_4 和 SiC 复合陶瓷被认为是最具有竞争力的超高温材料,如 SiC_f-SiC 复合材料,其室温抗弯强度高达 350MPa,断裂功达 1000J/m² 。自增韧的 Si_3N_4 复合材料在空气中的极限使用温度为 1400℃。然而,它们在高温下的抗氧化性和组织稳定性均不能满足人们的要求。当使用温度超过 1400℃时,Si_3N_4 和 SiC 复合陶瓷具有较活泼的氧化性,且组织发生粗化,极大恶化了力学性能[3]。氧化物陶瓷具有很高的熔点,良好的高温强度、抗氧化性和抗腐蚀性,因此成为在高温氧化性气氛下长期工作的首选高温结构材料。然而,由于氧化物陶瓷在高温下对塑性变形十分敏感,通常不能作为高温结构材料使用,如果高温下的力学性能可以得到改善,氧化物陶瓷则有望成为性能优异的超高温结构材料。一般情况下多晶氧化物陶瓷的高温强度随温度的升高急剧下降。研究表明[2],脆性材料的强度与$(T/T_m)^{3/2}$成比例下降,T_m是材料的熔点,当温度达到$0.5T_m$时,强度大约是室温强度的$1/2$,在高温下,扩散和晶界的存在导致弹性变形的产生。

　　定向凝固共晶自生复合陶瓷具有良好的高温(甚至接近熔点)结构稳定性,消除了粉末烧结过程中产生的孔洞和界面非晶相,提高材料的致密度和织构化程度,制备工艺简单,增强相分布均匀,相界面结合牢固,组织可控性高,材料性能各向异性强,在择优生长方向上表现出很好的室温和高温力学性能,因此,近几十年来引起人们巨大的研究兴趣。1969年,Viechnichi和Schmid率先开展了对Al_2O_3-$(Y_3Al_5O_{12})$YAG共晶自生复合陶瓷的定向凝固研究[4]。1997年,Waku等[5]报道了定向凝固氧化铝基共晶自生复合陶瓷具有优异的高温强度、抗氧化性和高温结构稳定性,受到世界各国材料研究工作者的广泛关注,例如,定向凝固Al_2O_3-YAG共晶自生复合陶瓷抗弯强度从室温到1800℃(熔点1825℃)始终保持在350~400MPa,是同成分烧结材料的7倍;1600℃,10^{-4}/s应变速率下,蠕变强度高达433MPa,为同成分烧结材料的13倍;1700℃,大气环境下保温1000h,既无质量变化又无晶粒生长,避免了类似长期困扰先进SiC和Si_3N_4陶瓷的高温氧化问题;Al_2O_3-YAG-ZrO_2共晶陶瓷1600℃抗弯强度更是高达851MPa,是同成分烧结材料的57倍[6],如图8-1所示。近年来,以Waku和Orera为代表的众多学者发展和改进了Al_2O_3-YAG、Al_2O_3-$GdAlO_3$(GAP)、Al_2O_3-ZrO_2、Al_2O_3-$Er_3Al_5O_{12}$(EAG)-ZrO_2以及ZrO_2-CaO、CaF_2-MgO等共晶氧化物自生复合陶瓷。定向凝固氧化物共晶自生复合陶瓷及其制备技术取得了很大的进展。日本从2001年开始投资60亿日元研究如何采用定向凝固技术制备氧化物共晶自生复合陶瓷并利用其制造飞机发动机,用其制造的发动机无需冷却设备,预计热效率将比普通飞机发动机提高30%,压力比超过30,并可大大降低

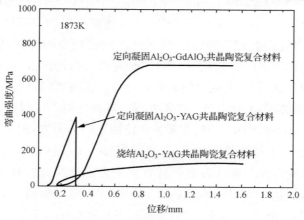

图8-1　定向凝固氧化物共晶陶瓷弯曲强度与位移曲线[2]

氮化物等废气的排放。因此,定向凝固氧化物共晶陶瓷具有极大的工程应用前景和潜在经济价值,有望成为 1650℃ 以上高温氧化性气氛中长期工作的首选高温结构材料。另外,定向凝固氧化物共晶陶瓷还是具有多种优异性能的功能材料,例如,作为离子导体的 Al_2O_3-YAG-ZrO_2 共晶陶瓷可用作氧敏传感器中的电介质。

8.2　共晶陶瓷材料体系

8.2.1　氧化物共晶陶瓷

在氧化物共晶陶瓷中,氧化铝基共晶自生复合陶瓷由于具有卓越的力学性能而一直备受关注。单晶 Al_2O_3 具有良好的抗氧化性能以及沿 c 轴方向优异的抗蠕变性能,如果和其他氧化物的独特性能相结合并在定向凝固的作用下形成共晶自生复合陶瓷,将能最大限度发挥材料的复合性能,制备出一系列具有优异热机械性能和其他性能的高温结构材料,如表 8-1 所示。目前以 Al_2O_3 为基发展的定向凝固氧化物共晶陶瓷主要包括 Al_2O_3-YAG、Al_2O_3-GdAlO$_3$(GAP)、Al_2O_3-ZrO_2、Al_2O_3-ZrO_2(Y_2O_3)、Al_2O_3-(RE)AlO$_3$(RE＝稀土元素)以及 $MgO/MgAl_2O_4$ 等二元共晶,伪二元共晶,偏二元共晶体系及 Al_2O_3-YAG-ZrO_2、Al_2O_3-$Er_3Al_5O_{12}$(EAG)-ZrO_2 等三元共晶体系以及伪共晶体系,其中以日本、西班牙和美国等的研究最为活跃,我国在这方面的研究尚处于起步阶段。

表 8-1　氧化物共晶体系及其组成

共晶相	共晶温度 T_E/K	成分(质量分数)/%	小体积分数相
Al_2O_3-YSZ*	2135	42YSZ＋58Al_2O_3	32.7ZrO_2
Al_2O_3-$Y_3Al_5O_{12}$	2100	33.5Y_2O_3＋66.5Al_2O_3	45Al_2O_3
Al_2O_3-$Er_3Al_5O_{12}$	2075	52.5Al_2O_3＋47.5Er_2O_3	42.5Al_2O_3
Al_2O_3-EuAlO$_3$	1985	46.5Al_2O_3＋53.5Eu_2O_3	45Al_2O_3
Al_2O_3-GdAlO$_3$	2015	47Al_2O_3＋53Gd_2O_3	48Al_2O_3
Al_2O_3-$Y_3Al_5O_{12}$-YSZ	1990	54Al_2O_3＋27Y_2O_3＋19ZrO_2	18YSZ
$Ca_{0.25}Zr_{0.75}O_{1.75}$-$CaZrO_3$	2525	23.5CaO＋76.5ZrO_2	41CaSZ
$Mg_{0.2}Zr_{0.8}O_{1.8}$-MgO	2445	27MgO＋73ZrO_2	28MgO
YSZ-$NiAl_2O_4$	2270	54$NiAl_2O_4$＋46$Zr_{0.85}Y_{0.15}O_{1.92}$	39YSZ
CaSZ-NiO	2115	61NiO＋39$Zr_{0.85}Ca_{0.15}O_{1.85}$	44CaSZ
CaSZ-CoO	2025	64CoO＋36$Zr_{0.89}Ca_{0.1}O_{1.89}$	38.5CASZ
$MgAl_2O_4$-MgO	2270	45MgO＋55Al_2O_3	23.5MgO
CaF_2-MgO	1625	90CaF_2＋10MgO	9MgO

* 四方或立方钇稳定的 ZrO_2。

日本 Waku 等采用 Bridgman 方法对 Al_2O_3-YAG、Al_2O_3-GAP、Al_2O_3-EAG、Al_2O_3-YAG-ZrO_2 以及 Al_2O_3-EAG-ZrO_2 等共晶自生复合陶瓷的制备、组织及性能进行了系统的研究[2,5-7]。目前已经制备出长 200mm、直径达 53mm,具有优异力学性能的 Al_2O_3-

YAG 和 Al_2O_3-YAG-ZrO_2 块体共晶陶瓷材料,并已在 1400℃ 的高温氧化环境下试验成功,预计热效率可提高 9%,并正在进一步研究其在 1700℃ 下的力学性能。同时制备的 Al_2O_3-$Er_3Al_5O_{12}$-ZrO_2 共晶陶瓷不仅具有优异的高温力学性能,还表现出良好的热发射性能。另外,日本 Lee 等采用微抽拉(μ-PD)法成功制备出直径为 0.3~2mm、长达 500mm 的 Al_2O_3-YAG 和 Al_2O_3-YAG-ZrO_2 以及直径 5mm、长 60mm 的 MgO-$MgAl_2O_4$ 高性能共晶陶瓷纤维,其中,Al_2O_3-YAG-ZrO_2 三相共晶陶瓷纤维在 1200℃ 下高温强度高达 970MPa,MgO-$MgAl_2O_4$ 共晶陶瓷经化学处理后可应用于催化剂或光子学器件[8-10]。日本 Calderon-Moreno 等采用熔体快淬法快速定向凝固 Al_2O_3-Y_2O_3-ZrO_2 伪共晶以及 $Y_3Al_5O_{12}$-ZrO_2 共晶,并对其凝固机理、相选择及力学性能进行了大量的基础研究[11,12],制备的 Al_2O_3-YAG-ZrO_2 共晶层间距达到亚微米级(<100nm),K_{IC} 达到 9.0MPa·$m^{1/2}$[13]。日本 Isobe 等采用电火花等离子体放电加热对 Al_2O_3-YAG 熔凝行为进行了研究,制备的 Al_2O_3-YAG 熔凝陶瓷弯曲强度达到 693MPa,硬度达到 17.7GPa,K_{IC} 达到 3.8MPa·$m^{1/2}$,均高于同成分烧结多晶陶瓷的性能[14]。西班牙 Orera 等采用激光悬浮区熔法(laser floating zone,LFZ)对 Al_2O_3-ZrO_2 及 Al_2O_3-ZrO_2(Y_2O_3)共晶陶瓷的组织和晶体学取向等进行了研究[15,16]。西班牙 Pastor 等采用激光区熔法制备出直径为 1mm 的 Al_2O_3-YAG 棒状共晶,研究了其在室温和 1900K 下的力学性能,其中,1900K 下的弯曲强度高达 1.53GPa[17]。美国 Sayir 等采用激光悬浮区熔法成功制备 Al_2O_3-ZrO_2(Y_2O_3)和 Al_2O_3-YAG 定向凝固共晶陶瓷,并具有良好的高温性能[18,19]。美国 Park 和 Yang 采用边界外延生长法制备出直径为 75μm 的 Al_2O_3-YAG 共晶陶瓷纤维,对其拉伸强度和断裂韧性进行了研究[20]。美国 NASALewis 研究中心用激光加热区熔法制备了 Al_2O_3-YAG 共晶自生复合纤维,在 1400℃ 处理 2h,抗拉强度降低 40%,达 13GPa,处理 200h,其抗拉强度仍达 11GPa[21]。

在国内,西北工业凝固技术国家重点实验室傅恒志和张军等采用激光快速定向凝固技术率先开展了 Al_2O_3-YAG 和 Al_2O_3-YAG-ZrO_2 共晶陶瓷的定向凝固研究,获得了超细化的凝固组织,研究了氧化物共晶陶瓷的凝固特征和断裂韧性,其中制备的 Al_2O_3-YAG-ZrO_2 共晶陶瓷断裂韧性高达 8.0MPa·$m^{1/2}$[22-25],达到了国际同类研究水平。赵忠民等[26]采用燃烧合成法制备了韧性良好的 Al_2O_3-ZrO_2 共晶陶瓷,并对其增韧机制进行了研究。

此外,作为氧化物共晶陶瓷的重要组成部分,定向凝固氧化锆基共晶自生复合陶瓷通常具有优异的功能特性,因而近年来引起人们极大的研究兴趣。法国的 Revcolevschi 和 Dhalenne 以及西班牙的 Orera 等采用悬浮区熔定向凝固技术对 NiO-ZrO_2(CaO)、CoO-ZrO_2(CaO)及 $NiAl_2O_4$-YSZ(Y_2O_3 稳定的 ZrO_2)等共晶陶瓷进行了大量研究[27,28]。例如,$NiAl_2O_4$-YSZ 共晶陶瓷具有高度有序排列的微观组织,六方排列的钇稳定氧化锆(yttria-stabilized zirconia,YSZ)纤维高度有序位于 $NiAl_2O_4$ 基体上,通过化学去除的方法均匀作用于 $NiAl_2O_4$ 基体,形成一致分布的 Ni 纳米粒子,从而原位制备出具有多孔结构的稳定氧化物-金属陶瓷,可用于燃料电池阳极或者作为催化剂。同样原理应用于 NiO-CaSZ(CaO 稳定的 ZrO_2)、Co-CaSZ、NiO-YSZ 共晶陶瓷可分别制备出 Ni-CaSZ、Co-CaSZ 及 Ni-YSZ 多孔金属陶瓷,是具有良好导电能力的固态氧化物燃料电池材料(solid oxide fuel cell,SOFC)。除此之外,CaSZ-CaZrO₃ 共晶陶瓷在较大的区域内(mm³ 级)呈现排列整齐的层状结构,能够产生各向异性的离子导电性和光波导效应。纤维状的 MgO-MgSZ(MgO 稳定的 ZrO₂)共晶陶瓷中,直径为 1μm 具有六方排列的 MgO 纤维位于 MgSZ 单晶基体上,因而具有令人感兴趣的光学效应。

其他定向凝固氧化物陶瓷,如 NiO-CaO、NiO-Y₂O₃、NiO-Gd₂O₃、NiO-NiAl₂O₄、CaF₂-MgO、MgF₂-MgO 及 CaSiO₃-Ca₃(PO₄)₂ 等共晶陶瓷由于具有独特的光学、电学以及生物特性,所以近年来也被广泛研究[27-29]。

8.2.2　硼化物共晶陶瓷

在众多硼化物陶瓷中,LaB₆ 具有高熔点(2715℃)、高硬度、低挥发率、低电阻率、良好的热稳定性及低电子逸出功(2.6eV)等特点,是一种具有广阔发展前景的结构和功能陶瓷材料,在军事上以及许多高科技领域具有广泛用途。特别需要指出的是,LaB₆ 具有优异的场发射特性:逸出功低、发射电流密度大、暴露大气后不需激活、耐离子冲击等特性,其发射特性比 ThO₂ 阴极、Th-W 阴极及 Nb、Ta、W、Mo 等阴极具有更明显的优势。单一的 LaB₆ 材料硬度高、脆性大、加工比较困难,且使用寿命短,因而限制了它的应用。此外,研究发现,添加ⅣB 族元素的硼化物能进一步提高其发射特性[30]。

1983 年,乌克兰的 Ordan'yan 首次采用高频感应制备了 LaB₆-ZrB₂ 共晶自生复合陶瓷,通过对 LaB₆ 与 ZrB₂ 之间的相互作用研究发现,LaB₆ 和 ZrB₂ 形成二元共晶体系具有良好的组织稳定性、力学性能(室温强度 $\sigma_f = 1000 \sim 1320$MPa)和抗热震性(500K/min),ZrB₂ 的添加同时极大改善了材料的韧性(室温韧性 $K_{IC} = 16.3 \sim 27.8$MPa·m$^{1/2}$)[31],因此有望作为 1650℃以上的超高温结构材料以及耐火材料使用,受到人们的广泛关注,从而发展了 LaB₆-MeB₂(Me 为 d 区过渡金属元素,如 Zr、Ti、Hf 等)硼化物共晶体系陶瓷。定向凝固能够产生沿热流方向生长的细化组织,从而显著提高材料的性能,因此在硼化物共晶陶瓷体系中具有重要应用。硼化物共晶陶瓷体系具有非常高的熔点(>2000℃),传统的定向凝固方法通常难以制备,近年来发展的制备硼化物共晶陶瓷的方法主要有电弧悬浮区熔法、电子束悬浮区熔法及感应加热悬浮区熔法。

西北工业大学从 20 世纪 90 年代初开始硼化物共晶陶瓷定向凝固研究,利用电弧熔炼和电子束悬浮区熔定向凝固技术成功制备了组织细化和定向生长的 LaB₆-ZrB₂ 共晶陶瓷,并系统研究了 LaB₆-ZrB₂ 的组织形成规律、凝固特征及力学性能。利用电子束区熔制备的 LaB₆-ZrB₂ 共晶陶瓷共晶间距小于 1μm,ZrB₂ 纤维增强相直径达到 0.1μm,纤维面密度达到 10⁸/cm²。材料的断裂韧性呈现高度各向异性,材料在垂直于纤维生长方向上的断裂韧性为 17.8MPa·m$^{1/2}$,在 N₂ 中 1650℃高温处理 100h 后无组织粗化现象[32,33]。图 8-2 为采用电子束悬浮区熔定向凝固技术制备的 LaB₆-ZrB₂ 共晶陶瓷凝固组织特征,LaB₆ 与 ZrB₂ 相间的结晶学关系为:[001]$_{LaB_6}$//[001]$_{ZrB_2}$,(110)$_{LaB_6}$//(010)$_{ZrB_2}$。表 8-2 给出了定向凝固 LaB₆-ZrB₂ 共晶的力学性能。

(a) 纵截面　　　　　　　　　　　　　　　(b) 横截面

图 8-2　电子束悬浮区熔技术制备的 LaB_6-ZrB_2 共晶陶瓷凝固组织特征($V=2.5mm/min$)

表 8-2　定向凝固 LaB_6-ZrB_2 共晶陶瓷的力学性能[33]

性能	LaB_6（基体）	ZrB_2（纤维）	LaB_6/ZrB_2 复合材料		
			方向 1	方向 2	方向 3
模量/GPa	488	350	506*	417*	417*
泊松比	0.2	0.28	0.21*	0.27*	0.27*
热膨胀系数/($10^{-6}°C^{-1}$)	6.4	6.8	—	—	—
硬度/GPa	27.7	22.5	31.4**	31.4**	28.8**
韧性/($MPa·m^{1/2}$)	3.2	4.8	17.8**	8.2**	8.7**

* 计算值。

** 测量值,方向 1 采用三点弯曲法,方向 2 和 3 采用压痕法。

　　美国 Deng 等[34]采用感应加热区熔定向凝固技术制备了定向生长 LaB_6-ZrB_2 共晶陶瓷,并对其凝固组织、晶体学取向及断裂韧性和增韧机制进行了研究。制备的共晶陶瓷平均共晶间距达到 $0.6\mu m$,凝固组织从试样中心边缘表现出不同的生长特征,如图 8-3 所示。制备的材料在垂直于纤维生长方向上的断裂韧性达到 $11MPa·m^{1/2}$。

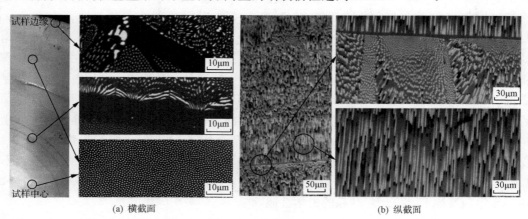

(a) 横截面　　　　　　　　　　　　　　　(b) 纵截面

图 8-3　感应加热悬浮区熔定向凝固技术制备的 LaB_6-ZrB_2 共晶陶瓷凝固组织特征($V=6mm/min$)

近年来,乌克兰 Bogomol 等[35-37]采用感应悬浮区熔定向凝固技术对 LaB_6-ZrB_2 共晶陶瓷的组织与高温性能进行了进一步的研究,并发展了 LaB_6-TiB_2、LaB_6-$(Ti_xZr_{1-x})B_2$ 及 LaB_6-B_4C-ZrB_2 等系列共晶陶瓷。图 8-4 为制备的 LaB_6-$(Ti_xZr_{1-x})B_2$ 共晶陶瓷凝固组织[36]。图 8-5 为制备的 LaB_6-TiB_2 共晶陶瓷凝固组织。制备的 LaB_6-ZrB_2 共晶陶瓷弯曲强度随温度的升高而增大,1600℃弯曲强度达到 950MPa,并在 1600℃发生脆塑转变,如图 8-6 所示[35]。制备的 LaB_6-TiB_2 共晶陶瓷硬度达到 40GPa,断裂韧性 5.6MPa·$m^{1/2}$,1400℃弯曲强度达到 470MPa,1600℃弯曲强度降到 200MPa[37]。

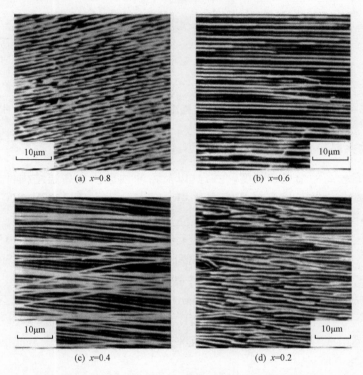

图 8-4　定向凝固 LaB_6-$(Ti_xZr_{1-x})B_2$ 共晶陶瓷凝固组织

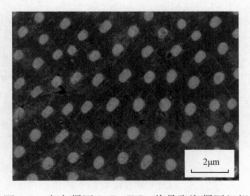

图 8-5　定向凝固 LaB_6-TiB_2 共晶陶瓷凝固组织

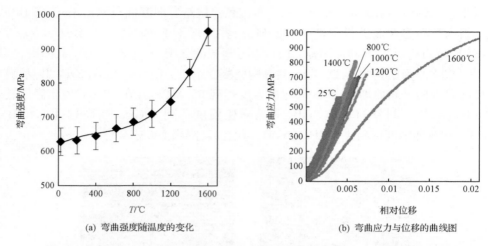

(a) 弯曲强度随温度的变化　　　　　　　　(b) 弯曲应力与位移的曲线图

图 8-6　定向凝固 LaB$_6$-ZrB$_2$ 弯曲强度随温度的变化及弯曲应力与位移的曲线图

8.2.3　碳化物共晶陶瓷

碳化物具有较高的熔点和硬度,在刀具以及耐冲蚀磨损和高温结构件上具有广泛应用。目前对于碳化物共晶陶瓷的研究主要集中于 SiC-B$_4$C、ZrC-ZrB$_2$、TiC-TiB$_2$ 及 B$_4$C-TiB$_2$ 等共晶陶瓷体系。

Tone 等[38]首先对 SiC-B$_4$C 二元体系进行了研究,认为 SiC 在熔融 B$_4$C 中无限溶解。之后 Secrist[39]、Gugel[40] 等的研究表明,SiC-B$_4$C 是二元准共晶体系,SiC-B$_4$C 共晶点成分为 70% B$_4$C-30%SiC(摩尔分数),共晶温度 2245℃。Jen-Der 等[41] 采用改进的 Bridgman 定向凝固技术在凝固速率小于 2cm/h 时获得了全片层的 SiC-B$_4$C 共晶凝固组织。Sorrell 等[42]用悬浮区熔研究了 ZrC-ZrB$_2$ 共晶陶瓷的定向凝固,ZrC-ZrB$_2$ 共晶由大小不一的柱状晶组成,晶粒中的片状相相互平行。当凝固速率小于 3cm/h 时,没有出现集群组织,如图 8-7 所示。

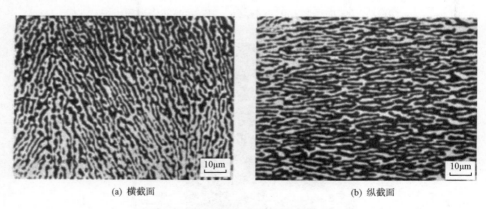

(a) 横截面　　　　　　　　　　　　(b) 纵截面

图 8-7　定向凝固 ZrC-ZrB$_2$ 共晶陶瓷的凝固组织(V=1.7cm/h)

日本 Goto 等采用光悬浮区熔定向凝固技术制备了 TiC-TiB$_2$ 共晶(72% TiC-28%

TiB₂(摩尔分数))陶瓷,共晶陶瓷呈现层片状组织,细小的 TiB₂(<600nm)均匀分散在 TiC 基体上,如图 8-8 所示,制备的共晶陶瓷硬度达到 $23\sim26GPa^{[43]}$。

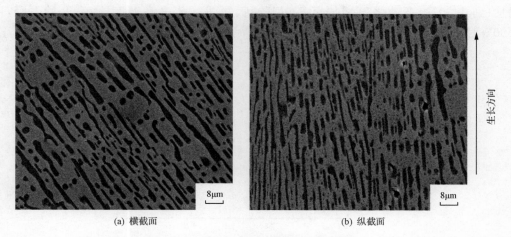

(a) 横截面　　　　　　　　　(b) 纵截面

图 8-8　定向凝固 TiC-TiB₂ 共晶陶瓷的凝固组织特征($V=1.7cm/h$)

最近,美国 White 等[44]采用激光表面区熔法制备了超细化的 B₄C-TiB₂ 共晶陶瓷,研究了共晶陶瓷从低速到高速下的凝固组织特征。当凝固速率为 42mm/s 时,共晶间距 180nm,硬度达到 32GPa,如图 8-9 和图 8-10 所示。乌克兰 Bogomol 等[45]采用无坩埚感应悬浮区熔定向凝固技术对 B₄C-TiB₂ 共晶陶瓷的组织与高温性能进行了系统的研究。

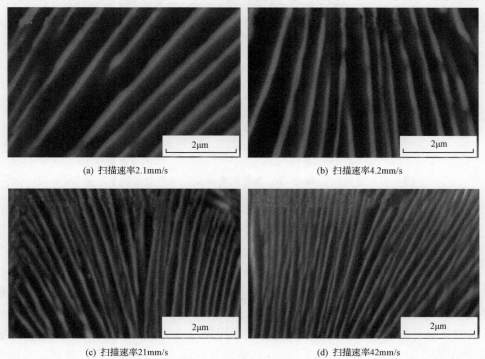

(a) 扫描速率2.1mm/s　　　　　　　　(b) 扫描速率4.2mm/s

(c) 扫描速率21mm/s　　　　　　　　(d) 扫描速率42mm/s

图 8-9　激光表面区熔法制备的 B₄C-TiB₂ 共晶陶瓷在不同激光扫描速率下的凝固组织特征

制备的共晶陶瓷 TiB_2 纤维均匀分布在 B_4C 基体上,纤维尺寸为 $1\sim2\mu m$,当温度从室温升高到 800℃时,弯曲强度从 175MPa 降到 120MPa;当进一步升高温度时,弯曲强度开始增加;到 1400℃,弯曲强度增加至 230MPa;而再进一步升高温度,强度开始下降,到 1600℃时,弯曲强度降至 200MPa,如图 8-11 所示。

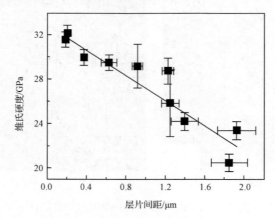

图 8-10　激光表面区熔法制备的 B_4C-TiB_2 共晶陶瓷硬度随层片间距的变化曲线

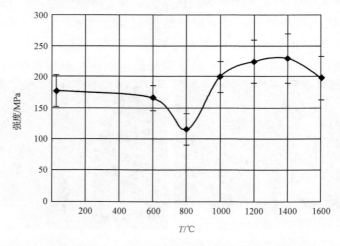

图 8-11　定向凝固 B_4C-TiB_2 共晶陶瓷弯曲强度随温度的变化曲线

8.3　共晶陶瓷定向凝固技术

由于氧化物共晶陶瓷具有极高的熔点(>1600K),特别是氧化铝基共晶陶瓷,共晶温度普遍大于 1900K,传统的定向凝固技术通常难以实现如此高的温度,同时为获得平的固-液界面,抑制成分过冷和胞状组织的出现,必须有较大的温度梯度,因此在传统定向凝固技术的基础上人们发展了适用于氧化物共晶陶瓷定向凝固的制备技术,主要分为两大类:①使用坩埚的定向凝固;②无需坩埚,从液相弯月面直接抽拉的定向凝固。具体包括以下几种:改进的 Bridgman 方法、边界外延生长方法(edge-defined film-fed growth,

EFG)、微抽拉法(micro-pulling-down method，μ-PD 法)、悬浮区熔法(floating zone method，FZ)、激光水平区熔法(laser zone remelting method)及激光快速成形技术(laser rapid forming，LRF)。

8.3.1　改进的 Bridgman 方法

将盛有陶瓷熔体的坩埚移出加热炉底部,向下抽拉,通过辐射散热使自生复合材料自上向下生长。该法最大温度梯度在 200K/cm 左右,最大生长速率为 100mm/h。使用时应尽量避免陶瓷与坩埚的污染。该技术优点是能够实现较大直径的块体材料制备并精确控制微观组织,而且可以实现复杂形状共晶陶瓷的近终成形制备;缺点是温度梯度和生长效率低,且坩埚价格昂贵,通常为高纯 Mo 坩埚或 Ir 坩埚,制造成本高,实验示意如图 8-12 所示。图 8-13 是 Waku 等用该技术制备的氧化物共晶陶瓷块体[46]。

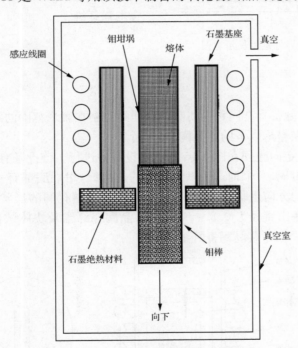

图 8-12　Bridgman 法实验设备示意图

(a) Al$_2$O$_3$-GAP共晶棒，ϕ53mm

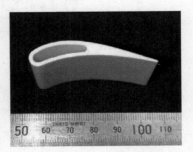

(b) Al$_2$O$_3$-YAG中空涡轮陶瓷喷嘴

图 8-13　Bridgman 法制备的氧化物共晶陶瓷

8.3.2　边界外延生长方法

EFG 是利用液体的毛细作用而开发的一种定向凝固方法,实验过程如图 8-14 所示。

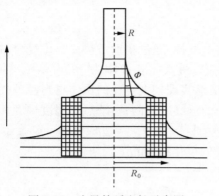

将难熔金属制成的型模部分浸入盛有共晶熔体的坩埚中,当模壳浸入熔体 1/2 左右时,在毛细作用下,熔体沿模中的细孔上升至与型模的上表面润湿,同时将与型模上表面相接触的籽晶提拉,即可连续制备陶瓷自生复合材料。在模壳表面附近的热温度梯度达 400~1600K/cm。目前已用该法制备了 Al_2O_3 单晶和 Al_2O_3-YAG 共晶自生复合陶瓷纤维[47]。

图 8-14　边界外延生长示意图

8.3.3　微抽拉法

μ-PD 法适用于制备具有同种性质和共晶间距控制在微米范围的共晶组织,尤其适合用来制备具有直径在毫米以下的共晶陶瓷纤维。

在 μ-PD 法中,定向凝固在图 8-15 所示的设备中进行。该设备有一个连接射频射线感应加热模具的铱坩埚、一个桶式铱以及适当的热绝缘,坩埚底部有一个细小的孔洞,熔体沿坩埚底部向下的方向生长,试样大小由坩埚底部尖端孔洞的形状决定。通过调整其形状的大小可以制备出直径为 0.3~5mm 的共晶陶瓷纤维及块体试样。图 8-16 是采用 μ-PD 制备的 Al_2O_3-YAG 共晶陶瓷纤维。

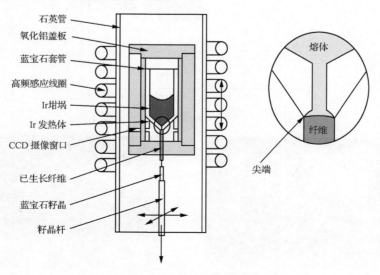

石英管
氧化铝盖板
蓝宝石套管
高频感应线圈
Ir坩埚
Ir发热体
CCD 摄像窗口
已生长纤维
蓝宝石籽晶
籽晶杆

熔体
纤维
尖端

图 8-15　μ-PD 法定向凝固装置示意图

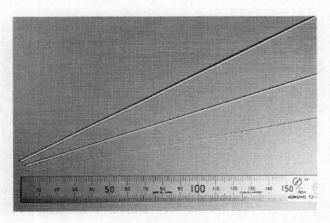

图 8-16　μ-PD 制备的 Al_2O_3-YAG 定向凝固共晶陶瓷纤维

该法温度梯度可以达到 10^3 K/cm 数量级,生长速率可达 1000mm/h。微抽拉法具有广泛的适应性,不仅适用于共晶纤维的生长和各种单晶纤维的生长,还很有潜力作为多晶纤维生长的装置。

8.3.4　悬浮区熔法

FZ 法采用高能光源作为加热源,在试样中形成局部熔区,熔区依靠自身的表面张力与重力平衡,并保持一定的形状,通过控制熔区沿长度方向与热源的相对运动来获得所需的定向凝固组织。一般熔区长度为试样直径的 80%～120%。该法避免了坩埚材料的污染,且不受试样熔点的限制,温度梯度可达 10^4 K/cm 数量级,但是仅限于制备较小直径的共晶试样。悬浮区熔法由于采用确定成分的固态合金补给有限的熔化区,其区域均衡(zone leveling)作用使得在稳态生长段偏析的影响较小,因此能保证合金成分的稳定。悬浮区熔法同时对于制造要求某些物理性能(如电性能、磁性能等)的材料有重要的价值。

FZ 法通常的加热的方式有高频感应加热、电子束加热、红外聚焦加热、激光加热,并各有特点:高频感应加热熔区通过电磁约束保持一定的形状,熔区较宽,适合于导电材料的熔化;电子束加热熔区较窄,温度梯度大,可达 800～1000K/cm,能制备管状试样;红外聚焦加热可熔化非导电陶瓷,温度梯度可达 500～800K/cm,可直接观察到熔区的形状;激光加热能量密度大,熔区窄,温度梯度大,可高达 10^4～10^5 K/cm,运动平稳,无污染,可在大气中进行,加工效率高,可适合多种气氛条件下熔化各种陶瓷材料。实验过程示意图如图 8-17 所示。

图 8-18 所示为西班牙 CSIC-Universidad de Zaragoza 的 Sola 等[48]研制的激光悬浮区熔定向凝固设备的原理示意图以及真空室内部照片(图 8-18)。利用该设备,学者研究了 Al_2O_3-

图 8-17　激光悬浮区熔法凝固过程示意图

YAG、Al_2O_3-YAG-ZrO_2、Al_2O_3-ZrO_2 等体系共晶自生复合材料。

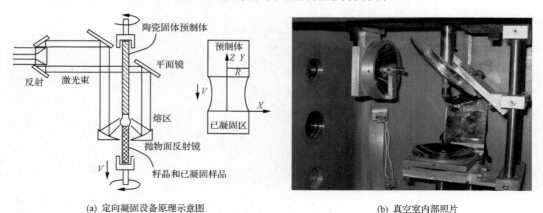

(a) 定向凝固设备原理示意图　　　　　　　　　(b) 真空室内部照片

图 8-18　西班牙 CSIC-Universidad de Zaragoza 研制的激光悬浮区熔定向凝固设备
原理示意图及真空室内部照片[48]

　　西北工业大学凝固技术国家重点实验室研制开发拥有自主知识产权[49,50]的激光悬浮区熔定向凝固设备,其原理示意图以及实物图如图 8-19 所示。该设备的设计特点为利用一片分光镜将一束激光分为等质量的两束,通过一组反射镜将两束等质量的激光引至试

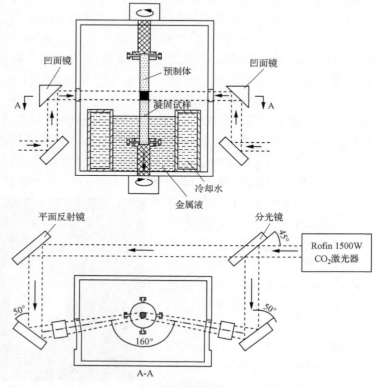

(a) 激光悬浮区熔定向凝固设备原理示意图

(b) 设备实物图

图 8-19　激光悬浮区熔定向凝固设备原理示意图及实物图

样表面并加热试样。利用 ZnSe 镜片隔绝真空室与反射镜及聚焦镜,这种设计可以最大限度保护反射镜及聚焦镜。因为激光反射镜片的使用过程中,必须保证其表面洁净,不允许有灰尘或水雾附着于镜片表面,否则会严重影响激光束质量。然而对于某些蒸气压较低的材料,在激光束的作用下将会严重挥发。挥发物很容易附着于激光镜片表面,造成激光质量的改变,甚至会使得镜片损坏。该设备的另一个重要特征是将激光悬浮区熔与液态技术冷却方法相结合,有效提高了固-液界面前沿温度梯度,而且可以利用液淬的方法获得清晰的固-液界面形貌。

8.3.5　激光水平区熔法

　　激光水平区熔法设备示意图如图 8-20 所示。高能密度的激光束以一定的速率扫过试样表面,由于吸收了高强度的能量,在激光光斑及其热影响区,试样表面形成激光熔池,在熔池的前端陶瓷试样不断融化,而在熔池后端的熔体自激冷却不断凝固,由此熔池不断向前移动,熔池内部是融化了的液态陶瓷,在浮升力以及表面张力的驱动下,产生液态陶瓷的流动。

　　激光区熔定向凝固过程中当试样材料给定后,熔池的深度 D 由激光束的辐射能流率 P 和扫描速率 V_0 决定,即

$$D = \beta P^{1/2} V_0^{\gamma} \qquad (8\text{-}1)$$

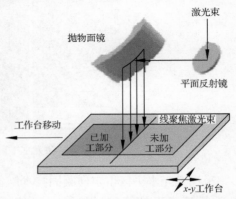

图 8-20　激光水平区熔定向凝固实验图

式中，β 和 γ 为常数，与材料性质有关。对于易氧化的试样，必须加氮气、氩气等辅助气体加以保护。

在凝固区内，凝固速率 R（即液-固界面在法线方向上的推进速率）与激光扫描速率的关系为

$$R = V_0 \sin\alpha \qquad\qquad (8\text{-}2)$$

式中，R 与 V_0 之间的夹角 α 定义为凝固方向角。它在凝固深度方向上的变化决定了熔池的形状和熔池不同深度处的凝固速率和凝固方向，如图 8-21 所示。在熔池的底部 $\alpha \rightarrow 90°$，因而凝固速率 $R \rightarrow 0$。在熔池表面的位置 α 最小，其凝固速率最大。在熔池的底部，R 很小，但是温度梯度很大，凝固易于以平面方式进行并可获得无偏析的凝固组织。而在熔化区的上部，由于凝固速率的增大易于形成胞晶组织，所以一般的激光区熔定向凝固过程是从熔区底部到顶部短距离定向凝固，而不是扫描速率方向长距离定向凝固，从熔池底部到顶部温度梯度和凝固速率是不断变化的，且二者不能独立控制；同时，凝固组织是从基体外延生长的，界面上不同位置的生长方向是不相同的，如图 8-22 所示。

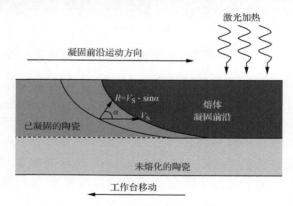

图 8-21　激光水平区熔定向凝固的凝固界面示意图

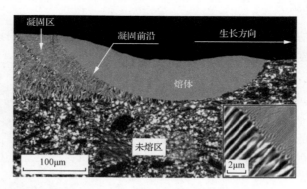

图 8-22　激光水平区熔定向凝固的熔区观察形貌

采用激光水平区熔定向凝固技术制备共晶自生复合材料陶瓷，具有熔区窄、温度梯度高、凝固速率范围宽、运动平稳、无污染、可在大气中进行、加工效率高的特点。

值得指出的是，西班牙 CSIC 大学和西北工业大学凝固技术国家重点实验室已用该

方法成功制备直径达4～6mm 的 Al_2O_3-YAG、Al_2O_3-YAG-ZrO_2，NiO-YSZ 共晶陶瓷棒状试样及厚度达 300μm 的共晶陶瓷片状试样[22-25]，如图 8-23 和图 8-24 所示。

图 8-23　激光水平定向凝固制备的 Al_2O_3-YAG-ZrO_2 共晶陶瓷片状试样

图 8-24　激光水平区熔定向凝固制备的 Al_2O_3-YAG 共晶陶瓷棒状试样

8.3.6　其他：三维打印（选区熔覆，立体成形等）

LRF 也称为激光三维打印，是 20 世纪末发展起来的一种材料制备新技术，以快速成形原理（rapid prototyping，RP）与激光熔覆制造思想为基础，结合计算机辅助设计、激光加工、凝固技术、数控技术、材料及力学等学科先进技术，将激光快速成形技术获得的独特凝固组织通过逐层堆积并扩展到整个三维实体零件，从而使传统的材料成形多步制造工艺集成为一步制造，极大提高了工件制造效率及材料性能，并节省了成本，被认为是制造领域的一次重大变革，代表着先进制造技术和材料制备技术的最新发展方向，目前已成功应用于金属、陶瓷、塑料及各种复合材料的制备和零件修复中。

氧化物陶瓷具有优异的室温和高温力学强度，良好的抗氧化、抗腐蚀及耐磨性，特别是 ZrO_2 陶瓷在医学方面具有良好的生物相容性，可制造人体植入物，还可以用于牙齿修复，近年来受到人们的广泛关注。然而，陶瓷具有非常高的熔点和硬度以及大的脆性，传统烧结制备工艺程序复杂且制备的材料致密度低、强度较低、色泽差，特别是难以制备形状复杂的零件，后续加工量大。因此，近年来世界各国开始尝试将金属材料的激光快速成形技术应用到氧化物陶瓷的制备上。

Shishkovsky 等[51]采用激光选择性熔化技术（selective laser melting，SLM）合成出了 Al_2O_3-ZrO_2 复合陶瓷，然而制备的工件内部含有大量的孔隙和裂纹。最近，Hagedorn 等[52]对 SLM 技术进行了改进，通过增加 YAG 激光器预热陶瓷粉末，制备出无裂纹、密度接近 100% 的 Al_2O_3-ZrO_2 共晶复合陶瓷，并成功制作了 Al_2O_3-ZrO_2 共晶陶瓷全瓷固定支架，然而表面质量还需进一步改进。图 8-25 为 SLM 技术制备共晶陶瓷示意图。图 8-26 为 SLM 技术成形出的牙齿支架模型。最近，采用改进的激光立体成形送粉技术成功制备了表面光滑,致密度近 100% 的高性能 Al_2O_3-YAG 共晶自生复合陶瓷[53],如图 8-27 所示。

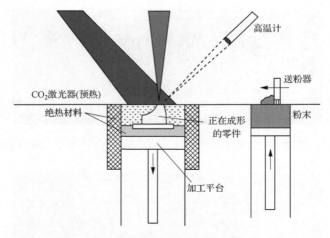

图 8-25　SLM 制备共晶陶瓷示意图

图 8-26　采用 SLM 技术制备的 Al_2O_3-ZrO_2 共晶陶瓷牙齿支架

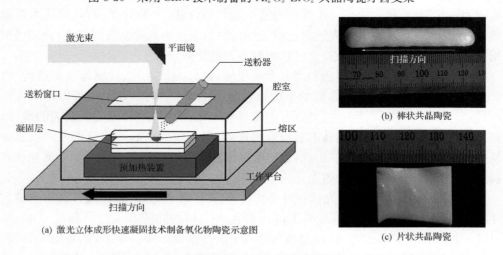

(a) 激光立体成形快速凝固技术制备氧化物陶瓷示意图

(b) 棒状共晶陶瓷

(c) 片状共晶陶瓷

图 8-27　激光立体成形快速凝固技术制备氧化物共晶陶瓷示意图及制备的
Al_2O_3-YAG 棒状和片状共晶陶瓷

8.4　氧化物共晶陶瓷的凝固组织

由于氧化铝基共晶陶瓷近年来研究相对比较成熟,具有典型的代表性,所以在本节主要介绍氧化铝基共晶陶瓷的微观组织,包括 Al_2O_3-YAG、Al_2O_3-GAP、Al_2O_3-EAG、Al_2O_3-ZrO_2、Al_2O_3-YAG-ZrO_2 及 Al_2O_3-EAG-ZrO_2 共晶陶瓷。

8.4.1　凝固组织特征及其相组成

图 8-28(a)是 Waku 和 Sakuma[54] 采用 Bridgman 定向凝固技术制备的 Al_2O_3-YAG 共晶陶瓷垂直于凝固方向典型的微观组织,图 8-28(b)是同成分原始烧结试样的微观组织。图 8-29(a)为垂直于凝固方向的共晶复合陶瓷的 X 射线衍射图,图 8-29(b)为与凝固方向成 76°的共晶复合陶瓷的 X 射线衍射图,图 8-29(c)为共晶复合材料粉碎后的 X 射线衍射图,图 8-29(d)是原始烧结试样的 X 射线衍射图。

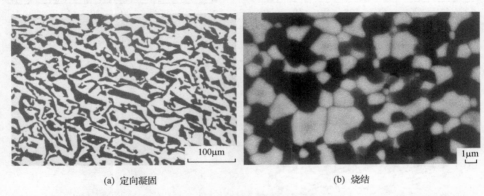

(a) 定向凝固　　　　　　　　　　　　　　(b) 烧结

图 8-28　典型的定向凝固 Al_2O_3-YAG 共晶陶瓷微观组织(图(a))与原始同成分烧结
试样微观组织对比(图(b))

根据图 8-28 和图 8-29 的分析表明,定向凝固 Al_2O_3-YAG 共晶陶瓷是由无规则连续分布的单晶 Al_2O_3(110)相(黑色区域)和单晶 YAG(743)相(灰色区域)组成的,呈现相互交织的网状结构,类似于象形文字,无共晶团和气孔,并消除了晶界,共晶间距为 $20\sim30\mu$m,相体积比为 Al_2O_3：YAG＝45：55。而同成分的热压烧结 Al_2O_3-YAG 复合材料表现出典型的晶粒随机取向的多晶陶瓷结构,有明显的晶界存在,通常认为晶界的存在是热压烧结复合材料高温性能恶化的主要原因。

图 8-30(a)是定向凝固 Al_2O_3-YAG 共晶陶瓷纵截面的微观组织,图 8-30(b)是 Al_2O_3-YAG 共晶陶瓷的三维微观组织。结合图 8-31(a)可以看出,定向凝固 Al_2O_3-YAG 共晶陶瓷在横纵截面具有类似的微观组织,均表现出三维网状结构。

在 Al_2O_3-GAP 和 Al_2O_3-EAG 共晶陶瓷中具有同样类似的微观组织,如图 8-32 所示。

定向凝固 Al_2O_3-ZrO_2 及 Al_2O_3-ZrO_2(Y_2O_3)共晶陶瓷虽然具有和 Al_2O_3-YAG 类似

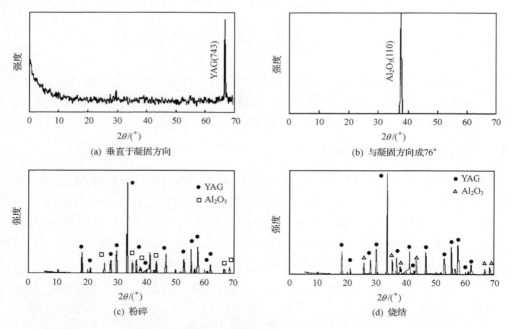

图 8-29　定向凝固 Al_2O_3-YAG 共晶复合陶瓷的 X 射线衍射图（a）～（c）和
热压烧结 Al_2O_3-YAG 复合陶瓷的 X 射线衍射图（d）

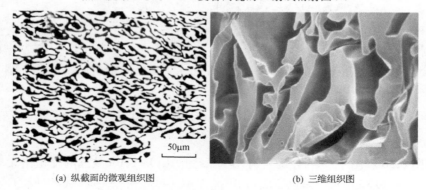

图 8-30　定向凝固 Al_2O_3-YAG 共晶陶瓷

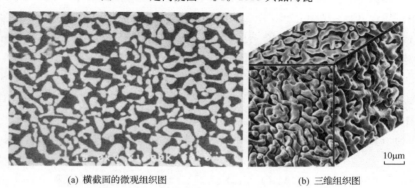

图 8-31　定向凝固 Al_2O_3-GAP 共晶陶瓷

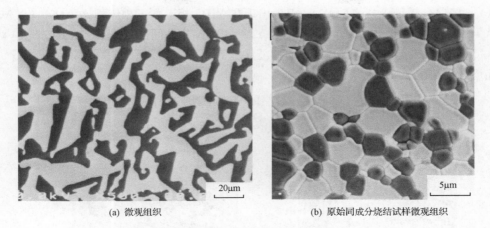

(a) 微观组织　　　　　　　　　　　　　　　(b) 原始同成分烧结试样微观组织

图 8-32　定向凝固 Al_2O_3-EAG 共晶陶瓷

的微观组织,表现为由交替分布的 Al_2O_3 和 ZrO_2 两相组成,但在凝固组织中有明显的胞状组织形成,在胞内呈现规则分布的层片状或棒状共晶结构,如图 8-33 所示。

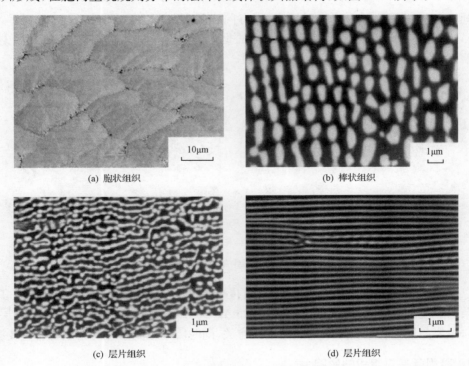

(a) 胞状组织　　　　　　　　　　　　　　　(b) 棒状组织

(c) 层片组织　　　　　　　　　　　　　　　(d) 层片组织

图 8-33　定向凝固 Al_2O_3-ZrO_2 共晶陶瓷的显微组织
(c)和(d)中,Al_2O_3 为黑色区域,ZrO_2 为灰色区域

　　图 8-34 是定向凝固 Al_2O_3-YAG-ZrO_2 三元共晶陶瓷的典型微观组织。由图可以看出,定向凝固 Al_2O_3-YAG-ZrO_2 共晶陶瓷由均匀分布的 Al_2O_3(黑色区域)、YAG(灰色区域)及 ZrO_2(白色区域)三相组成,同样呈现相互交织的网状结构,其中 ZrO_2 均匀分布于

Al₂O₃ 和 YAG 界面上或 Al₂O₃ 上，很少出现在 YAG 相上。三相体积比 Al₂O₃：YAG：ZrO₂＝65：19：16。与二元共晶 Al₂O₃-YAG 相比，共晶间距明显减小，其中 Al₂O₃ 与 YAG 的特征尺寸为 $2\sim3\mu m$，ZrO₂ 的特征尺寸为 $0.4\sim0.8\mu m$，几乎是 Al₂O₃-YAG 二元共晶层片间距的 1/10。

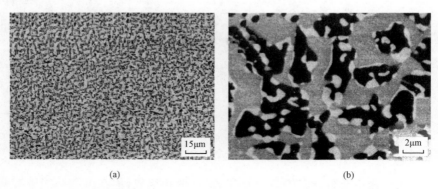

(a)　　　　　　　　　　(b)

图 8-34　定向凝固 Al₂O₃-YAG-ZrO₂ 共晶陶瓷的微观组织

同样，定向凝固 Al₂O₃-EAG-ZrO₂ 具有同样类似的微观组织，如图 8-35 所示，即由 Al₂O₃、EAG 和 ZrO₂ 三相组成，略有不同的是，ZrO₂ 相的分布更多在 Al₂O₃ 上，少部分沿 EAG 边缘生长，倾向于棒状或层片状生长。

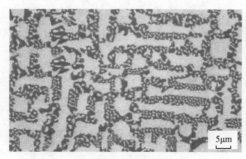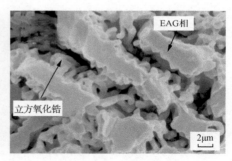

(a) 典型微观组织　　　　　　　　(b) 三维微观组织

图 8-35　定向凝固 Al₂O₃-EAG-ZrO₂

以上分析表明，与传统的定向凝固规则共晶相比，定向凝固氧化物陶瓷共晶大多表现出复杂的非规则组织，同时在部分氧化物，如 Al₂O₃-ZrO₂ 有规则的特征形貌出现（层片或棒状），主要与氧化物本身复杂的物理性质有关，同时凝固控制条件对组织也有重要影响。

8.4.2　凝固条件对组织的影响

在定向凝固过程中，凝固速率对共晶微观组织的形成和演化具有重要的影响，进而影响材料的性能。图 8-36 和图 8-37 是 Epelbaum 和 Lee 等采用 μ-PD 定向凝固技术制备的 Al₂O₃-YAG 和 Al₂O₃-YAG-ZrO₂ 共晶陶瓷在不同凝固速率下的微观组织。图 8-38 和图 8-39 是共晶间距与凝固速率的关系图[8]。

以上研究表明，随凝固速率的增大，共晶间距逐渐减小。虽然定向凝固 Al₂O₃-YAG

共晶陶瓷具有复杂的微观组织，但共晶间距与凝固速率的关系依然遵守 Hunt-Jackon 定律，即 $\lambda^2 V = 100$（λ 单位为 μm，V 单位为 $\mu m/s$）。在定向凝固 Al_2O_3-$GdAlO_3$ 中有同样的演化规律，$\lambda^2 V = 6.3$（λ 单位为 μm，V 单位为 $\mu m/s$）[55]；定向凝固 Al_2O_3-YAG-ZrO_2 中，$\lambda^2 V = 64$（λ 单位为 μm，V 单位为 $\mu m/s$）；定向凝固 Al_2O_3-ZrO_2 中，$\lambda^2 V = 11$（λ 单位为 μm，

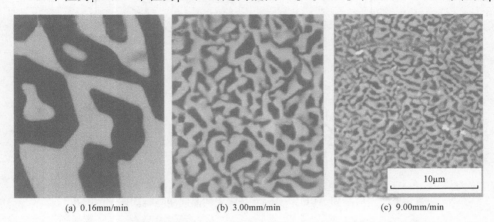

(a) 0.16mm/min   (b) 3.00mm/min   (c) 9.00mm/min

图 8-36   不同凝固速率下的定向凝固 Al_2O_3-YAG 共晶陶瓷微观组织

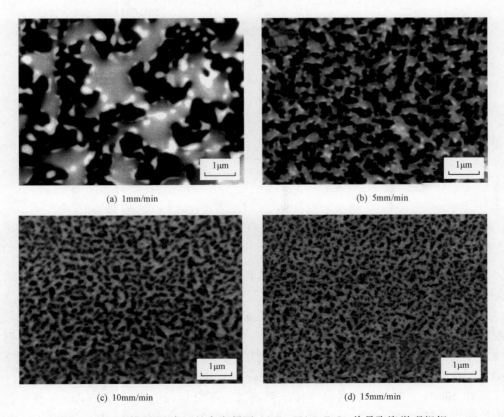

(a) 1mm/min   (b) 5mm/min

(c) 10mm/min   (d) 15mm/min

图 8-37   不同凝固速率下的定向凝固 Al_2O_3-YAG-ZrO_2 共晶陶瓷微观组织

V 单位为 μm/s)[9]表 8-3 总结了不同体系氧化物共晶陶瓷共晶间距与凝固速率的关系。

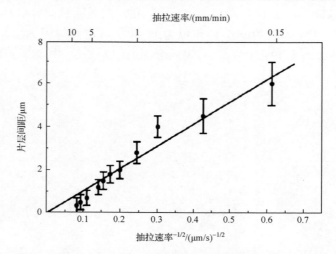

图 8-38　定向凝固 Al₂O₃-YAG 共晶陶瓷共晶间距与凝固速率的关系

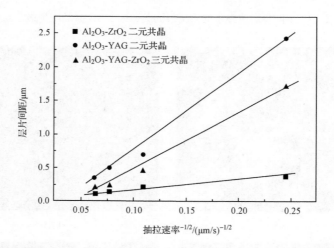

图 8-39　定向凝固 Al₂O₃-YAG-ZrO₂、Al₂O₃-ZrO₂ 和 Al₂O₃-YAG 共晶陶瓷共晶间距
与凝固速率的关系

　　Su 和 Zhang 等采用激光快速凝固技术获得在不同凝固速率下的 Al₂O₃-YAG 快速凝固组织，最小共晶间距达 0.2μm，如图 8-40 所示，同样符合以上规律[25]。

　　最近，张军等[56]利用激光悬浮区熔方法定量研究了 Al₂O₃-YAG 共晶陶瓷组织尺度与凝固速率的关系。结果表明，Al₂O₃-YAG 共晶最小层片间距与 Jackson-Hunt 模型预测值非常接近。另外，在低速情况下其最大层片间距接近 Magnin-Kurz 模型（简称 MK 模型），而在高速下最大层片间距要小于 Magnin-Kurz 模型的预测，如图 8-41 所示。

　　另外，Su 等[52]对氧化物共晶生长溶质场进行了分析，认为 Al₂O₃-YAG 共晶生长不是由扩散条件控制的。如图 8-42 所示，Al₂O₃-YAG 共晶溶质场可分为五个阶段，分别由

表 8-3　定向凝固氧化物共晶陶瓷共晶间距与凝固速率的关系

共晶相	共晶温度 T_E/K	成分（质量分数）/%	小体积分数相	$V\lambda^2$/$(\mu m^3/s)$
Al_2O_3/YSZ*	2135	42YSZ+58Al_2O_3	32.7ZrO_2	11
Al_2O_3/$Y_3Al_5O_{12}$	2100	33.5Y_2O_3+66.5Al_2O_3	45Al_2O_3	100
Al_2O_3/$Er_3Al_5O_{12}$	2075	52.5Al_2O_3+47.5Er_2O_3	42.5Al_2O_3	约60
Al_2O_3/$EuAlO_3$	1985	46.5Al_2O_3+53.5Eu_2O_3	45Al_2O_3	—
Al_2O_3/$GdAlO_3$	2015	47Al_2O_3+53Gd_2O_3	48Al_2O_3	6.3
Al_2O_3/$Y_3Al_5O_{12}$/YSZ	1990	54Al_2O_3+27Y_2O_3+19ZrO_2	18YSZ	70
$Ca_{0.25}Zr_{0.75}O_{1.75}$/$CaZrO_3$	2525	23.5CaO+76.5ZrO_2	41CaSZ	400
$Mg_{0.2}Zr_{0.8}O_{1.8}$/MgO	2445	27MgO+73ZrO_2	28MgO	50
YSZ/$NiAl_2O_4$	2270	54$NiAl_2O_4$+46$Zr_{0.85}Y_{0.15}O_{1.92}$	39YSZ	8
CaSZ/NiO	2115	61NiO+39$Zr_{0.85}Ca_{0.15}O_{1.85}$	44CaSZ	32.5
CaSZ/CoO	2025	64CoO+36$Zr_{0.89}Ca_{0.1}O_{1.89}$	38.5CASZ	25
$MgAl_2O_4$/MgO	2270	45MgO+55Al_2O_3	23.5MgO	150
CaF_2/MgO	1625	90CaF_2+10MgO	9MgO	68

* 四方或立方钇稳定的 ZrO_2。

注：λ 为共晶间距；V 为凝固速率。

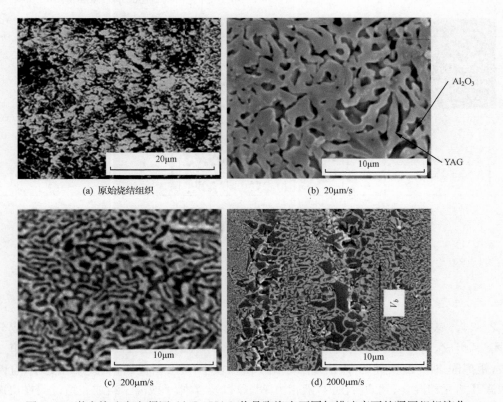

(a) 原始烧结组织　　　　　　　　　　(b) 20μm/s

(c) 200μm/s　　　　　　　　　　(d) 2000μm/s

图 8-40　激光快速定向凝固 Al_2O_3-YAG 共晶陶瓷在不同扫描速率下的凝固组织演化

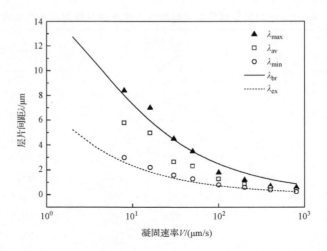

图 8-41　激光悬浮区熔定向凝固方法得到的 Al_2O_3-YAG 共晶陶瓷层片间距以及理论预测值[55]
λ_{max} 为最大层片间距；λ_{min} 为最小层片间距；λ_{av} 为平均层片间距；λ_{br} 为 Magnin-Kurz 模型预测的
最大层片间距；λ_{ex} 为 Jackson-Hunt 模型预测的最小层片间距

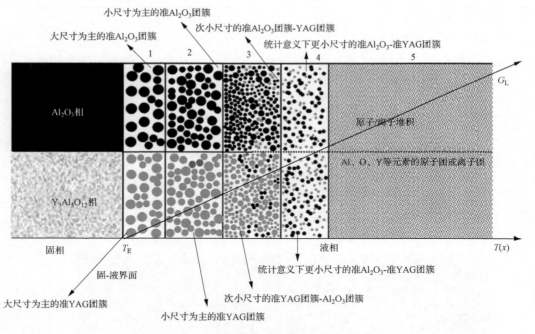

图 8-42　Al_2O_3-YAG 共晶生长溶质场示意图[52]

1、2、3、4、5 表示。在 1 阶段内，即贴近固-液界面处，液相由近 Al_2O_3 以及 YAG 成分的"团簇"组成，而且 Al_2O_3 以及 YAG 团簇分别分布于 Al_2O_3 及 YAG 固相前沿；在第二阶段，距离固-液界面稍远处，该团簇尺寸比 1 阶段较小；在 3 阶段内，团簇尺寸更小，且两相团簇开始互相混合；到 5 阶段内，液相由 Al、O 以及 Y 原子或离子组成。这说明在快速凝固条件下，Al_2O_3-YAG 共晶组织形成是由同成分的团簇被固相吸收所导致的。

8.4.3　氧化物共晶界面特征及晶体学取向关系

众所周知,在复合材料中,相界面特征对材料的微观组织结构及性能具有重要影响,尤其在定向凝固共晶陶瓷中,共晶组织高度细化,在组成相之间形成了大量纯净的界面,从而对材料性能的提高起着决定性作用,因此研究组成相的界面特征和取向关系对优化材料的性能具有极其重要的意义,引起人们的广泛关注。

图 8-43 是定向凝固 Al_2O_3-YAG 共晶陶瓷的高分辨界面图与同成分烧结 Al_2O_3-YAG 的相界面图。由图可以看出,定向凝固 Al_2O_3-YAG 共晶陶瓷相界面具有良好的界面匹配,相界面之间不存在非晶相,而同成分烧结试样中存在明显的界面非晶相。同时研究表明,定向凝固 Al_2O_3-YAG 共晶界面具有良好的稳定性,大气环境下 1700℃经 1000h 热处理后并未观察到共晶相的粗化与长大,说明定向凝固 Al_2O_3-YAG 共晶结构在高温下具有长期的稳定性,而这种稳定性主要来自于界面结构的稳定性和无界面非晶相的存在,非晶相的存在容易诱发塑性变形。

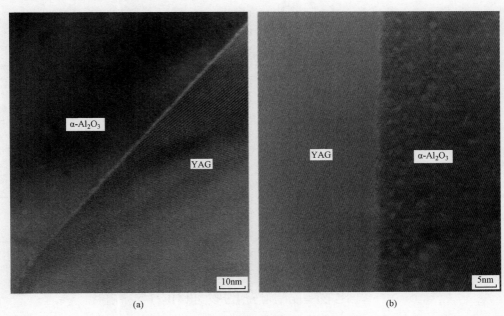

图 8-43　同成分烧结 Al_2O_3-YAG 高分辨界面(a)与定向凝固 Al_2O_3-YAG 共晶陶瓷界面图(b)

Frazer 等研究了定向凝固 Al_2O_3-YAG 共晶陶瓷的晶体学织构与取向关系,Al_2O_3 与 YAG 相具有如下的晶体学关系:$[\bar{1}11]_{YAG}$ // $[\bar{1}100]_{Al_2O_3}$ // $[1\bar{1}00]_{Al_2O_3}$;$(1\bar{1}2)_{YAG}$ // $(0001)_{Al_2O_3}$。其他氧化物的组织结构类型和晶体学取向关系见表 8-4。

表 8-4　定向凝固氧化物共晶陶瓷的晶体学取向关系

共晶	微观组织	生长方向	取向关系
YSZ-Al_2O_3	TDI	$(\bar{1}10\bar{2})_{Al_2O_3}//(\bar{1}10)_{YSZ}$	$(\bar{1}10\bar{2})_{Al_2O_3}//\approx(\bar{1}10)_{YSZ}$ $(02\bar{2}1)_{Al_2O_3}//\approx(111)_{YSZ}$

YSZ-Al_2O_3	CR、YSZ 纤维	$[0001]_{Al_2O_3}//[001]_{YSZ}$
		$[01\bar{1}0]_{Al_2O_3}//[001]_{YSZ}$
		$[0001]_{Al_2O_3}//\langle011\rangle_{YSZ}$
			$(2\bar{1}\bar{1}0)_{Al_2O_3}//(100)_{YSZ}$
			$(2\bar{1}\bar{1}0)_{Al_2O_3}//(100)_{YSZ}$
			$(2\bar{1}\bar{1}0)_{Al_2O_3}//(100)_{YSZ}$

Al_2O_3-$Y_3Al_5O_{12}$	TDI	$[1\bar{1}00]_{Al_2O_3}//[\bar{1}11]_{YAG}$
		$[\bar{1}100]_{Al_2O_3}//[\bar{1}11]_{YAG}$
			$(0001)_{Al_2O_3}//(1\bar{1}2)_{YAG}$
			$[1\bar{1}00]_{Al_2O_3}//[\bar{1}11]_{YAG}$
			$[\bar{1}100]_{Al_2O_3}//[\bar{1}11]_{YAG}$

$CaZrO_3$-CaSZ	R，层片	$\approx[112]_{CaSZ}//\approx[101]_{CaZO}$
		$[110]_{CaSZ}//[011]_{CaZO}$
		$[110]_{CaSZ}//[011]_{CaZO}$
		$[112]_{CaSZ}//[100]_{CaZO}$
			$\approx(100)_{CaSZ}//(011)_{CaZO}$
			$\approx(010)_{CaSZ}//(100)_{CaZO}$
			$(1\bar{1}0)_{CaSZ}//(100)_{CaZO}$
			$(100)_{CaSZ}//(100)_{CaZO}$
			$(111)_{CaSZ}//(100)_{CaZO}$

MgO-MgSZ	R，MgO 纤维	$[111]_{MgO}//[111]_{MgSZ}$
		$[1\bar{1}0]_{MgO}//1\bar{1}0_{MgSZ}$
		$[1\bar{1}0]_{MgO}//[010]_{MgSZ}$
			$(hkl)_{MgO}//(hkl)_{MgSZ}$
			$(111)_{MgO}//(111)_{MgSZ}$
			$(111)_{MgO}//(100)_{MgSZ}$

Al_2O_3-$GdAlO_3$	TDI	$[01\bar{1}0]_{Al_2O_3}//[0\bar{1}0]_{GdAlO_3}$ $\approx\langle10\bar{1}4\rangle_{Al_2O_3}//\approx\langle111\rangle_{GdAlO_3}$	$[2\bar{1}\bar{1}0]_{Al_2O_3}//[112]_{GdAlO_3}$ —
$MgAl_2O_4$-MgO	R，MgO 纤维	$[111]_{MgO}//[111]_{MgAl_2O_4}$	$(hkl)_{MgO}//(hkl)_{Spinel}$
YSZ-NiO(CoO)	R，层片	$[100]_{YSZ}\approx[1\bar{1}0]_{NiO}$ $[110]_{YSZ}\approx[1\bar{1}0]_{NiO}$	$(002)_{YSZ}//(111)_{NiO}$ $(002)_{YSZ}//(111)_{NiO}$

注：R 表示规则；CR 表示复杂规则；TDI 表示非规则三维网状结构。

8.5　氧化物共晶陶瓷的物理和力学性能

　　定向凝固氧化物共晶陶瓷独特的微观结构决定了其具有优异的力学性能和功能特性，因此无论在结构领域还是功能领域都具有广泛的发展前景。

8.5.1　强度

　　与传统陶瓷材料相比，定向凝固氧化物共晶陶瓷微观结构的稳定性和本身优异的抗氧化性，以及纯净且强的界面结合决定了其优异的高温强度。如图 8-44 所示，定向凝固 Al_2O_3-YAG 共晶复合材料的断裂强度从室温到 1800℃（接近熔点 1825℃）一直保持强度在 350~400MPa，是迄今为止文献报道最高温度下的高温强度值。同成分烧结复合材料的室温断裂强度虽略高于定向凝固共晶材料，但当温度高于 800℃时，强度呈指数式下降,主要是因为传统烧结氧化物和非氧化物多晶陶瓷在晶界处总是存在非晶相(图 8-43),导致晶界滑移而出现高温变形,从而影响高温性能的稳定性,而定向凝固氧化物共晶能够有效消除界面非晶相,因此在高达 1800℃仍能保持高的高温强度。通过对断口形貌分析表明,同成分烧结复合陶瓷在室温和 1400℃之间表现为晶间断裂,并且晶粒明显长大;而定向凝固共晶复合陶瓷至 1700℃仍未显示晶粒长大,表现为穿晶断裂,直至温度达 1800℃时才观察到沿晶和穿晶的混合断裂[29]。

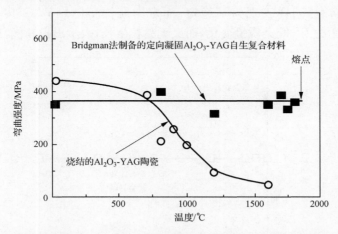

图 8-44　定向凝固 Al_2O_3-YAG 共晶陶瓷高温弯曲强度随温度的变化

因此可以认为,定向凝固 Al_2O_3-YAG 共晶复合陶瓷优良的高温强度主要起因于:①〈110〉单晶 Al_2O_3 和〈743〉单晶 YAG 组成相之间良好结晶取向的匹配;②在 Al_2O_3 相和 YAG 相之间不存在容易引起塑性变形的无定形相;③组成相 Al_2O_3 和 YAG 单晶在非常高的温度下是稳定的。

在定向凝固 Al_2O_3-EAG、Al_2O_3-YAG-ZrO_2 中同样具有类似的高温强度性能,如图 8-45 所示。

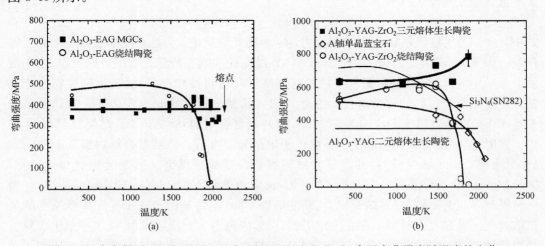

图 8-45　定向凝固 Al_2O_3-EAG（a）和 Al_2O_3-YAG-ZrO_2（b）高温弯曲强度随温度的变化

8.5.2　抗氧化性

定向凝固氧化物共晶复合陶瓷具有优异的抗氧化性。图 8-46 是 Si_3N_4、SiC 和定向凝固 Al_2O_3-YAG 共晶复合陶瓷在 1700℃ 空气中恒温后质量的变化图。Si_3N_4 陶瓷在 1700℃ 空气中保温 10h 后，发生化学反应 $Si_3N_4 + 3O_2 \longrightarrow 3SiO_2 + 2N_2 \uparrow$，引起形状崩裂，表现为不稳定；而 SiC 陶瓷在同样条件下保温 50h，发生化学反应 $2SiC + 3O_2 \longrightarrow 2SiO_2 + 2CO \uparrow$，试样崩裂，同样表现为不稳定；而定向凝固 Al_2O_3-YAG 共晶复合陶瓷，在 1700℃ 保温 1000h 之后，既无质量变化，而又无晶粒生长，表示出极其优良的抗氧化特性。

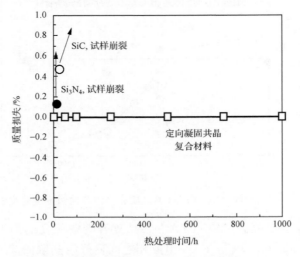

图 8-46　定向凝固 Al_2O_3-YAG 共晶复合陶瓷的抗氧化特性

8.5.3　蠕变性能

通常蠕变速率表示为

$$\varepsilon' = A\sigma^n \exp[-Q/(RT)] \tag{8-3}$$

式中，A、n 为无量纲系数；σ 为蠕变应力；Q 为蠕变活化能；T 为热力学温度；R 为气体常量。图 8-47(a) 为定向凝固 Al_2O_3-YAG 共晶陶瓷的蠕变特征。由图可以看出，定向凝固共晶 Al_2O_3-YAG 共晶陶瓷复合材料与烧结复合材料虽然组分相同，但蠕变特性相差甚大。烧结复合材料的应力指数 n 约为 1，而共晶复合材料的 n 为 5~6；在 10^{-4}/s 的应变速率下，烧结材料应变应力为 33MPa，而共晶复合材料达 433MPa，是烧结材料的 13 倍。同时，共晶复合材料的蠕变特性也优于单组分蓝宝石。烧结复合材料服从 Nabarro-Herring 或 Coble 蠕变模型，共晶复合材料服从位错蠕变模型。蠕变活化能 $Q = 670 \sim 905$kJ/mol，介于单晶蓝宝石 600~1000kJ/mol 和单晶 YAG 645~703kJ/mol。同一组分材料制备工艺不同，导致蠕变应力、蠕变机理不同，主要是由于基于支配高温蠕变的是扩散过程。共晶复合材料不存在无定形相，而形成热力学上稳定的相，所以显示出优异的蠕变特性，而烧结复合材料令人不满意的高温蠕变特性是由于晶界处存在无定形相。在定向凝固 Al_2O_3-EAG 中同样具有类似的蠕变特性，如图 8-47(b) 所示。

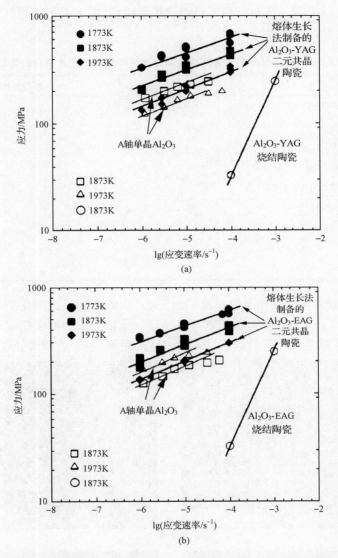

图 8-47　定向凝固 Al_2O_3-YAG(a) 与 Al_2O_3-EAG(b)的蠕变特性

8.5.4　断裂韧性

在过去的几十年里,国内外一直致力于研究氧化物共晶陶瓷的高温强度、结构稳定性以及高温蠕变等方面的研究,然而由于其致命的弱点——脆性,极大限制了其优良性能的发挥,为此氧化物共晶陶瓷的韧化成为近年来陶瓷材料研究的核心课题。

近年来,西北工业大学研究了激光区熔高梯度定向凝固条件下 Al_2O_3-YAG 和 Al_2O_3-YAG-ZrO_2 的断裂韧性,如表 8-5 所示。计算结果表明,Al_2O_3-YAG 二元共晶平均硬度为 17.5GPa±2.0GPa,断裂韧性为 3.6MPa·$m^{1/2}$±0.4MPa·$m^{1/2}$;Al_2O_3-YAG-ZrO_2 三元共晶平均硬度为16.7GPa±2.0GPa,断裂韧性为 8.0MPa·$m^{1/2}$±2.0MPa·

$m^{1/2}$，明显优于二元共晶。通过分析压痕裂纹扩展路径（图 8-48），可以认为断裂韧性的提高是主要通过以下方式实现的[57]。

表 8-5　定向凝固氧化铝基共晶陶瓷硬度和断裂韧性及相应的比较

体系	硬度/GPa	断裂韧性/(MPa·m$^{1/2}$)
Al$_2$O$_3$-YAG	17.5	3.6
Al$_2$O$_3$-YAG-ZrO$_2$	16.7	8.0
Al$_2$O$_3$-YAG[17]	15~16	2~2.4
CeO$_2$-doped Al$_2$O$_3$-YAG[58]	34.7	4.99
ZrO$_2$ modified Al$_2$O$_3$-YAG[59]	—	5.6±1.2
Al$_2$O$_3$-YAG-ZrO$_2$[60]	14.8	4.3
Al$_2$O$_3$-YAG-ZrO$_2$[13]	—	9.0±2.0
Al$_2$O$_3$-YAG-ZrO$_2$[61]	19.8	8.9
Al$_2$O$_3$-GAP-ZrO$_2$[61]	17.9	8.5

（1）裂纹捕获。激光快速凝固和第三组元 ZrO$_2$ 的添加极大细化了氧化物共晶陶瓷的微观组织，形成了大量的高密度低能异相界面。异相界面的形成能够有效阻止裂纹的增殖，导致裂纹扩展能够被有效捕获，如图 8-48（a）所示，一个裂纹停止扩展，另一个裂纹

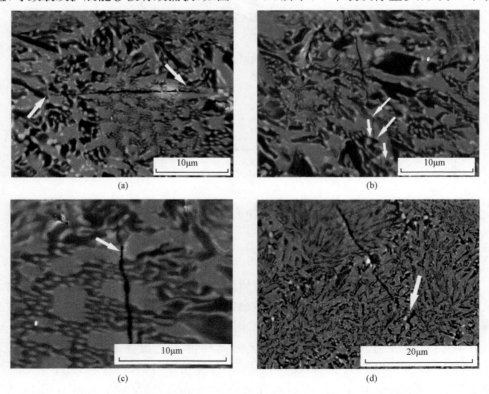

图 8-48　Al$_2$O$_3$-YAG-ZrO$_2$ 共晶陶瓷压痕裂纹与共晶相的相互作用

在其附近开始扩展,然而最终都被共晶组织捕获而停滞。

(2) 裂纹偏转和裂纹分叉。图 8-48(b)中,压痕裂纹在 Al_2O_3-YAG 共晶相界面发生偏转;在图 8-48(c)中,压痕裂纹在 YAG-ZrO_2 共晶相界面发生偏转,如箭头所示。裂纹偏转均沿着中间相 ZrO_2 向前扩展,能量被逐渐削弱,从而使韧性增强。此外,裂纹分叉在 Al_2O_3-YAG-ZrO_2 三元共晶中同样被普遍发现,裂纹分叉减小了裂纹尖端应力强度,使得主裂纹扩展的能量被极大减弱,从而有效地提高了韧性,如图 8-48(d)所示。

(3) 高的残余应力。Al_2O_3 和 YAG 相有着近乎一致的热膨胀系数($8.0 \times 10^{-6} K^{-1}$),因此通常认为在 Al_2O_3-YAG 二元共晶中热残余应力几乎是不存在的。而 ZrO_2 相的热膨胀系数($12.0 \times 10^{-6} K^{-1}$)比 Al_2O_3 和 YAG 相要高许多。热膨胀系数的不匹配,必然在共晶相之间产生较大的残余应力。Al_2O_3 与 YAG 相通常受残余压应力,ZrO_2 相受残余拉应力。研究表明,在 Al_2O_3-YAG-ZrO_2 三元共晶中,ZrO_2 相受的残余应力达到 1.13GPa。高的残余压应力与裂纹尖端相互作用,易于诱发应力屏蔽效应,使压痕裂纹在压应力区被捕获,从而提高韧性。

8.5.5　变形机理

图 8-49 是定向凝固 Al_2O_3-YAG 共晶陶瓷从室温到 1750℃的拉伸应力-位移曲线。在 1650℃,共晶产生屈服现象,并在塑性形变 10%～17%时,复合材料才开始断裂。在 1650℃屈服应力为 200MPa,1650℃ 和 1750℃ 的 SEM 照片显示,几乎所有的裂纹都在 YAG 相,而在 Al_2O_3 相中几乎未观察到裂纹的存在。断裂形貌显示,断裂属于沿晶和穿晶的混合断裂。同时在单晶 Al_2O_3 中观察到许多线位错,而在单晶 YAG 中观察到低的位错密度,这表明定向凝固氧化物共晶复合材料塑性变形的机理本质上不同于多晶陶瓷显微晶粒超塑性的机理,是由位错运动引发的塑性形变。

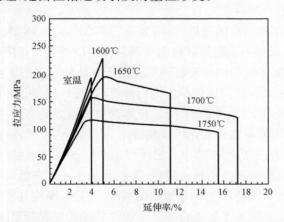

图 8-49　定向凝固 Al_2O_3-YAG 共晶陶瓷拉伸应力-位移曲线

8.6　发展趋势与应用前景

8.6.1　目前存在的主要问题

（1）采用定向凝固技术制备超高温氧化物共晶自生复合陶瓷，有效改善了复合材料的凝固组织和相界面结构，极大提高了材料的高温力学性能，有望成为新一代高温氧化性气氛中长期工作的首选超高温结构材料，是目前制备高效率航空发动机和燃气轮机叶片的重要发展方向。采用传统的定向凝固方法制备块体共晶陶瓷需要进一步解决提高温度梯度、改进生产效率和低成本耐高温坩埚问题。

（2）激光区熔定向凝固高温度梯度和冷却速率以及第三组元 ZrO_2 的加入显著细化共晶陶瓷凝固组织，然而其微观组织的均匀性和取向性仍需加以控制。

（3）氧化物共晶陶瓷表现出复杂的非规则生长特征，共晶相高的熔化熵导致的小平面/小平面共晶生长以及快速凝固大的动力学过冷度是形成复杂非规则共晶组织形貌的主要原因。非规则生长机制的定量表征和小平面共晶生长模型的建立仍需进一步研究。

（4）微观组织细化和第三组元的加入是改善共晶相界面结合和提高氧化物共晶陶瓷断裂韧性的重要途径。裂纹捕获、偏转、分叉及共晶相热胀系数失配引起的高残余应力有效地阻止了裂纹的扩展，提高了材料的韧性。要实现氧化物共晶陶瓷的工业化应用，需要进一步优化实验过程，设计体系成分或者开发新的制备途径以提高其韧性。

8.6.2　发展趋势

（1）氧化物共晶凝固行为与力学性能的关系。获得更多的实验数据，优化凝固过程，减少缺陷，获得最佳的力学性能。

（2）获得更多氧化物共晶的物理性质，如热导率、潜热、比热、液态的黏度、固-液界面能、热膨胀系数等，从而有利于理解其凝固和断裂行为以及进行相应的计算机模拟。

（3）凝固过程与凝固组织的计算机模拟。由于氧化物有限的实验数据和复杂的物理特性，目前在模拟方面的研究仍比较少。进行计算模拟对于更深入理解其物理现象，和优化实验过程、控制凝固组织、减少缺陷、降低成本都具有重要的意义。

（4）优化实验过程或采用新的途径提高定向凝固氧化物共晶陶瓷的韧性。

（5）改进实验工艺，提高生产效率。虽然目前 Bridgman 方法能够制备较大尺寸简单形状的氧化物共晶陶瓷，但其温度梯度较低，导致共晶生长速率低。区熔熔化法虽然具有大的温度梯度，但是难以制备较大尺寸和复杂试样。因此，要使其优异的性能能够得到更广泛应用，必须对现有的制备工艺进行进一步的改进或者发展新型的制备工艺，从而实现较大尺寸复杂构件的制备。

8.6.3　应用前景

作为结构材料：①新型燃气轮机涡轮系统以及大功率发电系统高温无冷却叶片，特别是传统高温合金以及他高温材料难以满足的领域。②高温下的紧固部件，如螺钉、螺母、弹簧等及高温燃烧室部件。

作为功能材料有广泛的应用,如电子材料,光学材料,多孔材料,能源材料、磁性材料等,但目前许多性能还处于开发阶段,仍需要进行大量的研究。

参 考 文 献

[1] 张军,李建国,傅恒志. 单晶高温合金高梯度定向凝固特性的比较研究. 金属学报,1999, 35(S), 220-224

[2] Waku Y, Nakagawa N, Ohtsubo H, et al. Fracture and deformation behavior of melt growth composites at very high temperatures. Journal of Materials Science, 2001, 36: 1585-1594

[3] 陈昌明. LaB_6-ZrB_2 共晶自生复合材料的组织与性能. 西安:西北工业大学博士学位论文,1997

[4] Viechnichi D, Schmid F. Eutectic solidification in the system $Al_2O_3/Y_3Al_5O_{12}$. Journal of Materials Science, 1969, 4: 84-88

[5] Waku Y, Nakagawa N, Wakamoto T, et al. A ductile ceramic eutectic composite with high strength at 1873K. Nature, 1997, 389: 49-52

[6] Waku Y, Sakata S, Mitani A, et al. Temperature dependence of flexural strength and microstructure of $Al_2O_3/$ $Y_3Al_5O_{12}/ZrO_2$ ternary melt growth composites. Journal of Materials Science, 2002, 37: 2975-2982

[7] Waku Y, Sakata S, Mitani A, et al. Microstructure and high-temperature strength of $Al_2O_3/Er_3Al_5O_{12}/ZrO_2$ ternary melt growth composite. Journal of Materials Science, 2005, 40: 711-717

[8] Epelbaum B M, Yoshikawa A, Shimamura K, et al. Microstructure of $Al_2O_3/Y_3Al_5O_{12}$ eutectic fibers grown by μ-PD method. Journal of Crystal Growth, 1999, 198/199: 471-475

[9] Lee J H, Yoshikawa A, Fukuda T, et al. Growth and characterization of $Al_2O_3/Y_3Al_5O_{12}/ZrO_2$ ternary eutectic fibers. Journal of Crystal Growth, 2001, 231: 115-120

[10] Lee J H, Yoshikawa A, Fukuda T. Growth of $MgAl_2O_4/MgO$ eutectic crystals by micro-pulling-down method and its characterization. Journal of the European Ceramic Society, 2005, 25: 1351-1354

[11] Calderon-Moreno J M, Yoshimura M. Effect of melt quenching on the subsolidus equilibria in the ternary system $Al_2O_3/Y_3Al_5O_{12}/ZrO_2$. Solid State Ionics, 2001, 141/142: 343-349

[12] Calderon-Moreno J M, Yoshimura M. Rapidly solidified eutectic composites in the system Al_2O_3-Y_2O_3-ZrO_2: ternary regions in the subsolidus diagram. Solid State Ionics, 2002, 154/155: 311-317

[13] Calderon-Moreno J M, Yoshimura M. Al_2O_3-$Y_3Al_5O_{12}$-ZrO_2 ternary composite rapidly solidified from the eutectic melt. Journal of the European Ceramic Society, 2005, 25: 1365-1368

[14] Isobe T, Omori M, Uchida S, et al. Consolidation of Al_2O_3-Y_3Al5O_{12} (YAG) eutectic powder prepared from induction-melted solid and strength at high temperature. Journal of the European Ceramic Society, 2002, 22: 2621-2625

[15] Larrea A, de la Fuente G F, Merino R I, et al. ZrO_2-Al_2O_3 eutectic plates produced by laser zone melting. Journal of the European Ceramic Society, 2002, 22: 191-198

[16] Peña J I, Merino R I, Harlan N R, et al. Microstructure of Y_2O_3 doped Al_2O_3-ZrO_2 eutectics grown by the laser floating zone method. Journal of the European Ceramic Society, 2002, 22: 2595-2602

[17] Pastor J Y, Llorca J, Salazar A, et al. Mechanical properties of melt-grown alumina-yttrium aluminum garnet eutectics up to 1900K. Journal of American Ceramic Society, 2005, 88(6): 1488-1495

[18] Sayir A, Farmer S C. The effect of the microstructure on mechanical properties of directionally solidified $Al_2O_3/$ $ZrO_2(Y_2O_3)$ eutectic. Acta Materialia, 2000, 48: 4691-4697

[19] Frazer C, Dickey E, Sayir A. Crystallographic texture and orientation variants in Al_2O_3-$Y_3Al_5O_{12}$ directionally solidified eutectic crystals. Journal of Crystal Growth, 2001, 233: 187-195

[20] Park D Y, Yang J M. Effect of the microstructure on the mechanical properties of a directionally solidified $Y_3Al_5O_{12}/Al_2O_3$ eutectic fiber. Journal of Materials Science, 2001, 36: 5593-5601

[21] Courtright E J, Haggerty J S, Sigalovsky J. Controlling microstructure in $ZrO_2(Y_2O_3)$-Al_2O_3 eutectic fibers. Ceramic Engineering and Science Proceedings, 1993, 14(7/8): 671-681

[22] 张军,苏海军,刘林. Al_2O_3/YAG 共晶自生复合陶瓷的激光熔凝实验研究. 航空材料研究学报,2003,23(S): 171-174

[23] 苏海军,张军,王长帅,等. 激光区熔定向凝固 Al_2O_3/YAG/ZrO_2 共晶陶瓷的显微组织与断裂韧性. 北京科技大学学报,2007, 29(2): 205-210

[24] Zhang J, Su H J, Liu L, et al. Laser zone-remelted alumina-based eutectic in situ composite. Materials Science Forum, 2007, 539-543: 832-836

[25] Su H J, Zhang J, Cui C J, et al. Growth characteristic of Al_2O_3/$Y_3Al_5O_{12}$(YAG) eutectic ceramic in situ composites by laser rapid solidification. Journal of Alloys and Compounds, 2008,456(1/2):518-523

[26] 赵忠民,张龙,宋仪刚,等. 熔体自生原位增韧 Al_2O_3/20%ZrO_2(3Y)复合陶瓷显微结构、裂纹扩展与增韧. 粉末冶金技术, 2006, 24(3): 176-181

[27] Revcolevschi A, Dhalenne G. Engineering oxide-oxide and metal-oxide microstructures in directionally solidified eutectics. Advanced Materials, 1995, 9: 657-662

[28] Orera V M, Merino R I, Pardo J A, et al. Oxide eutectics: Role of interfaces in the material properties. Acta Physica Slovaca, 2000, 50(4): 549-557

[29] Waku Y, Nakagawa N, Wakamoto T, et al. High-temperature strength and thermal stability of a unidirectionally solidified Al_2O_3/YAG eutectic composite. Journal of Materials Science, 1998, 33: 1217-1225

[30] 陈昌明,张立同,陈铁希,Barabash O M. LaB_6-ZrB_2 复合材料的热发射特性. 科技通报,1997, 13(3): 204

[31] Ordan'yan S S, Paderno Y B, Horoshilova K I. Interaction in the system LaB_6-ZrB_2. Powder Metallurgy, 1983, 19(11): 87-90

[32] Chen C M, Zhang L T, Zhou W C. Characterization of LaB_6-ZrB_2 eutectic composite grown by the floating zone method. Journal of Crystal Growth, 1991, 191: 873-878

[33] Chen C M, Zhang L T, Zhou W C, et al. Microstructure, mechanical performance and oxidation mechanism of boride in situ composites. Composite Science and Technology, 2001, 61: 971-975

[34] Deng H, Dickey E C, Paderno Y, et al. Crystallographic characterization and indentation mechanical properties of LaB_6-ZrB_2 directionally solidified eutectics. Journal of Material Science, 2004, 39: 5987-5994

[35] Bogomol I, Nishimura T, Nesterenko Y, et al. The bending strength temperature dependence of the directionally solidified eutectic LaB_6-ZrB_2 composite. Journal of Alloys and Compounds, 2011, 509: 6123-6129

[36] Paderno Y, Paderno V, Filippov V. Some peculiarities of eutectic crystallization of LaB_6-(Ti, Zr)B_2 alloys. Journal of Solid State Chemistry, 2000, 154: 165-167

[37] Bogomol I, Nishimura T, Vasylkiv O, et al. High-temperature strength of directionally reinforced LaB_6-TiB_2 composite. Journal of Alloys and Compounds, 2010, 505: 130-134

[38] Tone F J. Industrial and Engineering Chemistry, 1938,30:232

[39] Serist D R. Phase equilibria in the system boron carbide-silicon carbide. Journal of the American Ceramic Society, 1964,47(3):127-130

[40] Gugel E, Kieffer R, Leimer G, et al. Solid State Chemistry. Washington D C: Natl Bur Spec Publ, 1972, 364:505

[41] Jen-Der H, Spear K E, Stubican U S. Directional Solidification of SiC-B_4C eutectic:Growth and some properties. Materials Research Bulletin, 1979,14(6):775-783

[42] Sorrel C C, Stubican V S, Bradt R C. Mechanical properties of ZrC-ZrB_2 and ZrC-TiB_2 directionally solidified eutectics. Journal of the American Ceramic Society, 1986,69:317-321

[43] Li W J, Tu R, Goto T. Preparation of directionally solidified TiB_2-TiC eutectic composites by a floating zone method. Material Letters, 2006, 60: 839-843

[44] White R M, Kunkle J M, Polotai A V, et al. Microstructure and hardness scaling in laser-processed B_4C-TiB_2

eutectic ceramics. Journal of the European Ceramic Society，2011，31：1217-1232

[45] Bogomol I，Nishimura T，Vasylkiv O，et al. Microstructure and high-temperature strength of B_4C-TiB_2 composite prepared by a crucibleless zone melting method. Journal of Alloys and Compounds，2009，485：677-681

[46] Nakagawa N，Ohtsubo H，Mitani A，et al. High temperature strength and thermal stability for melt growth composite. Journal of the European Ceramic Society，2005，25：1251-1257

[47] Maston L E，Hecht N. Creap of directionally solidified alumina/YAG eutectic monofilaments. Journal of the European Ceramic Society，2005,25(8)：1226-1239

[48] Sola D，Ester F J，Oliete P B，et al. Study of the stability of the molten zone and the stresses induced during the growth of Al_2O_3-$Y_3Al_5O_{12}$ eutectic composite by the laser floating zone technique. Journal of the European Ceramic Society，2011，31：1211-1218

[49] 张军，刘林，宋衍，等. 一种用于激光悬浮区熔定向凝固的装置及定向凝固方法：中国，201010535492.6，2012

[50] 张军，刘林，宋衍，等. 10^5K/cm 温度梯度定向凝固装置及定向凝固方法：中国，201010535486.0，2012

[51] Shishkovsky I，Yadroitsev I，Bertrand P，et al. Alumina-zirconium ceramics synthesis by selective laser sintering/melting. Applied Surface Science，2007，25(4)：966-970

[52] Hagedorn Y C，Wilkes J，Meiners W，et al. Net shaped high performance oxide ceramic parts by selective laser melting. Physics Procedia，2010，5：587-594

[53] Su H J，Zhang J，Liu L，et al. Rapid growth and formation mechanism of ultrafine structural oxide eutectic ceramics by laser direct forming. Applied Physics Letters，2011，99：221913

[54] Waku Y，Sakuma T. Dislocation mechanism of deformation and strength of Al_2O_3/YAG single crystal composites at high temperature above 1500℃. Journal of the European Ceramic Society，2000，20：1453-1458

[55] Andreeta E R M，Andreeta M R B，Hernandes A C. Laser heated pedestal growth of Al_2O_3/$GdAlO_3$ eutectic fibers. Journal of Crystal Growth，2002，234：782-785

[56] 张军，刘林，苏海军，等. 氧化物共晶陶瓷定向凝固研究进展. 中国材料进展，2010，29：10-19

[57] Song K，Zhang J，Jia X，et al. Solidification microstructure of laser floating zone remelted Al_2O_3/YAG eutectic in situ composite. Journal of Crystal Growth，2012，345：51-55

[58] Park D Y，Yang J M. Fracture behavior of directionally solidified CeO_2- and Pr_2O_3-doped $Y_3Al_5O_{12}$/Al_2O_3 eutectic composites. Material Science and Engineering A，2002，332：276-284

[59] Calderon-Moreno J M，Yoshimura M. Microstructure and mechanical properties of quasi-eutectic Al_2O_3-$Y_3Al_5O_{12}$-ZrO_2 ternary composites rapidly solidified from melt. Material Science and Engineering A，2004，375-377：1246-1249

[60] Peña J I，Larsson M，Merino R I，et al. Processing，microstructure and mechanical properties of directionally-solidified Al_2O_3-$Y_3Al_5O_{12}$-ZrO_2 ternary eutectics. Journal of the European Ceramic Society，2006，26：3113-3121

[61] Mazerolles L，Piquet N，Trichet M，et al. New microstructures in ceramic materials from the melt for high temperature applications. Aerospace Science and Technology，2008，12：499-505

索　引